课堂实录

AutoCAD 建筑设计与施工图绘制 课堂实录

陈志民 / 编著

清华大学出版社
北京

内容简介

本书全面系统地讲解了AutoCAD 2014中文版的基本操作及建筑施工图、结构施工图、设备施工图、室内装饰施工图的理论知识、绘图流程、思路和相关技巧。

全书共五篇23章，第一篇为AutoCAD基础篇（第1~9章），讲解了AutoCAD二维图形绘制、编辑、精确定位、图案填充、块、文字与表格、尺寸标注、图层、打印输出等AutoCAD基本知识及基本操作；第二篇为建筑施工图篇（第10~15章）讲解了建筑设计的基本理论知识、建筑设计施工图的概念、内容及绘制要求和规范；以及建筑基本图形、建筑平面图、立面图、剖面图、详图的绘制方法；第三篇为建筑结构篇（第16~18章）介绍了建筑结构设计的基本知识，以及建筑结构平面图、建筑结构详图的绘制方法；第四篇为建筑设备篇（第19~20章）介绍了建筑给排水平面图、建筑电气工程图的绘制方法；第五篇为室内装潢篇（第21~23章）介绍室内装潢设计的理论知识，以及别墅施工图和办公楼施工图的绘制方法。

本书附赠DVD多媒体学习光盘，配备了全书相关实例高清语音视频教学，时间长达24小时，本书既可作为大中专、培训学校等相关专业的教材，也可作为广大AutoCAD初学者和爱好者学习AutoCAD的专业指导教材，对各专业技术人员来说也是一本不可多得的参考手册。

图书在版编目(CIP)数据

AutoCAD建筑设计与施工图绘制课堂实录 / 陈志民编著. —北京：清华大学出版社，2015
（课堂实录）
ISBN 978-7-302-39613-0

Ⅰ. ①A… Ⅱ. ①陈… Ⅲ. ①建筑设计－计算机辅助设计－AutoCAD软件 Ⅳ. ①TU201.4

中国版本图书馆CIP数据核字（2015）第049505号

责任编辑：陈绿春
封面设计：潘国文
责任校对：徐俊伟
责任印制：何芊

出版发行：清华大学出版社
网　　址：http://www.tup.com.cn，http://www.wqbook.com
地　　址：北京清华大学学研大厦A座　　邮　　编：100084
社 总 机：010-62770175　　邮　　购：010-62786544
投稿与读者服务：010-62776969，c-service@tup.tsinghua.edu.cn
质 量 反 馈：010-62772015，zhiliang@tup.tsinghua.edu.cn
印 刷 者：北京鑫丰华彩印有限公司
装 订 者：北京市密云县京文制本装订厂
经　　销：全国新华书店
开　　本：188mm×260mm（附DVD1张）　　印　张：33　　字　数：910千字
版　　次：2015年10月第1版　　印　次：2015年10月第1次印刷
印　　数：1～3500
定　　价：79.00元

产品编号：054363-01

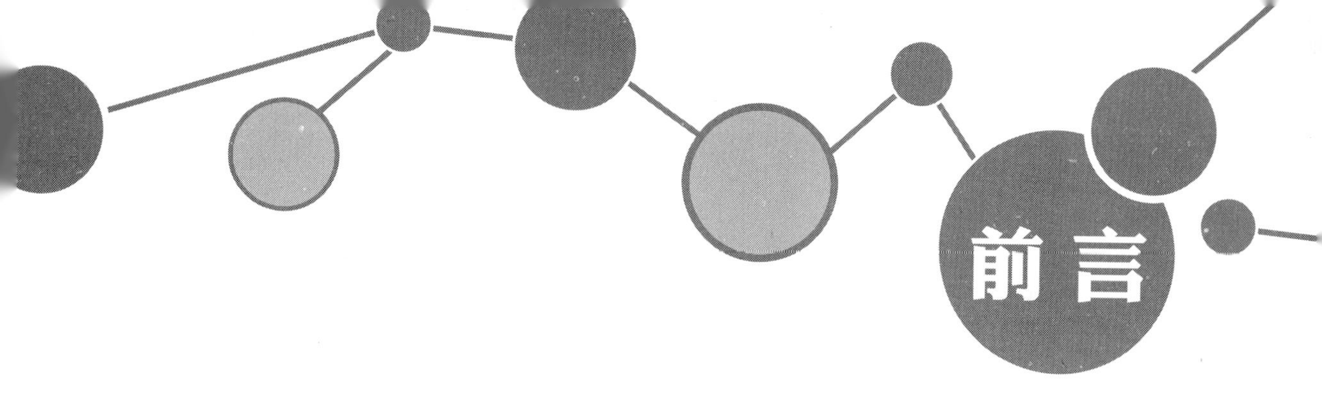

AutoCAD软件简介

AutoCAD是Autodesk公司开发的一款绘图软件，也是目前市场上使用率极高的辅助设计软件，被广泛应用于建筑、机械、电子、服装、化工及室内装潢等工程设计领域。它可以更轻松地帮助用户实现数据设计、图形绘制等多项功能，从而极大地提高了设计人员的工作效率，并成为广大工程技术人员必备的工具。2013年4月，Autodesk公司发布了最新的AutoCAD 2014版本。

本书内容安排

本书是一本AutoCAD 2014建筑设计完全自学手册，将软件技术与行业应用相结合，全面系统地讲解了AutoCAD 2014中文版的基本操作，及建筑施工图、结构施工图、设备施工图、室内装饰施工图的理论知识、绘图流程、思路和相关技巧，可帮助读者迅速从AutoCAD新手成长为建筑设计高手。

篇名	内容安排
第一篇　AutoCAD基础篇（第1~9章）	介绍了AutoCAD 2014的基本功能、行业应用、学习方法、工作空间、工作界面、命令调用、文件操作、坐标系、视图操作等基础知识； 此外还讲解了二维图形绘制和编辑等知识，包括点、直线对象、多边形对象、圆弧类对象、多段线、样条曲线、多线、填充图案等图形的绘制，和选择、移动、复制、变形、修整、圆角、倒角、夹点编辑等内容
第二篇　建筑施工图篇（第10~15章）	介绍了建筑设计基本理论知识，包括建筑设计施工图的概念、内容、特点、设计要求、制图要求及规范等；还讲解了各种类型建筑施工图的绘制，即建筑平面图、建筑立面图、建筑剖面图，以及建筑详图的绘制
第三篇　建筑结构篇（第16~18章）	介绍了建筑结构设计的理论知识，包括结构设计的特点、结构设计施工图的制图规范；此外还讲解了建筑结构施工图的绘制，即建筑结构平面图、建筑结构详图的绘制
第四篇　建筑设备篇（第19~20章）	讲解了建筑给水排水平面图，以及建筑电气工程图的绘制，所包含的内容有设备施工图的制图基础知识，以及设备施工图各图样的绘制过程
第五篇　室内装潢篇（第21~23章）	讲解室内装潢设计的理论知识，包括室内设计制图的方式、程序，室内设计装潢施工图的分类、组成；还介绍了地中海风格的三层别墅、现代风格的小型办公室室内装潢施工图纸的绘制

书写作特色

总的来说，本书具有以下特色。

零点快速起步 绘图技术全面掌握	本书从AutoCAD 2014的基本功能、操作界面讲起，由浅入深、循序渐进，结合软件特点和行业应用安排了大量实例，让读者在绘图实践中轻松掌握AutoCAD 2014的基本操作和技术精髓
案例贴身实战 技巧原理细心解说	本书所有案例每例皆是精华，个个经典，每个实例都包含相应工具和功能的使用方法和技巧。在一些重点和要点处，还添加了大量的提示和技巧讲解，帮助读者理解和加深认识，从而真正掌握，以达到举一反三、灵活运用的目的
六大图纸类型 建筑绘图全面接触	本书涉及的绘图领域包括建筑施工图、建筑结构图、建筑给排水图、建筑电气图、家装施工图、工装施工图共6种常见建筑绘图类型，使广大读者在学习AutoCAD的同时，可以从中积累相关经验，了解和熟悉不同领域的专业知识和绘图规范
160多个实战案例 绘图技能快速提升	本书的每个案例都经过作者精挑细选，具有典型性和实用性，具有重要的参考价值，读者可以边做边学，从新手快速成长为AutoCAD绘图高手
高清视频讲解 学习效率轻松翻倍	本书配套光盘收录了全书的实例长达24小时的高清语音视频教学文件，可以在家享受专家课堂式的讲解，成倍地提高读者的学习兴趣和效率

本书创建团队

本书由陈志民组织编写，参与编写的还有：薛成森、梅文、李雨旦、何辉、彭蔓、毛琼健、陈运炳、马梅桂、胡丹、张静玲、李红萍、李红艺、李红术、陈云香、陈文香、陈军云、彭斌全、林小群、刘清平、钟睦、江凡、张洁、刘里锋、朱海涛、廖博、喻文明、易盛、陈晶、何荣、黄柯、黄华、陈文轶、杨少波、杨芳、刘有良等。

由于编者水平有限，书中疏漏与不妥之处在所难免。在感谢读者朋友选择本书的同时，也希望读者能够把对本书的意见和建议告诉我们。

联系信箱：lushanbook@qq.com

答疑QQ群：327209040

编者

目录

AutoCAD基础篇

第1章 AutoCAD基础知识

第2章 AutoCAD基本操作

第3章 绘制基本建筑图形

第4章 编辑建筑图形

第5章 高效率绘图

第6章 使用图层管理图形

第7章 文字和表格的使用

第8章 尺寸标注

第9章 施工图打印方法与技巧

第二篇 建筑施工图篇

第10章 建筑设计基本理论

第11章 建筑基本图形的绘制

第12章 绘制建筑平面图

第13章 绘制建筑立面图

第14章 绘制建筑剖面图

第15章 绘制建筑详图

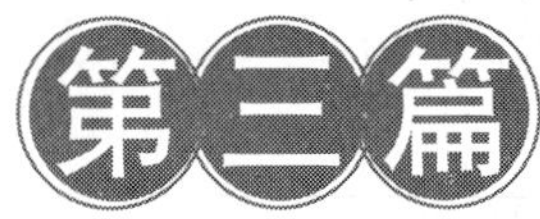

第三篇 建筑结构篇

第16章 建筑结构设计概述

第17章 绘制建筑结构平面布置图

第18章 绘制建筑构件详图

第四篇 建筑设备篇

第19章 绘制建筑给排水工程图

第20章 绘制建筑电气工程图

第五篇 室内装潢篇

第21章 室内装潢设计概述

第22章 绘制家装室内装潢施工图

第23章 绘制公共空间室内装潢施工图

第1章 AutoCAD基础知识

随着科学技术的发展，计算机辅助设计软件被广泛应用于各行各业中。在建筑设计领域，AutoCAD是应用最为广泛的绘图工具，可完成建筑平面规划到单个建筑的平面、立面和剖面整套施工图的绘制。

在深入学习建筑绘图之前，本章首先介绍AutoCAD 2014的基本知识，包括AutoCAD工作界面、绘图环境设置，以及图形文件的管理等内容，使读者对AutoCAD有一个全面的了解和认识。

1.1 认识AutoCAD 2014

本节介绍AutoCAD 2014启动和退出等基本操作，并了解和认识AutoCAD工作界面的组成及各部分的作用。

1.1.1 启动与退出AutoCAD 2014

要使用AutoCAD进行绘图，首先必须启动该软件。在完成绘制之后，应保存文件并退出该软件，以节省系统资源。

开启AutoCAD软件有以下几种方式。

★ 开始菜单：依次选择“开始”|“程序”|Autodesk|“AutoCAD 2014-简体中文（Simplified Chinese）”|“AutoCAD 2014-简体中文（Simplified Chinese）”命令。

★ 程序图标：双击电脑桌面上的AutoCAD 2014图标。

★ 图形文件：双击任意一个扩展名为.dwg的图形文件。

退出AutoCAD 2014的方式有以下几种。

★ 菜单栏：执行“文件”|“退出”命令。

★ 命令行：输入“EXIT”或者“QUIT”命令，并按下Enter键。

★ 快捷键：按下Alt+F4快捷键或者Ctrl+Q快捷键。

★ 按钮：单击软件界面右上角的“关闭”按钮。

提 示

假如当前的图形文件编辑修改后没有保存，在关闭AutoCAD 2014应用程序时，系统会弹出图1-1所示的信息提示对话框，单击“是”按钮，则保存所做的修改再退出软件；单击“否”按钮，则不保存所做的修改而直接退出软件；单击“取消”按钮，则取消退出操作，返回软件界面。

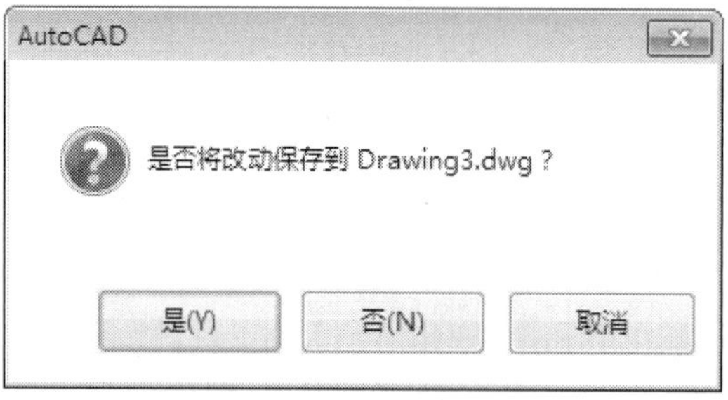

图1-1　信息提示对话框

1.1.2 AutoCAD工作空间

根据绘图时侧重点不同，AutoCAD 2014提供了4种不同的工作空间：AutoCAD经典、草图与注释、三维基础和三维建模，其中【草图与注释】为系统默认工作空间，用户可以根据工作需要灵活选择和切换各个空间。

1. AutoCAD 经典空间

对于习惯AutoCAD传统界面的用户来说，可以采用“AutoCAD经典”工作空间，以沿用以前的绘图习惯和操作方式。该工作界面的主要特点是显示有菜单栏和工具栏，用户可以通过选择菜单栏中的命令，或者单击工具栏中的工具按钮，以调用所需的命令，如图1-2所示。

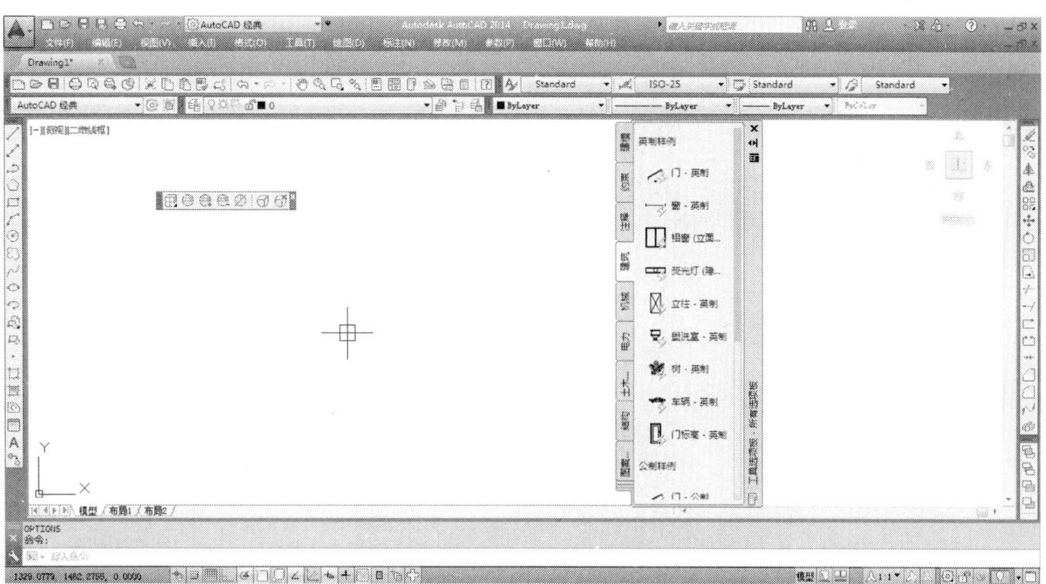

图1-2　经典空间

2. 草图与注释空间

【草图与注释】工作空间是AutoCAD 2014默认工作空间，该空间用功能区替代了工具栏和菜单栏，如图1-3所示，这也是目前比较流行的一种界面形式，已经在Office 2007、Creo、Solidworks 2012等软件中得到了广泛的应用。当需要调用某个命令时，需要先切换至功能区下的相应面板，再单击面板中的按钮。【草图与注释】工作空间的功能区，包含的是最常用的二维图形的绘制、编辑和标注命令，因此非常适合绘制和编辑二维图形时使用。

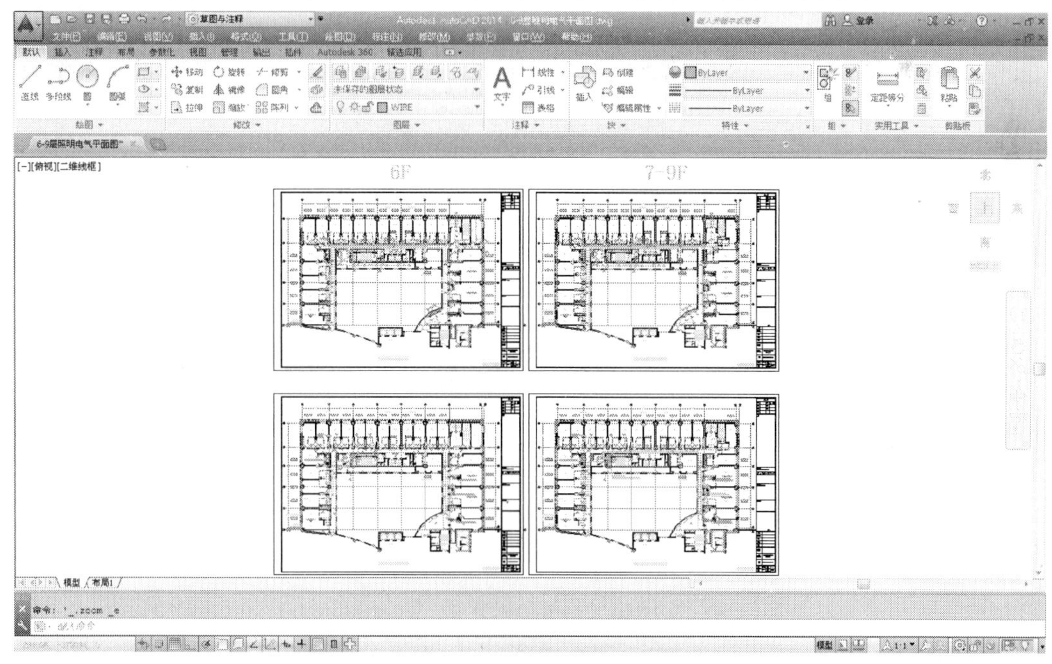

图1-3　草图与注释空间

3. 三维基础空间

【三维基础】空间界面与【草图与注释】工作空间界面类似，主要以单击功能区面板按钮的方式调用命令。但【三维基础】空间功能区包含的是基本的三维建模工具，如各种常用

三维建模、布尔运算，以及三维编辑工具按钮，能够非常方便地创建简单的基本三维模型，如图1-4所示。

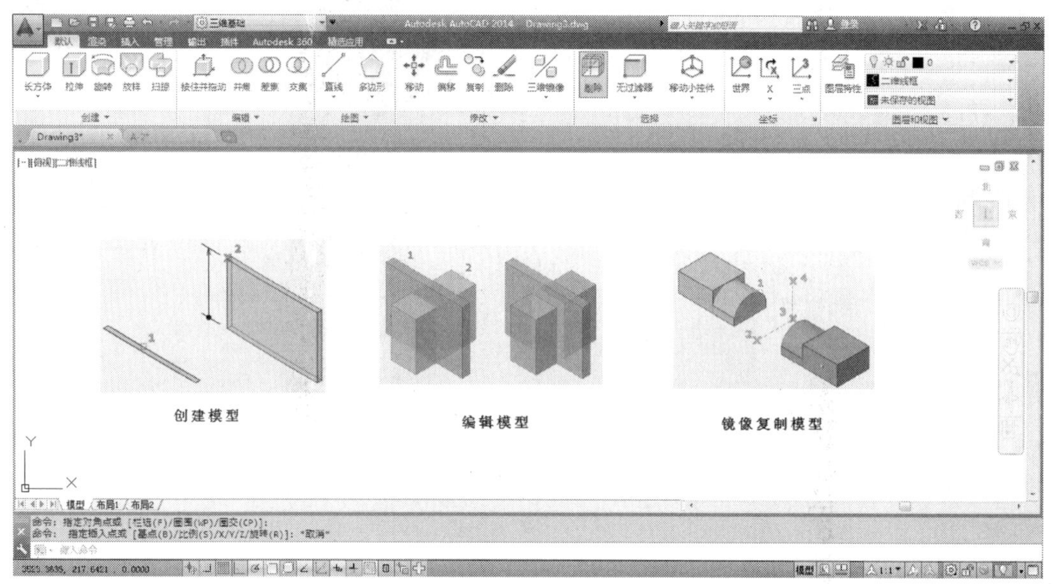

图1-4 三维基础空间

4. 三维建模空间

【三维建模】空间界面与【三维基础】空间界面相似，只是功能区包含的工具有很大的不同。其功能区中集中了【建模】、【视觉样式】、【光源】、【材质】、【渲染】和【导航】等面板，为绘制和观察三维图形、附加材质、创建动画、设置光源等复杂的三维绘图操作提供了非常便利的环境，如图1-5所示。

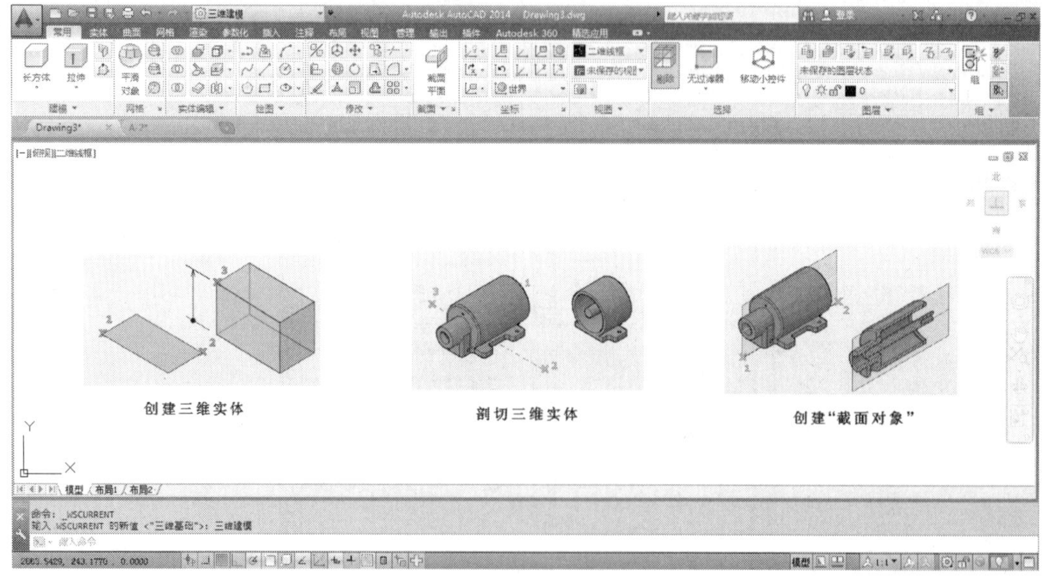

图1-5 三维建模空间

1.1.3 AutoCAD 2014工作界面

启动AutoCAD 2014后，进入图1-6所示的默认工作空间。该空间提供了十分强大的“功能区”，方便了初学者的使用。该工作空间界面包括【应用程序】按钮、标题栏、菜单栏、工具栏、快速访问工具栏、交互信息工具栏、标签栏、功能区、绘图区、光标、坐标系、命令行、状态栏、布局标签、滚动条、状态栏等。

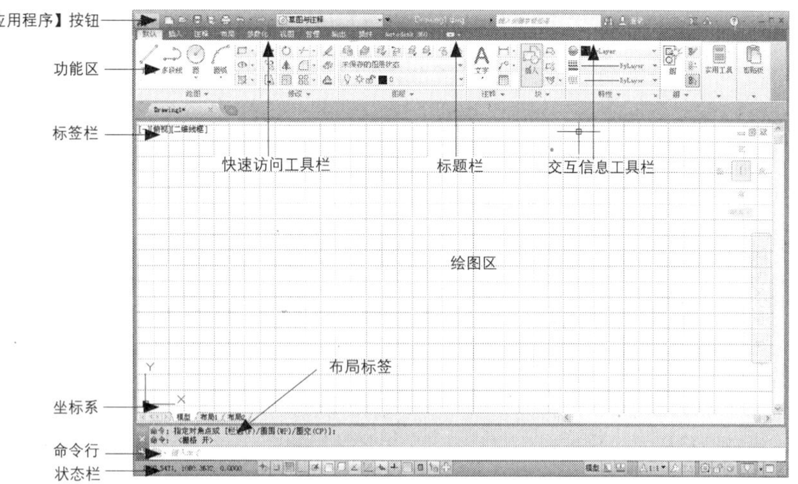

图1-6 AutoCAD 2014默认工作界面

1.【应用程序】按钮

【应用程序】按钮位于界面左上角，单击该按钮，系统弹出用于管理AutoCAD图形文件的菜单，包含【新建】、【打开】、【保存】、【另存为】、【输出】及【打印】等命令，如图1-7所示。

【应用程序】菜单除了可以调用上述的常规命令外，还可以调整其显示为“小图像”或“大图像”，将鼠标置于菜单右侧排列的【最近使用的文档】文档名称上，可以快速预览打开过的图像文件内容，如图1-7所示。

此外，在应用程序【搜索】按钮左侧的空白区域内输入命令名称，即会弹出与之相关的各种命令的列表，选择其中对应的命令即可执行，如图1-8所示。

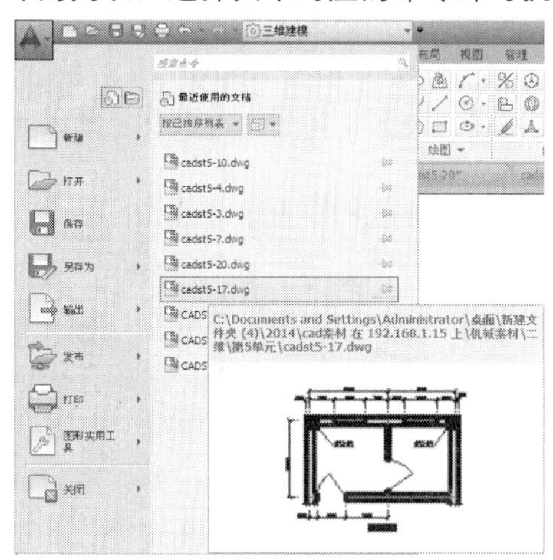

图1-7 【菜单浏览器】菜单

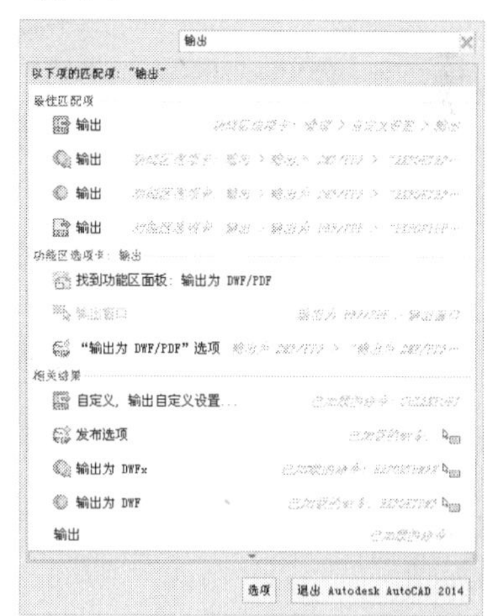

图1-8 搜索功能

2. 标题栏

标题栏位于AutoCAD窗口的最上端，它显示了系统正在运行的应用程序和用户正打开的图形文件的信息。第一次启动AutoCAD时，标题栏中显示的是AutoCAD启动时创建并打开的图形文件名Drawing1.dwg，用户可以在保存文件时对其进行重命名。

3. 快速访问工具栏

快速访问工具栏位于标题栏的左上角，它包含了最常用的快捷按钮，以方便用户的使用。

默认状态下它由7个快捷按钮组成，依次为：【新建】、【打开】、【保存】、【另存为】、【打印】、【重做】和【放弃】，如图1-9所示。

【快速访问】工具栏右侧为【工作空间】列表框，如图1-10所示，用于切换AutoCAD 2014工作空间。在【快速访问】工具栏上单击鼠标右键，在弹出的右键快捷菜单中选择【自定义快速访问工具栏】命令，在弹出的【自定义用户界面】对话框中进行设置，可以增加或删除【快速访问】工具栏中的工具按钮。

草图与注释

图1-9 【快速访问】工具栏

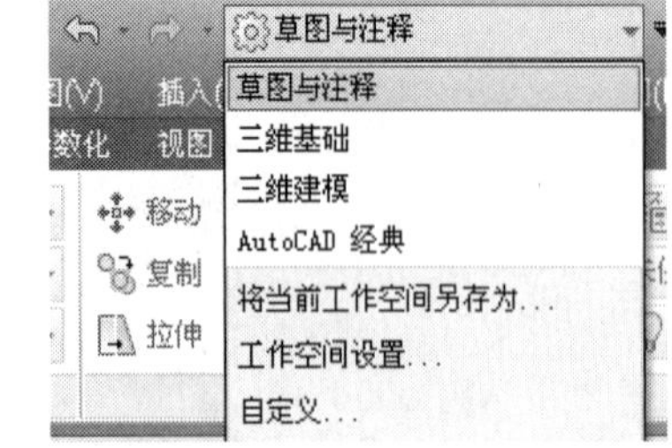

图1-10 工作空间列表

4. 菜单栏

菜单栏位于标题栏的下方，与其他Windows程序一样，AutoCAD的菜单栏也是下拉形式的，并在下拉菜单中包含了子菜单。AutoCAD 2014的菜单栏包括了13个菜单：【文件】、【编辑】、【视图】、【插入】、【格式】、【工具】、【绘图】、【标注】、【修改】、【参数】、【窗口】、【帮助】和【数据视图】，几乎包含了所有的绘图命令和编辑命令，其作用分别如下。

★ 文件：用于管理图形文件，例如新建、打开、保存、另存为、输出、打印和发布等。

★ 编辑：用于对文件图形进行常规编辑，例如剪切、复制、粘贴、清除、链接、查找等。

★ 视图：用于管理AutoCAD的操作界面，例如缩放、平移、动态观察、相机、视口、三维视图、消隐和渲染等。

★ 插入：用于在当前AutoCAD绘图状态下，插入所需的图块或其他格式的文件，例如PDF参考底图、字段等。

★ 格式：用于设置与绘图环境有关的参数，例如图层、颜色、线型、线宽、文字样式、标注样式、表格样式、点样式、厚度和图形界限等。

★ 工具：用于设置一些绘图的辅助工具，例如：选项板、工具栏、命令行、查询和向导等。

★ 绘图：提供绘制二维图形和三维模型的所有命令，例如：直线、圆、矩形、正多边形、圆环、边界和面域等。

★ 标注：提供对图形进行尺寸标注时所需的命令，例如线性标注、半径标注、直径标注、角度标注等。

★ 修改：提供修改图形时所需的命令，例如删除、复制、镜像、偏移、阵列、修剪、倒角和圆角等。

★ 参数：提供对图形约束时所需的命令，例如几何约束、动态约束、标注约束和删除约束等。

★ 窗口：用于在多文档状态时设置各个文档的屏幕，例如层叠，水平平铺和垂直平铺等。

★ 帮助：提供使用AutoCAD 2014所需的帮助信息。

★ 数据视图：数据输入、输出、查找与替换。

专家提醒

除【AutoCAD经典】空间外，其他3种工作空间都默认不显示菜单栏，以避免给一些操作带来不便。如果需要在这些工作空间中显示菜单栏，可以单击【快速访问】工具栏右端的下拉按钮，在弹出菜单中选择【显示菜单栏】命令。

5. 工具栏

工具栏是一组图标型工具的集合，工具栏的每个图标都形象地显示出了该工具的作用。AutoCAD 2014提供了50余种已命名的工具栏。当然，如果需要调用工具栏，也可使用如下几种方法。

★ 菜单栏：执行“工具”|“工具栏”|AutoCAD命令，如图1-11所示。

★ 快捷键：在任意工具栏上单击鼠标右键，在弹出的快捷菜单中进行相应的选择，如图1-12所示。

图1-11 【工具栏】菜单

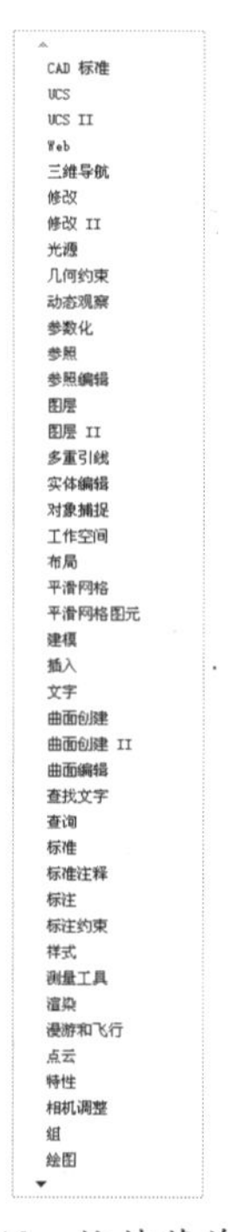

图1-12 快捷菜单

6. 功能区

功能区是一种智能的人机交互界面，它用于显示与绘图任务相关的按钮和控件，存在于【草图与注释】、【三维建模】和【三维基础】空间中。【草图与注释】空间的功能区包含了【默认】、【插入】、【注释】、【布局】、【参数化】、【视图】、【管理】、【输出】、【插件】、【Autodesk360】等选项卡，如图1-13所示。每个选项卡包含有若干个面板，每个面板又包含许多由图标表示的命令按钮。

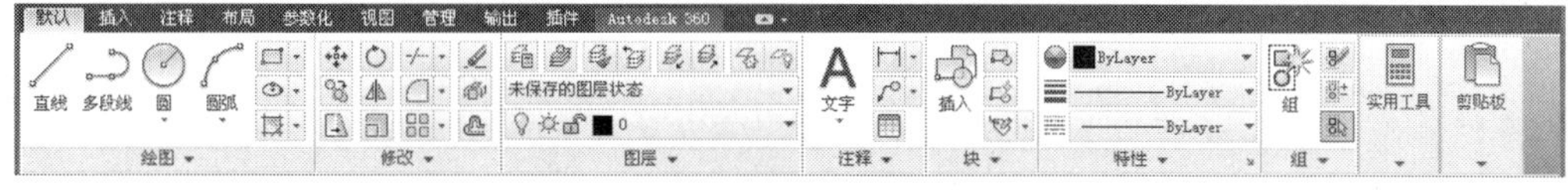

图1-13 功能区

【默认】选项卡：【默认】选项卡从左至右依次为【绘图】、【修改】、【图层】、【注释】、【块】、【特性】、【组】、【实用工具】及【剪切板】9大功能面板，如图1-14所示。

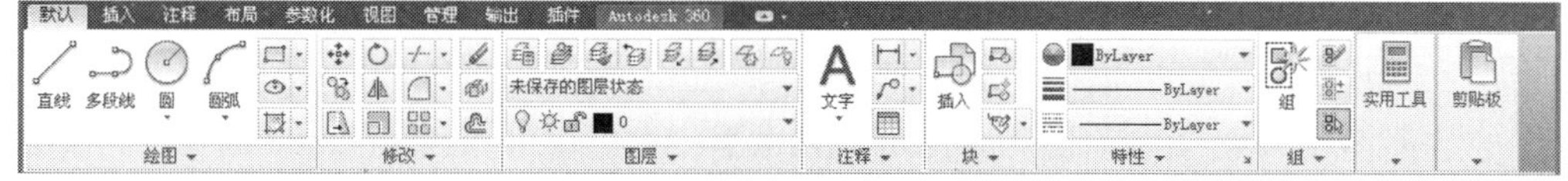

图1-14 【默认】选项卡

【插入】选项卡：【插入】选项卡从左至右依次为【块】、【块定义】、【参照】、【点

云】、【输入】、【数据】、【链接和提取】、【位置】8大功能面板，如图1-15所示。

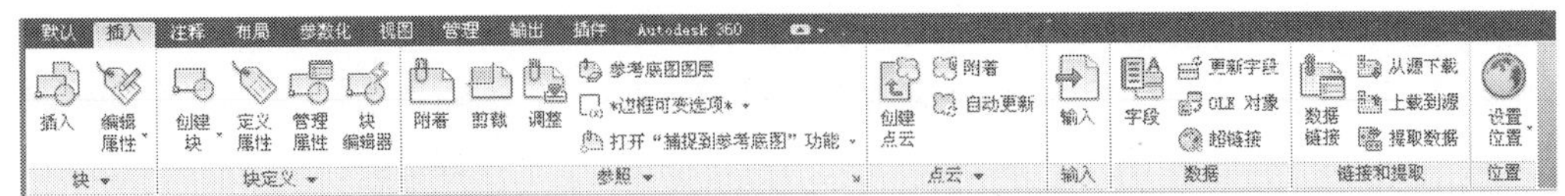

图1-15 【插入】选项卡

【注释】选项卡：【注释】选项卡从左至右依次为【文字】、【标注】、【引线】、【表格】、【标记】、【注释缩放】6大功能面板，如图1-16所示。

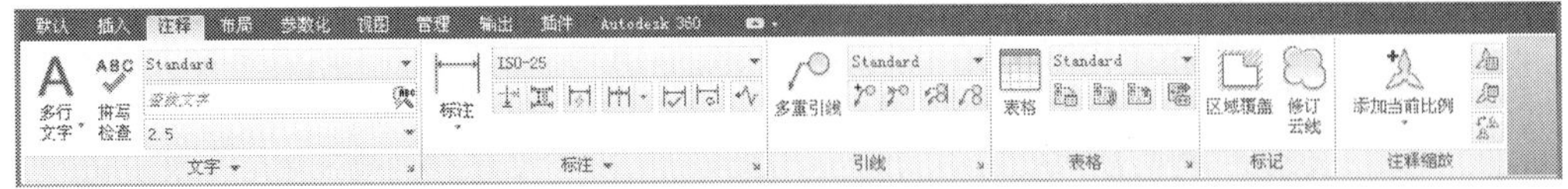

图1-16 【注释】选项卡

【布局】选项卡：【布局】选项卡从左至右依次为【布局】、【布局视口】、【创建视图】、【修改视图】、【更新】、【样式和标准】6大功能面板，如图1-17所示。

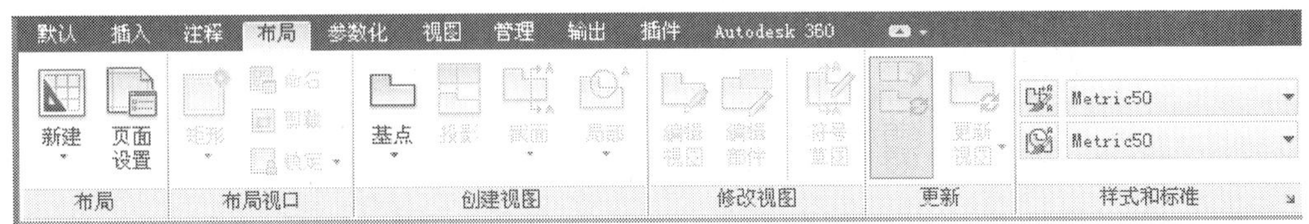

图1-17 【布局】选项卡

【参数化】选项卡：【参数化】选项卡从左至右依次为【几何】、【标注】、【管理】3大功能面板，如图1-18所示。

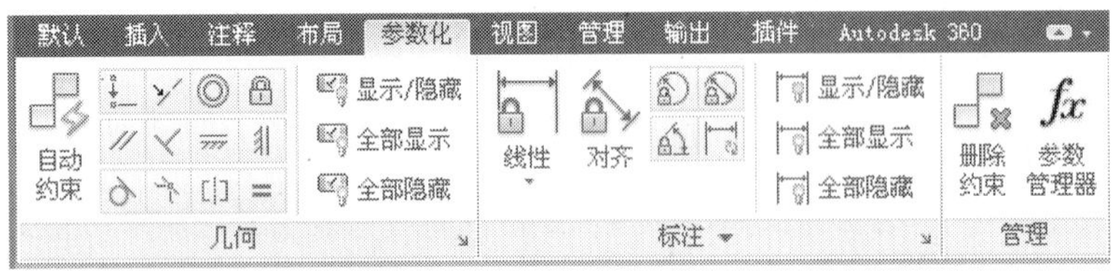

图1-18 【参数化】选项卡

【视图】选项卡：【视图】选项卡从左至右依次为【二维导航】、【视图】、【视觉样式】、【模型视口】、【选项板】、【用户界面】6大功能面板，如图1-19所示。

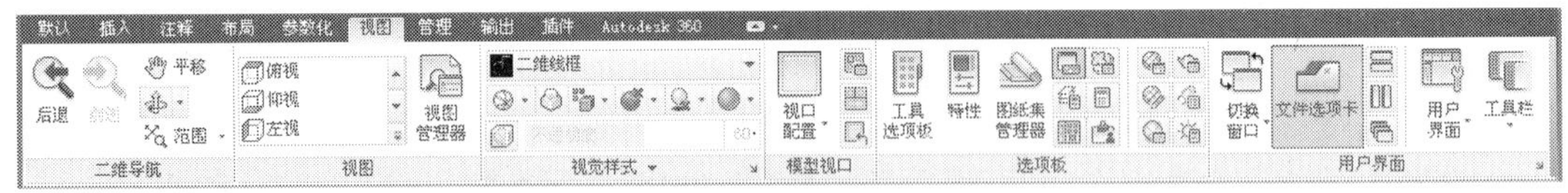

图1-19 【视图】选项卡

【管理】选项卡：【管理】选项卡从左至右依次为【动作录制器】、【自定义设置】、【应用程序】、【CAD标准】4大功能面板，如图1-20所示。

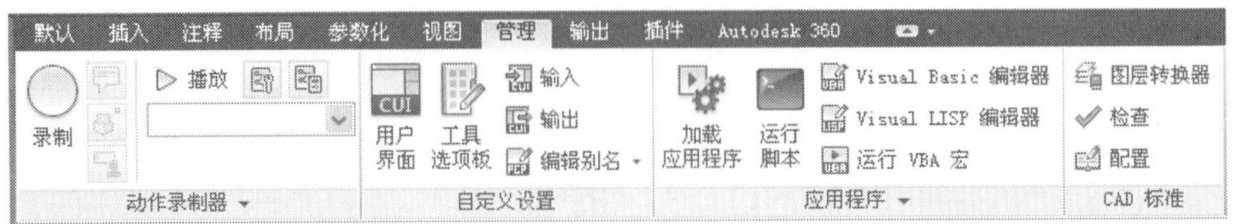

图1-20 【管理】选项卡

【输出】选项卡：【输出】选项卡从左至右依次为【打印】、【输出为DWF/PDF】两大功能面板，如图1-21所示。

【插件】选项卡：【插件】选项卡只有【内容】和【输入SKP】两大功能面板，如图1-22所示。

图1-21 【输出】选项卡

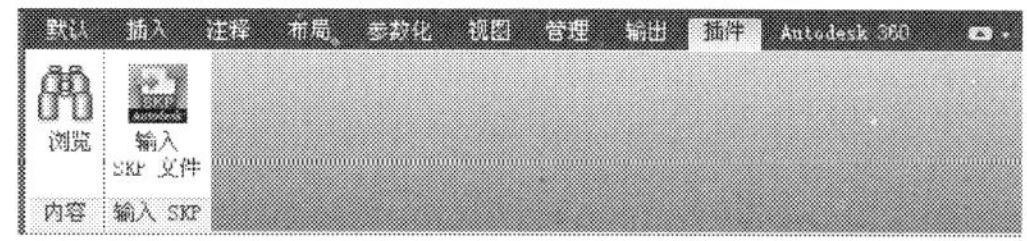

图1-22 【插件】选项卡

【Autodesk 360】选项卡：【Autodesk 360】选项卡从左到右包含【访问】、【自定义同步】、【共享与协作】3大选项卡，如图1-23所示。

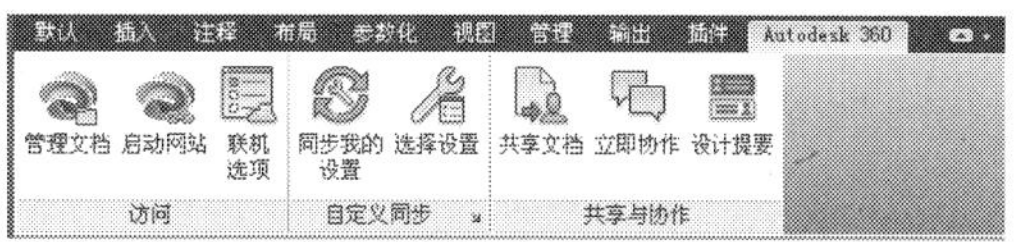

图1-23 【Autodesk 360】选项卡

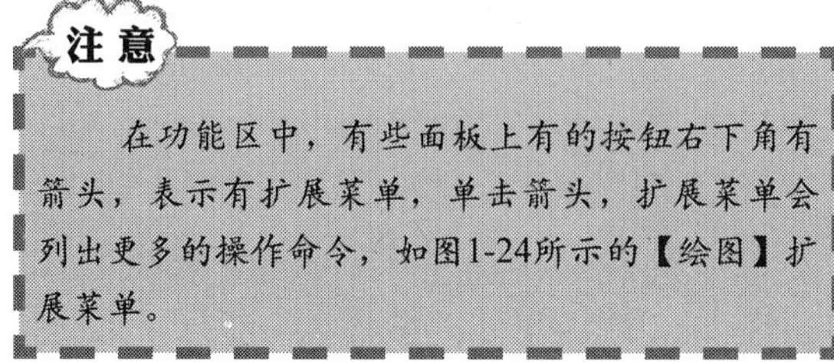

注意

在功能区中，有些面板上有的按钮右下角有箭头，表示有扩展菜单，单击箭头，扩展菜单会列出更多的操作命令，如图1-24所示的【绘图】扩展菜单。

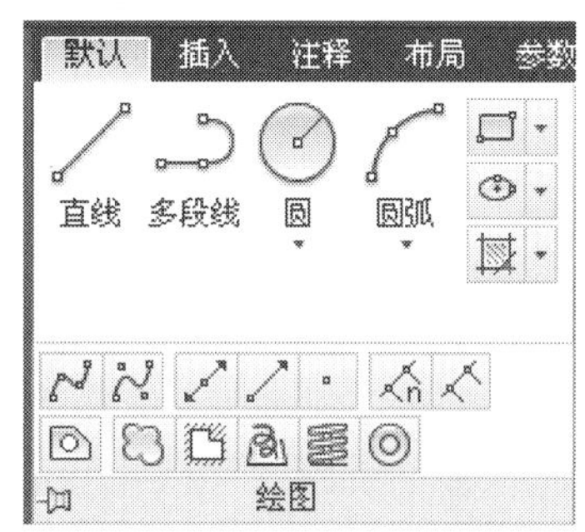

图1-24 【绘图】扩展菜单

7. 绘图区

标题栏下方的大片空白区域即为绘图区，是用户进行绘图的主要工作区域，如图1-25所示。绘图区实际上是无限大的，用户可以通过缩放、平移等命令来观察绘图区的图形。有时为了增大绘图空间，可以根据需要，关闭其他选项卡，例如工具栏、选项板等。

单击【绘图区】右上角的【恢复窗口大小】按钮，可以将绘图进行单独显示，如图1-26所示。此时绘图区窗口显示了【绘图区】标题栏、窗口控制按钮、坐标系、十字光标等元素。

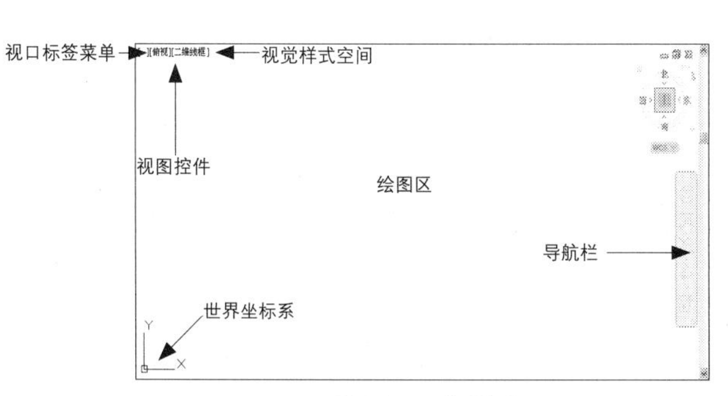

图1-25 绘图区

图1-26 单独显示的绘图区

8. 命令行与文本窗口

命令行位于绘图窗口的底部，用于接收和输入命令，并显示AutoCAD提示信息，如图1-27所示。命令窗口中间有一条水平分界线，它将命令窗口分成两个部分：命令行和命令历史窗口，位于水平分界线下方的为【命令行】，它用于接受用户输入的命令，并显示AutoCAD提示信息。

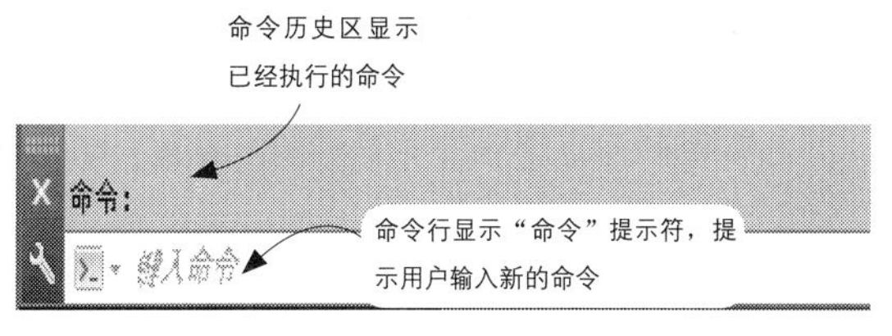

图1-27 命令行窗口

位于水平分界线下方的为“命令历史窗口”，它含有AutoCAD启动后所用过的全部命令及提示信息，该窗口有垂直滚动条，可以上下滚动查看以前用过的命令。

AutoCAD文本窗口的作用和命令窗口的作用一样，它记录了对文档进行的所有操作。文本窗口显示了命令行的各种信息，也包括出错信息，相当于放大后的命令行窗口，如图1-28所示。

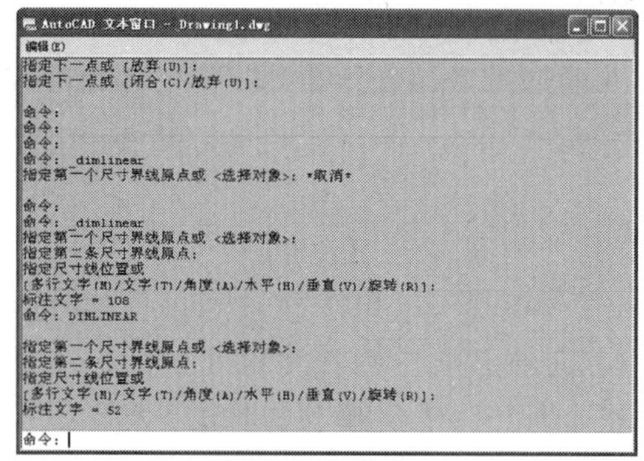

图1-28　文本窗口

文本窗口在默认界面中没有直接显示，需要通过命令调取，调用文本窗口的方法有如下两种。

★ 菜单栏：执行“视图”|“显示”|“文本窗口”命令。

★ 快捷键：F2键。

为了方便用户输入命令，AutoCAD允许用户对命令行的大小、位置和显示字体等进行调整。

★ 将光标移至命令行窗口的上边缘，当光标呈形状时，按住鼠标左键向上拖动可以增加命令行窗口显示的行数，如图1-29所示。

★ 鼠标左键按住命令行灰色区域，可以对其进行移动，使其成为浮动窗口，如图1-30所示。

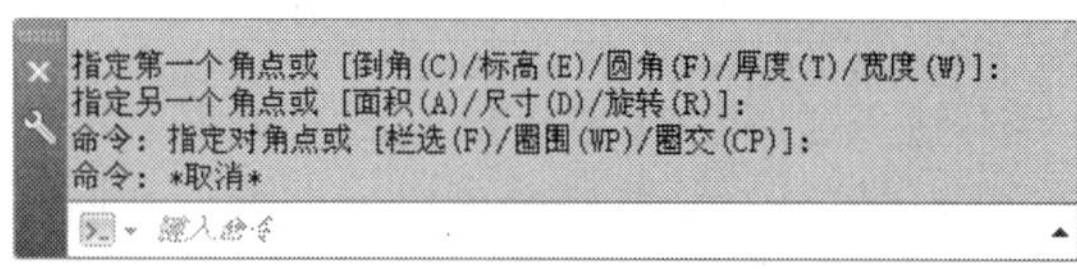

图1-29　增加命令行显示行数

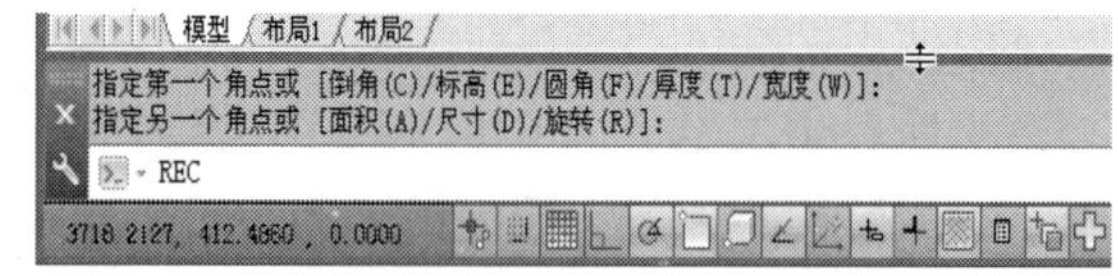

图1-30　【命令行】浮动窗口

★ 在工作中通常除了可以调整命令行的大小与位置外，在其窗口内单击鼠标右键，选择【选项】命令，单击弹出的【选项】对话框中的【字体】按钮，还可以调整【命令行】内文字的字体、字形和大小，如图1-31所示。

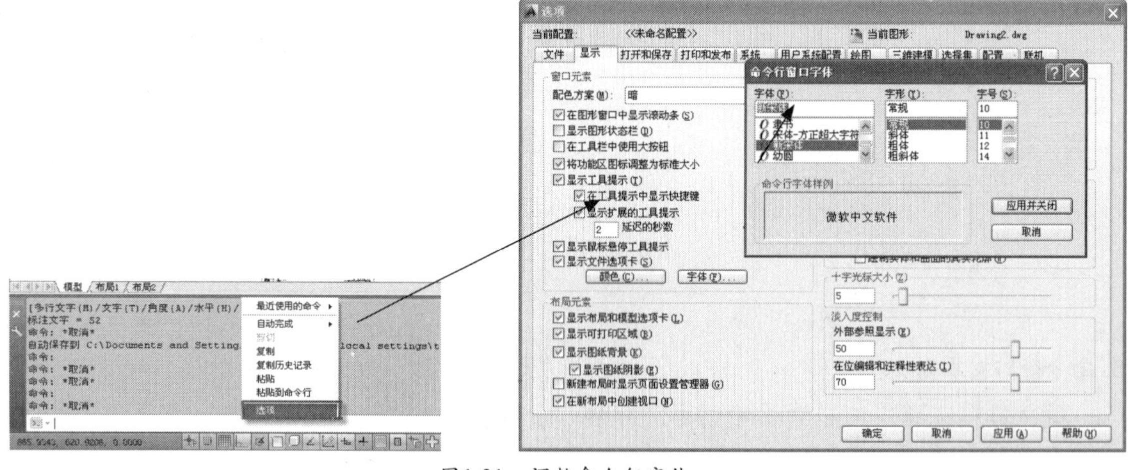

图1-31　调整命令行字体

9. 状态栏

状态栏位于屏幕的底部，它可以显示AutoCAD当前的状态，主要由5部分组成，如图1-32所示。

坐标区 绘图辅助工具 快速查看工具 注释工具 工作空间工具

3912.4967, 584.1430 , 0.0000 模型 1:1

图1-32 状态栏

★ 坐标区：光标区从左至右3个数值分别是十字光标所在X、Y、Z轴的坐标数据，光标坐标值显示了绘图区中光标的位置。移动光标，坐标值也会随之变化。

★ 绘图辅助工具：绘图辅助工具主要用于控制绘图的性能，其中包括推断约束、捕捉模式、栅格显示、正交模式、极轴追踪、对象捕捉、三维对象捕捉、对象捕捉追踪、允许/禁止动态UCS、动态输入、显示/隐藏线宽、显示/隐藏透明度、快捷特性和选择循环等工具。各工具按钮的具体说明如下。

- ◆ 推断约束：该按钮用于开启或者关闭推断约束。推断约束即自动在正在创建或编辑的对象与对象捕捉的关联对象或点之间应用约束，如平行、垂直等。
- ◆ 捕捉模式：该按钮用于开启或者关闭捕捉。捕捉模式可以使光标能够很容易抓取到每一个栅格上的点。
- ◆ 栅格显示：该按钮用于开启或者关闭栅格的显示。
- ◆ 正交模式：该按钮用于开启或者关闭正交模式。正交即光标只能走与X轴或者Y轴平行的方向，不能画斜线。
- ◆ 极轴追踪：该按钮用于开启或者关闭极轴追踪模式。用于捕捉和绘制与起点水平线成一定角度的线段。
- ◆ 对象捕捉：该按钮用于开启或者关闭对象捕捉。对象捕捉即能使光标在接近某些特殊点的时候能够自动指引到那些特殊的点，如中点、垂足点等。
- ◆ 对象捕捉追踪：该按钮用于开启或者关闭对象捕捉追踪。该功能和对象捕捉功能一起使用，用于追踪捕捉点在线性方向上与其他对象的特殊交点。
- ◆ 允许/禁止动态UCS：用于切换允许和禁止动态UCS。
- ◆ 动态输入：动态输入的开启和关闭。
- ◆ 显示/隐藏线宽：该按钮控制线宽的显示或者隐藏。
- ◆ 快捷特性：控制“快捷特性面板”的禁用或者开启。

★ 快速查看工具：使用其中的工具可以方便地预览打开的图形，以及打开图形的模型空间与布局，并在其间进行切换。图形将以缩略图形式显示在应用程序窗口的底部。

- ◆ 模型模型：用于模型与图纸空间之间的转换。
- ◆ 快速查看布局：快速查看绘制图形的图幅布局。
- ◆ 快速查看图形：快速查看图形。

★ 注释工具：用于显示缩放注释的若干工具。对于模型空间和图纸空间，将显示不同的工具。当图形状态栏打开后，将显示在绘图区域的底部；当图形状态栏关闭时，图形状态栏上的工具移至应用程序状态栏。

- ◆ 注释比例 1:1：注释时可通过此按钮调整注释比例。
- ◆ 注释可见性：单击该按钮，可选择仅显示当前比例的注释或是显示所有比例的注释。
- ◆ 自动添加注释比例：注释比例更改时，通过该按钮可以自动将比例添加至注释性对象。

★ 工作空间工具：切换工作空间，切换绘图空间，可通过此按钮切换AutoCAD 2014的工作空间。

- ◆ 锁定窗口：用于控制是否锁定工具栏和窗口的位置。
- ◆ 硬件加速：用于在绘制图形时通过硬件的支持提高绘图性能，如刷新频率。
- ◆ 隔离对象：当需要对大型图形的个别区域重点进行操作，并需要显示或隐藏部分对象时，可以使用该功能在图形中临时隐藏和显示选定的对象。
- ◆ 全屏显示：用于开启或退出AutoCAD 2014的全屏显示。

1.2 AutoCAD 2014绘图环境

AutoCAD应用程序新建的空白文件继承了系统所定义的绘图环境，包括绘图单位、光标大小、绘图区颜色等。由于AutoCAD可以用来绘制不同类型的图纸，而且绘制人员本身也千差万别，因此有必要针对实际情况来设置AutoCAD的绘图环境，以提高绘图的效率。

1.2.1 设置工作空间

AutoCAD系统默认显示【草图与注释】工作空间，但是用户可以根据自己的绘图需要或者绘图习惯，来转换工作空间。

AutoCAD 2014切换工作空间的方法有以下几种。

★ 菜单栏：执行"工具"|"工作空间"命令，在子菜单中选择相应的工作空间，如图1-33所示。

★ 状态栏：直接单击状态栏上的"切换工作空间"按钮，在弹出的子菜单中选择相应的命令，如图1-34所示。

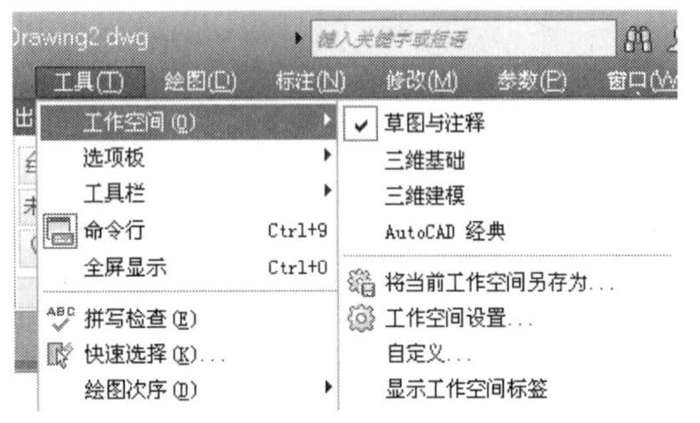

图1-33 菜单栏切换

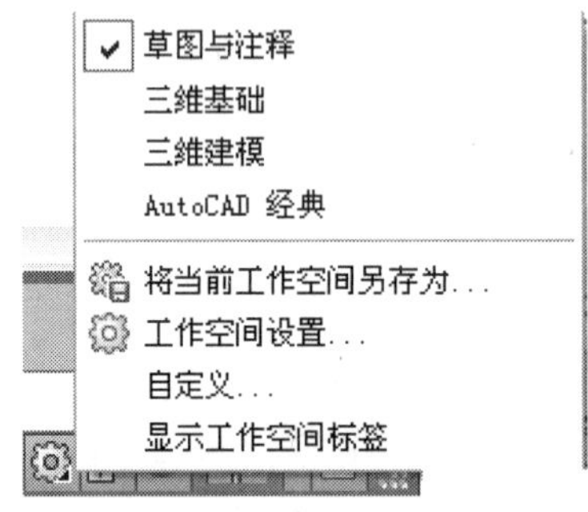

图1-34 状态栏切换

★ 工具栏：单击"快速访问"工具栏上的"草图与注释"按钮，在弹出的下拉列表中选择所需工作空间，如图1-35所示。

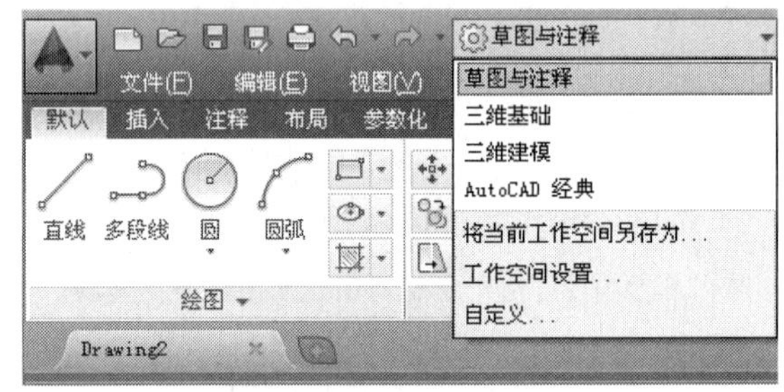

图1-35 工作空间列表

1.2.2 设置图形界限

图形界限即绘图的区域，为方便图纸的打印输出，在绘制图形前一般应先设置图形界限。

1. 执行方式

★ 命令行：在命令行中输入"LIMITS/LIM"命令，并按下Enter键。

★ 菜单栏：执行"格式"|"图形界限"命令。

2. 操作步骤

调用"图形界限"命令，命令行提示如下所述。

```
命令: LIMITS1↙
重新设置模型空间界限:↙
指定左下角点或 [开(ON)/关(OFF)] <3268,-2>: 0,01↙          //输入坐标参数值，以逗号隔开
指定右上角点 <3628,214>: 420,2971↙                        //按下Enter键，可完成图形界限的设置
```

命令行中各选项含义如下所述。

★ 开(ON)：输入ON，选择该项，可使绘图边界有效。系统将视在绘图边界以外拾取的点无效。

★ 关(OFF)：输入OFF，选择该项，用户可在绘图边界以外拾取点或者实体。

1.2.3 设置绘图单位

绘制不同的图纸，应设置不同的绘图单位，例如绘制建筑设计图纸通常使用毫米为单位。

1. 执行方式

★ 命令行：在命令行中输入“UNITS/UN”命令，并按下Enter键。

★ 菜单栏：执行“格式”|“单位”命令。

2. 操作步骤

调用“单位”命令，系统弹出【图形单位】对话框；在其中更改“精度”参数为0，“用于缩放插入内容的单位”为“毫米”，如图1-36所示。

单击“确定”按钮关闭对话框，可完成单位的设置。

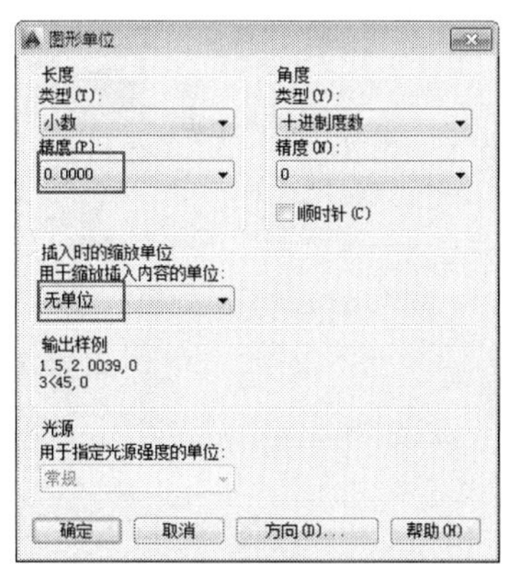

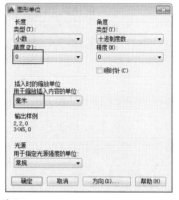

图1-36 设置图形单位

1.2.4 设置十字光标大小

十字光标可以拾取图形，并为绘制或编辑图形提供参照。

1. 设置方式

★ 命令行：在命令行中输入“OPTIONS/OP”命令，并按下Enter键。

★ 菜单栏：执行“工具”|“选项”命令。

★ 对话框：在【草图设置】对话框中单击左下角的“选项”按钮。

★ 菜单浏览器：在菜单浏览器列表中单击下方的“选项”按钮。

2. 操作步骤

调用“选项”命令，系统弹出图1-37所示的【选项】对话框。在其中的“十字光标大小”选项组中通过调节参数值来控制光标的大小，可以在文本框中直接输入数值，也可移动滑块来调整光标的大小。

图1-38所示为不同大小的十字光标的对比结果。

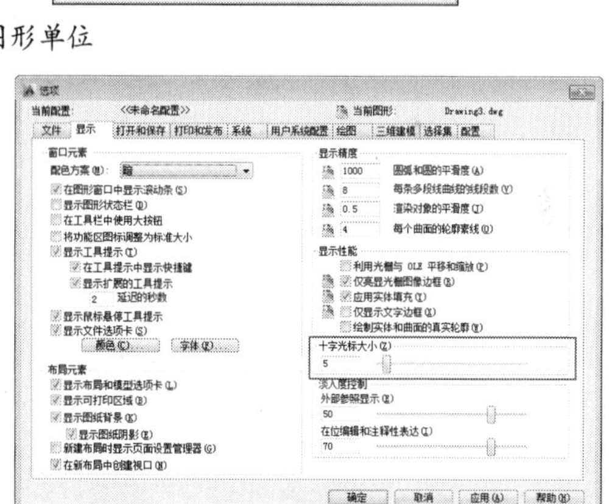

图1-37 【选项】对话框

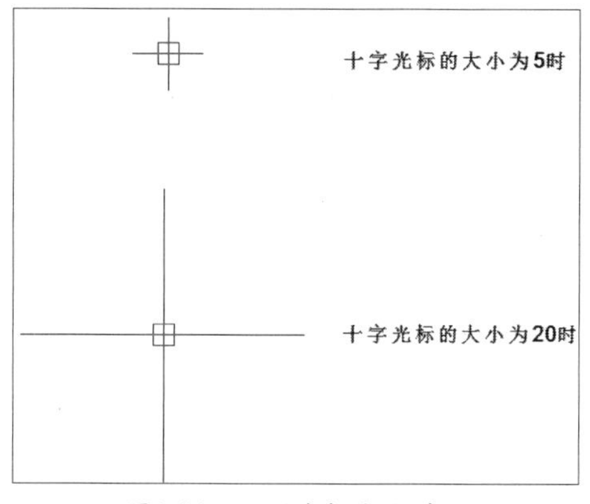

图1-38 不同光标大小对比

1.2.5 设置绘图区颜色

系统默认绘图区的颜色为黑色，用户可根据绘图的需要，灵活自定义绘图区的颜色。调出【选项】对话框，在“窗口元素”选项组下单击“颜色”按钮；调出【图形窗口颜色】对话框，单击右上角的“颜色”选项列表，在列表中选择待更改的颜色（例如“白色”），即可在左下角的预览框中预览更改效果，如图1-39所示。

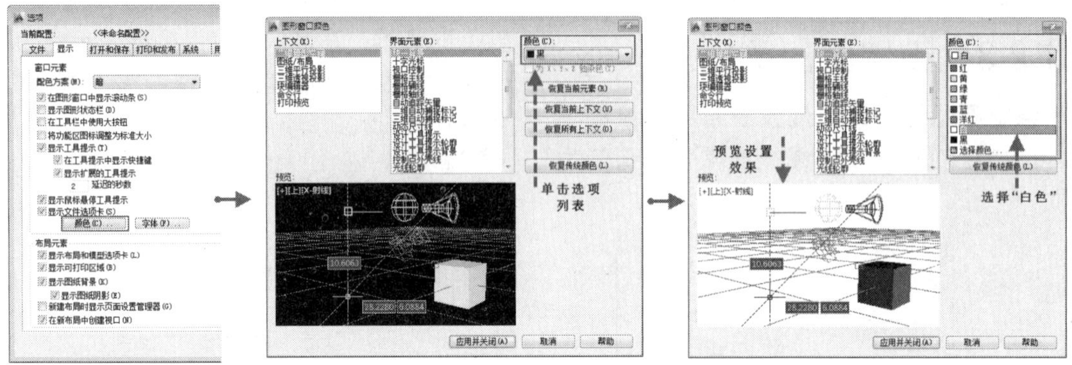

图1-39 设置绘图区颜色

单击“确定”按钮关闭对话框，可以完成更改绘图区颜色的操作。

在【图形窗口颜色】对话框中单击右侧的“恢复传统颜色”按钮，可以将绘图区的颜色恢复至初始设置值。

1.2.6 设置鼠标右键功能

在绘图区的空白处单击鼠标右键，可以弹出快捷菜单。通过选择快捷菜单中的相应选项，可以实现重复执行上一个命令、查看最近输入的命令等操作。

鼠标右键的功能及快捷菜单中的选项不是固定不变的，用户可以对其进行自定义设置，以满足个人工作需要。

调出【选项】对话框，选择“用户系统配置”选项卡，单击“Windows标准操作”选项组下的“自定义右键单击”按钮，可调出【自定义右键单击】对话框。在该对话框中可以对右键菜单中所包含的“默认模式”、“编辑模式”、“命令模式”的参数进行设置，如图1-40所示。

参数设置完成后，单击“应用并关闭”按钮，可以完成设置操作。

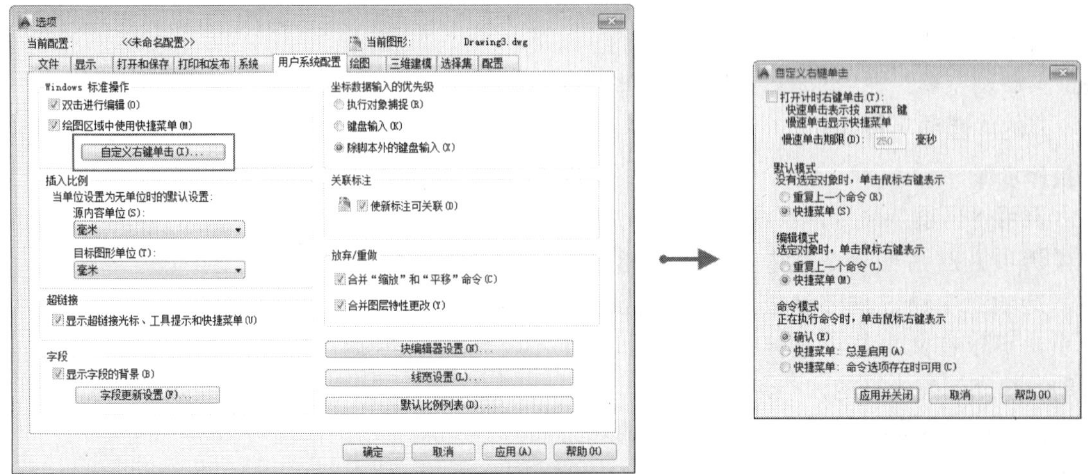

图1-40 设置鼠标右键功能

1.3 AutoCAD图形文件管理

AutoCAD 2014文件操作主要包括新建文件、打开文件、保存文件，以及文件加密保护等。

1.3.1 新建图形文件

执行“新建”图形文件命令，可以创建新的绘图环境及图形文件。

1. 执行方式

★ 菜单栏：执行“文件”|“新建”命令。

★ 工具栏：单击工具栏中的“新建”按钮。

★ 标题栏：单击标题栏左侧的“新建”按钮。

★ 快捷键：Ctrl+N。

★ 命令行：在命令行中输入“NEW”命令，并按下Enter键。

2. 操作步骤

调用“新建”命令，调出【选择样板】对话框，在样板列表中选择合适的样板，单击“打开”按钮，即以选中的样板为模板创建新图形文件，如图1-41所示。

1.3.2 保存图形文件

执行“保存”图形文件命令，可以将当前图形文件存储至指定路径中。

1. 执行方式

★ 菜单栏：执行“文件”|“保存”命令。

★ 工具栏：单击工具栏中的“保存”按钮。

★ 标题栏：单击标题栏左侧的“保存”按钮。

★ 快捷键：Ctrl+S。

★ 命令行：在命令行中输入“SAVE”命令，并按下Enter键。

2. 操作步骤

调用“保存”命令，调出【图形另存为】对话框，在其中设置文件的名称及保存路径，在“文件类型”列表中选择文件的存储类型，单击“保存”按钮，即可完成存储操作，如图1-42所示。

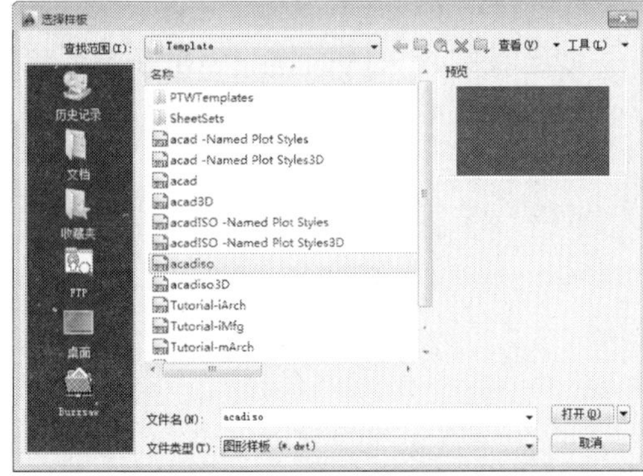

图1-41 【选择样板】对话框

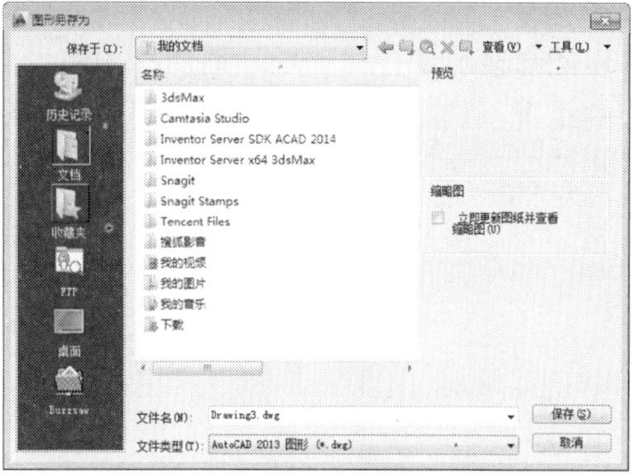

图1-42 【图形另存为】对话框

1.3.3 打开图形文件

执行“打开”图形文件命令，可以将已存储的.dwg文件打开。

1. 执行方式

★ 菜单栏：执行“文件”|“打开”命令。

★ 工具栏：单击工具栏中的“打开”按钮。

★ 标题栏：单击标题栏左侧的“打开”按钮。

★ 快捷键：Ctrl+O。

★ 命令行：在命令行中输入“OPEN”命令，并按下Enter键。

2. 操作步骤

调用“打开”命令，调出【选择文件】对话框，在其中选择待打开的图形文件，单击“打开”按钮，可将选中的图形文件打开，如图1-43所示。

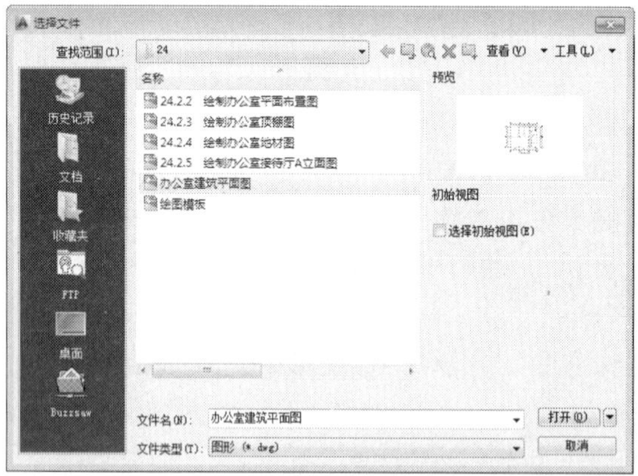

图1-43 【选择文件】对话框

1.3.4 关闭图形文件

执行“关闭”图形文件命令，可以将保存或未保存的图形文件关闭。

1. 执行方式

★ 菜单栏：执行“文件”|“关闭”命令。

★ 快捷键：Ctrl+Q。

★ 命令行：在命令行中输入“QUIT”或者“EXIT”命令，并按下Enter键。

2. 操作步骤

对图形执行保存操作后，调用“关闭”命令，可以直接执行关闭操作，但是在图形未进行保存的情况下调用“关闭”命令，则系统弹出图1-44所示的【AutoCAD】对话框，提示用户对图形执行保存操作，或者取消当前操作。

图1-44 【AutoCAD】对话框

第2章 AutoCAD基本操作

本章将介绍AutoCAD 2014的命令调用方法、坐标系的使用和视图操作等。这些操作虽然看似简单，却是熟练和灵活使用AutoCAD的基础和前提，因此需要重点学习和掌握。包括命令的调用、通过设定坐标点来绘制图形，以及控制视图显示的方式等。

2.1 AutoCAD命令的使用

在AutoCAD中，需要通过执行一系列的命令来对图形执行创建、编辑等操作。因此，熟悉命令的调用方式，对于学会运用AutoCAD来绘制施工图纸有莫大的帮助。本节介绍在AutoCAD中调用命令的方式。

2.1.1 调用命令的方式

在AutoCAD 2014中，命令的调用方式有菜单栏、工具栏、功能区、命令行等几种。

例如调用【直线】命令，可以使用下面几种方式。

★ 菜单栏：执行“绘图”|“直线”命令，如图2-1所示。

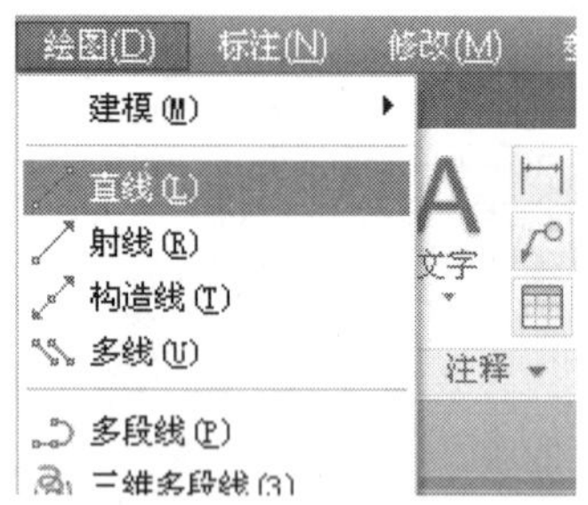

图2-1 【菜单栏】调用【直线】命令

★ 工具栏：单击“绘图”工具栏的“直线”按钮。

★ 命令行：在命令行中输入“LINE/L”命令。

★ 功能区：在“默认”选项卡中，单击“绘图”面板中的“直线”按钮，如图2-2所示。

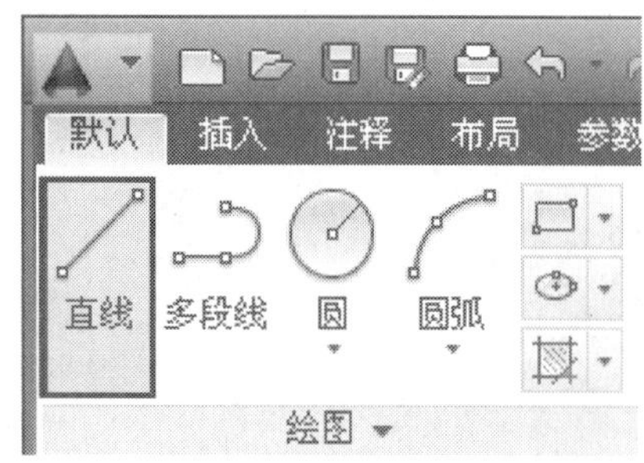

图2-2 【功能区】调用【直线】命令

1. 菜单栏调用

使用菜单栏调用命令是Windows应用程序调用命令的常用方式。AutoCAD 2014将常用的命令分门别类地放置在10多个菜单中，用户先根据操作类型单击展开相应的菜单项，然后从中选择相应的命令即可。

通过菜单栏调用命令是最直接、最全面的方式，其对于新手来说比其他的命令调用方式更加方便与简单。除了【AutoCAD 经典】空间以外，其余3个绘图空间在默认情况下没有菜单栏，需要用户自己调出。

2. 使用工具栏调用命令

与菜单栏一样，工具栏默认显示于【AutoCAD经典】工作空间。单击工具栏中的按钮，即可执行相应的命令。用户在其他工作空间绘图，也可以根据实际需要调出工具栏，如【UCS】、【三维导航】、【建模】、【视图】、【视口】等。

> **技巧**
>
> 为了获取更多的绘图空间，可以按Ctrl+0快捷键隐藏工具栏，再按一次即可重新显示。

3. 使用命令行调用命令

使用命令行输入命令是AutoCAD的一大特色功能，同时也是最快捷的绘图方式。这就要求用户熟记各种绘图命令，一般对AutoCAD比较熟悉的用户都用此方式绘制图形，因为这样可以大大提高绘图的速度和效率。

AutoCAD绝大多数命令都有其相应的简写方式。如“直线”命令LINE的简写方式是L，绘制矩形命令RECTANGLE简写方式是REC。对于常用的命令，用简写方式输入将大大减少键盘输入的工作量，提高工作效率。另外，AutoCAD对命令或参数输入不区分大小写，因此操作者不必考虑输入的大小写。

4. 功能区调用命令

除【AutoCAD经典】空间外，另外3个工作空间都是以功能区作为调用命令的主要方式。相比其他调用命令的方法，在面板区调用命令更加直观，非常适合于不能熟记绘图命令的AutoCAD初学者。

在实际绘图过程中，常常需要结合多种命令调用方式，下面通过具体实例讲解各命令调用方式的具体应用。

技巧

合理的选择执行命令的方式可以提高工作效率，对于AutoCAD初学者而言，通过使用【功能区】全面而形象的工具按钮，能比较快速地熟悉相关命令的使用。而如果是AutoCAD使用的熟练的用户，通过键盘在命令行输入命令，则能大幅度提高工作的效率。

2.1.2 退出正在执行的命令

在绘图过程中，命令使用完成后需要退出命令，而有的命令则要求退出以后才能执行下一个命令，否则就无法继续操作。

在AutoCAD 2014中常用以下方法退出命令。

★ 快捷键：按Esc键。

★ 鼠标右击：在空白位置单击鼠标右键，然后在展开菜单中选择【确认】选项。

2.1.3 重复使用命令

在绘图过程中，经常需要重复同一种操作，每次都重复选择菜单命令或输入命令字符会大大降低工作效率，所以AutoCAD提供了快速重复上一个命令的功能。

在AutoCAD 2014中常用以下方法重复执行命令。

★ 命令行：在命令行中输入“MULTIPLE/MUL”命令，并按下Enter键，此方式不常用。

★ 快捷键：按Enter键或按空格键重复使用上一个命令，此方法最为快捷。

★ 快捷菜单：在命令行中单击鼠标右键，在快捷菜单中【最近使用命令】下选择需要重复的命令，可重复调用上一个使用的命令，此方法快捷性一般，但可重复最近几次使用的命令。

2.1.4 实战——绘制填充图案

此实例通过为建筑剖面图填充图案，讲解命令的调用和重复的方法。首先在命令行中输入H【图案填充】命令，待完成第一个填充图案的绘制后，按下Enter键可重复执行H【图案填充】命令。完成第二个填充图案的绘制后，单击鼠标右键，在弹出的快捷菜单中选择第一项，可继续下一个填充图案的绘制。

01 打开素材。按下Ctrl+O快捷键，打开配套光盘提供的“第2章/2.1.4绘制填充图案.dwg”文件，如图2-3所示。

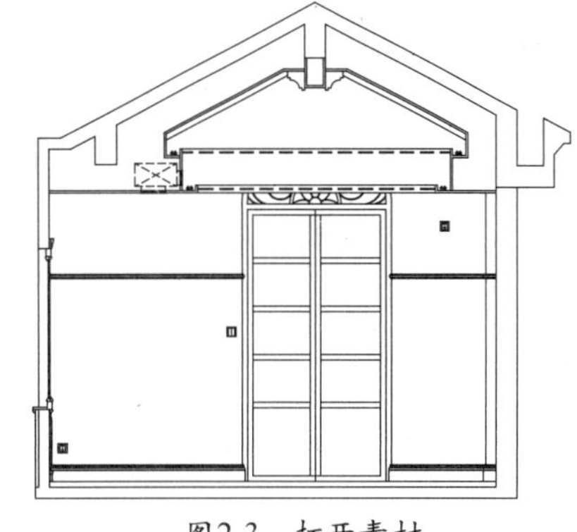

图2-3 打开素材

02 通过命令行调用命令。在命令行中输入H【图案填充】命令，系统弹出【图案填充和渐变色】对话框，在其中设置图案填充参数，结果如图2-4所示。

03 在立面图中拾取填充区域，绘制图案填充的结果如图2-5所示。

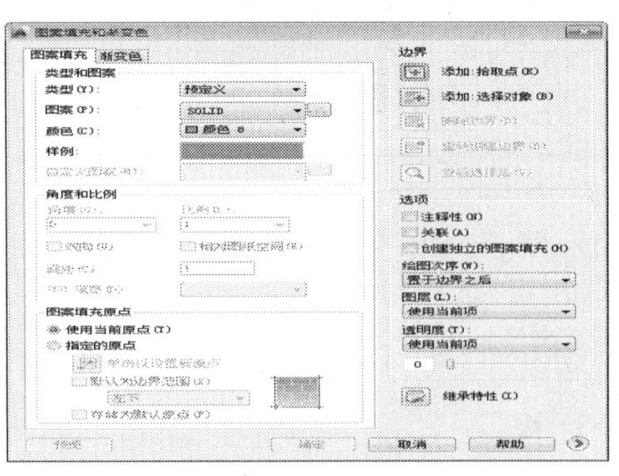

图2-4 【图案填充和渐变色】对话框

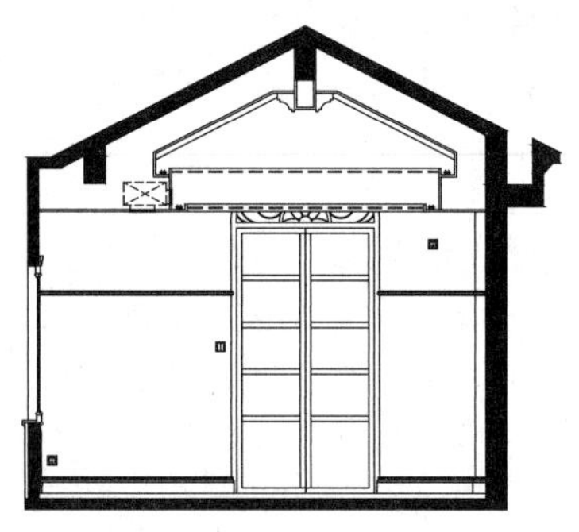

图2-4 绘制图案填充

04 按下Enter键，重新调出【图案填充和渐变色】对话框，在其中修改图案填充参数，如图2-6所示。

05 在立面图中拾取立面门玻璃轮廓线，绘制玻璃填充图案的结果如图2-7所示。

图2-6 修改图案填充参数

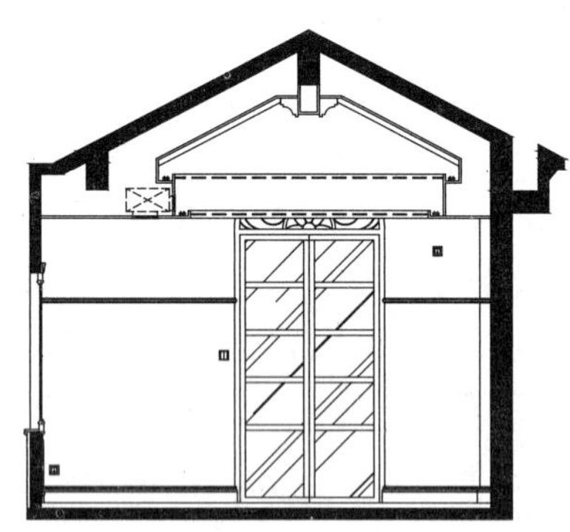

图2-7 绘制玻璃填充图案

06 重复调用命令。单击右键，在弹出快捷菜单中选择“重复HATCH”选项；在调出的【图案填充和渐变色】对话框中设置壁纸的图案填充参数，如图2-8所示。

07 在立面图中拾取墙面壁纸区域，绘制壁纸填充图案的结果如图2-9所示。

图2-8 修改参数

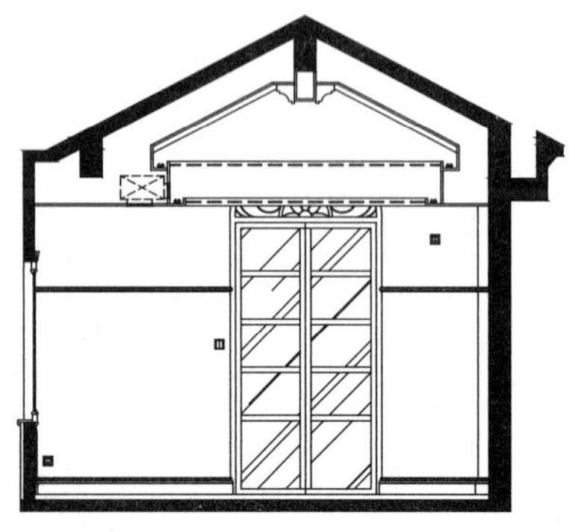

图2-9 绘制壁纸填充图案

2.2 输入坐标点

通过在命令行中输入坐标点，可以在绘图区中定义图形的位置。本节介绍坐标系的知识及输入坐标的操作方法。

2.2.1 认识坐标系

AutoCAD中有两个坐标系，分别是世界坐标系（WCS）与用户坐标系（UCS）。其中世界坐标系为固定坐标系，通常位于绘图区的左下角，而用户坐标系是可移动的坐标系，即可随意更改其位置和方向。

用户进入AutoCAD应用程序时的坐标系统即世界坐标系，该坐标系是坐标系统中的基准，绘图时多数情况下都是在这个坐标系统下进行的。

用户坐标系对于输入坐标、定义图形平面和设置视图非常有用。改变用户坐标系并不改变视点，只改变坐标系的方向和倾斜。

WCS（如图2-10所示）与UCS（如图2-11所示）常常是重合的，即它们的轴和原点都恰好重叠在一起。无论如何重新定向UCS，都可以通过使用UCS命令的“世界”选项使其与WCS重合。

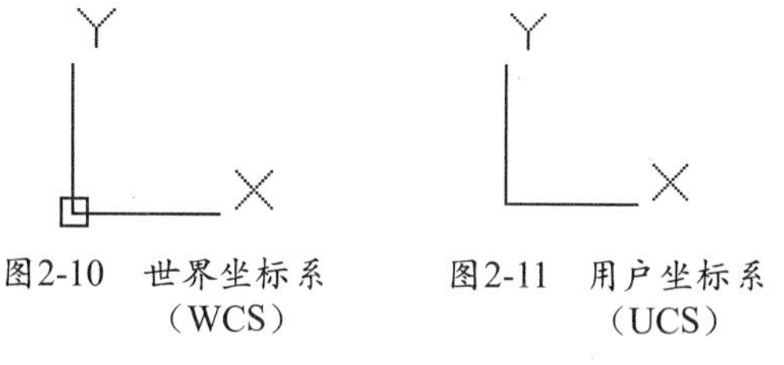

图2-10 世界坐标系（WCS）　图2-11 用户坐标系（UCS）

2.2.2 输入坐标

AutoCAD中点的坐标可以用直角坐标、极坐标、球面坐标及柱面坐标来表示。每种坐标有两种坐标输入方式，即绝对坐标和相对坐标。本节介绍最常用的两种坐标输入方法，即直角坐标和极坐标的输入。

1. 直角坐标法

直角坐标是指使用点的X、Y坐标值表示的坐标。

调用“点”命令，在命令行中输入“2，1”，则表示输入了一个X、Y的坐标值分别为“2，1”的点，此为绝对直角坐标输入方式，表示该点的坐标是相对于当前坐标原点的坐标值，如图2-12所示。假如输入“@10，15”，则为相对直角坐标输入方式，表示该点的坐标是相对于前一点的坐标值，如图2-13所示。

图2-12 绝对坐标输入方式　图2-13 相对坐标输入方式

2. 极坐标法

绝对极坐标的表示方式为“长度<角度”，例如“25<5”，其中长度表为该点到坐标原点的距离，角度为该点至原点的连线与X轴正向的夹角，如图2-14所示。

相对极坐标的表示方式为“@长度<角度”，例如“@30<50”，其中长度为该点到前一点的距离，角度为该点至前一点的连线与X轴正向的夹角，如图2-15所示。

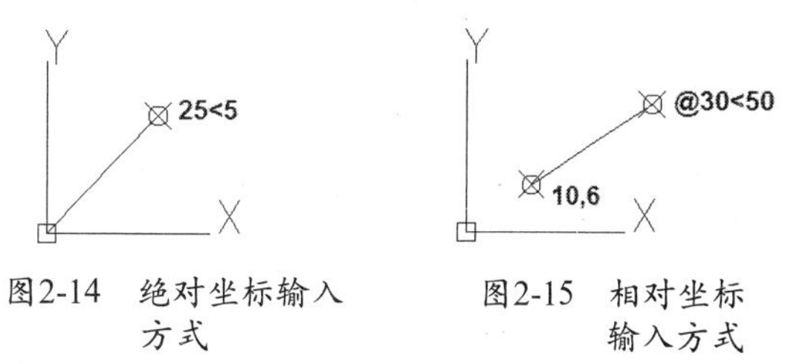

图2-14 绝对坐标输入方式　图2-15 相对坐标输入方式

2.3 调整视图显示

在绘制建筑图形的过程中，经常需要对视图进行如平移、缩放、重生成等操作，以方便观察视图和更好地绘图。本节介绍调整视图显示的各类操作方法。

2.3.1 缩放视图

视图缩放就是将图形进行放大或缩小，但不改变图形的实际大小，以便于观察或继续绘制。

调用“缩放”命令的方法如下。

★ 菜单栏：执行“视图”|“缩放”子菜单相应命令，如图2-16所示。

★ 面板：单击图2-17所示的“导航”面板和导航栏范围缩放按钮。

★ 命令行：在命令行输入“ZOOM/Z”命令，并按下Enter键。

图2-16 视图缩放命令

图2-17 导航面板和导航栏

执行“缩放”命令后，命令行操作如下：

```
命令: _zoom                                        //调用"缩放"命令
指定窗口的角点，输入比例因子 (nX 或 nXP)，或者
[全部(A)/中心(C)/动态(D)/范围(E)/上一个(P)/比例(S)/窗口(W)/对象(O)] <实时>:
```

下面分别介绍各缩放方式的含义。

1. 实时（ ）

“缩放”命令默认该缩放方式，调用该命令后，按下Enter键即可执行实时缩放操作。实时缩放可以通过上下移动鼠标交替进行放大或缩小。在使用实时缩放时，光标在屏幕中变成一个放大镜图标，来回拖动鼠标即可放大或缩小图形，如图2-18所示。

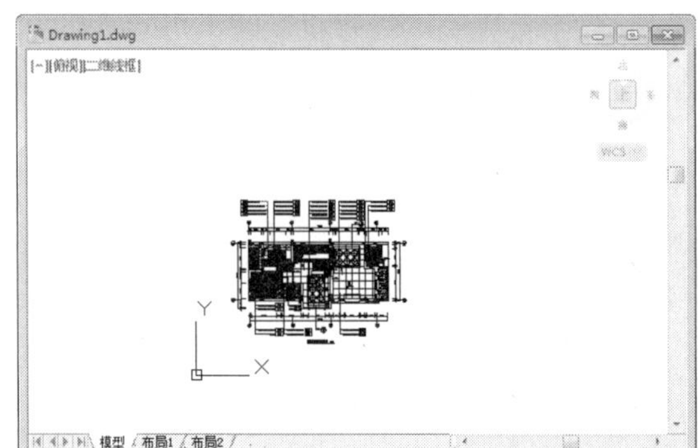

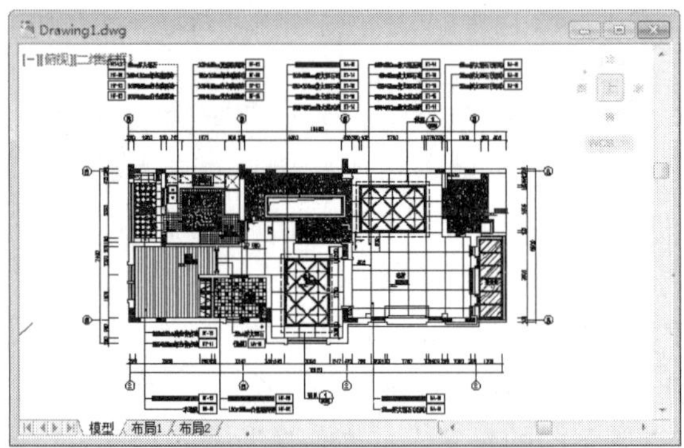

图2-18 实时缩放

2. **上一个**（ ）

使用“上一个”视图缩放方式，可以回到前一个视图，这在绘制或者编辑复杂图形时经常用到。当前视口由“缩放”命令的各种选项或者“移动”视图、视图恢复、平行投影或透视命令等引起的任何变化，AutoCAD系统都将会进行保存。每一个视口最多可以保存10个视图。连续执行“上一个”缩放命令，可以恢复至前10个视图。

3. **窗口**（ ）

“窗口”缩放是最常用的缩放方式之一，通过确定矩形窗口的两个对角点来指定所需缩放的区域，如图2-19所示。对角点的确定方式有两种，一种是由鼠标指定；另一种是输入坐标来确定。

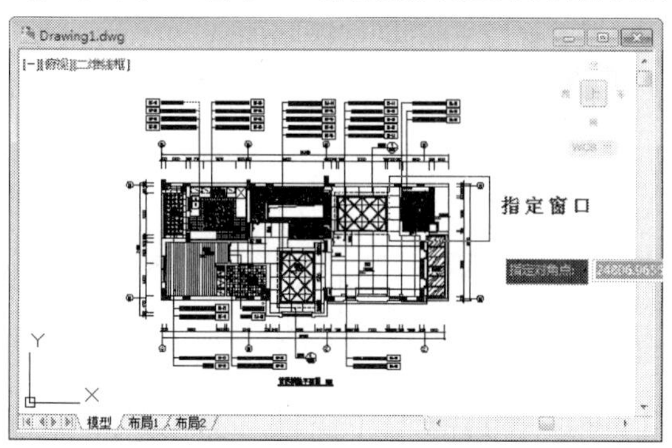

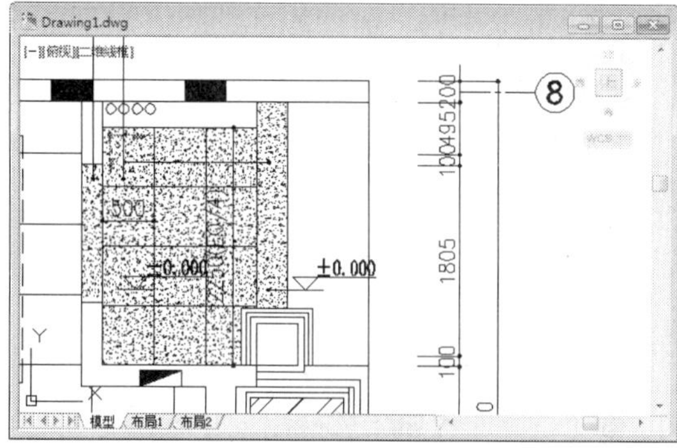

图2-19　窗口缩放

4. **动态**（ ）

选择“动态”缩放方式，则在绘图窗口中出现一个小的视图框；按住鼠标左键左右移动，可以改变该视图框的大小，确定大小后松开鼠标左键；再按下鼠标左键来移动视图框，以确定图形中的放大位置；按下Enter键，即可将位于视图框中的图形以最大化显示，如图2-20所示。

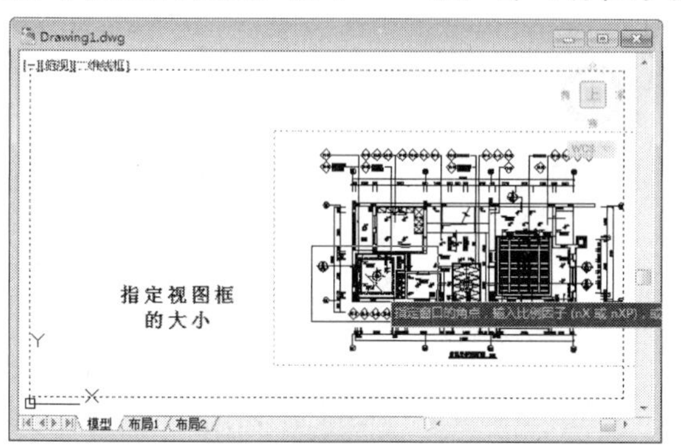

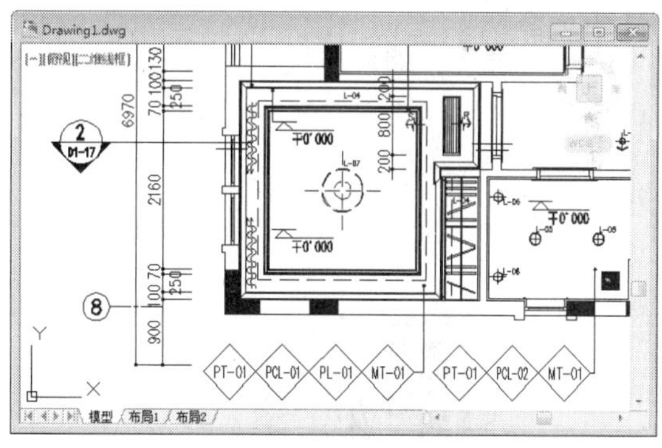

图2-20　动态缩放

5. **比例**（ ）

选择“比例”缩放方式，可以使用不同的比例因子来调整视图的大小，如图2-21所示。

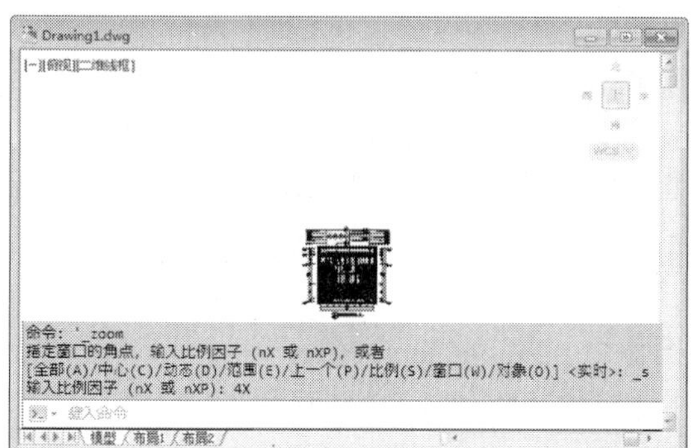

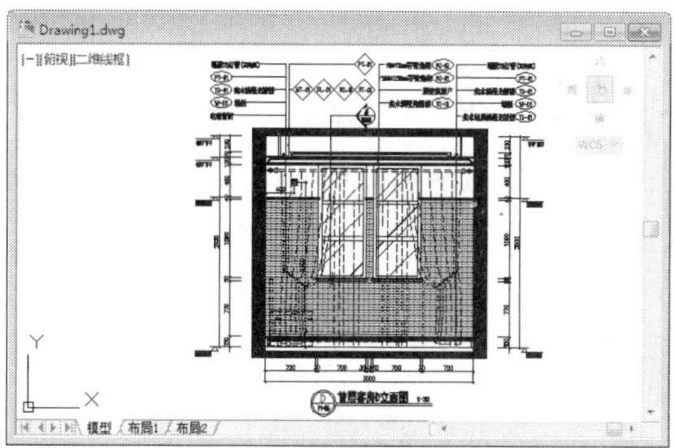

图2-21　比例缩放

★ 在命令行中输入比例系数，则系统可按照此比例因子放大或缩小图形的尺寸。

★ 在比例系数后加上X，表示相对于当前视图计算的比例因子。

★ 在数值后加XP，表示相对于图纸空间单位进行缩放。

6. **圆心**（ ）

选择“圆心”缩放方式，首先在绘图区内指定一个中心点，然后设定整个图形的缩放比例，而这个点在缩放之后将成为新视图的中心点。

命令行中的“当前值”为当前视图的纵向高度。假如输入的高度值比当前值小，视图被放大；若输入高度值比当前值大，则视图被缩小。缩放系数等于“当前窗口高度/输入高度”的比值。也可以直接输入缩放系数，或后跟字母X/XP（如5X/5XP），含义参照“比例”缩放中的介绍。

在比例数值后输入X，例如5X，则表示在放大时不是按照绝对值变化，而是相对于当前视图的相对值缩放，如图2-22所示。

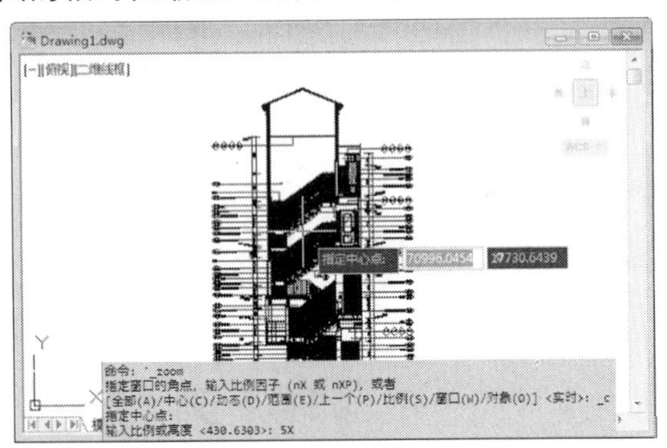
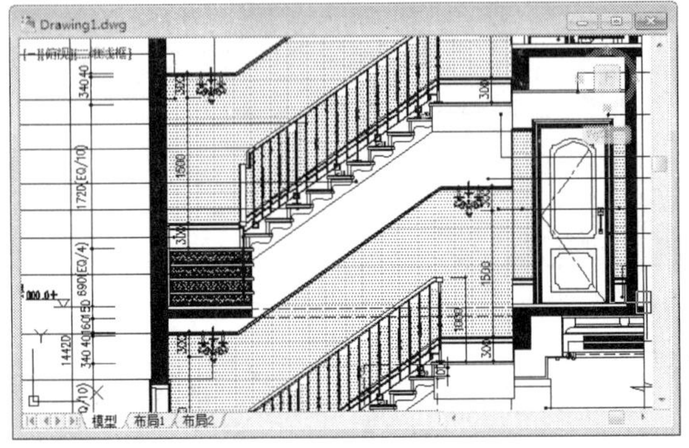

图2-22　圆心缩放

7. **对象**（ ）

选择“对象”缩放方式，可以选择一个或多个图形，将其放大并使其位于视图的中心，如图2-23所示。

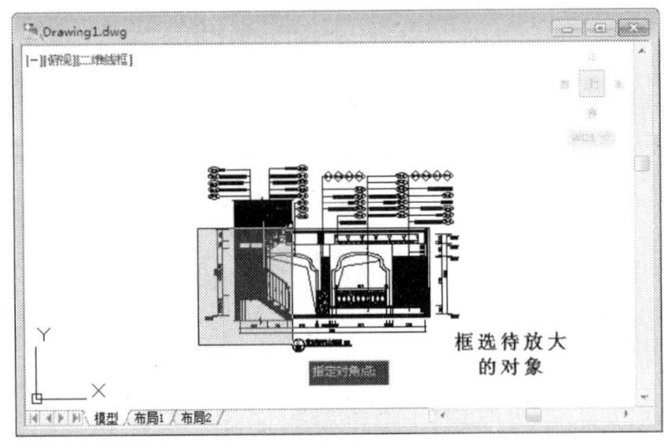

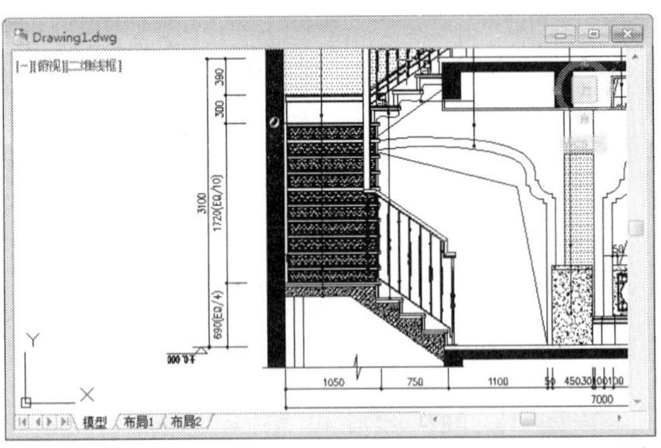

图2-23　对象缩放

2.3.2　平移视图

在将图形放大后，使用“平移”视图命令，可以移动视图，以观察或编辑图形的某一个区域。“平移”视图的方式有实时、点、左、右、上、下，本节介绍这些平移方式的操作。

“平移”命令的操作方式如下所示。

在AutoCAD 2014中常用以下方法启动平移视图命令。

★ 菜单栏：执行“视图”|“平移”命令，然后在弹出的子菜单中选择相应的命令。

★ 工具栏：单击“标准”工具栏上的“实时平移”按钮 。

★ 面板：单击“导航”面板和导航栏上的“实时平移”按钮。
★ 命令行：在命令行中输入“PAN/P”命令，并按下Enter键。

调用“平移”命令后，十字光标显示为手掌形状，可以在绘图区中任意移动。按住鼠标左键，可将光标锁定在当前的位置上；按住左键不放拖动图形以使其移动到所需的位置上，松开左键可停止移动图形。

反复地按住左键、拖动、松开，可将指定的图形移动至其他位置上。

“平移”视图的方式有以下几种。

★ 实时：系统默认选择该平移方式，同时也是最常用的平移视图的方式。选择该方式，可以通过拖动鼠标来使图形在任意方向上平移。
★ 点：选择“点”移动方式，通过确定图形移动的方向和距离来改变图形的位置。位移的确定方法有通过输入点坐标或者用鼠标指定点的坐标这两种。
★ 左：选择“左”移动方式，可移动图形，使屏幕左侧的图形进入当前的显示窗口。
★ 右：选择“右”移动方式，可移动图形，使屏幕右侧的图形进入当前的显示窗口。
★ 上：选择“上”移动方式，通过向底部平移图形，以使屏幕顶部的图形进入当前的显示窗口。
★ 下：选择“下”移动方式，通过向顶部平移图形，以使屏幕底部的图形进入当前的显示窗口。

2.3.3 重画与重生成

在绘制或者编辑图形的过程中，绘图区中经常留下对象的拾取标记，但这些标记是无用的，会使当前的图形画面显得混乱。此时，调用“重画”或“重生成”命令，可以消除这些临时的标记，以使图形清晰地显示。

1. 重画

使用“重画”命令，可以在显示内存中更新屏幕以消除临时标记，并更新用户使用的当前视区。

在AutoCAD 2014中常用以下方法启动重画命令。

★ 菜单栏：执行“视图”|“重画”命令。
★ 命令行：在命令行中输入“REDRAWALL/RADRAW/RA”命令，并按下Enter键。

调用“重画”命令后，系统即可更新当前图形的显示。

2. 重生成

使用“重生成”命令，系统可从磁盘中调取当前图形的数据以更新屏幕，所花的时间比“重画”操作要长。

在AutoCAD 2014中常用以下方法启动重生成命令。

★ 菜单栏：执行|“视图”|“重生成”命令。
★ 命令行：在命令行中输入“REGEN/RE”命令，并按下Enter键。

执行“重生成”操作后，假如圆形显示为有棱有角的多边形，此时调用“重生成”命令，可消除棱角，使圆以光滑的曲线来显示。

图2-24所示为执行“重生成”命令后，整体浴室的弧形外轮廓变得圆滑。

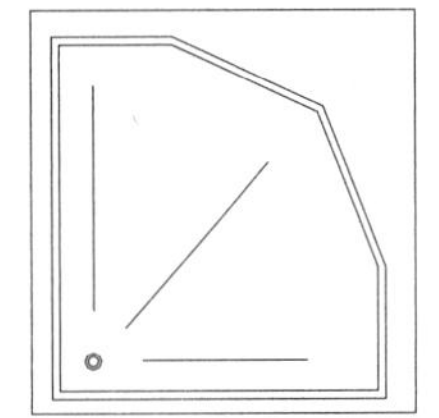
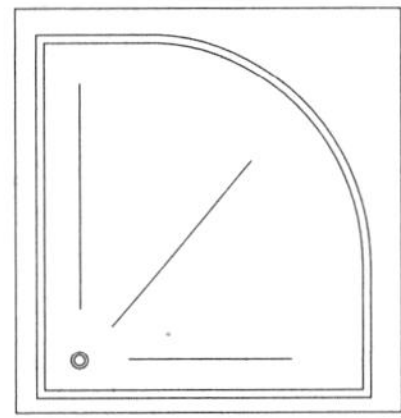

图2-24 重生成

2.3.4 实战——查看住宅楼建筑平面图

本节介绍使用上一小节所介绍的调整视图显示的方式来查看住宅楼建筑平面图的操作方式。

01 打开素材。按下Ctrl+O快捷键，打开配套光盘提供的“第2章/2.3.4查看住宅楼建筑平面图.dwg”文件，如图2-25所示。

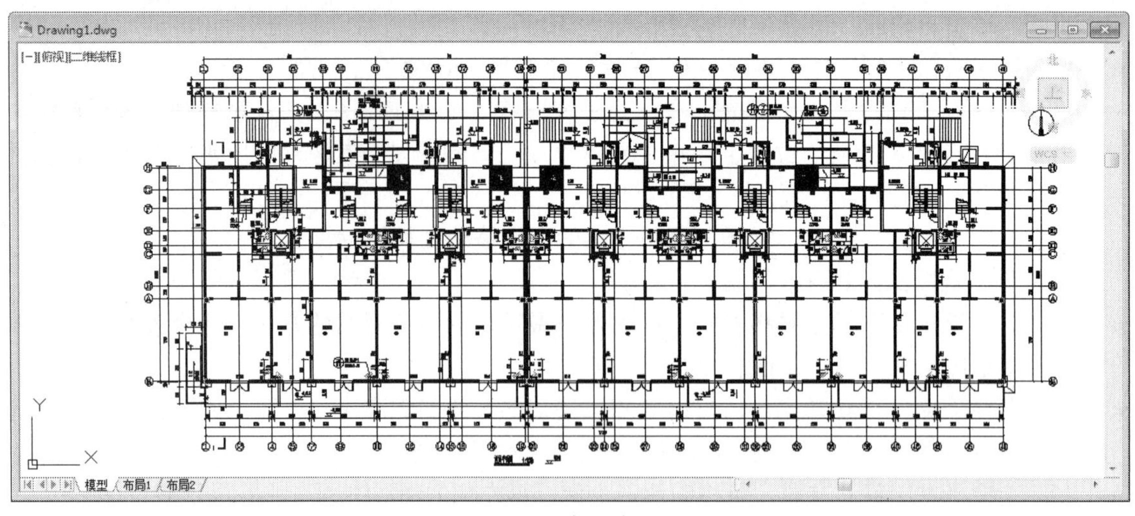

图2-25 打开素材

02 实时缩放。单击“标准”工具栏上的“实时缩放”按钮，按住鼠标左键不放拖动鼠标以放大图形；按住鼠标中间，移动视图，查看平面图的左上角区域，如图2-26所示。

03 平移视图。在命令行中输入“P”，按下Enter键，待光标变成手掌形状后，按住鼠标左键不放移动视图，查看平面图的左下角区域，如图2-27所示。

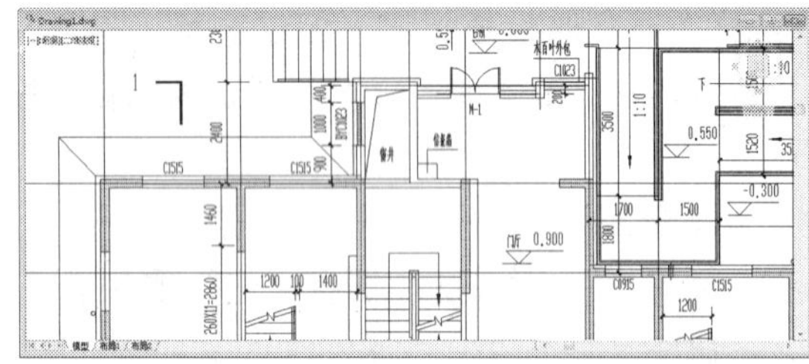

图2-26 实时缩放

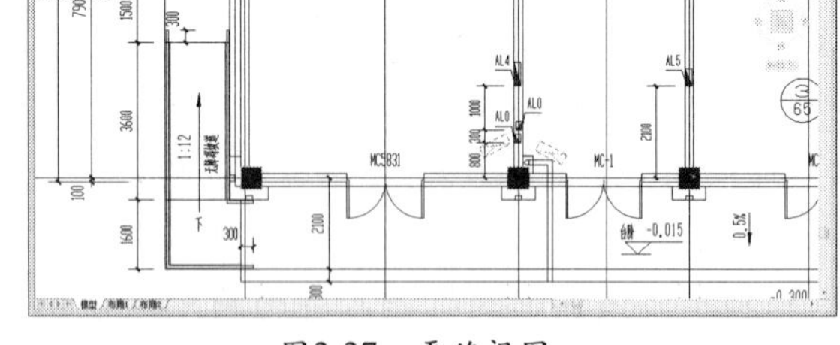

图2-27 平移视图

04 窗口缩放。执行“视图”|“缩放”|“窗口”命令，框选平面图左侧的卫生间、电梯平面图区域，按下Enter键将其放大，结果如图2-28所示。

05 “点”平移视图。执行“视图”|“平移”|“点”命令，在视口的右侧单击指定位移的起点，在视口的左侧单击指定位移的第二点，使视图往右移动，以使右侧的卫生间平面图进入当前的显示窗口，如图2-29所示。

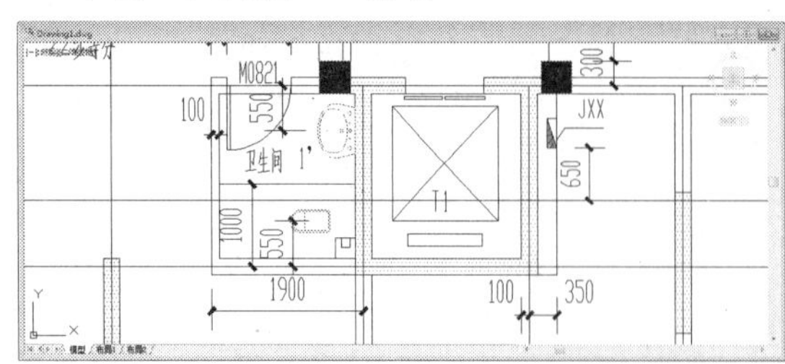

图2-28 窗口缩放

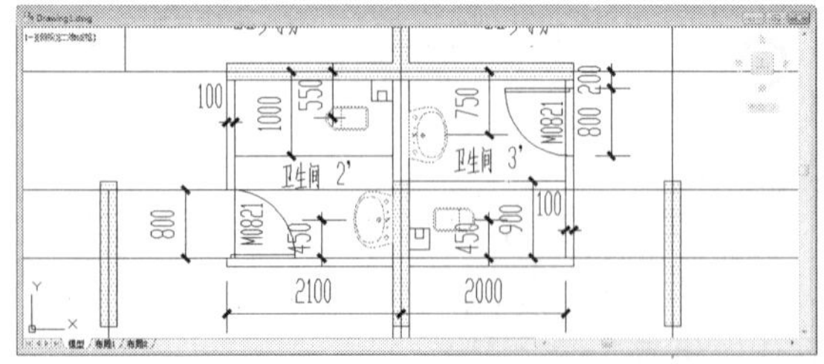

图2-29 “点”平移视图

第3章 绘制基本建筑图形

在建筑设计图纸中，基本的建筑图形主要是指一些附属图形，比如楼梯、门窗等，这些附属图形是组成建筑图样所必不可少的。在AutoCAD 2014中，一般使用基础的绘图命令来绘制这些基本建筑图形。绘图命令又分为好几类，有绘制直线段的命令、绘制圆和圆弧的命令、绘制多边形的命令、绘制点对象的命令、绘制图案填充的命令等。

本章介绍使用各类绘图命令来绘制基本建筑图形的操作方法。

3.1 绘制线段对象

AutoCAD中的线段对象分别指直线、构造线、射线、多线、多段线等，这些线段对象都有对应的绘制命令。本节为用户介绍用来绘制线段对象的各命令的操作方法。

3.1.1 绘制直线

直线是在绘制各类图纸时最常用到的命令之一，可以绘制物体的轮廓，也可提供定位作用。在绘制建筑图纸时，通常使用直线绘制轴线、门窗等图形。

1. 执行方式

★ 菜单栏：执行“绘图”|“直线”命令。

★ 工具栏：单击“绘图”工具栏上的“直线”按钮。

★ 命令行：在命令行中输入“LINE/L”命令，并按下Enter键。

★ 功能区：单击“绘图”面板上的“直线”按钮。

2. 操作步骤

执行“直线”命令，命令行提示如下：

```
命令: LINE↙
指定第一个点:        //在绘图区中单击鼠标指定直线的起点，或者在命令行中输入点的绝对坐标或相对坐标指定该点
指定下一点或 [放弃(U)]:        //单击指定直线的第二点，通过该点与第一点，即可完成一条线段的绘制
指定下一点或 [放弃(U)]:        //继续指定直线的下一点
指定下一点或 [闭合(C)/放弃(U)]:        //按下Enter键完成直线的绘制
```

命令行中选项含义如下。

★ 闭合(C)：输入C，选择该项，表示以第一条线段的起始点作为最后一条线段的端点，形成一个闭合的线段环。

★ 放弃(U)：输入U，选择该项，表示删除直线序列中最近一次绘制的线段，多次选择该项可按绘制顺序的逆序逐个删除线段。

假如用户不终止绘制直线的操作，命令行将会一直提示“指定下一点或[闭合(C)/放弃(U)]:”。

3.1.2 实战——绘制桌面轮廓线

本实例使用直线命令绘制平面方桌轮廓线。

01 按下Ctrl+O快捷键，打开配套光盘提供的“第3章/3.1.2实战——绘制桌面轮廓线.dwg”素材文件。

02 调用L【直线】命令，根据命令行的提示分别指定A点和B点。

03 按下Enter键可以完成直线的绘制，如图3-1所示。

04 按下Enter键重复执行“直线”命令，继续绘制直线以连接B、C点、C、D点、D、A点，即可完成轮廓线的绘制，结果如图3-2所示。

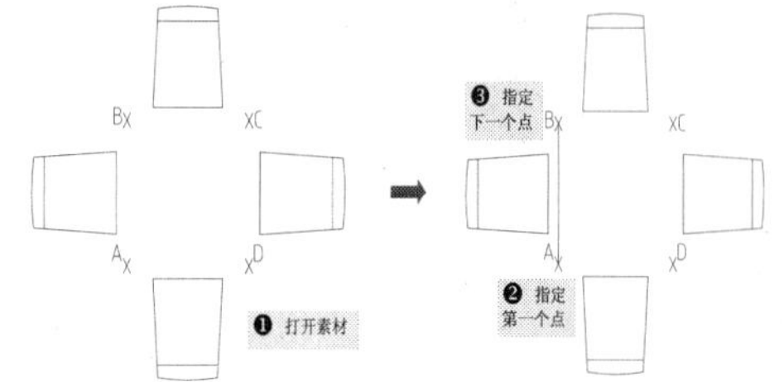

图3-1 分别指定起点和终点

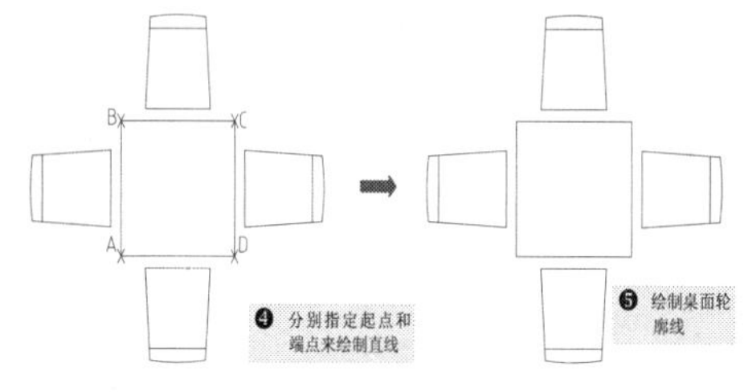

图3-2 绘制轮廓线

提示

在绘制直线的时候，关闭“正交”功能，可以绘制任意角度的直线；开启“正交”功能，则只能绘制垂直或者水平方向的直线。

3.1.3 绘制构造线

构造线是指无限长的直线，该线段没有起点和端点，在绘图区中指定中心点和通过点，可以创建构造线，如图3-3所示。由于该线段的特殊性，在绘制施工图纸时一般将其用作定位线，来确定各类图形的位置。

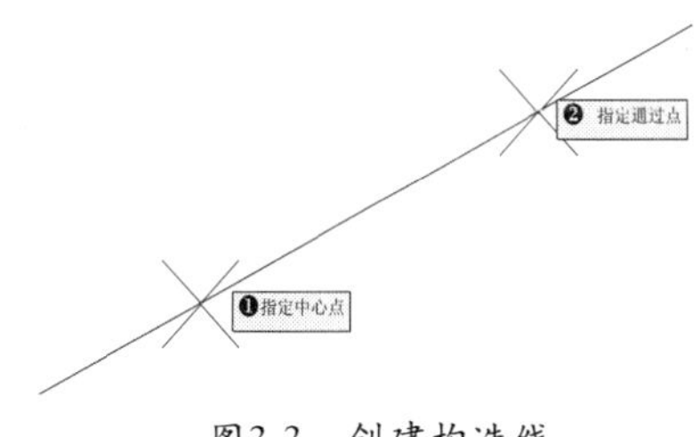

图3-3 创建构造线

1. 执行方式

★ 菜单栏：执行“绘图”|“构造线”命令。

★ 工具栏：单击“绘图”工具栏上的“构造线”按钮。

★ 命令行：在命令行中输入“XLINE/XL”命令，并按下Enter键。

★ 功能区：单击“绘图”面板上的“构造线”按钮

2. 操作步骤

调用构造线命令后，命令行提示如下：

```
命令： XLINE↙
指定点或 [水平(H)/垂直(V)/角度(A)/二等分(B)/偏移(O)]：  //按左键指定在线的一点
指定通过点：*取消*                                      //移动鼠标单击指定另一点，按下Enter键完成绘制
```

命令行中各选项含义如下。

★ 水平(H)：输入H，选择“水平”选项，表示绘制通过选定点的水平构造线，即平行于X轴。

★ 垂直(V)：输入V，选择“垂直”选项，表示绘制通过选定点的垂直构造线，即平行于Y轴。

★ 角度(A)：输入A，选择“角度”选项，表示以指定的角度创建一条构造线。选择该项项后，命令行提示输入所绘制构造线与X轴正方形的角度，再提示指定构造线的通过点。

★ 二等分(B)：输入B，选择“二等分”选项，表示绘制一条将指定角度平分的构造线。选择该选项，命令行将提示指定要平分的角度。

★ 偏移(O)：输入O，选择“偏移”选项，表示绘制一条平行于另一个对象的参照线。选择该选项，命令行提示指定要偏移的对象。

3.1.4 绘制射线

射线是指向指定一个方向无限延长的线段，与构造线不同的是，射线有起点而没有端点，也可将射线当作定位线来使用。指定起点和通过点，可以创建射线，如图3-4所示。

1. 执行方式

★ 菜单栏：执行“绘图”|“射线”命令。

★ 工具栏：单击“绘图”工具栏上的“射线”按钮。

★ 命令行：在命令行中输入“RAY”命令，并按下Enter键。
★ 功能区：单击“绘图”面板上的“射线”按钮。

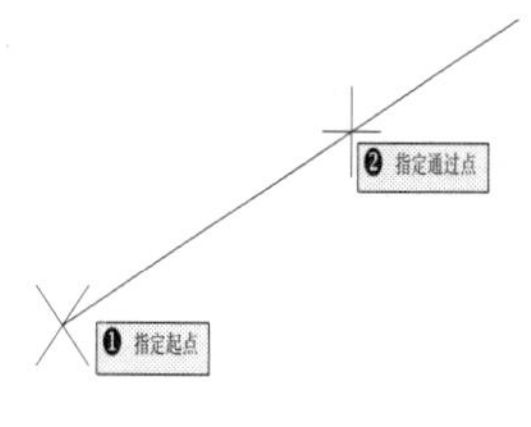

图3-4 创建射线

2. **操作步骤**

调用射线命令后，命令行提示如下：

```
命令：RAY↙
指定起点：
指定通过点：            //分别按鼠标左键指定射线的起点和通过点，按下Enter键完成绘制
```

3.1.5 绘制多段线

调用“多段线”命令，可以绘制各种样式的多段线，比如弧形的、直线形的、带宽度的等。在绘制建筑图纸时，经常用“多段线”命令来绘制指示箭头，即楼梯方向的指示箭头、坡向的指示箭头等。

1. **执行方式**

★ 菜单栏：执行“绘图”|“多段线”命令。
★ 工具栏：单击“绘图”工具栏上的“多段线”按钮。
★ 命令行：在命令行中输入“PLINE/PL”命令，并按下Enter键。
★ 功能区：单击“绘图”面板上的“多段线”按钮。

2. **操作步骤**

调用“多段线”命令，命令行提示如下：

```
命令：PLINE↙
指定起点：                                              //指定多段线的起点
当前线宽为 0.0000
指定下一个点或 [圆弧(A)/半宽(H)/长度(L)/放弃(U)/宽度(W)]：
指定下一点或 [圆弧(A)/闭合(C)/半宽(H)/长度(L)/放弃(U)/宽度(W)]： //指定终点，按下Enter键完成多段线的绘制
```

命令行各选项含义如下。

★ 圆弧(A)：输入A，选择“圆弧”选项，可将圆弧线段添加到多段线中。选择该项，可绘制一段圆弧，后面的操作与使用“圆弧”命令绘制圆弧相同。
★ 闭合(C)：输入C，选择“闭合”选项，可将多段线首尾闭合。
★ 半宽(H)：输入H，选择“半宽”选项，用来指定从宽多段线线段的中心到其一边的宽度，如图3-5所示。选择该项，命令行提示指定起点的半宽宽度和端点的半宽宽度。
★ 长度(L)：输入L，选择“长度”选项，在与上一段相同的角度方向上绘制指定长度的直线段。假如上一段是圆弧，则绘制与该弧线相切的直线段。
★ 放弃(U)：输入U，选择“放弃”选项，删除最近一次绘制到多段线上的直线段或圆弧。
★ 宽度(W)：输入W，选择“宽度”选项，用来指定下一段多段线的宽度，如图3-6所示。

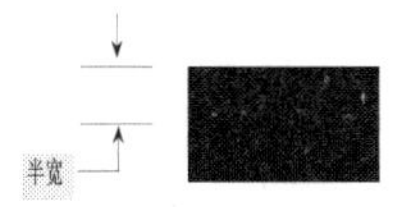

图3-5 半宽

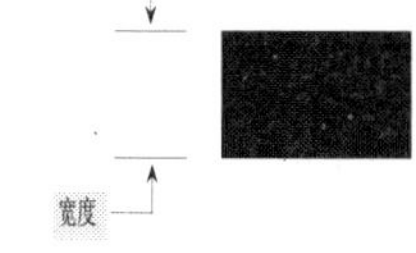

图3-6 全宽

3.1.6 实战——绘制上楼方向指示箭头

本实例以双跑楼梯上楼方向指示箭头为例，讲解多段线的绘制。

01 按下Ctrl+O快捷键，打开配套光盘提供的“第3章/3.1.6实战——使用‘多段线’命令.dwg”文件。

02 调用PL【多段线】命令，分别指定多段线的起点和下一点。

03 在命令行中设置多段线的起点宽度为80，端点宽度为0，移动鼠标指定多段线的终点，完成上楼方向指示箭头的绘制，结果如图3-7所示。

04 按下Enter键重复调用PL【多段线】命令，绘制下楼方向的指示箭头；调用MT【多行文字】命令，绘制文字标注，结果如图3-8所示。

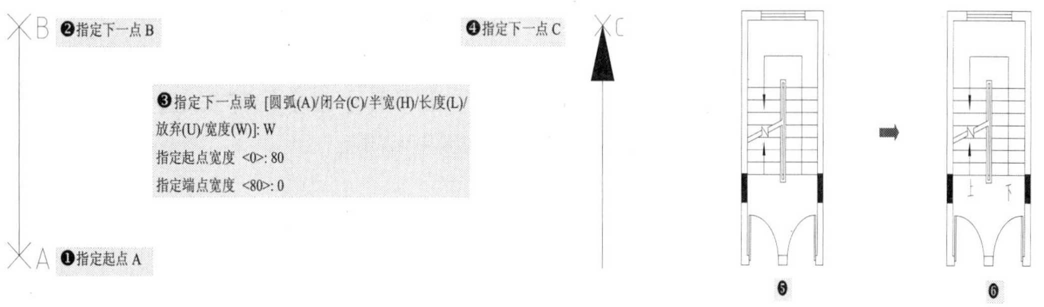

图3-7 绘制上楼方向的指示箭头

图3-8 绘制楼梯方向的指示箭头

3.2 绘制多线

“多线”命令是在AutoCAD中使用较为频繁的命令之一。使用“多线”命令所创建的图形可以用来表示墙体、平面窗等建筑构件图形，因其绘制与编辑的便捷而受到广大用户的喜爱。

3.2.1 “多线”命令

“多线”由多根水平方向上的或者垂直方向上的线段组成，在建筑图纸中一般使用“多线”命令来绘制墙体或者平面窗图形。多线绘制的结果是一个整体，AutoCAD还专门为其设置了编辑工具，使得多线在被编辑修改后还可保持为一个整体。

1. 执行方式

★ 菜单栏：执行“绘图”|“多线”命令。

★ 工具栏：单击“绘图”工具栏上的“多线”按钮。

★ 命令行：在命令行中输入“MLINE/ML”命令，并按下Enter键。

★ 功能区：单击“绘图”面板上的“多线”按钮。

2. 操作步骤

调用“多线”命令，命令行提示如下：

```
命令： MLINE↙
当前设置：对正 = 无，比例 = 1，样式 = 墙体
指定起点或 [对正(J)/比例(S)/样式(ST)]:                    //指定多线的起点
指定下一点:
指定下一点或 [放弃(U)]:                                   //指定终点，按下Enter键退出多线绘制
```

命令行中各选项含义如下。

★ 对正(J)：输入J，选择“对正”选项，此时命令行提示“输入对正类型 [上(T)/无(Z)/下(B)] <无>:”。输入括号中的字母可以选用相应的对应方式。输入“T”，选择“上”选项，表示在光标下方绘制多线，如图3-9所示；输入“Z”，选择“无”选项，表示绘制多线时光标位于多线的中心，如图3-10所示；输入“B”，选择“下”选项，表示在光标上方绘制多线，如图3-11所示。

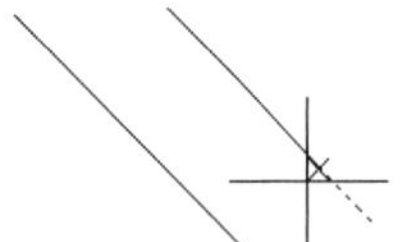

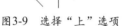

图3-9 选择“上”选项

图3-10 选择“无”选项

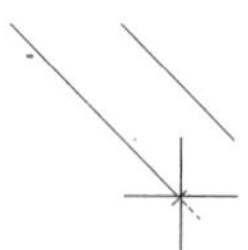

图3-11 选择“下”选项

★ 比例(S)：输入S，选择“比例”选项，用来指定多线元素间的宽度比例。选择该项，命令行提示“输入多线比例 <0.50>: 1”，输入的比例因子基于在多线样式定义中建立的宽度。图3-12所示为在不同比例参数的情况下，多线的绘制结果。

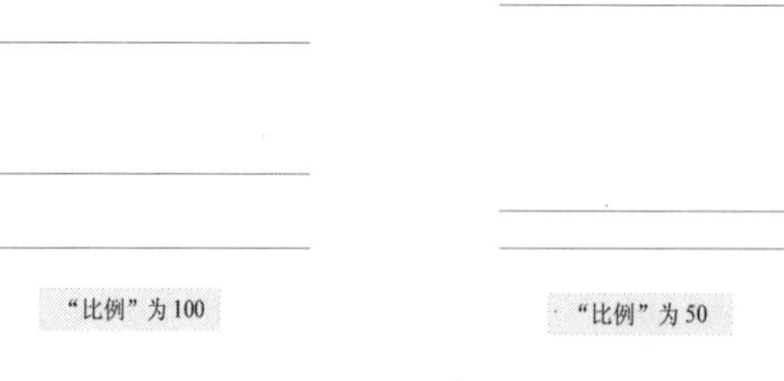

图3-12 不同比例的多线

★ 样式(ST)：输入ST，选择“样式”选项，用来设置多线样式。选择该项，命令行提示“输入多线样式名或 [?]:”。可直接输入已定义的多线样式的名称，输入“？”，可显示已定义的多线样式。

3.2.2 设置多线样式

在绘制多线图形之前，可以事先设置多线样式，然后在绘制多线时，可直接调用设置好的多线样式。也可以在绘制过程中设置多线的各项参数，比如比例、对正方式等。

01 执行“格式”|“多线样式”命令，在弹出的【多线样式】对话框中单击“新建”按钮；在稍后弹出的【创建新的多线样式】对话框中设置多线样式的名称，并单击“继续”按钮，如图3-13所示。

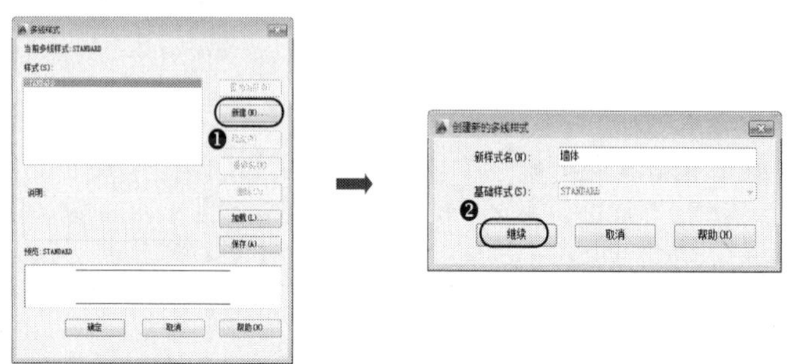

图3-13 设置样式名称

02 在弹出的【新建多线样式:墙体】对话框中设置多线的偏移距离参数，单击“确定”按钮；返回【多线样式】对话框，选择新建样式，单击“置为当前”按钮，如图3-14所示。

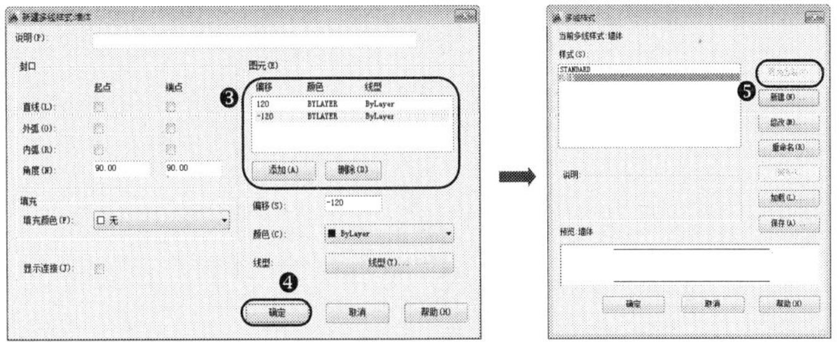

图3-14 设置样式参数

3.2.3 实战——绘制户型图墙体

在绘制施工图纸时，一般使用多线来绘制墙体、平面窗等，本节介绍使用“多线”命令绘制户型图墙体的操作方法。

01 按下Ctrl+O快捷键，打开配套光盘提供的“第3章/3.2.3绘制户型图墙体.dwg”文件。

02 调用ML【多线】命令，在绘图区中分别指定多线的起点和下一点，以开始多线的绘制，如图3-15所示。

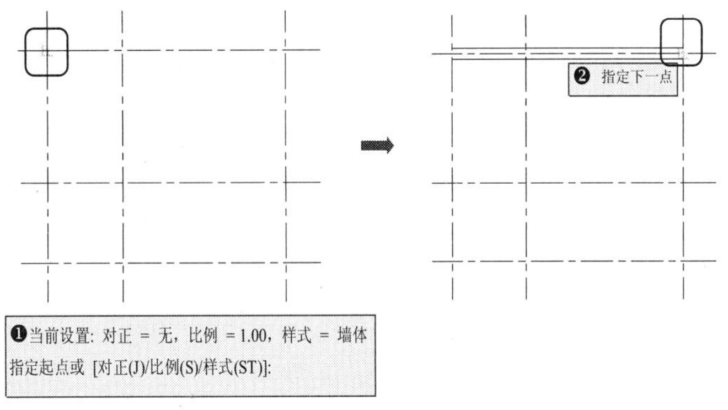

图3-15 绘制多线

03 重复指定多线的各点，以完成墙体的绘制。

04 按下Enter键，重复调用ML【多线】命令，设置比例因子为0.5，绘制隔墙的结果如图3-16所示。

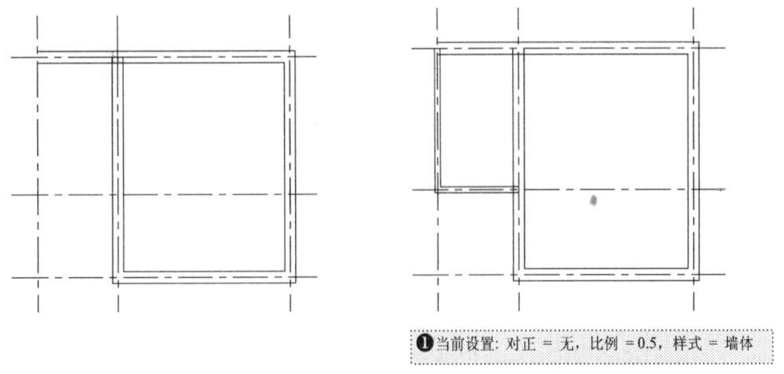

图3-16 绘制隔墙

05 双击多段线，弹出【多线编辑工具】对话框；单击“T形打开”按钮，在绘图区中分别单击垂直墙体和水平墙体，即可完成“T形打开”的操作，结果如图3-17所示。

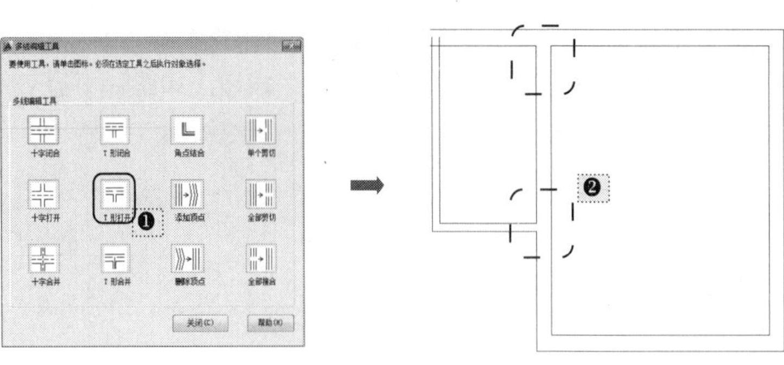

图3-17 T形打开

06 在【多线编辑工具】对话框中单击“角点结合”按钮，然后分别单击待编辑的墙体，完成编辑操作的结果如图3-18所示。

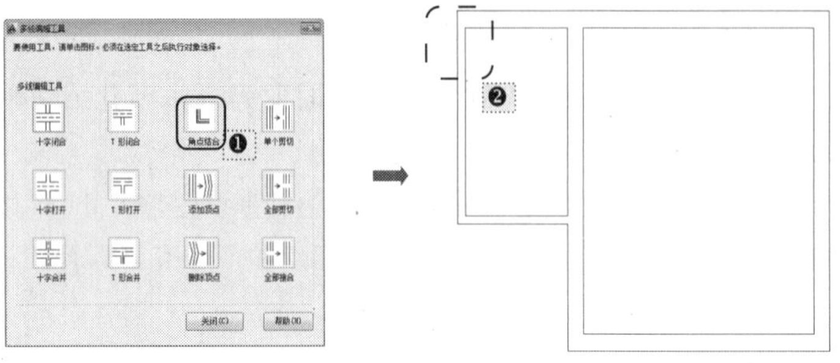

图3-18 角点结合

3.2.4 实战——绘制楼梯立面图

楼梯立面图表示楼梯在垂直方向上的制作效果、所占用的空间、各部分的尺寸与关系等。根据房屋的具体情况，楼梯可以有各种样式；例如木制楼梯、钢筋混凝土楼梯、钢制楼梯等，不过最常见的为钢筋混凝土楼梯。

图3-19所示为不同样式楼梯的制作效果。但是两个楼梯的相同做法是都将梯段下方的空间利用起来，用作物品的存储，即可增加观赏效果，也满足日常生活中的使用。

图3-19 楼梯立面图

本节介绍在AutoCAD中楼梯立面图的绘制步骤。

01 绘制踏步及楼板。调用PL【多段线】命令，绘制楼梯踏步轮廓线；调用ML【多线】命令，设置绘制比例为120，绘制宽度为120的多线作为楼板轮廓线，结果如图3-20所示。

02 调用L【直线】命令，绘制闭合直线，以完成楼板的绘制；按下Enter键，重复调用L【直线】命令，绘制直线连接踏步及楼板。

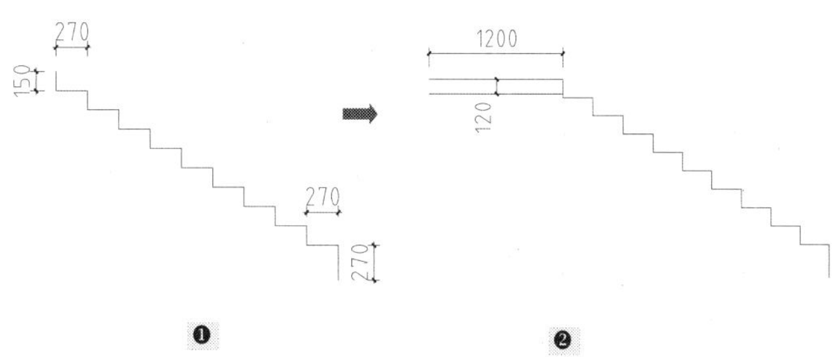

图3-20 绘制踏步及楼板

03 调用PL【多段线】命令，绘制栏杆轮廓线，结果如图3-21所示。

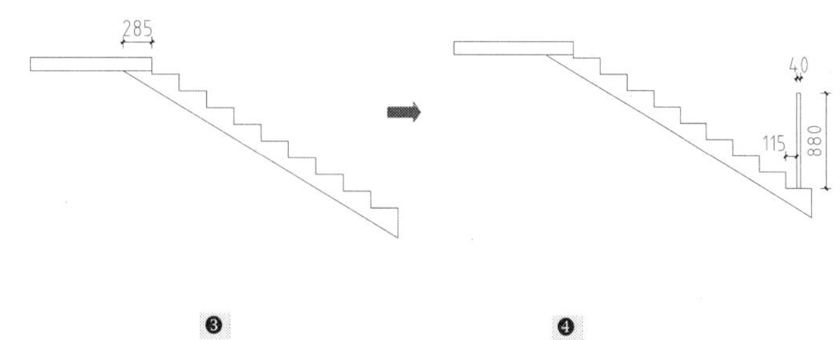

图3-21 绘制栏杆轮廓线

04 调用CO【复制】命令，移动复制栏杆图形；调用O【偏移】命令、L【直线】命令、TR【修剪】命令，绘制扶手轮廓线，结果如图3-22所示。

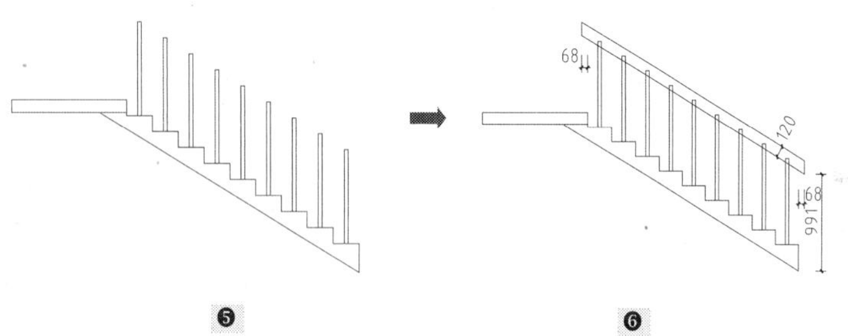

图3-22 复制栏杆及绘制扶手

05 调用MI【镜像】命令，镜像复制楼梯各构件图形；调用M【移动】命令，移动镜像复制得到的楼梯图形，结果如图3-23所示。

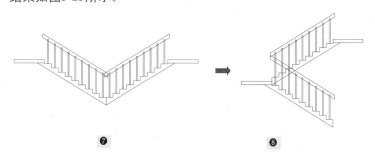

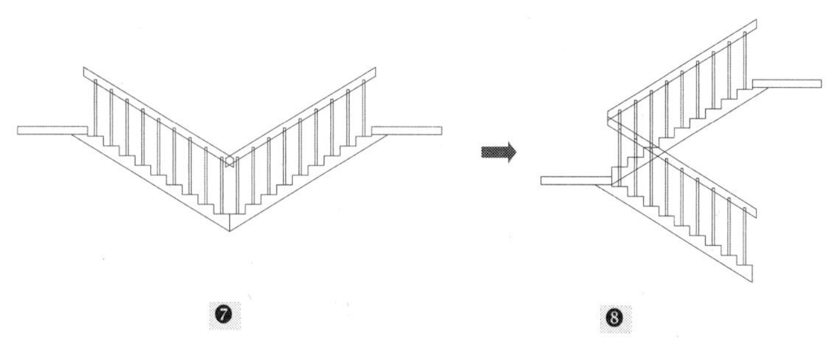

图3-23 移动楼梯图形

3.3 绘制圆和圆弧

AutoCAD中的曲线对象有多种类型，分别有圆、圆弧、椭圆、椭圆

弧、圆环等；经常用这些对象来表示图形的曲线轮廓，比绘制直线段图形要复杂些。本节介绍绘制曲线对象的操作方法。

3.3.1 绘制圆

在AutoCAD中，可以通过指定圆心、半径来创建圆形。圆形可作为图形的轮廓线，比如圆桌、圆椅等的外轮廓线；也可表示图形的细部结构，比如洗脸盆的水流开关、洗衣机上的旋转按钮等。

1. 执行方式

★ 菜单栏：执行“绘图”|“圆”命令，弹出图3-24所示的子菜单。

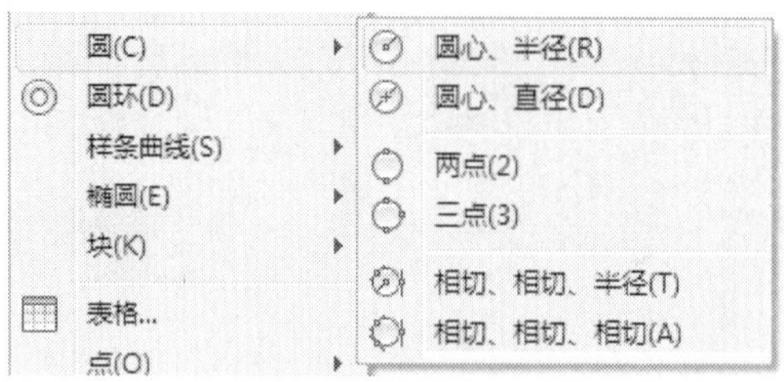

图3-24 子菜单

★ 工具栏：单击“绘图”工具栏上的“圆”按钮。

★ 命令行：在命令行中输入“CIRCLE/C”命令，并按下Enter键。

★ 功能区：单击“绘图”面板上的“圆”按钮。

2. 操作步骤

调用“圆”命令，命令行提示如下：

```
命令：CIRCLE↙
指定圆的圆心或 [三点(3P)/两点(2P)/切点、切点、半径(T)]：        //单击指定圆心
指定圆的半径或 [直径(D)] <281>:                              //输入半径值，按下Enter键可完成圆形的绘制
```

在命令行中输入中括号内选项后的字母，可选择相应的方式来绘制圆形。“圆”子菜单中各选项含义如下所述。

★ “圆心、半径”选项：选择该项，通过指定圆心的位置和半径来绘制圆，如图3-25所示。

★ “圆心、直径”选项：选择该项，指定圆心的位置及直径来绘制圆形，如图3-26所示。

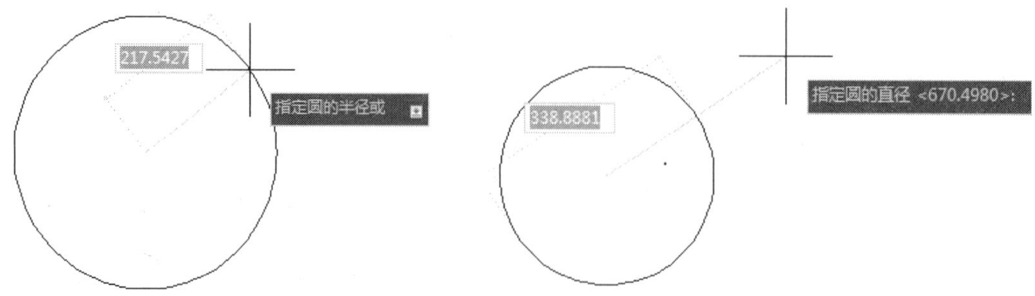

图3-25 选择“圆心、半径”选项　　图3-26 选择“圆心、直径”选项

★ “两点”选项：选择该项，通过指定圆直径的两个端点来建圆形，如图3-27所示。

★ “三点”选项：选择该项，通过指定圆上的3个点来创建圆形，如图3-28所示。

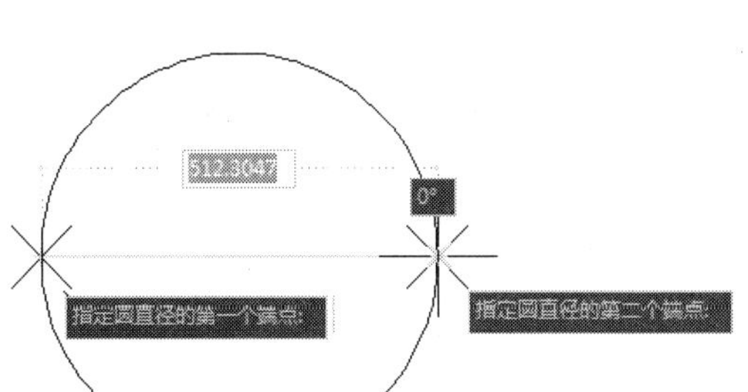
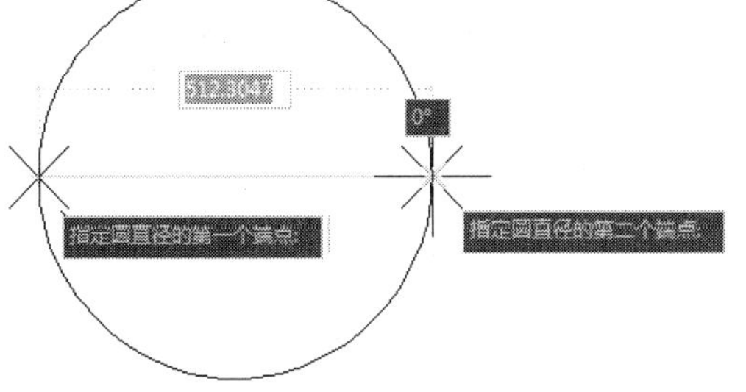

图3-27　选择“两点”选项

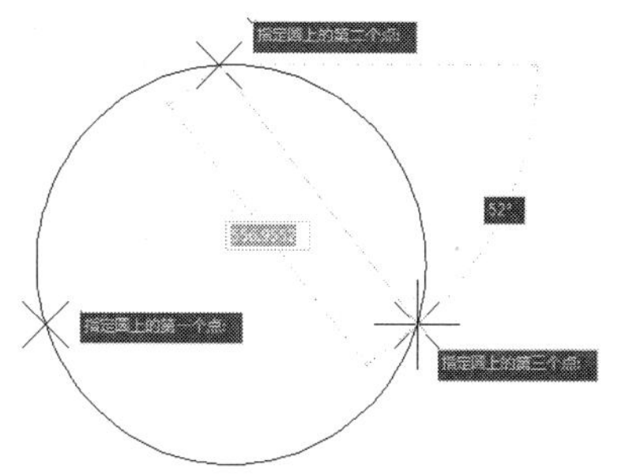

图3-28　选择“三点”选项

★ “相切、相切、半径”选项：选择该项，通过指定对象与圆的两个切点及圆的半径来绘制圆形，如图3-29所示。

★ “相切、相切、相切”选项：选择该项，通过指定与圆相切的3个对象来绘制圆，如图3-30所示。

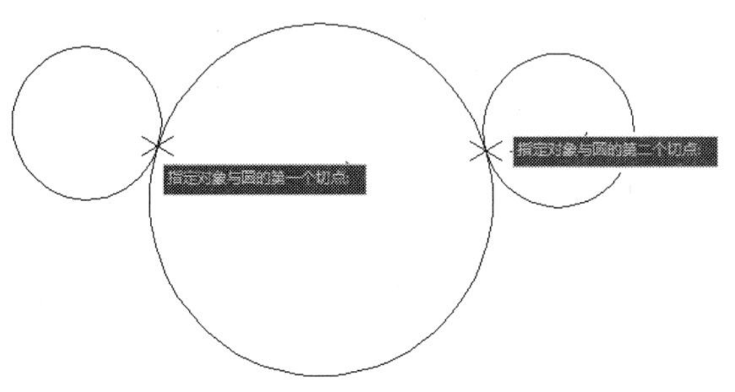

图3-29　选择“相切、相切、半径”选项

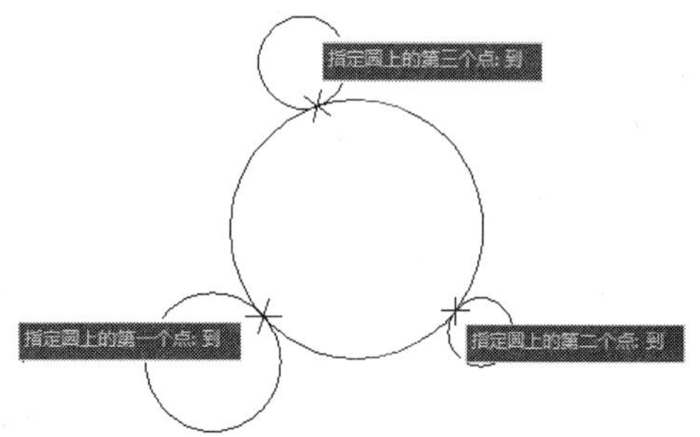

图3-30　选择“相切、相切、相切”选项

3.3.2　实战——绘制台灯平面图

本节介绍调用“圆”命令绘制床头柜上台灯的平面图的绘制方法。

01 按下Ctrl+O快捷键，打开配套光盘提供的“第3章/3.3.2绘制台灯平面图.dwg”文件。

02 调用L【直线】命令，绘制对角辅助线，如图3-31所示。

03 调用C【圆】命令，以A点为圆心，绘制半径为160的圆形，结果如图3-32所示。

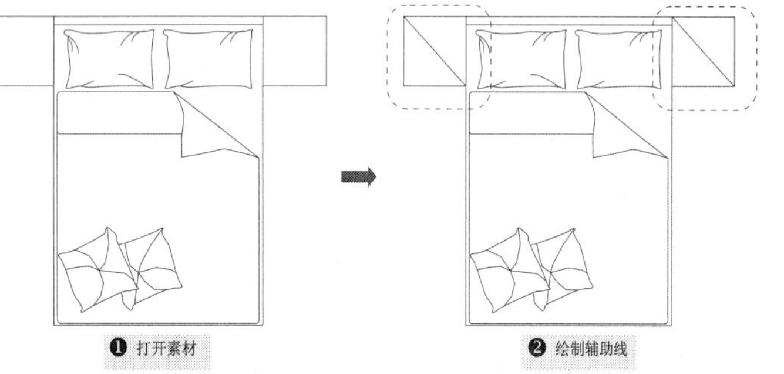

图3-31　绘制辅助线

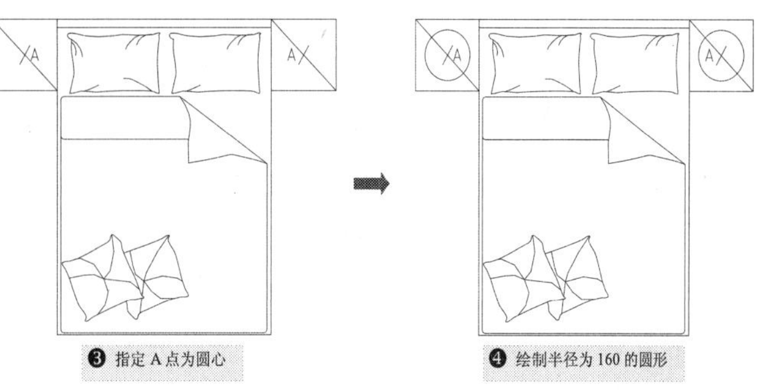

图3-32　绘制圆形

04 按下Enter键重复调用C【圆】命令，继续绘制半径为120、60的圆形；调用E【删除】命令，删除对角辅助线，结果如图3-33所示。

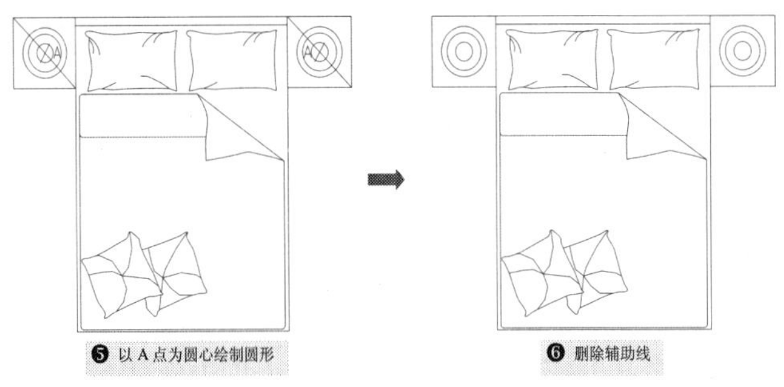

图3-33　删除辅助线

05 调用L【直线】命令，过圆心绘制直线；调用E【删除】命令，删除半径为160的圆形，结果如图3-34所示。

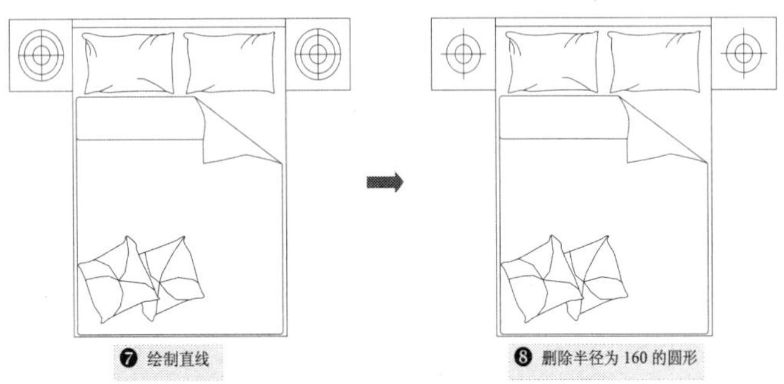

图3-34　绘制台灯平面图

3.3.3　绘制圆弧

通过指定圆弧上的各特征点，比如起点、圆心、端点、半径等，可创建圆弧图形。本节介绍圆弧命令的各种调用方式，以及这些调用方式的含义。

1. **执行方式**

★　菜单栏：执行“绘图”|“圆弧”命令，弹出图3-35所示的子菜单。

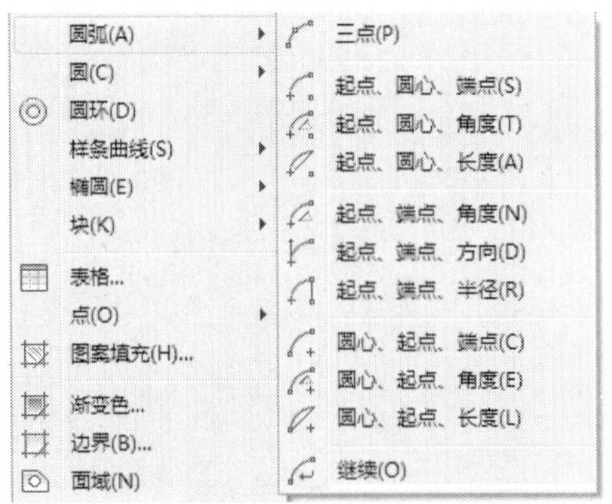

图3-35　“圆弧”子菜单

★　工具栏：单击“绘图”工具栏上的“圆弧”按钮。

★　命令行：在命令行中输入“ARC/A”命令，并按下Enter键。

★　功能区：单击“绘图”面板上的“圆弧”按钮。

2. 操作步骤

调用“圆弧”命令，命令行提示如下：

```
命令：ARC↙
圆弧创建方向：逆时针(按住 Ctrl 键可切换方向)。
指定圆弧的起点或 [圆心(C)]：
指定圆弧的第二个点或 [圆心(C)/端点(E)]：
指定圆弧的端点：                    //分别指定圆弧上的三点，可创建圆弧对象
```

在绘制圆弧时，起点、圆心、端点等各特征点可通过鼠标单击来指定，也可通过键盘输入来指定。比如，指定圆心时可使用鼠标单击指定，也可输入坐标值来指定；指定角度时，可单击鼠标左键来指定，也可在键盘中输入角度值来指定。用户可根据实际情况来选择圆弧的绘制方式。

“圆弧”子菜单中各选项含义如下。

★ “三点”选项：选择该项，命令行提示指定起点、圆弧上的点、端点；指定这三点的位置可创建圆弧图形。

★ “起点、圆心、端点”选项：选择该项，通过指定圆弧的起点、圆心、端点来绘制圆弧图形。

★ “起点、圆心、角度”选项：选择该项，通过指定圆弧的起点、圆心及包含的角度逆时针绘制圆弧。假如输入的角度值为负，则顺时针绘制圆弧。

★ “起点、圆心、长度”选项：选择该项，通过指定圆弧的起点、圆心及弦长来绘制圆弧，如图3-36所示。假如指定的弦长值为正值，则从起点逆时针绘制劣弧；假如弦长值为负值，则逆时针绘制优弧。

★ “起点、端点、角度”选项：选择该项，依次指定圆弧的起点、端点、角度来创建圆弧，如图3-37所示。

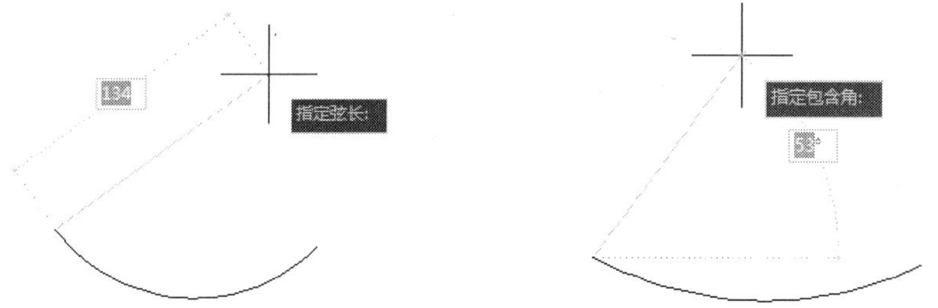

图3-36 选择“起点、圆心、长度”选项　　图3-37 选择“起点、端点、角度”选项

★ “起点、端点、方向”选项：选择该项，依次指定圆弧的起点、端点和起点的切线方向来绘制圆弧。

★ “起点、端点、半径”选项：选择该项，依次执行圆弧的起点、端点、半径来绘制圆弧。

★ “圆心、起点、端点”选项：选择该项，首先指定圆弧的圆心，然后依次指定圆弧的起点和端点可创建圆弧。

★ “圆心、起点、角度”选项：选择该项，通过依次指定圆弧的圆心、起点及角度来创建圆弧。

★ “圆心、起点、长度”选项：选择该项，依次指定圆弧的圆心、起点、长度来绘制圆弧。

★ “继续”选项：选择该项，命令行提示“指定圆弧的端点”，此时可接着最后一次所绘制的直线、多段线或圆弧来绘制一段圆弧。即以上一次绘制对象的最后一点作为起点来绘制圆弧。

3.3.4 实战——绘制双扇平开门

本节介绍调用“圆弧”命令绘制双扇平开门的操作方法。

01 调用REC【矩形】命令，绘制尺寸为1500×100的矩形；调用X【分解】命令，分解矩形；调用O【偏移】命令，向内偏移矩形边，如图3-38所示。

图3-38 偏移矩形边

02 调用REC【矩形】命令，分别绘制尺寸为700×50、100×242的矩形；调用CO【复制】命令，向右移动复制矩形；调用TR【修剪】命令，修剪矩形，结果如图3-39所示。

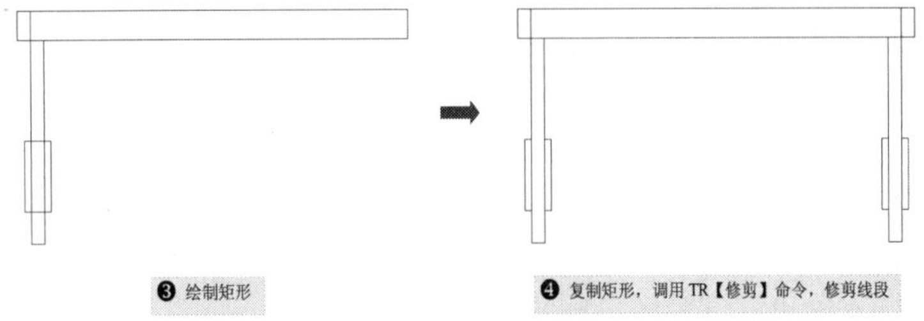

图3-39 修剪矩形

03 调用A【圆弧】命令，根据命令行的提示，分别指定A点、B点、C点来绘制圆弧，如图3-40所示。

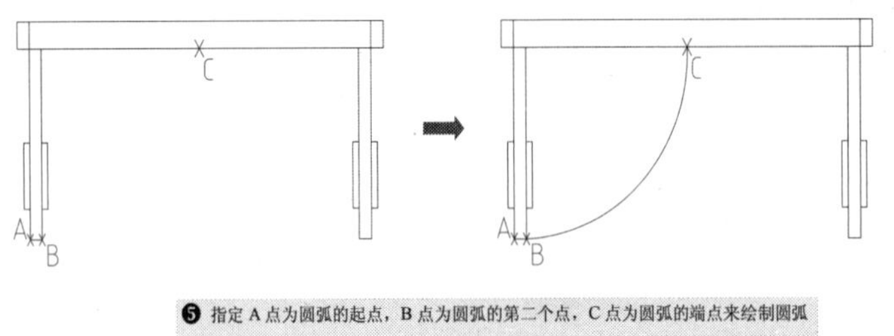

图3-40 绘制圆弧

04 按下Enter键重复调用A【圆弧】命令，绘制圆弧；调用TR【修剪】命令，修剪线段，完成双扇平开门的绘制，结果如图3-41所示。

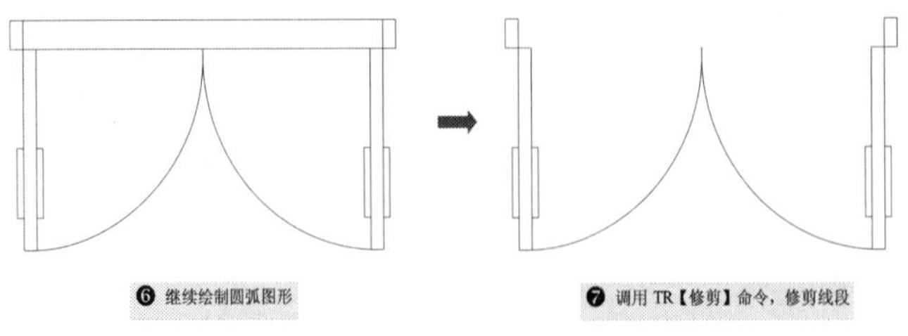

❻ 继续绘制圆弧图形
❼ 调用TR【修剪】命令，修剪线段

图3-41 双扇平开门

3.3.5 绘制椭圆

在AutoCAD中，通过指定椭圆的中心点、长轴及短轴来创建椭圆。软件提供了两种绘制椭圆的方法，第一种是通过指定圆心来创建椭圆；第二种是分别指定轴、端点来创建椭圆。

1. 执行方式

★ 菜单栏：执行“绘图”|“椭圆”命令，弹出图3-42所示的子菜单。

★ 工具栏：单击“绘图”工具栏上的“椭圆”按钮。

★ 命令行：在命令行中输入“ELLIPSE/EL”命令，并按下Enter键。

★ 功能区：单击“绘图”面板上的“椭圆”按钮。

椭圆(E) ▸ | 圆心(C)
块(K) ▸ | 轴、端点(E)
表格... | 圆弧(A)

图3-42 “椭圆”子菜单

2. 操作步骤

调用“椭圆”命令，命令行提示如下：

```
命令：ELLIPSE↙
指定椭圆的轴端点或 [圆弧(A)/中心点(C)]:          //单击指定椭圆的起点，即A点，如图3-43所示
指定轴的另一个端点:                              //指定B点，如图3-44所示
指定另一条半轴长度或 [旋转(R)]:   //指定C点，如图3-45所示；单击左键即可完成椭圆的绘制，如图3-46所示
```

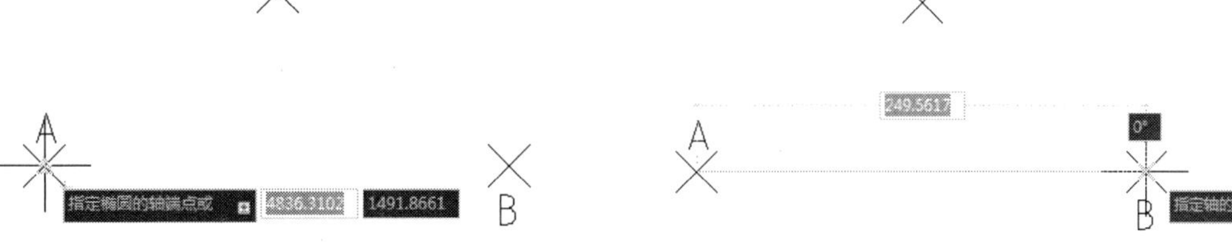

图3-43 指定椭圆的轴端点　　图3-44 指定轴的另一个端点

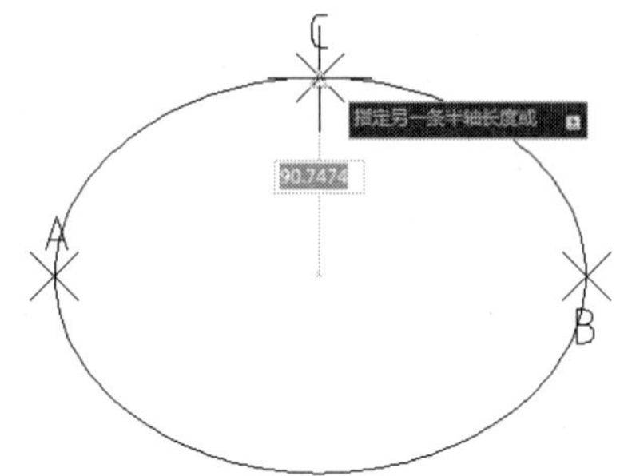

图3-45 指定另一条半轴长度

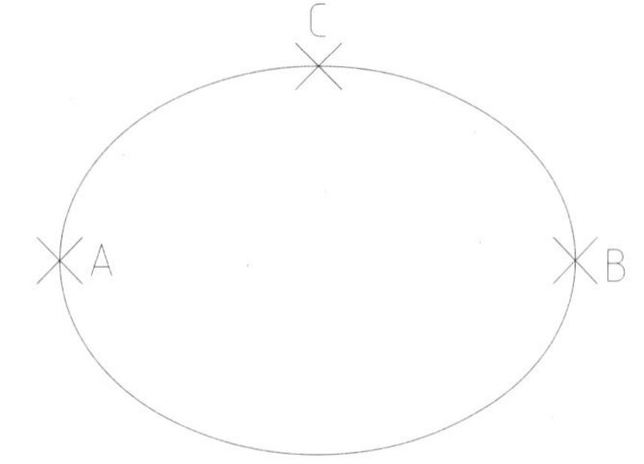

图3-46 绘制椭圆

命令行中各选项含义如下。

★ 圆弧(A)：输入A，选择该项，命令行会提示指定椭圆弧的各点以创建椭圆弧。

★ 中心点(C)：输入C，选择该项，根据命令行分别提示指定“椭圆的中心点（A点）”、“轴的端点（B点）”、“另一条半轴长度（C点）”后，可创建椭圆，如图3-47所示。

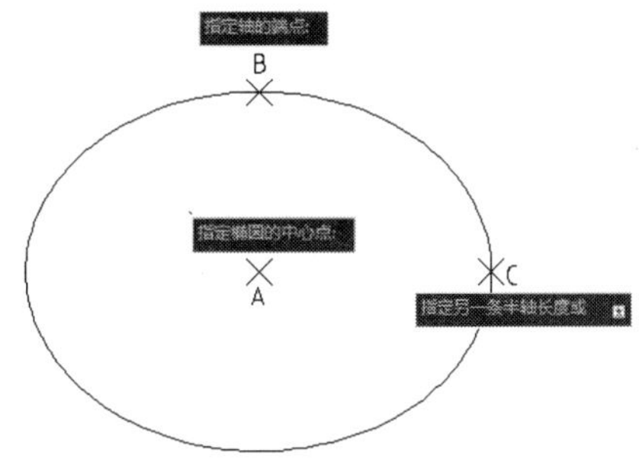

图3-47 分别指定各点

★ 旋转(R)：输入R，选择该项，可指定绕长轴旋转的角度值。

3.3.6 实战——绘制浴缸平面图

本节介绍使用“椭圆”命令绘制浴缸平面图的操作方法。

01 调用REC【矩形】命令，绘制尺寸为1219×1118的矩形；调用CHA【倒角】命令，对矩形执行倒角操作，结果如图3-48所示。

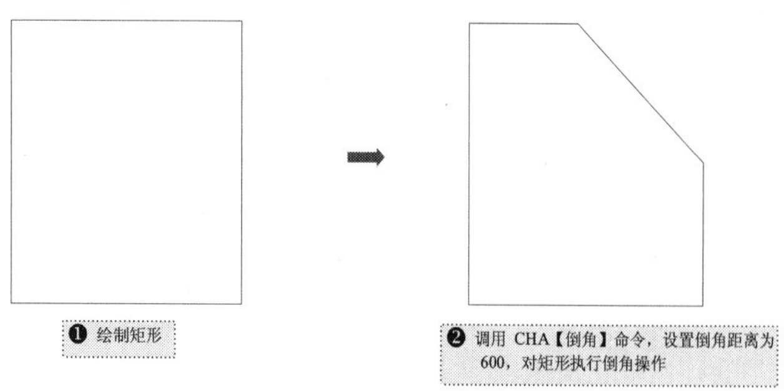

图3-48 倒角操作

02 调用EL【椭圆】命令，根据命令行的提示，分别拾取A、B、C点作为椭圆的端点，绘制椭圆的结果如图3-49所示。

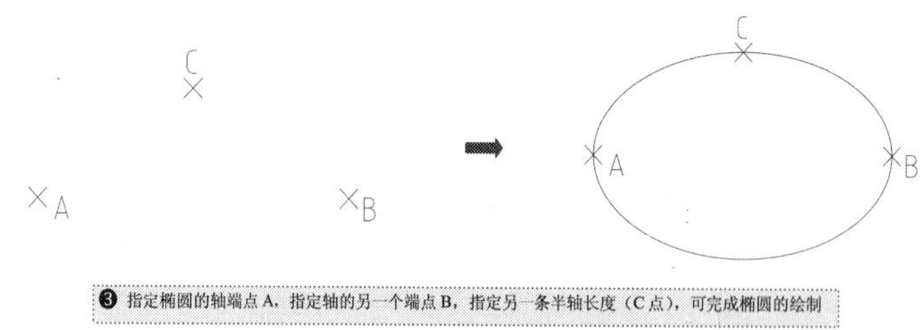

图3-49 绘制椭圆

03 调用RO【旋转】命令，以D点为旋转基点，对椭圆执行135°的旋转操作，结果如图3-50所示。

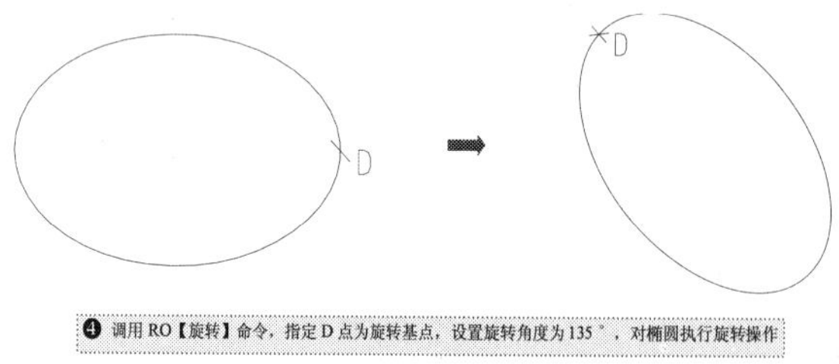

D
D
❹ 调用RO【旋转】命令，指定D点为旋转基点，设置旋转角度为135°，对椭圆执行旋转操作

图3-50 旋转操作

04 调用M【移动】命令，移动椭圆；调用C【圆】命令，绘制圆形以表示浴缸排水孔，浴缸平面图的绘制结果如图3-51所示。

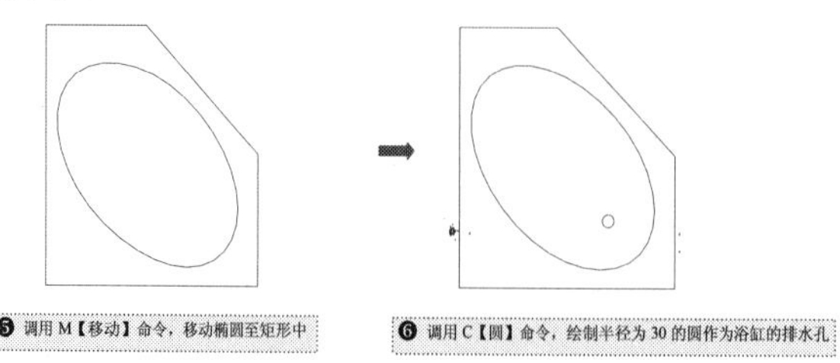

❺ 调用M【移动】命令，移动椭圆至矩形中
❻ 调用C【圆】命令，绘制半径为30的圆作为浴缸的排水孔

图3-51 浴缸平面图

3.3.7 绘制椭圆弧

圆弧并不能一气呵成地绘制出来，而是要先创建椭圆，然后在椭圆上指定椭圆弧的起点角度和端点角度来截取椭圆弧。

1. 执行方式

★ 菜单栏：执行“绘图”|“椭圆”|“圆弧”命令。

★ 工具栏：单击“绘图”工具栏上的“椭圆弧”按钮。

★ 命令行：在命令行中输入“ELLIPSE/EL”命令，并按下Enter键。

★ 功能区：单击“绘图”面板上的“椭圆弧”按钮。

2. 操作步骤

调用“椭圆弧”命令，命令行提示如下：

```
命令：_ellipse
指定椭圆的轴端点或 [圆弧(A)/中心点(C)]: _a
指定椭圆弧的轴端点或 [中心点(C)]:
指定轴的另一个端点:
指定另一条半轴长度或 [旋转(R)]:                  //分别指定各点来创建椭圆
指定起点角度或 [参数(P)]:                        //移动鼠标，指定起点角度值，如图3-52所示
指定端点角度或 [参数(P)/包含角度(I)]:            //指定端点角度，如图3-53所示，创建椭圆弧的结果如图3-54所示
```

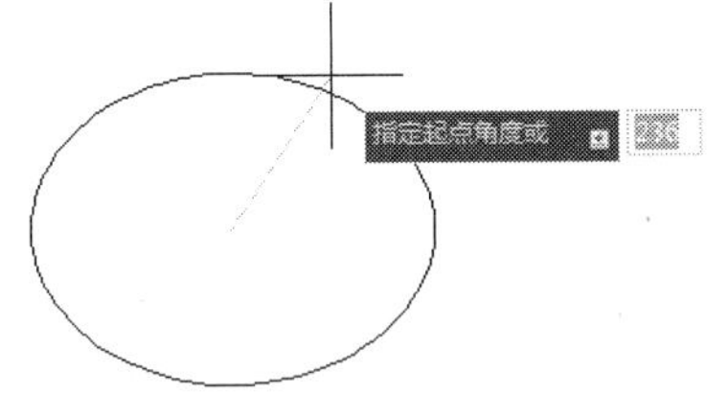

图3-52 指定起点角度

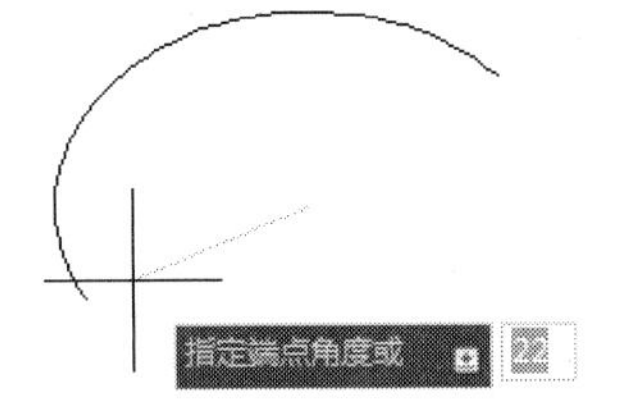

图3-53 指定端点角度

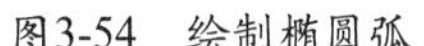

图3-54 绘制椭圆弧

命令行中各选项含义如下。

★ 参数(P)：输入P，选择该项，在命令行中分别指定“起点参数”、“端点参数”，可创建复合该参数值的椭圆弧。

★ 包含角度(I)：输入I，选择该项，在指定了“起点参数”后，输入“圆弧的包含角度”值，可创建椭圆弧。

3.3.8 绘制圆环

圆环由两个半径不同的圆形组成，这两个圆形共用一个圆心。圆环有两种样式，一种为填充样式；另一种为不填充样式。在建筑制图中，圆环多用来表示孔洞；在室内制图中，圆环多用来表示流水孔。

1. 执行方式

★ 菜单栏：执行“绘图”|“圆环”命令。

★ 命令行：在命令行中输入“DONUT/DO”命令，并按下Enter键。

2. 操作步骤

调用“圆环”命令，命令行提示如下：

```
命令：DONUT↙
指定圆环的内径 <49>: 60
```

```
指定圆环的外径 <100>: 120                    //分别指定圆环的内径值和外径值
指定圆环的中心点或 <退出>:                    //单击指定中心点即可完成圆环的绘制，如图3-55所示
```

圆环并不总是以填充的方式出现，在命令行中输入“FILL”命令，并按下Enter键，命令行提示如下：

```
命令: FILL↙
输入模式 [开(ON)/关(OFF)] <开>: OFF          //选择"关"选项，可关闭填充显示，如图3-56所示
```

图3-55 填充样式

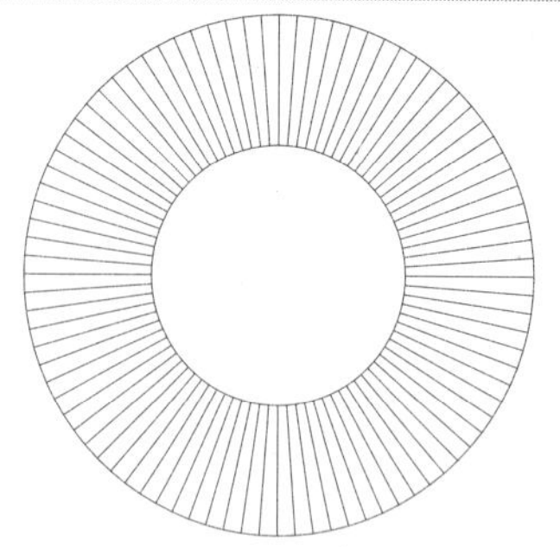

图3-56 不填充样式

3.3.9 绘制样条曲线

在AutoCAD中，通过指定一系列给定点来绘制样条曲线。其中所指定的点不一定在绘制的样条曲线上，是根据系统设定的拟合公差分布在样条线的附近。样条线一般用于切断线、波浪线、轮廓线等。

1. **执行方式**

★ 菜单栏：执行“绘图”|“样条曲线”命令。

★ 工具栏：单击“绘图”工具栏上的“样条曲线”按钮。

★ 命令行：在命令行中输入“SPLINE/SPL”命令，并按下Enter键。

★ 功能区：单击“绘图”面板上的“样条曲线拟合”按钮。

2. **操作步骤**

调用“样条曲线”命令，命令行提示如下：

```
命令: SPLINE↙
当前设置: 方式=拟合  节点=弦
指定第一个点或 [方式(M)/节点(K)/对象(O)]:          //单击鼠标或输入起点坐标可指定样条曲线的第一个点
输入下一个点或 [起点切向(T)/公差(L)]:              //继续指定下一点，按下Enter键结束绘制
```

命令行中各选项含义如下。

★ 方式(M)：输入M，选择该项，命令行提示“输入样条曲线创建方式”，有“拟合(F)”、“控制点(CV)”两种方式供选择；输入选项后的字母，可使用相应的方式来创建样条曲线。

★ 节点(K)：输入K，选择该项，命令行提示“输入节点参数化”，有“弦(C)”、“平方根(S)”、“统一(U)”3种方式可供选择。

★ 对象(O)：输入O，选择该项，命令行提示“选择样条曲线拟合多段线”，可将多段线转换成等价的样条曲线。

★ 起点切向(T)：输入T，选择该项，命令行提示“指定起点切向”，可以指定起点切向和端点切向来创建样条曲线。

★ 公差(L)：输入L，选择该项，命令行提示“指定拟合公差<0>”，公差值必须为0或者正值。假如公差为0，则样条曲线通过拟合点，如图3-57所示；假如公差大于0，则样条曲线在指定的公差范围内通过拟合点，如图3-58所示。

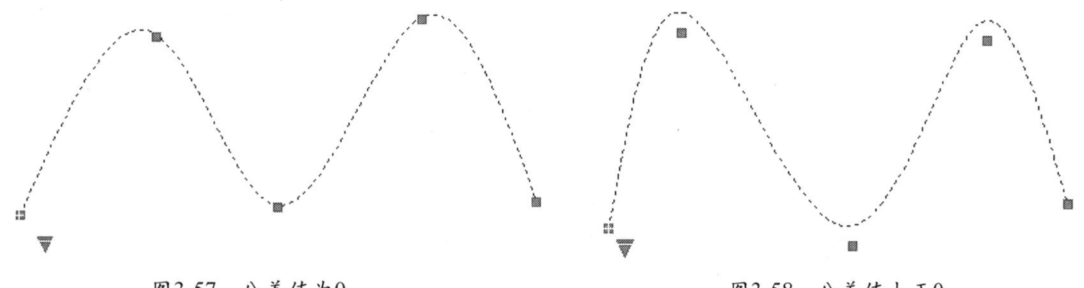

图3-57 公差值为0　　图3-58 公差值大于0

3.3.10 绘制修订云线

修订云线是由一段一段的弧线记录光标走过的轨迹，相当于使用鼠标来徒手绘制图形。可通过拖动光标来创建新的修订云线，也可将闭合对象（比如椭圆或多段线）转换为修订云线。使用修订云线来亮显要查看的图形部分。

1. **执行方式**

★ 菜单栏：执行“绘图”|“修订云线”命令。

★ 工具栏：单击“绘图”工具栏上的“修订云线”按钮。

★ 命令行：在命令行中输入“REVCLOUD”命令，并按下Enter键。

★ 功能区：单击“绘图”面板上的“修订云线”按钮。

2. **操作步骤**

调用“修订云线”命令，命令行提示如下：

```
命令：_revcloud
最小弧长：5  最大弧长：10  样式：普通
指定起点或 [弧长(A)/对象(O)/样式(S)] <对象>:                //单击指定修订云线的起点
沿云线路径引导十字光标...
修订云线完成。              //移动鼠标，在绘图区中显示鼠标经过的轨迹，按下Enter键可完成图形的绘制
```

命令行中各选项含义如下。

★ 弧长(A)：输入A，选择该项，命令行提示“指定最小弧长”、“指定最大弧长”，分别设定参数后，可按照该弧长值来绘制修订云线。

★ 对象(O)：输入O，选择该项，命令行提示“选择对象”，选择闭合对象，可将其转换为修订云线；选择对象后，命令行提示“反转方向 [是(Y)/否(N)] <否>”，选择不同的选项可得到不同的转换效果，如图3-59所示。

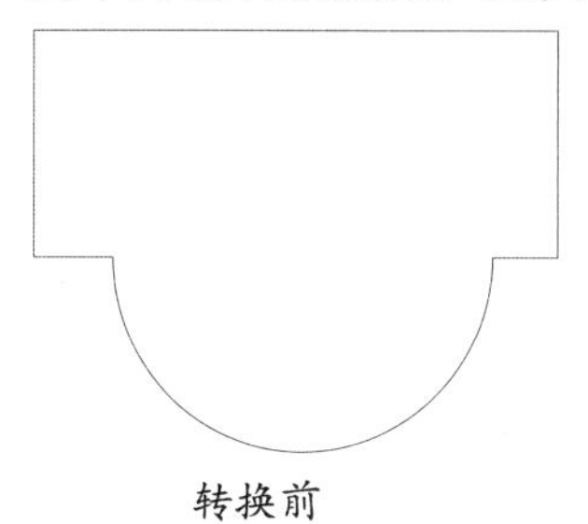

转换前　　转换后未反转方向

转换后反转方向

图3-59 转换操作

★ 样式(S)：输入S，选择该项，命令行提示“选择圆弧样式 [普通(N)/手绘(C)] <手绘>”；选择不同的样式可得到不同的绘制效果，如图3-60所示。

“普通”样式　　“手绘”样式

图3-60　不同样式的绘制效果

3.3.11　实战——绘制洗脸盆

洗脸盆是人们日常生活中不可缺少的卫生洁具。洗脸盆的材质，使用最多的是陶瓷、搪瓷生铁、搪瓷钢板，还有水磨石等。随着建材技术的发展，国内外已相继推出玻璃钢、人造大理石、人造玛瑙、不锈钢等新材料。

洗脸盆的种类较多，一般有以下几个常用品种：角型洗脸盆、普通型洗脸盆、立式洗脸盆、有沿台式洗脸盆和无沿台式洗脸盆，如图3-61所示。

图3-61　洗脸盆

01 调用EL【椭圆】命令，根据命令行的提示，分别指定A、B、C点绘制洗脸盆外轮廓线，结果如图3-62所示。

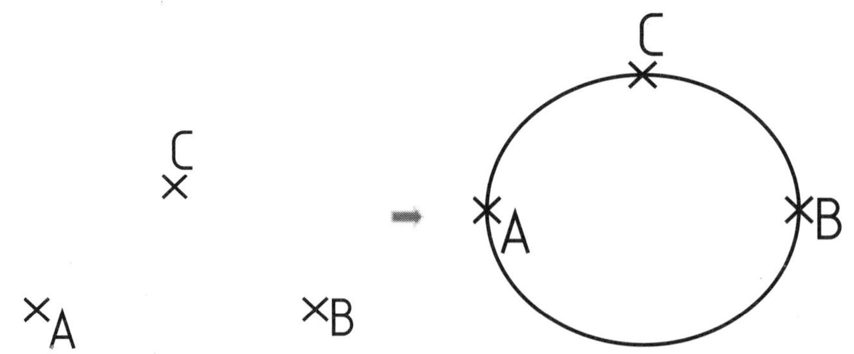
C
A
B
C
A
B
❶ 分别指定椭圆的轴端点为A点，指定轴的另一个端点为B点，指定另一条半轴长度（C点），以绘制椭圆

图3-62　绘制洗脸盆外轮廓线

02 按下Enter键，重复调用EL【椭圆】命令，继续绘制椭圆；调用L【直线】命令，绘制直线，结果如图3-63所示。

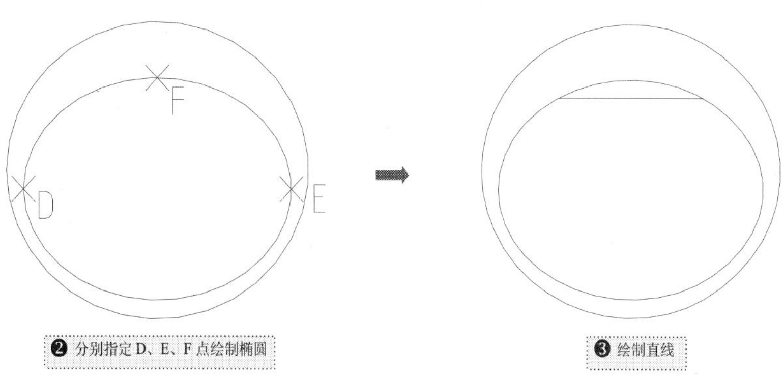
F
D
E
❷ 分别指定D、E、F点绘制椭圆
❸ 绘制直线

图3-63　绘制直线

03 调用TR【修剪】命令，修剪线段；调用L【直线】命令，绘制洗脸盆水流开关控制柄，结果如图3-64所示。

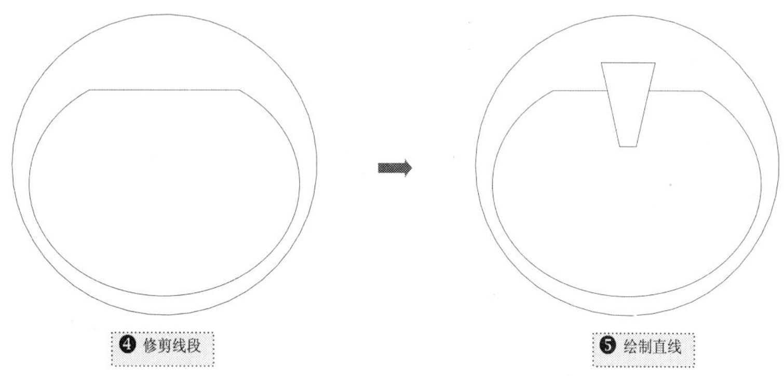
❹ 修剪线段
❺ 绘制直线

图3-64　绘制洗脸盆水流开关控制柄

04 执行“绘图”|“圆环”命令，绘制内径为40、外径为50的圆环；调用FILL命令，在命令行中选择“关(OFF)”选项；再次调用“圆环”命令，绘制内径为30、外径为40的圆环，完成洗脸盆水流开关及流水孔的绘制，结果如图3-65所示。

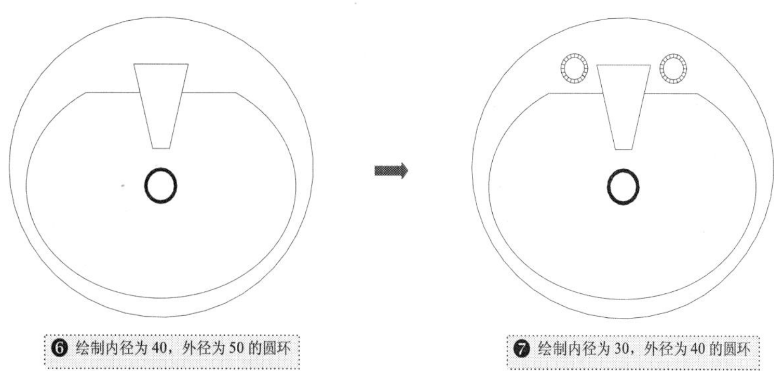
❻ 绘制内径为40，外径为50的圆环
❼ 绘制内径为30，外径为40的圆环

图3-65　绘制洗脸盆水流开关及流水孔

05 调用PL【多段线】命令，绘制洗手台，结果如图3-66所示。

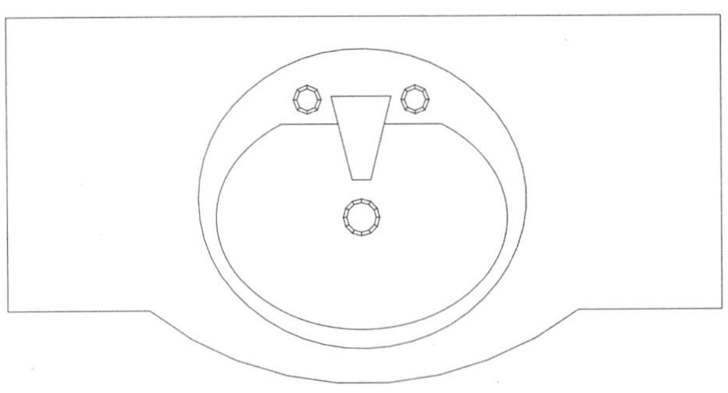

图3-66 绘制洗手台

3.4 绘制多边形

多边形是指由若干线段构成的图形。AutoCAD中的多边形有两种类型，分别为矩形和正多边形。矩形由4条边组成，正多边形的边数从3~1024不等。

本节介绍绘制多边形的操作方法。

3.4.1 绘制矩形

在绘图区中通过鼠标单击指定两个对角点可以创建矩形，也可通过指定矩形的长度、宽度等参数来创建矩形。矩形是最常用来作为轮廓线的图形之一。

1. 执行方式

★ 菜单栏：执行“绘图”|“矩形”命令。

★ 工具栏：单击“绘图”工具栏上的“矩形”按钮。

★ 命令行：在命令行中输入“RECTANG/REC”命令，并按下Enter键。

★ 功能区：单击“绘图”面板上的“矩形”按钮。

2. 操作步骤

调用“矩形”命令，命令行提示如下：

```
命令：RECTANG↙
指定第一个角点或 [倒角(C)/标高(E)/圆角(F)/厚度(T)/宽度(W)]:
指定另一个角点或 [面积(A)/尺寸(D)/旋转(R)]:          //分别单击指定两个角点，可完成矩形的创建
```

命令行中各选项含义如下。

★ 倒角(C)：输入C，选择该项，命令行提示“指定矩形的第一个倒角距离”、“指定矩形的第二个倒角距离”；分别指定倒角距离参数后，可创建倒角矩形，如图3-67所示。

★ 标高(E)：输入E，选择该项，命令行提示“指定矩形的标高 <0>:”，输入标高值，系统可按照该标高值来创建矩形。

★ 圆角(F)：输入F，选择该项，命令行提示“指定矩形的圆角半径 <0>:”；输入圆角半径值，可创建圆角矩形，如图3-68所示。

★ 厚度(T)：输入T，选择该项，命令行提示“指定矩形的厚度 <0>:”；指定矩形的厚度值，可创建带厚度的矩形，如图3-69所示。

★ 宽度(W)：输入W，选择该项，命令行提示“指定矩形的线宽 <0>:”；指定矩形的线宽值，可创建带宽度的矩形，如图3-70所示。

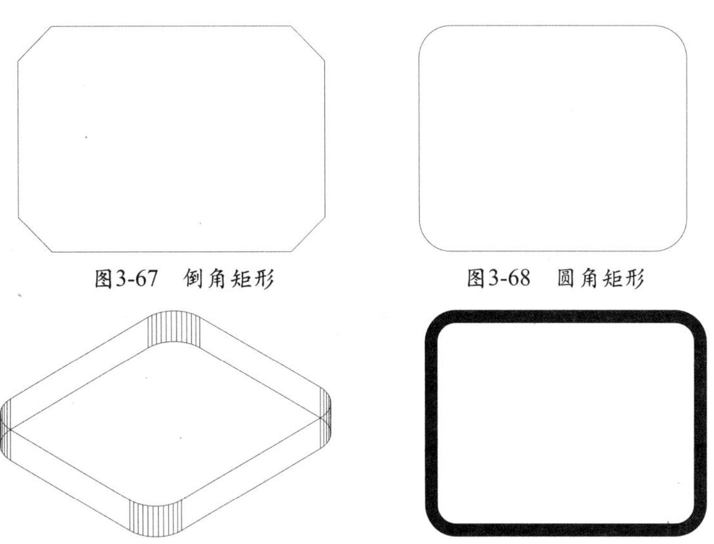

图3-67 倒角矩形　　图3-68 圆角矩形

图3-69 带厚度的矩形　　图3-70 带宽度的矩形

★ 面积(A)：输入A，选择该项，命令行分别提示“输入以当前单位计算的矩形面积 <100>:”、“计算矩形标注时依据 [长度(L)/宽度(W)] <长度>:”、“输入矩形长度 <10>:”；分别设置各项参数，系统可按照所设定的面积大小来创建矩形。

★ 尺寸(D)：输入D，选择该项，命令行分别提示“指定矩形的长度 <10>:”、“指定矩形的宽度 <10>:”；分别指定长度和宽度值后可创建矩形，如图3-71所示。

★ 旋转(R)：输入R，选择该项，命令行提示“指定旋转角度或 [拾取点(P)] <0>:”；输入旋转参数，可创建图3-72所示的矩形。

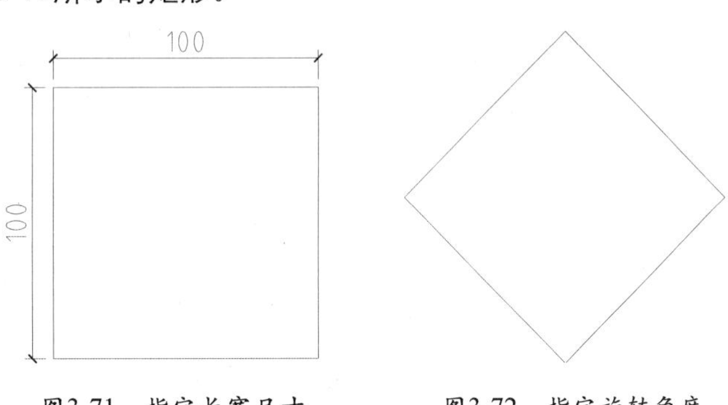

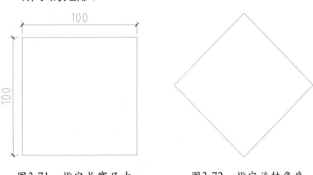

图3-71 指定长宽尺寸　　图3-72 指定旋转角度

3.4.2 绘制正多边形

正多边形由等边的闭合多段线来组成。在AutoCAD中，通过指定正多边形的边数、中心点、半径等参数，可确定一个正多边形的位置和大小。正多边形有两种创建方式，分别是“内接于圆”、“外切于圆”，如图3-73、图3-74所示。

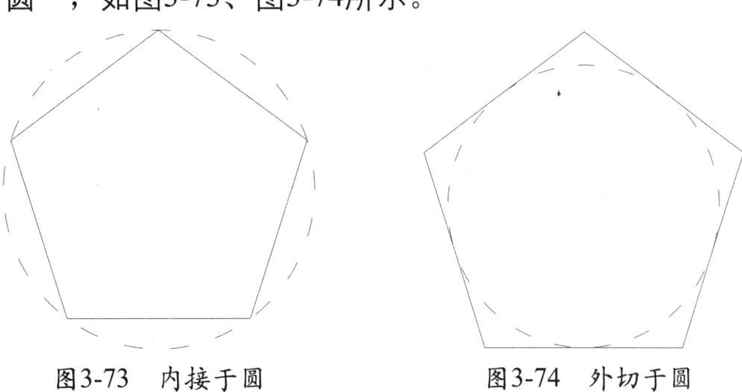

图3-73 内接于圆　　图3-74 外切于圆

1. **执行方式**

★ 菜单栏：执行“绘图”|“多边形”命令。

★ 工具栏：单击“绘图”工具栏上的“多边形”按钮⬠。

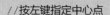

★ 命令行：在命令行中输入“POLYGON/POL”命令，并按下Enter键。

★ 功能区：单击“绘图”面板上的“多边形”按钮⬠。

2. **操作步骤**

调用“多边形”命令，命令行提示如下：

```
命令：_polygon
输入侧面数 <5>: 6
指定正多边形的中心点或 [边(E)]:                //按左键指定中心点
输入选项 [内接于圆(I)/外切于圆(C)] <C>: C
指定圆的半径：100                              //输入半径值，按下Enter键可完成多边形的绘制
```

命令行中各选项含义如下。

★ 边(E)：输入E，选择该项，命令行分部提示“指定边的第一个端点”、“指定边的第二个端点”；移动鼠标分别指定两个端点，即可创建多边形，如图3-75所示。

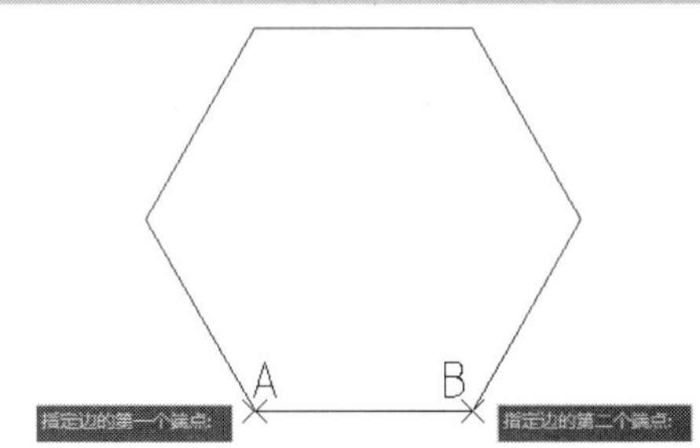

图3-75 指定两个端点以创建多边形

★ 内接于圆(I)：输入I，选择该项，则所绘制的多边形内接于假想的圆，其所有顶点都在圆上，圆的半径即中心点到多边形顶点的距离。

★ 外切于圆(C)：输入C，选择该项，所绘制的多边形外切于假想的圆，其所有的边都与圆相切，圆的半径即中心点到多边形的距离。

3.4.3 实战——绘制立面门

“门”指建筑物的出入口或安装在出入口能开关的装置，门是分割有限空间的一种实体，它的作用是可以连接和关闭两个或多个空间的出入口。

门的种类很多，按照材料和形式来分，可分成实木门、钢木门、防火门、防盗门等；按照位置来分，可分为外门、内门；按照开户方式来分，可分为平开门、弹簧门、卷帘门等，如图3-76、图3-77所示。

图3-76 实木防盗门

图3-77 卷帘门

01 调用REC【矩形】命令，绘制尺寸为2100×1000的外矩形；按下Enter键，继续使用“矩形”命令绘制内矩形，结果如图3-78所示。

02 单击选择中间的矩形，调用X【分解】命令，分解矩形；调用E【删除】命令，删除矩形底边；单击选择左侧边，激活左下角的夹点，将夹点移动至外矩形的底边，结果如图3-79所示。

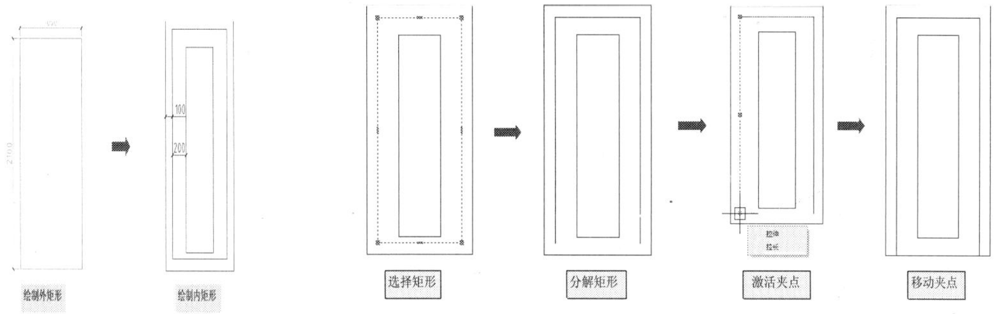

图3-78 绘制矩形

图3-79 移动夹点

03 单击“绘图”工具栏上的“多边形”按钮⬠，设置侧面边数为4，选择“内接于圆”选项，指定A点为圆心，在命令行提示“指定圆的半径:”时，单击B点，可创建四边形。

04 选择并激活四边形上方的夹点，将夹点移动至矩形边的中点上，结果如图3-80所示。

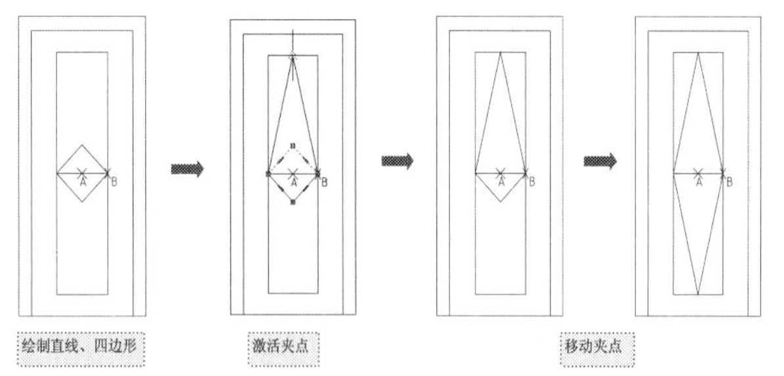

图3-80 绘制四边形

05 调用L【直线】命令，绘制直线；调用“正多边形”命令，以A点为圆心，单击B点以确定多边形的半径来完成四边形的绘制；激活并移动四边形的夹点使其与直线的端点相接。

06 按下Enter键重复调用“正多边形”命令，以A点为圆心，绘制半径为185的五边形，结果如图3-81所示。

07 激活并移动五边形的夹点，调用L【直线】命令，绘制对角线；调用C【圆】命令，分别绘制半径为30、10的圆形来代表门把手，立面门的绘制结果如图3-82所示。

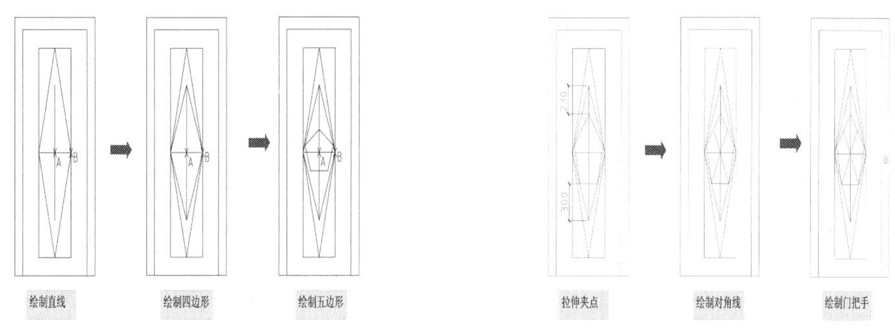

图3-81 绘制五边形

图3-82 立面门的绘制结果

3.5 绘制点

AutoCAD中的点抽象地代表了坐标空间中的一个位置，其位置由X、Y、Z坐标值确定。在绘图工作中，点常作为临时性的参考标记，以供测量或校准。开启AutoCAD中的捕捉功能，可在绘图过程中定位某个点。

3.5.1 设置点样式

通过为点设置不同的样式，可使点显示于图形之上，以便充分发挥其定位功能。在【点样式】对话框中可对点的样式及大小进行设置。打开【点样式】对话框的方式如下。

★ 菜单栏：执行“格式”|“点样式”命令。

★ 命令行：在命令行中输入“DDPTYPE/DDPT”命令，并按下Enter键。

执行上述任意一种方式，可打开图3-83所示的【点样式】对话框。系统默认选择第一个点样式，单击可选择其他种类的点样式。在“点大小”选项中可设置点的显示大小。

选择“相对于屏幕设置大小”选项，表示按屏幕尺寸的百分比来设置点的显示大小；在进行缩放时，点的显示大小不会发生改变。选择“按绝对单位设置大小”选项，表示按照“点大小”选项中所指定的实际单位设置点显示的大小；在进行缩放时，点的大小会发生改变。

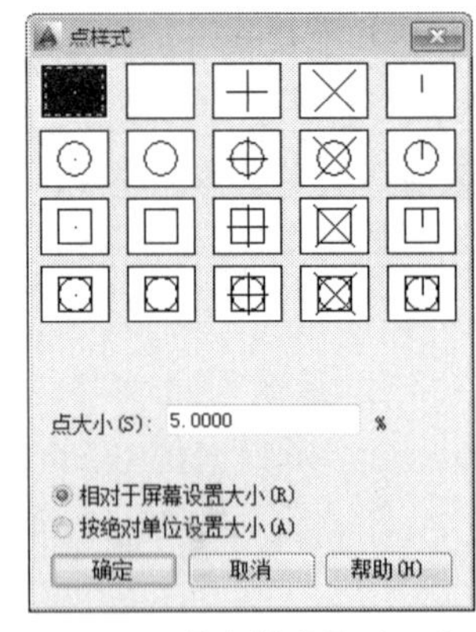

图3-83 【点样式】对话框

3.5.2 绘制单点

执行“单点”命令，可在绘图区中创建单个点对象。执行命令一次仅可绘制一个点，可为绘制图形提供定位作用。

1. 执行方式

★ 菜单栏：执行“绘图”|“点”|“单点”命令。

★ 命令行：在命令行中输入“POINT/PO”命令，并按下Enter键。

2. 操作步骤

调用“单点”命令，命令行提示如下：

```
命令: POINTE↙
当前点模式:  PDMODE=0  PDSIZE=0.0000
指定点:                    //在绘图区中单击指定点的位置，即可完成单点的创建，如图3-84所示
```

3.5.3 绘制多点

执行“多点”命令，可在绘图区中连续创建多个点。执行命令可一次绘制多个点，直到按下Enter键退出命令为止。多点可用来标示图形的特征点，方便在绘图过程中拾取相应的点进行绘制。

1. 执行方式

★ 菜单栏：执行“绘图”|“点”|“多点”命令。

★ 工具栏：单击“绘图”工具栏上的“多点”按钮。

★ 功能区：单击“绘图”面板上的“多点”按钮。

2. 操作步骤

调用“多点”命令，命令行提示如下：

```
命令：_point
当前点模式： PDMODE=35  PDSIZE=-10
指定点：            //在绘图区中分别单击指定点的位置，按下Enter退出命令可完成多点的创建，如图3-85所示
```

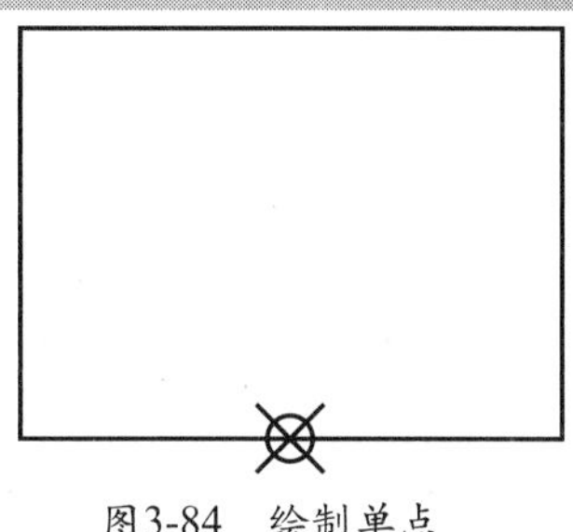

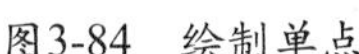

图3-84 绘制单点

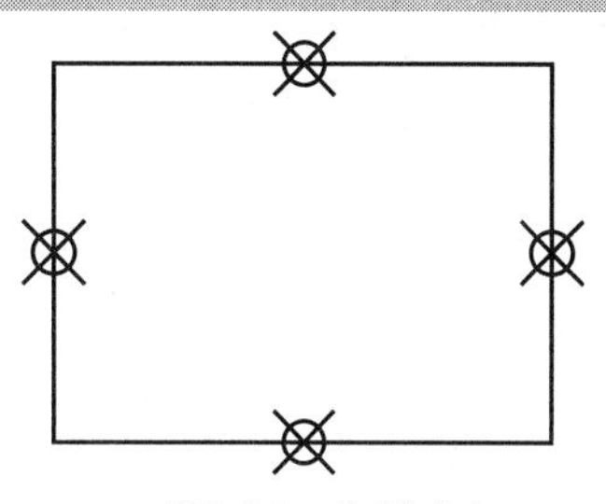

图3-85 绘制多点

3.5.4 绘制定数等分点

“定数等分”命令可沿对象的长度或周长创建等间距排列的点对象。由于每个点之间的距离是相等的，用户可在点之间布置图形对象，以保证图形的整齐。

1. 执行方式

★ 菜单栏：执行“绘图”|“点”|“定数等分”命令。

★ 命令行：在命令行中输入“DIVIDE /DIV”命令，并按下Enter键。

★ 功能区：单击“绘图”面板上的“定数等分”按钮。

2. 操作步骤

调用“定数等分”命令，命令行提示如下：

```
命令：DIVIDE↙
选择要定数等分的对象：                    //选择待等分的对象；
输入线段数目或 [块(B)]: 5               //指定等分数目，按下Enter键可完成等分操作，如图3-86所示
```

★ 块(B)：输入“B”，选择该项，可沿选定对象等间距放置块。

3.5.5 绘制定距等分点

“定距等分”命令可沿对象的长度或周长按照指定的间距创建对象或块。用户可根据定距等分点来创建或调整图形的位置，以保证所绘制或编辑的图形间距相等。

1. 执行方式

★ 菜单栏：执行“绘图”|“点”|“定距等分”命令。

★ 命令行：在命令行中输入“DIVIDE /DIV”命令，并按下Enter键。

★ 功能区：单击“绘图”面板上的“定数等分”按钮。

2. 操作步骤

调用“定距等分”命令，命令行提示如下：

```
命令：MEASURE↙
选择要定距等分的对象：                    //选择待等分的对象
指定线段长度或 [块(B)]: 500               //设置长度参数，按下Enter键可完成等分操作，如图3-87所示
```

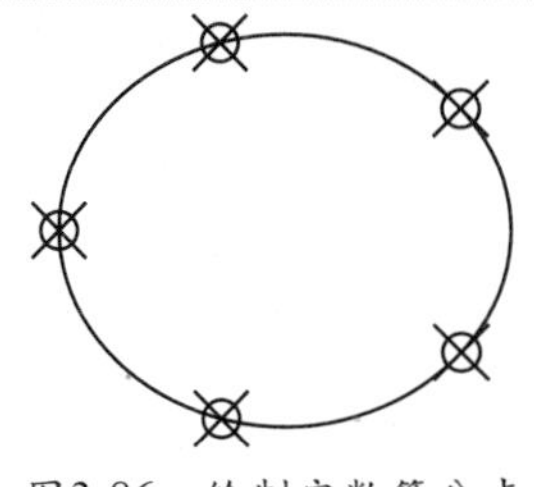

图3-86　绘制定数等分点

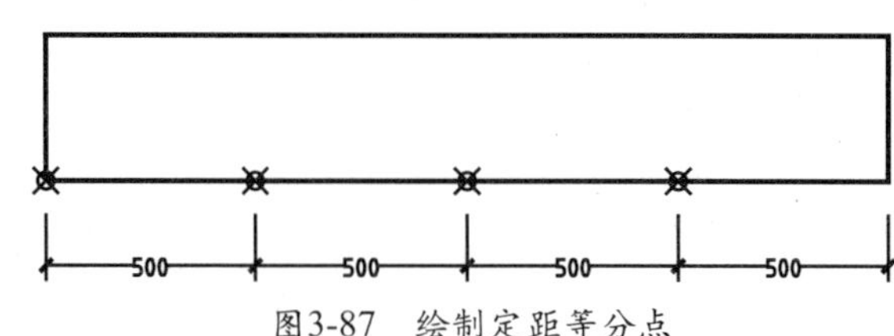

图3-87　绘制定距等分点

3.5.6　实战——绘制标准游泳池

游泳池是游泳运动的场地，可以在里面活动或比赛。多数游泳池建在地面，根据水温可分为一般游泳池和温水游泳池。

游泳池分为室内、室外两种。正式比赛的游泳池长为50米、宽至少为21米、水深1.8米以上。供游泳、跳水和水球综合使用的游泳池，水深1.3~3.5米；设10米跳台的游泳池，水深应为5米。游泳池的水温应保持在27~28℃，应有过滤和消毒设备，以保持池水清洁。

此外，在公共游泳池的周围还应该设置救生员的位置，以便及时发现险情，实施救援。

图3-88所示为室外游泳池及室内游泳池。

图3-88　游泳池

本节介绍游泳池平面图的绘制方法。

01 调用REC【矩形】命令，绘制矩形以表示游泳池的外轮廓；调用X【分解】命令，分解矩形；调用O【偏移】命令，向内偏移矩形边；调用TR【修剪】命令，修剪线段，结果如图3-89所示。

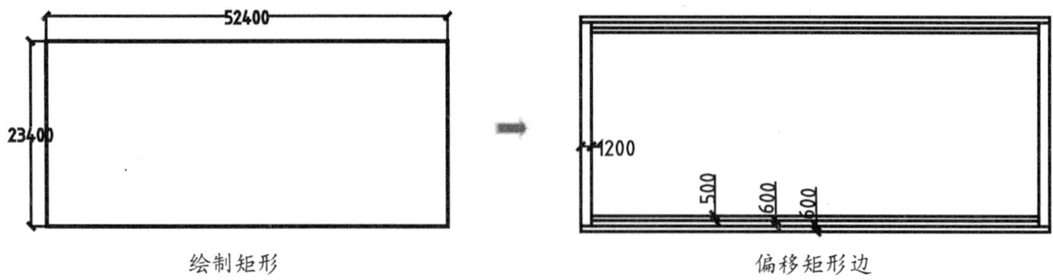

绘制矩形　　偏移矩形边

图3-89　偏移矩形边

02 选择待打断的边，在“修改”工具栏上单击“打断于点”按钮，指定A点为打断点可完成打断操作；按下Enter键，重复调用“打断于点”命令，指定B点为打断点，完成的打断操作如图3-90所示。

03 调用ME【定距等分】命令，选择经打断操作得到的线段，指定线段长度为2500，可完成定距等分操作；调用L【直线】命令，以等分点为起点绘制直线，结果如图3-91所示。

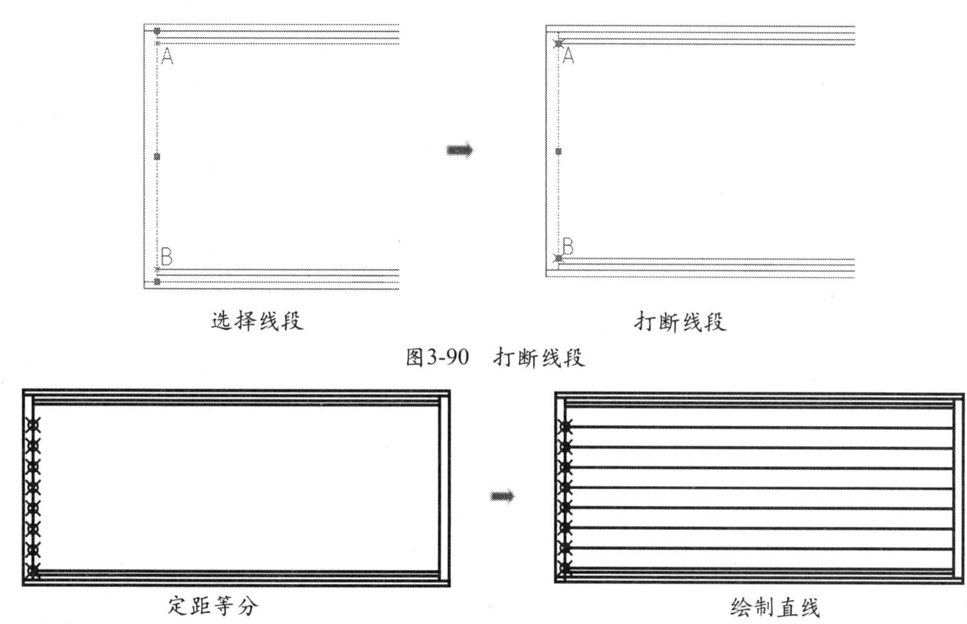

图3-90 打断线段

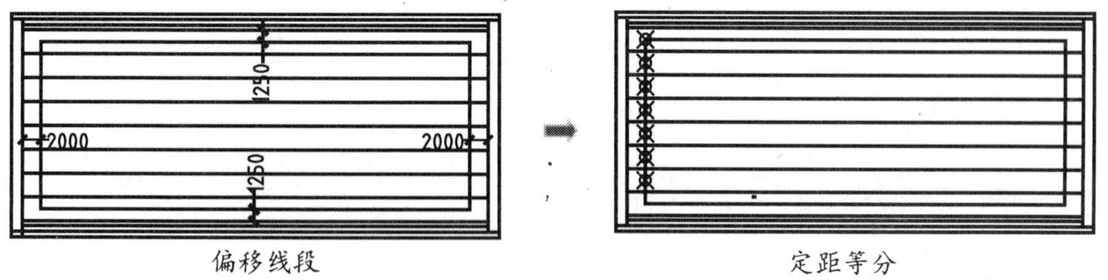

图3-91 绘制直线

04 绘制泳道。调用O【偏移】命令，偏移线段；调用TR【修剪】命令，修剪线段；调用ME【定距等分】命令，设置线段长度为2500，对线段执行等分操作，结果如图3-92所示。

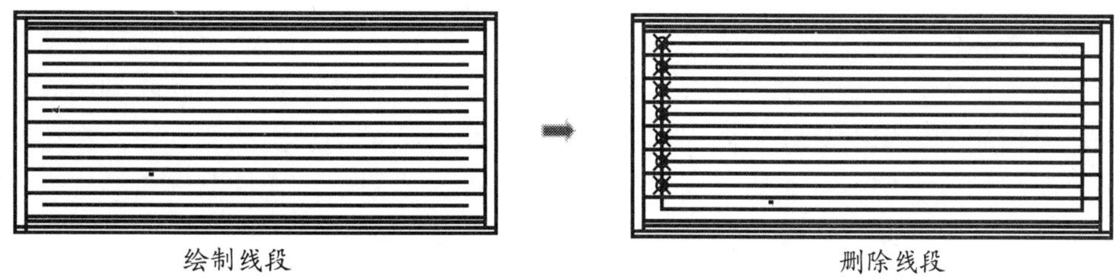

图3-92 定距等分

05 调用L【直线】命令，以等分点为第一个点绘制直线；调用E【删除】命令，删除直线，结果如图3-93所示。

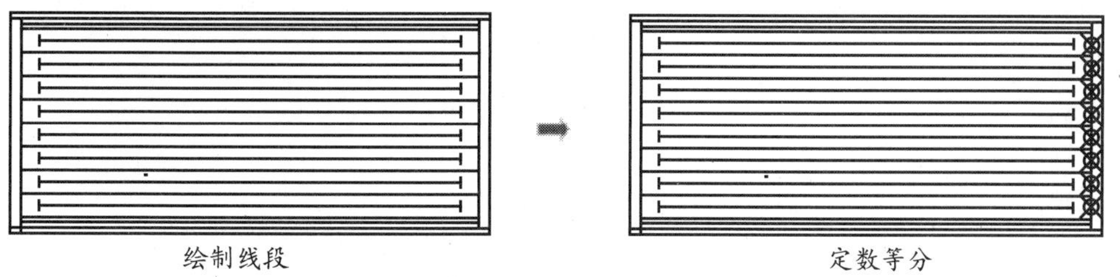

图3-93 删除直线

06 调用L【直线】命令，绘制长度为1000的垂直线段；调用M【移动】命令，移动直线，使垂直线段的中点与水平线段的端点重合。

图3-94 定数等分

07 调用DIV【定数等分】命令，选择右侧的线段，设置等分数目为9，定数等分操作的结果如图3-94所示。

08 绘制跳台。调用REC【矩形】命令，绘制尺寸为838×610的矩形，并使矩形的长边中点与等分点相重合；调用MI【镜像】命令，向左镜像复制矩形，结果如图3-95所示。

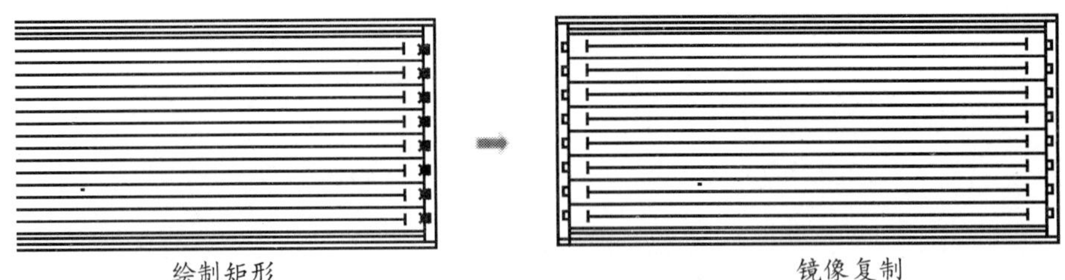

图3-95 绘制矩形

09 绘制救生员位置。调用PL【多段线】命令，设置宽度为60，绘制尺寸为1073×472的矩形，结果如图3-96所示。

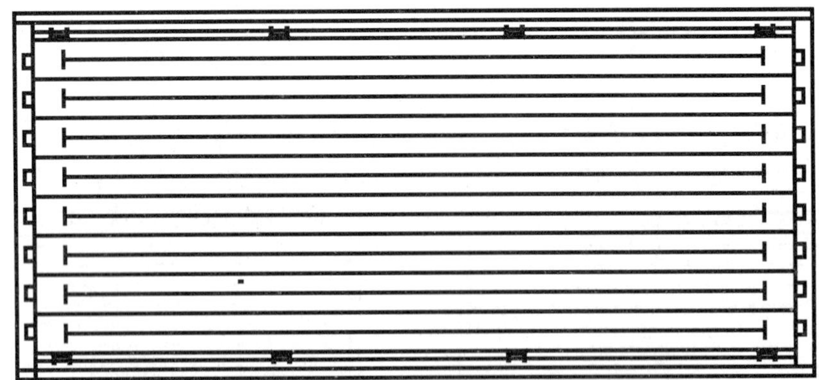

图3-96 标准游泳池平面图

3.6 图案填充

图案填充是AutoCAD中一个非常重要的命令，在绘制各类型的图纸时都需要用到。比如在绘制建筑图纸时，可以使用图案填充来表示不同的材料种类；在绘制机械图纸时，可使用图案填充来绘制剖面图，以更清晰地表达被剖切到的各个面；在绘制室内设计图纸时，可使用图案填充来表达顶面及地面的不同的装饰材料；在绘制地质图纸时，可使用图案填充来表示不同的地层结构。

3.6.1 创建填充图案

使用“填充图案”命令，可在封闭的区域内绘制各种类型的图案。同一类型的图案可以通过改变填充角度、比例来得到不同的填充效果。用户还可自定义图案类型来为指定的图形执行填充操作。

1. 执行方式

★ 菜单栏：执行“绘图”|“图案填充”命令。

★ 工具栏：单击“绘图”工具栏上的“图案填充”按钮。

★ 命令行：在命令行中输入“HATCH/H”命令，并按下Enter键。

★ 功能区：单击“绘图”面板上的“图案填充”按钮。

2. 操作步骤

调用“图案填充”命令，命令行提示如下：

```
命令：HATCH↙                                        //系统弹出【图案填充和渐变色】对话框
拾取内部点或 [选择对象(S)/删除边界(B)]：正在选择所有对象...   //将光标置于填充区域内，单击左键，系统亮
                                                      显被拾取的区域边界，如图3-97所示
正在选择所有可见对象...
正在分析所选数据...
正在分析内部孤岛...
拾取内部点或 [选择对象(S)/删除边界(B)]：              //按下Enter键返回【图案填充和渐变色】对话框，单击"确定"
                                                      按钮，关闭对话框可完成图案填充操作，如图3-98所示
```

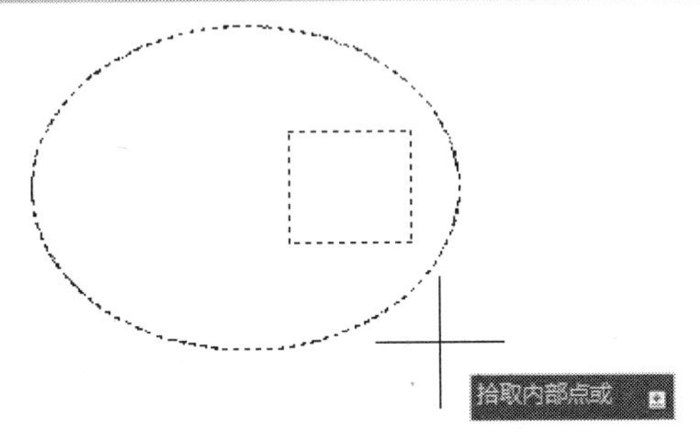

图3-97 拾取填充区域

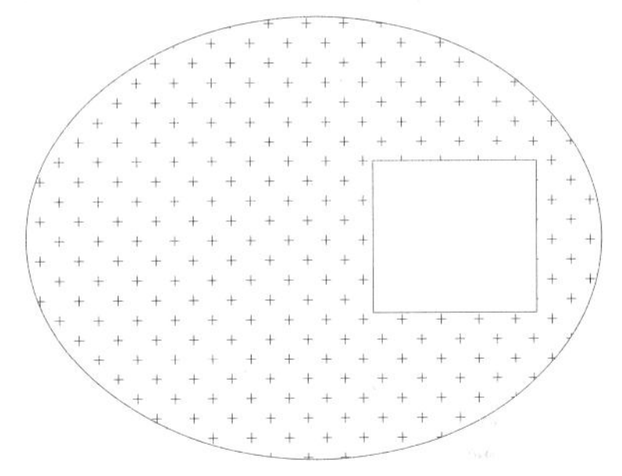

图3-98 填充结果

命令行中各选项含义如下。

★ 选择对象(S)：输入S，选择该项，可根据构成封闭区域的选定对象确定边界。通过选择封闭对象的方法来确定填充边界，但系统不会自动检测内部对象。通过选择对象确定的填充边界可亮显，如图3-99所示。

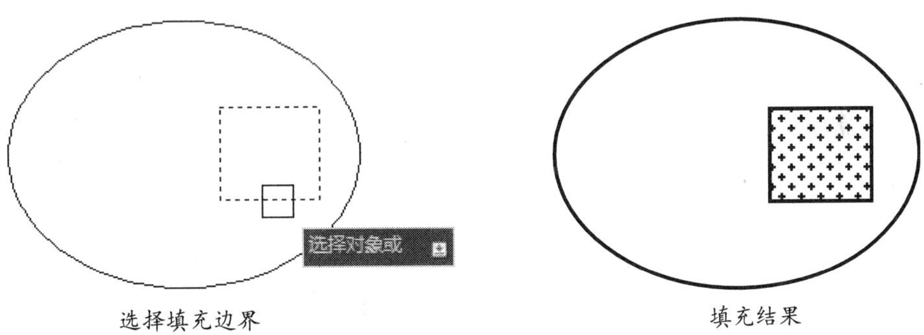

选择填充边界　　　　填充结果

图3-99 “选择对象”方式

执行“图案填充”命令后，系统会弹出图3-100所示的【图案填充和渐变色】对话框；在其中设置填充图案的各项参数，包括类型、比例、角度等，然后回到绘图区中选择填充区域，最后完成图案填充的操作。

【图案填充和渐变色】对话框分别由“类型和图案”、“角度和比例”、“图案填充原点”、“边界”、“选项”这5个选项组构成，各选项组的介绍如下。

（1）“类型和图案”选项组

★ “类型”列表：在列表中提供了3种类型的填充图案，分别为“预定义”、“用户定义”、“自定义”，如图3-101所示。假如选择“预定义”选项，用户可使用AutoCAD 2014附带的ISO标准及ANSI标准的填充图案，以及AutoCAD 2014附带的其他填充图案。选择“用户定义”选项，用户可基于当前线型来定义填充图案，比如使用一组平行线或者两组相交的平行线，角度可任意设置。选择“自定义”选项，用户可使用已添加到搜索路径

（在【选项】对话框中的“文件”选项卡上设置）中的自定义PAT文件列表。

图3-100 【图案填充和渐变色】对话框

图3-101 “类型”列表

★ “图案”选项列表：在列表中显示了各类图案的名称，单击可选择相应的图案。单击选项后面的“矩形”按钮，系统弹出图3-102所示的【填充图案选项板】对话框；通过切换对话框上方的选项卡，可选择不同类别的填充图案。

★ “颜色”选项列表：在列表中选择填充图案的颜色。单击列表中的“选择颜色”按钮，可弹出图3-103所示的【选择颜色】对话框，在其中可自定义填充图案的颜色。

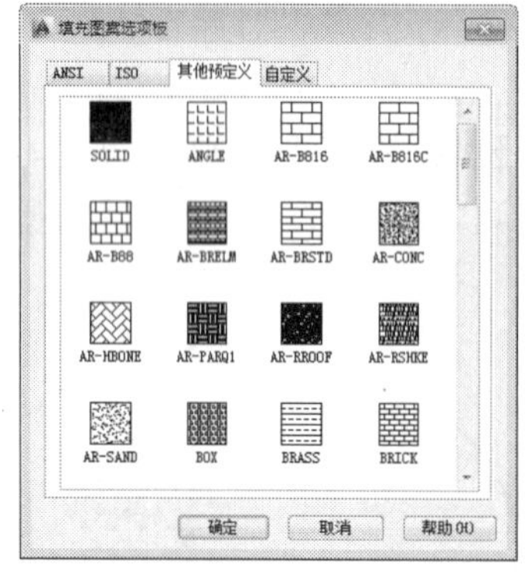

图3-102 【图案填充和渐变色】对话框

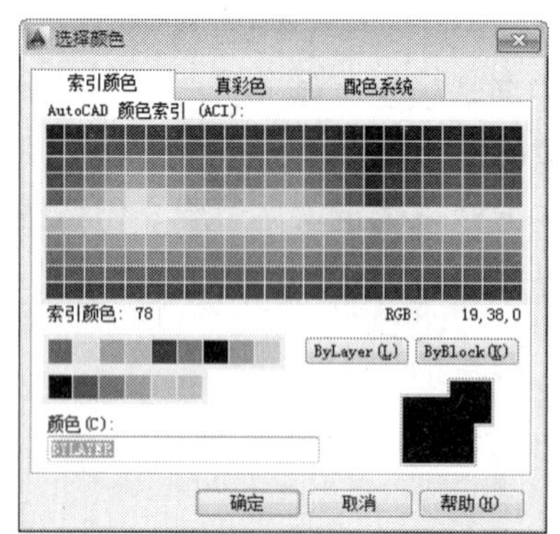

图3-103 【选择颜色】对话框

★ 样例：在其中预览当前填充图案的样式。单击预览框，系统弹出【填充图案选项板】对话框，在其中可重新选择填充图案的样式。

★ 自定义图案：在“类型”列表中选择“自定义”选项，该项被激活，然后在列表中可选择自定义图案。

（2）“角度和比例”选项组

★ “角度”选项列表：在列表中选择填充图案的角度，也可直接输入角度参数；图3-104所示为填充角度为0°和90°时图案填充的结果。

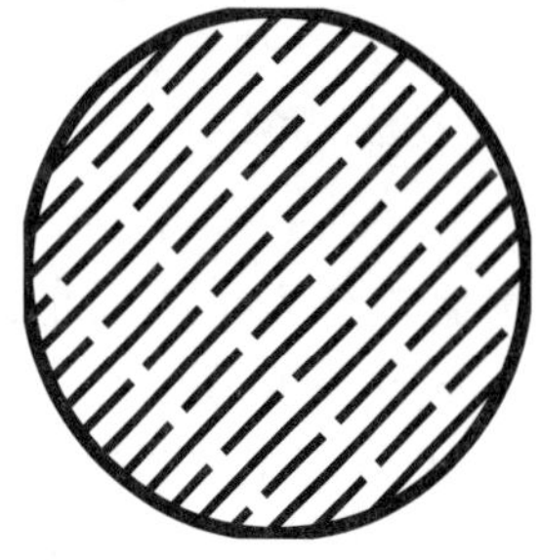

填充角度为0°

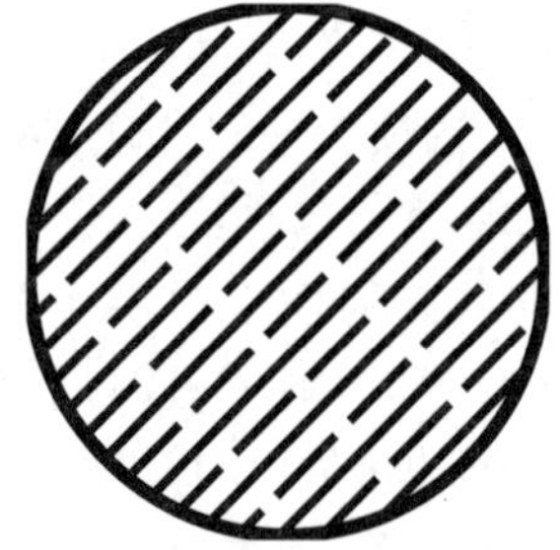

填充角度为90°

图3-104 填充角度

★ “比例”选项列表：在列表中选择图案的填充比例参数，也可直接设置比例参数；图3-105所示为比例参数为1和3时图案填充的效果。

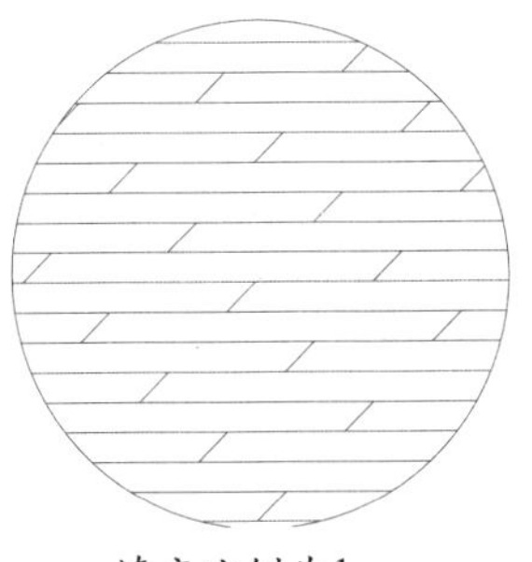
填充比例为1

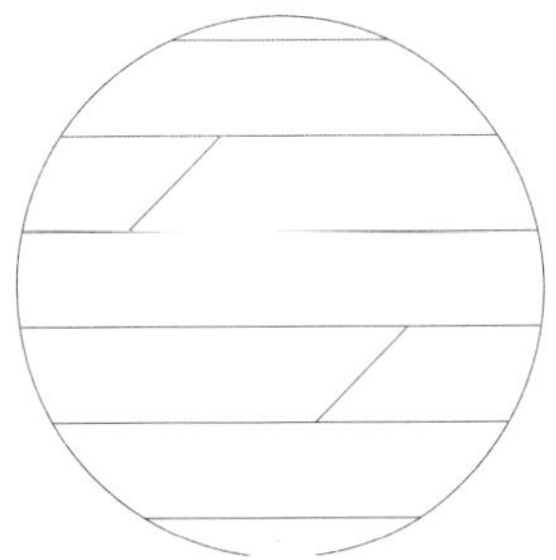
填充比例为3

图3-105 填充比例

★ 双向：在“类型”列表中选择“用户定义”选项时，该项被激活。选择该项，可绘制两组相互交叉的直线填充图案，图3-106所示为填充角度分别为0°和45°时交叉线图案的填充结果。

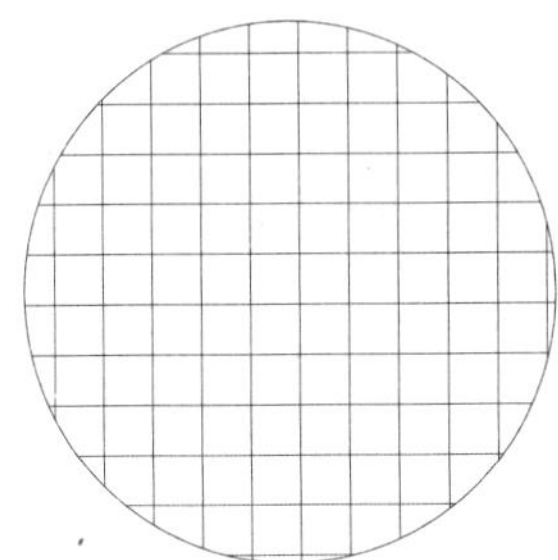
填充角度为0°

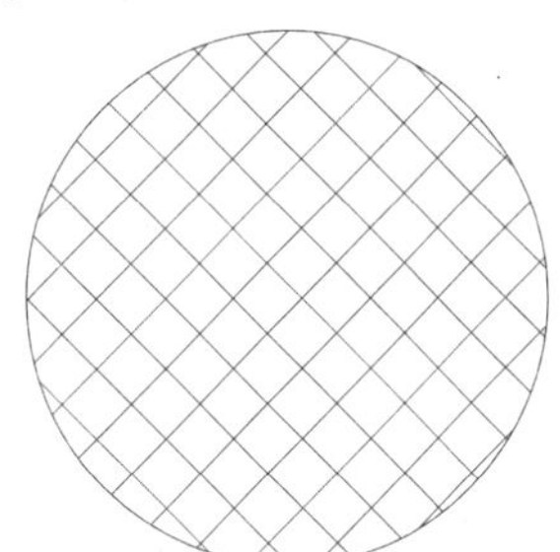
填充角度为45°

图3-106 填充交叉线图案

★ 相对图纸空间：该选项仅适合于布局，用来设置相对于布局空间单位缩放填充图案。选择该项，可快速地以适合于布局的比例来显示填充图案。

★ 间距：在“类型”列表中选择“用户定义”选项时，该选项被激活。在其中设置线之间的距离，该项可与“双向”选项联合起来共同设置用户自定义图案。

★ ISO笔宽：在“类型”列表中选择“预定义”选项，并将“图案”设置为可用的ISO图案中的一种时，该项才被激活。在选项中设置基于选定笔宽缩放ISO预定义图案。

（3）“图案填充原点”选项组

★ 使用当前原点：选择该项，所有的图案填充原点都对应于当前的UCS原点。

★ 单击以设置新原点：选择该项，设置新的填充原点，如图3-107所示。

使用默认的填充原点

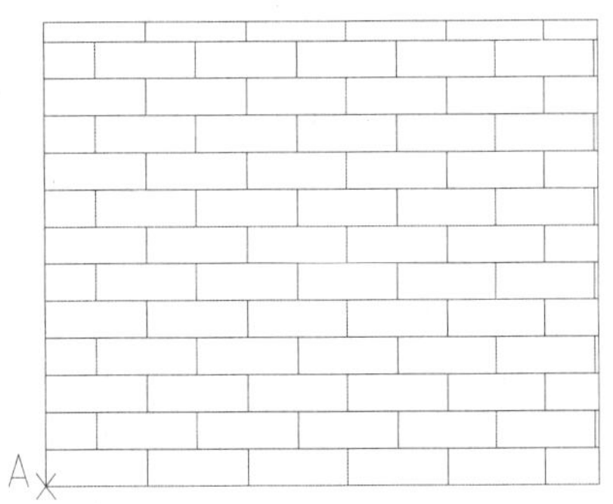

设置A点为新的填充原点

图3-107 设置填充原点

★ 默认为边界范围：勾选该项，可在下方的列表中选择原点的位置，可在右侧的图案中预览

选择原点位置的结果。

★ 存储为默认原点：选择该项，可将新图案填充原点指定为默认的图案填充原点。

（4）“边界”选项组

★ “添加：拾取点”按钮：单击该按钮，可在绘图区中拾取闭合区域的内部点；AutoCAD 2014可自动根据所拾取的点判断围绕该点构成封闭区域的现有对象来确定填充边界。

★ “添加：选择对象”按钮：单击该按钮，在绘图区中通过选择封闭对象的方法确定填充边界，系统部自动检测内部对象。

★ “删除边界”按钮：单击该按钮，可从已定义的边界中删除已添加的对象。使用“添加：拾取点”按钮、“添加：选择对象”按钮创建了边界后；单击该按钮，在绘图区中拾取待删除的边界；然后系统可越过该绘制图案填充，如图3-108所示。

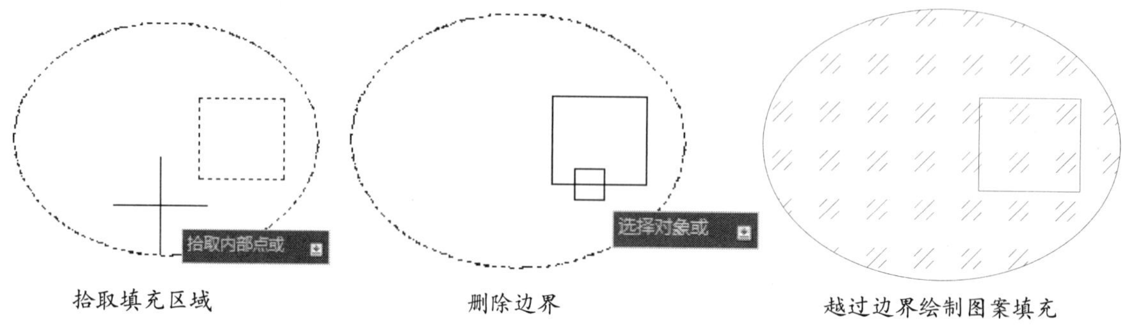

图3-108 “删除边界”操作

★ “重新创建边界”按钮：单击该按钮，可重新创建填充边界，仅在编辑填充边界时才可用。

★ “查看选择集”按钮：单击该按钮，可返回绘图区中查看已定义的填充边界，被定义的填充边界亮显；但该按钮仅在使用“添加：拾取点”按钮、“添加：选择对象”按钮创建了边界后才能使用。

（5）“选项”选项组

★ 注释性：选择该项，可将填充图案指定为注释性对象。

★ 关联：该项用来控制填充图案的关联性。选择该项，在用户修改填充边界后填充图案可自动更新，如图3-109所示。

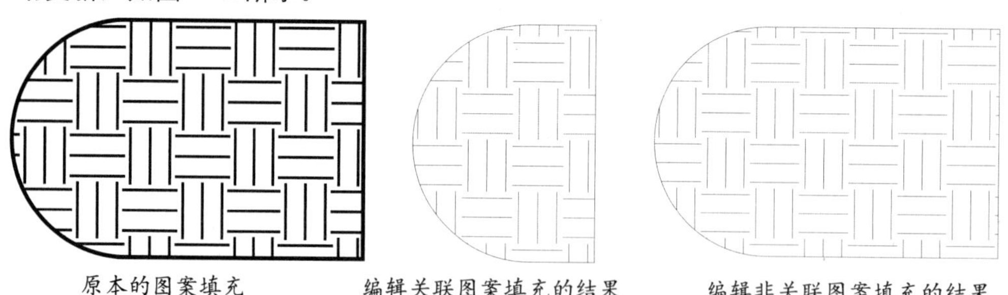

图3-109 编辑“关联”图案

★ 创建独立的图案填充：在指定了几个单独的闭合边界时，选择该项，可创建多个图案填充；取消勾选该项，可创建单个图案填充。

★ “绘图次序”选项列表：在列表中选择填充图案的绘制次序。填充图案可放在所有其他对象之前或之后，还可放置在图案填充边界之后或之前。

★ “继承特性”按钮：单击该按钮，可使用选定对象的图案填充或填充特性来对选定的边界绘制图案填充。

单击【图案填充和渐变色】对话框右下角的“扩展”按钮，系统可扩展该对话框，结果如图3-110所示。“孤岛”是指闭合区域内的另一个闭合区域，勾选“孤岛检测”复选项，“孤岛显示样式”选项被激活，其中各样式含义如下。

图3-110 扩展对话框

★ “普通”样式：选择该项，系统从外部边界向内填充。假如遇到孤岛，可关闭图案填充，重新遇到孤岛内的另一个孤岛后再继续绘制填充，如图3-111所示。

★ “外部”样式：选择该项，系统从外部边界向内填充。假如遇到内部孤岛，将关闭图案填充。该样式仅对结构的最外层绘制图案填充，从而使结构内部保留空白，如图3-112所示。

★ “忽略”样式：选择该项，系统忽略所有对象，填充图案时会通过这些对象，如图3-113所示。

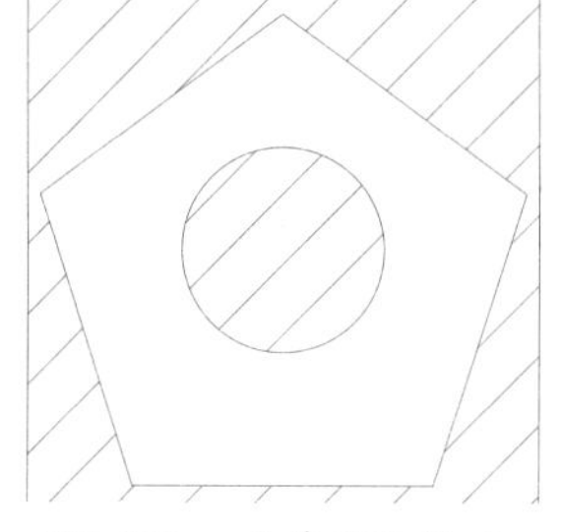

图3-111 “普通”样式

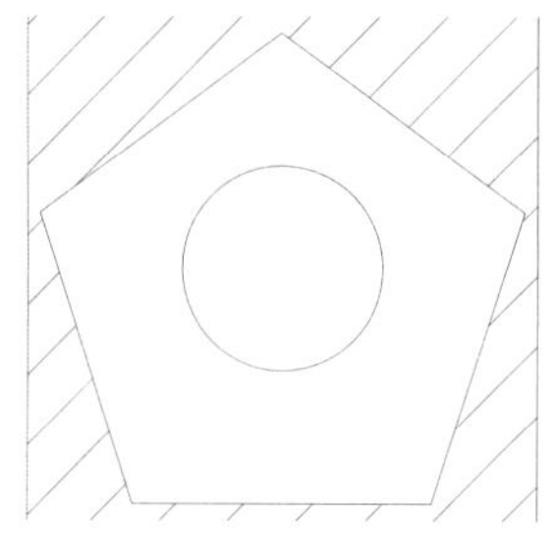

图3-112 “外部”样式

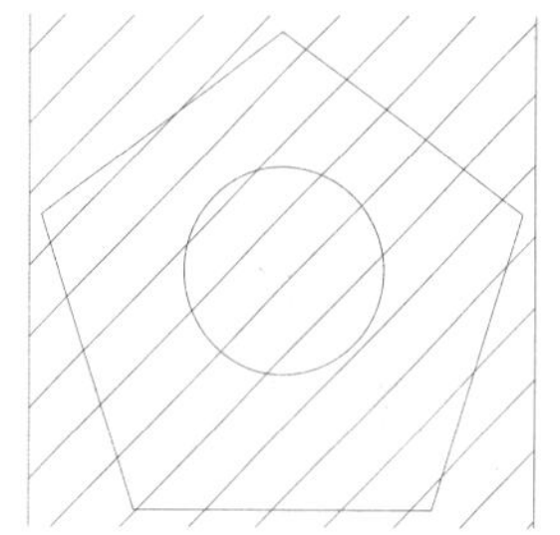

图3-113 “忽略”样式

在指定的填充区域内存在文本、属性等对象时，AutoCAD会按照孤岛检测的方式来处理，如图3-114所示。

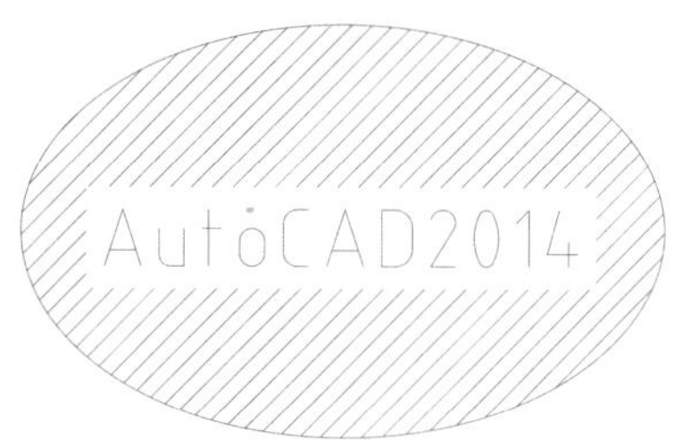

“普通”样式

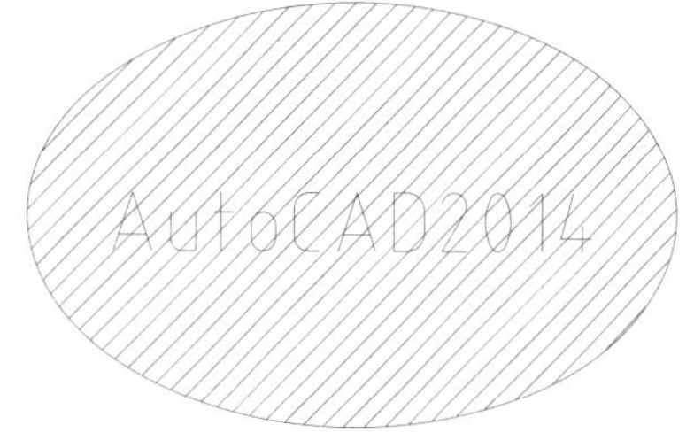

“忽略”样式

图3-114 “文本”对象的处理方式

扩展对话框中其他选项组含义如下。

★ “边界保留”选项组：勾选“保留边界”选项后，可将填充边界保存为指定对象；通过“对象”类型选项列表将保留的类型设置为“多段线”或“面域”。

★ “边界集”选项组：可以指定使用“添加：拾取点”按钮、“添加：选择对象”按钮来定义填充边界时所要分析的对象集。

使用“添加：选择对象”按钮来定义边界时，选定的边界集无效。

使用“添加：拾取点”按钮来定义边界时，系统可分析当前视口范围内的所有对象。通过重新定义边界集，可在定义边界时忽略某些对象，而不需要隐藏或删除这些对象。在绘制大图形时，定义边界集可加快生成边界的速度，因为系统仅需检查边界集内的对象。

★ “允许的间隙”选项组：在“公差”选框中设置将对象用作图案填充边界时可忽略的最大间隙。系统默认值为0，该值指定对象必须是封闭的区域而没有间隙，参数设置范围为0~5000。

★ “继承选项”选项组：在选择“继承特性”方式创建图案填充时，其中所包含的两个选项用来设置图案填充原点的位置。

3.6.2 编辑填充图案

填充图案的编辑包括重新定义填充的图案、重新设置其他图案的填充属性、编辑填充边界等。在【图案填充和渐变色】对话框中勾选“创建独立的图案填充”选项，可对多个填充区域的填充对象进行独立编辑。

图案填充是一个整体的对象，图案填充边界可以被复制、移动、拉伸、修剪等，也可使用夹点编辑模式拉伸、移动、旋转、缩放及镜像填充边界和与边界相关联的填充图案。假如所执行的编辑操作保持边界的闭合，关联填充可自动更新。假如在编辑过程中生成了开放边界，图案填充会失去与任何边界的关联性，且保持不变。

此外，对图案填充执行“分解”操作后，图案填充被分解为单个独立对象，此时不能对图案填充执行编辑操作。

1. 执行方式

★ 菜单栏：执行“修改”|“对象”|“图案填充”命令。

★ 工具栏：单击“修改 II”工具栏上的“编辑图案填充”按钮。

★ 命令行：在命令行中输入“HATCHDIT”命令，并按下Enter键。

★ 功能区：单击“修改”面板上的“编辑图案填充”按钮。

★ 在图案填充对象上双击鼠标左键。

2. 操作步骤

调用“编辑图案填充”命令，命令行提示如下：

```
命令： HATCHEDIT↙
选择图案填充对象：                //选择待编辑的图案填充，系统弹出图3-115所示的【图案填充编辑】
                                    对话框，在其中可完成对填充图案的编辑操作
```

在【图案填充编辑】对话框可以发现，有些选项已被禁用，比如“注释性”、“关联”、“孤岛检测”等。但是图案类型、角度、比例等选项仍然处于被激活状态，用户可通过更改这些选项参数来完成编辑图案填充的操作。

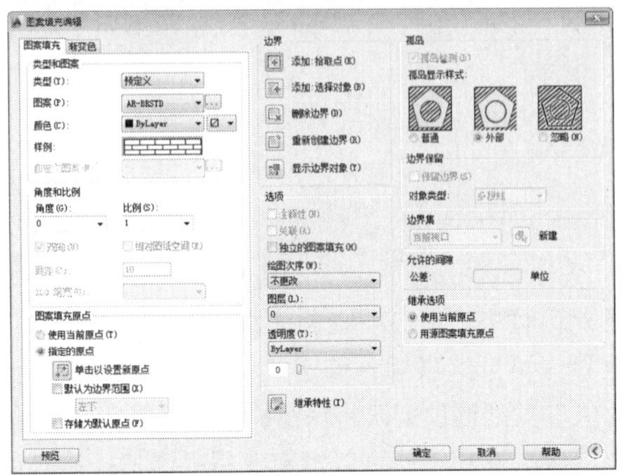

图3-115 【图案填充编辑】对话框

3.7 综合实战

熟练掌握AutoCAD中的各类绘图命令可轻松绘制所需要的图形，但是在绘制图形的时候应该调用相应的绘图命令，以达到事倍功半的效果。比如在绘制由各种垂直、水平线段组成的图形时，可调用“直线、多段线”等命令来绘制；绘制包含弧度较多的图形时，可调用“圆、圆弧”等命令来绘制；在绘制由各种多边形组成的图形时，可调用“矩形”命令或“多边形”命令来绘制；需要对图形进行等分定位时，可使用“定距/定数等分”命令；需要绘制各类图案以区分图形区域时，可调用“图案填充”命令，以使用各类图案来对图形执行填充操作。

本节介绍在实际的绘图过程中使用各类相应的命令来绘制图形的操作方法。

3.7.1 绘制洗涤槽

洗涤槽按安装方式分类，可分为台式、壁挂式，按用途可分为住宅用、公共场所用，按材质可分为陶瓷洗涤槽、玻璃钢洗涤槽、不锈钢洗涤槽、钢板搪瓷洗涤槽、人造石洗涤槽。

优质洗涤槽板厚达标，坚固耐用。表面经过处理，不沾油，不留水迹。槽下附有减噪毡，可减少放水的噪音。现在的洗涤槽落水口不安排在槽中心，而是偏槽后放置。

不锈钢材质的洗涤槽最为常见，该材质的洗涤槽的板要厚，才能坚固耐用。封口盖的提钮不高于槽底平面，以方便放置其他物件。

图3-116所示为在厨房中常用的不锈钢洗涤槽。

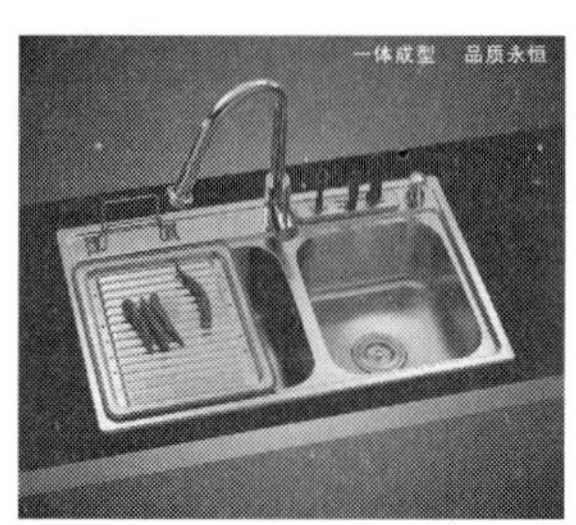

图3-116 洗涤槽

01 绘制洗涤槽的外轮廓。调用REC【矩形】命令，分别绘制圆角半径为10、40的矩形，如图3-117所示。

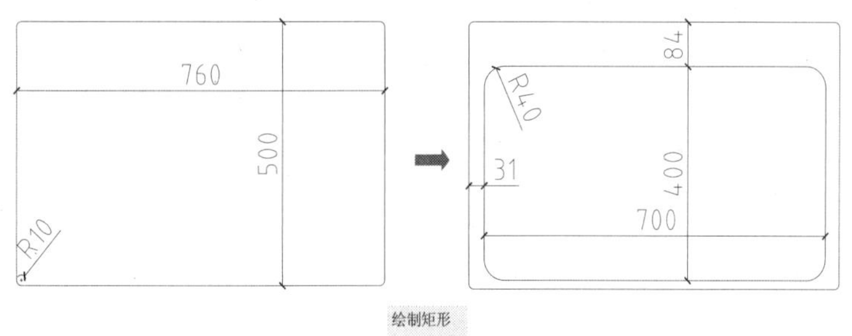

图3-117 绘制洗涤槽的外轮廓

02 按下Enter键，重复调用“矩形”命令，绘制圆角半径为20的矩形；然后再次执行“矩形”命令，设置圆角半径为0，绘制搁置板图案填充的外轮廓，结果如图3-118所示。

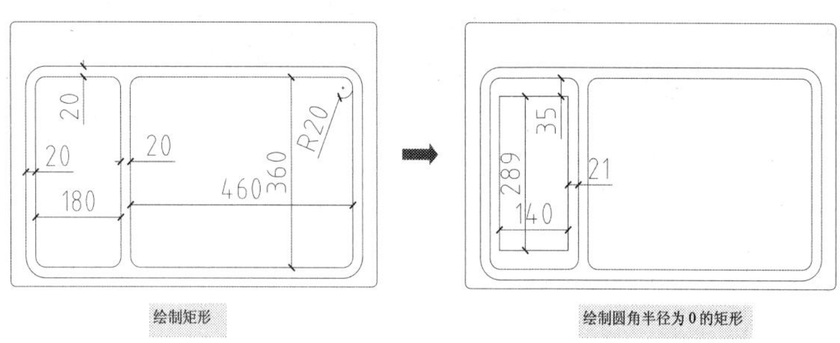

图3-118 绘制填充轮廓

03 调用H【图案填充】命令，在弹出的【图案填充和渐变色】对话框中设置参数；单击“添加：选择对象”按钮，在绘图区中选择搁置板图案填充的外轮廓，按下Enter键返回对话框中单击“确定”按钮，可完成图案填充操作，结果如图3-119所示。

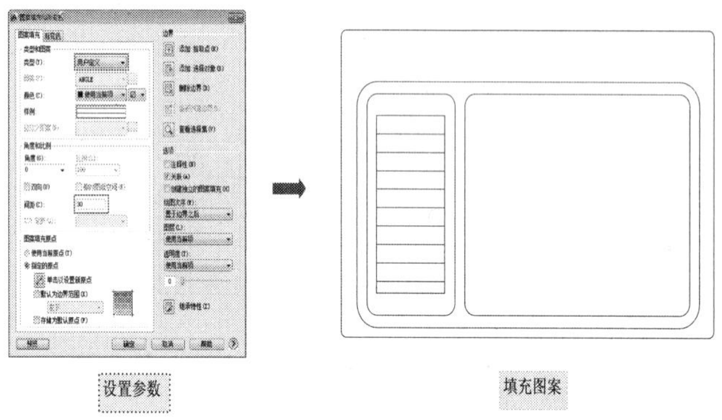

图3-119 图案填充

04 调用E【删除】命令，删除搁置板图案填充的外轮廓；调用C【圆】命令，绘制圆形以表示水流开关，结果如图3-120所示。

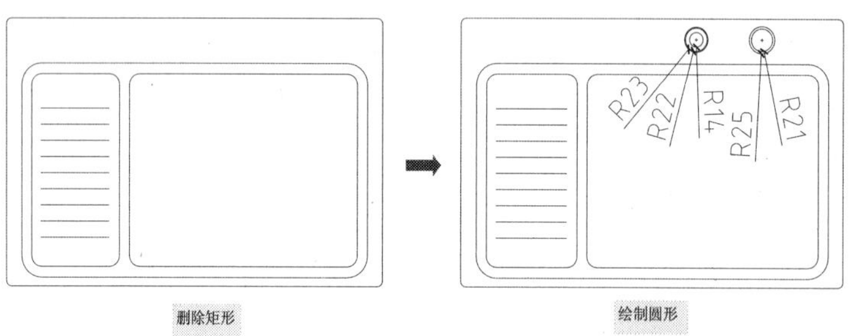

图3-120 绘制水流开关

05 调用REC【矩形】命令，绘制矩形，以表示水流开关的控制柄；调用C【圆】命令，分别以矩形短边的中点为圆心，绘制半径为4、11的圆形，结果如图3-121所示。

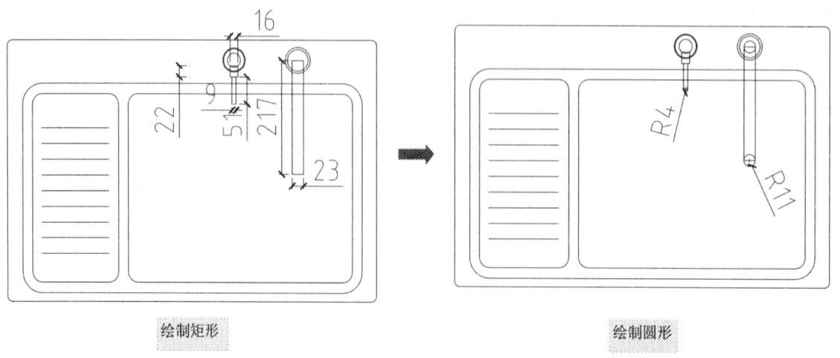

图3-121 绘制水流开关的控制柄

06 调用TR【修剪】命令，修剪图形；执行“绘图”|“圆环”命令，绘制内径为40，外径为50的圆环，以表示水流孔，完成洗涤槽平面图的绘制，结果如图3-122所示。

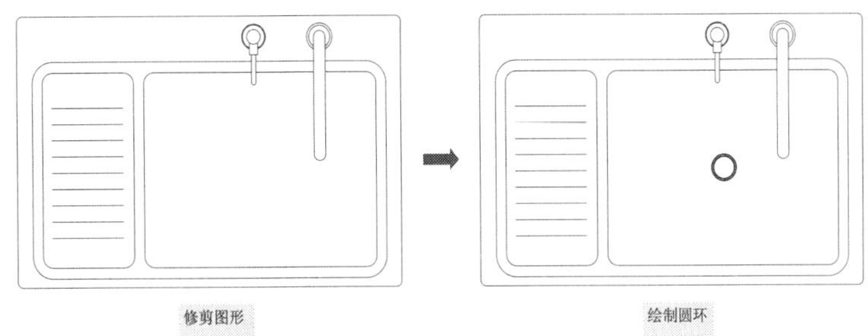

图3-122 洗涤槽平面图

3.7.2 绘制墙体

墙体是建筑物的重要组成部分，其作用是承重、围护或分隔空间。墙体按墙体受力情况和材料分为承重墙和非承重墙，按墙体构造方式分为实心墙、烧结空心砖墙、空斗墙、复合墙。

墙体需要具备足够的承载力和稳定性，兼具保温、隔热、隔声性能，并符合防火、防潮、防水要求，同时还要兼顾建筑工业化要求。

内墙体承担分隔空间、承重等作用，外墙体则主要承担围护作用，如图3-123所示。

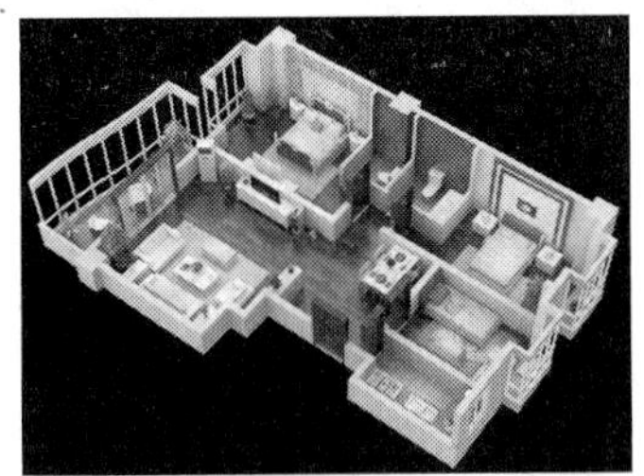

图3-123 建筑墙体

01 绘制墙体外轮廓。调用REC【矩形】命令，绘制矩形，结果如图3-124所示。

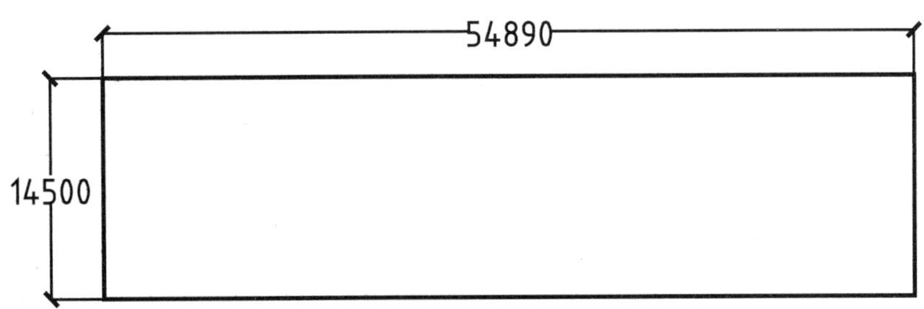

图3-124 绘制墙体外轮廓

02 调用X【分解】命令，分解矩形；调用DIV【定数等分】命令，设置等分数目为11，对矩形上方的长边执行等分操作；调用REC【矩形】命令，绘制尺寸为4990×3323的矩形，结果如图3-125所示。

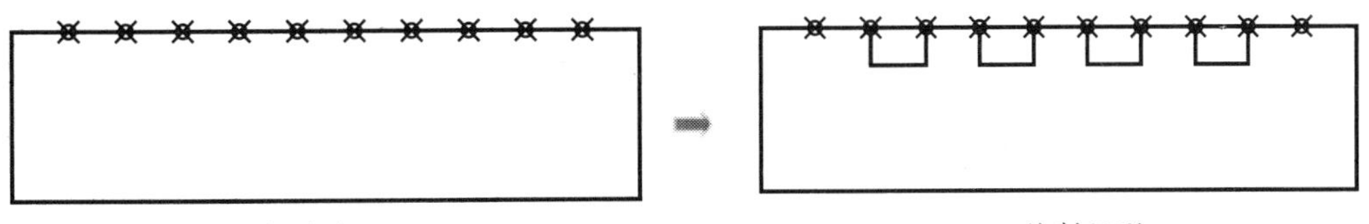

图3-125 绘制矩形

03 调用L【直线】命令，绘制直线；调用M【移动】命令，选择小矩形向下移动，结果如图3-126所示。

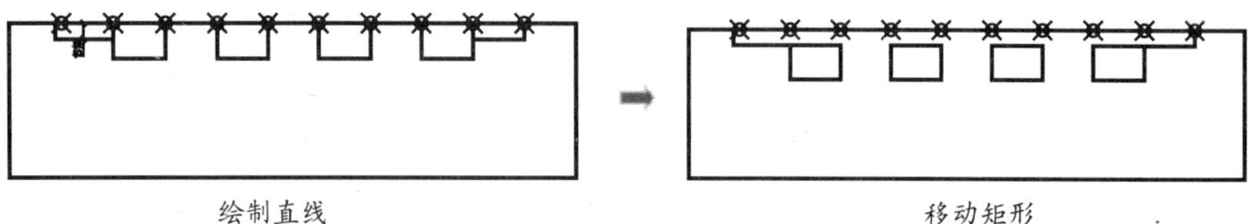

图3-126 移动矩形

04 调用TR【修剪】命令，修剪线段；调用L【直线】命令，绘制直线，结果如图3-127所示。

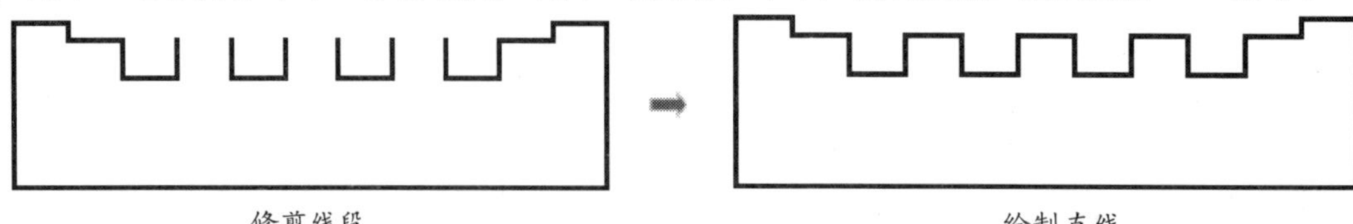

图3-127 绘制直线

05 调用O【偏移】命令，偏移矩形边；在“修改”工具栏中单击“打断于点”按钮，指定矩形的下方长边为打断对象，在命令行提示“指定第一个打断点”时，单击A点；按下Enter键，重新选择矩形的下方长边，单击B点作为“第一个打断点”，打断操作结果如图3-128所示。

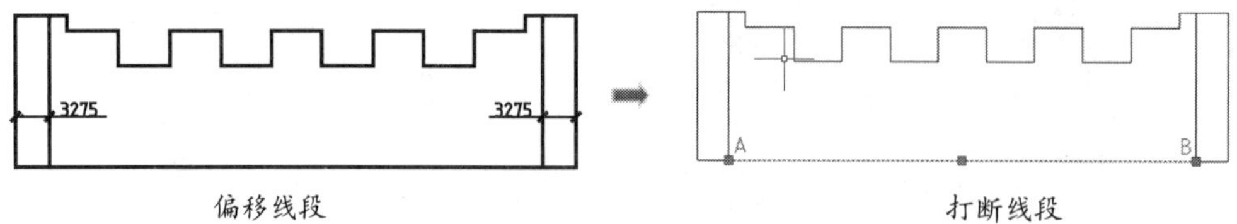

图3-128 打断操作

06 调用ME【定距等分】命令，设置线段长度为5371，对打断得到的线段执行等分操作；调用PL【多段线】命令，绘制阳台轮廓线，如图3-129所示。

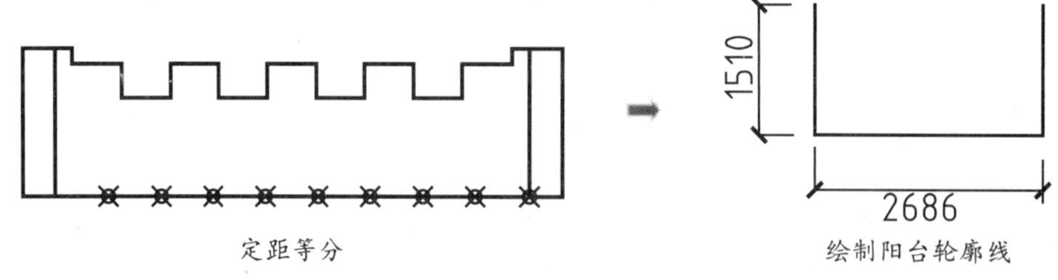

图3-129 绘制阳台轮廓线

07 调用CO【复制】命令，移动复制阳台轮廓线；调用PL【多段线】命令，继续绘制阳台轮廓线，结果如图3-130所示。

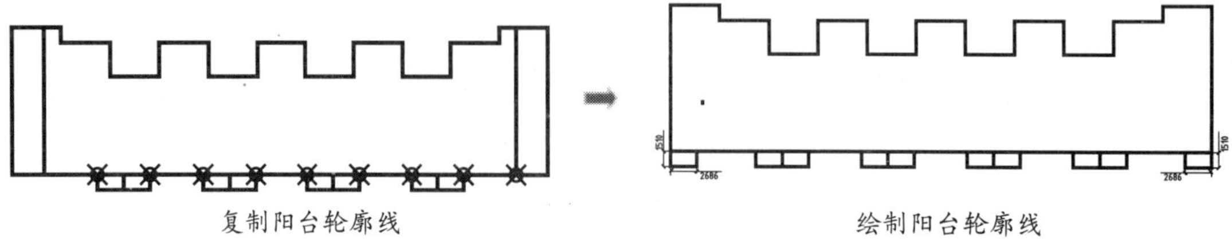

图3-130 移动复制结果

08 调用O【偏移】命令，设置偏移矩距离为240，向内偏移墙体轮廓线；调用L【直线】命令，绘制直线，使所偏移的墙线闭合，以形成标准柱轮廓线，结果如图3-131所示。

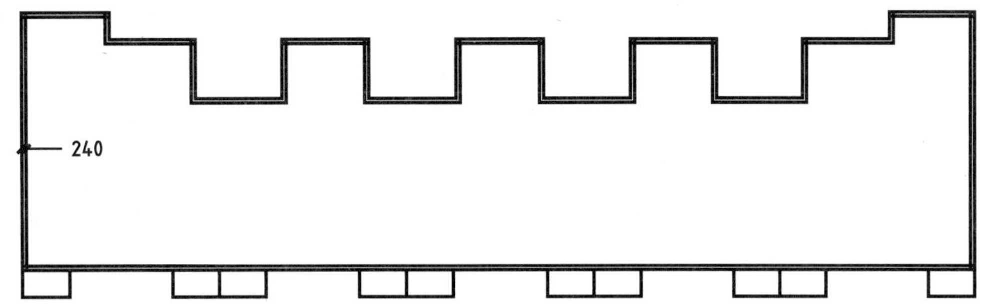

图3-131 向内偏移墙体轮廓线

09 调用H【图案填充】命令，在弹出的【图案填充和渐变色】对话框中设置参数；单击“添加：拾取点”按钮，在平面图中点取标准柱的轮廓线，按下Enter键返回对话框中单击“确定”按钮，完成图案填充的操作，结果如图3-132所示。

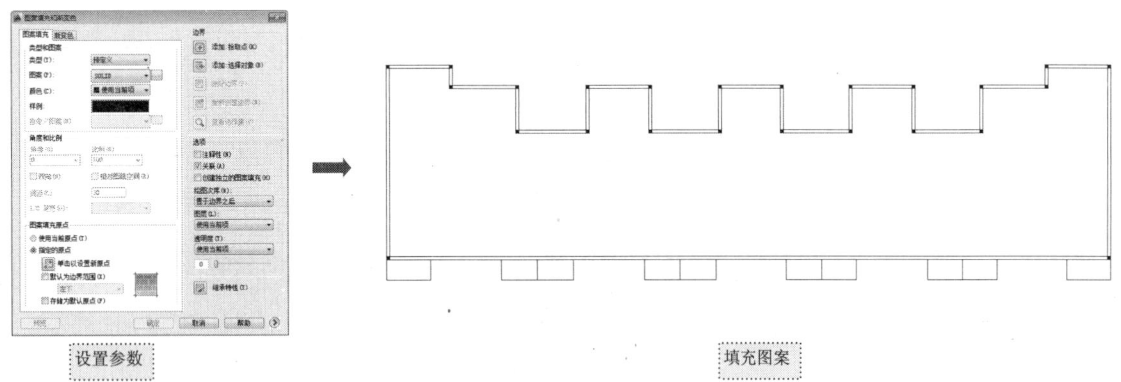

图3-132 建筑单体平面图

第4章 编辑建筑图形

在二维图形的基础上经编辑操作后可得到新的图形，因此可以节约绘图时间，提高绘图速度与效率。AutoCAD中的编辑命令有好几种类型，各类编辑命令下又包含若干子命令，比如在选择图形对象的命令下又细分为点选图形命令、框选图形命令，以及围选图形命令等。用户在编辑图形的过程中应选用合适的命令，以便快速正确地编辑图形。

本章介绍各类编辑命令的使用方法。

4.1 选择图形对象

在对图形执行编辑命令之前，首先要确定待执行编辑操作的目标对象，被选中的对象称为目标对象。选择图形的方式有点选、框选、围选、栏选等，应该根据不同的编辑环境选用不同的选择目标对象的方式。

本节介绍各类选择图形对象的方法的使用。

4.1.1 点选图形对象

点选对象是最常用的选择对象的方式，将光标置于待选对象上，单击左键即可选中对象。在不执行任何命令的状态下，对象被选中后会显示其夹点，如图4-1所示。

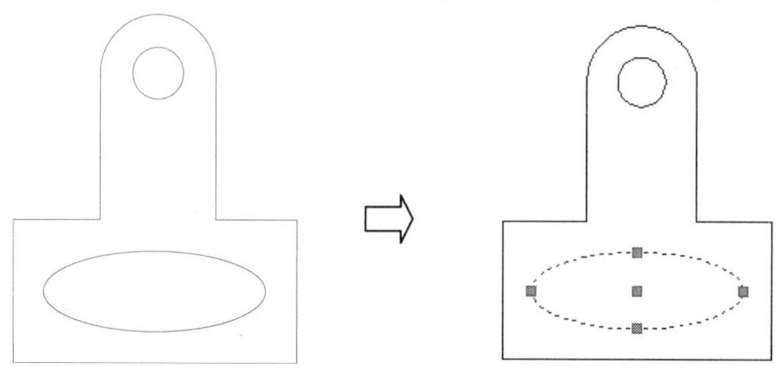

图 4-1　鼠标单击选择对象

4.1.2 窗口选取对象

使用窗口选取对象的方式可一次性选中多个对象。使用该方式来选择图形时，可按住鼠标左键不放并拖动鼠标，此时可拖出一个蓝色或者绿色的矩形窗口；松开左键后，可全部选取或部分选取矩形窗口内的对象。

使用窗口选取的方式来选择图形，假如是从左至右来定义矩形窗口的，则矩形窗口的颜色为蓝色，且边框的线型为实线，位于该窗口内的图形会被全部选中。也就是说，只有对象全部包含于矩形窗口内才会被选中，仅有部分位于窗口内的图形不会被选中，如图4-2所示。

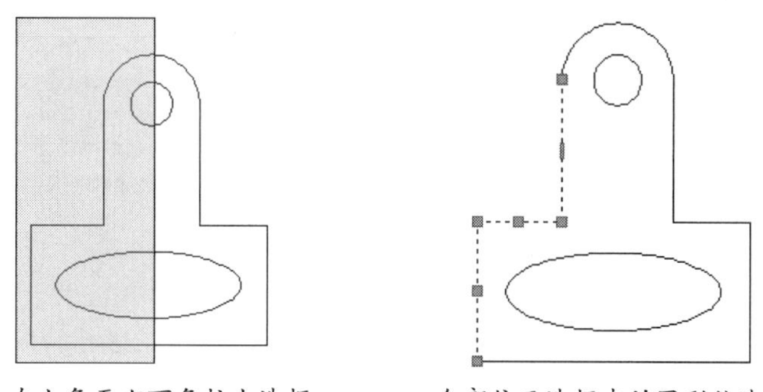

从左上角至右下角拉出选框　　全部位于选框内的图形被选中

图4-2　从左至右定义选框

假如是从右至左来定义矩形窗口的，窗口的颜色为绿色，同时边框的线型为虚线，此时与窗口相交的对象，无论是全部位于窗口内还是部分位于窗口内，都将被选中，如图4-3所示。

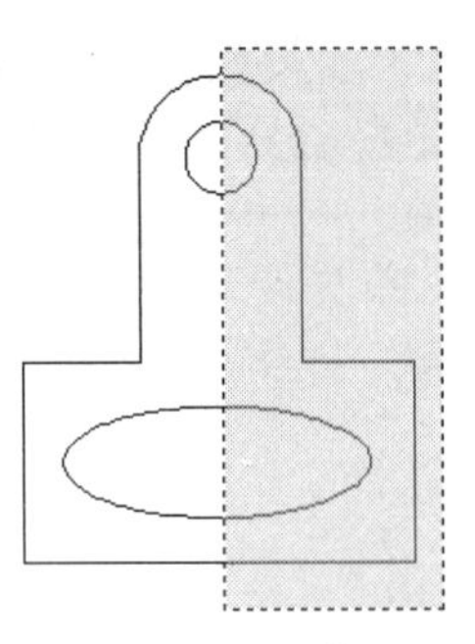

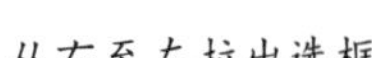

从右至左拉出选框

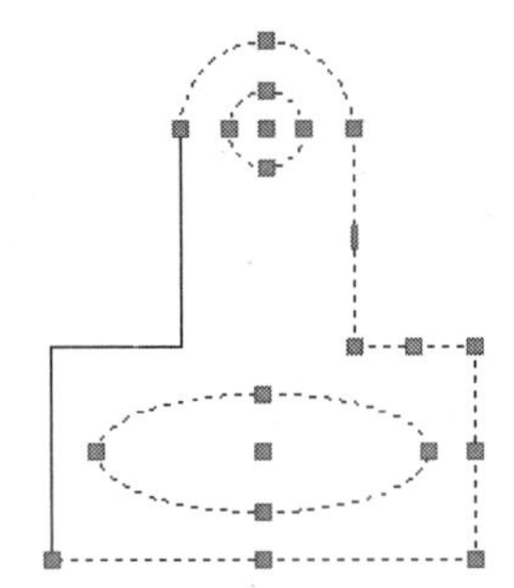

全部或部分位于选框内的图形都会被选中

图4-3　从右至左定义选框

4.1.3　圈围选取对象

圈围是使用不规则窗口选取对象的其中一种方式，使用该选择方式可定义不规则的多边形选框，完全包含在内的对象被选中。

在命令行中提示选择对象时输入“WP”并按下Enter键，即可启用圈围选择方式，命令行操作如下：

```
选择对象：WP                           //输入WP，选择"圈围(WP)"选项
第一圈围点：
指定直线的端点或 [放弃(U)]：
指定直线的端点或 [放弃(U)]：
找到 2 个                              //在待选对象上分别定义多边形选框的各点，按下Enter键可完成选取操作
```

通过观察多边形窗口的边界与图形对象的关系可知道，仅有矩形的左侧轮廓线及左上角的轮廓线全部位于选框内，因此也仅有这两部分被选中，如图4-4所示。

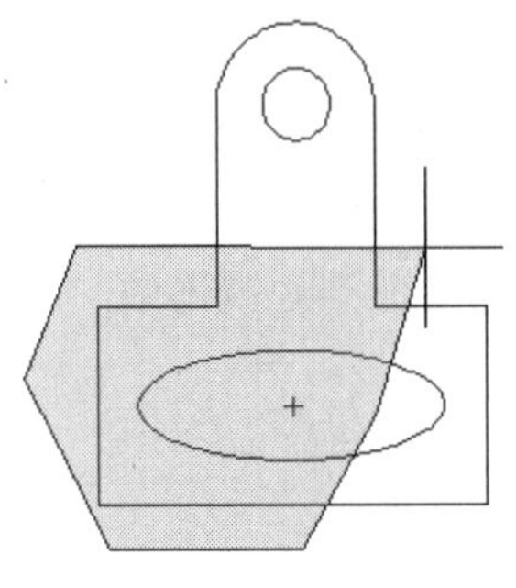

定义多边形选框

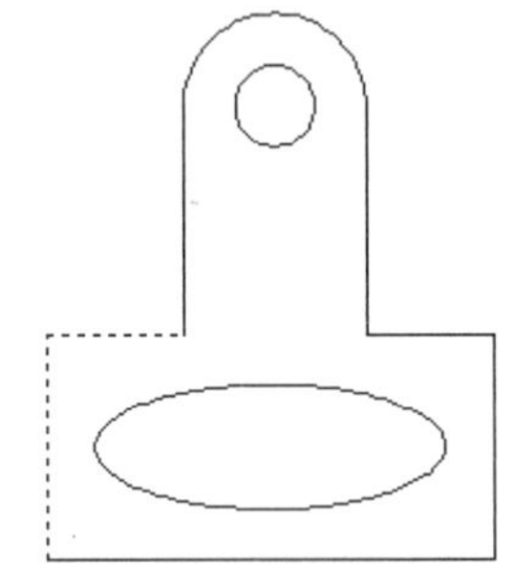

全部位于选框内的图形被选中

图4-4　围选图形对象

圈交也属于使用不规则窗口选取对象的又一种方式，使用该选择方式可定义多边形窗口，全部位于或部分位于窗口内的图形都会被选中。圈围选择对象命令行操作如下：

```
选择对象：CP                           //输入CP，可以选择"圈交(CP)"选项
第一圈围点：
指定直线的端点或 [放弃(U)]：
指定直线的端点或 [放弃(U)]：
找到 7 个                              //在待选对象上分别定义多边形选框的各点，按下Enter键可完成选取操作
```

通过观察多边形选框与图形对象的关系可得知，椭圆、圆形、圆弧以及水平及垂直的矩形轮廓线均全部或者部分位于选框内，因此这些与选框边界相交的图形被全部选中，如图 4-5所示。

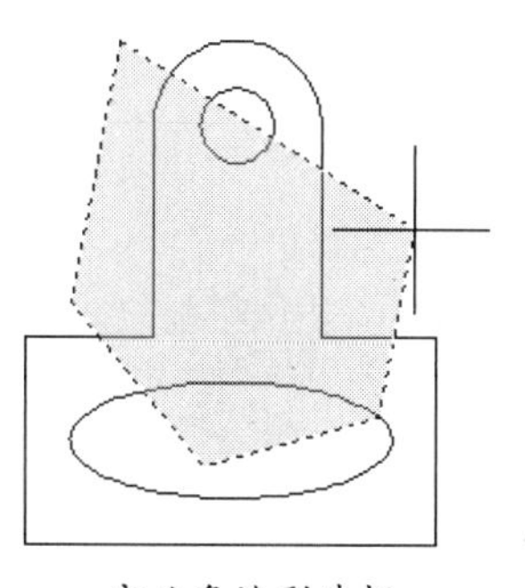

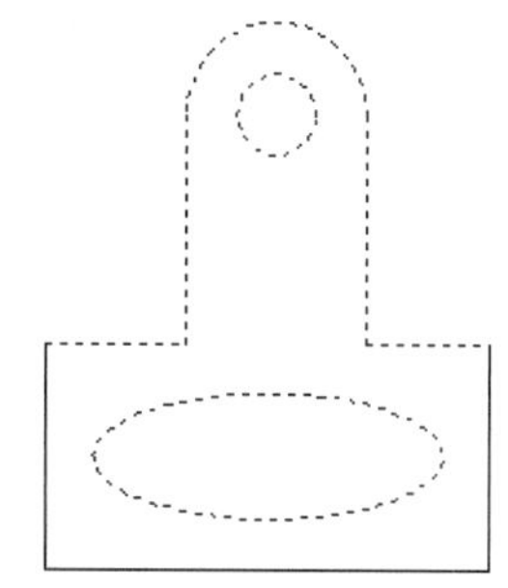

定义多边形选框　　全部/部分位于选框内的图形被选中

图4-5　圈交图形对象

4.1.4　栏选图形对象

使用栏选图形对象，可以画链的方式选择对象。所绘制的线链可以由一段或多段直线组成，所有与其相交的对象均被选中。

在执行任意编辑命令时，当命令行提示选择对象时，输入“F”，命令行提示如下：

```
选择对象：F                              //输入F，可以选中"栏选(F)"选项
指定第一个栏选点：
指定下一个栏选点或 [放弃(U)]：
指定下一个栏选点或 [放弃(U)]：
找到 6 个                                //在待选图形上绘制线链，按下Enter键可完成选取操作
```

通过观察线链与图形对象的关系可得知，线链与矩形左右两侧轮廓线、椭圆、矩形右侧轮廓线、圆形、圆弧相交，因此这些图形被选中，结果如图 4-6所示。

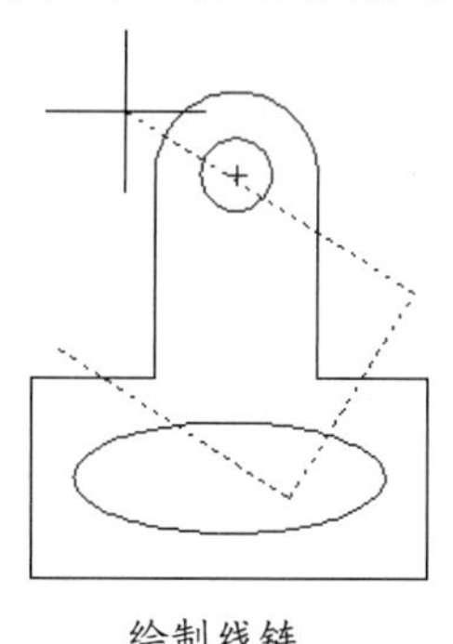

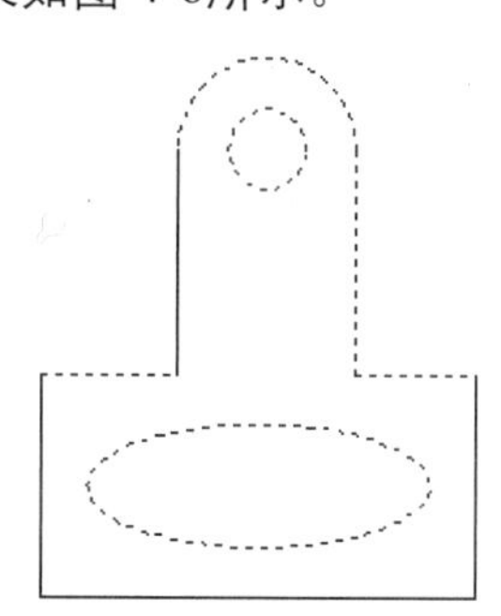

绘制线链　　与线链相交的图形被选择

图4-6　栏选图形对象

4.1.5　过滤选择

使用“过滤选择”方式来选取图形，只有符合过滤条件的图形才会被选中。

在命令行中输入“FILTER/FI”命令，执行【过滤选择】命令，系统弹出图4-7所示的【对象选择过滤器】对话框，在其中可以设定选择过滤条件。

“选择过滤器”选项组中的第一个列表用来选择对象类型及相关的运算语句，比如在列表中选择“圆半径”选项。

在下方的X、Y、Z下拉列表中设置对象类型的过滤参数及关系运算，有的对象类型的参数可直接在文本框中输入，比如设置圆半径值为490，如图4-8所示；有的则需要单击“选择”按钮返回到绘图区中选择。

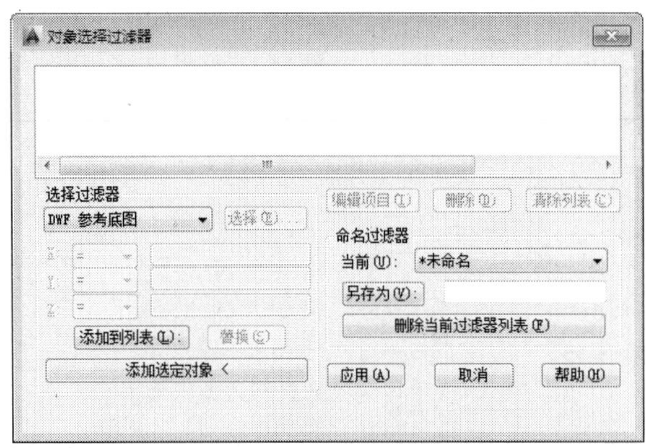

图4-7 【对象选择过滤器】对话框

图4-8 设置过滤条件

单击“添加到列表”按钮，可将所设定的过滤器添加至上方的列表框中进行显示，如图4-9所示。

图4-9 添加过滤器至列表

“编辑项目”、“删除”、“清除列表”这3个按钮可用来对列表框中的过滤条件进行编辑、删除及清除操作。

“命名过滤器”选项组用来保存和删除过滤器。

待过滤条件设置完成后，单击“应用”按钮，在绘图区中拖出选框以选择图形，符合过滤条件的圆形被选中，如图 4-10所示。

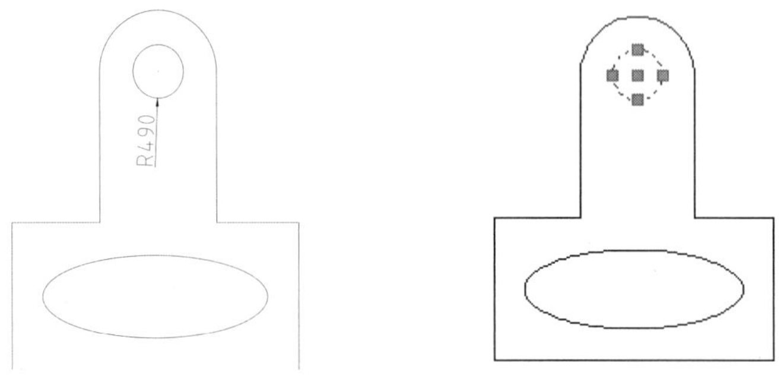

图 4-10 选择符合条件的图形

4.1.6 快速选择图形对象

使用“快速选择”方式可根据所设置的过滤条件来快速地定义选择集。

执行“工具”|“快速选择”命令，或者在命令行中输入“QSELECT”命令，并按下Enter键，系统弹出图4-11所示的【快速选择】对话框。

对话框中各选项含义如下所述。

★ “应用到”列表：用来设定选择过滤条件的应用范围。系统默认应用范围为“整个图形”，在没有选择任何对象的情况下，在整个图形中应用过滤条件。假如选择了一定范围的对象，则将应用范围设置为“当前选择”，即在当前选择集中应用过滤条件；被选中的对象也必然位于当前的选择集中。单击右侧的“选择对象”按钮，可选择要对其应用过滤条件的对象。

★ “对象类型”列表：用来指定要包含在过滤条件中的对象类型。假如将过滤条件应用于整个图形，该下拉列表中则包含全部的对象类型；不然则仅包含选定对象的对象类型。

★ “特性”列表框：在其中显示被选中对象类型的特性，单击选择其中的某项特性可指定过滤器的对象特性。

★ “运算符”列表：用来控制过滤器中针对对象特性的运算。

★ “值”列表：用来设定过滤器的特性值。

★ 包括在新选择集中：选择该项，可创建其中仅包含复合过滤条件的对象的新选择集。

★ 排除在新选择集之外：选择该项，可创建其中仅包含不符合过滤条件的对象的新选择集。

★ 附加到当前选择集：用来设定是用创建的新选择集来替换当前选择集，还是将选择对象附加到当前选择集。

将“特性”类型设置为“图层”，“值”即图层名称设置为8；单击“确定”按钮，位于该图层上的圆形被选中，如图4-12所示。

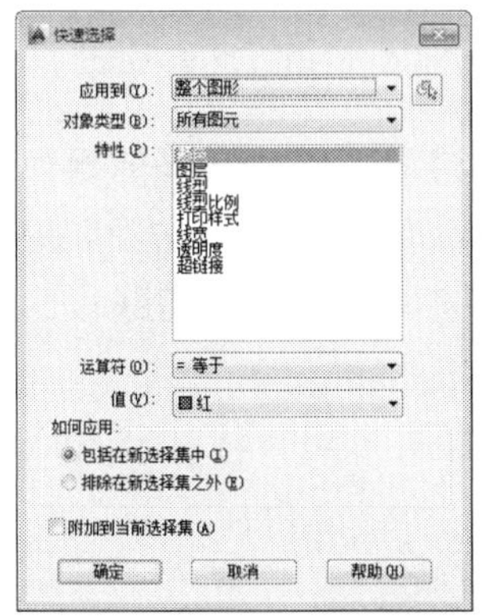

图4-11 【快速选择】对话框

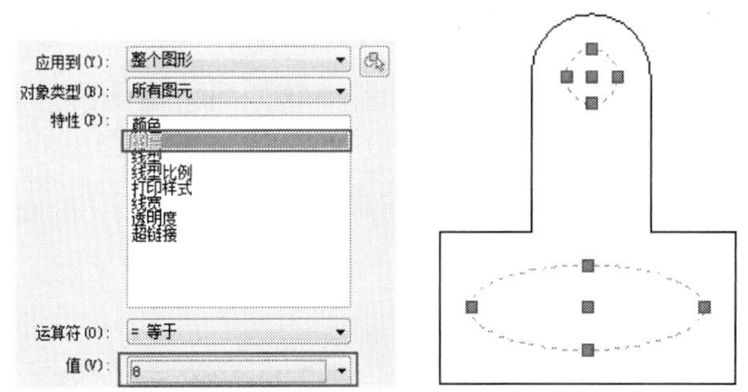

图4-12 快速选择结果

4.1.7 向选择集添加/删除图形对象

选择集被定义后，可以对其执行添加或删除对象的操作。保持选择集当前状态，按住Ctrl键，单击选择集外的图形，可将被选中的图形添加至选择集中；按住Shift键，单击选择集内的图形，可取消该图形的选择状态，将其从选择集中删除。

4.2 修改图形对象

在AutoCAD的“修改”工具栏、“修改”面板及“修改”菜单中均提供了各种类型的编辑命令，以方便对图形执行各种编辑操作。常用的编辑命令主要有删除、修剪、延伸、合并等，通过执行这些命令，或改变图形在绘图区中的位置，或改变图形的显示样式，从而使图形变得符合制图要求。

4.2.1 删除图形对象

选择待删除的对象，执行“删除”命令，可将对象删除。也可以执行“删除”命令后，再选择待删除的对象，此时需要按下Enter键方可将对象删除。“删除”命令是最常用的修改命令之一，无论绘制哪种类型的图纸都需要频繁地使用该命令。

1. **执行方式**

★ 菜单栏：执行“修改”|“删除”命令。

★ 工具栏：单击“修改”工具栏上的“删除”按钮。

★ 命令行：在命令行中输入“ERASE/E”命令，并按下Enter键。

★ 功能区：单击“修改”面板上的“删除”按钮。

2. **操作步骤**

调用“删除”命令，命令行提示如下：

```
命令： ERASE1
选择对象：找到 1 个                                //选择对象，按下Enter键可完成删除操作
```

使用“删除”命令编辑对象时，有以下两点值得注意。

★ 在命令行中输入“OOPS”命令，并按下Enter键，可恢复由上一个“删除”命令所删除的对象。

★ 选择对象后按下Delete键可快速执行删除操作。

4.2.2 修剪图形对象

执行“修剪”命令，可使对象准确地终止于其他对象定义的边界。在执行修剪操作时，需要明确什么是剪切边，什么是被剪切的对象。执行“修剪”命令后，首先单击图4-13所示的垂直虚线（剪切边），按下Enter键后单击图中的水平虚线（修剪对象），修剪线段的结果如图4-14所示。

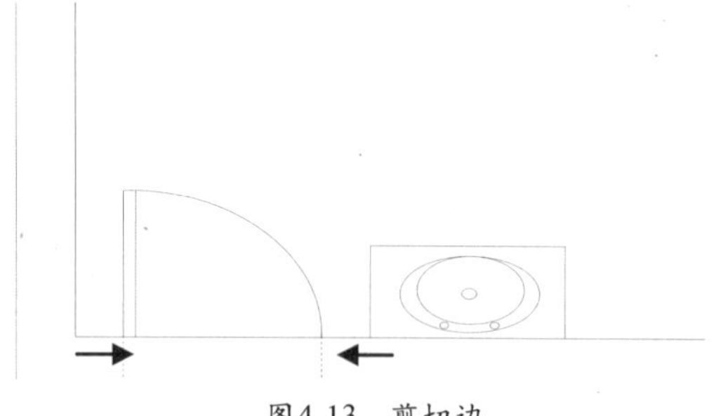

图4-13 剪切边

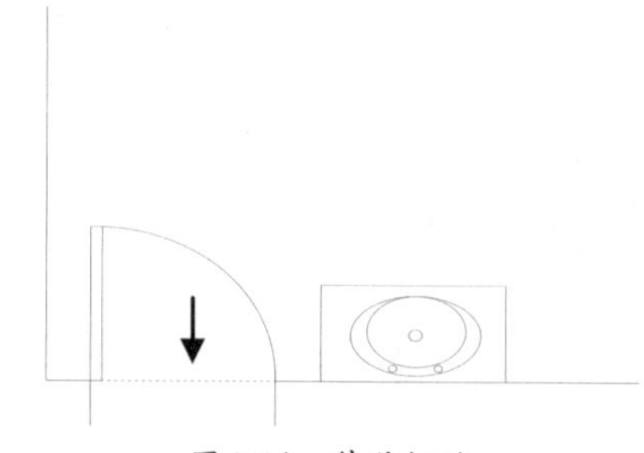

图4-14 待剪切边

1. **执行方式**

★ 菜单栏：执行“修改”|“修剪”命令。

★ 工具栏：单击“修改”工具栏上的“修剪”按钮。

★ 命令行：在命令行中输入“TRIM/TR”命令，并按下Enter键。

★ 功能区：单击“修改”面板上的“修剪”按钮。

2. **操作步骤**

调用“修剪”命令，命令行提示如下：

```
命令： TRIM1
当前设置:投影=UCS，边=无                        //当前的修剪设置
选择剪切边...                                   //提示现在选择的对象是剪切边
选择对象或 <全部选择>:                          //提示选择对象
选择要修剪的对象，或按住 Shift 键选择要延伸的对象，或[栏选(F)/窗交(C)/
投影(P)/边(E)/删除(R)/放弃(U)]:                 //选择要修剪的对象，在选择时会重复提示该行，因此可选择
                                                 多个对象进行修剪，按下Enter键可完成修剪操作
```

命令行中各选项含义如下所述。

★ 栏选(F)：输入F，选择该项，可选择与选择栏相交的所有对象。

★ 窗交(C)：输入C，选择该项，可选择由两点确定的矩形区域内部或与之相交的对象。
★ 投影(P)：输入P，选择该项，可指定修剪对象时使用的投影方式。
★ 边(E)：输入E，选择该项，用来设置对象是在另一对象的延长处进行修剪，仅在三维空间中与该对象相交的对象处进行修剪。
★ 删除(R)：输入R，选择该项，可删除选中的对象。使用该选项可删除不需要的对象，而不用退出“修剪”命令。
★ 放弃(U)：输入U，选择该项，可撤销由修剪命令多做的最后一次编辑。

4.2.3 延伸图形对象

使用“延伸”命令，可以延伸选中的对象以适合其他对象的边。与“修剪”命令相类似，在执行“延伸”命令时，也需要分别定义延伸边界及被延伸的对象。

1. 执行方式

★ 菜单栏：执行“修改”|“延伸”命令。
★ 工具栏：单击“修改”工具栏上的“延伸”按钮--/。
★ 命令行：在命令行中输入“EXTEND/EX”命令，并按下Enter键。
★ 功能区：单击“修改”面板上的“延伸”按钮--/。

2. 操作步骤

调用“延伸”命令，命令行提示如下：

```
命令： EXTEND1
当前设置:投影=UCS，边=无
选择边界的边...
选择对象或 <全部选择>：找到 1 个                    //选择延伸边界的边（分别单击A、B墙线）
选择对象：                                          //按下Enter键
选择要延伸的对象，或按住 Shift 键选择要修剪的对象，或[栏选(F)/窗交(C)/投影(P)/边(E)/放弃(U)]
                                                    //选择要延伸的对象（分别单击a、b墙线），即可完成延伸
                                                      操作，如图4-15所示
```

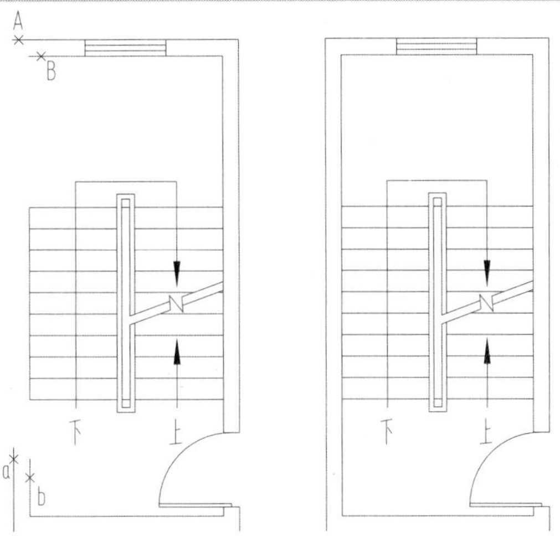

图4-15 延伸线段

命令行中各选项的含义与“修剪”命令行中各选项含义一致，读者可参阅上一小节的介绍。

4.2.4 打断图形对象

使用“打断”命令可以打断AutoCAD中的几乎所有对象，除了块、标注、多行文本及面域外。对象执行打断操作后即被分成两个对象，打断得到的两个对象可以有间隔，也可以没有间隔。

AutoCAD提供了两种打断图形的命令，分别是“打断于点”、“打断”，本节为读者介绍使用这两种命令编辑图形的操作方法。

1. **“打断于点”命令执行方式**

★ 工具栏：单击“修改”工具栏上的“打断于点”按钮。

★ 命令行：在命令行中输入“BREAK”命令，并按下Enter键。

★ 功能区：单击“修改”面板上的“打断于点”按钮。

2. **“打断于点”命令操作步骤**

执行“打断于点”命令，命令行提示如下：

```
命令: _break
选择对象:                                    //选定待执行操作的对象
指定第二个打断点 或 [第一点(F)]: _f
指定第一个打断点:                            //光标置于打断点之上
指定第二个打断点: @                          //单击左键，即可完成打断于点操作
```

“打断于点”的操作结果如图4-16所示，由其中可观察到桌子外轮廓线在打断点处被分成了两部分，可对其中的一部分图形进行编辑，比如偏移、修改线宽等。

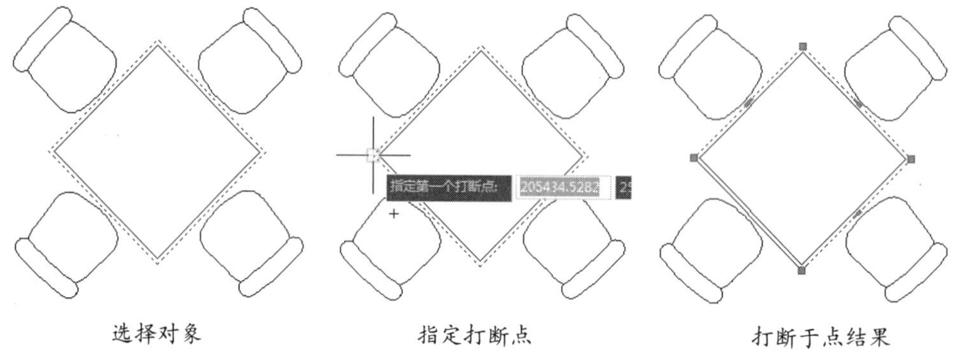

图4-16 “打断于点”操作

3. **“打断”命令执行方式**

★ 菜单栏：执行“修改”|“打断”命令。

★ 工具栏：单击“修改”工具栏上的“打断”按钮。

★ 命令行：在命令行中输入“BREAK”命令，并按下Enter键。

★ 功能区：单击“修改”面板上的“打断”按钮。

4. **“打断”命令的执行步骤**

执行“打断”命令，命令行提示如下：

```
命令: _break
选择对象:                           //选择桌子外轮廓线
指定第二个打断点 或 [第一点(F)]: F   //输入F，选择"第一点"选项，可在选中对象上指定第一个打断点
指定第一个打断点:
指定第二个打断点:                   //分别指定第一个和第二个打断点，可完成打断操作
```

“打断”的操作结果如图4-17所示，由图中可观察到第一个打断点和第二个打断点之间的线段被删除了，兼具了打断及删除的效果。假如不想打断后的图形被删除，可使用“打断于点”命令。

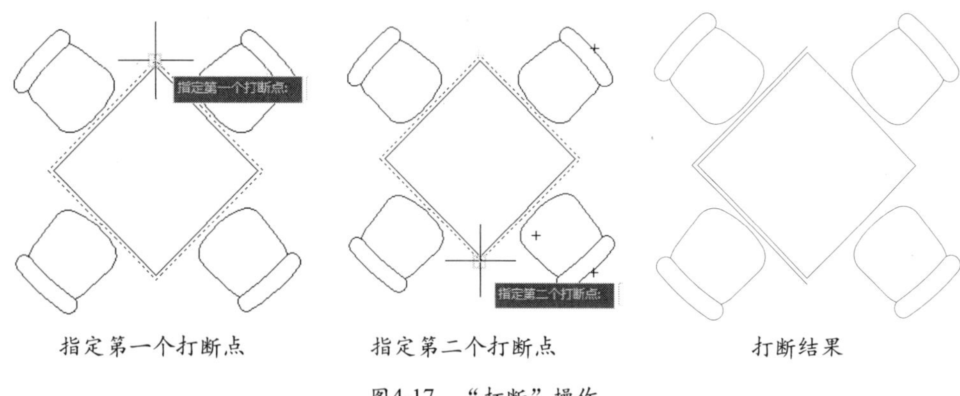

图4-17 “打断”操作

4.2.5 合并图形对象

使用“合并”命令，可将选中的多个圆弧合并成一个圆，或者将选中的两根直线合并为一根直线，因此“合并”命令可将相似的对象合并成一个对象。

1. **执行方式**

★ 菜单栏：执行“修改”|“合并”命令。

★ 工具栏：单击“修改”工具栏上的“合并”按钮。

★ 命令行：在命令行中输入“JOIN/J”命令，并按下Enter键。

★ 功能区：单击“修改”面板上的“合并”按钮。

2. **操作步骤**

执行“合并”命令，命令行提示如下：

```
命令： JOIN1
选择源对象或要一次合并的多个对象：找到 1 个
选择要合并的对象：找到 1 个，总计 2 个          //选择待合并的线段
2 个对象已转换为 1 条多段线                    //按下Enter键可完成合并操作，如图4-18所示
```

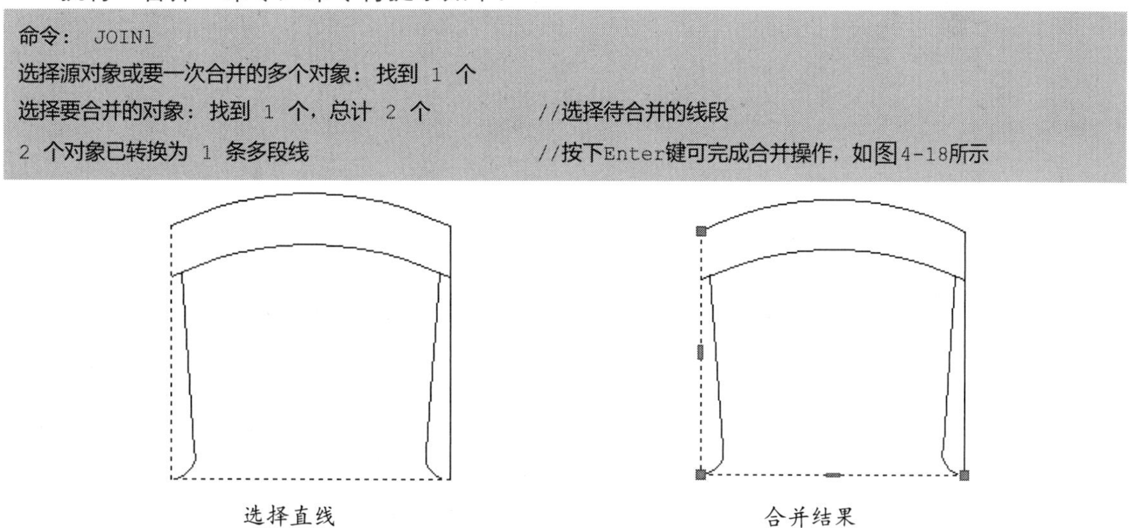

图4-18 “合并”操作

所要合并的直线必须共线，即位于同一无限长的直线上，直线之间允许有间隔，如图4-19所示；或者待合并的两根直线首尾相接，如图4-19所示。

因此，不在同一无限长的直线上，也不首尾相接的直线是不能被合并的，如图4-19所示。

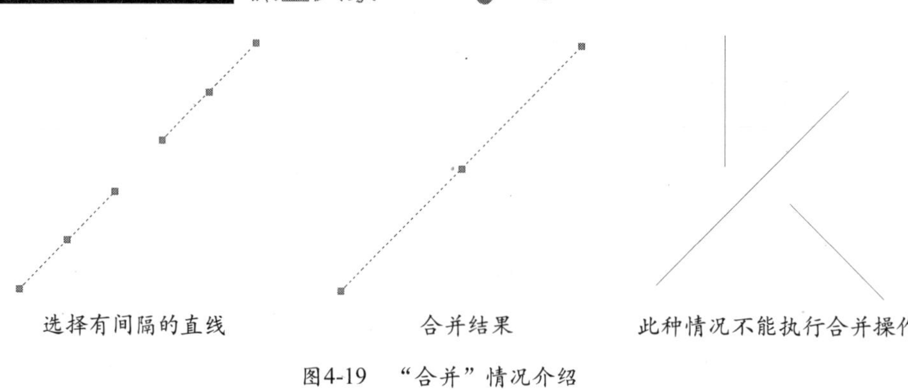

图4-19 “合并”情况介绍

4.2.6 倒角图形对象

使用“倒角”命令，可以在执行命令的过程中按照用户选择对象的次序应用指定的距离和角度为对象加倒角。直线、多段线、射线、构造线及三维实体是可被执行倒角操作的对象。

1. 执行方式

★ 菜单栏：执行“修改”|“倒角”命令。

★ 工具栏：单击“修改”工具栏上的“倒角”按钮。

★ 命令行：在命令行中输入“CHAMFER/CHA”命令，并按下Enter键。

★ 功能区：单击“修改”面板上的“倒角”按钮。

2. 操作步骤

执行“倒角”命令，命令行提示如下：

```
命令: CHAMFER1
(“修剪”模式) 当前倒角距离 1 = 0，距离 2 = 0                    //显示当前倒角设置
选择第一条直线或 [放弃(U)/多段线(P)/距离(D)/角度(A)/修剪(T)/方式(E)/多个(M)]: D
                                                              //输入D，选中“距离”选项
指定 第一个 倒角距离 <0>: 100
指定 第二个 倒角距离 <100>: 100                                //设置倒角距离
选择第一条直线或 [放弃(U)/多段线(P)/距离(D)/角度(A)/修剪(T)/方式(E)/多个(M)]:
选择第二条直线，或按住 Shift 键选择直线以应用角点或 [距离(D)/角度(A)/方法(M)]:
                                   //分别选择待执行操作的两条直线，可完成倒角操作，如图4-20所示
```

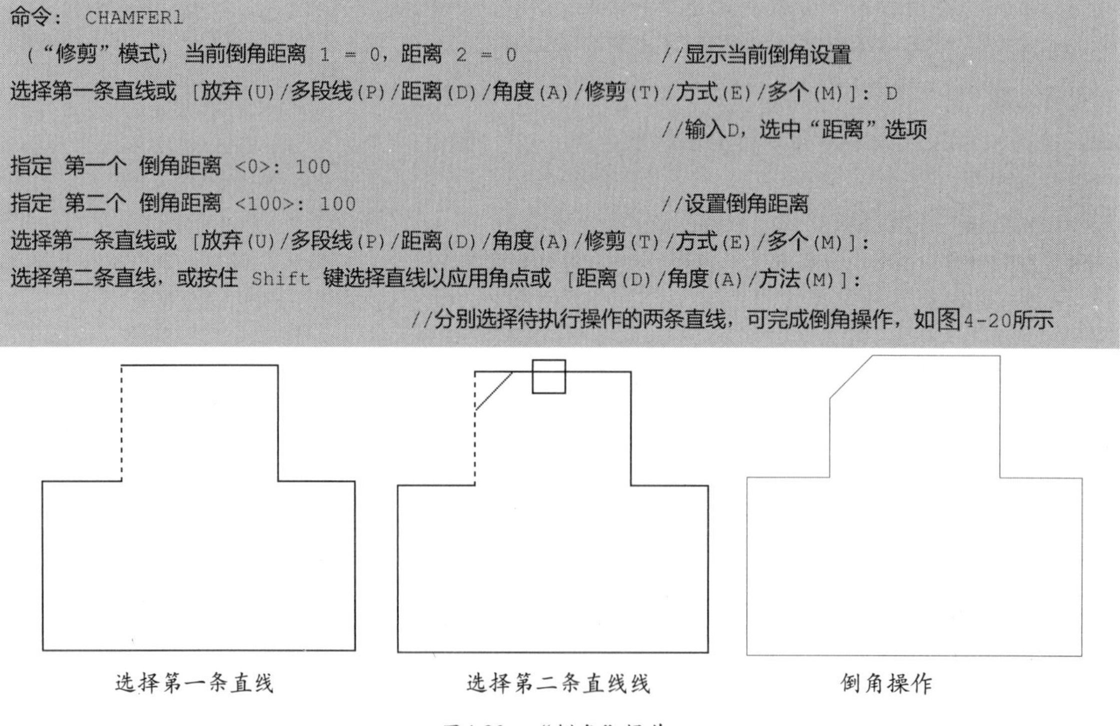

图4-20 “倒角”操作

选择第一条直线时，当前命令行中的各选项是用于倒角设置的，选项的含义如下。

★ 放弃(U)：输入U，选择该项，用来恢复在命令中执行的上一个操作。

★ 多段线(P)：输入P，选择该项，可对整个二维多段线执行倒角。使用该项可一次性对每个

多段线顶点倒角，倒角操作后的多段线成为新线段，如图4-21所示。

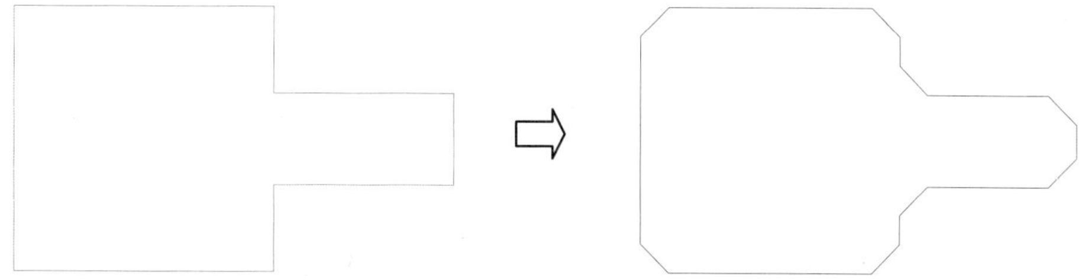

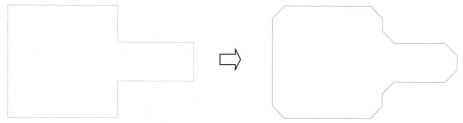

图4-21　多段线“倒角”操作

★ 距离(D)：输入D，选择该项，命令行提示设置“第一个/第二个倒角距离”；这里的“倒角距离”与倒角操作过程中的第一个、第二个倒角对象相对应；图4-22所示为使用不同的倒角距离进行倒角操作的结果。

倒角距离为50　　倒角距离为150

图4-22　不同倒角距离的操作结果

★ 角度(A)：输入A，选择该项，命令行提示“指定第一条直线的倒角长度:200”、“指定第一条直线的倒角角度:50”，分别设置参数后倒角操作的结果如图4-23所示。

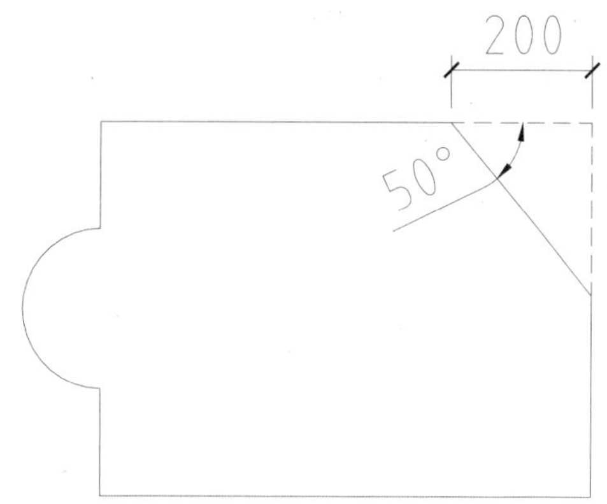

图4-23　使用“角度”样式创建倒角

★ 修剪(T)：输入T，选择该项，命令行提示“输入修剪模式选项 [修剪(T)/不修剪(N)] <修剪>:”，选择其中的选项，可以选择是否将原有的图形边界删除，如图4-24所示。

“修剪”模式　　“不修剪”模式

图4-24　不同“修剪模式”的操作结果

★ 方式(E)：输入E，选择该项，命令行提示“输入修剪方法 [距离(D)/角度(A)] <距离>:”；选择“距离(D)”选项，则通过设置两个倒角距离来创建倒角；选择“角度(A)”选项，则通过设置一个长度和一个角度来创建倒角。

★ 多个(M)：输入M，选择该项，可重复执行“倒角”命令为多组对象的边倒角，按下Enter键可退出倒角命令。

4.2.7 圆角图形对象

使用“圆角”命令，可用与对象相切的圆弧连接两个选定的对象。AutoCAD中的圆和圆弧、椭圆及椭圆弧、直线、多段线、射线、样条曲线、构造线及三维实体，都可执行“圆角”操作。

1. 执行方式

★ 菜单栏：执行“修改”|“圆角”命令。

★ 工具栏：单击“修改”工具栏上的“圆角”按钮。

★ 命令行：在命令行中输入“FILLET/F”命令，并按下Enter键。

★ 功能区：单击“修改”面板上的“圆角”按钮。

2. 操作步骤

执行“圆角”命令，命令行提示如下：

```
命令： FILLET↙
当前设置：模式 = 修剪，半径 = 0                          //显示当前的圆角设置
选择第一个对象或 [放弃(U)/多段线(P)/半径(R)/修剪(T)/多个(M)]： R
                                          //输入R，选择"半径(R)"选项，在其中设置圆角半径值
指定圆角半径 <0>： 100                                    //设置半径值
选择第一个对象或 [放弃(U)/多段线(P)/半径(R)/修剪(T)/多个(M)]：
选择第二个对象，或按住 Shift 键选择对象以应用角点或 [半径(R)]：
                          //分别选中待执行圆角操作的第一个、第二个对象，可完成命令的操作
```

除“半径”选项用来设置圆角半径值外，命令行中各选项含义与“倒角”命令行中的各选项含义相同，读者可参阅上一小节的内容。

在使用“圆角”命令应注意以下事项。

（1）待执行圆角操作的两个对象可相交也可不相交，与执行倒角操作时情况相同。但是圆角可用于两个相互平行的对象，在该种情形下，无关设定的半径值大小，系统都一律使用半圆弧将两个对象相连接，如图4-25所示。

图4-25 使用半圆弧连接

（2）假如所选的对象长度过短，不能容纳所设置的圆角半径值时，系统不予执行圆角操作，此时更改圆角半径值大小即可。

4.2.8 实战——修剪衣柜外轮廓线

衣柜的位置如果位于空间入口处，可以制作转角以避免碰撞。在室内装潢中，衣柜转角处常制作层板，可供摆设物品用。

01 按下Ctrl+O快捷键，打开配套光盘提供的“第4章/4.2.8 修剪衣柜外轮廓.dwg”文件。

02 调用F【圆角】命令，在命令行提示“选择第一个对象或 [放弃(U)/多段线(P)/半径(R)/修剪(T)/多个(M)]”时，输入R，选择“半径”选项，设置半径值为300；然后选择下方的衣柜轮廓线，如图4-26所示。

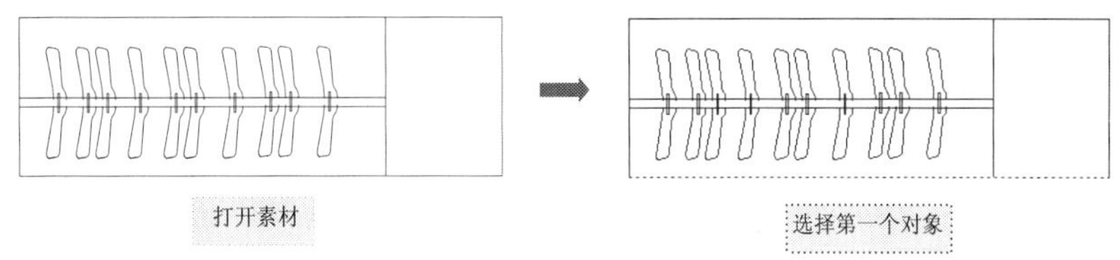

图4-26　选择第一个对象

03 单击选定右侧衣柜轮廓线作为第二个对象，此时可预览圆角效果；单击左键可完成命令的操作，结果如图4-27所示。

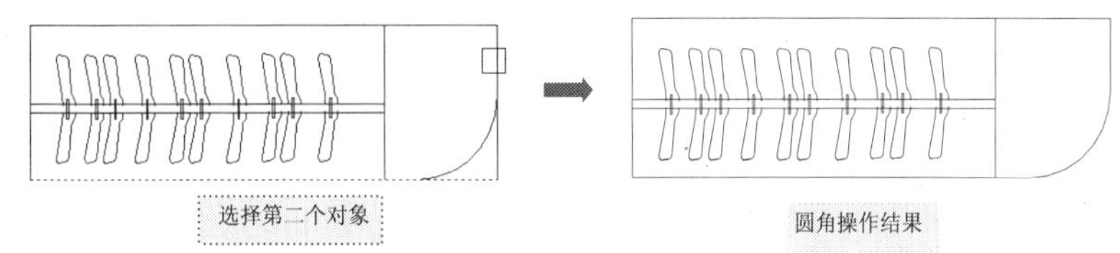

图4-27　圆角操作结果

4.2.9 分解图形对象

使用“分解”命令，可以将已合并的对象分解为各部件对象。AutoCAD中几乎所有的对象都可被分解，如可将图块分解成各单独对象，将多线分解成各线段或圆弧，将尺寸标注分解成直线、文字等。

1. 执行方式

★ 菜单栏：执行“修改”|“分解”命令。

★ 工具栏：单击“修改”工具栏上的“分解”按钮。

★ 命令行：在命令行中输入“EXPLODE/X”命令，并按下Enter键。

★ 功能区：单击“修改”面板上的“分解”按钮。

2. 操作步骤

执行“分解”命令，命令行提示如下：

```
命令： EXPLODE1
选择对象： 找到 1 个                    //单击选择待分解的对象，按下Enter键即可完成分解操作
```

由图4-28中可观察到，多段线被分解成了圆弧及直线。

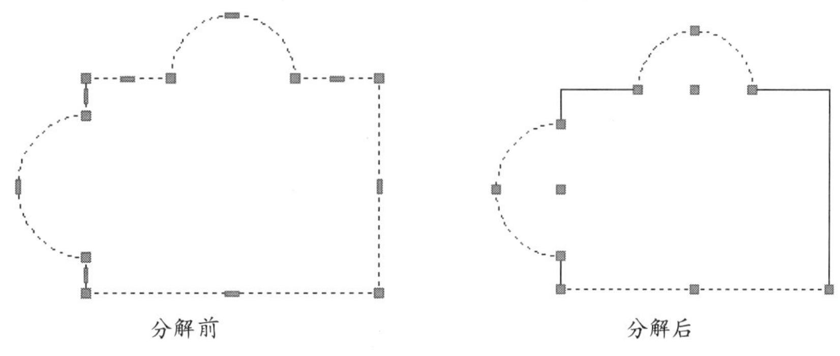

图4-28　分解多段线

由图4-29中可观察到，尺寸标注分解后变成了文字、短斜线、直线等对象。

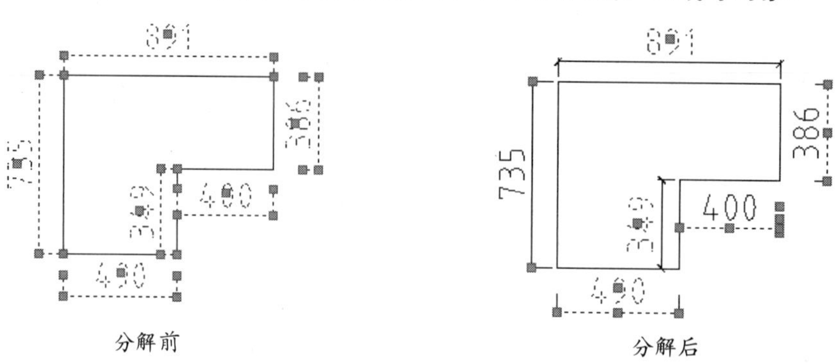

图4-29 分解尺寸标注

4.2.10 实战——绘制办公椅

办公椅，是指日常工作和社会活动中为工作方便而配备的各种椅子。

可将办公椅分为狭义和广义，狭义的办公椅是指人在坐姿状态下进行桌面工作时所坐的靠背椅；广义的办公椅为所有用于办公室的椅子，包括大班椅、中班椅、会客椅、职员椅、会议椅、访客椅、培训椅等。

图4-30所示为常见的办公椅。

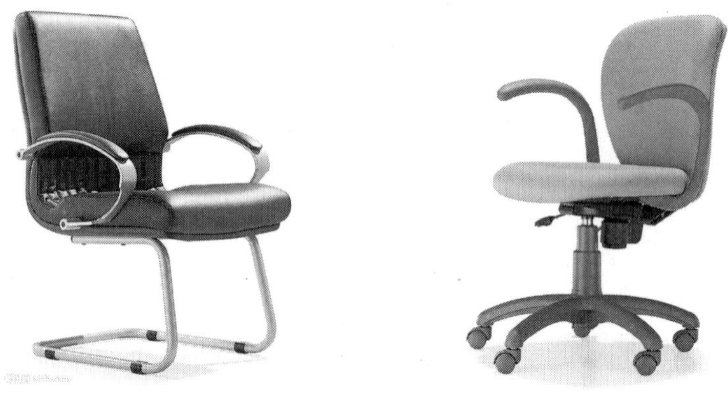

图4-30 办公椅

本节介绍办公椅平面图的绘制方法。

01 调用REC【矩形】命令，绘制矩形，以表示扶手、靠背、坐垫的轮廓线；调用F【圆角】命令，分别设置圆角半径为50、46，对矩形执行圆角操作，结果如图4-31所示。

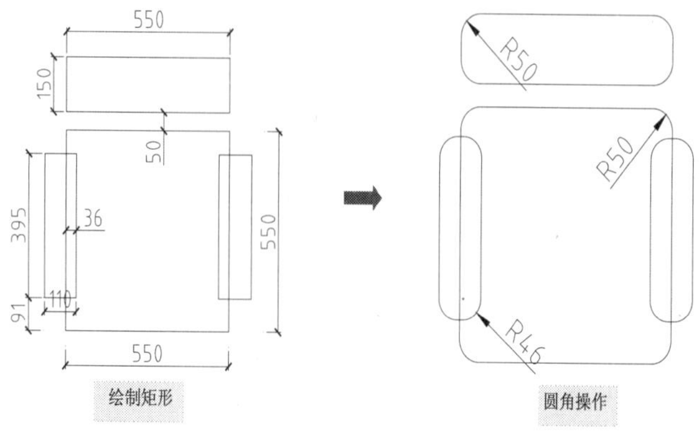

图4-31 圆角操作

02 单击“修改”工具栏上的“打断”按钮[]，选择坐垫轮廓线；输入F，选择“第一点”选项；指定A点为第一点，B点为第二点，可完成打断操作；重复执行“打断”命令，指定C点为第一点，D点为第二点，最终的打断结果如图4-32所示。

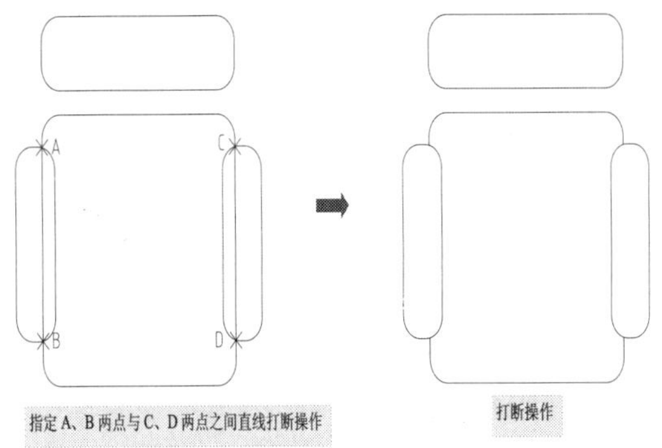

图4-32 打断操作

03 调用O【偏移】命令，选择轮廓线向内偏移；调用EX【延伸】命令，选择左侧扶手外轮廓线作为延伸边界，如图4-33所示。

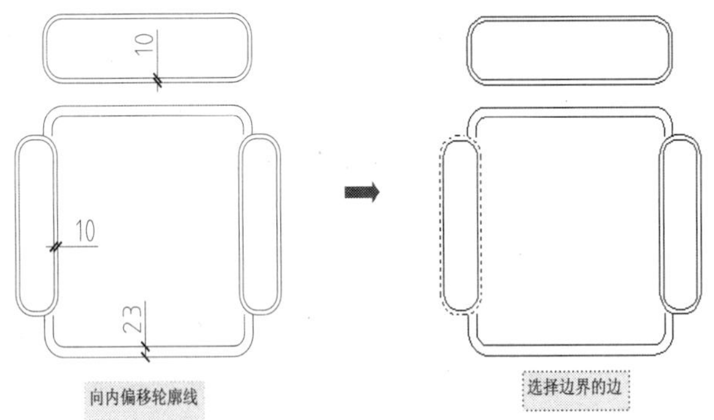

图4-33 偏移轮廓线

04 按下Enter键，单击指定左下角的坐垫轮廓线为要延伸的对象，即可完成延伸操作，如图4-34所示。

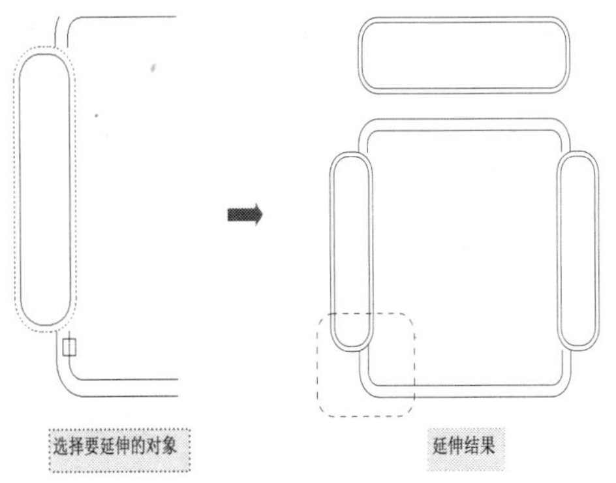

图4-34 延伸操作

05 重复执行EX【延伸】命令，对图形执行延伸操作；调用X【分解】命令，选择左侧扶手外轮廓线，按下Enter键可将其分解，结果如图4-35所示。

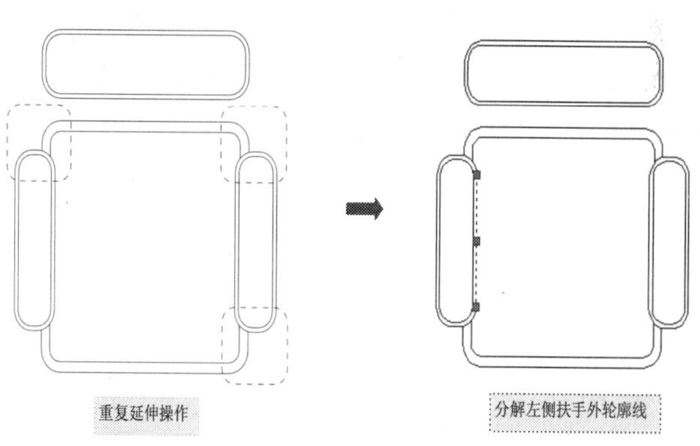

图4-35　分解轮廓线

06 调用O【偏移】命令，选择轮廓线向右偏移；调用EX【延伸】命令，向上延伸线段，结果如图4-36所示。

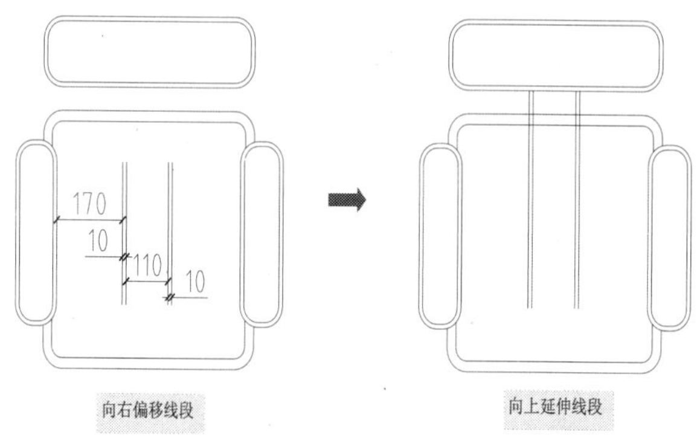

图4-36　延伸线段

07 调用TR【修剪】命令，修剪线段，完成办公椅平面图形的绘制，结果如图4-37所示。

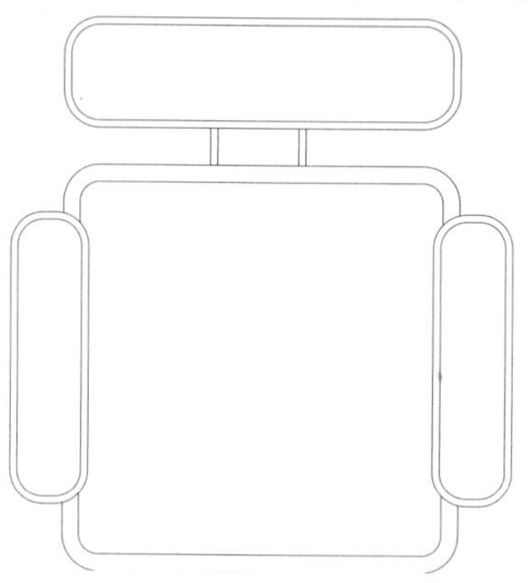

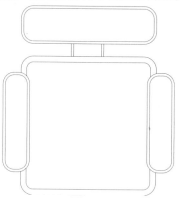

图4-37　办公椅平面图形

4.3 复制图形对象

AutoCAD中的“复制”类命令包括复制、阵列复制、偏移复制、镜像复制，通过执行这些命令，可得到源对象的图形副本。在不同的绘图工作中可调用相应的复制命令来得到图形副本，比如执行“镜像复制”命令，可通过指定镜像轴来决定图形副本的位置。

本节介绍各类复制命令的操作方法。

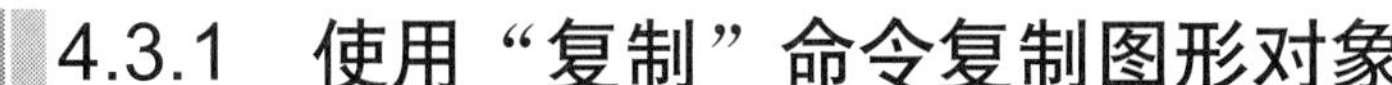

4.3.1 使用“复制”命令复制图形对象

使用“复制”命令，可以将源对象在指定的角度及方向上创建图形对象副本，同时配合辅助功能（如坐标、捕捉和栅格、极轴等）可精确地复制图形对象。

1. 执行方式

★ 菜单栏：执行“修改”|“复制”命令。

★ 工具栏：单击“修改”工具栏上的“复制”按钮。

★ 命令行：在命令行中输入“COPY/CO”命令，并按下Enter键。

★ 功能区：单击“修改”面板上的“复制”按钮。

2. 操作步骤

执行“复制”命令，命令行提示如下：

```
命令： COPY1
选择对象：找到 1 个                    //选择待复制的对象
当前设置： 复制模式 = 多个              //显示当前的复制模式为"多个"
指定基点或 [位移(D)/模式(O)] <位移>:
指定第二个点或 [阵列(A)] <使用第一个点作为位移>:
                                       //通过指定基点和第二点来确定复制对象的位移矢量，按下Enter键退出操作
```

可以通过鼠标拾取和输入坐标值来确定复制的基点，在默认情况下，“复制”命令默认自动重复；在指定了第二个点后，系统重复提示“指定第二个点或 [阵列(A)] <使用第一个点作为位移>:”，按下Enter键或者Esc键退出命令的操作。

命令行中各选项含义如下：

★ 位移(D)：输入D，选择该项，可使用坐标值来指定复制的位移矢量。

★ 模式(O)：输入O，选择该项，此时命令行提示“输入复制模式选项 [单个(S)/多个(M)] <多个>:”；选择“单个(S)”选项，则执行一次“复制”命令仅创建一个对象副本；系统默认选择“多个(M)]”选项，即自动重复“复制”命令。

★ 阵列(A)：输入A，选择该项，此时命令行提示“输入要进行阵列的项目数:”；指定阵列数目后再指定第二个点可完成复制操作。

★ 布满（F）：在指定了阵列数目后，命令行提示“指定第二个点或 [布满(F)]”；输入F选择该项，可在基点和指定的第二个点之间按阵列数目平均分布图形，如图4-38所示。

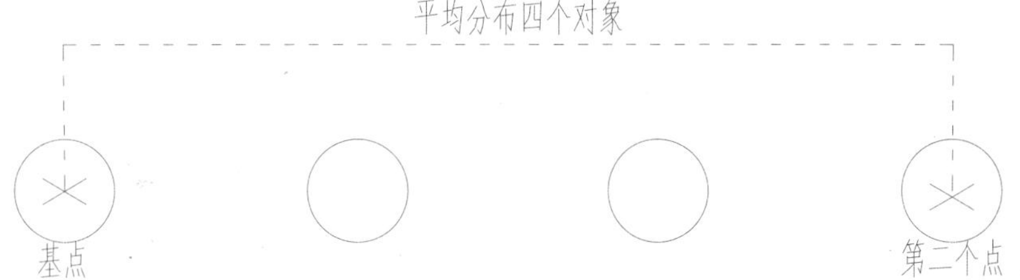

图4-38 平均分布对象

4.3.2 实战——使用“复制”命令复制餐椅对象

本节介绍“复制”命令在编辑图形过程中的操作方法。

01 按下Ctrl+O快捷键，打开配套光盘提供的“第4章/4.3.2实战——使用复制命令复制餐椅对象.dwg”文件。

02 调用CO【复制】命令，选择待复制的对象；指定A点为基点，如图4-39所示。

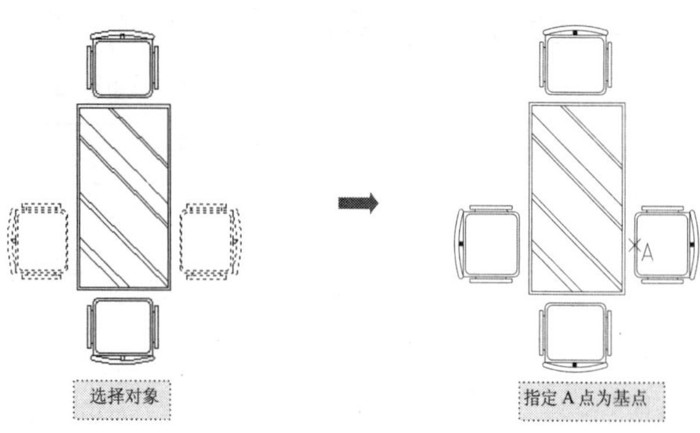

图4-39 指定A点为基点

03 向上移动鼠标，单击指定B点为第二个点；按下Enter键退出命令操作，复制餐椅的结果如图4-40所示。

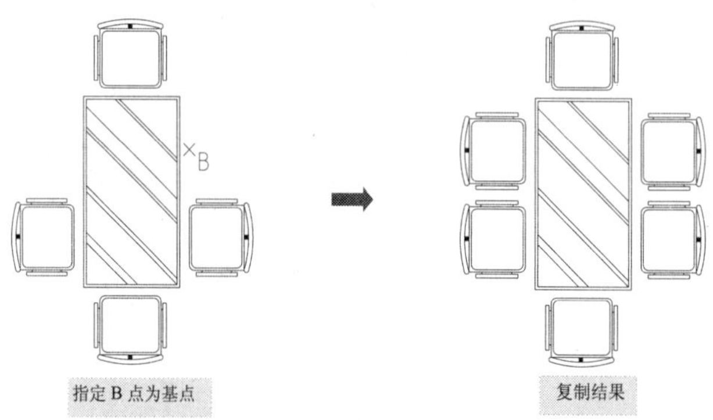

图4-40 复制餐椅的结果

4.3.3 镜像复制图形对象

使用“镜像”命令，可通过指定镜像轴，来得到与源对象对称的图形副本。该命令常用于需要绘制对称图形的情况中，可预先绘制对称图形的一半，然后执行“镜像”命令将其复制，节省了绘图时间。在执行命令时，可选择是保留源对象或是删除源对象。

1. 执行方式

★ 菜单栏：执行“修改”|“镜像”命令。

★ 工具栏：单击“修改”工具栏上的“镜像”按钮。

★ 命令行：在命令行中输入“MIRROR /MI”命令，并按下Enter键。

★ 功能区：单击“修改”面板上的“镜像”按钮。

2. 操作步骤

执行“镜像”命令，命令行提示如下：

```
命令： MIRROR1
选择对象：找到 1 个                                    //选择待编辑的对象
选择对象： 指定镜像线的第一点：指定镜像线的第二点：    //通过单击两点指定镜像线，得到的对象副本将位于镜像
                                                         线的另一侧
要删除源对象吗？[是(Y)/否(N)] <N>:                    //系统默认不删除源对象，输入Y，选择"是（Y）"选
                                                         项，可删除源对象，仅保留对象副本
```

4.3.4 实战——使用“镜像”命令复制床头柜图形

本节介绍使用“镜像”命令复制床头柜图形的操作方法。

01 按下Ctrl+O快捷键，打开配套光盘提供的“第4章/4.3.4 使用镜像命令复制床头柜图形.dwg”文件。

02 调用MI【镜像】命令，根据命令行的提示，选择待执行镜像操作的对象，如图4-41所示。

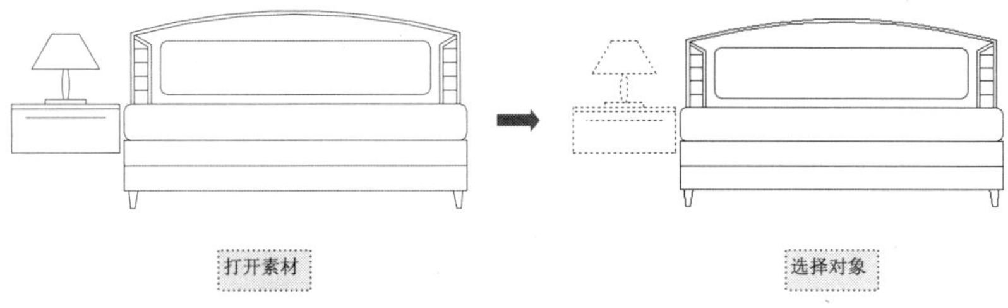

图4-41 选择对象

03 选择对象后按下Enter键，分别指定镜像线的第一点和第二点，如图4-42所示。

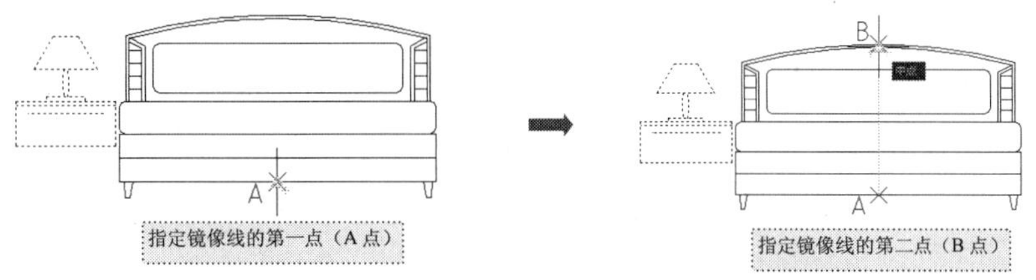

图4-42 指定镜像线

04 在命令行提示“要删除源对象吗？[是(Y)/否(N)] <N>:”时，按下Enter键即可完成镜像复制操作，结果如图4-43所示。

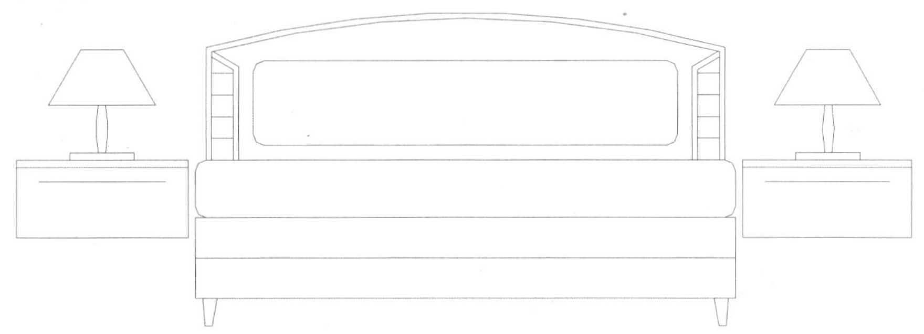

图4-43 镜像复制操作

4.3.5 偏移复制图形对象

使用“偏移”命令，可以创建与源对象平行的对象副本，使用该命令可创建同心圆、平行线或平行曲线等。

1. 执行方式

★ 菜单栏：执行“修改”|“偏移”命令。

★ 工具栏：单击“修改”工具栏上的“偏移”按钮。

★ 命令行：在命令行中输入“OFFSET /O”命令，并按下Enter键。

★ 功能区：单击“修改”面板上的“偏移”按钮。

2. 操作步骤

执行“偏移”命令，命令行提示如下：

```
命令：OFFSET1
当前设置：删除源=否  图层=源  OFFSETGAPTYPE=0                    //显示偏移模式
指定偏移距离或 [通过(T)/删除(E)/图层(L)] <通过>: 30              //指定偏移距离（指偏移后的副本对象与源对
                                                                  象的距离，如图4-44所示）
选择要偏移的对象，或 [退出(E)/放弃(U)] <退出>:                    //选取对象
指定要偏移的那一侧上的点，或 [退出(E)/多个(M)/放弃(U)] <退出>: //在对象的一侧单击左键即可完成偏移操作
```

图4-44 偏移距离

命令行中各选项含义如下。

★ 通过(T)：输入T，命令行提示“选择要偏移的对象，或 [退出(E)/放弃(U)] <退出>:”；选择待偏移的对象，命令行提示“指定通过点或 [退出(E)/多个(M)/放弃(U)] <退出>:”；单击指定通过点，即可完成偏移操作，如图4-45所示。

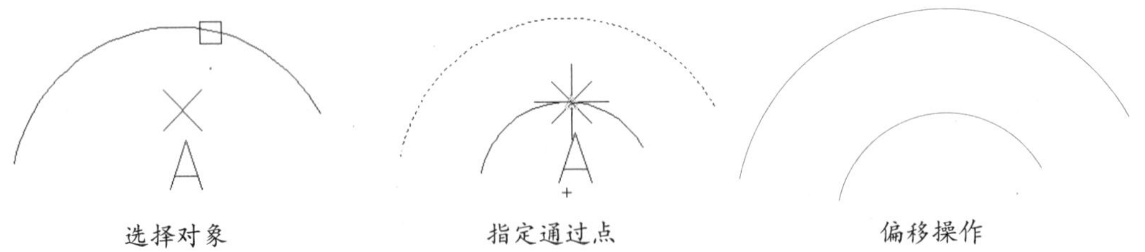

图4-45 指定“通过点”偏移对象

★ 删除(E)：输入E，选择该项，可在执行偏移操作后将源对象进行删除。

★ 图层(L)：输入L，选择该项，命令行提示“输入偏移对象的图层选项 [当前(C)/源(S)] <源>:”；选择相应的选项，可设置是将副本对象创建在当前图层上还是在源对象图形上。

4.3.6 实战——使用“偏移”命令绘制文件柜

本节介绍使用“偏移”命令绘制文件柜的操作方法。

01 按下Ctrl+O快捷键，打开配套光盘提供的“第4章/4.3.6使用偏移命令绘制文件柜.dwg”文件。

02 调用O【偏移】命令，设置偏移距离分别为265、3500，选择A墙线向上偏移；按下Enter键，设置偏移距离分别为20、400，选择B墙线向左偏移，结果如图4-46所示。

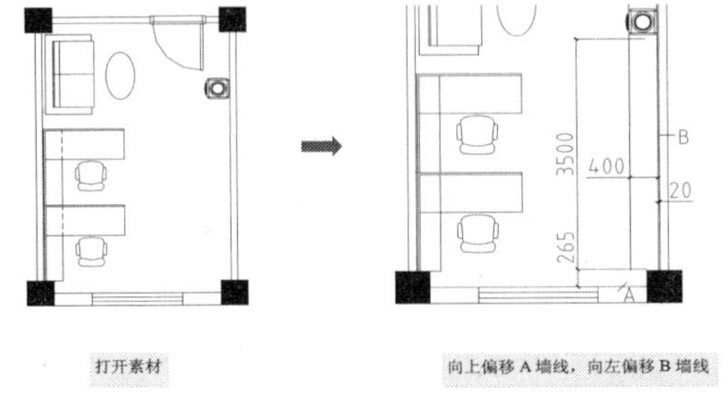

图4-46 偏移墙线

03 调用TR【修剪】命令、EX【延伸】命令，修剪并延伸线段以完成文件柜外轮廓线的绘制；调用O【偏移】命令，设置偏移距离为875，选择A轮廓线向下偏移，结果如图4-47所示。

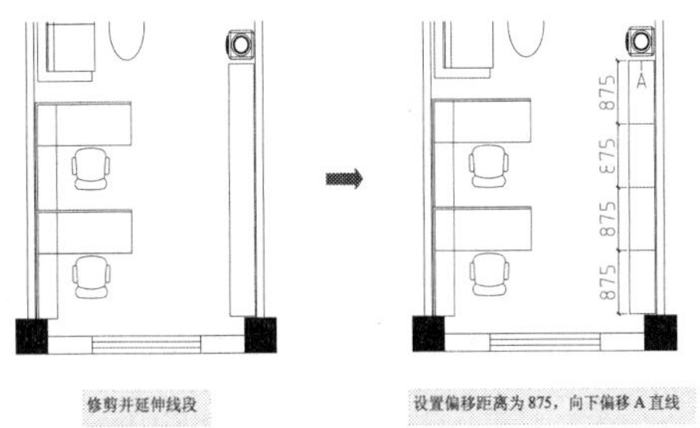

修剪并延伸线段
设置偏移距离为875，向下偏移A直线

图4-47 偏移A轮廓线

04 调用L【直线】命令，绘制对角线；调用MI【镜像】命令，将A点指定为镜像线的第一点，将B点指定为镜像线的第二点，镜像复制对角线的结果如图4-48所示。

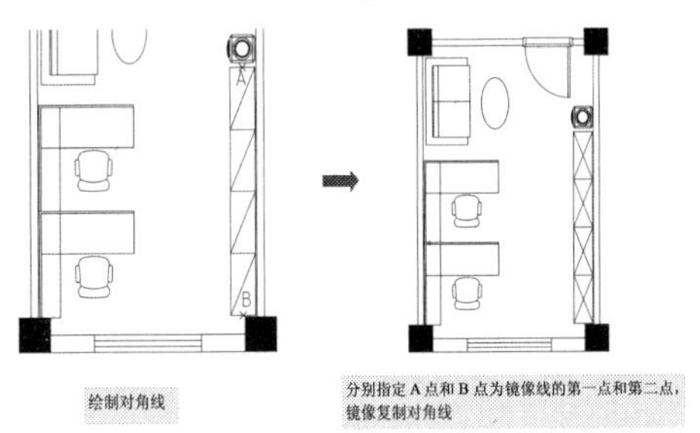

绘制对角线
分别指定A点和B点为镜像线的第一点和第二点，镜像复制对角线

图4-48 绘制文件柜

4.4 阵列复制图形对象

AutoCAD提供了3种类型的阵列方式，分别是矩形阵列、环形阵列、路径阵列。不同的阵列方式可得到不同的阵列效果，如图4-49所示。本节介绍各类阵列命令的操作方法。

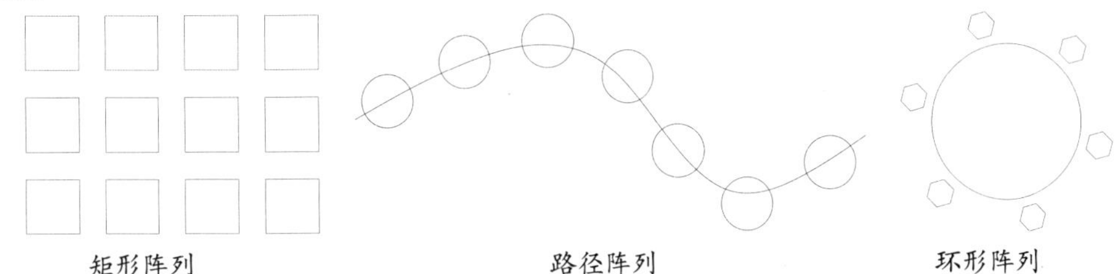

图4-49 各种阵列结果

4.4.1 矩形阵列

使用“矩形阵列”命令，可以按照任意行、列和层级组合来阵列复制对象副本；阵列得到的对象副本是一个整体，选中对象，按住Ctrl键可单独对其中一个对象进行编辑，这样可保持整个阵列结果的完整性。

1. 执行方式

★ 菜单栏：执行“修改”|“阵列”|“矩形阵列”命令。

★ 工具栏：单击“修改”工具栏上的“矩形阵列”按钮。

★ 命令行：在命令行中输入“ARRAYRECT”命令，并按下Enter键。

★ 功能区：单击“修改”面板上的“矩形阵列”按钮。

2. 操作步骤

执行“矩形阵列”命令，命令行提示如下：

```
命令： ARRAYRECT1
选择对象：找到 1 个                                          //选择对象
类型 = 矩形  关联 = 是                                       //显示阵列模式
选择夹点以编辑阵列或 [关联(AS)/基点(B)/计数(COU)/间距(S)/列数(COL)/行数(R)/层数(L)/退出(X)] <退出>:
                     //按下Enter键可显示系统自定义的阵列效果，再次按下Enter键可退出阵列命令
```

在命令行中提供了各个选项以便对阵列过程进行控制，可使用户得到满意的阵列结果。命令行各选项含义如下。

★ 关联(AS)：输入AS，命令行提示“创建关联阵列 [是(Y)/否(N)] <是>: N”；用来设置阵列结果是否关联，如图4-50所示。

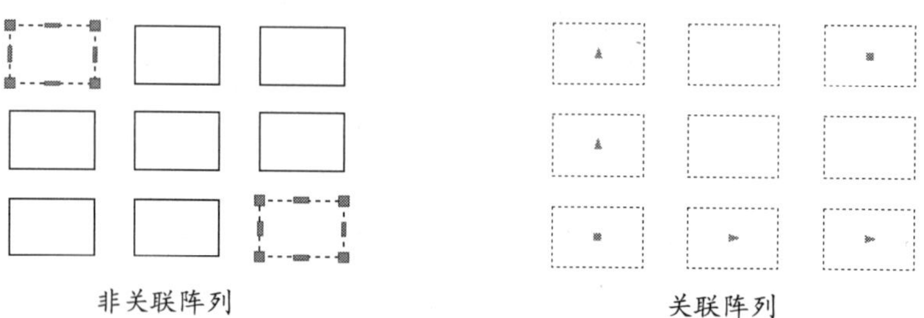

图4-50 关联/不关联结果

★ 基点(B)：输入B，选择该项，可指定矩形阵列的基点。

★ 计数(COU)：输入COU，命令行分别提示“输入列数或 [表达式(E)] <4>:3”、“输入行数或 [表达式(E)] <3>:4”；系统按照指定行列数目创建阵列副本，如图4-51所示。

★ 间距(S)：输入S，命令行分别提示“指定列之间的距离或 [单位单元(U)] <1235>: 1500”、“指定行之间的距离 <815>: 1000”；此时系统按照指定的行间距、列间距创建阵列副本，结果如图4-52所示。

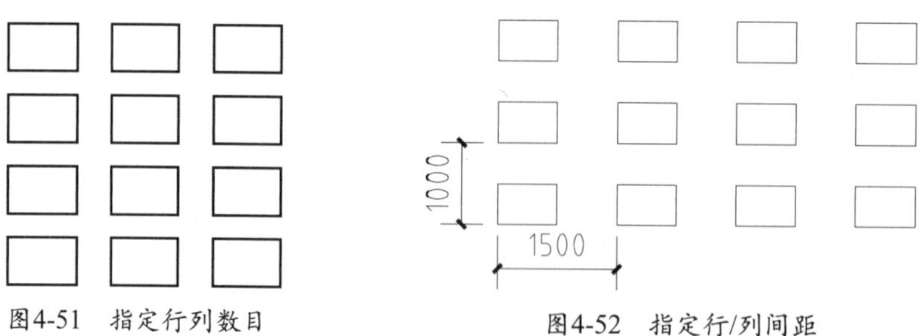

图4-51 指定行列数目　　图4-52 指定行/列间距

★ 列数(COL)：输入COL，命令行分别提示“输入列数或 [表达式(E)] <4>: 3”、“指定列数之间的距离或 [总计(T)/表达式(E)] <1235>: 2000”；此时系统按所指定的列数及列间距创建阵列副本，结果如图4-53所示。

★ 行数(R)：输入R，命令行分别提示“输入行数或 [表达式(E)] <3>: 4”、“指定行数之间的距离或 [总计(T)/表达式(E)] <815>: 900”；此时系统按所指定的行数及行间距创建阵列副本，结果如图4-54所示。

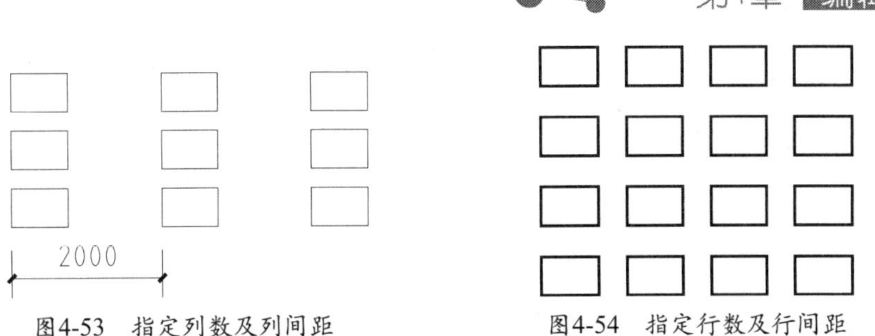

图4-53　指定列数及列间距　　　图4-54　指定行数及行间距

★　层数(L)：输入L，命令行分别提示“输入层数或 [表达式(E)] <1>: 4”、“指定层之间的距离或 [总计(T)/表达式(E)] <1>: 2000”，系统可按照指定的层数及层间距来分布阵列副本图形，如图4-55所示。

★　退出(X)：输入X，可退出当前正在执行的“矩形阵列”命令。

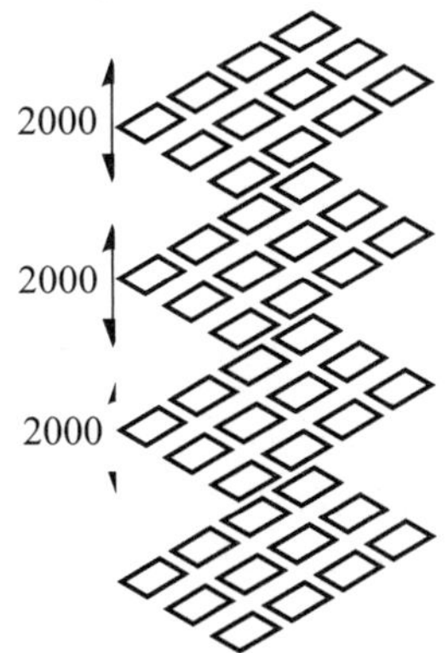

图4-55　指定层数及层间距

4.4.2　实战——使用“矩形阵列”复制标准柱

本节介绍使用“矩形阵列”命令复制标准柱副本的操作方法。

01 按下Ctrl+O快捷键，打开配套光盘提供的“第4章/4.4.2使用矩形阵列复制标准柱.dwg”文件。

02 执行“修改”|“阵列”|“矩阵阵列”命令，格局命令行的提示，选择标准柱源图形，如图4-56所示。

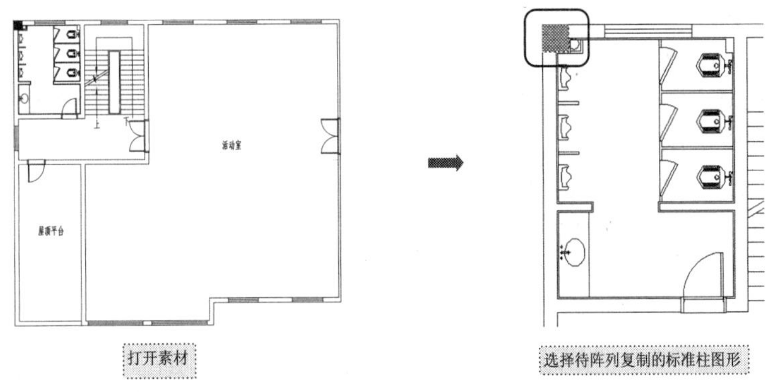

图4-56　选择标准柱图形

03 在命令行提示“选择夹点以编辑阵列或 [关联(AS)/基点(B)/计数(COU)/间距(S)/列数(COL)/行数(R)/层数(L)/退出(X)] <退出>:”时，输入COU，选择“计数(COU)”选项。

04 分别设置列数为6，行数为3；此时输入S，选择“间距(S)”选项，分别设置行列间距及行间距；输入X，按下Enter键退出命令的操作，阵列复制标准柱图形的结果如图4-57所示。

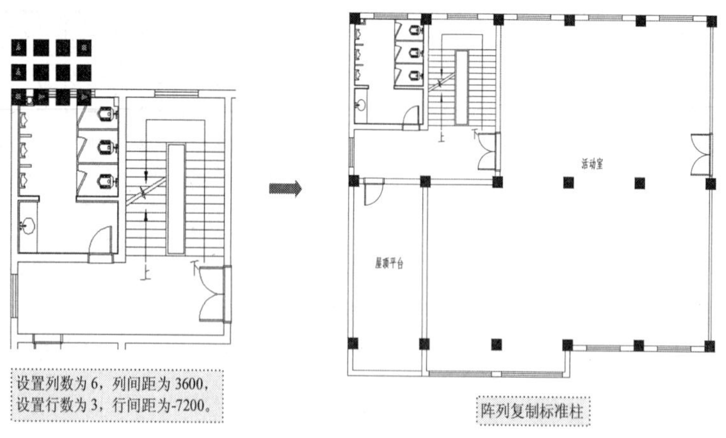

设置列数为6，列间距为3600，
设置行数为3，行间距为-7200。
阵列复制标准柱

图4-57 阵列复制标准柱图形

4.4.3 路径阵列

使用“路径阵列”命令，可沿着选定的路径来均匀分布对象副本。

1. 执行方式

★ 菜单栏：执行“修改”|“阵列”|“路径阵列”命令。

★ 工具栏：单击“修改”工具栏上的“路径阵列”按钮。

★ 命令行：在命令行中输入“ARRAYPATH”命令，并按下Enter键。

★ 功能区：单击“修改”面板上的“路径阵列”按钮。

2. 操作步骤

执行“路径阵列”命令，命令行提示如下：

```
命令： ARRAYPATH1
选择对象： 找到 1 个                      //选择源对象
类型 = 路径  关联 = 是                    //显示阵列模式
选择路径曲线：                            //选择路径
选择夹点以编辑阵列或 [关联(AS)/方法(M)/基点(B)/切向(T)/项目(I)/行(R)/层(L)/对齐项目(A)/Z 方向(Z)/
退出(X)] <退出>: X                        //选择路径后可显示系统自定义的路径阵列结果，输入X，按下Enter键可
                                          退出路径阵列操作
```

命令行中各选项含义如下。

★ 方法(M)：输入M，命令行提示“输入路径方法 [定数等分(D)/定距等分(M)] <定距等分>:”，用来设置阵列的方式。

★ 基点(B)：输入B，命令行提示“指定基点或 [关键点(K)] <路径曲线的终点>:”；可以更改路径阵列的基点，如图4-58所示。

图4-58 指定阵列基点

输入K，命令行提示“指定源对象上的关键点作为基点:”；可以源对象上的关键点为基点创建路径阵列，如图4-59所示。

图4-59 指定源对象上C点为阵列基点

★ 切向(T)：输入T，命令行分别提示“指定切向矢量的第一个点或 [法线(N)]:”、“指定切向矢量的第二个点或 [法线(N)]:”；此时系统按照所指定的切向矢量点来分布阵列副本，如图4-60所示。

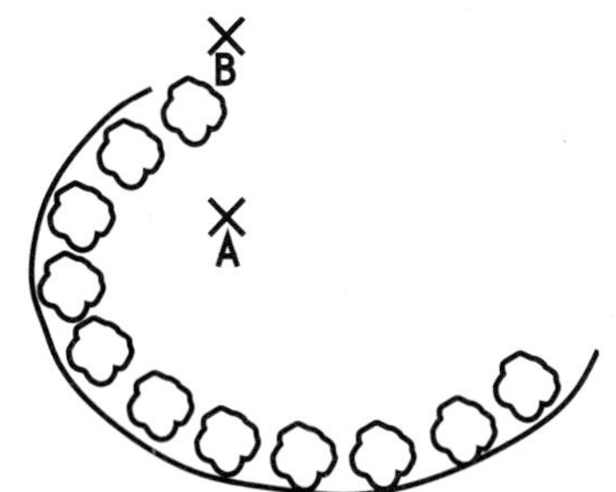

指定A点、B点分别为切向矢量的第一、第二点

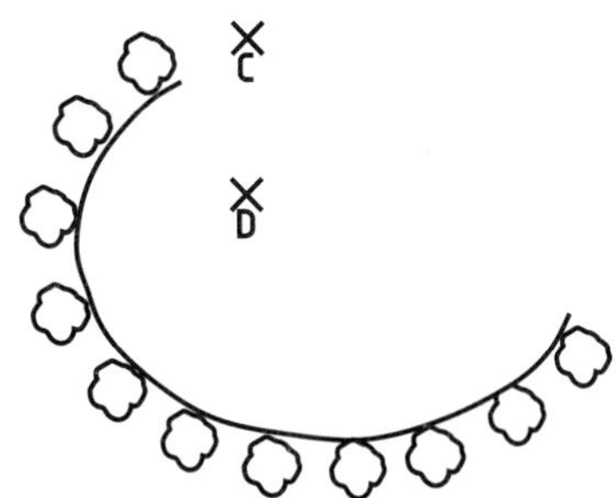

指定C点、D点分别为切向矢量的第一、第二点

图4-60 指定切向矢量点

输入N，选择“法线”选项，系统以短斜线的形式，并继承上一次所设定的切向矢量点来分布阵列副本，如图4-61所示。

★ “项目(I)：输入I，命令行分别提示“指定沿路径的项目之间的距离或 [表达式(E)] <1596>:”、“最大项目数 = 4”；此时系统按照所设定的项目间距来分布阵列副本，如图4-62所示。

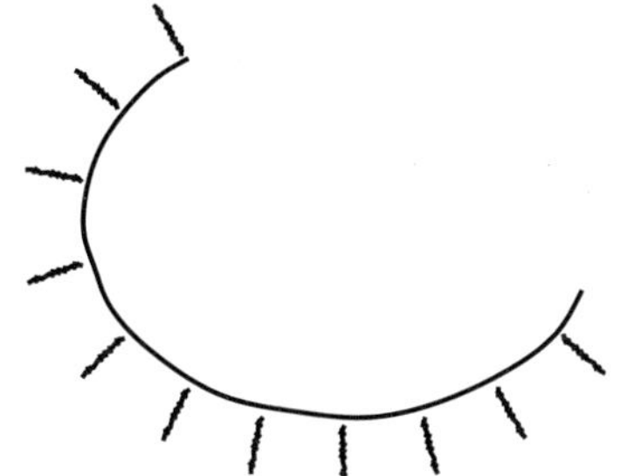

图4-61 以短斜线的方式显示对象副本

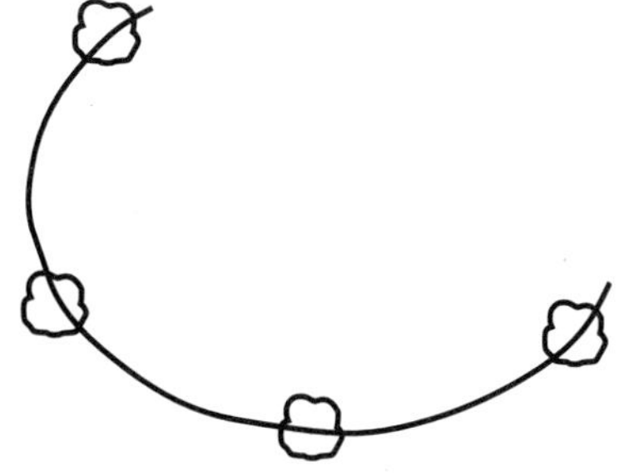

图4-62 指定项目数

★ 行(R)：输入R，命令行分别提示“输入行数数或 [表达式(E)] <1>: 2”、“指定行数之间的距离或 [总计(T)/表达式(E)] <1579>:”、“指定行数之间的标高增量或 [表达式(E)] <0>:”；此时系统可按照所设定的行数、行距及行高类分布阵列副本，如图4-63所示。

★ 层(L)：输入L，命令行分别提示“输入层数或 [表达式(E)] <1>: 3”、“指定层之间的距离或 [总计(T)/表达式(E)] <1>: 2500”；此时系统按照所设定的层数及层距来分布阵列副本，如图4-64所示。

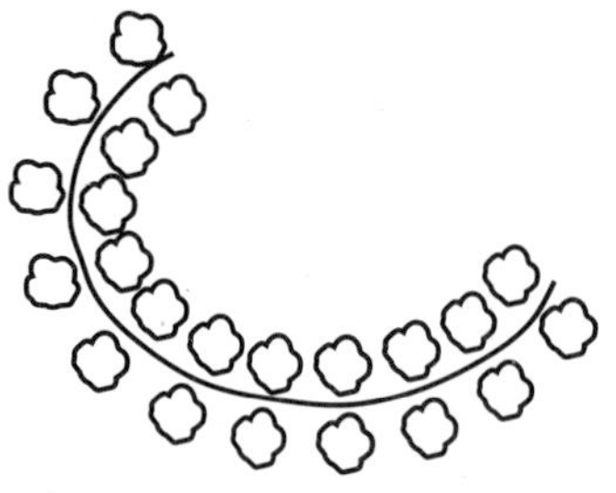

图4-63 指定行数及行距

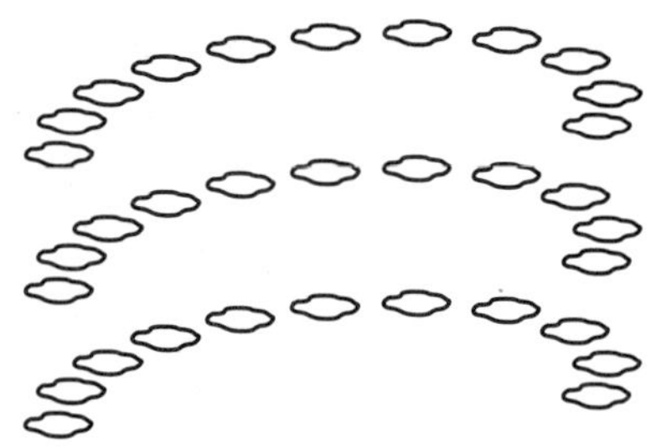

图4-64 指定层数及层距

★ 对齐项目(A)：输入A，命令行提示“是否将阵列项目与路径对齐？[是(Y)/否(N)] <否>: ”；用来设置对象副本是否与路径曲线对齐，如图4-65所示。

不与路径曲线对齐

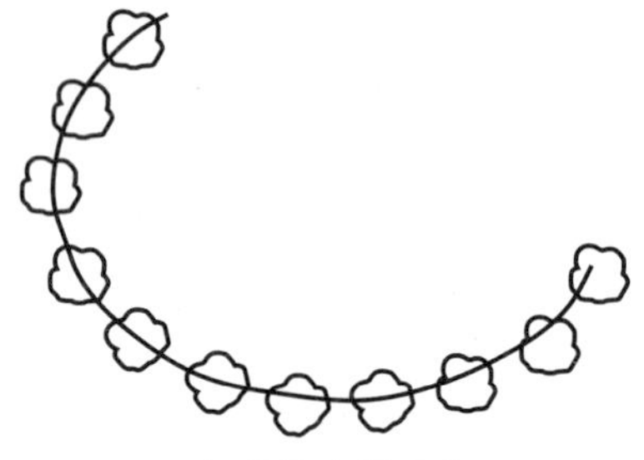

与路径曲线对齐

图4-65 对齐项目

★ Z 方向(Z)：输入Z，选择该项，用来设置是否保持项目的原始Z方向，或者沿三维路径倾斜项目。

4.4.4 环形阵列

使用“环形阵列”命令，可以通过围绕指定的中心点或者旋转轴来复制源对象以创建阵列副本。

1. 执行方式

★ 菜单栏：执行“修改”|“阵列”|“环形阵列”命令。

★ 工具栏：单击“修改”工具栏上的“环形阵列”按钮。

★ 命令行：在命令行中输入“ARRAYPOLAR”命令，并按下Enter键。

★ 功能区：单击“修改”面板上的“环形阵列”按钮。

2. 操作步骤

执行“环形阵列”命令，命令行提示如下：

```
命令: ARRAYPOLAR1
选择对象: 找到 1 个                                   //选择源对象
类型 = 极轴  关联 = 是                                 //显示阵列模式
指定阵列的中心点或 [基点(B)/旋转轴(A)]:                   //指定中心点
选择夹点以编辑阵列或 [关联(AS)/基点(B)/项目(I)/项目间角度(A)/填充角度(F)/行(ROW)/层(L)/旋转项目
(ROT)/退出(X)] <退出>: *取消*                          //系统按照自定义的角度及项目数来创建阵列
                                                        副本，输入X按下Enter键退出操作
```

命令行中各选项含义如下。

★ 基点(B)：输入B，选择该项；用来设置阵列的基点。对于关联阵列，在源对象上指定关键点作为阵列基点；假如要编辑生成的阵列的源对象，阵列的基点保持与源对象的关键点重合。

★ 旋转轴(A)：输入A，命令行提示“指定旋转轴上的第一个点:”、“指定旋转轴上的第二个点:”，用来设置旋转轴。

★ 项目(I)：输入I，命令行提示“输入阵列中的项目数或 [表达式(E)] <6>: 8”；此时系统可按照所设置的项目数来分布对象副本，结果如图4-66所示。

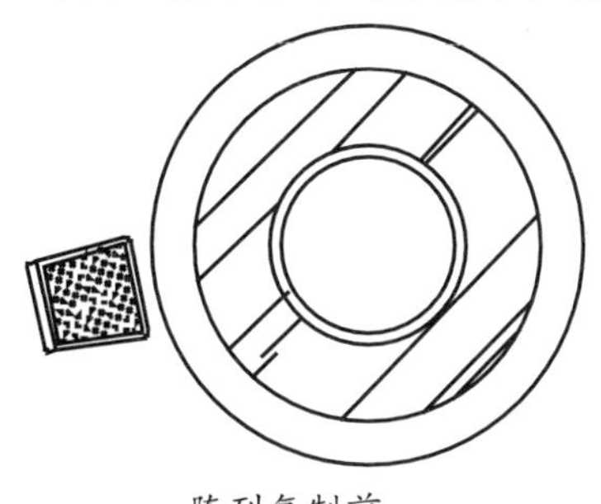
阵列复制前

按项目数分布对象副本

图4-66 指定项目数

★ 项目间角度(A)：输入A，命令行提示“指定项目间的角度或 [表达式(EX)] <60>:”；用来设置项目间的夹角，如图4-67所示。

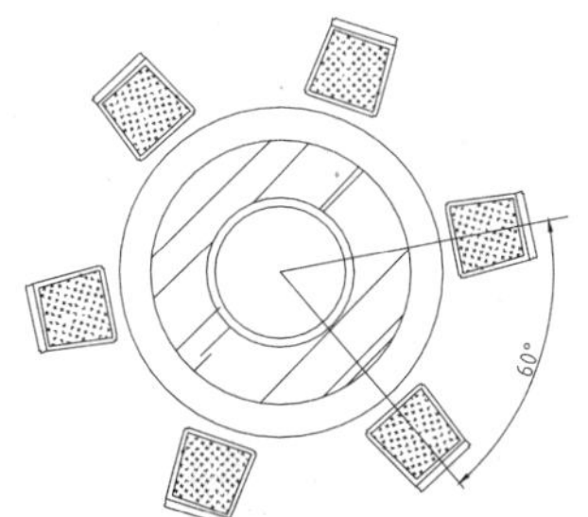

项目间角度为60°

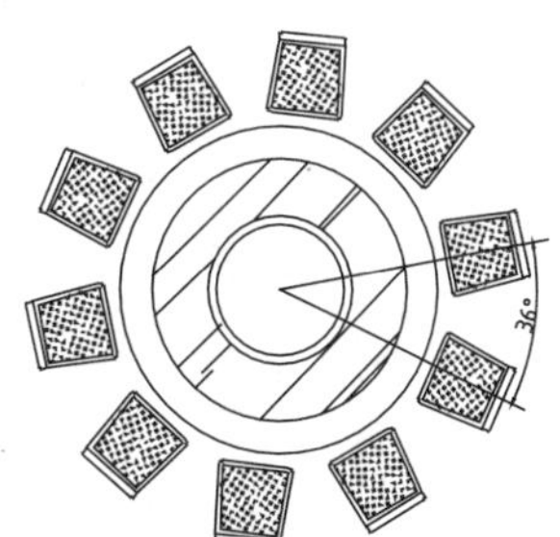

项目间角度为36°

图4-67 指定项目间夹角

★ 填充角度(F)：输入F，命令行提示“指定填充角度(+=逆时针、-=顺时针)或 [表达式(EX)] <360>:”；用来设置项目填充角度，如图4-68所示。

项目填充角度为270°

项目填充角度为360°

图4-68 指定项目间填充角度

★ 行(ROW)：输入ROW，命令行分别提示“输入行数数或 [表达式(E)] <1>: 3”、“指定行数之间的距离或 [总计(T)/表达式(E)] <780>:”、“指定行数之间的标高增量或 [表达式(E)] <0>:”；此时系统按照所设定的行数及行间距来分布阵列副本，结果如图4-69所示。

★ 层(L)：输入L，命令行分别提示“输入层数或 [表达式(E)] <1>: ”、“指定层之间的距离或 [总计(T)/表达式(E)] <1>:”，此时系统可按照所设定的层数及层距来分布对象副本。

★ 旋转项目(ROT)：输入ROT选项，命令行提示“是否旋转阵列项目？[是(Y)/否(N)] <是>: ”；此时系统按照设置的模式来分布对象副本，如图4-70所示。

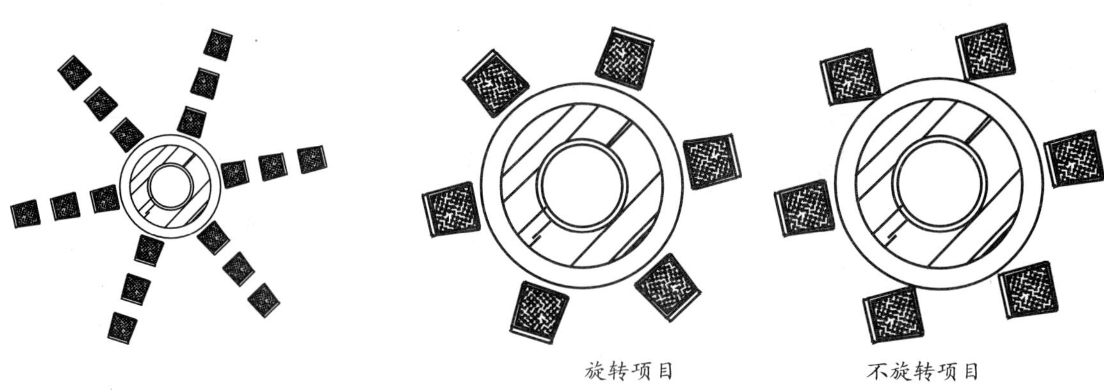

图4-69　指定层数及层距　　　　图4-70　指定旋转模式

4.4.5　实战——绘制楼梯平面图

楼梯在建筑物中作为楼层间垂直交通用的构件，用于楼层之间和高差较大时的交通联系。楼梯由连续梯级的梯段（又称梯跑）、平台（休息平台）和围护构件等组成。楼梯按梯段可分为单跑楼梯、双跑楼梯和多跑楼梯。梯段的平面形状有直线的、折线的和曲线的。

图4-71所示为常见的双跑楼梯及弧形楼梯。

图4-71　楼梯

本节介绍矩形双跑楼梯平面图的绘制方法。

01 按下Ctrl+O快捷键，打开配套光盘提供的“第4章/4.4.5 实战——绘制楼梯平面图.dwg”文件；调用REC【矩形】命令，绘制矩形；调用O【偏移】命令，向内偏移矩形，以完成楼梯围护构件的绘制，结果如图4-72所示。

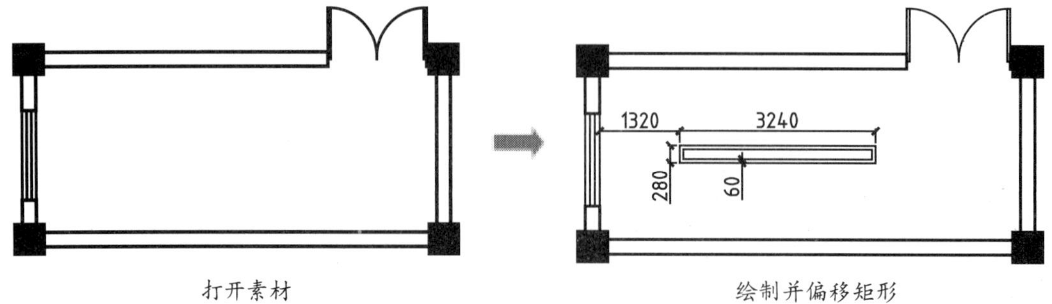

图4-72　向内偏移矩形

02 调用L【直线】命令，绘制踏步轮廓线；在“修改”工具栏上单击“矩形阵列”按钮，选择直线为阵列对象；设置列数为13，列间距为-260；设置行数为2，行间距为1522，阵列复制踏步轮廓线的结果如图4-73所示。

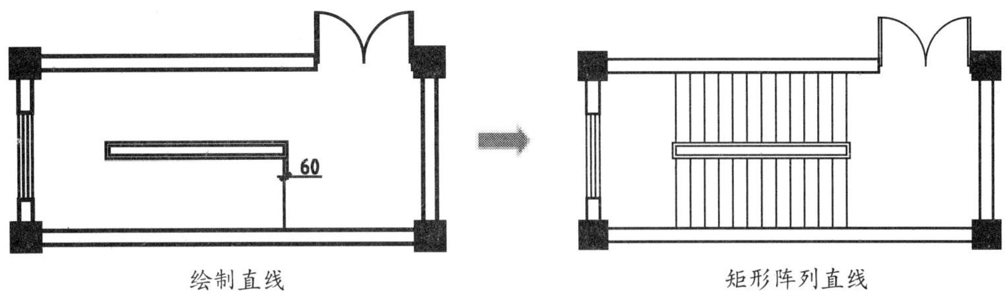

图4-73 阵列操作

03 调用PL【多段线】命令，绘制折断线；调用TR【修剪】命令，修剪踏步轮廓线（可先执行X命令，将踏步图形分解），结果如图4-74所示。

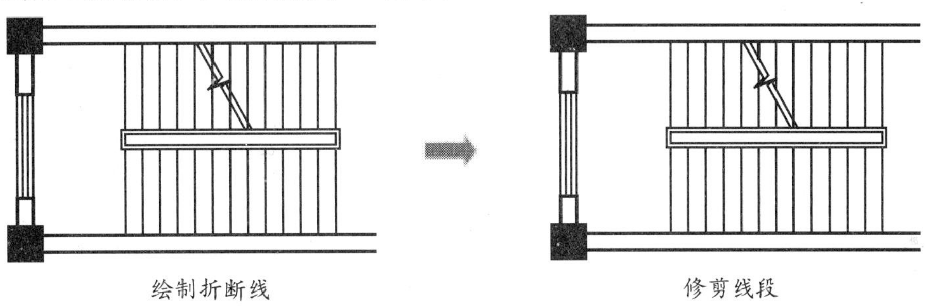

图4-74 修剪踏步轮廓线

04 执行PL【多段线】命令，绘制上楼方向的指示箭头；调用MT【多行文字】命令，绘制上楼方向的文字说明，完成楼梯平面图的绘制，结果如图4-75所示。

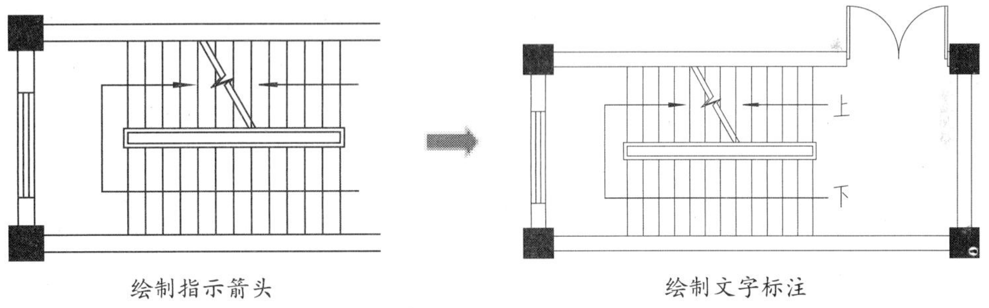

图4-75 楼梯平面图

4.5 改变图形大小及位置

AutoCAD中用来改变图形大小的命令有缩放命令、拉伸命令，改变图形位置的命令有移动命令、旋转命令。缩放命令可将选中的对象按照所设定的缩放因子进行放大或缩小；拉伸命令可通过移动夹点来调整图形的大小；移动命令可通过指定位移来改变图形的位置；旋转命令通过指定旋转角度来改变图形的显示角度。

本节介绍这4种命令的操作方法。

4.5.1 移动图形对象

使用“移动”命令，可以将选定的对象在指定的方向移动指定的距离。改变对象的位置

后，对象的大小及角度保持不变。

1. 执行方式

★ 菜单栏：执行“修改”|“移动”命令。

★ 工具栏：单击“修改”工具栏上的“移动”按钮。

★ 命令行：在命令行中输入“MOVE/M”命令，并按下Enter键。

★ 功能区：单击“修改”面板上的“移动”按钮。

2. 操作步骤

执行“移动”命令，命令行提示如下：

```
命令： MOVE1
选择对象：找到 1 个                                   //选择待编辑的图形
指定基点或 [位移(D)] <位移>:                           //在对象上指定起点
指定第二个点或 <使用第一个点作为位移>:                  //移动鼠标，在绘图区中指定端点，即可移动操作
```

★ 位移(D)：输入D，命令行提示“指定位移 <299, -26, 0>:”，在命令行中分别指定X、Y、Z轴上的距离参数，可将目标对象移动到相应的位置上。

4.5.2 实战——使用“移动”命令调整立面电视机的位置

本节介绍使用“移动”命令调整立面图中电视机的位置。

01 按下Ctrl+O快捷键，打开配套光盘提供的“第4章/4.4.2 使用移动命令调整立面电视机的位置.dwg”文件。

02 调用M【移动】命令，根据命令行的提示，选择待编辑的对象，如图4-76所示。

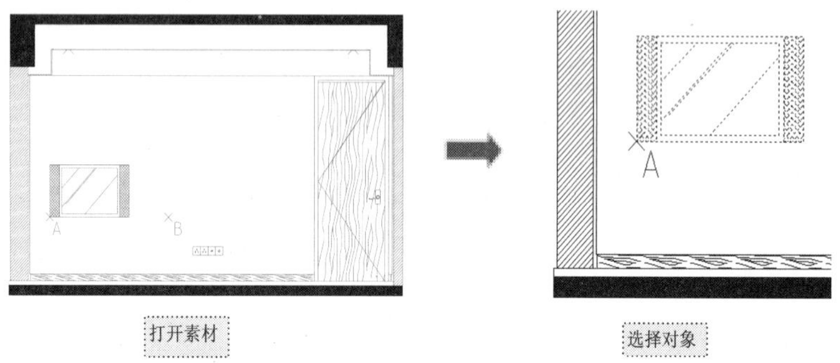

图4-76 选择对象

03 按下Enter键，分别指定基点和第二个点，如图4-77所示。

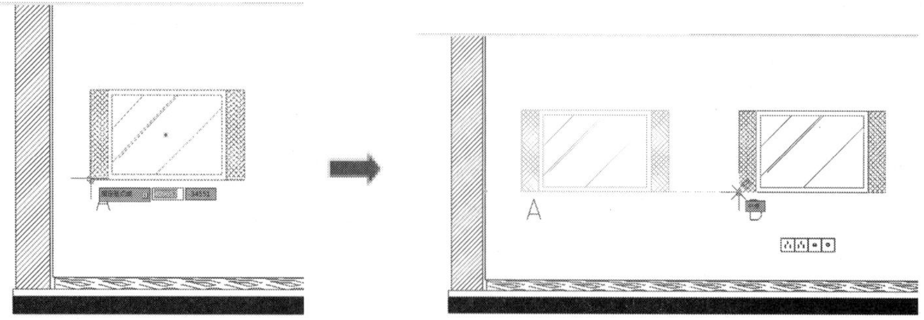

图4-77 指定基点和第二个点

04 在第二个点上单击左键，即可完成立面电视机图块的移动操作，结果如图4-78所示。

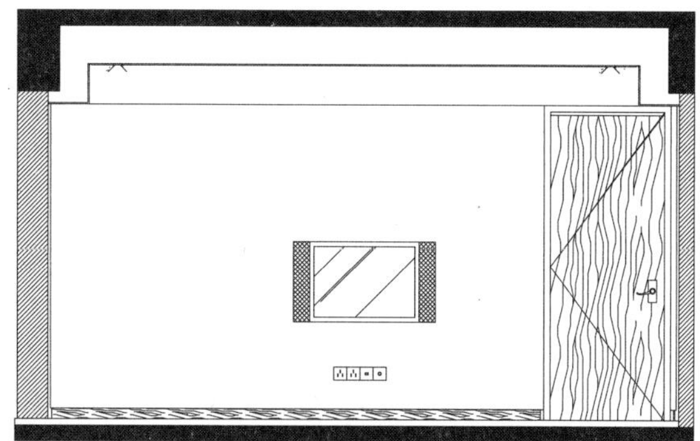

图4-78 移动立面电视机图块

4.5.3 旋转图形对象

使用“旋转”命令，可分别指定旋转基点及旋转角度来改变图形的角度。在执行旋转操作的过程中，系统还提供了“旋转复制”的模式，使得在保持源对象属性不变的情况下得到源对象的旋转副本。

1. 执行方式

★ 菜单栏：执行“修改”|“旋转”命令。

★ 工具栏：单击“修改”工具栏上的“旋转”按钮。

★ 命令行：在命令行中输入“ROTATE /RO”命令，并按下Enter键。

★ 功能区：单击“修改”面板上的“旋转”按钮。

2. 操作步骤

执行“旋转”命令，命令行提示如下：

```
命令： ROTATE1
UCS 当前的正角方向： ANGDIR=逆时针  ANGBASE=0            //显示当前旋转模式
选择对象： 找到 1 个
指定基点：                                               //在源对象或绘图区中指定旋转基点
指定旋转角度，或 [复制(C)/参照(R)] <30>: 45              //设置旋转值，按下Enter键即可完成旋转操作
```

★ 复制(C)：输入C，旋转该项，可旋转并复制源对象，如图4-79所示。

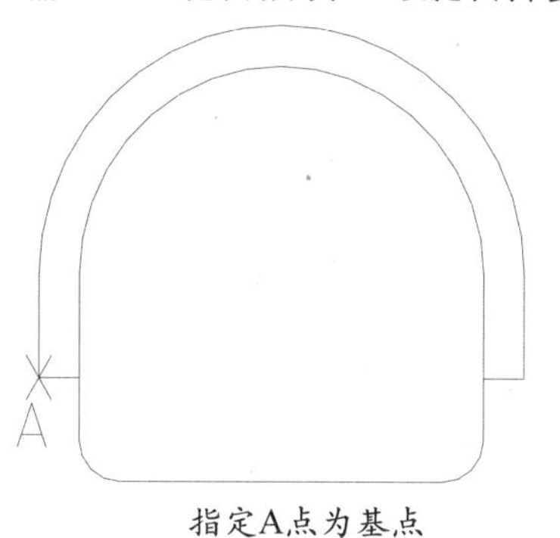

指定A点为基点

旋转复制结果（虚线型对象为副本对象）

图4-79 旋转复制对象

4.5.4 缩放图形对象

使用“缩放”命令，可通过指定缩放因子，来放大或缩小图形。使用小于1的缩放因子可缩小图形，使用大于1的缩放因子可放大图形。

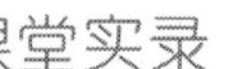

1. **执行方式**

★ 菜单栏：执行“修改”|“缩放”命令。

★ 工具栏：单击“修改”工具栏上的“缩放”按钮。

★ 命令行：在命令行中输入“SCALE /SC”命令，并按下Enter键。

★ 功能区：单击“修改”面板上的“缩放”按钮。

2. **操作步骤**

执行“缩放”命令，命令行提示如下：

```
命令： SCALE1
选择对象：找到 1 个
指定基点：                                       //单击A点；
指定比例因子或 [复制(C)/参照(R)]: 0.5            //输入比例因子，按下Enter键可完成缩放操
                                                   作，如图4-80所示
```

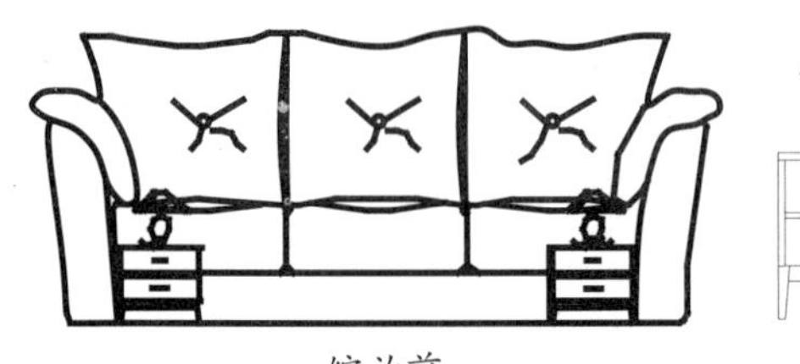

缩放前

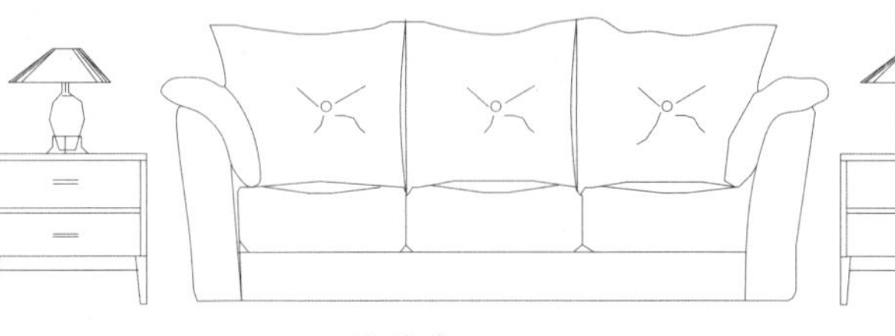

缩放后

图4-80　缩放操作

★ 复制(C)：输入C，选择该项，可在保留源对象的情况下得到缩放后的副本对象。

4.5.5　拉伸图形对象

使用“拉伸”命令，可通过移动夹点的位置来调整图形的大小。

1. **执行方式**

★ 菜单栏：执行“修改”|“拉伸”命令。

★ 工具栏：单击“修改”工具栏上的“拉伸”按钮。

★ 命令行：在命令行中输入“STRETCH /S”命令，并按下Enter键。

★ 功能区：单击“修改”面板上的“拉伸”按钮。

2. **操作步骤**

执行“拉伸”命令，命令行提示如下：

```
命令： STRETCH1
以交叉窗口或交叉多边形选择要拉伸的对象...
选择对象：指定对角点：找到 1 个          //由右下角至左上角拖出选框以选择对象
指定基点或 [位移(D)] <位移>:             //在对象上单击指定拉伸基点
指定第二个点或 <使用第一个点作为位移>:    //移动鼠标至合适距离，单击左键即可完成拉伸操作
```

4.5.6　实战——使用“拉伸”命令调整立面墙体宽度

本节介绍使用“拉伸”命令调整立面图中墙体的宽度。

01 按下Ctrl+O快捷键，打开配套光盘提供的“第4章/4.5.6使用拉伸命令调整立面墙体宽度.dwg”文件。

02 用S【拉伸】命令，在对象上从右下角至左上角拖出选框，使对象被拉伸的部分全部位于选框

内，如图4-81所示。

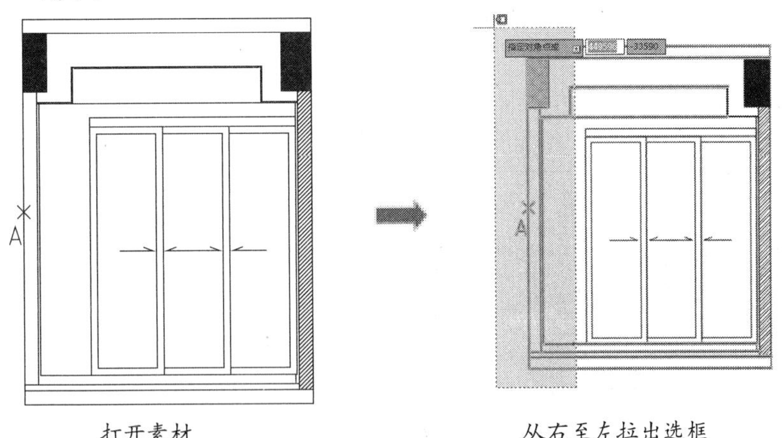

打开素材　　从右至左拉出选框

图4-81　拖出选框

03 根据命令行的提示，单击A点，将其指定为拉伸基点；向左移动鼠标，输入位移为1000，如图4-82所示。

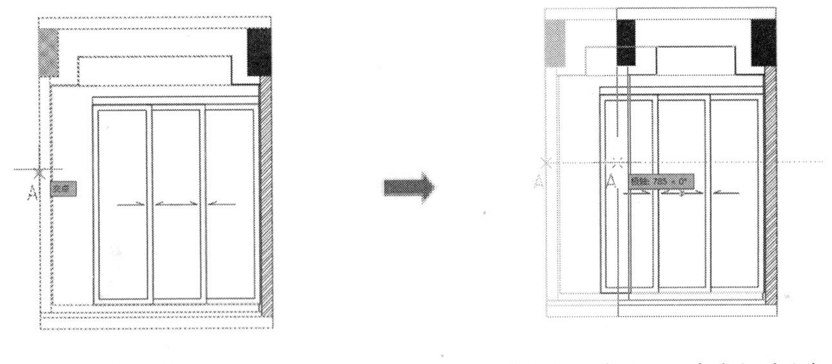

指定基点　　指定位移为1000，向左拉动鼠标

图4-82　向左移动鼠标

04 单击左键，使用“拉伸”命令调整立面墙体宽度的结果如图4-83所示。

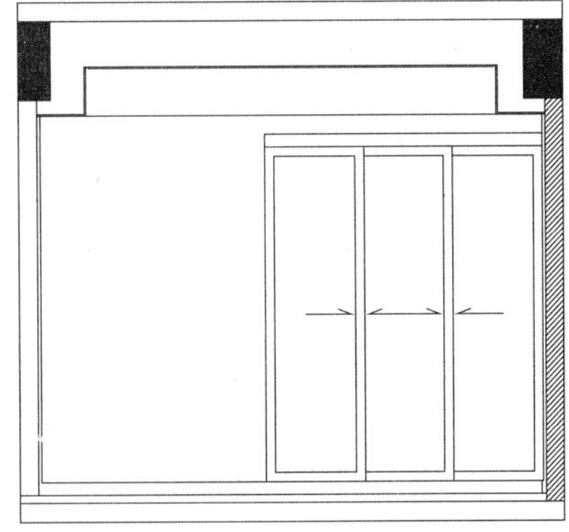

图4-83　调整立面墙体的宽度

4.5.7　实战——绘制卧室平面图

卧室又被称作卧房、睡房，分为主卧和次卧，是供人在其内睡觉、休息的房间。卧房不一定有床，不过至少有可供人躺卧之处。有些房子的主卧房有附属浴室。卧室布置得好坏，直接

影响人们的生活、工作和学习，因此卧室成为家庭装修设计的重点之一。

图4-84所示为不同风格卧室的装潢效果。

图4-84 卧室装修效果

本节介绍布置卧室平面图的操作方法。

01 按下Ctrl+O快捷键，打开配套光盘提供的“第4章/4.5.7绘制卧室.dwg”文件，结果如图4-85所示。

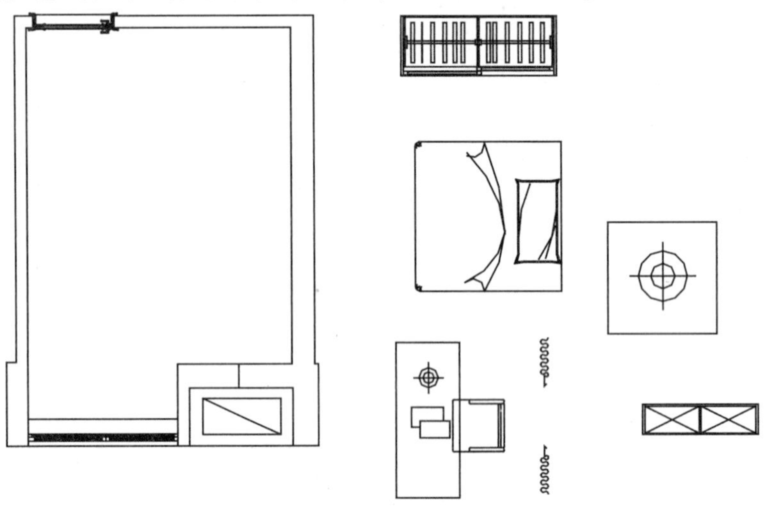

图4-85 打开素材

02 调用S【拉伸】命令，从右至左框选双人床图形；指定左侧轮廓线上的中点为基点，向左移动鼠标，指定拉伸距离为500，拉伸结果如图4-86所示。

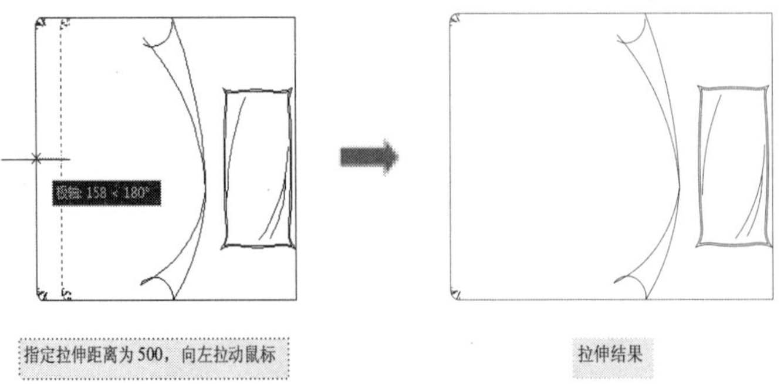

图4-86 拉伸图形

03 调用SC【缩放】命令，选择床头柜图形；指定图形的左下角点为缩放基点，输入缩放因子为0.5，完成缩放操作的结果如图4-87所示。

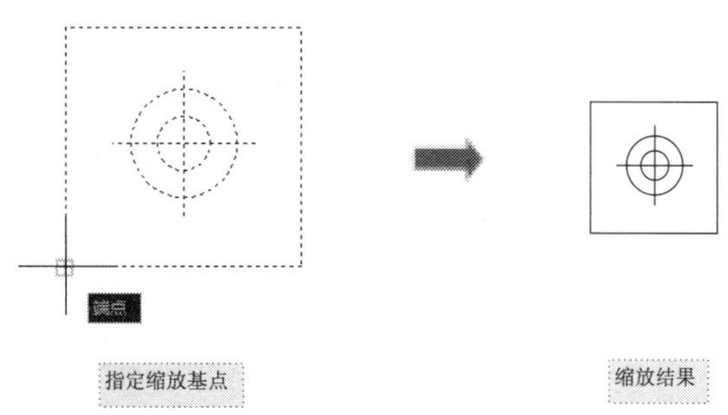

图4-87 缩放图形

04 调用RO【旋转】命令，选择书桌椅及窗帘图形，指定图形的左上角点为旋转基点；设置旋转角度为90，对图形执行旋转操作的结果如图4-88所示。

05 调用M【移动】命令，将家具图块移动至卧室平面图中，结果如图4-89所示。

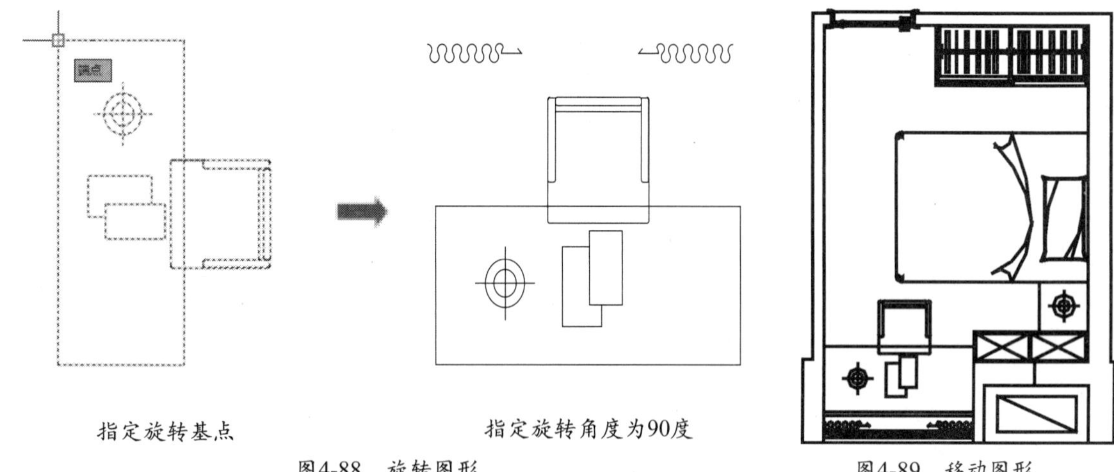

图4-88 旋转图形

图4-89 移动图形

4.6 综合实战

本章所介绍的各类编辑命令在绘图中会时常用到，因此需要读者融会贯通，根据实际情况选用合适的命令执行编辑操作。

本节选取常见的两类图形，分别是绘制建筑图纸时经常需要绘制的圆弧楼梯图形，以及绘制室内设计图纸时经常用到的燃气灶图形；来向读者讲解在具体的绘图过程中，各类编辑命令的使用。

4.6.1 绘制圆弧楼梯

圆形、半圆形、弧形楼梯，由曲梁或曲板支承，踏步略呈扇形，花式多样，造型活泼，富于装饰性，适用于公共建筑。

在当今很多公共建筑中，旋转楼梯往往是建筑设计的一个重点，起到点缀空间的作用，而空间也提供了一个舞台来展示楼梯的造型美感。

图4-90所示为常见的室外及室内旋转楼梯。

图4-90 旋转楼梯

本节介绍旋转楼梯平面图的绘制方法。

01 调用C【圆】命令，绘制半径为2000的圆形；调用O【偏移】命令，分别设置偏移距离为120、960、120，选择矩形向内偏移；调用L【直线】命令，过圆心绘制直线；调用TR【修剪】命令，修剪图形，以完成圆弧楼梯外轮廓的绘制，结果如图4-91所示。

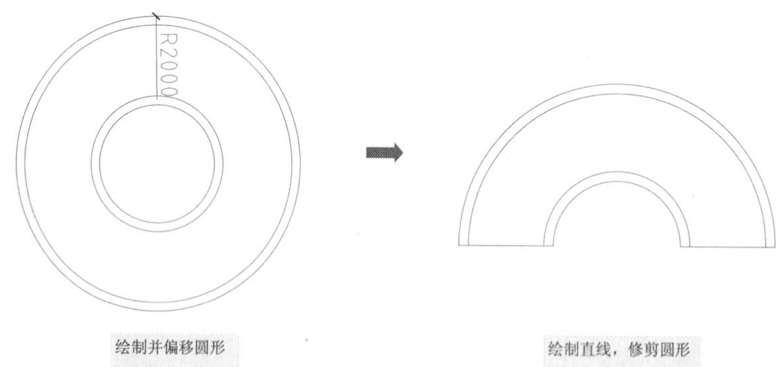

图4-91 绘制圆弧楼梯外轮廓

02 单击“修改”工具栏上的“打断于点”按钮，选择左下角水平轮廓线，单击A点为第一二个打断点；按下Enter键重复执行“打断于点”命令，以B点为第一个打断点执行打断操作，结果如图4-92所示。

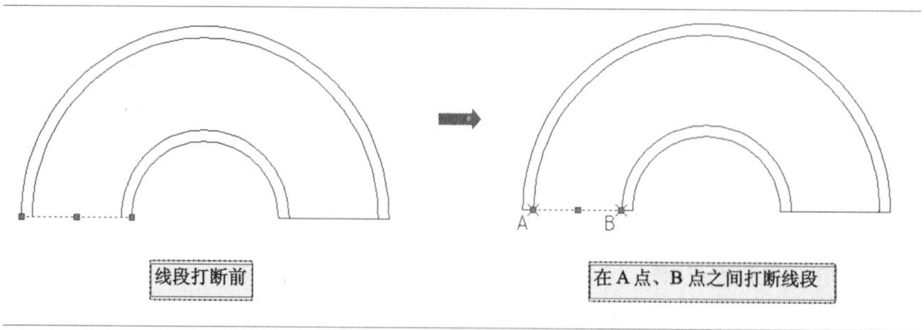

图4-92 打断操作

03 单击“修改”工具栏上的“环形阵列”按钮，选择A点、B点之间的线段为阵列源对象，指定圆心为阵列中心点；根据命令行的提示，选择“项目(I)”选项，设置项目数为36。

04 调用X【分解】命令，将阵列图形分解；调用E【删除】命令，删除多余线段，完成楼梯踏步的绘制，结果如图4-93所示。

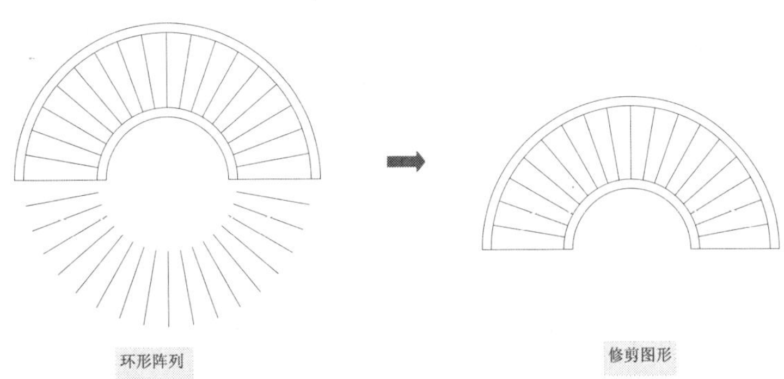

图4-93 阵列结果

05 调用PL【多段线】命令，绘制折断线，以表示楼梯的剖切位置；调用TR【修剪】命令，修剪线段。

06 调用PL【多段线】命令，在踏步轮廓线上指定起点，结果如图4-94所示。

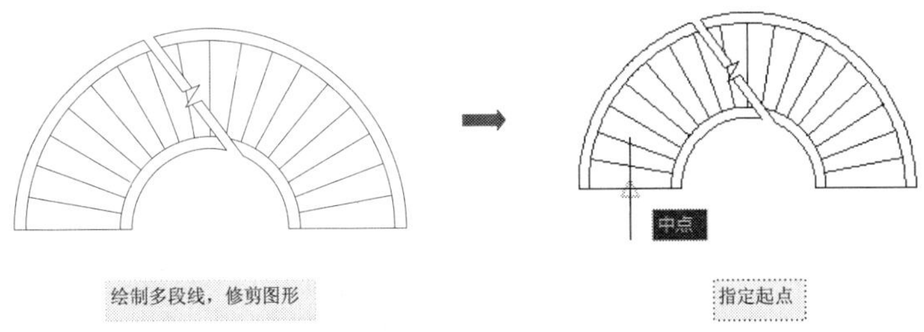

图4-94 指定起点

07 输入A，选择“圆弧(A)”选项；输入S，选择“第二点(S)”选项，移动鼠标指定圆弧的第二点；根据命令行的提示，单击指定圆弧的端点，如图4-95所示。

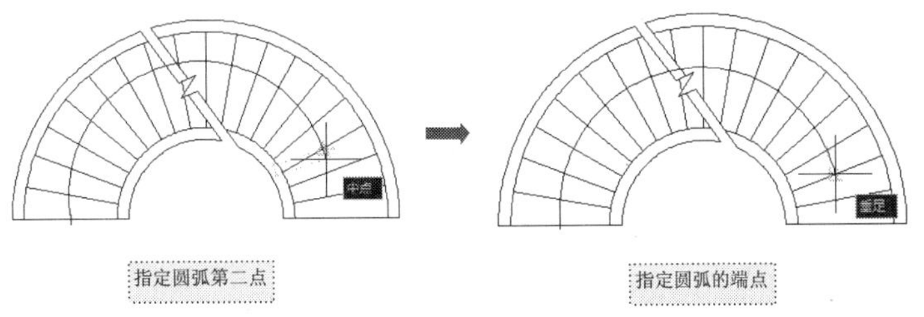

图4-95 指定圆弧的端点

08 输入W，选择“宽度(W)”选项；指定起点宽度为50，端点宽度为0，移动鼠标指定下一点即可完成箭头的绘制；调用MT【多行文字】命令，绘制文字标注，完成圆弧楼梯的绘制，结果如图4-96所示。

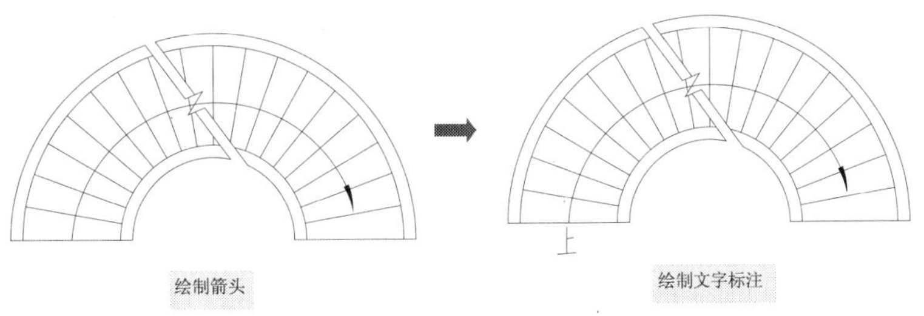

图4-96 圆弧楼梯

4.6.2 绘制燃气灶

燃气灶指以液化石油气、人工煤气、天然气等气体燃料进行直火加热的厨房用具。按气源讲，燃气灶主要分为液化气灶、煤气灶、天然气灶。按灶眼讲，分为单灶、双灶和多眼灶。

图4-97所示为常见的燃气灶。

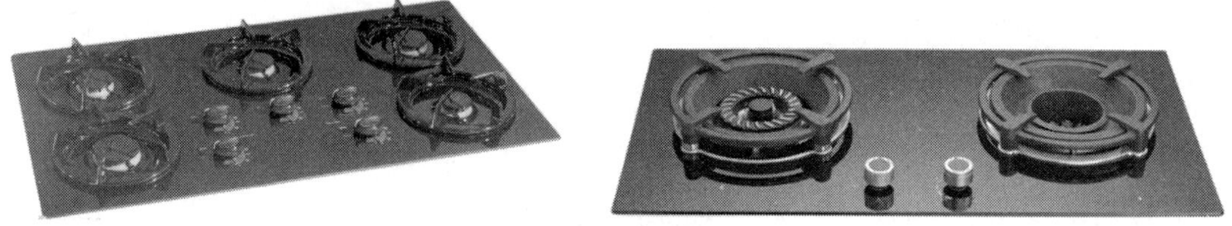

图4-97 燃气灶

本节介绍燃气灶平面图的绘制方法。

01 调用REC【矩形】命令，绘制矩形已表示燃气灶的外轮廓；调用F【圆角】命令，设置圆角半径为25，对矩形执行圆角操作，结果如图4-98所示。

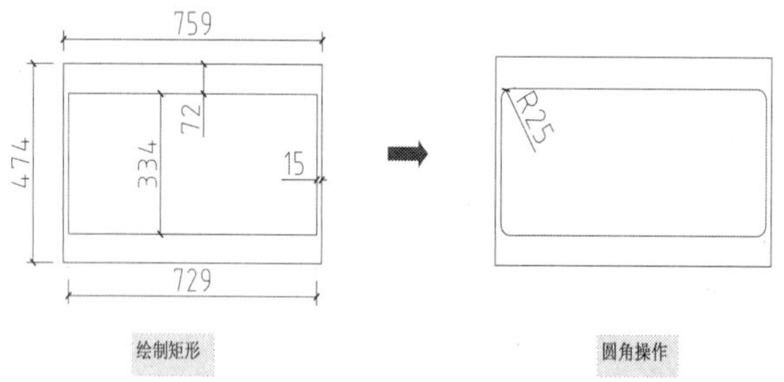

图4-98 圆角操作

02 调用O【偏移】命令，向内偏移矩形；调用C【圆】命令，分别绘制半径为102、65、58、52、24、13的圆形，结果如图4-99所示。

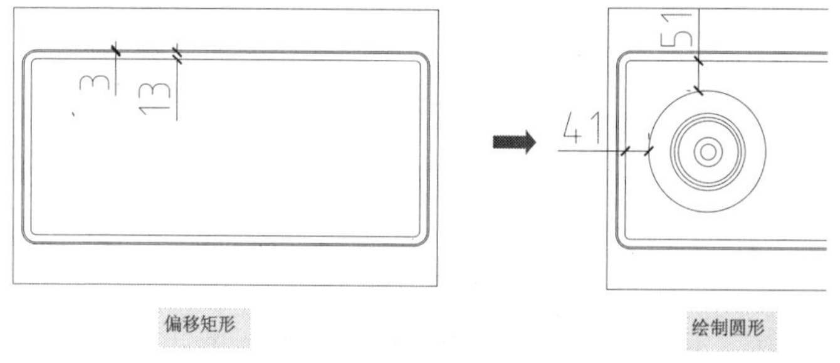

图4-99 绘制圆形

03 调用REC【矩形】命令，绘制尺寸为7×19的矩形；单击“修改”工具栏上的“环形阵列”按钮，设置阵列项目数为8，以圆心为阵列中心点，阵列复制矩形，结果如图4-100所示。

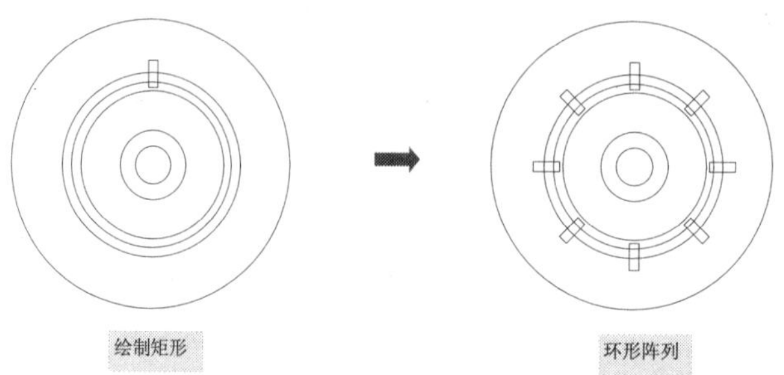

图4-100 阵列复制矩形

04 调用REC【矩形】命令，绘制尺寸为9×2的矩形；单击“修改”工具栏上的“环形阵列”按钮，设置阵列项目数为12，以圆心为阵列中心点，阵列复制矩形，结果如图4-101所示。

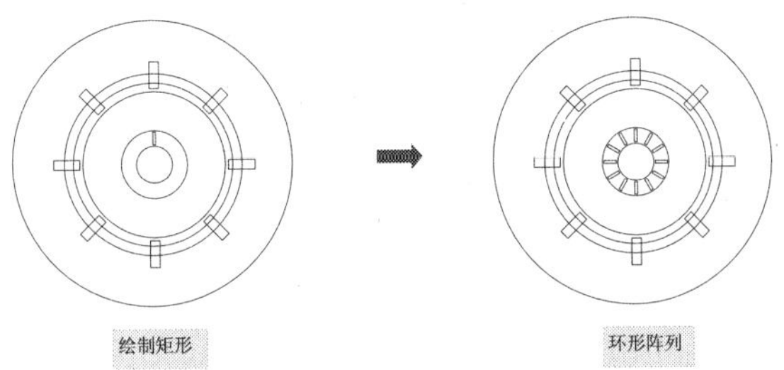

图4-101 复制结果

05 调用REC【矩形】命令、F【圆角】命令，绘制矩形阵列外轮廓；调用REC【矩形】命令，绘制尺寸为117×10的矩形作为阵列源图形，结果如图4-102所示。

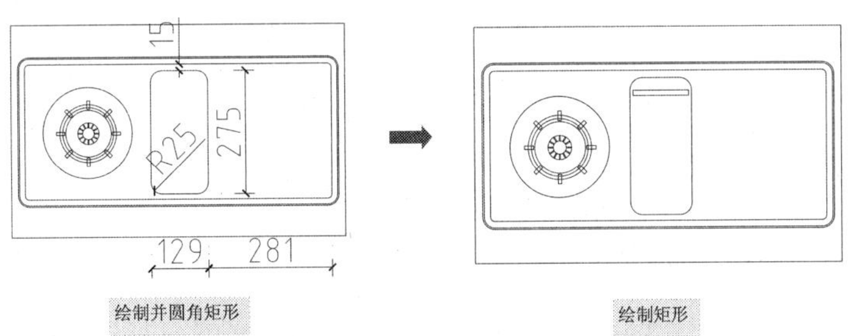

图4-102 绘制矩形

06 单击“修改”工具栏上的“矩形阵列”按钮，设置列数为1，行数为15，行距为-15，阵列复制矩形；调用C【圆】命令，分别绘制半径为23、12的圆形，以表示燃气灶的开关，结果如图4-103所示。

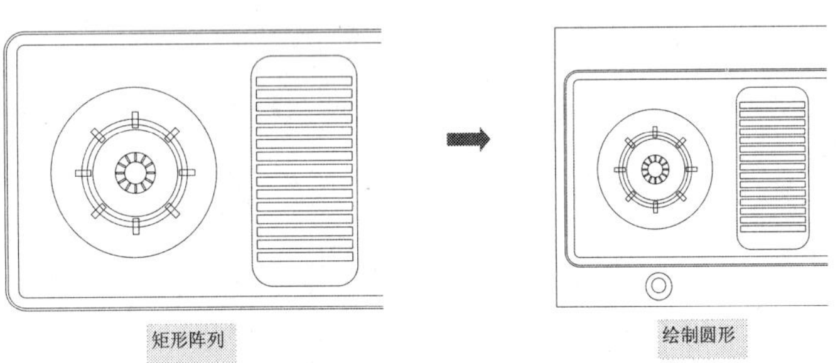

图4-103 矩形阵列

07 调用MI【镜像】命令，选择灶眼及开关图形，将其镜像复制至右边，完成燃气灶平面图的绘制，结果如图4-104所示。

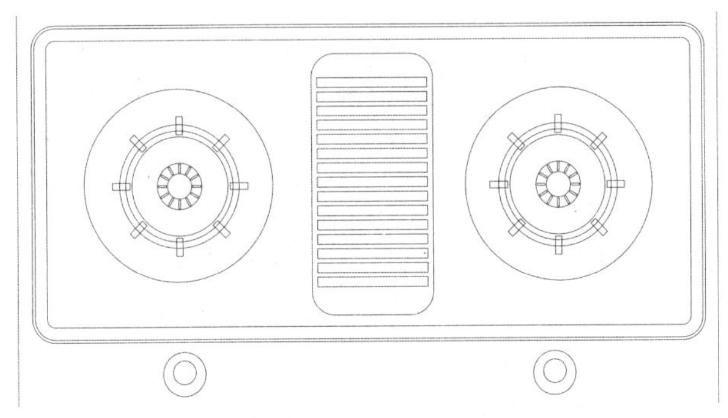

图4-104 燃气灶平面图

第5章 高效率绘图

AutoCAD提供了许多用于精确绘图的工具，比如捕捉和栅格、正交等。虽然精确绘图工具不能直接绘制图形，但是这些工具可以精确地定位所绘制实体之间的位置及连接关系，以提高绘图效率，并将坐标值的输入工作转移至鼠标单击上，从而解决定位问题。

将图形创建成块，可在绘图过程中实时调用，并且可改变图块的方向及比例，以契合不同的绘图需求。

本章介绍利用辅助功能及图块绘图的操作方法。

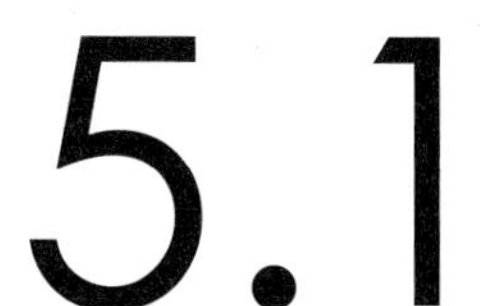

5.1 利用辅助功能绘图

AutoCAD的各类辅助功能可以在【草图设置】对话框中进行设置，比如捕捉和栅格、极轴追踪、对象捕捉等，而正交功能可以通过状态栏按钮或功能键来切换。

5.1.1 捕捉与栅格功能

开启捕捉模式后，可以限制十字光标仅在栅格交点上移动。捕捉模式有利于精确地定位点。

开启或关闭捕捉模式如下所述。

★ 状态栏：单击状态栏上的“捕捉模式”按钮；或者在“捕捉模式”按钮上单击右键，在弹出菜单中选择“设置”选项，在弹出的【草图设置】对话框中勾选“启用捕捉”复选项。

★ 快捷键：F9键。

★ 菜单栏：执行“工具”|“绘图设置”命令，然后在【草图设置】对话框中启用捕捉模式。

开启栅格功能后，可以在绘图界限内显示栅格。栅格类似于在透明图纸下放置了一张坐标纸，利用栅格可对齐对象，并清楚地显示对象之间的距离。值得注意的是，栅格仅在屏幕上显示，而不会被打印输出。

开启或关闭栅格模式如下所述。

★ 状态栏：单击状态栏上的“栅格显示”按钮；或者在“栅格显示”按钮上单击右键，在弹出菜单中选择“设置”选项，在弹出的【草图设置】对话框中勾选“启用栅格”复选项。

★ 快捷键：F7键。

★ 菜单栏：执行“工具”|“绘图设置”命令，然后在【草图设置】对话框中启用栅格模式。

在【草图设置】对话框中选择“捕捉和栅格”选项卡，勾选“启用栅格”复选项后；可在“栅格间距”选项组下分别设置“栅格X轴间距”、“栅格Y轴间距”参数，如图5-1所示，用来定义栅格的大小。

图5-2所示为栅格X、Y轴间距分别为10和100时的显示效果对比。

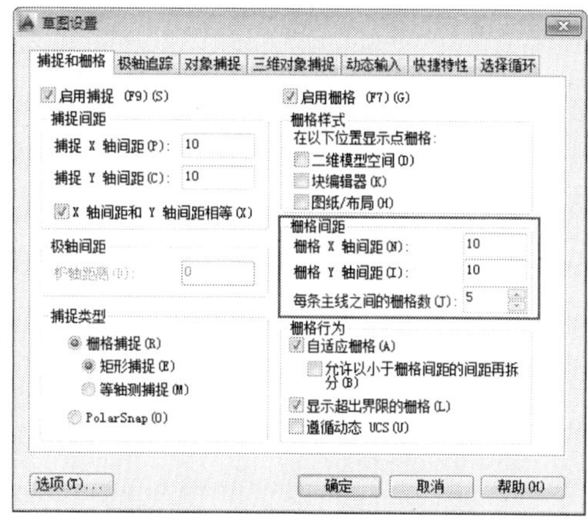

图5-1 【草图设置】对话框

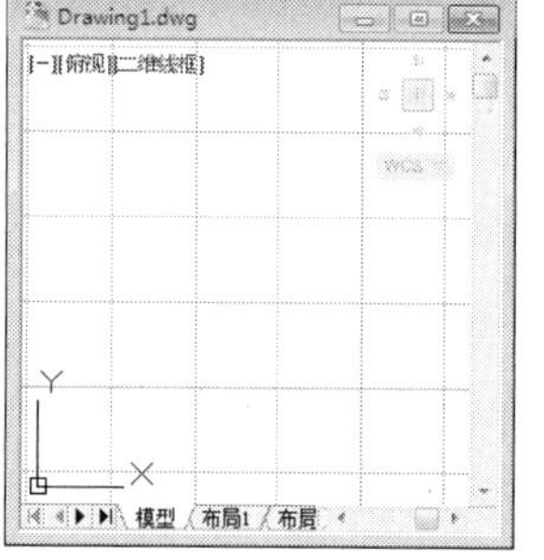

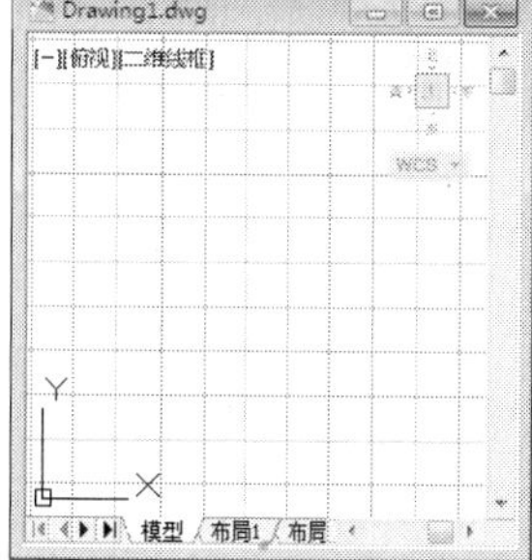

图5-2 栅格大小对比

在修改栅格X轴间距时，Y轴间距参数也会自动修改，以保持与X轴间距相一致。

捕捉模式和栅格模式可分开使用，也可配合使用。捕捉模式默认的捕捉类型是“栅格捕捉”，即定义栅格上的点；但是用户可在【草图设置】对话框中的“捕捉和栅格”选项卡中的

"捕捉类型"选项组下更改类型参数，以使在其他情况下也能使用捕捉模式来配合定位。

启用捕捉模式，设置栅格X轴、Y轴间距为200；调用L【直线】命令，绘制直线以覆盖8个水平栅格和4个垂直栅格；根据所设定的间隔尺寸，可得知水平线段的长度为1600，垂直线段的长度为800，如图5-3所示。

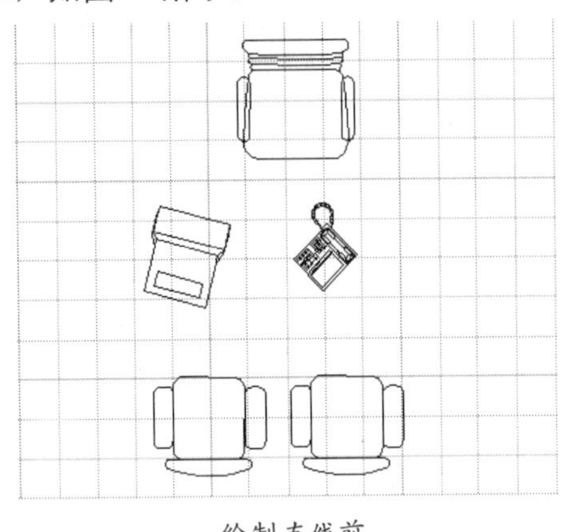
绘制直线前

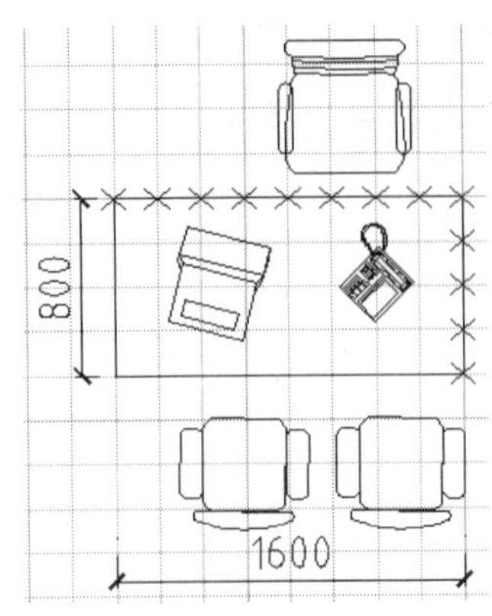

根据栅格绘制直线

图5-3 使用捕捉和栅格绘制办公桌轮廓线

5.1.2 利用正交方式绘图

开启正交模式后，可限制光标仅在水平或垂直方向上移动，以便绘制水平或垂直的线段，来创建或修改图形对象。

假如关闭正交模式，可以绘制任意角度的直线；开启正交模式之后，仅能绘制垂直方向或水平方向上的直线，如图5-4所示。

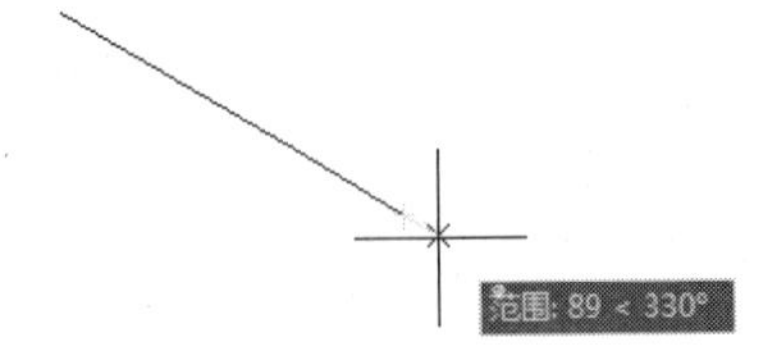

关闭正交模式

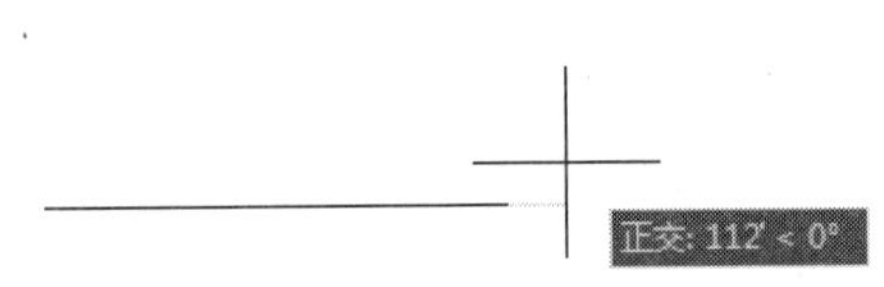

开启正交模式

图5-4 开启/关闭正交模式

开启或关闭正交模式如下所述。

★ 状态栏：单击状态栏上的"正交模式"按钮。

★ 快捷键：F8键。

★ 命令行：输入"ORTHO"命令，并按下Enter键。

值得注意的是，在绘制或编辑图形的过程中，正交模式可随时关闭或开启；在关闭或开启时，并不需要退出命令的操作。而在输入坐标或使用对象捕捉时将忽略正交。

开启正交模式，执行L【直线】命令；分别在A点、B点之间，B点、C点之间，C点、D点之间，D点、A点之间绘制水平和垂直直线，以完成浴缸外轮廓的绘制，结果如图5-5所示。

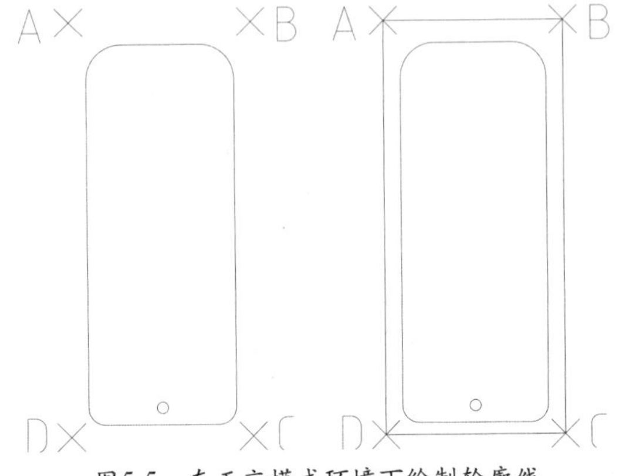

图5-5 在正交模式环境下绘制轮廓线

5.1.3 利用极轴功能绘图

打开极轴追踪，可利用所指定的极轴角度来显示极轴追踪线，如图5-6所示；使用极轴追踪线可以为绘图提供定位作用。

打开或关闭极轴功能如下所述。

★ 状态栏：单击状态栏上的“极轴追踪”按钮，或者在“极轴追踪”的按钮上单击右键，在弹出的菜单中选择“启用”选项。

★ 在【草图设置】对话框中勾选“启用极轴追踪”复选项，如图5-7所示。

★ 快捷键：按下F10键。

★ 菜单栏：执行“工具”|“绘图设置”命令，在【草图设置】对话框中启用极轴追踪模式。

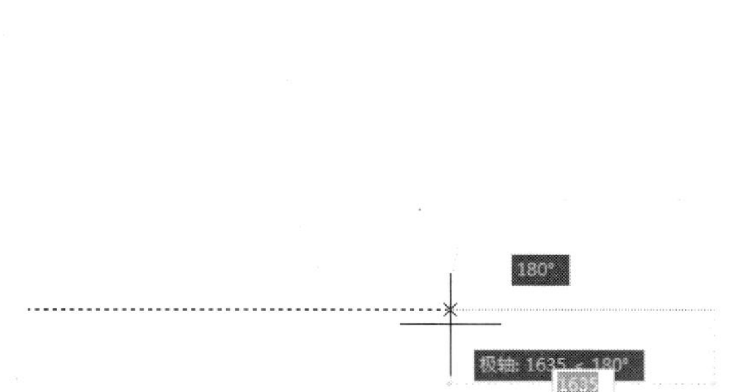

图5-6 显示极轴追踪线

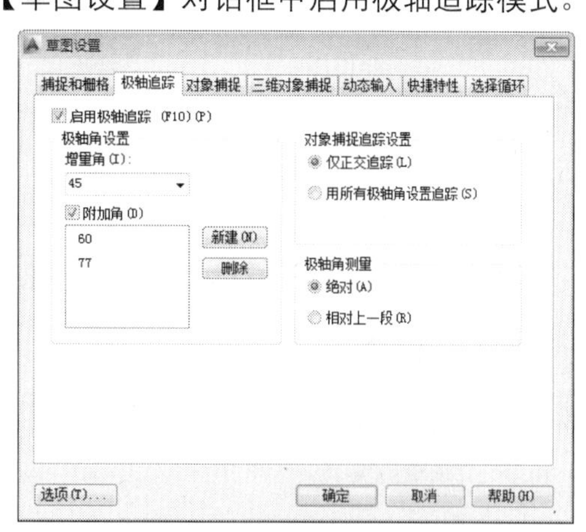

图5-7 【草图设置】对话框

在【草图设置】对话框中勾选“启用极轴追踪”复选项后，可在“增量角”列表中选择增量角。勾选“附加角”复选项，单击右侧的“新建”按钮，可自定义增量角角度。

开启极轴功能，设置极轴增量角为60°；调用L【直线】命令，以A点为直线的起点，移动鼠标，向下引出60°方向上的极轴追踪线，将鼠标移动至B点，单击左键可完成直线的绘制，如图5-8所示。

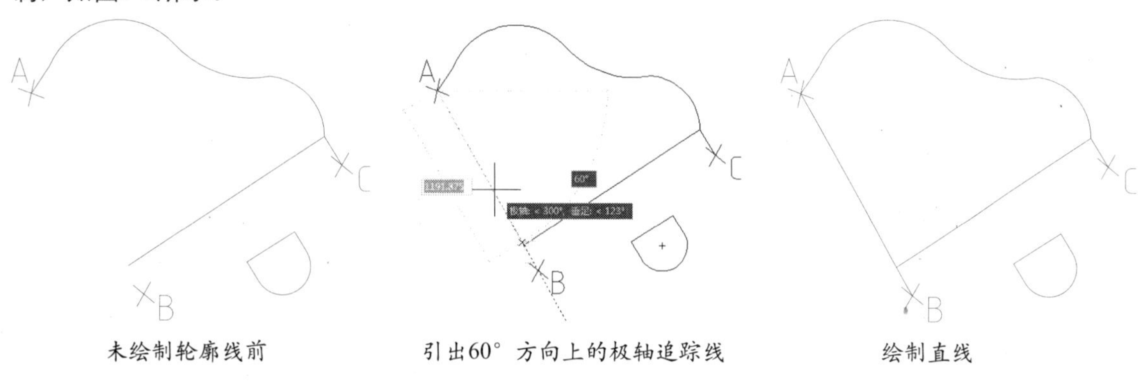

未绘制轮廓线前　　引出60°方向上的极轴追踪线　　绘制直线

图5-8 绘制60°方向的直线

调出【草图设置】对话框，在“极轴追踪”选项下勾选“附加角”复选项，单击右侧的“新建”按钮，在左边的列表中输入新增角度值32，单击“确定”按钮关闭对话框可完成设置操作。

在状态栏上的极轴追踪按钮上单击右键，在弹出的菜单中选择32，可将当前的极轴追踪角度设为32°。

以B点为起点，将光标移动到B点的32°方向，此时可显示32°方向上的极轴追踪线；在C

点单击左键，可完成钢琴轮廓线的绘制，结果如图5-9所示。

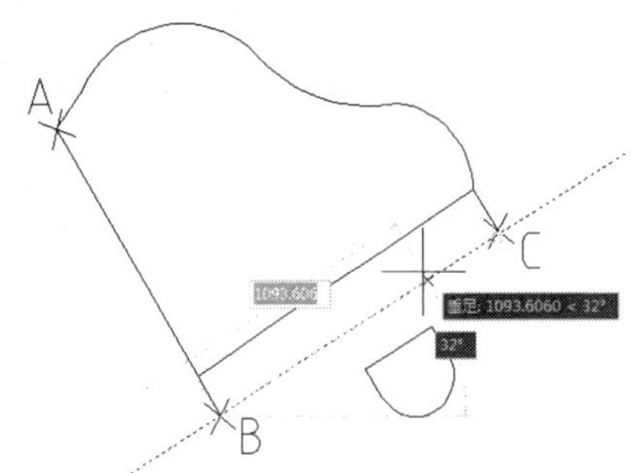

引出32° 方向上的极轴追踪线

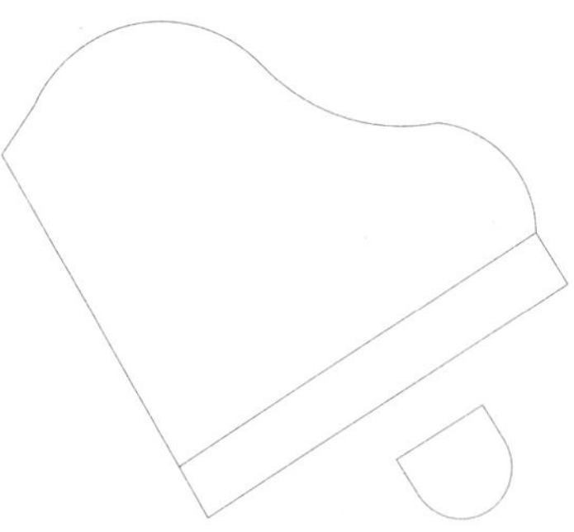
绘制钢琴轮廓线

图5-9　绘制32° 方向的直线

提示

值得注意的是，正交模式和极轴追踪不能同时启用，启用极轴追踪时正交会自动关闭。

5.1.4　利用对象捕捉功能绘图

使用对象捕捉可以精确地捕捉到图形上的某些特征点，比如捕捉到圆的圆心、切点，直线的端点、终点等。通过捕捉特征点，可解决绘图过程中的定位问题。

图5-10所示为分别使用对象捕捉功能捕捉到多段线的端点、五边形的中点及圆形的圆心。

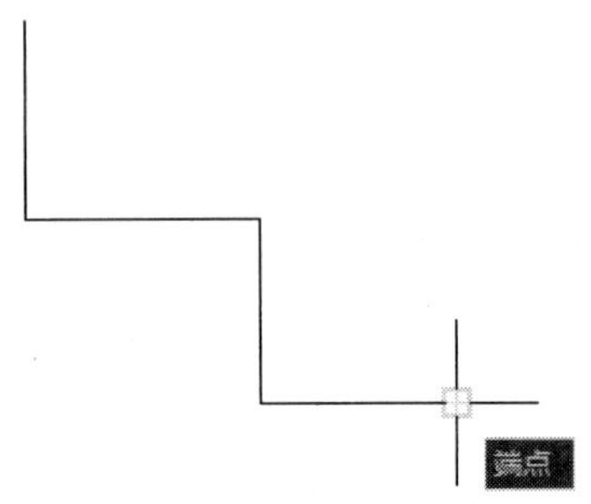

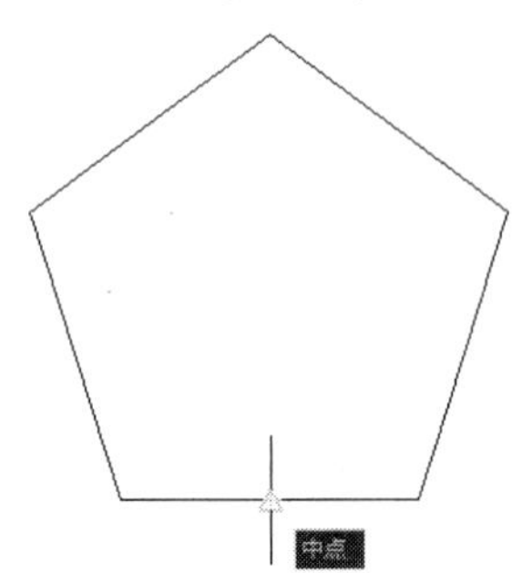

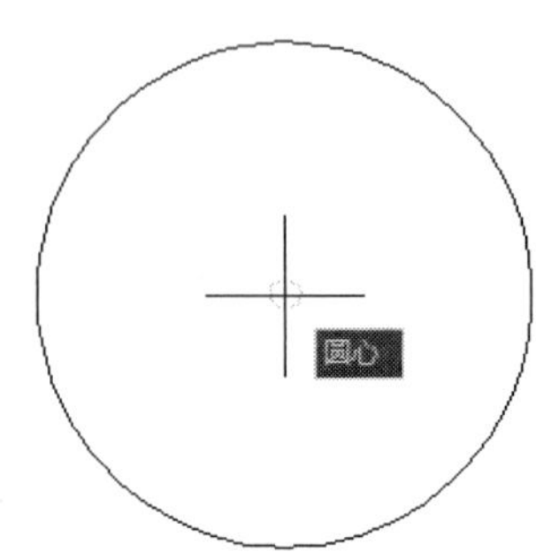

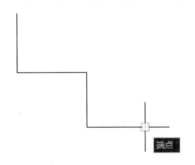

图5-10　捕捉特征点

打开或关闭对象捕捉功能如下所述。

★ 状态栏：单击状态栏上的“对象捕捉”按钮□，或者在“对象捕捉”按钮□上单击右键，在弹出菜单中选择“设置”选项，在弹出的【草图设置】对话框中勾选“启用对象捕捉”复选项。

★ 快捷键：F3键。

★ 菜单栏：执行“工具”|“绘图设置”命令，在弹出的【草图设置】对话框中启用对象捕捉。

在【草图设置】对话框中选择“对象捕捉”选项卡，如图5-11所示；在“对象捕捉模式”选项组下提供了各种类型的特征点以供选择；勾选相应的选项，可在绘图过程中捕捉到这些特征点。

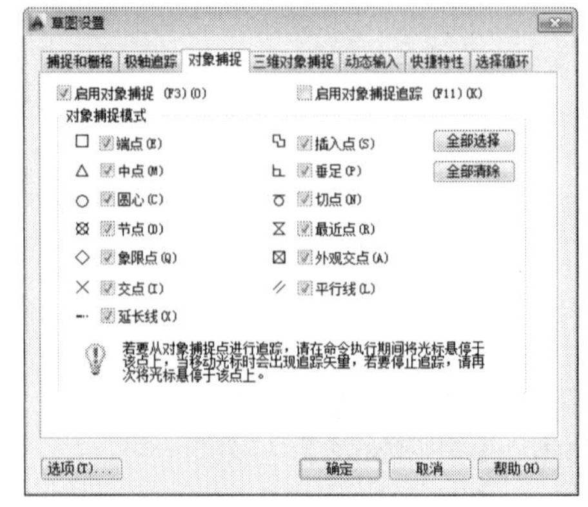

图5-11　“对象捕捉”选项卡

单击“全部选择”按钮，可全选所有选项；单击“全部清除”按钮，可取消所有选项的选择。

在任意工具栏上右击鼠标，在弹出菜单中选择“对象捕捉”选项，可弹出图5-12所示的“对象捕捉”工具栏。或者在命令行里提示指定点时，按住Shift键在绘图区中右击鼠标，可弹出图5-13所示的“对象捕捉”快捷菜单。

图5-12 “对象捕捉”工具栏

临时追踪点(K)
自(F)
两点之间的中点(T)
点过滤器(T)
三维对象捕捉(3)
端点(E)
中点(M)
交点(I)
外观交点(A)
延长线(X)
圆心(C)
象限点(Q)
切点(G)
垂直(P)
平行线(L)
节点(D)
插入点(S)
最近点(R)
无(N)
对象捕捉设置(O)...

图5-13 “对象捕捉”快捷菜单

在对象分布较为密集或者特征点分布较为密集时，在“对象捕捉”工具栏或“对象捕捉”菜单栏中选择所需的特征点，比如“端点”，可准确地在密集的特征点中捕捉到端点。

“临时追踪点”按钮：可为对象捕捉而创建一个临时点，该临时点的作用相当于使用“捕捉自”按钮时的捕捉基点，通过该点可在垂直和水平方向上追踪出一系列点来指定一点。

“捕捉自”按钮：用来基于某个基点的偏移距离来捕捉点。

假如要在直线AB的基础上绘制直线BD，D点的位置在B点的水平方向为194，垂直方向为87。则在执行L【直线】命令后，在命令行提示“指定第一个点”时，单击B点；在命令行提示“指定下一点或 [放弃(U)]”时，按住Shift键，在弹出的快捷菜单中选择“临时追踪点”选项；此时命令行提示“_tt 指定临时对象追踪点:”，单击C点；此时命令行继续提示“指定下一点或 [放弃(U)]”时，可指定临时追踪点C的水平方向上的D点作为直线的第二点，结果如图5-14、图5-15所示。

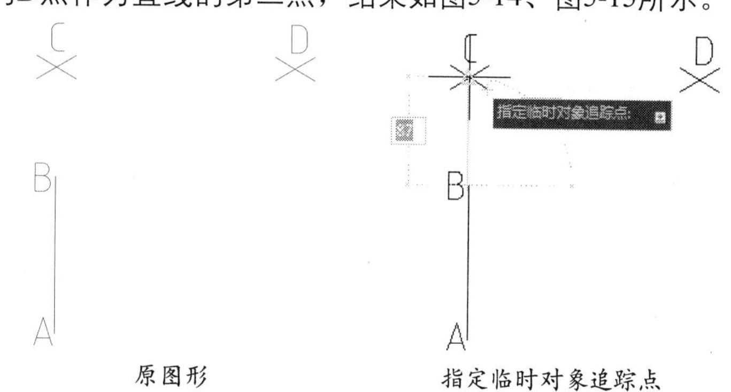

原图形　　指定临时对象追踪点

图5-14 使用“临时追踪”模式绘图

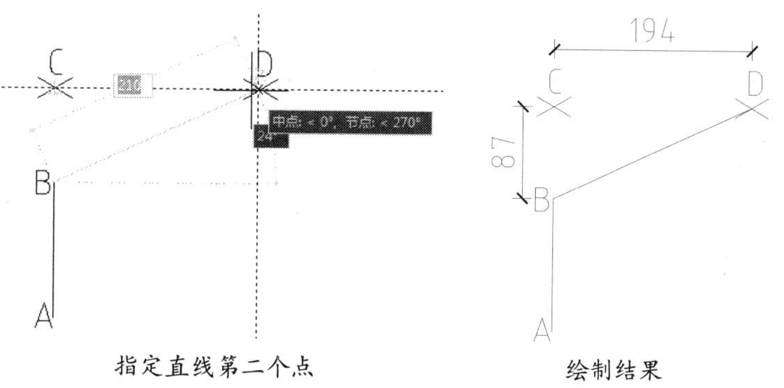

指定直线第二个点　　绘制结果

图5-15 使用“临时追踪”模式绘图

5.1.5 利用对象捕捉追踪绘图

对象捕捉追踪又称为自动追踪，与对象捕捉功能或极轴追踪模式一起配合使用。使用该功能在绘图区中指定点时，光标可沿着基于其他对象捕捉点的对齐路径进行追踪。

打开或关闭对象捕捉追踪如下所述。

★ 状态栏：单击状态栏上的“对象捕捉追踪”按钮∠，或者在“对象捕捉追踪”按钮∠上单击右键，在弹出菜单中选择“设置”选项，在弹出的【草图设置】对话框中勾选“启用对象捕捉追踪”复选项。

★ 快捷键：F11键。

★ 菜单栏：执行“工具”|“绘图设置”命令，在弹出的【草图设置】对话框中启用对象捕捉追踪。

启用对象捕捉追踪，可以在没有绘制辅助线的情况下定位图形的位置。

调用C【圆】命令，将光标移动至五边形的其中一条边的中点上，但无需单击该特征点指定对象；将光标置于特征点上停留几秒，待光标显示特征点的对象捕捉标记后；将鼠标移动至另一边的中点上，同样等待光标显示特征点的对象捕捉标记，如图5-16所示。

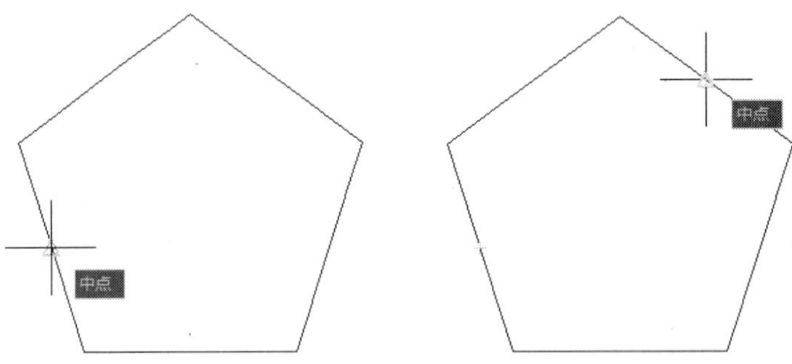

图5-16 指定中点

此时移动鼠标至五边形的中间位置，即可显示连接到两个特征点的对象捕捉追踪线，如图5-17所示。在虚线的交点单击左键以指定圆心的位置，输入半径值，按下Enter键即可创建圆形，且圆形距各边的距离相等，如图5-18所示。

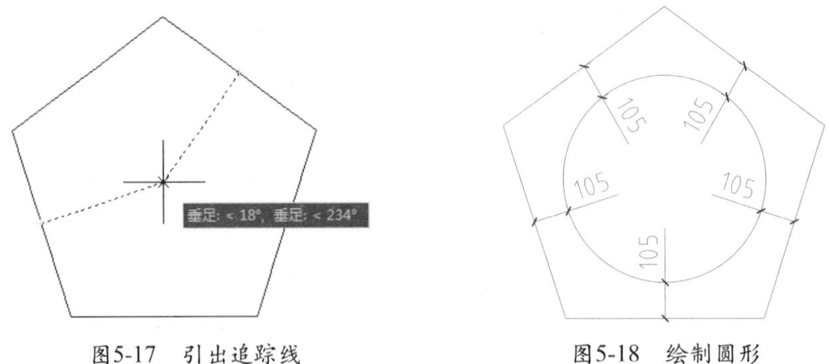

图5-17 引出追踪线　　图5-18 绘制圆形

5.1.6 实战——绘制地砖

地砖是一种地面装饰材料，也叫地板砖。使用黏土烧制而成，规格多种；质地坚硬、耐压耐磨，能防潮；有的经上釉处理，具有装饰作用；多用于公共建筑和民用建筑的地面和楼面。

图5-19所示为室内地砖的铺贴效果。

图5-19 室内地砖的铺贴效果

本节介绍使用辅助绘图功能及矩形阵列命令来绘制地砖铺贴的操作方法。

01 按下Ctrl+O快捷键，打开配套光盘提供的“第5章/ 5.1.6 绘制地砖.dwg”文件。

02 执行“工具”|“绘图设置”命令，在【草图设置】对话框中选择“捕捉和栅格”选项卡；勾选“启用捕捉”复选项，设置其下的“捕捉X、Y轴间距”为800；勾选“启用栅格”复选项，设置“捕捉X、Y轴间距”为800，如图5-20所示。

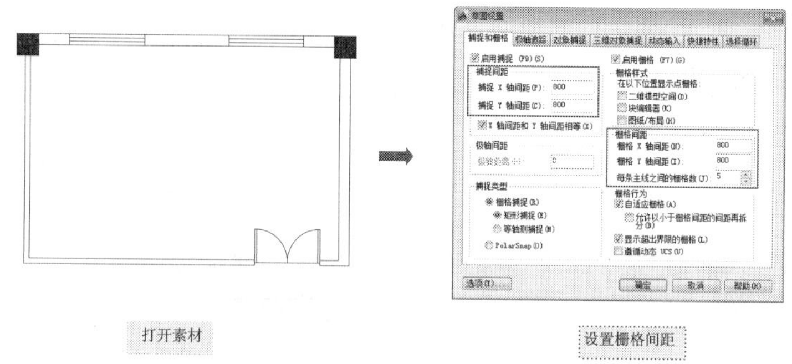

图5-20 设置栅格间距

03 调用REC【矩形】命令，在捕捉模式下点取矩形的起点；单击左键，移动鼠标至右下角，捕捉另一个角点，如图5-21所示。

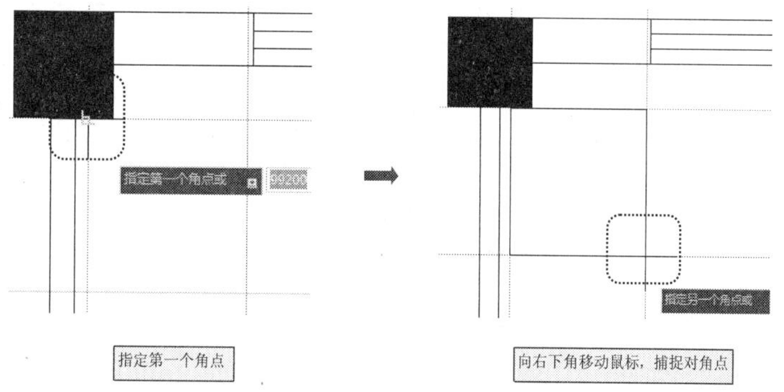

图5-21 捕捉矩形对角点

04 单击左键可完成地砖外轮廓线的绘制。

05 按下F9键关闭“捕捉”功能。

06 调用L【直线】命令，在矩形边上捕捉中点，如图5-22所示。

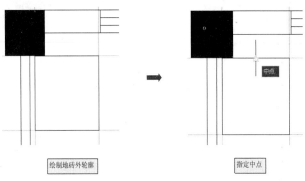

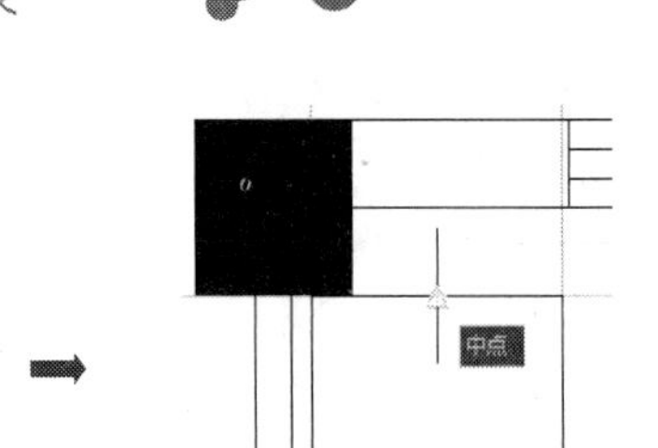

图5-22 捕捉矩形边中点

07 移动鼠标，分别捕捉矩形各边中点，如图5-23所示。

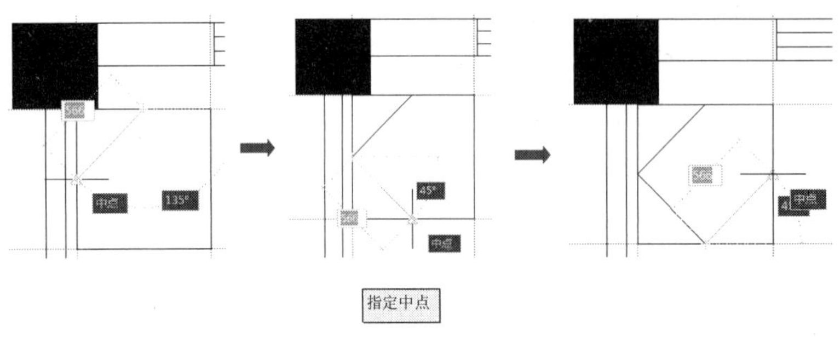

图5-23 捕捉矩形边中点

08 最后捕捉第一条中点连线的端点，单击左键可完成地砖内装饰轮廓线的绘制，结果如图5-24所示。

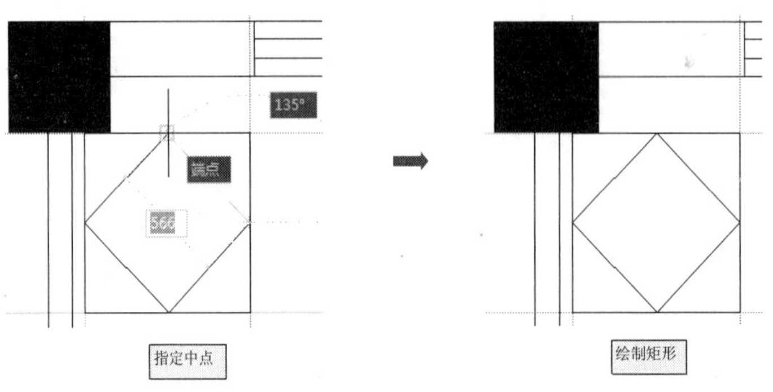

图5-24 绘制地砖内装饰轮廓线

09 调用REC【矩形】命令，继续捕捉各线段的中点来确定矩形的角点位置，继续绘制内装饰轮廓线；单击“修改”工具栏上的“矩形阵列”按钮，选择地砖内外轮廓线；设置列数为9，列距为800；设置行数为6，行距为-800，对图形执行“矩形阵列”操作，结果如图5-25所示。

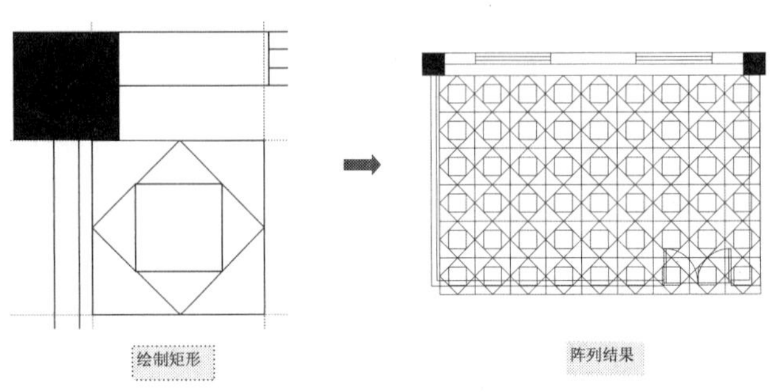

图5-25 阵列结果

10 调用X【分解】命令，分解阵列图形；调用TR【修剪】命令，修剪图形，即可完成地砖铺贴的绘制，结果如图5-26所示。

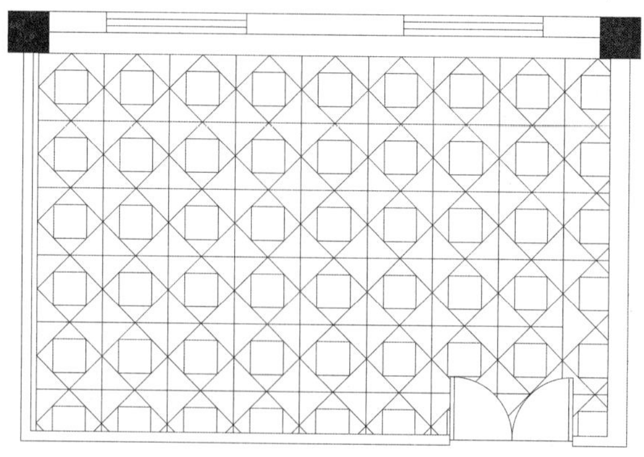

图5-26 修剪图形

5.2 使用图块绘图

块是组织对象的工具，是多个图形对象的组合。使用块可提高绘制重复图形的效率，减少重复工作。比如需要在图形中的不同位置绘制相同的图形，只要将该图形创建成块，即可在不同的位置插入。

使用“复制”命令也可在多个位置绘制重复图形，但是每次复制图形时都需要在插入位置保存图形的信息；而使用块则仅需要保存一次图形信息即可，此举可减少系统的内容空间，达到节省资源的效果。

在创建完成块后，可将文字属性附着于图块之上，然后在下次提取图块时，便可连同文字属性一并提取。

5.2.1 创建图块

使用“创建块”命令，可将选中的图形对象创建成块。

1. 执行方式

★ 菜单栏：执行“绘图”|“块”|“创建”命令。

★ 工具栏：单击“绘图”工具栏上的“创建块”按钮。

★ 命令行：在命令行中输入“BLOCK/B”命令，并按下Enter键。

★ 功能区：单击“块定义”面板上的“创建块”按钮。

2. 操作步骤

调用“创建块”命令，命令行提示如下：

```
命令：BLOCK1
```

执行命令后，系统弹出图5-27所示的【块定义】对话框。

```
选择对象：指定对角点：找到 48 个        //单击"对象"选项组下的"选择对象"按钮，框选待写块的图形，如图5-28所示
指定插入基点：                          //按下Enter键返回【块定义】对话框，单击"基点"选项组下的"拾取点"按钮，拾取选中图形的左下角点为插入基点
```

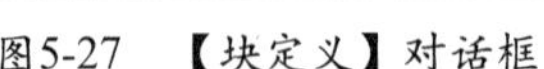
图5-27 【块定义】对话框

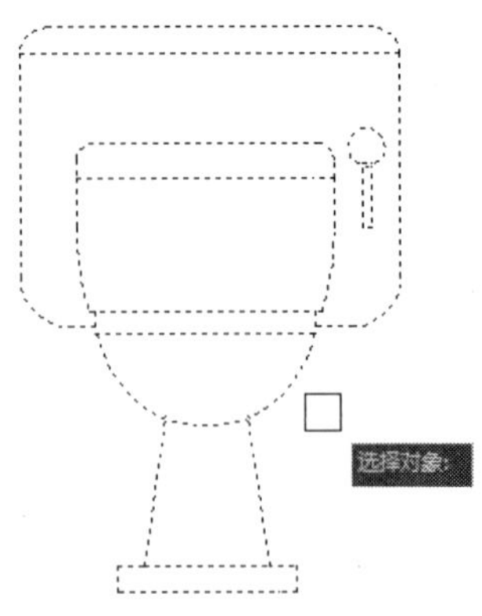

图5-28 框选待写块的图形

按下Enter键返回【块定义】对话框，在“名称”列表框中设置图块的名称，如图5-29所示；单击“确定”按钮关闭对话框，即可完成写块操作，如图5-30所示。

图5-29 设置图块的名称

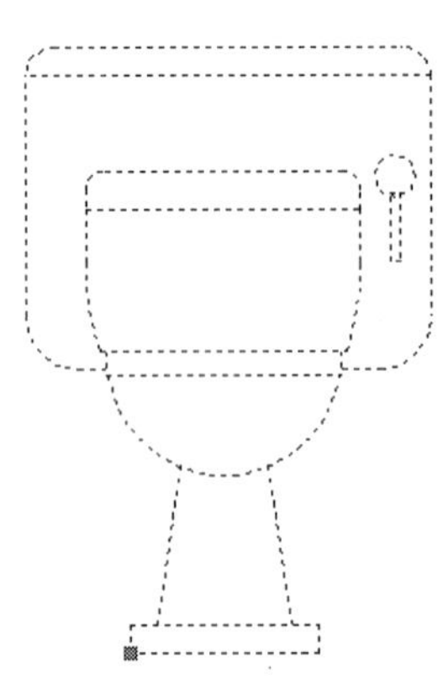

图5-30 写块操作结果

【块定义】对话框中各选项含义介绍如下所述。

★ “名称”列表框：用来设置图块的名称，单击右侧的向下箭头，在弹出的列表中显示了已创建的图块名称。

★ “基点”选项组：用来设置图块的插入基点。勾选“在屏幕上指定”复选项，在关闭对话框后命令行提示用户指定基点位置。单击“拾取点”按钮，可自定义基点的位置，也可在X、Y、Z文本框中输入坐标值来确定基点的位置。

★ “对象”选项组：用来选择新块中将包含的对象。

◆ 在屏幕上指定：选择该项，关闭对话框后提示用户选择对象。

◆ “选择对象”按钮：单击按钮在绘图区中选择待写块的图像对象。

◆ ”快速选择”按钮：单击按钮，弹出【快速选择】对话框，在其中可快速定义选择集并指定对象。

◆ 保留：选择该项，在写块后，可将选定对象不转换为块，保留为原始图形。

◆ 转换为块：选择该项，在写块后，可将选定对象转换成块。

◆ 删除：选择该项，在写块后，可从图形中删除选定对象。

★ “方式”选项组介绍如下。

◆ 注释性：勾选该项，可将块定义为注释性对象。

◆ 使块方向与布局匹配：勾选“注释性”复选项，该项被激活。选择该项，表示使布局空间视口中的块参照方向与布局的方向匹配。

◆ 按统一比例缩放：勾选该项，可使块按照统一的比例来缩放。

◆ 允许分解：勾选该项，在插入块，可调用X【分解】命令对图块执行分解操作。

★ “设置”选项组介绍如下。

◆ “块单位”下拉列表框：在列表中显示了可供选用的块插入单位。

◆ “超链接”按钮：单击按钮，弹出【插入超链接】对话框，在其中可将某个超链接与块相关联。

5.2.2 写块

使用“写块”命令，可以将选定对象保存到指定的图形文件或将块转换为指定的图形文件。

在AutoCAD绘图区中框选待执行“写块”操作的图形文件，在命令行中输入“WBLOCK/W”命令，并按下Enter键，系统弹出图5-31所示的【写块】对话框；单击“文件名和路径”选择框右侧的“矩形”按钮，弹出图5-32所示的【浏览图形文件】对话框，在其中可以设置图形文件的存储路径及存储名称。

图5-31 【写块】对话框

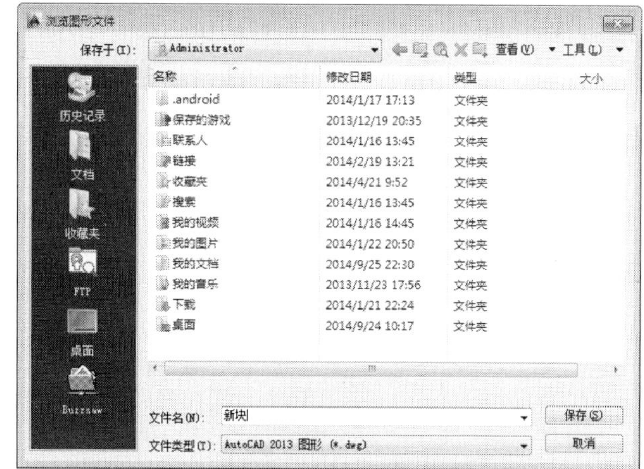

图5-32 【浏览图形文件】对话框

名称及存储路径设置完成后，单击“确定”按钮，关闭【浏览图形文件】对话框，在【写块】对话框中单击“确定”按钮，可以在软件界面的左上角预览写块效果，待对话框关闭可完成写块操作。

打开存储图形文件的文件夹，双击文件图标，可以打开文件。

5.2.3 插入图块

使用“插入块”命令，可在当前的图形中插入块或者图形。

1. 执行方式

★ 菜单栏：执行“插入”|“块”命令。

★ 工具栏：单击“绘图”工具栏上的“插入块”按钮。

★ 命令行：在命令行中输入“INSERT/I”命令，并按下Enter键。

★ 功能区：单击“块”面板上的“插入块”按钮。

2. 操作步骤

调用“插入块”命令，命令行提示如下：

```
命令：INSERTl
```

执行命令后，弹出【插入】对话框，在“名称”列表框中选择待插入的图块名称，如图5-33所示。

图5-33 【插入】对话框

指定插入点或 [基点(B)/比例(S)/旋转(R)]:	//单击"确定"按钮，在绘图区中指定插入点，即可完成图块的插入操作，如图5-34所示

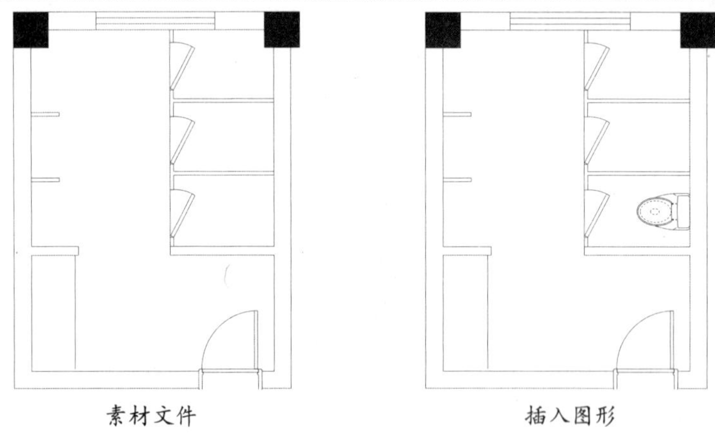

图5-34 插入图块

命令行中各选项含义如下。

★ 基点(B)：输入B，选择该项；命令行提示“指定基点”，此时可在图块上重新指定插入基点。

★ 比例(S)：输入S，选择该项；命令行分别提示“指定 XYZ 轴的比例因子 <1>: 0.5”、“指定插入点或 [基点(B)/比例(S)/旋转(R)]:”；指定比例因子可更改图块的比例，如图5-35所示。

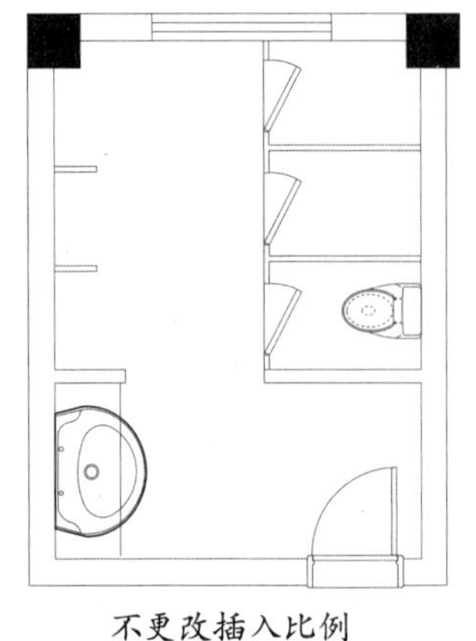

不更改插入比例

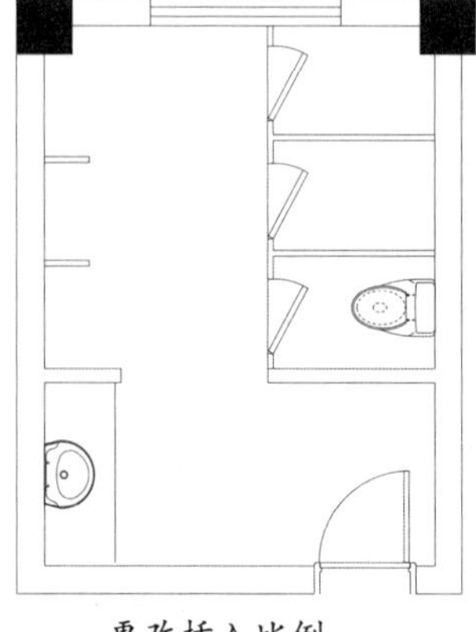

更改插入比例

图5-35 更改比例因子

★ 旋转(R)：输入R，选择该项；命令行提示“指定旋转角度 <0>: -90”，指定旋转参数可更改图块的角度，如图5-36所示。

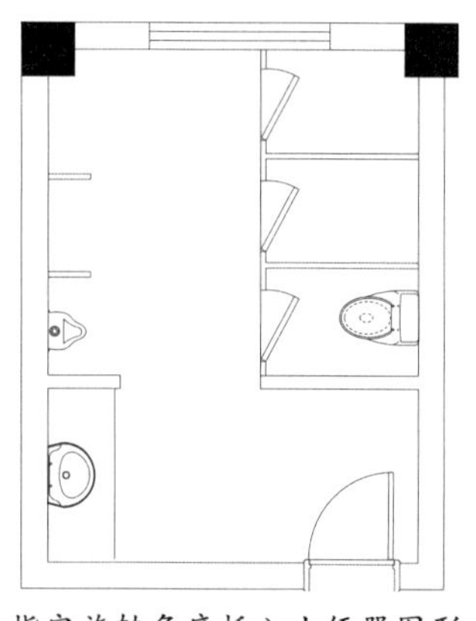

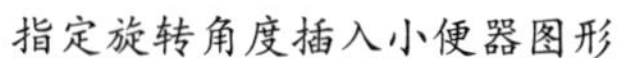

指定旋转角度插入小便器图形

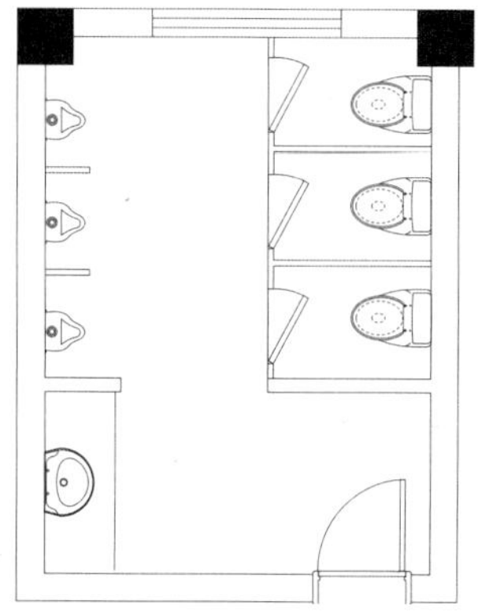

重复插入操作

图5-36 更改旋转角度

5.2.4 编辑图块

使用“块编辑器”命令，对于已插入的图块，可以在不分解的情况下进行编辑修改。

1. 执行方式

★ 菜单栏：执行“工具”|“块编辑器”命令。

★ 工具栏：单击“标准”工具栏上的“块编辑器”按钮。

★ 命令行：在命令行中输入“BEDIT /BE”命令，并按下Enter键。

★ 功能区：单击“块”面板上的“块编辑器”按钮。

2. 操作步骤

调用“块编辑器”命令，命令行提示如下：

```
命令：BEDIT1
```

执行命令后，弹出图5-37所示的【编辑块定义】对话框。在其中显示了图形中所有的图块，单击选中待编辑的图块，单击“确定”按钮，即可进入块编辑器，如图5-38所示。

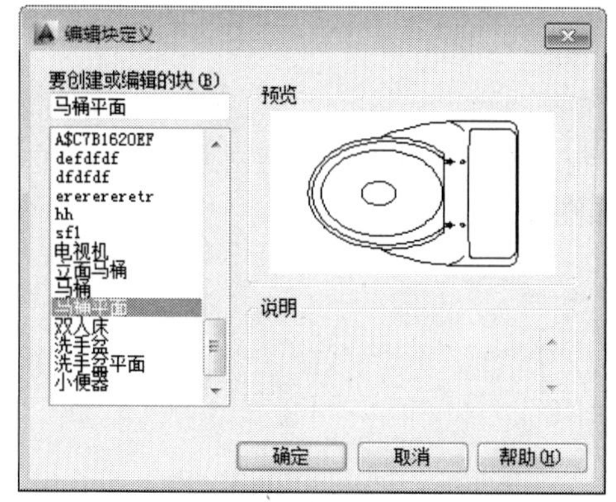

图5-37 【编辑块定义】对话框

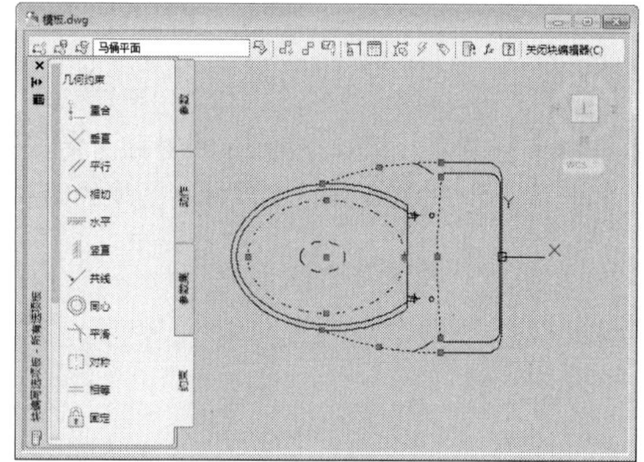

图5-38 块编辑器

图块在块编辑器总显示各个组成块的单独对象，可选中各单独对象进行编辑。此外，块的基点在块编辑器中显示为坐标原点，单击界面上方的工具栏按钮，可执行“编辑或创建块定义”或“保存块定义”等操作。

位于界面左侧的块编辑器选项板一共有4个类型，分别是“约束”、“参数集”、“动

作”、“参数”，如图5-39所示，专门用来创建动态块。

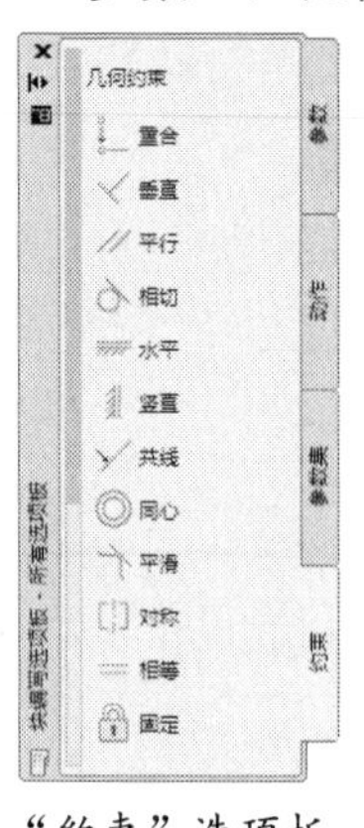

“约束”选项板

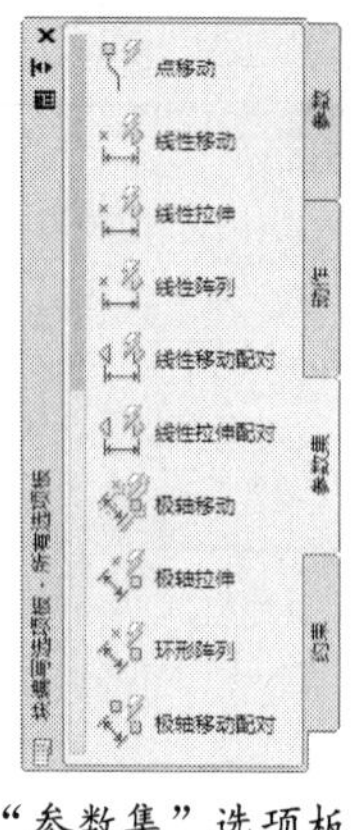

“参数集”选项板

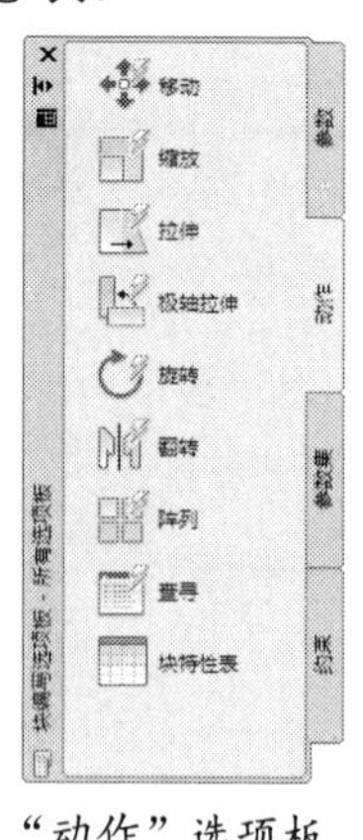

“动作”选项板

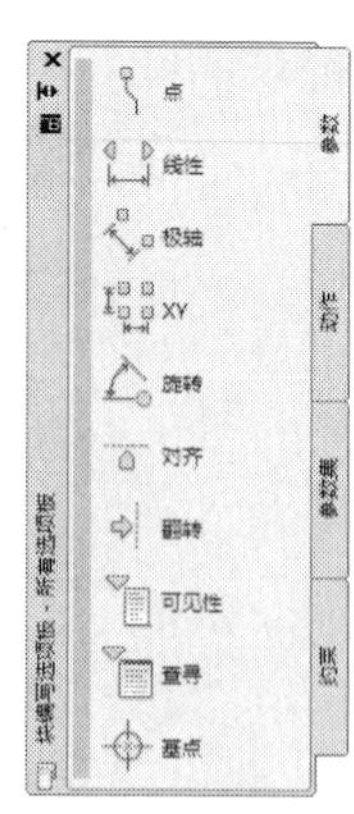

“参数”选项板

图5-39 块编辑器选项板

5.2.5 实战——绘制标高图块

在绘制建筑平面图、立面图及剖面图等图形时，都会需要绘制标高标注，以表明建筑物的相对标高或绝对标高。因为不同的建筑部位的标高是不相同的，因此在绘制标注标高时，应该实时修改标高参数值。

标高属性块上附着了标高标注文字，可以实时修改标高文字，又能保持图块的整体性。本节介绍标高属性块的创建方法。

01 调用L【直线】命令，绘制尺寸为1825的水平直线；按下Enter键重复调用L【直线】命令，单击拾取A点，向右下角移动光标，在45°方向引出极轴追踪线，如图5-40所示。

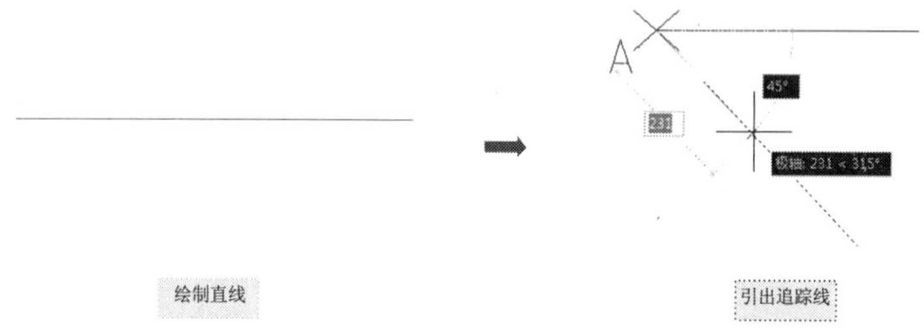

图5-40 引出极轴追踪线

02 在命令行中输入500，按下Enter键即可完成直线的绘制；重复操作，继续绘制另一45°方向上的长度为500的短斜线，完成标高图块的绘制，结果如图5-41所示。

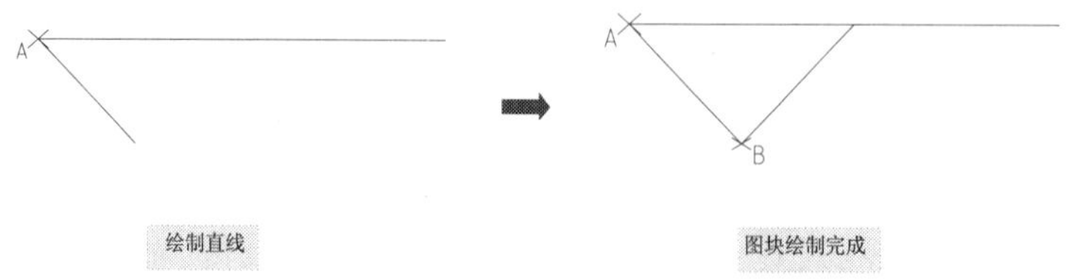

图5-41 绘制标高图块

03 执行“绘图”|“块”|“定义属性”命令，弹出【属性定义】对话框；在“属性”卷展栏下设置“标记”选项、“默认”选项值为0.000，“提示”选项值为“请输入标高参数”；单击“确定”按钮，将文字属性置于标高图块之上，结果如图5-42所示。

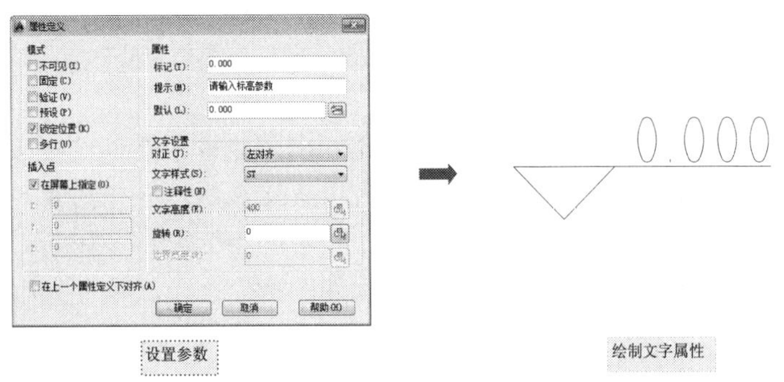

图5-42　创建文字属性

04 选择标高图块及文字属性，调用B【创建块】命令，在【块定义】对话框中设置图块的名称为“标高”；单击“确定”按钮，系统弹出【编辑属性】对话框，如图5-43所示，保持默认值即可；单击“确定”按钮关闭对话框，完成标高属性块的创建。

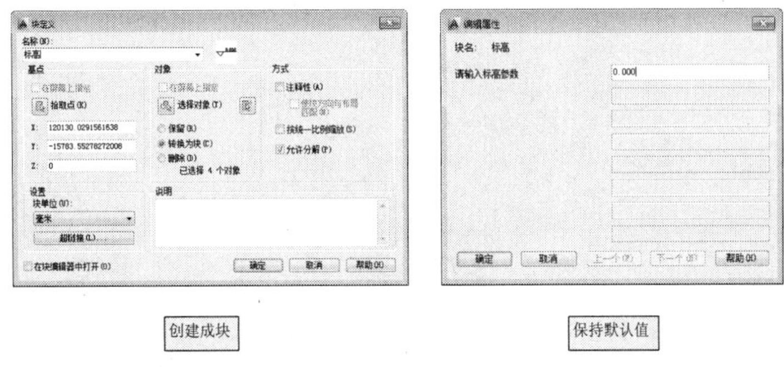

图5-43　创建标高属性块

05 双击标高属性块，系统弹出【增强属性编辑器】对话框；在“属性”选项卡中可更改标高参数值，在“文字选项”选项卡中可更改文字属性的参数，包括文字样式、对正方式及高度等，如图5-44所示。

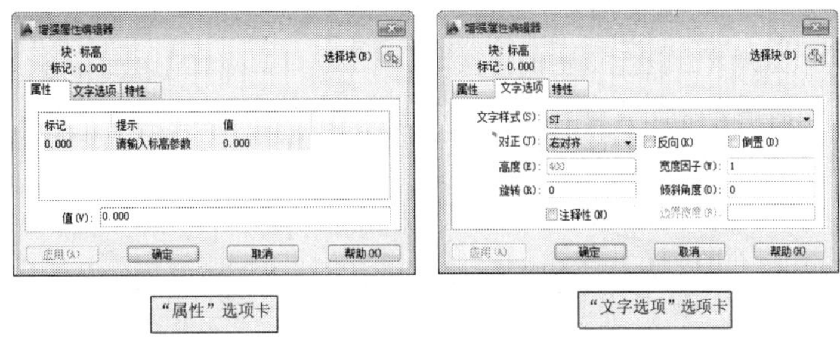

图5-44　【增强属性编辑器】对话框

06 在“特性”选项卡中可更改属性块的图层属性、线型属性等参数，如图5-45所示，单击“确定”按钮关闭对话框，可完成属性块的更改。

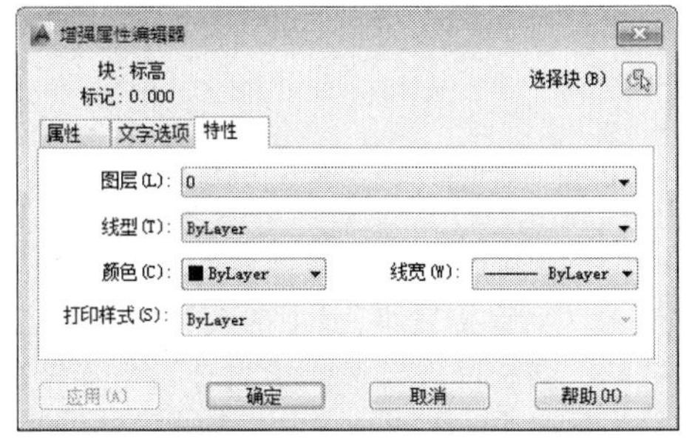

图5-45　“特性”选项卡

5.3 综合实战

本节通过布置办公室的实例，温习本章所学的使用图块绘图的知识。被创建成块的图形会保存于系统之中，在下次绘图时可直接调用。假如需要对图块执行角度、大小等的调整，可以在【插入】对话框中进行修改，也可直接在命令行中修改。

窗户图形是在绘制建筑平面图时常用到的建筑构件图形之一，其尺寸大小也多种多样。因此，创建窗户属性块，可方便在绘图时调用或修改图形属性。

5.3.1 布置办公室

办公室是处理一种特定事务的地方或提供服务的地方。它提供工作办公的场所，不同类型的企业，办公场所有所不同；由办公设备，办公人员及其他辅助设备组成。办公室还可以指一种机构，如区委办公室、区政府办公室、党校办公室等，是一个单位对外的窗口、对内协助领导工作的机关。

图5-46所示为办公室的布置效果。

图5-46 办公室的布置效果

本节介绍布置办公室平面图的操作方法。

01 按下Ctrl+O快捷键，打开配套光盘提供的“第5章/ 5.3.1 布置办公室.dwg”文件。

02 调用I【插入】命令，在弹出的【插入】对话框中选择“资料柜”图形，设置“旋转角度”为90°，如图5-47所示。

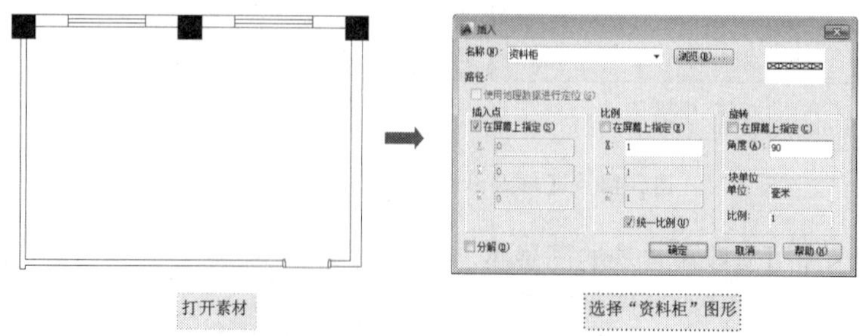

图5-47 选择“资料柜”图形

03 单击“确定”按钮，在绘图区中点取图形的插入点，即可完成资料柜的插入。

04 按下Enter键重复调用I【插入】命令，继续往办公室平面图中调入其他图块，比如办公桌椅、平开门、组合沙发等，完成办公室平面图的布置，效果如图5-48所示。

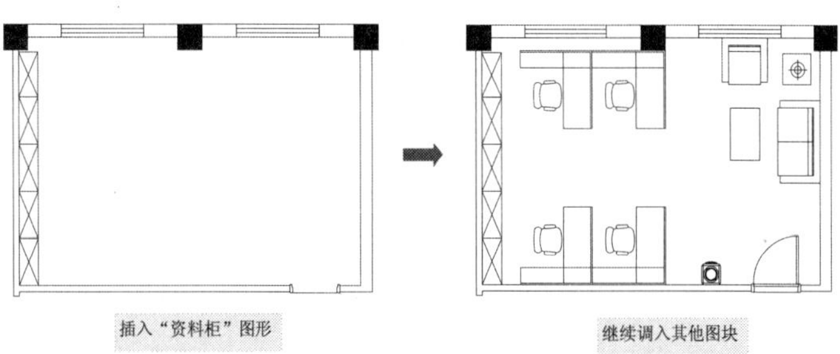

图5-48 布置办公室平面图

5.3.2 创建窗户属性块

窗户属性块中包含图形信息及非图形信息。图形信息指窗户图形，非图形信息指文字信息、尺寸信息等。本节介绍窗属性块的绘制，其中所附着的非图形信息是窗的尺寸信息，即宽×高。

01 执行【格式】|【多线样式】命令，系统弹出【多线样式】对话框；在其中单击“新建”按钮，在【创建新的多线样式】对话框中设置“新样式名”为“平开窗”，如图5-49所示。

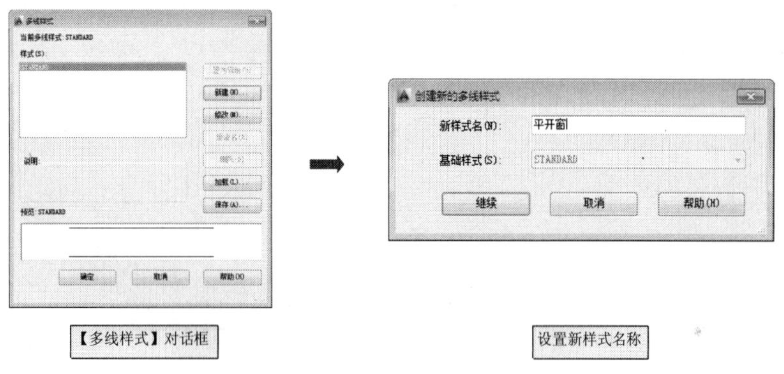

图5-49 新建多线样式

02 在对话框中单击“继续”按钮，在【新建多线样式：平开窗】对话框中的“图元”选项组下设置“偏移”参数；单击“确定”按钮返回【多线样式】对话框，将“平开窗”样式置为当前正在使用的多线样式。

03 调用ML【多线】命令，在命令行提示“指定起点或 [对正(J)/比例(S)/样式(ST)]”时，输入S，选择“比例(S)”选项，设置比例为1；在绘图区中单击多线的起点，输入距下一点的距离参数为2000，按Enter键即可完成多线的绘制，结果如图5-50所示。

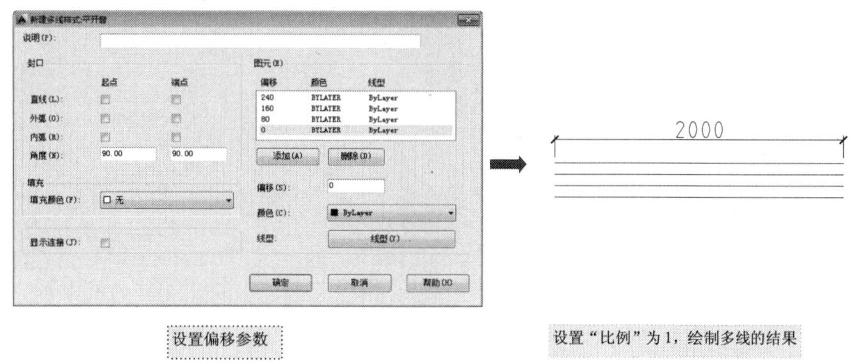

2000
设置偏移参数
设置“比例”为1，绘制多线的结果

图5-50 绘制多线

04 调用L【直线】命令，在多线的两端绘制闭合直线，以完成平开窗图形的绘制。

05 执行“绘图”|“块”|“定义属性”命令，在弹出的【属性定义】对话框中设置“属性”选项组参数值，如图5-51所示。

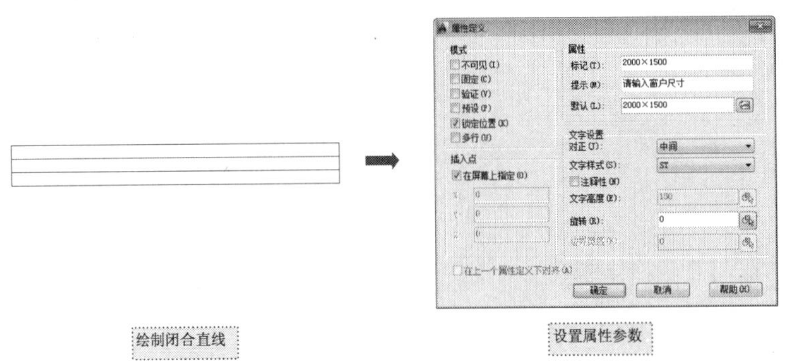

图5-51 设置属性参数

06 单击“确定”按钮，将文字属性置于平开窗图块之上，即可完成图块文字属性的创建。

07 选择窗图块及文字属性，执行B【创建块】命令，将图形创建成块，即可完成窗户属性块的创建，如图5-52所示。

图5-52 窗户属性块

第6章 使用图层管理图形

在AutoCAD 2014中，可使用“图层”工具将图形对象按照功能来编组，对每组对象可以设置相同的属性，比如线型、线宽、颜色等，修改图层属性会相应地影响位于该图层之上的各种图形对象的属性。

本章介绍使用图层管理图形的操作方法。

6.1 创建图层

AutoCAD在空白文件中默认新建一个名称为0的图层，该图层不可删除；在未创建其他图层之前，所有绘制的图形都位于该图层之上。用户可根据绘图需要来创建各种图层，并相应地更改图层名称或属性。

本节介绍创建图层、设置图层属性的知识。

6.1.1 认识图层

AutoCAD图层相当于一张张透明的图纸，整个AutoCAD文档就是由若干透明图纸上下叠加的结果，如图6-1所示。绘图员可依据所绘图形的种类，将图形对象分类组织到不同的图层中。位于同一个图层之中的图形对象的外观属性相同，例如线型、线宽、颜色等。

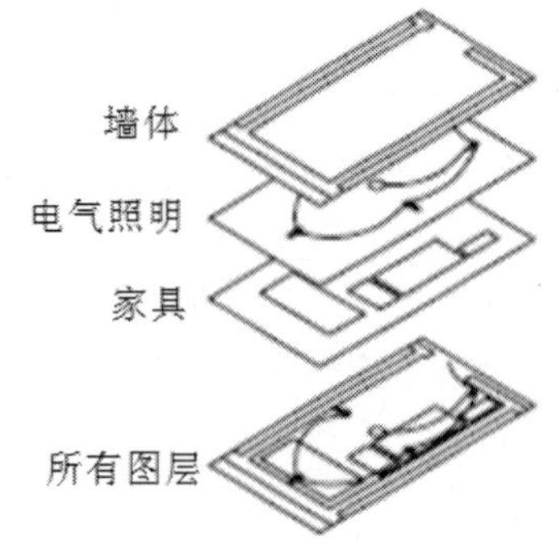

图6-1 图层原理解析

使用图层来管理图形的优点如下所述。

（1）图层结构可帮助制图人员阅读并修改AutoCAD图形文档，方便不同工种的制图人员将不同类型的数据组织到相应的图层中去，最后归纳整理进行打印输出。

（2）在阅读图形文档时，可关闭一些不必要的图层，以减少屏幕上的图形数量，方便查看图形。

（3）在修改图形时，可暂时关闭或者冻结其他图层，仅显示需要修改图形所在的图层。

（4）有很多图形都具有共同的属性，假如系统逐个记录这些属性会增加内存，减缓软件的运行。但是按照图层来组织图形数据的话，可减少数据的冗余，压缩图形文件的数据量，从而提高系统的处理效率。

6.1.2 图层特性管理器

在AutoCAD中创建图层主要通过【图层特性管理器】对话框来完成，打开该对话框的方式有如下几种。

★ 菜单栏：执行“格式”|“图层”命令。
★ 工具栏：单击“图层”工具栏上的“图层特性管理器”按钮。
★ 命令行：在命令行中输入“LAYER/LA”命令，并按下Enter键。
★ 功能区：单击“图层”面板上的“图层特性”按钮。

执行上述任意操作，可打开图6-2所示的【图层特性管理器】对话框。

【图层特性管理器】对话框中各功能按钮含义如下所述。

★ “新建特性过滤器”按钮：单击按钮，系统弹出【图层过滤器特性】对话框，在其中可以根据图层的一个或多个特性创建图层过滤器。
★ “新建组过滤器”按钮：单击按钮，可创建图层过滤器，在其中显示选择并添加到该过滤器的图层。
★ “图层状态管理器”按钮：单击按钮，系统弹出【图层状态管理器】对话框，在其中可将图层的当前特性设置保存到一个命名图层状态中，在以后的绘图工作中可以恢复这些设置。
★ “新建图层”按钮：单击按钮，可创建名称为“图层X”的新图层。
★ “新建冻结图层”按钮：单击按钮，可创建新图层，并在所有现有布局视口中将其冻结。
★ “删除图层”按钮：单击按钮，可删除选中的图层，0图层除外。

★ “置为当前”按钮✔：单击按钮，可将选中的图层置为当前正在使用的图层，当前图层不可删除。

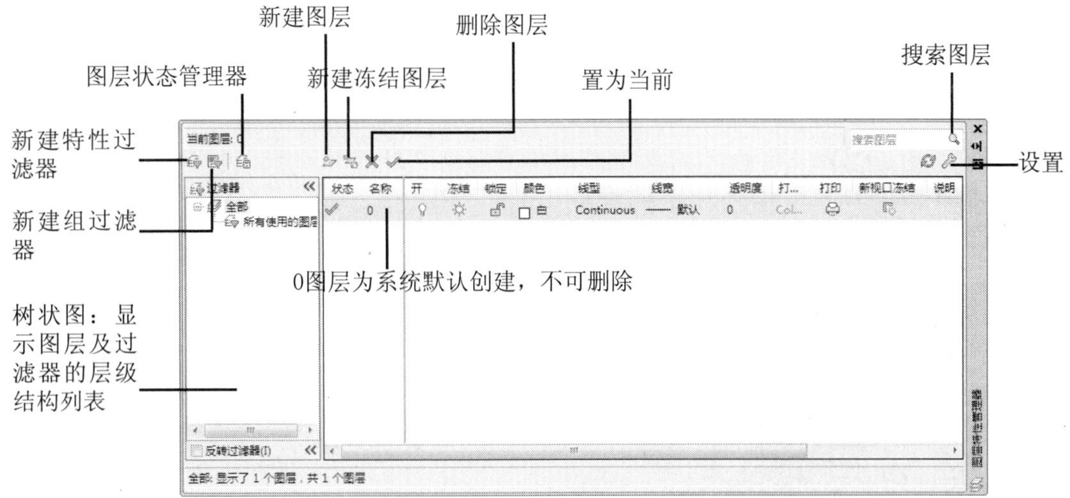

图6-2 【图层特性管理器】对话框

★ “搜索图层”文本框：在文本框内输入图层名称，单击右侧的搜索按钮，可按照图层名称来搜索匹配图层，搜索结果显示在图层列表中。

★ 左侧树状图窗格：在其中显示图形中图层及过滤器的层次结构列表。

★ 右侧的列表视图窗格：显示图层和图层过滤器和及其结构特性、说明。

★ “设置”按钮🔧：单击按钮，系统弹出【图层设置】对话框；其中包含3个选项组，分别是“新图层通知”、“隔离图层设置”、“对话框设置”，可对选项组下各选项进行设置。

6.1.3 创建图层

在绘制建筑施工图纸时，用户可以为各种不同的图形对象创建图层，比如轴线、墙体等。为各图层指定特性，可以使位于该图层上的对象与其他对象相区别。通过将图形对象组织到图层中，可以控制图层上对象的可见性、对象的特性等，并对图形进行快速的更改。

调出【图层特性管理器】对话框，单击“新建图层”按钮，可创建一个新图层。新图层以“图层1”命名，显示于图层列表中。“图层1”除了名称与0图层不相同之外，其颜色、线型等均与0图层相一致，如图6-3所示。

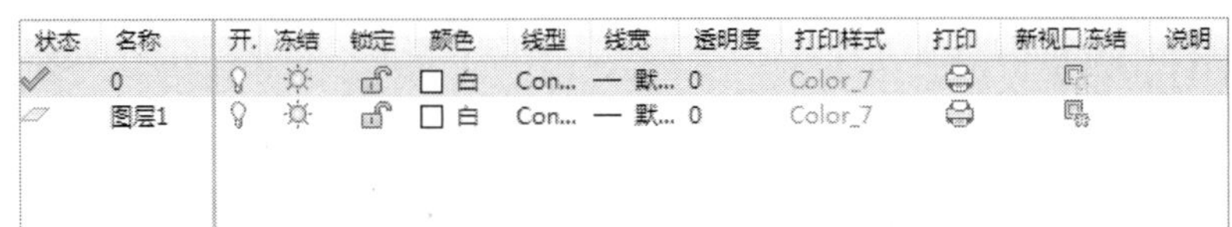

图6-3 创建图层

图层创建完成后，应对其各属性进行修改，以区分位于该图层上的图形对象，提高图纸的可识别性。图层的名称、颜色、线型、线宽是图层4个基本属性，本节介绍设置这4个基本属性的操作方法。

1. 图层名称

图层名称是图层的标志，在默认状态下，新建图层名称为“图层X”（X=1、2、3、4……）。图层名称应由图层定义的功能、用途及行业标准规定来命名。可以在图层名称前使用共同的前缀来命名相关图形的图层，这样可以在图层过滤器中使用前缀名称来快速查找指定的图层。

选择待重命名的图层，按下F2键；或者在图层上单击右键，在右键菜单中选择“重命名图层”命令，可以使图层名称转化为可编辑状态，此时可键入图层名称，比如“轴线”。

2. 图层颜色

单击“颜色”列下的图标，系统弹出【选择颜色】对话框，如图6-4所示，在其中可为图层指定颜色。

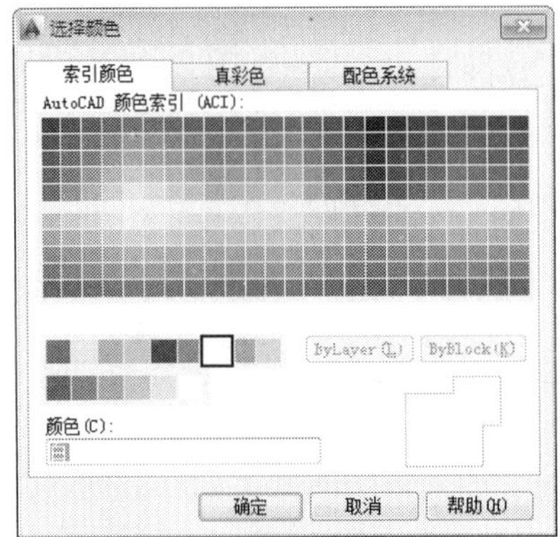

图6-4 “索引颜色”选项卡

在“索引颜色”选项卡中，用鼠标单击某种颜色，即可将该颜色指定给图层。选中某种颜色后，可以在“颜色”文本框中显示颜色的索引编号，也可在文本框中输入索引编号来选择相应的颜色。

将光标置于某种颜色上时，可以颜色列表的左下角显示索引编号颜色，在右下角显示该颜色的RGB值。

单击选择“真彩色”选项卡，如图6-5所示，在其中可以使用两种颜色模式来更改图层颜色，分别是HSL模式及RGB模式。

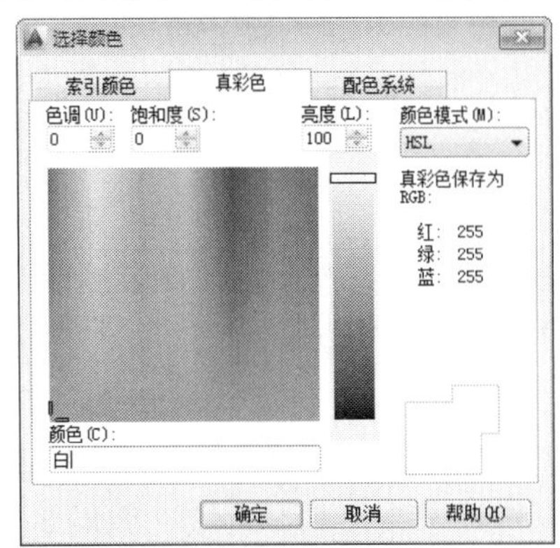

图6-5 HSL模式

选择HSL模式，可通过“色调”、“饱和度”、“亮度”来调整颜色，可通过选框后的微调器来调节，也可直接输入数值来调节。

选择RGB模式，可通过“红”、“绿”、“蓝”来调整颜色，可通过调整滑块的位置或者直接输入数值来更改颜色，如图6-6所示。

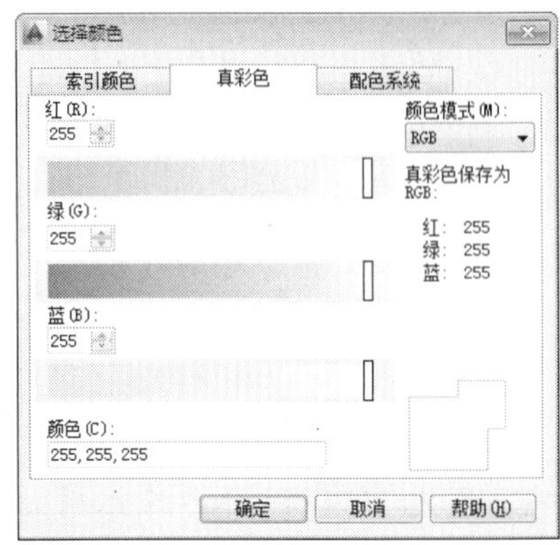

图6-6 RGB模式

选择“配色系统”选项卡，可以使用系统所提供的配色系统来定义图层的颜色，如图6-7所示。单击“配色系统”选项，在其下拉列表中显示系统中所有的配色系统，单击选择其中的配色系统选项可更改当前的配色方式。

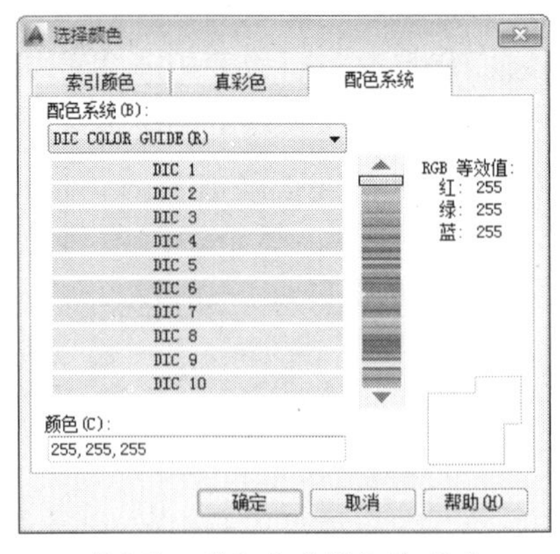

图6-7 “配色系统”选项卡

3. 图层线型

单击“线型”列下的图标，系统弹出图6-8所示的【选择线型】对话框。在“已加载的线型”列表中显示了已经加载的线型，系统默认加载Continuous线型。

单击对话框下侧的“加载”按钮，系统弹出图6-9所示的【加载或重载线型】对话框。在“可用线型”列表中显示系统包含的所有线型，选择待加载的线型，单击“确定”按钮，即可将线型加载至【选择线型】对话框中去。

在【选择线型】对话框中选择线型，单击“确定”按钮，可将该线型指定给图层。

图6-8 【选择线型】对话框

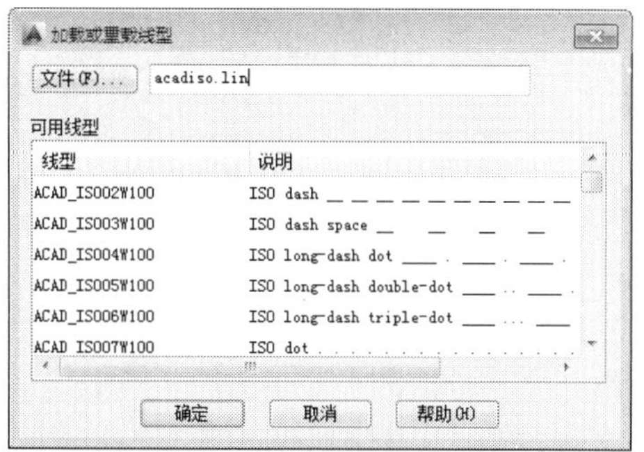

图6-9 【加载或重载线型】对话框

4. 图层线宽

单击“线宽”列下的图标，系统弹出图6-10所示的【线宽】对话框。在“线宽”列表中显示了系统所包含的各种线宽，单击选择其中的一种线宽，单击“确定”按钮，可将该线宽指定为图层。

执行“格式”|“线型”命令，系统弹出图6-11所示的【线宽设置】对话框，在其中可对线宽的各项参数进行设置。

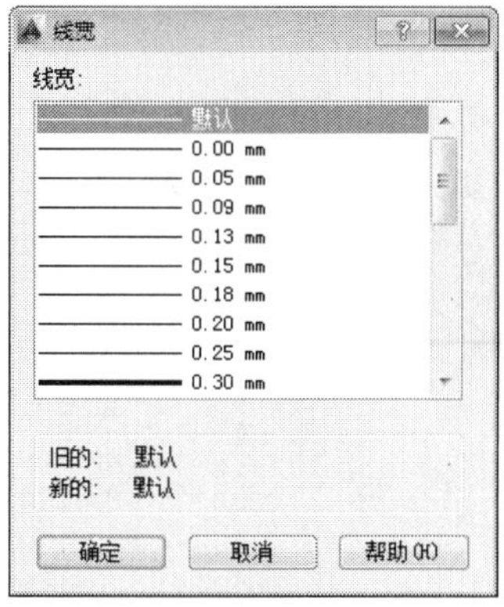

图6-10 【线宽】对话框

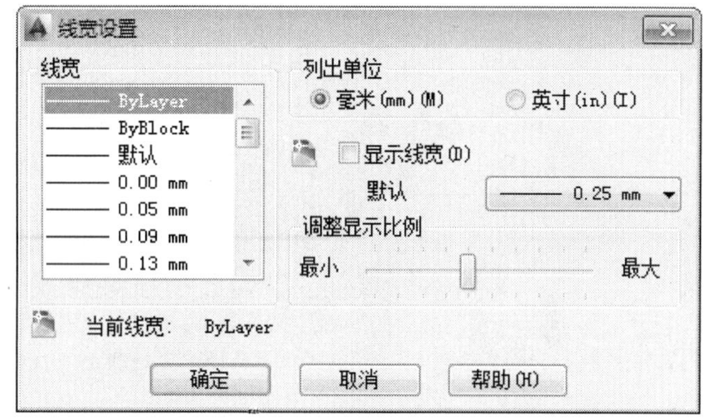

图6-11 【线宽设置】对话框

6.1.4 实战——创建并设置建筑图层

在绘制建筑图纸的时候，涉及轴网、墙体、门窗等建筑构件的绘制。由于图形种类较多，因此为各类图形对象创建相应的图层很有必要。图层可以方便查看及编辑图形，本节介绍创建并设置建筑图层的操作方法。

01 调用LA【图层特性管理器】命令，在弹出的【图层特性管理器】对话框中新建图层，并更改图层的名称，结果如图6-12所示。

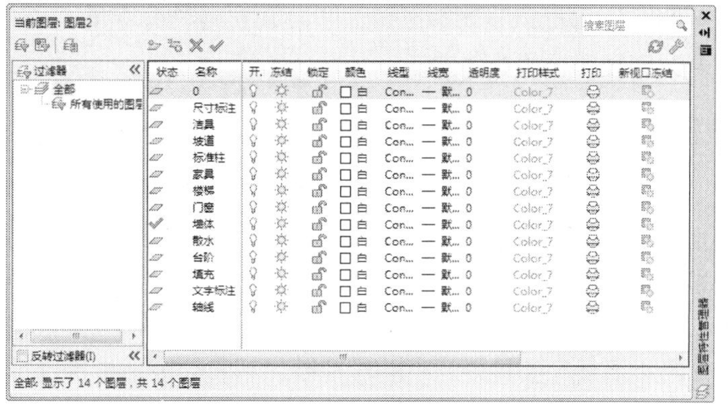

图6-12 新建图层

02 单击“颜色”列下的图标，在弹出的【选择颜色】对话框中更改图层的颜色，结果如图6-13所示。

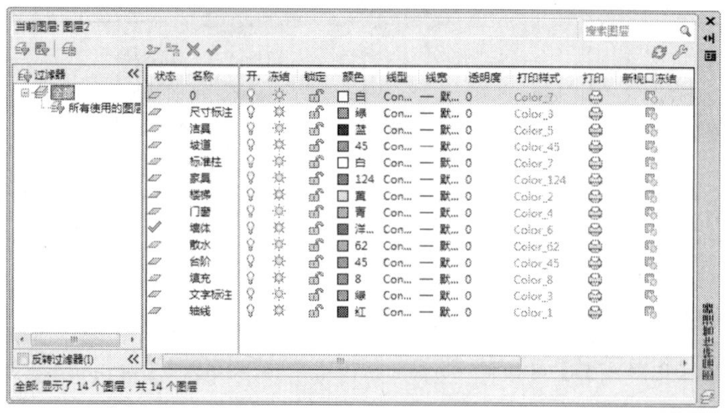

图6-13　更改图层的颜色

03 单击“线型”列下的图标，在弹出的【选择线型】对话框中加载CENTER线型，并将其指定给“轴线”图层；单击“线宽”列下的图标，在弹出的【线宽】对话框中选择线宽的宽度为0.30mm，并将其指定给“墙体”图层，完成建筑图层的创建，结果如图6-14所示。

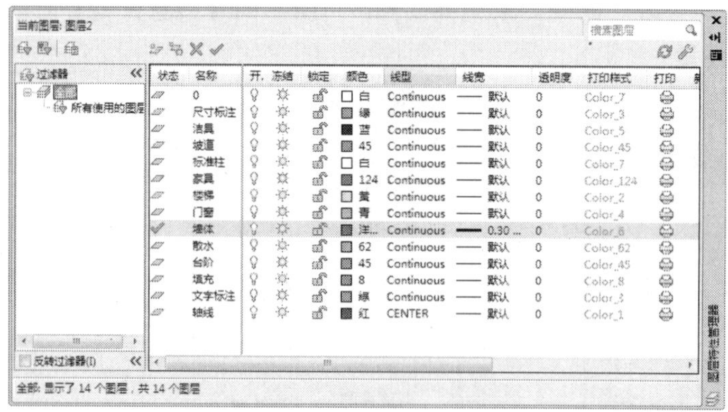

图6-14　更改线型及线宽

6.2 图层管理

在绘制较为复杂的图纸时，图层的种类较多，此时便涉及到图层的管理问题。图层创建的初衷是方便绘图及读图，假如图层管理不当，则会给绘图工作带来不便。

AutoCAD提供了管理图层的工具，包括打开图层、关闭图层、冻结图层、锁定图层等，本节介绍管理图层的操作方法。

6.2.1 设置当前图层

在“状态”列下双击图标，待图标由▱转化为✓时，则该图层被置为当前。将图层置为当前，所绘制的图形都位于该图层当中。在“图层”工具栏的“图层控制”下拉列表框中可显示当前图层的名称。

将图层置为当前的方式有以下各项。

★ 在“图层”工具栏的“图层控制”下拉列表框中选择待置为当前的图层。

★ 在绘图区中选择某图形对象，单击“图层”工具栏上的“将对象的图层置为当前”按钮，即可将图形对象所在的图层置为当前图层。

★ 在【图层特性管理器】对话框中选择某一图层，单击图层列表上方的“置为当前”按钮，可将图层置为当前。

★ 在命令行中输入“CLAYER”命令，并按下Enter键，输入图层名称，可将该图层置为当前。

6.2.2 控制图层状态

通过控制图层的状态，不仅可以管理对象在屏幕中的显示，还可以通过控制图层的状态来管理图形的打印输出效果（例如将图层设置为“不打印”，则该图层上的图形不会被打印输出）。图层状态有“开/关”、“冻结/解冻”、“锁定/解锁”、“打印/不打印”这么几种。

（1）“开/关”图层

单击“开”列下的图标，当图标由转换成后，表示该图层处于关闭状态。位于图层上的所有图形也会被暂时隐藏。

（2）“冻结/解冻”图层

单击“冻结”列下的图标，当图标由转换成时，表示该图层处于被冻结的状态。值得注意的是，当前正在使用的图层不能被冻结，应该先将其他图层置为当前，再对待修改的图层执行冻结操作。

被冻结的图层不显示、不编辑、不打印。与“关闭”图层的区别为：将图层“冻结”后可以减少系统重新生成图形的计算时间，这样可以提高作图效率。

（3）“锁定/解锁”图层

单击“锁定”列下的图标，当图标由转换成后，表示该图层处于锁定状态。位于锁定图层上的对象不会被隐藏，以暗显的方式在屏幕上显示。此时图形可被选中，但是不能执行编辑操作，比如移动、修改等。

（4）“打印/不打印”图层

系统默认所有图形均可打印输出，但是也可更改指定对象的输出状态。单击“打印”列下的图标，当图标由转化为时，表示该图层处于禁止打印的状态。此时位于该图层上的图形不会被打印输出。

6.2.3 删除多余图层

对于多余的图层可执行删除操作，方法如下所述。

★ 调出【图层特性管理器】对话框，选中图层，单击图层列表上方的“删除图层”按钮。

★ 选中图层，按下Alt+D快捷键。

★ 选中图层，单击右键，在弹出的右键菜单中选中“删除图层”选项。

★ 选中图层，按下Delete键。

6.2.4 匹配图层

使用“图层匹配”命令，可以将选定对象的图层更改为目标对象的图层。

执行“匹配”命令的操作方式有以下两种。

★ 功能区：单击“图层面板”上的“匹配”按钮。

★ 命令行：在命令行中输入“LAYMCH”命令，并按下Enter键。

选择图形对象，执行LAYMCH【图层匹配】命令，然后用鼠标单击目标对象，即可更改选定对象的图层，使其与目标对象位于同一个图层上。

执行MA【特性匹配】命令，同样可以实现选定对象与目标对象之间图层的转换。

6.2.5 上一个

使用“上一个”命令，可以放弃对图层设置的上一个或者上一组的更改操作。

在执行“上一个图层”时，可放弃使用“图层”控件、图层特性管理器或者LAYER【图层特性】命令所做的最新更改。

在AutoCAD中用户对图层所做的更改都将被追踪，并且可以通过“上一个图层”放弃操作。

执行“上一个图层”命令的操作方式有以下两种。

★ 功能区：单击“图层”面板上的“上一个”按钮。

★ 命令行：在命令行中输入“LAYERP”命令，并按下Enter键。

LAYERP【上一个图层】命令不能放弃以下更改：

（1）重命名的图层：假如重命名图层并更改其特性，执行“上一个图层”命令将恢复原特性，但是不能恢复原名称。

（2）删除的图层：假如对图层执行了删除或清理操作，则使用“上一个图层”命令将不能恢复该图层。

（3）添加的图层：假如将新图层添加到图形中，则使用“上一个图层”命令不能删除该图层。

6.2.6 隔离/取消隔离

使用“隔离”命令，可以隐藏或锁定除选定对象所在图层外的所有图层。

执行“隔离”命令的操作方式有以下两项。

★ 功能区：单击“图层”面板上的“隔离”按钮。

★ 命令行：在命令行中输入“LAYISO”命令，并按下Enter键。

在绘图区中选定图形对象，执行LAYISO【隔离】命令，则除选定对象所在的图层外的所有图层均被冻结，被冻结图层上的图形以暗显的方式显示；这些图形可以被选中，但是不能执行各项编辑操作。

执行“取消隔离”命令，可以反转之前的LAYISO【隔离】命令的效果。使用LAYISO【隔离】命令之后对图层设置所做的任何更改也将全部保留。

执行“取消隔离”命令的操作方式有以下两种。

★ 功能区：单击“图层”面板上的“取消隔离”按钮。

★ 命令行：在命令行中输入“LAYUNISO”命令，并按下Enter键。

执行LAYUNISO【取消隔离】命令，可以将图层恢复为输入LAYISO【隔离】命令之前的状态。如果未使用LAYISO【隔离】命令，则LAYUNISO【取消隔离】命令将不恢复任何图层。

6.2.7 将对象复制到新图层

执行“将对象复制到新图层”命令，可以在指定的图层上创建选定对象的副本。用户还可以为复制的对象指定其他位置。

执行“将对象复制到新图层”命令的操作方式有以下两项。

★ 功能区：单击“图层”面板上的“将对象复制到新图层”按钮。

★ 命令行：在命令行中输入“COPYTOLAYER”命令，并按下Enter键。

执行COPYTOLAYER命令，命令行提示如下：

```
命令：_copytolayer l
找到 8 个                                                    //选择位于"门窗"图层上的门窗图形
选择目标图层上的对象或 [名称(N)] <名称(N)>: N1               //输入N，弹出【复制到图层】对话框，在其
                                                               中单击"墙体"图层，如图6-15所示
8 个对象已复制并放置在图层"墙体"上。                         //单击"确定"按钮关闭对话框
指定基点或 [位移(D)/退出(X)] <退出(X)>:
指定位移的第二个点或 <使用第一点作为位移>:                   //分别指定位移基点及第二个点，可将门窗图
                                                               形副本移动到一旁，如图6-16所示
```

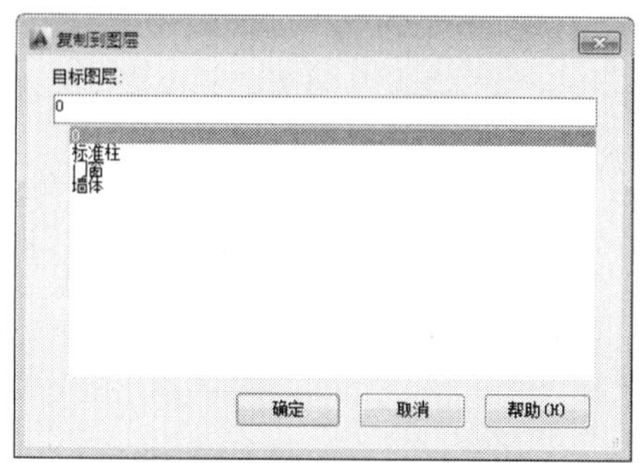

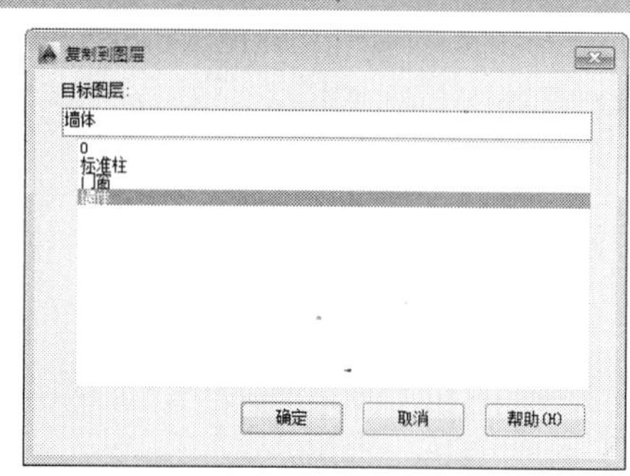

图6-15 【复制到图层】对话框

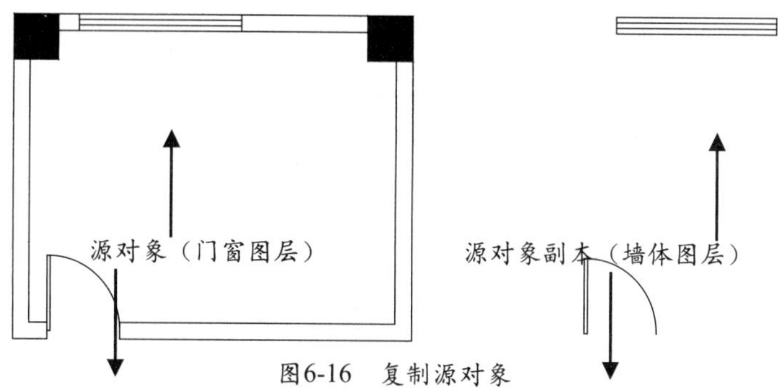

图6-16 复制源对象

执行COPYTOLAYER命令后，可以得到位于目标对象图层上的源对象图形副本，如图6-16所示，但是不会改变源对象所在的图层。执行该命令仅改变源对象副本图形所在的图层。

6.2.8 图层漫游

执行“图层漫游”命令，可以显示选定图层上的对象，同时隐藏所有其他图层上的对象。

执行“图层漫游”命令的操作方式有以下两种。

★ 功能区：单击“图层”面板上的“图层漫游”按钮。

★ 命令行：在命令行中输入LAYWALK命令，并按下Enter键。

执行LAYWALK命令，系统弹出【图层漫游】对话框，在其中显示了图形中所有图层的列表，如图6-17所示。

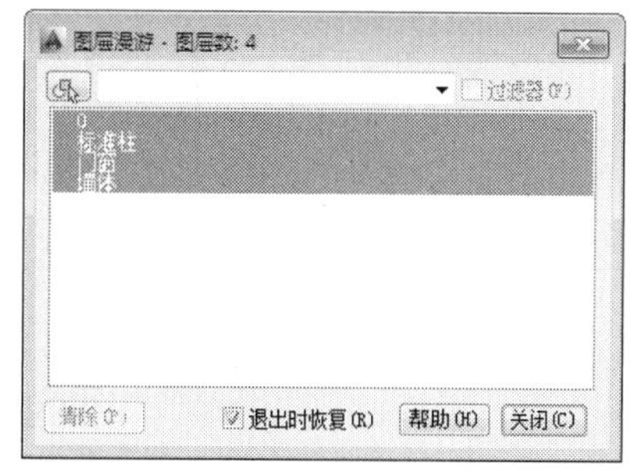

图6-17 【图层漫游】对话框

在对话框中选择图层名称，则在绘图区中仅显示位于该图层上的图形（如图6-18所示，在对话框中选择“墙体”图层，则在绘图区中仅显示墙体图形）；未被选中的图层上的图形被暂时隐藏。

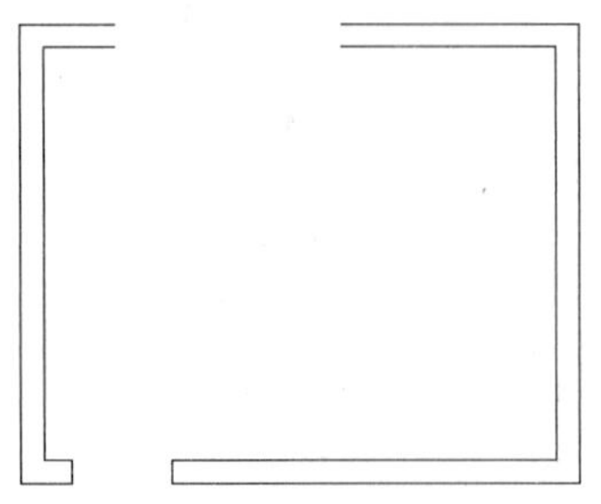

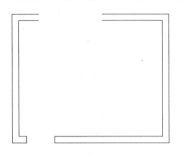

图6-18　图层漫游

对于包含大量图层的图形，用户可以过滤显示在对话框中的图层列表。执行该命令还可以检查每个图层上的对象，和清理未参照的图层。

6.2.9　合并图层

执行“合并”图层命令，可以将选定图层合并为一个目标图层，从而将以前的图层从图形中删除。

执行“合并”图层命令的操作方式有以下两种。

★　功能区：单击“图层”面板上的“合并”按钮。

★　命令行：在命令行中输入“LAYMRG”命令，并按下Enter键。

执行LAYMRG命令，命令行提示如下：

```
命令: _laymrg↙
选择要合并的图层上的对象或 [命名(N)]: N1          //输入N，弹出【合并图层】对话框，在其中
                                                    选择"标准柱"图层，如图6-19所示
选定的图层: 标准柱。
选择要合并的图层上的对象或 [名称(N)/放弃(U)]:      //在绘图区中选择墙体图形，如图6-20所示：
                                                    选定的图层：标准柱，墙体
选择要合并的图层上的对象或 [名称(N)/放弃(U)]:      //按下Enter键
选择目标图层上的对象或 [名称(N)]: N1               //在【合并图层】对话框中选择"门窗"图层为
                                                    目标图层，如图6-21所示
重定义块"*T4"。
重定义块"*T6"。                                    //在【合并到图层】对话框中单击"是"按钮，
                                                    如图6-22所示；删除图层"标准柱"
删除图层"墙体"。
已删除 2 个图层。
```

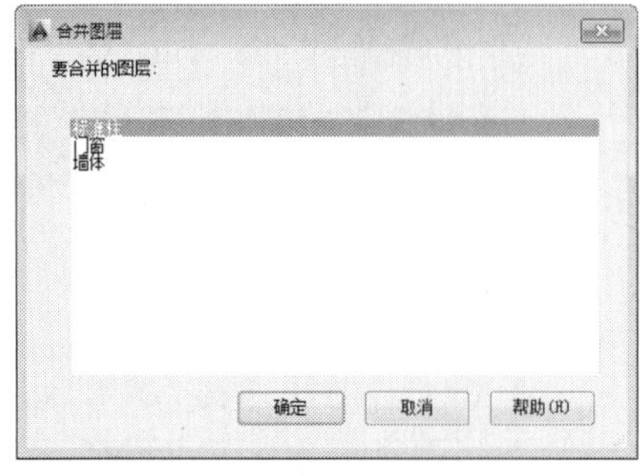

图6-19　【合并图层】对话框

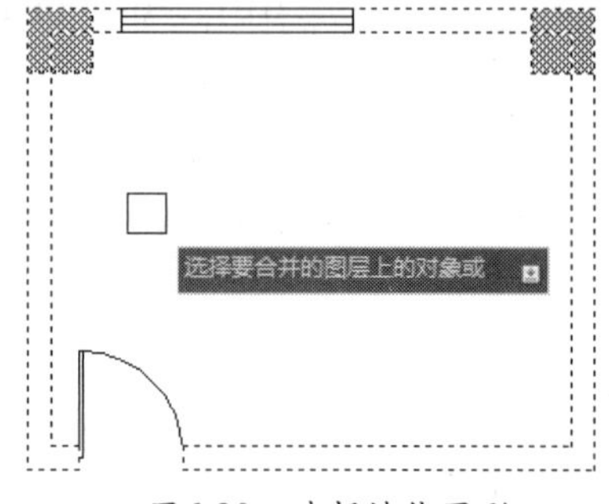

图6-20　选择墙体图形

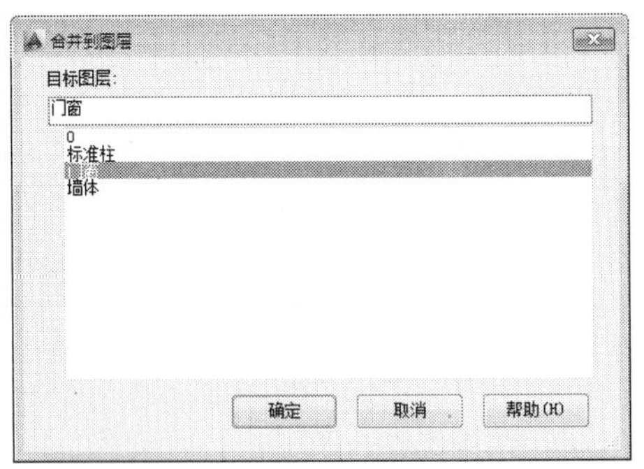

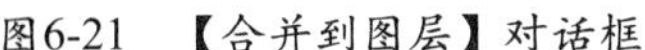
图6-21 【合并到图层】对话框

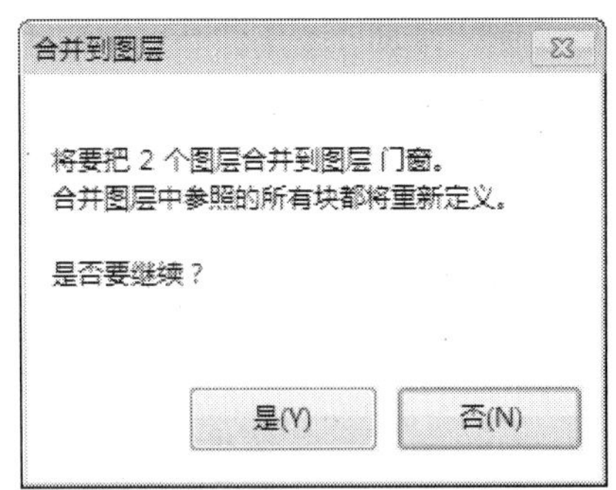

图6-22 单击“是”按钮

执行LAYMRG【合并图层】命令后，可以减少图形中的图层数，如图6-23所示。将合并图层上的对象移动到目标图层，并从图形中清理原始图层。

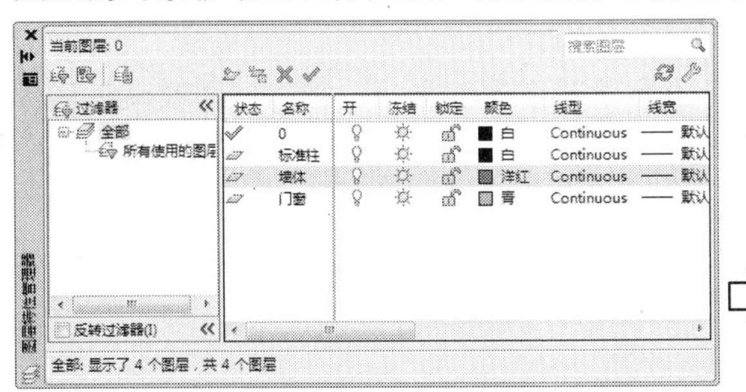

图6-23 减少图层数

6.2.10 实战——使用图层特性管理户型图

户型图的图形较多，因此在执行编辑操作的过程中要尽量小心，以免将正确的图形也划入修改范围。但是通过使用图层来管理图形，可以避免上述情况的发生。

01 轴线是绘制户型图所必不可少的辅助图形，但是轴线会阻碍图形的清晰显示；在“图层”特性栏的下拉列表中单击“轴线”图层中的“开”按钮，待其转换为“关”按钮时，可将该图层关闭，结果如图6-24所示。

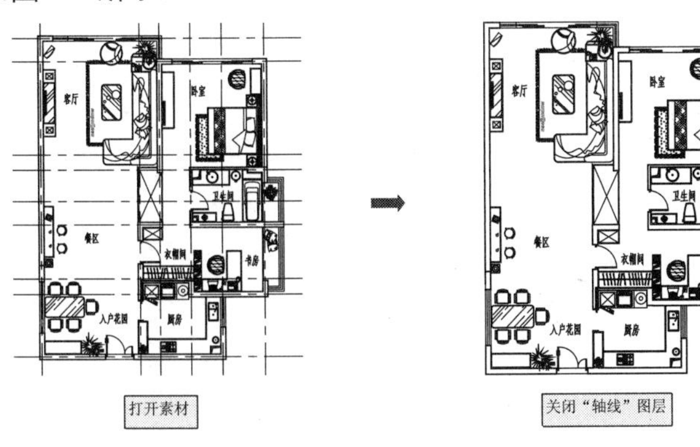

图6-24 关闭“轴线”图层

02 家具在户型图中分布较广，在选择墙体、门窗等图形进行编辑时，会经常连家具图形也一起选中；此时在“图层”特性栏的下拉列表中单击“家具”图层中的“解锁”按钮，待其转换为“锁定”按钮时，可将该图层锁定。

03 锁定“家具”图层后，家具图形暗显，可以被选中但是不能执行编辑操作；如此一来，既可发挥参照作用，又不必担心被错误地划入选择范围。

04 另外，关闭“家具”图层、“文字标注”图层后，可以清楚地观察墙体、门窗图形的绘制或编辑效果，如图6-25所示。

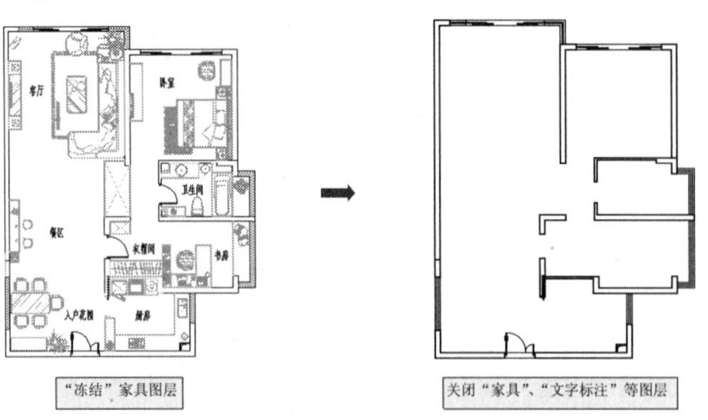

图6-25 使用图层管理图形

05 重复执行图层的开/关、锁定/解锁等操作，可为编辑图形提供方便；待图形修改满意后，再重新开启所有的图层，这样做可以避免图形因遭到错误的修改而使图纸的准确性降低。

第7章 文字和表格的使用

文字对象可以为图形提供解释性说明，是组成图纸必不可少的部分。在AutoCAD 2014中，可以创建单行文字对象、多行文字对象；这两类文字对象可以表达关于图纸的各类繁简信息，比如单行文字可用来表示图名标注、图框的标题栏信息等，多行文字可以用来表达复杂的技术性信息。

表格同样是不可缺少的注释性工具，在AutoCAD中可以绘制样式不一的表格以表达各类信息。

本章介绍创建文字及表格的操作方法。

7.1 输入及编辑文字

在AutoCAD中，执行“单行文字”或“多行文字”命令，可创建相应的文字对象。此外，调用文字编辑命令，可以对文字对象执行编辑修改操作。

本节介绍创建即编辑文字对象的操作方法。

7.1.1 文字样式

调用“文字样式”命令，可以创建、修改或指定文字样式。一般说来，应该在创建文字对象之前就设置文字样式，这样一来所创建的文字对象便以样式中所定义的格式、大小来显示。

1. 执行方式

★ 菜单栏：执行“格式”|“文字样式”命令。

★ 工具栏：单击“文字”工具栏上的“文字样式”按钮。

★ 命令行：在命令行中输入“STYLE/ST”命令，并按下Enter键。

★ 功能区：单击“注释”面板上的“文字样式”按钮。

2. 操作步骤

调用“文字样式”命令，系统弹出图7-1所示的【文字样式】对话框。在其中可以修改原有的文字样式的参数，也可新建一个文字样式。

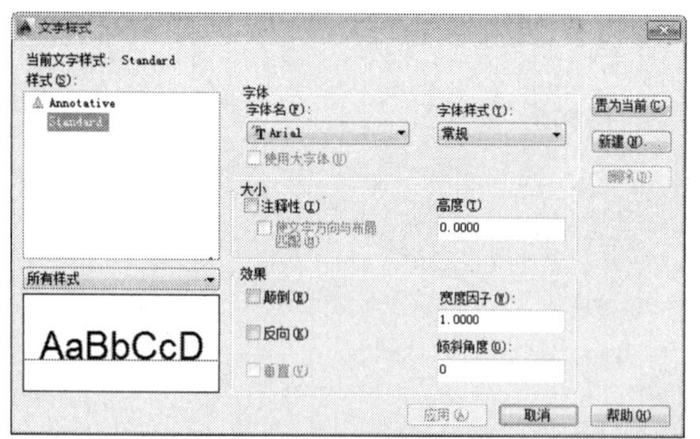

图7-1 【文字样式】对话框

对话框中各选项含义如下所述。

★ “样式”列表框：在窗口中显示了所有的文字样式，单击选择样式，可在对话框的右侧预览该样式的内容。

★ 字体名：单击选项框右侧向下箭头，在弹出的列表中显示了系统所包含的字体名称。

★ 字体样式：选择不同的字体，其样式也相应的不同，在该选项列表中显示各类字体中所包含的样式。

★ 使用大字体：勾选该项，可通过“SHX字体”及“大字体”下拉列表框来选择.shx文件作为文字样式的字体，设置后可在左下角的预览窗口显示文字效果。“大字体”下拉列表框只能在勾选“使用大字体”复选项后方可激活使用，如图7-2所示。

图7-2 勾选“使用大字体”复选项

★ “置为当前”按钮：在“样式”窗口下选择文字样式，单击该按钮，可将文字样式置为当前正在使用的样式。

★ “新建”按钮：单击按钮，系统弹出【新建文字样式】对话框，在其中可完成新样式的创建。

★ “删除”按钮：在“样式”窗口中选择文字样式，单击该按钮可将样式删除。Standard文字样式及当前正在使用的文字样式不能被删除。

★ 高度：设置文字的高度。

★ 颠倒：勾选该项，则可颠倒显示文字对象，类似于沿横向对称轴对文字执行镜像处理。

★ 反向：勾选该项，反向显示文字对象，类似于沿纵向的对称轴对文字执行镜像处理。

★ 垂直：勾选该项，可垂直对齐文字对象。

★ 宽度因子：在其中设置字符间距。参数

值大于1，文字被扩大；参数值小于1，文字被压缩；参数值为1时，文字正常显示，如图7-3所示。

AutoCAD　AutoCAD　AutoCAD

参数值大于1　参数值小于1　参数值等于1

图7-3　设置“宽度因子”值

★ 倾斜角度：在其中设置文字的倾斜角度，设置范围在-85~85之间的参数，可以使文字倾斜，如图7-4所示。

图7-4　设置“倾斜角度”值

7.1.2　实战——创建文字样式

本节介绍建筑文字标注样式的创建方式。

01 调用ST【文字样式】命令，系统弹出【文字样式】对话框；单击对话框右上角的“新建”按钮，在弹出的【新建文字样式】对话框中设置新样式的名称为“建筑标注文字”。

02 单击“确定”按钮关闭对话框，在【文字样式】对话框中的“字体”选项组下勾选“使用大字体”复选项；在“SHX字体”列表框中选择gbenor.shx字体，在“大字体”列表框中选择gbcbig.shx样式，如图7-5所示。

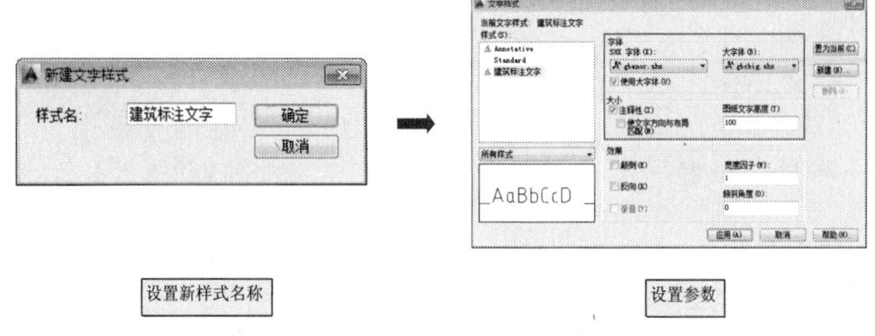

图7-5　设置文字样式参数

03 选择新文字样式，单击“置为当前”按钮，此时系统弹出AutoCAD提示对话框，提醒用户是否保存已被修改的当前样式，单击“是”按钮关闭对话框，即可将新建样式置为当前正在使用的样式。

04 使用“建筑标注文字”样式创建的文字标注如图7-6所示。

实战——创建建筑文字标注样式

图7-6　文字标注

7.1.3　创建单行文字

调用“单行文字”命令，可以创建一行或多行文字；其中每行文字都是独立的对象，可以对其进行移动、格式设置或其他的修改。

1. 执行方式

★ 菜单栏：执行“绘图”|“文字”|“单行文字”命令。

★ 工具栏：单击“文字”工具栏上的“单行文字”按钮A。

★ 命令行：在命令行中输入“TEXT/TE”命令，并按下Enter键。

★ 功能区：单击“注释”面板上的“单行文字”按钮A。

2. 操作步骤

调用“单行文字”命令，命令行提示如下：

```
命令：TEXT1
当前文字样式："建筑标注文字" 文字高度：100 注释性：是 对正：右        //显示当前的文字样式
指定文字基线的右端点 或 [对正(J)/样式(S)]：                        //指定文字的起点
指定文字的旋转角度 <270>：0        //指定文字的旋转角度，此时可进入单行文字编辑器，光标变成I型，输
                                   入文字后，按下Esc键，可退出文字编辑器以完成单行文字的创建
```

命令行中选项含义如下所述。

★ 对正(J)：输入J，选择该项，命令行提示“输入选项 [左(L)/居中(C)/右(R)/对齐(A)/中间(M)/布满(F)/左上(TL)/中上(TC)/右上(TR)/左中(ML)/正中(MC)/右中(MR)/左下(BL)/中下(BC)/右下(BR)]:”；输入选后的字母，可选择相对应的对正方式。

★ 样式(S)：输入S，选择该项，命令行提示“输入样式名或 [?] <建筑标注文字>:”；在命令行中输入文字样式名称，即可重新指定文字样式。

值得注意的是，文字的旋转角度是文字相对于0°方向的角度，如图7-7所示。应该与在设置文字样式时的“倾斜角度”相区别。

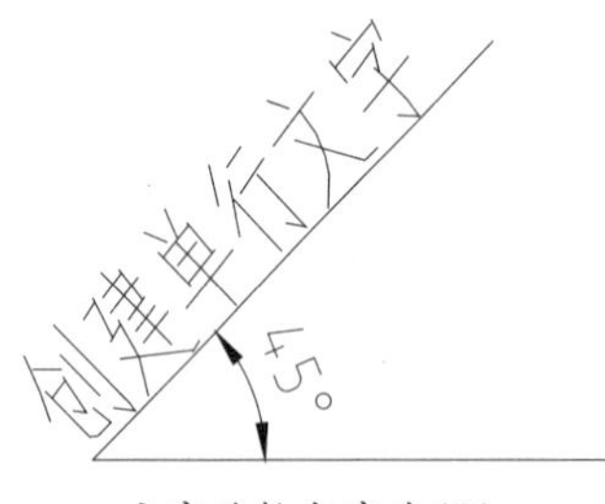

文字旋转角度为45°　　文字倾斜角度为45°

图7-7　文字角度

7.1.4 创建多行文字

调用“多行文字”命令，可以由任意数目的文字行或段落组成多行文字。多行文字可以布满指定的宽度，并可沿垂直方向无限延伸。与单行文字不同之处是，不管行数有多少，每个多行文字段落都是单个对象；用户可对其进行移动、旋转、删除等操作。

1. 执行方式

★ 菜单栏：执行“绘图”|“文字”|“多行文字”命令。

★ 工具栏：单击“文字”工具栏上的“多行文字”按钮A。

★ 命令行：在命令行中输入“MTEXT/MT”命令，并按下Enter键。

★ 功能区：单击“注释”面板上的“多行文字”按钮A。

2. 操作步骤

调用“多行文字”命令，命令行提示如下：

```
命令：MTEXT1
当前文字样式："建筑标注文字" 文字高度：50 注释性：否        //显示文字样式设置
指定第一角点：
```

指定对角点或 [高度(H)/对正(J)/行距(L)/旋转(R)/样式(S)/宽度(W)/栏(C)]:
//分别单击指定文字编辑器的两个对角点，然后系统弹出【文字格式】对话框，如图7-8所示

在文字编辑器中输入文字标注后，单击“确定”按钮，即可完成多行文字的创建。

指定对角点　　文字编辑器

图7-8　多行文字编辑器（经典空间）

在“草图与注释”工作空间中，多行文字编辑器已经被集成在功能区中，如图7-9所示。仅在绘图中显示文字编辑器，文字的各项编辑工具可以在菜单栏下方的功能面板中找到；文字输入完成后，单击右侧的“关闭文字编辑器”按钮，可关闭文字编辑器以完成多行文字的创建。

图7-9　多行文字编辑器（草图与注释空间）

命令行中各选项含义如下所述。

★ 高度(H)：输入H，选择该项，命令行提示“指定高度 <50>:”，可以重新指定文字高度值。

★ 对正(J)：输入J，选择该项，命令行提示“输入对正方式 [左上(TL)/中上(TC)/右上(TR)/左中(ML)/正中(MC)/右中(MR)/左下(BL)/中下(BC)/右下(BR)] <左上(TL)>:”，可以指定文字的对正方式。

★ 行距(L)：输入L，选择该项，命令行提示“输入行距类型 [至少(A)/精确(E)] <至少(A)>:”，用来设置行距比例或行距。

★ 旋转(R)：输入R，选择该项，命令行提示“指定旋转角度 <0>:”，用来指定文字的旋转角度。

★ 样式(S)：输入S，选择该项，命令行提示“输入样式名或 [?] <建筑标注文字>:”，用来指定多行文字的样式。

★ 宽度(W)：输入W，选择该项，命令行提示“指定宽度”，用来指定文字的宽度。

★ 栏(C)：输入C，选择该项，命令行提示“输入栏类型 [动态(D)/静态(S)/不分栏(N)] <动态(D)>:”，用来设置栏的类型，及栏宽、栏间距宽度、栏高。

7.1.5 输入特殊符号

在为图形绘制文字标注的时候，往往会遇到需要标注特殊符号（比如度数、角度、直径）

的问题。“多行文字”命令提供了解决输入特殊符号的问题。

调用“多行文字”命令后，在【文字格式】对话框中单击“符号”按钮@▾，可以弹出特殊符号列表，如图7-10所示；单击选择其中的选项，可将其输入至文字编辑器中。

或者在文字编辑器中单击鼠标右键，在弹出的菜单中选择“符号”选项，可以弹出图7-11所示的特殊符号菜单。

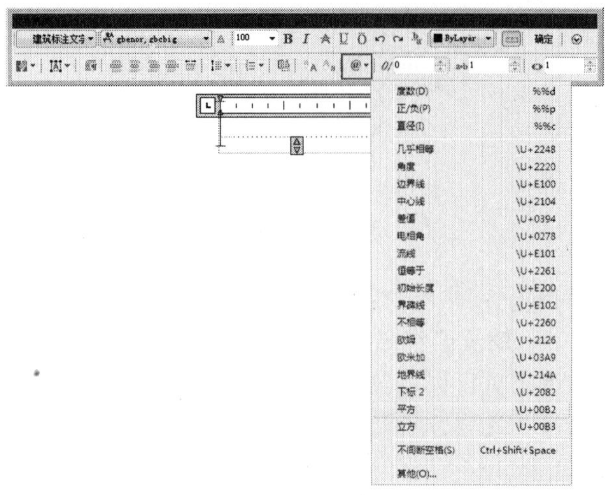

图7-10 右键菜单

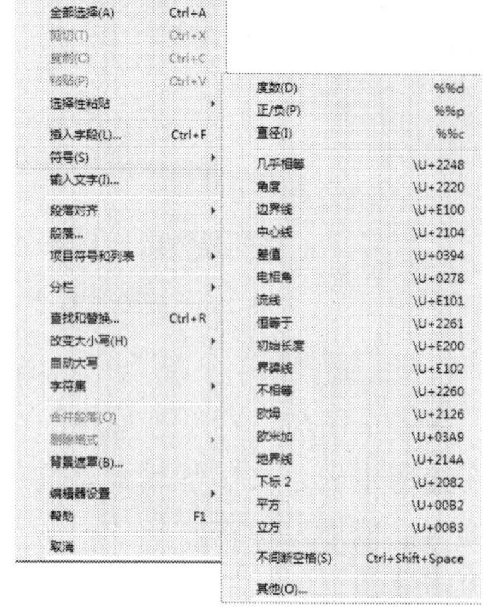

图7-11 “符号”子菜单

在为办公室平面图绘制文字标注的时候，可以通过特殊符号菜单来输入“平方”符号，如图7-12所示。

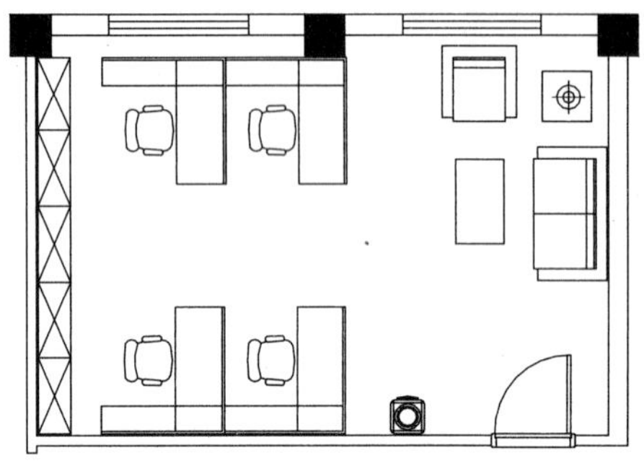

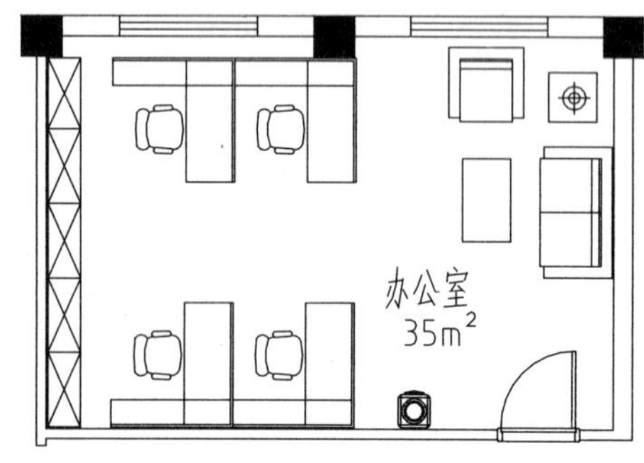

图7-12 输入“平方”符号

7.1.6 编辑文字内容

创建完成的整段多行文字可以对其格式进行编辑，以使内容显示更为清晰。本节介绍编辑多行文字内容的操作方法。

在进行多行文字编辑之前，光标置于多行文字之上，双击可进入文字编辑器。在文字编辑器中选择文字，可通过【文字格式】对话框中的格式工具对文字进行编辑修改。

比如，选择文字标题，可以更改其对齐方式、字号，结果如图7-13所示。

除了对标题可进行编辑修改外，对正文内容的格式也可做相应的改动，以使其与标题相区别。选择正文内容的副标题，可以为其添加编号，以方便检索。AutoCAD提供了两种编号方式，分别是“字母”、“数字”。为使副标题与主标题及正文内容相区别，还可更改字号及显示方式。比如设置它的倾斜度、增大字号等，如图7-14所示。

使用上述操作方法编辑多行文字的结果如图7-15所示。

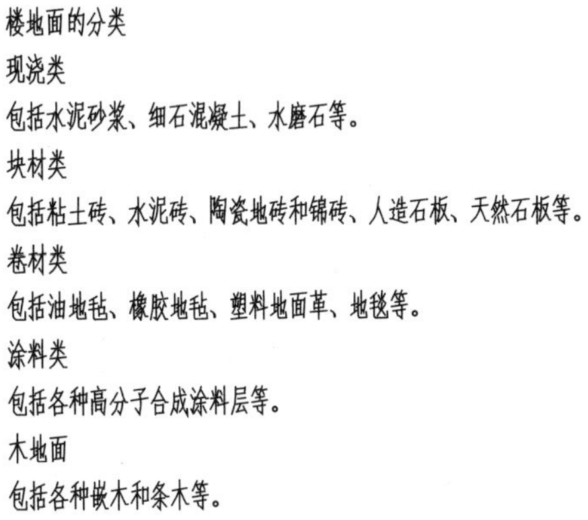

楼地面的分类
现浇类
包括水泥砂浆、细石混凝土、水磨石等。
块材类
包括粘土砖、水泥砖、陶瓷地砖和锦砖、人造石板、天然石板等。
卷材类
包括油地毡、橡胶地毡、塑料地面革、地毯等。
涂料类
包括各种高分子合成涂料层等。
木地面
包括各种嵌木和条木等。

原始文件

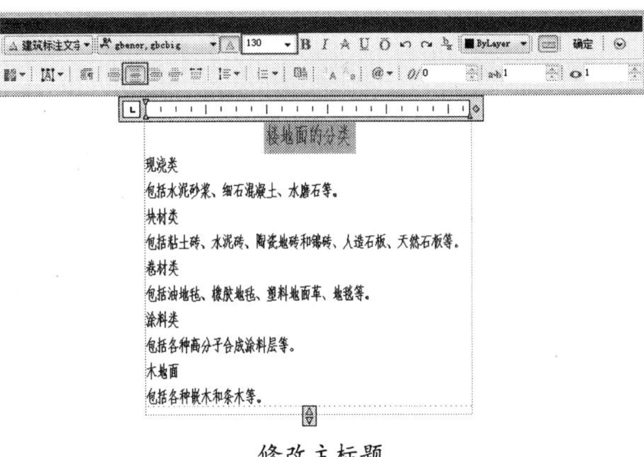

修改主标题

图7-13 修改主标题

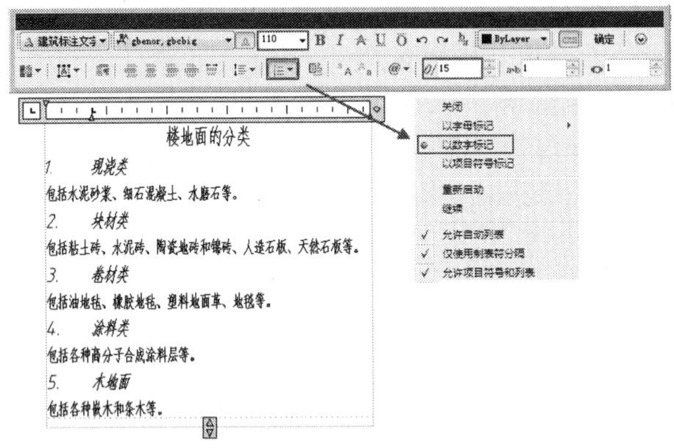

图7-14 修改副标题

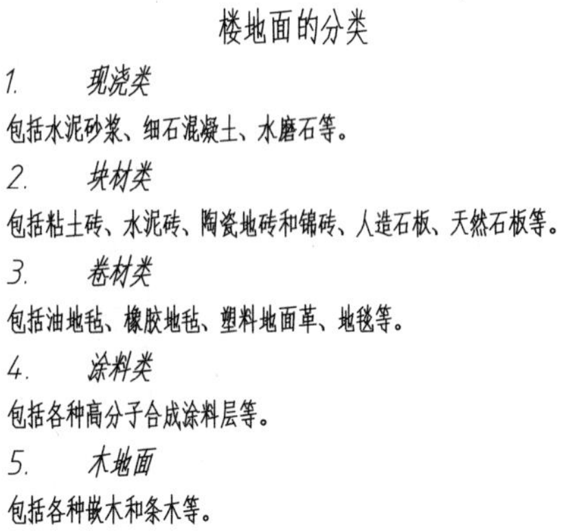

楼地面的分类
1. 现浇类
包括水泥砂浆、细石混凝土、水磨石等。
2. 块材类
包括粘土砖、水泥砖、陶瓷地砖和锦砖、人造石板、天然石板等。
3. 卷材类
包括油地毡、橡胶地毡、塑料地面革、地毯等。
4. 涂料类
包括各种高分子合成涂料层等。
5. 木地面
包括各种嵌木和条木等。

图7-15 修改结果

【文字格式】对话框中各编辑选项含义如下所述。

★ “样式”列表框：用来更改多行文字的文字样式。在文字样式列表中显示了系统所包含的所有文字样式，包括系统默认的文字样式及用户自定义的文字样式。

★ “字体”列表框：在列表中显示了系统所包含的各类字体。

★ “文字高度”列表框：可以在列表中选择已有的高度值，也可自行在文本框中输入高度值。但是该高度值仅影响当前输入的文字，不会改变文字样式已设置的文字高度。

★ “粗体”按钮**B**：选择文字，单击该按钮，可使文字以粗体显示。

★ “斜体”按钮*I*：单击按钮，可使选中的文字以斜体显示；在右下角的“倾斜角度”文本框中可定义倾斜的角度。

★ “删除线”按钮A：单击按钮，可在选中的文字中间绘制删除线，如图7-16所示。

★ “下划线”按钮U：单击按钮，可在选中的文字下方绘制线段，如图7-17所示。

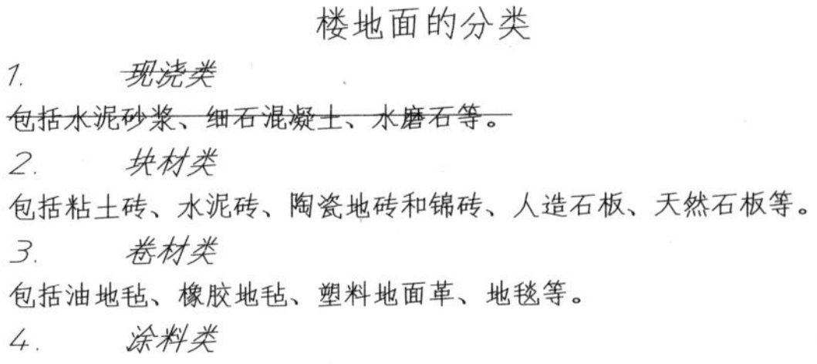

楼地面的分类
1. ~~现浇类~~
~~包括水泥砂浆、细石混凝土、水磨石等。~~
2. 块材类
包括粘土砖、水泥砖、陶瓷地砖和锦砖、人造石板、天然石板等。
3. 卷材类
包括油地毡、橡胶地毡、塑料地面革、地毯等。
4. 涂料类

图7-16 添加删除线

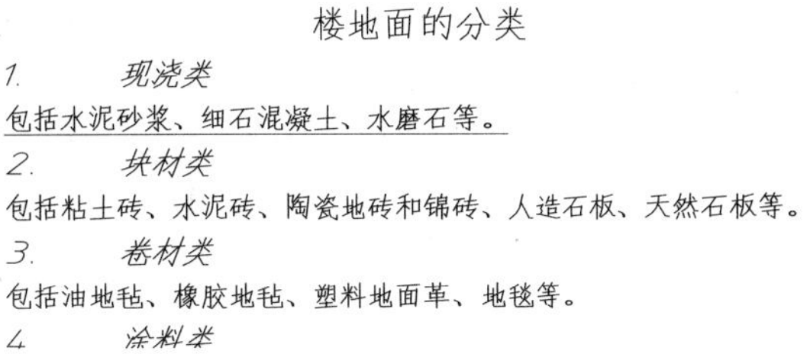

楼地面的分类
1. 现浇类
包括水泥砂浆、细石混凝土、水磨石等。
2. 块材类
包括粘土砖、水泥砖、陶瓷地砖和锦砖、人造石板、天然石板等。
3. 卷材类
包括油地毡、橡胶地毡、塑料地面革、地毯等。
4. 涂料类

图7-17 添加下划线

★ “上划线”按钮O：单击按钮，可在选中的文字上方绘制上划线。

★ “堆叠”按钮：在文字编辑器中选择符号及文字，单击按钮，可使选中的文字在前一文字的右下方显示，如图7-18所示。

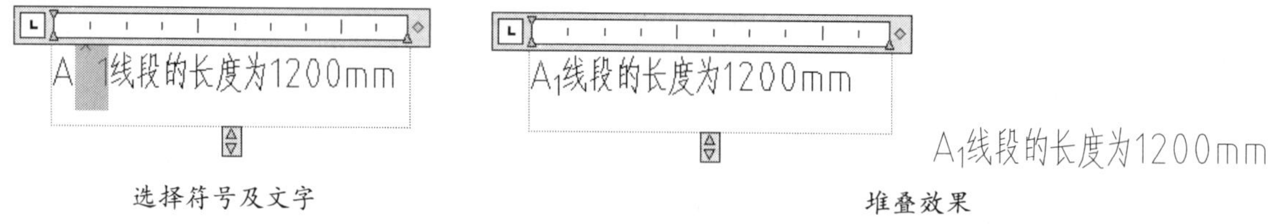

图7-18 “堆叠”符号的运用

★ “颜色”列表框：在列表中可更改选中文字的颜色。

★ “多行文字对正”按钮：单击按钮，在弹出的类别中显示系统所提供的文字对正方式。

★ “段落”按钮：单击按钮，可弹出【段落】对话框，在其中可设置段落的格式参数。

★ “左对齐”按钮、“居中”按钮、“右对齐”按钮、“对正”按钮、“分布”按钮：分别单击这些按钮，可对选中的文字内容执行编辑操作。

★ “行距”按钮：单击按钮，在弹出的列表中显示了行距大小。

★ “编号”按钮：单击按钮，在弹出的列表中显示文字的编号方式。

★ “符号”按钮@：单击按钮，可在多行文字内容中插入特殊字符。

7.1.7 实战——创建室内装修说明文字

在室内设计施工图纸绘制完成之后，需要绘制施工说明文字，以说明居室的情况、设计的依据、施工中的注意事项等。使用“多行文字”命令绘制说明文字与使用“单行文字”绘制说明文字相比，具有一定的优越性。因为多行文字的创建结果为整段文字，并且可以针对其中的某些文字样式做出修改而不破坏文字的整体性。

本节介绍创建室内装修说明文字的操作方法。

01 调用MT【多行文字】命令，在绘图区中指定对角点以进入文字编辑器；在文字编辑器中输入说明文字的主标题及副标题。

02 选择主标题，单击【文字格式】对话框中的“居中”按钮，更改其对齐方式；选择副标题，单击“编号”按钮，选择编号方式为“以字母标记”|“大写”；选择“C.施工说明”副标题下的子标题，将其编号方式设置为“以数字标记”，结果如图7-19所示。

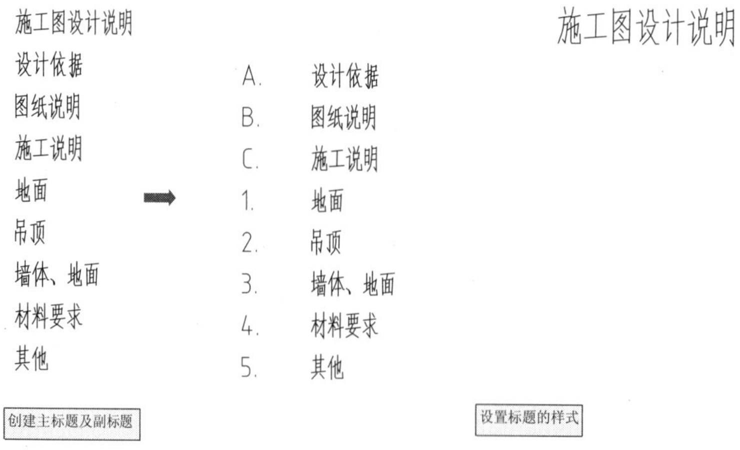

图7-19 创建标题

03 在各标题下输入正文内容，结果如图7-20所示。

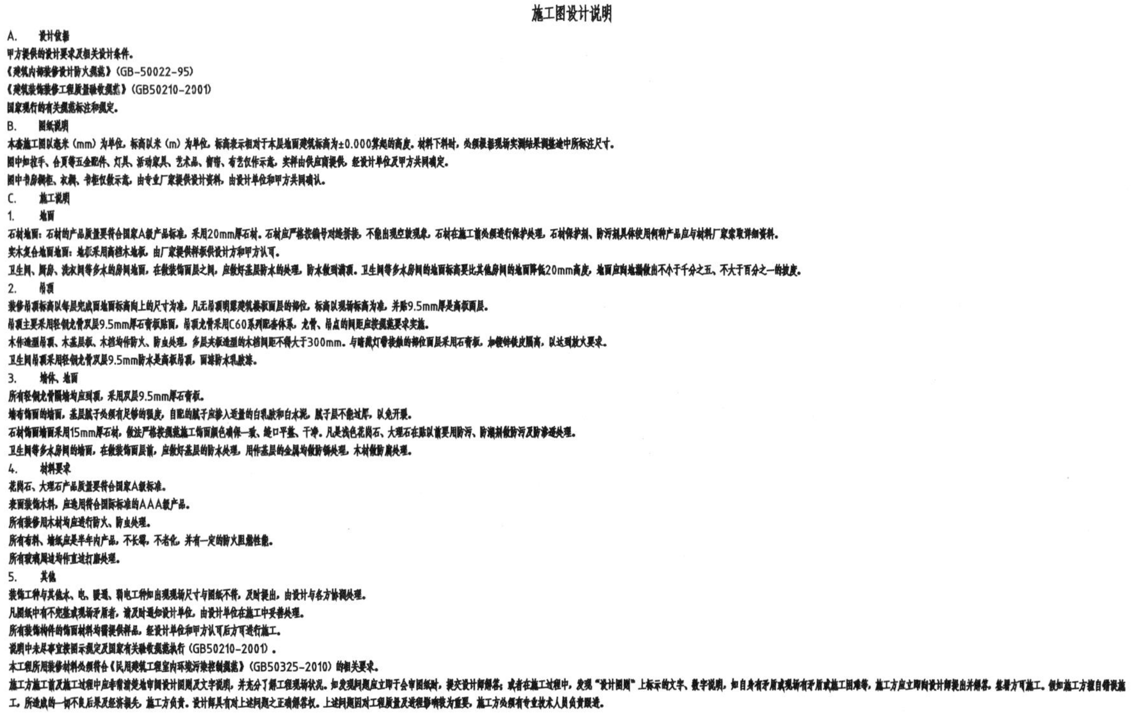

施工图设计说明

A. 设计依据

甲方提供的设计要求及相关设计条件。

《建筑内部装修设计防火规范》(GB-50022-95)

《建筑装饰装修工程质量验收规范》(GB50210-2001)

国家现行的有关规范标注和规定。

B. 图纸说明

本套施工图以毫米（mm）为单位，标高以米（m）为单位，标高表示相对于本层地面建筑标高为±0.000算起的高度。材料下料时，必须根据现场实测结果调整途中所标注尺寸。

图中如拉手、合页等五金配件、灯具、活动家具、艺术品、窗帘、布艺仅作示意，实样由供应商提供，经设计单位及甲方共同确定。

图中书房橱柜、衣橱、书柜仅做示意，由专业厂家提供设计资料，由设计单位和甲方共同确认。

C. 施工说明

1. 地面

石材地面：石材的产品质量要符合国家A级产品标准，采用20mm厚石材。石材应严格按编号对缝拼接，不能出现空鼓现象，石材在施工前必须进行保护处理，石材保护剂、防污剂具体使用何种产品应与材料厂家索取详细资料。

实木复合地面地面：地板采用高档木地板，由厂家提供样板供设计方和甲方认可。

卫生间、厨房、洗衣间等多水的房间地面，在做装饰面层之间，应做好基层防水的处理，防水做到满顶。卫生间等多水房间的地面标高要比其他房间的地面降低20mm高度，地面应向地漏做出不小于千分之五、不大于百分之一的坡度。

2. 吊顶

装修吊顶标高以每层完成面地面标高向上的尺寸为准，凡无吊顶明露建筑楼板面层的部位，标高以现场标高为准，并贴9.5mm厚是高板面层。

吊顶主要采用轻钢龙骨双层9.5mm厚石膏板贴面，吊顶龙骨采用C60系列配套体系，龙骨、吊点的间距应按规范要求实施。

木作造型吊顶、木基层板、木档均作防火、防虫处理，多层夹板造型的木档间距不得大于300mm。与暗藏灯带接触的部位面层采用石膏板，加做锌铁皮隔离，以达到放火要求。

卫生间吊顶采用轻钢龙骨双层9.5mm防水是高板吊顶，面涂防水乳胶漆。

3. 墙体、地面

所有轻钢龙骨隔墙均应到顶，采用双层9.5mm厚石膏板。

墙布饰面的墙面，基层腻子必须有足够的强度，自配的腻子应掺入适量的白乳胶和白水泥，腻子层不能过厚，以免开裂。

石材饰面墙面采用15mm厚石材，做法严格按规范施工饰面颜色确保一致、缝口平整、干净。凡是浅色花岗石、大理石在贴以前要用防污、防潮剂做防污及防渗透处理。

卫生间等多水房间的墙面，在做装饰面层前，应做好基层的防水处理，用作基层的金属均做防锈处理，木材做防腐处理。

4. 材料要求

花岗石、大理石产品质量要符合国家A级标准。

表面装饰木料，应选用符合国际标准的AAA级产品。

所有装修用木材均应进行防火、防虫处理。

所有布料、墙纸应是半年内产品，不长霉，不老化，并有一定的防火阻燃性能。

所有玻璃周边均作直边打磨处理。

5. 其他

装饰工种与其他水、电、暖通、弱电工种如出现现场尺寸与图纸不符，及时提出，由设计与各方协调处理。

凡图纸中有不完整或现场矛盾者，请及时通知设计单位，由设计单位在施工中妥善处理。

所有装饰构件的饰面材料均需提供样品，经设计单位和甲方认可后方可进行施工。

说明中未尽事宜按图示规定及国家有关验收规范执行（GB50210-2001）。

本工程所用装修材料必须符合《民用建筑工程室内环境污染控制规范》（GB50325-2010）的相关要求。

施工方施工前及施工过程中应非常清楚地审阅设计图则及文字说明，并充分了解工程现场状况。如发现问题应立即于会审图纸时，提交设计师解答；或者在施工过程中，发现“设计图则”上标示的文字、数字说明，如自身有矛盾或现场有矛盾或施工困难等，施工方应立即向设计师提出并解答。经解答方可施工。假如施工方擅自错误施工，所造成的一切不良后果及经济损失，施工方负责。设计师具有对上述问题之正确解答权。上述问题因对工程质量及进程影响较为重要，施工方必须有专业技术人员负责跟进。

图7-20 输入正文内容

04 选择正文内容，单击“编号”按钮 ，选择编号方式为“以项目符号标记”，操作结果如图7-21所示。

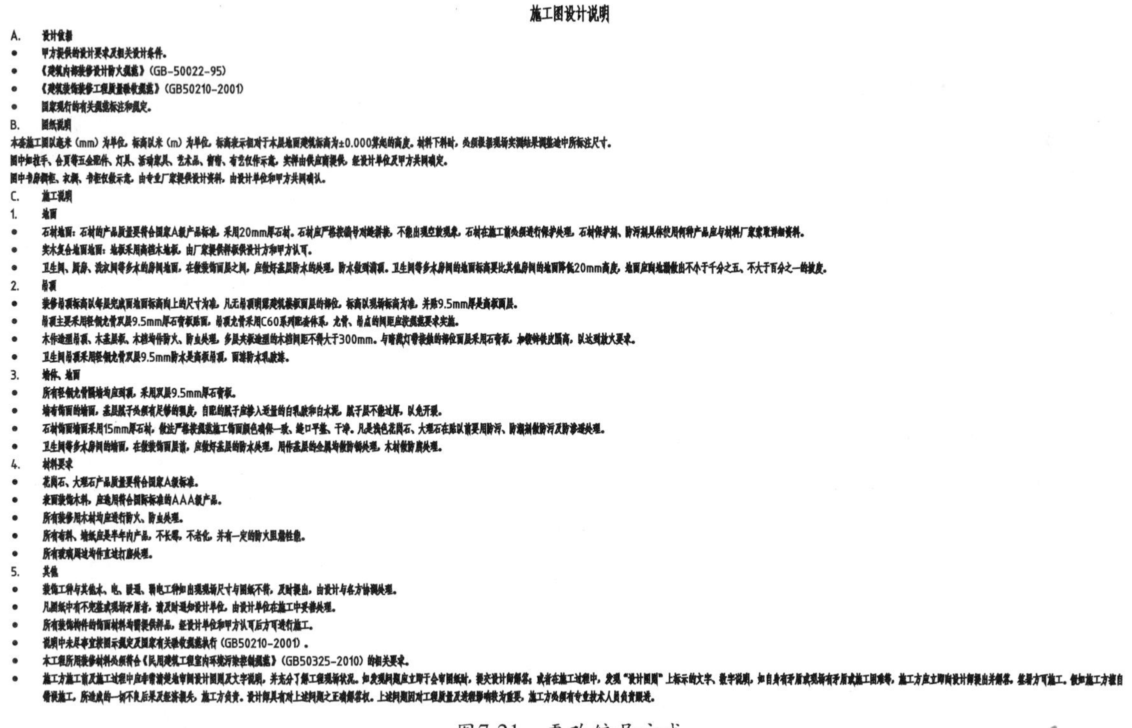

施工图设计说明

A. 设计依据

- 甲方提供的设计要求及相关设计条件。
- 《建筑内部装修设计防火规范》(GB-50022-95)
- 《建筑装饰装修工程质量验收规范》(GB50210-2001)
- 国家现行的有关规范标注和规定。

B. 图纸说明

本套施工图以毫米（mm）为单位，标高以米（m）为单位，标高表示相对于本层地面建筑标高为±0.000算起的高度。材料下料时，必须根据现场实测结果调整途中所标注尺寸。

图中如拉手、合页等五金配件、灯具、活动家具、艺术品、窗帘、布艺仅作示意，实样由供应商提供，经设计单位及甲方共同确定。

图中书房橱柜、衣橱、书柜仅做示意，由专业厂家提供设计资料，由设计单位和甲方共同确认。

C. 施工说明

1. 地面

- 石材地面：石材的产品质量要符合国家A级产品标准，采用20mm厚石材。石材应严格按编号对缝拼接，不能出现空鼓现象，石材在施工前必须进行保护处理，石材保护剂、防污剂具体使用何种产品应与材料厂家索取详细资料。
- 实木复合地面地面：地板采用高档木地板，由厂家提供样板供设计方和甲方认可。
- 卫生间、厨房、洗衣间等多水的房间地面，在做装饰面层之间，应做好基层防水的处理，防水做到满顶。卫生间等多水房间的地面标高要比其他房间的地面降低20mm高度，地面应向地漏做出不小于千分之五、不大于百分之一的坡度。

2. 吊顶

- 装修吊顶标高以每层完成面地面标高向上的尺寸为准，凡无吊顶明露建筑楼板面层的部位，标高以现场标高为准，并贴9.5mm厚是高板面层。
- 吊顶主要采用轻钢龙骨双层9.5mm厚石膏板贴面，吊顶龙骨采用C60系列配套体系，龙骨、吊点的间距应按规范要求实施。
- 木作造型吊顶、木基层板、木档均作防火、防虫处理，多层夹板造型的木档间距不得大于300mm。与暗藏灯带接触的部位面层采用石膏板，加做锌铁皮隔离，以达到放火要求。
- 卫生间吊顶采用轻钢龙骨双层9.5mm防水是高板吊顶，面涂防水乳胶漆。

3. 墙体、地面

- 所有轻钢龙骨隔墙均应到顶，采用双层9.5mm厚石膏板。
- 墙布饰面的墙面，基层腻子必须有足够的强度，自配的腻子应掺入适量的白乳胶和白水泥，腻子层不能过厚，以免开裂。
- 石材饰面墙面采用15mm厚石材，做法严格按规范施工饰面颜色确保一致、缝口平整、干净。凡是浅色花岗石、大理石在贴以前要用防污、防潮剂做防污及防渗透处理。
- 卫生间等多水房间的墙面，在做装饰面层前，应做好基层的防水处理，用作基层的金属均做防锈处理，木材做防腐处理。

4. 材料要求

- 花岗石、大理石产品质量要符合国家A级标准。
- 表面装饰木料，应选用符合国际标准的AAA级产品。
- 所有装修用木材均应进行防火、防虫处理。
- 所有布料、墙纸应是半年内产品，不长霉，不老化，并有一定的防火阻燃性能。
- 所有玻璃周边均作直边打磨处理。

5. 其他

- 装饰工种与其他水、电、暖通、弱电工种如出现现场尺寸与图纸不符，及时提出，由设计与各方协调处理。
- 凡图纸中有不完整或现场矛盾者，请及时通知设计单位，由设计单位在施工中妥善处理。
- 所有装饰构件的饰面材料均需提供样品，经设计单位和甲方认可后方可进行施工。
- 说明中未尽事宜按图示规定及国家有关验收规范执行（GB50210-2001）。
- 本工程所用装修材料必须符合《民用建筑工程室内环境污染控制规范》（GB50325-2010）的相关要求。
- 施工方施工前及施工过程中应非常清楚地审阅设计图则及文字说明，并充分了解工程现场状况。如发现问题应立即于会审图纸时，提交设计师解答；或者在施工过程中，发现“设计图则”上标示的文字、数字说明，如自身有矛盾或现场有矛盾或施工困难等，施工方应立即向设计师提出并解答。经解答方可施工。假如施工方擅自错误施工，所造成的一切不良后果及经济损失，施工方负责。设计师具有对上述问题之正确解答权。上述问题因对工程质量及进程影响较为重要，施工方必须有专业技术人员负责跟进。

图7-21 更改编号方式

05 选择主标题，更改它的高度为300；选择副标题，更改其字高为150，并单击“下划线”按钮 U，为标题添加下划线；选择“C.施工说明”下的子标题，更改其字高为120，完成室内装修说明文字的创建，结果如图7-22所示。

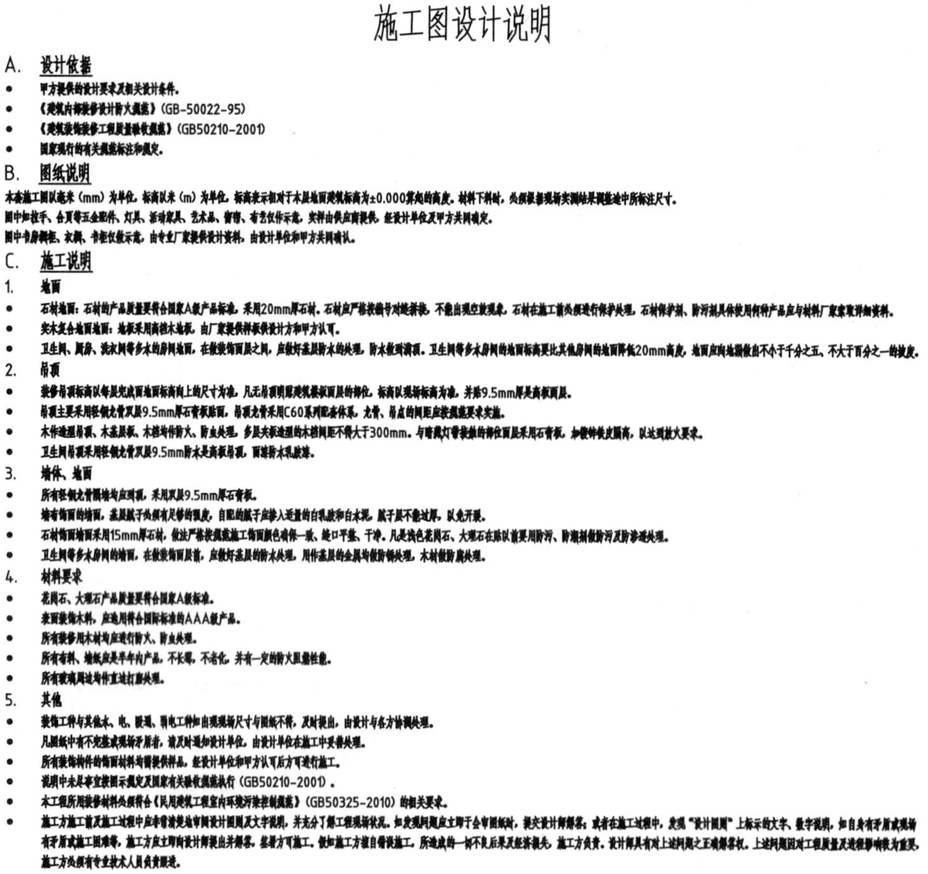

施工图设计说明

A. 设计依据
- 甲方提供的设计要求及相关设计条件。
- 《建筑内部装修设计防火规范》(GB-50022-95)
- 《建筑装饰装修工程质量验收规范》(GB50210-2001)
- 国家现行的有关规范标注和规定。

B. 图纸说明

本套施工图以毫米(mm)为单位，标高以米(m)为单位，标高表示相对于本层地面建筑标高为±0.000算起的高度。材料下料时，必须根据现场实测结果调整途中所标注尺寸。
图中如拉手、合页等五金配件、灯具、活动家具、艺术品、窗帘、布艺仅作示意，实样由供应商提供，经设计单位及甲方共同确定。
图中书房橱柜、衣橱、书柜仅做示意，由专业厂家提供设计资料，由设计单位和甲方共同确认。

C. 施工说明

1. 地面
- 石材地面：石材的产品质量要符合国家A级产品标准，采用20mm厚石材。石材应严格按编号对缝拼接，不能出现空鼓现象，石材在施工前必须进行保护处理，石材保护剂、防污剂具体使用何种产品应与材料厂家索取详细资料。
- 实木复合地面地面：地板采用高档木地板，由厂家提供样板供设计方和甲方认可。
- 卫生间、厨房、洗衣间等多水的房间地面，在做装饰面层之间，应做好基层防水的处理，防水做到满顶。卫生间等多水房间的地面标高要比其他房间的地面降低20mm高度，地面应向地漏做出不小于千分之五、不大于百分之一的坡度。

2. 吊顶
- 装修吊顶标高以每层完成面地面标高向上的尺寸为准，凡无吊顶明露建筑楼板面层的部位，标高以现场标高为准，并贴9.5mm厚单面板面层。
- 吊顶主要采用轻钢龙骨双层9.5mm厚石膏板贴面，吊顶龙骨采用C60系列配套体系，龙骨、吊点的间距应按规范要求实施。
- 木作造型吊顶、木基层板、木档均作防火、防虫处理，多层夹板造型的木档间距不得大于300mm。与暗藏灯带接触的部位面层采用石膏板，加做锌铁皮隔离，以达到防火要求。
- 卫生间吊顶采用轻钢龙骨双层9.5mm防水单面板吊顶，面涂防水乳胶漆。

3. 墙体、地面
- 所有轻钢龙骨隔墙均应到顶，采用双层9.5mm厚石膏板。
- 墙有饰面的墙面，基层腻子必须有足够的强度，自配的腻子应掺入适量的白乳胶和白水泥，腻子层不能过厚，以免开裂。
- 石材饰面墙面采用15mm厚石材，做法严格按规范施工饰面颜色确保一致、缝口平整、干净。凡是浅色花岗石、大理石在贴以前要用防污、防潮剂做防污及防渗透处理。
- 卫生间等多水房间的墙面，在做装饰面层前，应做好基层的防水处理，用作基层的金属均做防锈处理，木材做防腐处理。

4. 材料要求
- 花岗石、大理石产品质量要符合国家A级标准。
- 表面装饰木料，应选用符合国际标准的AAA级产品。
- 所有装修用木材均应进行防火、防虫处理。
- 所有布料、墙纸应是半年内产品，不长霉，不老化，并有一定的防火阻燃性能。
- 所有玻璃周边均作直边打磨处理。

5. 其他
- 装饰工种与其他水、电、暖通、弱电工种如出现现场尺寸与图纸不符，及时提出，由设计与各方协调处理。
- 凡图纸中有不完整或现场矛盾者，请及时通知设计单位，由设计单位在施工中妥善处理。
- 所有装饰构件的饰面材料均需提供样品，经设计单位和甲方认可后方可进行施工。
- 说明中未尽事宜按图示规定及国家有关验收规范执行(GB50210-2001)。
- 本工程所用装修材料必须符合《民用建筑工程室内环境污染控制规范》(GB50325-2010)的相关要求。
- 施工方施工前及施工过程中应非常清楚地审阅设计图则及文字说明，并充分了解工程现场状况。如发现问题应立即于会审图纸时，提交设计师解答；或者在施工过程中，发现“设计图则”上标示的文字、数字说明，如自身有矛盾或现场有矛盾或施工困难等，施工方应立即向设计师提出并解答，签署方可施工。假如施工方擅自错误施工，所造成的一切不良后果及经济损失，施工方负责。设计师具有对上述问题之正确解答权。上述问题因对工程质量及进程影响较为重要，施工方必须有专业技术人员负责跟进。

图7-22 创建室内装修说明文字

7.2 使用表格绘制图形

AutoCAD中的表格是在行、列中包含数据的对象，同时AutoCAD支持将表格链接至Microsoft Excel电子表格中的数据。表格常用来绘制门窗表、图纸目录等，本节介绍使用表格绘制图形的操作方法。

7.2.1 创建表格样式

调用“表格样式”目录，可以创建、修改或者指定表格样式。

1. 执行方式

★ 菜单栏：执行“格式”|“表格样式”命令。

★ 工具栏：单击“样式”工具栏上的“表格样式”按钮。

★ 命令行：在命令行中输入“TABLESTYLE”命令，并按下Enter键。

★ 功能区：单击“注释”面板上的“表格样式”按钮。

2. 操作步骤

调用“表格样式”命令，系统弹出图7-23所示的【表格样式】对话框。单击“新建”按钮，弹出图7-24所示的【创建新的表格样式】对话框，在其中设置新样式名称，单击“继续”按钮，可以在【新建表格样式】对话框中对样式参数进行设置。

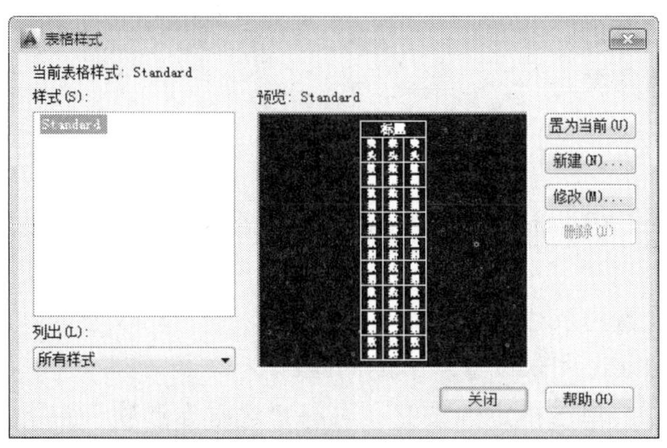

图7-23 【表格样式】对话框

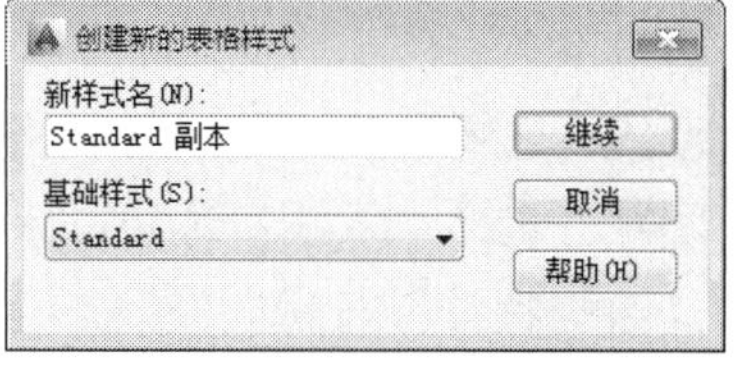

图7-24 【创建新的表格样式】对话框

【新建表格样式：Standard副本】对话框如图7-25所示，用来设置表格样式的各项参数，其中各选项含义如下。

★ 表格方向：在该选项列表中提供了两种表格方向，分别是“向下”、“向上”。

★ 单元样式：在选项列表中提供了3种单元样式，分别为标题、表头、数据。

（1）“常规”选项卡

★ 填充颜色：设置单元格的背景颜色。

★ 对齐：设置单元格文字的对齐方式。

★ 格式：用来为表格中的“数据”、“列标题”、“标题”设置数据类型和格式。单击右侧的矩形按钮，弹出图7-26所示的【表格单元格式】对话框，在其中可定义格式选项。

★ 类型：提供单元的类型，分别为“标签”或“数据”。

★ “水平”文本框：其中的参数代表单元格中的文字或块与左右单元格边界之间的距离。

★ “垂直”文本框：其中的参数代表单元格中的文字或块与上下单元格边界之间的距离。

★ 创建行/列时合并单元：选择该项，可将当前单元样式创建的所有新行或新列合并为一个单元，以创建表格标题行。

★ “单元样式预览”窗口：实时预览参数的设置效果。

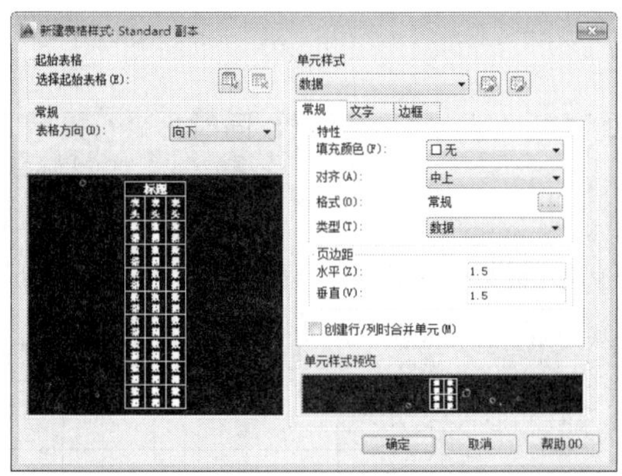

图7-25 【新建表格样式：Standard副本】

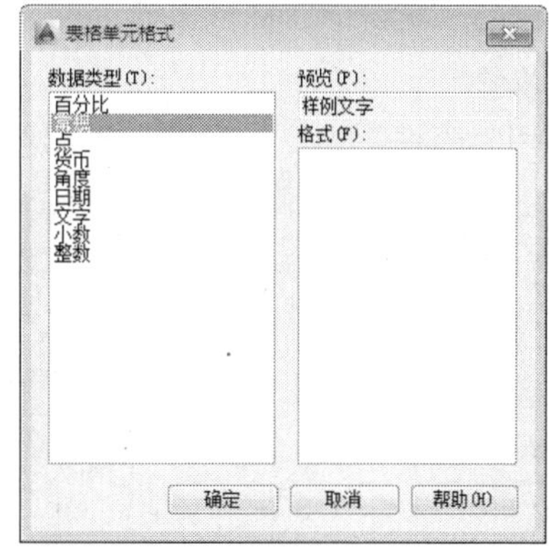

图7-26 【表格单元格式】对话框

（2）“文字”选项卡

如图7-27所示，其中各选项含义如下所述。

★ 文字样式：在列表中显示了系统默认的或者用户自定义的文字样式。单击右侧的“矩形”按钮，可弹出【文字样式】对话框，可实时新建文字样式并使用到表格样式中去。

★ 文字高度：设置文字在表格中的高度。假如选择用户自定义的文字样式，则该项暗显，文字高度需要到【文字样式】对话框中去设置。

★ 文字颜色：设置文字在单元格中的显示颜色。

★ 文字角度：设置文字在单元格中的旋转角度。

（3）“边框”选项卡

如图7-28所示，其中各选项含义如下。

★ “线宽”、“线型”、“颜色”选项：这3个选项分别用来设置表格边框的线宽、线型及边框颜色。

★ 双线：选择该项，可以将表格的边框设置为双线。

★ 间距：选择“双线”选项，该选项被激活，用来设置双线的间距。

★ “边框特性”按钮：单击指定的按钮，可将“边框”选项卡中所设定的线宽、线型等特性应用到指定的边框。

图7-27 “文字”选项卡

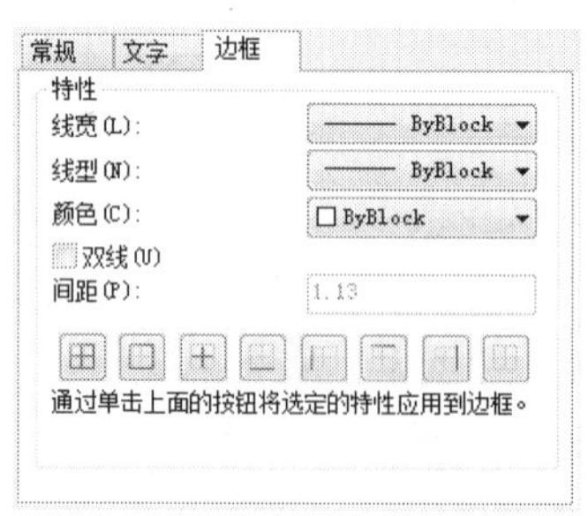

图7-28 “边框”选项卡

7.2.2 绘制表格

调用“表格”命令，可以创建新的空白表格对象。

1. 执行方式

★ 菜单栏：执行“绘图”|“表格”命令。

★ 工具栏：单击“绘图”工具栏上的“表格”按钮。

★ 命令行：在命令行中输入“TABLE/TAB”命令，并按下Enter键。

★ 功能区：单击“注释”面板上的“表格”按钮。

2. 操作步骤

调用“表格”命令，系统弹出图7-29所示的【插入表格】对话框，同时命令行提示如下：

```
命令： TABLE1
指定第一个角点：
指定第二角点：                //单击"确定"按钮关闭对话框，分别指定表格的两个对角点，
                              完成表格的创建，结果如图7-30所示
```

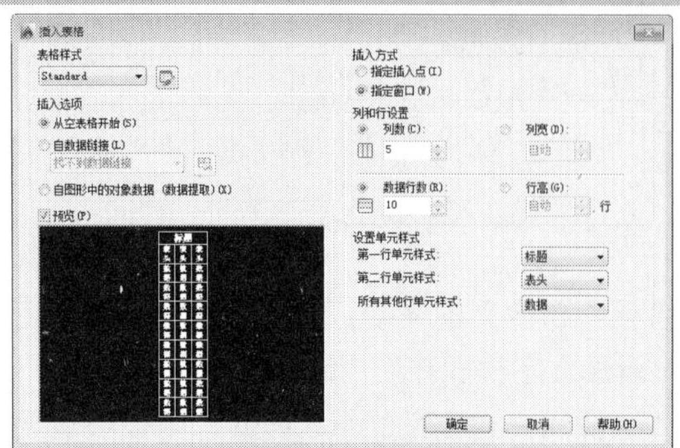

图7-29 【插入表格】对话框

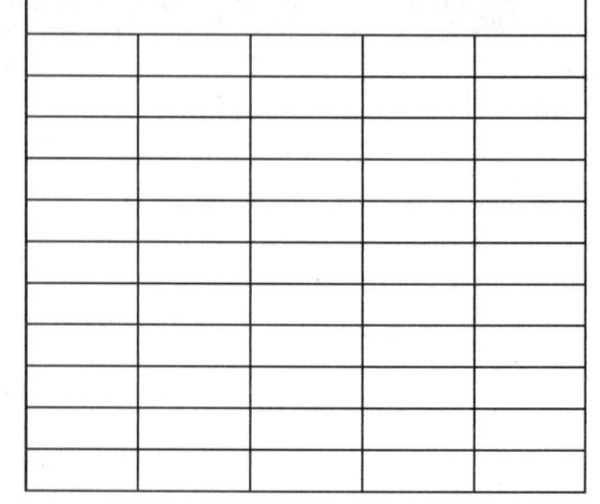

图7-30 创建表格

【插入表格】对话框中各选项含义如下。

★ 表格样式：在列表中显示了系统默认的表格样式及用户自定义的表格样式。单击右侧的“表格样式”按钮，可打开【表格样式】对话框来重新定义表格样式。

★ 从空表格开始：选择该项，可创建新的空白表格。

★ 自数据链接：选择该项，可从外部电子表格，比如Microsoft Office Excel中的数据来创建表格。

★ 自图形中的对象数据（数据提取）：选择该项，单击右下方的“确定”按钮，可启动“数据提取”向导。

★ “预览”窗口：实时预览参数的设置效果。

★ 指定插入点：选择该项，单击“确定”按钮，在绘图区中指定插入点即可创建表格。

★ 指定窗口：选择该项，在绘图区中分别指定两个对角点来创建表格。

★ “列数”、“列宽”选项：在选项中分别设置列的数目及列的宽度值。

★ “数据行数”、“行高”选项：在选项中分别设置数据行的数目及行的高度值，这两个选项参数所产生的结果仅影响数据行，对“标题”及“表头”无效。

★ 第一行单元样式：在其中设置表格中第一行的单元样式，系统默认选择“标题”单元样式。

★ 第二行单元样式：在其中设置表格中第二行的单元样式，系统默认选择“表头”单元样式。

★ 所有其他行单元样式：在其中设置表格中其他行的单元样式，系统默认选择“数据”单元样式。

7.2.3 编辑表格

AutoCAD提供了两种编辑表格的方式，分别是“使用夹点编辑表格”、使用“表格单元”选项卡、使用“表格工具栏”。

1. 使用夹点编辑表格

选中表格，在表格上会显示各种夹点，如图7-31所示；单击激活夹点，可以对表格执行编辑操作，比如移动表格、拉伸表格的宽度，或者调整列宽等。

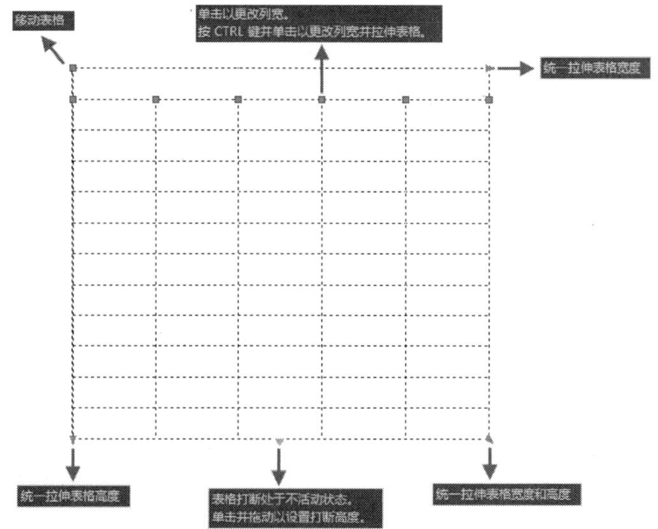

图7-31 使用夹点编辑表格

2. 使用“表格单元”选项卡编辑表格

在“草图注释”工作空间中，选中表格，单击选中表格中的某个单元格，可显示“表格单元”选项卡，如图7-32所示。

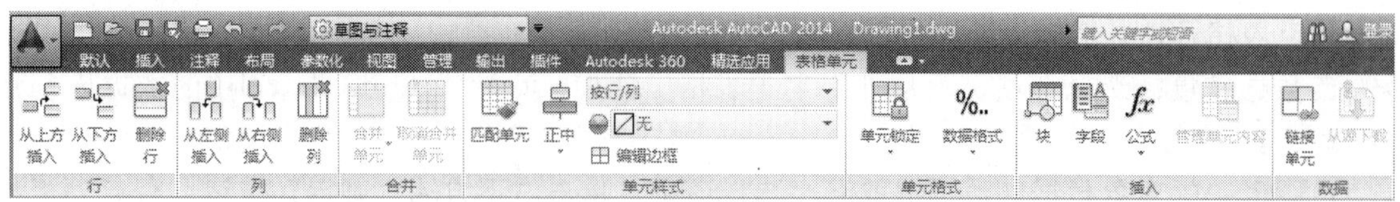

图7-32 “表格单元”选项卡

使用该选项卡中的工具可以对表格执行编辑操作，其中各工具选项含义如下。

★ “从上方插入”按钮、“从下方插入”按钮：单击按钮，可在选中的单元格上方或下方插入新行。

★ “删除行”按钮：单击按钮，可删除被选中单元格所在的行。

★ “从左侧插入”按钮、“从右侧插入”按钮：单击按钮，可在所选单元格的左边、右边插入新列。

★ “删除列”按钮：单击按钮，可删除被选中单元格所在的列。

★ “合并单元”按钮：单击按钮，可合并被选中的单元格，如图7-33所示。

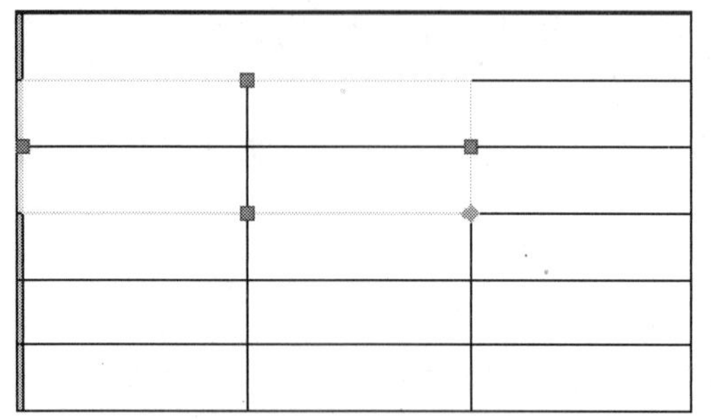
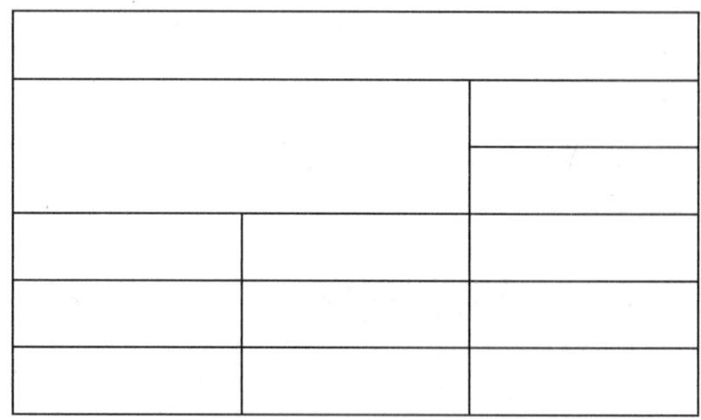

图7-33 合并单元

★ “按行合并”按钮：单击按钮，以合并为整行的方式编辑所选的单元格，如图7-34所示。

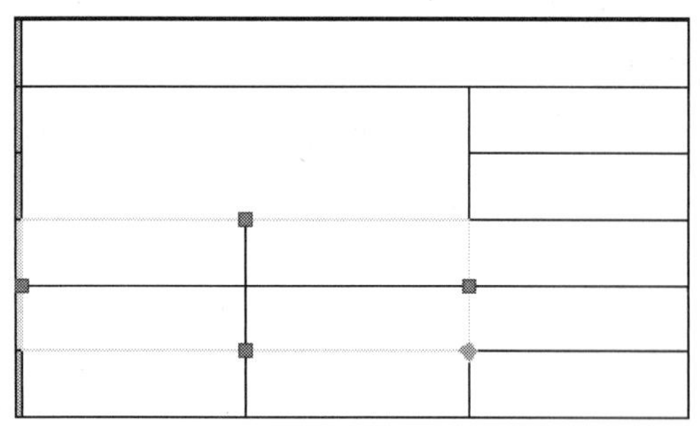
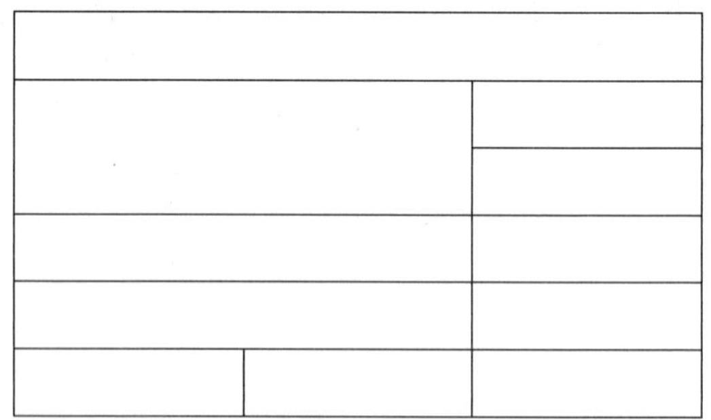

图7-34 按行合并

★ “按列合并”按钮：单击按钮，以合并整列的方式编辑所选的单元格，如图7-35所示。

★ “取消合并单元”按钮：单击按钮，可取消单元格的合并操作。

★ “匹配单元”按钮：该按钮用于单元格的匹配操作。

★ “正中”按钮：单击按钮，可以弹出单元格对齐方式列表，其他可供选择的对齐方式还有“左上”、“中上”、“右上”等，如图7-36所示。

★ “单元锁定”按钮：该按钮用来锁定单元格的内容或方式。在其下拉列表中可选择锁定的内容或格式，锁定后单元格的内容不能被修改。

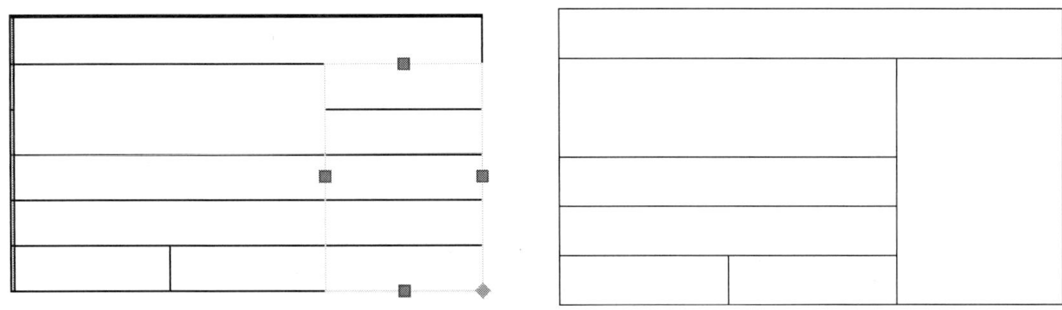

图7-35 按列合并

★ “数据格式”按钮%..：该按钮用来设置单元格数据格式，例如角度、货币、日期等，如图7-37所示。

★ “块”按钮：单击按钮，弹出【在表格中插入块】对话框，用来在单元格内插入块。

★ “插入字段”按钮：单击按钮，弹出【字段】对话框，用来在单元格中插入字段。

★ “公式”按钮 fx：单击按钮，可以使用公式来计算单元格数据，比如求和、求平均值等，如图7-38所示。

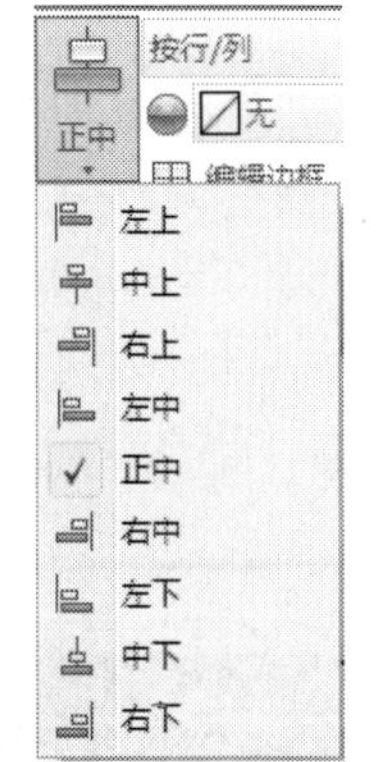

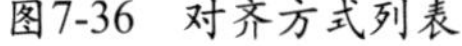

图7-36 对齐方式列表

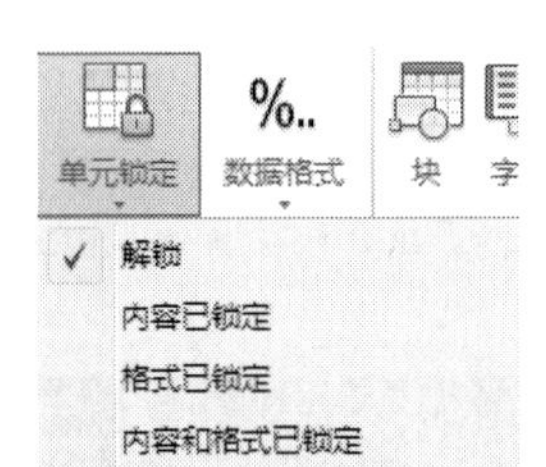

图7-37 “单元锁定”列表

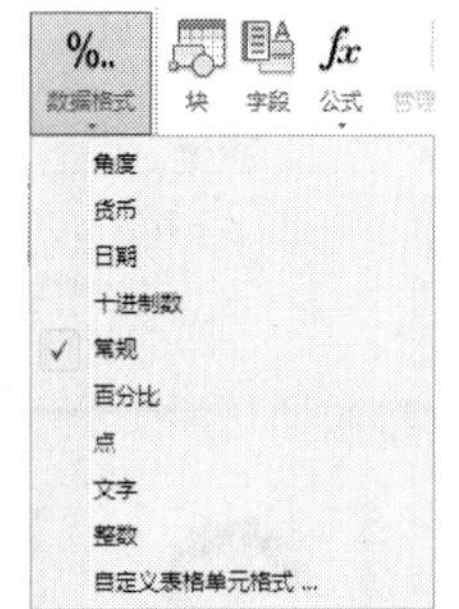

图7-38 “数据格式”列表

3.使用“表格工具栏”编辑工具栏

在“AutoCAD经典”工作空间中，单击选中单元格，系统弹出图7-39所示“表格”工具栏。在工具栏中提供了编辑表格的工具，其具体含义请参照上一小节的叙述。

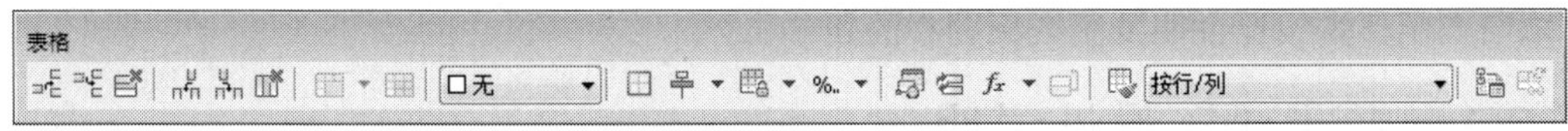

图7-39 “表格”工具栏

7.2.4 实战——绘制建筑图纸目录

图纸目录详细说明整套施工图所包含的图纸种类、图纸的页码，可方便用户查阅指定的图纸。使用“表格”目录，可以快速地绘制图纸目录。本章介绍建筑图纸目录的绘制方法。

01 调用TAB【表格】命令，在弹出的【插入表格】对话框中选择表格插入方式为“指定窗口”，设置列数为5，行数为11；在绘图区中单击指定表格的对角点，即可创建新的空白表格。

02 双击单元格，进入文字编辑器，输入图纸目录标题文字，结果如图7-40所示。

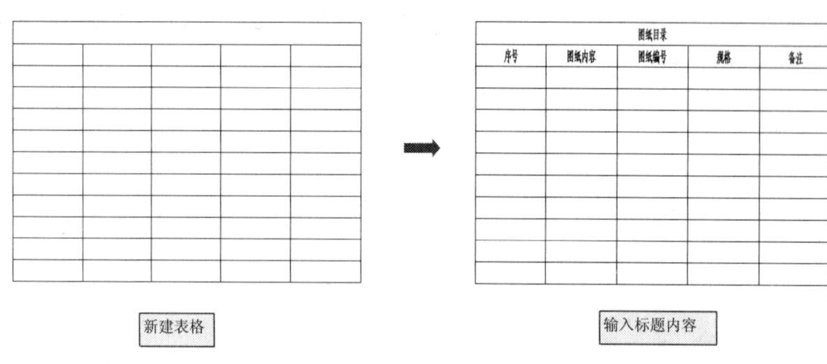

图7-40　输入图纸目录标题文字

03 继续在表格中输入图纸目录内容，输入完成后退出文字在位编辑器。

04 选择表格，激活表格的夹点以调整表格的列宽，即可完成建筑图纸目录（部分）的绘制，如图7-41所示。读者可沿用本节介绍的方法，来自行绘制其他楼层的图纸目录表。

图纸目录				
序号	图纸内容	图纸编号	规格	备注
1	图纸目录		A3	
2	各部位材料说明	CL-01	A3	
3	施工工艺说明	SM-01	A3	
4	一层平面布置图	1P-01	A3	
5	一层隔墙放线图	1P-02	A3	
6	一层天花布置图	1P-03	A3	
7	一层地面材料图	1P-04	A3	
8	一层天花放线图	1P-05	A3	
9	一层灯具放线图	1P-06	A3	
10	一层墙面材料图	1P-07	A3	
11	一层家具尺寸图	1P-08	A3	

输入表格内容

图纸目录				
序号	图纸内容	图纸编号	规格	备注
1	图纸目录		A3	
2	各部位材料说明	CL-01	A3	
3	施工工艺说明	SM-01	A3	
4	一层平面布置图	1P-01	A3	
5	一层隔墙放线图	1P-02	A3	
6	一层天花布置图	1P-03	A3	
7	一层地面材料图	1P-04	A3	
8	一层天花放线图	1P-05	A3	
9	一层灯具放线图	1P-06	A3	
10	一层墙面材料图	1P-07	A3	
11	一层家具尺寸图	1P-08	A3	

调整列宽

图7-41　建筑图纸目录（部分）

7.3 综合实战

在绘制建筑图纸时，建筑设计说明及图纸的标题栏是需要制图人员来完成绘制的。在遇到这类图形的绘制时，可以分别调用“多行文字”命令及“表格”命令来完成。

本节介绍建筑设计说明及图纸标题栏的绘制。

7.3.1　书写建筑设计说明

建筑设计图纸集中的建筑设计说明必不可少，因为设计说明可以提供关于图纸的诸多说明，比如施工工艺、材料用法、设计依据等。本节介绍建筑设计说明的绘制方法。

01 调用MT【多行文字】命令，在绘图区中指定对角点以打开文字编辑器；在编辑器内输入建筑设计说明的标题及正文内容，结果如图7-42所示。

02 选择主标题，将其字高设置为200，对正方式为“居中”；选择副标题，设置字高为150，倾斜角度为15°，并为其添加下划线；选择副标题下的子标题，设置其字高为120，编号方式为“以数字标记”，操作结果如图7-43所示。

03 选择“1.铺地台底垫法、2.铺墙面挂件法”子标题下的正文内容，设置其编号方式为“以项目符号标记”，单击“确定”按钮，关闭【文字格式】对话框，完成建筑说明文字的创建，结果如图7-44所示。

江苏徐州某办公楼室内装饰设计工程一般施工说明
A.总则
一般要求
在阅读这份施工说明的时候必须同时参阅招标文件和建筑师{指在合同中被命名为负责该项目的建筑师事务所(建筑设计院)或该事务所(建筑设计院)的代表人物}的总技术指示要求，如发现这份施工说明与建筑师的总技术指标要求有任何矛盾或不一致的地方，承包商或供应商应及时向设计师提出并接受指导。
材料与工艺质量
材料与工艺质量必须是高水准的而且必须反映工程的重要性，所有材料家具和安装工程均要求以“达到目的或标准”为原则。
材料
在材料方面，必须是高质量的新材料.除非特别说明，材料必须符合中国人民共和国标准，英国标准(编号B:S)或美国材料测试标准(编号:ASTM)。
工艺质量
在工艺要求方面,施工应由熟练的技术工人承当，除非特别说明，工艺要求必须符合国际认可的标准规范。
尺寸
图纸中所标注的或没有标注的尺寸均不能用比例尺去度量。所有尺寸，特别是标在图纸中的尺寸都必须与承包商的现场测量图纸核对.如果发现任何不同之处，承包商应马上通知设计师。

B.工程一般规范说明
铺地台底垫法
彻底清洗石板或防水
敷放紧密的混合料垫层。用料为：一份水泥，五份细砂，十分之一熟石灰(以体积计)或可用石灰。
在垫层还处于可塑状态时放钢筋加固网。
留心使之处于垫层的中心平面内，并使之完全包封起来。
在需要的地方用网式整平器和泥刀将垫层彻底压紧。
用样板刮平至一定水平和成斜面。
用最少的水进行和易性拌合。
在底垫达到其初始状态前施放石块。
用浮飘法安放石块并且将之压入均匀平面固定 。
确保接缝六毫米以内宽,及保持同一直线，平面于角度。
令灰浆至少养护24小时才加填缝料。
用勾缝灰将缝，填孔隙，用工具将表面加工成平头接合。
铺墙面挂件法
水泥砂浆，准备工夫及操作过程基本与地台法一样。
实际上云石主要靠钩固定在墙上，水泥砂浆只能起辅助作用。
云石钩应由铜或不锈钢造，以防锈蚀。
每件云石在不露光位置钻孔加钩。
在墙上浇水湿润，用水泥抹在石底及墙上方可铺放。

图7-42 输入标题及正文内容

江苏徐州某办公楼室内装饰设计工程一
般施工说明

A.总则

1. 一般要求

在阅读这份施工说明的时候必须同时参阅招标文件和建筑师{指在合同中被命名为负责该项目的建筑师事务所(建筑设计院)或该事务所(建筑设计院)的代表人物}的总技术指示要求，如发现这份施工说明与建筑师的总技术指标要求有任何矛盾或不一致的地方，承包商或供应商应及时向设计师提出并接受指导。

2. 材料与工艺质量

材料与工艺质量必须是高水准的而且必须反映工程的重要性，所有材料家具和安装工程均要求以“达到目的或标准”为原则。

3. 材料

在材料方面，必须是高质量的新材料.除非特别说明，材料必须符合中国人民共和国标准，英国标准(编号B:S)或美国材料测试标准(编号:ASTM)。

4. 工艺质量

在工艺要求方面,施工应由熟练的技术工人承当，除非特别说明，工艺要求必须符合国际认可的标准规范。

5. 尺寸

图纸中所标注的或没有标注的尺寸均不能用比例尺去度量。所有尺寸，特别是标在图纸中的尺寸都必须与承包商的现场测量图纸核对.如果发现任何不同之处，承包商应马上通知设计师。

B.工程一般规范说明

1. 铺地台底垫法

彻底清洗石板或防水
敷放紧密的混合料垫层。用料为：一份水泥，五份细砂，十分之一熟石灰(以体积计)或可用石灰。
在垫层还处于可塑状态时放钢筋加固网。
留心使之处于垫层的中心平面内，并使之完全包封起来。
在需要的地方用网式整平器和泥刀将垫层彻底压紧。
用样板刮平至一定水平和成斜面。
用最少的水进行和易性拌合。
在底垫达到其初始状态前施放石块。
用浮飘法安放石块并且将之压入均匀平面固定 。
确保接缝六毫米以内宽,及保持同一直线，平面于角度。
令灰浆至少养护24小时才加填缝料。
用勾缝灰将缝，填孔隙，用工具将表面加工成平头接合。

2. 铺墙面挂件法

水泥砂浆，准备工夫及操作过程基本与地台法一样。
实际上云石主要靠钩固定在墙上，水泥砂浆只能起辅助作用。
云石钩应由铜或不锈钢造，以防锈蚀。
每件云石在不露光位置钻孔加钩。
在墙上浇水湿润，用水泥抹在石底及墙上方可铺放。

图7-43 更改标题格式

江苏徐州某办公楼室内装饰设计工程一
般施工说明

A.总则

1. 一般要求

在阅读这份施工说明的时候必须同时参阅招标文件和建筑师{指在合同中被命名为负责该项目的建筑师事务所(建筑设计院)或该事务所(建筑设计院)的代表人物}的总技术指示要求，如发现这份施工说明与建筑师的总技术指标要求有任何矛盾或不一致的地方，承包商或供应商应及时向设计师提出并接受指导。

2. 材料与工艺质量

材料与工艺质量必须是高水准的而且必须反映工程的重要性，所有材料家具和安装工程均要求以“达到目的或标准”为原则。

3. 材料

在材料方面，必须是高质量的新材料.除非特别说明，材料必须符合中国人民共和国标准，英国标准(编号B:S)或美国材料测试标准(编号:ASTM)。

4. 工艺质量

在工艺要求方面,施工应由熟练的技术工人承当，除非特别说明，工艺要求必须符合国际认可的标准规范。

5. 尺寸

图纸中所标注的或没有标注的尺寸均不能用比例尺去度量。所有尺寸，特别是标在图纸中的尺寸都必须与承包商的现场测量图纸核对.如果发现任何不同之处，承包商应马上通知设计师。

B.工程一般规范说明

1. 铺地台底垫法

- 彻底清洗石板或防水
- 敷放紧密的混合料垫层。用料为：一份水泥，五份细砂，十分之一熟石灰(以体积计)或可用石灰。
- 在垫层还处于可塑状态时放钢筋加固网。
- 留心使之处于垫层的中心平面内，并使之完全包封起来。
- 在需要的地方用网式整平器和泥刀将垫层彻底压紧。
- 用样板刮平至一定水平和成斜面。
- 用最少的水进行和易性拌合。
- 在底垫达到其初始状态前施放石块。
- 用浮飘法安放石块并且将之压入均匀平面固定 。
- 确保接缝六毫米以内宽,及保持同一直线，平面于角度。
- 令灰浆至少养护24小时才加填缝料。
- 用勾缝灰将缝，填孔隙，用工具将表面加工成平头接合。

2. 铺墙面挂件法

- 水泥砂浆，准备工夫及操作过程基本与地台法一样。
- 实际上云石主要靠钩固定在墙上，水泥砂浆只能起辅助作用。
- 云石钩应由铜或不锈钢造，以防锈蚀。
- 每件云石在不露光位置钻孔加钩。
- 在墙上浇水湿润，用水泥抹在石底及墙上方可铺放。

图7-44 创建建筑说明文字

7.3.2 绘制建筑制图标题栏

标题栏一般位于图纸幅面的右下角，用来注明关于图纸的信息，比如图纸所绘的建筑物名称、设计单位信息、图号、图名信息等。本节介绍建筑制图标题栏的绘制方法。

01 创建表格样式。执行“格式”|“表格样式”命令，系统弹出【表格样式】对话框；单击右侧的“新建”按钮，在【创建新的表格样式】对话框中设置新样式名称，如图7-45所示。

02 单击“继续”按钮，系统弹出【新建表格样式：建筑表格】对话框，在其中分别选择“常规”选项卡、“文字”选项卡进行参数设置，如图7-46所示。

03 单击“确定”按钮返回【表格样式】对话框，单击右侧的“置为当前”按钮，将新样式置为当前正在使用的样式，单击“关闭”按钮关闭对话框，以完成表格样式的创建。

图7-45 设置新样式名称

图7-46 参数设置

04 调用TAB【表格】命令，在弹出的【插入表格】对话框中选择表格的“插入方式”为“指定窗口”，“列数”为3，“数据行数”为3，创建表格的结果如图7-47所示。

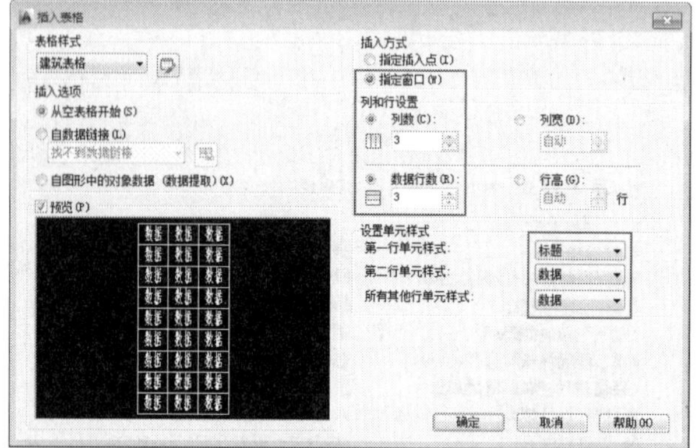

图7-47 插入表格

05 选择表格单元格，弹出“表格”工具栏，使用“全部合并”方式对单元格执行合并操作；双击单元格，进入文字编辑器，输入文字内容，结果如图7-48所示。

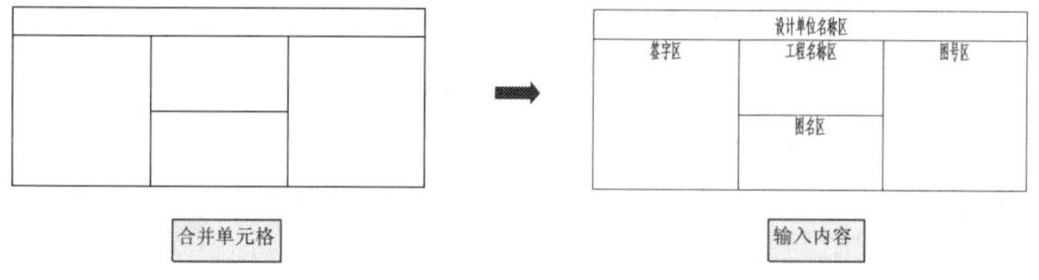

图7-48 输入文字内容

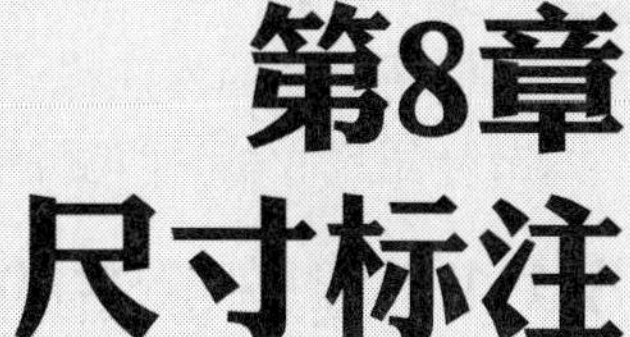

第8章 尺寸标注

尺寸标注与文字标注一起为图纸提供注释说明。其中尺寸标注用来标示图形的长宽高尺寸，文字标注则用来解释图形的属性信息。

本章介绍尺寸标注样式的创建及各类尺寸标注的绘制方法。

8.1 标注样式

标注样式用来定义尺寸界线、尺寸线、标注文字、符号及箭头的样式或大小，使用相同的标注样式来绘制尺寸标注，可保持图纸的统一性。

本节介绍尺寸标注样式的创建方法。

8.1.1 建筑标注的规定

在2010年开始实行的《房屋建筑制图统一标准》（GB50001-2010）中对尺寸标注的画法做了明确的规定，本小节摘录其中的要点进行介绍。

1. 尺寸界线、尺寸线及尺寸起止符号

图纸上所标注的尺寸，应包括尺寸界线、尺寸线、尺寸起止符号及尺寸数字，如图8-1所示。

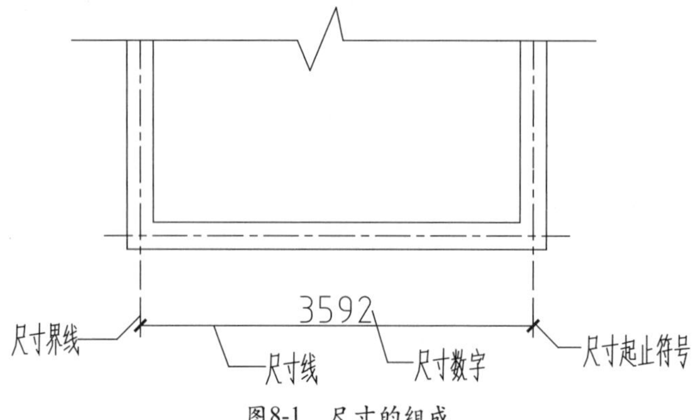

图8-1 尺寸的组成

尺寸界线宜使用细实线来绘制，并与被标注长度垂直；其中一端离开图样轮廓线不应小于2mm，另一端宜超出尺寸线2mm~3mm，如图8-2所示。图形的轮廓线也可用作尺寸界线。

尺寸线应用细实线绘制，宜与被标注长度平行。但图形本身的任何图线不得用作尺寸线。

尺寸起止符号宜用中粗短斜线来绘制，其倾斜方向与尺寸界线成顺时针45°角，长度宜为2mm~3mm。半径、直径、角度与弧长的尺寸起止符号宜使用箭头来表示，如图8-3所示。

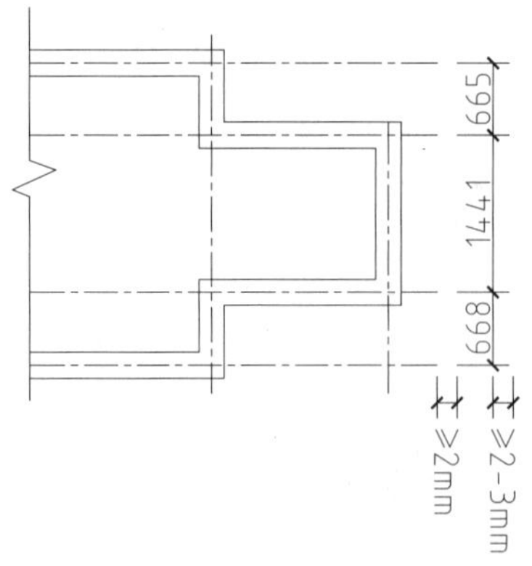

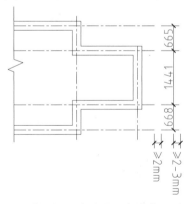

图8-2 尺寸界线规定画法

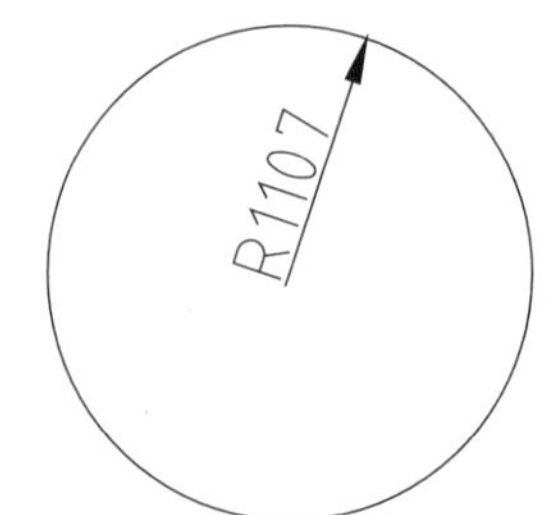

图8-3 半径标注规定画法

2. 尺寸数字

图形上的尺寸不得从图上直接量取，应以尺寸数字为准。

图形上的尺寸单位，除了标高、总平面图以米为单位之外，其他的均以毫米为单位。

尺寸数字的方向，宜按图8-4（a）所示的规定来绘制。假如尺寸数字在30°斜线区内，也

可按照图8-4（b）所示的形式来绘制。

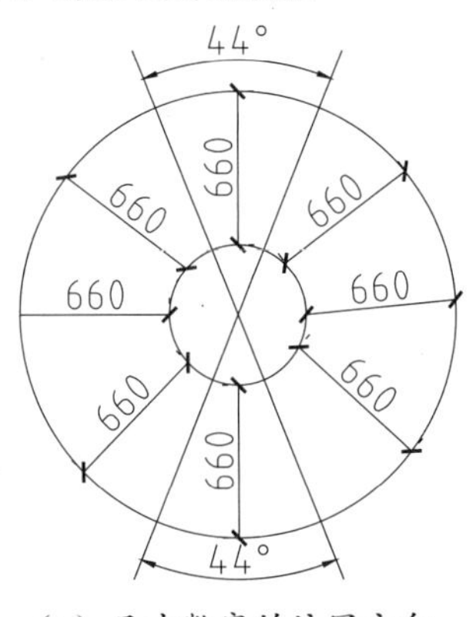

（a）尺寸数字的注写方向

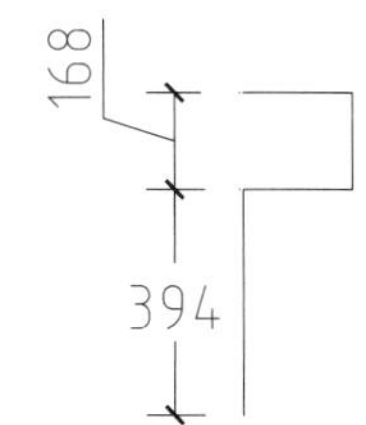

（b）尺寸数字的注写方向

图8-4 注写方向规定

尺寸数字应根据其方向注写在靠尺寸线的上方中部。假如没有足够的注写位置，最外边的尺寸数字可注写在尺寸界线的外侧，中间相邻的尺寸数字可上下错开来注写，引出线的端部使用圆点来表示尺寸的位置，如图8-5所示。

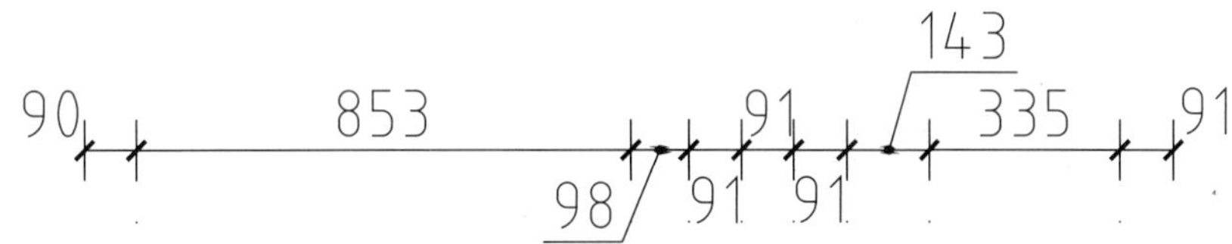

图8-5 尺寸数字的注写位置

3. 尺寸的排列与布置

尺寸应绘制在图形轮廓线之外，不应与图线、文字、符号等相交，如图8-6所示。

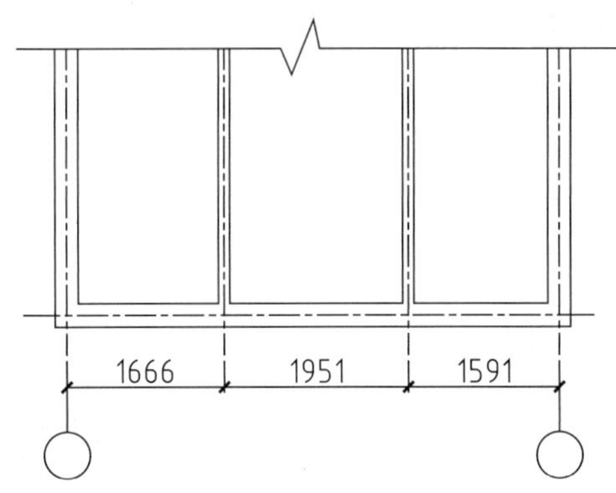

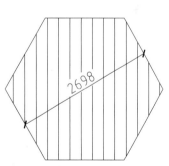

图8-6 尺寸数字的注写

相互平行的尺寸线，宜从被注写的图样轮廓线由近向远排列，较小的尺寸标注离轮廓线较近，较大的尺寸标注离轮廓线较远。

图形轮廓线以外的尺寸线，距图样最外轮廓线之间的距离不应小于10mm。平行排列的尺寸线的间距，应为7mm~10mm，宜保持一致。总尺寸的尺寸界线宜靠近所指的部位，中间的分尺寸的尺寸界线可稍微短些，但是长度应该保持相等，如图8-7所示。

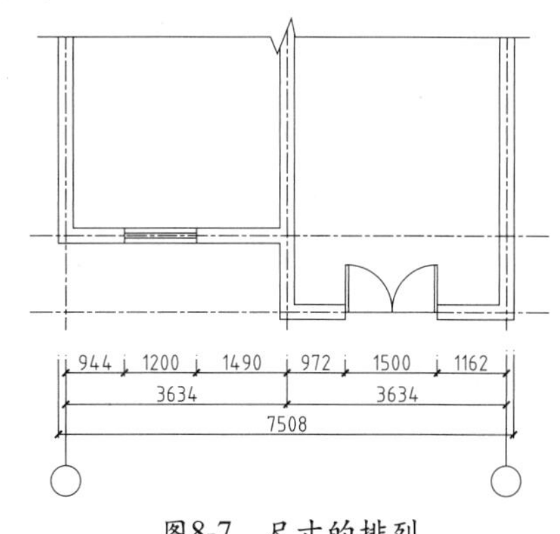

图8-7 尺寸的排列

8.1.2 创建标注样式

调用“标注样式”命令，可以创建或修改尺寸标注样式。

1. 执行方式

★ 菜单栏：执行“格式”|“标注样式”命令。

★ 工具栏：单击“样式”工具栏或者“标注”工具栏上的“标注样式”按钮。

★ 命令行：在命令行中输入“DIMSTYLE/D”命令，并按下Enter键。

★ 功能区：单击“注释”面板上的“标注样式”按钮。

2. 操作步骤

调用“标注样式”命令，系统弹出图8-8所示的【标注样式管理器】对话框。单击右侧的“新建”按钮，在弹出的【创建新的标注样式】对话框中设置新样式的名称为“箭头标注样式”，如图8-9所示；单击“继续”按钮，即可创建一个新的尺寸标注样式。

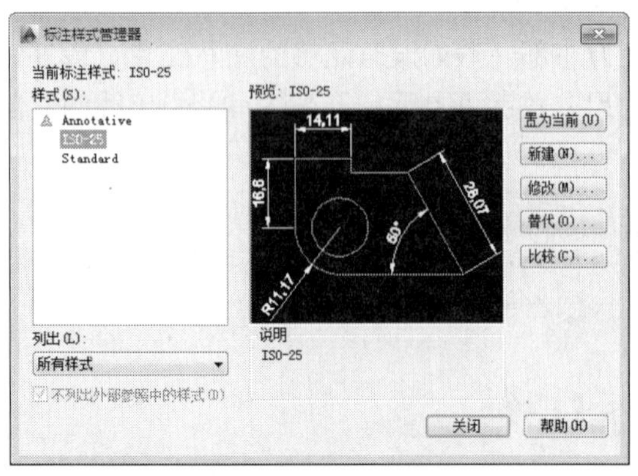

图8-8 【标注样式管理器】对话框

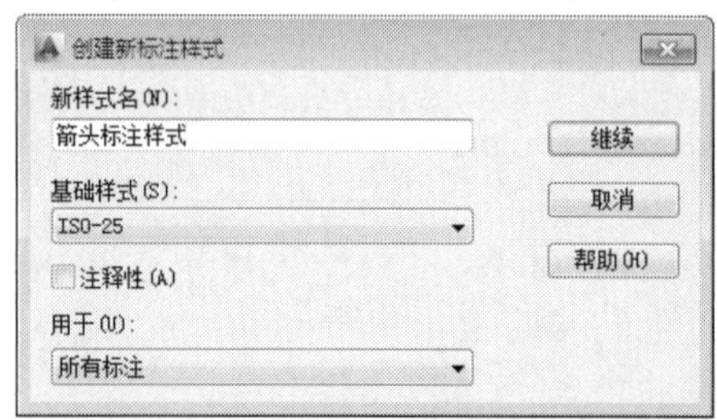

图8-9 【创建新的标注样式】对话框

在关闭【创建新标注样式】对话框后，此时可弹出【新建标注样式：箭头标注样式】对话框。在该对话框中可完成设置或修改标注样式的操作，一共由7个选项卡组成，在下一节会详细介绍各选项卡中各参数选项的含义。

选中“符号和箭头”选项卡，设置箭头样式为“实心闭合”，箭头大小为5。选择“文字”选项卡，设置文字高度值为50，“从尺寸线偏移”距离为3，结果如图8-10所示。

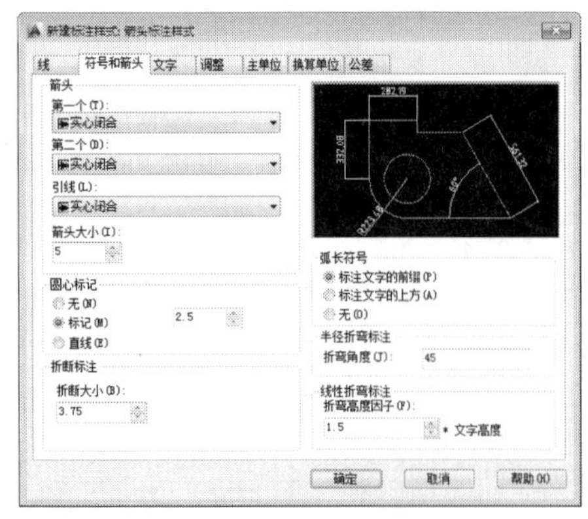

“符号和箭头”选项卡

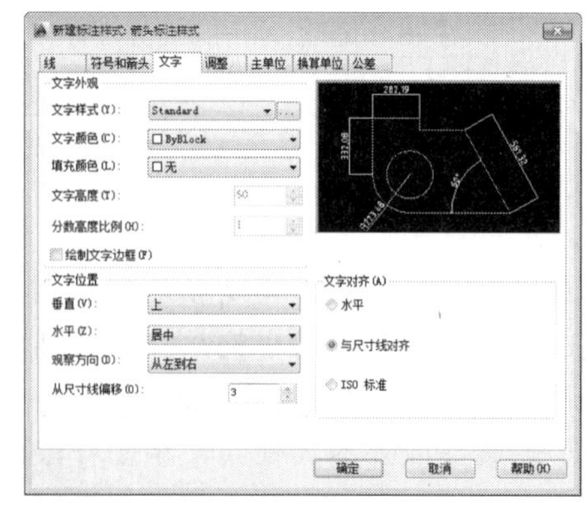

“文字”选项卡

图8-10 设置参数

选择“主单位”选项卡，在其中选择“单位格式”为小数，“精度”为0，如图8-11所示。

单击“确定”按钮，关闭【新建标注样式：箭头标注样式】对话框，返回【样式标注管理器】对话框中；选择“箭头标注样式”，单击右侧的“置为当前”按钮，可将新标注样式置为当前正在使用的样式。

执行“尺寸标注”命令，可查看样式的设置结果，如图8-12所示。

“线”、“符号和箭头”、“文字”、“主单位”选项卡中的参数经常用来设置尺寸标注样式，其他的选项卡比较少用，因此在书中就不赘述了。

图8-11 “主单位”选项卡

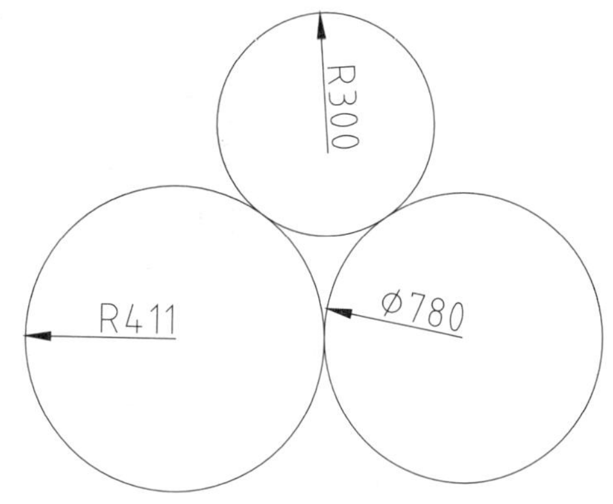

图8-12 设置结果

8.1.3 修改标注样式

尺寸标注样式通过【标注样式管理器】对话框可以对其进行编辑修改，本节介绍【修改标注样式：XXXX】对话框中各参数选项的含义。以使用户通过了解这些参数选项的含义，来完成对标注样式的修改。

以系统默认的ISO-25标注样式为例，介绍【修改标注样式：ISO-25】对话框中各选项的含义。

1. “线”选项卡

在“线”选项卡中包含“尺寸线”及“尺寸界线”两个选项组，如图8-13所示，用来设置标注样式中的尺寸线及尺寸界线的特性。

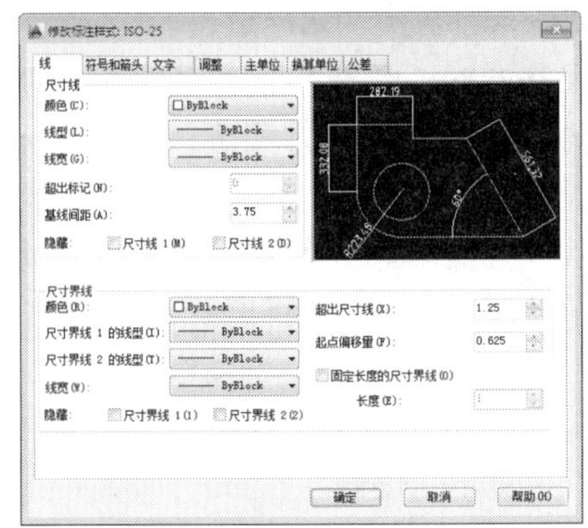

图8-13 “线”选项卡

（1）“尺寸线”选项组

★ 颜色/线型/线宽：在各选项列表中可以分别设置尺寸线的颜色、线型、线宽参数。

★ 超出标记：在箭头使用倾斜、建筑标记及无标记时，该选项用来设置尺寸线超过尺寸界线的距离。

★ 基线间距：选项中的参数代表基线标注的尺寸线之间的距离。

★ 尺寸线1、尺寸线2：选择其中的复选框，则可隐藏该尺寸线，用来标注半剖视图。

（2）“尺寸界线”选项组

★ “颜色”/“尺寸界线1的线型”、“尺寸界线2的线型”、“线宽”、“尺寸界线1”、“尺寸界线2”选项：这些选项的含义参照（1）“尺寸线”选项组中的介绍。

★ 超出尺寸线：其中的参数表示尺寸界线超出尺寸线的距离。

★ 起点偏移量：其中的参数表示图形中自定义的标注点到尺寸界线的偏移距离。

★ 固定长度的尺寸界线：勾选该项，可激活下方的“长度”选项，在选项中可设置尺寸界线的长度。

2. “符号和箭头”选项卡

“符号和箭头”选项卡中包含“箭

头”、“圆心标记”、“折断标注”、“弧长符号”等选项组，如图8-14所示，用来设置箭头的样式、圆心标记的类型、折断标注的大小等参数。

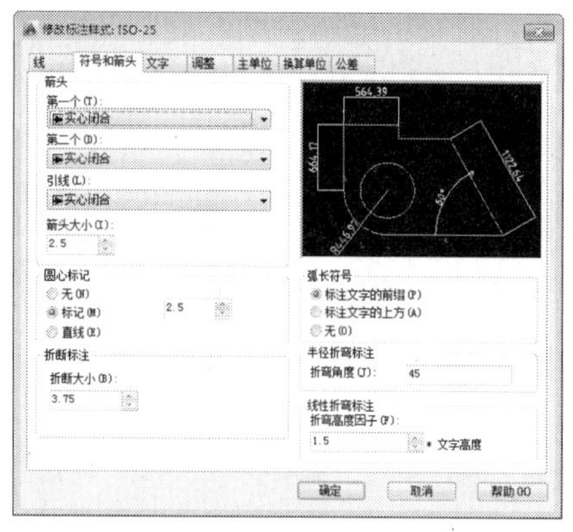

图8-14 “符号和箭头”选项卡

（1）“箭头”选项组

★ 第一个/第二个/引线：在各选项列表中可以设置第一个/第二个尺寸线箭头及引线箭头的类型。

★ 箭头大小：其中的参数表示标注样式箭头的大小。

（2）“圆心标记”选项组

★ 无：选择该项，不创建圆心标记或中心线。

★ 标记：选择该项，可创建圆心标记。

★ 直线：选择该项，创建中心线。

（3）“折断标注”选项组

★ 折断大小：其中的参数代表折断标注的间距大小。

（4）“弧长符号”选项组

★ 标注文字的前缀/标注文字的上方/无：选择相应的选项，可控制弧长符号⌒在尺寸线上的位置。

（5）“半径折弯标注”选项组

★ 折弯角度：设置折弯半径标注中尺寸线的横向线段的角度值。

（6）“线性折弯标注”选项组

★ 折弯高度因子：其中的参数表示形成折弯角度的两个顶点之间的距离。

3. “文字”选项卡

“文字”选项卡包含“文字外观”、“文字位置”、“文字对齐”3个选项组，如图8-15所示，用来控制文字的样式、大小及位于尺寸标注中的位置等。

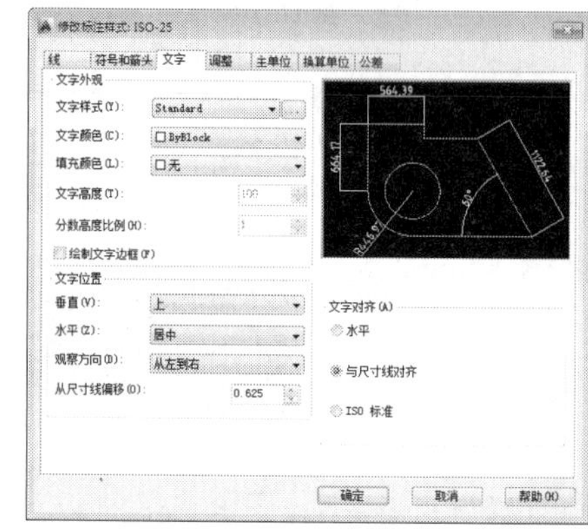

图8-15 “文字”选项卡

（1）“文字外观”选项组

★ 文字样式：在选项列表中设置文字的样式。

★ 文字颜色/填充颜色：用来设置文字的颜色或填充颜色。

★ 文字高度：定义文字的高度值。

★ 分数高度比例：在“主单位”选项卡中将“单位格式”设置为“分数”时，该选项被激活。其中的参数表示相对于标注文字的分数比例。参数值乘以文字高度，可以确定标注分数相对于标注文字的高度。

★ 绘制文字边框：选择该项，可在标注文字周围绘制一个边框。

（2）“文字位置”选项组

★ 垂直：用来设置标注文字相对于尺寸线的垂直位置。

★ 水平：用来设置标注文字在尺寸线上相对于尺寸界线的水平位置。

★ 观察方向：用来控制标注文字的观察方向，提供了两种方式可供选择，分别是“从左到右”、“从右到左”。

★ 从尺寸线偏移：其中的参数代表标注文字与尺寸线之间的距离。

（3）“文字对齐”选项组

★ 水平/与尺寸线对齐/ISO标准：用来设置标注文字的位置。

4. “调整”选项卡

“调整”选项卡中包含“调整选项”、“文字位置”、“标注特征比例”、“优化”4个选项组，如图8-16所示，其中各选项的参数用来控制在没有足够大的空间时的标注文字、箭头、引线及尺寸线的放置。

图8-16 “调整”选项卡

假如有足够的空间，则文字和箭头都会被放在尺寸界线内；假如空间不够，则按照“调整”选项卡中的设置来调整文字及箭头的位置。

5. “主单位”选项卡

★ “主单位”选项卡包括“线性标注”、“消零”、“角度标注”选项组，如图8-17所示，下面主要介绍“线性标注”选项组中各选项的含义。

图8-17 “主单位”选项卡

★ 单位格式：在选项列表中包含了“科学”、“小数”、“工程”、“建筑”等单位格式，用来设置除角度标注外所有标注类型的当前单位格式。在右侧的预览窗口中可实时预览单位格式的设置效果。

★ 精度：在选项列表中选择标注文字中的小数位数。

★ 分数格式：在将“单位格式”设置为“分数”时，该选项被激活，用来设置分数格式。

★ 小数分隔符：在将“单位格式”设置为“小数”时，该选项被激活，设置用于十进制格式的分隔符。

★ 舍入：设置除“角度标注”外的所有标注类型的标注测量值的舍入规则。假如输入0.35，则所有的标注距离都以0.35为单位进行舍入。假如输入1，所有的标注距离都将舍入为最接近的整数。

★ 前缀：设置标注文字中所包含的前缀。

★ 后缀：设置标注文字中的后缀。

★ 比例因子：用来设置线性标注的测量值，但是参数值不影响角度标注。

★ 前导：选择该项，系统不输出所有十进制标注中的前导零，比如0.3000输出成为.3000。

★ 后续：选择该项，系统部输出所有十进制标注中的后续零，比如10.6000输出成为10.6。

6. “换算单位”选项卡

“换算单位”选项卡中包含“换算单位”、“消零”、“位置”选项组，如图8-18所示，用来设置标注测量值中换算单位的显示同时设置其格式及精度。

图8-18 “换算单位”选项卡

7. “公差”选项卡

“公差”选项卡中包含“公差格式”、“公差对齐”、“消零”、“换算单位公差”选项组，如图8-19所示，用来设置标注文字中尺寸公差的格式及显示。

★ 方式：在选项列表中包括“无”、“对称”、“极限偏差”、“极限尺寸”、“基本尺寸”5个选项，用来设置计算公差的方法。

★ “公差对齐”选项组：用来设置在堆叠放置时，上偏差值和下偏差值的对齐方式。

★ “换算单位公差”选项组：在“换算单位”选项卡中勾选“显示换算单位”复选框后，该选项组被激活，用来设置换算公差单位的格式。

图8-19 “公差”选项卡

8.1.4 替代标注样式

替代标注样式是在已有的标注样式的基础下，对样式做出的局部修改，并应用于当前的图形标注。值得注意的是，替代标注样式是以某个已存在的标注样式为基础来建立的；但是该标注样式必须是当前正在使用的样式，【标注样式管理器】对话框右侧的“替代”按钮才可被激活。

单击“替代”按钮，可以弹出【替代当前样式：XXXX】对话框；在其中修改样式参数后（作为替代样式基础的原标注样式不会被修改），单击“确定”按钮，返回【标注样式管理器】对话框，即可完成替代标注样式的创建。

选择替代标注样式，单击右侧的“置为当前”按钮，可将该样式设置为当前正在使用的标注样式。

8.1.5 实战——创建“建筑标注”尺寸标注样式

绘制各种类型图纸时，应该创建符合该类图纸的尺寸标注，以便在统一的标注样式下绘制各类图形的尺寸标注。

本节介绍创建“建筑标注”尺寸标注样式的操作方法。

01 调用D【标注样式】命令，系统弹出【标注样式管理器】对话框；单击右侧的“新建”按钮，在稍后弹出的【创建新标注样式】对话框中设置新样式的名称为“建筑标注样式”，单击“继续”按钮，进入【新建标注样式：建筑标注样式】对话框中。

02 在对话框中选择“线”选项卡，设置“超出尺寸线”的参数为50，“起点偏移量”的参数为70，如图8-20所示。

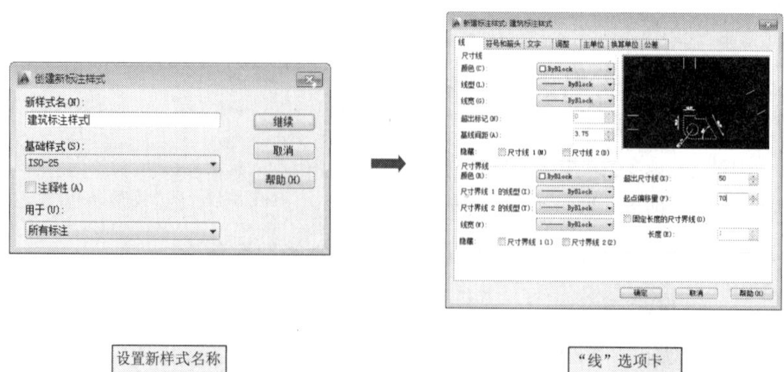

图8-20 设置“线”选项卡中的参数

03 选择“符号和箭头”选项卡，选择箭头的样式为“建筑标记”，设置“箭头大小”为100；选择“文字”选项卡，选择“文字样式”为“建筑文字标注”样式，设置文字的高度值为300，设置“从尺寸线偏移”的距离为40，如图8-21所示。

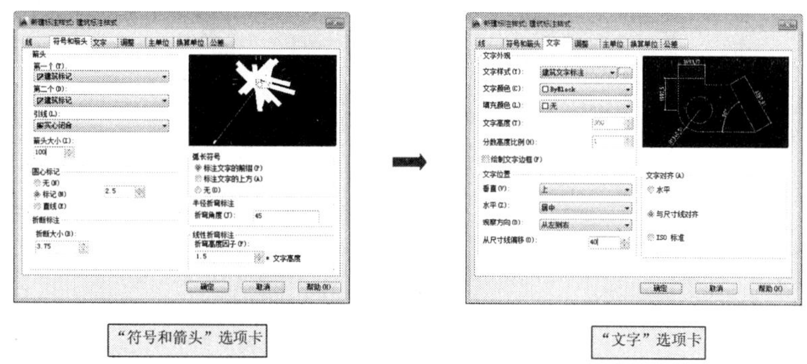

图8-21 设置参数

04 选择“主单位”选项卡，设置“单位格式”为“小数”，“精度”为0；参数设置完成后，单击“确定”按钮返回【标注样式管理器】对话框；保持“建筑标注样式”的选择，单击“置为当前”按钮，如图8-22所示，将该样式置为当前正在使用的标注样式。

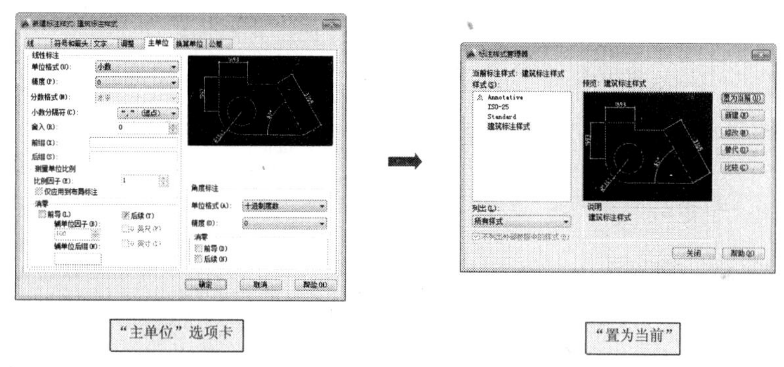

图8-22 新样式置为当前

05 执行“尺寸标注”命令，查看“建筑标注样式”的设置结果，如图8-23所示。

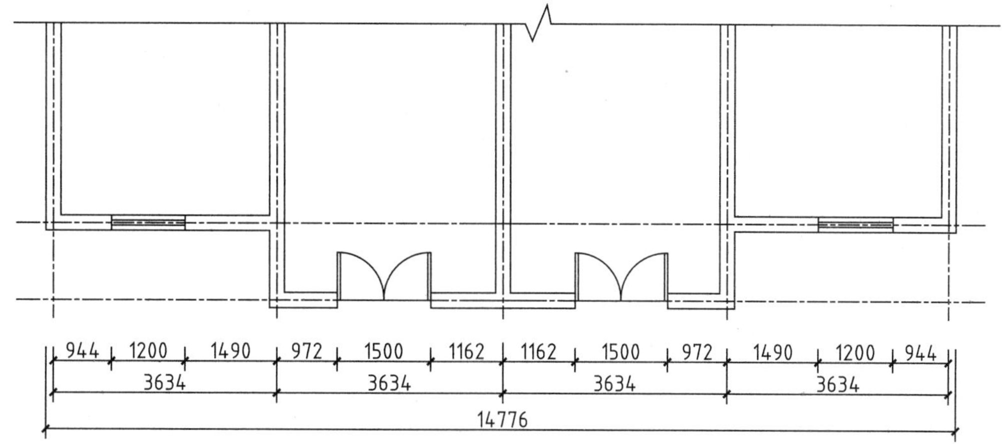

图8-23 样式的设置效果

06 在绘制建筑图形的半径、直径标注时，尺寸起止符号的样式为实心箭头；所以不能沿用线性标注的尺寸标注样式，需要重新创建半径/直径标注样式。

07 沿用上述所介绍的方式，创建名称为“半径、直径标注样式”的尺寸标注样式；在“符号和箭头”选项卡下将“箭头”样式设置为“实心闭合”，其他各选项卡的参数参考“建筑标注样式”中的设置，结果如图8-24所示。

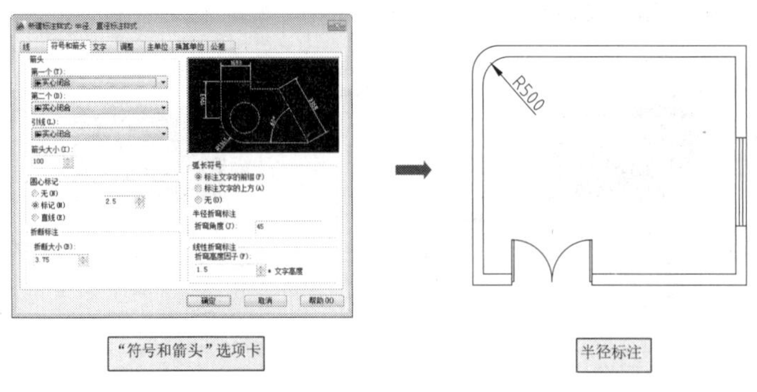

图8-24 创建半径标注样式

8.2 标注图形尺寸

AutoCAD提供了多种类型的尺寸标注命令，分别有线性标注、对齐标注、角度标注等。通过执行这些命令，可为对应的图形绘制尺寸标注。

本节介绍常用的尺寸标注命令的操作方法。

8.2.1 线性标注

调用“线性标注”命令，可以使用水平、竖直或旋转的尺寸线创建线性标注。

1. 执行方式

★ 菜单栏：执行“标注”|“线性”命令。

★ 工具栏：单击“标注”工具栏上的“线性”按钮⊢⊣。

★ 命令行：在命令行中输入“DIMLINEAR/DLI”命令，并按下Enter键。

★ 功能区：单击“注释”面板上的“线性”按钮⊢⊣。

2. 操作步骤

调用“线性标注”命令，命令行提示如下：

```
命令：DIMLINEAR1↙
指定第一个尺寸界线原点或 <选择对象>：
指定第二条尺寸界线原点：                    //使用对象捕捉功能，分别指定尺寸界线原点
指定尺寸线位置或[多行文字(M)/文字(T)/角度(A)/水平(H)/垂直(V)/旋转(R)]：
标注文字 = 1797                           //移动鼠标并单击左键即可完成线性标注的创建，如图8-25所示
```

命令行中各选项含义如下。

★ 多行文字(M)：输入M，选择该项，此时进入文字编辑器，可以在其中修改尺寸标注文字，如图8-26所示。

★ 文字(T)：输入T，选择该项，可以自定义标注文字。

★ 角度(A)：输入A，选择该项，可以自定义标注文字的旋转角度。

★ 水平(H)：输入H，选择该项，可以设置尺寸线的类型是水平的。

★ 垂直(V)：输入V，选择该项，可设置尺寸线的类型是垂直的。

★ 旋转(R)：输入R，选择该项，可设置尺寸线的倾斜角度。

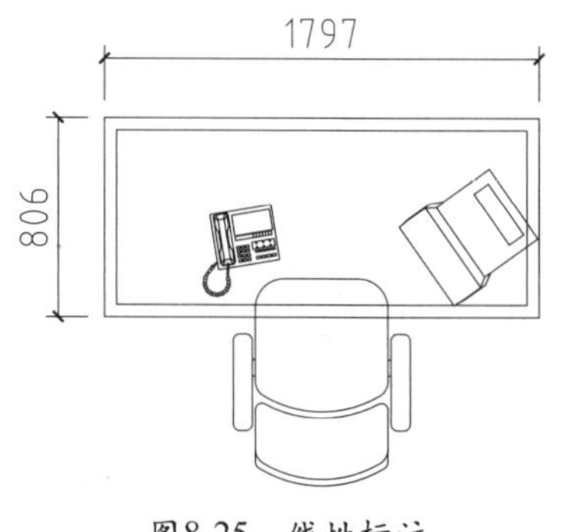

图8-25 线性标注

图8-26 进入文字编辑器

8.2.2 对齐标注

调用“对齐标注”命令，可以绘制与尺寸界线的原点对齐的线性标注。

1. 执行方式

★ 菜单栏：执行“标注”|“对齐”命令。

★ 工具栏：单击“标注”工具栏上的“对齐”按钮。

★ 命令行：在命令行中输入“DIMALIGNED/DIMA”命令，并按下Enter键。

★ 功能区：单击“注释”面板上的“对齐”按钮。

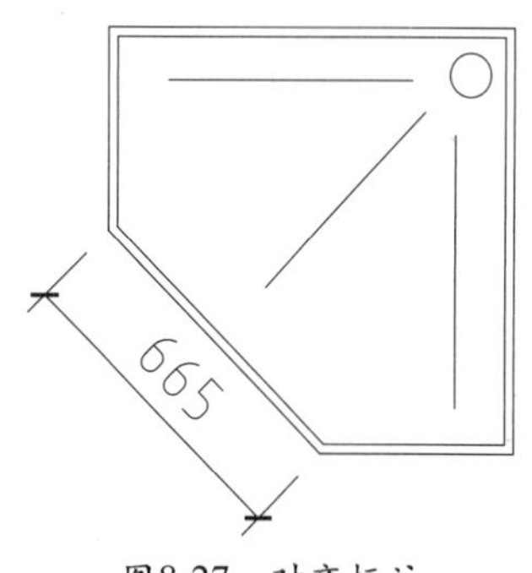

图8-27 对齐标注

2. 操作步骤

调用“对齐标注”命令，命令行提示如下：

```
命令： DIMALIGNED↙
指定第一个尺寸界线原点或 <选择对象>:
指定第二条尺寸界线原点:                         //使用鼠标单击拾取尺寸界线原点
指定尺寸线位置或[多行文字(M)/文字(T)/角度(A)]:
标注文字 = 665                                  //移动鼠标，单击左键以指定尺寸线的位置，
                                                  完成对齐标注的结果如图8-27所示
```

8.2.3 角度标注

“角度标注”命令可应用在圆弧、圆、直线等对象中，用来标注选定对象的角度。

1. 执行方式

★ 菜单栏：执行“标注”|“角度”命令。

★ 工具栏：单击“标注”工具栏上的“角度”按钮。

★ 命令行：在命令行中输入“DIMANGULAR/DIMANG”命令，并按下Enter键。

★ 功能区：单击“注释”面板上的“角度”按钮。

2. 操作步骤

调用“角度标注”命令，命令行提示如下：

```
命令：DIMANGULAR1
选择圆弧、圆、直线或 <指定顶点>:
```

使用鼠标选择多种对象以绘制角度标注，分为以下几种情形。

（1）选择圆弧

选择圆弧后，命令行提示如下：

```
指定标注弧线位置或 [多行文字(M)/文字(T)/角度(A)/象限点(Q)]:
标注文字 = 149
```

圆弧的圆心是角度的顶点，圆弧的两个端点作为角度标注的尺寸线的原点，为圆弧绘制角度标注的结果如图8-28所示。

★ 象限点(Q)：输入Q，选择该项；在指定象限点后，假如将标注文字移动至角度标注以外时，尺寸线会超过尺寸界线，如图8-29所示。

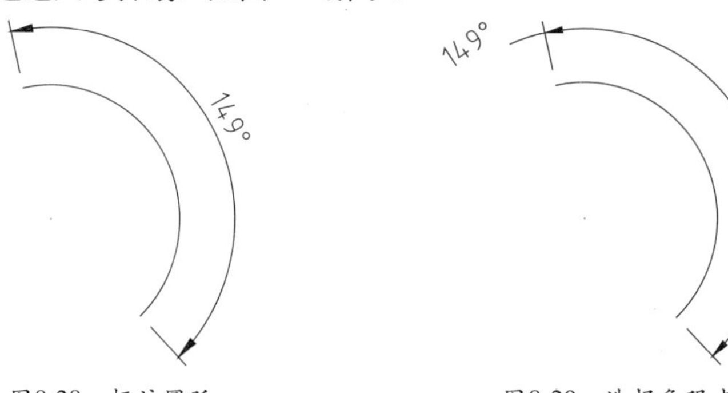

图8-28 标注圆弧　　图8-29 选择象限点

（2）选择圆

选择圆后，命令行提示如下：

```
指定角的第二个端点:
指定标注弧线位置或 [多行文字(M)/文字(T)/角度(A)/象限点(Q)]:
标注文字 = 63
```

鼠标首次单击圆的那个点即是角度标注的第一条尺寸界线原点，圆心是角度的顶点；然后用鼠标单击任意一点作为角度标注的第二条尺寸界线的原点，这一点的位置没有限制，可以在圆上，也可以不在圆上，标注结果如图8-30所示。

（3）选择直线

选择直线后，命令行提示如下：

```
选择第二条直线:
指定标注弧线位置或 [多行文字(M)/文字(T)/角度(A)/象限点(Q)]:
标注文字 = 45
```

分别单击选择两条直线，指定弧线位置即可完成角度标注，如图8-31所示。

（4）按下Enter键

直接按下Enter键，命令行提示如下：

```
指定角的顶点:                                                //指定A点;
指定角的第一个端点:
指定角的第二个端点:                                          //分别指定B点、C点;
指定标注弧线位置或 [多行文字(M)/文字(T)/角度(A)/象限点(Q)]:
标注文字 = 54                                                //指定弧线的位置，即可创建基于指定三点的
                                                               角度标注，如图8-32所示
```

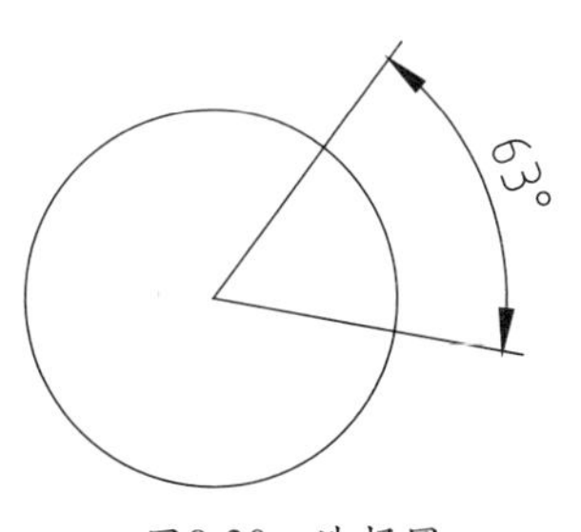

图8-30 选择圆

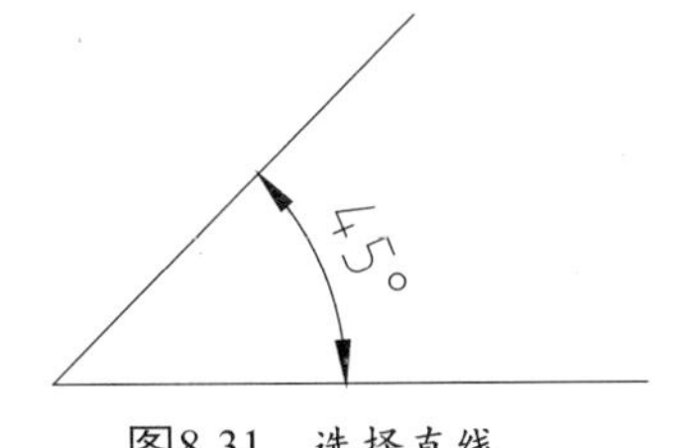

图8-31 选择直线

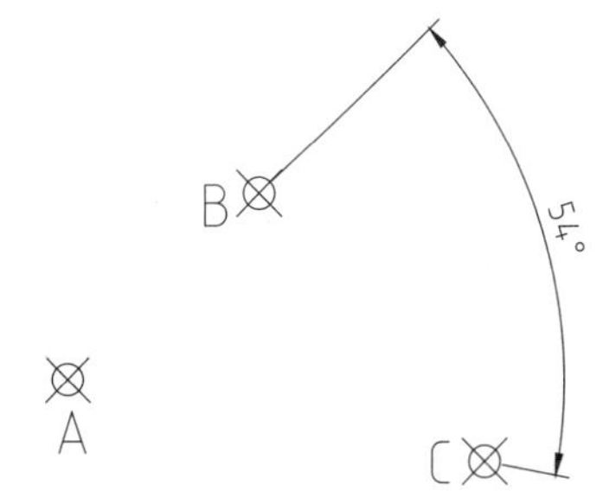

图8-32 指定三点以创建角度标注

8.2.4 半径标注

调用“半径标注”命令，可以为指定的圆弧、圆形创建半径标注。

1. 执行方式

★ 菜单栏：执行“标注”|“半径”命令。

★ 工具栏：单击“标注”工具栏上的“半径”按钮。

★ 命令行：在命令行中输入“DIMRADIUS/DIMR”命令，并按下Enter键。

★ 功能区：单击“注释”面板上的“半径”按钮。

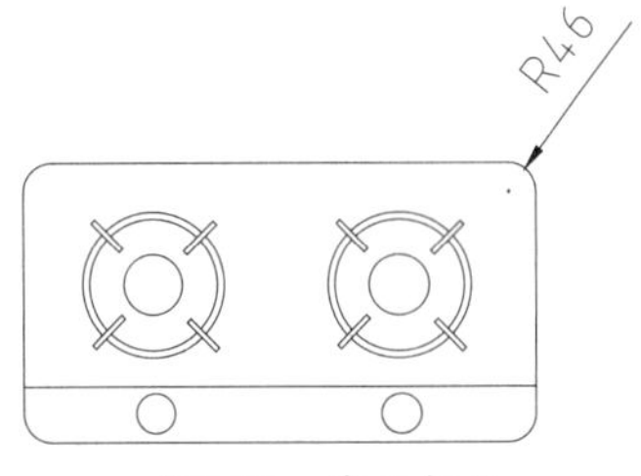

图8-33 半径标注

2. 操作步骤

调用“半径标注”命令，命令行提示如下：

```
命令：DIMRADIUS↙
选择圆弧或圆：                                    //选择对象
标注文字 = 46
指定尺寸线位置或 [多行文字(M)/文字(T)/角度(A)]：   //指定尺寸线位置即可完成半径标注，如图8-33所示
```

8.2.5 直径标注

调用“直径标注”命令，可以指定的圆弧、圆绘制直径标注。

1. 执行方式

★ 菜单栏：执行“标注”|“直径”命令。

★ 工具栏：单击“标注”工具栏上的“直径”按钮。

★ 命令行：在命令行中输入“DIMDIAMETER/DIMD”命令，并按下Enter键。

★ 功能区：单击“注释”面板上的“直径”按钮。

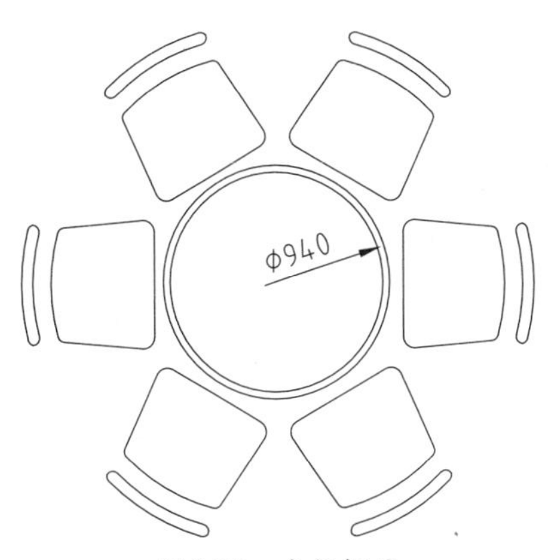

图8-34 直径标注

2. 操作步骤

调用“直径标注”命令，命令行提示如下：

```
命令：DIMDIAMETER↙
选择圆弧或圆：                                    //选择对象
标注文字 = 940
指定尺寸线位置或 [多行文字(M)/文字(T)/角度(A)]：      //指定尺寸线的位置即可完成直径标注，如图8-34所示
```

8.2.6 连续标注

调用“连续标注”命令，可从选定的尺寸界线继续创建其他标注，系统将自动排列尺寸线。

1. 执行方式

★ 菜单栏：执行“标注”|“连续”命令。

★ 工具栏：单击“标注”工具栏上的“连续”按钮。

★ 命令行：在命令行中输入“DIMCONTINUE /DCO”命令，并按下Enter键。

★ 功能区：单击“注释”面板上的“连续”按钮。

2. 操作步骤

调用“连续标注”命令，命令行提示如下：

```
命令：DIMCONTINUE↙
指定第二条尺寸界线原点或 [放弃(U)/选择(S)] <选择>：
标注文字 = 400
指定第二条尺寸界线原点或 [放弃(U)/选择(S)] <选择>：
标注文字 = 400
```

用鼠标单击选择第二个尺寸界线原点以进行连续标注，结果如图8-35所示。

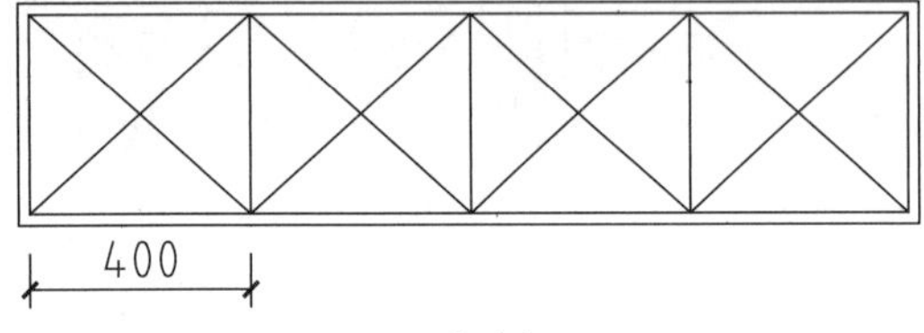

基准标注

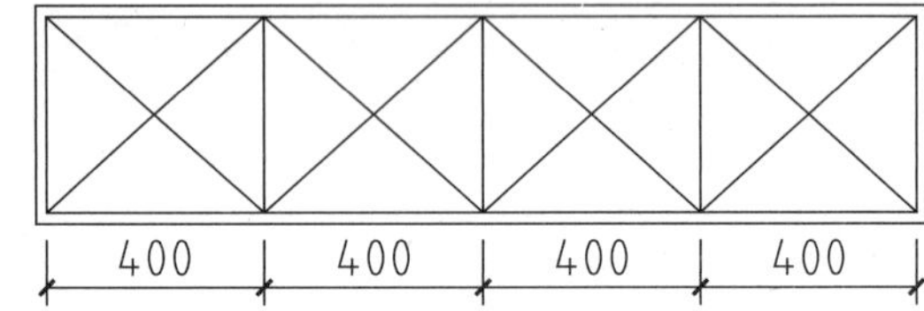

以基准标注的第二个尺寸界线原点为起点绘制连续标注

图8-35 连续标注

命令行中各功能选项含义如下。

★ 放弃(U)：输入U，选择该项，可放弃连续标注。

★ 选择(S)：输入S，选择该项，可重新选择基准标注。

8.2.7 基线标注

调用“基线标注”命令，可从上一个或选定标注的基线做连续的线性、角度或坐标标注。

1. 执行方式

★ 菜单栏：执行“标注”|“基线”命令。

★ 工具栏：单击“标注”工具栏上的“基线”按钮。

★ 命令行：在命令行中输入“DIMBASELINE /DIMBA”命令，并按下Enter键。

★ 功能区：单击“注释”面板上的“基线”按钮。

2. 操作步骤

调用“基线标注”命令，命令行提示如下：

```
命令：DIMBASELINE1
指定第二条尺寸界线原点或 [放弃(U)/选择(S)] <选择>:
标注文字 = 1570
指定第二条尺寸界线原点或 [放弃(U)/选择(S)] <选择>:
标注文字 = 2235
```

移动鼠标单击第二条尺寸界线的原点，以完成基线标注的绘制，结果如图8-36所示。

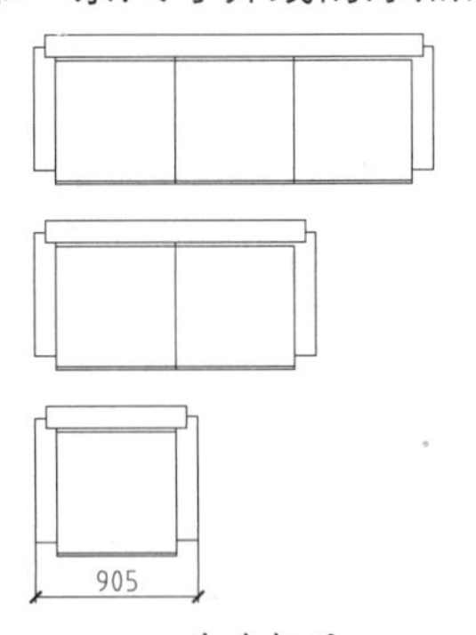

基准标注

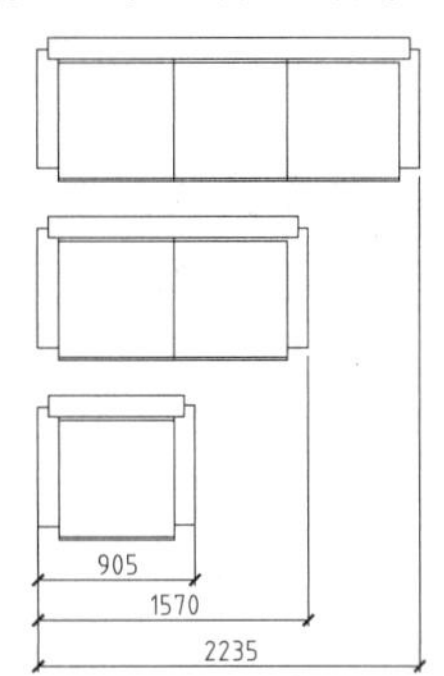

单击指定第二个尺寸界线原点以绘制基线标注

图8-36 基线标注

8.2.8 编辑标注

调用“编辑标注”命令，可以旋转、修改或者恢复标注文字，或者更改尺寸界线的倾斜角。

1. 执行方式

★ 工具栏：单击“标注”工具栏上的“编辑标注”按钮。

★ 命令行：在命令行中输入“DIMEDIT”命令，并按下Enter键。

2. 操作步骤

调用“编辑标注”命令，命令行提示如下：

```
命令：DIMEDIT1
输入标注编辑类型 [默认(H)/新建(N)/旋转(R)/倾斜(O)] <默认>:
```

在命令行中输入括号中的字母以选择相应的编辑选项，可实现对尺寸标注的编辑，其中各选项含义如下。

★ 默认(H)：输入H，选择该项，可保持或还原标注的默认样式。

★ 新建(N)：输入N，选择该项；系统弹出文字编辑器，在其中输入新的尺寸标注文字，单击“确定”按钮关闭【文字格式】对话框；鼠标单击选择原有的尺寸标注文字，即可完成新建操作，结果如图8-37所示。

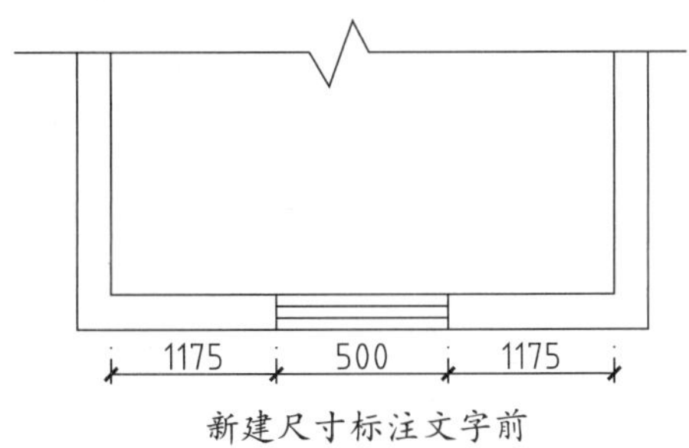

新建尺寸标注文字前

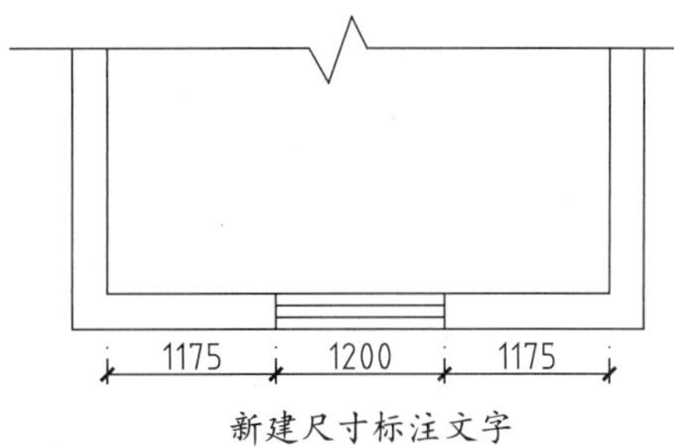

新建尺寸标注文字

图8-37 “新建”操作

★ 旋转(R)：输入R，选择该项；命令行提示"指定标注文字的角度: 45"，输入旋转角度，可将标注文字按照指定的角度旋转，结果如图8-38所示。

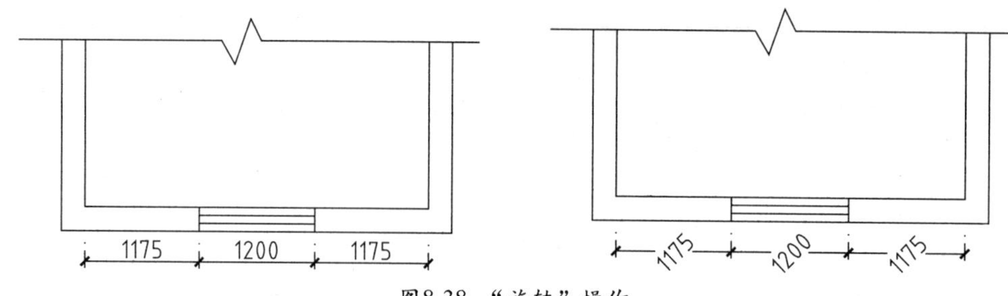

图8-38 "旋转"操作

★ 倾斜(O)：输入O，选择该项；此时命令行提示"输入倾斜角度 (按 ENTER 表示无): 50"，输入倾斜角度，可将尺寸界线按照所定义的角度倾斜，结果如图8-39所示。

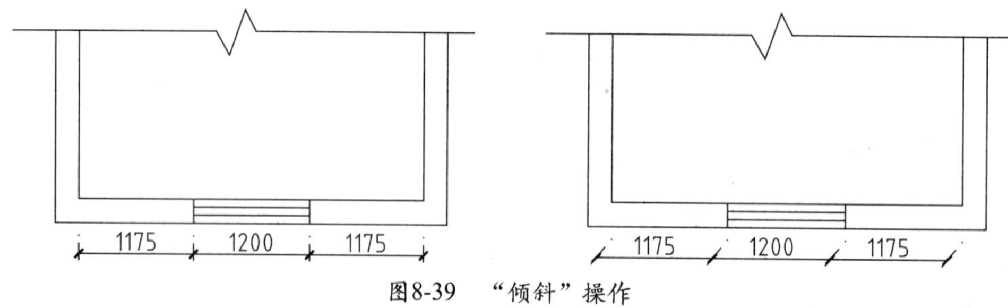

图8-39 "倾斜"操作

8.2.9 编辑标注文字

调用"编辑标注文字"命令，可移动或旋转尺寸标注文字，以重新定位尺寸线。

1. 执行方式

★ 菜单栏：执行"标注"|"对齐文字"子菜单中的各相应命令。

★ 工具栏：单击"标注"工具栏上的"编辑标注文字"按钮A。

★ 命令行：在命令行中输入"DIMTEDIT"命令，并按下Enter键。

2. 操作步骤

调用"编辑标注文字"命令，命令行提示如下：

```
命令: DIMTEDIT1
选择标注:
为标注文字指定新位置或 [左对齐(L)/右对齐(R)/居中(C)/默认(H)/角度(A)]:
```

选择标注文字，移动鼠标以重新定义标注文字的位置，结果如图8-40所示。

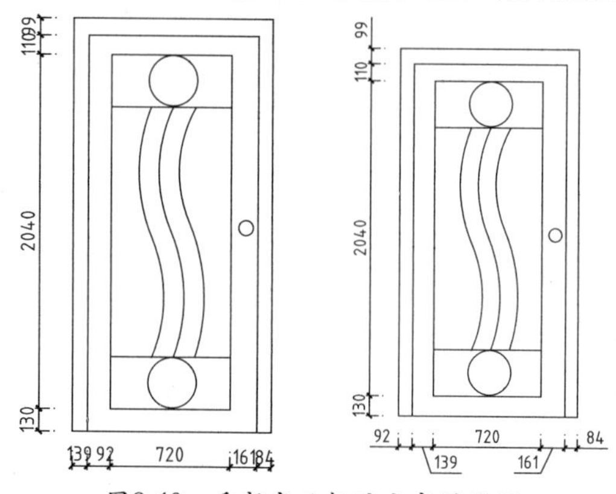

图8-40 重新定义标注文字的位置

命令行中各选项含义如下。

★ 左对齐(L)：输入L，选择该项，可将尺寸标注文字置于尺寸线的左边。

★ 右对齐(R)：输入R，选择该项，可将尺寸标注文字置于尺寸线的右边。

★ 居中(C)：输入C，选择该项，可在尺寸线上居中放置标注文字。

★ 默认(H)：输入H，选择该项，可将尺寸标注文字移回至标注样式的默认位置。

★ 角度(A)：输入A，选择该项，命令行提示“指定标注文字的角度:”，可将标注文字按指定的角度旋转。

8.2.10 创建多重引线样式

执行“多重引线样式”命令，可以创建或修改多重引线样式。该命令用来控制多重引线的外观，即指定基线、引线、箭头和内容的格式。

1. 执行方式

★ 菜单栏：执行“格式”|“多重引线样式”命令。

★ 工具栏：单击“样式”工具栏或者“多重引线”工具栏上的“多重引线样式”按钮。

★ 命令行：在命令行中输入“MLEADERSTYLE”命令，并按下Enter键。

★ 功能区：单击“注释”面板上的“多重引线样式”按钮。

2. 操作步骤

执行“多重引线样式”命令，系统弹出图8-41所示的【多重引线样式管理器】对话框。单击右侧的“新建”按钮，在弹出的【创建新多重引线样式】对话框中设置新样式的名称为“引线标注”，如图8-42所示。

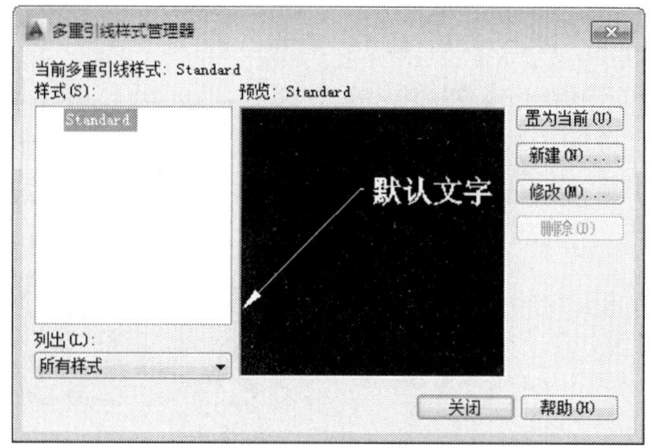

图8-41 【多重引线样式管理器】对话框

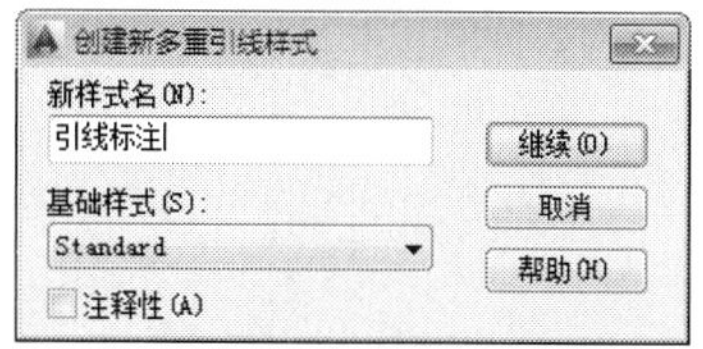

图8-42 【创建新多重引线样式】对话框

单击“确定”按钮关闭【创建多重引线样式】对话框，在弹出的【修改多重引线样式：引线标注】对话框中选择“引线格式”选项卡；在“箭头”选项卡下将“符号”的样式设置为“实心闭合”，大小设置为100，如图8-43所示。

单击选择“内容”选项卡，在“文字样式”选项列表下选择“建筑标注文字”选项；在“引线连接”选项卡下选择“水平连接”选项，在“连接位置—左/右”选项中设置连接样式，如图8-44所示。

单击“确定”按钮关闭对话框，返回【多重引线样式管理器】对话框，单击“置为当前”按钮，将新样式置为当前正在使用的样式。单击右上角的“关闭”按钮，关闭对话框以完

成样式的创建。图8-45所示为以新创建的多重引线样式为标准所绘制的多重引线标注。

【引线格式】选项卡下各选项含义如下。

★ "常规"选项组：控制箭头的基本设置。

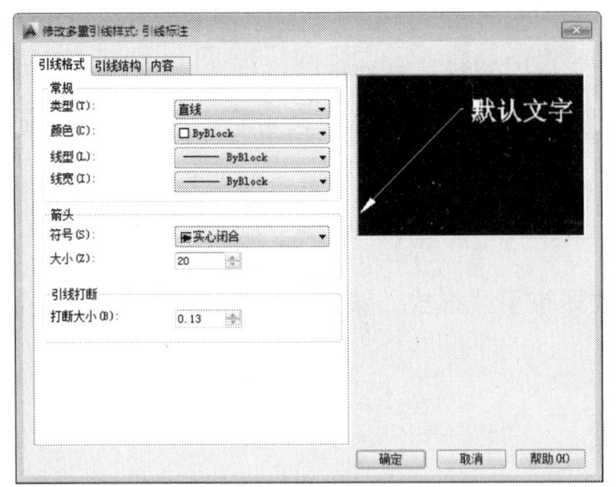

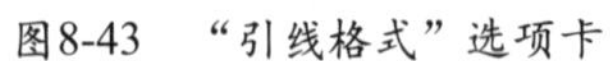

图8-43 "引线格式"选项卡

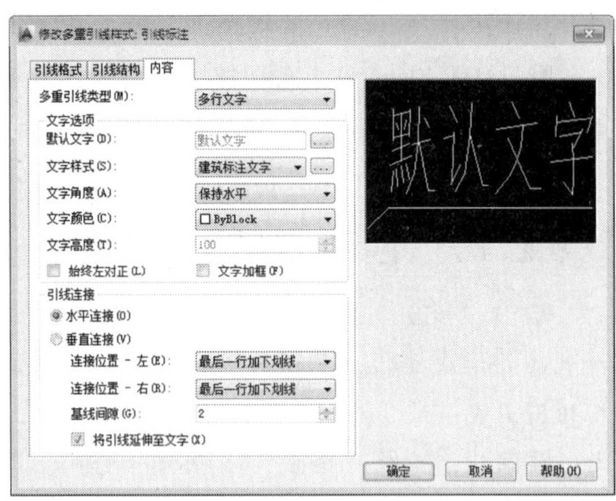

图8-44 "内容"选项卡

◆ 类型：用来确定引线类型。在下拉列表中可以选择直引线、样条曲线或无引线。
◆ 颜色：在下拉列表中可以选择引线的颜色。
◆ 线型：在下拉列表中可以确定引线的线型。
◆ 线宽：确定引线的线宽。

★ "箭头"选项组：控制多重引线箭头的外观。

◆ 符号：设置多重引线的箭头符号。
◆ 大小：显示和设置箭头的大小。

★ "引线打断"选项组：控制将折断标注添加到多重引线时使用的设置。

◆ 打断大小：显示和设置选择多重引线后用于DIMBREAK命令的折断大小。

【引线结构】选项卡：用来控制多重引线的引线点数量、基线尺寸和比例，如图8-46所示。

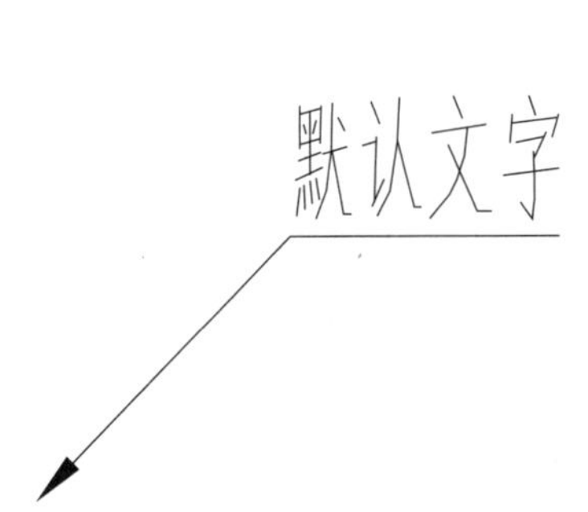

图8-45 多重引线标注

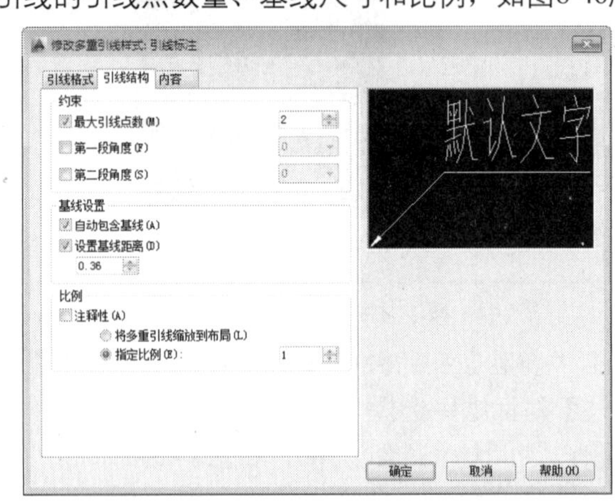

图8-46 "引线结构"选项卡

★ "约束"选项组：控制多重引线的约束。

◆ 最大引线点数：指定引线的最大点数。
◆ 第一段角度：指定引线中的第一个点的角度。
◆ 第二段角度：指定多重引线基线中的第二个点的角度。

★ "基线设置"选项组：控制多重引线的基线设置。

◆ 自动包含基线：将水平基线附着到多重引线内容。

◆ 设置基线距离：确定多重引线基线的固定距离。

★ “比例”选项组：控制多重引线的缩放。

◆ 注释性：勾选该项，可指定多重引线为注释性。

◆ 将多重引线缩放到布局：根据模型空间视口和图纸空间视口中的缩放比例确定多重引线的比例因子。当多重引线不为注释性时，此选项可用。

◆ 指定缩放比例：指定多重引线的缩放比例。当多重引线不为注释性时，此选项可用。

【内容】选项卡：控制附着到多重引线的内容类型。

★ “多重引线类型”选项组：确定多重引线是包含文字还是包含块。此选择将影响此对话框中其他可用选项。

★ “文字选项”选项组：控制多重引线文字的外观。

◆ 默认文字：设定多重引线内容的默认文字。单击...按钮将启动多行文字在位编辑器。

◆ 文字样式：列出可用的文本样式。

◆ “文字样式”按钮...：单击按钮显示“文字样式”对话框，从中可以创建或修改文字样式。

◆ 文字角度：指定多重引线文字的旋转角度。

◆ 文字颜色：指定多重引线文字的颜色。

◆ 文字高度：指定多重引线文字的高度。

◆ 始终左对正：勾选该项，指定多重引线文字始终左对齐。

◆ 文字加框：使用文本框对多重引线文字内容加框。通过修改基线间距设置，控制文字和边框之间的分离。

★ “引线连接”选项组：控制多重引线的引线连接设置。引线可以水平或垂直连接。

◆ 水平连接：水平附着将引线插入到文字内容的左侧或右侧。水平附着包括文字和引线之间的基线。

◆ 连接位置—左：控制文字位于引线右侧时基线连接到多重引线文字的方式。

◆ 连接位置—右：控制文字位于引线左侧时基线连接到多重引线文字的方式。

◆ 基线间隙：指定基线和多重引线文字之间的距离。

◆ 将基线延伸至文字：将基线延伸到附着引线的文字行边缘（而不是多行文本框的边缘）处的端点。多行文本框的长度由文字的最长一行的长度而不是边框的长度来确定。

◆ 垂直连接：将引线插入到文字内容的顶部或底部。垂直连接不包括文字和引线之间的基线。

◆ 连接位置—上：将引线连接到文字内容的中上部。单击下拉菜单以在引线连接和文字内容之间插入上划线。

◆ 连接位置—下：将引线连接到文字内容的底部。单击下拉菜单以在引线连接和文字内容之间插入下划线。

8.2.11 绘制多重引线标注

执行“多重引线”命令，可以创建多重引线标注。

1. 执行方式

★ 菜单栏：执行“标注”|“多重引线”命令。

★ 工具栏：单击“标注”工具栏上的“多重引线”按钮。

★ 命令行：在命令行中输入“MLEADER/MLD”命令，并按下Enter键。

★ 功能区：单击“注释”面板上的“多重引线”按钮。

2. 操作步骤

执行“多重引线”命令，命令行提示如下：

```
命令：MLEADER1
指定引线箭头的位置或 [引线基线优先(L)/内容优先(C)/选项(O)] <选项>:
                                        //单击指定箭头位置
指定引线基线的位置:                      //向右移动鼠标，单击左键，弹出【文字格
                                          式】对话框
```

在多行文字在位编辑器中输入标注文字，单击【文字格式】对话框上的“确定”按钮，即可完成多重引线标注的绘制，如图8-47所示。

在执行“多重引线”命令时，当命令行提示“指定引线箭头的位置或[引线基线优先(L)/内容优先(C)/选项(O)] <选项>:”时，输入C，选择“内容优先”选项，命令行提示如下：

```
指定文字的第一个角点或 [引线箭头优先(H)/引线基线优先(L)/选项(O)] <引线基线优先>:
指定对角点:                              //分别指定文本框的对角点，输入文字后在文
                                          本框外单击左键
指定引线箭头的位置:                      //移动鼠标，单击左键以指定引线箭头的位
                                          置，然后可完成多重引线标注的绘制
```

图8-48所示为使用“内容优先”样式（内容在指示箭头之前）绘制多重引线标注的结果。

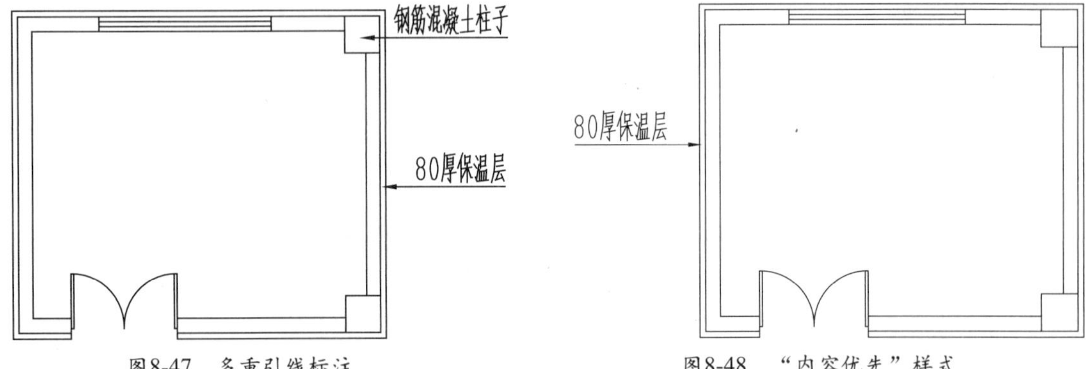

图8-47　多重引线标注　　　　图8-48　“内容优先”样式

当命令行提示“指定引线箭头的位置或[引线基线优先(L)/内容优先(C)/选项(O)] <选项>:”时，输入O，选择“选项”选项，命令行提示如下：

```
[引线类型(L)/引线基线(A)/内容类型(C)/最大节点数(M)/第一个角度(F)/第二个角度(S)/退出选项(X)] <退出选项>: *取消*
```

其中各命令行选项含义如下。

★ 引线类型（L）：输入L，命令行显示3种引线类型，分别为：直线——创建直线多重引线、样条曲线——创建样条曲线多重引线，如图8-49所示，无——创建无引线的多重引线，如图8-50所示。

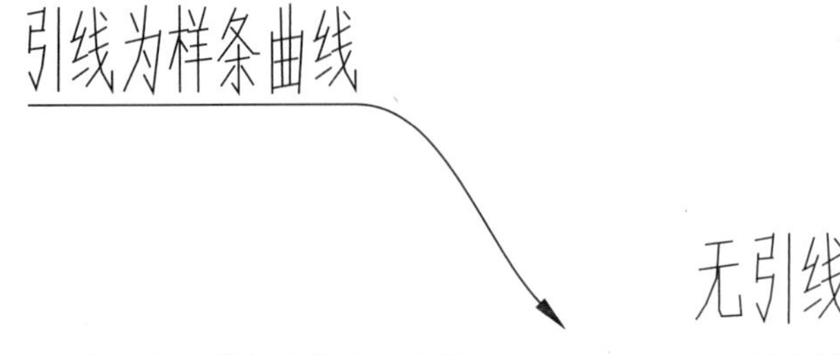

无引线的多重引线标注

图8-49　样条曲线多重引线　　　　图8-50　无引线的多重引线

★ 引线基线(A)：输入A，命令行提示是否添加水平基线。如果输入“是”，将提示设置基线长度。

★ 内容类型(C)：输入C，指定要用于多重引线的内容类型。分别为：块——指定图形中的块，以与新的多重引线相关联；多行文字——指定多行文字包含在多重引线中；无——指定没有内容显示在引线的末端。

★ 最大节点数(M)：输入M，指定新引线的最大点数或线段数。

★ 第一个角度(F)：输入F，约束新引线中的第一个点的角度。

★ 第二个角度(S)：输入S，约束新引线中的第二个角度。

★ 退出选项(X)：输入X，退出“选项”分支。

8.2.12 实战——标注立面图

根据立面图上的图形种类，可以执行“线性标注”命令、“连续标注”命令来绘制尺寸标注；假如立面图上有圆形、弧形等图形，则需要调用“半径标注”命令、“直径标注”命令来绘制尺寸标注。

立面图的材料标注可以使用“多重引线”命令来绘制，因为执行该命令可以绘制带指示箭头、引线及文字的标注。

本节介绍使用“线性标注”命令、“连续标注”命令，为立面图绘制尺寸标注的操作方法。另外在末尾还讲解执行“多重引线”命令绘制立面图材料标注的操作方法。

01 按下Ctrl+O快捷键，打开配套光盘提供的“第8章/8.2.10 标注立面图.dwg”文件。

02 调用DLI【线性标注】命令，为立面图绘制尺寸标注，结果如图8-51所示。

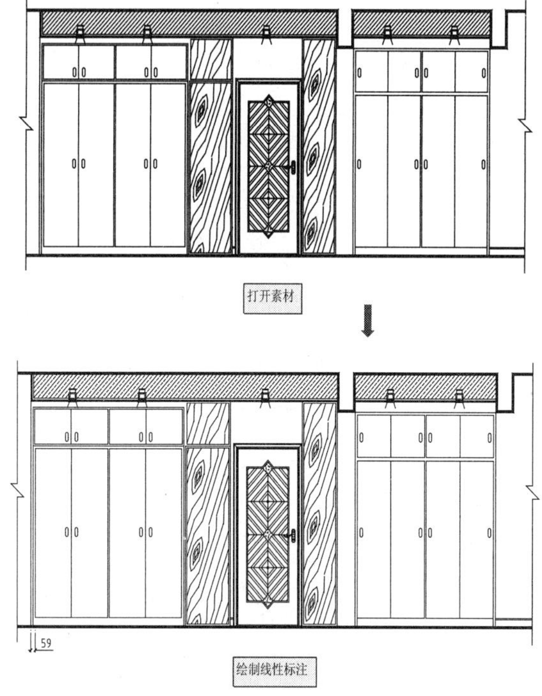

图8-51 绘制线性标注

02 调用DCO【连续标注】命令，以线性标注的第二个尺寸界线原点为起点，绘制连续标注；调用DLI【线性标注】命令，绘制外包尺寸，结果如图8-52所示。

04 重复调用DLI【线性标注】命令、DCO【连续标注】命令，继续为立面图绘制垂直方向上的尺寸标注，结果如图8-53所示。

05 调用MLD【多重引线】命令，根据命令行的提示，分别指定引线箭头、引线基线的位置来绘制

引线标注，结果如图8-54所示。

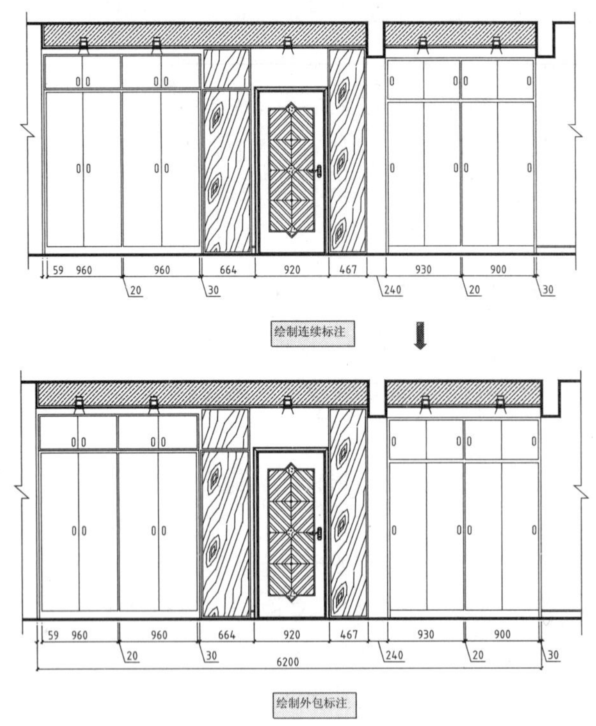

图8-52　绘制外包尺寸

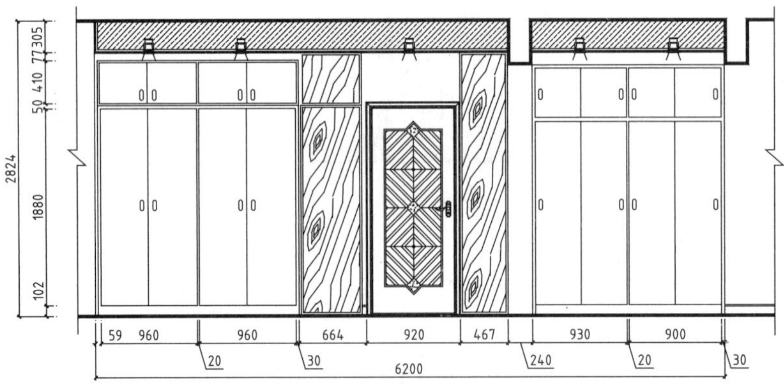

图8-53　绘制垂直方向上的尺寸标注

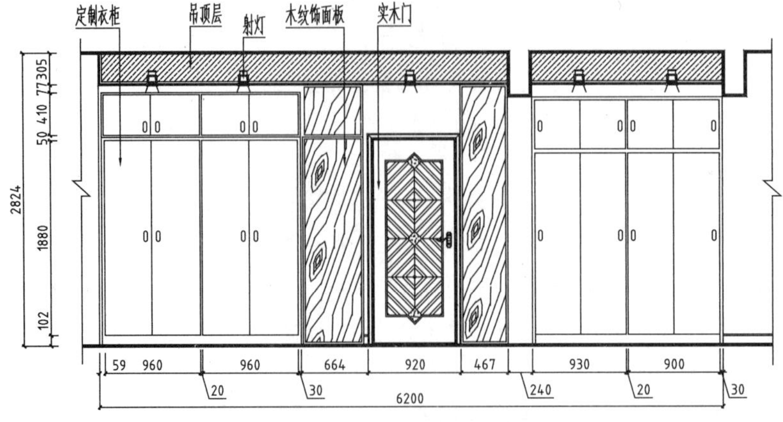

图8-54　绘制材料标注

8.3 综合实战

在本章的最后一节以实例的方式为读者介绍创建“室内装饰”标注样式，以及绘制卫生间平面图尺寸标注的操作方式。

8.3.1 创建“室内装饰”标注样式

《房屋建筑室内装饰装修制图标准》中规定尺寸界线和尺寸线应用细实线来绘制，尺寸起止符号可以使用中粗短斜线绘制，其倾斜方向应与尺寸界线成顺时针45°角，长度宜为2mm~3mm；也可以使用黑色圆点来绘制，直径为1mm。

半径、直径、角度与弧长的尺寸起止符号宜使用箭头表示。

本节介绍“室内装饰”标注样式的创建方法。

01 调用ST【文字样式】命令，在弹出的【文字样式】对话框中单击“新建”按钮；在弹出的【新建文字样式】对话框中设置新样式的名称为“室内装饰文字”。

02 单击“确定”按钮返回【文字样式】对话框，分别设置样式的“字体”参数、“高度”参数，结果如图8-55所示。

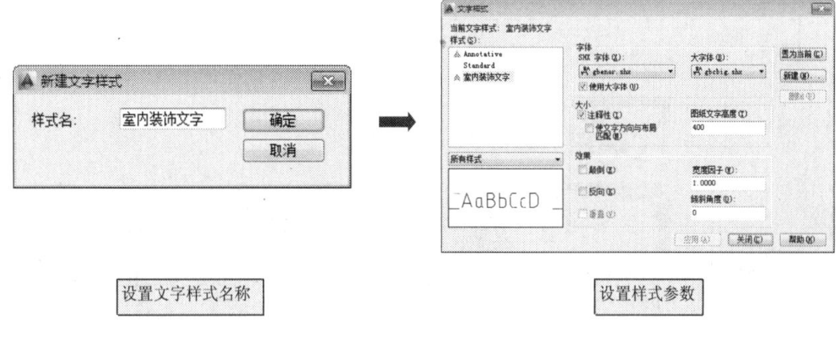

图8-55 创建文字样式

03 保持新样式的选择状态，单击“置为当前”按钮，将其置为当前正在使用的样式。

04 调用D【标注样式】命令，在弹出的【标注样式管理器】对话框中单击“新建”按钮；在弹出的【创建新标注样式】对话框中设置新样式名称为“室内装饰标注”，单击“继续”按钮，进入【新建标注样式：室内装饰标注】对话框；在“线”选项卡中设置参数，如图8-56所示。

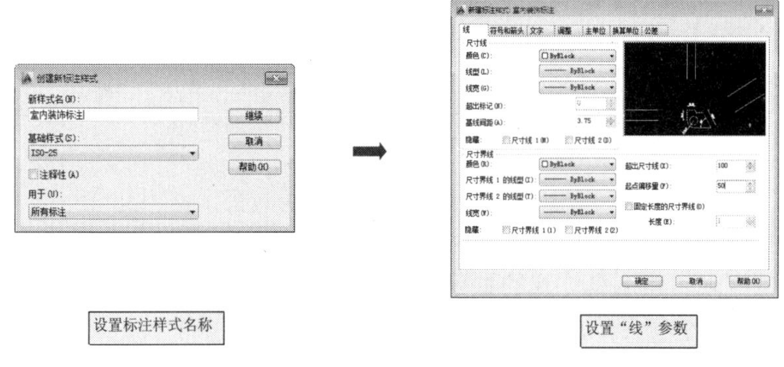

图8-56 创建标注样式

05 在“符号和箭头”选项卡中设置箭头的样式为“倾斜”，大小为150；在“文字”选项卡中选择“文字样式”为“室内装饰文字”，设置文字从尺寸线偏移的距离为80，如图8-57所示。

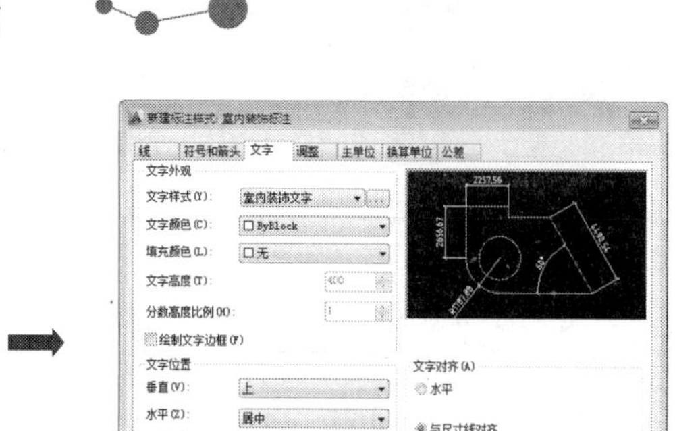

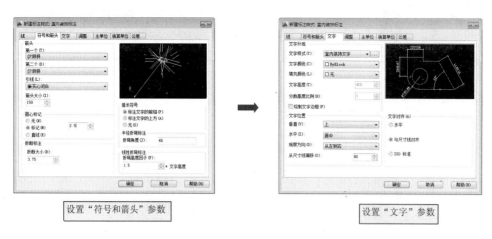

设置“符号和箭头”参数

设置“文字”参数

图8-57 设置参数

06 选择“主单位”选项卡，设置“单位格式”为“小数”，“精度”为0；单击“确定”按钮，返回【标注样式管理器】对话框，保持新样式的选择状态，单击“置为当前”按钮，将其置为当前正在使用的标注样式，单击“关闭”按钮关闭对话框，即可完成尺寸标注样式的创建。

07 图8-58所示为创建“室内装饰”标注样式的结果。

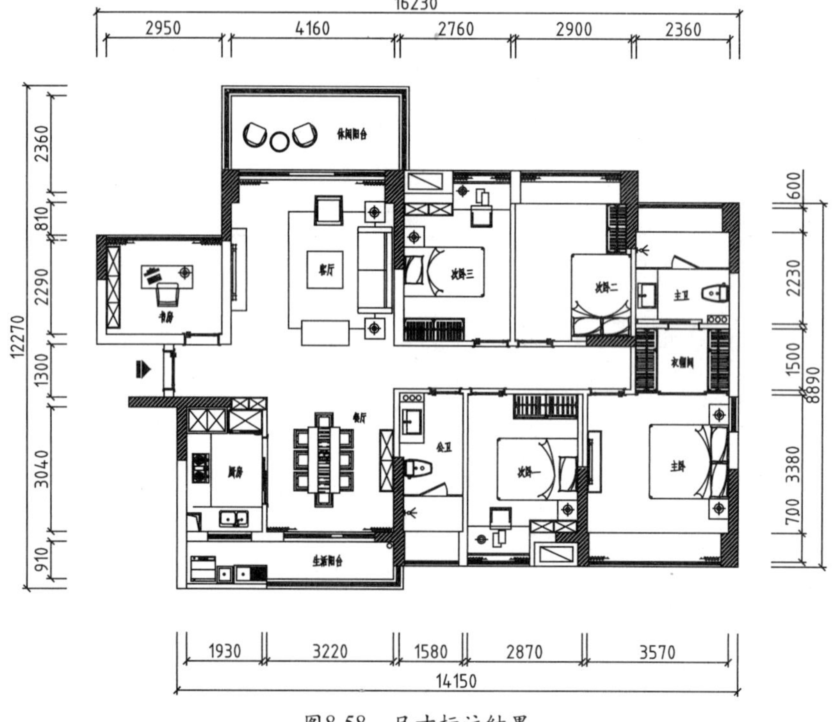

图8-58 尺寸标注结果

8.3.2 标注卫生间

卫生间虽然面积有限，但洁具位置的划分也要符合人体工程学，以方便人们的使用。因此在绘制完成卫生间平面布置图后，应该标注洁具间的距离尺寸。

本节介绍绘制卫生间平面布置图尺寸标注的操作方法。

01 按下Ctrl+O快捷键，打开配套光盘提供的“第8章/8.3.2标注卫生间.dwg”文件；调用DLI【线性标注】命令，标注卫生间的长宽尺寸，结果如图8-59所示。

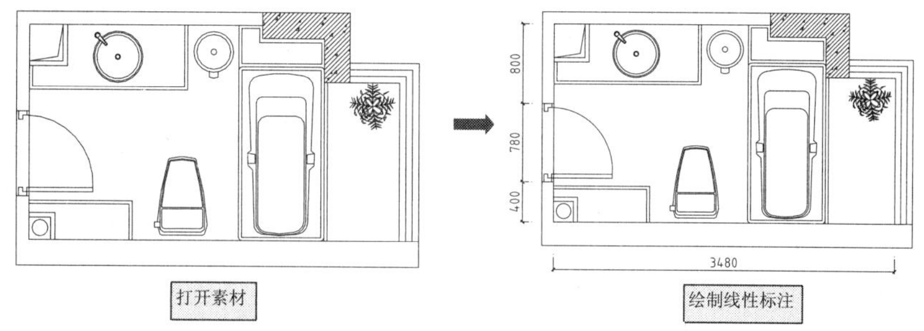

图8-59 绘制线性标注

02 按下Enter键，绘制各类洁具的间隔尺寸，以及洗手台、储物柜的长宽尺寸；调用DIMR【半径标注】尺寸，为洁具等图形绘制半径标注，结果如图8-60所示。

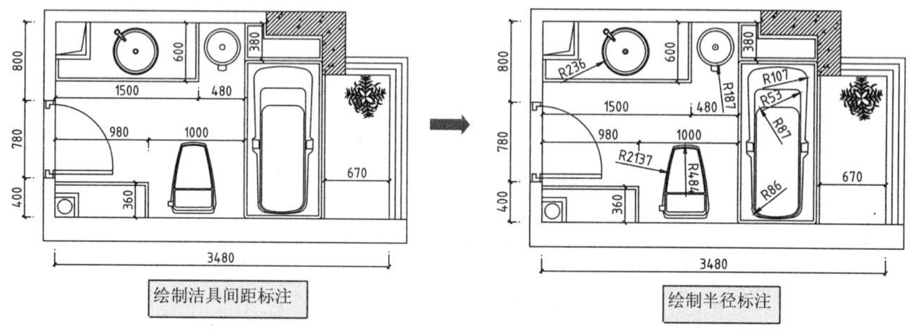

图8-60 绘制半径标注

第9章 施工图打印方法与技巧

AutoCAD为用户提供了两种将图纸打印输出的方式，分别是模型空间打印及图纸空间打印。本章分别介绍使用这两种方法打印输出施工图的操作步骤。

9.1 模型空间打印

模型空间是图形的设计、绘图空间，可以根据需要绘制多个图形用以表达物体的具体结构，还可以添加标注、注释等内容完成全部的绘图操作。

本节介绍在模型空间中打印输出图纸的操作方法。

9.1.1 调用图签

为绘制完成的图纸添加图签，可以方便在图签中标注图纸信息，也为图纸的装订提供方便。

首先打开配套光盘提供的“第9章/9.1模型空间打印.dwg”文件。然后调用I【插入】命令，在弹出的【插入】对话框中选择“A3图签”图块；单击“确定”按钮，在命令行中输入S，指定比例因子为130；在绘图区中点取图框的插入点，即可完成图签的插入操作，结果如图9-1所示。

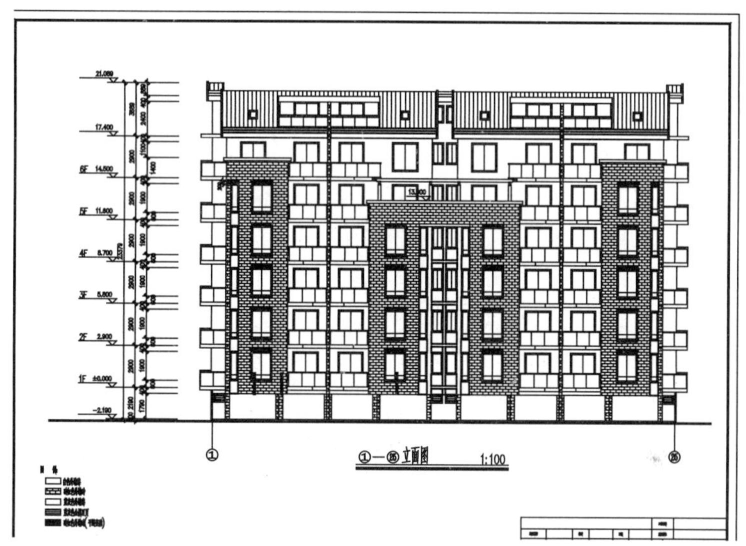

图9-1 插入图签

9.1.2 页面设置

在进行图形的打印时，必须对所打印的页面进行打印样式、打印设备、图纸的大小、图纸的打印方向及打印比例等参数的指定。

本节介绍页面设置的操作方法。

01 执行“文件”|“页面设置管理器”命令，系统弹出【页面设置管理器】对话框；单击右侧的“新建”按钮，在【新建页面设置】对话框中设置新页面设置的名称为“1-25立面图页面设置”，如图9-2所示。

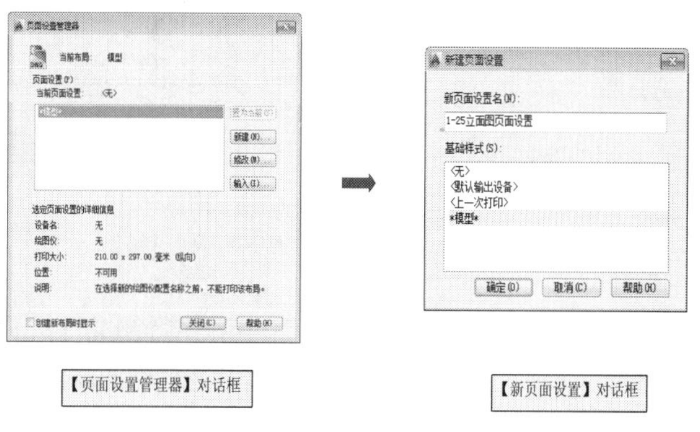

图9-2 设置页面设置名称

02 单击“继续”按钮，进入【页面设置-1-25立面图页面设置】对话框，在其中设置“打印机/绘图仪”、“图纸尺寸”的参数；单击“打印区域”选项组中的“窗口”按钮，在绘图区中分别单击点取图签的左上角及右下角，然后返回对话框中设置“打印样式表”参数。

03 单击“确定”按钮返回【页面设置管理器】对话框，保持“1-25立面图页面设置”的选项状态，单击右侧的“置为当前”按钮，如图9-3所示。单击“关闭”按钮关闭对话框，即可完成页面设置操作。

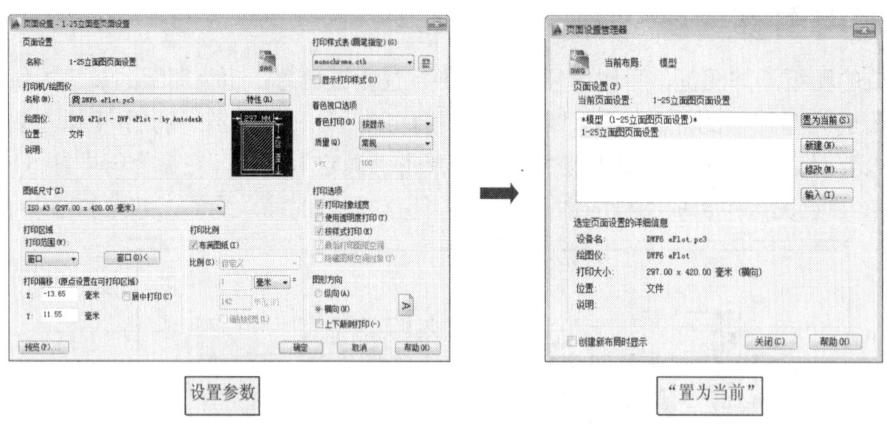

图9-3　设置参数

9.1.3 打印

打印图纸的操作步骤如下所述。

01 执行“文件”|“打印”命令，系统弹出【打印-模型】对话框；在“打印区域”选项组下单击“窗口”按钮，返回绘图区中分别单击指定图签的左上角点及右下角点。

02 拾取打印区域后，在对话框中单击“预览”按钮，可预览图纸的打印效果，如图9-4所示。

03 单击左上角的“打印”按钮，即可将图纸打印输出。

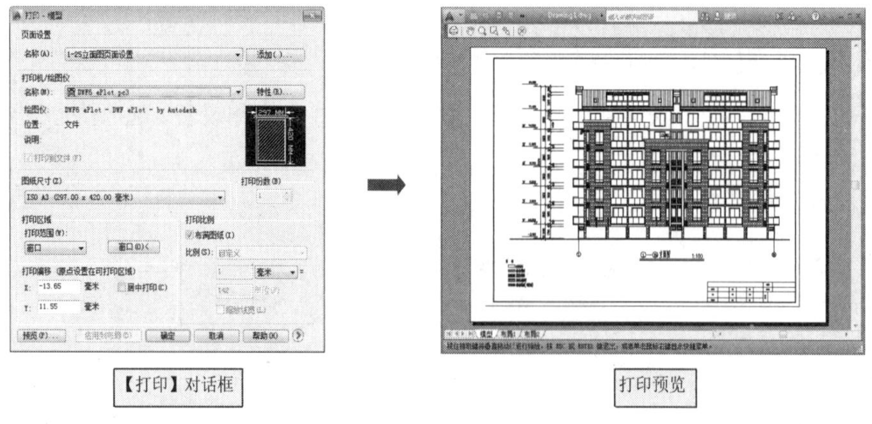

图9-4　打印图纸

9.2 图纸空间打印

布局空间主要用于打印输出图纸时对图形的排列和编辑。本节介绍在图纸空间中打印输出图纸的操作方法。

9.2.1 进入布局空间

进入布局空间的方法如下所述。

01 打开配套光盘提供的“第9章/9.2图纸空间打印.dwg”文件。

02 在模型空间中单击左下角的“布局1”按钮，即可进入布局空间，在布局空间中系统自动生成了一个视口。

03 但是该视口不符合本例的打印要求，因此要调用E【删除】命令，将其删除，结果如图9-5所示。

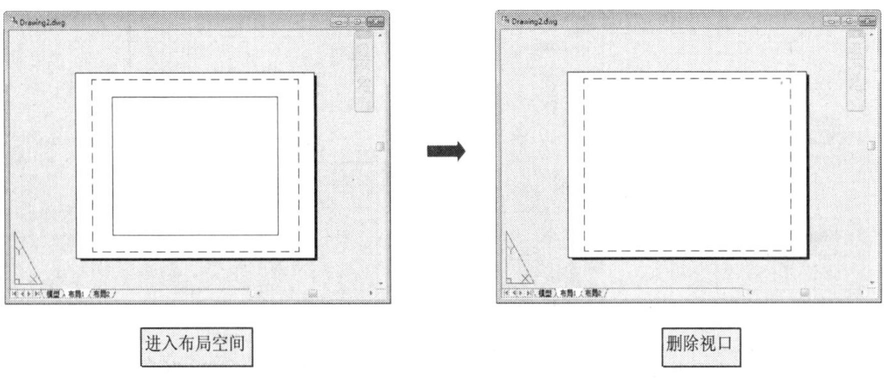

图9-5 打印图纸

9.2.2 页面设置

在布局空间中进行页面设置的操作步骤如下。

01 在布局空间左下角的“布局1”标签上单击右键，在弹出的快捷菜单中选择“页面设置管理器”选项，系统可弹出【页面设置管理器】对话框。

02 在其中单击“新建”按钮，在【新建页面设置】对话框中设置新页面设置的名称为“住宅楼详图页面设置”，单击“确定”按钮进入【页面设置-布局1】对话框中。

03 在【页面设置-布局1】对话框中设置“打印机/绘图仪”、“图纸尺寸”等各项参数后，如图9-6所示；单击“确定”按钮返回【页面设置管理器】对话框中，单击“置为当前”按钮，将新页面设置为当前正在使用的页面设置。

04 单击“关闭”按钮即可完成设置页面设置的操作。

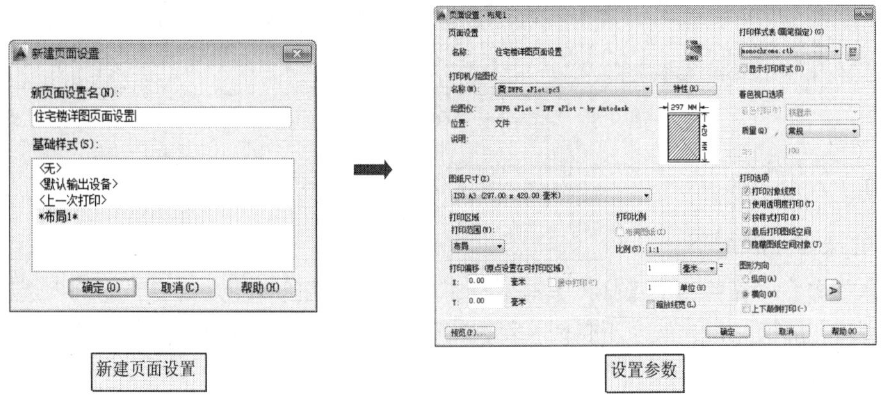

图9-6 设置参数

9.2.3 创建视口

创建视口的操作步骤如下。

01 执行“视图”|“视口”|“新建视口”命令，在弹出的【视口】对话框中选择视口样式；单击“确定”按钮，在布局空间中分别单击左上角点和右下角点，创建3个视口的结果如图9-7所示。

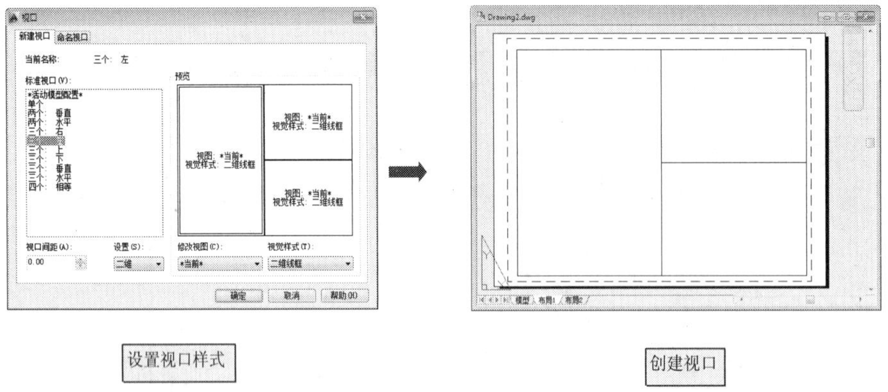

图9-7 创建视口

02 在视口内双击左键，待视口边框变粗，可以在视口内调整图形的大小，以不超出视口边框并有一定的空白为宜，调整结果如图9-8所示。

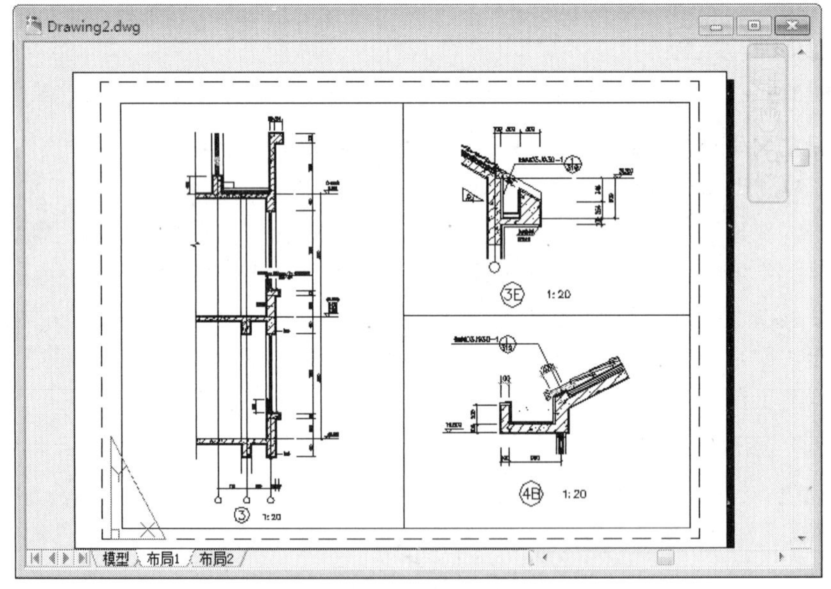

图9-8 调整图形在视口内的显示

9.2.4 加入图签

加入图签的操作步骤如下。

01 调用I【插入】命令，在弹出的【插入】对话框中选择“A3图签”图块；在“比例”选项组下勾选“统一比例”选项，在亮显文本框的X文本框中设置比例因子为0.9；单击“确定”按钮，在布局空间中点取图签的插入点，即可完成插入图签的操作。

02 在视口上双击鼠标左键，进入视口中后调用M【移动】命令，移动图名标注以使其不被图签遮挡，结果如图9-9所示。

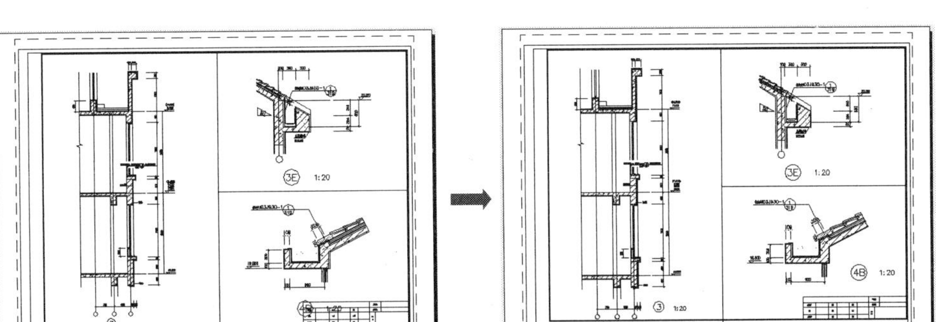

加入图签　　调整图名标注位置

图9-9　加入图签

9.2.5 打印

打印操作步骤如下所述。

01 按下Ctrl+P快捷键，系统弹出【打印-布局1】对话框；在其中单击“预览”按钮，可预览图纸的打印效果。

02 单击预览界面左上角的“打印”按钮，系统弹出【浏览打印文件】对话框，在其中设置图形的名称及存储路径，如图9-10所示。

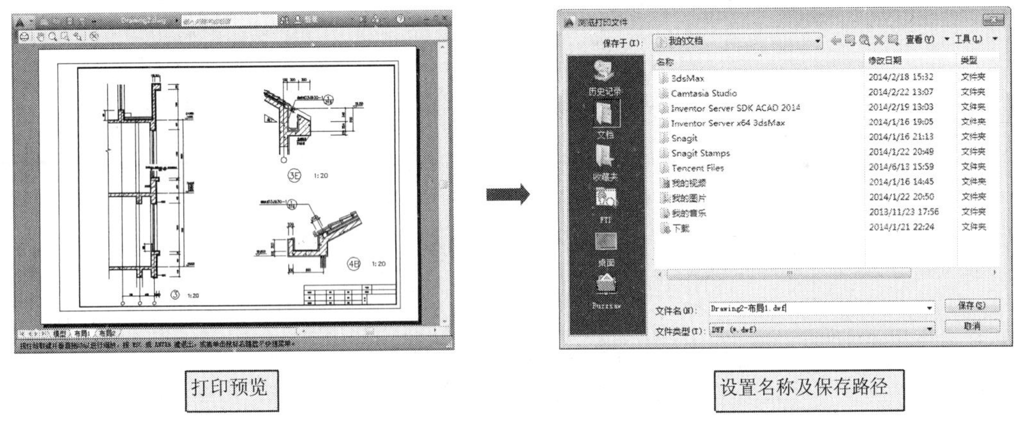

图9-10　设置图形的名称及存储路径

03 单击“保存”按钮，系统弹出图9-11所示的【打印作业进度】对话框，显示正在执行打印操作；待打印对话框关闭，即可完成打印操作。

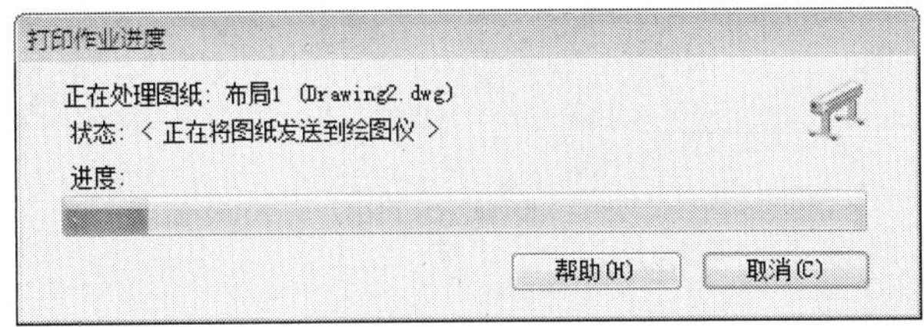

图9-11　【打印作业进度】对话框

第10章 建筑设计基本理论

本章为读者介绍建筑设计理论的一些基本知识，包括建筑设计的基本理论、建筑施工图的绘制及其特点，另外在本章的末尾还单独介绍住宅楼设计说明的绘制。

10.1 建筑设计基本理论

民用建筑的构造组成如图10-1所示，房屋的组成部分主要有基础、墙、楼地层、楼梯等，其中某些构造部分的含义如下所述。

★ 基础：位于地下的承重构件，承受建筑物的全部荷载，但不传给地基。

★ 墙：作为建筑物的承重与维护构件，承受房屋和楼层传来的荷载，并将这些荷载传给基础。墙体的围护作用主要体现在抵御各种自然因素的影响与破坏，另外还要承受一些水平方向的荷载。

★ 楼地层：作为建筑中的水平承重构件，承受家具、设备和人的重量，并将这些荷载传给墙或柱。

★ 楼梯：作为楼房建筑的垂直交通设施，主要供人们平时上下和紧急疏散时使用。

★ 屋顶：作为建筑物顶部的围护和承重构件，由屋面和屋面板两部分构成。屋面用来抵御自然界雨、雪的侵袭，屋面板则用来承受房屋顶部的荷载。

★ 门窗：门用来作为内外交通的联系及分隔房间，窗的作用是通风及采光。门窗均不是承重构件。

除此之外，房屋还有一些附属的组成部分，比如散水、阳台、台阶等。这些建筑构件可以分为两大类，即承重结构及围护结构，分别起着承重作用及围护作用。

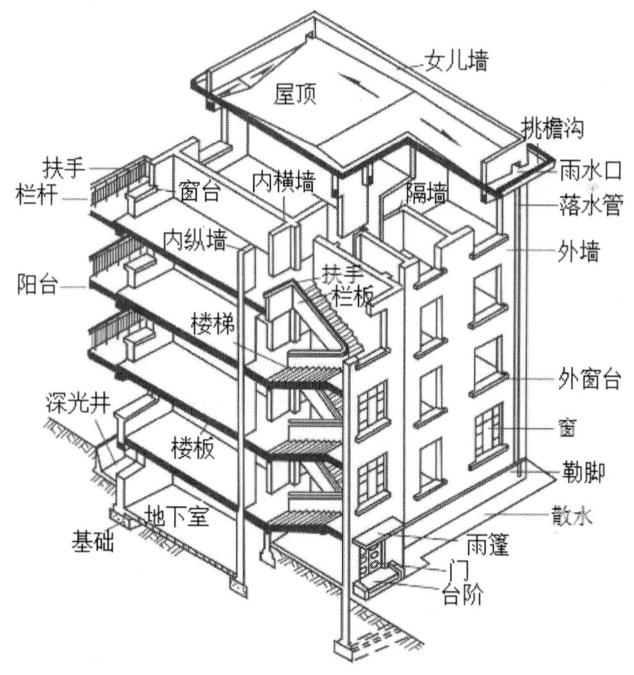

图10-1 民用建筑的构造组成

10.1.1 建筑设计的内容

建筑设计即指一项建筑工程的全部设计工作，包括各个专业，可称为建筑工程设计；也可单指建筑设计专业本身的设计工作。

一栋建筑物或一项建筑工程的建成，需要经过许多环节。比如建筑一栋民用建筑物，首先要提出任务、编制设计任务书、任务审批，其次为选址、场地勘测、工程设计，以及施工、验收，最后交付使用。

建筑工程设计是整个工程设计中不可或缺的重要环节，也是一项政策性、技术性、综合性较强的工作。整个建筑工程设计应包括建筑设计、结构设计、设备设计等部分。

（1）建筑设计

可是一个单项建筑物的建筑设计，也可以是一个建筑群的总体设计。根据审批下达的设计任务书和国家有关政策规定，综合分析其建筑功能、建筑规模、建筑标准、材料供应、施工水平、地段特点、气候条件等因素，提出建筑设计方案，直到完成全部的建筑施工图的设计及绘制。

（2）结构设计

根据建筑设计方案完成结构方案与选型，确定结构布置，进行结构计算和构建设计，完成全部结构施工图的设计及绘制。

（3）设备设计

根据建筑设计完成给水排水、采暖、通风、空调、电气照明及通信、动力、能源等专业的方案、选型、布置，以及施工图的设计及绘制。

建筑设计应由建筑设计师完成，而其他各专业的设计，则由相应的工程师来承担。

建筑设计是在反复分析比较，与各专业设计协调配合，贯彻国家和地方的有关政策、标准、规范和规定，反复修改，才逐步成熟起来的。

建筑设计不是依靠某些公式，简单地套用、计算出来的，因此建筑设计是一项创作活动。

10.1.2　建筑设计的基本原则

（1）应该满足建筑使用功能要求

因为建筑物使用性质和所处条件、环境的不同，所以其对建筑设计的要求也不同。比如北方地区要求建筑在冬季能够保温，而南方地区则要求建筑在夏季能通风、散热，对要求有良好声环境的建筑物则要考虑吸声、隔声等。

总而言之，为了满足使用功能需要，在进行构造设计时，需要综合有关技术知识，进行合理的设计，以便选择、确定最经济合理的设计方案。

（2）要有利于结构安全

建筑物除了根据荷载大小、结构的要求确定构件的必须尺度外，对一些零部件的设计，比如阳台、楼梯的栏杆、顶面、墙面的装饰，门、窗与墙体的结合及抗震加固等，都应该在构造上采取必要的措施，以确保建筑物在使用时的安全。

（3）应该适应建筑工业化的需要

为提高建设速度，改善劳动条件，保证施工质量，在进行构造设计时，应该大力推广先进技术，选用各种新型建筑材料，采用标准设计和定型构件，为构、配件的生产工厂化、现场施工机械化创造有利条件，以适应建筑工业化的需要。

（4）应讲求建筑经济的综合效益

在进行构造设计时，应注意建筑物的整体效益问题，既要注意降低建筑造价，减少材料的能源消耗，又要有利于降低经常运行、维修和管理的费用，考虑其综合的经济效益。

另外，在提倡节约、降低造价的同时，还必须保证工程质量，不可为了追求效益而偷工减料，粗制滥造。

（5）应注意美观

构造方案的处理还要考虑造型、尺度、质感、纹理、色彩等艺术和美观问题。

10.2 建筑施工图的概念和内容

作为表达建筑设计意图的工具，绘制建筑施工图是进行建筑设计所必不可少的环节，本节介绍建筑施工图的基础知识，包括建筑施工图的概念及其所包含的内容。

10.2.1 建筑施工图的概念

建筑施工图是将建筑物的平面布置、外型轮廓、尺寸大小、结构构造及材料做法等内容，按照国家制图标准中的规定，使用正投影法详细并准确地绘制出的图样。

建筑施工图是用来组织、指导建筑施工，进行经济核算，工程监理，并完成整个房屋建造的一套图样。

10.2.2 建筑施工图的内容

按照专业内容或者作用的不同，可以将一套完整的建筑施工图分为建筑施工图、建筑结构施工图、建筑设备施工图。

（1）建筑施工图（建施）

建筑施工图主要表示建筑物的总体布局、外部造型、内部布置、细部构造、内外装饰等内容，包括设计说明、总平面图、平面图、立面图、剖面图及详图等。

图10-2所示为绘制完成的建筑施工图。

（2）建筑结构施工图（结施）

建筑结构施工图主要表示建筑物各承重构件的布置、形状尺寸、所用材料及构造做法等内容，包括设计说明、基础平面图、基础详图、结构平面布置图、钢筋混凝土详图、节点构造详图等。

图10-3所示为绘制完成的建筑结构施工图。

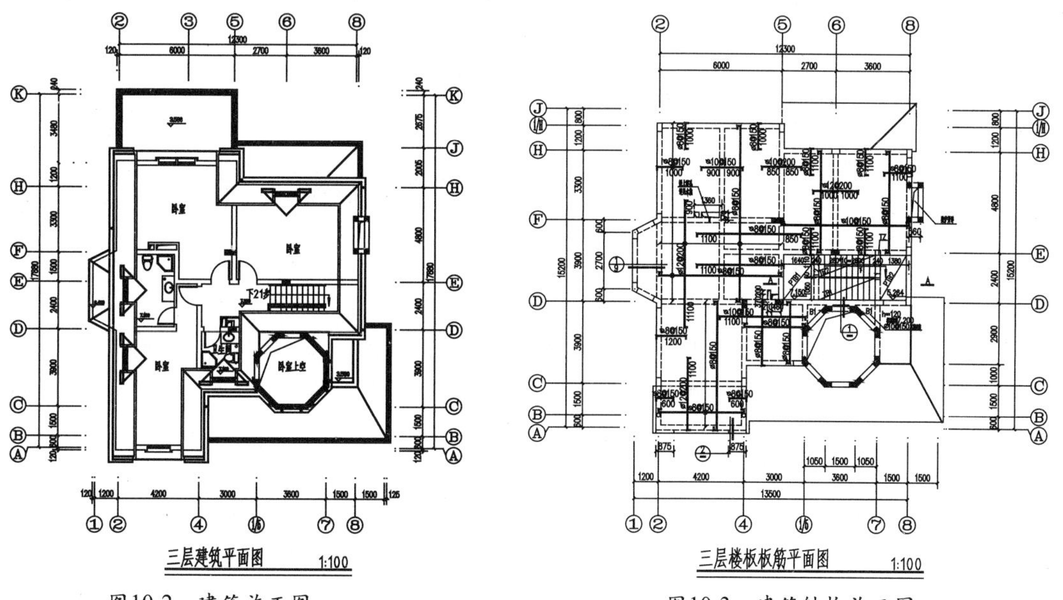

图10-2　建筑施工图

图10-3　建筑结构施工图

（3）建筑设备施工图（设施）

建筑设备施工图主要表示建筑工程各专业设备、管道及埋线的布置和安装要求等内容，包括给水排水施工图（水施）、采暖通风施工图（暖施）、电气施工图（电施）等，由施工总说明、平面图、系统图、详图等组成。

图10-4所示为绘制完成的建筑设备施工图。

全套的建筑施工图的编排顺序为：图纸目录、总平面图、建筑施工图、结构施工图、给水排水施工图、采暖通风施工图、电气施工图等。

图10-5所示为绘制完成的电气设计施工说明。

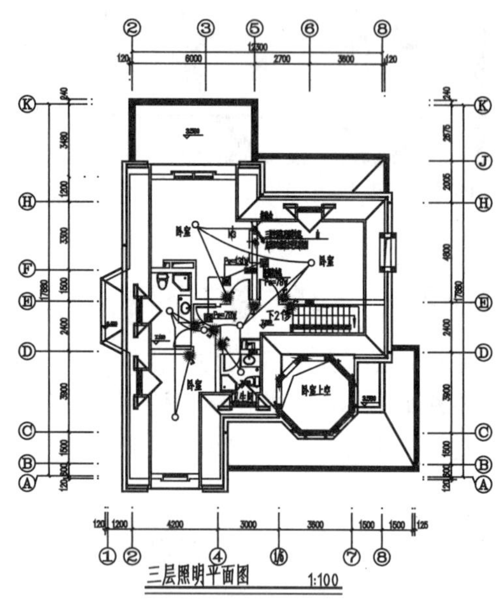

图10-4　建筑设备施工图

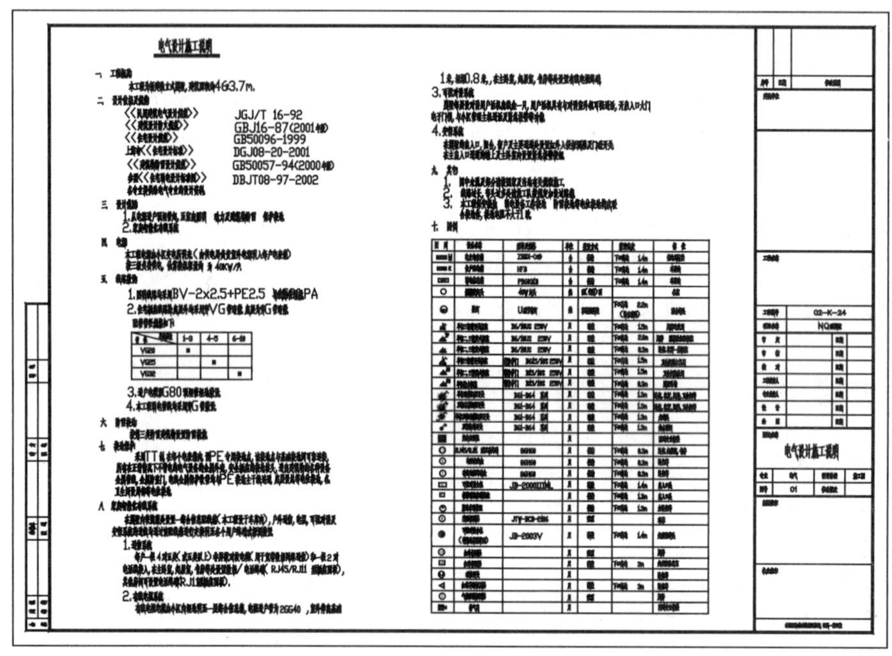

图10-5　电气设计施工说明

10.3 建筑施工图的特点和设计要求

在了解了建筑施工图的概念及内容的基础知识后，本节再进一步介绍建筑施工图的特点及设计要求，以期读者更进一步了解建筑施工图。

10.3.1 建筑施工图的特点

建筑施工图在图示方法上的特点如下所述。

（1）由于建筑施工图中的各图样均为根据正投影法来绘制，因此所绘的图样应符合正投影的投影规律。

（2）应采用不同的比例来绘制施工图中的各类图形。假如房屋主体较大，则应采用较小的比例来绘制。但房屋内部的各建筑构造较为复杂，则用较大的比例来绘制，因为在小比例的平、立、剖面图中不能表达清楚其细部构造。

（3）因为房屋建筑工程的构配件及材料种类繁多，为简便作图起见，国家制图标准规定了一系列的图例符号及代号来代表建筑构配件、建筑材料、卫生设备等。

（4）除了标高及总平面图外，施工图中的尺寸都必须以毫米为单位，但是在尺寸数字的后面不需要标注尺寸单位。

10.3.2 施工图设计要点

各类建筑施工图的设计要点如下所述。

1. 总平面图的设计要点

（1）总平面图要有一定的范围

仅有用地范围不够，要有场地四邻原有规划的道路、建筑物、构筑物。

（2）保留原有地形和地物

指场地测量坐标网及测量标高，包括场地四邻的测量坐标或定位尺寸。

（3）总图必要的详图设计

指道路横断面、路面结构，反映管线上下、左右尺寸关系的剖面图，以及挡土墙、护坡排水沟、广场、活动场地、停车场、花坛绿地等详图。

2. 建筑设计说明绘制要点

（1）装饰做法仅是文字说明表达不完整

各种材料做法一览表加上各部位装修材料一览表才能完整地表达清楚房屋建筑工程的做法。

（2）门窗表

对组合窗及非标窗，应绘制立面图，并把拼接件选择、固定件、窗扇的大小、开启方式等内容标注清楚。假如组合窗面积过大，请注明要经有资质的门窗生产厂家设计方可。另外还要对门窗性能，比如防火、隔声、抗风压、保温、空气渗透、雨水渗透等技术要求应加以说明。

例如建筑物1~6层和7层及7层以上对门窗气密性要求不一样，1~6层为3级，7层及以上为4级。

（3）防火设计说明

按照《建筑工程设计文件编制深度规定》中的要求，需要在每层建筑平面中注明防火分区面积和分区分隔位置示意图，并宜单独成图，但可不标注防火分区的面积。

3. 建筑平面图设计要点

（1）假如有地下室，则应在底层平面图中标注清楚。

（2）标注主要建筑设备和固定家具的位置及相关做法索引，比如卫生间的器具、雨水管、水池、橱柜、洗衣机的位置等。

（3）应标注楼地面预留孔洞和通气管道、管线竖井、烟道、垃圾道等的位置、尺寸和做法索引，包括墙体预留空调机孔的位置、尺寸及标高。

4. 建筑立面图设计要点

（1）容易出现立面图与平面图不一致的情况，如立面图两端无轴线编号，立面图除了标注图名外还需要标注比例。

（2）应把平面图上、剖面图上未能表达清楚的标高和高度标注清楚，不应该仅标注表示层高的标高，还应把女儿墙顶、檐口、烟囱、雨篷、阳台、栏杆、空调隔板、台阶、坡道、花

坛等关键位置的标高标注清楚。

（3）对立面图上的装饰材料、颜色应标注清楚，特别是底层的台阶、雨篷、橱柜、窗细部等较为复杂的地方也应标注清楚。

5. 建筑剖面图设计要点

（1）剖切位置应选择在层高不同、层数不同、内外空间比较复杂，具有代表性的部位。

（2）平面图墙、柱、轴线编号及相应的尺寸应标注清楚。

（3）要完整地标注剖切到或可见的主要结构和建筑结构的部位，比如室外地面、底层地坑、地沟、夹层、吊灯等。

10.3.3 施工图绘制步骤

绘制建筑施工图的步骤如下所述。

（1）确定绘制图样的数量

根据房屋的外形、层数、平面布置各构造内容的复杂程度，以及施工的具体要求来确定图样的数量，使表达内容既不重复也不遗漏。图样的数量在满足施工要求的条件下以少为好。

（2）选择适当的绘图比例

一般情况下，总平面图的绘图比例多为1:500、1:1000、1:2000等；建筑物或构筑物的平面图、立面图、剖面图的绘图比例多为1:50、1:100、1:150等；建筑物或构筑物的局部放大图的绘图比例多为1:10、1:20、1:25等；配件及构造详图的绘图比例多为1:1、1:2、1:5等。

（3）进行合理的图面布置

图面布置（包括图样、图名、尺寸、文字说明及表格等）要主次分明，排列均匀紧凑，表达清楚，并尽可能保持各图之间的投影关系。相同类型的、内容关系密切的图样，集中在一张或图号连续的几张图纸上，以便对照查阅。

10.4 建筑制图的要求及规范

目前建筑制图所依据的国家标准为2010年8月18日发布，2011年3月1日起实施的《房屋建筑制图统一标准》GB/T 50001—2010。该标准中列举了一系列在建筑制图中所应遵循的规范条例，涉及图纸幅面及图纸编排顺序、图线、字体等方面的内容。

由于《房屋建筑制图统一标准》中内容较多，本节仅摘取其中一些常用的规范条列进行介绍，而其他的内容读者可参考《房屋建筑制图统一标准》GB/T 50001—2010。

10.4.1 图纸幅面规格

图纸幅面指图纸宽度与长度组成的图面。

图纸幅面及图框尺寸，应符合表10-1中的规定。

表10-1 幅面和图框尺寸（mm）

幅面代号 / 尺寸代号	A0	A1	A2	A3	A4
	841 × 1189	594 × 841	420×594	297×420	210×297
c	10			5	
a	25				

注：b—幅面短边尺寸；l—幅面长边尺寸；c—图框线与幅面线间宽度；a—图框线与装订边间宽度。

图纸及图框应符合图10-6、图10-7所示中的格式。

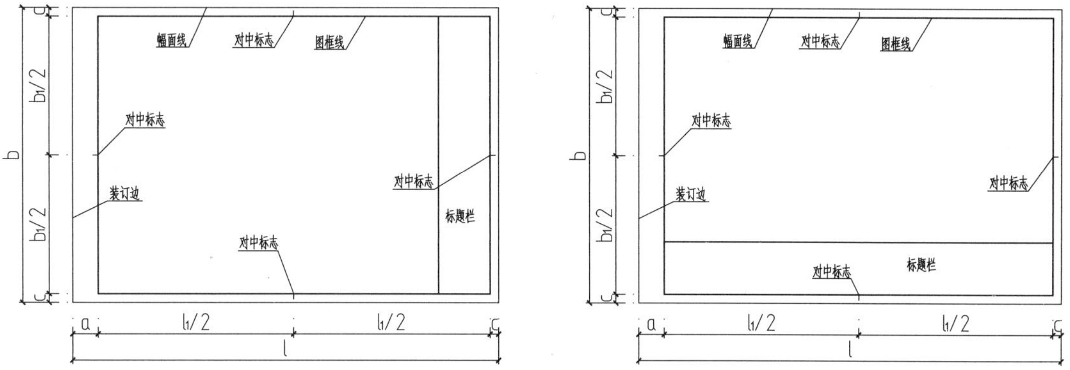

图10-6　A0~A3横式幅面

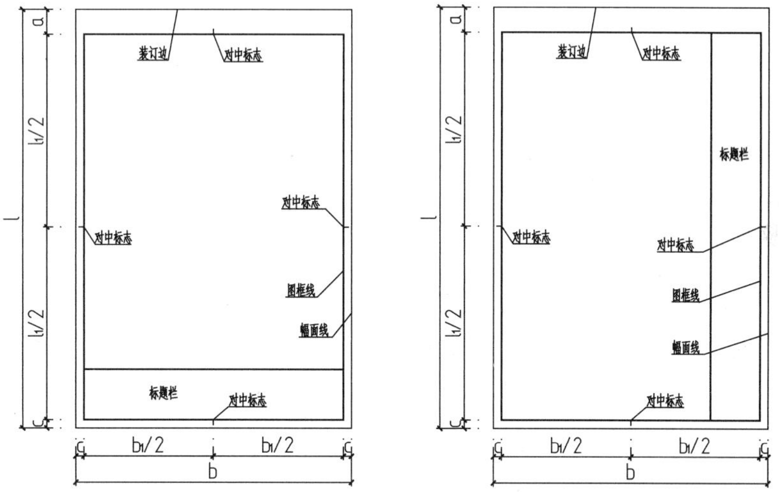

图10-7　A0~A4横式幅面

需要微缩复制的图纸，在其中一个边上应附有一段准确的米制尺度，4个边上均应附有对中标志。米制尺度的总长应为100mm，分格应为10mm。对中标志应画在图纸各边长的中点处，线宽应为0.35mm，伸入框内5mm。

图纸的短边尺寸不应加长，A0~A3幅面长边尺寸可加长，但是应符合表10-2中的规定。

表10-2　图纸长边加长尺寸（mm）

幅面代号	长边尺寸	长边加长后的尺寸
A0	1189	1486（A0+l/4）　1635（A0+3l/8）　1783（A0+l/2）　1932（A0+5l/8）　2080（A0+3l/4）　2230（A0+7l/8）　2378（A0+l）
A1	841	1051（A1+l/4）　1261（A1+l/2）　1471（A1+3l/4）　1682（A1+l）　1892（A1+5l/4）　2102（A1+3l/4）
A2	594	743（A2+l/4）　891（A2+l/2）　1041（A2+3l/4）　1189（A2+l）　1338（A2+5l/4）　1486（A2+3l/2）　1635（A2+7l/4）　1783（A2+2l）　1932（A2+9l/4）　2080（A2+5l/2）
A3	420	630（A3+l/2）　841（A3+l）　1051（A3+3l/2）　1261（A3+2l）　1471（A3+5l/2）　1682（A3+3l）　1892（A3+7l/2）

注：有特殊需要的图纸，可采用b×l为841mm×891mm与1189mm×1261mm的幅面。

图纸长边加长的示意图如图10-8所示。

图纸以短边作为垂直边称为横式，以短边作为水平边称为立式。A0~A3图纸宜横式使用，

在必要时，也可作立式使用。

在一个工程设计中，每个专业所使用的图纸，不应多余两种图幅，其中不包含目录及表格所采用的A4幅面。

此外，图纸可采用横式，也可采用立式，分别如图10-6、图10-7所示。

图纸内容的布置规则为：为能够清晰、快速地阅读图纸，图样在图面上排列要整齐。

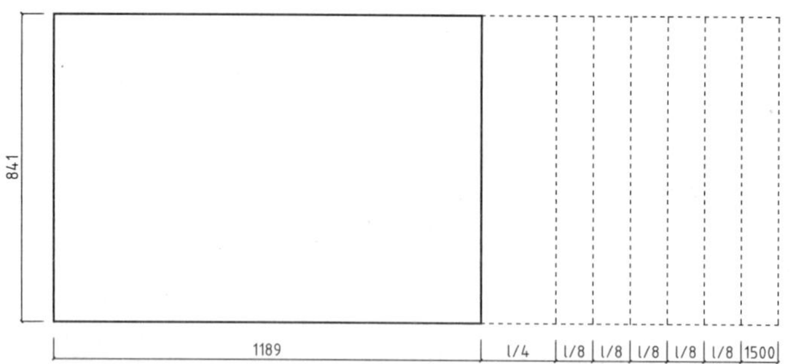

图10-8 图纸长边加长的示意图（以A0图纸为例）

10.4.2 标题栏与会签栏

图纸中应有标题栏、图框线、幅面线、装订边线及对中标志。其中图纸的标题栏及装订边位置，应符合下列规定

（1）横式使用的图纸，应按图10-9所示的形式进行布置。

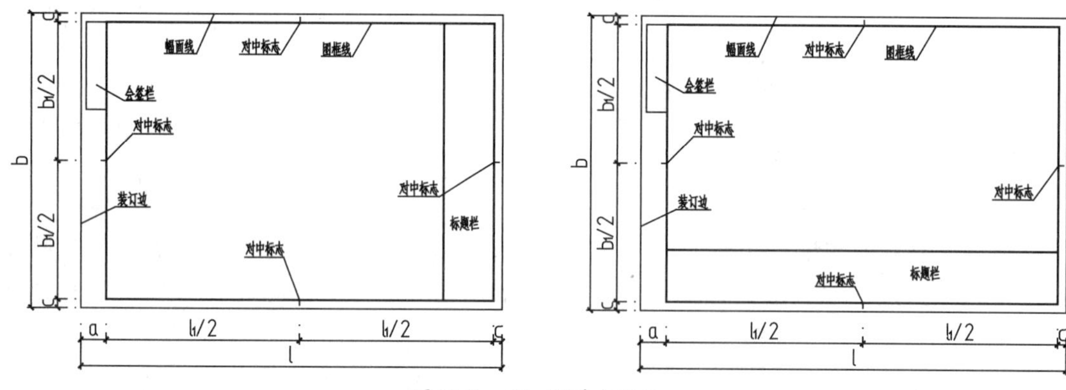

图10-9 A0~A3横式幅面

（2）立式使用的图纸，应按图10-10所示的形式进行布置。

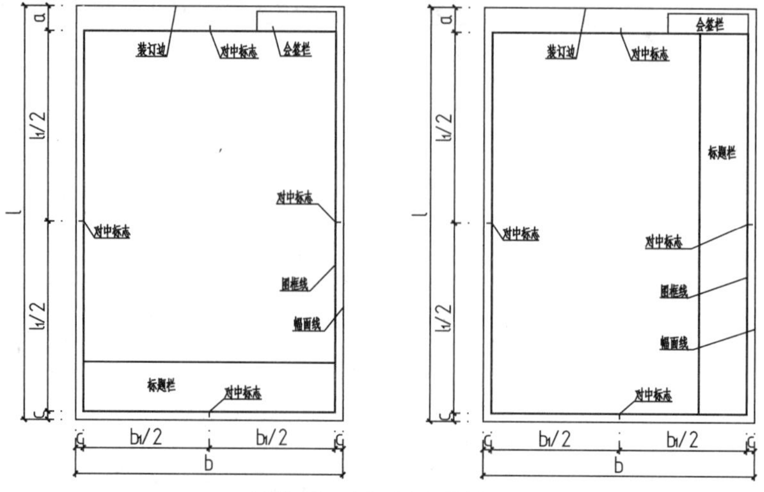

图10-10 A0~A4立式幅面

标题栏应按照图10-11所示的格式进行设置，柑橘工程的需要选择确定其内容、尺寸、格式及分区。签字栏包括实名列和签名列。

（1）标题栏可横排，也可竖排。

（2）标题栏的基本内容可按照图10-11进行设置。

（3）涉外工程的标题栏内，各项主要内容的中文下方应附有译文，设计单位的上方或左方，应增加“中华人民共和国”字样。

（4）在计算机制图文件中如使用电子签名与认证，必须符合《中华人民共和国电子签名法》中的有关规定。

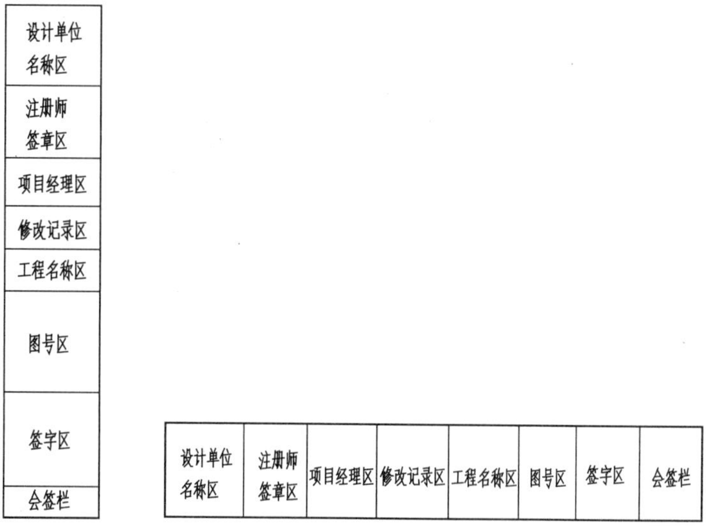

设计单位名称区
注册师签章区
项目经理区
修改记录区
工程名称区
图号区
签字区
会签栏

设计单位名称区	注册师签章区	项目经理区	修改记录区	工程名称区	图号区	签字区	会签栏

图10-11　标题栏

10.4.3 图线

图线是用来表示工程图样的线条，由线型和线宽组成。为表达工程图样的不同内容，且能够分清楚主次，应使用不同的线型和线宽的图线。

线宽指图线的宽度，用b来表示，宜从1.4、1.0、0.7、0.5、0.35、0.25、0.18、0.13mm的线宽系列中选取。

图宽不应小于0.1mm，每个图样应根据复杂程度与比例大小，先选定基本线宽b，再选用表10-3中相应的线宽组。

表10-3 线宽组（mm）

线宽比	线宽组			
b	1.4	1.0	0.7	0.5
0.7b	1.0	0.7	0.5	0.35
0.5b	0.7	0.5	0.35	0.25
0.25b	0.35	0.25	0.18	0.13

注：1.需要微缩的图纸，不宜采用0.18mm及更细的线宽。
2.同一张图纸内，各种不同线宽中的细线，可统一采用较细的线宽组的细线。

工程建筑制图应选用表10-4中的图线。

表10-4 图线

名称		线型	线宽	一般用途
实线	粗	━━━━━━	b	主要可见轮廓线
	中	━━━━━━	0.5b	可见轮廓线
	细	——————	0.25b	可见轮廓线、图例线
虚线	粗	━ ━ ━ ━ ━	b	见有关专业制图标准

（续表）

名称		线型	线宽	一般用途
虚线	中		0.5b	不可见轮廓线
	细		0.25b	不可见轮廓线、图例线
单点长画线	粗		b	见有关专业制图标准
	中		0.5b	见有关专业制图标准
	细		0.25b	中心线、对称线等
双点长画线	粗		b	见有关专业制图标准
	中		0.5b	见有关专业制图标准
	细		0.25b	假想轮廓线、成型前原始轮廓线
折断线			0.25b	断开界线
波浪线			0.25b	断开界线

在同一张图纸内，相同比例的各图样，应该选用相同的线宽组。

图纸的图框和标题栏线，可选用表10-5所示的线宽。

表10-5 线宽

幅面代号	图框线	标题栏外框线	标题栏分格线
A0、A1	b	0.5b	0.25b
A2、A3、A4	b	0.7b	0.35b

相互平行的图例线，其净间隙或线中间隙不宜小于0.2mm。

虚线、单点长画线或双点长画线的线段长度和间隔，宜各自相等。

单点长画线或双点长画线，当在较小图线中绘制有困难时，可用实线来代替。

单点长画线或双点长画线的两端，不应是点。点画线与点画线交接点或点画线与其他图线交接时，应是线段交接。

虚线与虚线交接或虚线与其他图线交接时，应是线段交接。虚线为实线的延长线时，不得与实线相接。

图线不得与文字、数字或符号重叠、混淆，不可避免时，应首先保证文字的清晰。

10.4.4 比例

图样的比例，应为图形与实物相对应的线性尺寸之比。

比例的符号为“：”，比例应以阿拉伯数字来表示。

比例宜注写在图名的右侧，字的基准线应取平；比例的字高宜比图名的字高小一号或二号，如图10-12所示。

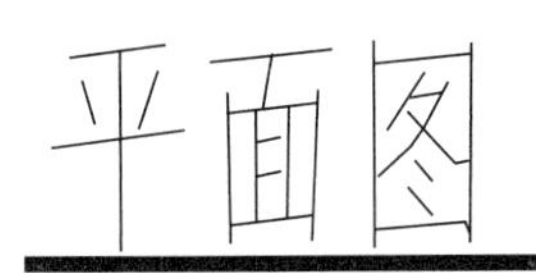

1:100

1:20

图10-12 注写比例

绘图所用的比例应根据图样的用途与被绘对象的复杂程度，从中选中，并宜优先采用表10-6中常用的比例。

表10-6 绘制所用比例

常用比例	1:1、1:2、1:5、1:10、1:20、1:30、1:50、1:100、1:150、1:200、1:500、1:1000、1:2000
可用比例	1:3、1:4、1:6、1:15、1:25、1:49、1:60、1:80、1:250、1:300、1:400、1:600、1:5000、1:10000、1:20000、1:50000、1:100000、1:200000

在一般情况下，一个图样应仅选用一种比例。根据专业制图的需要，同一图样可选用两种比例。

在特殊情况下也可自选比例，然后除了应注出绘图比例之外，还应在适当位置绘制出相应的比例尺。

10.4.5 字体

图纸上所需书写的字体、数字或符号等，都应笔画清晰、字体端正、排列整齐，标点符号应清楚正确。

文字的字高，应从表10-7中选用。字高大于10mm的文字宜采用TrueType字体，假如需要书写更大的子，其高度应按$\sqrt{2}$的倍数递增。

表10-7 文字的字高（mm）

字体种类	中文矢量字体	TrueType字体及非中文矢量字体
字高	3.5、5、7、10、14、20	3、4、6、8、10、14、20

图样及说明中的汉字，宜采用长仿宋体（矢量字体）或黑体，同一图纸字体种类不应该超过两种。长仿宋体的宽度与高度的关系应符合表10-8的规定，黑体字的宽度与高度应该相同。大标题、图册封面、地形图等的汉字，也可书写成其他字体，但是应该易于辨认。

表10-8 长仿宋字高宽关系（mm）

字高	20	14	10	7	5	3.5
字宽	14	10	7	5	3.5	2.5

汉字的简化书写，应符合国务院颁布的《汉字简化方案》及有关规定。

图样及说明中的拉丁字母、阿拉伯数字与罗马数字，宜采用单线简体或Roman字体。拉丁字母、阿拉伯数字与罗马数字的书写规则，应符合表10-9中的规定。

表10-9 拉丁字母、阿拉伯数字与罗马数字的书写规则

书写格式	字体	窄字体
大写字母高度	h	h
小写字母高度（上下均无延伸）	7/10h	10/14h
小写字母伸出的头部或尾部	3/10h	4/14h
笔画宽度	1/10h	1/14h
字母间距	2/10h	2/14h
上下行基准线的最小间距	15/10h	21/14h
词间距	6/10h	6/14h

拉丁字母、阿拉伯数字与罗马数字，假如需要写成斜字体，其斜度应是从字的底线逆时针向上倾斜75°，斜字体的高度和宽度应与相应的直体字相等。

拉丁字母、阿拉伯数字与罗马数字的字高，不应该小于2.5mm。

分数、百分数和比例数的注写，应该采用阿拉伯数字和数字符号。

当注写的数字小于1时，应该写出各进位的“0”，小数点应采用圆点，并对齐基准线来书写。

长仿宋汉字、拉丁字母、阿拉伯数字与罗马数字示例应符合国家现行标准《技术制图—字体》GB/T 14691的有关规定。

10.4.6 符号

本节介绍在建筑制图中常用符号的绘制标准，如剖切符号、索引符号、引出线等。

1. 剖切符号

剖视的剖切符号应由剖切位置线及剖视方向线组成，都应以粗实线来绘制。剖视的剖切符号应该符合下列规定。

（1）剖切位置线的长度宜为6mm~10mm，剖视方向线应垂直于剖切线位置，长度应短于剖切位置线，宜为4mm~6mm，如图10-13所示；也可采用国际统一及常用的剖视方法，如图10-14所示。在绘制剖视剖切符号时，符号不应与其他图线相接触。

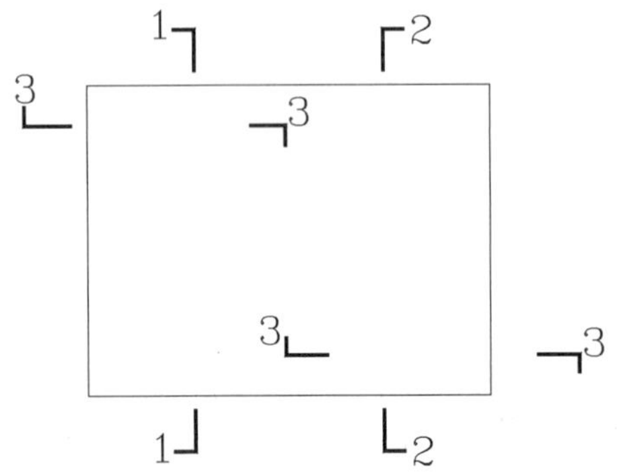

图10-13 剖视的剖切符号（一）

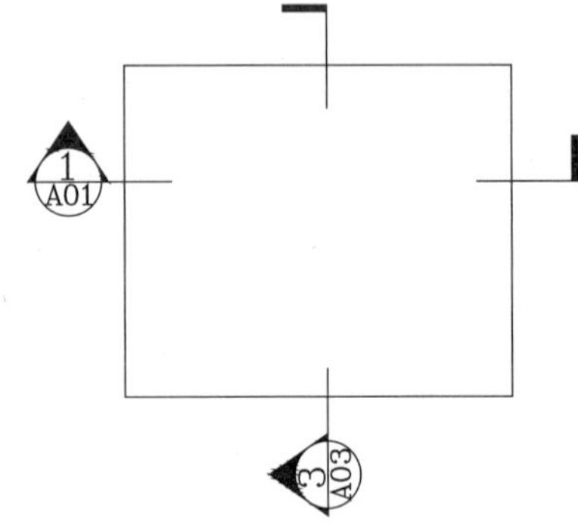

图10-14 剖视的剖切符号（二）

（2）剖视剖切符号的编号宜采用粗阿拉伯数字，按照剖切顺序由左至右、由下至上连续编排，并注写在剖视方向线的端部。

（3）需要转折的剖切位置线，应在转角的外侧加注与该符号相同的编号。

（4）建（构）筑物剖面图的剖切符号应注在±0.000标高的平面图或首层平面图上。

（5）局部剖面图（首层除外）的剖切符号应注在包含剖切部位的最下面一层的平面图上。

断面的剖切符号应符合下列规定。

（1）断面的剖切符号应只用剖切位置线来表示，并应以粗实线来绘制，长度宜为6mm~10mm。

（2）断面剖切符号的编号宜采用阿拉伯数字，按照顺序连续编排，并应注写在剖切位置线的一侧；编号所在的一侧应为该断面的剖视方向，如图10-15所示。

剖面图或断面图，假如与被剖切图样不在同一张图内，则应在剖切位置线的另一侧注明其所在图纸的编号，也可在图上集中说明。

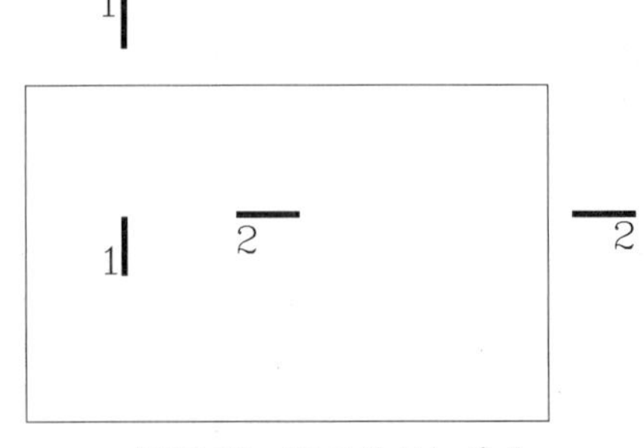

图10-15 断面的剖切符号

2. 索引符号与详图符号

图样中的某一局部或者构件，假如需要另见详图，则应以索引符号索引，如图10-16（a）所示。索引符号是由直径为8mm~10mm的圆和水平直径组成，圆及水平直径应以细实线来绘制。索引符号应按照下列规定来编写。

（1）索引出的详图，假如与被索引的详图同在一张图纸内，应在索引符号的上半圆中用阿拉伯数字注明该详图的编号，并在下半圆中间画一段水平细实线，如图10-16（b）所示。

（2）索引出的详图，假如与被索引的详图不在同一张图纸内，应该在索引符号的上半圆中用阿拉伯数字注明该详图的编号，在索引符号的下半圆用阿拉伯数字注明该详图所在的图纸的编号，如图10-16（c）所示。当数字较多时，可添加文字标注。

（3）索引出的详图，假如采用标准图，则应在索引符号水平直径的延长线上加注该标准图册的编号，如图10-16（d）所示。需要标注比例时，文字在索引符号右侧或延长线下方，与符号对齐。

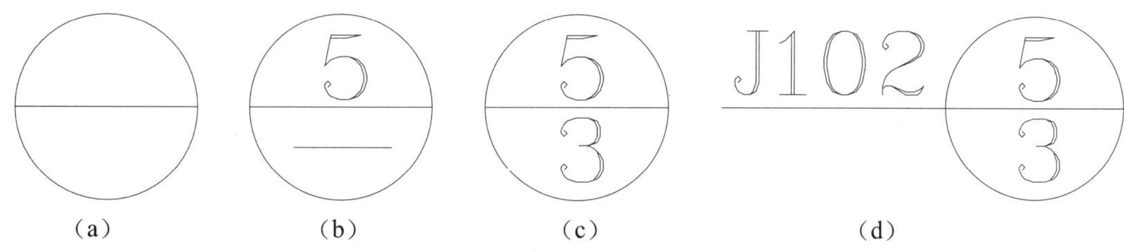

图10-16　索引符号

索引符号假如用于索引剖视详图，应该在被剖切的部位绘制剖切位置线，应以引出线引出索引符号，引出线所在的一侧应为剖视方向，如图10-17所示。

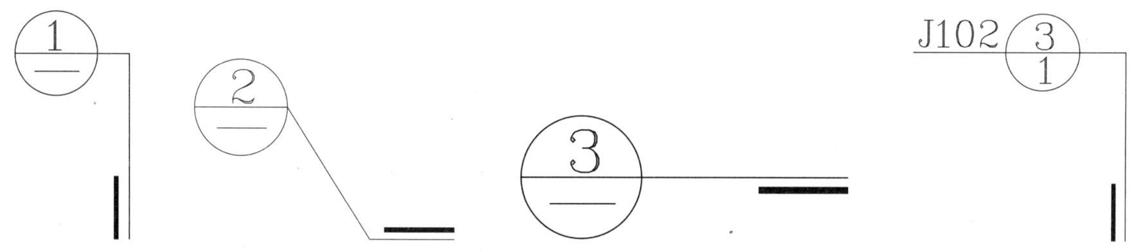

图10-17　用于索引剖面详图的索引符号

零件、钢筋、杆件、设备等的编号直径宜以5mm~6mm的细实线圆来表示，同一图样应保持一致，其编号应用阿拉伯数字按顺序来编写，如图10-18所示。消火栓、配电箱、管井等的索引符号，直径宜以4mm~6mm为宜。

图10-18　零件、钢筋等的编号

详图的位置和编号，应该以详图符号表示。详图符号的圆应该以直径为14mm粗实线来绘制。详图应按以下规定来编号。

（1）详图与被索引的图样同在一张图纸内时，应在详图符号内用阿拉伯数字注明详图的编号，如图10-19所示。

（2）详图与被索引的图样不在同一张图纸内时，应用细实线在详图符号内画一水平直径，在上半圆中注明详图编号，在下半圆中注明被索引的图纸的编号，如图10-20所示。

图10-19　详图与被索引的图样同在一张图纸内

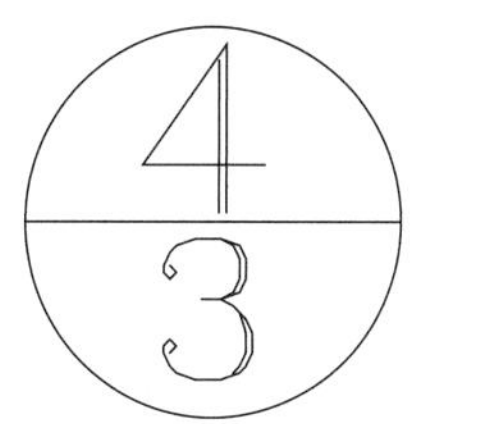

图10-20　详图与被索引的图样不在同一张图纸内

3. 引出线

引出线应以细实线来绘制，宜采用水平方向的直线、与水平方向成30°、45°、

60°、90°的直线，或经上述角度再折为水平线。文字说明宜注写在水平线的上方，如图10-21（a）所示；也可注写在水平线的端部，如图10-21（b）所示；索引详图的引出线，应与水平直径线相连接，如图10-21（c）所示。

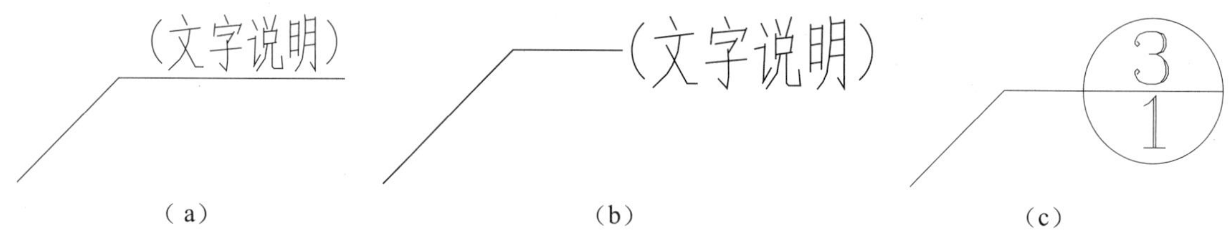

图10-21　引出线

同时引出的几个相同部分的引出线，宜互相平行，如图10-22（a）所示；也可画成集中于一点的放射线，如图10-21（b）所示。

图10-22　共同引出线

多层构造或多层管道共用引出线，应通过被引出的各层，并用圆点示意对应各层次。文字说明宜注写在水平线的上方，或注写在水平线的端部，说明的顺序应由上至下，并应与被说明的层次对应一致。假如层次为横向排序，则由上至下的说明顺序应与由左至右的层次对应一致，如图10-23所示。

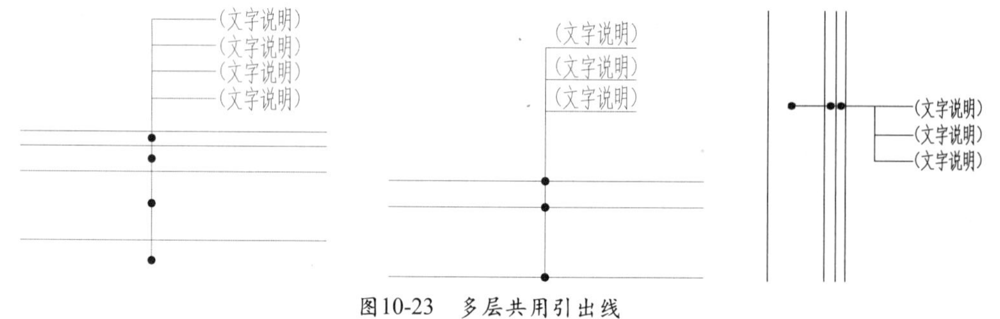

图10-23　多层共用引出线

4. 其他符号

（1）对称符号由对称线和两端的两对平行线组成。对称线用单点长画线绘制，平行线用细实线绘制，其长度宜为6mm~10mm，每对的间距宜为2mm~3mm；对称线垂直平分于两对平行线，两端超出平行线宜为2mm~3mm，如图10-24（a）所示。

（2）连接符号应以折断线表示需连接的部位。两部位相距过远时，折断线两端靠图样一侧应标注大写拉丁字母表示连接编号。两个被连接的图样应用相同的字母编号，如图10-24（b）所示。

（3）指北针的形状符合图10-24（c）所示的规定，其圆的直径宜为24mm，用细实线绘制；指针尾部的宽度宜为3mm，指针头部应注“北”或“N”字。需用较大直径绘制指北针时，指针尾部的宽度宜为直径的1/8。

（4）对图纸中局部变更部分宜采用云线，并宜注明修改版次，如图10-24（d）所示。

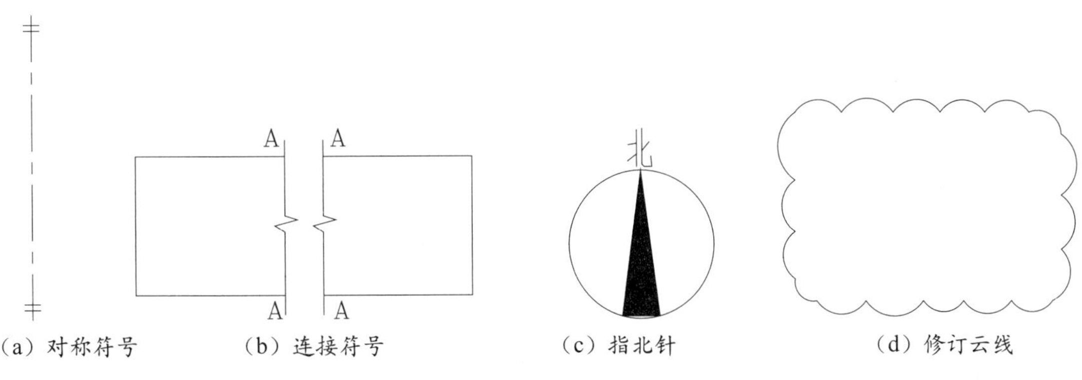

图10-24 其他符号

10.4.7 定位轴线

定位轴线应使用细单点长画线来绘制。

定位轴线应该编号，编号应注写在轴线端部的圆内。圆应使用细实线来绘制，直径为8mm~10mm。定位轴线圆的圆心应在定位轴线的延长线或延长线的折线上。

除了较为复杂需要采用分区编号或圆形、折线形外，一般平面上定位轴线的编号，宜标注在图样的下方或左侧。横向编号应使用阿拉伯数字，从左至右顺序编写；竖向编号应使用大写拉丁字母，从下至上顺序编写，如图10-25所示。

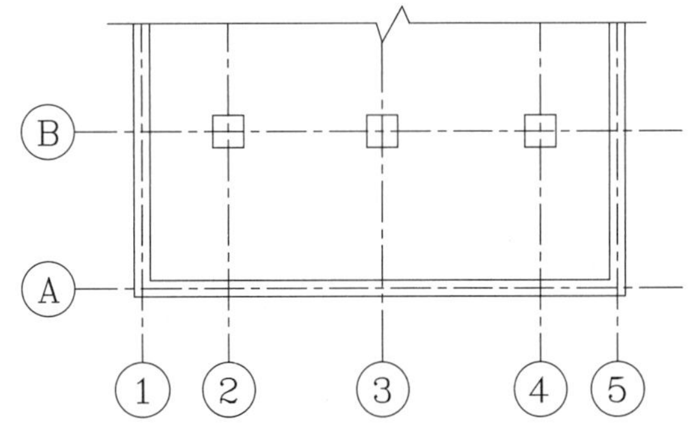

图10-25 定位轴线的编号顺序

拉丁字母作为轴线号时，应全部采用大写字母，不应该使用同一个字母的大小写来区分轴线号。拉丁字母的I、O、Z不得用作轴线编号。当字母数量不够用时，可增用双字母或单字母来加数字注脚。

组合较为复杂的平面图中定位轴线也可采用分区编号，如图10-26所示。编号的注写形式应为“分区号—该分区编号”。“分区号—该分区编号”采用阿拉伯数字或大写拉丁字母表示。

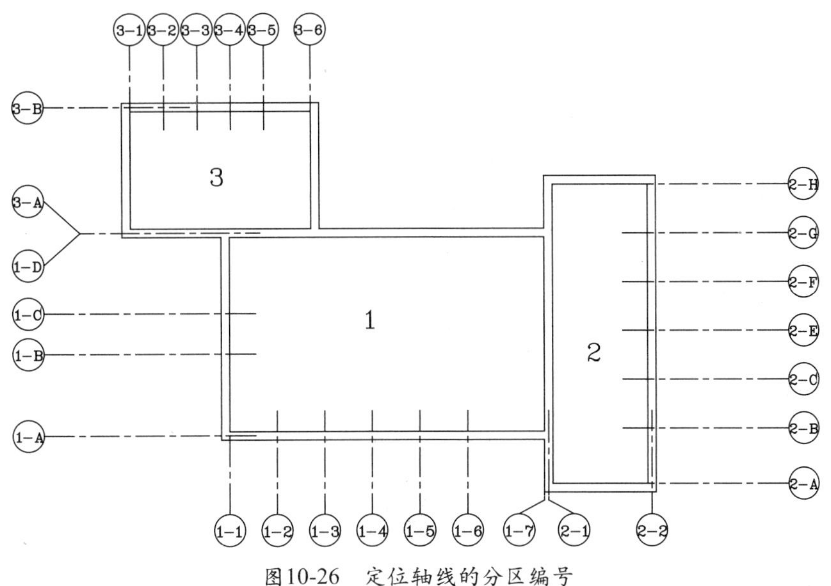

图10-26 定位轴线的分区编号

附加定位轴线的编号，应以分数形式表示，并应符合下列规定。

（1）两根轴线的附加轴线，应以坟墓表示前一轴线的编号，分子表示附加轴线的编号。编号宜使用阿拉伯数字顺序编写。

（2）1号轴线或A号轴线之前的附加轴线的分母应以01或0A表示。

一个详图适用于几根轴线时，应同时注明各有关轴线的编号，如图10-27所示。

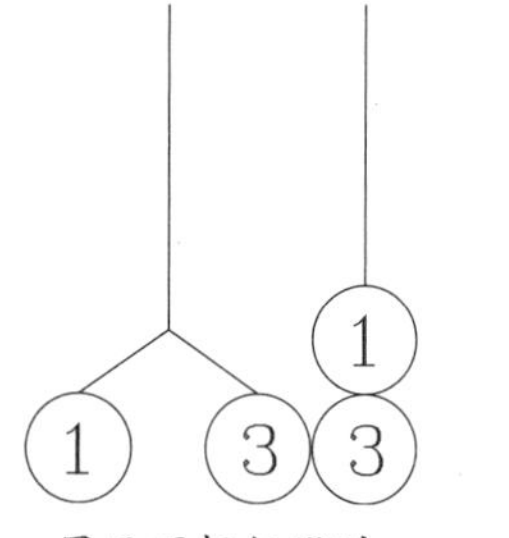

用于两根轴线时

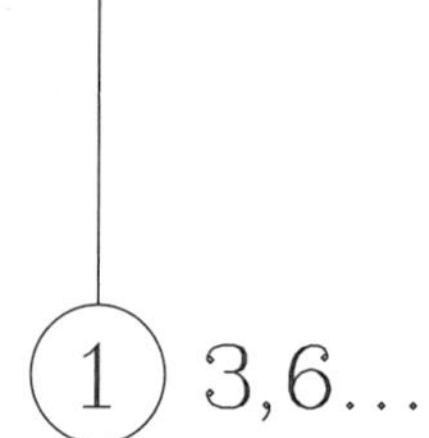

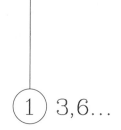

用于3根或3根以上轴线时

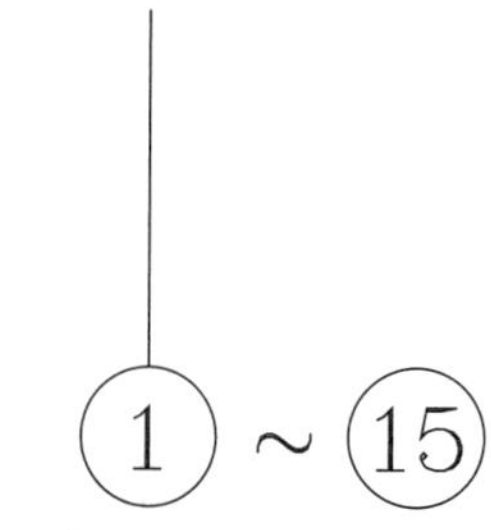

用于3根以上连续编号的轴线时

图10-27 详图的轴线编号

通用详图中的定位轴线，应该只画圆，不注写轴线编号。

10.4.8 常用建筑材料图例

在《房屋建筑制图统一标准》中仅规定常用建筑材料的图例画法，对其尺度比例不做具体规定。在使用时，应根据图样大小而定，并应注意以下事项。

（1）图例线应间隔均匀，疏密有度，做到图例正确，表示清楚。

（2）不同品种的同类材料在使用同一图例时（比如某些特定部位的石膏板必须注明是防水石膏板），应在图上附加必要的说明。

（3）两个相同的图例相接时，图例线宜错开或倾斜方向相反，如图10-28所示。

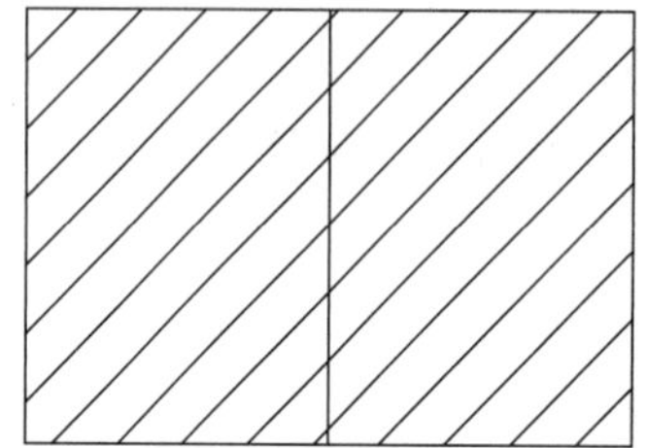

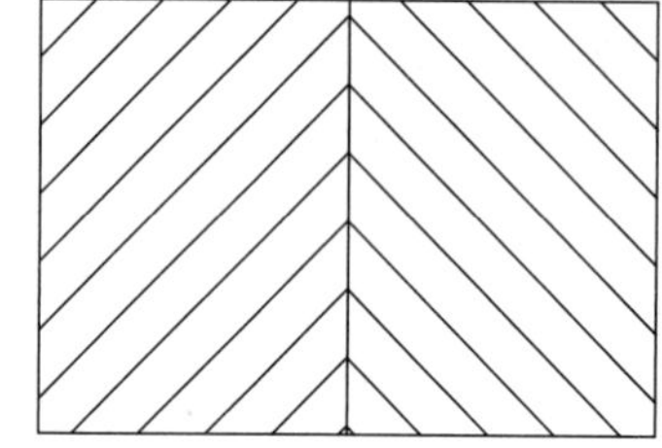

图10-28 相同图例相接时的画法

两个相邻的涂黑图例间应留有空隙，其净宽不宜小于0.5mm，如图10-29所示。

假如出现下列情况可以不加图例，但是应该添加文字说明如下所述。

（1）一张图纸内的图样只用一种图例时。

（2）图形较小无法画出建筑材料图例时。

需要绘制的建筑材料图例面积过大时，可以在断面轮廓线内，沿着轮廓线作局部表示，如图10-30所示。

图10-29 相邻涂黑图例的画法

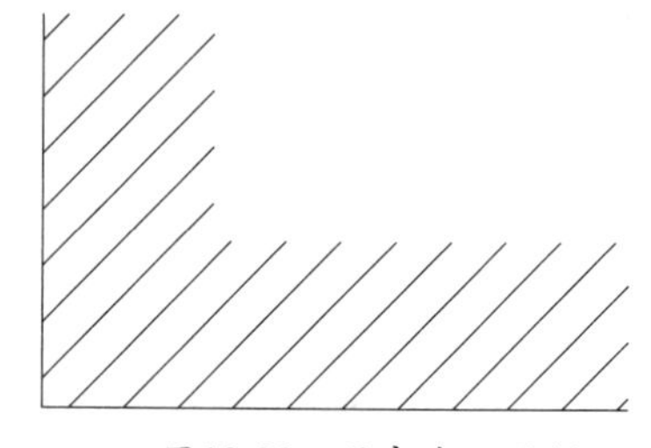

图10-30 局部表示图例

在选用《房屋建筑制图统一标准》中未包括的建筑材料时，可以自编图例。但是不能与标准中所列的图例重复，在绘制时，应该在图纸的适当位置绘制该材料的图例，并添加文字说明。

常用的建筑材料应按照表10-10中所示的图例画法进行绘制。

表10-10 常用的建筑材料图例

序号	名称	图例	备注
1	自然土壤		包括各种自然土壤
2	夯实土壤		
3	砂、灰土		靠近轮廓线绘较密的点
4	砂砾石、碎砖三合土		
5	石材		
6	毛石		
7	普通砖		包括实心砖、多孔砖、砌块等砌体。断面较窄不易绘出图例线时，可涂红
8	耐火砖		包括耐酸砖等砌体
9	空心砖		指非承重砖砌体
10	饰面砖		包括铺地砖、马赛克、陶瓷锦砖、人造大理石等
11	焦渣、矿渣		包括与水泥、石灰等混合而成的材料
12	混凝土		（1）本图例指能承重的混凝土及钢筋混凝土 （2）包括各种强度等级、骨料、添加剂的混凝土 （3）在剖面图上画出钢筋时，不画图例线 （4）断面图形小，不易画出图例线时，可涂黑
13	钢筋混凝土		
14	多孔材料		包括水泥珍珠岩、沥青珍珠岩、泡沫混凝土、非承重加气混凝土、软木、蛭石制品等
15	纤维材料		包括矿棉、岩棉、玻璃棉、麻丝、木丝板、纤维板等
16	泡沫塑料材料		包括聚苯乙烯、聚乙烯、聚氨酯等多孔聚合物类材料
17	木材		（1）上图为横断面，上左图为垫木、木砖或木龙骨； （2）下图为纵断面
18	胶合板		应注明为×层胶合板
19	石膏板		包括圆孔、方孔石膏板、防水石膏板等
20	金属		（1）包括各种金属 （2）图形小时，可涂黑
21	网状材料		（1）包括金属、塑料网状材料 （2）应注明具体材料名称
22	液体		应注明具体液体名称

（续表）

序号	名称	图例	备注
23	玻璃		包括平板玻璃、磨砂玻璃、夹丝玻璃、钢化玻璃、中空玻璃、加层玻璃、镀膜玻璃等
24	橡胶		
25	塑料		包括各种软、硬塑料及有机玻璃等
26	防水材料		构造层次多或比例大时，采用上面图例
27	粉刷		本图例采用较稀的点

注：序号1、2、5、7、8、13、14、16、17、18图例中的斜线、短斜线、交叉线等均为45°。

10.5 多层住宅建筑设计说明

本节介绍多层住宅楼建筑设计说明的绘制方法。

10.5.1 设计依据

（1）项目评审意见书。

（2）本工程建设批复，规划选址意见、红线及方案设计的批复。

（3）具体采用的设计规范如下。

★ 《高层民用建筑设计防火规范》GB 50045-95。

★ 《民用建筑设计通则》GB 50352-2005。

★ 《屋面工程技术规范》GB 50345-2004。

★ 山东省《居住建筑节能设计标准》。

★ 现行的国家有关建筑设计规范规程和规定。

10.5.2 工程概况

（1）本工程技术经济指标见总图。本栋建筑面积4437.01平方米，建筑占地面积949.25平方米。

（2）建筑层数、高度：地上5层，建筑高度18.95米。

（3）建筑结构形式为框架结构，合理使用年限为50年，抗震设防裂度为六度。

（4）本工程设计标高相当于黄海高程现场定，室内外高差为150mm。

10.5.3 工程做法

1. 墙体：砌体施工质量控制等级为B级

（1）±0.000一下砌体使用MU15水泥实心砖，M10水泥砂浆实砌。

（2）±0.000以上240厚墙体采用页岩空心砌块。

（3）±0.000以上采用M5混合砂浆砌筑。

（4）砌体在-0.060标高处设20厚1:2.5水泥砂浆防潮层一道，内掺5%防水剂。

（5）砖基础左20厚1:2.5水泥砂浆双面粉刷。

2. 外墙抹灰

弹性涂料墙面（由外至内）做法如下所述。

（1）面涂料一遍，高级中层主涂料一遍，封底涂料一遍。

（2）5厚抗裂防渗砂浆压入网格布。

（3）15厚1:3水泥砂浆打底、找平（盖住钢丝网）。

（4）50厚EPS保温板（板面喷界面处理剂）。

（5）粘界接层。

（6）240厚的墙体（混凝土梁、柱）。

外装修设计索引详图见立面图：外装饰工程中所用的涂料、面砖（每平方米自重不得超过30KG，否则做专项外墙设计）及各种附材必须为符合国家规定、规范和标准的合格产品。

外装修部位见轴立面图，要求一次完成，所有外装修材料军营提供多种样品，经业主与建筑师选择确定。外装修罩面材料应质地优良、色泽一致、耐开裂、耐老化、耐污染防水，由承包商提供样品在大面积施工前需做样板，经业主及建筑师同意后方可施工。

承包商进行二次设计轻钢结构、装饰物等，经确认后向建筑设计单位提供预埋件的设置要求。

3. 内墙

（1）内墙1——涂料墙面（卫生间、厨房除外）

① 奶白防霉环保涂料二道。

② 6厚1:1:6水泥石灰砂浆压实赶光。

③ 12厚1:1:6水泥石灰砂浆打底扫毛。

④ 砖墙。

（2）内墙2——厨房卫生间

① 面层白水泥擦缝。

② 6后1:2.5水泥砂浆罩面扫毛。

③ 12厚1:3水泥石砂浆打底抹平扫毛。

④ 砖墙。

内装修工程执行《建筑内部装修设计防火规范》GB 50222-95。

4. 楼地面做法

（1）地面（商铺地面）

① 20厚1:2.5水泥砂浆抹面压实赶光。

② 水泥浆一道（内掺建筑胶）。

③ 60厚C15砼。

④ 150厚碎石。

⑤ 素土夯实（压实系数≥0.94）。

（2）水泥地面（储藏室）

① 40厚C20细石砼，内配ф4@200钢筋。

② 4厚SBS改性沥青涂膜防水层。

③ 40厚C20细石砼。

④ 80厚碎石垫层。

⑤ 素土夯实。

（3）水泥楼面（楼梯面层）

① 20厚1:2.5水泥砂浆面压实赶光。

② 水泥浆一道（内掺建筑胶）。

③ 现浇钢筋砼楼板。

④ 踢脚线（为暗式）。

⑤ 120高20厚1:2水泥砂浆踢脚线。

（4）防水

① 凡设有地漏房间就应该做防水层，图中未注明整个房间做坡度者，均在地漏周围1m范围内做1%坡度坡向地漏。

② 有水房间的楼地面应低于相邻房间50mm。防水做法：1.5后聚氨酯防水涂料一道，侧边翻高250。

③ 有水房间西周做250高C20素混凝土防水带，与墙体等宽。卫生间与相邻房间墙面用防水砂浆粉刷。

5. 其他事项说明

（1）内装修选用的各项材料，均有施工单位制作样板和选样，经确认后进行封样，并据此验收。

（2）楼地面部分执行《建筑地面设计规范》GB50037-96。

（3）楼地面构造交接处和地坪高度变化处，除图中另有注明者外，均位于齐平门扇开启面处。

（4）室内装修：办公室内由用户二次装修，本设计建筑装修仅为用户二次装修创造条件；户内厕浴配件等均有用户自理，管道及位置按各专业施工图预留。

6. 屋面做法

（1）保温平屋面（自上至下）

① 20厚1:3水泥砂浆找平层。

② 4厚沥青油毡，油毡纸。

③ 35厚C20细石混凝土随捣随抹。大于6米时设分仓缝，做法参见LO1J202第16页（配钢筋网片ф4@150双向）。

④ 65厚挤塑聚苯板保温层。

⑤ 20厚1:3水泥砂浆找平层。

⑥ 现浇钢筋砼屋面板。

（2）非保温屋面

① 20厚1:25水泥砂浆找平层。

② 4厚纸筋灰隔离层。

③ 合成高分子防水卷材。

④ 20厚1:2.5水泥砂浆找平层（掺2%防水剂）。

⑤ 现浇混凝土楼板。

（3）保温瓦屋面（自上而下）

① 混凝土瓦。

② 挂瓦条30×30，中距按照瓦片的规格。

③ 顺水条30×20，中距500。

④ 20厚1:3水泥砂浆找平层。

⑤ 4厚沥青油毡，油毡纸。

⑥ 35厚C20细石混凝土随捣随抹，大于6米时设分仓缝，做法参见LO1J202第16页（配钢筋网片ф4@150双向）。

⑦ 65厚挤塑聚苯板保温层。

⑧ 20厚1:3水泥砂浆找平层。

⑨ 现浇钢筋砼屋面板。

（4）天沟

① 3mm厚APP改性沥青防水卷材（带铝箔）防水层。

② 附加卷材一层（3mm）。

③ 1:2水泥砂浆找平。

④ C15细混凝土找坡，i=1%（随捣随抹）。

⑤ 混凝土檐沟。

（5）其他注意事项

① 平屋面排水坡度为2%，檐沟排水纵坡为1%。

② 刚性防水层与立墙、女儿墙及突出屋面建筑构配件的交接处均为离缝30内做柔性（聚氯乙烯胶泥）密封处理。

③ 屋面与出屋面墙体及建筑构配件交接处和檐沟内侧，防水层翻起高度≥250（详见节点图）。

④ 屋面分仓缝做法详见《2006浙J55》22页第4节点，屋面分仓缝纵横间距≤6000mm。

7. 天棚抹灰

檐沟、雨篷底

① 1:3水泥砂浆底。

② 1:2水泥砂浆面。

③ 外墙涂料罩面。

（2）天棚1（用于厨卫）

① 3厚1:2.5水泥砂浆找平。

② 5厚1:3水泥砂浆打底扫毛。

③ 素水泥一道（内掺建筑胶）。

④ 钢筋混凝土基层。

（3）天棚2（除了卫生间厨房外）

① 树脂乳液（乳胶漆）二道饰面。

② 封底漆一道（干燥后再做面涂）。

③ 3厚1:0.5:2.5水泥石灰膏砂浆找平。

④ 5厚1:0.5:3水泥石灰膏砂浆打底扫毛。

⑤ 素水泥砂浆一道（内掺建筑胶）。

⑥ 钢筋混凝土基层。

8. 室外工程

（1）坡道

① 120厚C20细混凝土随捣随抹平。

② 80厚C15素混凝土垫层。

③ 70厚碎石垫层。

④ 素土夯实。

（2）外墙散水

散水设伸缩缝，间距为6m（宽度详见底层平面图），散水坡度为5%，与勒脚墙间设通长缝，缝宽为20，内均为沥青砂浆填缝。做法选用《浙 J18—95图集》3页4节点。

9. 外墙门窗防水

（1）铝合金门窗或塑钢窗的安装应采用不锈钢或镀锌卡铁联结，联结构件应固定在窗洞口内侧。

（2）外窗台最高点应比内窗台低10mm，且应向外做坡3%排水。

（3）门窗框与外墙饰面之间留7×5（宽

×深）mm的凹槽，嵌填弹性密封胶。

（4）双向钢筋外墙门窗樘与墙体之间缝隙用聚合物水泥砂浆嵌填密实。

10. 门窗

（1）本工程建筑外立面窗塑钢中空玻璃窗（5+9A+5）：选用《07J604》图集，分格及开启部位参选用门窗标准图及门窗立面详图，施工前须现场实测洞口尺寸，经核实调整后再施工安装。

（2）建筑外门窗抗风压性能分级为3级，气密性能分级为3级，水密性能分级为3级，保温性能分级为6级，隔声性能分级为3级，采光性能分级为3级。

（3）凡非标较大尺寸的门窗，生产方需根据需要放大竖挺火横档断面，以保证安全稳定（包括玻璃厚度）。

（4）门窗玻璃的选用应遵照《建筑玻璃应用技术规程》和《建筑安全玻璃管理规定》中的标准进行。

11. 主管有关部门关于门窗选用及安装的规定

（1）门窗立面均表示洞口尺寸，门窗加工尺寸要按照装修面厚度由承包商予以调整。

（2）门窗外门窗樘详墙身节点图，内门窗立樘除图中另有注明外，立樘位置为居中。

（3）门窗选料、颜色、玻璃见“门窗表”备注，门窗五金件要求为塑钢构件。

（4）所有门窗面积>1.5m的玻璃或玻璃底边离地装修面低于500mm的玻璃均采用钢化安全玻璃。

（5）窗台低于800的窗、飘窗内均设不锈钢防护栏杆，做法详见大样图。

（6）所有窗栏杆和阳台栏杆预埋件做法详见06J403—1，第161页节点做法。

（7）所有门窗的小五金配件必须齐全，不得遗漏。推拉窗均应加设防窗扇脱落的限位装。

12. 楼梯及栏杆

（1）楼梯栏杆选用<06J403—1 >49页（花饰由甲方另定）。

（2）楼梯护窗栏杆：选自图集06J403—1，第77页H2型做法。

（3）护窗栏杆：护窗栏杆选择图集06J403—1，第79页PB3型做法。

（4）所有护窗栏杆高度除去可踏面后高度900，临空阳台栏杆高度1100，楼梯栏杆高度、楼梯段高度900，水平段长度大于500，高度为1100；所有楼梯栏杆、护窗栏杆、阳台栏杆垂直杆件间距不得大于110。

（5）楼梯踏步防滑条选自图集06J403—1，149页节点16做法，其余栏杆、扶手、预埋件等均参照本图集152~161页相关构造的做法。

13. 建筑设备、设施工程

（1）未注明处预留ф100空调孔，孔底距楼面2200，孔边距墙面或柱边200。

（2）厨房烟道选用07J916—1 A型。

14. 油漆及防腐措施

（1）所有预埋件均需做防腐防锈处理，预埋木砖及木构件金属构配件，需水柏油防腐，埋件及管套，除锈后刷防锈漆两度。

（2）外墙涂料及重点部位的油漆颜色等均应事先做出样板，经认可后方可落实和组织大面积施工。

（3）木门油漆由装修另定。

（4）木构件均应涂刷沥青防腐处理。

（5）预埋木砖及贴邻墙体的木质面均做防腐处理，露明铁件均做防锈处理。

（6）楼梯、阳台、平台、护窗栏杆选用深褐色还氧漆，做法（除锈后，除锈等级St3）如下。

底漆：a）铁红还氧漆一道；b）还氧腻子刮平打磨。

面漆：a）还氧瓷器漆两道；b）还氧清漆一道（钢构件除锈后先刷一道防锈漆）。

（7）木扶手油漆（木材选刷非沥青类防腐漆）选用深褐色醇酸调和漆，做法如下。

底漆：a）底油一道；b）腻子刮平打磨。

面漆：醇酸调和漆三道，磨退出亮。

（8）室内外各项露明金属构件的油漆为：刷防锈漆2道，再做同室内外部位相同颜色油漆，做法如下。

底漆：a）铁红还氧底漆一道；b）还氧腻子刮平打磨。

面漆：a）还氧瓷漆2道；b）还氧清漆一道。

（9）油漆工程选用的各项材料，均由施工单位制作样板和选用，经确认后进行封样，并据此验收。

15. 其他事项说明

（1）本设计图所注尺寸，标高以米为单位，尺寸均以毫米为单位，建筑图所注地面、楼面、楼体平台、走廊等标高均为建筑粉刷面标高，平屋面标高为结构板面标高，坡屋面屋脊标高为结构板面标高。

（2）图中所选用标准图中有对结构工种的预埋件、预留洞（楼梯、平台钢栏杆、门窗、建筑配件等），本图所标注的各种留洞与预埋件应与各工种密切配合后，确认无误后方可施工。

（3）两种材料的墙体交接处，应根据饰面材质在做饰面前加钉金属网或在施工中加贴玻璃丝网格布，防止裂缝。

（4）除注明外，所有临空栏杆高度距楼地面面层（可踏面）为900。

（5）门窗过梁图集详见结构说明，荷载等级为二级。

（6）室内外有关主要建筑装修材料及制品均应有主要部门的产品鉴定书和有关部门的测试报告，以确保工程质量，并慎重选择，必要时可由各方共同商定。

（7）本工程卫生间管道均需预留接口，不安装洁具的需做好现场保护，以防堵塞。

（8）梁、柱与填充墙间钉400宽镀锌钢丝网，1:2水泥砂浆掺5%防水剂，分两次粉刷，每遍10厚。

（9）室内门窗洞口与2000高墙体阳角护角线（为每边50mm）做法如下。

（a）14厚1:3水泥砂浆底；

（b）4厚1:2水泥砂浆面。

（10）严格按图施工，未经设计单位允许，施工中不得随意修改设计，必要时由设计单位出具。施工前应核对有关专业图纸，并应与有关施工安装单位协调施工程序，做好预埋件和设计变更通知。

（11）土建施工过程中，应与水、电、暖通、空调等工种密切配合，避免后凿。若发现有矛盾时，请建设单位、监理公司和施工图部门及时与设计单位取得联系，不得擅自解决。

（12）图中梁、柱、板以结施为准。

（13）除大样图另有标明者外，突出墙面的腰线、檐板、窗台，上部做3%的向外排水坡，与墙面交角处做成半径50mm的圆角，下部做滴水，如图10-31所示。

（14）穿过外墙防水层的管道采用套管法，如图10-32所示。

（15）凡本说明及图纸未详尽处，均按国家有关现行规范、规程、规定执行。

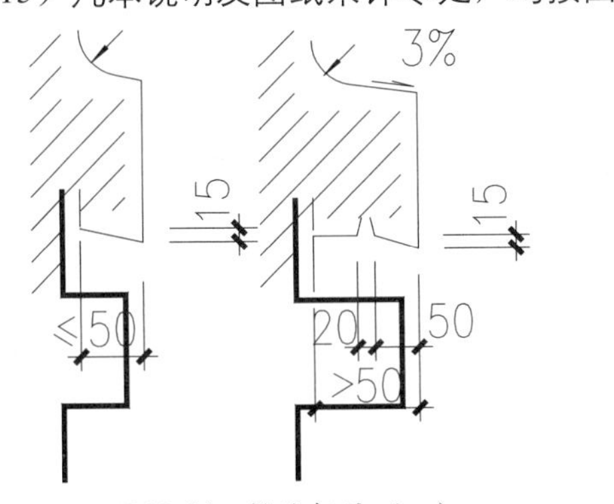

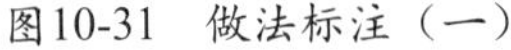
图10-31　做法标注（一）

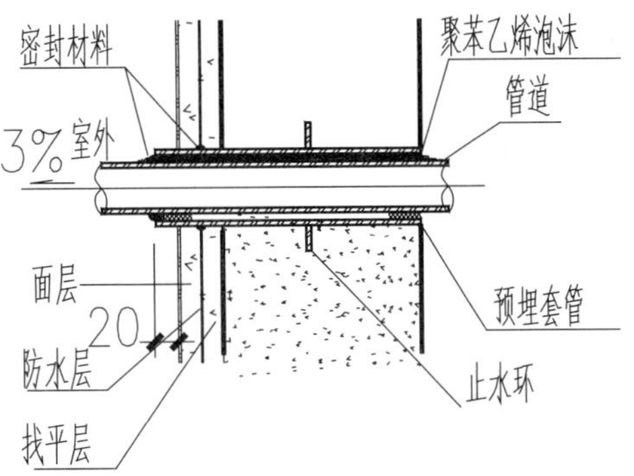

图10-32　做法标注（二）

16. **图集说明**

（1）《03J201—2》平屋面构造。

（2）《03J201—2》坡屋面构造。

（3）《01J304》楼地面建筑构造。

（4）《06J403—1》楼梯、栏杆、栏板。

（5）《02J003》室外工程。

（6）《07J604》塑料门窗。

（7）《03J121—1》外墙外保温建筑构造。

第11章 建筑基本图形的绘制

在绘制建筑施工图纸或者室内施工图纸时，经常会需要调用一些图形来辅助设计表现。比如在绘制室内装潢图纸时，需要调用各类家具图块来表示各功能区域的布置；在绘制建筑设计图纸时，需要调用门、窗等建筑构件图形来表现房屋的建筑设计效果。

本章介绍各类建筑基本图形的绘制方法。

11.1 室内家具图形的绘制

室内家具图形在绘制室内装潢设计图纸时经常需要用到，具体的分类有沙发茶几、各类柜子，以及各类桌椅等；本节介绍几种常见的室内家具图形的绘制，包括沙发和茶几图形、视听组合柜图形、办公桌椅图形。

11.1.1 实战——绘制沙发和茶几

沙发是指一种装有软垫的多座位椅子。装有弹簧或厚泡沫塑料等的靠背椅，两边有扶手，是软件家具的一种。

按照功能来分类，沙发可以分为固定背沙发、无极自控沙发、气动沙发（即：手动沙发）、电动沙发和带电视沙发等。

按照用类来分类，可以分为皮沙发、面料沙发（其实是布艺沙发）、曲木沙发和藤制沙发等。

图11-1所示为常见的欧式沙发及中式沙发的装潢效果。

图11-1　沙发的装潢效果

本节介绍沙发及茶几图形的绘制方法。

01 绘制四人座沙发。调用REC【矩形】命令，绘制矩形；调用O【偏移】命令，选择矩形将其分解；调用O【偏移】命令，设置偏移距离为100，选择矩形边向内偏移，结果如图11-2所示。

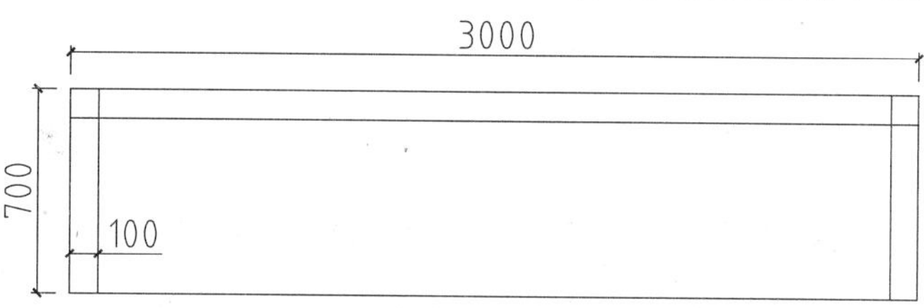

图11-2　偏移线段

02 调用F【圆角】命令，设置圆角半径为50，对线段执行圆角操作；调用TR【修剪】命令，修剪多余线段，结果如图11-3所示。

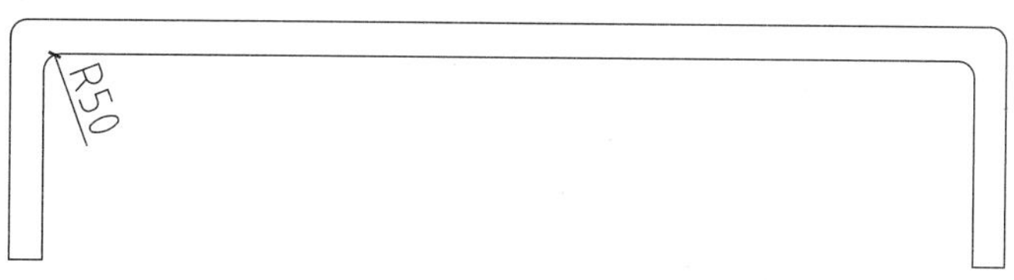

图11-3　圆角操作

03 绘制坐垫。调用REC【矩形】命令，分别绘制尺寸为750×700、700×700的矩形，结果如图11-4所示。

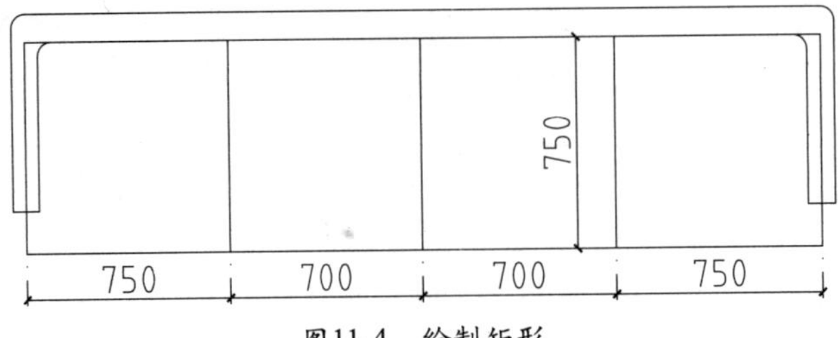

图11-4 绘制矩形

04 调用L【直线】命令，绘制辅助线，结果如图11-5所示。

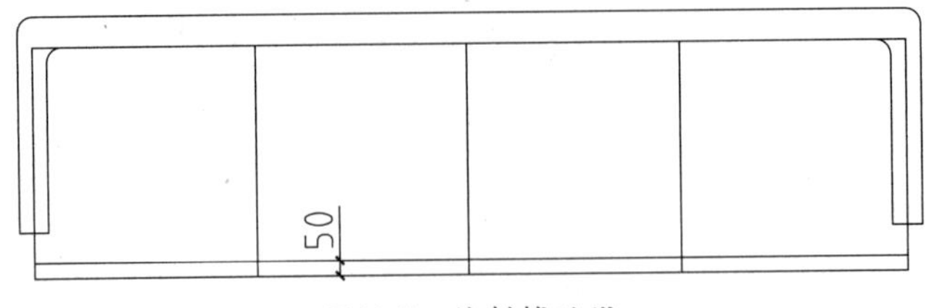

图11-5 绘制辅助线

05 调用F【圆角】命令，对线段执行圆角操作，结果如图11-6所示。

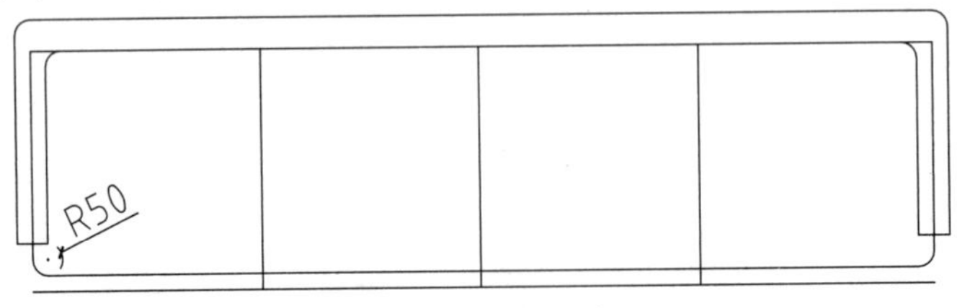

图11-6 圆角操作

06 调用A【圆弧】命令，以所标注的点为圆弧的特征点（即圆弧的起点、第二点、端点），从左至右依次绘制圆弧，结果如图11-7所示。

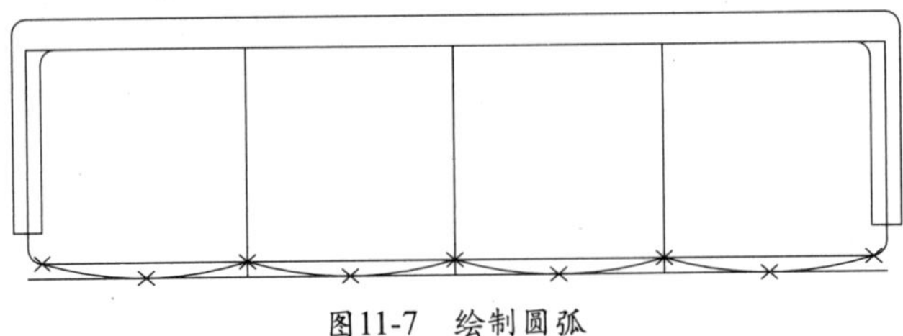

图11-7 绘制圆弧

07 分别调用TR【修剪】命令、E【删除】命令，对图形执行修改操作，结果如图11-8所示。

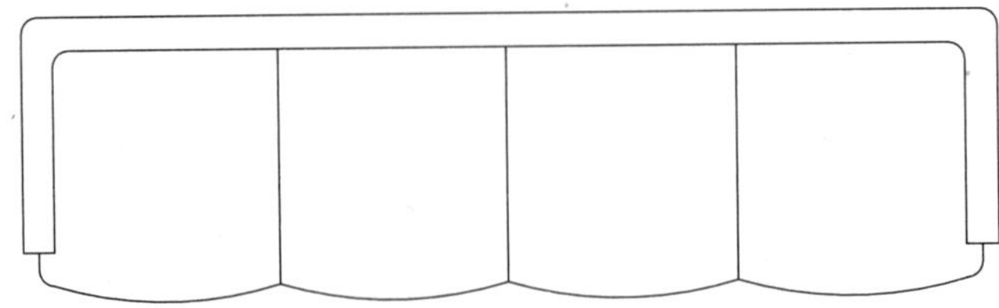

图11-8 修改操作

08 调用L【直线】命令，绘制辅助线，结果如图11-9所示。

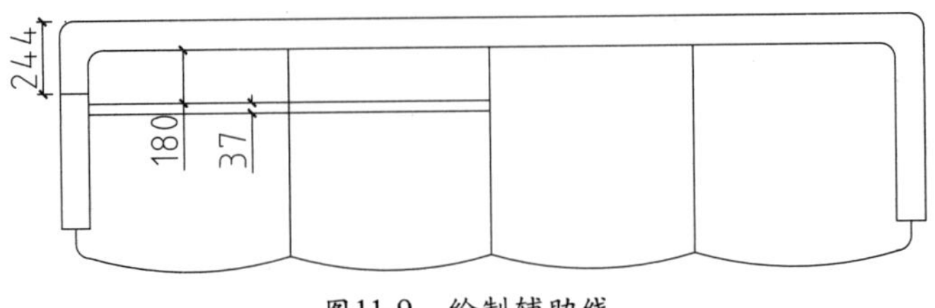

图11-9 绘制辅助线

09 绘制沙发靠垫。调用A【圆弧】命令，以所标示的点为圆弧的特征点，分别指定圆弧的起点、第二点、端点来绘制圆弧，结果如图11-10所示。

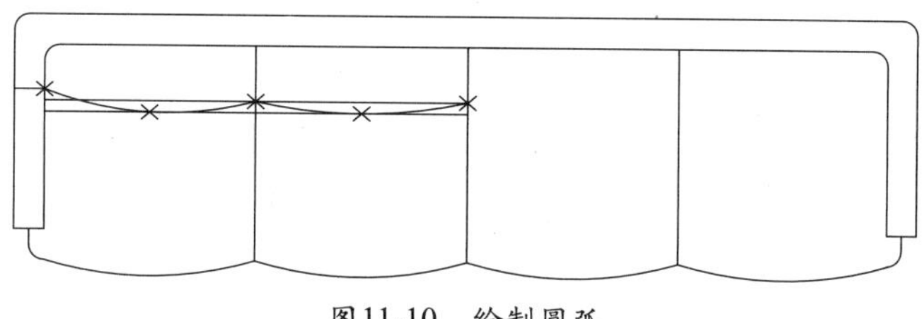

图11-10 绘制圆弧

10 调用MI【镜像】命令，以A线段为镜像线，镜像复制在上一步骤所绘制的圆弧，结果如图11-11所示。

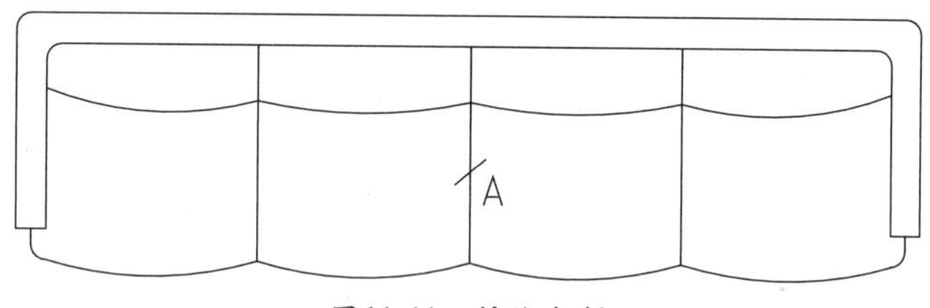

图11-11 镜像复制

11 绘制双人座沙发。调用REC【矩形】命令，绘制尺寸为1500×700的矩形；调用X【分解】命令，将矩形分解；调用O【偏移】命令，选择矩形边向内偏移；调用F【圆角】命令，对线段执行圆角操作。

12 调用L【直线】命令，绘制辅助线；调用A【圆弧】命令，根据所提示的特征点来绘制圆弧，结果如图11-12所示。

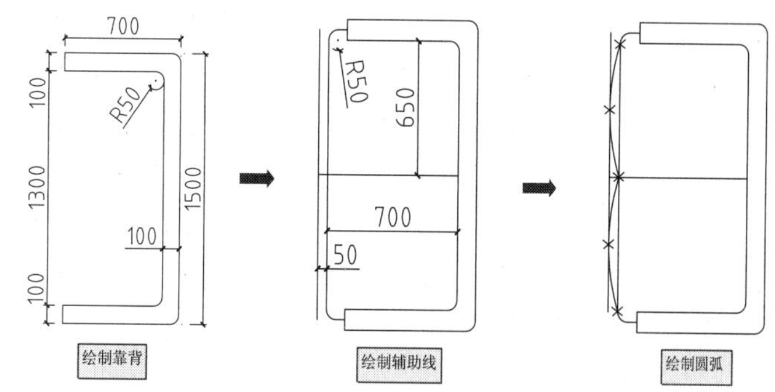

图11-12 绘制圆弧

13 调用E【删除】命令，删除辅助线；调用L【直线】命令、O【偏移】命令，绘制并偏移直线。

14 绘制靠背。调用A【圆弧】命令，沿用上述方法来完成圆弧的绘制；调用E【删除】命令，删除辅助线，结果如图11-13所示。

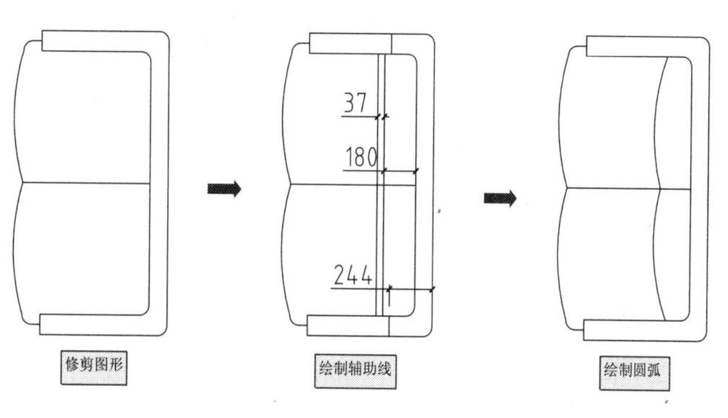

图11-13 绘制双人座沙发

15 绘制台灯及椅子。调用REC【矩形】命令，绘制尺寸为600×630的矩形；调用O【偏移】命令，设置偏移距离为35，选择矩形向内偏移。

16 调用C【圆】命令，分别绘制半径为108及162的圆形；调用L【直线】命令，过圆心绘制直线，结果如图11-14所示。

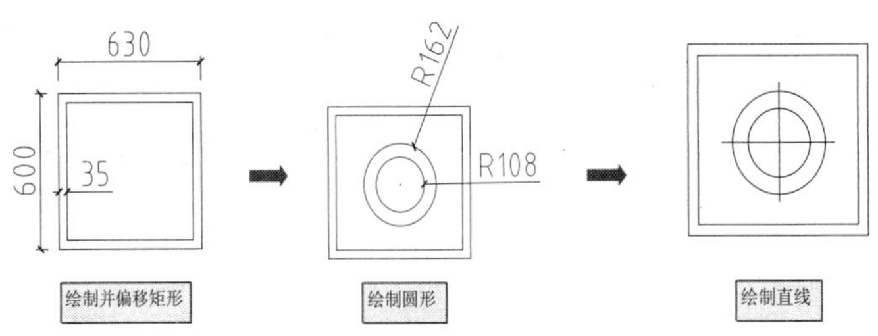

图11-14　绘制台灯及椅子

17 绘制茶几。调用REC【矩形】命令，绘制尺寸为1500×900的矩形；调用O【偏移】命令，设置偏移距离为60，选择矩形向内偏移。

18 调用X【分解】命令，分解最里面的矩形；调用EX【延伸】命令，将分解后的矩形的矩形边延伸至中间的矩形上，如图11-15所示。

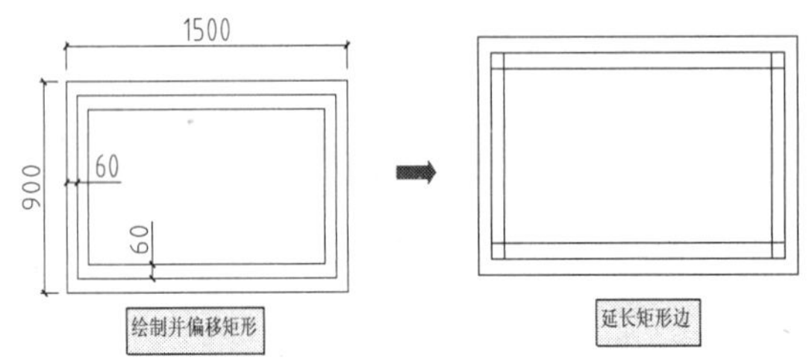

图11-15　延伸线段

19 调用TR【修剪】命令，修剪矩形边；调用H【图案填充】命令，在弹出的【图案填充和渐变色】对话框中设置填充参数；在对话框中单击“添加：拾取点”按钮，返回绘图区中点取填充区域，按下Enter键返回对话框中，单击“确定”按钮关闭对话框，即可完成图案的填充操作，结果如图11-16所示。

图11-16　绘制茶几

20 调用MI【镜像】命令，分别镜像复制双人座沙发及台灯、椅子图形；调用M【移动】命令，移动沙发及茶几图形，结果如图11-17所示。

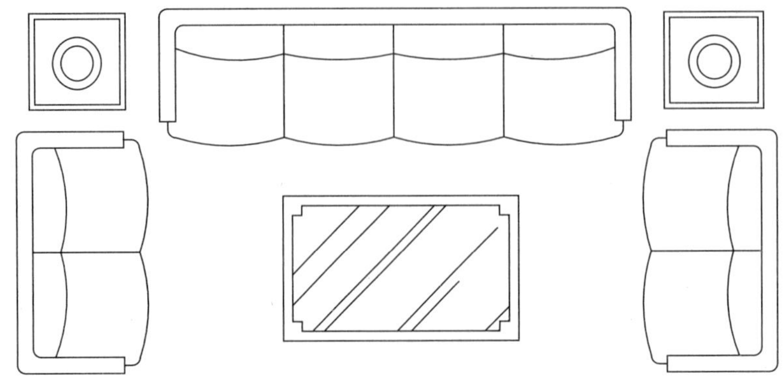

图11-17　复制并移动图像

21 绘制地毯。调用L【直线】命令，绘制直线；调用O【偏移】命令，设置偏移距离为150，向内偏移线段。

22 调用F【圆角】命令，设置圆角半径为250，对线段执行圆角操作；调用TR【修剪】命令，修剪线段，结果如图11-18所示。

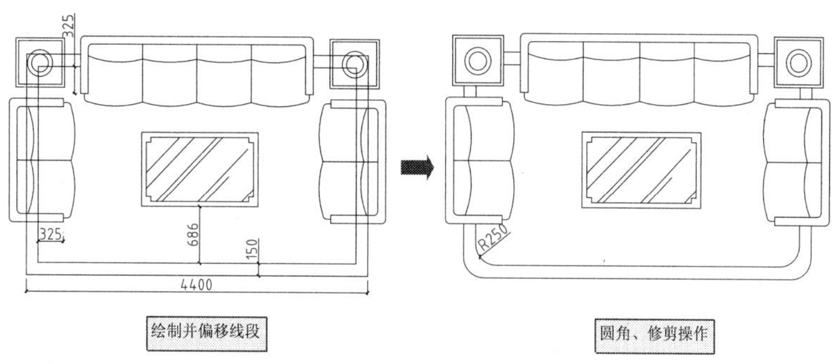

图11-18 圆角操作

23 填充图案。调用H【图案填充】命令，在【图案填充和渐变色】对话框中设置参数，然后在绘图区中拾取填充区域，完成图案填充的操作，结果如图11-19所示。

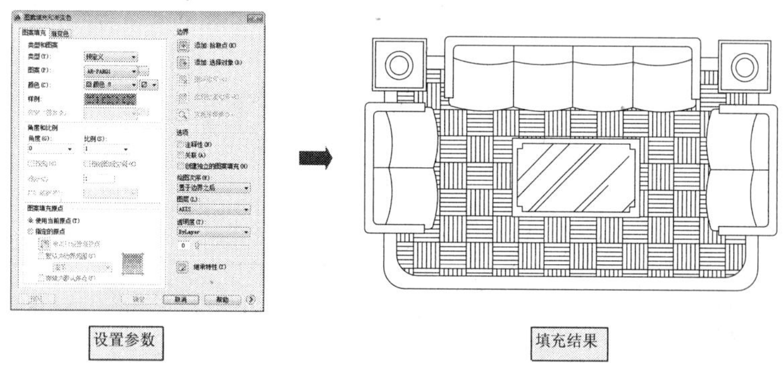

图11-19 填充图案

24 按下Enter键，重复调用H【图案填充】命令，为地毯绘制图案填充，完成组合沙发的绘制，结果如图11-20所示。

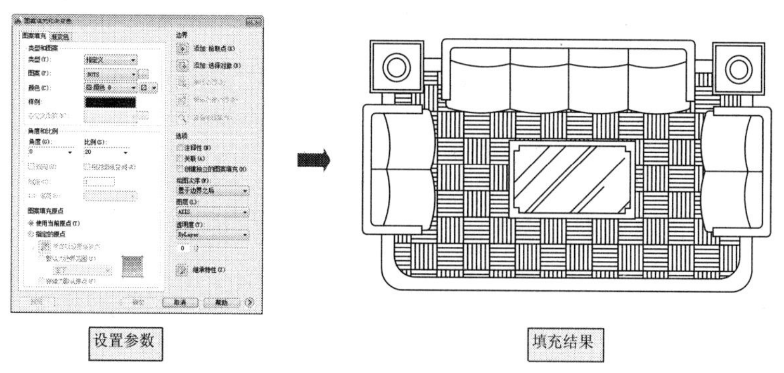

图11-20 绘制组合沙发

11.1.2 实战——绘制视听组合柜

视听柜又称电视柜主要是用来摆放电视的。随着人民生活水平的提高，与电视相配套的电器设备相应地出现，导致电视柜的用途从单一向多元化发展，不再是单一的摆放电视用途，而

是集电视机、机顶盒、DVD、音响设备、碟片等产品收纳和摆放，更兼顾展示的用途。

图11-21所示为常见的视听组合柜装潢效果。

图11-21 视听组合柜

本节介绍视听组合柜图形的绘制方法。

01 绘制底柜。调用REC【矩形】命令，绘制尺寸为3900×500的矩形；调用X【分解】命令，分解矩形；调用O【偏移】命令，向内偏移矩形边，结果如图11-22所示。

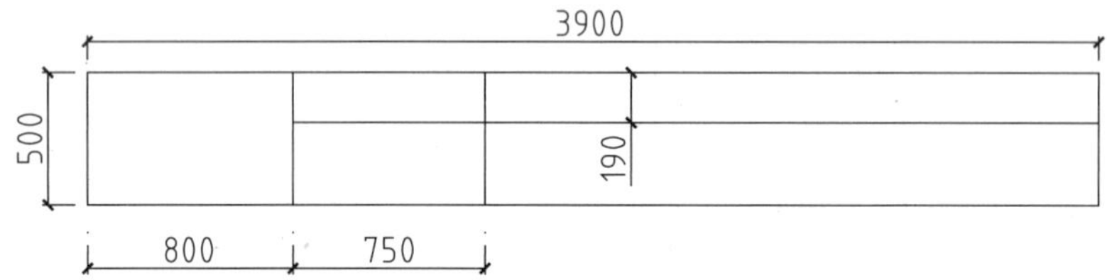

图11-22 向内偏移矩形边

02 调用TR【修剪】命令，修剪线段，结果如图11-23所示。

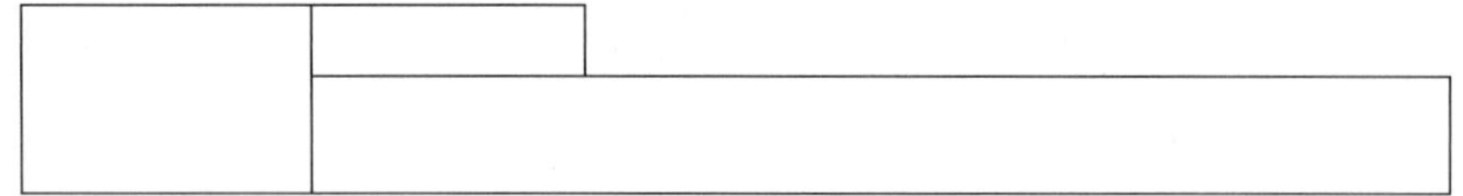

图11-23 修剪线段

03 调用O【偏移】命令，设置偏移距离为20，向上偏移线段；调用EX【延伸】命令，延伸线段；调用TR【修剪】命令，修剪线段，完成底柜面板的绘制，结果如图11-24所示。

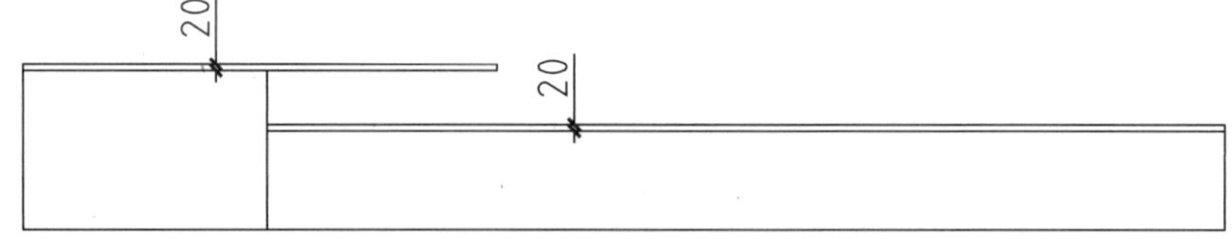

图11-24 绘制底柜面板

04 调用O【偏移】命令、L【直线】命令、TR【修剪】命令等，绘制其他的搁物板及柜体图形，结果如图11-25所示。

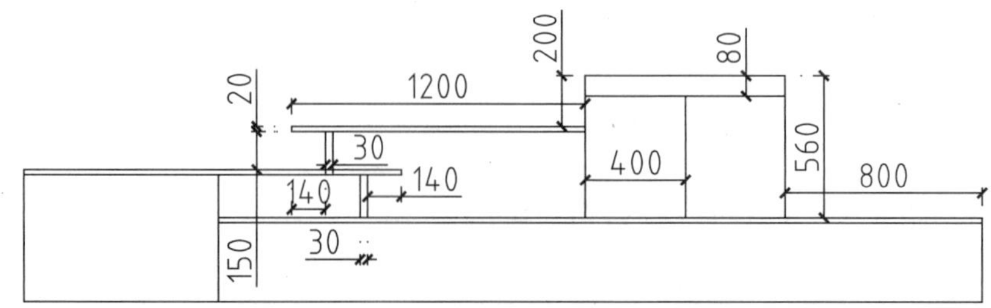

图11-25 绘制其他的搁物板及柜体图形

05 调用L【直线】命令，绘制直线，以绘制柜子的底板及划分柜体；调用PL【多段线】命令，在柜子的中空区域绘制折断线，结果如图11-26所示。

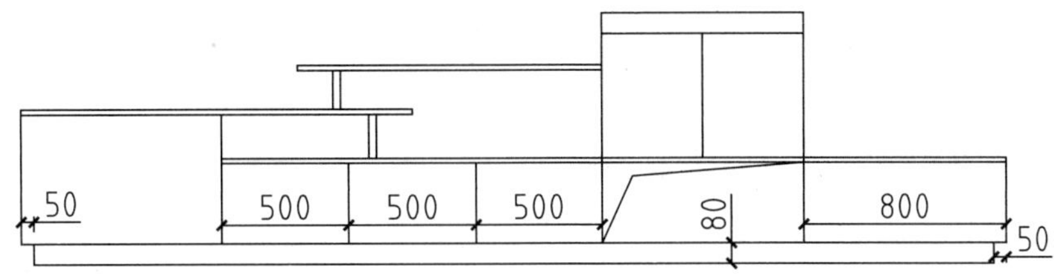

图11-26　绘制柜子的底板及划分柜体

06 调用REC【矩形】命令、TR【修剪】命令、L【直线】命令，绘制装饰架，结果如图11-27所示。

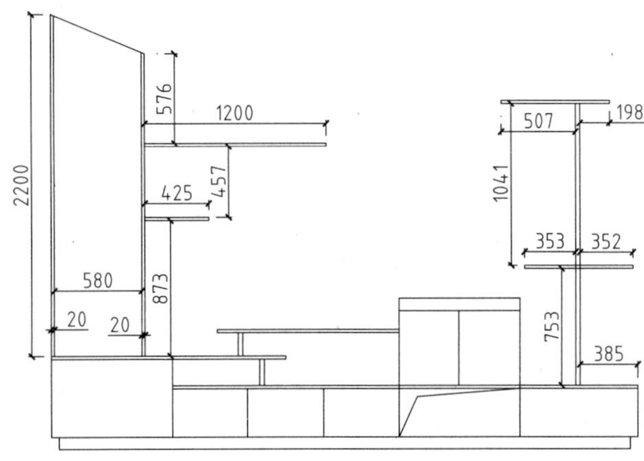

图11-27　绘制装饰架

07 调用L【直线】命令、O【偏移】命令、TR【修剪】命令，完善装饰架图形，结果如图11-28所示。

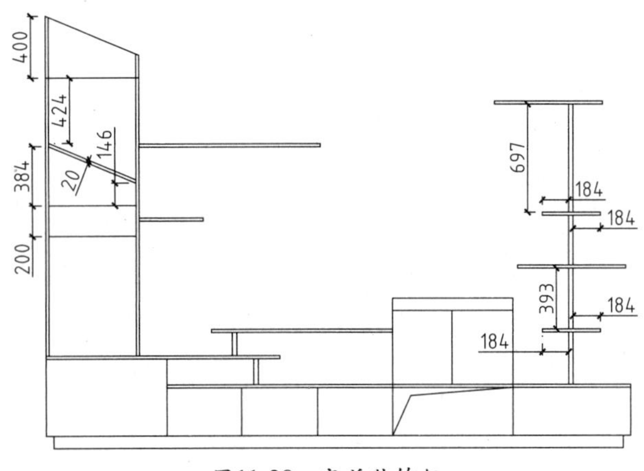

图11-28　完善装饰架

08 调用L【直线】命令，绘制直线，以表示柜体、搁物架的弧形边缘结构，结果如图11-29所示。

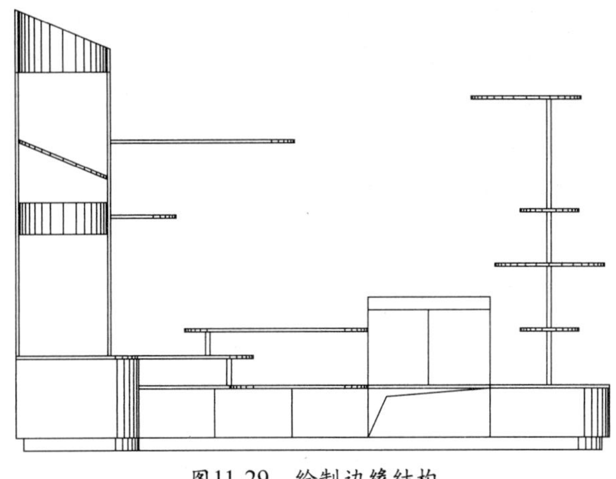

图11-29　绘制边缘结构

提示

直线之间的间距并没有定性的要求，只要相隔一定的距离，能将弧形结构表现出来即可。

11.1.3 实战——绘制办公桌椅

办公桌椅是指日常生活工作和社会活动中为工作方便而配备的桌子及椅子。

从材料组成看，主要分为：钢制办公桌、木制办公桌、金属办公桌、钢木结合办公桌等。

从使用场合看，主要有办公室、敞开式的职员办公室、会议室、阅览室、图书资料室、培训教室、教研室、实验室、职工宿舍等。

图11-30所示为常见的办公桌椅类型。

图11-30 办公桌椅

本节介绍办公桌椅图形的绘制方法。

01 绘制办公桌轮廓线。调用PL【多段线】命令，命令行提示如下：

```
命令：PLINE1↙
指定起点：
当前线宽为 0
指定下一个点或 [圆弧(A)/半宽(H)/长度(L)/放弃(U)/宽度(W)]: 800
指定下一点或 [圆弧(A)/闭合(C)/半宽(H)/长度(L)/放弃(U)/宽度(W)]: 2400
指定下一点或 [圆弧(A)/闭合(C)/半宽(H)/长度(L)/放弃(U)/宽度(W)]: 800
指定下一点或 [圆弧(A)/闭合(C)/半宽(H)/长度(L)/放弃(U)/宽度(W)]:A
指定圆弧的端点或
[角度(A)/圆心(CE)/闭合(CL)/方向(D)/半宽(H)/直线(L)/半径(R)/第二个点(S)/放弃(U)/宽度(W)]: R
指定圆弧的半径: 2550
指定圆弧的端点或 [角度(A)]:
指定圆弧的端点或
[角度(A)/圆心(CE)/闭合(CL)/方向(D)/半宽(H)/直线(L)/半径(R)/第二个点(S)/放弃(U)/宽度(W)]: *取消*
                                                    //按下Esc键退出命令的绘制
```

02 调用O【偏移】命令，设置偏移距离为200，选择多段线向内偏移，结果如图11-31所示。

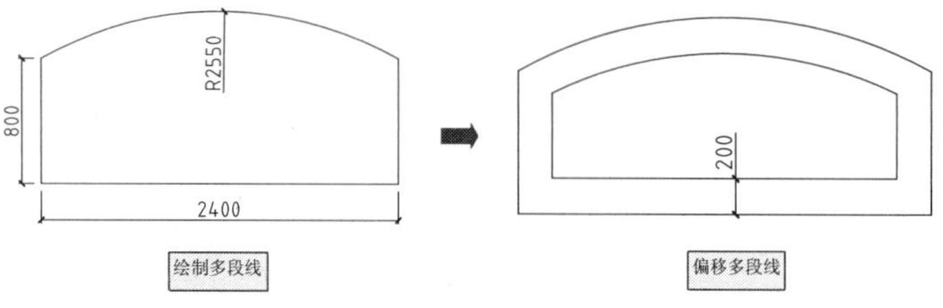

图11-31 向内偏移多段线

03 调用REC【矩形】命令，绘制尺寸为1800×600的矩形；调用C【圆】命令，以A点为圆心，绘制半径为600、800的圆形，结果如图11-32所示。

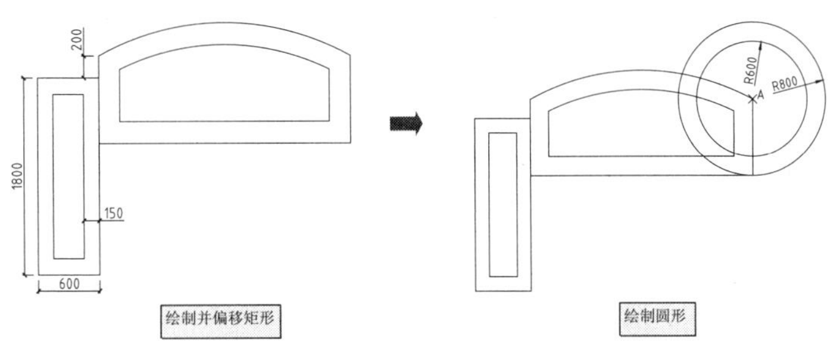

图11-32 绘制结果

04 调用H【图案填充】命令，在弹出的【图案填充和渐变色】对话框中设置参数；在绘图区中拾取填充区域，完成填充操作的结果如图11-33所示。

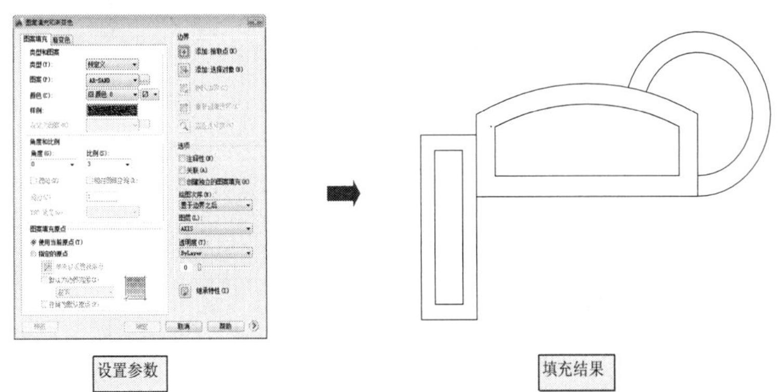

图11-33 填充图案

05 按下Ctrl+O快捷键，打开配套光盘提供的“家具图例.dwg”文件，选择其中的椅子图形，将其复制粘贴至当前图形中，完成办公桌椅平面图形的绘制，结果如图11-34所示。

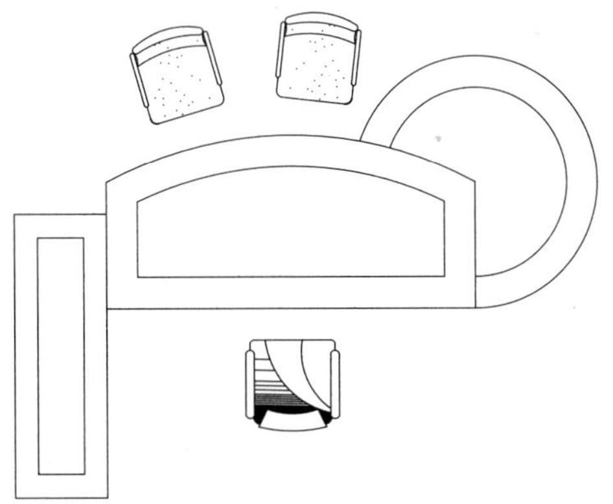

图11-34 办公桌椅平面图

11.2 绘制基本建筑图形

基本的建筑构件图形有门、窗、墙体、楼梯等，这些建筑构件是构成房屋所必不可少的。因此在绘制建筑设计施工图纸时，都会涉及到这些建筑构件图形的绘制。本节以常见的几类建筑构件图形为例，为读者介绍基本建筑图形的绘制方法。

11.2.1 实战——绘制推拉门

推拉门悬挂在门洞口上部的支承铁件上，然后可以左右推拉。特点是不占室内空间，但是封闭不严。推拉门广泛运用于书柜、壁柜、客厅、展示厅、推拉式户门中。

图11-35所示为常见的推拉门。

图11-35 推拉门

本节介绍推拉门图形的绘制方法。

01 绘制门套。调用PL【多段线】命令，绘制不闭合的多段线；调用O【偏移】命令，设置偏移距离为120，向内偏移多段线。

02 绘制门扇。调用O【偏移】命令，设置偏移距离为90，向内偏移多段线；调用L【直线】命令，分别绘制水平直线及垂直直线，结果如图11-36所示。

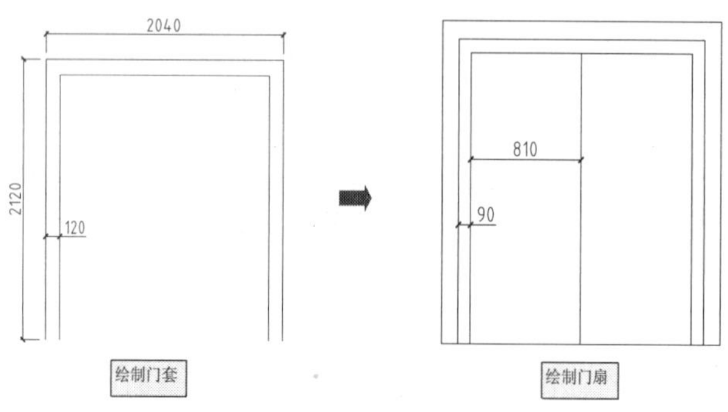

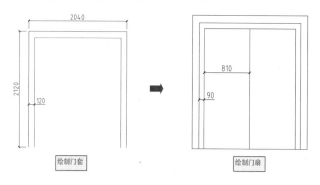

图11-36 绘制门套及门扇

03 调用X【分解】命令，分解最里面的多段线；调用O【偏移】命令，分别设置偏移距离为100、90，将分解后的多段线向内偏移。

04 调用TR【修剪】命令，修剪偏移得到的多段线，结果如图11-37所示。

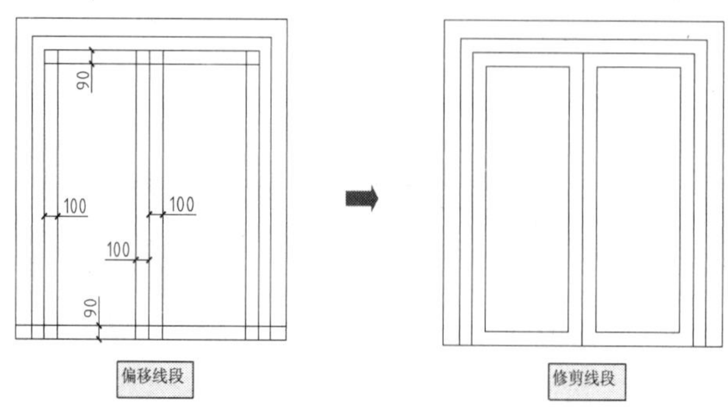

图11-37 修剪线段

05 调用O【偏移】命令，偏移线段，绘制门扇装饰的结果如图11-38所示。

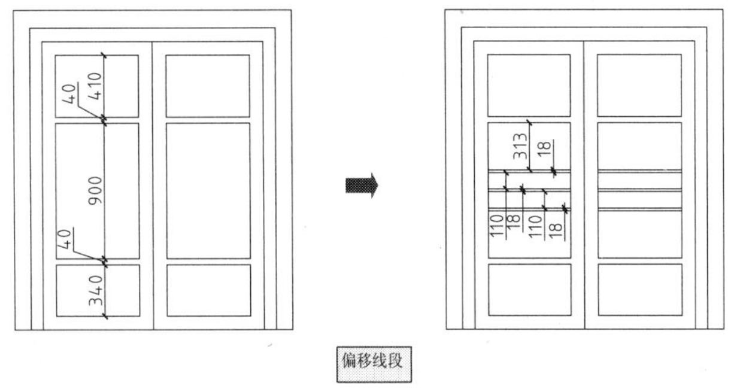

图11-38 绘制门扇装饰

06 填充青玻图案。调用H【图案填充】命令，在【图案填充和渐变色】对话框中设置填充参数；在绘图区中拾取填充区域，单击“确定”按钮关闭对话框，完成图案填充的结果如图11-39所示。

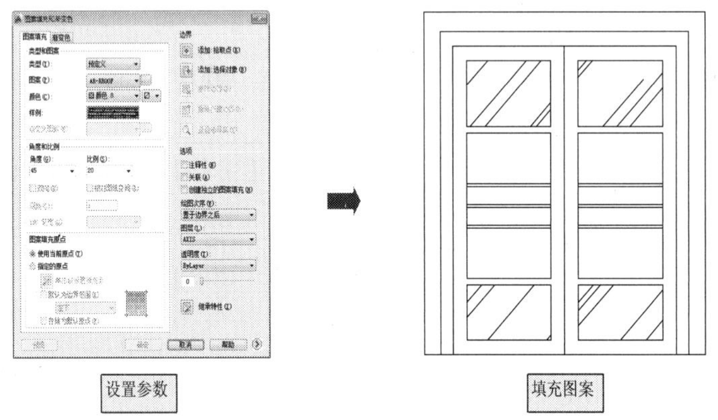

图11-39 填充青玻图案

07 填充磨砂玻璃图案。按下Enter键，重新调出【图案填充及渐变色】对话框，在其中设置磨砂玻璃的填充参数，在绘图区中拾取磨砂玻璃的区域，在对话框中单击“确定”按钮即可完成填充操作，玻璃推拉门立面图的绘制结果如图11-40所示。

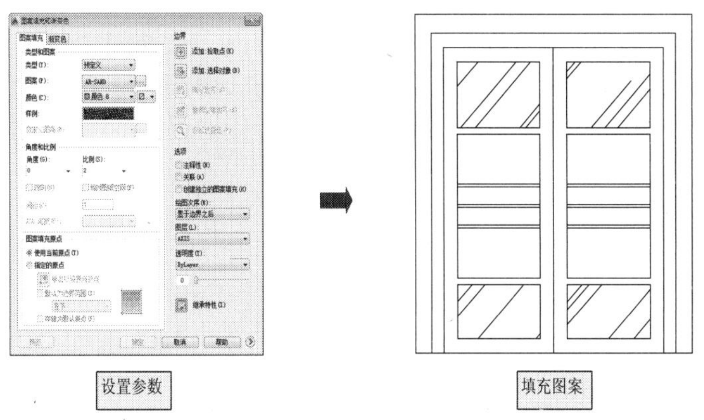

图11-40 玻璃推拉门立面图

11.2.2 实战——绘制推拉窗

推拉窗的优点是窗扇开启不占用室内空间，可分为水平推拉窗及垂直推拉窗。水平推拉窗

比较常见，且构造简单。垂直推拉窗是用重锤通过钢丝绳平衡窗扇，构造较为复杂。

图11-41所示为常见的推拉窗。

无亮子的推拉窗　　　　有亮子的推拉窗

图11-41　推拉窗

本节介绍有亮子推拉窗图形的绘制方法。

01 绘制窗外轮廓。调用REC【矩形】命令，绘制尺寸为2000×1900的矩形；调用O【偏移】命令，设置偏移距离为60，向内偏移矩形。

02 绘制窗扇。调用X【分解】命令，分解最里面的矩形；调用O【偏移】命令，向内偏移矩形边，结果如图11-42所示。

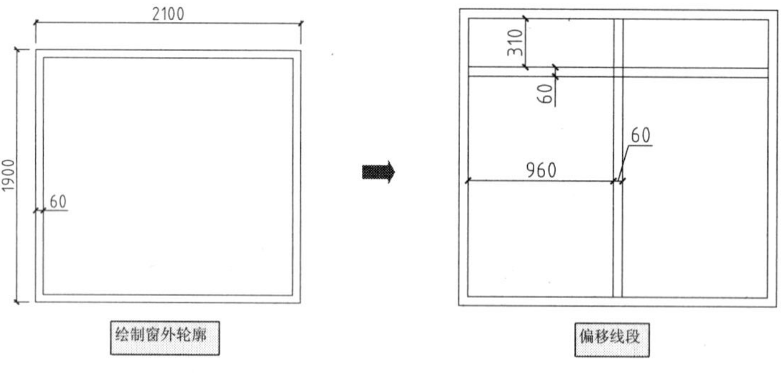

图11-42　向内偏移矩形边

03 调用TR【修剪】命令，修剪线段；调用H【图案填充】命令，在【图案填充和渐变色】对话框中选择名称为AR-RROOF的图案，设置填充角度为45°，填充比例为35；在绘图区中拾取窗扇区域，为其绘制图案填充，结果如图11-43所示。

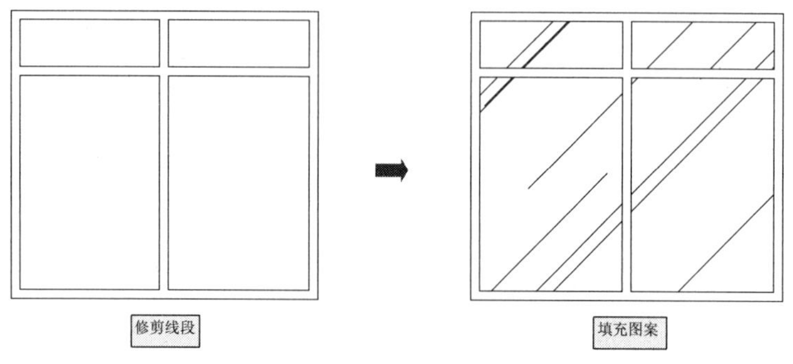

图11-43　填充图案

04 绘制指示箭头。调用PL【多段线】命令，绘制起点宽度为50、终点宽度为0的多段线，完成窗立面图形的绘制，结果如图11-44所示。

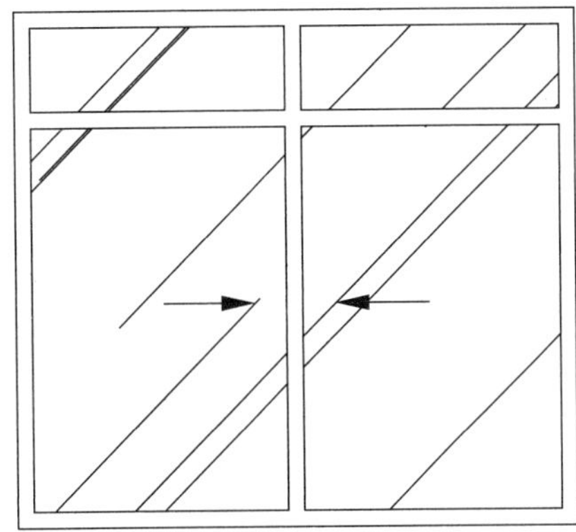

图11-44　绘制推拉窗

11.2.3　实战——绘制墙体

在房屋结构中，墙体是主要的承重构件，承担着承重作用、围护作用、分隔作用、装修作用。按材料来划分墙体，可分为砖墙、石材墙、板材墙等；按照受力特点来分类，可分为承重墙、围护墙、隔墙等。

图11-45所示分别为轻钢龙骨隔墙的安装示意图及安装过程图。

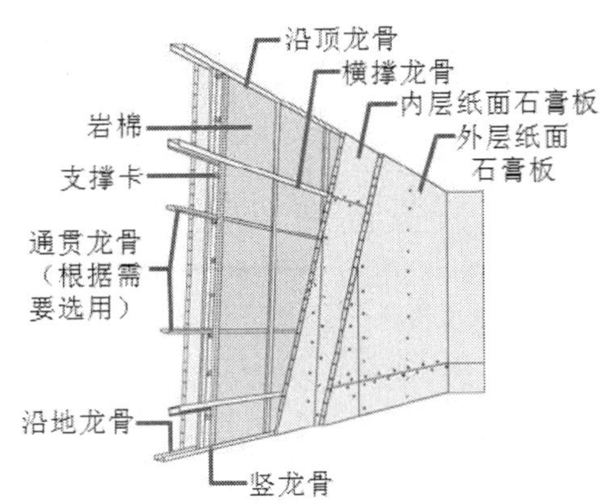

图11-45　轻钢龙骨隔墙

本节介绍墙体的绘制方法。

01 绘制墙体轮廓线。调用L【直线】命令，绘制墙体的外轮廓线线；调用O【偏移】命令，设置偏移距离为200，向内偏移轮廓线，结果如图11-46所示。

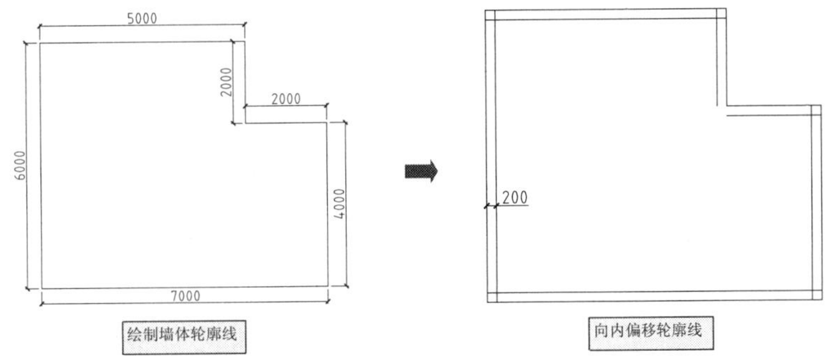

图11-46　绘制墙体轮廓线

02 调用F【圆角】命令，设置圆角半径为0，对轮廓线执行圆角操作。

03 绘制内墙。调用O【偏移】命令，向内偏移内墙线；调用TR【修剪】命令，修剪墙线，完成内墙的绘制，结果如图11-47所示。

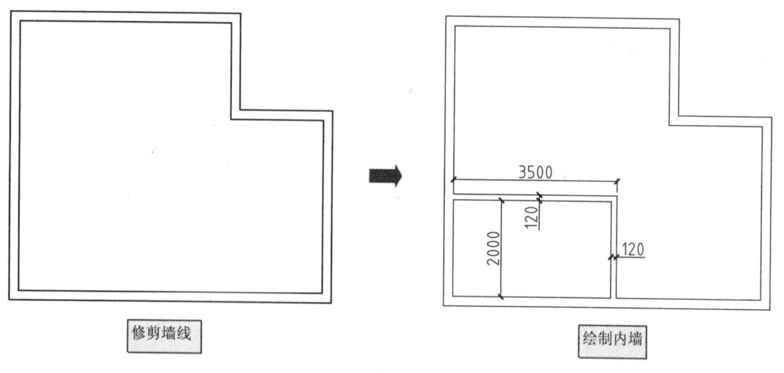

图11-47 绘制内墙

04 绘制保温层。调用O【偏移】命令，设置偏移距离为80，选择外墙线往外偏移；调用F【圆角】命令，设置圆角半径为0，对墙线执行圆角操作，完成保温层的绘制，结果如图11-48所示。

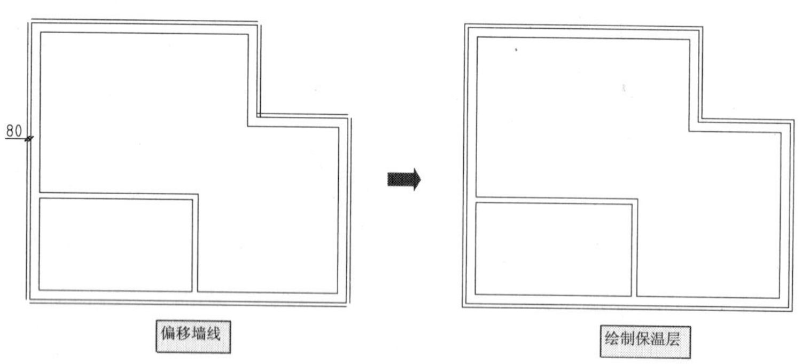

图11-48 绘制保温层

11.2.4 实战——绘制楼梯

根据建筑物的使用性质、人流量的多少及楼梯平台所处的位置，楼梯的样式有很多，最常见的楼梯形式是双跑楼梯。其中双跑楼梯又可分为单向双跑、曲尺式、双跑并列式、双合式及双分式。

较为简单的还有单跑楼梯，此外还有三跑楼梯、剪刀式楼梯、弧形楼梯及爬梯等。

图11-49所示为常见的楼梯样式。

双跑楼梯

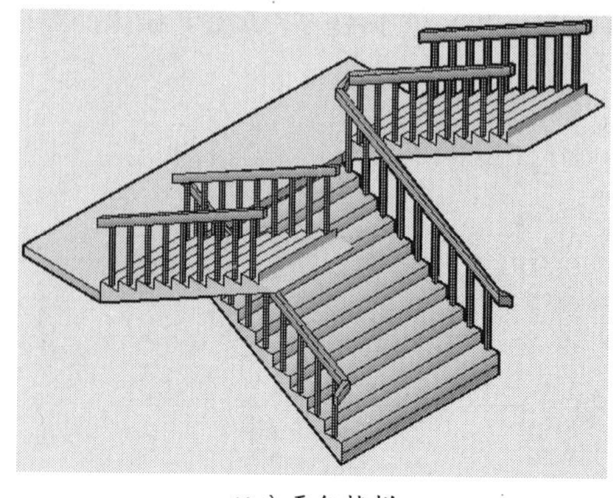

双分平行楼梯

图11-49 楼梯样式

本节介绍双分平行楼梯平面图的绘制方法。

01 绘制楼梯的外轮廓。调用REC【矩形】命令，绘制尺寸为3690×5000的矩形；调用X【分解】命令，分解矩形。

02 调用O【偏移】命令，选择矩形边向内偏移；调用TR【修剪】命令，修剪矩形边，结果如图11-50所示。

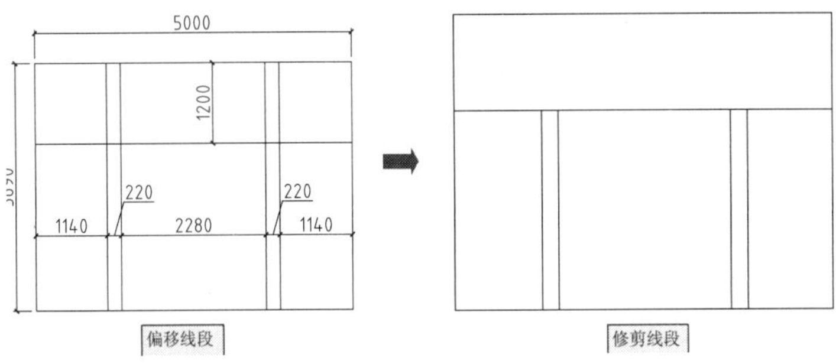

图11-50 绘制楼梯的外轮廓

03 绘制扶手及栏杆。调用O【偏移】命令，设置偏移距离为60，选择线段进行偏移操作；调用TR【修剪】命令，修剪线段，以完成扶手及栏杆图形的绘制，结果如图11-51所示。

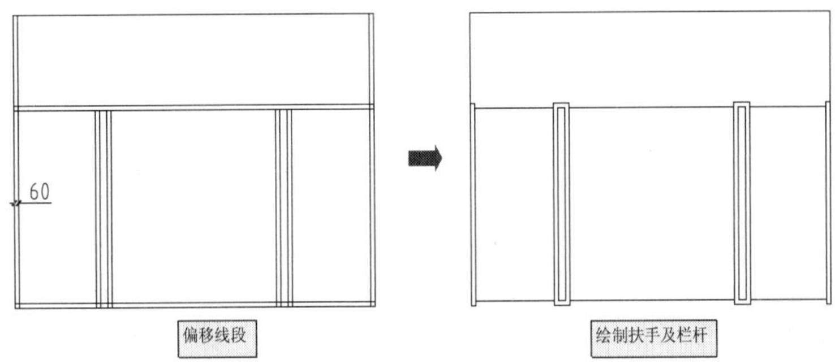

图11-51 绘制扶手及栏杆

04 绘制踏步。单击“修改”工具栏上的“矩形阵列”按钮，命令行提示如下：

```
命令: _arrayrect
选择对象: 找到 1 个, 总计 3 个                    //选择A、B、C直线为阵列对象
选择对象:
类型 = 矩形 关联 = 是
选择夹点以编辑阵列或 [关联(AS)/基点(B)/计数(COU)/间距(S)/列数(COL)/行数(R)/层数(L)/退出(X)]
<退出>: COU
输入列数数或 [表达式(E)] <4>: 1
输入行数数或 [表达式(E)] <3>: 10
选择夹点以编辑阵列或 [关联(AS)/基点(B)/计数(COU)/间距(S)/列数(COL)/行数(R)/层数(L)/退出(X)]
 <退出>: s
指定列之间的距离或 [单位单元(U)] <7320>:
指定行之间的距离 <1>: 270
选择夹点以编辑阵列或 [关联(AS)/基点(B)/计数(COU)/间距(S)/列数(COL)/行数(R)/层数(L)/退出(X)]
<退出>: *取消*
```

05 调用PL【多段线】命令，绘制剖切线，结果如图11-52所示。

06 调用X【分解】命令，分解阵列，调用TR【修剪】命令，修剪线段。

07 调用PL【多段线】命令，绘制如图11-53所示的线段。

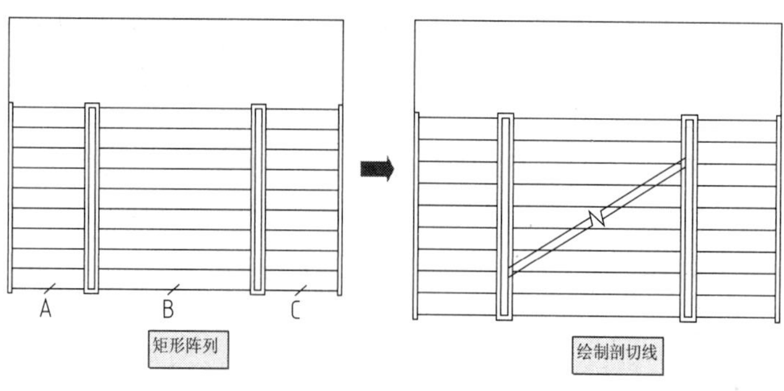

图11-52 绘制剖切线

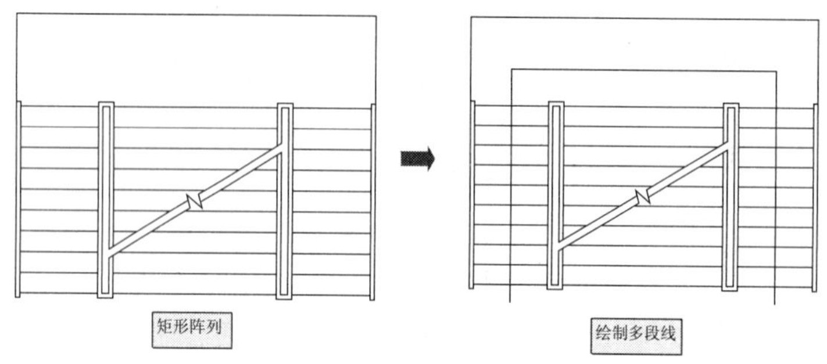

图11-53 绘制多段线

08 按下Enter键，重复调用PL【多段线】命令，绘制起点宽度为60、端点宽度为0的多段线；调用MT【多行文字】命令，绘制文字标注，完成双分平行楼梯的绘制，结果如图11-54所示。

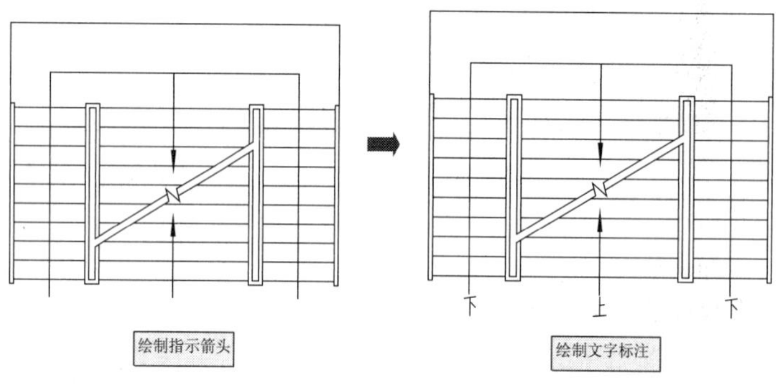

图11-54 绘制双分平行楼梯

11.3 园林配景图形绘制

园林建筑设计中总是少不了各类配景，例如植物、园林小筑、路灯、道路等。这些配景不仅完善了园林设计，提高观赏价值，还为人们提供了便利。

本节介绍各类园林配景图形的绘制，主要包括乔木、灌木、亭子、休闲桌椅。

11.3.1 实战——绘制乔木

常绿乔木是一种终年具有绿叶的乔木，这种乔木的叶寿命是两三年或更长，并且每年都有新叶长出，在新叶长出的时候也有部分旧叶脱落，由于是陆续更新，所以终年都能保持常绿，如酸角、白皮松、华山松、红松等。

这种乔木由于具有四季常青的特性，因此常被用来作为绿化的首选植物，由于它们常年保持绿色，其美化和观赏价值更高。

图11-55所示为我们经常看到的乔木。

图11-55　常绿乔木

本节介绍血桐（乔木的一种）平面图的绘制方法。

01 调用C【圆形】命令，分别绘制半径为1046、796的圆形；调用L【直线】命令，以半径为796的圆形的4个象限点为起点、端点来绘制直线，结果如图11-56所示。

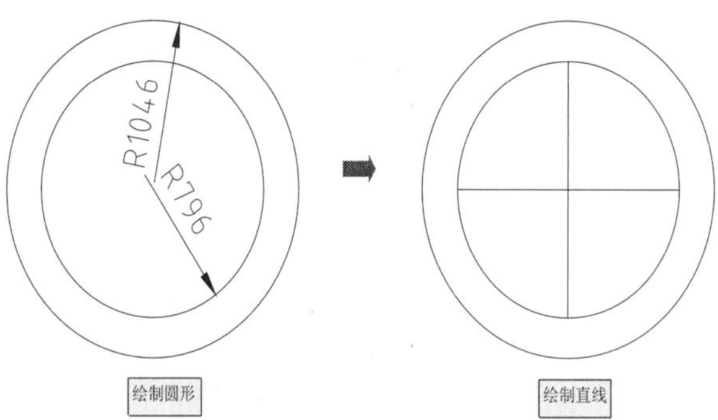

图11-56　绘制圆形

02 调用RO【旋转】命令，设置旋转角度为45°、9°、-9°，旋转复制直线的结果如图11-57所示。

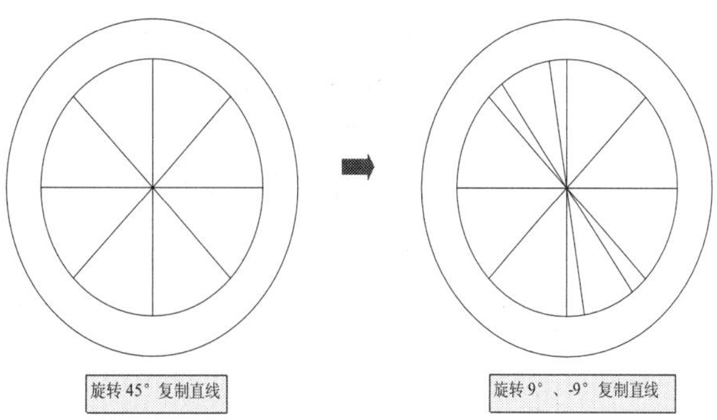

图11-57　旋转复制直线

03 按下Enter键，设置旋转角度为9°、-9°，继续旋转复制直线；调用O【偏移】命令，设置偏移距离为150，选择半径为796的圆形向内偏移，结果如图11-58所示。

04 调用TR【修剪】命令，修剪线段；调用E【删除】命令，删除多余圆形，结果如图11-59所示。

05 调用REC【矩形】命令，绘制尺寸为1046×457的矩形；调用A【圆弧】命令，以A、B、C，A、D、C分别为圆弧的3个特征点，绘制左右对称的圆弧，如图11-60所示。

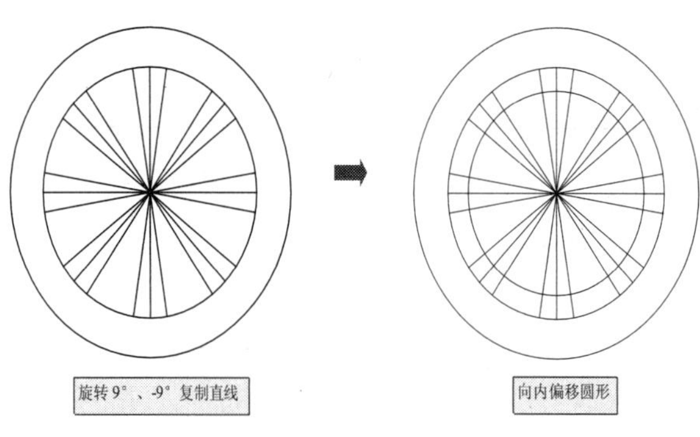

图11-58　偏移圆形

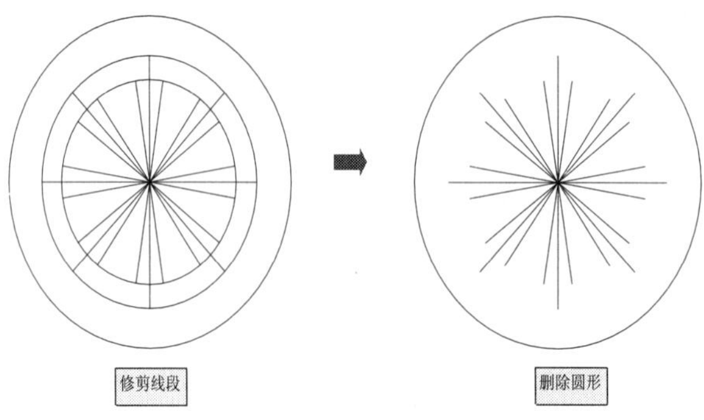

图11-59　删除多余圆形

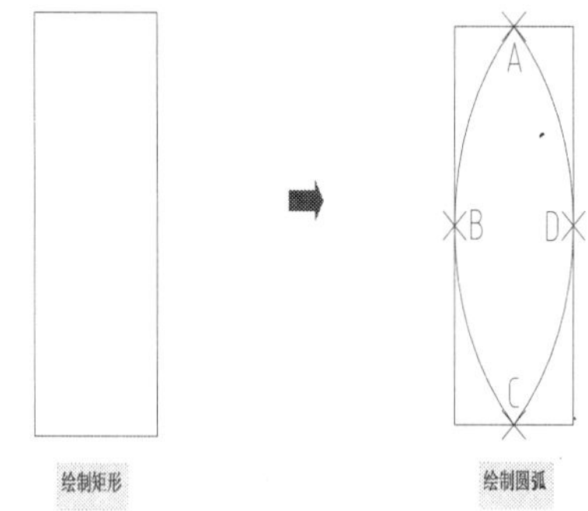

图11-60　绘制圆弧

06 调用E【删除】命令，删除矩形；调用M【移动】命令，将圆弧移动至圆形中，如图11-61所示。

07 执行“修改”|“阵列”|“环形阵列”命令，单击圆心将其指定为阵列中心点，选择圆弧为阵列对象，设置阵列项目数为8，阵列结果如图11-62所示。

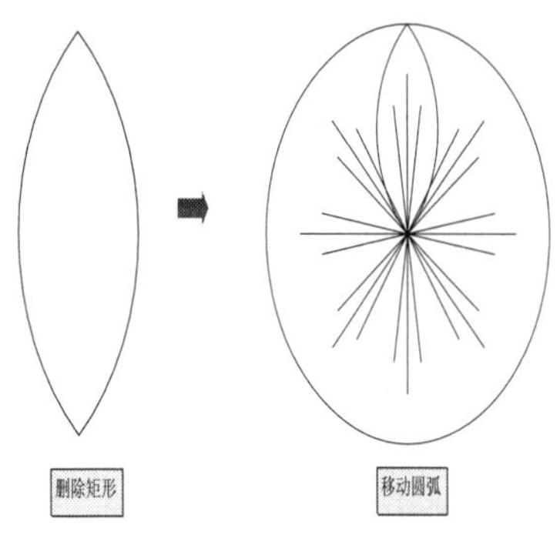

图11-61　移动图形

图11-62　环形阵列

11.3.2 实战——绘制灌木

灌木，是指那些没有明显的主干、呈丛生状态，比较矮小的树木，一般可分为观花、观果、观枝干等几类、矮小而丛生的木本植物。灌木是多年生，一般为阔叶植物，也有一些针叶植物是灌木，如刺柏。

假如越冬时地面部分枯死，但根部仍然存活，第二年继续萌生新枝，则称为“半灌木”。如一些蒿类植物，也是多年生木本植物，但冬季枯死。

图11-63所示为常见的灌木。

图11-63　灌木

本节介绍非洲茉莉（灌木的一种）平面图的绘制方法。

01 调用C【圆形】命令，绘制半径为1076的圆形。

02 调用A【圆弧】命令，在圆内任意绘制圆弧，如图11-64所示。

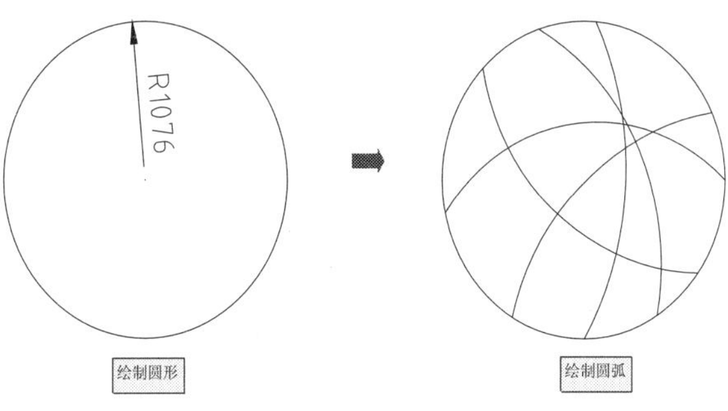

图11-64　绘制圆弧

03 调用H【图案填充】命令，在弹出的【图案填充和渐变色】对话框中设置参数。

04 在圆内拾取填充区域，图案填充操作完成后，即可完成非洲茉莉平面图的绘制，结果如图11-65所示。

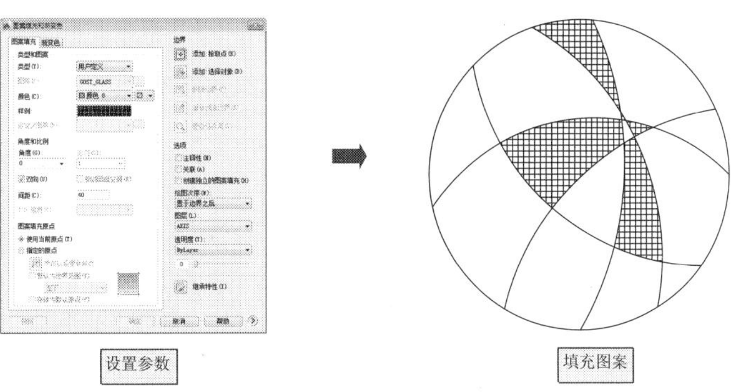

图11-65　非洲茉莉平面图

11.3.3 实战——绘制亭子

亭子是供人休息用的建筑物，面积较小，大多只有顶，没有墙。制作亭子的材料多以木材、竹材、石材、钢筋混凝土为主，近年来玻璃、金属、有机材料等也被人们引进到这种建筑上，使得亭子这种古老的建筑体系有了现代的时尚感觉。

图11-66所示为我们创建的亭子。

图11-66 亭子

本节介绍绘制亭子平面图的操作方法。

01 绘制屋顶轮廓。调用REC【矩形】命令，绘制矩形；调用X【分解】命令，分解矩形。

02 调用O【偏移】命令，偏移矩形边；调用L【直线】命令，绘制直线段，结果如图11-67所示。

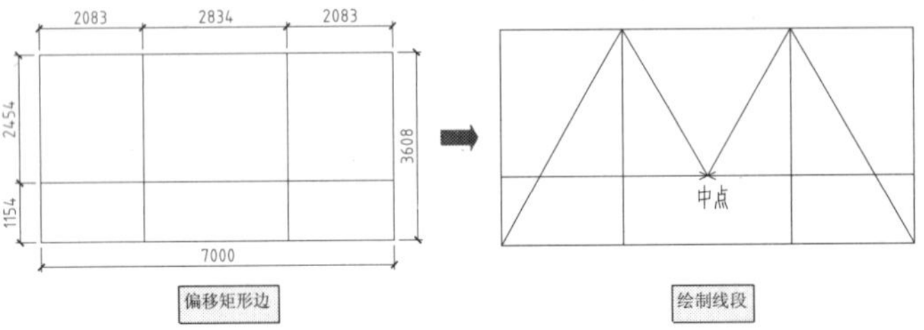

图11-67 绘制屋顶轮廓

03 调用E【删除】命令，删除线段；调用O【偏移】命令，选择线段向内偏移，如图11-68所示。

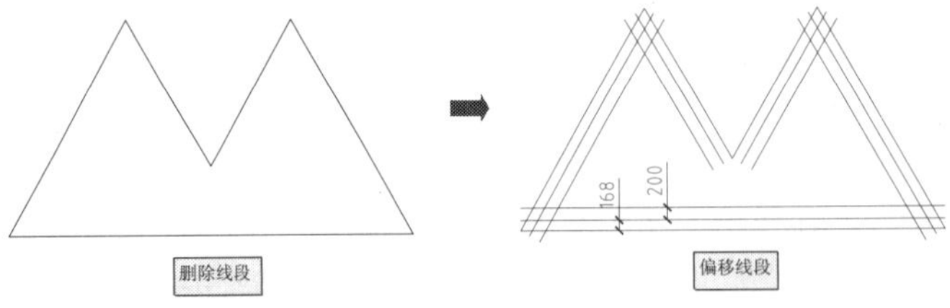

图11-68 向内偏移线段

04 调用F【圆角】命令，设置圆角半径为0，对线段执行“圆角”操作；调用L【直线】命令，绘制直线段，结果如图11-69所示。

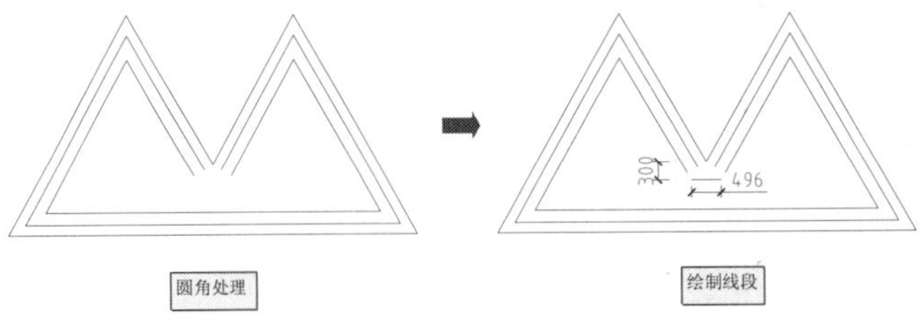

图11-69 绘制直线段

05 调用F【圆角】命令，对线段执行“圆角”操作；调用EX【延伸】命令，延伸线段，结果如图11-70所示。

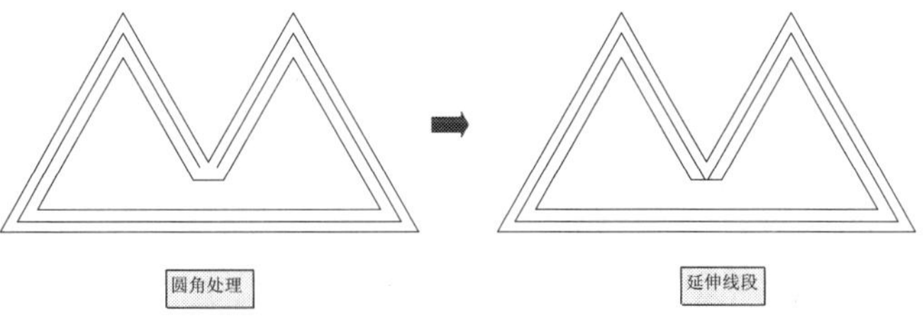

图11-70 延伸线段

06 调用L【直线】命令，绘制直线；调用TR【修剪】命令，修剪线段。

07 调用C【圆形】命令，绘制半径为66的圆形，结果如图11-71所示。

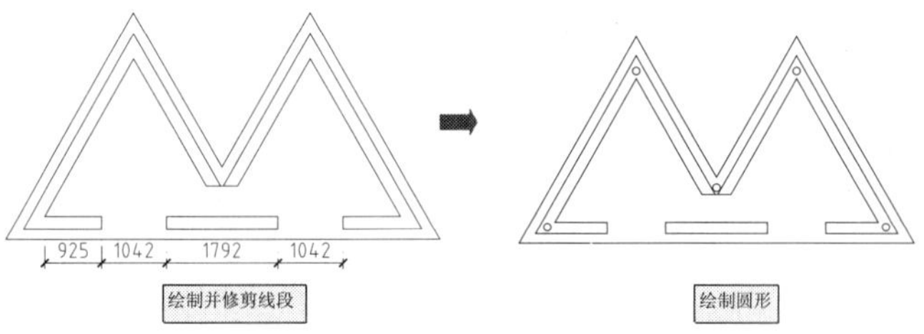

图11-71 绘制圆形

08 绘制台阶。调用REC【矩形】命令，绘制矩形；调用X【分解】命令，分解矩形。

09 调用O【偏移】命令，偏移矩形边，结果如图11-72所示。

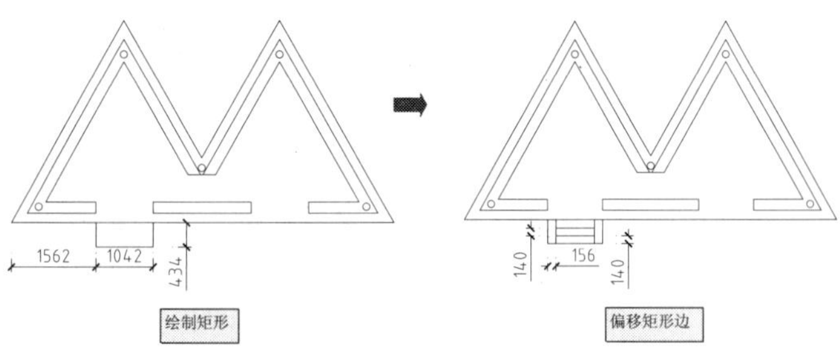

图11-72 绘制台阶

10 调用MI【镜像】命令，将台阶图形镜像复制到右边，完成亭子平面图的绘制，结果如图11-73所示。

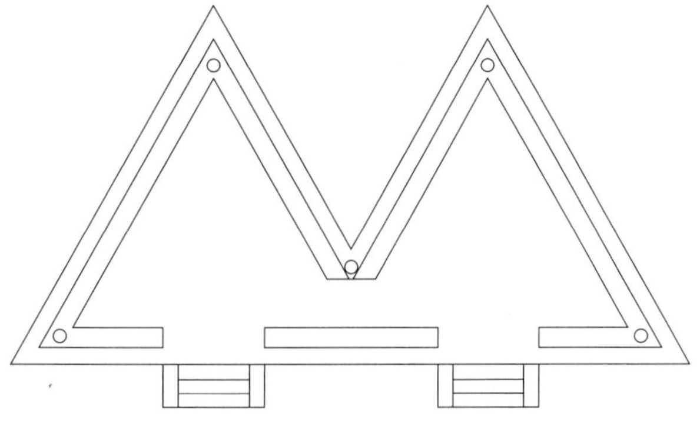

图11-73 亭子平面图

11.3.4 实战——绘制休闲桌椅

休闲桌椅是我们平常享受闲暇时光用的，这种桌椅并不像餐桌椅和办公桌椅那样正式，有

一些小个性，能够给人视觉和身体的双重舒适感。

图11-74所示为我们常见的休闲桌椅。

图11-74 休闲桌椅

本节介绍休闲桌椅平面图的绘制方法。

01 绘制桌椅外轮廓。调用REC【矩形】命令，绘制矩形；调用X【分解】命令，分解矩形；调用O【偏移】命令，选择矩形边向内偏移，结果如图11-75所示。

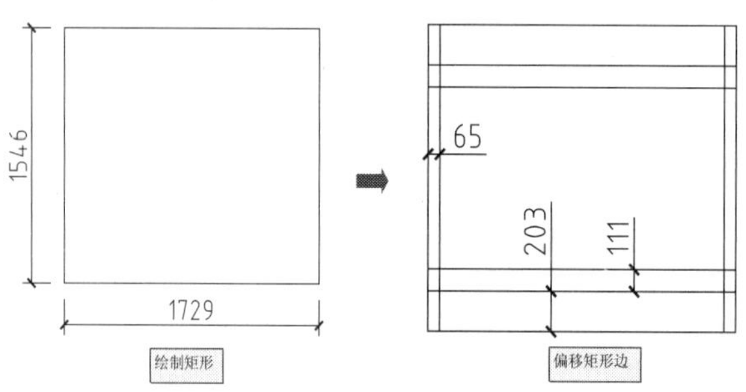

图11-75 绘制桌椅外轮廓

02 调用TR【修剪】命令，修剪矩形边；调用O【偏移】命令，向内偏移矩形边，如图11-76所示。

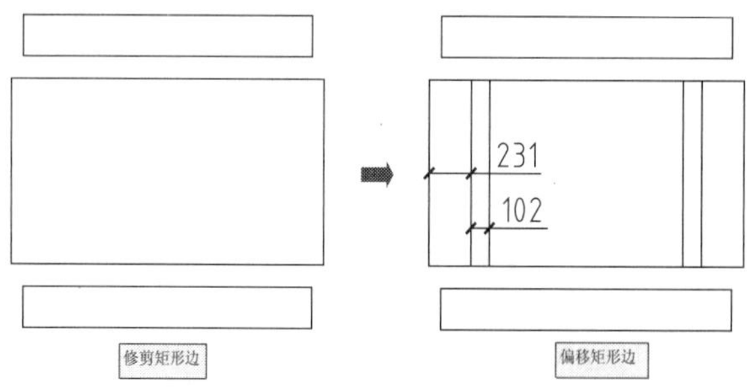

图11-76 向内偏移矩形边

03 调用EX【延伸】命令，延伸矩形边；调用TR【修剪】命令，修剪多余的线段，结果如图11-77所示。

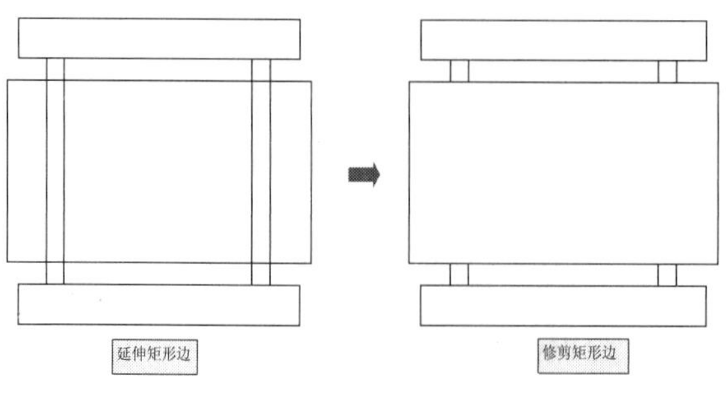

图11-77 修剪多余的线段

04 绘制桌子木纹图案。调用H【图案填充】命令，在弹出的【图案填充和渐变色】对话框中设置木纹填充图案的参数，在绘图区中点取填充区域，完成木纹填充的结果如图11-78所示。

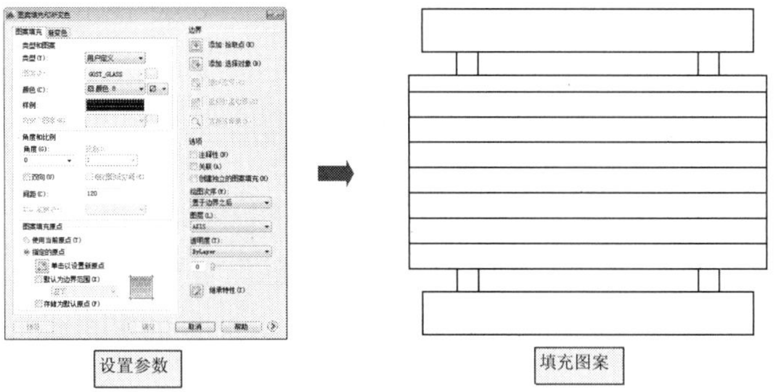

图11-78 绘制桌子木纹图案

05 绘制椅子木纹图案。按下Enter键，重复调用H【图案填充】命令，在弹出的【图案填充和渐变色】对话框中更改图案填充比例为70，图案填充操作完成后，即可完成休闲桌椅平面图的绘制，结果如图11-79所示。

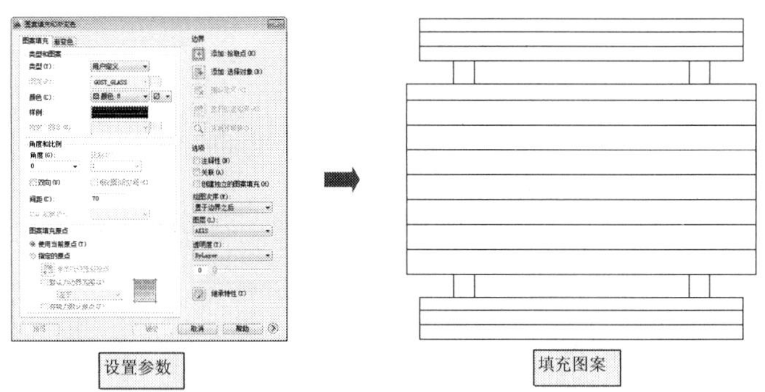

图11-79 休闲桌椅平面图

11.4 电器图形的绘制

电器图形与家具图形都是室内设计施工图纸中所必不可少的图形，这两类图形共同表达室内区域的划分，为人们读懂图纸上所表达的设计意图提供便利。

常见的电器图形主要有洗衣机、燃气灶、电视机、电冰箱等，这些图形绘制完成后可将其创建成图块，在以后绘制室内施工图纸时可以调用。

本节介绍电器平面图形的绘制方法。

11.4.1 实战——绘制洗衣机

洗衣机是利用电能产生机械作用来洗涤衣物的清洁电器，按其额定洗涤容量分为家用和集体用两类。

中国规定洗涤容量在6千克以下的属于家用洗衣机，家用洗衣机主要由箱体、洗涤脱水桶（有的洗涤和脱水桶分开）、传动和控制系统等组成，有的还装有加热装置。

图11-80所示为我们经常见到的洗衣机。

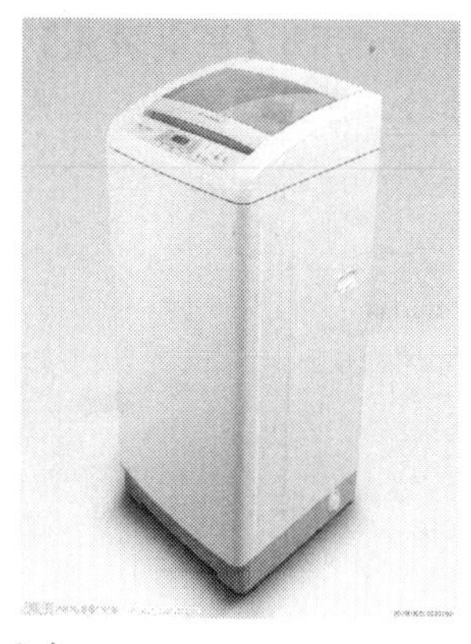

图11-80　洗衣机

本节介绍洗衣机平面图的绘制方法。

01 绘制洗衣机轮廓。调用REC【矩形】命令，绘制尺寸为556×550的矩形；调用F【圆角】命令，设置圆角半径为37，对矩形执行“圆角”操作，结果如图11-81所示。

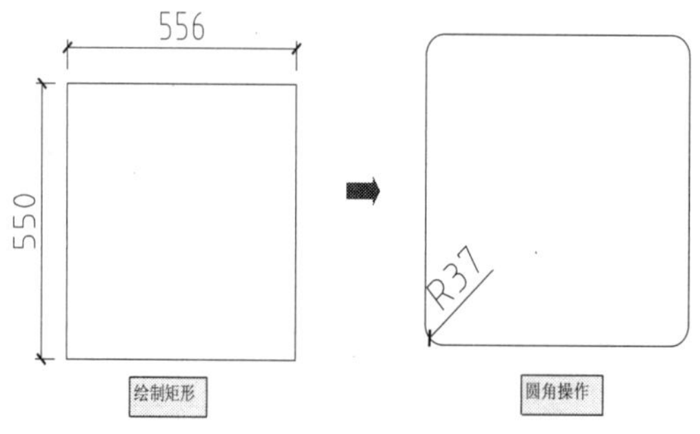

图11-81　绘制洗衣机轮廓

02 调用X【分解】命令，分解矩形；调用O【偏移】命令，选择矩形的下方边，分别设置偏移距离为453、17，向内偏移矩形边。

03 调用EX【延伸】命令，选择左右两侧矩形边为延伸边界，选择偏移线段为延伸对象，延伸操作的结果如图11-82所示。

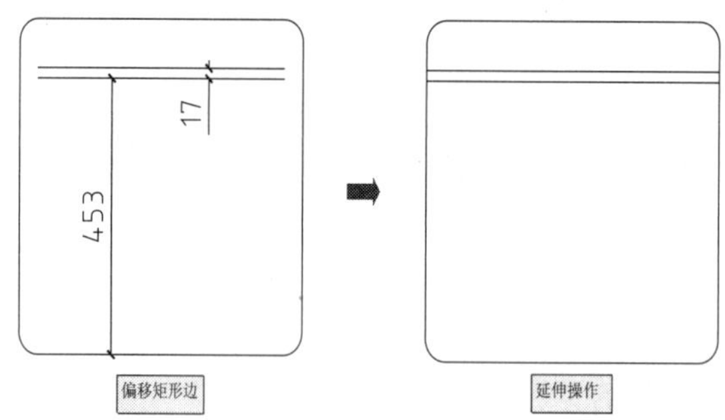

图11-82　延伸对象

04 调用REC【矩形】命令，绘制圆角半径为36，尺寸为403×275的矩形；调用X【分解】命令，分解矩形。

05 调用O【偏移】命令、EX【延伸】命令，偏移并延伸矩形边，结果如图11-83所示。

06 调用REC【矩形】命令，绘制图11-84所示的矩形，以表示箱体盖的把手及洗衣机商标图形。

07 调用C【圆形】命令，分解绘制半径为21、13、8的圆形，分别表示进水管、洗衣机开关等图形，完成洗衣机平面图的绘制，结果如图11-85所示。

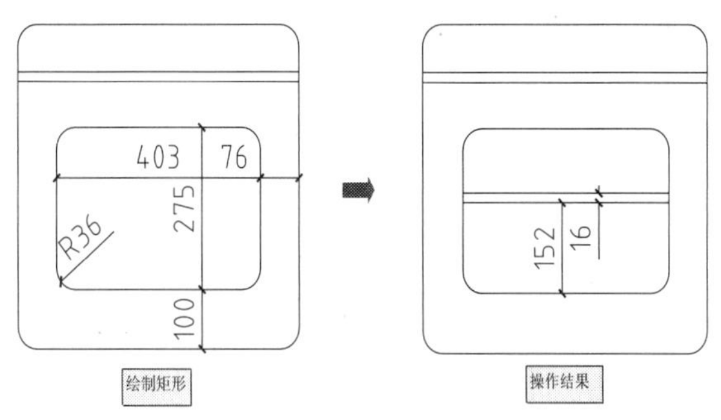

图11-83 偏移并延伸矩形边

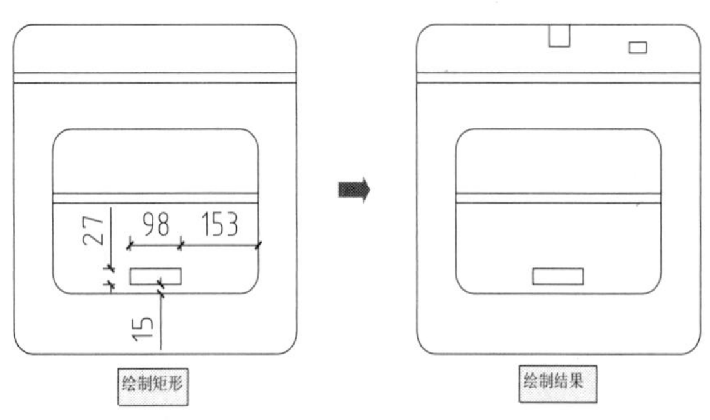

图11-84 绘制矩形

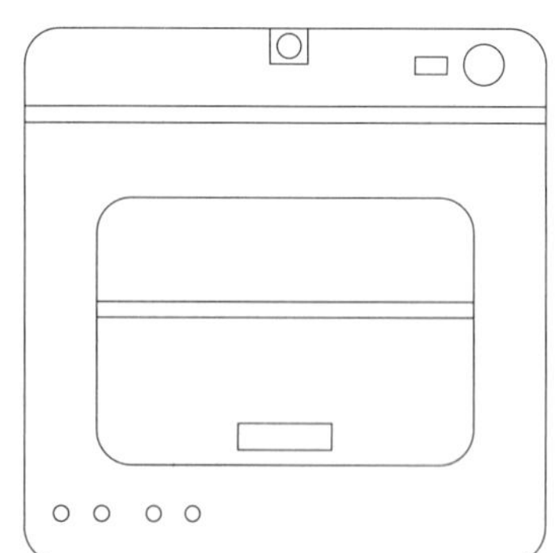

图11-85 洗衣机平面图

11.4.2 实战——绘制燃气灶

燃气灶指以气体燃料进行直火加热的厨房用具。按灶眼讲，分为单灶、双灶和多眼灶。按种类分，燃气灶可分为家用燃气灶、商用燃气灶。

图11-86所示为我们常见的燃气灶。

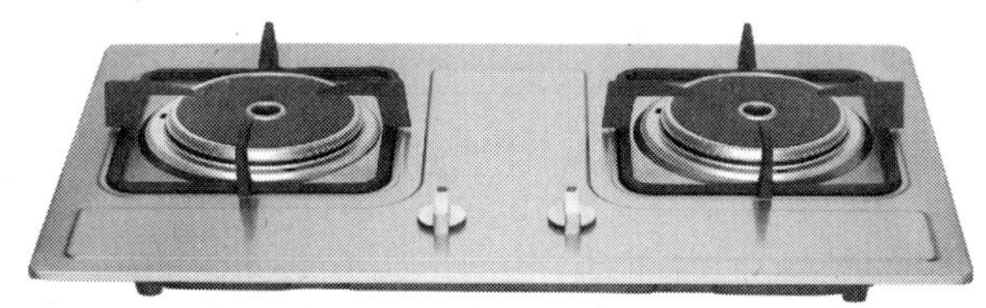

图11-86 燃气灶

本节介绍燃气灶平面图的绘制方法。

01 绘制燃气灶外轮廓线。调用REC【矩形】命令，绘制圆角半径为50，尺寸为700×400的矩形；调用O【偏移】命令，设置偏移距离为10，选择矩形向内偏移，结果如图11-87所示。

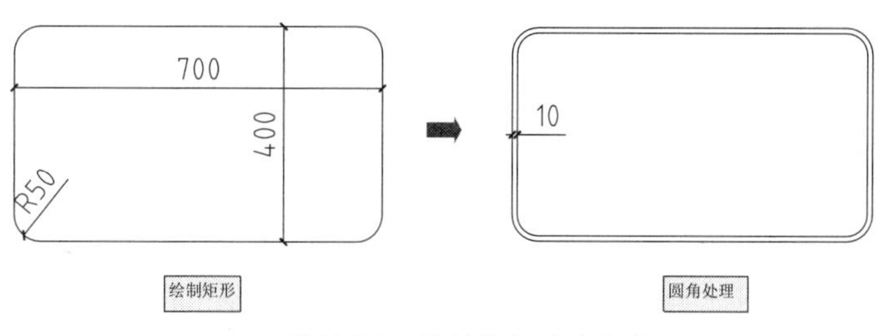

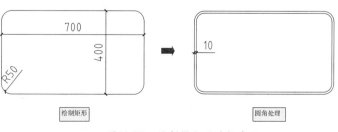

图11-87 绘制燃气灶外轮廓线

02 绘制灶眼。调用C【圆形】命令，绘制半径为110的圆形；调用O【偏移】命令，分别设置偏移距离为15、40、25、10，选择矩形向内偏移。

03 调用L【直线】命令，过圆心绘制直线，结果如图11-88所示。

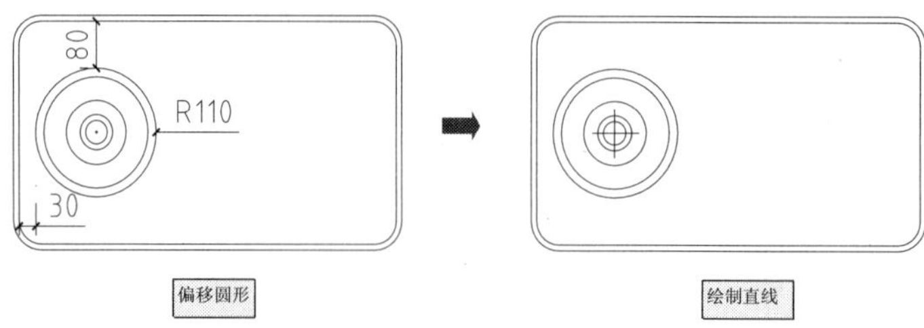

图11-88 绘制灶眼

04 绘制灶眼上的支架。调用REC【矩形】命令，绘制尺寸为45×10的矩形。

05 执行“修改”|“阵列”|“环形阵列”命令，单击圆心，将其指定为阵列中心点，选择矩形为阵列对象，设置阵列项目数为5，阵列复制的结果如图11-89所示。

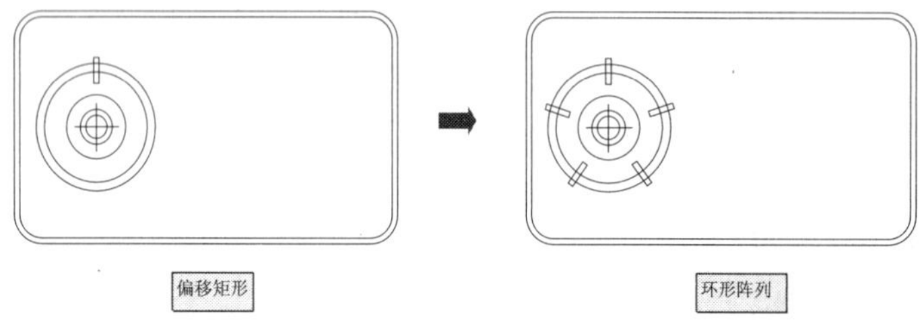

图11-89 环形阵列复制

06 调用TR【修剪】命令，修剪线段；调用SC【缩放】命令，选择绘制完成的灶眼，设置缩放因子为0.61，对其执行缩放操作。

07 调用CO【复制】命令，移动复制缩放后的灶眼图形，结果如图11-90所示。

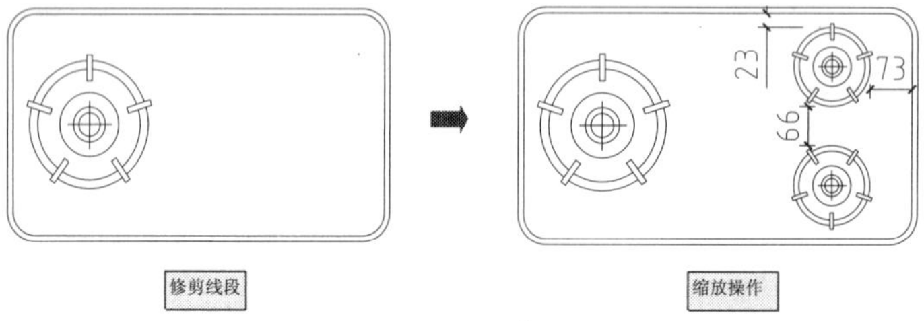

图11-90 缩放操作

08 绘制开关。调用C【圆形】命令，绘制半径为20的圆形；调用REC【矩形】命令，绘制尺寸为35×10的矩形。

09 调用TR【修剪】命令，修剪圆形；调用X【分解】命令，分解矩形；调用O【偏移】命令，设置偏移距离为8，选择矩形的上方边向下偏移，结果如图11-91所示。

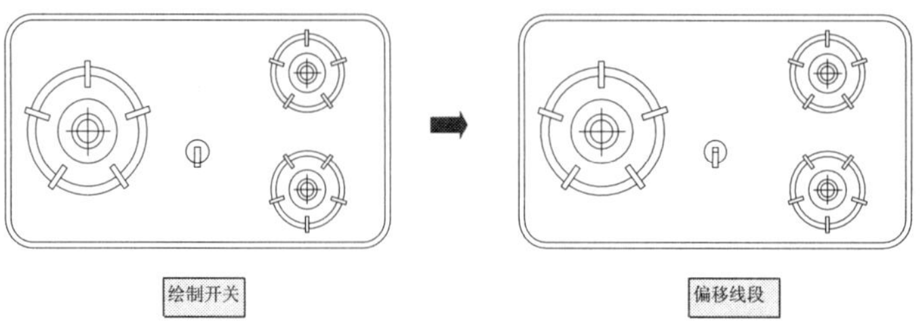

图11-91 绘制开关

10 调用CO【复制】命令，向下移动复制开关图形；调用L【直线】命令，绘制直线以连接开关与灶眼，完成燃气灶平面图的绘制，结果如图11-92所示。

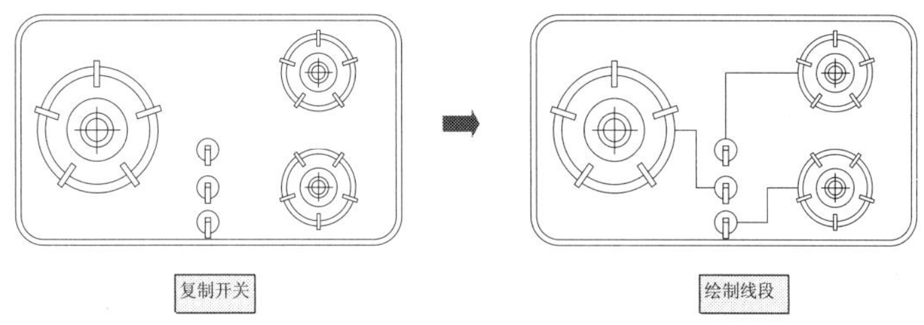

图11-92 燃气灶平面图

11.4.3 实战——绘制电视机

电视机是“电视信号接收机”的通称，是接收电视广播的装置，由复杂的电子线路和喇叭、荧光屏等组成。

图11-93所示为我们常见的电视机。

图11-93 电视机

本节介绍电视机平面图的绘制方法。

01 调用REC【矩形】命令，绘制矩形；调用X【分解】命令，分解矩形；调用O【偏移】命令，向内偏移矩形边，结果如图11-94所示。

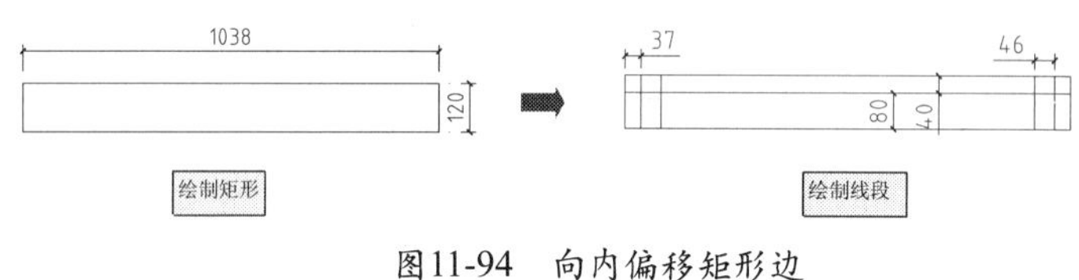

图11-94 向内偏移矩形边

02 调用L【直线】命令，绘制线段；调用TR【修剪】命令，修剪线段，结果如图11-95所示。

图11-95 修剪线段

03 调用L【直线】命令，绘制斜线，并将线段的线型更改为虚线，完成电视机平面图的绘制，结果如图11-96所示。

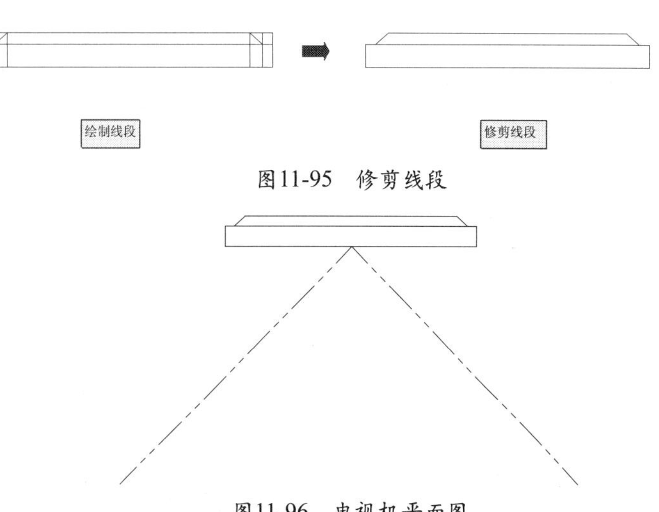

图11-96 电视机平面图

11.5 建筑符号的绘制

建筑符号是绘制建筑设计施工图纸所必须的图例图形，包括标高符号、指北针符号、索引符号、剖切符号等。不同的符号图形可以标示不同的建筑信息，比如标高符号可以标注建筑物的相对高度。

本节介绍建筑符号图形的绘制方法。

11.5.1 实战——绘制标高

标高表示建筑物各部分的高度，是建筑物某一部位相对于基准面（标高的零点）的竖向高度，是竖向定位的依据。

本节介绍标高图形的绘制方法。

01 调用L【直线】命令，绘制长度为240的垂直线段；调用RO【旋转】命令，指定直线的下端点为旋转基点，设置旋转角度分别为45°、-45°，旋转复制直线。

02 调用E【删除】命令，删除垂直线段，结果如图11-97所示。

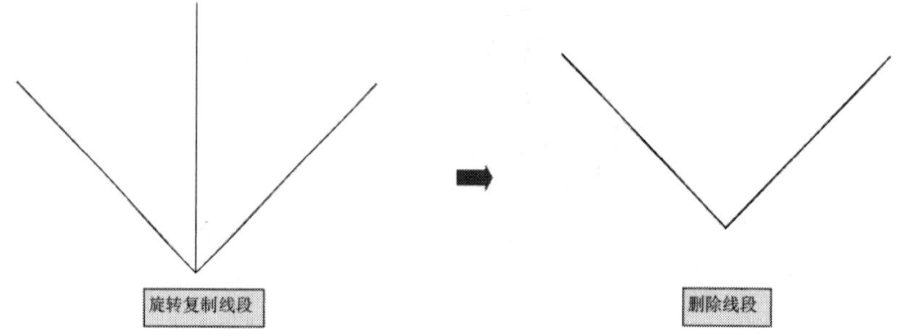

图11-97 删除垂直线段

03 调用L【直线】命令，绘制长度为1000的水平线段。

04 执行“绘图”|“块”|“定义属性”命令，系统弹出【属性定义】对话框，设置参数如图11-98所示。

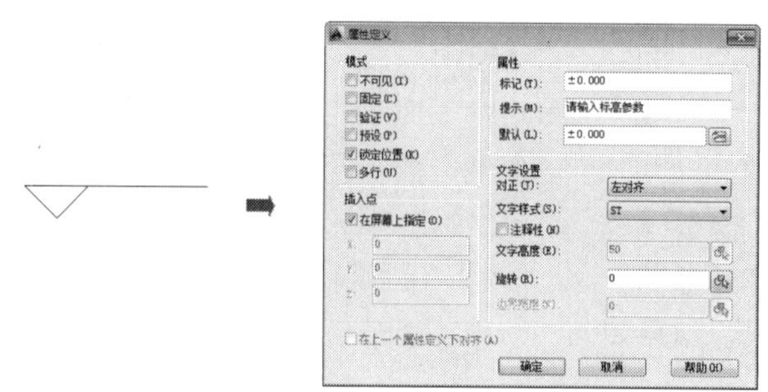

图11-98 【属性定义】对话框

05 单击“确定”按钮，将属性文字置于标高图块之上。

06 选择标高图形及属性文字，调用B【创建块】命令，在弹出的【块定义】对话框中设置图块名称。

07 单击“确定”按钮关闭对话框，系统弹出【编辑属性】对话框，在其中可以输入标高参数值，如图11-99所示。

08 双击标高图块，可以弹出【增强属性编辑器】对话框，在其中可以修改标高的属性文字，包括文字参数值、字体样式、字体大小、颜色等，如图11-100所示。

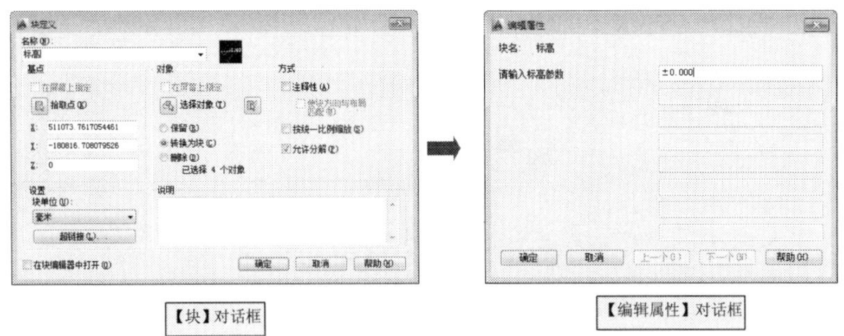

图11-99　创建图块

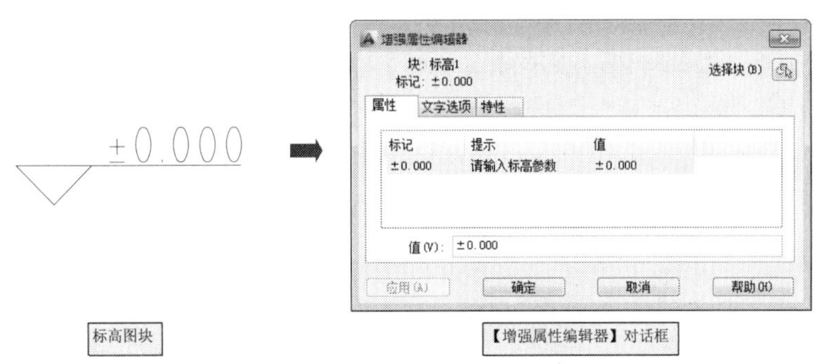

图11-100　【增强属性编辑器】对话框

11.5.2　实战——绘制指北针

指北针是一种用于指示方向（北方）的工具，广泛应用于各种方向判读，譬如航海、野外探险、城市道路地图阅读等领域。

图11-101所示为我们常见的指北针。

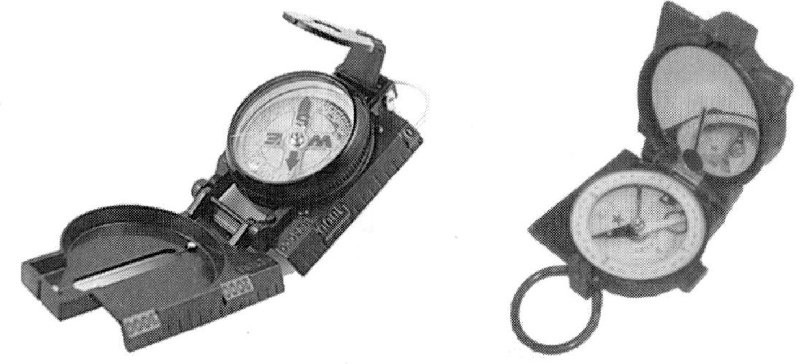

图11-101　指北针

本节介绍指北针图形的绘制方法。

01 调用C【圆形】命令，绘制半径为893的圆形；调用L【直线】命令，绘制直线，结果如图11-102所示。

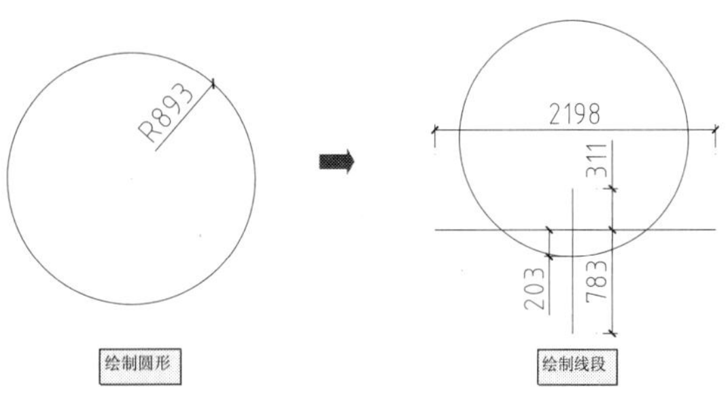

图11-102　绘制直线

02 调用O【偏移】命令，偏移线段；调用L【直线】命令，绘制直线，结果如图11-103所示。

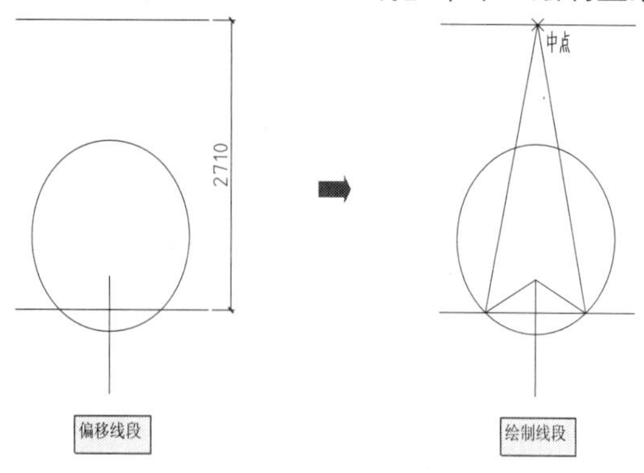

图11-103 绘制结果

03 调用EX【延伸】命令，延伸线段；调用TR【修剪】命令，修剪圆形，结果如图11-104所示。

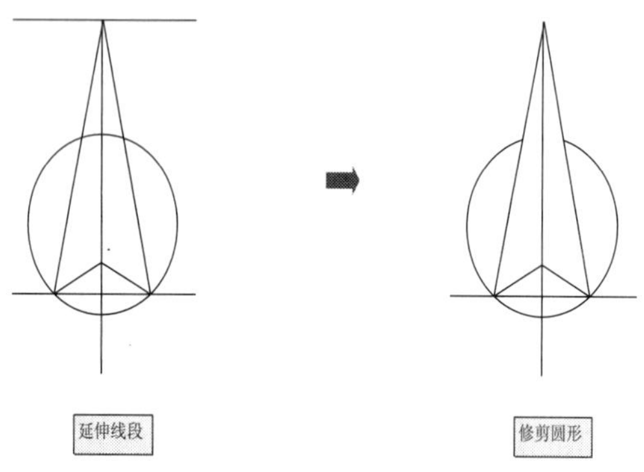

图11-104 修剪圆形

04 调用H【图案填充】命令，在弹出的【图案填充和渐变色】对话框中设置参数，在绘图区中拾取填充区域，完成图案填充的结果如图11-105所示。

05 调用MT【多行文字】命令，绘制文字标注，完成指北针图形的绘制，结果如图11-106所示。

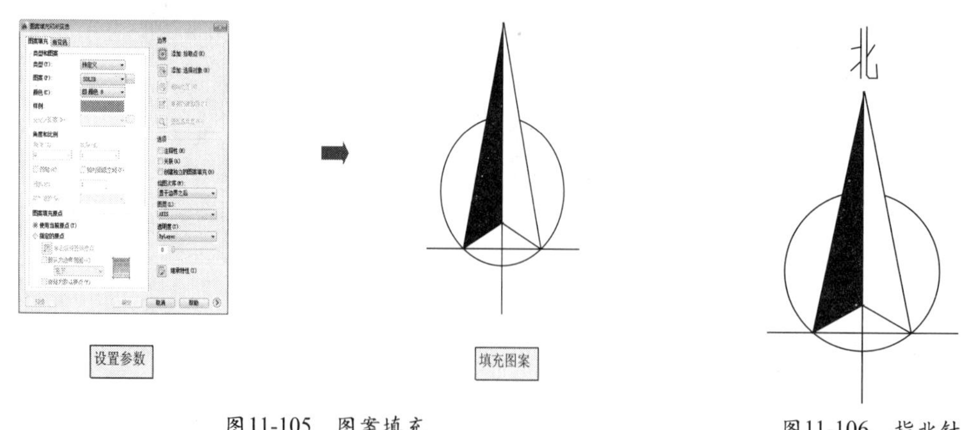

图11-105 图案填充

图11-106 指北针

11.5.3 实战——绘制索引符号

在绘制施工图时，会出现因为比例问题而无法表达清楚某一局部的情况，此时为方便施工需要另外画详图。

一般用索引符号注明画出详图的位置、详图的编号，以及详图所在的图纸编号。索引符号和详图符号内的详图编号与图纸编号两者对应一致。

本节介绍索引符号图形的绘制方法。

01 调用C【圆形】命令，绘制半径为301的圆形；调用L【直线】命令，过圆心绘制直线。

02 调用REC【矩形】命令，绘制尺寸为700×700的矩形，如图11-107所示。

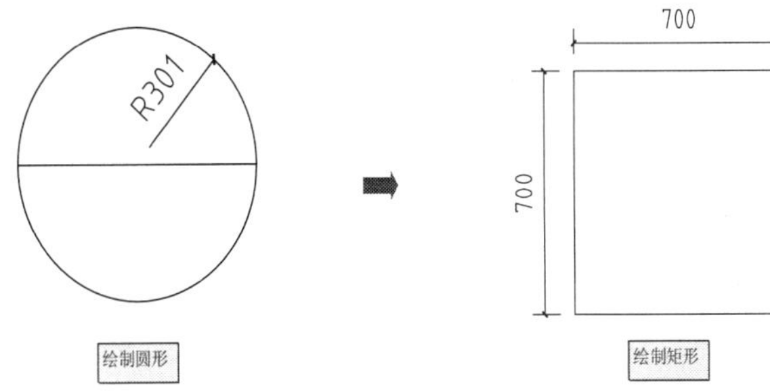

图11-107 绘制矩形

03 调用RO【旋转】命令，设置旋转角度为45度，对矩形执行旋转操作；调用L【直线】命令，在矩形内绘制对角线。

04 调用M【移动】命令，移动矩形，使矩形内的对角线中点与圆形的圆心重合，结果如图11-108所示。

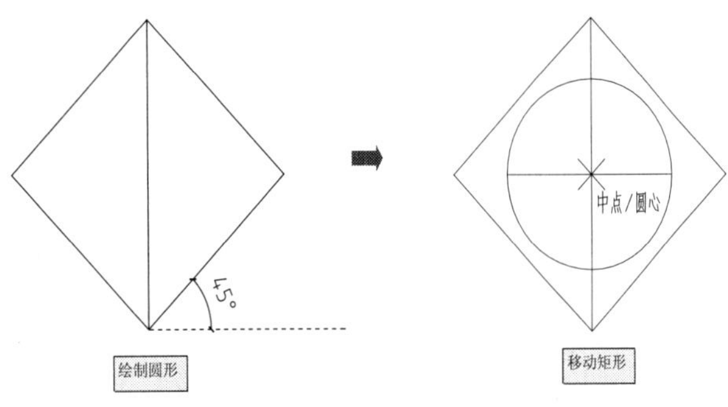

图11-108 移动矩形

05 调用E【删除】命令，删除矩形内的对角线；调用EX【延伸】命令，延伸圆形内的直线，使其与矩形相接。

06 调用TR【修剪】命令，修剪矩形，结果如图11-109所示。

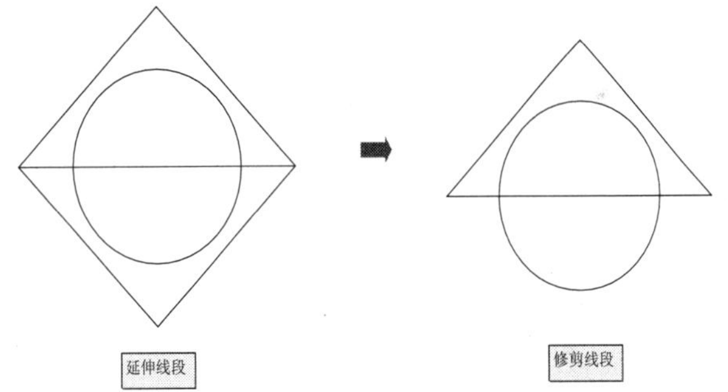

图11-109 修剪矩形

07 调用H【图案填充】命令，在【图案填充和渐变色】对话框中选择SOLID图案，对图形执行填充操作。

08 调用MT【多行文字】命令，分别标注立面编号（位于圆形的上部分）、立面所在图纸编号（位于圆形的下部分），完成索引符号的绘制，结果如图11-110所示。

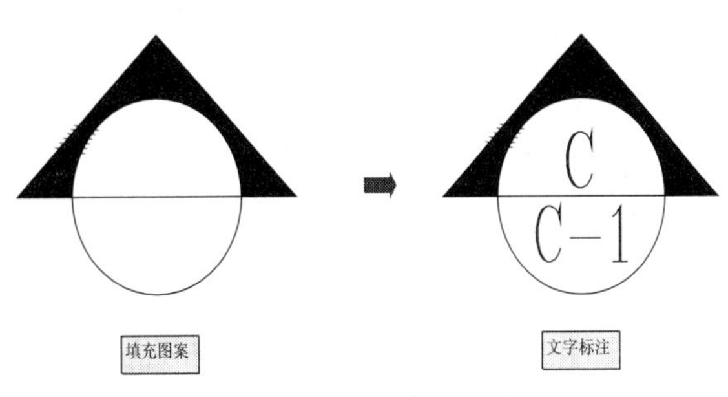

图11-110 索引符号

第12章 绘制建筑平面图

建筑平面图是使用水平投影方法以及一定的比例来绘制的图纸，表示新建建筑物或构筑物的墙体、门窗、地面、内部功能布局等的建筑情况。

建筑平面图通常可划分为地下室平面图、首层平面图、中间层平面图、屋顶平面图，各类图形均按照水平投影法来进行绘制，本章为读者介绍住宅楼建筑平面图的绘制方法。

12.1 建筑平面图概述

建筑平面图作为立面、剖面、详图、节点详图的参照，是建筑设计中必不可少的图样。在绘制建筑平面图之前，应首先对该类图形有一个基本的认识，比如平面图的形成、绘制要求，以及绘制方法等。

12.1.1 建筑平面图的形成、作用和意义

建筑平面图的形成：使用一个假想的水平剖切面沿着稍高于窗台的位置对房屋执行剖切；将窗台以上的部分移去后，对窗台以下的部分做正投影所得到的水平剖面图即是建筑平面图。

图12-1所示为绘制完成的商场四层建筑平面图。在其中反映了墙柱的布置、门窗的尺寸，以及其他建筑附属设施如楼梯、电梯、散水等的情况。四层平面图是在地下室平面图、一至三层平面图的基础上绘制的，可以为绘制其他楼层的平面图、商场立面图、商场剖面图提供依据。

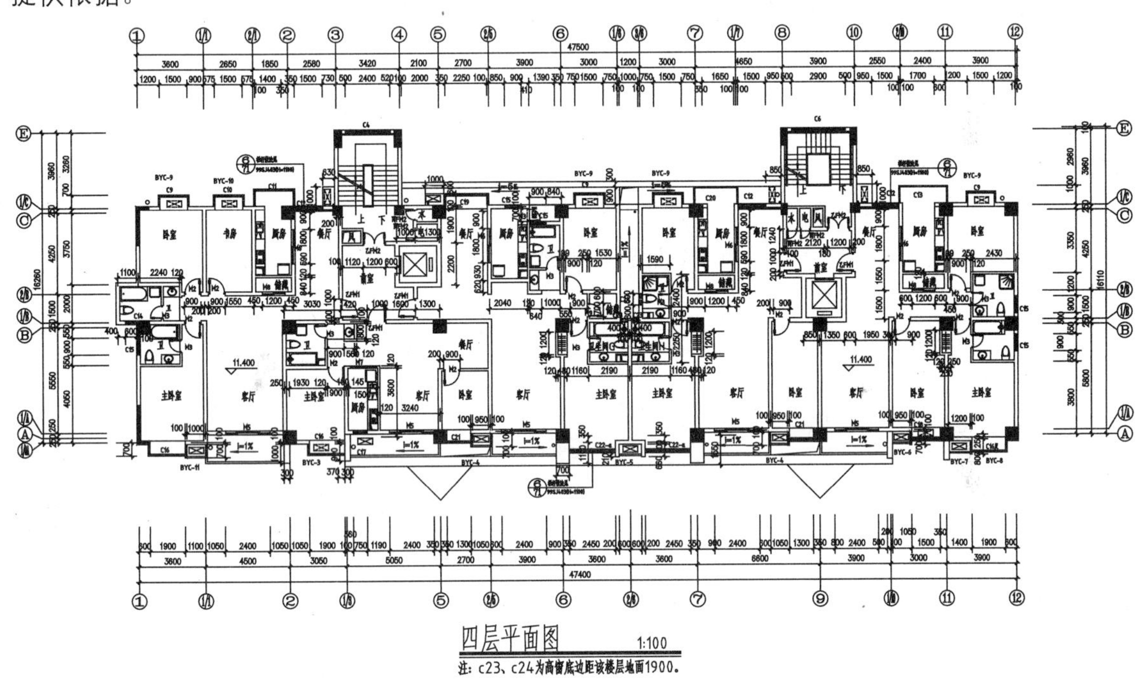

图12-1　商场四层建筑平面图

建筑平面图的作用：建筑平面图是施工放线、砌墙、安装门窗、室内装修和编制预算的依据，因为其反映出房屋的平面形状、大小和布置、墙柱的位置、尺寸和材料，以及门窗的类型和位置等。

建筑平面图的意义：建筑平面图作为建筑设计施工图纸中的重要组成部分，反映建筑物的功能需要、平面布局及其平面的构成关系，是决定建筑立面及内部结构的关键环节。而且，建筑平面图是新建建筑物的施工及施工现场布置的重要依据，也是设计及规划给排水、强弱电、暖通设备等专业工程平面图和绘制管线综合图的依据。

12.1.2 建筑平面图的绘制要求

绘制建筑平面图的要求如下所述。

（1）各种平面图应该按照正投影法绘制（顶棚图除外）。

（2）平面宜取视线以下适宜高度水平剖切俯视所得，根据表现内容的需要，可以增加剖视高度和剖切平面。

（3）建筑物平面图应在建筑物的门窗洞口处水平剖切俯视（屋顶平面图应该在屋面以上俯视），图内应包括剖切面及投影方向可见的建筑构造，以及必要的尺寸、标高等，如需要表现高窗、洞口、通气孔、槽、地沟，以及起重机等不可见的部分，则应该与虚线来绘制。

（4）平面图中应表达室内水平界面中正投影方向的物象。必要时还应该表示剖切位置中正投影方向墙体的可视物象。

（5）建筑平面图中的装饰装修物体可以标注名称或者使用相应的图例符号来表示。

（6）在同一张图纸上绘制多于一层的平面图时，各层平面图应该按照层数由低到高的顺序从左至右或从下至上来布置。

12.1.3 建筑平面图的绘制方法

建筑平面图的绘制方法如下所述。

（1）首先设置绘图环境，如设置绘图单位、标注样式、文字样式，以及各类图层等。

（2）绘制轴网，轴网的线型应为细单点长画线。

（3）使用粗实线来绘制被剖切的墙、柱断面轮廓线。

（4）使用中实线或者细实线来绘制未被剖切到的可见轮廓线，比如窗台、梯段、卫生设备、家具陈设等。

（5）使用细实线来绘制尺寸线、尺寸界线、索引符号、标高符号。

（6）假如使用小于1:100的比例来绘制平面图，可简画材料图例，比如钢筋混凝土涂黑等。

（7）绘制图名和比例标注。

12.2 绘制住宅楼中间层平面图

本章以住宅楼为例，介绍建筑平面图纸的绘制方法。本例所选用住宅楼的户型为三居室，左右对称布置，一共有3个楼梯间供居民出入。从左往右户型的排列为G户型、F户型、E户型、E反户型、F反户型、G反户型。由于G户型与G反户型、F户型与F反户型、E户型与E反户型的结构相同，因此在绘制住宅楼建筑平面图时，可以使用“复制”命令或者“镜像”命令来绘制。

也就是在绘制完成G户型、F户型、E户型的平面图后，执行“复制”命令或者“镜像”命令，将G户型、F户型、E户型的平面图向右复制，即可得到E反户型、F反户型、G反户型的平面图。

值得注意的是，只有在住宅楼为对称结构的情况下，才可以预先绘制住宅楼的一半，再复制得到另一半。这样做的结果是减少了绘图时间，还可保证图纸的准确率。

假如住宅楼为不对称结构，则必须逐步绘制各类图形，比如墙柱、门窗及其他建筑构件等。

图12-2所示为住宅楼四至十一层建筑平面图的绘制结果，本章将为读者介绍其绘制步骤。

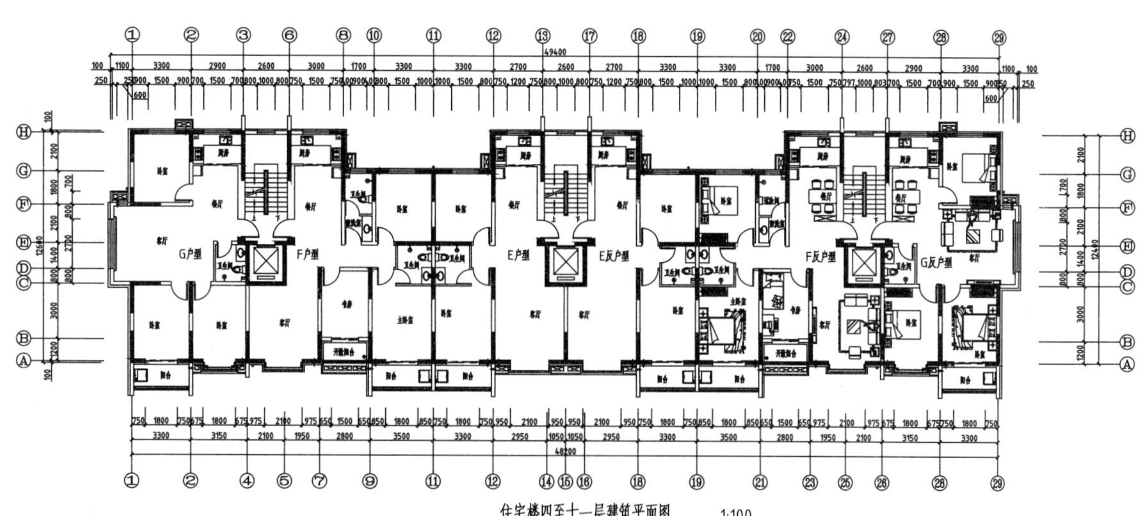

图12-2 住宅楼四至十一层建筑平面图

12.2.1 绘图准备

绘图准备是指设置AutoCAD空白文件的各种属性，比如单位、文字样式、标注样式、引线样式等。通过对这一系列的属性进行设置，使得在该文件中所绘制的图形可以显示这些属性。

由于属性都统一设置了参数，因此所绘制的不同类型的图形能以相同的属性来显示，比如颜色、线型等，这样做的好处是方便管理图形，包括识图及打印输出等操作。

01 启动AutoCAD2014应用程序，新建一个空白文件；执行“文件”|“保存”命令，设置图形名称为“住宅楼中间层平面图.dwg”，将其保存至电脑中。

02 设置绘图单位。执行“格式”|“单位”命令，系统弹出【图形单位】对话框；在其中设置单位为“毫米”，“精度”为0。

03 设置文字样式。执行“格式”|“文字样式”命令，系统弹出【文字格式】对话框，单击“新建”按钮，在弹出的【新建文字样式】对话框中创建名称为“住宅楼文字标注”的文字样式。

04 单击“确定”按钮返回【文字格式】对话框，在“字体”下拉列表中选择“gbenor.shx”选项，选择“使用大字体”选项，在“大字体”下列列表中选择“gbcbig.shx”选项；选择“注释性”选项，在“图纸文字高度”文本框中输入300，如图12-3所示。

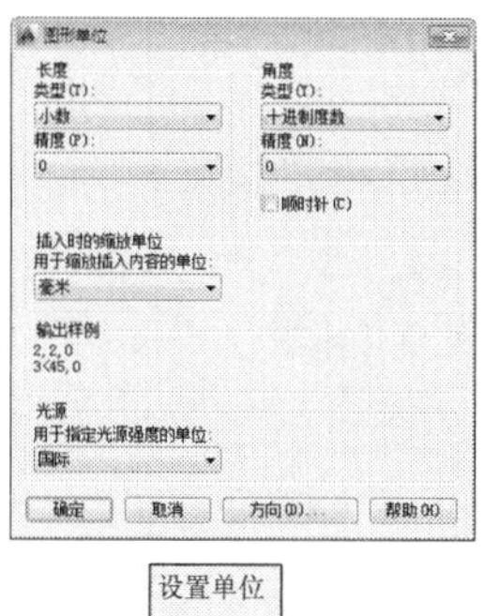

设置单位

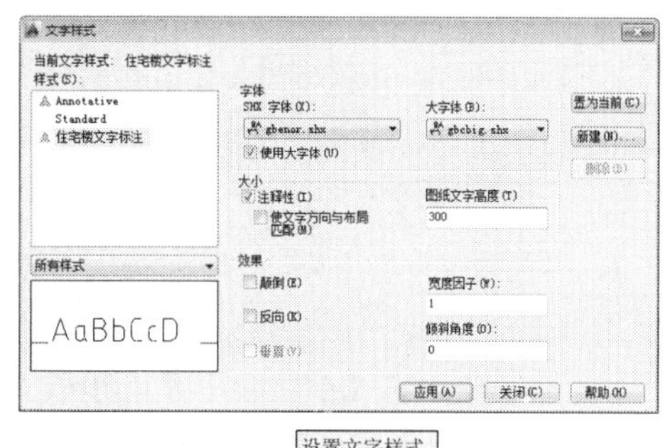

设置文字样式

图12-3 设置参数

05 单击“应用”按钮，可完成文字样式的创建。

06 设置标注样式。执行“格式”|“标注样式”命令，系统弹出【标注样式管理器】对话框；单击“新建”按钮，在【创建新标注样式】对话框中设置新样式的名称为“住宅楼尺寸标

注”，如图12-4所示。

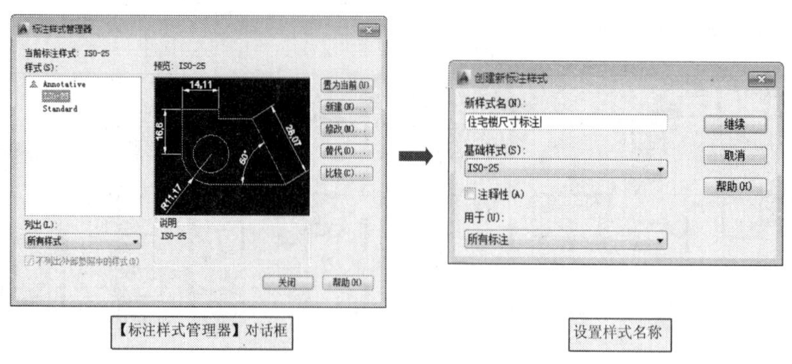

图12-4　新建标注样式

07 单击“继续”按钮，进入【新建标注样式】对话框；分别选择“线”选项卡及“符号和箭头”选项卡，参数设置如图12-5所示。

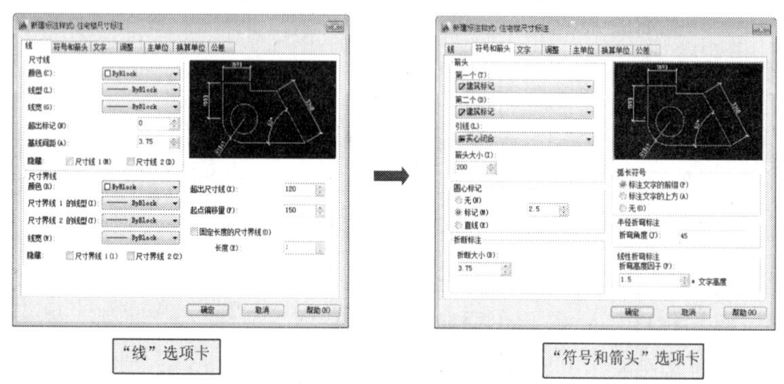

图12-5　设置样式参数

08 选择“文字”选项卡、“主单位”选项卡，设置参数如图12-6所示。

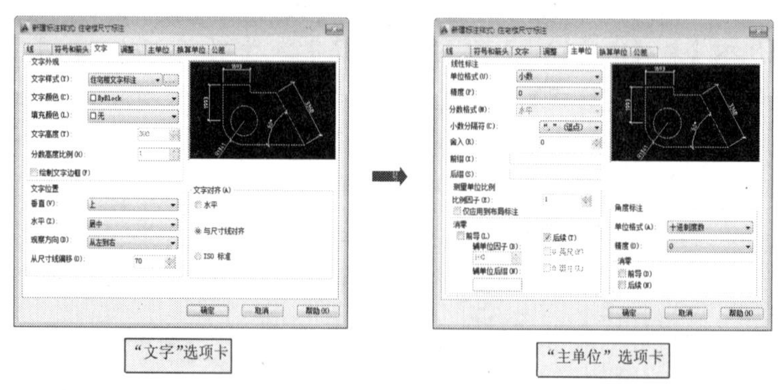

图12-6　设置“文字”选项卡、“主单位”选项卡参数

09 设置多重引线样式。执行“格式”|“多重引线样式”命令，在弹出的【多重引线样式管理器】对话框中单击“新建”按钮，在【创建新多重引线样式】对话框中创建名称为“住宅楼材料标注”的引线样式。

10 单击“继续”按钮，进入【修改多重引线样式】对话框中选择“引线格式”选项卡、“内容”选项卡，设置参数如图12-7所示。

11 创建图层。执行“格式”|“图层”命令，系统弹出【图层特性管理器】对话框；在其中执行新建图层、设置图层名称、颜色、线型等操作，如图12-8所示。

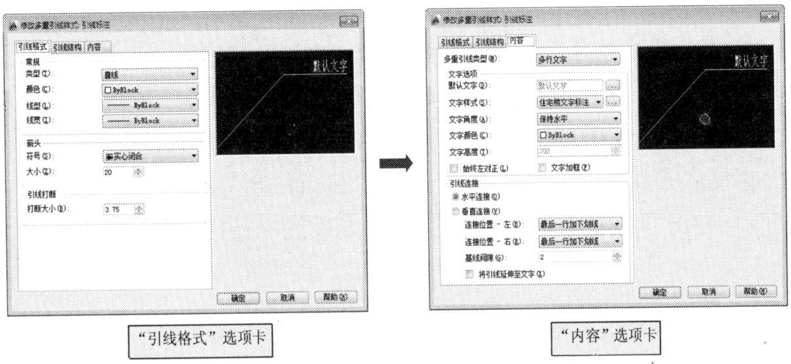

“引线格式”选项卡　　“内容”选项卡

图12-7　设置引线参数

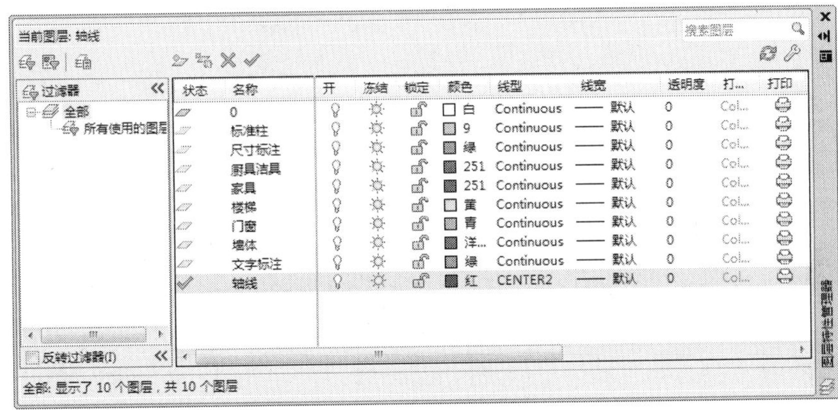

图12-8　创建图层

12.2.2　绘制轴线/墙体

轴网由水平轴线及垂直轴线组成，有时候根据不同类型的建筑物，还需要绘制成一定角度的轴线。为了与墙线等其他图形轮廓线相区别，应以细单点长划线来绘制轴网。

墙体在轴网的基础上绘制，以轴线为中线，在轴线两边绘制等距或不等距的线段来表示墙线，这主要是根据墙体的实际宽度来确定的。

01 将“轴线”图层置为当前图层。

02 绘制轴网。执行L【直线】命令，绘制水平直线、垂直直线；执行O【偏移】命令，偏移直线。绘制轴网的结果如图12-9所示。

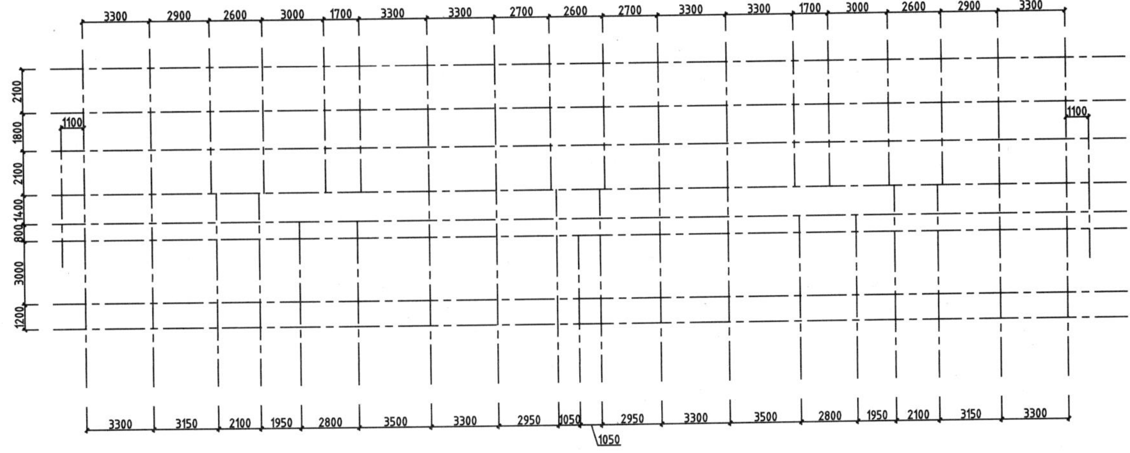

图12-9　绘制轴网

03 将“墙体”图层置为当前图层。

04 绘制墙体。执行ML【多线】命令，设置“比例”为200，“对正方式”为“无”；在命令行提示“指定起点：”、“指定下一点”时，捕捉轴线的交点来绘制多条多线以表示墙线。

05 编辑墙体。双击多线，系统弹出图12-10所示的【多线编辑工具】对话框；在其中单击“T形打开”按钮，对相交的多线执行打开操作；单击“角点结合”按钮，对拐角点执行角点结合操作；执行“十字打开”按钮，对相互交叉的多段线执行打开操作，墙体的编辑结果如图12-11所示。

图12-10 【多线编辑工具】对话框

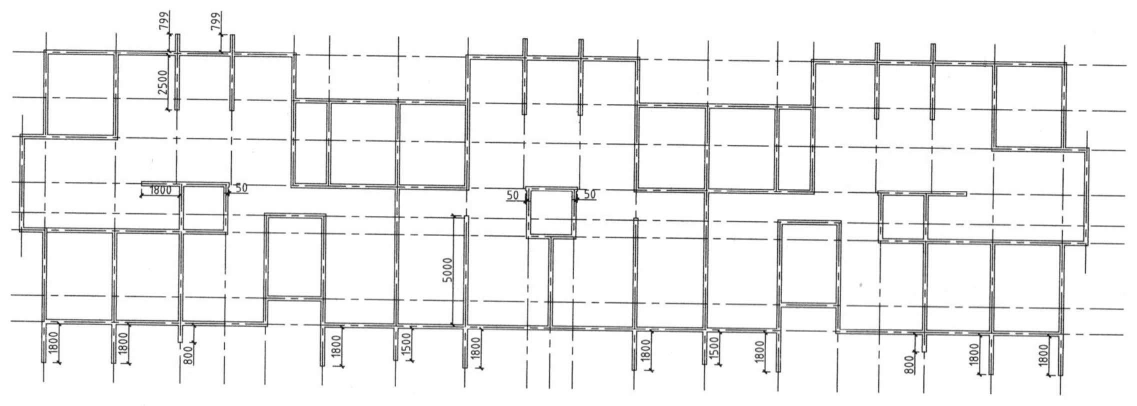

图12-11 编辑墙体

06 关闭“轴线”图层。

07 绘制隔墙。执行X【分解】命令，分解多线；执行O【偏移】命令，偏移墙线；执行TR【修剪】命令，修剪墙线，绘制隔墙的结果如图12-12所示。（隔墙主要是指厨房及卫生间的隔墙，因为其厚度为100，可以在绘制完成主墙体后再统一绘制。）

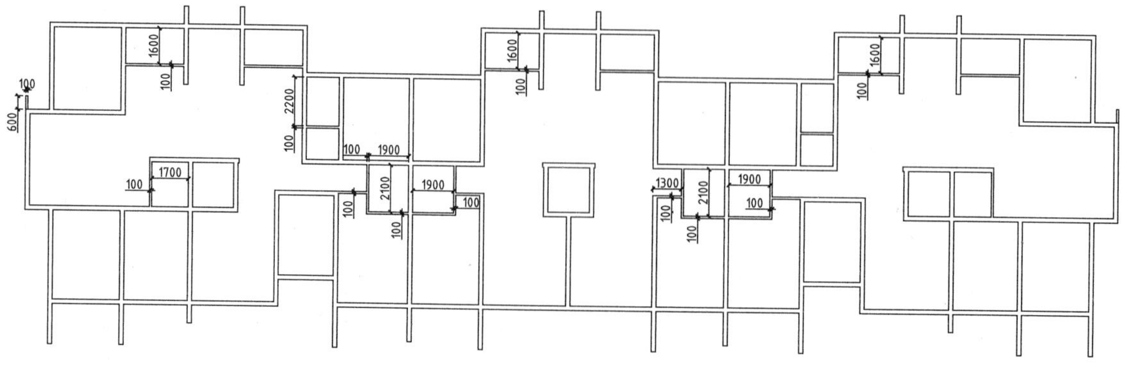

图12-12 绘制隔墙

08 绘制保温层。执行O【偏移】命令，选择外墙线往外偏移；执行F【圆角】命令，设置圆角半径为0，对墙线执行“圆角”操作，结果如图12-13所示。

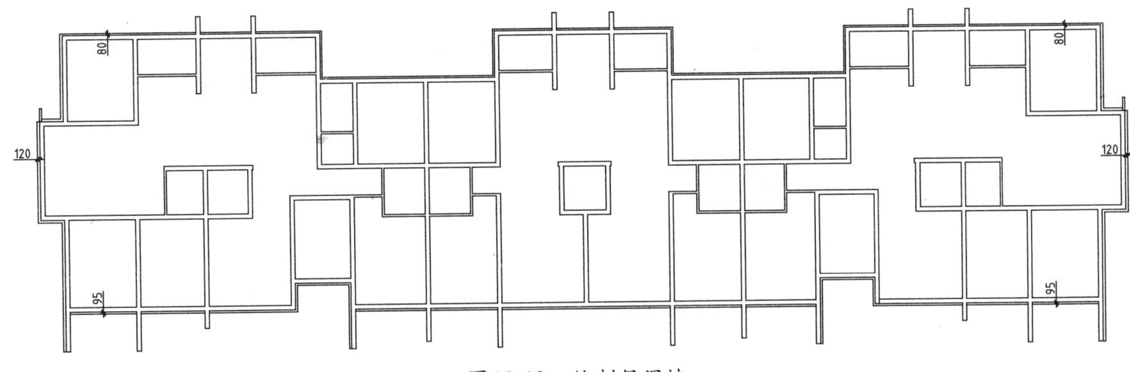

图12-13　绘制保温墙

12.2.3 绘制承重墙/柱

承重墙或者承重柱是房屋的主要建筑构件，用来分载其他墙体和楼板的重量，并将重量传给地基。因此，承重墙或承重柱是不可被拆除的。为了起到提示作用，应该在图中予以标示，以提醒该墙体或柱子的属性。

01 将“标准柱”图层置为当前图层。

02 绘制标准柱轮廓线。执行REC【矩形】命令，绘制尺寸为400×400的矩形以表示柱子的外轮廓图形，结果如图12-14所示。

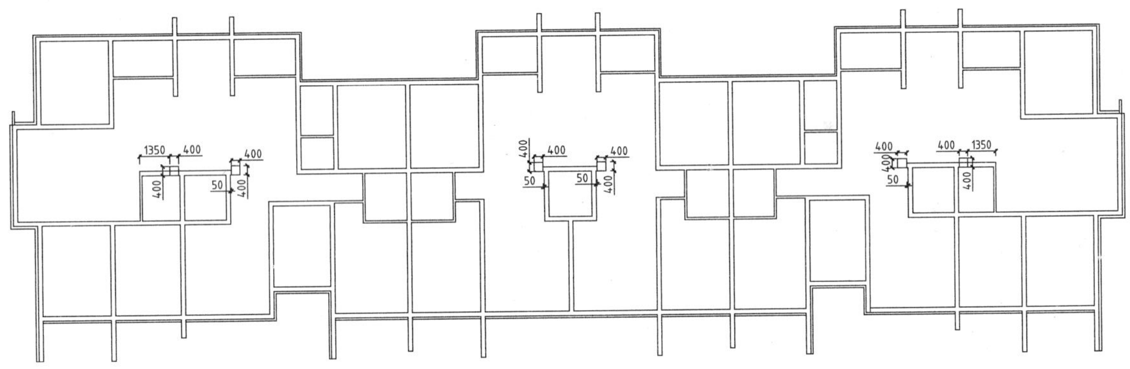

图12-14　绘制标准柱轮廓线

03 绘制承重墙轮廓线。执行O【偏移】命令，偏移墙线；执行EX【延伸】命令，延伸墙线；执行TR【修剪】命令，修剪线段，完成轮廓线的绘制结果如图12-15所示。

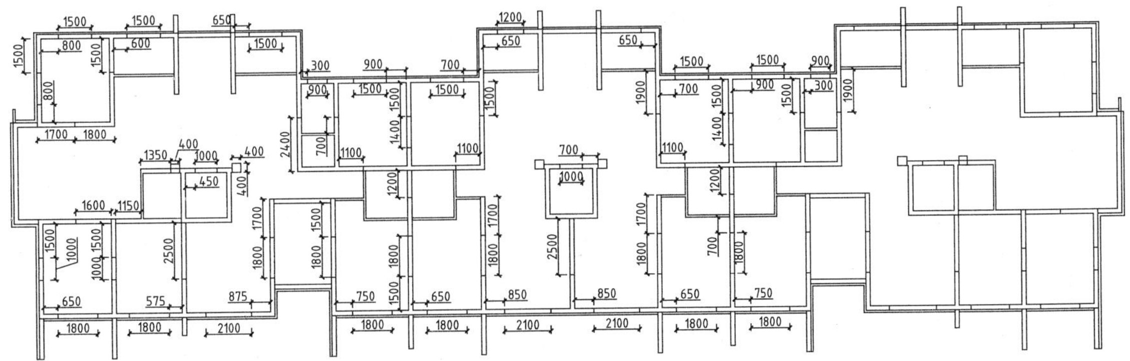

图12-15　绘制承重墙轮廓线

04 绘制图案填充。执行H【图案填充】命令，系统弹出【图案填充和渐变色】对话框，在其中选择名称为SOLID的图案，如图12-16所示。

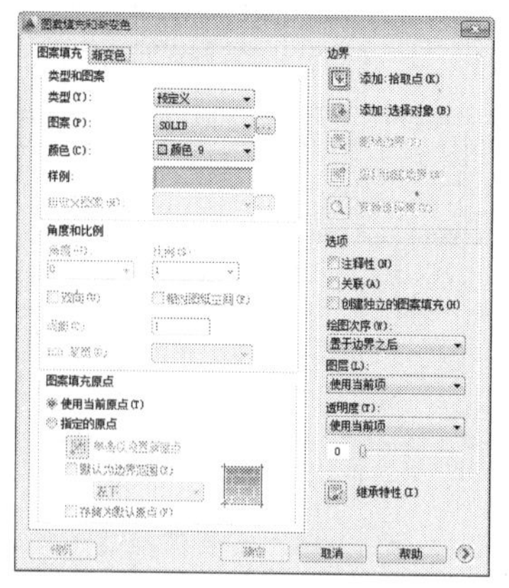

图12-16 【图案填充和渐变色】对话框

05 单击“添加：拾取点”按钮，在绘图区中拾取承重墙/柱的轮廓线；按下Enter键返回对话框，单击“确定”按钮关闭对话框，即可完成填充操作，如图12-17所示。

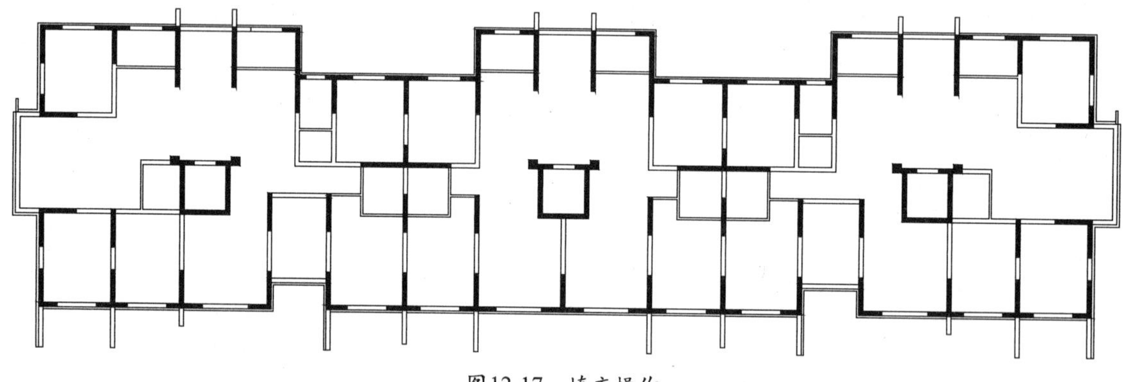

图12-17 填充操作

12.2.4 绘制门窗

门窗是建筑物用来通风或采光的构件，根据房屋的情况或者设计要求来确定门窗的位置、类型，以及尺寸等。窗图形可以使用多线来绘制，既可节省时间，又可减少软件系统内存的占用。门图形可将其创建成块，在插入图块时可很方便地调整比例或者角度。

01 将“门窗”图层置为当前图层。

02 绘制门窗洞口。执行L【直线】命令、O【偏移】命令、TR【修剪】命令，绘制、偏移并修剪线段，完成门窗洞口的绘制，结果如图12-18所示。

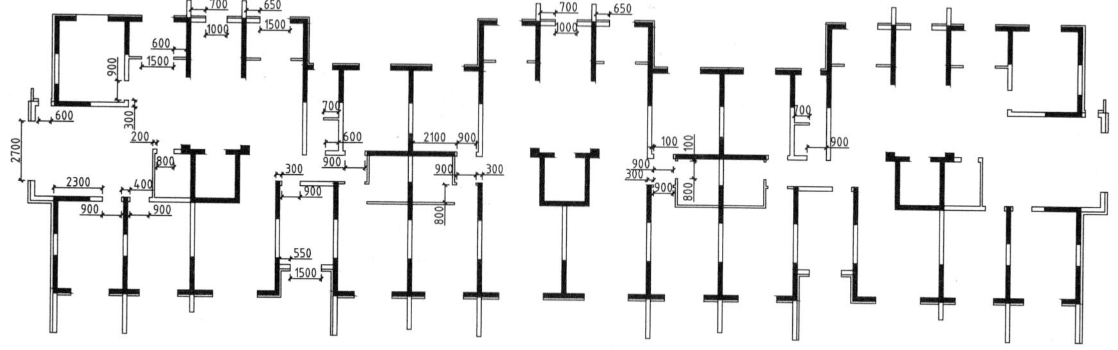

图12-18 绘制门窗洞口

03 设置多线样式。执行“格式”|“多线样式”命令，在弹出的【多线样式】对话框中单击“新建”按钮，在【创建新的多线样式】对话框中创建名称为“平面窗”的新样式，如图12-19所示。

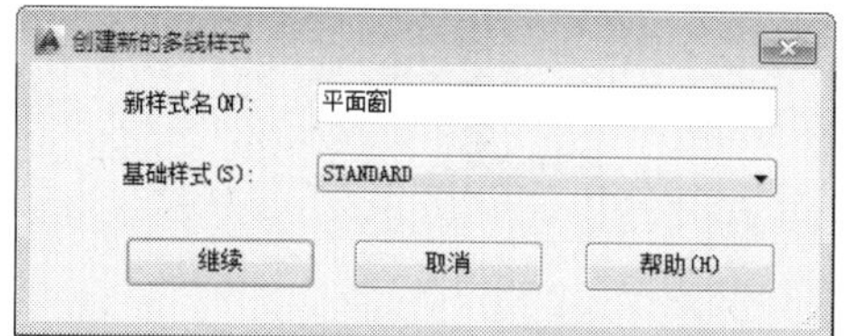

图12-19 【创建新的多线样式】对话框

04 单击“继续”按钮，进入【新建多线样式】对话框中设置多线样式的参数，如图12-20所示。

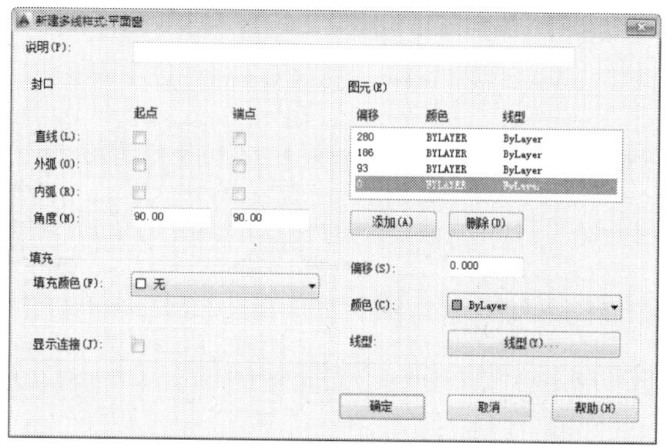

图12-20 设置参数

05 单击“确定”按钮返回【多线样式】对话框，将新多线样式置为当前正在使用的多线样式。

06 绘制平面窗。执行ML【多线】命令，设置“比例”为1，“对正方式”为“上”；在绘图区中点取窗洞的左上角点和右上角点，按下Enter键即可完成平面窗图形的绘制，如图12-21所示。

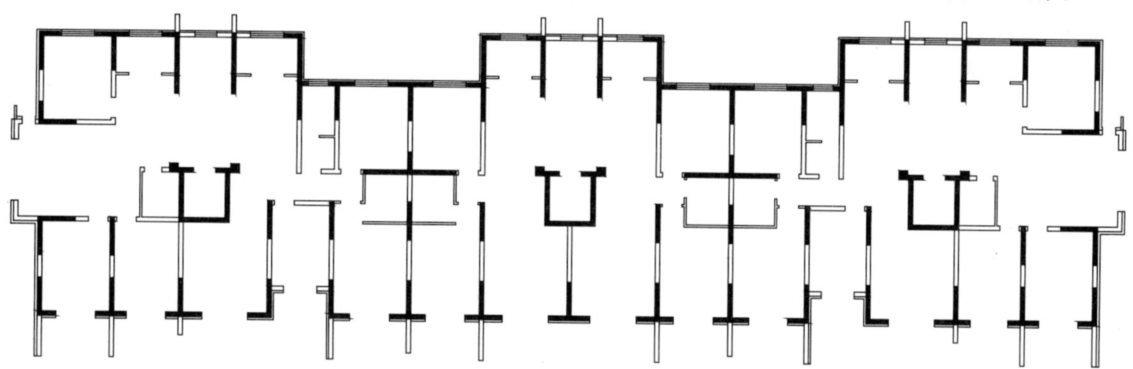

图12-21 绘制平开窗

07 执行“格式”|“多线样式”命令，在【多线样式】对话框创建名称为“平开窗2”的多线样式；进入【新建多线样式】对话框中设置样式参数，如图12-22所示。

图元(E)

偏移	颜色	线型
320	BYLAYER	ByLayer
214	BYLAYER	ByLayer
107	BYLAYER	ByLayer
0	BYLAYER	ByLayer

图12-22 设置样式参数

08 将新多线样式置为当前样式。调用ML【多线】命令，设置“比例”为1，“对正方式”为“上”，绘制窗图形的结果如图12-23所示。

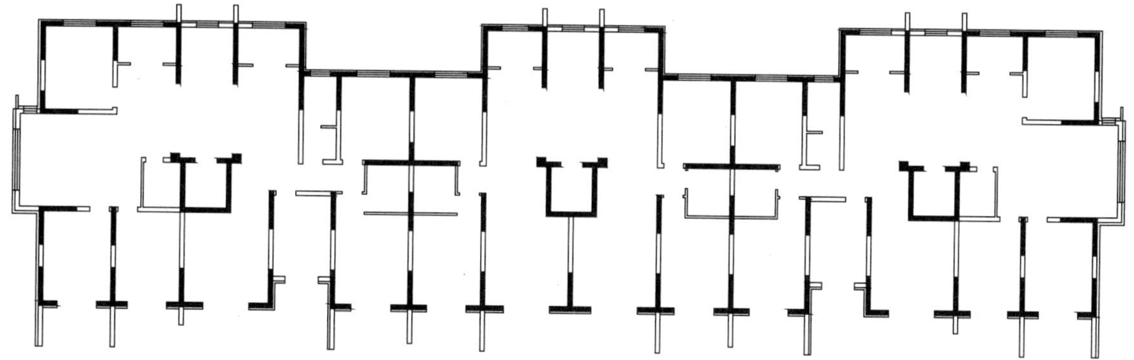

图12-23 绘制平开窗2

09 绘制飘窗。执行PL【多段线】命令，绘制飘窗内轮廓；执行O【偏移】命令，选择内轮廓线向外偏移，绘制结果如图12-24所示。

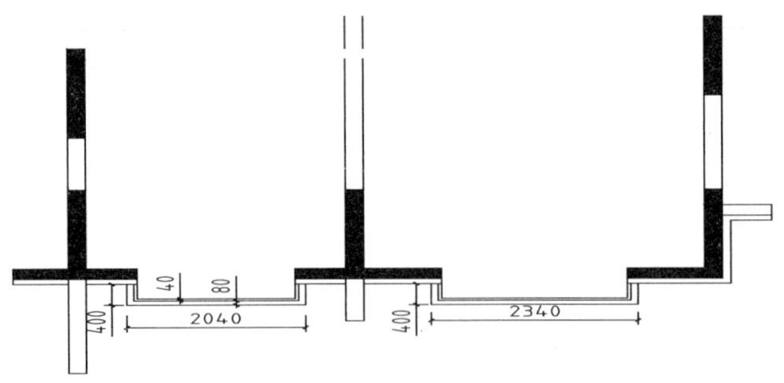

图12-24 绘制飘窗

10 执行CO【复制】命令，移动复制飘窗图形，结果如图12-25所示。

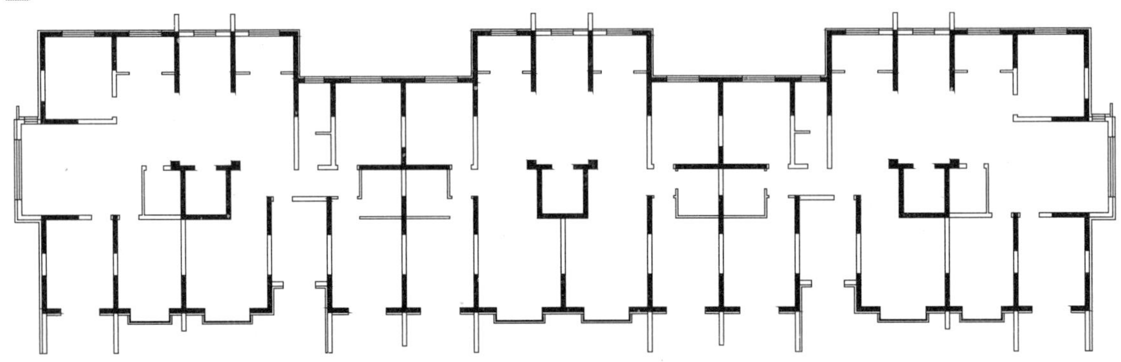

图12-25 移动复制飘窗图形

11 绘制阳台窗图形。执行L【直线】命令，绘制直线；执行O【偏移】命令、TR【修剪】命令，偏移并修剪线段，绘制窗图形的结果如图12-26所示。

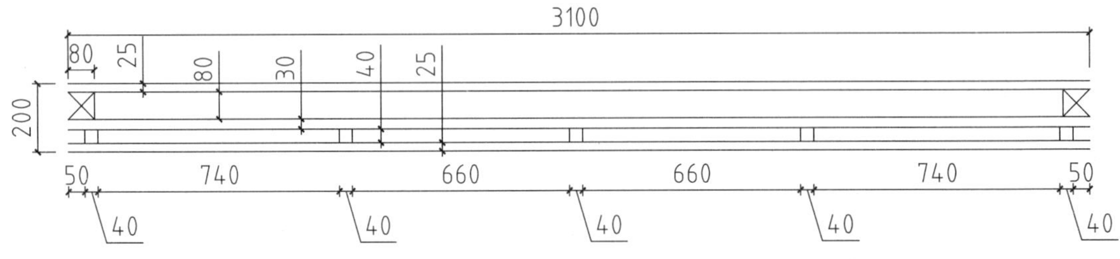

图12-26 绘制阳台窗图形

12 执行CO【复制】命令，移动复制阳台窗图形，并根据阳台的宽度相应地调整窗的宽度，绘制结果如图12-27所示。

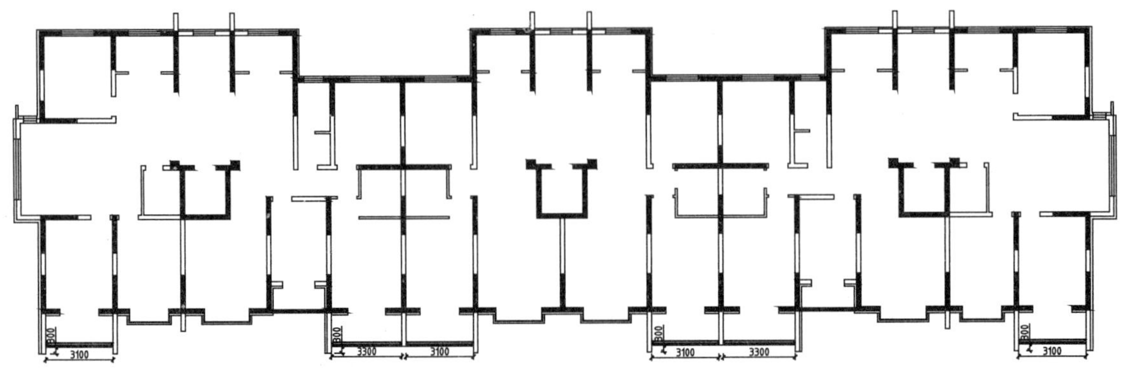

图12-27 移动复制阳台窗图形

13 绘制推拉门。执行REC【矩形】命令，绘制矩形以表示门扇；执行PL【多段线】命令，绘制起点宽度为20，端点宽度为0的方向箭头，结果如图12-28所示。

14 选择图形，执行B【创建块】命令，在【块定义】对话框中设置“名称”为“推拉门1”，如图12-29所示；单击“确定”按钮关闭对话框，即可完成图块的创建。

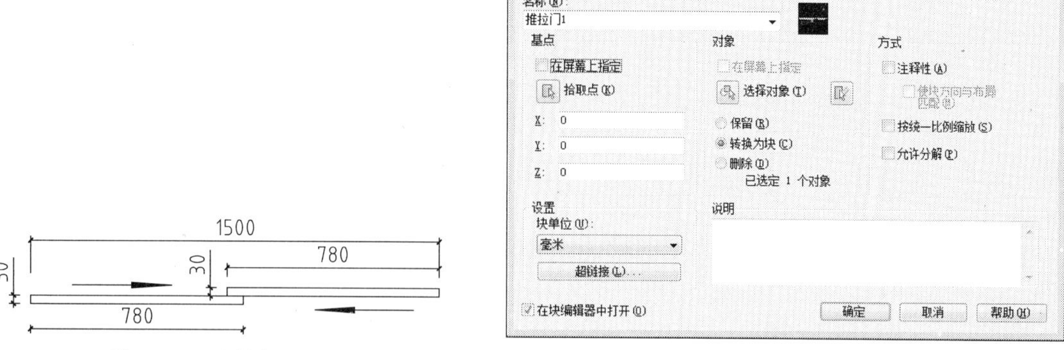

图12-28 绘制推拉门

图12-29 【块定义】对话框

15 重复上述操作，绘制、创建名称为“推拉门2”的图块，如图12-30所示。

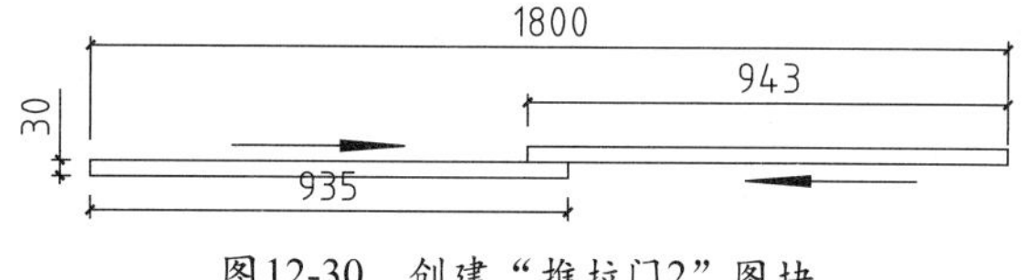

图12-30 创建“推拉门2”图块

16 执行I【插入】命令，在【插入】对话框中选择“推拉门1”、“推拉门2”图块，插入图块的结果如图12-31所示。

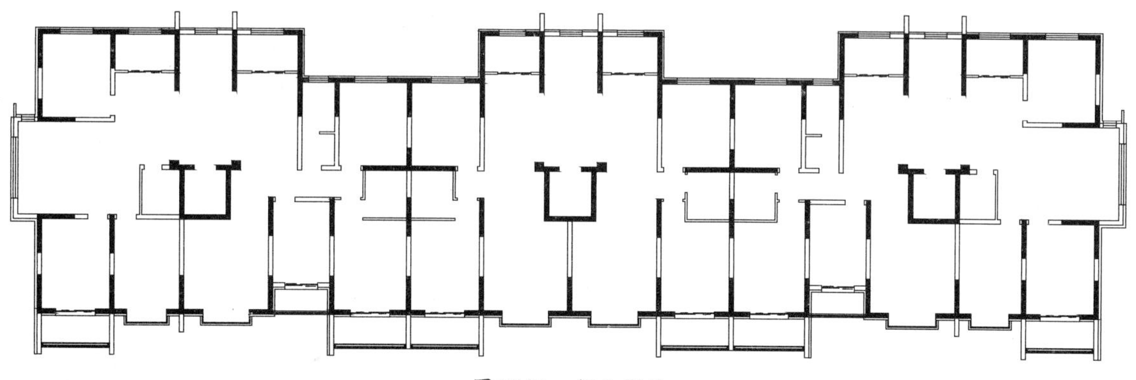

图12-31 插入图块

17 绘制平开门图形。执行REC【矩形】命令，分别绘制尺寸为900×45、800×45的矩形；执行A【圆弧】命令，绘制圆弧，结果如图12-32所示。

18 创建平开门图块。执行B【创建块】命令，选择宽度为900的门图形，将其命名为“门（900）”；选择宽度为800的门图形，将其命名为“门（800）”。

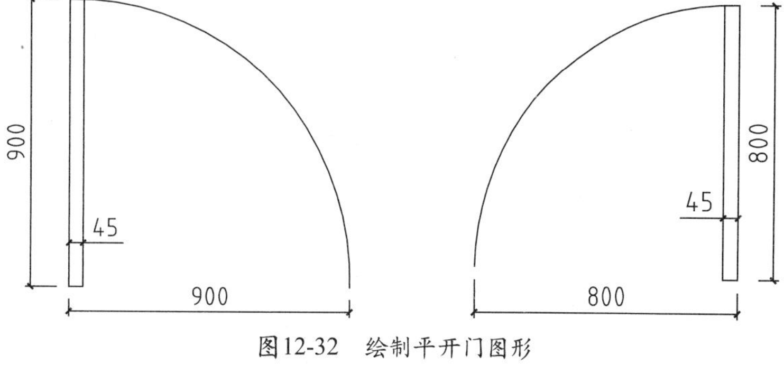

图12-32 绘制平开门图形

19 调入平开门图块。执行I【插入】命令，在【插入】对话框中选择“门（900）”图块、“门（800）”图块，分别将其调入平面图的结果如图12-33所示。

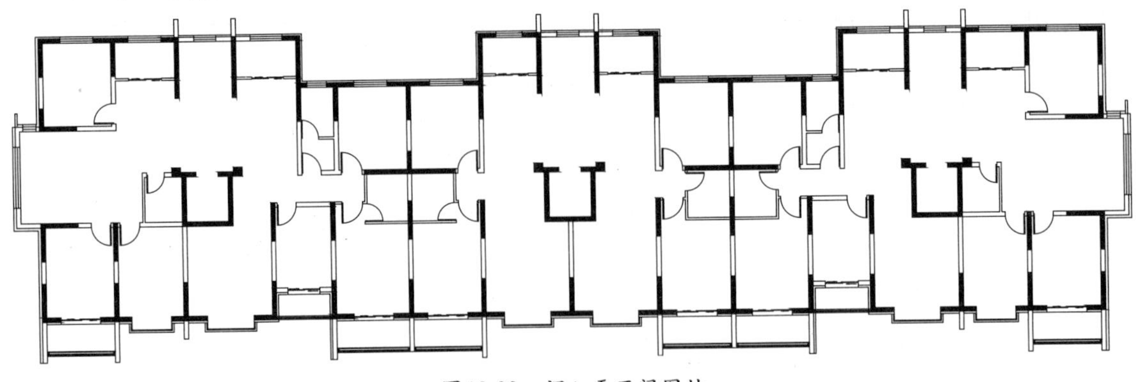

图12-33 调入平开门图块

12.2.5 绘制楼梯

楼梯是建筑物必不可少的建筑构件，承担了连接上下楼层的功能，在灾难时可作为疏散通道。电梯为高层建筑内的人们提供了极大的便利，但是楼梯也同样不能缺少。因为楼梯可以弥补电梯的不足，比如在停电、火灾等情况下，就需要使用到楼梯。

01 将“楼梯”图层置为当前图层。

02 绘制电梯。执行REC【矩形】命令，绘制尺寸为1400×1350的矩形表示电梯的箱体，绘制尺寸为500×33的矩形表示电梯门，绘制尺寸为950×150的矩形表示电梯构件；执行L【直线】命令，绘制直线，完成电梯图形的绘制，结果如图12-34所示。

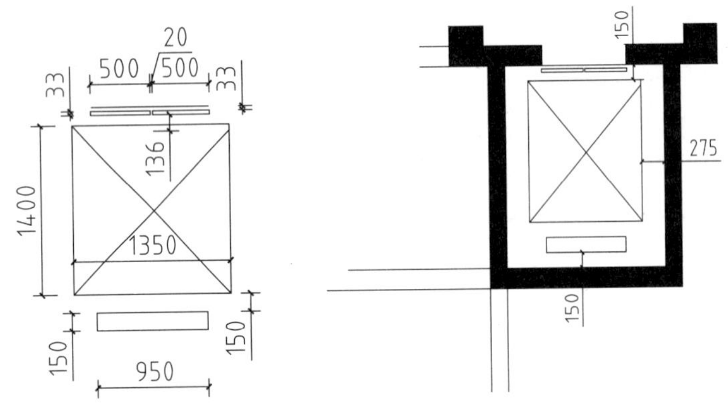

图12-34 绘制电梯

03 执行CO【复制】命令，移动复制电梯图形，结果如图12-35所示。

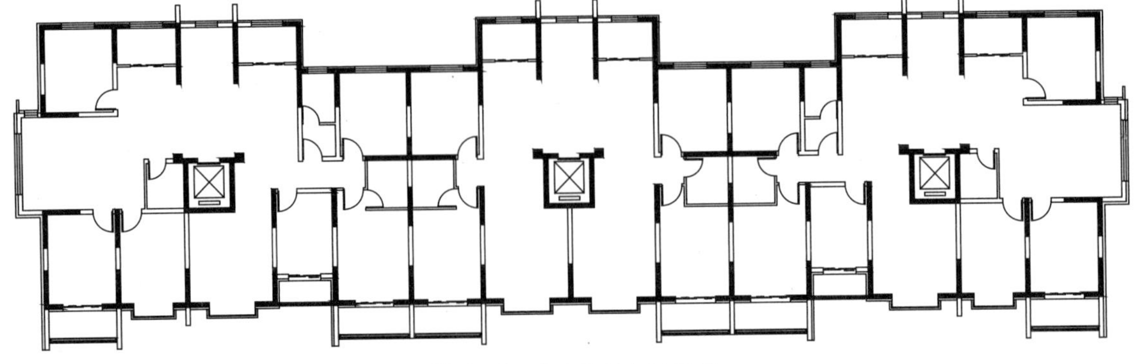

图12-35 移动复制电梯图形

04 绘制电梯间墙体。执行O【偏移】命令，偏移墙线；执行TR【修剪】命令，修剪墙线，完成电梯间墙体的绘制，结果如图12-36所示。

05 绘制门图形。执行REC【矩形】命令，绘制尺寸为1000×45的矩形；调用A【圆弧】命令，绘制圆弧，结果如图12-37所示。

06 创建门图块。调用B【创建块】命令，选择门图形，设置图块名称为“门（1000）”，将其创建成块。

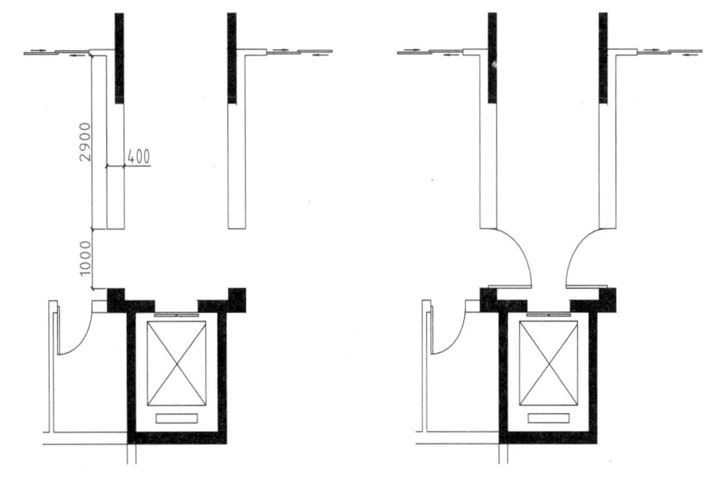

图12-36 绘制电梯间墙体　　图12-37 绘制门图形

07 重复调用O【偏移】命令、TR【修剪】命令，绘制电梯间墙体。

08 调用I【插入】命令，插入“门（1000）”图块，绘制结果如图12-38所示。

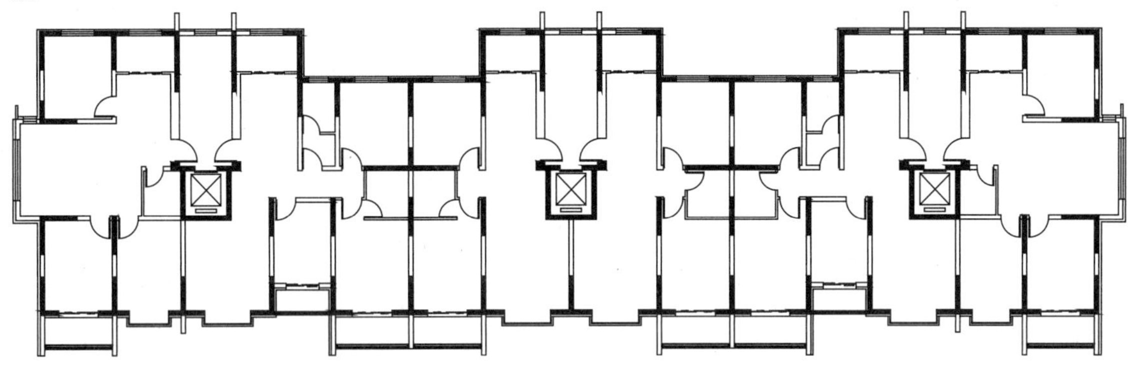

图12-38 绘制结果

09 绘制楼梯踏步。执行L【直线】命令，绘制楼梯轮廓线；单击“修改”工具栏上的“矩形阵列”按钮，选择楼梯轮廓线，设置列数为1，行数为9，行间距为-260，阵列复制的结果如图12-39所示。

10 绘制内扶手。执行REC【矩形】命令，绘制矩形；执行O【偏移】命令，设置偏移距离为60、向内偏移矩形，如图12-40所示。

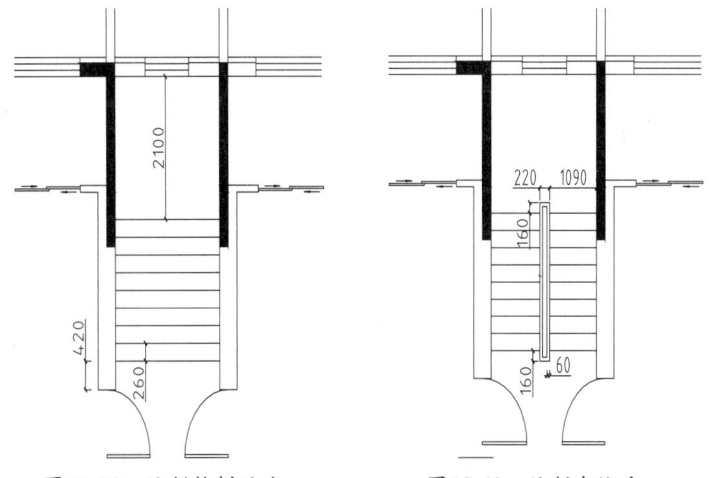

图12-39 绘制楼梯踏步　　图12-40 绘制内扶手

11 执行PL【多段线】命令，绘制剖断线；执行TR【修剪】命令，修剪图形，结果如图12-41所示。

12 执行PL【多段线】命令，绘制起点宽度为50，端点宽度为0的指示箭头；执行MT【多行文字】

命令，绘制文字标注，结果如图12-42所示。

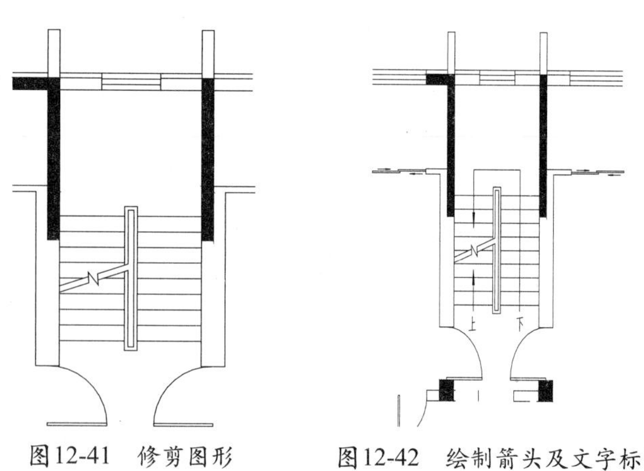

图12-41　修剪图形　　　图12-42　绘制箭头及文字标注

13 执行CO【复制】命令，移动复制楼梯图形，结果如图12-43所示。

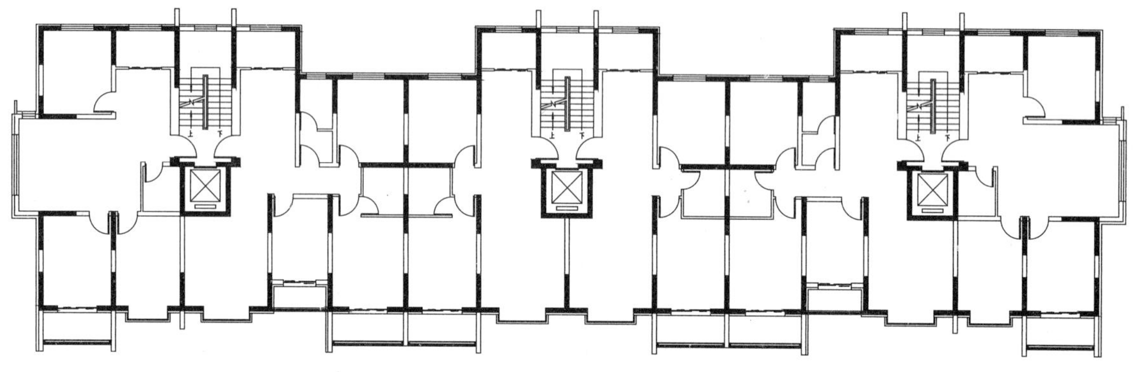

图12-43　移动复制楼梯图形

12.2.6　绘制其他图形

在对房屋进行设计时，厨房及卫生间的位置是固定的。固定的其中一个原因是为了方便排气道和排烟道的设置。排气道或者排烟道应在都应处于垂直方向的同一直线上（比如首层的排气道与屋面的排气道出口分别作为垂直直线的起点和端点），这样既利于维护，同时也利于废气的排放。

01 将“厨具洁具”图层置为当前图层。

02 绘制橱柜台面线。调用L【直线】命令，绘制直线，完成橱柜轮廓线的绘制，结果如图12-44所示。

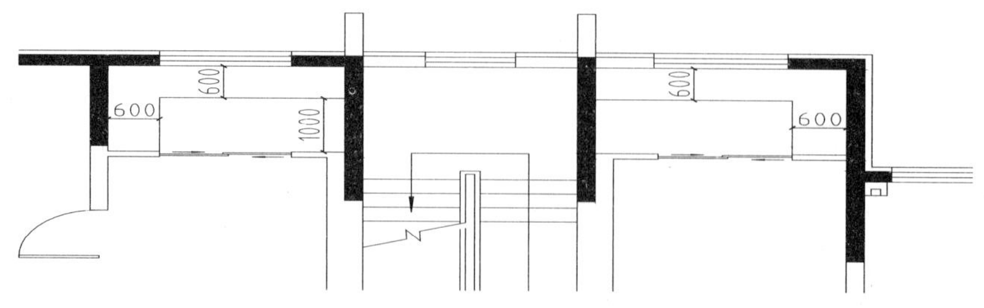

图12-44　绘制橱柜台面线

03 绘制洗手台台面线。调用L【直线】命令，绘制直线；调用REC【矩形】命令，绘制尺寸为900×550的矩形，结果如图12-45所示。

04 调入厨具、洁具图块。按下Ctrl+O快捷键，在配套光盘提供的“第12章/图例文件.dwg”文件中将厨具、洁具图形复制并粘贴至当前图形中，结果如图12-46所示。

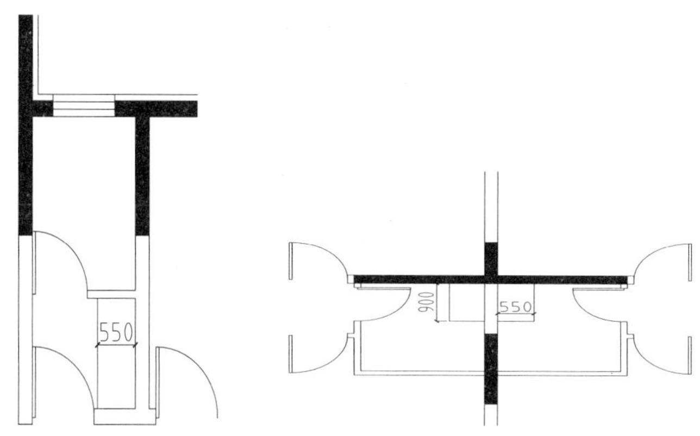

图12-45　绘制洗手台台面线

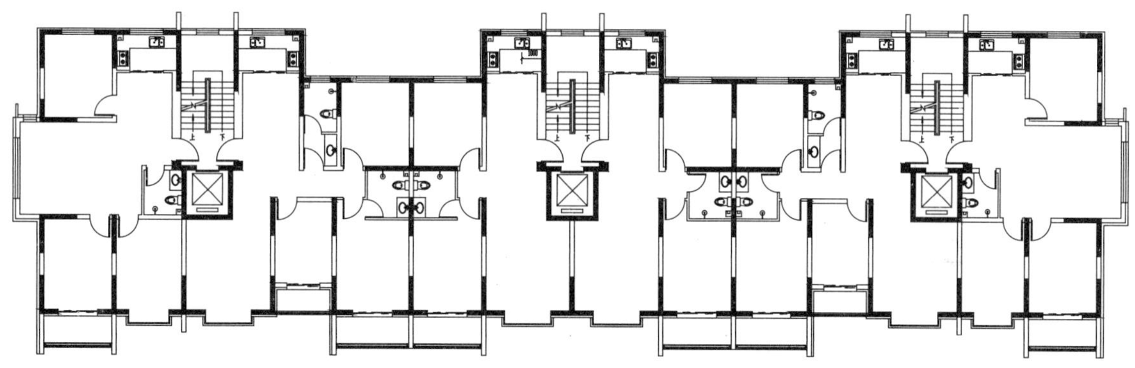

图12-46　调入厨具、洁具图块

05 将“家具”图层置为当前图层。

06 调入家具图块。按下Ctrl+O快捷键，在配套光盘提供的“第12章/图例文件.dwg”文件中将家具图形复制并粘贴至当前图形中，结果如图12-47所示。

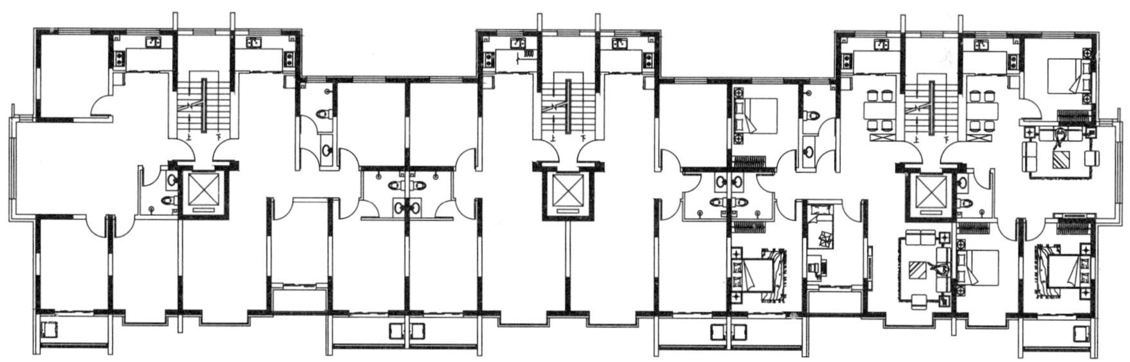

图12-47　调入家具图块

07 绘制卧室空调板。调用O【偏移】命令，选择保温层轮廓线往外偏移；调用TR【修剪】命令，修剪线段，结果如图12-48所示。

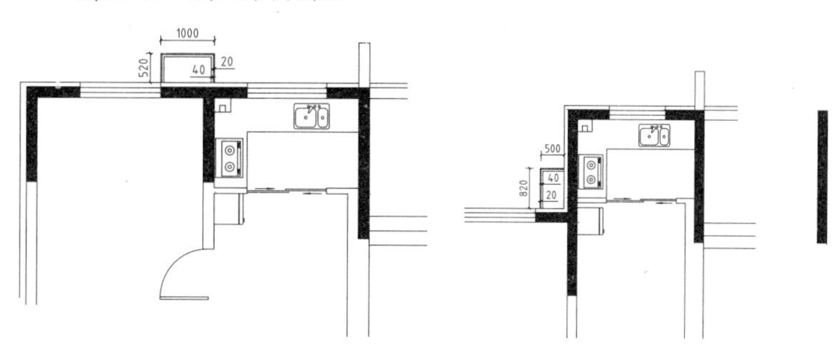

图12-48　绘制卧室空调板

08 绘制客厅、卧室空调板。调用L【直线】命令、PL【多段线】命令，绘制直线及多段线；调用O【偏移】命令，设置偏移距离为20、40，选择直线及多线线向内偏移，结果如图12-49所示。

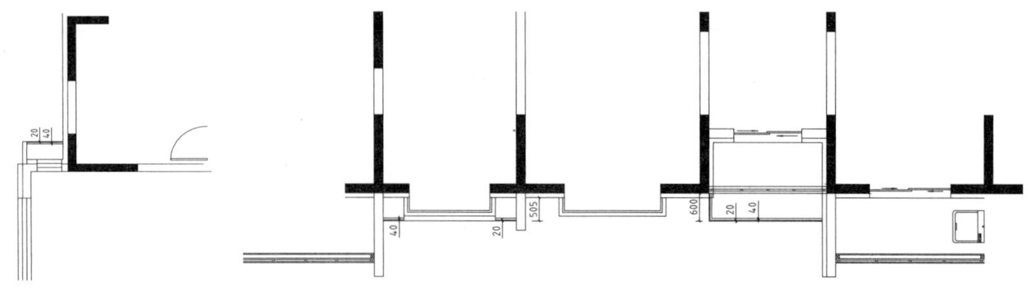

图12-49 绘制客厅、卧室空调板

09 调入图块。按下Ctrl+O快捷键，在配套光盘提供的“第12章/图例文件.dwg”文件中将空调、空调管、内护栏图形复制并粘贴至当前图形中，结果如图12-50所示。

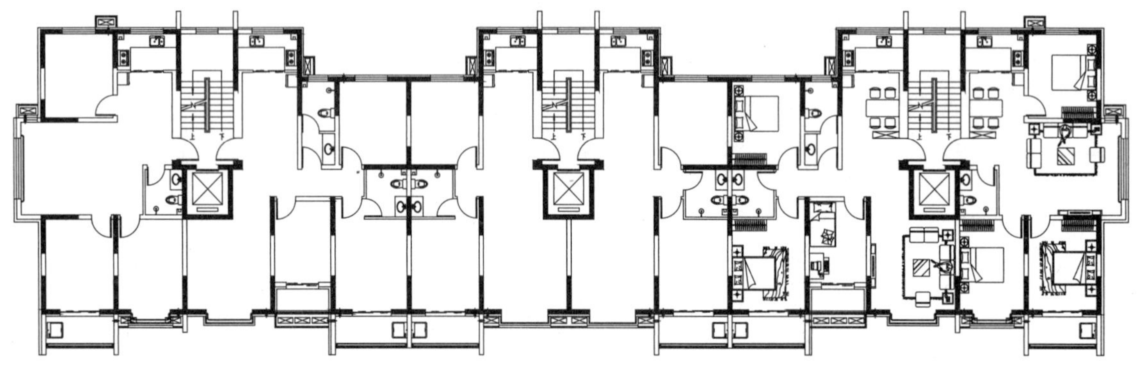

图12-50 调入图块

10 绘制落水管。调用C【圆形】命令，绘制半径为50的圆形表示落水管图形，结果如图12-51所示。

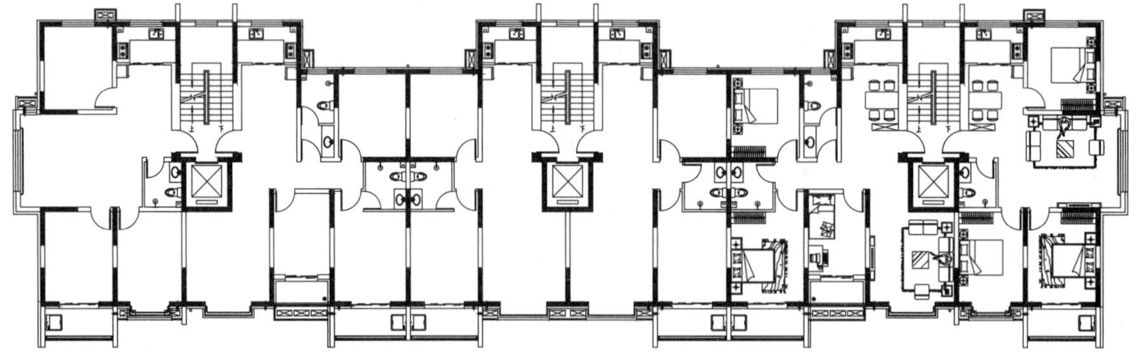

图12-51 绘制落水管

12.2.7 尺寸标注

尺寸标注是表示房屋的各部分尺寸，比如门窗尺寸、门窗距墙尺寸、墙体宽度尺寸、开间进深尺寸等。在绘制尺寸标注时，应先绘制最里面的尺寸标注，即门窗的细部尺寸标注，再绘制中间层的尺寸标注，以及最外围的尺寸标注。

01 将“尺寸标注”图层置为当前图层。

02 将“轴线”图层开启。

03 绘制第一道尺寸标注。调用DLI【线性标注】命令、DCO【连续标注】命令，绘制细部尺寸，表示门窗洞口和窗间墙等水平、垂直方向的定形及定位尺寸，结果如图12-52所示。

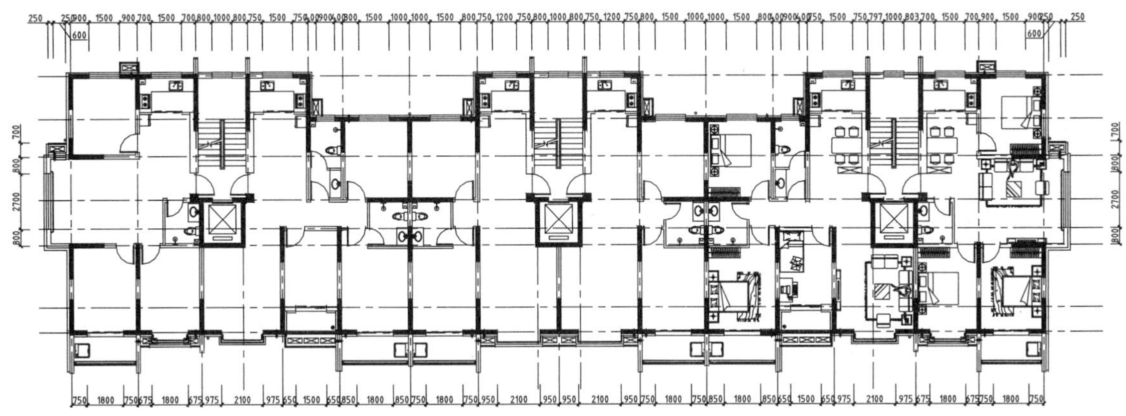

图12-52　绘制第一道尺寸标注

04 绘制第二道尺寸。调用DLI【线性标注】命令，绘制轴线间的尺寸，表示各房间的开间和进深的大小，结果如图12-53所示。

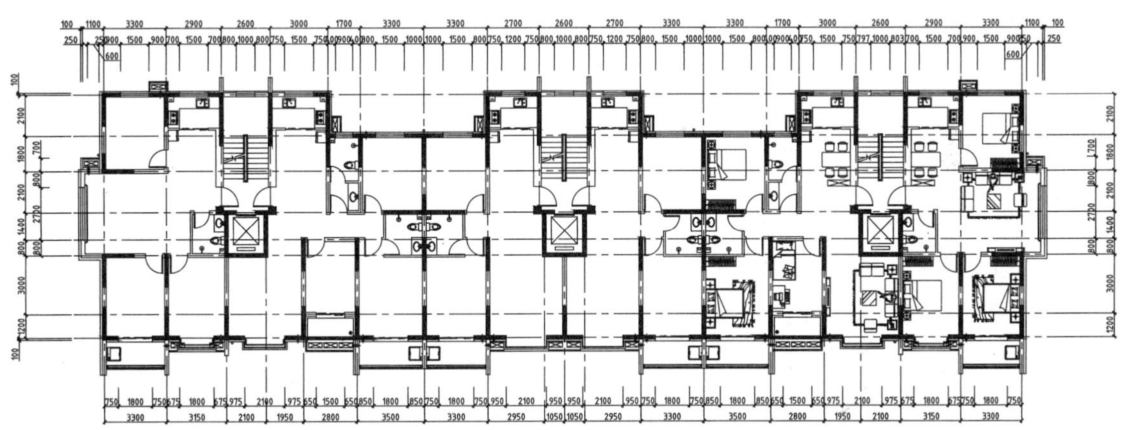

图12-53　绘制第二道尺寸

05 绘制第三道尺寸。调用DLI【线性标注】命令，绘制外包尺寸，表示房屋外轮廓的总尺寸，结果如图12-54所示。

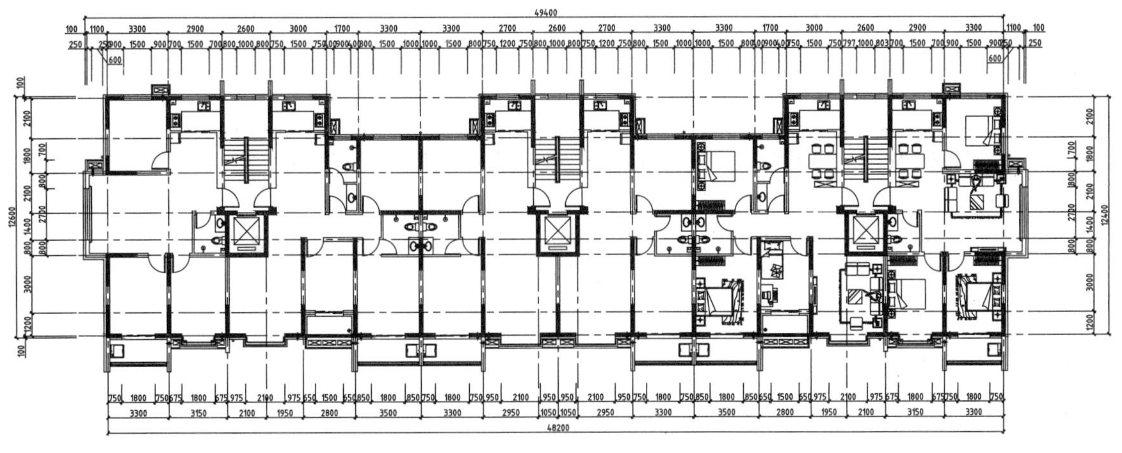

图12-54　绘制第三道尺寸

12.2.8　添加轴号

轴号用来标注轴线，以区分同一方向上的轴线或不同方向上的轴线。首先调用圆命令，绘制圆圈；再调用“多行文字”命令，在圆圈内绘制轴号标注。

01 绘制轴号引线。调用L【直线】命令，以左下角的轴线端点为起点绘制一条垂直直线，如图12-55所示。

02 绘制轴号。调用C【圆形】命令，绘制半径为400的圆形；调用M【移动】命令，移动圆形，使圆形上方的象限点与直线的端点重合。

03 绘制轴号标注。调用MT【多行文字】命令，设置文字的高度为450，输入文字1（在【文字格式】对话框中选择轴号的字体为complex），结果如图12-56所示。

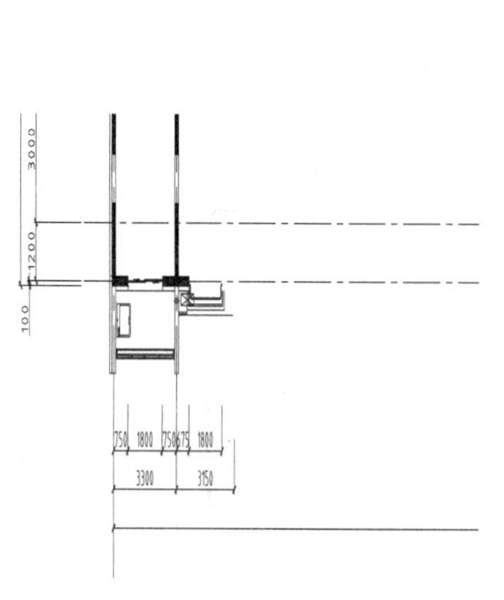

图12-55 绘制轴号引线

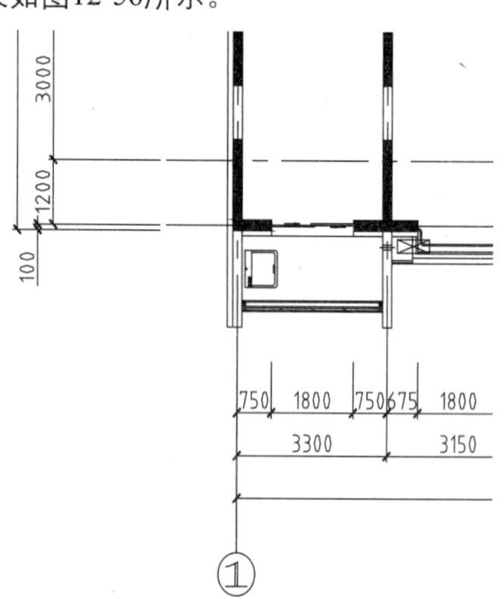

图12-56 绘制轴号标注

04 调用CO【复制】命令，选择轴号引线及轴号，将其移动并复制到其他相应的位置上，使图形的上下、左右均有轴号引线及轴号。

05 双击轴号内文字，更改其文字内容，操作结果如图12-57所示。

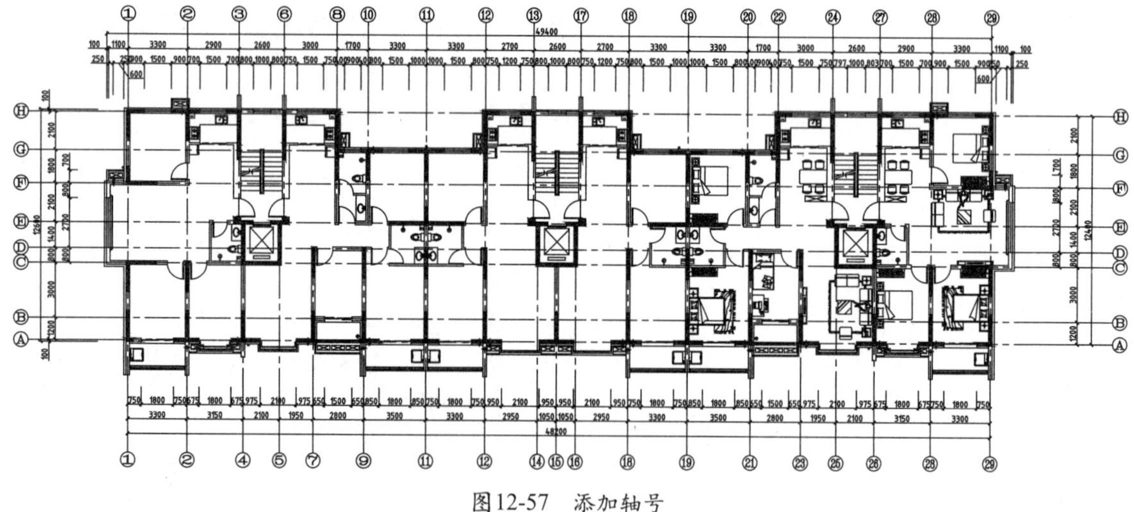

图12-57 添加轴号

12.2.9 文字标注

文字标注可以辅助尺寸标注来对平面图进行识别，绘制各房间的名称标注，可以了解各房间之间的关系（比如卧室的左边是什么区域）。

图名标注表示该平面图所表示的区域，由图名标注及比例标注组成。

01 将“文字标注”图层置为当前图层。

02 调用MT【多行文字】命令，绘制各房间的名称标注，结果如图12-58所示。

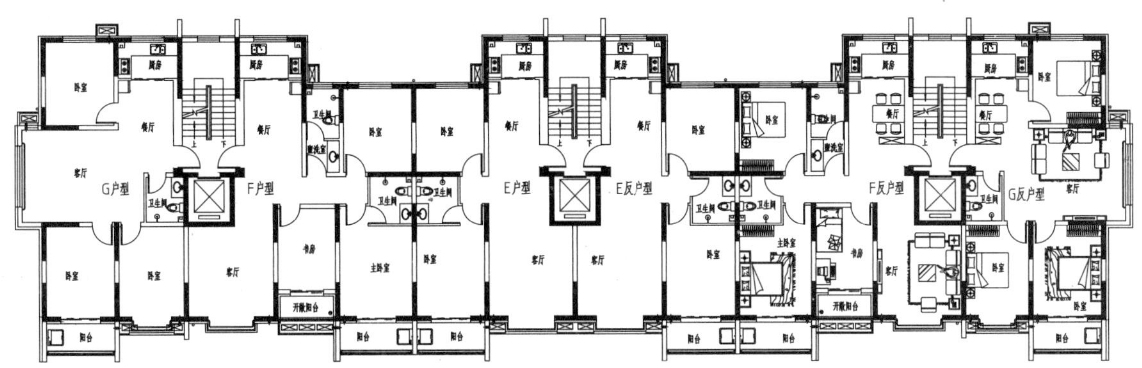

图12-58　绘制各房间的名称标注

03 绘制图名标注。调用MT【多行文字】命令，绘制图名及比例标注。

04 绘制下划线。调用PL【多段线】命令，绘制起点宽度、端点宽度分别为100、0的多段线，结果如图12-59所示。

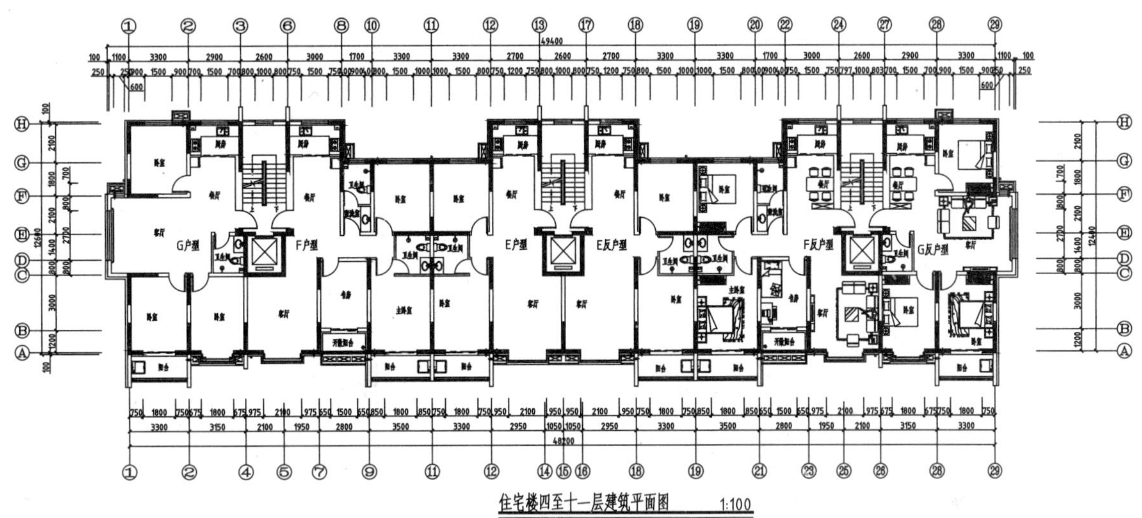

图12-59　绘制图名标注

12.3 绘制屋顶平面图

屋顶平面图表示房屋顶面的制作，比如各区域顶面的构造，以及各顶面之间的关系，排气道出口的安装位置、机房在顶面的位置，以及机房附属设施的尺寸、安装位置等。

本节介绍住宅楼屋顶平面图的绘制步骤。

12.3.1 整理图形

屋顶平面图可在中间层平面图的基础上绘制。复制一份中间层平面图的副本，删除多余的图形，即可开始绘制屋顶各构件图形。

01 调用CO【复制】命令，选择四至十一层建筑平面图，将其移动复制到空白处。

02 执行E【删除】命令、TR【修剪】命令，对图形执行删除及修剪操作，保留内墙线、楼梯间、电梯间墙体等图形，结果如图12-60所示。

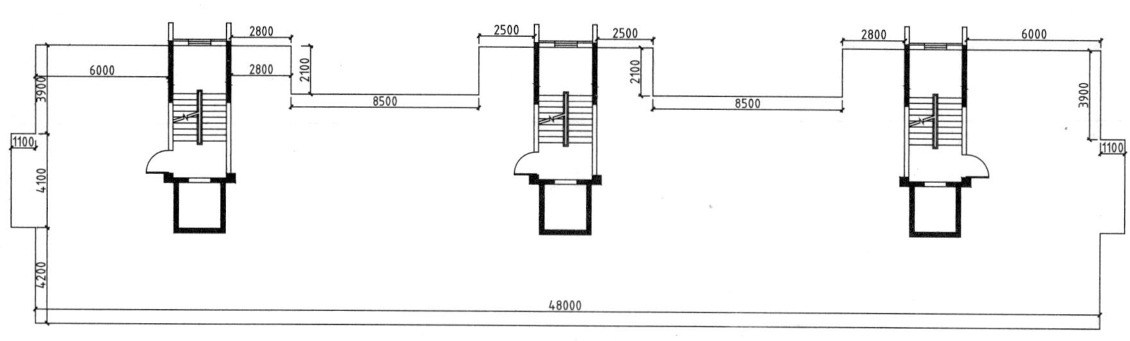

图12-60 编辑图形的结果

03 修改楼梯样式。调用EX【延伸】命令，延伸扶手轮廓线；调用TR【修剪】命令，修剪轮廓线，将楼梯样式更改为顶层样式的结果如图12-61所示。

04 调用PL【多段线】命令，设置多段线的起点宽度为60，端点宽度为0，绘制下楼方向的指示箭头；调用MT【多行文字】命令，绘制文字标注，结果如图12-62所示。

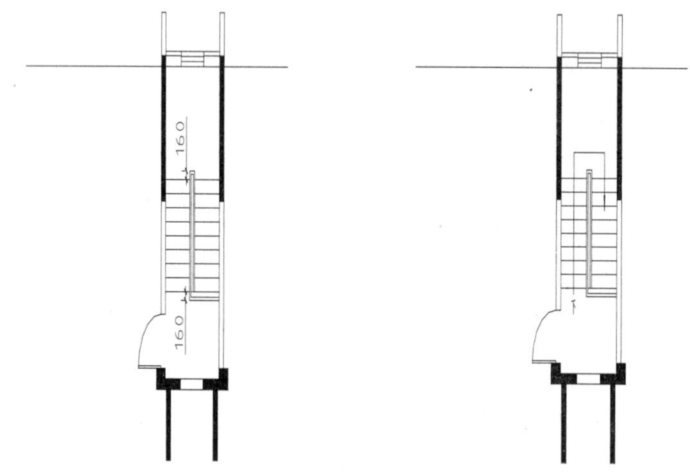

图12-61 修改楼梯样式　　图12-62 绘制箭头及文字标注

05 重复上述操作，更改楼梯样式的操作结果如图12-63所示。

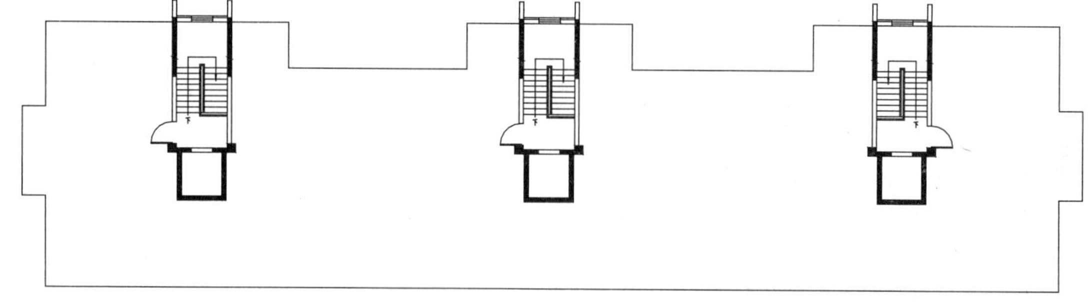

图12-63 更改样式的结果

06 绘制电梯机房门洞。调用E【删除】命令，删除电梯间墙体的填充图案；调用L【直线】命令、O【偏移】命令，绘制门洞线；调用TR【修剪】命令，修剪墙线即可完成门洞的绘制。

07 调用H【图案填充】命令，在【图案填充和渐变色】对话框中选择SOLID图案，对电梯间墙体执行图案填充操作，结果如图12-64所示。

08 调入图块。调用I【插入】命令，在【插入】对话框中选择“门（1000）”图块，将其插入至当前图形中，结果如图12-65所示。

09 重复上述操作，编辑电梯间墙体的结果如图12-66所示。

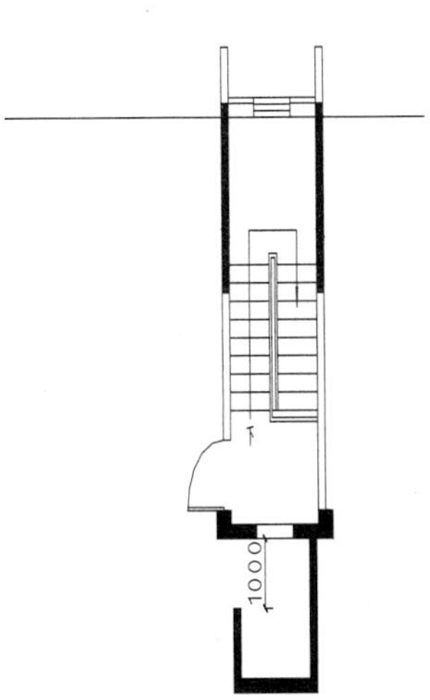

图12-64 绘制门洞 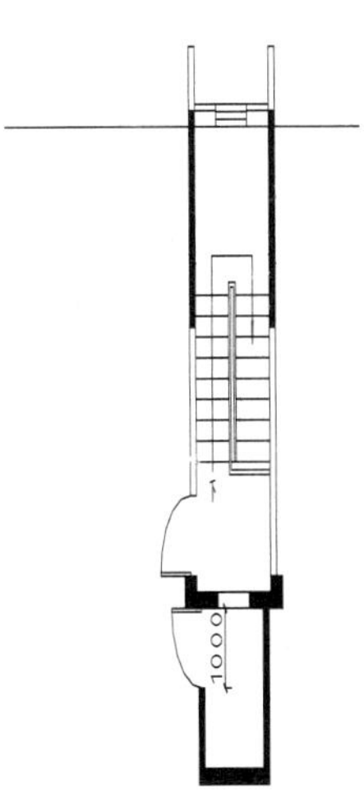　　图12-65 调入门图块

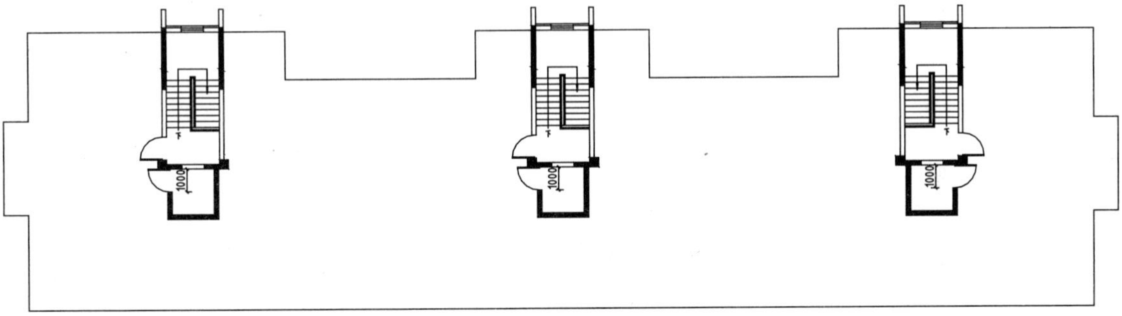

图12-66 编辑电梯间墙体的结果

12.3.2 绘制外部轮廓线

外部轮廓线有助于划定指定区域的屋顶范围，在划定区域后，即可在指定的区域内布置顶面构件、绘制坡度标注、标高标注等。

01 绘制屋顶轮廓线。执行O【偏移】命令，分别设置偏移距离为80、120，选择内墙线往外偏移；执行F【圆角】命令，设置圆角半径为0，对线段执行【圆角】操作，结果如图12-67所示。

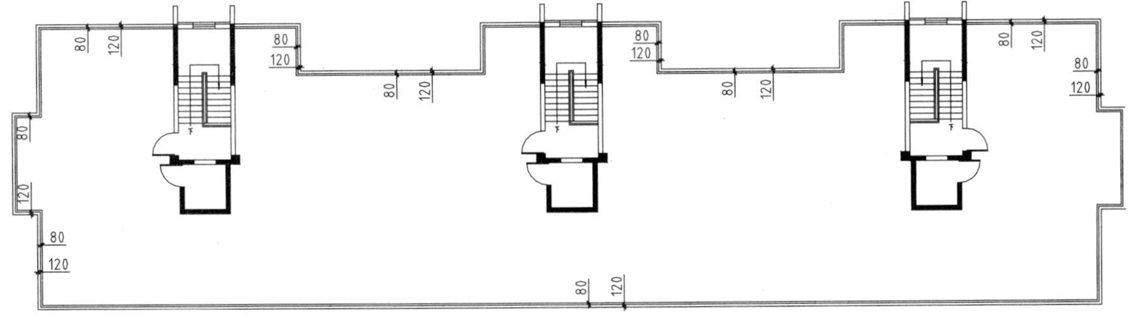

图12-67 绘制屋顶轮廓线

02 绘制露台墙线。调用PL【多段线】命令，绘制多段线；调用O【偏移】命令，选择多段线向内偏移，结果如图12-68所示。

03 调用MI【镜像】命令，选择上一步骤所绘制的露台墙线图形，分别指定A点、B点为镜像线的第一点和第二点，在命令行提示“要删除源对象吗？[是(Y)/否(N)] <N>: ”时，输入N，镜像复制的结果如图12-69所示。

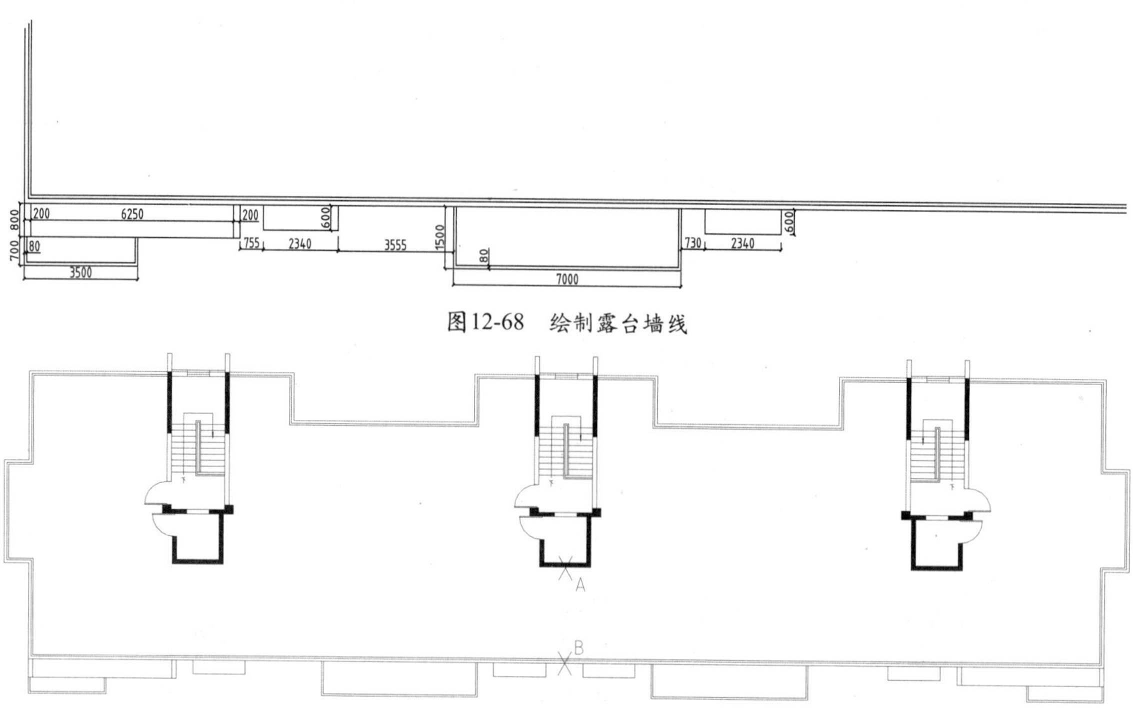

图12-68 绘制露台墙线

图12-69 镜像复制的结果

04 绘制电梯间、楼梯间保温层。调用O【偏移】命令、F【圆角】命令，设置偏移距离为80，选择外墙线往外偏移，并设置圆角半径为0，对偏移得到的墙线执行【圆角】处理，绘制保温层的结果如图12-70所示。

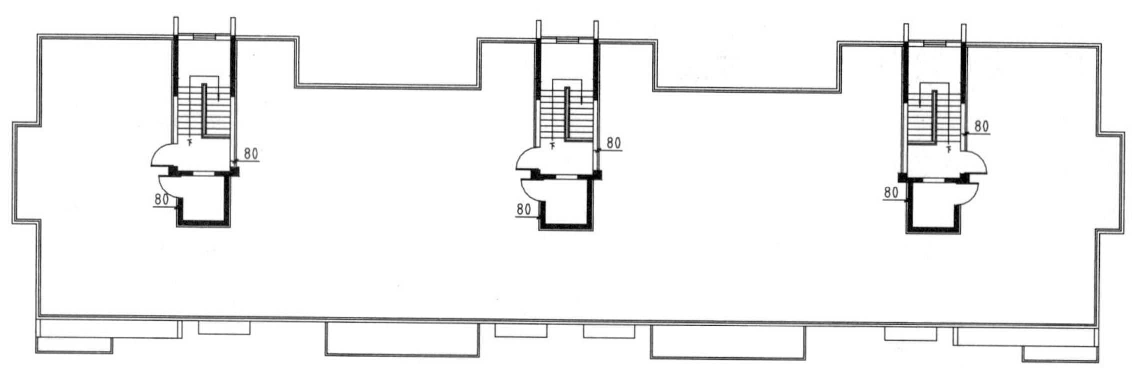

图12-70 绘制保温层

12.3.3 绘制屋顶线条

在顶面构件之间绘制线条，可以表示构件的连接关系，也可从连接关系中查看屋顶的基本制作样式。

01 调入屋顶构件图块。按下Ctrl+O快捷键，在配套光盘提供的“第12章/图例文件.dwg”文件中将屋顶构件图块复制并粘贴至当前图形中，结果如图12-71所示。

02 调用L【直线】命令，绘制屋顶线条，结果如图12-72所示。

03 绘制屋面过水孔。调用REC【矩形】命令，绘制尺寸为419×150的矩形，以表示屋面过水孔图形。

04 绘制露台屋面线条。调用L【直线】命令，绘制过水孔图形与露台墙线的连线，结果如图12-73所示。

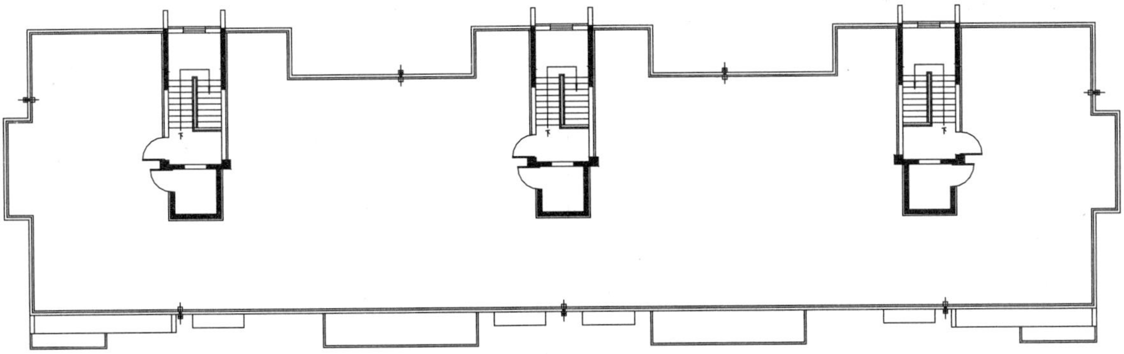

图12-71 调入屋顶构件图块

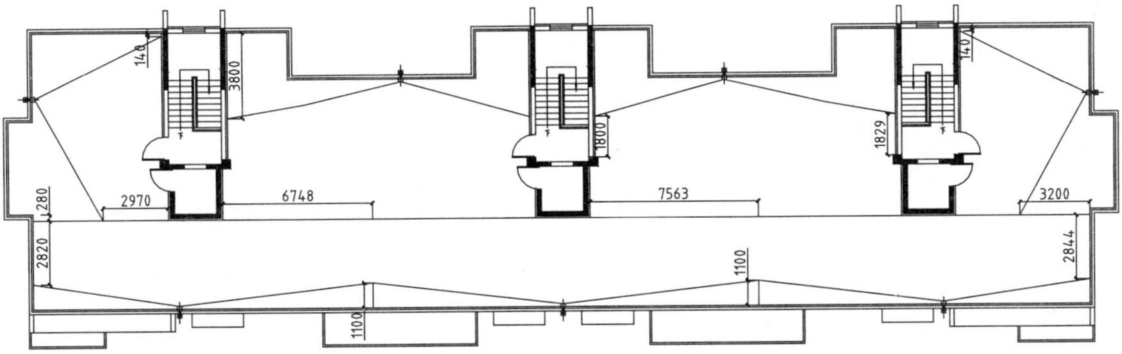

图12-72 绘制屋顶线条

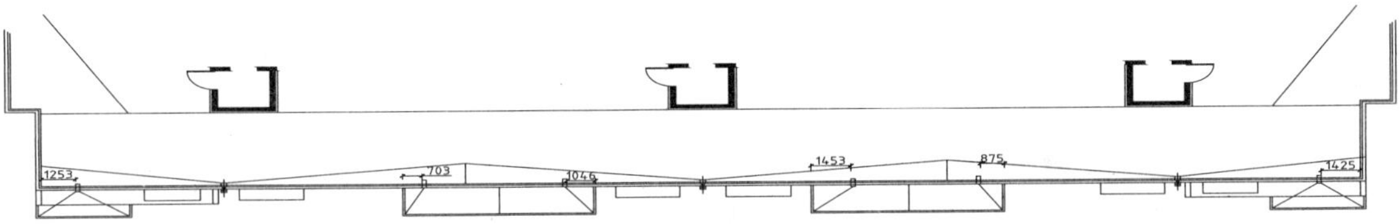

图12-73 绘制结果

12.3.4 绘制屋面其他图形

屋面的其他图形包括台阶、上人梯、排气道图形等，这些图形应该在顶面进行表达，以表示其与顶面之间的关系。

01 绘制楼梯间入口处台阶。调用REC【矩形】命令，绘制尺寸为1200×280的矩形以表示台阶图形，结果如图12-74所示。

02 绘制屋面上人梯。调用PL【多段线】命令，绘制上人梯外轮廓线；调用O【偏移】命令，设置偏移距离为50，选择轮廓线向内偏移，完成梯子的绘制，结果如图12-75所示。

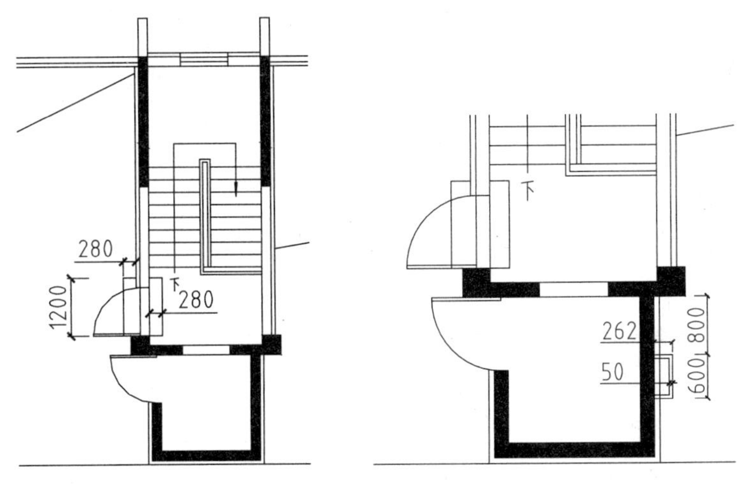

图12-74 绘制楼梯间入口处台阶　　图12-75 绘制屋面上人梯

03 调用CO【复制】命令，移动复制台阶、上人梯至图形的其他位置，结果如图12-76所示。

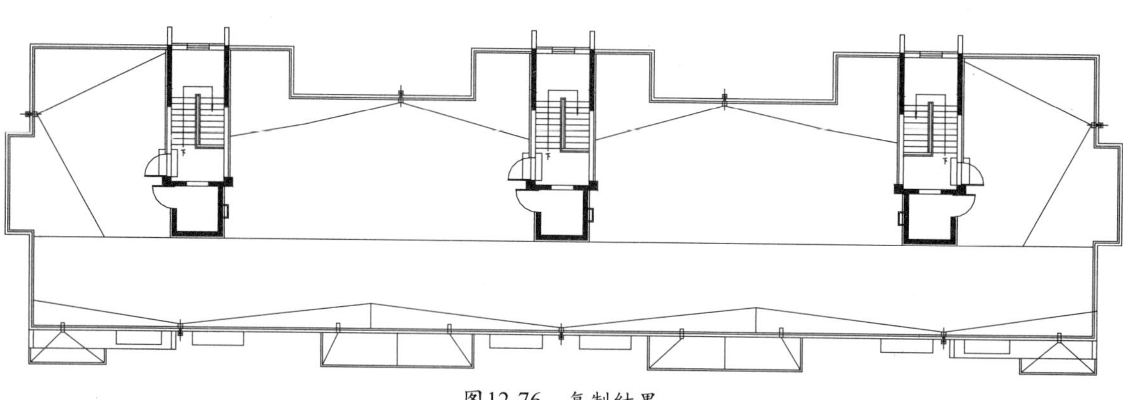

图12-76　复制结果

04 调入排气道图块。按下Ctrl+O快捷键，在配套光盘提供的“第12章/图例文件.dwg”文件中将屋面排气道图块复制并粘贴至当前图形中，结果如图12-77所示。

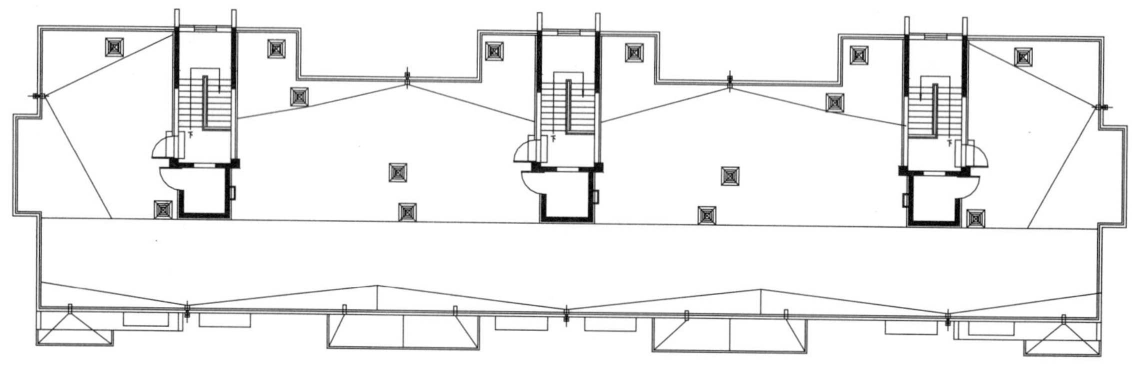

图12-77　调入排气道图块

12.3.5　绘制标注

屋面平面图中最主要的表示是坡度标注及标高标注，这两类标注分别表示了斜屋面的倾斜度，以及屋面与地面之间的距离。另外，引出标注标示了屋面构件的名称，以帮助识别构件的种类。

01 绘制引出标注。调用MLD【多重引线】命令，绘制坡度标注及屋面构件的文字标注，结果如图12-78所示。

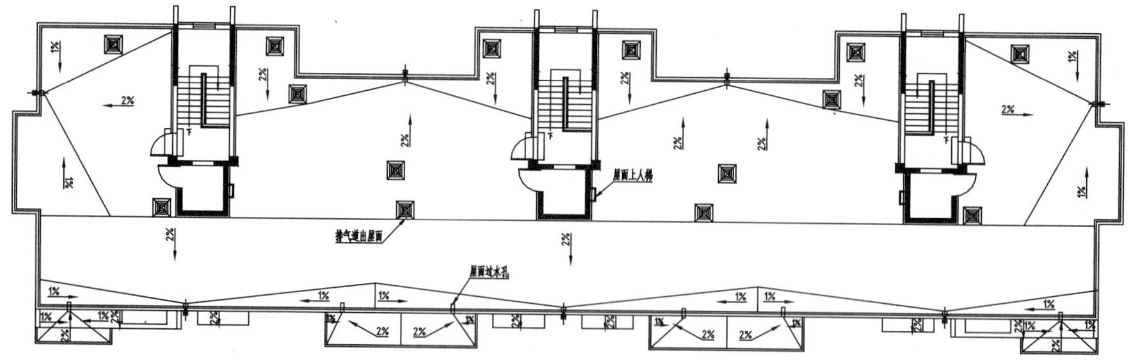

图12-78　绘制引出标注

02 绘制标高、结构标高图形。调用L【直线】命令，绘制标高图形的结果如图12-79所示。

03 执行“绘图”|“块”|“定义属性”命令，在弹出的【属性定义】对话框中分别设置标高及结构标高的属性参数，结果如图12-80所示。

04 单击“确定”按钮关闭对话框，将属性文字置于标高图形之上或之下，结果如图12-81所示。

05 调用B【创建块】命令，分别选择标高、结构标高图形，在【块定义】对话框中设置图块的名称分别为“标高”、“结构标高”，如图12-82所示。

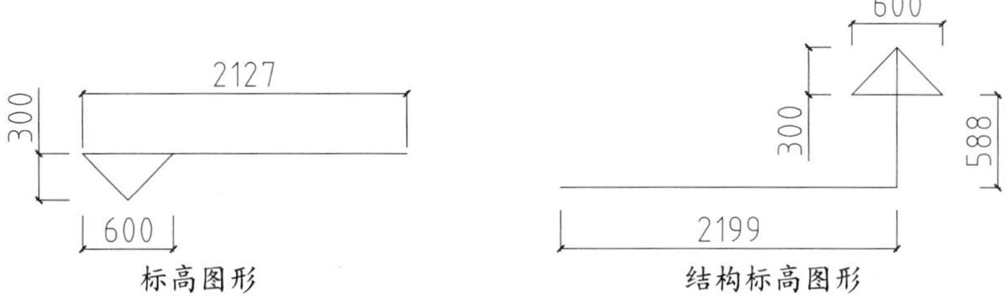

图12-79 绘制图形

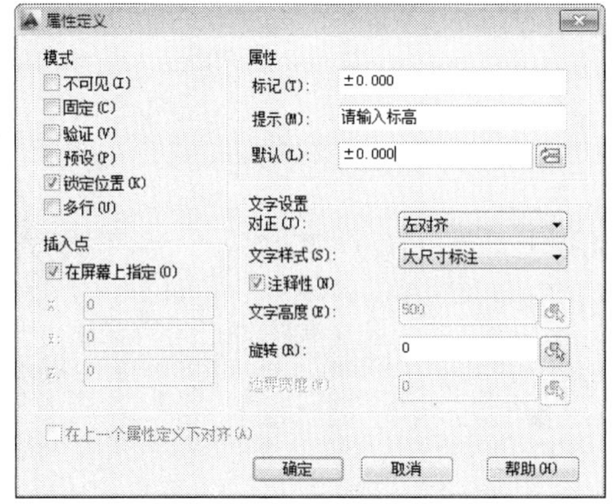

设置“标高”属性文字

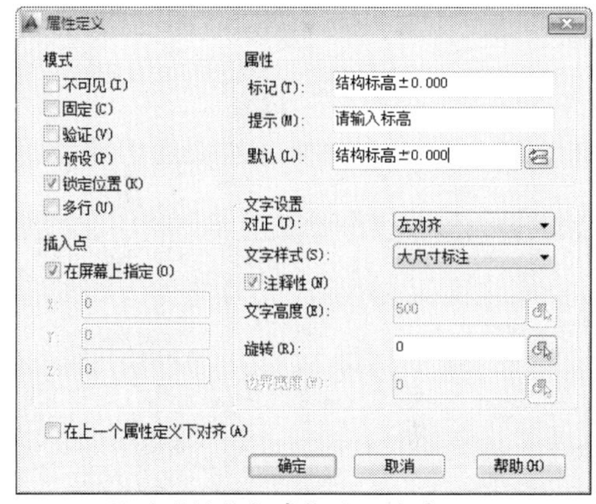

设置“结构标高”属性文字

图12-80 【属性定义】对话框

图12-81 创建属性文字

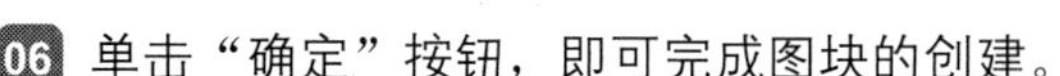

图12-82 【块定义】对话框

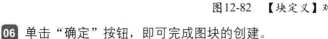

06 单击“确定”按钮，即可完成图块的创建。

07 调入标高图块。调用I【插入】命令，在【插入】对话框中选择标高、结构标高图块，单击“确定”按钮，即可将图块调入至当前图形中。

08 双击图块，在弹出的【增强属性编辑器】对话框中更改标高参数，绘制标高标注的结果如图12-83所示。

09 编辑尺寸标注。调用E【删除】命令，在四至十一层平面图尺寸标注的基础上删除第一道尺寸标注，即门窗洞口的细部尺寸，结果如图12-84所示。

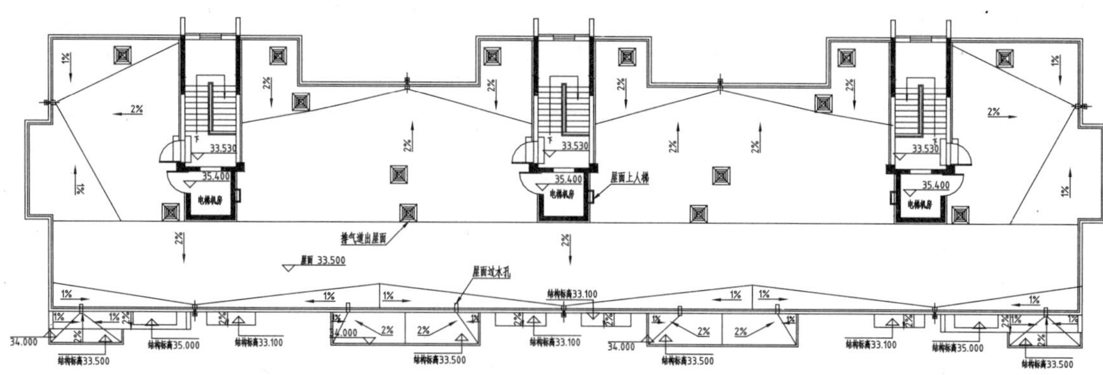

图12-83　绘制标高标注

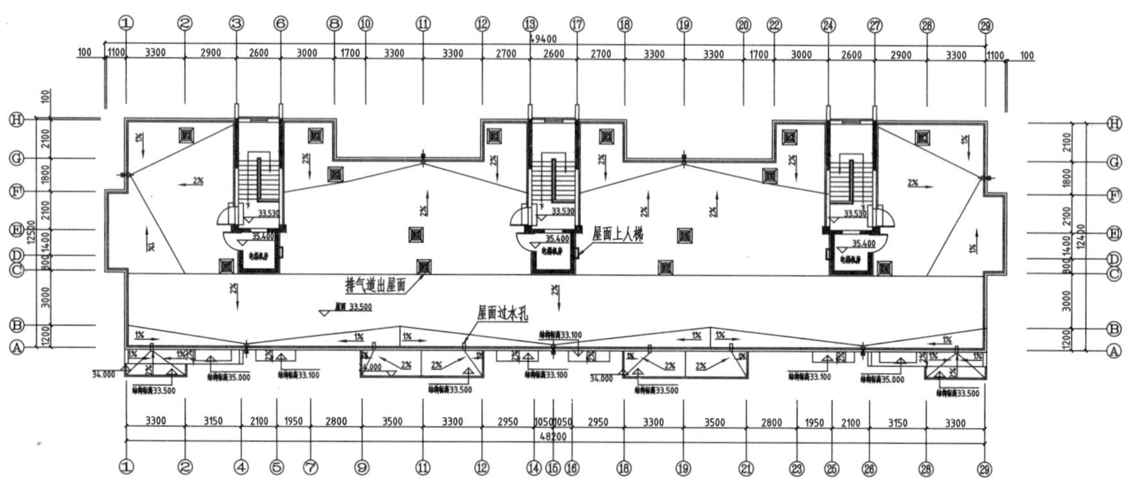

图12-84　编辑尺寸标注

10 绘制图名标注。调用MT【多行文字】命令，绘制图名、比例标注；调用PL【多段线】命令，绘制下划线。

11 绘制注意事项的文字标注。调用MT【多行文字】命令，在图名标注下划线的下方绘制文字标注，如图12-85所示。

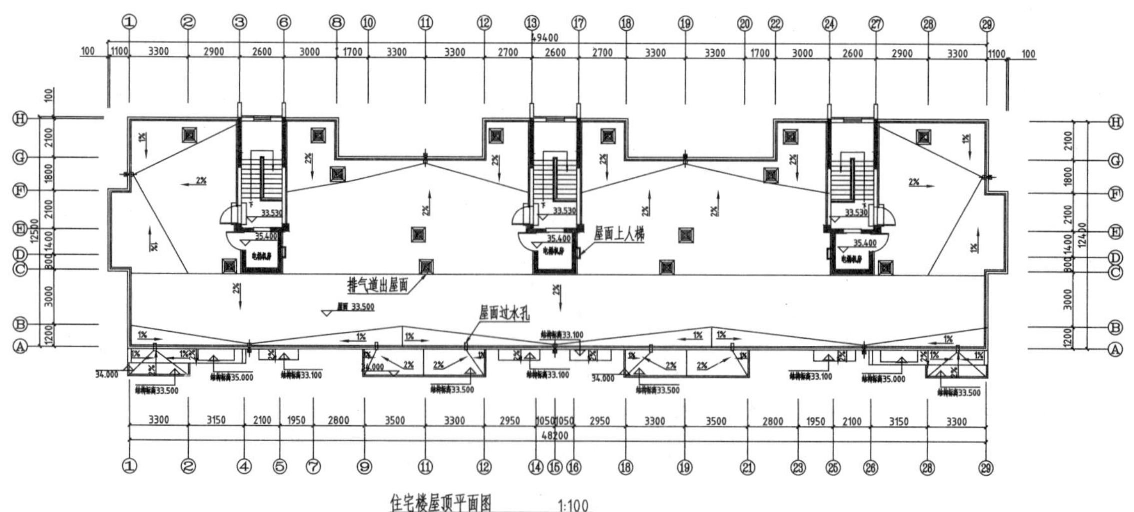

住宅楼屋顶平面图 1:100
注:
1、高低跨有组织排水屋面，落水管处下方均加40厚C20细石混凝土抗冲层。
2、出屋面门口做法参见05J5-1-23-1，门口台阶宽250，长为门洞口两侧各出250或至墙边。
3、本图墙体除注明外,内外墙厚均为200厚轴线居中。

图12-85　绘制图名标注

12.4 其他层平面图

在本节中附上其余的楼层平面图，以供读者参考学习。

图12-86所示为住宅楼负二层平面图的绘制结果。

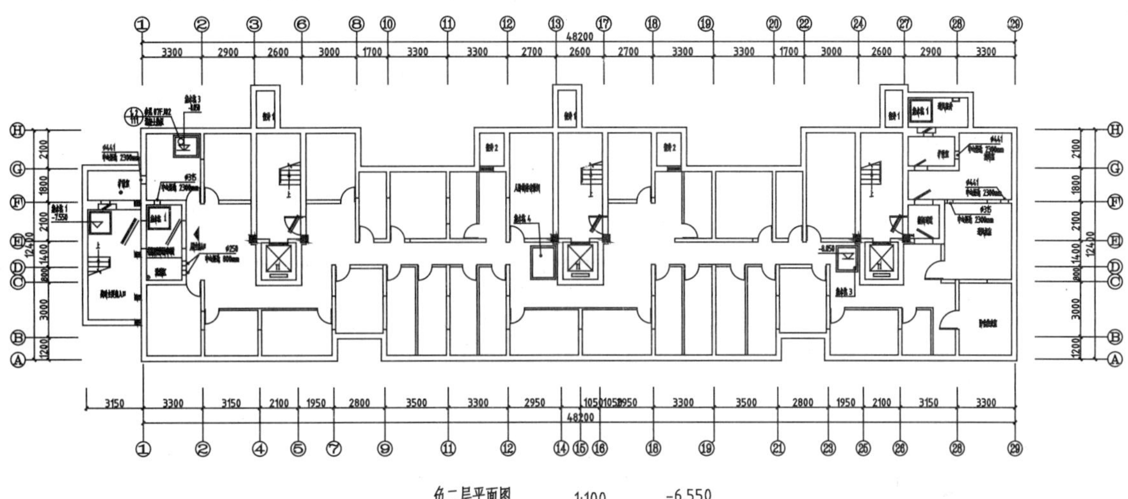

图12-86 负二层平面图

图12-87所示为住宅楼首层平面图的绘制结果。

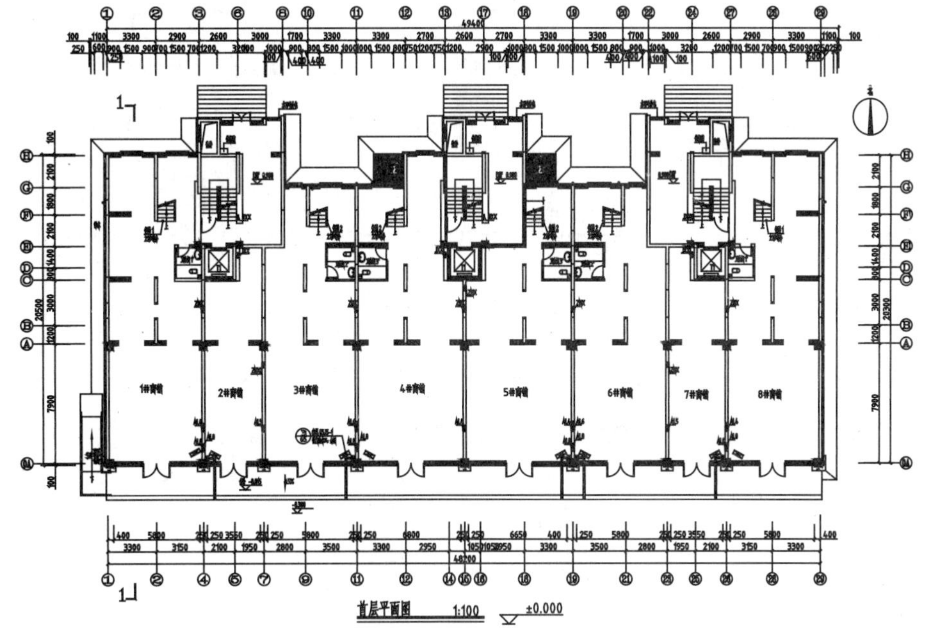

图12-87 首层平面图

图12-88所示为住宅楼二层平面图的绘制结果。

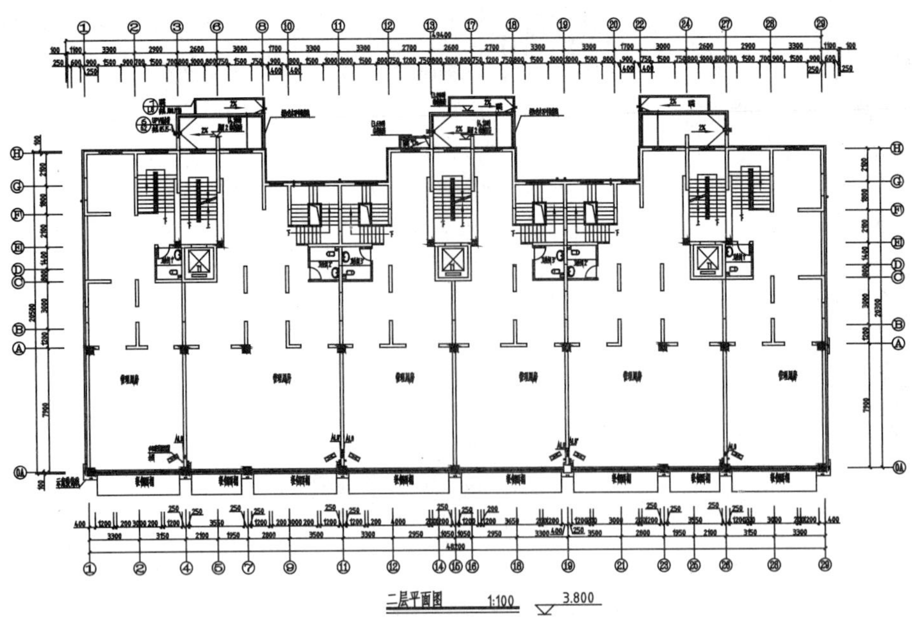

图12-88 二层平面图

图12-89所示为住宅楼三层平面图的绘制结果。

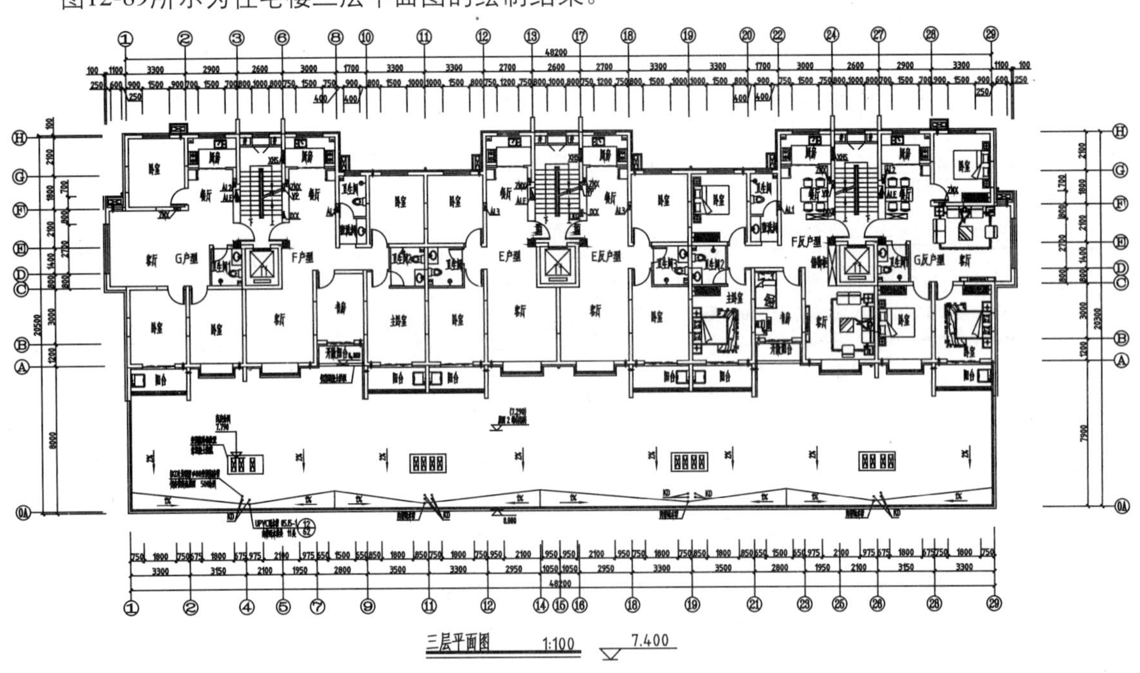

图12-89 三层平面图

第13章 绘制建筑立面图

建筑立面图就是对房屋建筑各个侧面进行正投影所得到的投影图，简称立面图。

13.1 建筑立面图绘制概述

本节介绍建筑立面图的基础知识，比如包含的内容、命名的方式，以及绘制要求、绘制方法。

13.1.1 建筑立面图的命名和内容

建筑物有多个不同的侧面，其命名的方式如下所述。

（1）反映建筑物主要外貌特征，比如主要出入口的立面，可以称为正立面图，其他的立面图可称为背立面图、侧立面图。

（2）包含定位轴线的建筑物，可以根据两端定位轴线号来编注立面图的名称，比如①~⑩立面图、⑩~①立面图。

（3）按照建筑物各个侧面的朝向确定名称，比如南立面图、北立面图、东立面图和西立面图。

建筑立面图是说明房屋建筑外形的图纸，建筑外形是否美观大多数取决于立面图设计时的艺术效果的处理，在施工过程中用于房屋建筑的立面装修，以及进行工程预算。

建筑立面图所包含的内容如下。

（1）房屋建筑立面图上各个部位的标高及层数，比如窗台、窗上檐、檐口、室内首层地面，以及室外地坪等的标高。

（2）建筑物立面上的门窗的样式、位置、尺寸等。

（3）建筑立面上其他构件的做法，比如雨篷、台阶、阳台、雨水管、勒脚等。

（4）建筑外墙面的装饰做法。

13.1.2 建筑立面图的绘制要求

立面图的绘制要求如下所述。

（1）立面图的外轮廓使用粗实线表示，门窗洞、雨篷等突出部分的轮廓使用中实线来表示，门窗扇及其分格线、雨水管、有关文字说明的引出线及标高等均用细实线来表示，室外地坪线用粗实线来表示。

（2）立面图上的门窗。阳台可以在局部重点表示，并应绘制其完整的图形，其余部分可以仅画出轮廓线。

（3）立面图中只标出可见部分构件的标高。

（4）较为简单的对称式建筑物，可将正、背立面图各画出一半，一般以对称符号为分界线将其合并，这样既可说明问题，又可减少绘图工作量。

13.1.3 建筑立面图的绘制方法

立面图的绘制步骤如下所述。

（1）首先确定图幅，然后选择比例，最后布置图面。

（2）绘制最边端的轴线，并确定地坪线的位置。

（3）绘制外墙面及屋顶轮廓线。

（4）绘制门窗洞口的位置及各细部构造，比如门窗格线、窗台、勒脚、雨篷、台阶、雨水管等。

（5）绘制外墙面的装饰分格线。

（6）检查所绘图形无误后，根据图纸的内容，按照《建筑制图标准》规范规定的要求深化图形。

（7）注写轴线编号（仅两端）的、标高、文字说明。

图13-1所示为建筑立面图的绘制结果。

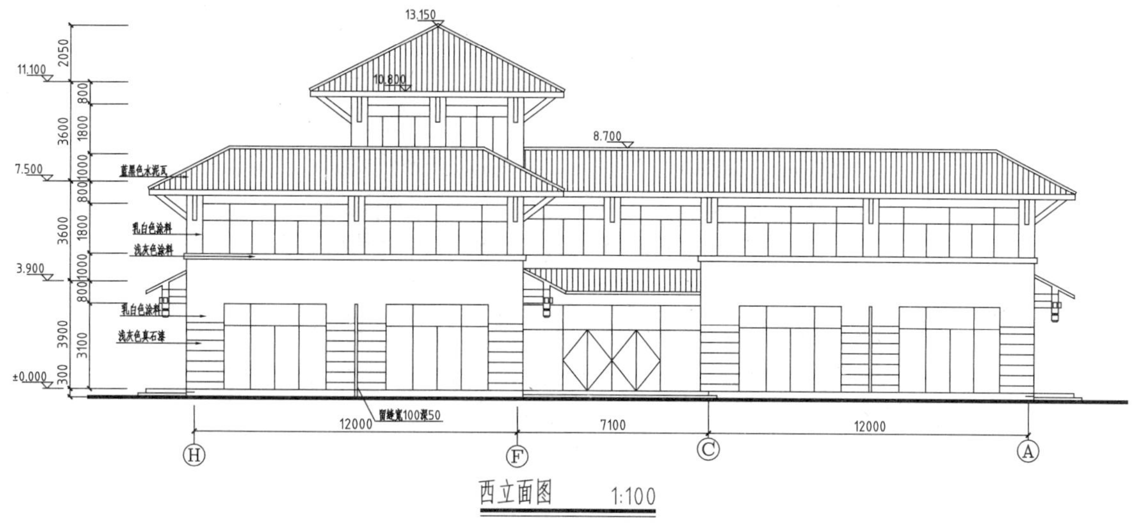

图13-1　建筑立面图

从图名可以得知，该图是表示房屋西向的立面图（Ⓗ~Ⓐ立面图），比例为1:100。

由图可知，该房屋为两层，一层由左至右为玻璃推拉门，门扇为四扇，二层为塑钢推拉窗，入口处有台阶。立面图上一般应在室内外地坪、檐口、门窗、台阶等处标注标高，并宜沿高度方向注写某些部位的高度尺寸。从图中所注标高可知，房屋室外地坪比室内地面低0.3m，屋顶最高处标高13.150m，由此可以推算出房屋外墙总高为13.450m。其他各主要标高在图中已注出。

从立面图文字说明可以得知，屋顶为蓝黑色水泥瓦，二层墙面涂刷乳白色涂料，装饰带涂刷浅灰色涂料；一层墙面分别涂刷乳白色涂料及浅灰色真石漆。

13.2 绘制住宅楼南立面图

本节介绍住宅楼南立面图的绘制，绘制结果如图13-2所示。住宅楼的南立面表示了立面门窗、阳台及立面装饰线条的位置、样式等，通过观察立面图，可以初步了解住宅楼的装饰效果。假如想要更进一步了解住宅楼的立面装饰效果，则需要绘制效果图。

由于住宅楼呈左右对称布置，因此在绘制完成左侧的立面图形后，执行“镜像复制”命令，将其复制到右边即可完成立面图形的绘制。这样做的结果是节约了时间，还提高了绘图效率。

待立面图形绘制完成后，还需要绘制尺寸标注、标高标注，以及文字标注，以表示立面图的尺寸、立面装饰材料的种类，以及住宅楼各部分的距地高度值。

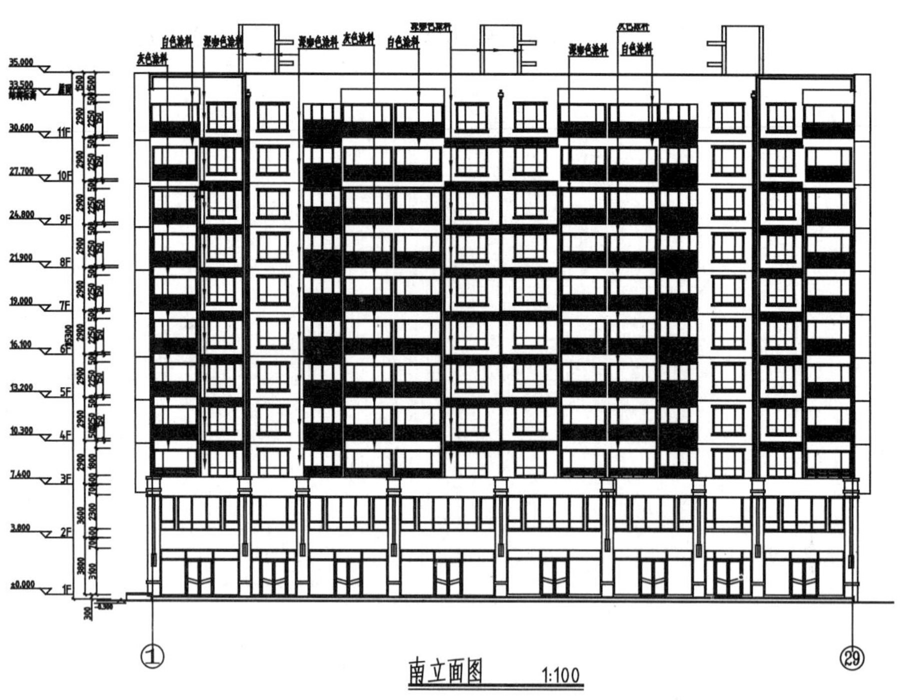

图13-2　住宅楼南立面图

13.2.1　设置绘图环境

绘制住宅楼立面图所需的图层有“立面装饰线”图层、“门窗”图层、“雨水管”图层等，本节介绍这些图层的创建。

01 启动AutoCAD 2014应用程序，新建一个空白文件；执行“文件”|“保存”命令，设置图形名称为“住宅楼立面图.dwg”，单击“保存”按钮，将其保存至电脑中。

02 沿用第12章所介绍的方式，设置新文件的各项样式参数，比如“绘图单位”、“文字样式”、“标注样式”等。

03 创建图层。调用LA【图层特性管理器】命令，系统弹出【图层特性管理器】对话框，在其中创建绘制住宅楼立面图所需要的图层，如图13-3所示。

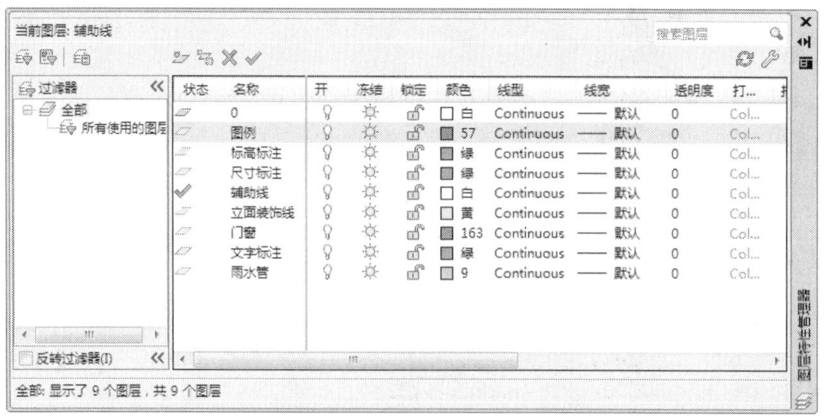

图13-3　【图层特性管理器】对话框

13.2.2　绘制辅助线

在绘制立面图之前，应首先定义立面图的范围。住宅楼南立面图表示的是1~29号轴线之间各立面图形的分布，因此需要从平面图中移动复制1~29号轴线，然后在轴线的范围内定义立面图的外轮廓线及内部装饰轮廓线的位置。

待各轮廓线的位置确定了之后，便可以在轮廓线内布置各类立面图形，包括立面门窗、阳台栏杆等。

01 按下Ctrl+O快捷键，打开在第12章中绘制的“住宅楼中间层平面图.dwg”文件。

02 按下Ctrl+C快捷键复制1号轴线、29号轴线，单击绘图区左上角的图纸标签，转换至“住宅楼立面图”图形文件中；按下Ctrl+V快捷键，粘贴轴线。

03 在“图层”工具栏下拉列表中选择“辅助线”图层，如图13-4所示。

图13-4　选择“辅助线”图层

04 调用PL【多段线】命令，设置起点宽度和端点宽度均为50，绘制地坪线，如图13-5所示。

05 调用L【直线】命令、O【偏移】命令，绘制立面轮廓线，结果如图13-6所示。

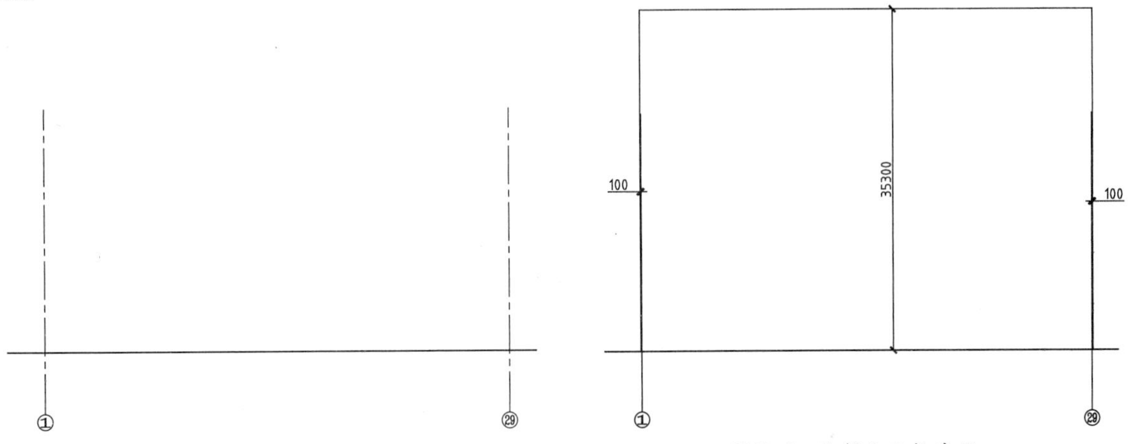

图13-5　绘制地坪线　　图13-6　绘制立面轮廓线

06 在“图层”工具栏下拉列表中选择“立面装饰线”图层。

07 调用O【偏移】命令、TR【修剪】命令，偏移并修剪立面轮廓线；调用PL【多段线】命令，绘制宽度为50的立面装饰线，结果如图13-7所示。

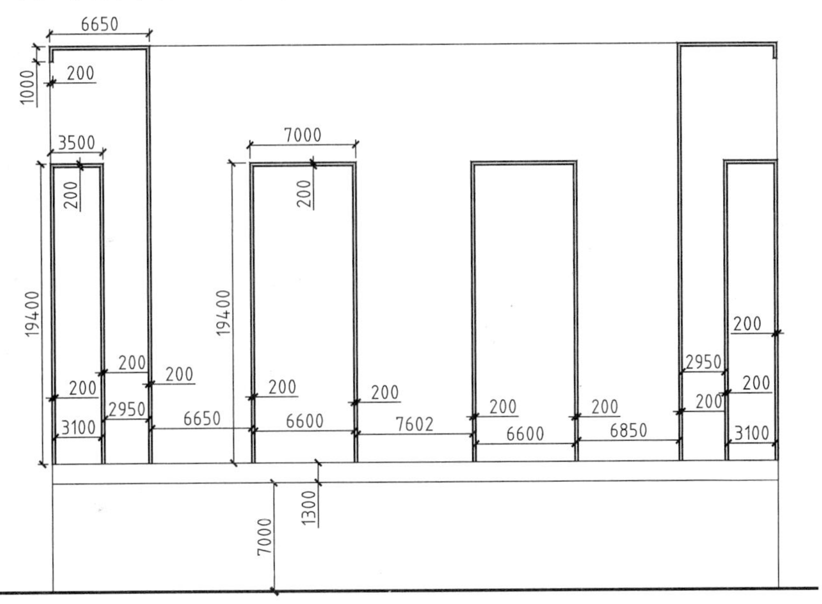

图13-7　绘制立面装饰线

08 绘制立面柱。调用REC【矩形】命令、L【直线】命令、TR【修剪】命令，绘制立面柱图形；调用CO【复制】命令，移动复制柱子图形，如图13-8所示。

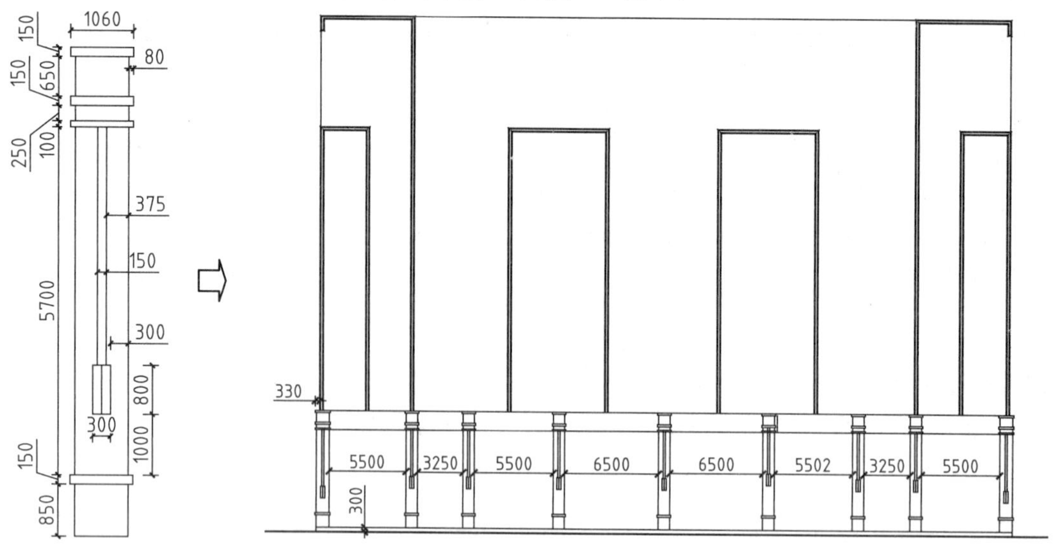

图13-8 绘制立面柱

09 调用O【偏移】命令、TR【修剪】命令，绘制图13-9所示的立面装饰造型线。

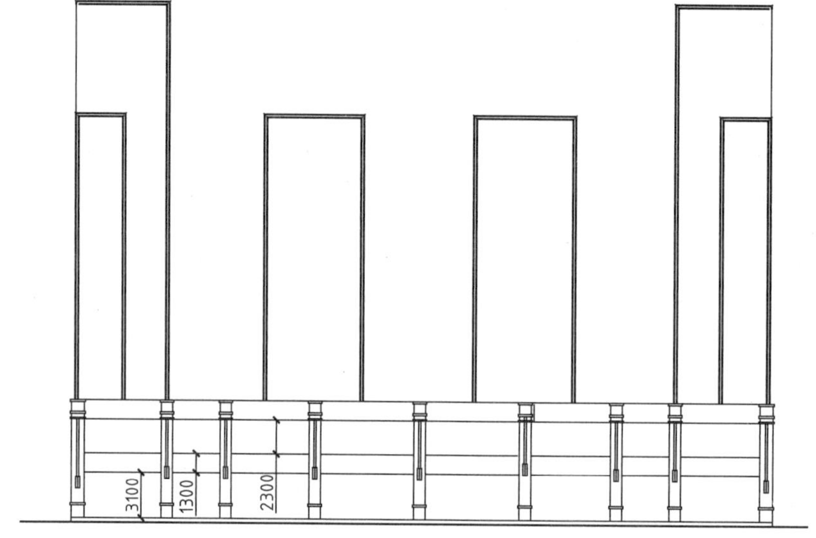

图13-9 绘制立面装饰造型线

13.2.3 绘制门窗

门窗图形绘制完成后，可以通过调用“复制”命令、“矩形阵列”命令来得到门窗的副本。

01 在“图层”工具栏下拉列表中选择“门窗”图层。

02 绘制一层立面门。调用REC【矩形】命令、L【直线】命令，绘制图13-10所示的立面固定玻璃图形。

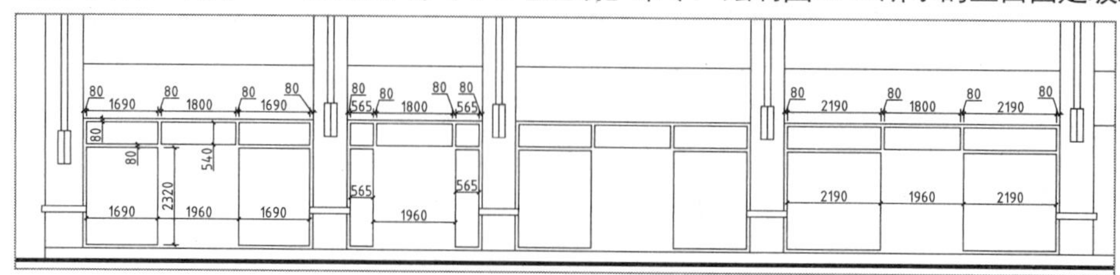

图13-10 绘制立面固定玻璃

03 调用REC【矩形】命令、L【直线】命令，绘制立面门轮廓及其造型装饰线；调用CO【复制】命令，选择绘制完成的立面图形，执行移动复制操作，如图13-11所示。

图13-11 绘制并复制门窗图形

04 绘制立面窗。调用REC【矩形】命令、O【偏移】命令，绘制并偏移矩形；调用TR【修剪】命令，修剪多余线段，结果如图13-12所示。

05 重复上述操作，继续绘制立面窗图形，如图13-13所示。

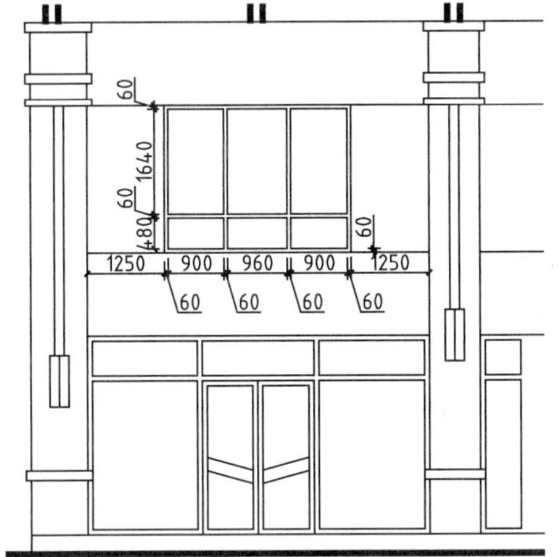

图13-12 绘制门窗

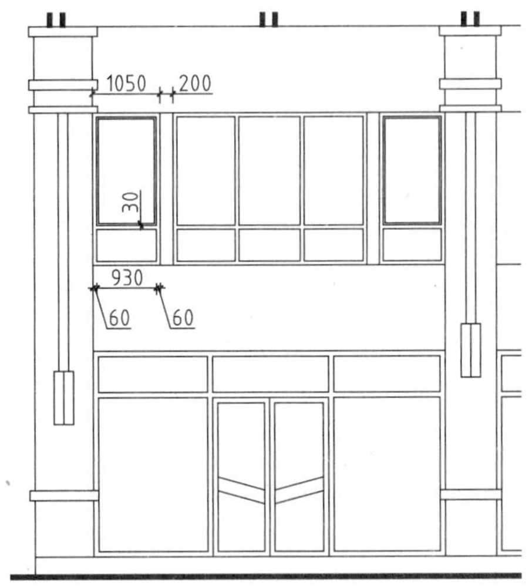

图13-13 绘制结果

06 调用CO【复制】命令，选择立面窗图形向右移动复制，如图13-14所示。

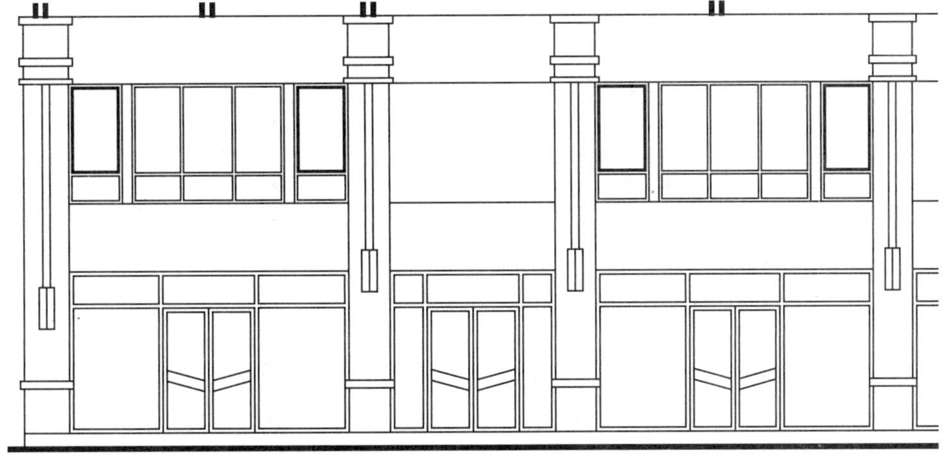

图13-14 向右移动复制结果

07 沿用上述操作，分别调用绘图命令、编辑命令，继续绘制立面窗图形，如图13-15所示。

08 调用REC【矩形】命令，绘制门窗外轮廓线；调用L【直线】命令、TR【修剪】命令，深化立面门窗图形，操作结果如图13-16所示。

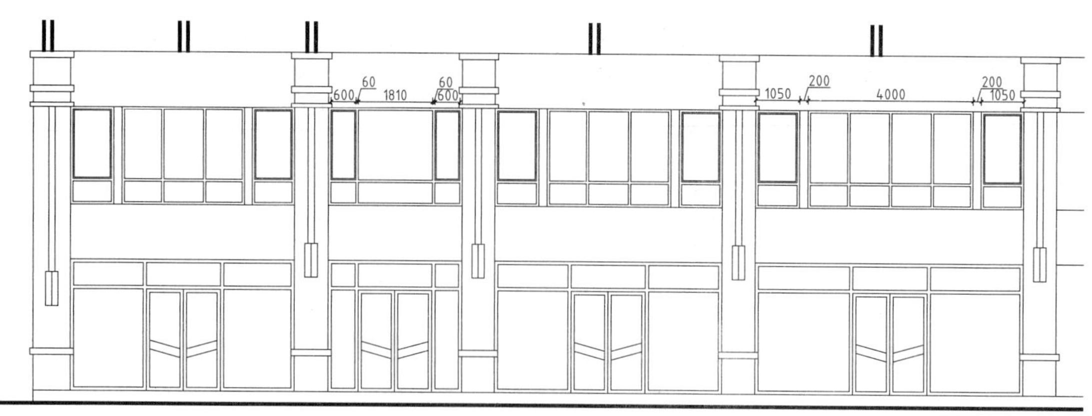

图13-15 继续绘制立面门窗

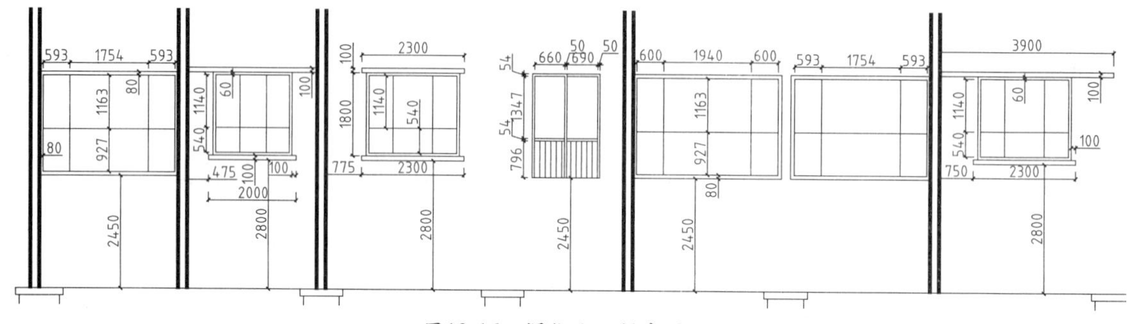

图13-16 深化立面门窗图形

09 执行“修改”|“阵列”|“矩形阵列”命令，选择在上一步骤所绘制的立面门窗图形；设置列数为1，行数为8，行距为2900，阵列复制的结果如图13-17所示。

10 选择阵列复制得到的立面门窗图形，调用X【分解】命令，将其分解；调用E【删除】命令，删除多余的立面门窗图形，如图13-18所示。

图13-17 矩形阵列复制

图13-18 删除图形

11 调用REC【矩形】命令、L【直线】命令，绘制与阵列复制得到的立面门窗尺寸相异的其他门窗图形，结果如图13-19所示。

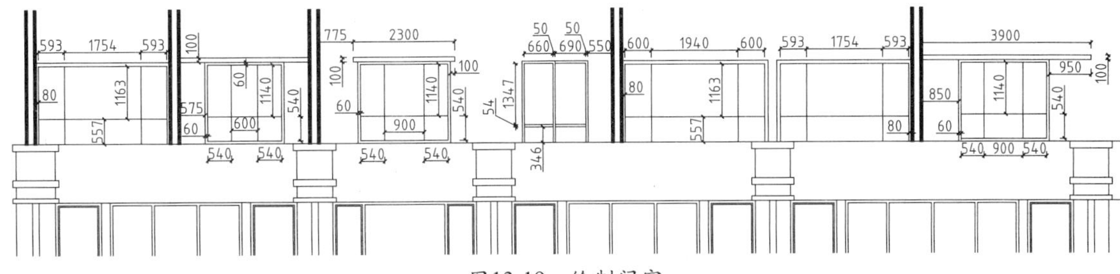

图13-19 绘制门窗

12 沿用上述所介绍的绘制方法，继续绘制顶层立面门窗图形，结果如图13-20所示。

图13-20 绘制顶层立面门窗图形

13.2.4 绘制立面装饰图形

本节介绍立面栏杆、百叶、立面装饰线、雨水管、台阶等图形的绘制。

01 在“图层”工具栏下拉列表中选择“立面装饰线”图层。

02 调用L【直线】命令、TR【修剪】命令，绘制建筑立面装饰线，结果如图13-21所示。

03 在“图层”工具栏下拉列表中选择“图例”图层。

04 调入图块。打开本章中的“第13章/图例图块.dwg”文件，将其中的百叶、栏杆图块复制并粘贴至当前图形中，如图13-22所示。

图13-21 绘制建筑立面装饰线

图13-22 调入图块

05 单击“修改”工具栏上的“矩形阵列”按钮，选择在上一步骤中调入的图块，设置列数为1，行数为8，行距为2900，阵列复制的操作结果如图13-23所示。

06 调用X【分解】命令，分解阵列得到的图形；调用E【删除】命令，删除多余栏杆图块，如图13-24所示。

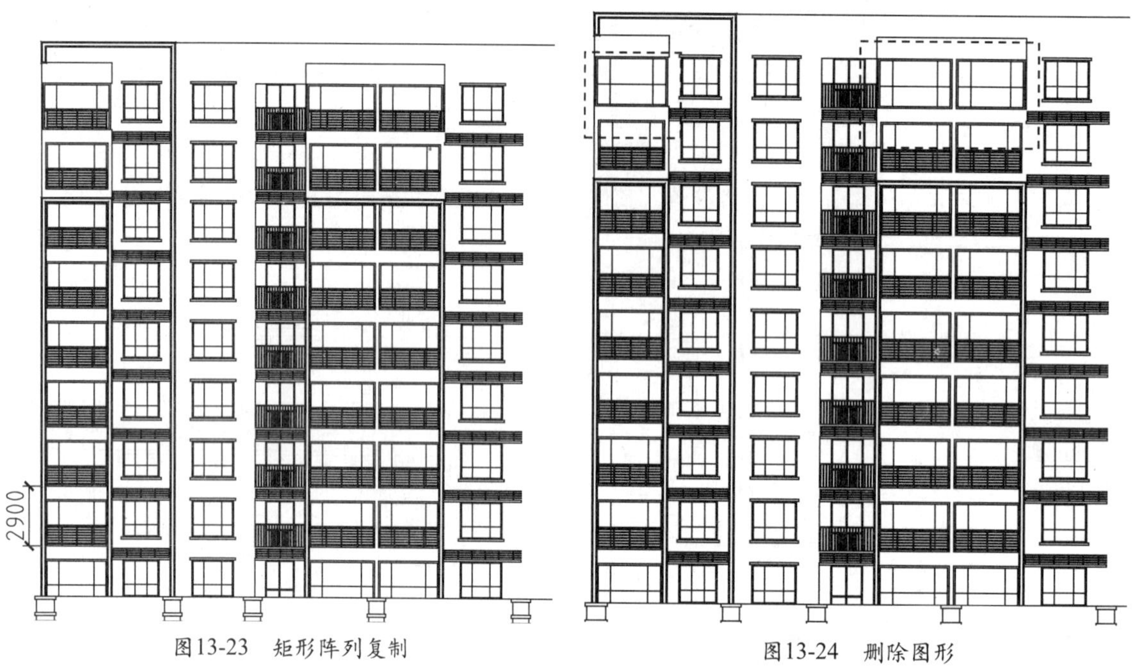

图13-23 矩形阵列复制　　图13-24 删除图形

07 调入图块。打开本章中的“第13章/图例图块.dwg”文件，将其中的栏杆图块复制并粘贴至当前图形中，如图13-25所示。

08 在“图层”工具栏下拉列表中选择“立面装饰线”图层。

09 调用L【直线】命令、O【偏移】命令，绘制图13-26所示的线段。

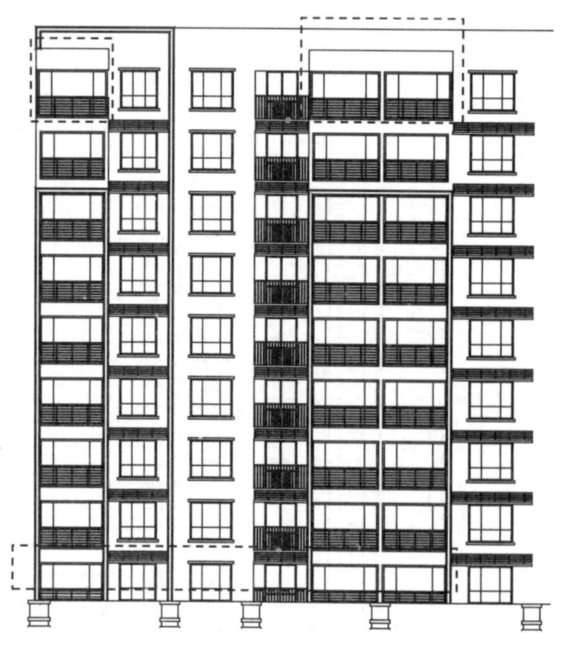

图13-25 调入图块

图13-26 绘制线段

10 调用MI【镜像】命令，选择立面图左边的门窗等图形，将其镜像复制到右边，如图13-27所示。

图13-27 镜像复制

11 在“图层”工具栏下拉列表中选择“雨水管”图层。

12 调用REC【矩形】命令、L【直线】命令、TR【修剪】命令，绘制立面雨水管线，如图13-28所示。

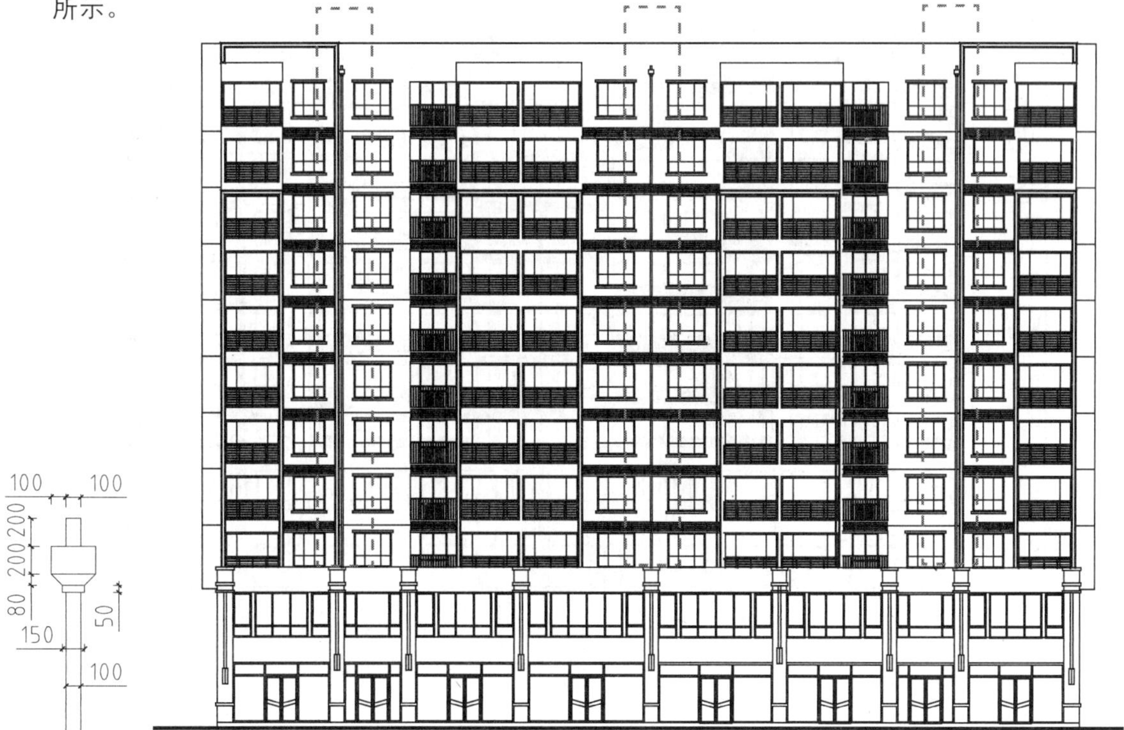

图13-28 绘制立面雨水管线

13 在“图层”工具栏下拉列表中选择“立面装饰线”图层。

14 调用REC【矩形】命令、TR【修剪】命令、CO【复制】命令，绘制屋顶装饰图形，如图13-29所示。

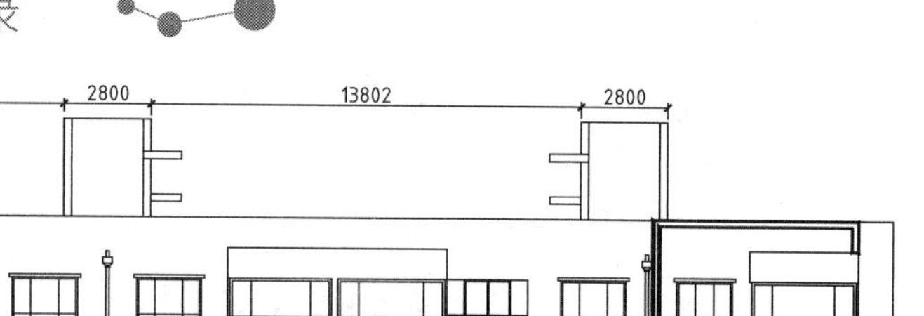

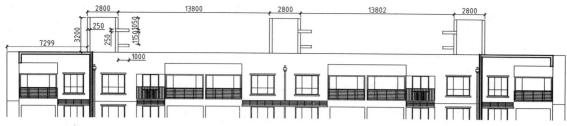

图13-29 绘制屋顶装饰图形

15 调用O【偏移】命令、TR【修剪】命令，绘制立面坡道及台阶图形，结果如图13-30所示。

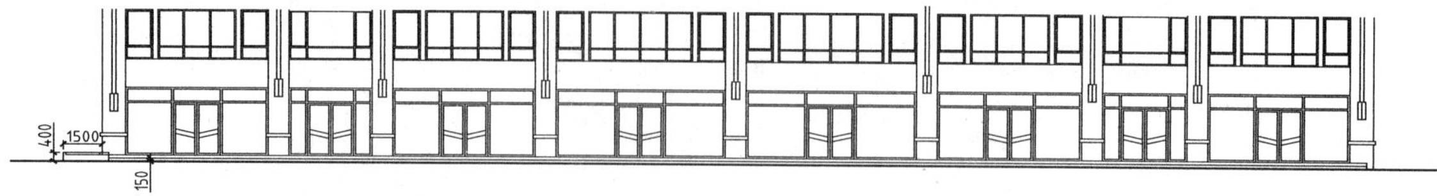

图13-30 绘制立面坡道及台阶图形

13.2.5 绘制立面图标注

立面图的材料表示是必不可少的，可以使用“多重引线”命令来绘制材料标注。另外本节还介绍了尺寸标注、标高标注，以及图名标注的绘制。

01 在“图层”工具栏下拉列表中选择“尺寸标注”图层。

02 调用DLI【线性标注】命令，绘制立面图尺寸标注，结果如图13-31所示。

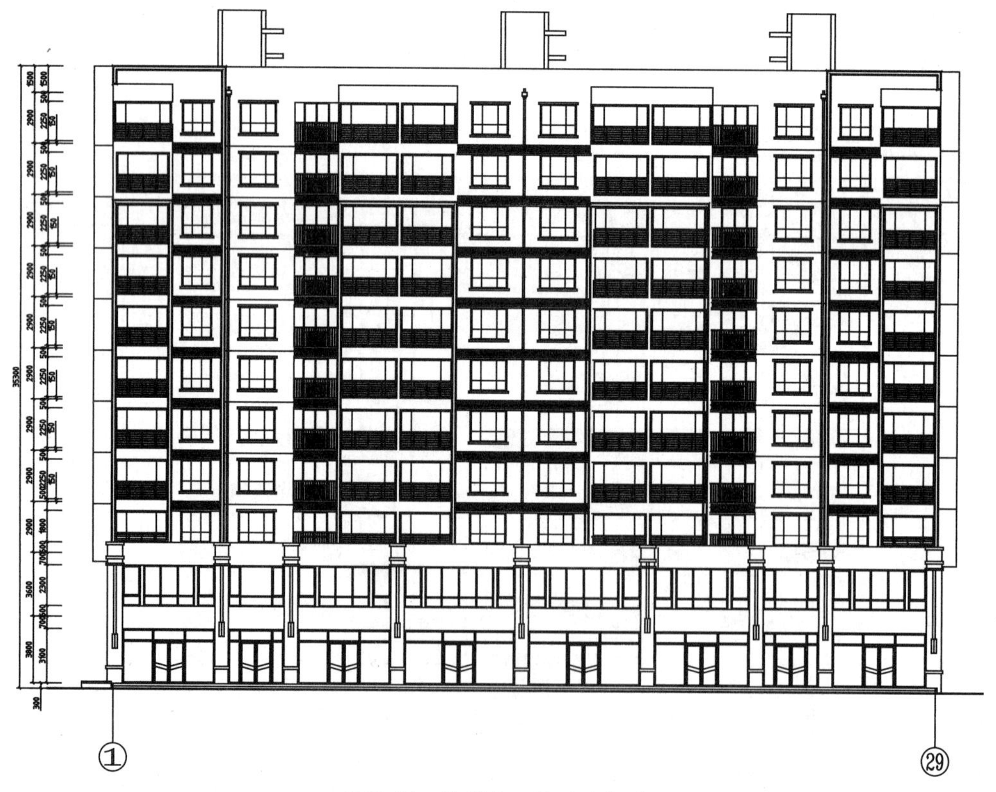

图13-31 绘制立面图尺寸标注

03 调用L【直线】命令、O【偏移】命令，绘制标高基准线。

04 请参照第13章所介绍的绘制标高图形、创建标高属性块的方式，在当前图形中绘制并创建标高图块。

05 调用I【插入】命令，系统弹出【插入】对话框，在其中选择“标高”图块，在绘图区中点取插入点，即可完成调用图块的操作。

06 此时双击标高图块，可以弹出【增强属性编辑器】对话框，选择其中的“属性”选项卡，可以在“值”文本框中输入新的标高参数。

07 按照上述的操作方式，绘制标高标注的结果如图13-32所示。

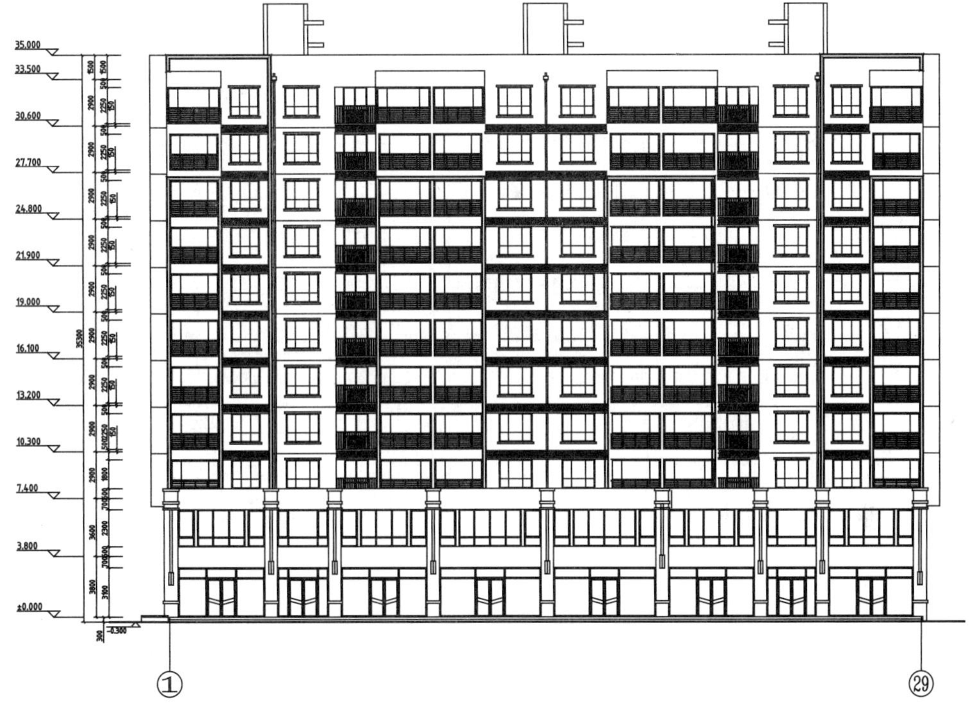

图13-32 绘制标高标注

08 在“图层”工具栏下拉列表中选择“文字标注”图层。

09 调用MT【多行文字】命令，绘制文字标注，如图13-33所示。

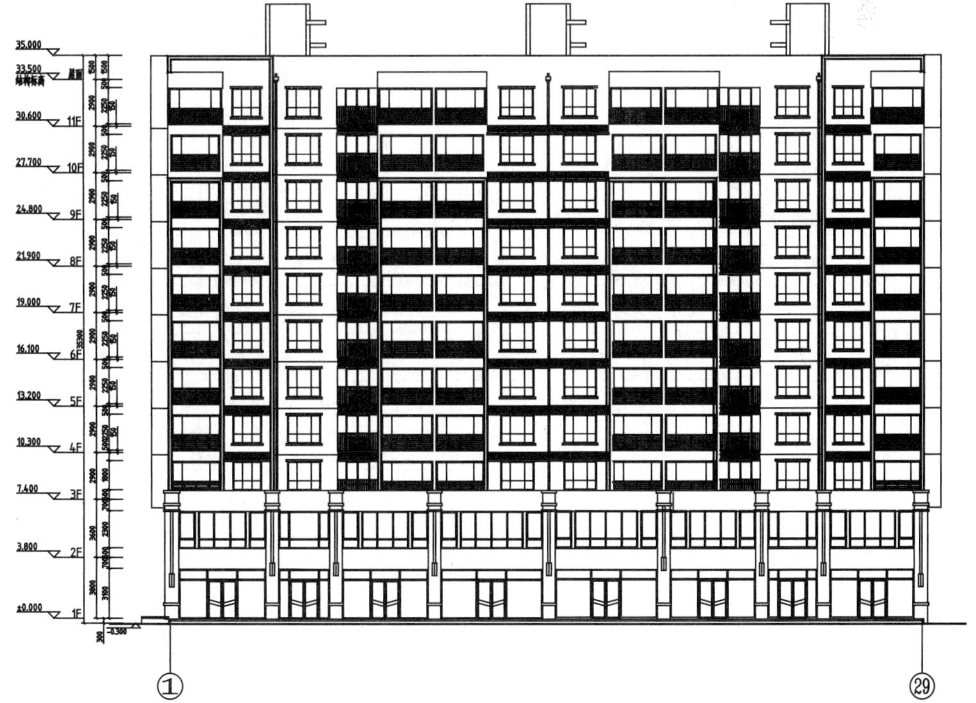

图13-33 绘制文字标注

10 调用MLD【多重引线】命令，绘制立面材料标注，结果如图13-34所示。

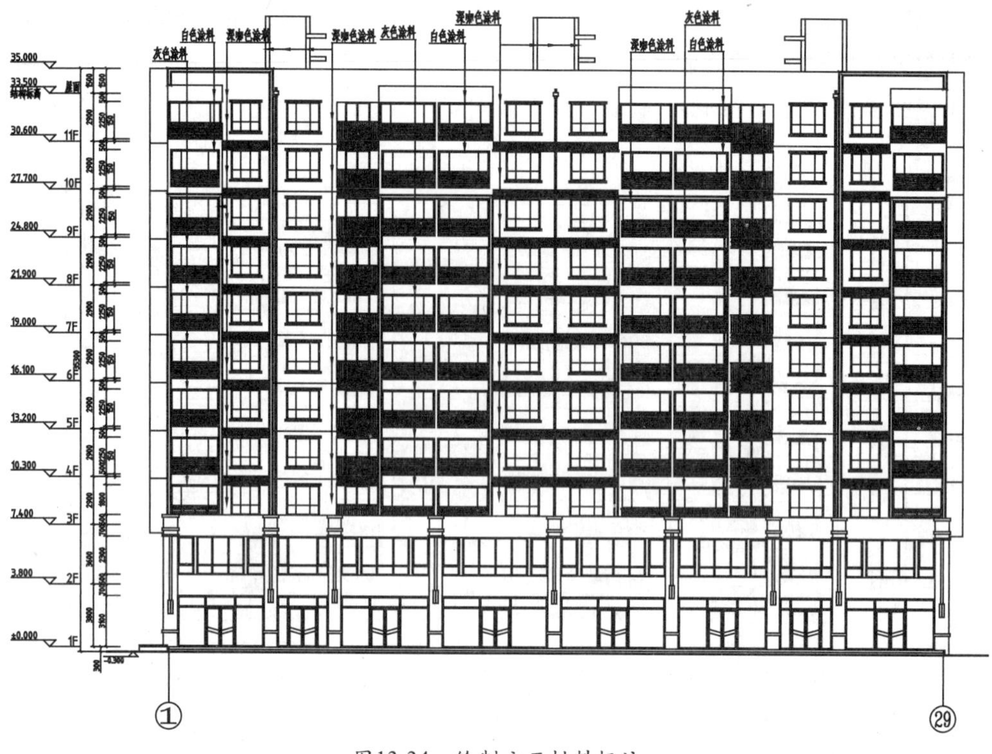

图13-34 绘制立面材料标注

11 调用PL【多段线】命令，绘制起点宽度、端点宽度分别为100、0的下划线；调用MT【多行文字】命令，在下划线的上方绘制图名及比例标注，结果如图13-35所示。

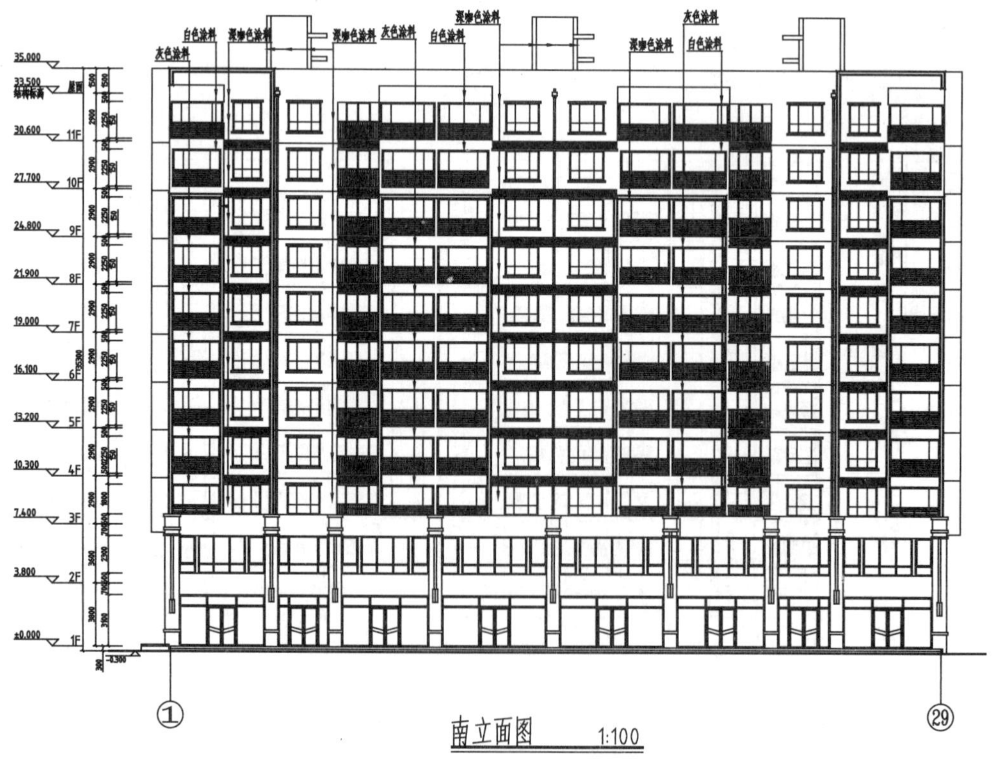

图13-35 绘制图名标注

13.3 绘制其他立面图

图13-36、图13-37所示分别为住宅楼东立面图、西立面图的绘制结果，请读者参考本章的介绍方法来绘制。

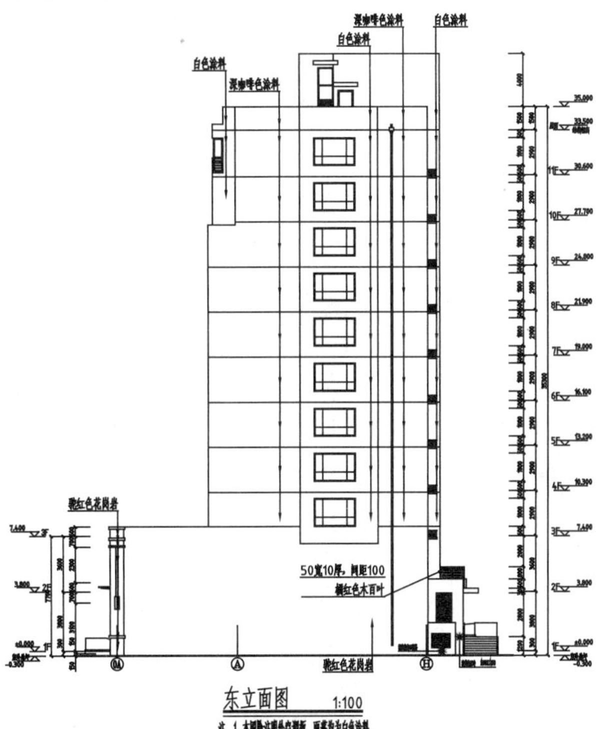

图13-36 东立面图

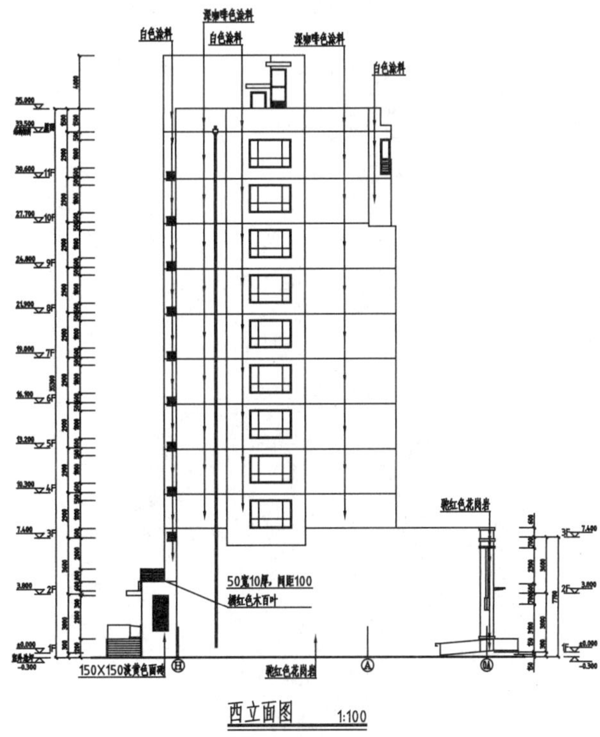

图13-37 西立面图

第14章 绘制建筑剖面图

假想用一个竖直的剖切平面将房屋剖切开（一般是通过门窗洞口，多层建筑一般选择在楼梯间的位置），移去一部分后，对剩余部分做正投影所得到的投影图，称为建筑剖面图，简称剖面图。

本章以住宅楼剖面图为例，为读者讲解绘制建筑剖面图的流程及方法。

14.1 建筑剖面图绘制概述

本节介绍剖面图的基础知识，包括剖面图的内容、表示方法、绘制方法。

14.1.1 建筑剖面图的内容

剖面图用来表示房屋内部竖向构造和结构特征、分层情况、各部位的联系、材料及其层高、净高。

剖面图的基本内容如下所述。

（1）与平面图相对应的轴线编号。

（2）各楼层地面、休息平台及有关构件的标高。

（3）标出房屋内部构件的高度尺寸大小。

（4）房屋内部的构造特征。

（5）假如有详图之处应以详图符号标出。

14.1.2 建筑剖面图的表示方法

剖面图的表示方法如下所述。

（1）被剖切到的墙身、楼板、屋面板等轮廓线使用粗实线来表示，未被剖切到的可见轮廓线，如门窗洞口、楼梯段、内外墙轮廓线使用中实线（或细实线）来表示，门窗扇及分格线、尺寸线、引出线及标高符号等用细实线来表示，室外地坪线用加粗实线来表示。

（2）除了使用标高符号来表示各构件部位的高度之外，同时在外墙的外侧注写一道尺寸线来说明构件的大小。

（3）假如图面允许，则可以用引出线来说明楼、地面及屋顶的构造层次，否则以索引符号示意。

图14-1所示为建筑剖面图的绘制结果。

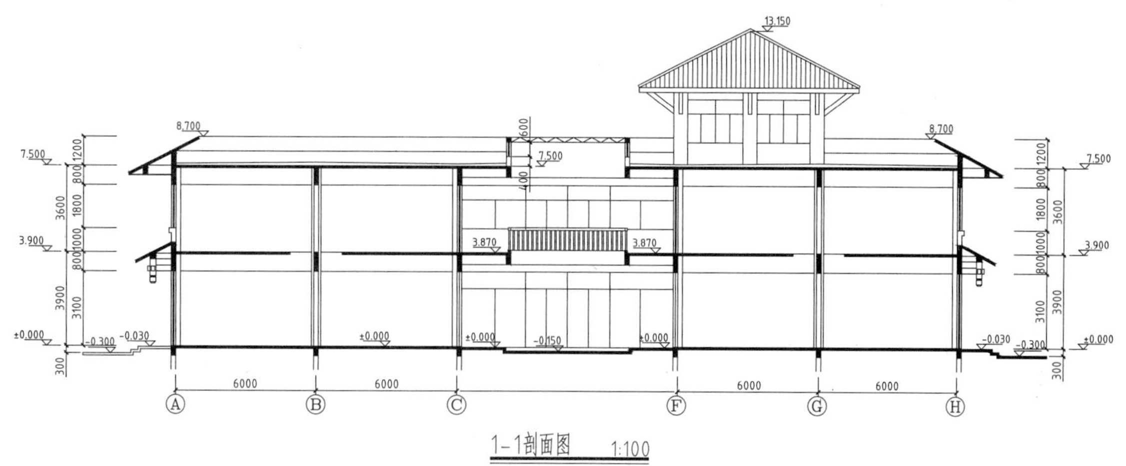

图14-1 建筑剖面图

由图可知，该图为1—1剖面图，比例为1:100。从剖面图上的材料图例可以看出，该房屋的楼板、挑檐、梁等承重构件均采用钢筋混凝土材料，墙体用砖砌筑，为砖混结构房屋。

在剖面图中，经常采用多层构造引出线和文字注明屋顶、楼地面的构造层次及做法。如1—1剖面图中，楼面为二层构造，由上而下依次为：面层为20mm厚1：2.5水泥砂浆抹面，找平

层为20mm厚1:2.5水泥砂浆，下面为钢筋混凝土楼板结构层，板底腻子刮平刷白。

在1—1剖面图中画出了主要承重墙的轴线及其编号和轴线的间距尺寸。在竖直方向还标注了房屋主要部位，即室外地坪、楼层、门窗洞口上下、檐口等处的标高及高度方向的尺寸。

14.1.3 建筑剖面图的绘制方法

剖面图的绘制步骤如下所述。

（1）首先确定图幅，然后选择比例，最后布置图面。

（2）绘制相关的定位轴线及楼地面、屋顶线。

（3）绘制墙身的轮廓线及楼板、屋面板的厚度。

（4）绘制楼梯间的位置及其细部。

（5）绘制门窗的高度及雨篷、台阶等细部。

（6）确认图纸内容无误后，根据图纸的内容，按照《建筑制图标准》规范规定的要求来深化图纸。

（7）注写轴线编号、尺寸数字、索引符号、文字说明。

14.2 绘制住宅楼剖面图

剖面图表示了房屋的内部构造情况，是建筑设计施工图集必不可少的图纸之一。在绘制剖面图之前，应设置绘图环境的各类参数，比如绘图单位、文字样式、标注样式、创建各类图层等。

待绘图环境达到绘图要求后便可以开始绘制剖面图形。首先绘制房屋的主要承重构件，即墙体、楼板、梁的剖面图形，再在此基础上绘制门窗及其他建筑构件的剖面图形。

在绘制的过程中应循序渐进，由整体到局部，假如由细节开始画起，不易把握整体，容易出现错误，造成识图的困难。

本节介绍住宅楼剖面图的绘制。

14.2.1 设置绘图环境

绘制住宅楼剖面图所需的图层有“楼板”图层、“剖断梁”图层、“墙体”图层等，本节介绍这些图层的创建。

01 启动AutoCAD 2014应用程序，新建一个空白文件；执行“文件”|“保存”命令，设置图形名称为“住宅楼剖面图.dwg”，单击“保存”按钮，将其保存至电脑中。

02 沿用第12章所介绍的方式，设置新文件的各项样式参数，比如“绘图单位”、“文字样式”、“标注样式”等。

03 创建图层。调用LA【图层特性管理器】命令，系统弹出【图层特性管理器】对话框，在其中创建绘制住宅楼剖面图所需要的图层，如图14-2所示。

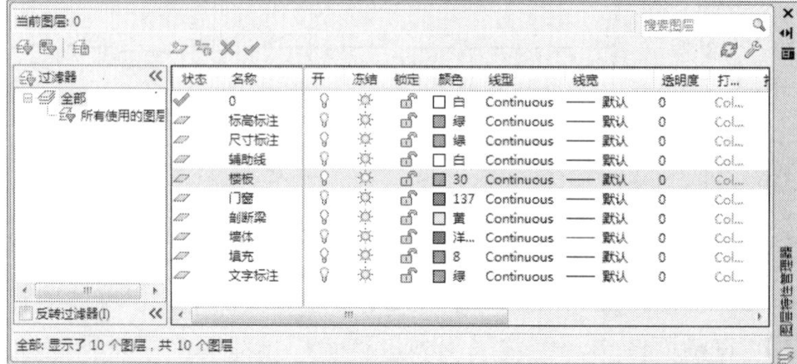

图14-2 创建图层

14.2.2 绘制墙线、楼板及剖断梁

在绘制剖面图之前，应在平面图中绘制剖面剖切符号，以表示剖面图所表示的区域。墙线、楼板及剖断梁图形可以使用“直线”命令、“偏移”命令、“修剪”命令来绘制。

01 执行“文件”|“打开”命令，打开“住宅楼首层平面图.dwg”文件，查看其中的剖面剖切符号的位置，如图14-3所示。

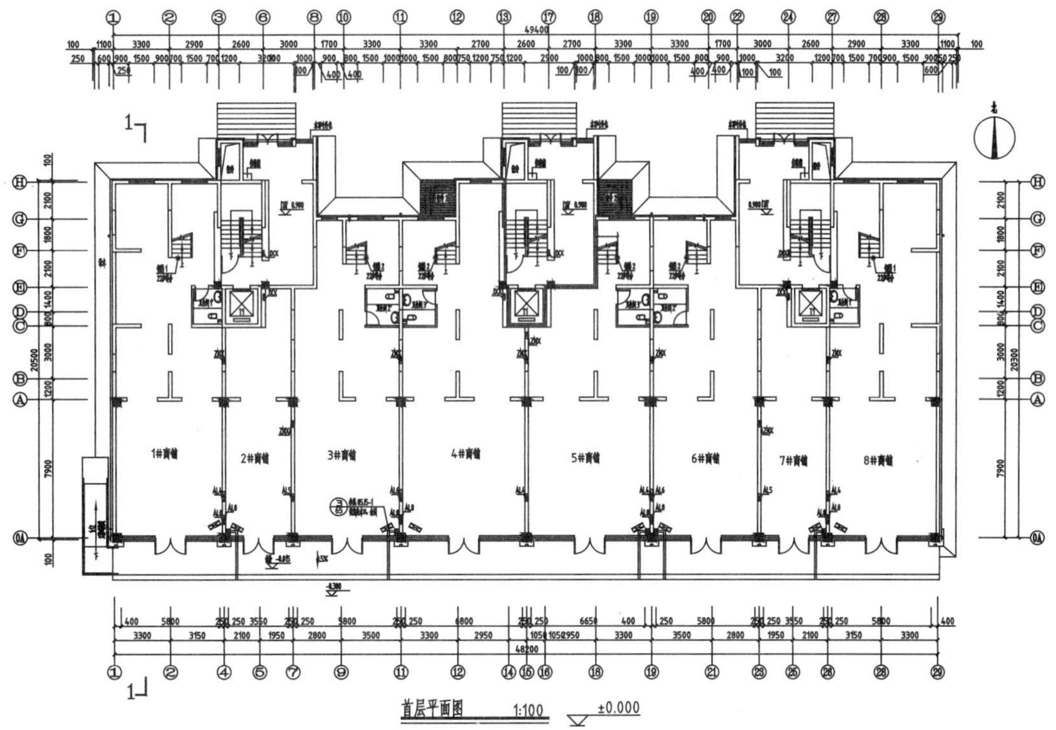

图14-3 住宅楼首层平面图

02 调用CO【复制】命令，在首层平面图中选择OA号轴线、A号轴线、C号轴线、F号轴线、H号轴线，将其移动复制至绘图区的空白处，如图14-4所示。

03 在“图层”工具栏下拉列表中选择“墙体”图层。

04 绘制墙体轮廓线。调用L【直线】命令、O【偏移】命令、TR【修剪】命令，绘制图14-5所示的墙体轮廓线。

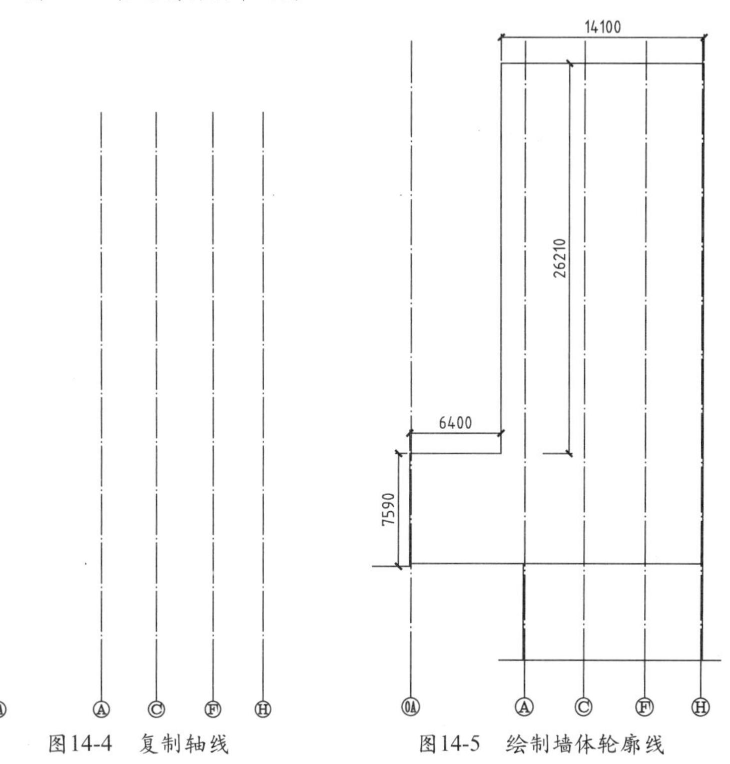

图14-4 复制轴线

图14-5 绘制墙体轮廓线

05 绘制墙线。调用O【偏移】命令，偏移轴线；调用L【直线】命令，绘制直线，完成墙线的绘制，结果如图14-6所示。

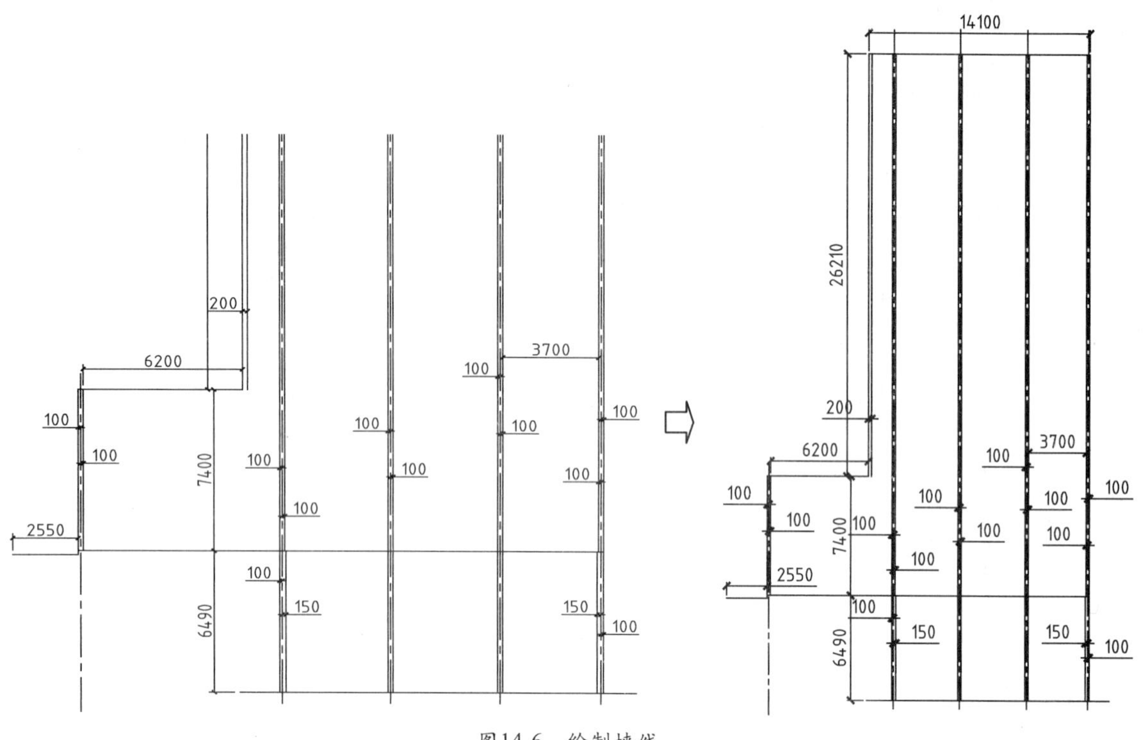

图14-6 绘制墙线

06 在“图层”工具栏下拉列表中选择“楼板”图层。

07 调用O【偏移】命令、TR【修剪】命令，偏移并修剪线段，绘制楼板线的结果如图14-7所示。

08 绘制地板层。调用O【偏移】命令，分别设置偏移距离为50、40、110，偏移线段以完成地板层的绘制，结果如图14-8所示。

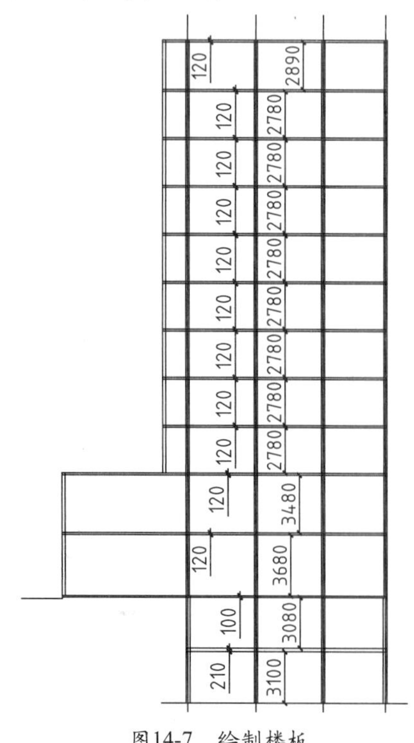

图14-7 绘制楼板

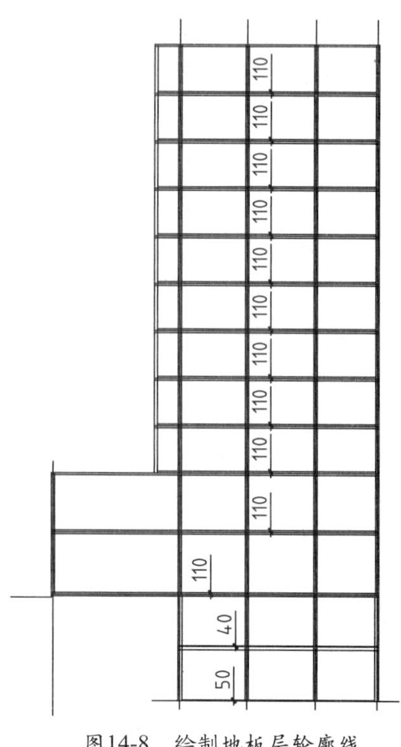

图14-8 绘制地板层轮廓线

09 绘制地板层轮廓线。调用O【偏移】命令，设置偏移距离为90，选择楼板轮廓线向上偏移；调用TR【修剪】命令，修剪轮廓线，绘制阳台地板层轮廓线的结果如图14-9所示。

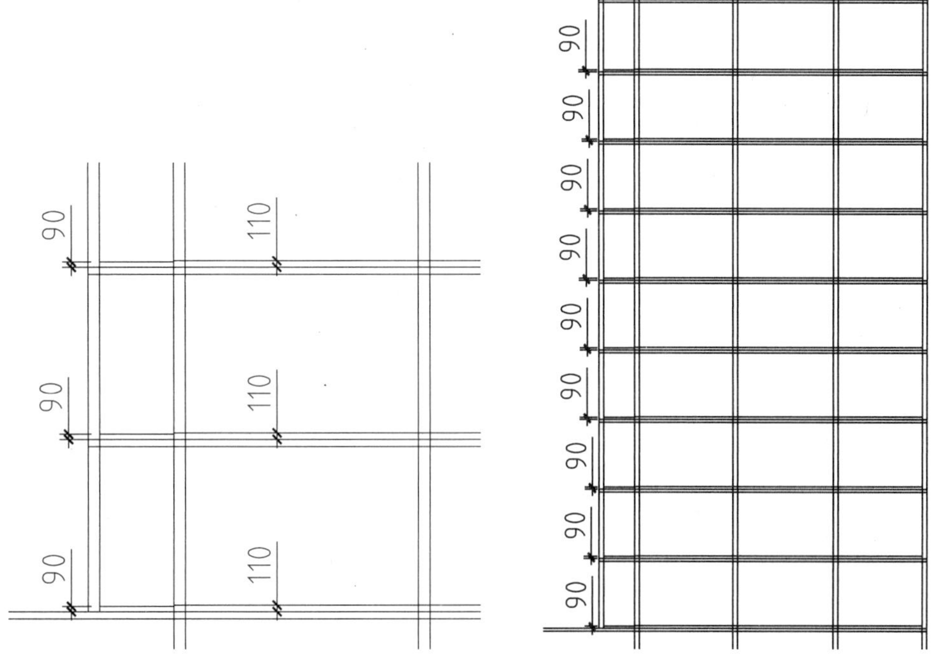

图14-9　绘制阳台地板层轮廓线

10 在“图层”工具栏下拉列表中选择“剖断梁”图层。

11 调用O【偏移】命令，偏移线段以绘制剖断梁轮廓线；调用O【修剪】命令，修剪多余线段，完成剖断梁图形的绘制，结果如图14-10所示。

14.2.3 绘制门窗

通过调用“偏移”命令、“修剪”命令，可以完成门窗图形的绘制。此外，由于大多数门窗图形的尺寸及样式都是相同的，因此可以执行“复制”命令来移动复制相同的门窗图形，以减少绘图的工作量。

01 在“图层”工具栏下拉列表中选择“门窗”图层。

02 调用TR【修剪】命令，修剪墙线，绘制剖面窗洞口的结果如图14-11所示。

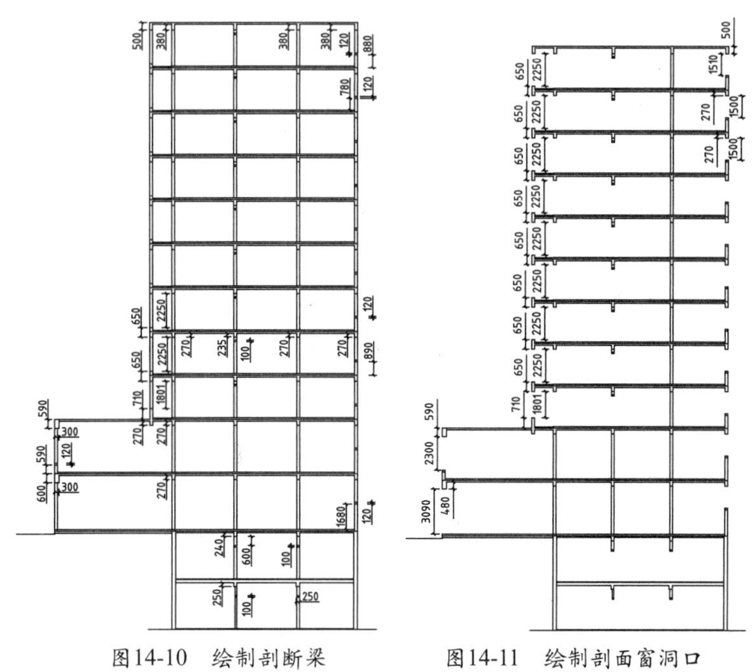

图14-10　绘制剖断梁　　　图14-11　绘制剖面窗洞口

03 调用L【直线】命令、O【偏移】命令，绘制并偏移直线，绘制剖面窗的结果如图14-12所示。

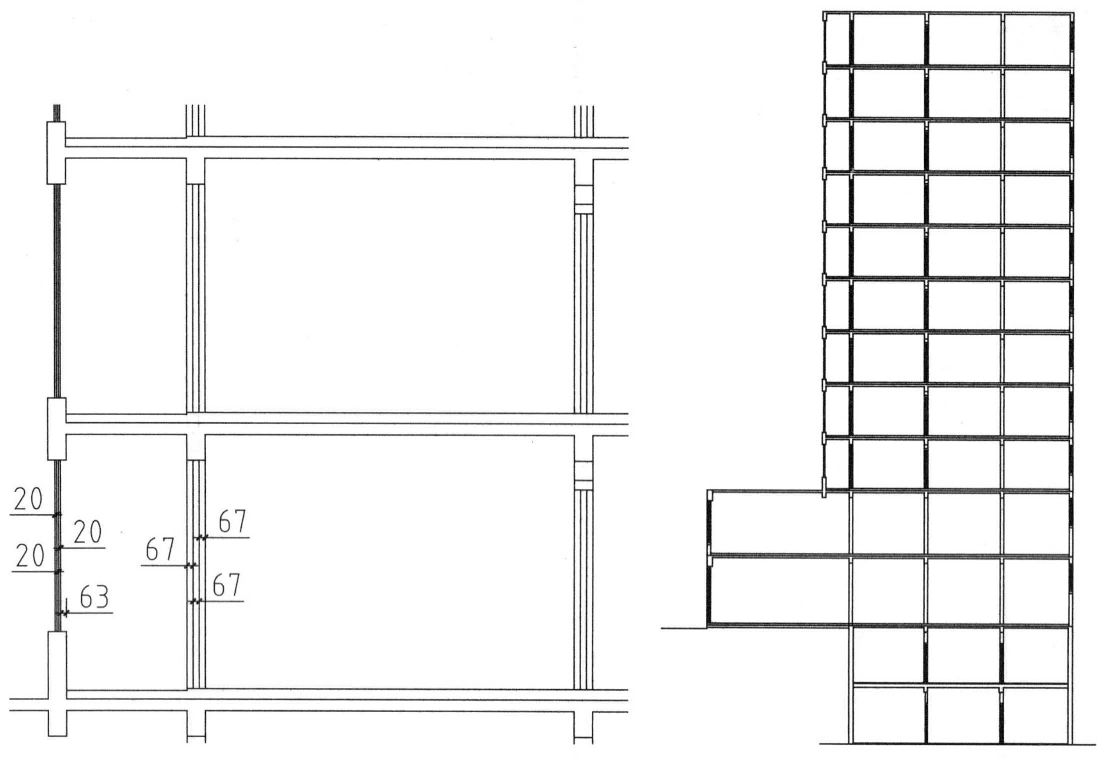

图14-12　绘制剖面窗

04 调用REC【矩形】命令，绘制立面窗轮廓线；调用L【直线】命令、O【偏移】命令，绘制并偏移直线，完成立面窗图形的绘制，结果如图14-13所示。

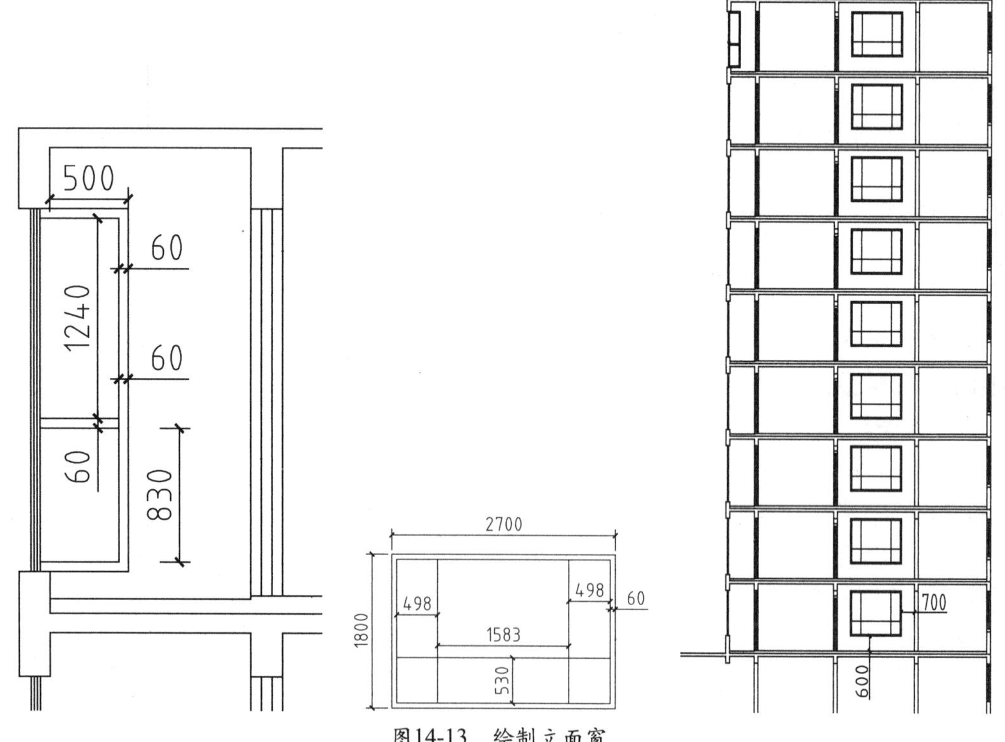

图14-13　绘制立面窗

05 调用REC【矩形】命令，绘制立面门图形的结果如图14-14所示。

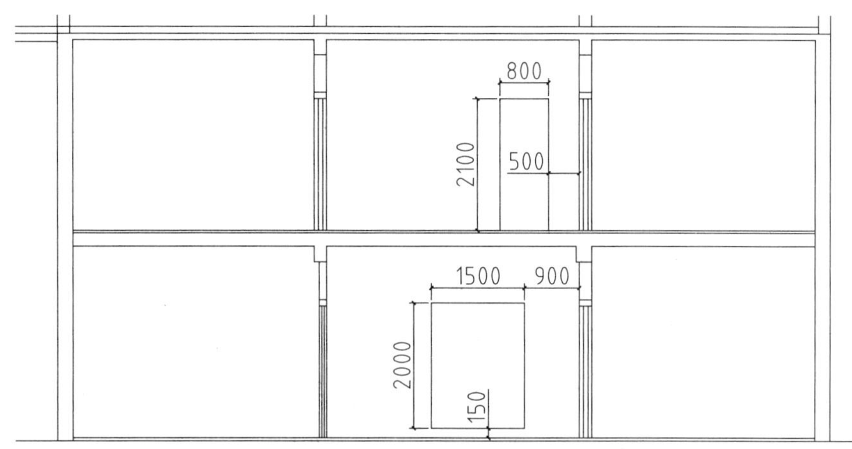

图14-14 绘制立面门

14.2.4 绘制其他图形

其他的图形包括阳台栏杆图形、女儿墙图形、台阶图形等，本节介绍这些图形的绘制。

01 调入阳台栏杆图块。执行“文件”|“打开”命令，打开本书配套的“第14章/图例文件.dwg”文件，选择栏杆图块，将其复制并粘贴至当前图形中，如图14-15所示。

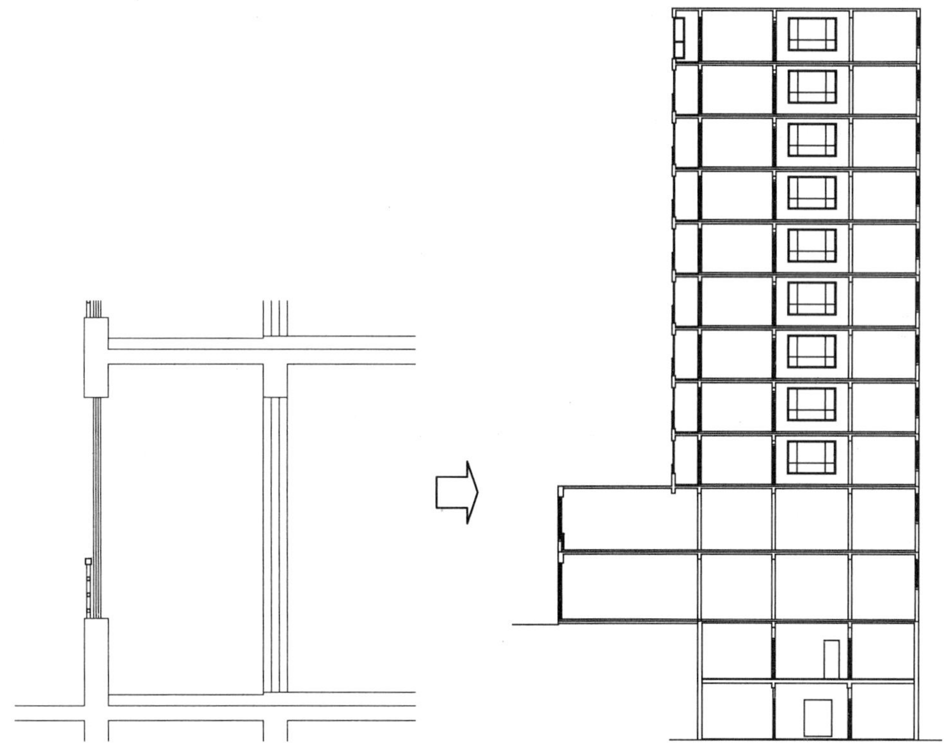

图14-15 调入阳台栏杆图块

02 在“图层”工具栏下拉列表中选择“墙体”图层。

03 绘制屋面墙体。调用O【偏移】命令、TR【修剪】命令、L【直线】命令，绘制图14-16所示的墙线。

04 在“图层”工具栏下拉列表中选择“辅助线”图层。

05 调用L【直线】命令，绘制女儿墙泛水轮廓线，结果如图14-17所示。

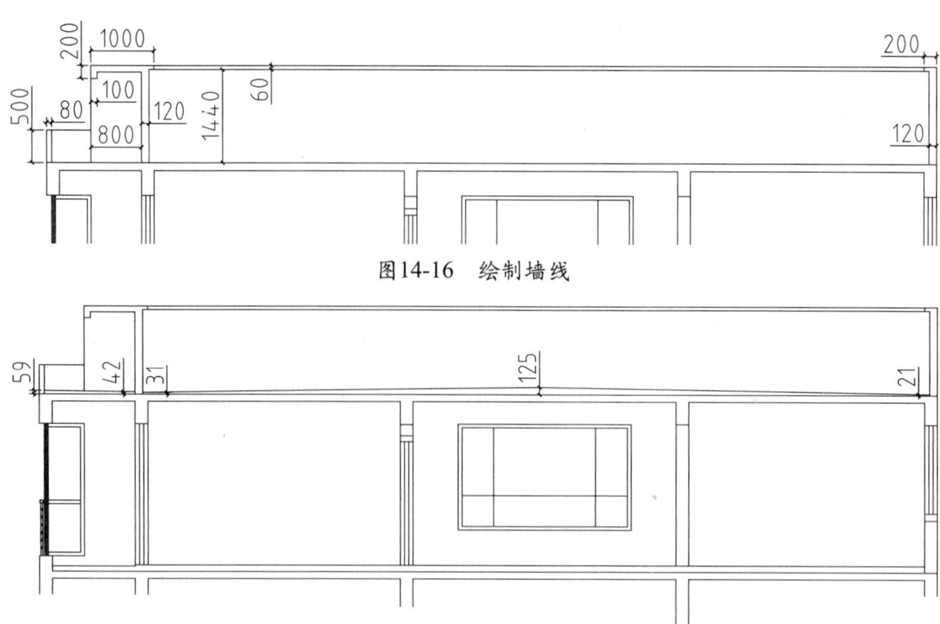

图14-16 绘制墙线

图14-17 绘制女儿墙泛水轮廓线

06 在“图层”工具栏下拉列表中选择“墙体”图层。

07 调用REC【矩形】命令、L【直线】命令，绘制墙体图形，如图14-18所示。

08 在“图层”工具栏下拉列表中选择“辅助线”图层。

09 调用L【直线】命令，绘制台阶轮廓线；调用O【偏移】命令、TR【修剪】命令，修剪多余线段以完成台阶图形的绘制，结果如图14-19所示。

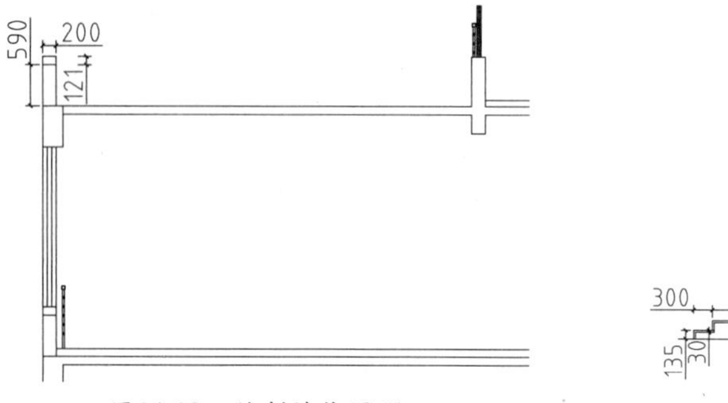

图14-18 绘制墙体图形

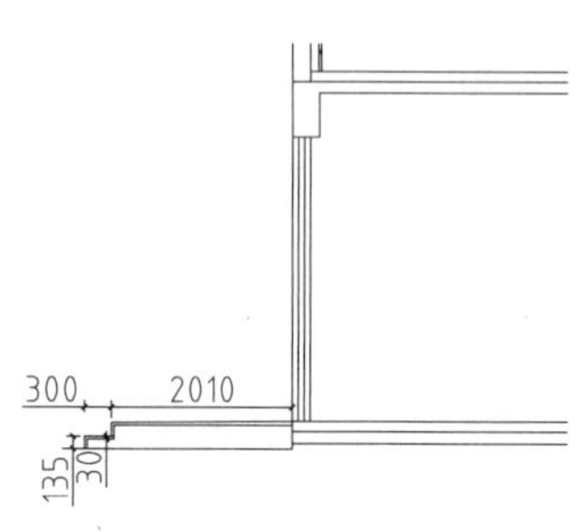

图14-19 绘制台阶

10 调用REC【矩形】命令、L【直线】命令，绘制立柱图形，结果如图14-20所示。

11 调用REC【矩形】命令，绘制雨篷造型线；调用L【直线】命令，绘制直线，完成雨篷图形的绘制，结果如图14-21所示。

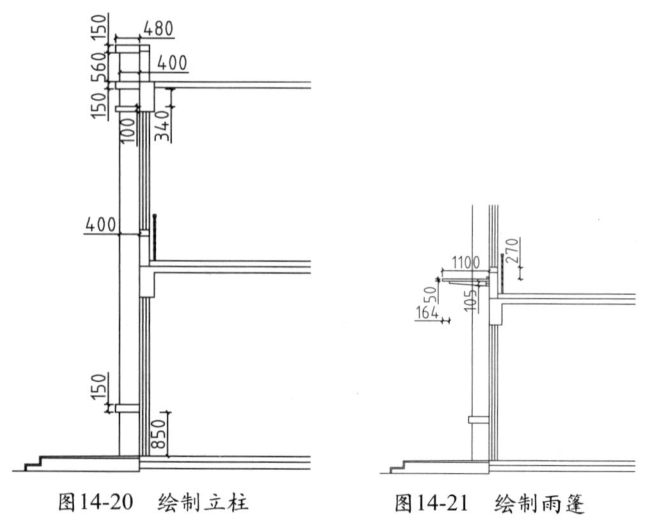

图14-20 绘制立柱

图14-21 绘制雨篷

12 调用PL【多段线】命令，绘制起点宽度为50、端点宽度为50的多段线以表示地坪线，如图14-22所示。

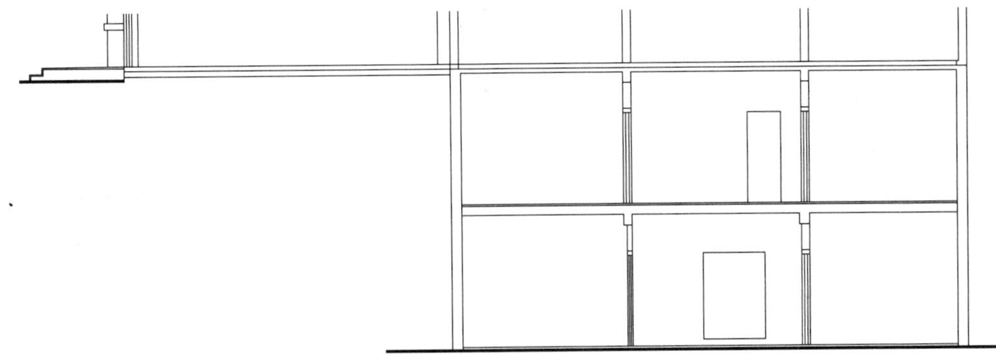

图14-22　绘制地坪线

13 调用L【直线】命令，绘制剖面图其他线段，结果如图14-23所示。

14 在“图层”工具栏下拉列表中选择“填充”图层。

15 调用H【图案填充】命令，在弹出的【图案填充和渐变色】对话框中设置墙体的图案填充参数，如图14-24所示。

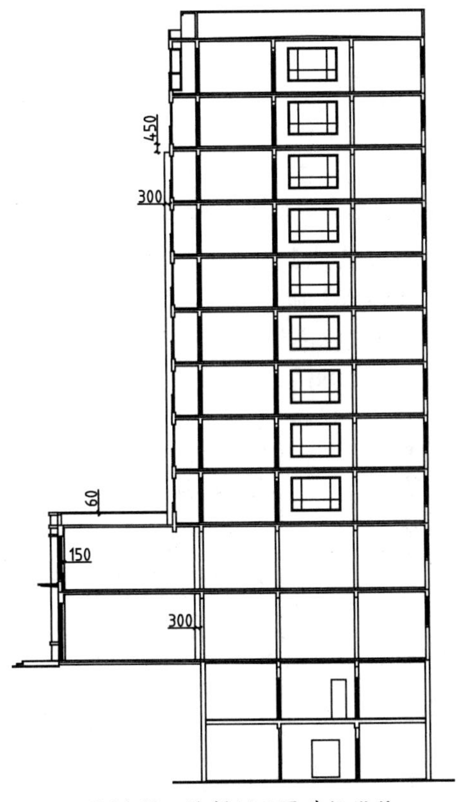

图14-23　绘制剖面图其他线段

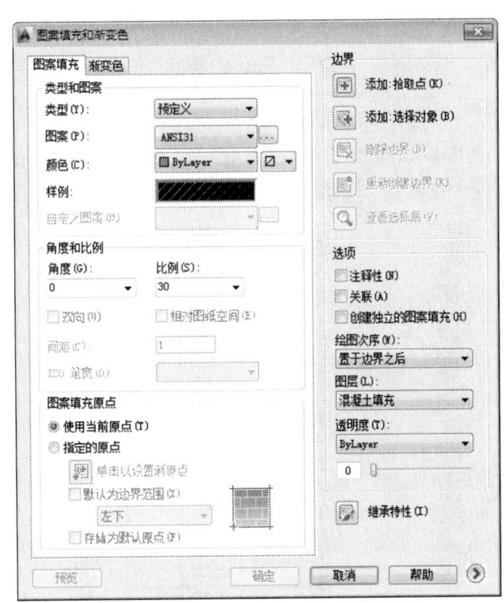

图14-24　设置参数

16 单击“添加：拾取点”按钮，在墙体、剖断梁轮廓线内单击左键，按下Enter键返回对话框，单击“确定”按钮关闭对话框，可以完成填充操作，如图14-25所示。

17 按下Enter键，在弹出的【图案填充和渐变色】对话框中更改参数，选择AR-CONC图案，设置填充比例为2，绘制图案填充的结果如图14-26所示。

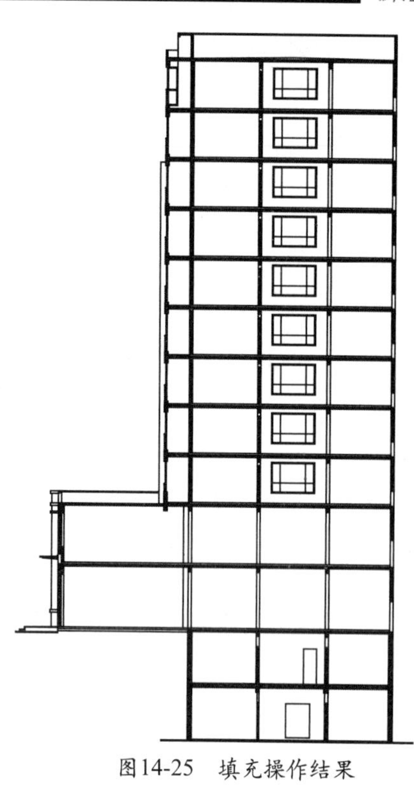

图14-25 填充操作结果

图14-26 操作结果

14.2.5 添加文字说明和标注

图形标注包括文字标注、标高标注、尺寸标注，以及图名标注，本节介绍各类图形标注的绘制。

01 在“图层”工具栏下拉列表中选择“尺寸标注”图层。

02 调用DLI【线性标注】命令，绘制剖面图的尺寸标注，结果如图14-27所示。

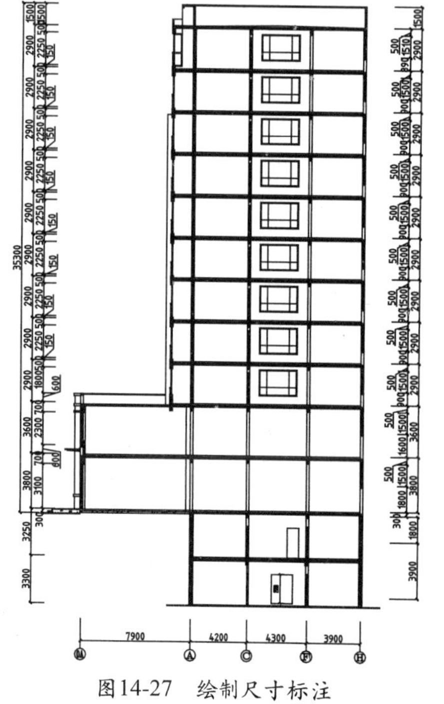

图14-27 绘制尺寸标注

03 调用L【直线】命令，绘制标高基准线；调用I【插入】命令，插入标高图块，双击图块以更改标高值，完成标高标注的操作结果如图14-28所示。

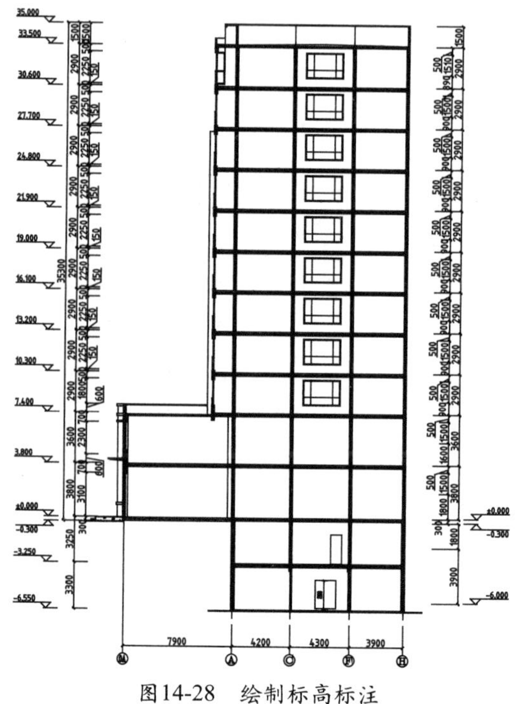

图14-28 绘制标高标注

04 在“图层”工具栏下拉列表中选择“文字标注”图层。

05 调用MT【多行文字】命令，绘制文字标注；调用MLD【多重引线】命令，绘制引出标注，结果如图14-29所示。

06 调用MT【多行文字】命令，绘制图名及比例标注；调用PL【多段线】命令，在图名标注的下方绘制多段线，结果如图14-30所示。

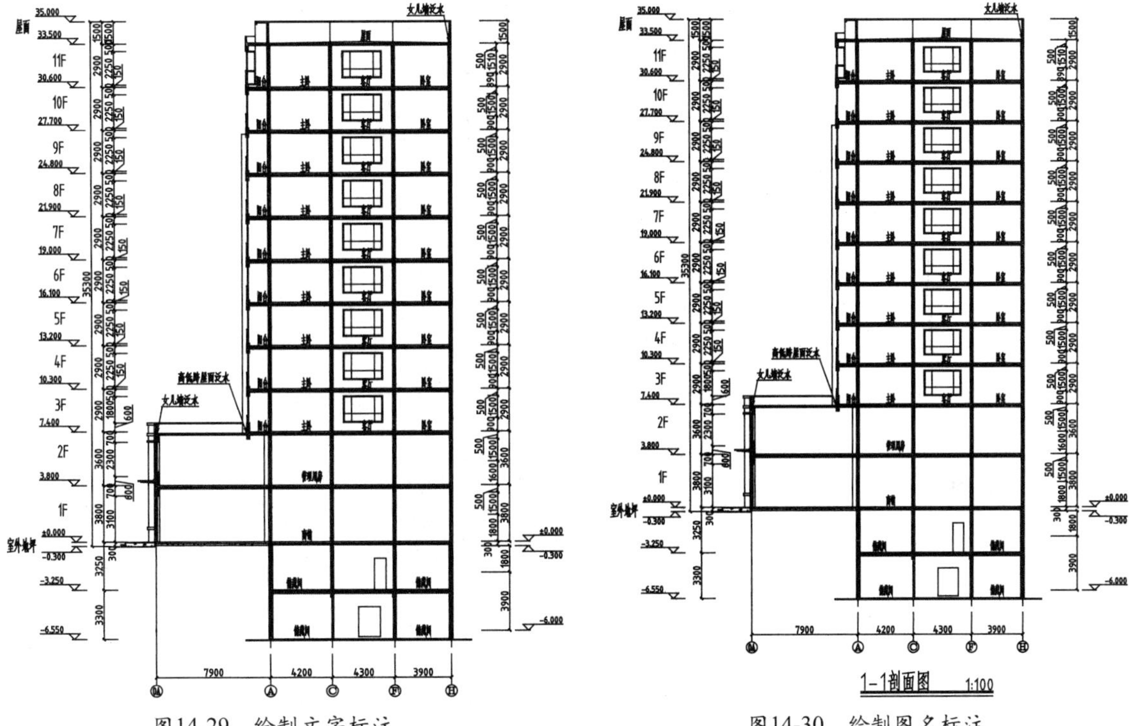

图14-29 绘制文字标注　　图14-30 绘制图名标注

14.3 绘制其他位置剖面图

楼梯是住宅楼重要的建筑构件，应单独绘制剖面图以表示其具体结构。图14-31所示为住宅楼楼梯、电梯剖面图的绘制结果，读者可参考本章介绍的方法，结合光盘中提供的素材文件的尺寸来绘制剖面图。

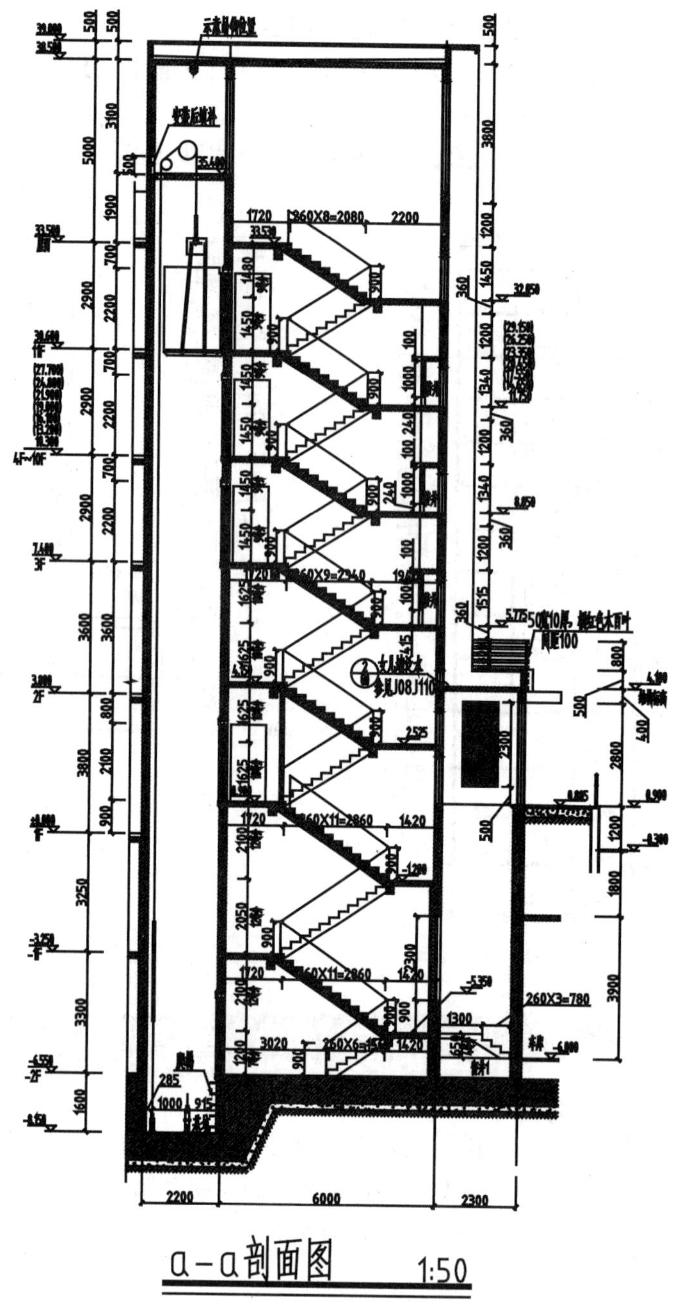

图14-31 a-a剖面图

第15章 绘制建筑详图

建筑平面图、立面图、剖面图的比例较小，且图纸的内容较多，往往有许多构件截面尺寸较小或较为复杂的地方表达不清楚，在这些基本图纸中只是画出示意图，比如圈梁、过梁的构造尺寸是多少，楼地面、屋顶的构造层次的做法，以及这些构件如何与墙体连接等。

为了清楚地表达这些内容，需要使用较大的比例将它们画出，这些使用较大比例所绘制的图形便成为详图。本章介绍住宅楼详图的绘制。

15.1 建筑详图绘制概述

对房屋建筑的局部或配件的大小、做法、材料，用较大的比例画出来，这种图样称之为建筑详图，简称详图。

详图的特点是比例大，尺寸标注齐全、准确，文字说明清楚，作用是便于施工。在识图时，应将详图符号与索引符号一一对应。

本节介绍建筑详图的基础知识。

15.1.1 建筑详图的图示内容

建筑详图的图示内容如下所述。

（1）建筑详图一般表达构配件的详细构造，比如材料、规格、相互连接的方法、相对位置、详细尺寸、标高、施工要求及做法的说明等。

（2）建筑详图应该画出详图符号，详图符号的圆应以直径为14mm粗实线绘制，并与被索引的图样上的索引符号相对应，在详图符号的右下侧注写比例。

（3）在详图中加入再需要另画详图时，则在其相应部位画上索引符号。

（4）对于套用标准图或通用详图的建筑构配件和建筑节点，只要注明所套用图集的名称、编号或者页次，不需要再画详图。

（5）详图的平面图、剖视图，一般都应画出抹灰层与楼面层的面层线，并画出材料图例。

（6）详图中的标高应与平面图、立面图、剖面图中的位置相一致。

15.1.2 建筑详图的绘制方法

以外墙身详图为例，介绍建筑详图的绘制步骤如下所述。

（1）确定图幅、选择比例、布置图面。

（2）绘制墙身的轴线及厚度。

（3）绘制室外地坪线、楼板线，以及屋面线。

（4）绘制室内地坪、楼板、屋顶的构造层次。

（5）绘制窗台、过梁、圈梁的位置、形状及门窗示意图。

（6）绘制檐口、勒脚、散水或明沟、雨水管、阳台、雨篷等细部构造。

（7）确认图纸无误后，按照《建筑制图标准》的规定继续深化图纸。

（8）标注相应的尺寸及文字说明。

即可完成墙身详图的绘制。

15.2 绘制门窗详图

本节介绍门窗详图的绘制，分3个小节进行讲解。第一个小节介绍绘制门窗详图所需的各类图层的创建，第二个小节介绍门详图的绘制，第三个小节介绍窗详图的绘制。

具体的绘制过程请阅读本节内容。

15.2.1 设置绘图环境

绘制门窗详图所需的各类图层有“门窗轮廓线”图层、“尺寸标注”图层、“文字标注”图层等，本节介绍这些图层的创建。

01 启动AutoCAD 2014应用程序，新建一个空白文件；执行“文件”|“保存”命令，设置图形名称为“门窗详图.dwg”，单击“保存”按钮，将其保存至电脑中。

02 沿用第12章所介绍的方式，设置新文件的各项样式参数，比如“绘图单位”、“文字样式”、“标注样式”等。

03 创建图层。调用LA【图层特性管理器】命令，系统弹出【图层特性管理器】对话框，在其中创建绘制门窗详图所需要的图层，如图15-1所示。

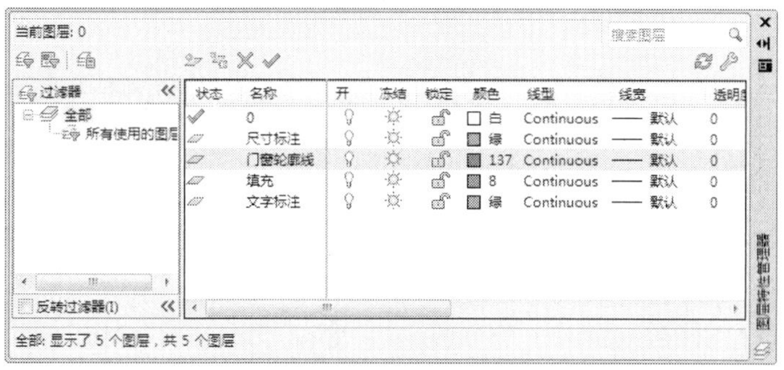

图15-1 【图层特性管理器】对话框

15.2.2 绘制门详图

本节介绍双扇平开门详图的绘制，首先绘制门的轮廓线，再在轮廓线内进行细分，最后绘制尺寸标注及图名标注，即可完成门详图的绘制。

01 在“图层”工具栏下拉列表中选择“门窗轮廓线”图层。

02 调用REC【矩形】命令，绘制立面门轮廓线；调用O【偏移】命令，设置偏移距离为70，选择矩形向内偏移，结果如图15-2所示。

03 调用X【分解】命令，分解矩形；调用O【偏移】命令，偏移矩形边，结果如图15-3所示。

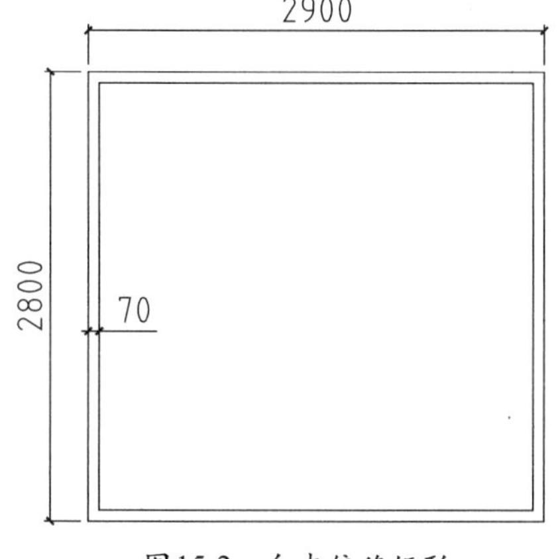

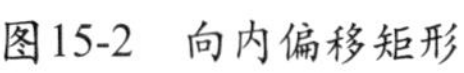
图15-2 向内偏移矩形

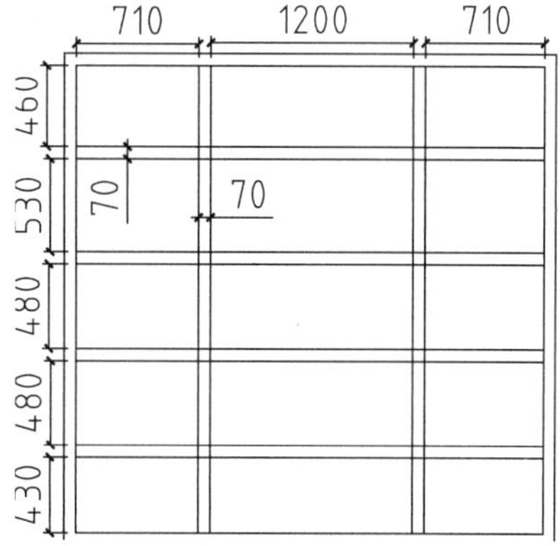

图15-3 偏移矩形边

04 调用TR【修剪】命令，修剪线段，操作结果如图15-4所示。

05 调用O【偏移】命令、TR【修剪】命令，偏移并修剪线段，结果如图15-5所示。

06 调用L【直线】命令、REC【矩形】命令，绘制双扇平开门图形，结果如图15-6所示。

07 调用PL【多段线】命令，绘制折断线以表示门的开启方向；调用REC【矩形】命令，绘制门把

手，结果如图15-7所示。

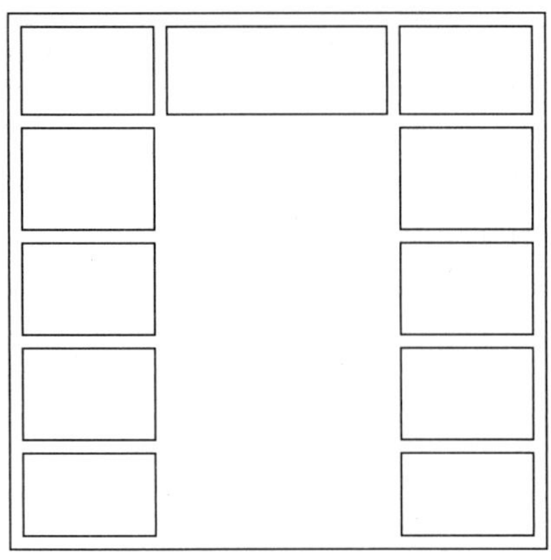

图15-4 修剪线段

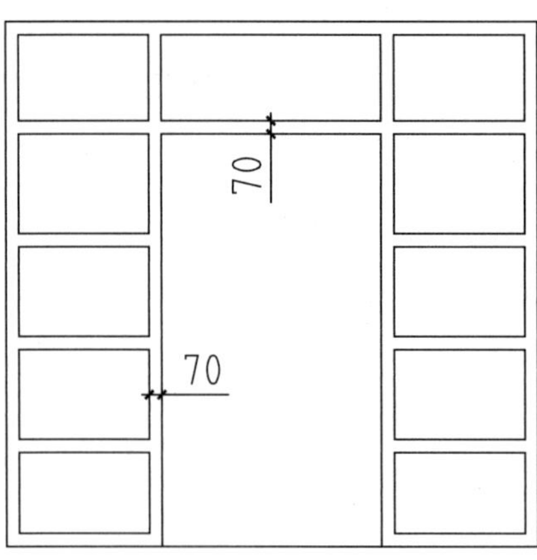

图15-5 偏移并修剪线段

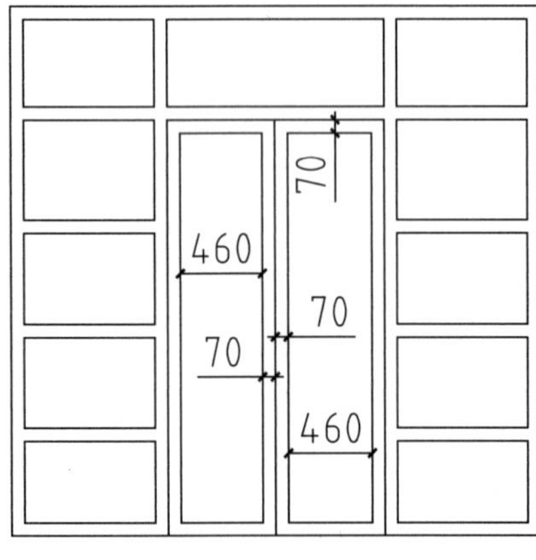

图15-6 绘制结果

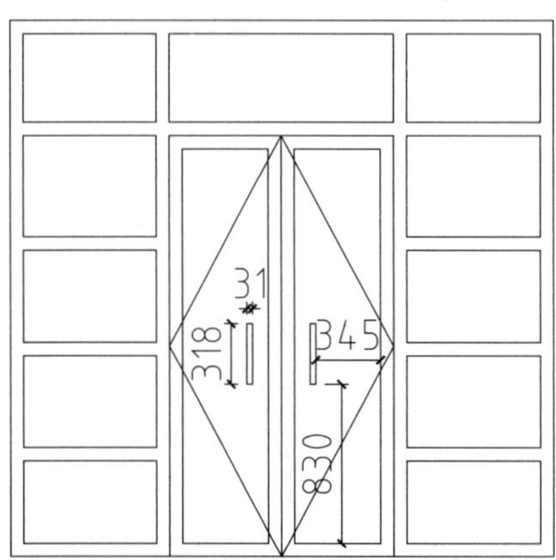

图15-7 操作结果

08 在“图层”工具栏下拉列表中选择“尺寸标注”图层。

09 调用DLI【线性标注】命令，绘制立面门尺寸标注，如图15-8所示。

10 双击尺寸标注，系统弹出【文字格式】对话框，在位文字编辑器中输入文字标注，单击“确定”按钮关闭对话框，以完成编辑操作，结果如图15-9所示。

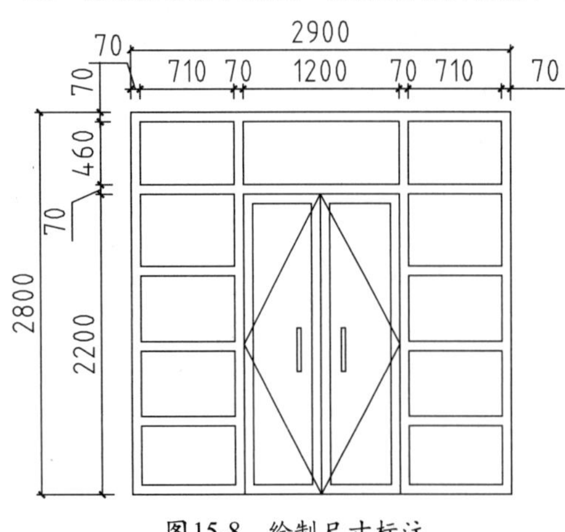

图15-8 绘制尺寸标注

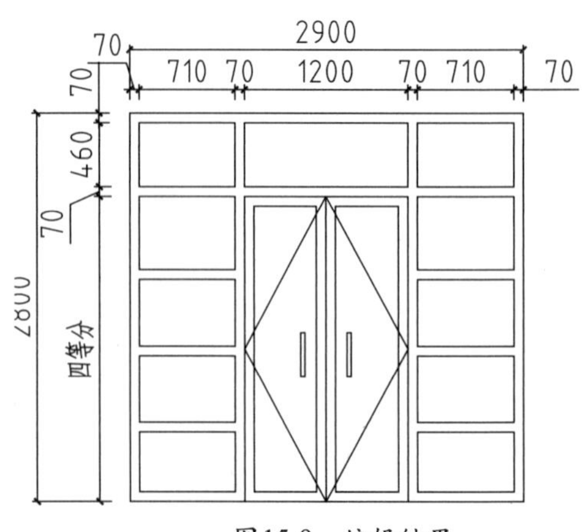

图15-9 编辑结果

11 在“图层”工具栏下拉列表中选择“文字标注”图层。

12 调用MT【多行文字】命令，绘制图名标注；调用PL【多段线】命令，在图名标注的下方绘制下划线，结果如图15-10所示。

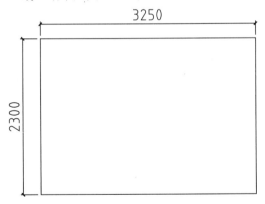

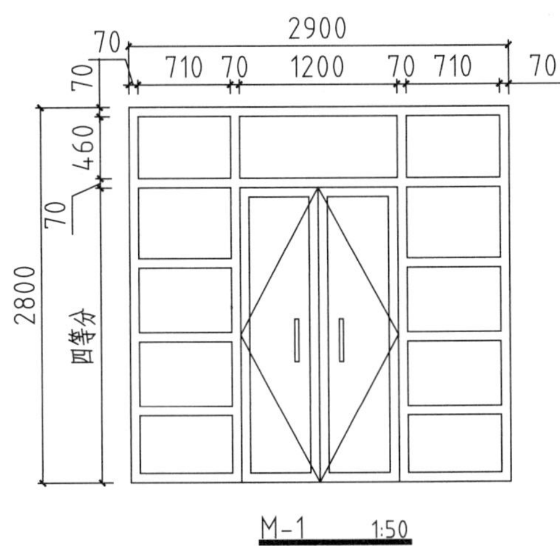

图15-10 图名标注

15.2.3 绘制窗详图

本节介绍立面窗详图的绘制，首先应绘制窗的外轮廓线，再在轮廓线内具体划分立面窗的各个区域，最后使用“图案填充”命令来填充立面窗的玻璃图案。

01 在“图层”工具栏下拉列表中选择“门窗轮廓线”图层。

02 调用REC【矩形】命令，绘制窗的外轮廓线，结果如图15-11所示。

图15-11 绘制窗的外轮廓线

03 调用X【分解】命令，分解矩形；调用O【偏移】命令，偏移线段，如图15-12所示。

04 调用TR【修剪】命令，修剪线段，结果如图15-13所示。

05 调用O【偏移】命令，设置偏移距离为30，偏移线段；调用F【圆角】命令，设置圆角半径为0，对线段执行修剪操作，结果如图15-14所示。

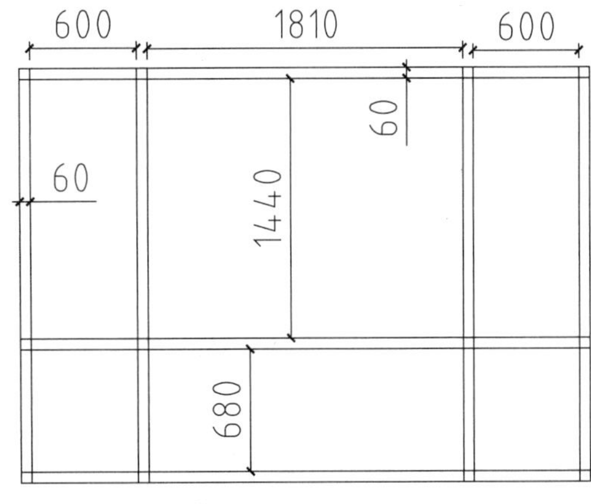

图15-12 偏移线段

图15-13 修剪线段

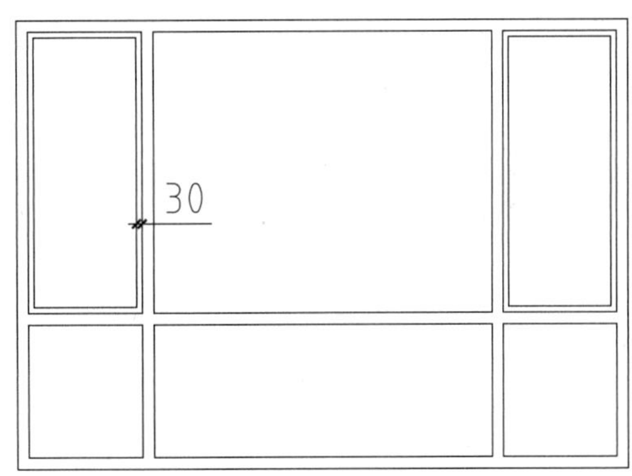

图15-14 修剪结果

06 调用PL【多段线】命令，绘制多段线以表示窗扇的开启方向，如图15-15所示。

07 在“图层”工具栏下拉列表中选择“填充”图层。

08 调用H【图案填充】命令，在【图案填充和渐变色】对话框中设置玻璃图案的填充参数，如图15-16所示。

09 单击“添加：失去点”按钮，在绘图区中点取填充区域，绘制图案填充的结果如图15-17所示。

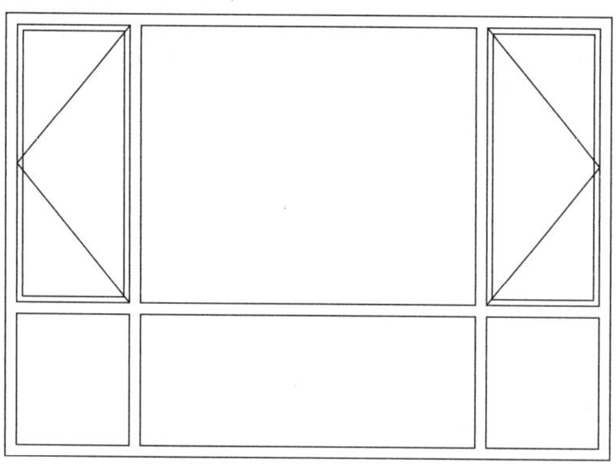

图15-15　绘制多段线

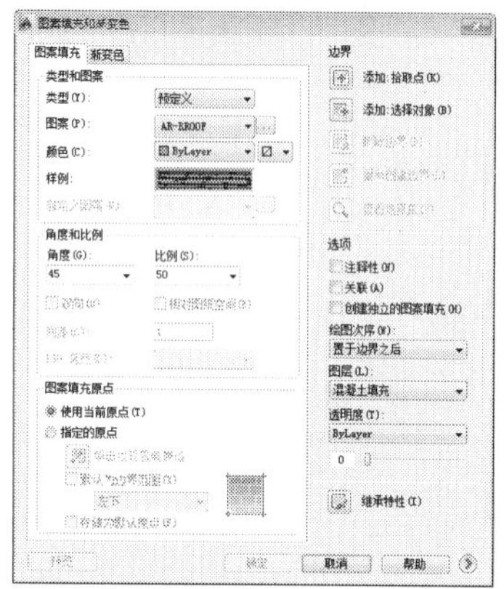

图15-16　【图案填充和渐变色】对话框

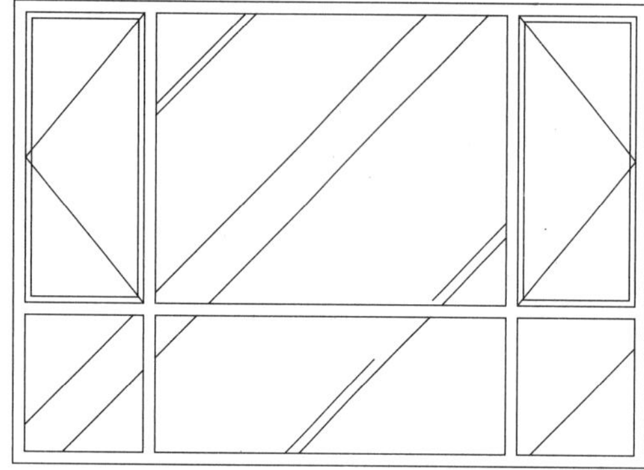

图15-17　绘制图案填充

10 在“图层”工具栏下拉列表中选择“尺寸标注”图层。

11 调用DLI【线性标注】命令，绘制窗的尺寸标注，结果如图15-18所示。

12 双击尺寸标注，修改标注文字，结果如图15-19所示。

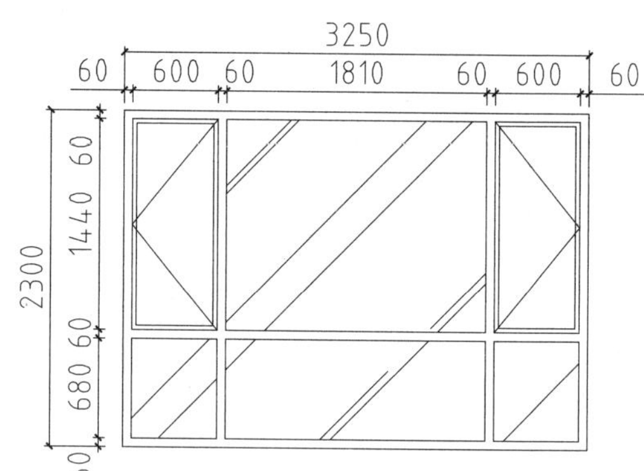

图15-18　绘制尺寸标注

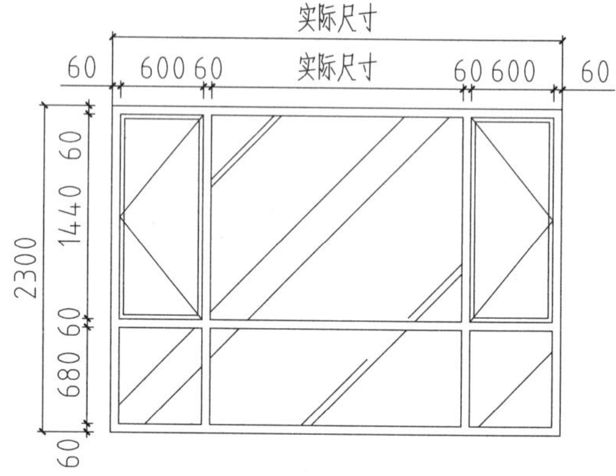

图15-19　修改标注文字

13 在“图层”工具栏下拉列表中选择“文字标注”图层。

14 调用MT【多行文字】命令、PL【多段线】命令，绘制图名标注及下划线，结果如图15-20所示。

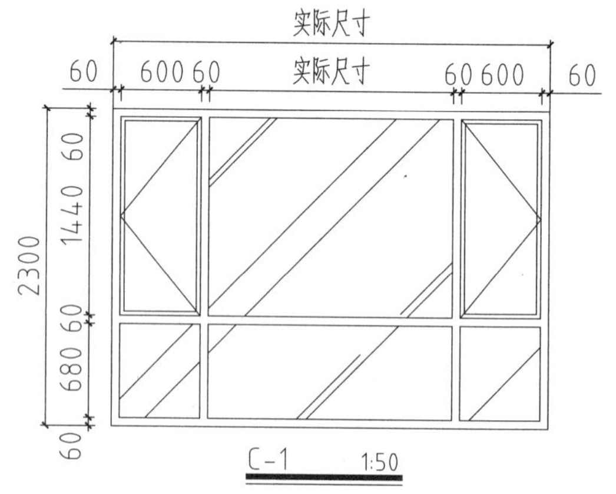

图15-20　绘制图名标注

15.3 绘制机房女儿墙剖面详图

本节介绍机房女儿墙剖面详图的绘制，分为4个小节进行讲解。第一个小节是创建绘制剖面详图所需的各类图层，第二个小节是绘制详图轮廓线，第三个小节是绘制各类填充图案，第四个小节是绘制文字标注、尺寸标注、图名标注。

请参考本节所介绍的绘图过程。

15.3.1 设置绘图环境

绘制女儿墙剖面详图所需的各类图层有“填充”图层、“详图轮廓线”图层、“文字标注”图层等，本节介绍这些图层的创建。

01 启动AutoCAD 2014应用程序，新建一个空白文件；执行“文件”|“保存”命令，设置图形名称为“机房女儿墙剖面详图.dwg”，单击“保存”按钮，将其保存至电脑中。

02 沿用第12章所介绍的方式，设置新文件的各项样式参数，比如“绘图单位”、“文字样式”、“标注样式”等。

03 创建图层。调用LA【图层特性管理器】命令，系统弹出【图层特性管理器】对话框，在其中创建绘制女儿墙剖面详图所需要的图层，如图15-21所示。

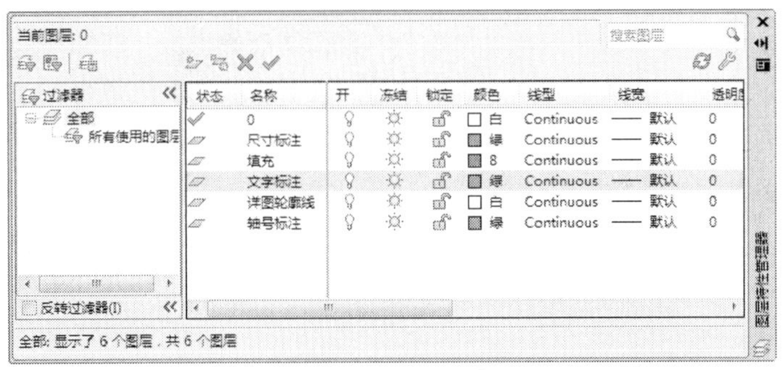

图15-21 创建图层

15.3.2 绘制详图轮廓线

调用各类绘图命令、编辑命令可以完成详图轮廓线的绘制，本节介绍详图轮廓线的绘制步骤。

01 在“图层”工具栏下拉列表中选择“详图轮廓线”图层。

02 调用L【直线】命令，绘制图15-22所示的线段。

03 调用O【偏移】命令、TR【修剪】命令，偏移并修剪线段，如图15-23所示。

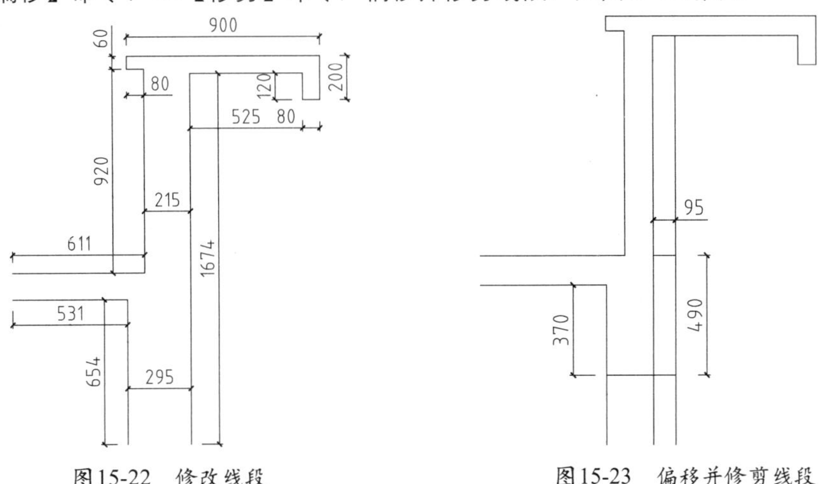

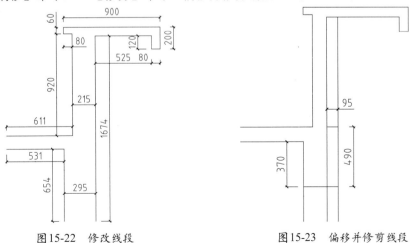

图15-22 修改线段

图15-23 偏移并修剪线段

04 调用O【偏移】命令，选择轮廓线往外偏移；调用F【圆角】命令，对线段执行修剪操作，结果如图15-24所示。

05 调用L【直线】命令，绘制直线；调用TR【修剪】命令，修剪多余线段，结果如图15-25所示。

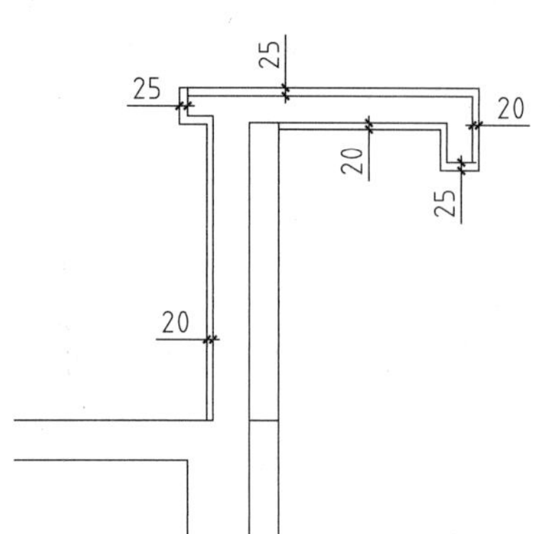

图15-24　修剪线段

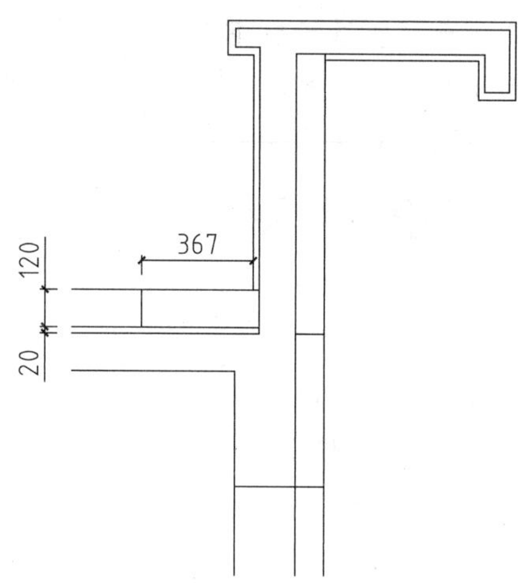

图15-25　绘制直线

06 调用O【偏移】命令、TR【偏移】命令，绘制水泥砂浆层轮廓线，如图15-26所示。

07 调用L【直线】命令、TR【修剪】命令，绘制坡面轮廓线及滴水轮廓线，结果如图15-27所示。

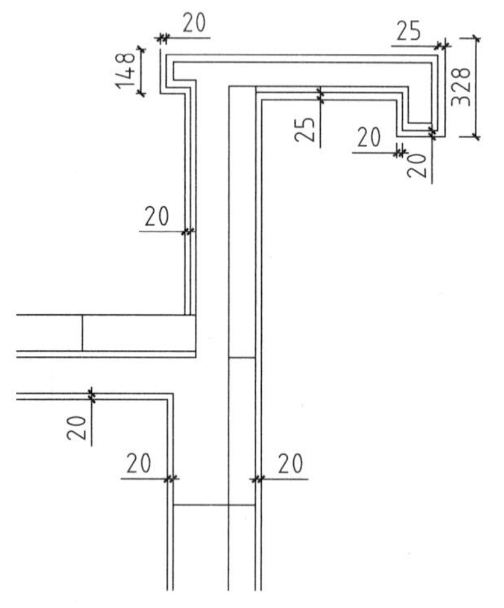

图15-26　绘制水泥砂浆层轮廓线

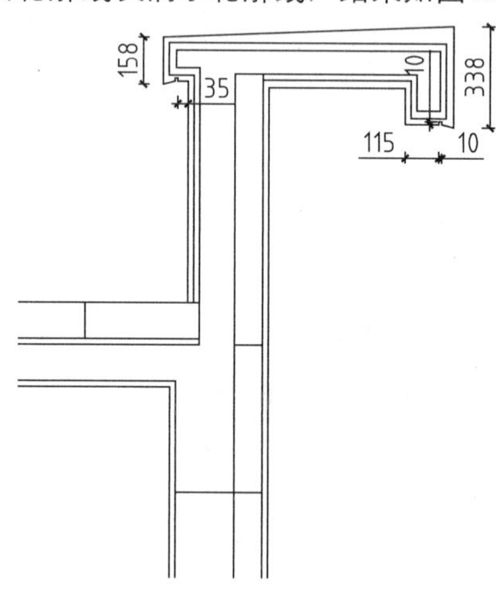

图15-27　绘制轮廓线

08 调入图块。按下Ctrl+O快捷键，在配套光盘提供的“第15章/图例文件.dwg”文件中将钉子图形复制并粘贴至当前图形中，结果如图15-28所示。

09 调用TR【修剪】命令，修剪多余线段；调用L【直线】命令，绘制直线，结果如图15-29所示。

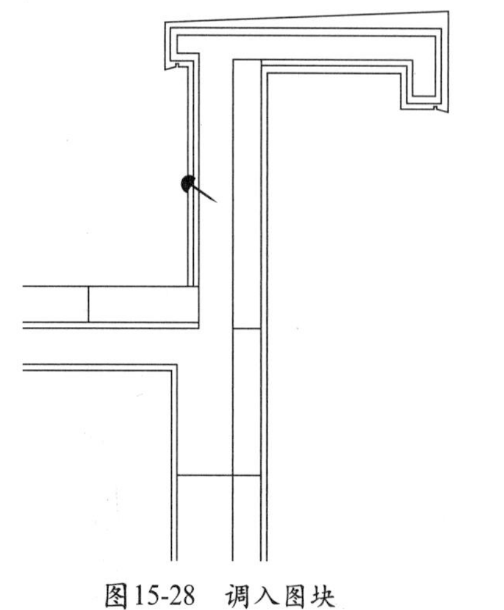

图15-28　调入图块

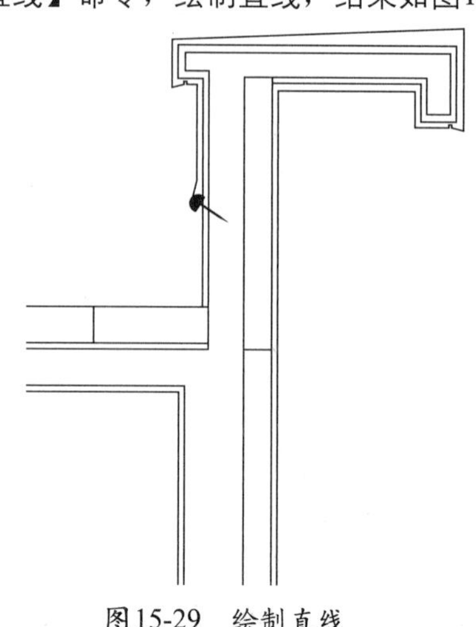

图15-29　绘制直线

10 调用PL【多段线】命令，绘制图15-30所示的多段线。

11 调用O【偏移】命令，设置偏移距离为6，选择多段线向下偏移，结果如图15-31所示。

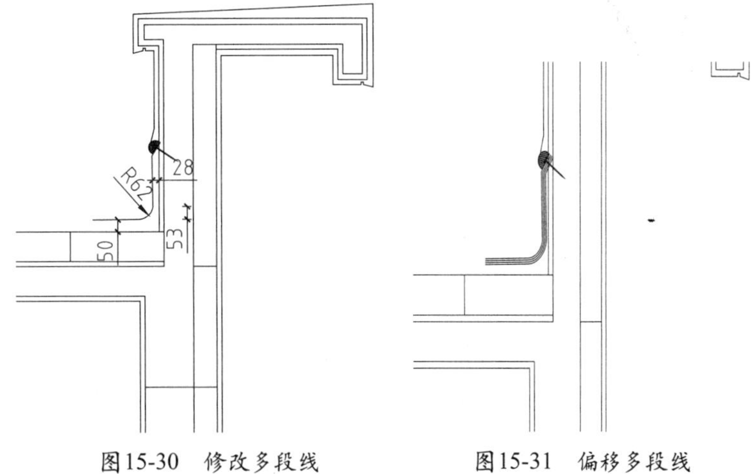

图15-30 修改多段线　　图15-31 偏移多段线

12 调用L【直线】命令，绘制直线，结果如图15-32所示。

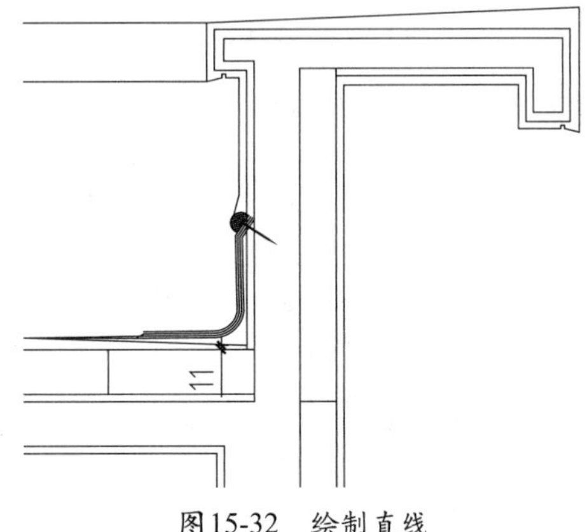

图15-32 绘制直线

15.3.3 绘制填充图案

使用“图案填充”命令，对详图轮廓线填充各种图案，以对各部分进行区别。

01 在“图层”工具栏下拉列表中选择“填充”图层。

02 调用H【图案填充】命令，在【图案填充和渐变色】对话框中设置填充参数，绘制图案填充的结果如图15-33所示。

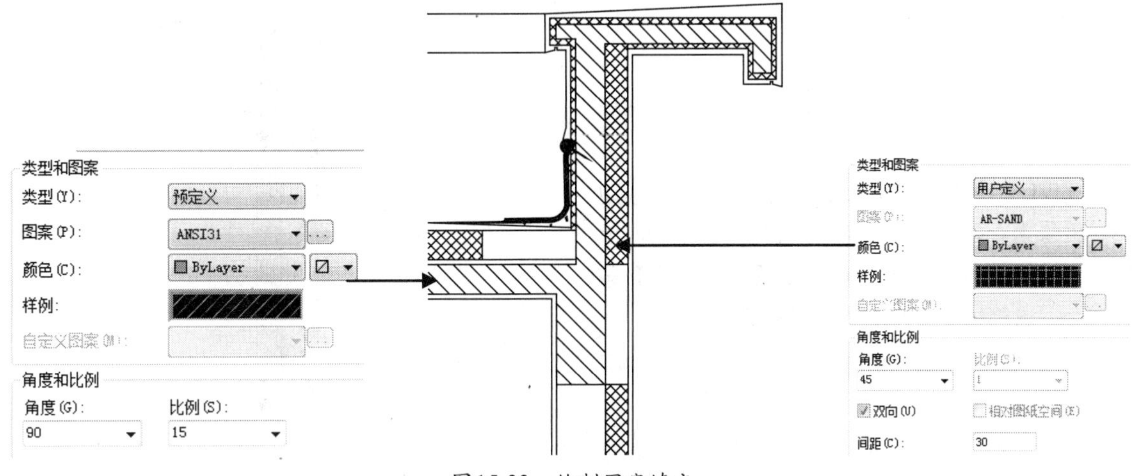

图15-33 绘制图案填充

03 按下Enter键，重新调出【图案填充和渐变色】对话框，在其中修改填充参数，绘制图案填充的操作结果如图15-34所示。

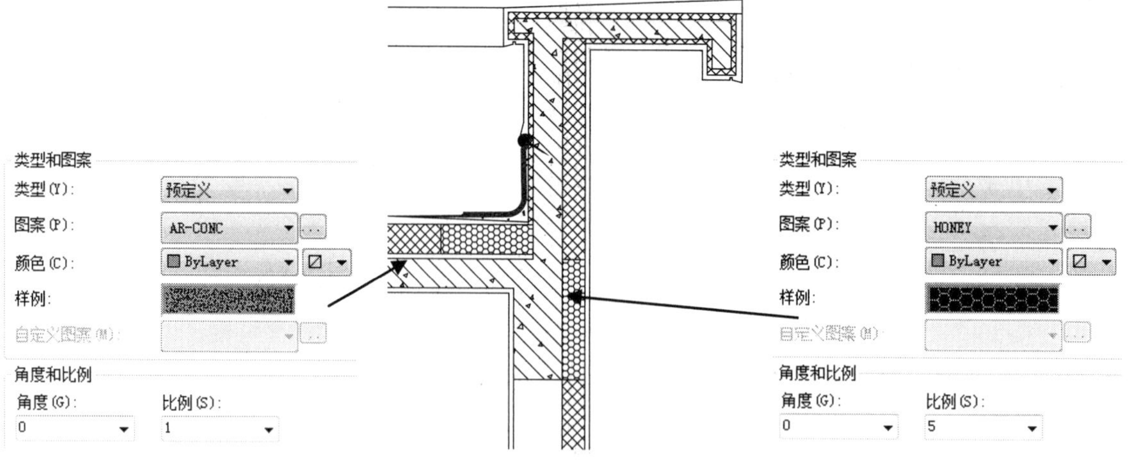

图15-34　填充结果

04 重复上述操作，继续绘制填充图案，结果如图15-35所示。

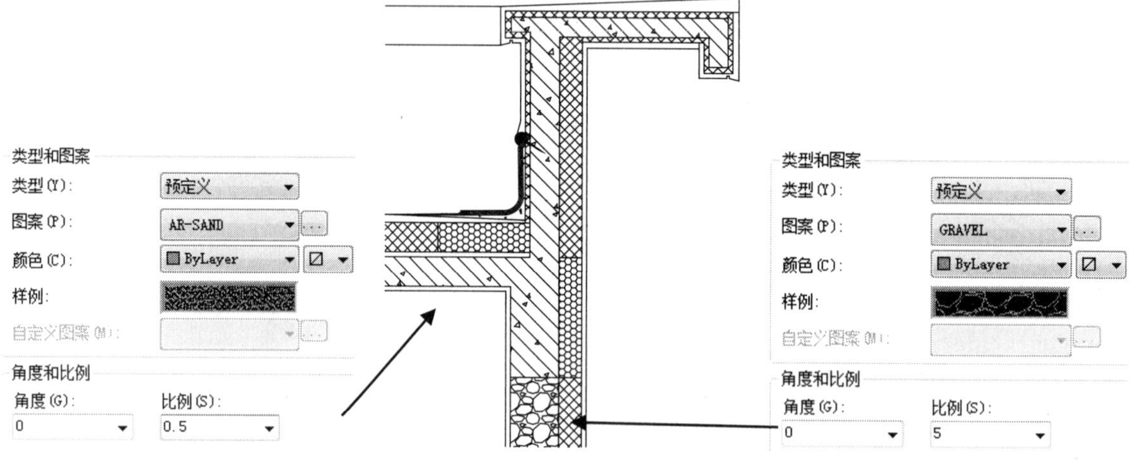

图15-35　图案填充结果

15.3.4 绘制图形标注

本节介绍轴号标注、引线标注、尺寸标注，以及图名标注的绘制。

01 在“图层”工具栏下拉列表中选择“轴号标注”图层。

02 调用L【直线】命令，绘制轴线，并将其线型更改为点划线样式；调用C【圆形】命令，绘制半径为80的圆形；调用MT【多行文字】命令，绘制轴号标注，结果如图15-36所示。

03 在“图层”工具栏下拉列表中选择“文字标注”图层。

04 调用C【圆形】命令、MLD【多重引线】命令，绘制引出标注，结果如图15-37所示。

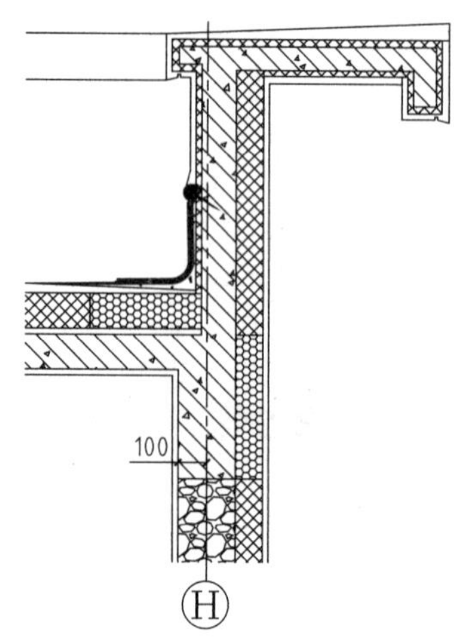

图15-36　绘制轴号标注

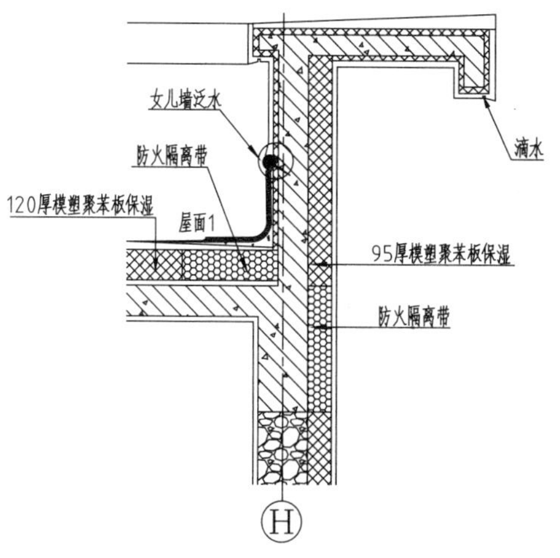

图15-37　绘制引出标注

05 调用PL【多段线】命令，绘制起点宽度为15、端点宽度为0的指示箭头；调用MT【多行文字】命令，绘制坡度标注文字，如图15-38所示。

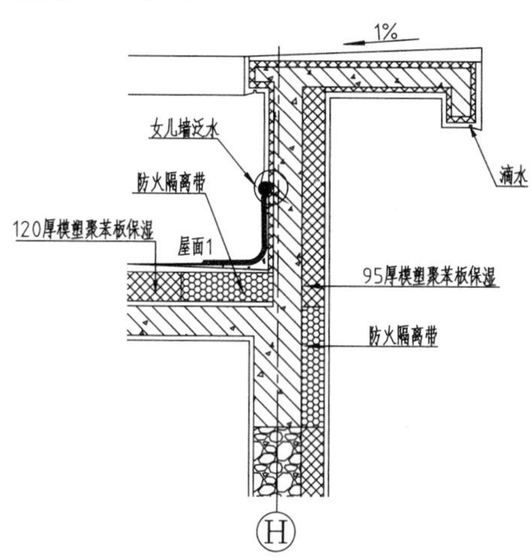

图15-38　绘制坡度标注

06 在“图层”工具栏下拉列表中选择“尺寸标注”图层。

07 调用DLI【线性标注】命令，绘制详图尺寸标注；双击尺寸标注文字，在弹出的位文字编辑框中更改尺寸标注文字，操作结果如图15-39所示。

08 标高标注。调用L【直线】命令，绘制标高基准线；调用I【插入】命令，插入标高图块，双击图块以更改标高参数，完成标高标注的操作结果如图15-40所示。

09 在“图层”工具栏下拉列表中选择“文字标注”图层。

10 调用MT【多行文字】命令、C【圆形】命令，绘制图号标注及半径为112的圆形（将圆形的线宽更改为0.3mm），以完成详图符号的绘制。

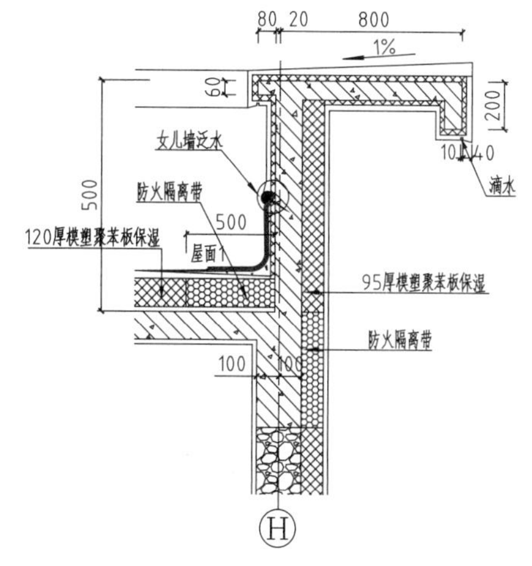

图15-39　绘制详图尺寸标注

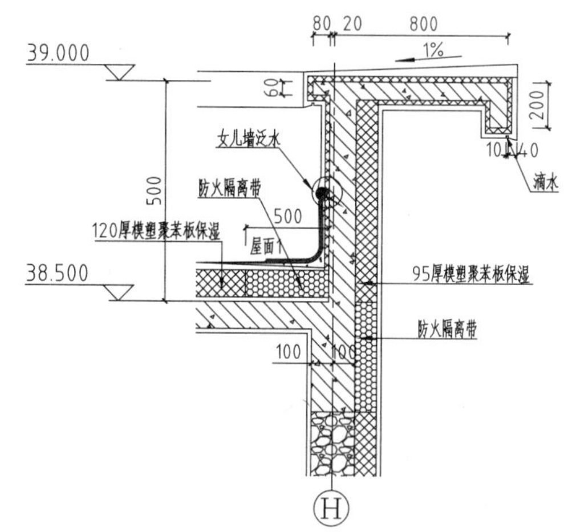

图15-40　绘制标高标注

11 调用MT【多行文字】命令、PL【多段线】命令，绘制图名标注及下划线，结果如图15-41所示。

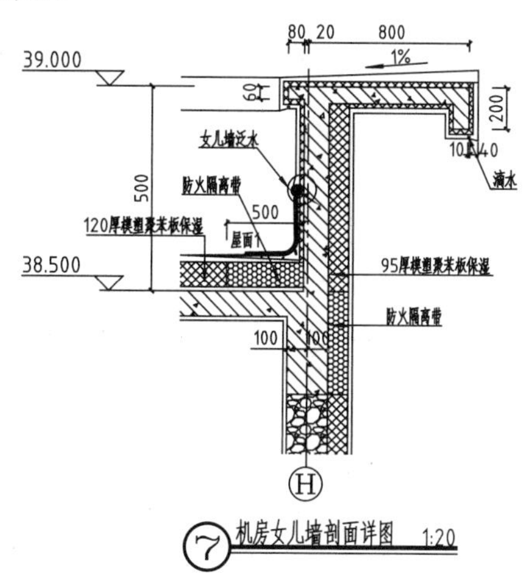

图15-41　绘制图名标注

15.4 绘制女儿墙装饰详图

本节介绍女儿墙装饰详图的绘制，分为3个小节进行讲解。第一个小节介绍绘制装饰详图所需各类图层的创建，第二个小节介绍各类详图图形的绘制，第三个小节介绍详图标注的绘制。

请阅读本节所介绍的图形的绘制过程。

15.4.1 设置绘图环境

绘制装饰详图所需的图层有“辅助线”图层、“连接构件”图层、“墙线”图层等，本节介绍这些图层的创建。

01 启动AutoCAD 2014应用程序，新建一个空白文件；执行“文件”|“保存”命令，设置图形名称为“女儿墙装饰详图.dwg”，单击“保存”按钮，将其保存至电脑中。

02 沿用第12章所介绍的方式，设置新文件的各项样式参数，比如“绘图单位”、“文字样式”、“标注样式”等。

03 创建图层。调用LA【图层特性管理器】命令，系统弹出【图层特性管理器】对话框，在其中创建绘制女儿墙装饰详图所需要的图层，如图15-42所示。

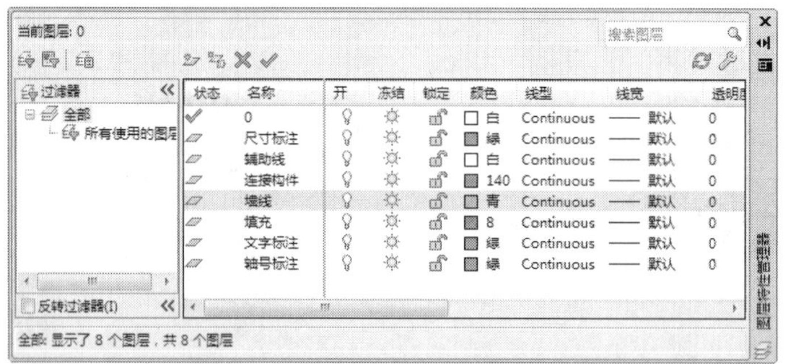

图15-42 【图层特性管理器】对话框

15.4.2 绘制详图图形

本节介绍详图轮廓线，以及详图中各部分填充图案的绘制。

01 在“图层”工具栏下拉列表中选择“墙线”图层。

02 调用PL【多段线】命令，设置宽度值为10，绘制墙线的结果如图15-43所示。

03 在“图层”工具栏下拉列表中选择“辅助线”图层。

04 调用L【直线】命令、O【偏移】命令，绘制并偏移直线，结果如图15-44所示。

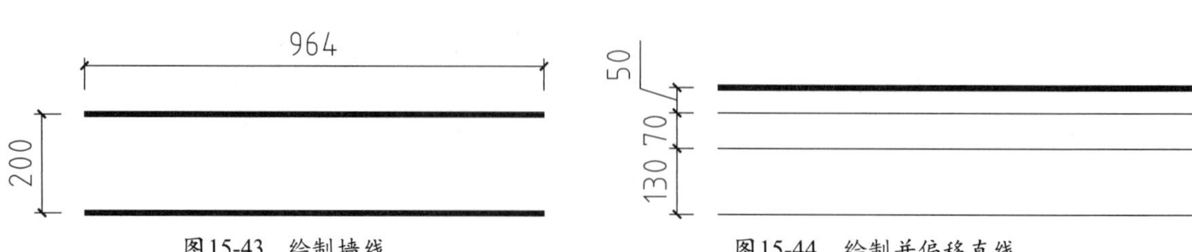

图15-43 绘制墙线　　图15-44 绘制并偏移直线

05 调用PL【多段线】命令，更改线宽参数为0，绘制折断线，结果如图15-45所示。

06 在“图层”工具栏下拉列表中选择“连接构件”图层。

07 调用L【直线】命令，绘制连接构件的轮廓线，如图15-46所示。

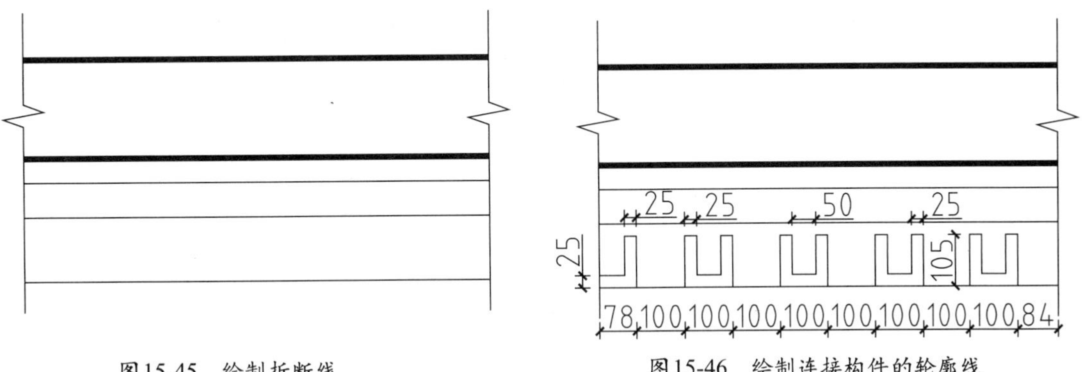

图15-45　绘制折断线　　　图15-46　绘制连接构件的轮廓线

08 调用L【直线】命令，绘制对角线，结果如图15-47所示。

09 调用O【偏移】命令，设置偏移距离为2.5，选择对角线分别向两侧偏移，如图15-48所示。

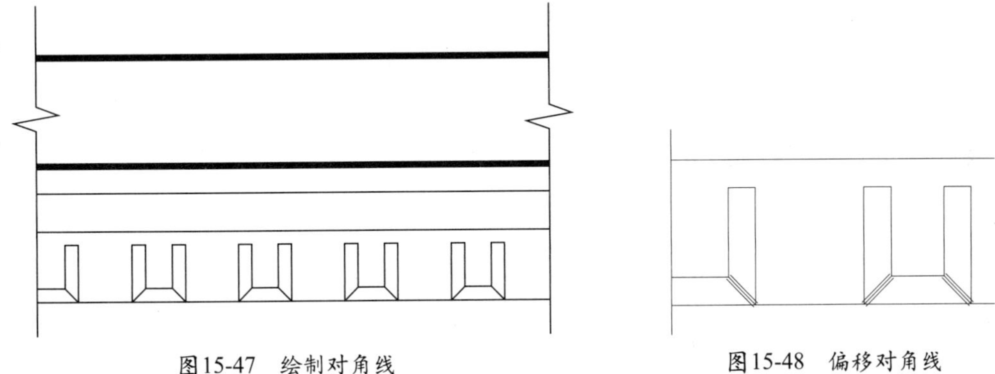

图15-47　绘制对角线　　　图15-48　偏移对角线

10 调用EX【延伸】命令，延伸线段；调用TR【修剪】命令、E【删除】命令，修剪并删除线段，操作结果如图15-49所示。

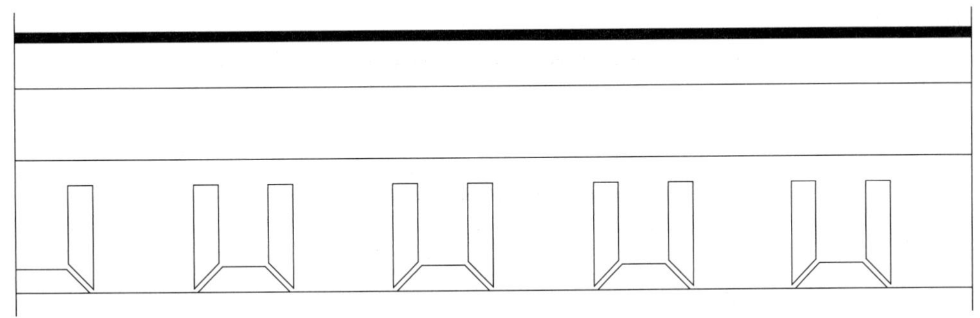

图15-49　编辑修改线段

11 调用REC【矩形】命令、L【直线】命令，继续绘制连接构件图形，如图15-50所示。

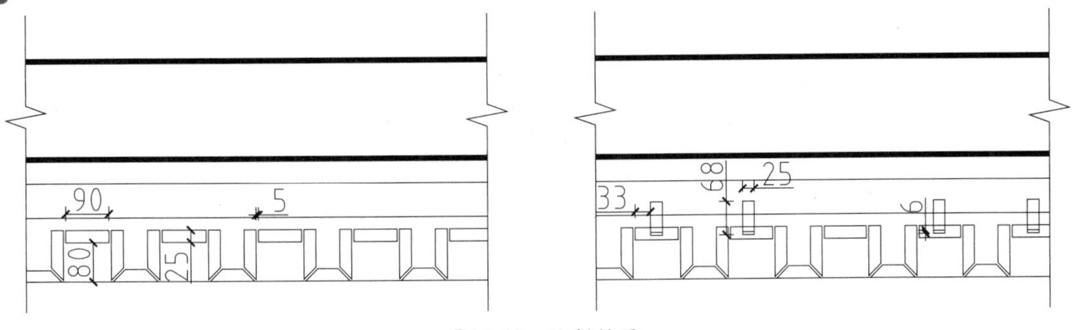

图15-50　绘制结果

12 单击“绘图”工具栏上的“正多边形”按钮，设置边数为6，单击左键点取多边形的圆心，选择“外切于圆”选项，设置半径值为5，绘制正六边形的结果如图15-51所示。

13 调用C【圆形】命令，以六边形的圆心为圆心，分别绘制半径为5、6的圆形，如图15-52所示。

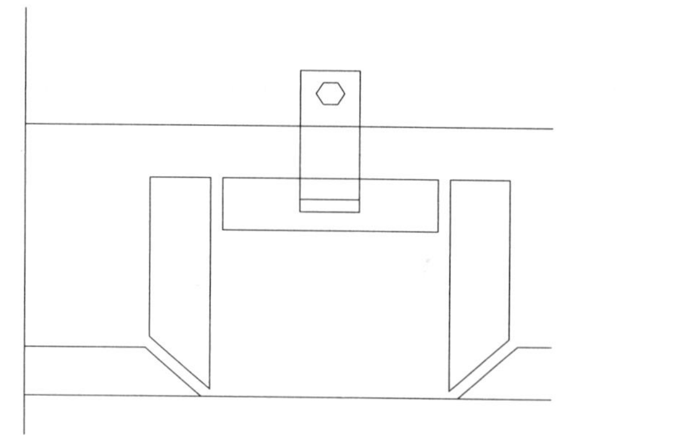

图15-51 绘制六边形

图15-52 绘制圆形

14 沿用上述操作方式，绘制连接构件图形的结果如图15-53所示。

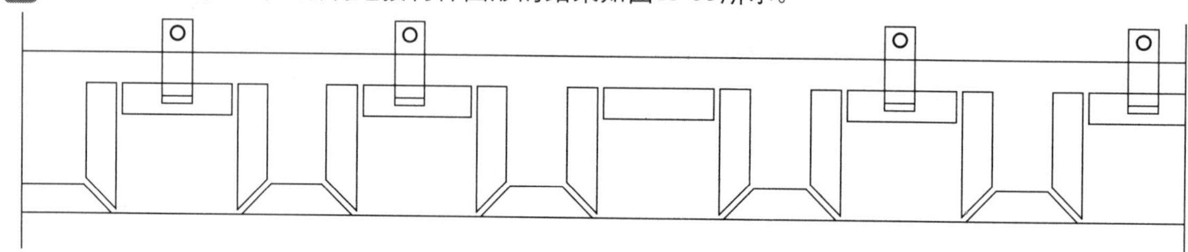

图15-53 绘制结果

15 调入图块。按下Ctrl+O快捷键，在配套光盘提供的“第15章/图例文件.dwg”文件中将连接构件图形复制并粘贴至当前图形中，结果如图15-54所示。

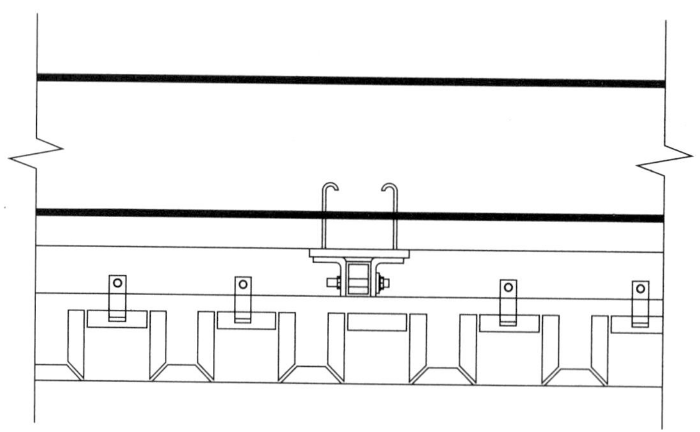

图15-54 调入图块

16 在“图层”工具栏下拉列表中选择“填充”图层。

17 调用H【图案填充】命令，系统弹出【图案填充和渐变色】对话框，在其中设置图案填充参数，并对详图中的墙体执行填充操作，结果如图15-55所示。

18 按下Enter键，参照上一小节中所介绍的参数值，在弹出的【图案填充和渐变色】对话框中设置“95厚模塑聚苯板保湿”材料的图案填充参数，并对详图执行图案填充操作。

19 执行完上述填充操作后，再次调出【图案填充和渐变色】对话框，修改参数并执行图案填充的结果如图15-56所示。

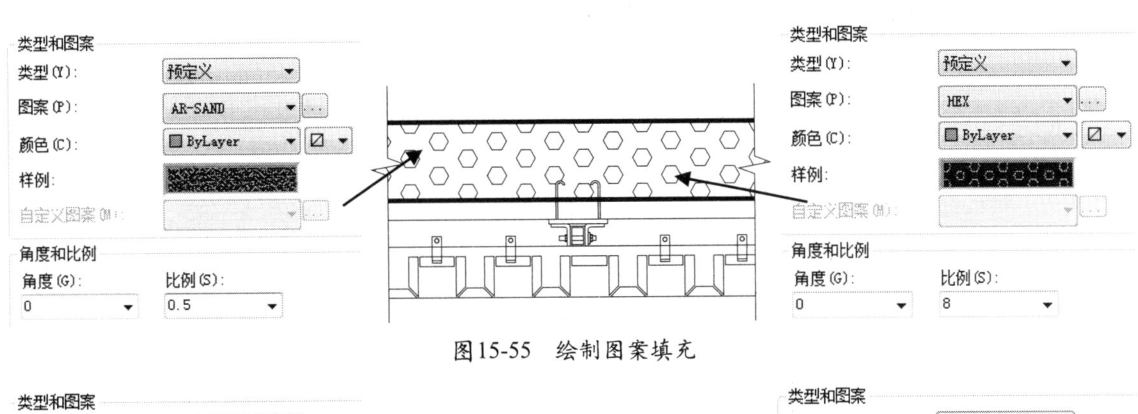

图15-55 绘制图案填充

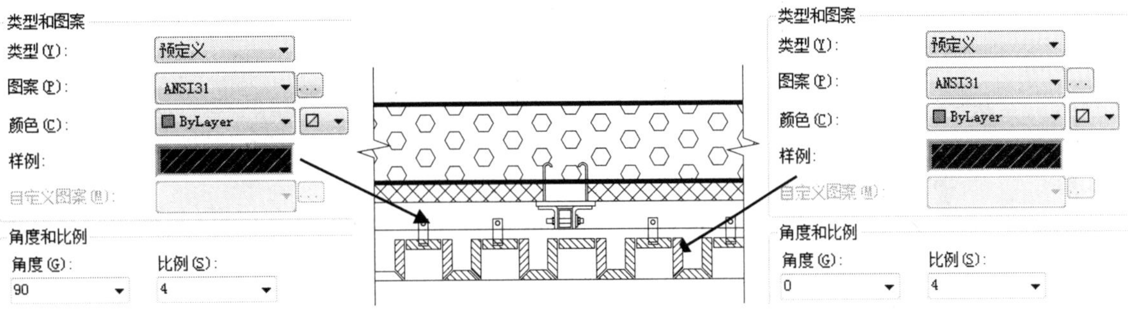

图15-56 填充结果

15.4.3 绘制详图标注

详图标注包括轴号标注、尺寸标注、引线标注，以及图名标注，本节介绍这些标注的绘制。

01 在“图层”工具栏下拉列表中选择“轴号标注”图层。

02 调用L【直线】命令，绘制轴线；调用C【圆形】命令、MT【多行文字】命令，绘制圆形（R=80）及文字标注，如图15-57所示。

03 在“图层”工具栏下拉列表中选择“尺寸标注”图层。

04 调用DLI【线性标注】命令，绘制详图尺寸标注，结果如图15-58所示。

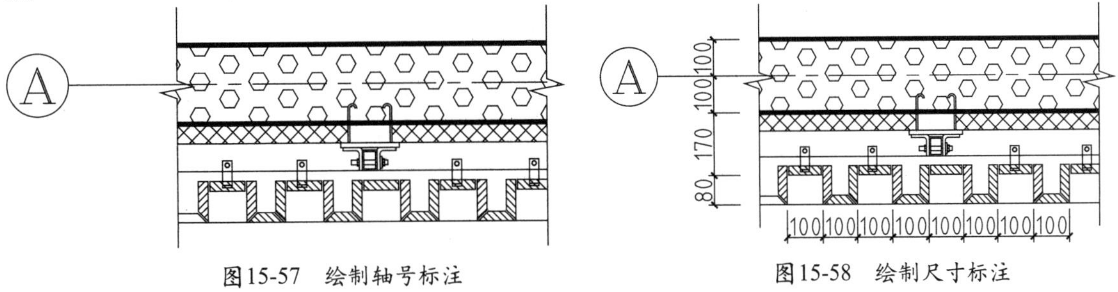

图15-57 绘制轴号标注

图15-58 绘制尺寸标注

05 在“图层”工具栏下拉列表中选择“文字标注”图层。

06 调用MLD【多重引线】命令，绘制材料名称标注，如图15-59所示。

07 调用MT【多行文字】命令、PL【多段线】命令，绘制图名标注及下划线；调用C【圆形】命令、MT【多行文字】命令，绘制圆形（R=78）及图号标注，完成女儿墙装饰详图的绘制，结果如图15-60所示。

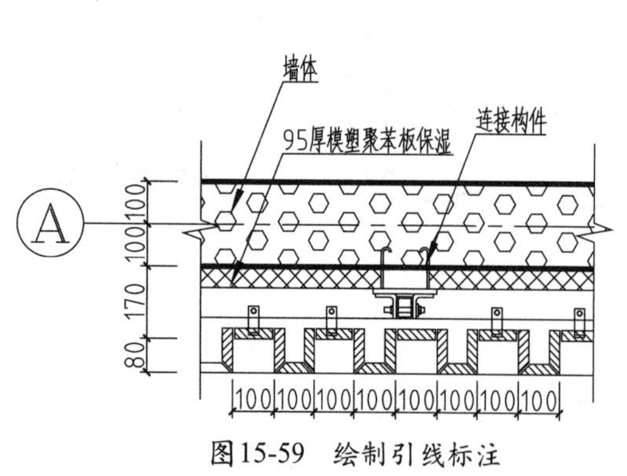

图15-59 绘制引线标注

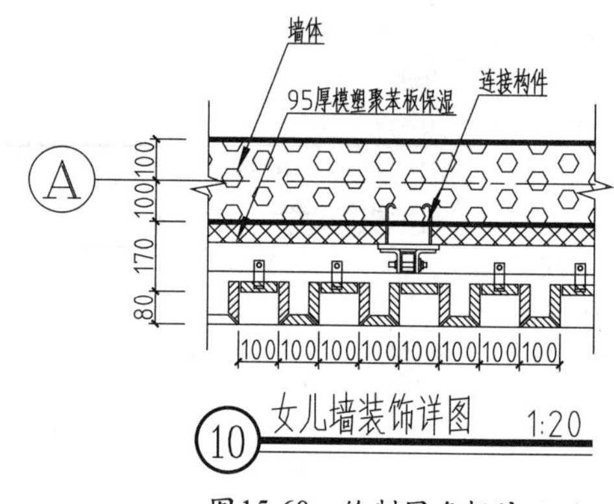

图15-60 绘制图名标注

15.5 绘制楼梯剖面详图

本节介绍楼梯剖面详图的绘制，分为4个小节进行介绍。第一个小节介绍绘制剖面详图所需各类图层的创建，第二个小节介绍详图图形的绘制，第三个小节介绍详图填充图案的绘制，第四小节介绍详图标注的绘制。

请阅读本节所介绍的绘制方法。

15.5.1 设置绘图环境

绘制楼梯剖面详图所需的图层有“详图轮廓线”图层、“楼梯”图层、“门窗”图层等，本节介绍这些图层的创建。

01 启动AutoCAD 2014应用程序，新建一个空白文件；执行“文件”|“保存”命令，设置图形名称为“楼梯剖面详图.dwg”，单击“保存”按钮，将其保存至电脑中。

02 沿用第12章所介绍的方式，设置新文件的各项样式参数，比如“绘图单位”、“文字样式”、“标注样式”等。

03 创建图层。调用LA【图层特性管理器】命令，系统弹出【图层特性管理器】对话框，在其中创建绘制楼梯剖面详图所需要的图层，如图15-61所示。

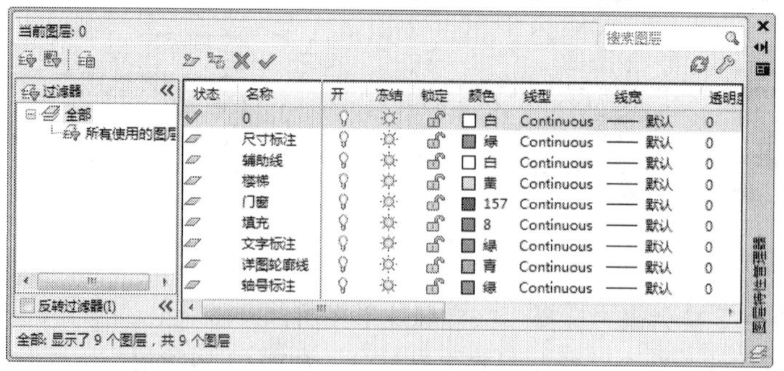

图15-61 创建图层

15.5.2 绘制详图图形

本节介绍楼梯详图中各图形轮廓线的绘制，包括楼梯、门、楼板等图形轮廓线的绘制。

01 在“图层”工具栏下拉列表中选择“详图轮廓线”图层。

02 调用REC【矩形】命令、L【直线】命令、O【偏移】命令，绘制图15-62所示的轮廓线。

03 在“图层”工具栏下拉列表中选择“楼梯”图层。

04 调用O【偏移】命令、TR【修剪】命令，绘制楼梯休息平台及剖断梁等图形，结果如图15-63所示。

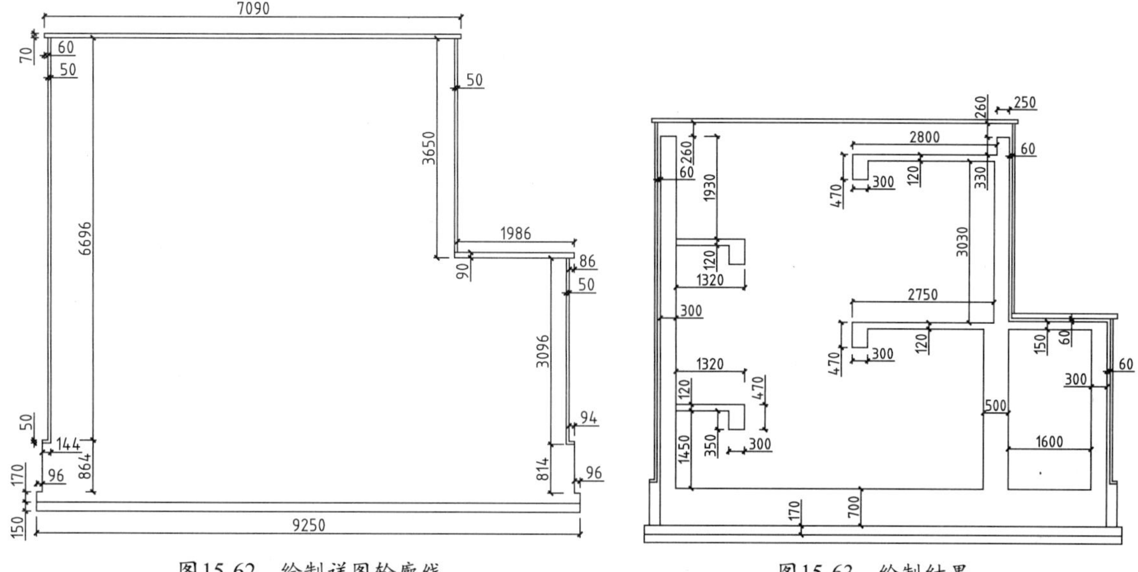

图15-62 绘制详图轮廓线　　图15-63 绘制结果

05 调用L【直线】命令，绘制楼梯及台阶踏步轮廓线，结果如图15-64所示。

06 调用O【偏移】命令，设置偏移距离为30，偏移线段；调用TR【修剪】命令，修剪线段，绘制地面装饰层轮廓线的结果如图15-65所示。

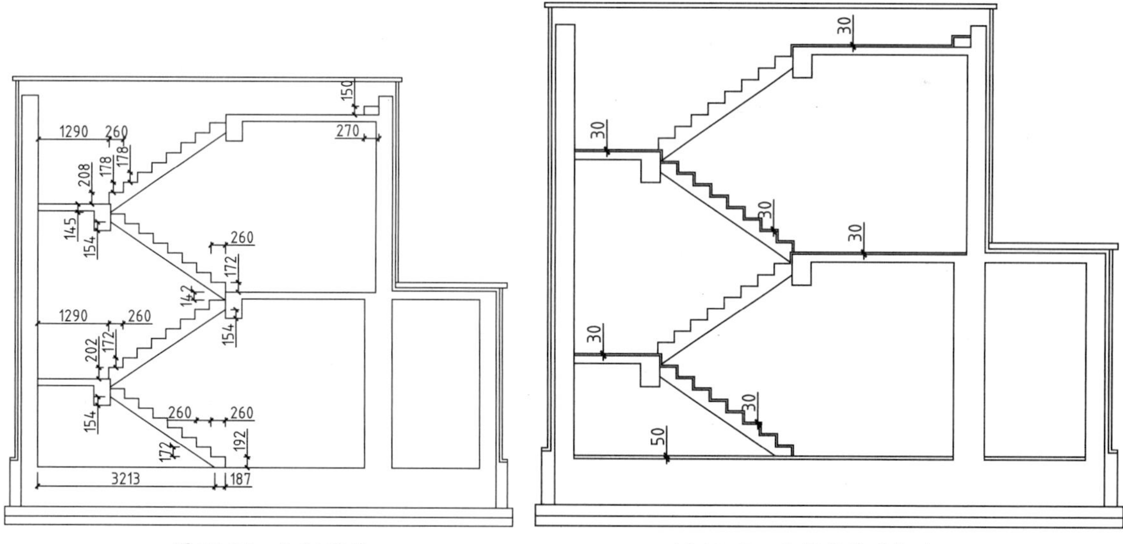

图15-64 绘制踏步　　图15-65 绘制装饰层轮廓线

07 调用L【直线】命令，绘制楼梯扶手，结果如图15-66所示。

08 在“图层”工具栏下拉列表中选择“门窗”图层。

09 调用L【直线】命令，绘制门洞洞口线；调用TR【修剪】命令，修剪线段，绘制门洞的结果如图15-67所示。

10 调用REC【矩形】命令，绘制尺寸为894×72的矩形；调用PL【多段线】命令，在矩形中绘制宽度为4垂直的多段线以平分矩形，完成悬板活门的绘制，结果如图15-68所示。

11 在“图层”工具栏下拉列表中选择“详图轮廓线”图层。

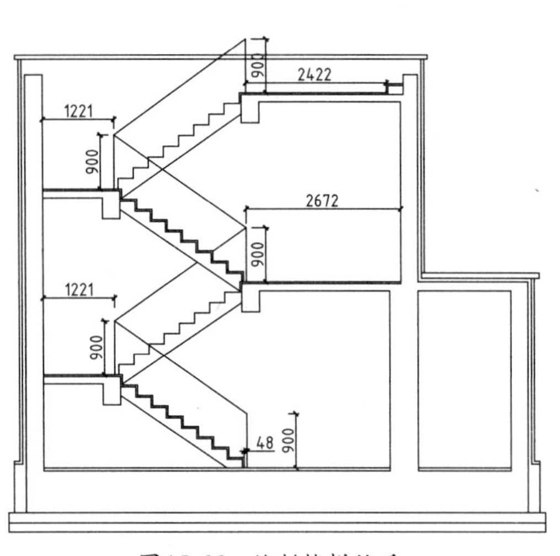

图15-66 绘制楼梯扶手

图15-67 绘制门洞

12 调用REC【矩形】命令，绘制尺寸为700×200的矩形；调用CO【复制】命令，移动复制矩形，完成预制板图形的绘制，结果如图15-69所示。

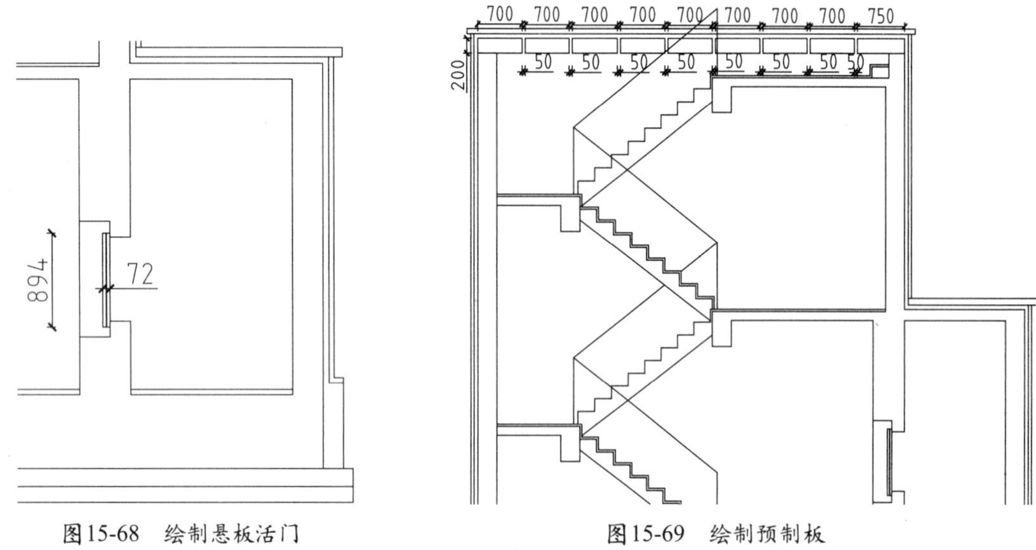

图15-68 绘制悬板活门

图15-69 绘制预制板

13 调用PL【多段线】命令，绘制宽度为20的多段线以表示墙体，结果如图15-70所示。

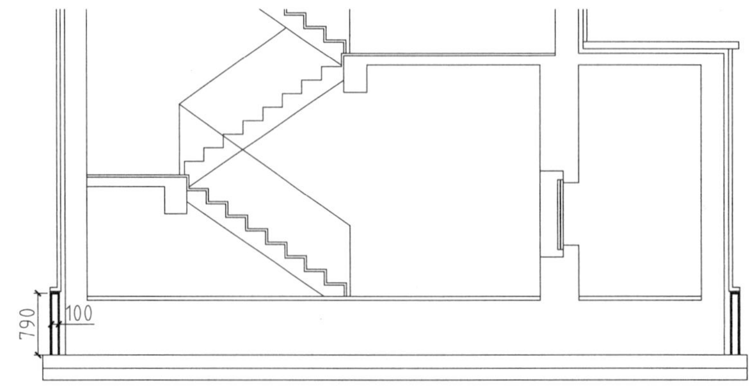

图15-70 绘制墙体

14 在“图层”工具栏下拉列表中选择“辅助线”图层。

15 调用PL【多段线】命令，绘制宽度为16的多段线闭合图形以表示防水卷材，结果如图15-71所示。

16 调用L【直线】命令、O【偏移】命令、TR【修剪】命令，绘制图15-72所示的台阶图形。

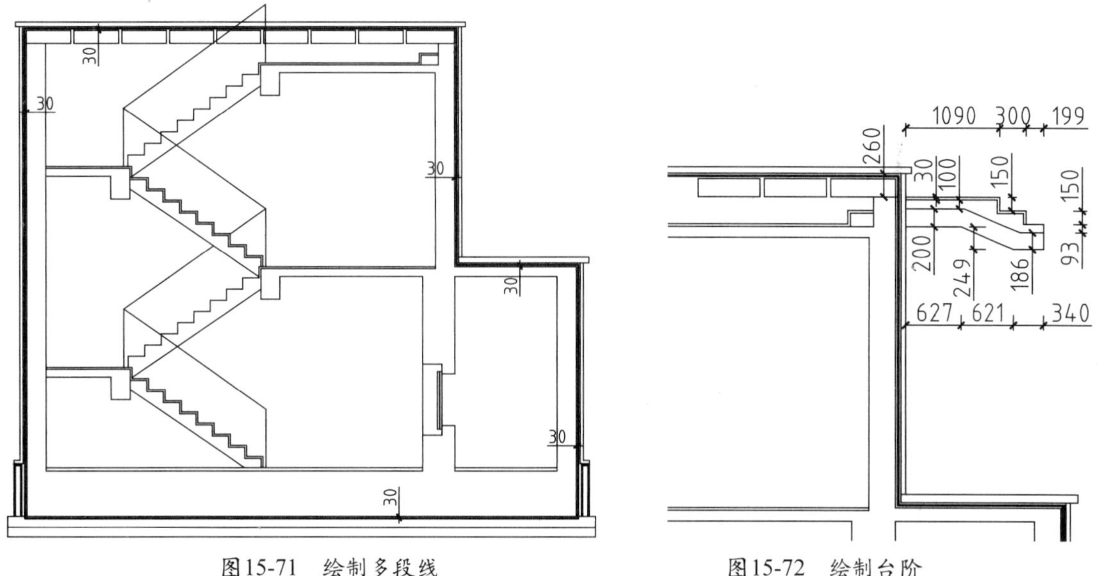

图15-71 绘制多段线　　图15-72 绘制台阶

17 调用PL【多段线】命令、L【直线】命令，绘制地坪线及灰土回填区域轮廓线，结果如图15-73所示。

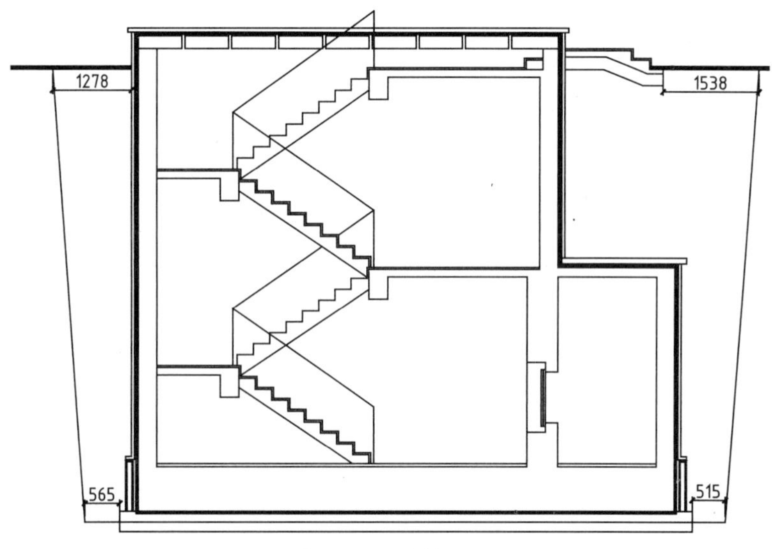

图15-73 绘制结果

18 调用REC【矩形】命令、L【直线】命令、O【偏移】命令，绘制棚架图形，结果如图15-74所示。

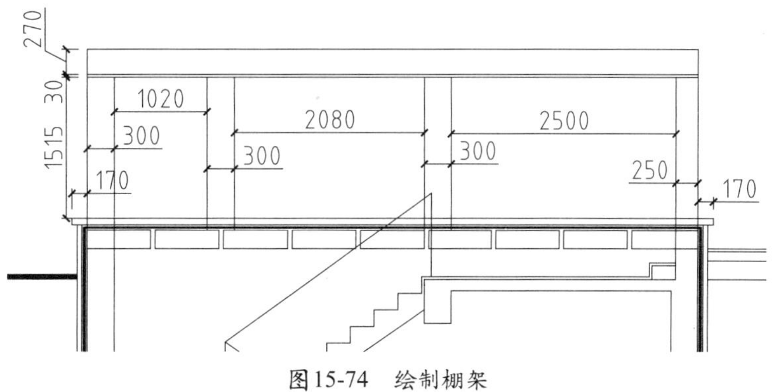

图15-74 绘制棚架

19 调用C【圆形】命令、CO【复制】命令，绘制并复制圆形（R=190），结果如图15-75所示。

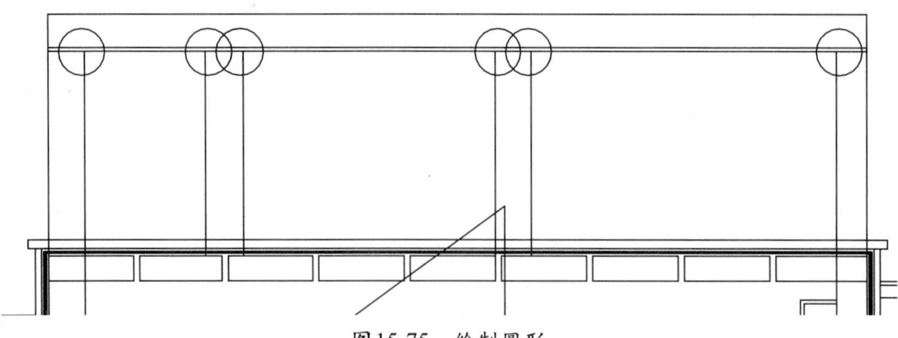

图15-75 绘制圆形

20 调用TR【修剪】命令，修剪圆形，结果如图15-76所示。

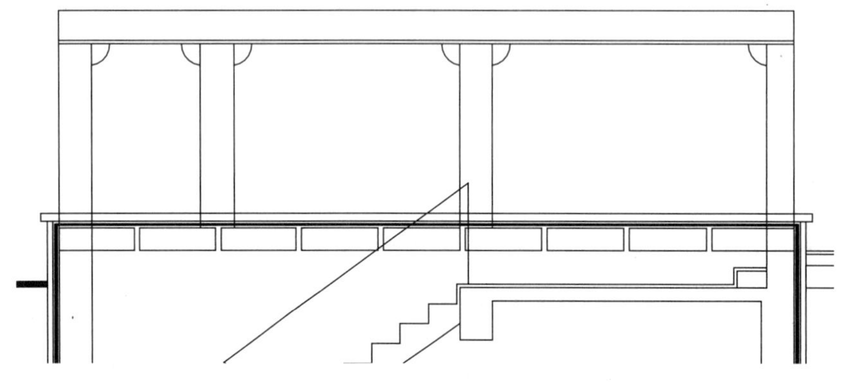

图15-76 修剪圆形

15.5.3 绘制详图填充图案

需要对详图各图形填充不同的图案，以区别表达各图形及其所代表的材料。通过调用“图案填充”命令，可以实现各种类型图案的绘制。

01 在“图层”工具栏下拉列表中选择“填充”图层。

02 调用H【图案填充】命令，系统弹出【图案填充和渐变色】对话框，在其中设置图案填充参数，对详图执行填充操作的结果如图15-77所示。

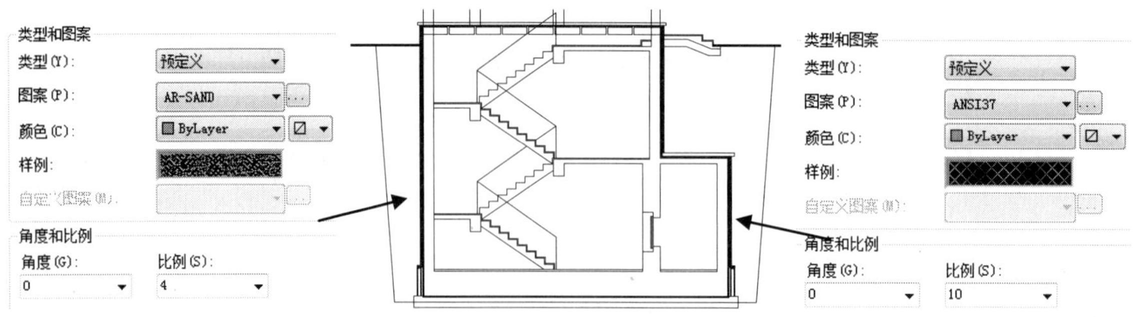

图15-77 填充结果

03 按下Enter键，在【图案填充和渐变色】对话框中修改图案填充参数，对详图执行填充操作，绘制钢筋混凝土图案的结果如图15-78所示。

04 调用H【图案填充】命令，绘制素土夯实的填充图案，如图15-79所示。

05 调用E【删除】命令，删除多余线段，结果如图15-80所示。

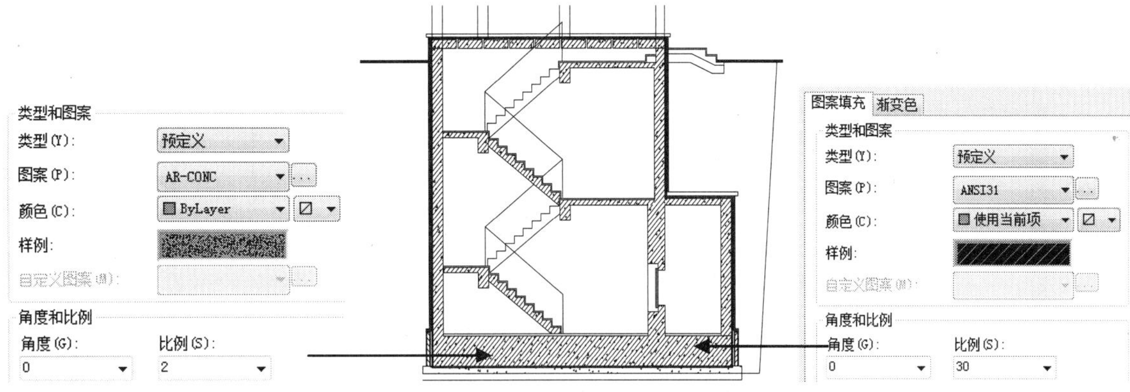

图15-78 绘制钢筋混凝土图案

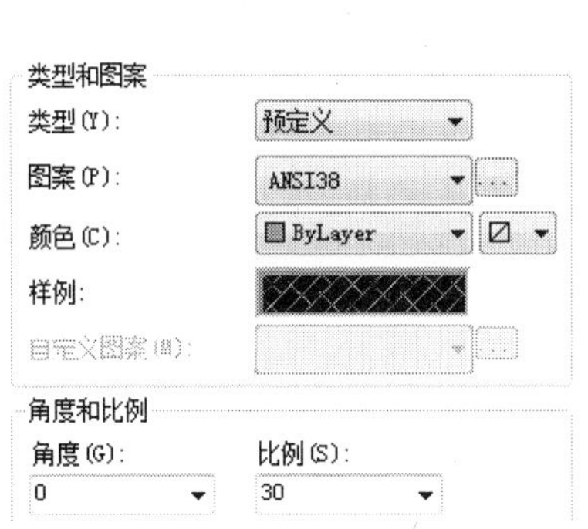

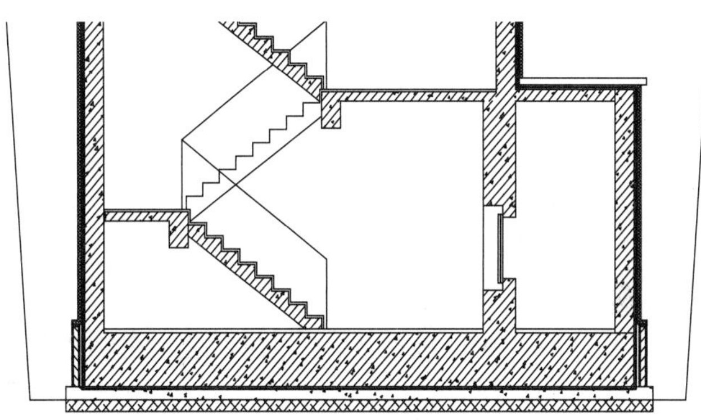

图15-79 填充图案

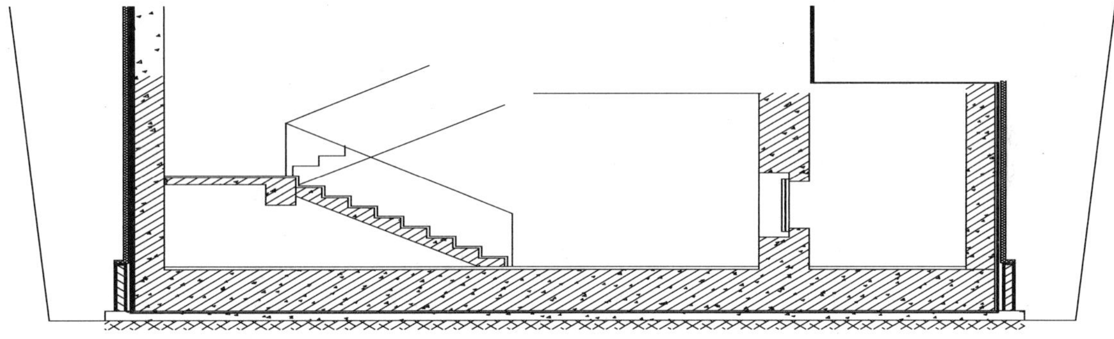

图15-80 删除多余线段

15.5.4 绘制详图标注

本节介绍详图标注的绘制，包括线性标注、标高标注、引线标注，以及图名标注。

01 在“图层”工具栏下拉列表中选择“轴号标注”图层。

02 调用L【直线】命令，绘制轴线；调用C【圆形】命令、MT【多行文字】命令，绘制圆形（R=200）及标注文字，结果如图15-81所示。

03 在“图层”工具栏下拉列表中选择“尺寸标注”图层。

04 调用DLI【线性标注】命令，绘制详图尺寸标注，结果如图15-82所示。

05 调用I【插入】命令，弹出【插入】对话框，从中选择标高图块，单击“确定”按钮，在详图中点取插入点可以完成标高图块的调入。

06 双击标高图块，在弹出的【增强属性编辑器】对话框中更改标高值，完成标高标注的操作，结果如图15-83所示。

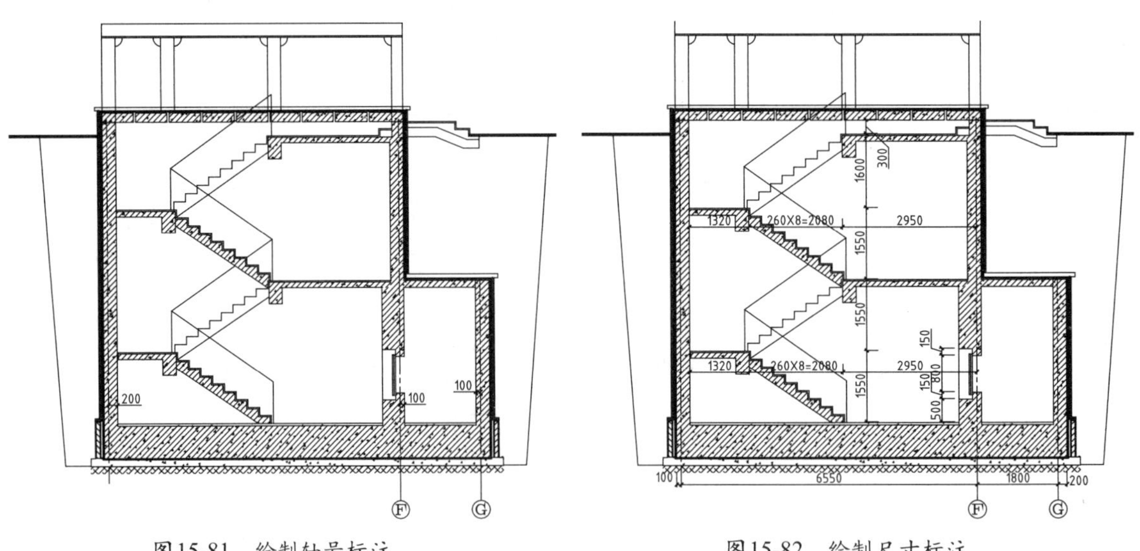

图15-81 绘制轴号标注

图15-82 绘制尺寸标注

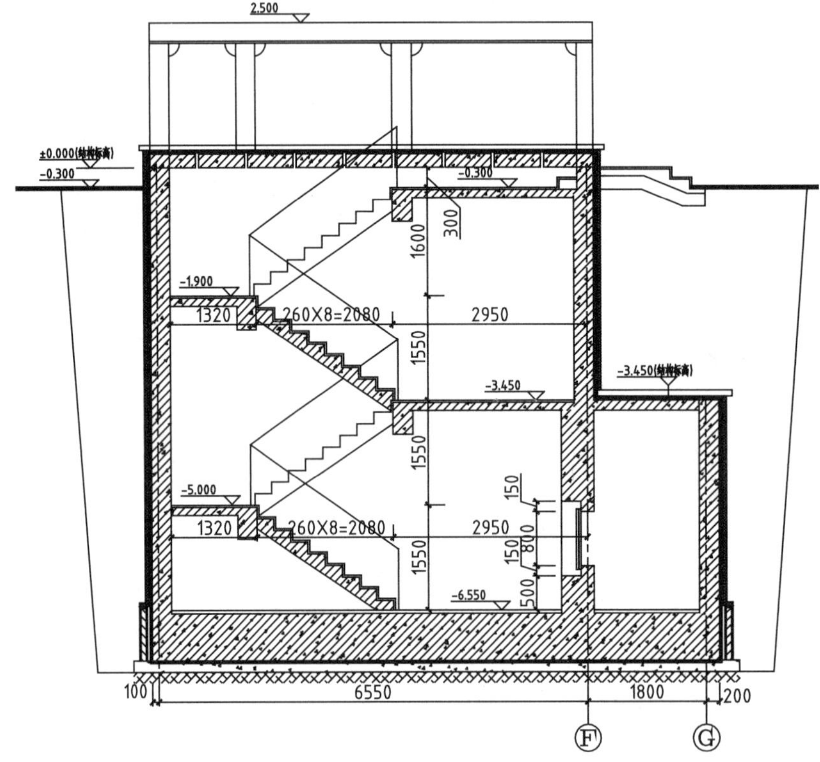

图15-83 绘制标高标注

07 在“图层”工具栏下拉列表中选择“文字标注”图层。

08 调用MLD【多重引线】命令、MT【多行文字】命令，绘制引线标注及多行文字标注，结果如15-84所示。

09 调用MT【多行文字】命令、PL【多段线】命令，绘制图名标注及下划线，结果如图15-85所示。

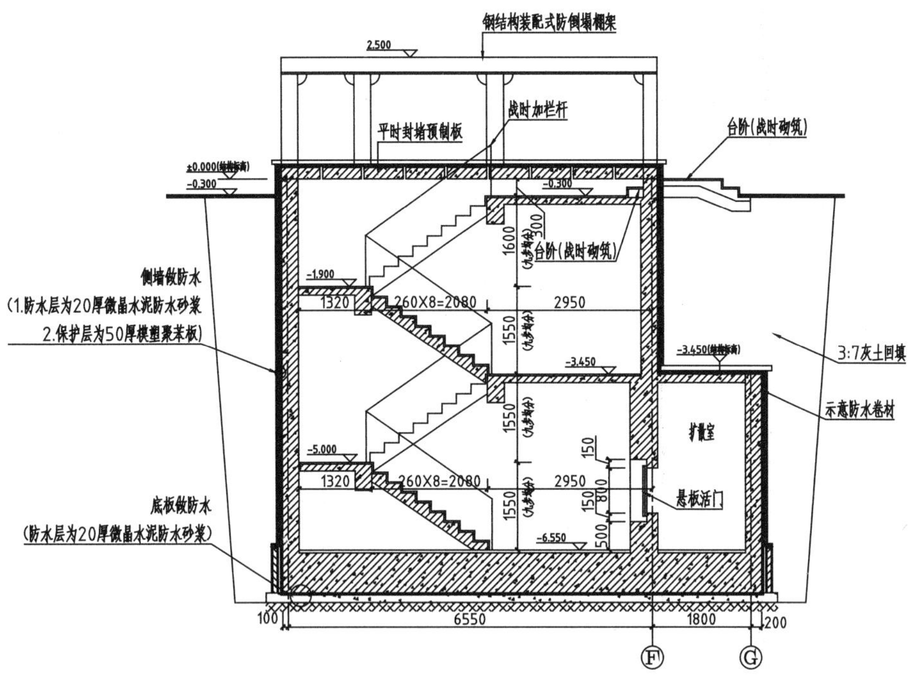

图15-84　绘制文字标注

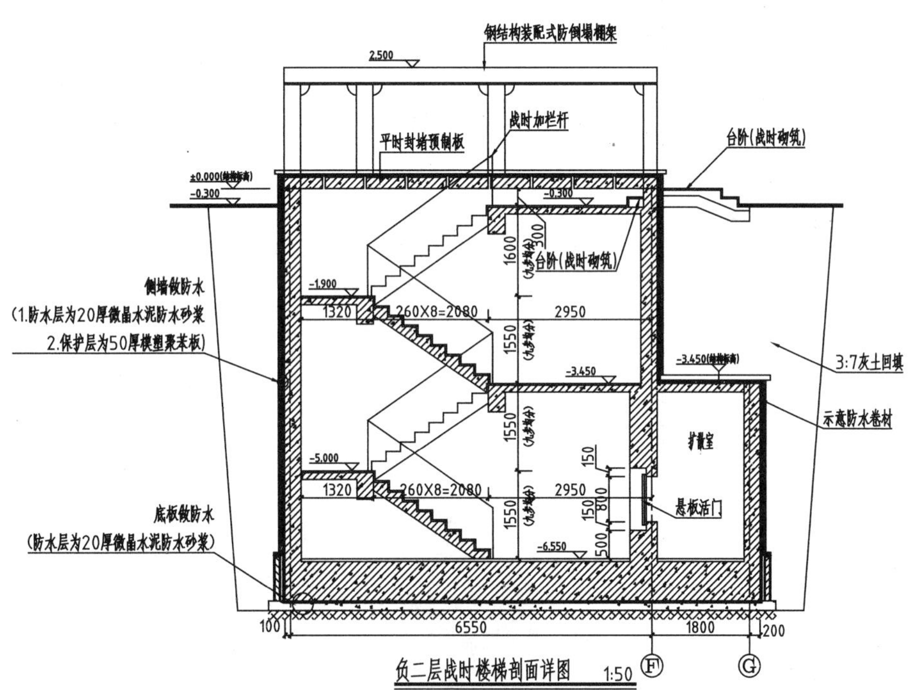

图15-85　绘制图名标注

第16章 建筑结构设计概述

建筑结构是指在建筑物（包括构筑物）中，由建筑材料做成用来承受各种荷载或者作用，以起骨架作用的空间受力体系。建筑结构因所用的建筑材料不同，可分为混凝土结构、砌体结构、钢结构、轻型钢结构、木结构和组合结构等。

建筑结构设计就是建筑结构设计人员对所要施工的建筑结构设计的表达。

本章介绍建筑结构设计的基础知识、制图特点，以及制图规范。

16.1 结构设计基本知识

本节介绍结构设计的基本知识，包括建筑结构的功能要求、结构功能的极限状态、结构分析方法、结构设计的规范，以及所使用的设计软件。

16.1.1 建筑结构的功能要求

结构设计的目的是要保证所建造的结构安全适用，能够在规定的期限内满足各种预期的功能要求，并且要经济、合理。

结构设计的功能要求概括如下所述。

1. 安全性

在正常施工和正常使用的条件下，结构应能承受可能出现的各种荷载作用和变形而不发生破坏；在偶然事件发生后，结构仍能保持必要的整体稳定性。例如，厂房结构平时受自重、吊车、风和积雪等荷载作用时，均应坚固不坏；而在遇到强烈地震、爆炸等偶然事件时，容许有局部的损伤，但应保持结构的整体稳定而不发生倒塌。

2. 适用性

在正常使用时，结构应具有良好的工作性能。如吊车梁变形过大会使吊车无法正常运行、水池出现裂缝便不能蓄水等，都影响正常使用，需要对变形、裂缝等进行必要的控制。

3. 耐久性

在正常维护的条件下，结构应能在预计的使用年限内满足各项功能要求，也即应具有足够的耐久性。例如，不致因混凝土的老化、腐蚀或钢筋的锈蚀等而影响结构的使用寿命。

4. 可靠性

安全性、适用性和耐久性可以统一概括为结构的可靠性。显然，采用加大构件截面、增加配筋数量、提高材料性能等措施，通常可以满足上述功能要求，但这将导致材料浪费、造价提高、经济效益降低。

一个好的建筑结构设计应做到既保证结构可靠，同时又经济、合理，即用较经济的方法来保证建筑结构的可靠性，这也是结构设计的基本准则。

16.1.2 结构功能的极限状态

整个结构或结构的某一部分超过某一特定状态就不能满足设计规定的某一功能要求，则此特定状态为该功能的极限状态。

极限状态的分类如下所述。

1. 承载能力极限状态

这类极限状态与结构安全直接相关。又可细分为如下情况。

（1）整个结构或结构的一部分作为刚体失去平衡，比如倾覆，图16-1所示为2009年发生的上海倒楼事件的现场图片。

（2）结构构件或连接构件因超过材料强度而被破坏，其中包括疲劳破坏，或者因为过度变形而不适于继续承载。图16-2所示是因为墙体超过荷载而发生的断裂。

（3）结构由固定体系转变为机动体系，示意图如图16-3所示。承载建筑物的墙柱发生位移，使建筑物移位甚至坍塌变形。

图16-1 上海倒楼事件

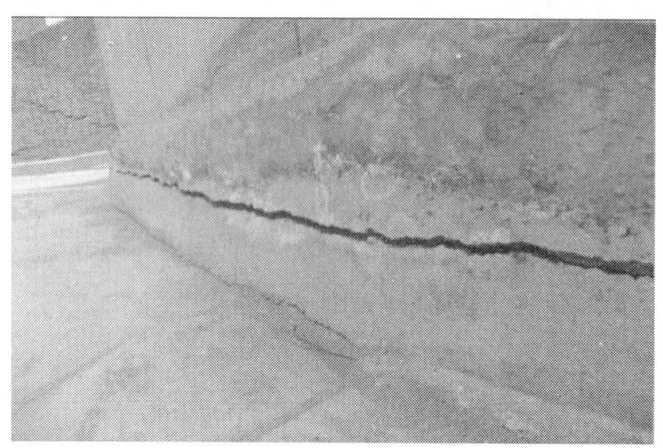

图16-2 墙体断裂

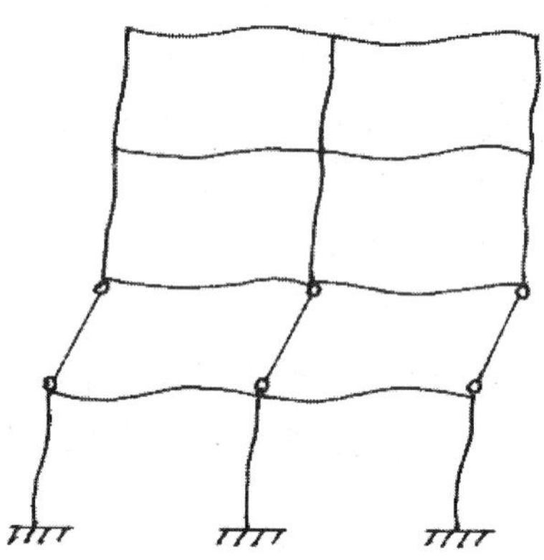

图16-3 示意图

（4）结构或结构构件丧失稳定，比如压屈；图16-4所示为日本阪神地震中，某钢结构柱间支撑压屈失稳。

（5）地基丧失承载能力而造成的失稳现象，图16-5所示为由于地基被破坏而造成的建筑物倾斜现象。

图16-4 压屈失稳

图16-5 建筑物倾斜现象

2. 正常使用的极限状态

这类极限状态与结构适用和耐久相关。类型概括如下所述。

（1）影响正常使用或外观的变形。

（2）影响正常使用或耐久性能的局部损坏（包括裂缝）。

（3）影响正常使用的震动。

（4）影响正常使用的其他特定状态。

图16-6所示为建筑外立面的墙砖因腐蚀而脱落的结果， 图16-7所示为路面的局部损坏而影响使用的情况。

图16-6 墙面腐蚀

图16-7 路面损坏

16.1.3 结构设计规范

在进行建筑结构设计工作时，需要遵循一系列设计规范，以使结构设计符合实际的使用需求。结构设计所应参考的规范如下所述。

★ 《工程建设标准强制性条文》（房屋建筑部分）2002版。
★ 《工程建设标准强制性条文》（城乡规划部分）。
★ 《工程建设标准强制性条文》（城市建设部分）。
★ 《建筑结构可靠度设计统一标准》GB 50068-2001。
★ 《工程结构可靠度设计统一标准》GB 50153-92。
★ 《建筑结构设计术语和符号标准》GB/T 50083-97。
★ 《建筑模数协调统一标准》GBJ 2-86 。
★ 《房屋建筑制图统一标准》GB/T 50001-2010。
★ 《建筑结构制图标准》GB/T 50105-2010。
★ 《建筑结构荷载规范》GB 50009-2001。
★ 《岩土工程基本术语标准》GB/T 50279-98。
★ 《工程抗震术语标准》JGJT 97-95。
★ 《砌体结构设计规范》GB 50003-2001。
★ 《砌体基本力学性能试验方法标准》GBJ 129-90。
★ 《中型砌块建筑设计与施工规程》JGJ 5-80。
★ 《混凝土小型空心砌块建筑技术规程》JGJT 14-2004（附条文说明）。
★ 《多孔砖砌体结构技术规范》JGJ 137-2001 。
★ 《木结构设计规范》GB 50005-2003（附条文说明）。
★ 《钢结构设计规范》GB 50017-2003（附条文说明）。
★ 《冷弯薄壁型钢结构技术规范》GB 50018-2002（附条文说明）。
★ 《网架结构设计与施工规程》JGJ 7-91（09-28）。
★ 《混凝土结构设计规范》GB 50010-2002。
★ 《冷轧带肋钢筋混凝土结构技术规程》JGJ 95-2003（附条文说明）。
★ 《冷轧扭钢筋混凝土构件技术规程》JGJ 115-97。
★ 《高层民用建筑钢结构技术规程》JGJ 99-98。

★ 《轻骨料混凝土结构设计规程》JGJ 12-99。
★ 《钢筋焊接网混凝土结构技术规程》JGJ 114-2003（附条文说明）。
★ 《混凝土结构试验方法标准》GB 50152-92。
★ 《钢筋混凝土升板结构技术规范》GBJ 130-90。
★ 《型钢混凝土组合结构技术规程》JGJ 138-2001。
★ 《高层建筑混凝土结构技术规程》JGJ 3-2002。
★ 《装配式大板居住建筑设计和施工规程》JGJ 1-91。
★ 《大模板多层住宅结构设计与施工规程》JGJ 20-84。
★ 《V形折板屋盖设计与施工规程》JGJT 21-93。
★ 《冷拔钢丝预应力混凝土构件设计与施工规程》JGJ 19-92。
★ 《无粘结预应力混凝土结构技术规程》JGJT 92-93。
★ 《建筑地基基础设计规范》GB 50007-2002。
★ 《建筑桩基技术规范》JGJ94-94。
★ 《复合载体夯扩桩设计规程》JGJT 135-2001。
★ 《高层建筑箱形与筏形基础技术规范》JGJ 6-99。
★ 《建筑基坑支护技术规程》JGJ 120-99。
★ 《膨胀土地区建筑技术规范》GBJ 112-87。
★ 《冻土地区建筑地基基础设计规范》JGJ 118-98。
★ 《岩土工程勘察规范》GB 50021-2001。
★ 《高层建筑岩土工程勘察规程》JGJ 72-90。
★ 《软土地区工程地质勘察规范》JGJ 83-91。
★ 《冻土工程地质勘查规范》GB 50324-2001。
★ 《土工试验方法标准》GBT 50123-1999。
★ 《工程岩体试验方法标准》GBT 50266-99。
★ 《高耸结构设计规范》GBJ 135-90。
★ 《烟囱设计规范》GB 50051-2002（附条文说明）。
★ 《钢筋混凝土筒仓设计规范》GB 50077-2003（附条文说明）。
★ 《架空索道工程技术规范》CBJ 127-89。
★ 《给水排水工程构筑物结构设计规范》GB 50069-2002（附条文说明）。
★ 《建筑抗震设计规范》GB 50011-2001。
★ 《构筑物抗震设计规范》GB 50191-93。
★ 《核电厂抗震设计规范》GB 50267-97。
★ 《建筑抗震设防分类标准》GB 50223-95。
★ 《建筑抗震鉴定标准》GB 50023-95。
★ 《工业构筑物抗震鉴定标准》GBJ 117-88。
★ 《危险房屋鉴定标准》JGJ 125-99。
★ 《建筑变形测量规程》JGJT 8-97。
★ 《基桩高应变动力检测规程》JGJ 106-97。
★ 《基桩低应变动力检测规程》JGJT 93-95。
★ 《回弹法检测混凝土抗压强度技术规程》JGJT 23-2001。
★ 《贯入法检测砌筑砂浆抗压强度技术规程》JGJT 136-2001。

★ 《地基动力特性测试规范》GBT 50269-97。
★ 《工业厂房可靠性鉴定标准》GBJ 144-90。
★ 《民用建筑可靠性鉴定标准》GB 50292-1999。
★ 《设置钢筋混凝土构造柱多层砖房抗震技术规程》JGJT 13-94。
★ 《建筑抗震加固技术规程》JGJ 116-98。
★ 《既有建筑地基基础加固技术规范》JGJ 123-2000。
★ 《多孔砖（KP1型）建筑抗震设计与施工规程》JGJ68-90。
★ 《室外给水排水工程设施抗震鉴定标准》GBJ 43-82（试行）。

以上所有的标准都应以国家最新出台的版本为准。

16.1.4 结构设计常用的软件

结构设计常用的软件列举如下。

（1）PKPM

PKPM软件是由中国建筑科学研究院建筑工程软件研究所研制开发的，是国内应用最为普遍的CAD系统。

PKPM是一个系列，除了建筑、结构、设备（给排水、采暖、通风空调、电气）设计于一体的集成化CAD系统以外，目前PKPM还有建筑概预算系列（钢筋计算、工程量计算、工程计价）、施工系列软件（投标系列、安全计算系列、施工技术系列）、施工企业信息化（目前全国很多特级资质的企业都在用PKPM的信息化系统）。

发展至今天，PKPM已经成为面向建筑工程全生命周期的集建筑、结构、设备、节能、概预算、施工技术、施工管理、企业信息化于一体的大型建筑工程软件系统，以其全方位发展的技术领域确立了在业界独一无二的领先地位。

图16-8、图16-9所示为PKPM软件的工作界面，以及使用该软件制作的建筑结构模型。

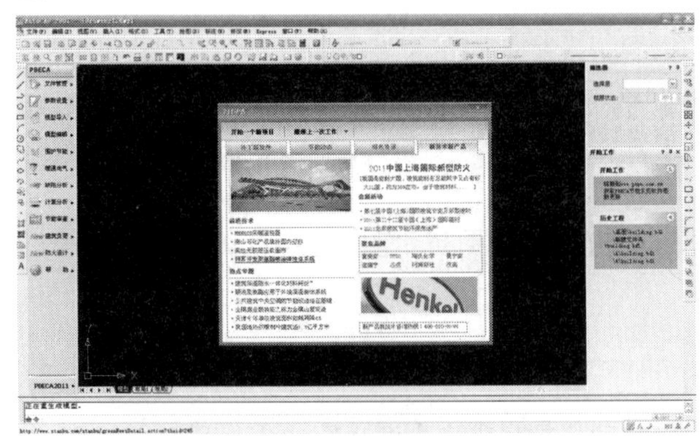

图16-8 PKPM软件界面

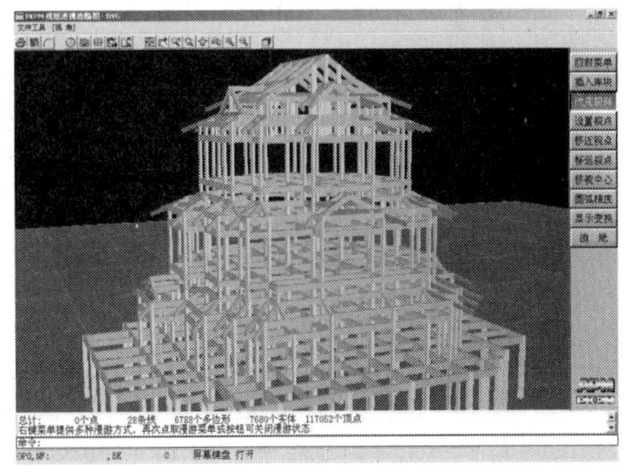

图16-9 制作结构模型

（2）3D3S

3D3S钢结构—空间结构设计软件由同济大学独立开发，属于CAD软件系列。该软件在钢结构和空间结构设计领域具有独创性，填补了国内该类结构工具软件的一个空白。

（3）MTS

MTS Tool工具箱利用参数化设计的计算绘图一体化的方式，把各种钢结构设计计算中常涉及的参数、规范条文有机地结合到程序中，可以模拟手算过程生成详细的计算书。

它还具有自动设计功能，能帮助工程师挑选最优方案，大大减少了工程师花在计算上的时

间，提高设计的准确度、效率与经济性。

（4）MST

MST是浙江大学空间结构研究中心研发的CAD系列软件，无论大型复杂体型的网架、网壳结构、甚至高耸钢结构塔架，MSTCAD都能方便分析计算、设计和建模。

（5）SAP2000

自从30年前SAP诞生以来，它已经成为最新结构分析和设计方法的代名词。SAP2000保持了原有产品的传统功能，新增功能使得该软件产品更加完善、直观和灵活，它具有简洁的用户界面，在交通运输、工业、公共事业、运动和其他领域，为结构设计工程师提供更加得心应手的分析引擎和设计工具。

图16-10所示为SAP2000软件的安装界面。

（6）理正工具箱

这是一款综合性的节点计算软件，但多偏向于混凝土计算这一块。图16-11所示为理正工具箱的工作界面。

图16-10　SAP2000界面

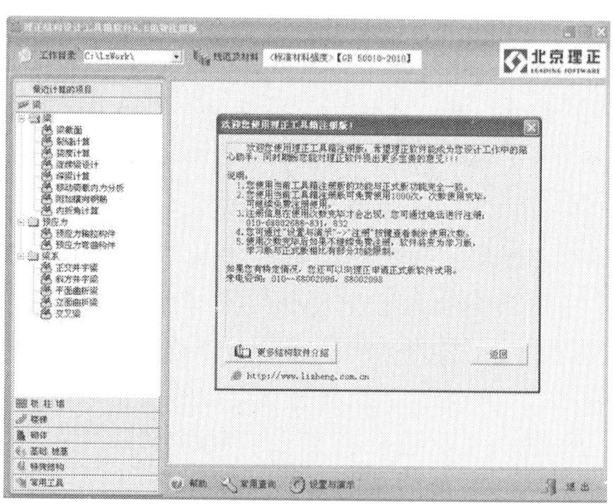

图16-11　理正工具箱界面

16.2 结构设计要点

本节介绍建筑结构设计的要点，包括结构设计的基本过程、结构设计中需要注意的问题。

16.2.1　结构设计的基本过程

建筑结构设计的基本过程分为两个部分，第一部分是正确识读建筑图，第二部分是建模。

1. 识读建筑图

首先要正确识读建筑施工图，以便了解建筑设计师的设计意图，以及建筑各部分的功能及做法。在识读建筑施工图时，建筑结构设计师还需要和建筑、水电、暖通空调、勘察等各专业进行咨询，了解各专业的各项指标。

2. 建模

下面以框架结构为例介绍结构建模的流程。

（1）三维建模

建模就是利用软件，把心中对建筑物的构思在电脑上再现出来，再利用软件的计算功能进行适当的调整，使之符合现行规范，以及满足各方面的需要。

（2）计算

计算过程就是软件对结构师所建模型进行导荷及配筋的过程，在计算的时候，我们需要根据实际情况调整软件的各种参数，以符合实际情况及安全保证。如果先前所建模型不满足要求，就可以通过计算出的各种图形看出。

结构师可以通过对计算出的受力图、内力图、弯矩图等来对电算结果进行分析，找出模型中的不足，并加以调整，反复操作，直至电算结果满足要求为止。

待模型完全地确定了，再根据电算结果生成施工图，导出到CAD中修改。通常电算的只是上部结构，即梁板柱的施工图，基础通常需要手算。

（3）绘图

软件导出的图纸是不能够指导施工的，需要结构师根据现行制图标准进行修改。

结构师在绘图时需要针对电算的配筋及截面大小做进一步的确定，适当地加强薄弱环节，使施工图更符合实际情况，因为模型不能完完全全与实际相符。最后还需要根据现行各种规范对施工图的每一个细节进行核对，宗旨就是完全符合规范。

（4）校对审核出图

结构师在完成施工图后，需要一个校对人对整个施工图进行仔细的校对工作。校对通常比较仔细，从业资格也比较高，设计中的问题多是校对发现的，校对出了问题后返回设计者修改。

修改完毕交总工审核，总工进一步发现问题再返回设计者修改，通常修改完毕后的施工图，有错误的可能性就很低了，就是有错误，也对整个结构不会产生灾难性的后果。然后主要负责人签字，盖完出图章和注册章，就可以晒图了。

（5）设计变更

在建筑物的施工过程中，有时候实际情况与设计考虑的情况不符，或者设计的施工难度过大，施工无法满足，就需要设计变更。

由甲方或施工队提出问题，返回设计修改。在施工过程中，结构设计师也需要多次到工地现场进行检查，看施工是否是按照自己的设计意图来做的，不对的地方及时指出修改。

16.2.2 结构设计中需要注意的问题

建筑结构设计中需要注意的问题概括如下。

1. 结构设计师应及早介入建筑的概念设计

所谓概念设计即指不经过数值计算，依据整体结构体系与分体系之间的力学关系、结构破坏机理、震害、试验现象各工程经验所获得的基本设计原则和设计思想，从整体的角度来确定建筑结构的总体布置和抗震细部措施的宏观控制。

因此，结构设计人员必须及早介入结构设计的概念设计；否则，将会导致建筑结构设计的不合理，给以后的结构设计带来难度。

2. 防止由于地基沉降或者不均匀沉降引起的构件开裂或者破坏

预防或减少不均匀沉降的危害，可以从建筑措施、结构措施、地基和基础措施方面加以控制。例如：避免采用建筑平面形状复杂、阴角多的平面布置；避免立面图形变化过大，将体形复杂、荷载和高低差异大的建筑物分成若干个单元；加强上部结构和基础的刚度，同一建筑物尽量采用同一类型基础，并埋置于同一土层中等一系列措施。

3. 从结构计算和构造上满足规范要求

避免荷载计算的错误。比如漏算或少算荷载、活荷载折减不当、建筑物用料与实际计算不

符、基础底板上多算或少算土重。

避免楼板计算中部正确的方法。①连续板计算不能简单地用单向板计算方法来代替。②双向板查表计算时，不能忽略材料泊松比的影响，否则，由于跨中弯矩未进行调整，将使计算值偏小。

按抗震构造要求设置的构造柱，应从整个建筑物高度内上下对准贯通，上至女儿墙压顶，下至浅于500毫米基础圈梁，或深入室外地面以下500毫米，构造柱与圈梁、楼板和墙体的拉接必须符合规范要求。

16.3 结构施工图简介

结构施工图是关于承重构件的布置、使用的材料、形状、大小，及内部构造的工程图样，是承重构件以及其他受力构件施工的依据。

本节介绍建筑结构施工图的组成内容及结构设计中各专业术语的含义。

16.3.1 图纸分类

结构施工图包括结构设计总说明（假如房屋较小，则不必要单独编写）、基础平面图及基础详图、楼层结构平面图、屋面结构平面图，以及结构构件（如梁、板、柱、楼梯、屋架等）详图。

1. 基础平面图及基础详图

假想用一水平剖切平面沿建筑物底层室内地面把整栋建筑物剖开，移去截面以上的建筑物和基础回填后所做水平投影，就可以得到基础平面图。

基础平面图主要表示基础的平面布置，以及墙、柱与轴线的关系，为施工放线、开挖基槽或基坑和砌筑基础提供依据，如图16-12所示。

基础详图是使用铅垂剖切平面沿垂直于定位轴线的方向切开基础所得到的断面图，主要反映基础各部分的形状、大小、材料、构造及基础的埋深等情况，如图16-13所示。

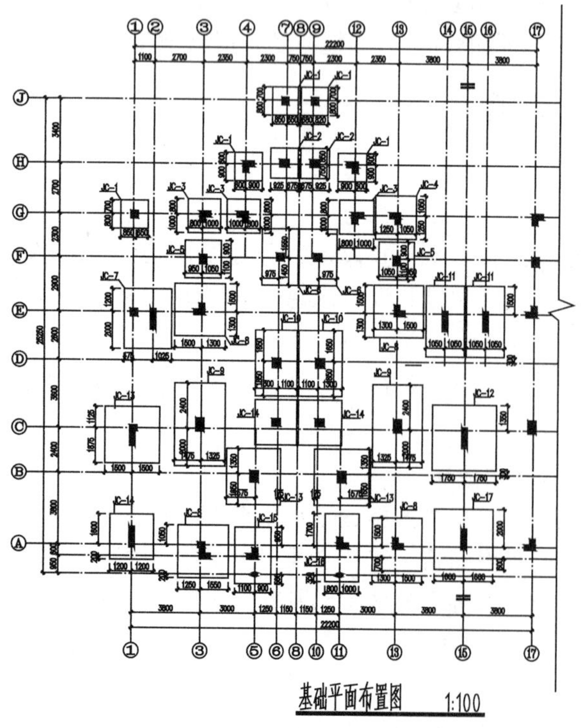

图16-12 基础平面图

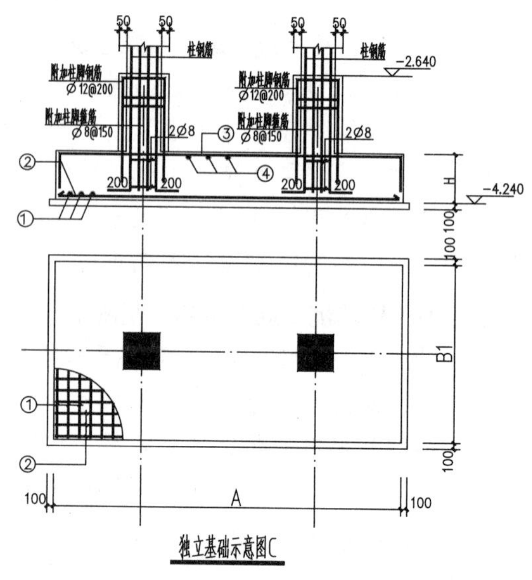

图16-13 基础详图

2. 楼层结构面图

楼层结构平面图是假想沿着楼板面将建筑物水平剖切开所作的水平剖面图，表示各层梁、板、柱、墙、过梁和圈梁等的平面布置情况，以及现浇楼板、梁的构造与配筋情况及构件之间的结构关系。

楼层结构平面图为施工中安装梁、板、柱等各种构件提供依据，同时为现浇构件、绑扎钢筋、浇筑混凝土提供依据，如图16-14所示。

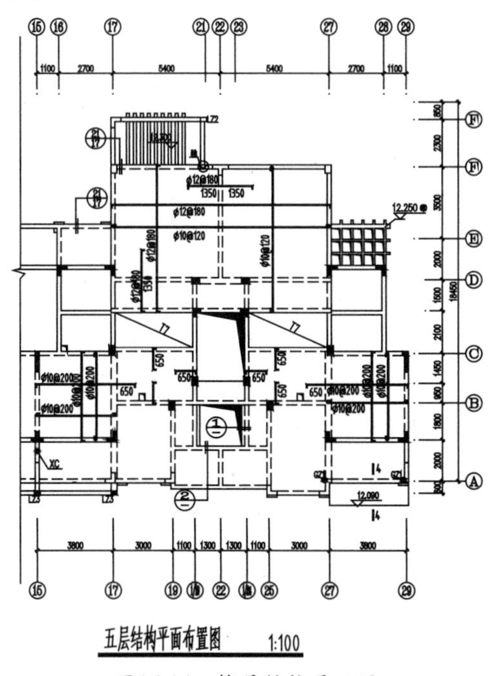

图16-14 楼层结构平面图

3. 屋面结构平面图

屋面结构平面图是表示屋面承重构件平面布置的图样，与楼层结构平面图基本相一致。由于屋面排水的需要，屋面承重构件可根据需要按一定的坡度布置，有时需要设置挑檐板。

因此，在屋顶结构平面图中要标明挑檐板的范围及节点详图的剖切符号，阅读屋顶结构平面图时，还要注意屋顶的上人孔、通风道等处的预留孔洞的位置和大小。

4. 结构构件详图

结构详图表示建筑物各承重构件的形状、大小、材料、构造和连接情况，如图16-15所示。

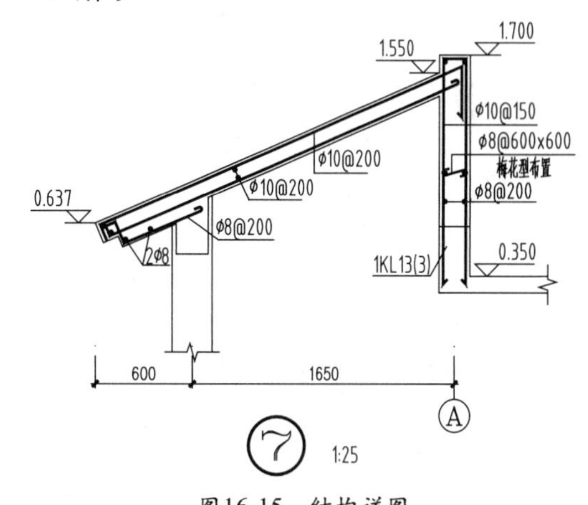

图16-15 结构详图

16.3.2 专业术语

建筑结构设计中有很多专业术语，了解这些专业术语的含义，有助于正确识读建筑结构施工图。本节介绍一些常用的专业术语的含义。

1. 材料和材料性能术语

（1）建筑结构材料：房屋建筑结构用的天然或人造材料和材料制品。分为非金属材料、金属材料、有机材料，以及由上述材料所组成的复合材料。

（2）混凝土：有胶凝材料（水泥或其他胶结料）、粗细骨料和水拌合而成的先可塑后硬化的结构材料。需要时可另加掺合料或外加剂。

（3）砌体：由砖、石块或砌体等块体与砂浆或其他胶结料砌筑而成的结构材料。

（4）建筑结构材料性能：材料固有的和受外界各种作用后所呈现的物理、力学和化学性能。为建筑结构设计、制作和检测的依据。

（5）材料力学性能：材料在规定的受力状态下所产生的压缩、拉伸、剪切、弯曲、疲劳和屈服等性能。

（6）材料弹性模量：材料的单向受拉或受压状态下其应力应变呈线性关系时，截面上正

应力和对应的正应变的比值。

2. 材料、结构构件质量控制术语

（1）合格质量：与某一安全等级的结构构件规定的设计可靠指标相适应的材料或结构构件的质量水平。

（2）初步控制：在材料或结构构件的试生产阶段，根据规定质量要求，通过适配制或试运行确定合理的原材料组成和工艺参数，以及为生产控制提供材料和结构构件性能的统计参数所进行的实验性控制。

（3）生产控制：在材料或结构构件的正式生产阶段，根据规定质量要求，为保持其规定质量的稳定性，对原材料组成和工艺过程及材料和构件性能所进行的经常性控制。

3. 钢筋混凝土结构材料专业术语

（1）水泥：磨细的具有水硬性的胶凝材料。

（2）骨料：在混凝土中起骨架或填充作用的粒状松散材料。分粗骨料和细骨料。粗骨料包括卵石、碎石、废渣等，细骨料包括中细砂、粉煤灰等。

（3）拌合水：用来拌制混凝土的水。

（4）外加剂：为了改善混凝土的流变、硬化和耐久性能等所掺入的化学制剂的总称。分为减水剂、早强剂、缓凝剂、引气剂、速凝剂等。

（5）普通混凝土：以天然石、碎石或卵石作为骨料，用水泥、水和外加剂（或不掺外加剂）按配合要求配制而成的混凝土。

（6）轻料混凝土：以天然多孔骨料或人造陶粒作粗骨料，天然砂或轻砂作细骨料，用硅酸盐水泥、水和外加剂（或不掺外加剂）按配合比要求配置而成的混凝土。

（7）纤维混凝土：掺有短纤维、钢纤维、耐碱玻璃纤维或聚丙烯纤维等短纤维的混凝土。

（8）特种混凝土：具有膨胀、耐酸、耐油、耐热、耐磨、防辐射等特殊性能的混凝土。

（9）钢筋：混凝土结构用的棒状或盘条状钢材。

（10）钢丝：混凝土结构用的盘条细线状钢材。

（11）钢绞线：由若干根光圆钢丝绞捻并经消除内应力后而成的盘卷状钢丝束。

4. 混凝土材料性能和构件抗力术语

（1）混凝土强度等级：根据混凝土立方体抗压强度标准值划分的强度级别。

（2）混凝土立方体抗压强度标准值：结构构件设计中表示混凝土强度指标的基本代表值。根据混凝土立方体标准试件，通过标准养护，在规定龄期下用标准实验方法所得的抗压强度，由数理统计的概率分布按规定的分位数确定。

（3）混凝土弹性模量：根据混凝土棱柱体标准试件，用标准实验方法所得的规定压应力值与其对应的压应变值的比值。

（4）混凝土收缩：在混凝土凝固和硬化的物理化学过程中，构件尺寸随时间推移而缩小的现象。

（5）混凝土徐变：在持久作用下的混凝土构件随着时间推移而增加的应变。

（6）混凝土碳化：混凝土因大气中的二氧化碳渗入而导致碱度降低的现象。当碳化深度超过混凝土保护层引起钢筋锈蚀，会影响混凝土结构的耐久性。

5. 混凝土材料、结构构件质量检验术语

（1）可塑混凝土性能：新拌流动混凝土的稠度、配合比、含气量、凝结时间等性能。

（2）含气量：混凝土拌合物经振捣密实后单位体积中余存的空气量，一般用体积百分率表示。

（3）凝结时间：按标准实验方法，采用贯入阻力仪所测得的自水泥与水接触时起，至贯入阻力达到凝结规定值时所经历的时间。根据凝结规定值的不同，分为初凝时间和终凝时间。

（4）硬化混凝土性能：凝结硬固混凝土试件的强度、弹性模量、抗渗、抗冻融、耐磨等物理力学性能。

（5）抗渗性：混凝土抵抗水渗透的能力。按标准实验方法，在规定的压力和时间下以抗渗指标表示。

（6）耐磨性：混凝土抵抗磨损的能力。以通过规定磨损形成后的重量损失百分率表示。

（7）钢筋可焊性：在一定的焊接工艺条件下，钢筋获得合格焊接接头的难易程度。

（8）钢筋锈蚀：钢筋表面出现氧化的现象。按标准实验方法，以钢筋失重率表示。

（9）蜂窝：构件的混凝土表面缺浆而形成的石子外露酥松等缺陷。

（10）麻面：构件的混凝土表面缺浆而呈现麻点、凹坑和气泡等缺陷。

（11）孔洞：构件中深度超过钢筋保护层厚度的孔穴。

（12）露筋：构件内的钢筋未被混凝土包裹而外露的缺陷。

（13）龟裂：构件的混凝土表面呈现的网状裂缝。

16.4 建筑结构制图基本规定

《建筑结构制图标准》GB/T 50105-2010是2011年3月1日起实施的结构制图标准，为目前最新版本的结构制图标准，在绘制结构施工图时应遵循其中的相关规定。

本节仅列举其中一些较常用的制图规范，未列举部分读者可以去参考《建筑结构制图标准》GB/T 50105-2010。

16.4.1 图线

图线宽度b应按现行国际标准《房屋建筑制图统一标准》GB/T 50001中的相关规定选用。

每个图样应根据复杂程度与比例大小，先选用适当基本线宽度b，再选用相应的线宽。根据表达内容的层次，基本线宽b和线宽比可适当地增加或减少。

建筑结构专业制图应选用表16-1所示的图线。

表16-1 图线

名称		线型	线宽	一般用途
实线	粗	————————	b	螺栓、钢筋线、结构平面图中的单线结构构件线，钢木支撑及系杆线，图名下横线、剖切线
	中粗	————————	0.7b	结构平面图及详图中剖到或可见的墙身轮廓线、基础轮廓线、钢、木结构轮廓线、钢筋线
	中	————————	0.5b	结构平面图及详图中剖到或可见的墙身轮廓线、基础轮廓线、可见的钢筋混凝土轮廓线、钢筋线
	细	————————	0.25b	标注引出线、标高符号线、索引符号线、尺寸线
虚线	粗	- - - - - - - - - -	b	不可见的钢筋线、螺栓线、结构平面图中不可见的单线结构构件线及钢、木支撑线
	中粗	- - - - - - - - - -	0.7b	结构平面图中不可见构件、墙身轮廓线，及不可见钢、木结构构造线、不可见的钢筋线
	中	- - - - - - - - - -	0.5b	结构平面图中的不可见构件、墙身轮廓线，及不可见钢、木结构构件线、不可见的钢筋线
	细	- - - - - - - - - -	0.25b	基础平面图中的管沟轮廓线、不可见的钢筋混凝土构件轮廓线

（续表）

名称		线型	线宽	一般用途
单点长画线	粗		b	柱间支撑、垂直支撑、设备基础轴线、图中的中心线
	细		0.25b	定位轴线、对称线、中心线、重心线
双点长画线	粗		b	预应力钢筋线
	细		0.25b	原有结构轮廓线
折断线			0.25b	断开界线
波浪线			0.25b	断开界线

16.4.2 比例

在同一张图纸中，相同比例的各图样，应选用相同的线宽组。

绘图时根据图样的用途、被绘物体的复杂程度，应选用表16-2中的常用比例，特殊情况下也可选用可用比例。

表16-2 比例

图名	常用比例	可用比例
结构平面图 基础平面图	1:50、1:100、1:150	1:60、1:200
圈梁平面图、总图中管沟、地下设施等	1:200、1:500	1:300
详图	1:10、1:20、1:50	1:5、1:30、1:25

当构件的纵、横向断面尺寸相差悬殊时，可在同一详图中的纵、横向选用不同的比例绘制。轴线尺寸与构件尺寸也可选用不同的比例绘制。

16.4.3 符号

在结构平面图中索引的剖视详图、断面详图应采用索引符号表示，其编号顺序宜按图16-16的规定进行编排，并符合下列规定。

（1）外墙按顺时针方向从左下角开始编号。

（2）内横墙从左至右，从上至下编号。

（3）内纵墙从上至下，从左至右编号。

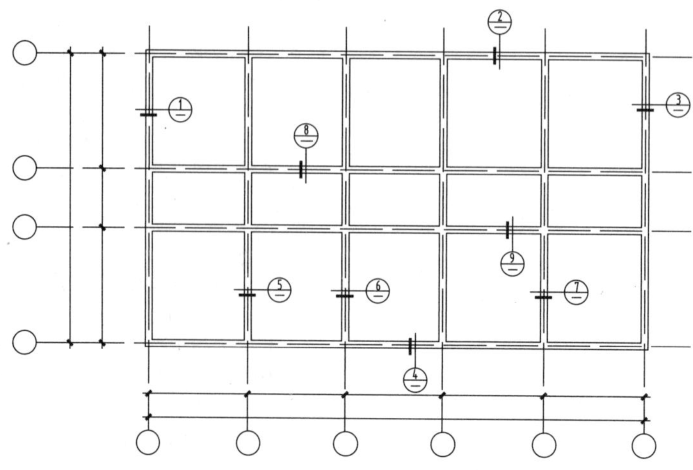

图16-16 结构平面图中索引剖视详图、断面详图编号顺序表示方法

在结构平面图中索引位置处，粗实线表示剖切位置，引出线所在一侧应为投射方向。

16.4.4 字体

图样的图名和标题栏内的图名应能够准确表达图样、图纸构成的内容，做到简练、明确。

图纸上所有的文字、数字和符号等，应字体端正，排列整齐，清楚正确，避免重叠。

图样及说明中的汉字宜采用长仿宋体，图样下的文字高度不宜小于5mm，说明中的文字高度不宜小于3mm。

拉丁字母、阿拉伯数字、罗马数字的高度，不应小于2.5mm。

16.4.5 钢筋的一般表示方法

普通钢筋的一般表示方法应符合表16-3的规定。

表16-3 普通钢筋

序号	名称	图例	说明
1	钢筋横断面		—
2	无弯钩的钢筋端部		下图表示长、短钢筋投影重叠时，短钢筋的端部用45°短斜线表示
3	带半圆形弯钩的钢筋端部		—
4	带直钩的钢筋端部		—
5	带丝扣的钢筋端部		—
6	无弯钩的钢筋搭接		—
7	带半圆弯钩的钢筋搭接		—
8	带直钩的钢筋搭接		—

预应力钢筋的表示方法应符合图16-4的规定。

表16-4 预应力钢筋

序号	名称	图例
1	预应力钢筋或钢绞线	
2	预应力钢筋断面	
3	预应力钢筋断面	
4	张拉端锚具	
5	固定端锚具	
6	锚具的端视图	
7	可动连接件	
8	固定连接件	

钢筋网片的表示方法应符合表16-5的规定。

表16-5 钢筋网片

序号	名称	图例
1	一片钢筋网平面图	W-1
2	一行相同的钢筋网平面图	3W-1

注：用文字注明焊接网或绑扎网片。

钢筋的画法应符合表16-6的规定。

表16-6 钢筋画法

序号	说明	图例
1	在结构楼板中配置双层钢筋时，底层钢筋的弯钩应向上或向左，顶层钢筋的弯钩则向下或向右	(底层) (顶层)
2	钢筋混凝土墙体配双层钢筋时，在配筋立面图中，远面钢筋的弯钩应向上或向左，而近面钢筋的弯钩应向下或向右（JM近面，YM远面）	JM YM JM YM
3	若在断面图中不能表达清楚的钢筋位置，应在断面图外增加钢筋大样图（如：钢筋混凝土墙，楼梯等）	
4	图中所表示的箍筋、环筋等若布置复杂时，可加画钢筋大样说明	
5	每组相同的钢筋、箍筋或环筋，可用一根粗实线表示，同时用一两端带斜短划线的横穿细线，表示其钢筋及起止范围	

16.4.6 钢筋标注

钢筋、钢丝束及钢筋网片应按下列规定进行标注。

（1）钢筋、钢丝束的说明应给出钢筋的代号、直径、数量、间距、编号及所在位置，其说明应沿钢筋的长度标注或标注在相关钢筋的引出线上。

（2）钢筋网片的编号应标注在对角线上。网片的数量应与网片的编号标注在一起。

（3）钢筋、杆件等编号的直径宜采用5mm~6mm的细实线圆表示，其编号应采用阿拉伯数字按顺序编写。

提示

简单的构件、钢筋种类较少可不编号。

钢筋在平面、立面、剖（断）面中的表示方法应符合下列规定。

（1）钢筋在平面图中的配置应按图16-17所示的方法表示。当钢筋标注的位置不够时，可采用引出线标注。引出线标注钢筋的斜短划线应为中实线或细实线。

（2）当构件布置较简单时，结构平面布置图可与板配筋平面图合并绘制。

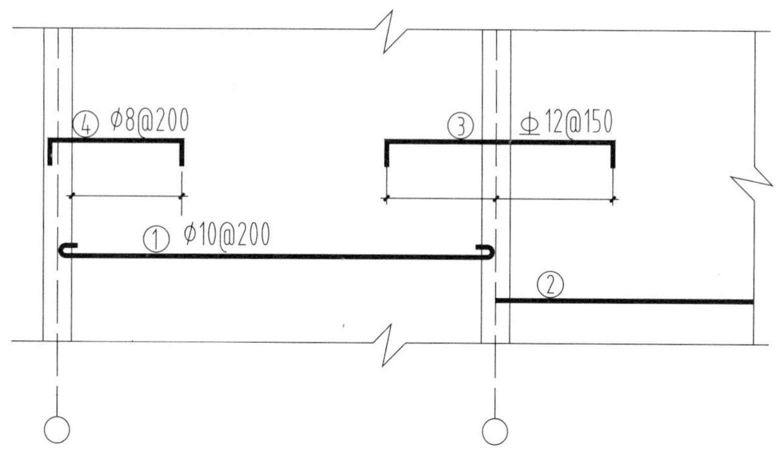

图16-17　钢筋在楼板配筋图中的表示方法

16.4.7　文字注写构件的表示方法

在现浇混凝土结构中，构件的界面和配筋等数值可采用文字注写方式表达。

按结构层绘制的平面布置图中，直接用文字表达各类构件的编号（编号中含有构件的类型代号和顺序号）、断面尺寸、配筋及有关数值。

混凝土柱可采用列表注写和在平面布置图中截面注写方式，应符合下列规定。

（1）列表注写应包括柱的编号、各段的起止标高、断面尺寸、断筋、断面形状和箍筋的类型等有关内容。

（2）截面注写可在平面布置图中，选择同一编号的柱截面，直接在截面中引出断面尺寸、配筋的具体数值等，并应绘制柱的起止高度表。

混凝土剪力墙可采用列表和截面注写方式，并应符合下列规定。

（1）列表注写分别在剪力墙柱表、剪力墙身表及剪力墙表中，按编号绘制截面配筋图，并注写断面尺寸和配筋等。

（2）截面注写可在平面值布置图中按编号，直接在墙柱、墙身和墙梁上注写断面尺寸、配筋等具体数值的内容。

混凝土梁可采用在平面布置图中的平面注写和截面注写方式，并应符合下列规定。

（1）平面注写可在梁平面布置图，分别在不同编号的梁中选择一个，直接注写编号、断面尺寸、跨数、配筋的具体数值和相对高差（无高差可不注写）等内容。

（2）截面注写可在平面布置图，分别在不同编号的梁中选择一个，用剖面号引出截面图形，并在其上注写断面尺寸、配筋等具体数值等。

重要构件或复杂的构件，不宜文字注写方式表达构件的截面尺寸和配筋等有关数值，宜采用绘制构件详图的表示方法。

基础、楼梯、地下室结构等其他构件，当采用文字注写方式绘图时，可采用在平面布置图上直接注写有关具体数值，也可采用列表注写的方式。

采用文字注写构件的尺寸、配筋等数值的图样，应绘制相应的节点做法及标准构造详图。

第17章 绘制建筑结构平面布置图

结构施工图在房屋建筑施工图集中简称为结施图，被用来表示房屋建筑的组成构件——梁、板、柱、墙、基础等的结构情况以及它们之间的连接方法，比如构件内部钢筋的规格、形状、布置、数量等的图纸。

本章介绍结构施工图的基础知识及住宅楼基础配筋平面图的绘制。

17.1 结构施工图概述

本节介绍结构施工图的基础知识，包括结构施工图的形成、绘制结施图常用的代号、钢筋混凝土结构图的识读。

17.1.1 结构施工图简介

根据建筑施工图并同时考虑设施工中对建筑结构的要求，进行结构选型、构件布置、材料选用、构造方法及力学方面计算等，并把这些成果按照《建筑结构制图标准》GB/T 50105的规定画出图样，这种图样就被称为结构施工图，又简称结施图。

结构施工图用于放线、挖槽、支模板、绑扎钢筋、浇筑混凝土、设置预埋件、安装构件以及编制工程预算、施工进度计划等。

结构施工图的内容包括：结构设计说明、结构平面图、构件详图。

结构设计总说明一般包括以下内容。

（1）结构选材：材料的类型、规格、强度等级等；

（2）地基情况：地基类型、地耐力大小、不良地基的处理要求；

（3）结构构造做法及施工应注意的事项；

（4）选用标准图集以及结构设计采用的规范资料。

结构平面图包括：基础平面图，楼层、屋顶结构布置平面图。

构件详图包括：梁、板、柱等构件的配筋图。

17.1.2 结构施工图中常用的构件代号

房屋建筑结构施工图中构件的种类及形式很多，《建筑结构制图标准》GB/T 50150规定了一些常用构件的代号，见表17-1所示。

表17-1 常用的构件代

序号	名称	代号	序号	名称	代号
1	板	B	18	圈梁	QL
2	屋面板	WB	19	过梁	GL
3	空心板	KB	20	连系梁	LL
4	槽形板	CB	21	基础梁	JL
5	折板	ZB	22	楼梯梁	TL
6	密肋板	MB	23	天沟板	TGB
7	楼梯板	TB	24	承台	CT
8	盖板或沟盖板	GB	25	设备基础	SJ
9	挡雨板或檐口板	YB	26	桩	Z
10	吊车安全走道板	DB	27	挡土墙	DQ
11	墙板	QB	28	地沟	DG
12	梁	L	29	柱间支撑	ZC
13	屋面梁	WL	30	框支梁	KZL
14	吊车梁	DL	31	檩条	LT
15	单轨吊车梁	DDL	32	托梁	TJ
16	轨道连接	DGL	33	框架	KJ
17	车挡	CD	34	支架	ZJ

（续表）

序号	名称	代号	序号	名称	代号
35	框架柱	KZ	45	梁垫	LD
36	预埋件	M	46	屋面框架梁	KZL
37	钢筋网	W	47	屋架	WJ
38	基础	J	48	天窗架	CJ
39	框架梁	KL	49	刚架	GJ
40	垂直支撑	CC	50	柱	Z
41	水平支撑	SC	51	构造柱	GZ
42	梯	T	52	天窗端壁	TD
43	雨篷	YP	53	钢筋骨架	G
44	阳台	YT	54	暗柱	AZ

注：1. 预制钢筋混凝土构件、现浇钢筋混凝土构件、钢构件和木构件，一般可直接采用本表中构件代号；在绘图的过程中，当需要区别上述构件的材料种类时，可在构件代号前加注材料代号，并在图中加以说明。

2. 预应力钢筋混凝土构件，应在构件代号前加注“Y”，比如Y-DL表示预应力钢筋混凝土吊车梁。

17.1.3 钢筋混凝土结构图简介

混凝土的组成成分有4种，分别是水泥、石子、沙子和水。钢筋混凝土就是在混凝土结构中的相应部位配置一定量的钢筋。使用这种材料所做的构件称为钢筋混凝土构件，由钢筋混凝土构件组成的结构称为钢筋混凝土结构。

根据钢筋混凝土构件制作时施工方法的不同，可将其分为现浇钢筋混凝土构件（即在施工现场构件所在建筑部位上制作）、预制钢筋混凝土构件（指在构件厂做好，通过运输、吊装工具进行安装）两种类型。

另外，在制作构件时通过张拉钢筋对混凝土预加一定的压力，称为预应力钢筋混凝土构件。

1. 钢筋混凝土构件中钢筋的作用及分类

构件中的配筋按其自身的不同作用有以下几种。

（1）受力筋（主筋）

在构件中承受拉、压应力的钢筋（应力：单位面积上的内力），用于各种钢筋混凝土承重构件（梁、板、柱、墙、基础等）。在梁、板构件中的受力筋又分为直筋和起筋两种。

（2）分布筋（温度筋）

一般配置在板、墙等构件中，与受力筋垂直布置。将承受的荷载均匀地传递给受力筋，并固定受力筋的位置；同时抵抗温度（热胀冷缩）变形，因此又可称之为温度筋。

（3）箍筋（钢筋）

一般用在梁、柱等配件中，承受部分斜拉应力，并固定受力筋的位置。

（4）架立筋

架立筋属于构造配筋，在构件中的作用是构造梁的钢筋骨架，固定箍筋的位置。架立筋仅在梁中设置。

（5）其他类型的钢筋

按照实际的需要而设置的还有构造钢筋，比如腰筋、吊筋等。

钢筋混凝土构件配筋的示意图如图17-1所示。

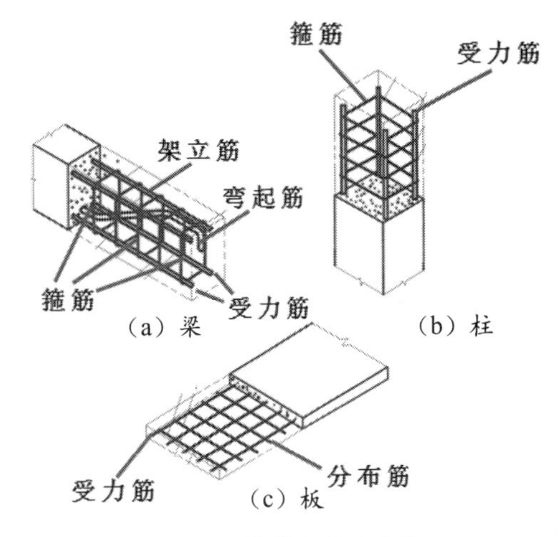

图17-1 构件配筋示意图

2. 钢筋的弯钩

钢筋被混凝土包裹，它们之间应具有足够的粘结力。外表带肋钢筋（HRB335、HGB400）比外表光面钢筋（HPB300）的粘结力强。

为了加强光面钢筋与混凝土之间的粘结力，提高其锚固性能，一般会在钢筋的两端做弯钩，从而避免钢筋在受拉时滑动。

弯钩的形式有3种，其简化画法如图17-2所示。

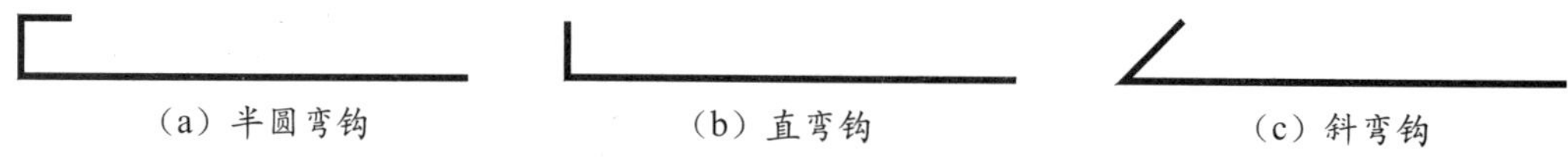

（a）半圆弯钩　　（b）直弯钩　　（c）斜弯钩

图17-2　钢筋的弯钩形式

3. 预埋件

在制作混凝土构件时将钢铁件——钢板、型钢、钢筋等预先埋入其中，称为预埋件，以符号“M”表示。设置预埋件的目的是为了将构件或设备相互连接起来。

17.2 基础配筋平面布置图

本节介绍基础配筋平面布置图的绘制，分为4个步骤：第一个步骤是创建各类绘制基础配筋平面布置图所需的各类图层，第二个步骤是绘制砼墙，第三个步骤是绘制钢筋，第四个步骤是绘制线性标注、引线标注、图名标注。具体的绘制过程请阅读本节内容。

17.2.1 设置绘图环境

绘制基础配筋平面图所需的图层有“混凝土柱”图层、“零厚板”图层、“砼墙”图层等，本节介绍这些图层的创建。

01 启动AutoCAD 2014应用程序，新建一个空白文件；执行“文件”|“保存”命令，设置图形名称为“基础配筋平面布置图.dwg”，单击“保存”按钮，将其保存至电脑中。

02 沿用第12章所介绍的方式，设置新文件的各项样式参数，比如“绘图单位”、“文字样式”、“标注样式”等。

03 创建图层。调用LA【图层特性管理器】命令，系统弹出【图层特性管理器】对话框，在其中创建绘制基础配筋平面布置图所需要的图层，如图17-3所示。

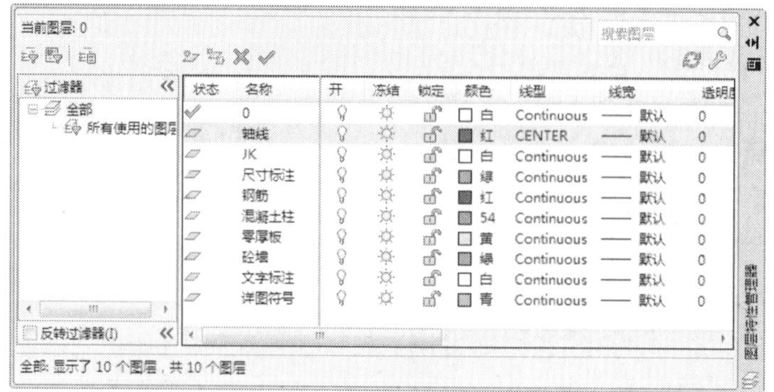

图17-3　创建图层

17.2.2 绘制砼墙

本节介绍砼墙及混凝土柱的绘制。通过调用【偏移】命令、【修剪】命令，可以完成砼墙轮廓线的绘制；混凝土柱的轮廓线则可调用【矩形】命令来绘制，然后再使用【图案填充】命令来绘制其填充图案。

01 按下Ctrl+O快捷键，打开本书提供的“住宅楼首层平面图.dwg”文件；调用E【删除】命令、TR【修剪】命令，删除或修剪平面图上的图形，并将“轴线”图层关闭，整理图形的结果如图17-4所示。

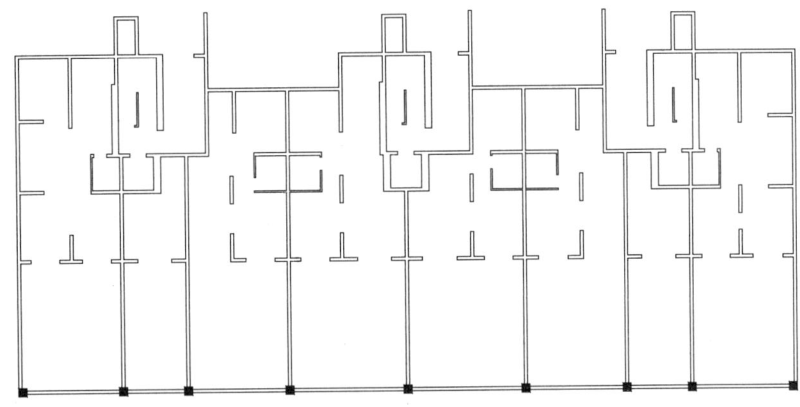

图17-4 整理图形

02 在“图层”工具栏下拉列表中选择“砼墙”图层。

03 调用REC【矩形】命令，绘制砼墙轮廓线，结果如图17-5所示。

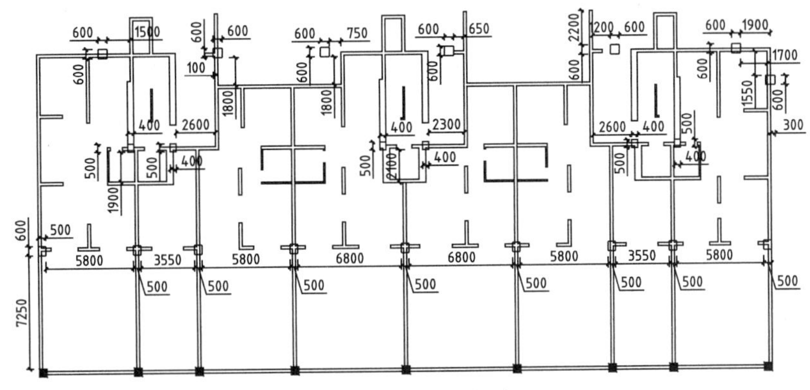

图17-5 绘制砼墙轮廓线

04 调用H【图案填充】命令，系统弹出【图案填充和渐变色】对话框，在其中选择SOLID图案，对矩形执行图案填充操作，结果如图17-6所示。

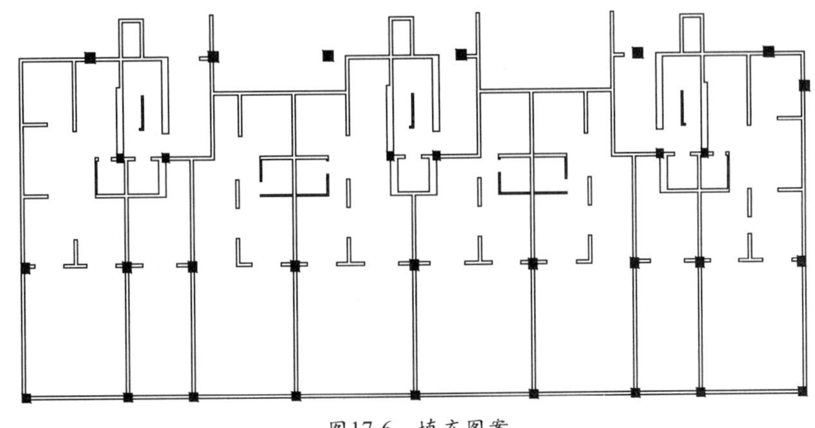

图17-6 填充图案

05 调用L【直线】命令，绘制直线；调用TR【修剪】命令、E【删除】命令，修剪或删除墙线，结果如图17-7所示。

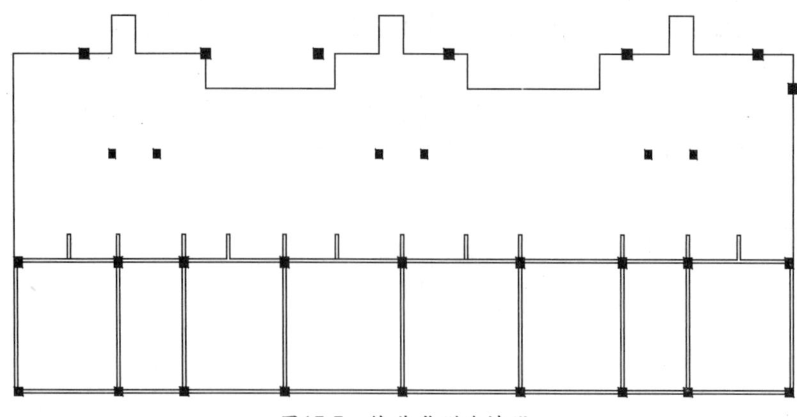

图17-7　修剪或删除墙线

06 调用O【偏移】命令、TR【修剪】命令，绘制砼墙轮廓线，结果如图17-8所示。

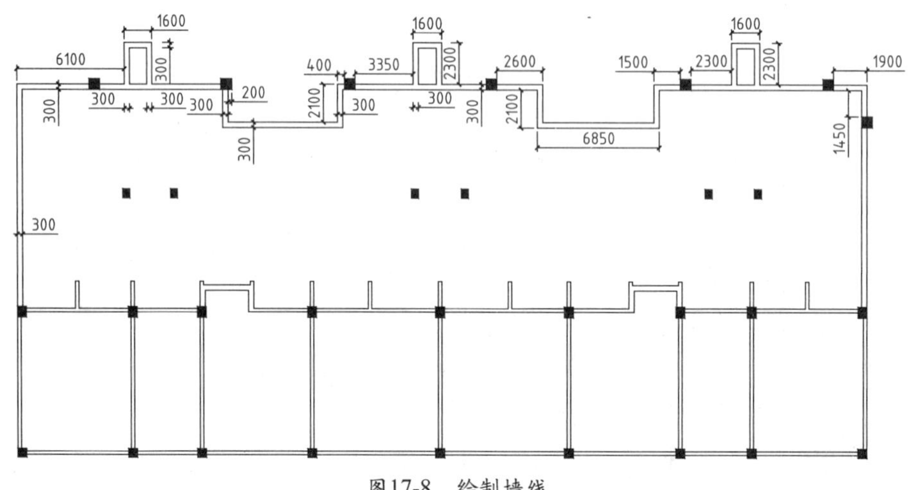

图17-8　绘制墙线

07 调用L【直线】命令、O【偏移】命令、TR【修剪】命令，绘制内部砼墙，结果如图17-9所示。

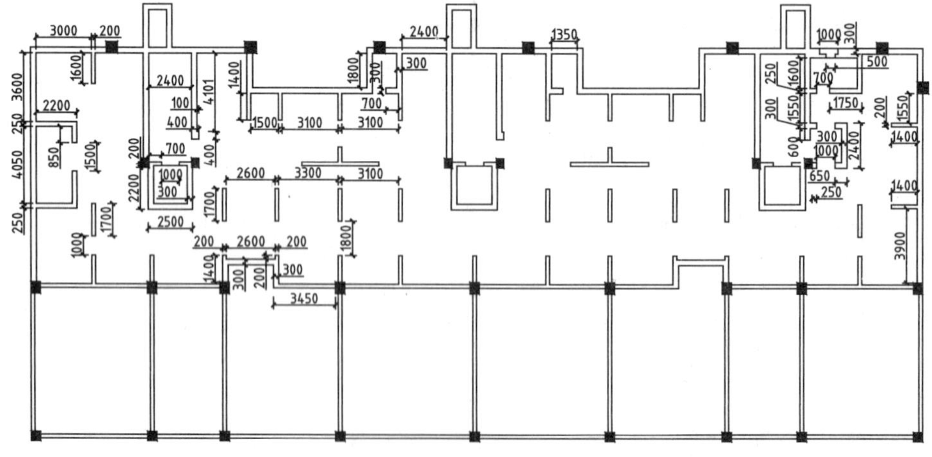

图17-9　绘制内部砼墙

08 重复上述操作，继续绘制图17-10所示的砼墙

09 在“图层”工具栏下拉列表中选择“混凝土柱”图层。

10 调用REC【矩形】命令，绘制混凝土柱轮廓线，结果如图17-11所示。

11 调用H【图案填充】命令，对矩形填充SOLID图案，结果如图17-12所示。

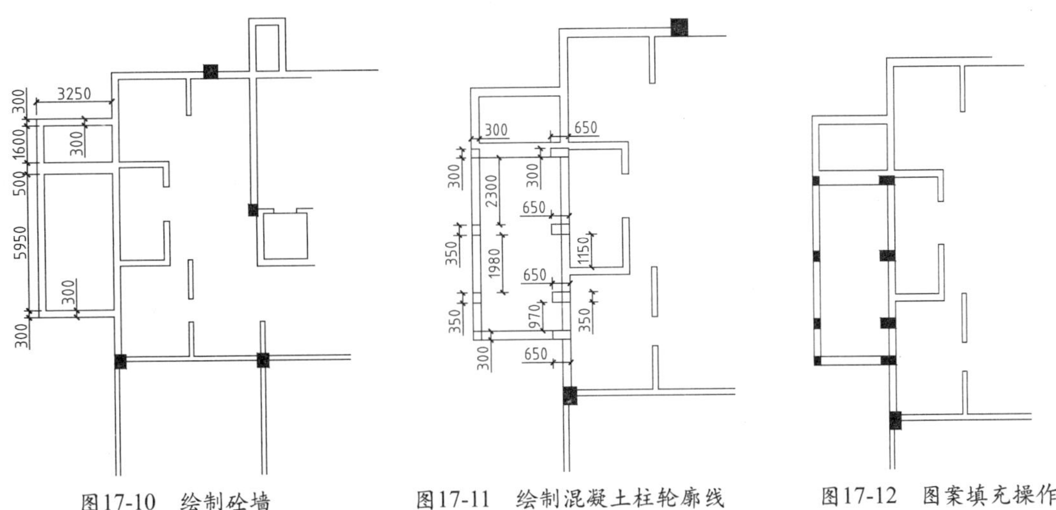

图17-10 绘制砼墙　　图17-11 绘制混凝土柱轮廓线　　图17-12 图案填充操作

12 在“图层”工具栏下拉列表中选择“砼墙”图层。

13 调用L【直线】命令、O【偏移】命令、PL【多段线】命令，绘制砼墙轮廓线，如图17-13所示。

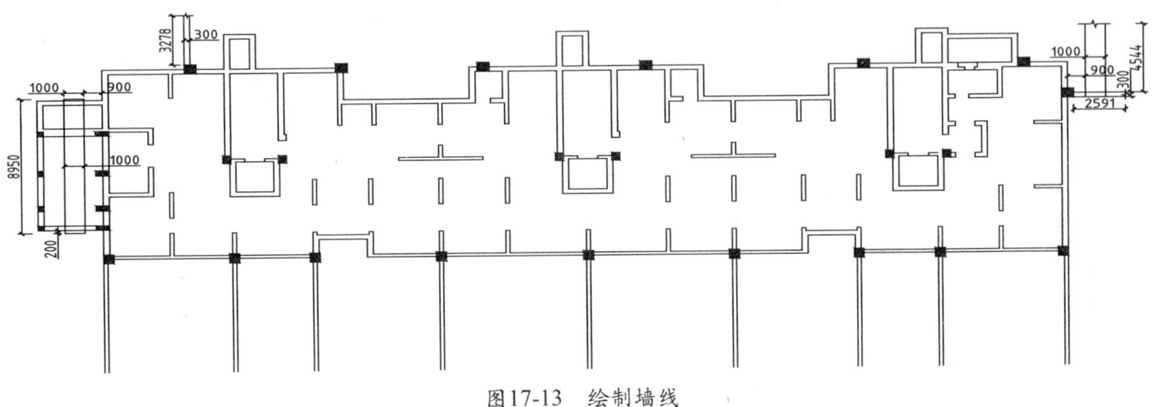

图17-13 绘制墙线

14 调用H【图案填充】命令，在【图案填充和渐变色】对话框中设置图案填充参数，对图形执行填充操作的结果如图17-14所示。

图17-14 填充图案

15 在“图层”工具栏下拉列表中选择“JK”图层。

16 调用REC【矩形】命令，绘制如图17-15所示的矩形。

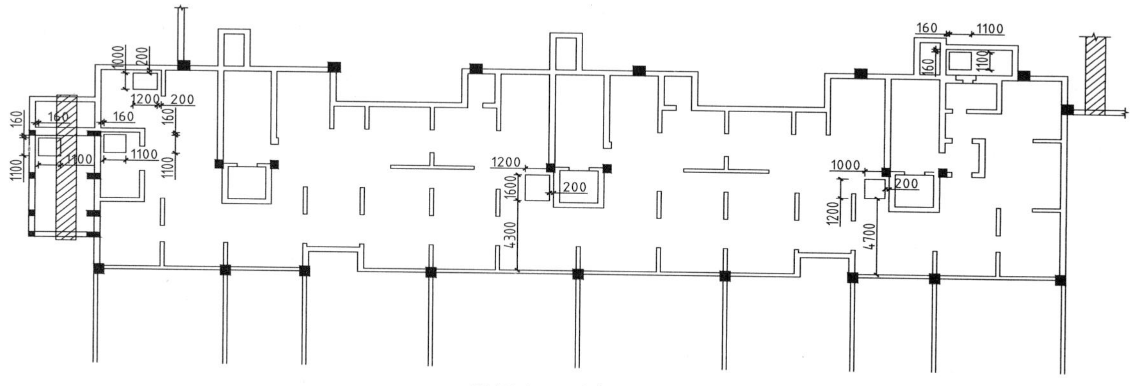

图17-15 绘制矩形

17 调用H【图案填充】命令，在【图案填充和渐变色】对话框中设置填充参数，绘制图案填充的结果如图17-16所示。

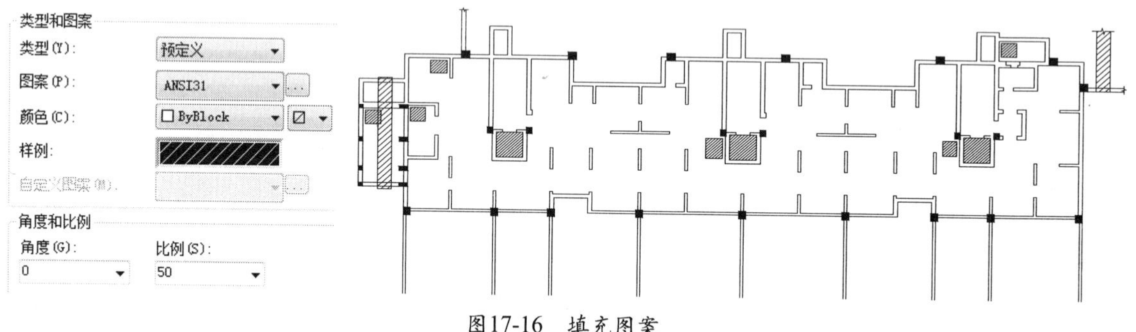

图17-16 填充图案

17.2.3 绘制钢筋

本节介绍钢筋及零厚板图形的绘制。首先调用【多段线】命令来绘制钢筋图形，而零厚板图形则可使用【圆形】命令来绘制。

01 在“图层”工具栏下拉列表中选择“钢筋”图层。

02 调用PL【多段线】命令，绘制宽度为50的多段线以表示钢筋图形，结果如图17-17所示。

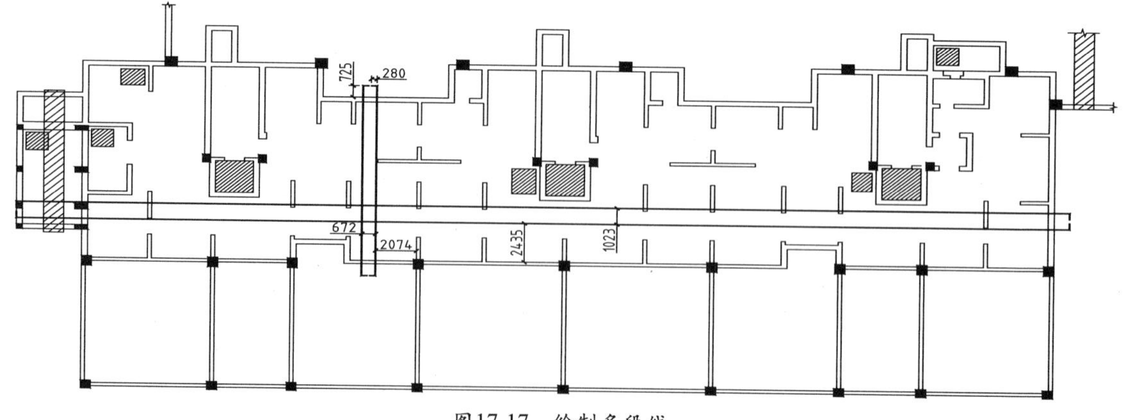

图17-17 绘制多段线

03 按下Enter键，重复调用PL【多段线】命令，继续绘制钢筋图形，结果如图17-18所示。

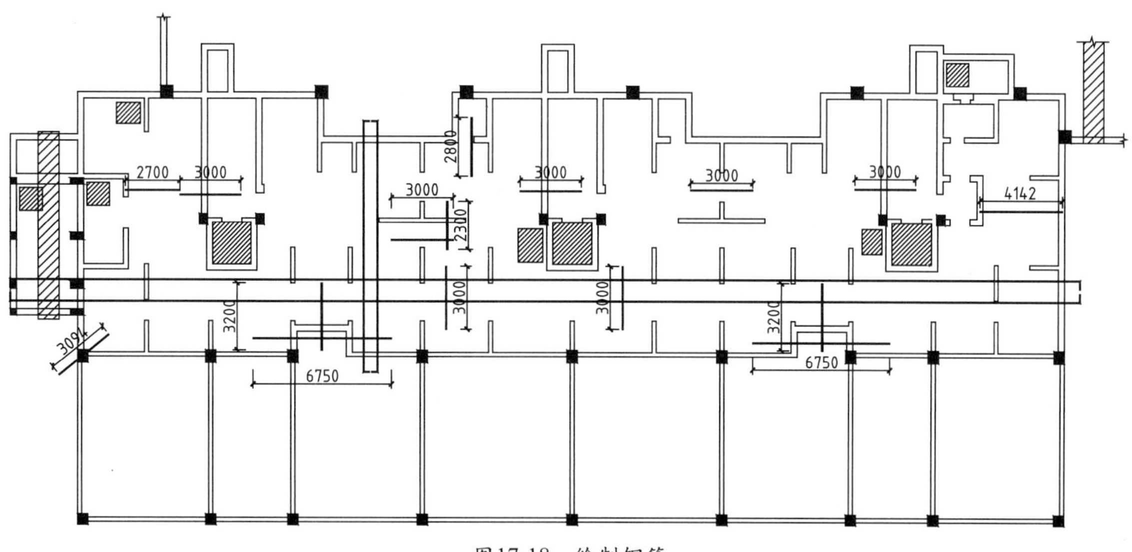

图17-18　绘制钢筋

04 在“图层”工具栏下拉列表中选择“零厚板”图层。

05 调用C【圆形】命令，绘制圆形（R=88）以表示零厚板图形，结果如图17-19所示。

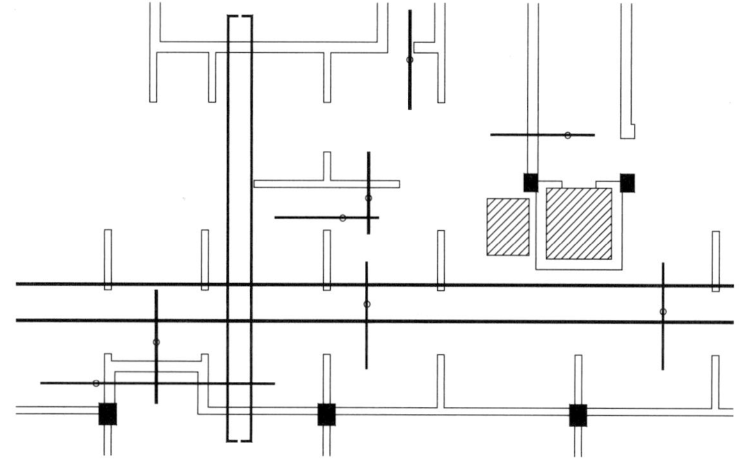

图17-19　绘制零厚板

06 调用CO【复制】命令，移动复制圆形以完成其他零厚板图形的绘制，结果如图17-20所示。

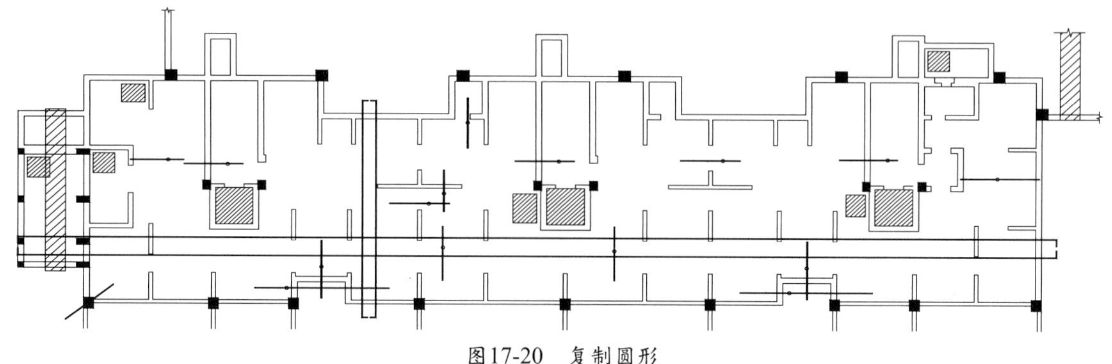

图17-20　复制圆形

07 调用REC【矩形】命令，绘制矩形以表示零厚板图形，结果如图17-21所示。

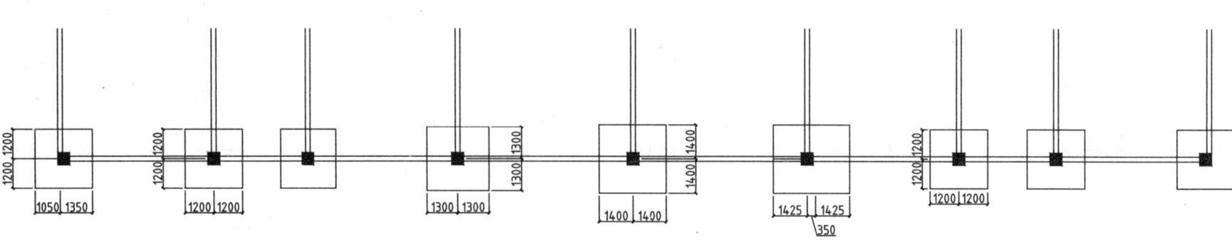

图17-21 绘制矩形

08 调用PL【多段线】命令，绘制宽度为50的零厚板轮廓线，结果如图17-22所示。

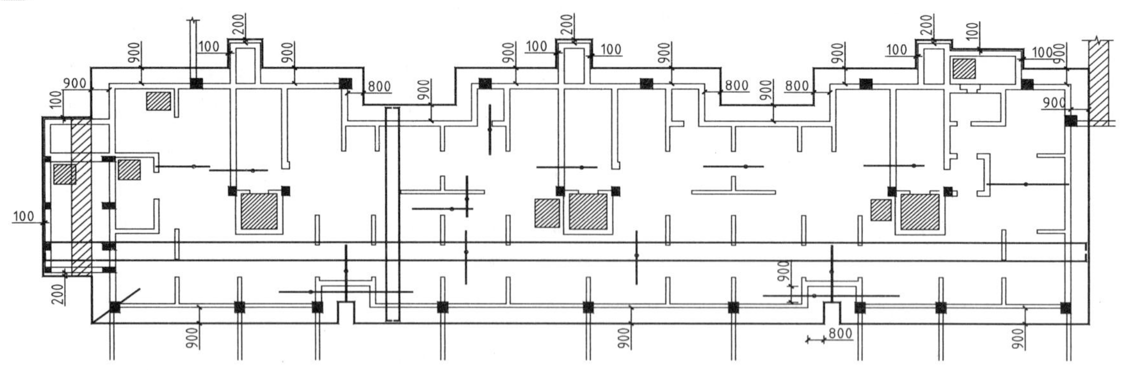

图17-22 绘制零厚板轮廓线

17.2.4 绘制图形标注

本节介绍图形标注的绘制，包括钢筋的型号标注、引线标注、尺寸标注以及图形标注。

01 在“图层”工具栏下拉列表中选择“尺寸标注”图层。

02 调用DLI【线性标注】命令，绘制基础构件图形的尺寸标注，结果如图17-23所示。

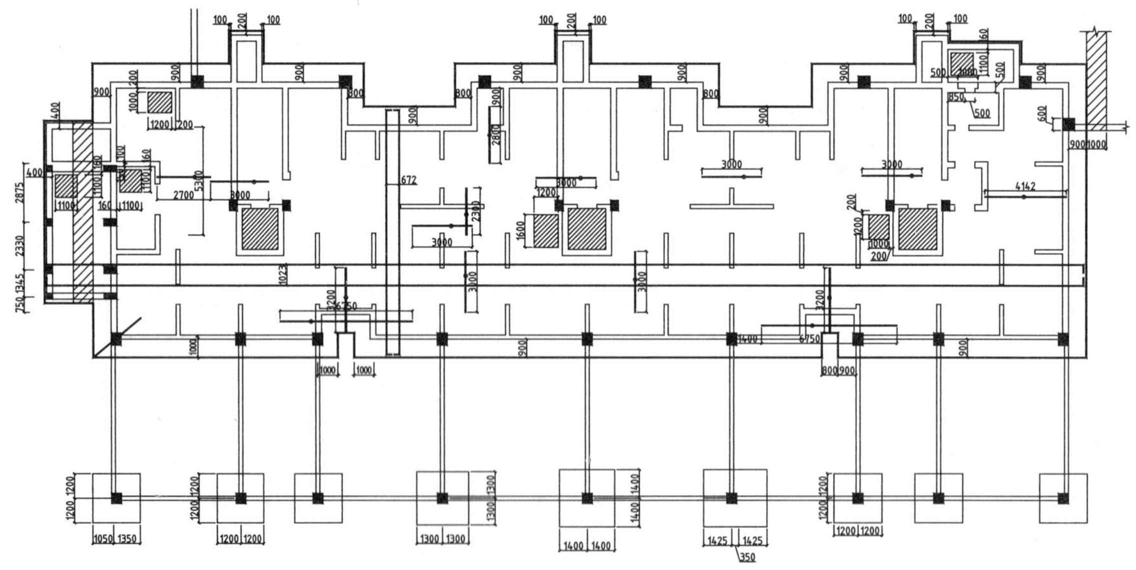

图17-23 绘制尺寸标注

03 在“图层”工具栏下拉列表中选择“文字标注”图层。

04 调用PL【多段线】命令、MT【多行文字】命令，绘制钢筋的标注，结果如图17-24所示。

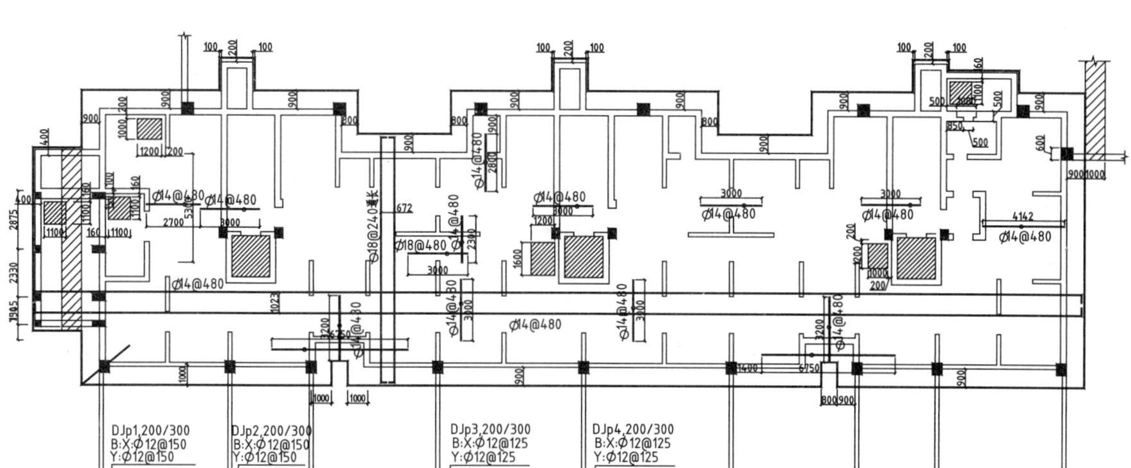

图17-24　绘制钢筋的标注

05 调用MLD【多重引线】命令、MT【多行文字】命令，绘制其他图形的文字标注，结果如图17-25所示。

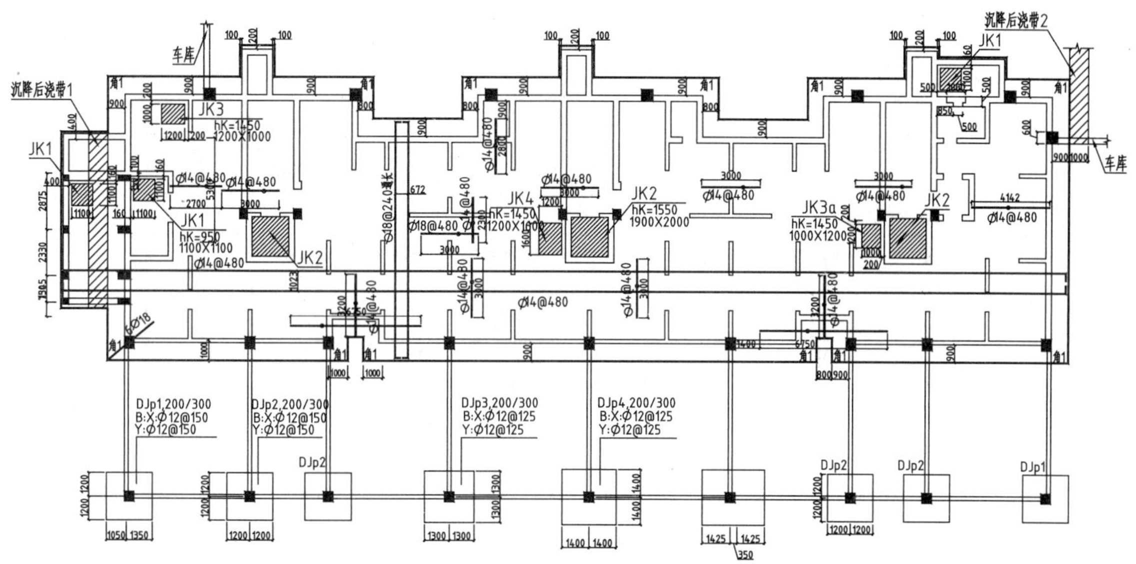

图17-25　绘制其他图形的文字标注

06 在“图层”工具栏下拉列表中选择“详图符号”图层。

07 调用C【圆形】命令、PL【多段线】命令、MT【多行文字】命令，绘制详图符号，结果如图17-26所示。

08 在“图层”工具栏下拉列表中选择“尺寸标注”图层并打开“轴线”图层。

09 执行E【删除】命令，删除住宅楼一层平面上多余的尺寸标注以及轴号标注；调用DLI【线性标注】命令，补齐缺失的线性标注，整理的结果如图17-27所示。

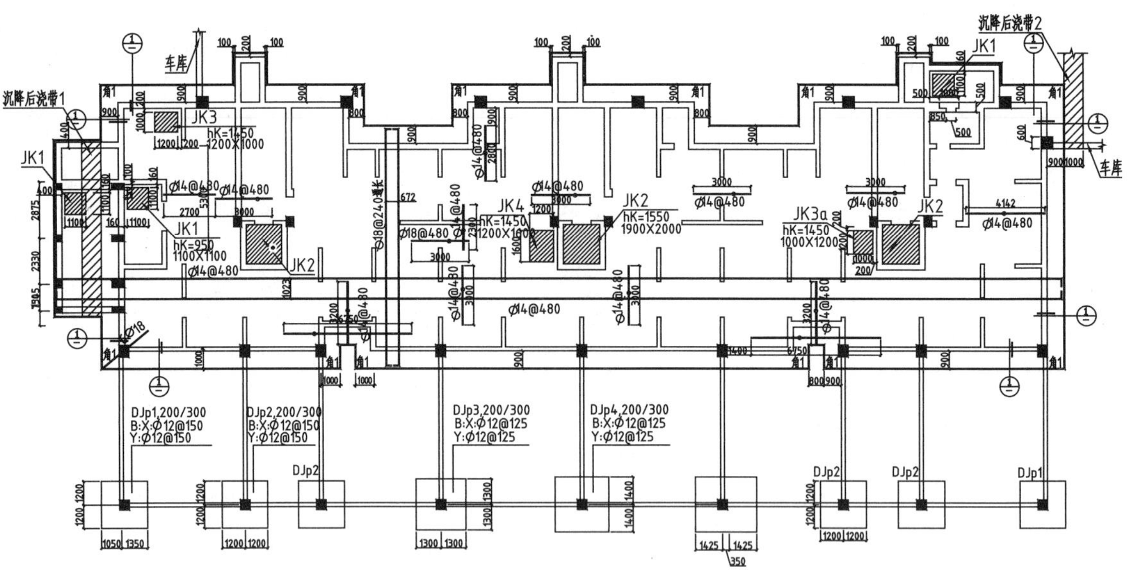

图17-26　绘制详图符号

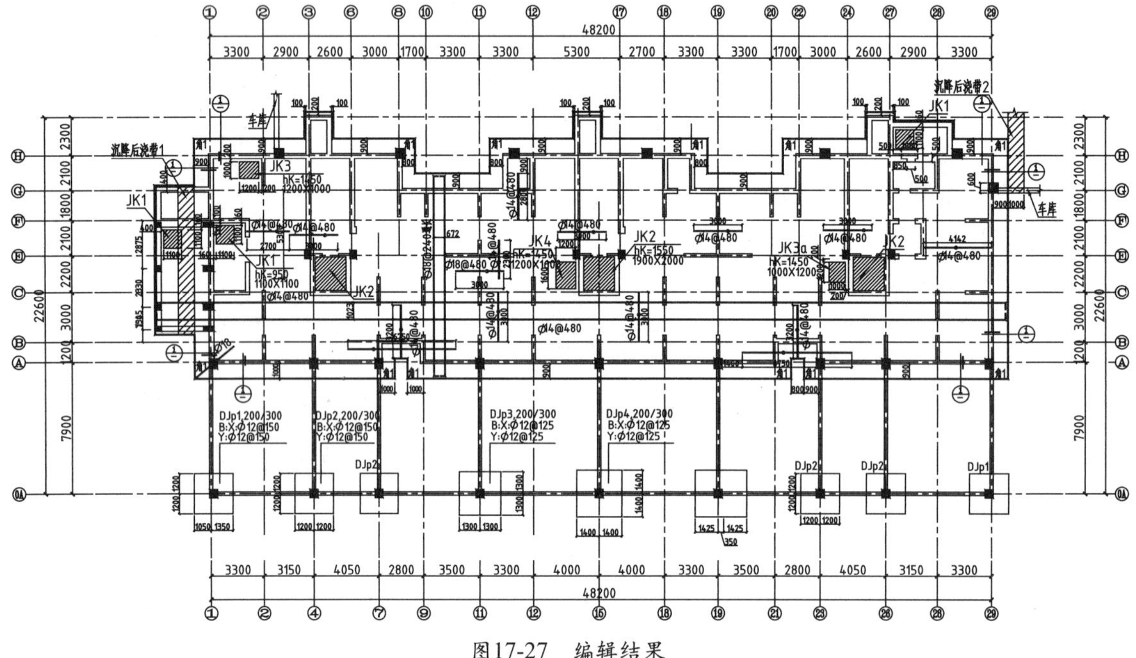

图17-27　编辑结果

10 关闭“轴线”图层，调用MT【多行文字】命令、PL【多段线】命令，绘制图名标注以及下划线，结果如图17-28所示。

11 调用MT【多行文字】命令，绘制如图17-29所示的设计说明文字。

12 图17-30所示为加气墙基础大样图，请读者使用本书所介绍的绘图方法进行绘制，具体参数请参考本章的素材文件。

13 图17-31、图17-32所示分别为双墙基础及钢筋放样图，以供读者参考及练习。

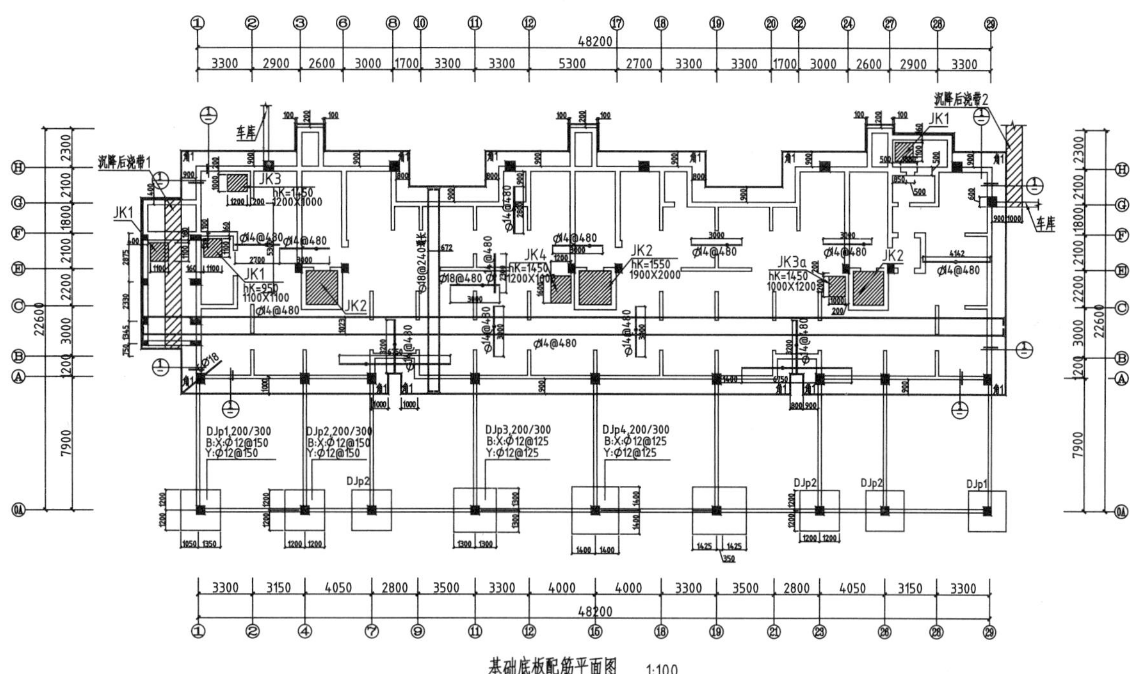

图17-28 图名标注

设计说明:

1.筏板厚度为700mm,基础底标高-7.300(绝对标高14.30),±0.000绝对标高21.600,室内外高差为0.300m;基础座在第 4 层粉土层上,fak=130kpa。因其承载力较低,需对地基进行处理,处理方法可采用CFG桩复合地基,桩端进入第 6 层粉质粘土层,fspk=240kPa,处理后应让具有相应资质的检测单位对地基进行检测并对检测结果给出总体评价。裙房基础采用独立基础,基底标高均为-2.000,座在第 2 层粉土层上采用天然地基,地基承载力特征值fak=110kpa。

2.基础垫层为170厚C15素砼,垫层边缘伸出底板边缘250mm,图中不再标注,垫层包括建筑防水作法;垫层下褥垫层做法见地基处理图。

3.筏板出挑长度未注明时,均为轴线外1米。采用抗渗砼,抗渗等级为P6。

4.基坑开挖应采取有效的护坡措施,确保施工安全。

5.柱下板带与跨中板带的底部贯通纵筋,可在跨中1/3净跨长度范围内采用搭接连接、机械连接或焊接。柱下板带及跨中板带的顶部贯通纵筋,可在柱网轴线附近1/4净跨长度范围内采用搭接连接、机械连接或焊接。

6.马凳筋现场确定,并用绑丝与上下皮钢筋绑牢。

7.砌体分隔墙不另做基础,直接在基础底板上砌筑,位置见建施图;剪力墙准确定位见结施-06。

图17-29 绘制设计说明文字

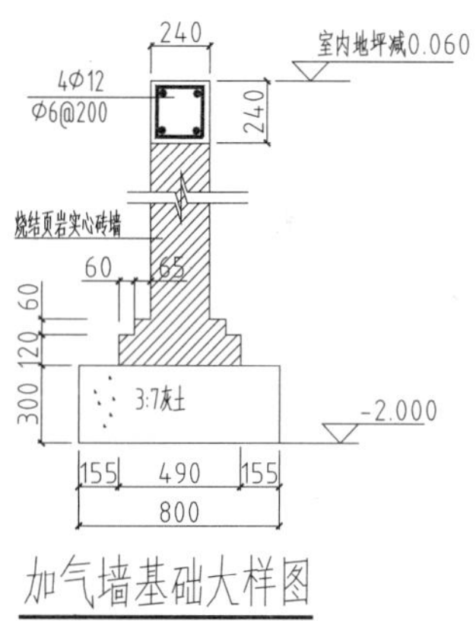

图17-30 加气墙基础大样图

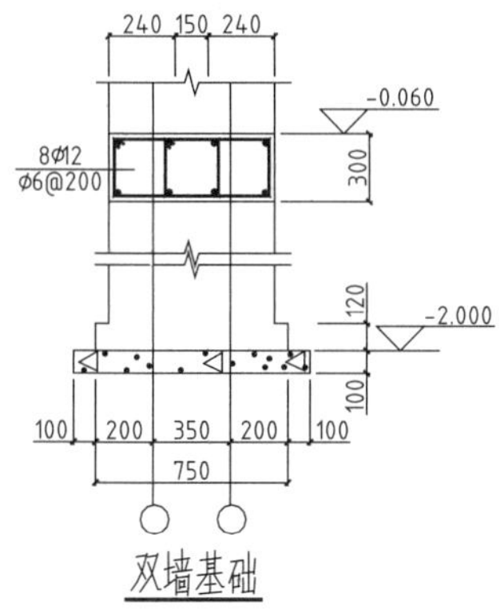

图17-31 双墙基础

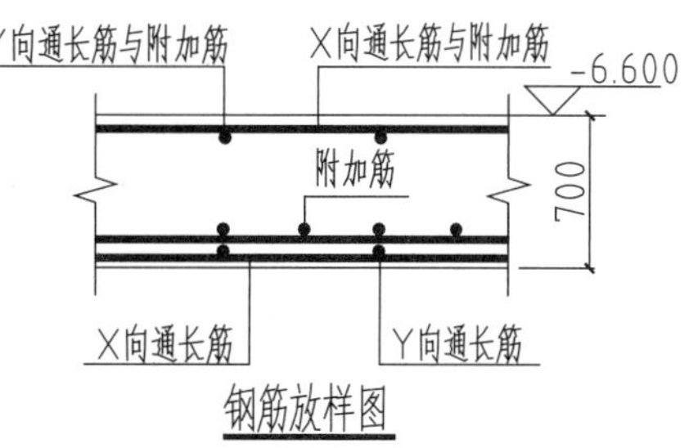

图17-32 钢筋放样图

第18章 绘制建筑构件详图

建筑构件详图表达了建筑构件的形状、大小、材料、构造和连接情况等信息，本章介绍建筑构件详图的基础知识及其绘制方法。

18.1 建筑构件详图概述

构件即是指组成结构的梁、板、柱、墙等。构件详图主要是绘制各建筑构件的配筋图，通常包括构件的立面图和截面图，对于较为复杂的构件还应该绘制其模板图和预埋件图。

本节以梁为例，介绍构件立面图和截面图的识读。

18.1.1 立面图

梁的立面图即是对梁侧立面进行投影所得到的投影图，主要表明钢筋的纵向形状及上下排列的位置、梁的立面轮廓、长度尺寸等，如图18-1所示。

梁的两端支承于墙上，梁的下侧为受拉区，上侧为受压区。

由图18-1可以得知，梁的跨度为3900mm，梁内有5种编号配筋。①、②号配筋在梁的首拉区，为受力筋；③号筋在梁的受压区，为架立筋；④、⑤号钢筋为箍筋。

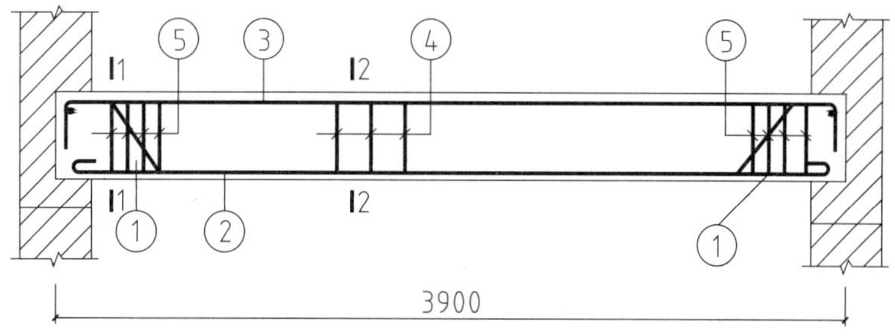

图18-1 梁的立面图

18.1.2 截面图

梁的截面图是表示梁的横截面形状、尺寸以及钢筋前后排列的情况，如图18-2所示。

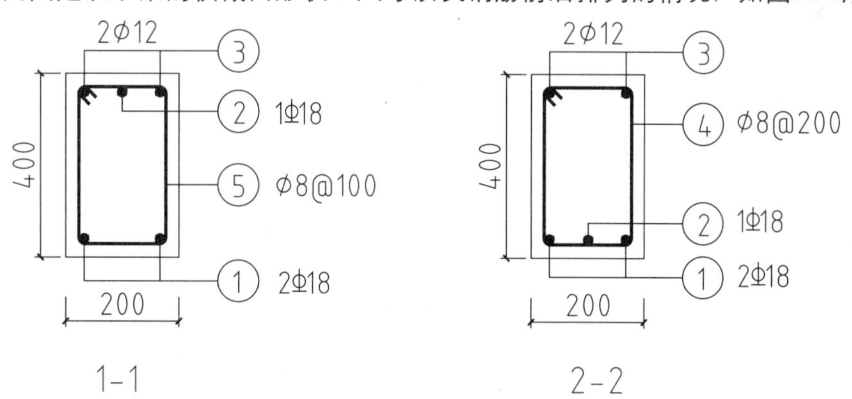

图18-2 梁的截面图

由图18-2可知，梁的截面形状为矩形，其横截面尺寸为：梁高为400mm，梁宽为200mm。

①号筋为受力筋，根据其标注文字可知，是2根HRE335级钢筋、直径是18mm、分布在梁的下侧一前一后的位置。

②号筋也是受力筋，根据其标注文字可知，是1根HRB335级钢筋、直径是18mm，在梁跨中时是处在梁的下侧中间位置，见截面图2-2。在梁两端时（支座处）是在梁的上侧中间位置，见截面图1-1。

③号筋根据其标注文字可知，是2根HRB335级钢筋、直径是12mm，在梁的上侧一前一后

布置，是架立筋。

④号筋是箍筋，根据其标注文字可知，是HPB300级钢筋、直径为8mm，间距为200mm，在梁跨中的范围。

⑤号筋也是箍筋，根据其标注文字可知，是HPB300级钢筋、直径为8mm，间距是100mm，在梁两端支座处的一定范围。

18.1.3 钢筋详图

通常情况下需要将每一种编号的钢筋抽出一根来绘制钢筋详图——抽筋图，以表示钢筋的编号、规格、数量、长度等，如图18-3所示。绘制钢筋详图的目的是方便钢筋下料。

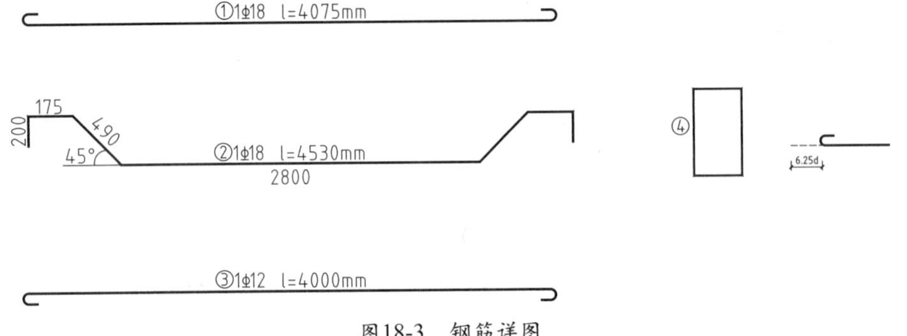

图18-3 钢筋详图

18.2 梁的配筋图的绘制

本节介绍梁的配筋图的绘制，分为3个步骤；第一个步骤是创建绘制配筋图所需的各类图层，第二个步骤是绘制各类详图图形，第三个步骤是绘制尺寸标注、文字标注以及图名标注。

具体的绘制步骤请参考本节的内容介绍。

18.2.1 设置绘图环境

绘制梁的配筋图所需要的图层有“钢筋”图层、“填充”图层、“文字标注”图层等，本节介绍这些图层的创建。

01 启动AutoCAD 2014应用程序，新建一个空白文件；执行“文件”|“保存”命令，设置图形名称为“梁的配筋图.dwg”，单击“保存”按钮，将其保存至电脑中。

02 沿用第12章所介绍的方式，设置新文件的各项样式参数，比如“绘图单位”、“文字样式”、“标注样式”等。

03 创建图层。调用LA【图层特性管理器】命令，系统弹出【图层特性管理器】对话框，在其中创建绘制梁的配筋图所需要的图层，如图18-4所示。

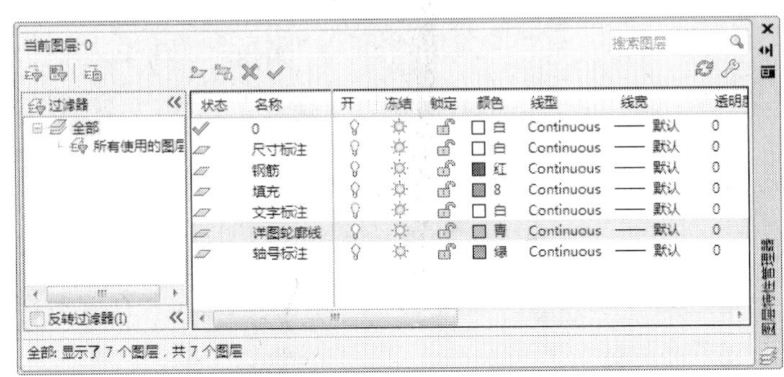

图18-4 【图层特性管理器】对话框

18.2.2 绘制详图图形

详图的图形包括楼板图形、钢筋图形。钢筋图形可以调用【多段线】命令来绘制，需要更改多段线的宽度，在这里将其宽度设置为30。

01 在“图层”工具栏下拉列表中选择“详图轮廓线”图层。

02 调用L【直线】命令、O【偏移】命令，绘制并偏移直线；调用TR【修剪】命令，修剪线段；调用PL【多段线】命令，绘制折断线，完成墙体及梁图形的绘制，结果如图18-5所示。

03 调用沿用上述操作，绘制楼板图形，结果如图18-6所示。

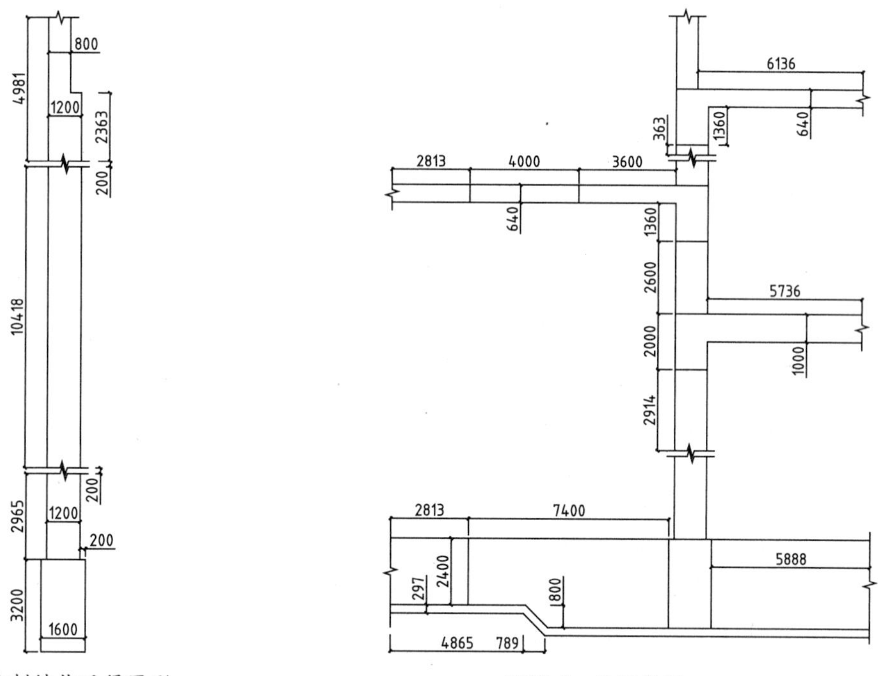

图18-5 绘制墙体及梁图形

图18-6 绘制楼板

04 在“图层”工具栏下拉列表中选择“填充”图层。

05 调用H【图案填充】命令，在弹出的【图案填充和渐变色】对话框中设置填充参数，对详图执行填充操作的结果如图18-7所示。

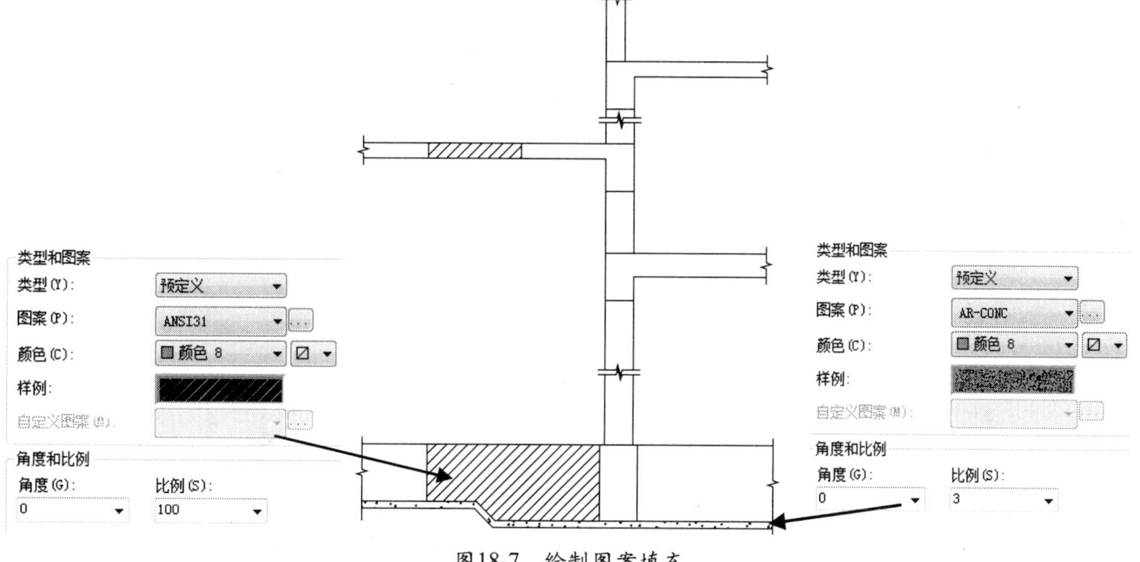

图18-7 绘制图案填充

06 在“图层”工具栏下拉列表中选择“钢筋”图层。

07 调用PL【多段线】命令，绘制宽度为30的多段线以表示钢筋的剖面图形，结果如图18-8所示。

08 调用C【圆形】命令，绘制圆形（R=50）；调用H【图案填充】命令，在【图案填充和渐变色】对话框中选择SOLID图案，对圆形执行填充操作，完成钢筋截面图形的绘制，结果如图18-9所示。

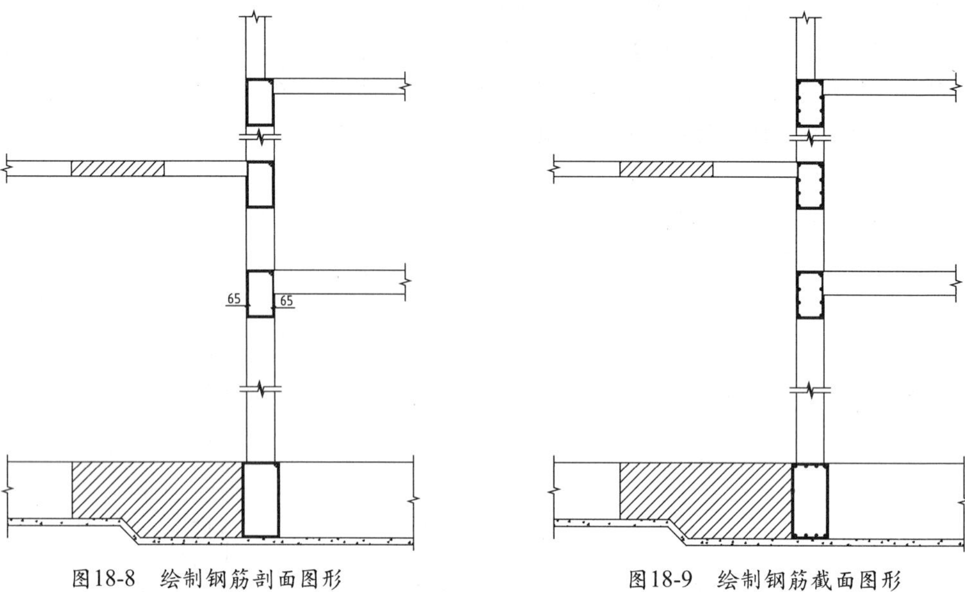

图18-8 绘制钢筋剖面图形　　　　图18-9 绘制钢筋截面图形

18.2.3 绘制图形标注

调用【线性标注】命令绘制尺寸标注后，需要双击更改其标注文字，以符合实际的尺寸，因为图纸是放大比例后绘制的。然后再绘制引线标注、图名标注便可以完成配筋图的绘制。

01 在“图层”工具栏下拉列表中选择“轴号标注”图层。

02 调用L【直线】命令，绘制轴线；调用C【圆形】命令，绘制圆形（R=400）以表示轴号，结果如图18-10所示。

03 在“图层”工具栏下拉列表中选择“尺寸标注”图层。

04 调用DLI【线性标注】命令，绘制详图标注，结果如图18-11所示。

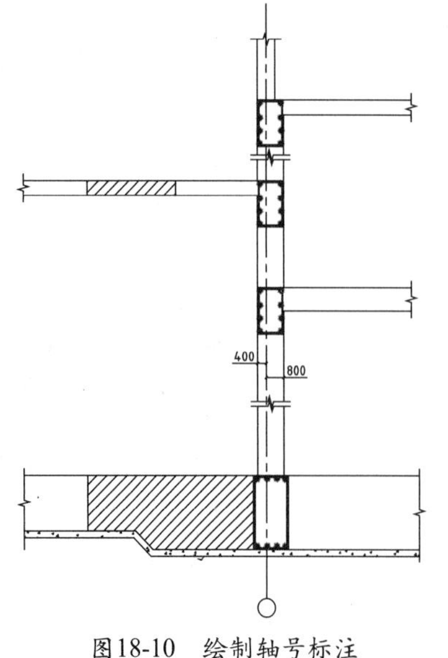

图18-10 绘制轴号标注

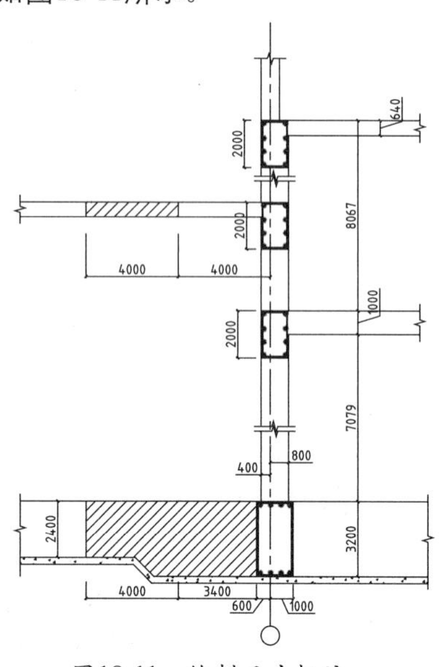

图18-11 绘制尺寸标注

05 双击尺寸标注文字，在位文字编辑器中修改文字参数，单击“确定”按钮以关闭【文字格式】对话框，完成修改操作，结果如图18-12所示。

06 调用I【插入】命令，在【插入】对话框中选择标高图块；将其调入详图中后并双击该图块，在【增强属性编辑器】对话框中更改标高参数，操作结果如图18-13所示。

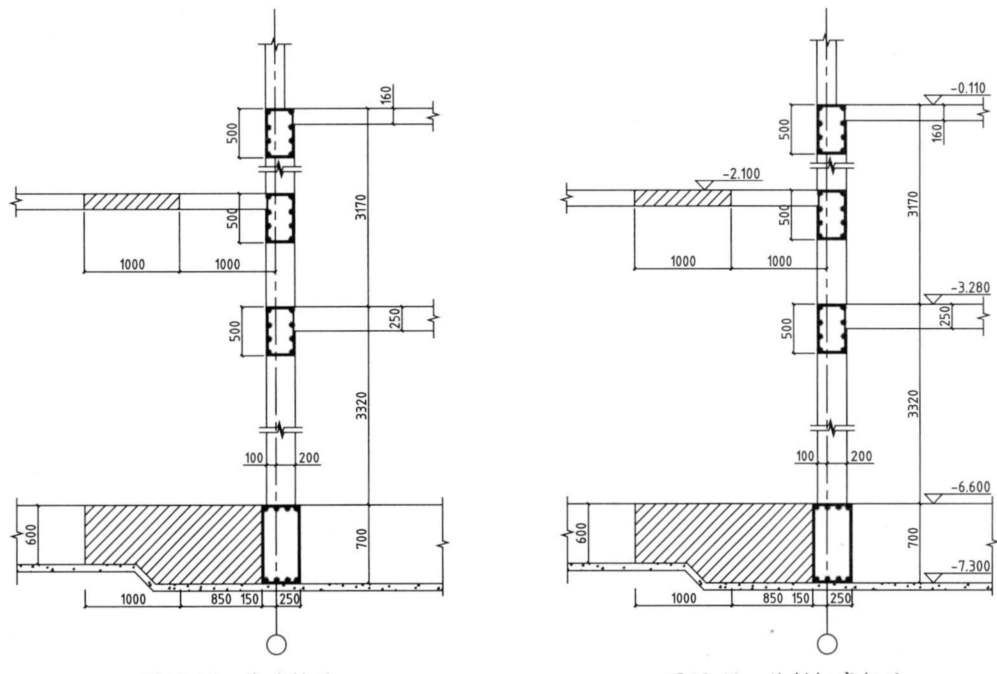

图18-12 修改结果　　图18-13 绘制标高标注

07 在“图层”工具栏下拉列表中选择“文字标注”图层。

08 调用PL【多段线】命令、MT【多行文字】命令，绘制引线及文字标注，结果如图18-14所示。

09 调用C【圆形】命令、MT【多行文字】命令，绘制圆形（R=700）及文字标注，完成详图符号的绘制，结果如图18-15所示。

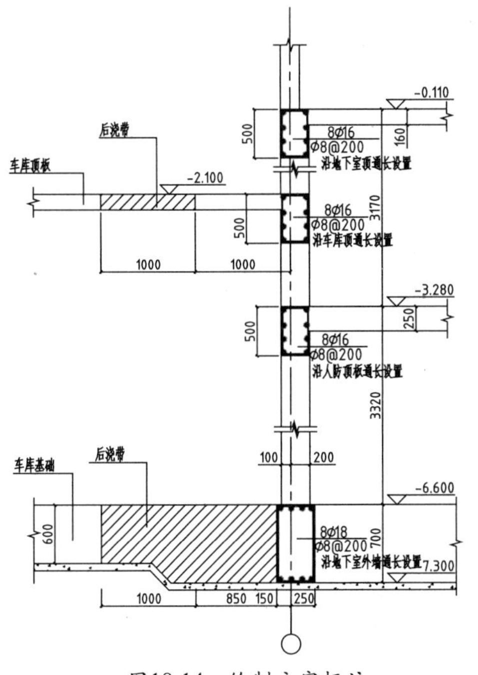

图18-14 绘制文字标注

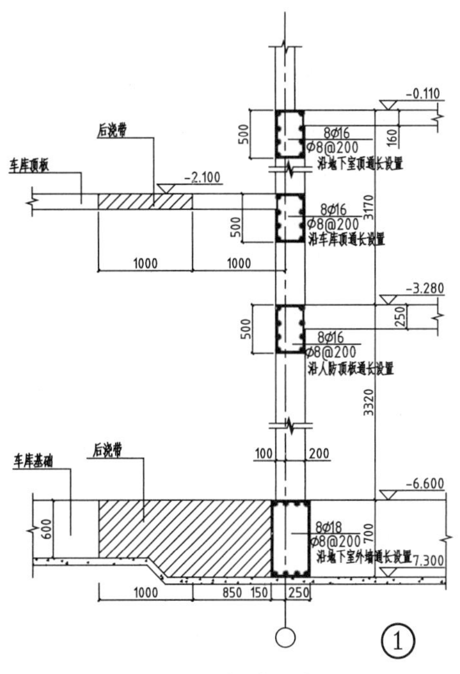

图18-15 绘制详图符号

18.3 基础梁节点大样图的绘制

本节介绍基础梁节点大样图的绘制，分为3个绘图步骤；第一个步骤是创建绘制基础梁大样图所需的各类图层，第二个步骤是绘制各节点图图形，第三个步骤是绘制大样图的图形标注。

请阅读本节以了解绘制过程。

18.3.1 设置绘图环境

绘制梁节点大样图所需的图层包括“尺寸标注”图层、“钢筋”图层、“节点图轮廓线”图层等，本节介绍这些图层的创建。

01 启动AutoCAD 2014应用程序，新建一个空白文件；执行“文件”|“保存”命令，设置图形名称为“基础梁节点大样图.dwg”，单击“保存”按钮，将其保存至电脑中。

02 沿用第12章所介绍的方式，设置新文件的各项样式参数，比如“绘图单位”、“文字样式”、“标注样式”等。

03 创建图层。调用LA【图层特性管理器】命令，系统弹出【图层特性管理器】对话框，在其中创建绘制基础梁节点大样图所需要的图层，如图18-16所示。

图18-16 【图层特性管理器】对话框

18.3.2 绘制节点图图形

首先绘制基础梁的轮廓线，然后再使用【多段线】命令，在轮廓线内绘制钢筋图形，本节介绍这些图形的绘制方法。

01 在“图层”工具栏下拉列表中选择“节点图轮廓线”图层。

02 调用L【直线】命令、O【偏移】命令，绘制并偏移直线；调用PL【多段线】命令，绘制折断线，结果如图18-17所示。

03 调用REC【矩形】命令，绘制基础梁轮廓线，结果如图18-18所示。

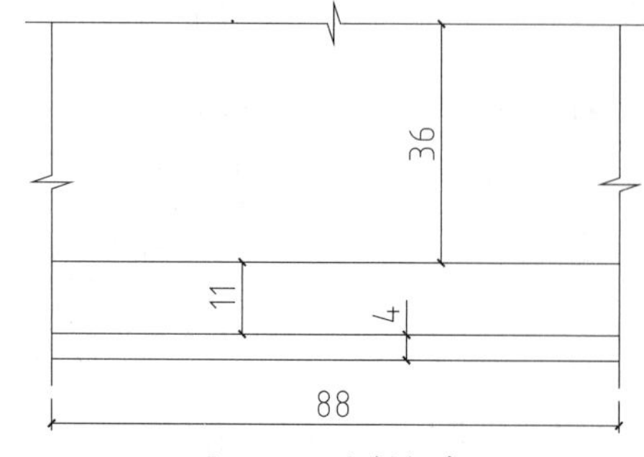

图18-17 绘制轮廓线

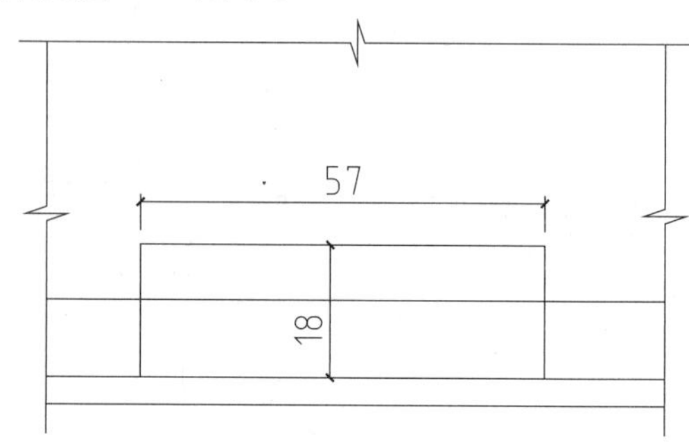

图18-18 绘制基础梁轮廓线

04 按下Enter键来重新调用REC【矩形】命令，绘制剪力墙轮廓线；调用PL【多段线】命令，在矩形内绘制折断线，结果如图18-19所示。

05 在“图层”工具栏下拉列表中选择“钢筋”图层。

06 调用PL【多段线】命令，绘制宽度为0.4的多段线来表示钢筋图形，结果如图18-20所示。

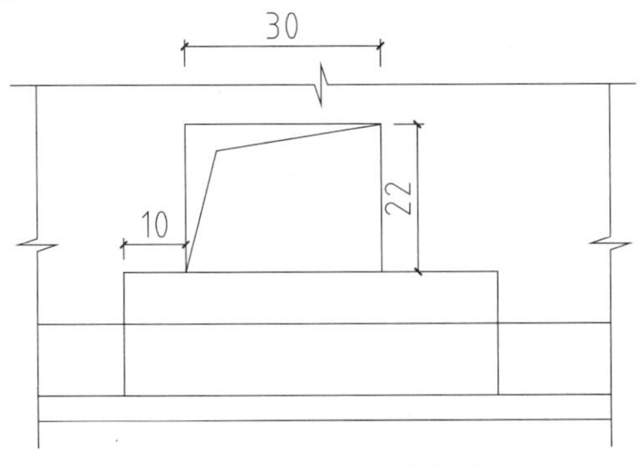

图18-19 绘制剪力墙轮廓线

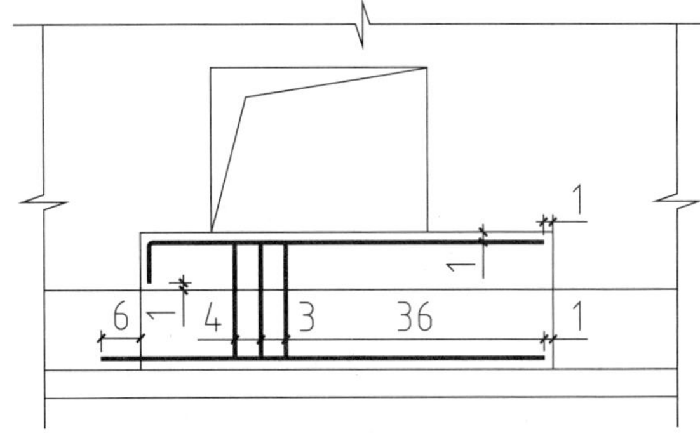

图18-20 绘制钢筋

07 在“图层”工具栏下拉列表中选择“填充”图层。

08 调用H【图案填充】命令，在【图案填充和渐变色】对话框中设置图案填充参数，对大样图执行填充操作的结果如图18-21所示。

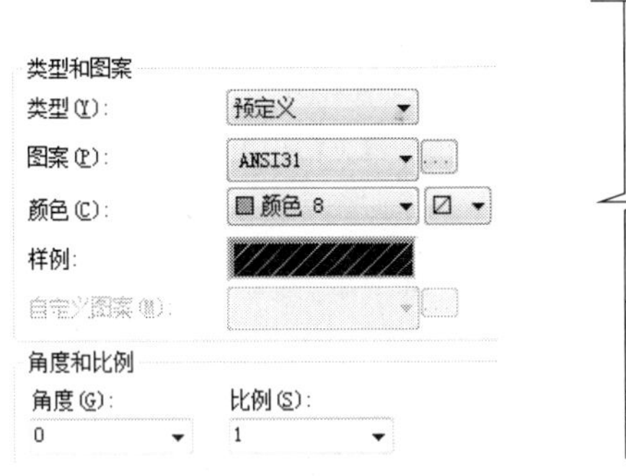

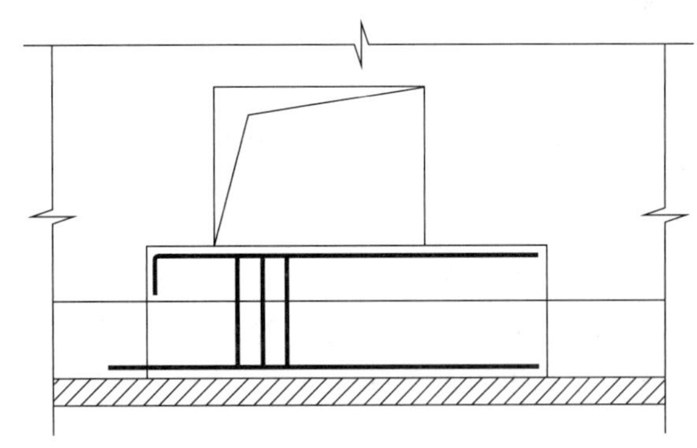

图18-21 绘制图案填充

18.3.3 绘制图形标注

在本节中介绍尺寸标注、引线标注、图名标注的绘制。

01 在“图层”工具栏下拉列表中选择“尺寸标注”图层。

02 调用DLI【线性标注】命令，绘制尺寸标注，结果如图18-22所示。

03 调用X【分解】命令，分解尺寸标注；调用E【删除】命令，删除多余的图形，结果如图18-23所示。

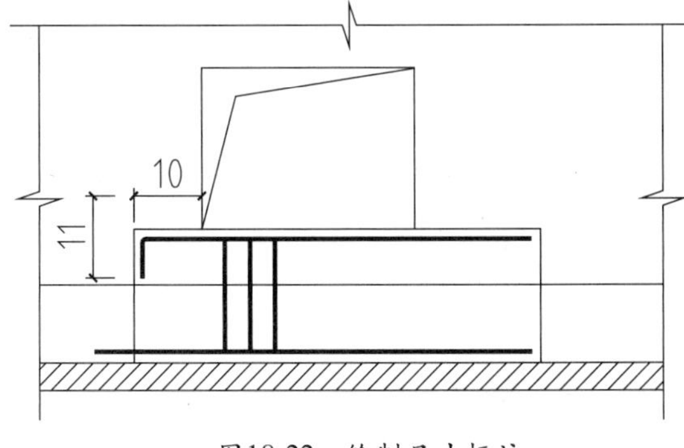

图18-22 绘制尺寸标注

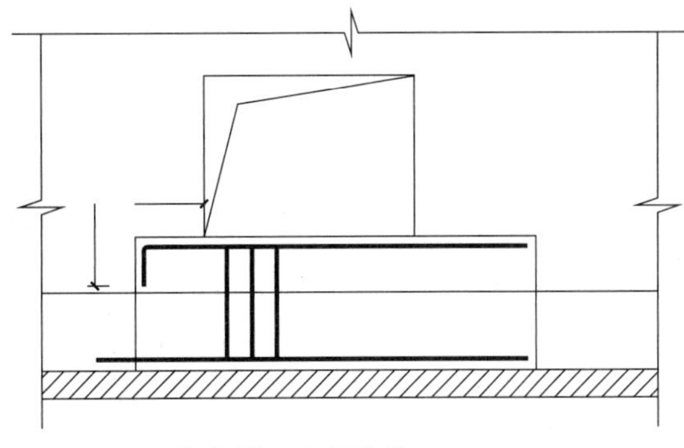

图18-23 编辑结果

04 调用F【圆角】命令，更改圆角半径（R=2），对线段执行圆角操作，结果如图18-24所示。

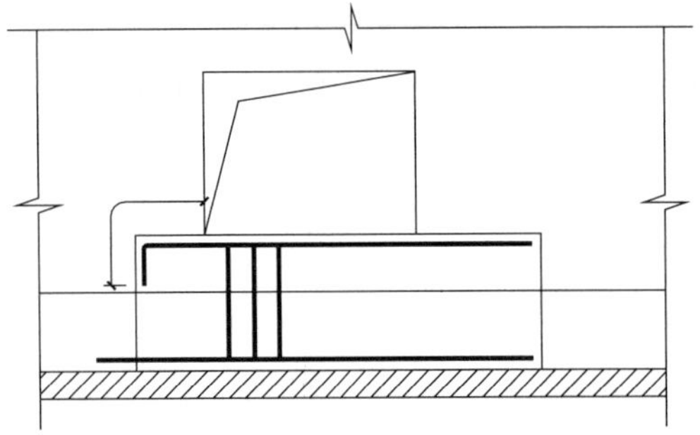

图18-24 圆角操作

05 执行MT【多行文字】命令，绘制文字标注；调用RO【旋转】命令，调整文字的角度，结果如图18-25所示。

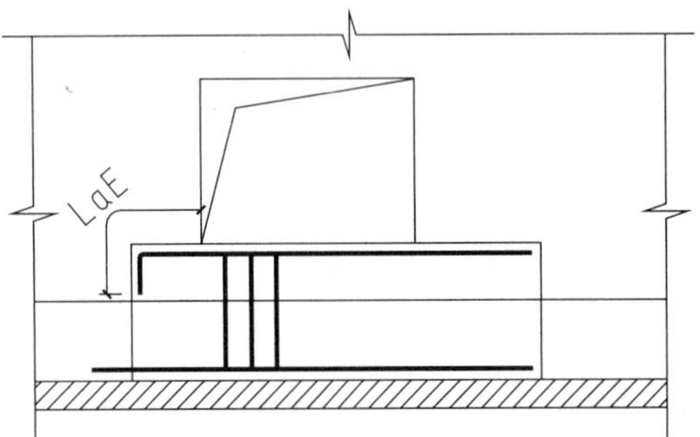

图18-25 操作结果

06 调用DLI【线性标注】命令，绘制详图的尺寸标注，结果如图18-26所示。

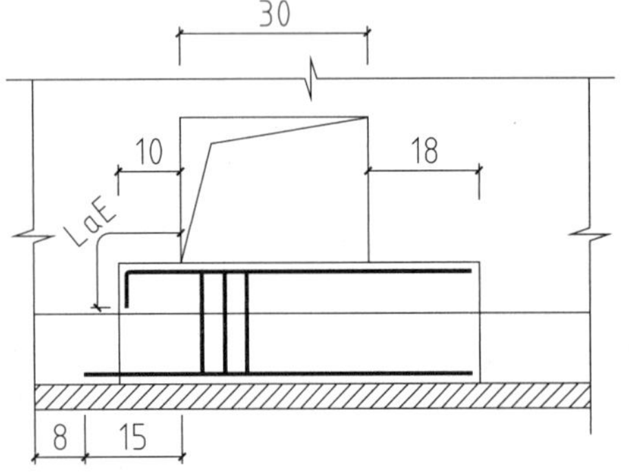

图18-26 绘制尺寸标注

07 双击尺寸标注文字以便对其进行编辑修改，操作结果如图18-27所示。

08 调用L【直线】命令，绘制标高基准线；调用I【插入】命令，调入标高图块，双击该图块以更改标注文字，操作结果如图18-28所示。

09 调用PL【多段线】命令，绘制引线；调用MT【多行文字】命令，绘制文字标注，结果如图18-29所示。

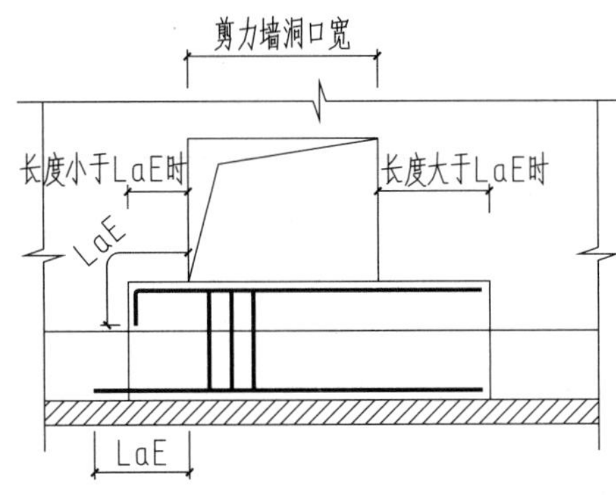

图18-27 编辑修改结果

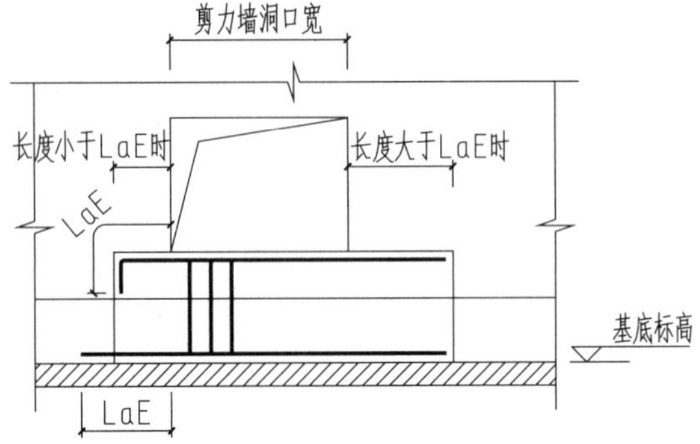

图18-28 绘制标高标注

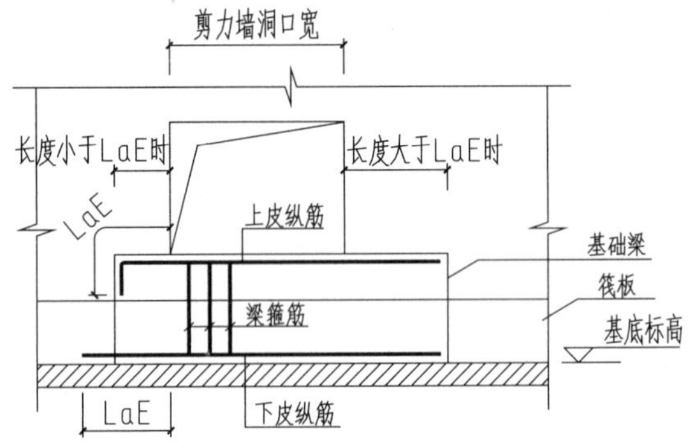

图18-29 绘制引线标注

10 调用MT【多行文字】命令、PL【多段线】命令，绘制图名标注及下划线，结果如图18-30所示。

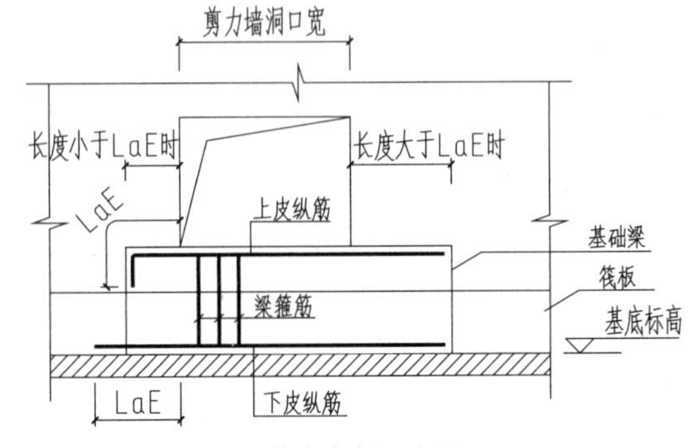

图18-30 绘制图名标注

18.4 楼梯结构图的绘制

本节介绍楼梯结构图的绘制，分为5个步骤；第一个步骤是创建绘制楼梯结构图所需的各类图层，第二个步骤是绘制楼梯1顶层平面图图形，第三个步骤是绘制图形标注，第四个步骤是绘制1号详图，第五个步骤是绘制楼梯1第一跑与基础连接构造详图。

具体的绘制过程请阅读本节的介绍。

18.4.1 设置绘图环境

绘制楼梯结构图所需的图层有“梁”图层、“楼梯”图层、“轮廓线”图层等，本节介绍这些图层的创建。

01 启动AutoCAD 2014应用程序，新建一个空白文件；执行“文件”|“保存”命令，设置图形名称为“楼梯结构图.dwg”，单击“保存”按钮，将其保存至电脑中。

02 沿用第12章所介绍的方式，设置新文件的各项样式参数，比如“绘图单位”、“文字样式”、“标注样式”等。

03 创建图层。调用LA【图层特性管理器】命令，系统弹出【图层特性管理器】对话框，在其中创建绘制楼梯结构图所需要的图层，如图18-31所示。

图18-31　创建图层

18.4.2 绘制楼梯1顶层平面图图形

在本节中介绍了楼梯1顶层平面图的绘制，包括楼梯间墙体的绘制、楼梯踏步的绘制、楼梯扶手的绘制。

01 在“图层”工具栏下拉列表中选择“轴线”图层。

02 调用L【直线】命令、O【偏移】命令，绘制轴线，结果如图18-32所示。

03 在“图层”工具栏下拉列表中选择“轮廓线”图层。

04 调用ML【多段线】命令，设置多段线的比例为200，捕捉轴线的交点来绘制墙线，结果如图18-33所示。

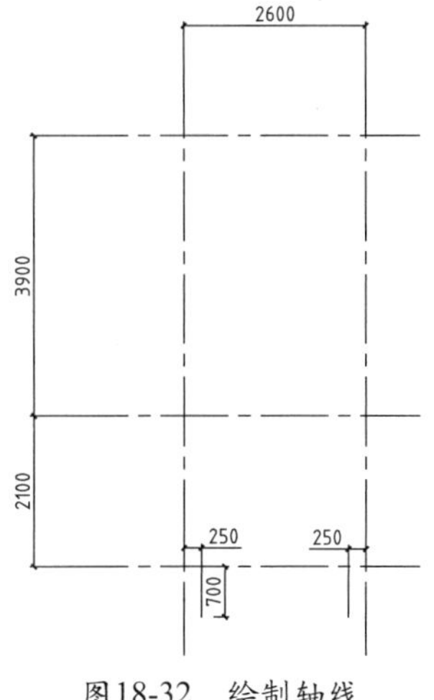

图18-32　绘制轴线

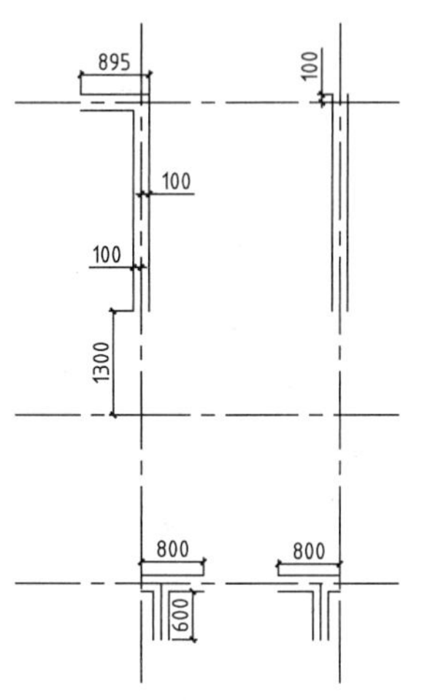

图18-33　绘制墙体

05 调用PL【多段线】命令，绘制闭合线段及折断线，结果如图18-34所示。

06 调用REC【矩形】命令，绘制尺寸为400×400的矩形；调用H【图案填充】命令，在【图案填充和渐变色】对话框中选择SOLID图案，对矩形执行填充操作，绘制标准柱的结果如图18-35所示。

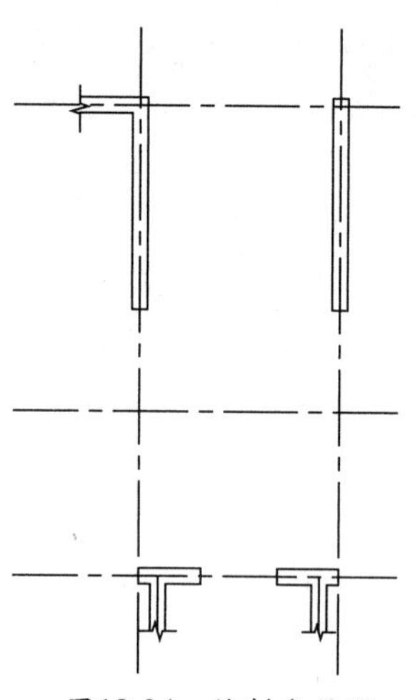

图18-34 绘制多段线

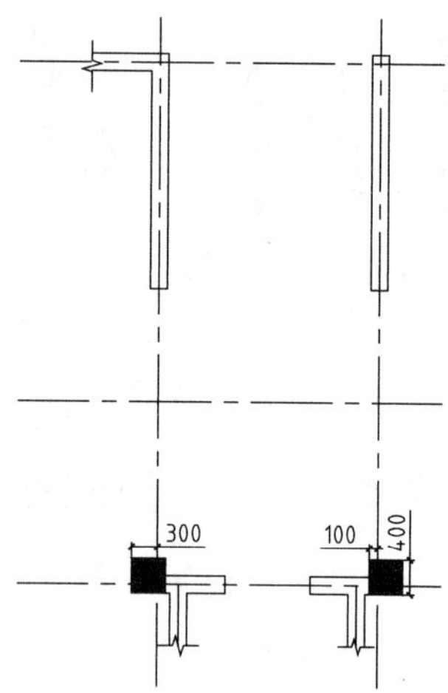

图18-35 绘制标准柱

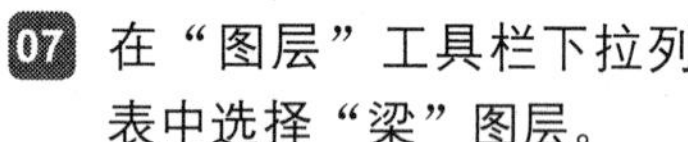

07 在“图层”工具栏下拉列表中选择“梁”图层。

08 调用L【直线】命令、O【偏移】命令，绘制并偏移直线以完成梁图形的绘制，结果如图18-36所示。

09 在“图层”工具栏下拉列表中选择“楼梯”图层。

10 调用L【直线】命令、O【偏移】命令、TR【修剪】命令，绘制楼梯及扶手图形，结果如图18-37所示。

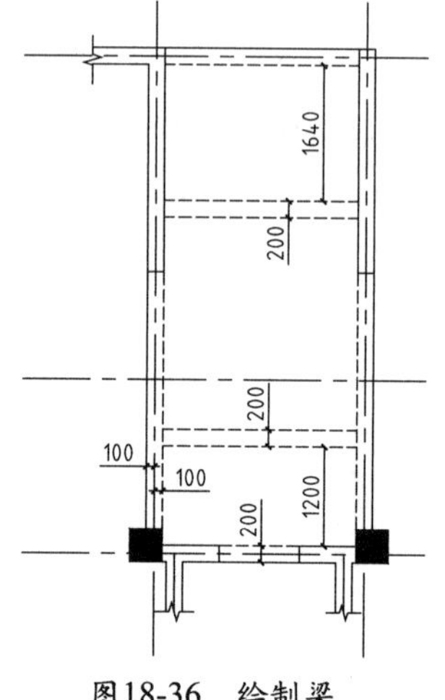

图18-36 绘制梁

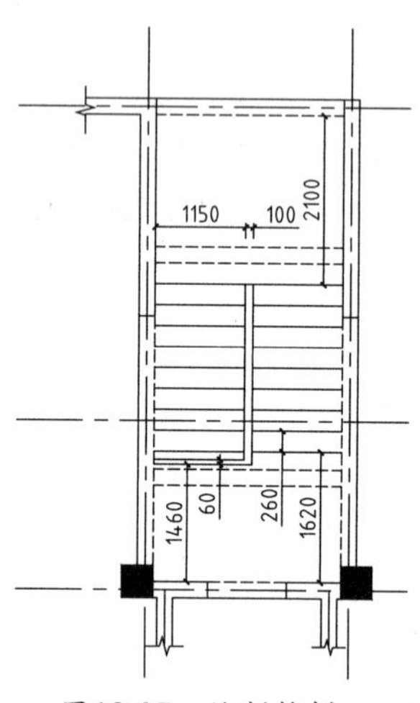

图18-37 绘制楼梯

18.4.3 绘制图形标注

本节介绍楼梯平面图图形标注的绘制，包括文字标注、尺寸标注等。

01 在“图层”工具栏下拉列表中选择“文字标注”图层。

02 调用PL【多段线】命令，绘制起点宽度为50，端点宽度为0的指示箭头；调用MT【多行文字】命令，绘制下楼方向的文字标注，结果如图18-38所示。

03 调用L【直线】命令、MT【多行文字】命令，绘制引线及文字标注，结果如图18-39所示。

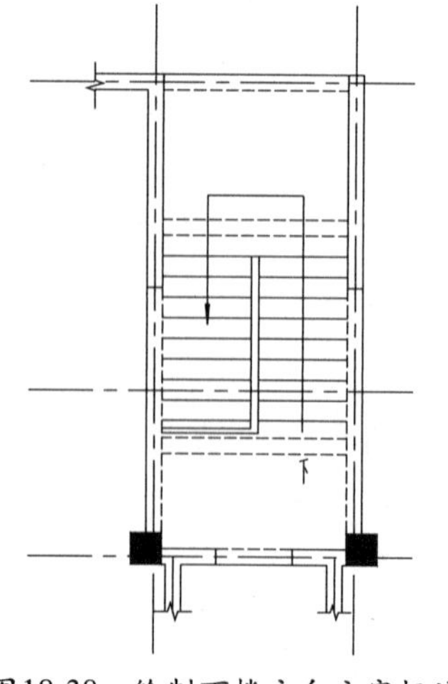

图18-38 绘制下楼方向文字标注

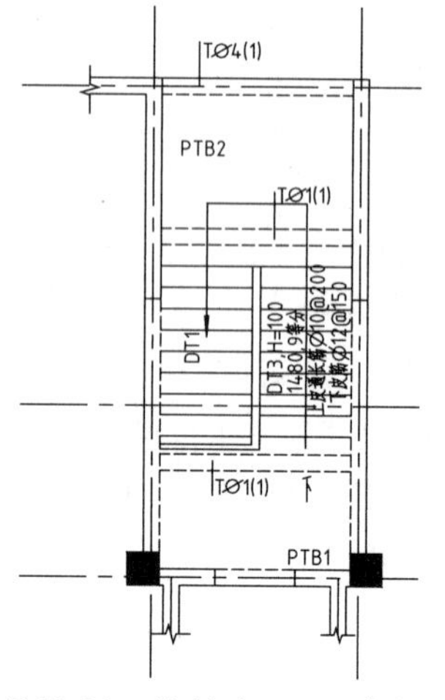

图18-39 绘制引线及文字标注

04 在“图层”工具栏下拉列表中选择“详图符号”图层。

05 调用C【圆形】命令、L【直线】命令、MT【多行文字】命令，绘制圆形（R=250）、引线以及文字标注，完成详图符号的绘制，结果如图18-40所示。

06 在“图层”工具栏下拉列表中选择“尺寸标注”图层。

07 调用DLI【线性标注】命令，绘制平面图尺寸标注，结果如图18-41所示。

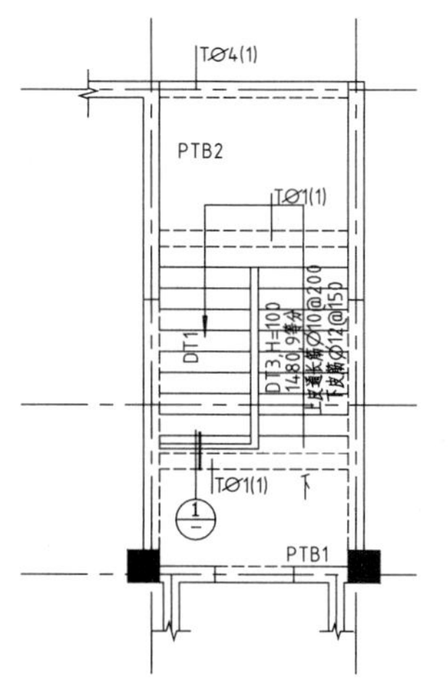

图18-40 绘制详图符号

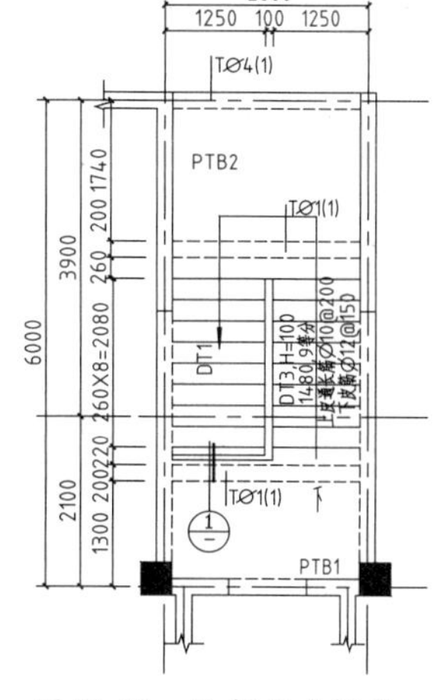

图18-41 绘制尺寸标注

08 在“图层”工具栏下拉列表中选择“文字标注”图层。

09 调用MT【多行文字】命令、PL【多段线】命令，绘制图名标注及下划线，操作结果如图18-42所示。

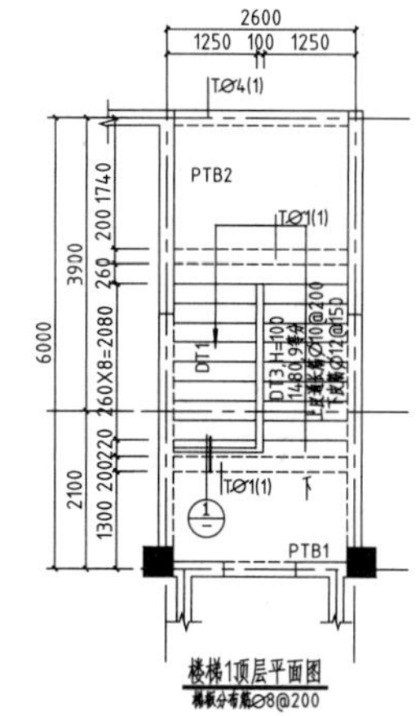

图18-42 绘制图名标注

18.4.4 绘制1号详图

本节介绍1号详图的绘制，表示1号详图符号所指向区域的细部构造情况。

01 在“图层”工具栏下拉列表中选择“轮廓线”图层。

02 调用L【直线】命令、PL【多段线】命令，绘制如图18-43所示的轮廓线。

03 在“图层”工具栏下拉列表中选择“钢筋”图层。

04 调用PL【多段线】命令，设置多段线的宽度为10，绘制多段线来表示钢筋图形，结果如图18-44所示。

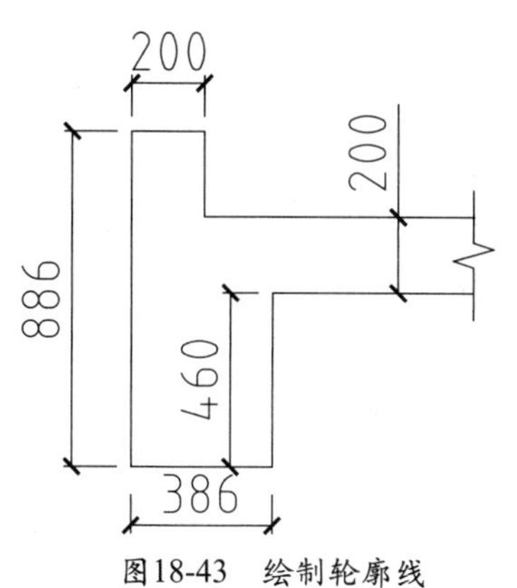

图18-43 绘制轮廓线

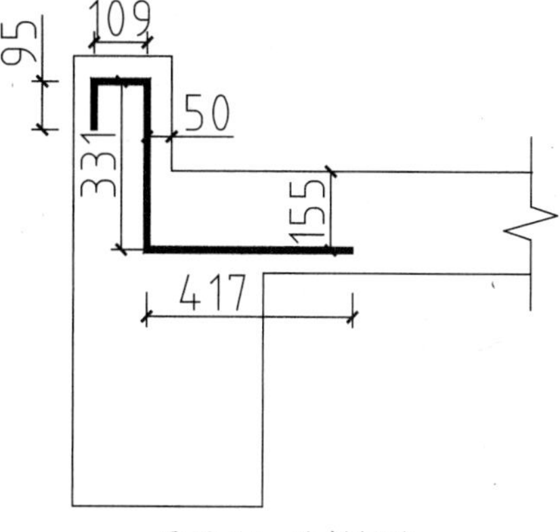

图18-44 绘制钢筋

05 调用C【圆形】命令，绘制圆形（R=13）；调用H【图案填充】命令，在【图案填充和渐变色】对话框中选择SOLID填充图案，对圆形执行图案填充操作，绘制钢筋截面图形的结果如图18-45所示。

06 在“图层”工具栏下拉列表中选择“尺寸标注”图层。

07 调用DLI【线性标注】命令，绘制详图的尺寸标注，结果如图18-46所示。

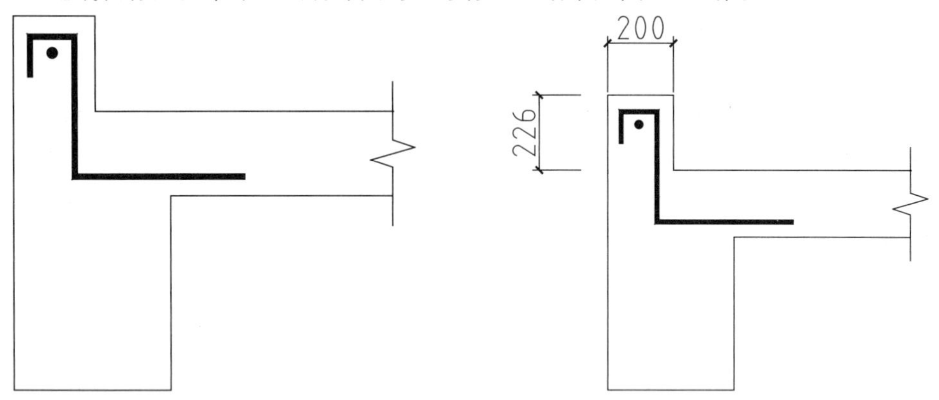

图18-45　绘制钢筋截面图形　　　　图18-46　绘制尺寸标注

08 双击尺寸标注，弹出【文字格式】对话框，待对标注文字执行编辑修改后，单击“确定”按钮来关闭对话框，可以完成修改操作，结果如图18-47所示。

09 在“图层”工具栏下拉列表中选择“文字标注”图层。

10 调用PL【多段线】命令、MT【多行文字】文字命令，绘制引线标注。

11 调用C【圆形】命令、MT【多行文字】命令，绘制圆形（R=125）及图名标注，结果如图18-48所示。

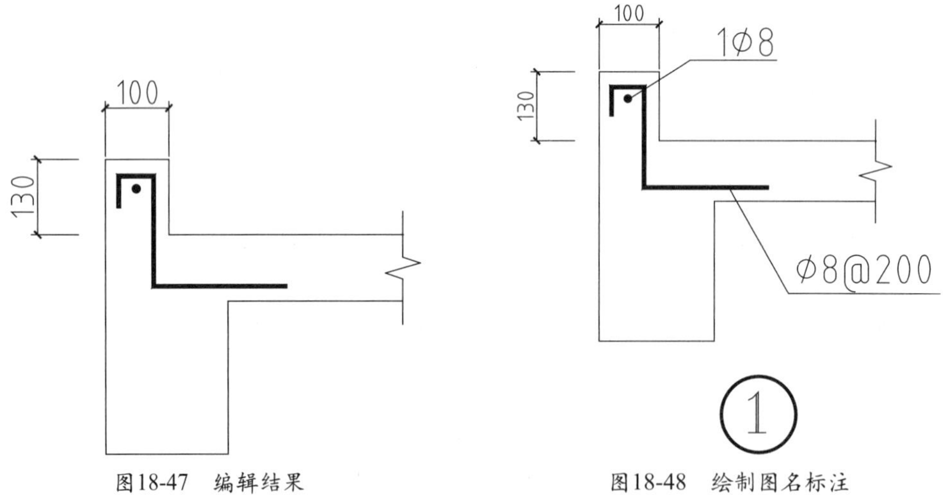

图18-47　编辑结果　　　　图18-48　绘制图名标注

18.4.5　楼梯1第一跑与基础连接构造详图

本节介绍基础连接构造详图的绘制，讲解了楼梯构造轮廓线、内部构造图形的绘制。

01 在“图层”工具栏下拉列表中选择“轮廓线”图层。

02 调用PL【多段线】命令，绘制结构轮廓线，如图18-49所示。

03 调用L【直线】命令、TR【修剪】命令，绘制楼梯踏步轮廓线，结果如图18-50所示。

04 在“图层”工具栏下拉列表中选择“钢筋”图层。

05 调用PL【多段线】命令，绘制宽度为10的多段线来表示钢筋图形，结果如图18-51所示。

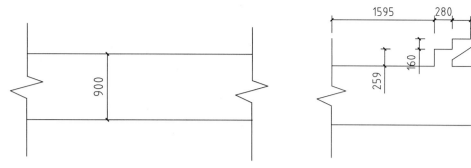

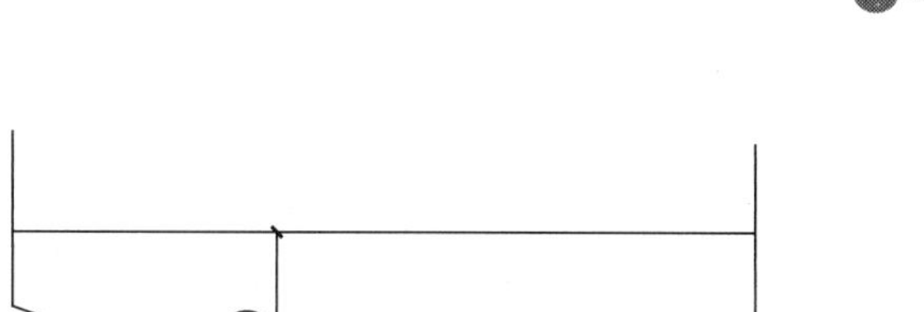

图18-49　绘制结构轮廓线

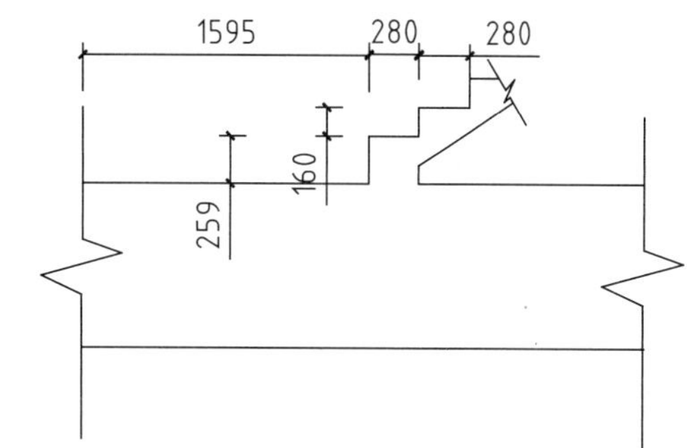

图18-50　绘制楼梯踏步轮廓线

06 在“图层”工具栏下拉列表中选择“尺寸标注”图层。

07 调用DLI【线性标注】命令，绘制尺寸标注，如图18-52所示。

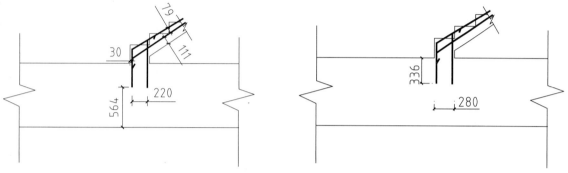

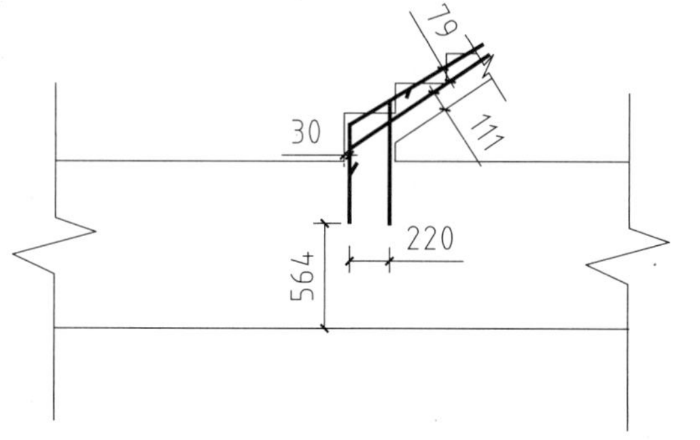

图18-51　绘制钢筋

图18-52　绘制尺寸标注

08 双击尺寸标注以修改标注文字，结果如图18-53所示。

09 调用I【插入】命令，调入标高图块，双击该图块以更改标高值，结果如图18-54所示。

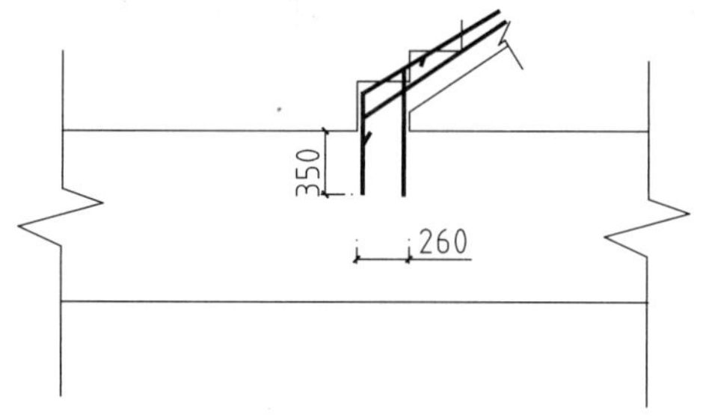

图18-53　修改标注文字

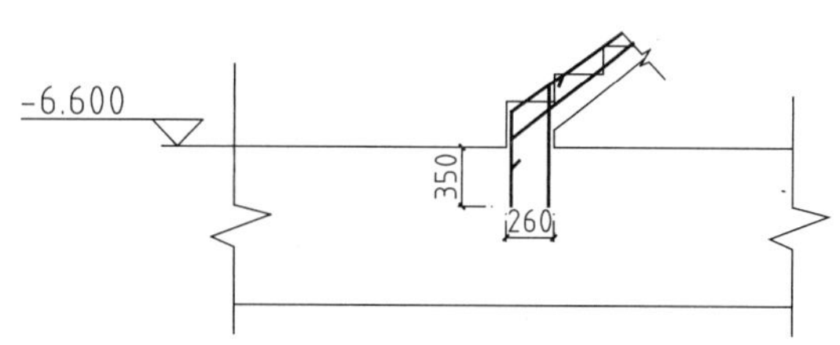

图18-54　绘制标高标注

10 将“文字标注”图层置为当前图层。

11 调用L【直线】命令、MT【多行文字】命令，绘制引线及文字标注，结果如图18-55所示。

12 调用MT【多行文字】命令、PL【多段线】命令，绘制图名标注及下划线，结果如图18-56所示。

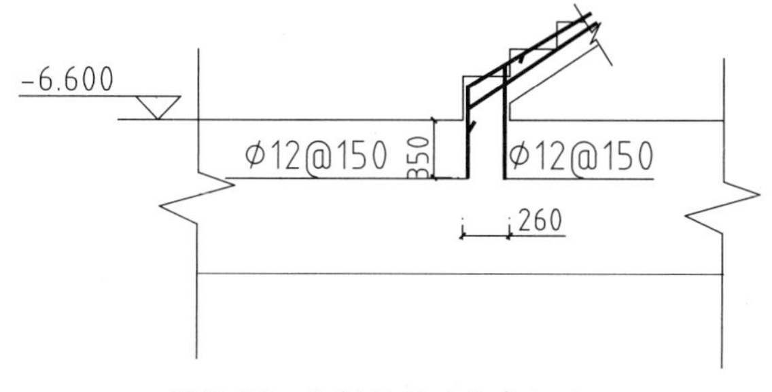

图18-55　绘制引线及文字标注

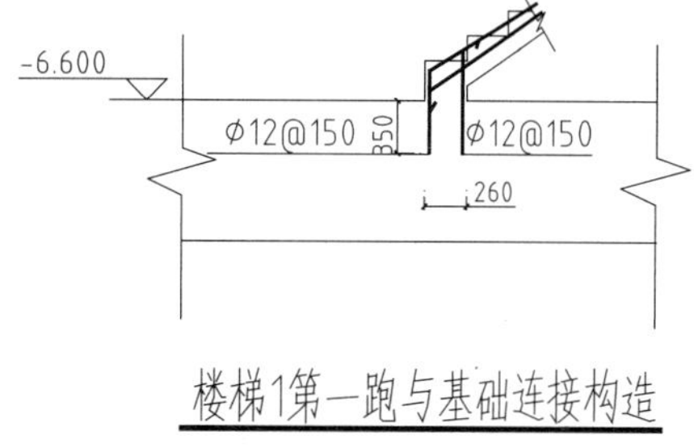

图18-56　绘制图名标注

第19章 绘制建筑给排水工程图

建筑给水排水工程图是建筑施工设计图集的重要组成部分，本章介绍给排水工程图的基础知识及其绘制方法。

19.1 建筑给排水工程图基础

本节介绍建筑给水排水工程图的基础知识，包括建筑给排水概述、给排水施工图的分类、绘制规定、表达内容等。

19.1.1 建筑给水概述

建筑给水系统是将城镇给水管网（或自备水源，如蓄水池）中的水引入一幢建筑或一个建筑群体以供人们生活、生产和消防之用，并满足各类用水对水质、水量和水压要求的冷水供应系统。

室内给水系统示意图如图19-1所示。

给水系统的分类如图19-2所示，由生活给水、生产给水、消防给水等组成。

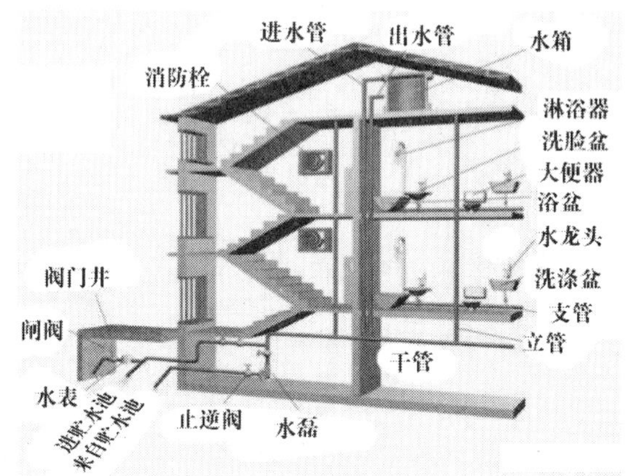

图19-1 室内给水系统示意图

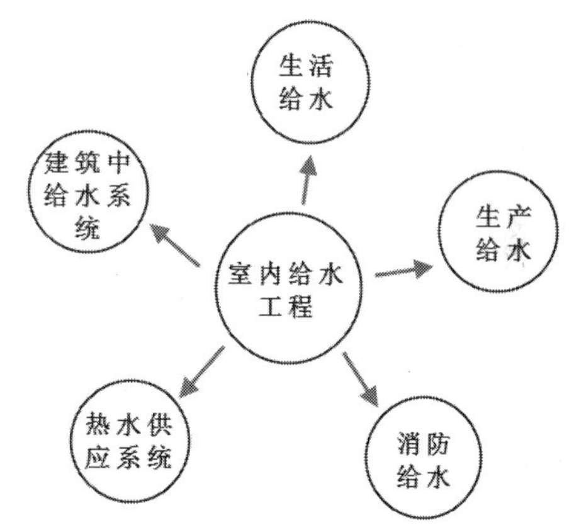

图19-2 给水系统的分类

给水系统由引入管、给水管网、给水控制附件、增压/贮水设备、配水装置和用水设备、计量仪表组成，下面介绍给水系统各组成部分的含义。

（1）引入管：引入管也称为进户管，是连接室内、外供水管网的联络管，引入管上带有给水控制阀门或者水表节点，如图19-3所示。

（2）给水管网：建筑给水管网包括干管、立管和支管，如图19-4所示。

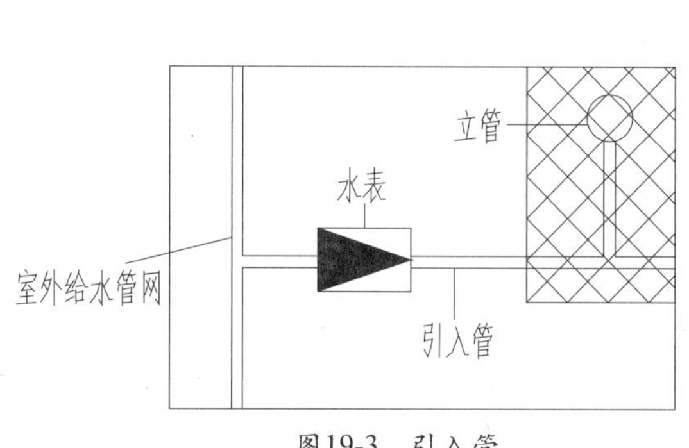

图19-3 引入管

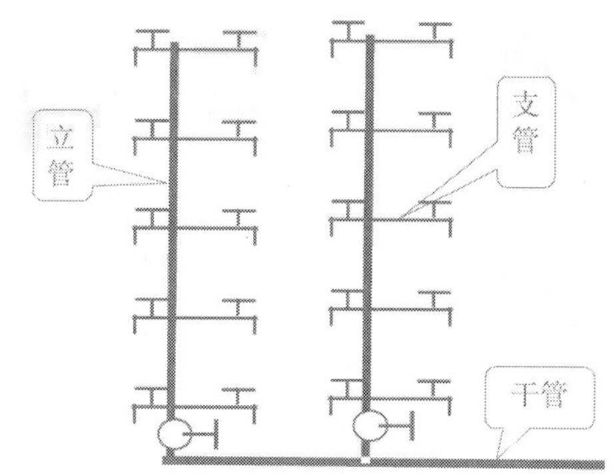

图19-4 给水管网

（3）给水控制附件：给水附件指给水管道上的配水龙头和调节水量、水压、控制水流方向、水位和保证设备仪表检修用的各种阀门。

调节水量——截止阀、蝶阀、闸阀、球阀；

控制水流方向——止回阀、底阀；

控制压力——安全阀、减压阀、减压孔板；

控制水位——浮球阀、液压水位控制阀；

保障系统运行——水锤消除器、过滤器。

常用的给水控制附件见表19-1所示。

表19-1 常用附件

名称	图例	名称	图例
闸阀		截止阀	
压力调节阀		蝶阀	
止回阀		泄压阀	
矩型化粪池	HC	隔油池	YC
阀门井 检查井	J-XX W-XX Y-XX J-XX W-XX Y-XX	水表井	
潜水泵		卧式热交换器	
温度计		压力表	
水表		真空表	

（4）增压和贮水设备：为了保证建筑物内部供水的水压、水量或供水稳定性、安全性而设置的水泵、气压给水设备、水箱、水池等设备，如图19-5所示。

水泵

气压给水设备

水箱

图19-5 增压和贮水设备

（5）配水附件：包括水龙头等各种用水设备，如图19-6所示。

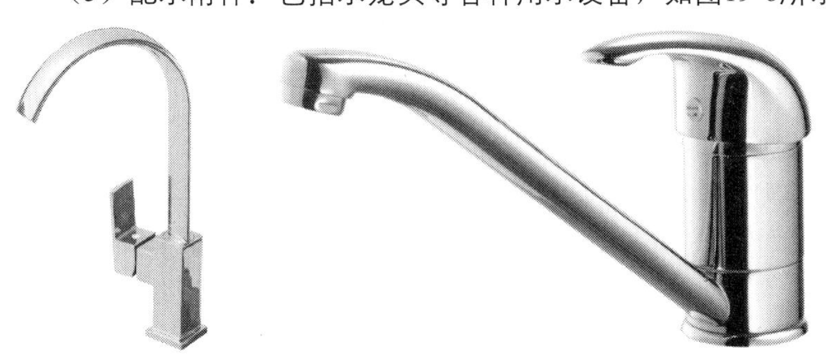

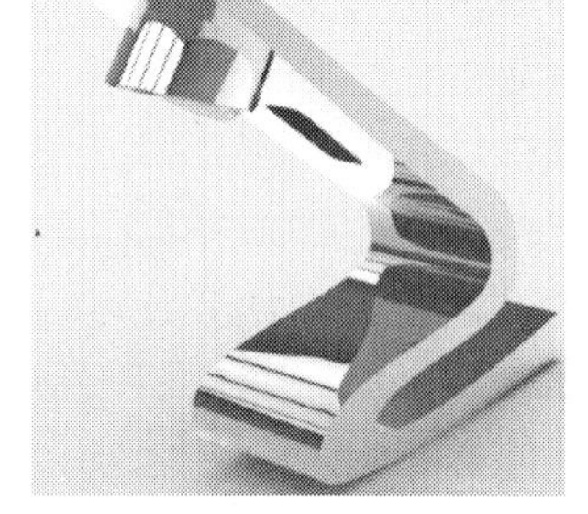

图19-6 用水设备

19.1.2 建筑排水概述

建筑内部排水系统的任务就是将生活和生产过程中所产生的污水、废水以及屋顶的雨水、雪水，使用经济合理的方式迅速排到室外，防止排水管道中的有毒或有害气体进入室内，为室外污水的处理及综合利用提供条件。

排水系统的分类如下所述。

（1）生活排水系统：用来排除居住、公共建筑及工程间的盥洗、洗涤和冲洗便器等污废水，还可细分为生活污水排水系统和生活废水排水系统。

（2）工业废水排水系统：用于排除生产过程中产生的工业废水。

（3）雨水排水系统：用来收集排除建筑屋面上的雨、雪水。

完整的排水系统由下列部分组成。

（1）卫生器具和生产设备受水器：是用来承受用水和将废水、废物排泄到排水系统中的容器。建筑内的卫生器具应具有表面光滑、不渗水、耐腐蚀、耐冷热、便于清洁卫生、经久耐用等性质。

（2）排水管道：排水管道由器具排水管（连接卫生器具和横支管之间的一段短管，除了坐式大便器外，还包含一个存水弯）、横支管、立管、埋设在地下的总干管和排除室外的排出管等组成，其作用是将污废水迅速安全地排出到室外。

（3）通气管道：卫生器具排水时，需要向排水管系补给空气，以减小其内部气压的变化，防止卫生器具水封破坏，使水流畅通。将排水管系中的臭气和有害气体排到大气中，以使管系内经常有新鲜空气和废气之间对流，可减轻管道内废气造成的腐蚀。所以排水管系需要设置一个与大气相通的通气系统。

（4）清通设备：为了疏通建筑内部排水管道，保障排水畅通，常常设置检查口、清扫口及带有清通门的90°弯头或三通接头、室内埋地横干管上的检查井等。

（5）提升设备：当建筑物内污水、废水不能自流排至室外时，需要设置污水提升设备。建筑内部污水废水提升包括污水泵的选择、污水集水池容积的确定和污水泵房的设计。常用的污水泵有潜水泵、液下泵和卧式离心泵。

（6）污水局部处理构筑物：当室内污水未经过处理不允许直接排入城市排水系统或水体时，需要设置局部水处理构筑物。常用的局部水处理构筑物有化粪池、隔油井、降温池。化粪池是一种利用沉淀和厌氧发酵原理去除生活污水中悬浮性有机物的最初级处理构筑物。隔油井的工作原理是使含有油污水流速度降低，并使水流方向改变，使油类浮在水面上，然后将收集排除。当室内排水温度高于40℃（比如锅炉排污水）时，应首先将其排入室外的降温池加以冷却，然后再排入城市的排水管道。

图19-7所示为室内排水系统示意图。

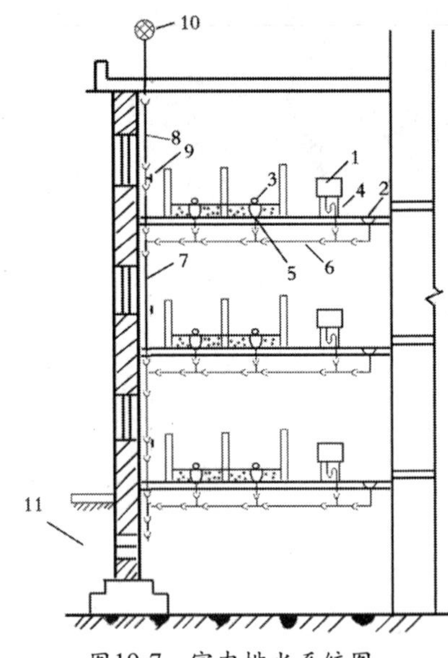

图19-7 室内排水系统图

1—拖布池；2—地漏；3—蹲便器；4—S形存水弯；5—洁具排水管；6—横管；7—立管；8—通气管；9—立管检查口；10—透气帽；11—排出管

19.1.3 给排水施工图的组成

建筑给水排水施工图由图纸目录、设计说明、设备材料表、给排水系统图、给排水平面图、给排水剖面图等组成。

1. 图纸目录

图纸目录是将全部施工图纸进行分类编号，以方便管理及查找。图19-8所示为绘制完成的图纸目录。

上海XXX建筑设计有限公司 石家庄分公司 设计证书等级：甲级 编号：A131001229		图纸目录 2#住宅楼				工程编号 1001-F-03	
		工程名称	广厦上城一期B区				
2013年06月24日		项目名称	2#住宅楼			共2页 第1页	
序号	图号	图纸名称		采用标准图或重复使用图		图纸尺寸（折2#图）	备注
				图集编号或工程编号	图别编号		
1	水施-01	给排水施工设计说明（一）				1.0	
2	水施-02	给排水施工设计说明（二）				1.0	
3	水施-03	给排水施工设计说明（三）				1.5	
4	水施-04	负二层战时给排水平面图				1.75	
5	水施-05	负二层平时给排水平面图				1.75	
6	水施-06	负一层排水平面图				1.75	
7	水施-07	负一层给水平面图				1.75	
8	水施-08	首层给排水平面图				1.75	
9	水施-09	二层给排水平面图				1.75	
10	水施-10	三层给排水平面图				1.75	
12	水施-11	标准层给排水平面图				1.75	
13	水施-12	屋顶给排水平面图				1.75	
14	水施-13	首层喷淋平面图				1.75	
15	水施-14	二层喷淋平面图				1.75	
16	水施-15	人防给排水平面图				1.5	
17	水施-16	给水系统图（一）				1.75	
18	水施-17	给水系统图（二）				1.0	
19	水施-18	消火栓系统图（一）				1.75	
20	水施-19	消火栓系统图（二）				1.0	
21	水施-20	排水系统图				1.25	
22	水施-22	凝水系统图				1.0	
23	水施-23	卫生间、管道井大样图				1.0	

图19-8 图纸目录

2. 设计说明

设计说明文字用来说明工程的概况以及设计者的设计意图。其内容主要包括给排水系统管材、管件的种类和材质及连接方法，给水设备和消防设备的类型及安装方式，管道的防腐、绝热方法，系统的试压要求，供水方式的选用，以及所遵照的设计、施工验收规范及标准图案等内容。

3. 给水排水平面图

给排水平面图一般包括地下室或底层、标准层、顶层及水箱间给水排水平面图等。平面图阐述的主要内容有给排水设备、卫生器具的类型和平面位置，管道附件的平面位置，给水排水系统的出入口位置和编号，地沟位置及尺寸，干管和支管的走向、坡度和位置，立管的编号及位置等。

图19-9所示为绘制完成的给排水平面图。

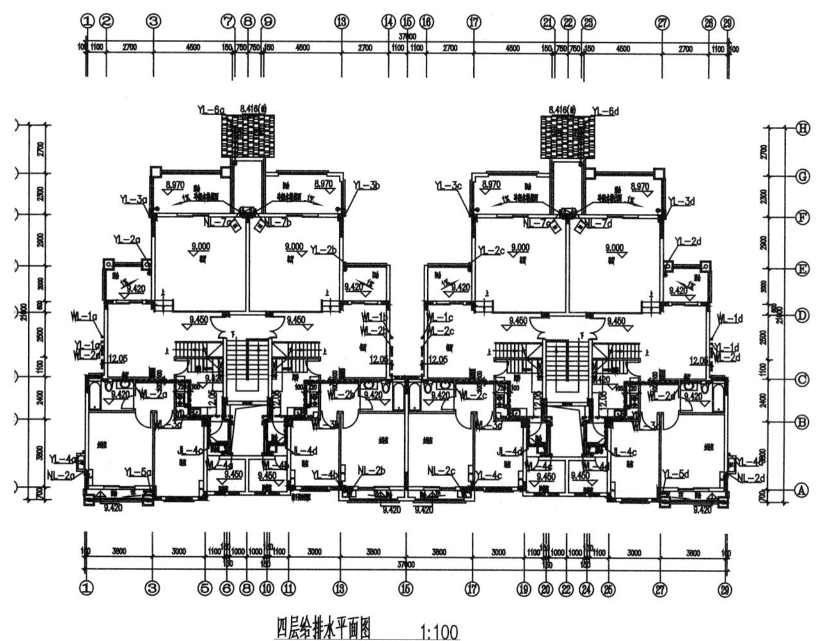

图19-9 给排水平面图

4. 给水排水系统图

系统图是三维空间的立体图，用来表达管道及设备的空间位置关系。主要内容有供水和排水系统的横管、立管、支管和干管的编号、走向、坡度、管径，管道附件的标高和空间相对位置等。系统图宜按照45°正面斜轴测投影法来绘制，管道的编号、布置方向与平面图一致。

图19-10所示为绘制完成的给水系统图。

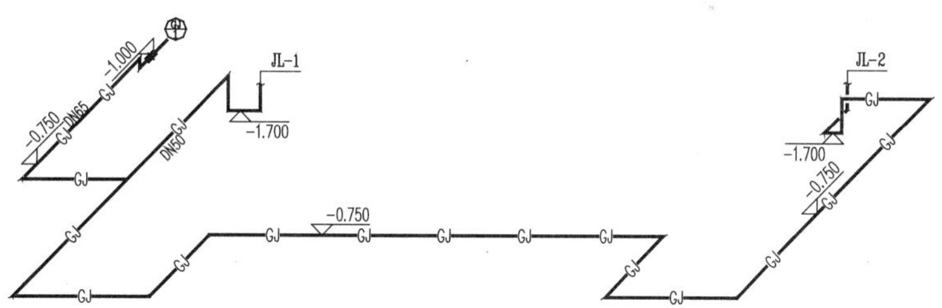

图19-10 给水系统图

图19-11所示为绘制完成的排水系统图。

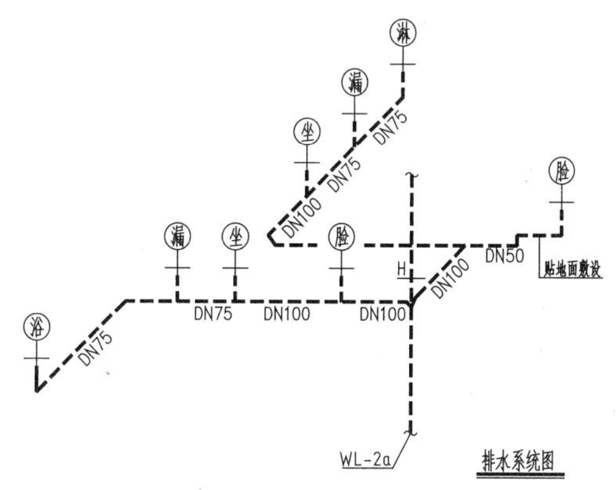

图19-11 排水系统图

5. 给排水详图

详图是对设计施工说明和上述图纸都无法表示清楚，又没有标准设计图可供选用的设备/器具安装图、非标准设备制造图或者设计者自己的创新，按放大比例由设计人员绘制的施工图，要求其编号应与其他图纸相对应。图19-12所示为绘制完成的卫生间给排水大样详图。

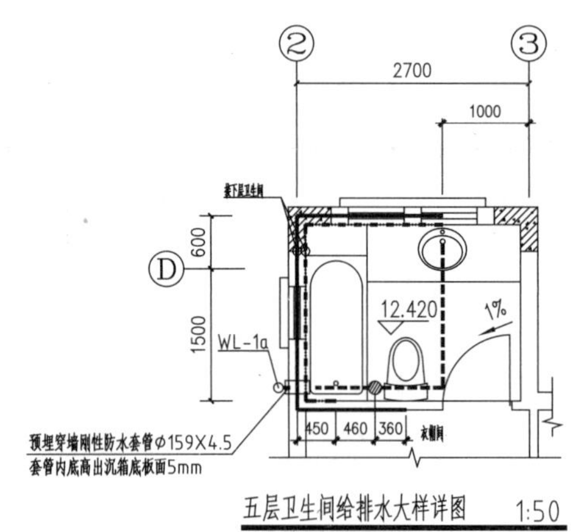

图19-12　卫生间给排水大样详图

19.1.4　建筑给排水工程制图规定

在绘制建筑给排水施工图时，应参考最新版本的《建筑给水排水制图标准》GB/T 50106-2010，按照其中的规定来绘制各类给排水施工图，以保证图纸的规范。

现将标准中常用的绘图规定摘录如下。

1. 图线

图线的宽度b，应根据图纸的类型、比例和复杂程度，按照现行的国家标准《房屋建筑制图统一标准》GB/ T5001中的规定选用。线宽b宜为0.7mm或者1.0mm。

建筑给排水专业制图，常用的各种线型应符合表19-2中的规定。

表19-2 图线

名称	线型	线宽	用途
粗实线		b	新设计的各种排水和其他重力流管线
粗虚线		b	新设计的各种排水和其他重力流管线的不可见轮廓线
中粗实线		0.7b	新设计的各种给水和其他压力流管线；原有的各种排水和其他重力流管线
中粗虚线		0.7b	新设计的各种给水和其他压力流管线及原有的各种排水和其他重力流管线的不可见轮廓线
中实线		0.5b	给水排水设备、零（附）件的可见轮廓线；总图中新建的建筑物和构筑物的可见轮廓线；原有的各种给水和其他压力流管线
中虚线		0.5b	给水排水设备、零（附）件的不可见轮廓线；总图中新建的建筑物和构筑物的不可见轮廓线；原有的各种给水和其他压力流管线的不可见轮廓线
细实线		0.25b	建筑物的可见轮廓线；总图中原有的建筑物和构筑物的可见轮廓线；制图中的各种标注线
细虚线		0.25b	建筑物的不可见轮廓线；总图中原有的建筑物和构筑物的不可见轮廓线
单点长画线		0.25b	中心线、定位轴线
折断线		0.25b	断开界线
波浪线		0.25b	平面图中水面线；局部构造层次范围线；保温范围示意线

2. 比例

建筑给水排水专业制图的常用比例应符合表19-3中的规定。

表19-3 比例

名称	比例	备注
区域规划图区域位置图	1：50000、1：25000、1：10000、1：5000、1：2000	宜与总图专业一致
总平面图	1：1000、1：500、1：300	宜与总图专业一致
管道纵断面图	竖向1：200、1：100、1:50 纵向1：1000、1：500、1:300	—
水处理厂（站）平面图	1：500、1：200、1：100	—
水处理构筑物、设备间、卫生间，泵房平、剖面图	1：100、1：50、1：40、1：30	—

在管道纵断面图中，竖向与纵向可采用不同的组合比例。

在建筑给水排水轴测系统图中，如局部表达有困难时，该处可以不按比例绘制。

水处理工艺流程断面图和建筑给水排水管道展开系统图可不按比例绘制。

3. 标高

标高符号及一般标注方法应符合现行国家标准《房屋建筑制图统一标准》GB/T 50001的规定。

室内工程应标注相对标高；室外工程宜标注绝对标高，当无绝对标高资料时，可标注相对标高，但应与总图专业一致。

压力管道应标注管中心标高；重力流管道和沟渠宜标注管（沟）内底标高。标高单位以m计时，可注写到小数点后第二位。

在下列部位应标注标高。

（1）沟渠和重力流管道：建筑物内应标注起点、变径（尺寸）点、变坡点、穿外墙及剪力墙处；需控制标高处。

（2）压力流管道中的标高控制点。

（3）管道穿外墙、剪力墙和构筑物的壁及底板等处。

（4）不同水位线处。

（5）建（构）筑物中土建部分的相关标高。

标高的标注方法应符合下列规定。

（1）在平面图中，管道标高应按照图19-13中所示的方式标注。

（2）在平面图中，沟渠标高应按图19-14中所示的方式标注。

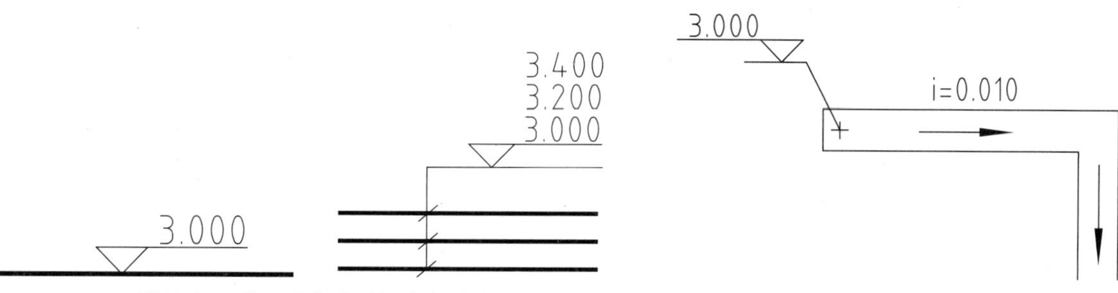

图19-13 平面图中管道标高标注法

图19-14 平面图中沟渠标高标注法

（3）在剖面图中，管道及水位的标高应按图19-15中所示的方式标注。

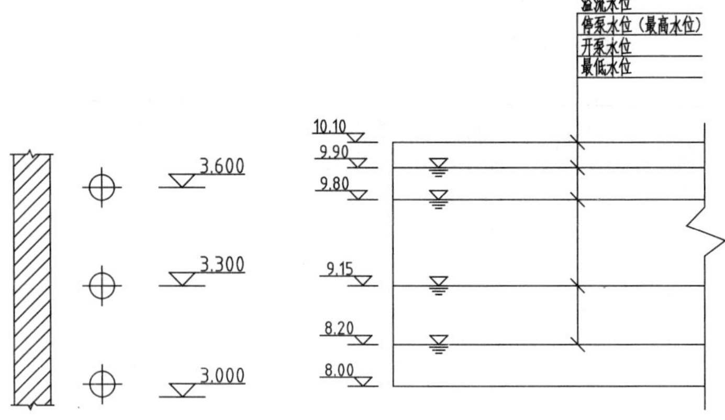

图19-15　剖面图中管道及水位的标高标注法

（4）在轴测图中，管道标高应按图19-16中所示的方式标注。

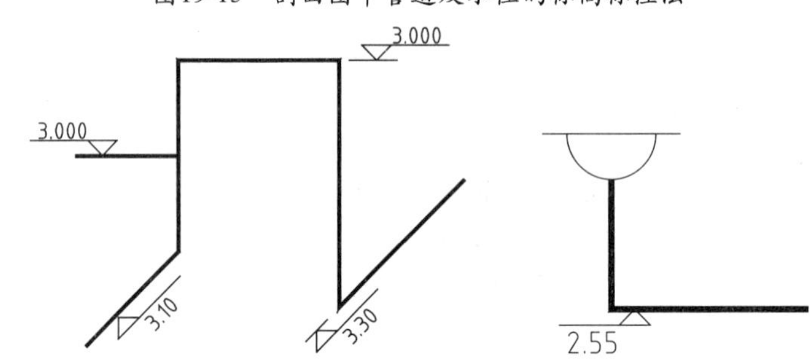

图19-16　轴测图中管道标高标注法

建筑物内的管道也可按本层建筑地面的标高加管道安装高度的方式标注管道标高，标注方法应为H+X.XX，H表示本层建筑地面标高。

4. 管径

管径的单位应为mm。管径的表达方式应符合以下规定。

（1）水煤气输送钢管（镀锌或非镀锌）、铸铁管等管材，管径宜以公称直径DN表示。

（2）无缝钢管、焊接钢管（直缝或螺旋缝）等管材，管径宜以外径D×壁厚表示。

（3）铜管、薄壁不锈钢管等管材，管径宜以公称外径DW表示。

（4）建筑给水排水塑料管材，管径宜以公称外径DN表示。

（5）钢筋混凝土（或混凝土）管，管径宜以内径D表示。

（6）复合管、结构壁塑料管等管材，管径应按产品标准方法表示。

（7）当设计中均采用公称直径DN表示管径时，应有公称直径DN与相应产品规格对照表。

管径的标注方法应符合下列规定。

（1）单根管道时，管径应按图19-17中所示的方式标注。

（2）多根管道时，管径应按图19-18中所示的方式标注。

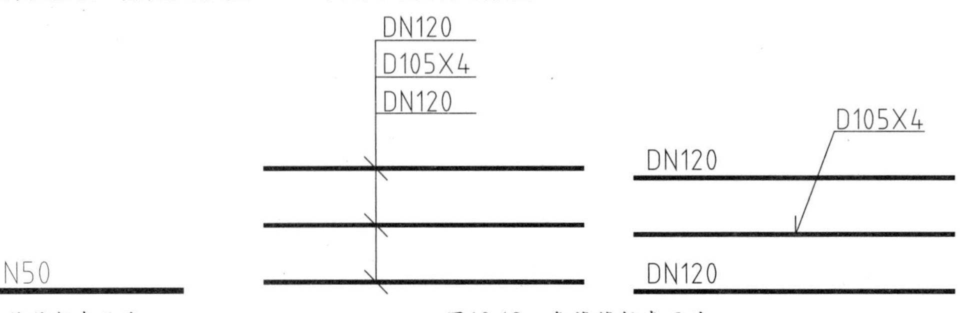

图19-17　单管管径表示法

图19-18　多管管径表示法

5. 编号

当建筑物的给水引入管或排水排出管的数量超过一根时，应进行编号，编号宜按图19-19中所示的方法表示。

当建筑物内穿越楼层的立管的数量超过一根时，应进行编号，编号宜按图19-20中所示的方法表示。

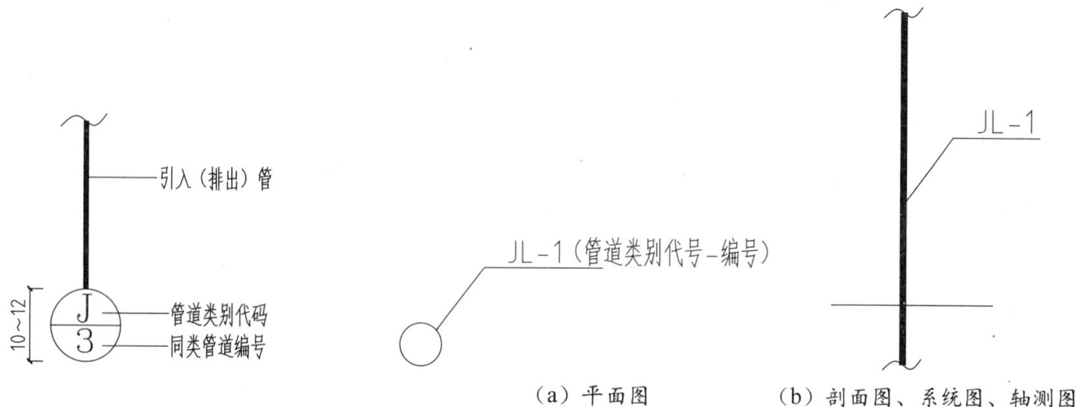

图19-19　给水引入（排水排出）管编号表示法　　图19-20　立管编号表示法

在总图中，当同种给水排水附属构筑物的数量超过一个时，应进行编号，并应符合下列规定：

（1）编号方法应采用构筑物代号加编号表示；

（2）给水构筑物的编号顺序宜为从水源到干管，再从干管到支管，最后到用户；

（3）排水构筑物的编号顺序宜为从上游到下游，先干管后支管。

当给水排水工程的机电设备数量超过一台时，宜进行编号，并应有设备编号与设备名称对照表。

19.1.5　混砖住宅给水排水设计说明

住宅楼给排水设计说明书写范例如图19-21、图19-22所示。

给排水施工设计说明

一：设计说明

(一)、设计依据

《建筑给水排水设计规范》GB50015-2003（2009年版）

《高层民用建筑设计防火规范》GB50045-95（2005年版）

《建筑灭火器配置设计规范》GB50140-2005

《住宅建筑规范》GB50368-2005

《住宅设计规范》GB50096-2011

《民用建筑设计通则》GB50352-2005

《建筑给水排水及采暖工程质量验收规范》GB50242-2002

《建筑给水聚丙烯管道工程技术规范》GB/T5349-2005

《建筑排水硬聚氯乙烯管道工程技术规程》GJJ/T29-2010

(二)、给排水工程概况：

本工程为广厦上城一期，B区2#住宅楼，建筑面积13991.65m^2，地上11层，地下2层，为二类高层建筑。地上一二层为商业服务网点，三~十一层为住宅，地下两层为储藏间，其中地下二层战时为核六级二等人员掩蔽部。本设计包括生活给水系统、排水系统、热水系统、消火栓系统、自动喷淋灭火系统以及建筑灭火器的配置。

(三)、给排水系统、消防系统系统设计形式：

1、给水系统：小区水源为市政供水，供水压力为0.25MPa，由泵房加压送至高区，最高日生活用水量定额为住宅180L/人·d，商业6L/人·d。最高日用水量:73.1m^3/d。本楼分高低两个区，低区为1-2层，由市政水直接提供生活用水；中区为3-11层，由设于泵房内的低压变频供水设备加压供给，所需压0.5MPa，5-6层经减压后供水，减压阀设于水暖井内，阀后压力为0.15MPa；给水系统每户设置水表一块，设置在公共部位的管井内，水表选用转动灵活计量准确、阻力≤0.0245MP的水表。

2、生活热水系统：热水制备采用设于阳台壁挂太阳能热水器制得，与加热器连接的进水管上装设止回阀。

3、排水系统：本工程地上部分生活污废水（合流）重力自流排放，地下部分由设于集水坑内的潜污泵提升排出，排水量为：62.1m^3/d，排至室外的污水经化粪池处理后，排入市政污水管。该建筑卫生间设专用通气立管，每两层设结合通气管与污水立管相连。

4、消火栓系统：室内消防用水由设于消防泵房的消防泵和消防水池提供，火灾延续时间为2h；室内采用临时高压制消火栓灭火给水系统，由设于其他楼屋顶水箱间的12m^{3}消防水箱（储存火灾前10分钟室内消防用水量）维持管网压力。本建筑与小区其它建筑消防共用一套系统。消火栓口径均DN65，水龙带长度为25m衬胶水带，水枪喷嘴口径为19mm，最不利点消火栓充实水柱12m。室内单栓消火栓采用丁型安装详见05S4-11；双栓消火栓选用采用丁型，暗装，安详见05S4-14，负二层采用带消防卷盘组合式消火栓，安装详见05S4-15，明装。室内消火栓系统用水量10L/S。消火栓系统入户处所需压力为0.65MPa。室外消火栓用水量为15L/S。-2—3层消火栓口前加设减压孔板，孔板孔径d=20mm。

5、自动喷水灭火系统：本工程为中危险级Ⅱ级，系统设计用水量25L/s，火灾延续时间1h。喷水强度：8L/min·m^2，作用面积160m^2，持续喷水时间1h，最不利点喷头工作压力≥0.05MPa。入户所需压力为0.35MPa。地下一层设一套报警阀组，由室外喷淋管接入。本工程采用临时高压制自动喷淋灭火系统，由设于其他楼顶水箱间的18m^3，消防水箱维持管网压力，该楼内设置吊顶，地上部分采用下垂型玻璃球喷头，地下超市采用直立型玻璃球喷头，动作温度为68°C，K=80。自动喷水系统每个分区每层均独立设置信号阀和水流指示器。火灾发生后喷头玻璃球爆碎，向外喷水，水流指示器动作，向消防控制中心报警，向设于泵房的控制中心报警，显示火灾发生位置并发出声光等信号。系统压力下降，报警阀组的压力开关动作，并自动开启自动喷水灭火系统加压泵，与此同时向消防控制中心报警，并敲响水力警铃，给水加压泵在消防控制中心有运行状况信号显示。

6、建筑灭火器配置：A类火灾轻危险级，设手提磷酸铵盐干粉灭火器，型号为MF/ABC2。

7、中水系统：本小区总建筑面积27.6万m^2，小区内设置中水回用设施，厨房排水需要经过隔油池、卫生间用水需要经过化粪池处理后流入到中水处理设施，中水用于室外绿地、浇洒等。

二、施工说明

(一) 阀门及附件：

1、阀门：

1) 生活给水管道上的阀门采用全铜质截止阀或全铜球阀（J11T-10或J11W-10T）DN>40时为蝶阀(D41X/J)。工作压力为1.60MPa。

2) 消防给水管道上阀门采用蝶阀 (D41X/J))，工作压力为1.60MPa。

3) 压力排水管上的阀门采用钢制闸阀，工作压力1.0MPa。

4) 生活给水系统减压阀安装参见01SS105-64。减压阀前过滤器需定期清洗和去除杂物。减压阀前后设有0-1.60MPa压力表。

5) 止回阀为SFCV型橡胶瓣止回阀，工作压力为1.6MPa，材质为灰铁；减压阀工作压力为1.6MPa，材质为铸铁。

2、附件：

1) 排水存水弯水封高度不应小于50mm。严禁采用活动机械密封代替水封，严禁使用钟罩式地漏。

图19-21　给排水施工设计说明（一）

2）地面清扫口采用铜制品，清扫口表面与地面平。
3）全部给水配件均采用节水型产品，不得采用淘汰产品。
4）水表选用IC卡水表。水表口径同给水管径。旋翼水表（水头损失≤0.0245MPa）。螺翼水表（水头损失≤0.0128MPa）。
5））电热水器必须带有保证使用安全的装置。
（二）管材及管道安装：
1、生活给水管：
1）生活给水水管道户内采用改性聚丙烯给水管（PP-R）及配件，热熔连接。管材系列为S4。户内埋地热水管采用PP-R塑铝稳态复合管，热熔连接，使用条件五级，选用管材系列S3.2。
2）给水管道主干管、立管及管道井内给水管采用内外涂环氧钢塑复合管。<DN80mm，螺纹连接；DN≥80mm沟槽式连接，与阀门采用法兰连接。
2、排水管道：
1）排水干管（除一、二层单排管外）采用Q/YXGB01-2003B型抗震柔性铸铁管，双法兰连接。立管采用聚丙烯静音排水管，胶圈承插连接。通气管采用聚氯乙烯塑料管，承查口粘接或橡胶圈管箍连接。污水横支管，可采用(PVC-U)管，专用胶粘接。
2）地下室潜水排污泵连接的管道及通气管，均采用焊接钢管，焊接或法兰连接。
3、消防给水管道：消火栓给水管道采用热浸镀锌无缝钢管，沟槽式或卡箍连接。管道工作压力为1.60MPa。
说明：钢管、复合钢管、塑料管等材料需符合国家各项标准。各类管道需按管道技术规程及国家标准图安装。
（三）管道敷设：
1、给水立管敷设于管道井内，每户水表阀门均安装在易于查看和检修的位置。
2、给水立管穿楼板时，应设套管，安装在楼板内的套管，其顶部应高出装饰地面20mm；安装在卫生间内的套管，其顶部高出装饰地面50mm，底部应与楼板底面相平；套管与管道之间缝隙应用阻燃密实材料和防水油膏填实，端面光滑。
3、管道穿钢筋混凝土墙和楼板、梁时，应根据图中所注管道标高，位置配合土建预留孔洞或预埋套管；管道穿地下室外墙应预埋防水套管。
4、排水立管检查口距地面1.00m，消火栓栓口距地面1.10m。
5、管道坡度：
1）排水管道除图中注明者外，均按下列坡度安装：
建筑排水塑料管道坡度排水横支管的标准坡度应为0.026。

排水横干管的坡度见下表：

管径(mm)	通用坡度	最小坡度	最大设计充满度
De110	0.012	0.004	0.5
De125	0.010	0.0035	
De60	0.007	0.003	0.6
De200	0.005	0.003	

2）建筑物内生活排水铸铁管道的排水坡度和最大充满度见下表：

管径(mm)	通用坡度	最小坡度	最大设计充满度
50 (50)	0.035	0.025	0.5
75 (75)	0.025	0.015	
100 (110)	0.015	0.003	
125 (125)	0.005	0.010	
150 (160)	0.010	0.007	0.6

注：括号内管径为图纸中所标管径与本表管径对应表
3）给水管、消防给水管均按0.002的坡度坡向立管或泄水装置。
4）通气管以0.01的上升坡度坡向通气立管。
6、管道支架：
1）管道支架或管卡应固定在楼板上或承重结构上。
2）给水管水平安装支架间距，按《建筑给水排水及采暖工程施工质量验收规范》GB50242-2002第3.8-3.3.9条规定施工。
3）给水立管每层装一管卡，安装高度为距地面1.5m。
4）排水立管在底层或楼层转弯处，在立管底部（受力弯头）处应设与建筑物墙，柱或板相连接的可靠支座。(如用环氧树脂玻璃钢五层做法加固)
排水塑料管道支吊架最大间距：

管径(mm)	50	75	110	125	160	200
立管(m)	1.2	1.5	2.0	2.0	2.0	2.0
横管(m)	0.5	0.75	1.10	1.25	1.60	1.70

7、管道连接：
排水横管与横管的连接，不得采用正三通和正四通。

图19-22　给排水施工设计说明（二）

19.2 绘制地下层给水排水平面图

本节介绍住宅楼地下层给水排水平面图的绘制，分为4个步骤；第一个步骤是设置绘制给排水平面图所需的图层，第二个步骤是绘制水箱，第三个步骤是绘制给水设备及管线，第四个步骤是绘制排水设备及管线。

具体的绘制方法请阅读本节的介绍。

19.2.1 设置绘图环境

绘制给排水平面所需的图层有“给水管线”图层、“管道附件”图层、“文字标注”图层等，本节介绍这些图层的创建。

01 启动AutoCAD 2014应用程序，执行“文件”|“打开”命令，打开书本提供的“住宅楼负二层平面图.dwg”文件。

02 执行“文件”|“另存为”命令，更改图形名称为“地下层给水排水平面图.dwg”，单击“保存”按钮，将其保存至电脑中。

03 沿用第12章所介绍的方式，设置新文件的各项样式参数，比如“绘图单位”、“文字样式”、“标注样式”等。

04 创建图层。调用LA【图层特性管理器】命令，系统弹出【图层特性管理器】对话框，在其中创建绘制地下层给水排水平面图所需要的图层，如图19-23所示。

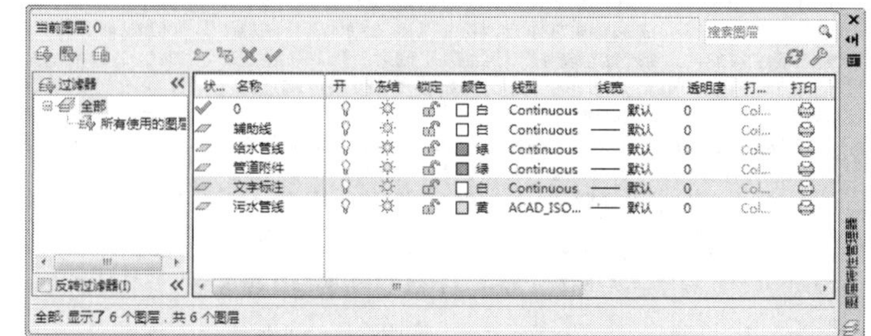

图19-23　创建图层

19.2.2 绘制水箱

01 整理图形。执行E【删除】命令、TR【修剪】命令，删除并修剪平面图上的图形，整理图形的结果如图19-24所示。

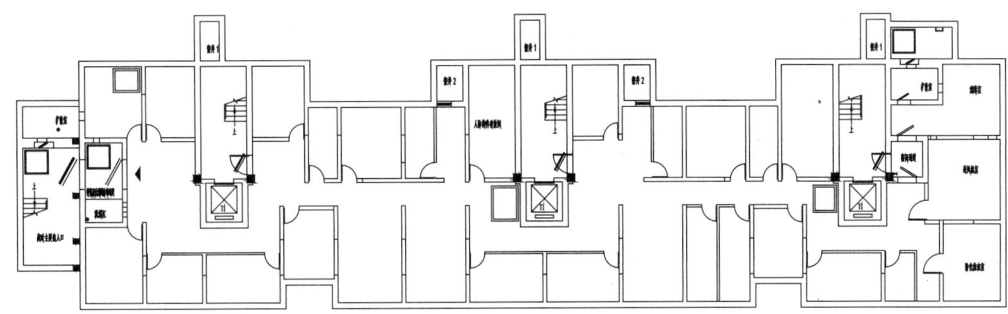

图19-24 整理图形

02 在“图层”工具栏下拉列表中选择“辅助线”图层。

03 绘制旱厕地面构造。调用C【圆形】命令、CO【复制】命令，绘制并复制圆形（R=168），结果如图19-25所示。

04 绘制水箱。调用REC【矩形】命令，绘制宽度为60，尺寸为1800×4000的矩形，结果如图19-26所示。

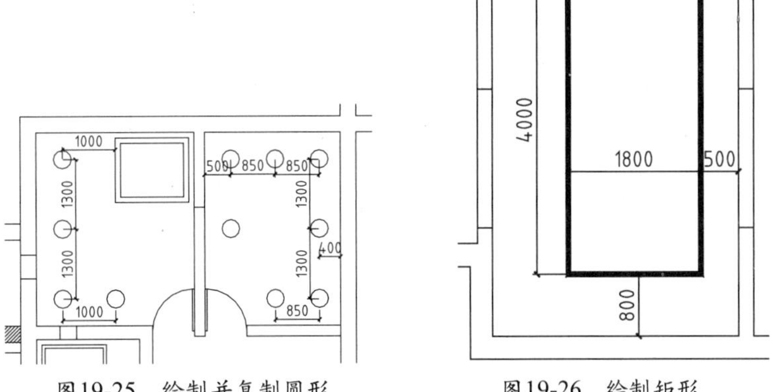

图19-25 绘制并复制圆形　　　图19-26 绘制矩形

05 调用REC【矩形】命令、L【直线】命令，绘制图19-27所示的图形。

06 绘制人孔。调用REC【矩形】命令，绘制矩形；调用PL【多段线】命令，在矩形内绘制多段线，结果如图19-28所示。

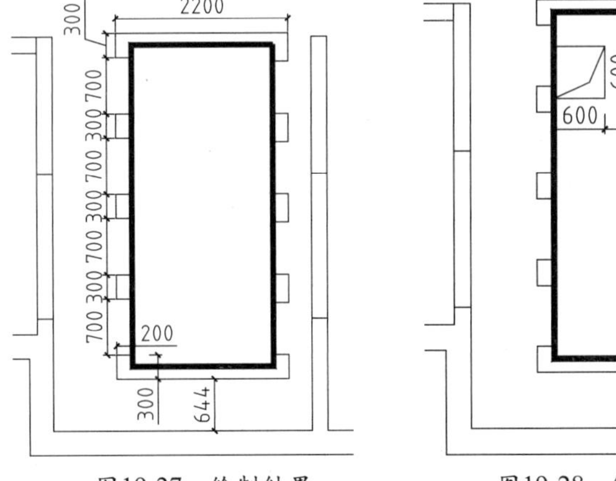

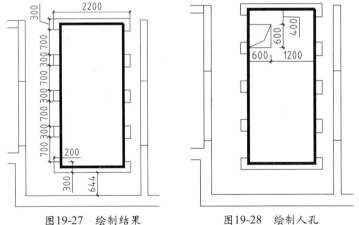

图19-27 绘制结果　　　图19-28 绘制人孔

07 调用CO【复制】命令，移动复制绘制完成的图形，结果如图19-29所示。

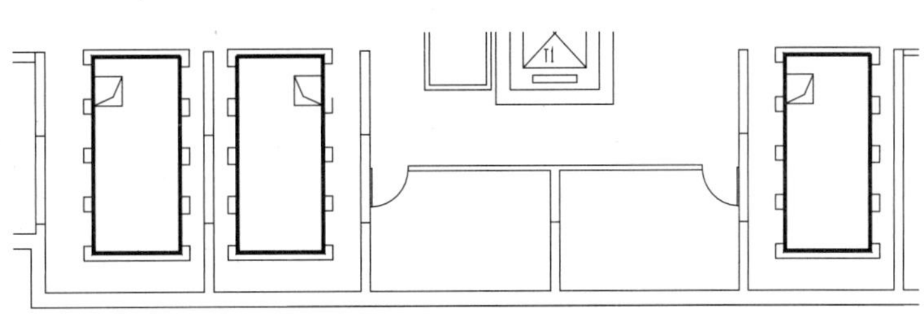

图19-29 移动复制图形

19.2.3 绘制给水管线

首先应调入给水设备，然后使用【多段线】命令来绘制管线以连接各类设备，即可完成住宅楼给水系统的绘制。

01 在“图层”工具栏下拉列表中选择“管道附件”图层。

02 调入管道附件。按下Ctrl+O快捷键，在配套光盘提供的“第19章/图例文件.dwg”文件中将管道附件复制并粘贴至当前图形中，结果如图19-30所示。

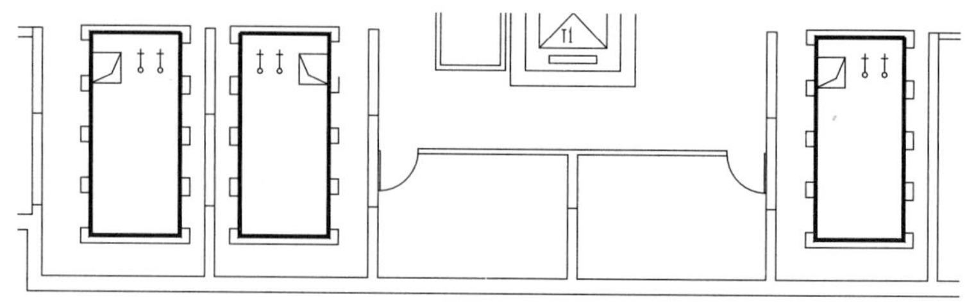

图19-30 调入管道附件

03 在“图层”工具栏下拉列表中选择“给水管线”图层。

04 调用PL【多段线】命令，绘制宽度为60的多段线以表示给水管线，结果如图19-31所示。

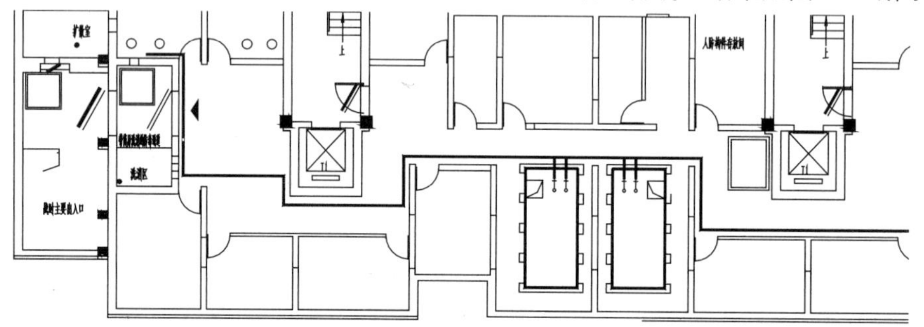

图19-31 绘制给水管线

05 调用MT【多行文字】命令，在给水管线上绘制文字标注，结果如图19-32所示。

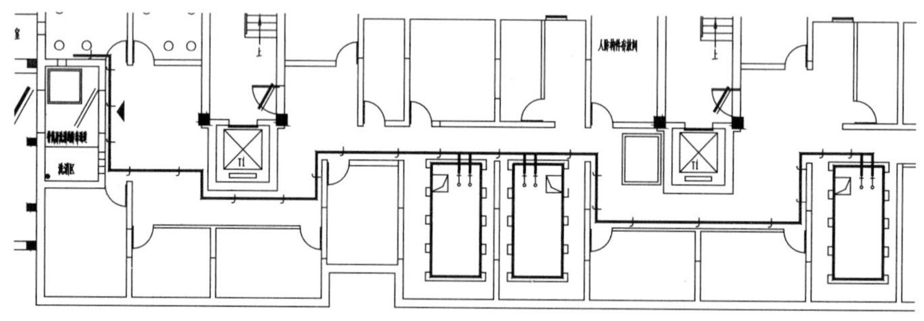

图19-32 绘制文字标注

06 调用REC【矩形】命令，绘制矩形以框选管线文字，结果如图19-33所示。

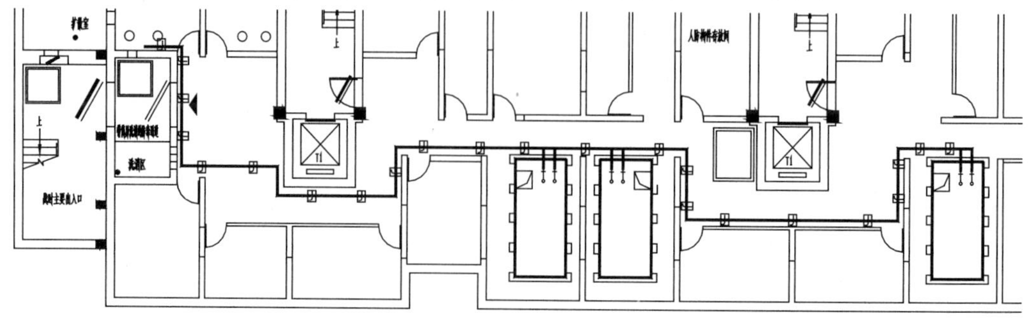

图19-33 绘制矩形

07 调用TR【修剪】命令，修剪矩形内的线段，结果如图19-34所示。

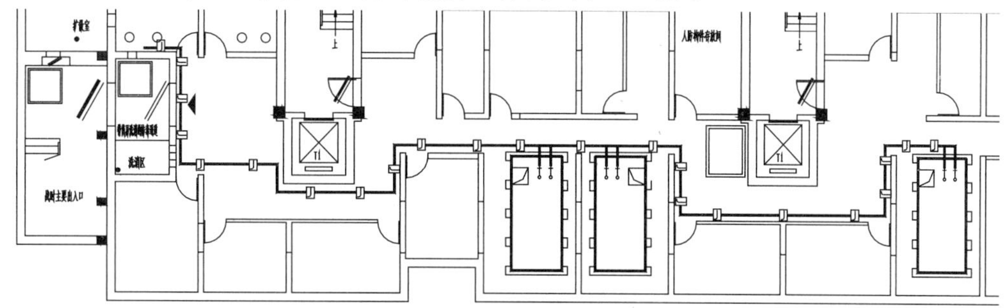

图19-34 修剪矩形内的线段

08 调用E【删除】命令，删除矩形，结果如图19-35所示。

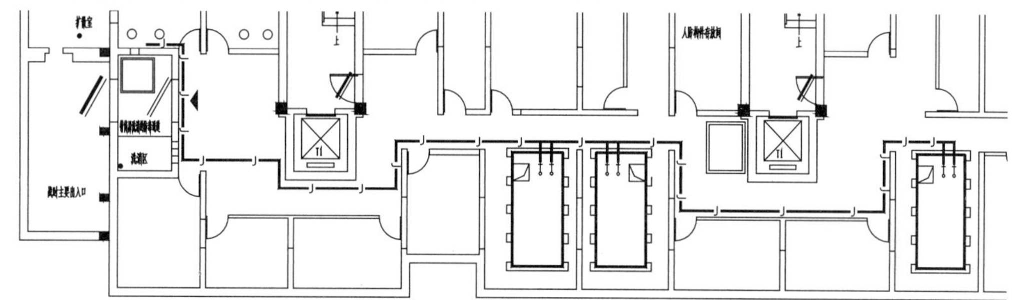

图19-35 删除矩形

09 在“图层”工具栏下拉列表中选择“管道附件”图层。

10 调入管道附件。在配套光盘提供的“第19章/图例文件.dwg”文件中将管道附件复制并粘贴至给水管道上，结果如图19-36所示。

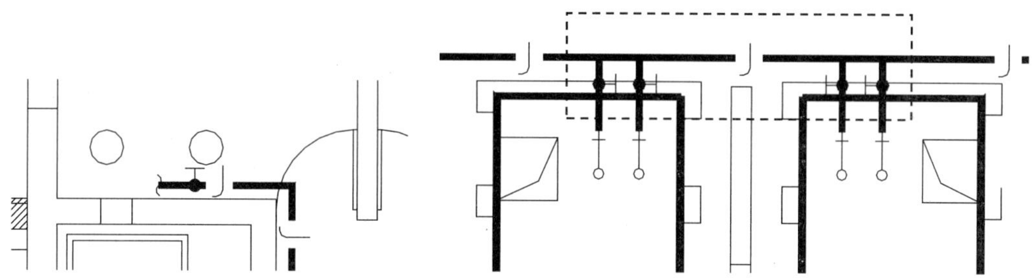

图19-36 调入管道附件

11 重复执行上述操作，继续调入管道附件图块，结果如图19-37所示。

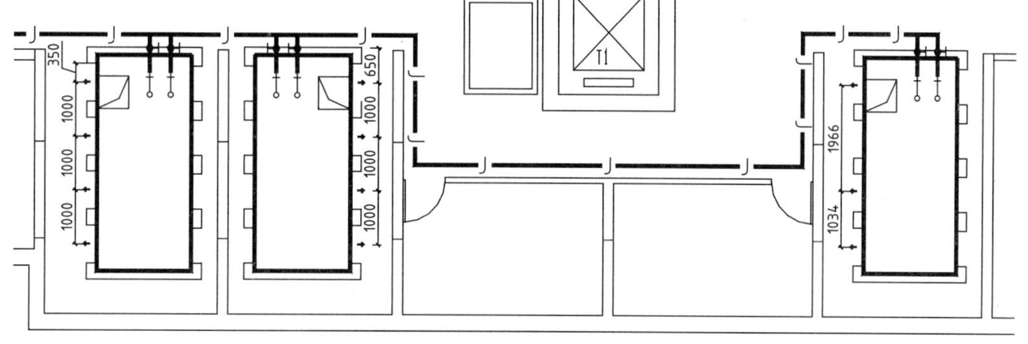

图19-37 操作结果

12 在“图层”工具栏下拉列表中选择“给水管线”图层。

13 调用PL【多段线】命令，绘制给水管线以连接管道附件及水箱，结果如图19-38所示。

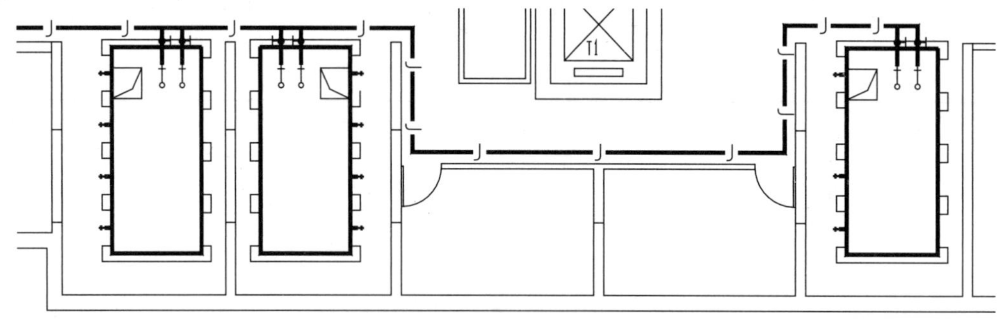

图19-38 绘制给水管线

14 调用C【圆形】命令，绘制圆形（R=42）以表示通气管，结果如图19-39所示。

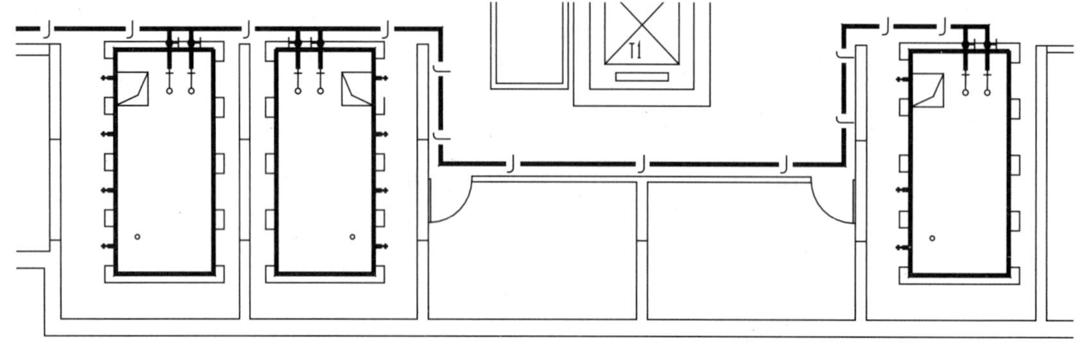

图19-39 绘制通气管

15 绘制给水立管。调用C【圆形】命令，绘制圆形（R=60）以表示给水立管，结果如图19-40所示。

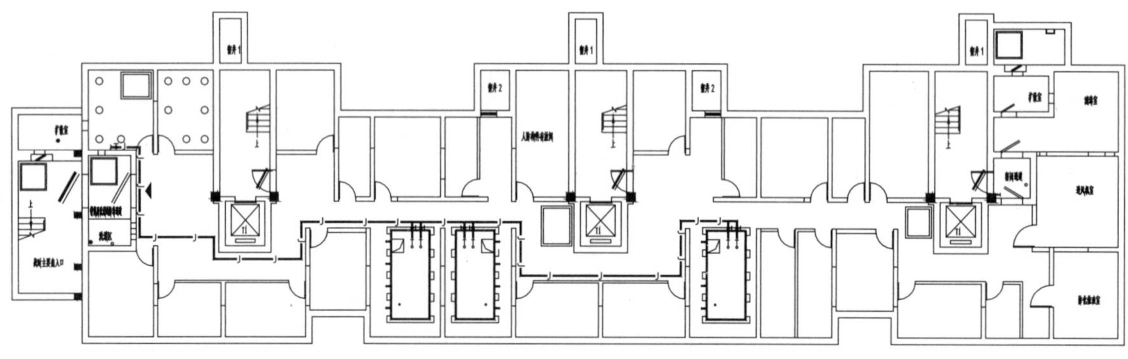

图19-40 绘制给水立管

16 调用PL【多段线】命令，绘制多段线来连接给水立管，结果如图19-41所示。

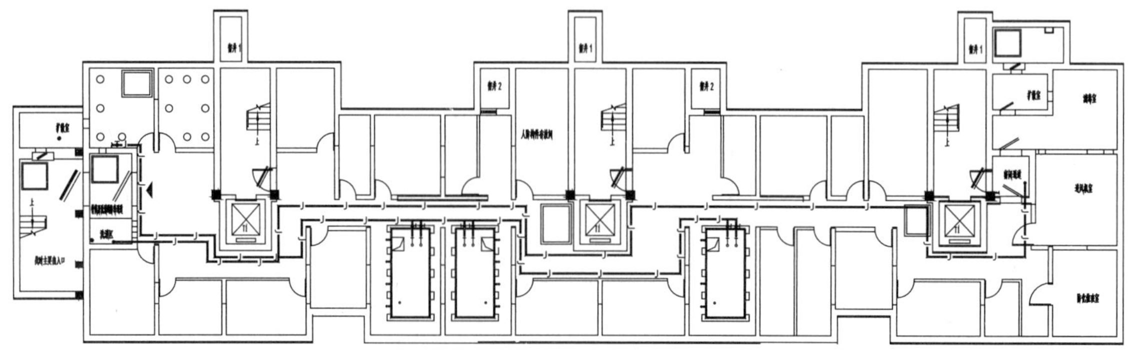

图19-41 绘制给水管线

17 在“图层”工具栏下拉列表中选择“管道附件”图层。

18 调入管道附件。在配套光盘提供的“第19章/图例文件.dwg”文件中将管道附件复制并粘贴至给水管道上；调用TR【修剪】命令，修剪多余的线段，操作结果如图19-42所示。

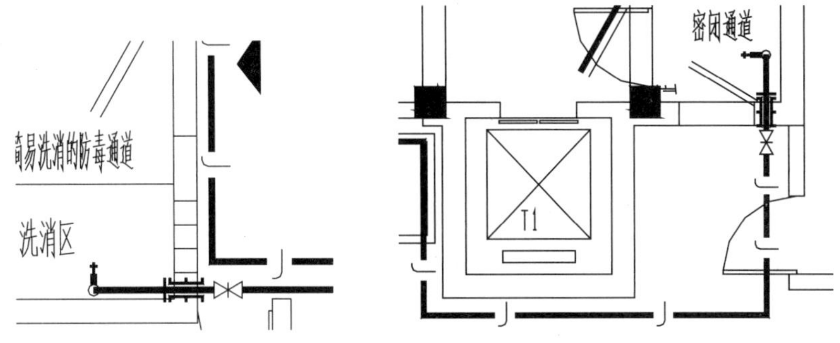

图19-42 调入图块

19.2.4 绘制排水管线

首先绘制排水设备图形，比如集水坑，然后再调入相关的排水附件图块，再使用【多段线】命令，绘制排水管线以将各类排水设备相连接，即可完成住宅楼排水系统的绘制。

01 在“图层”工具栏下拉列表中选择“辅助线”图层。

02 绘制集水坑。调用C【圆形】命令，绘制圆形（R=198）的圆形；调用O【偏移】命令，设置偏移距离为64，选择圆形向内偏移；调用L【直线】命令，过圆心绘制相交直线，结果如图19-43所示。

03 调用C【圆形】命令，绘制圆形（R=82）；调用O【偏移】命令，设置偏移距离为27，向内偏移圆形，结果如图19-44所示。

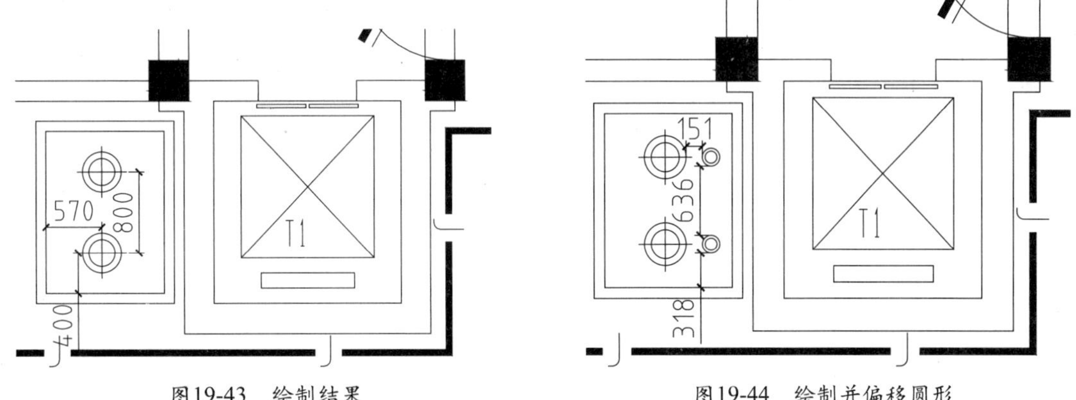

图19-43 绘制结果　　图19-44 绘制并偏移圆形

04 调用L【直线】命令、O【偏移】命令，绘制并偏移直线，结果如图19-45所示。

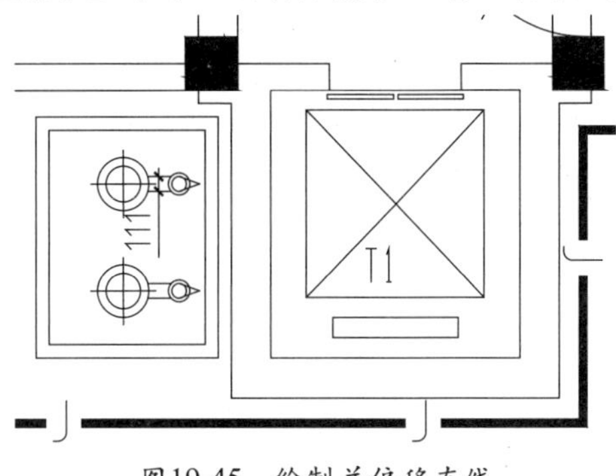

图19-45 绘制并偏移直线

05 在“图层”工具栏下拉列表中选择“管道附件”图层。

06 在配套光盘提供的“第19章/图例文件.dwg”文件中将管道附件复制并粘贴至当前图形中；调用TR【修剪】命令，修剪多余的线段，操作结果如图19-46所示。

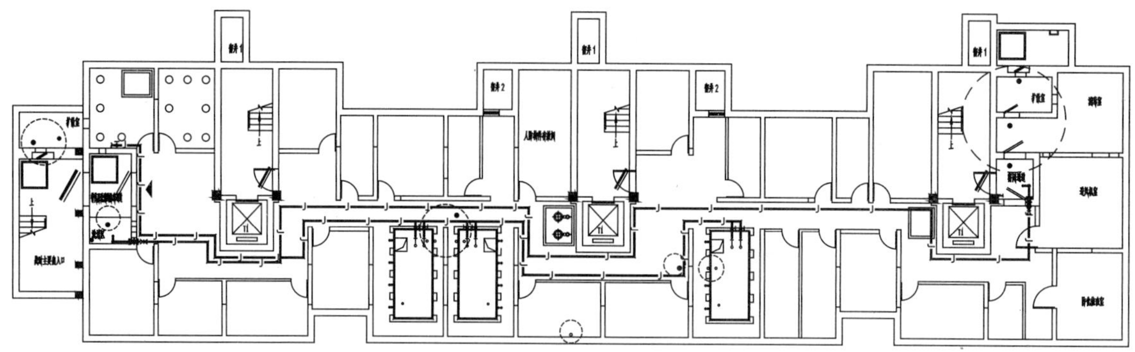

图19-46 调入图块

07 在“图层”工具栏下拉列表中选择“污水管线”图层。

08 调用PL【多段线】命令，绘制宽度为60的多段线来表示污水管线，结果如图19-47所示。

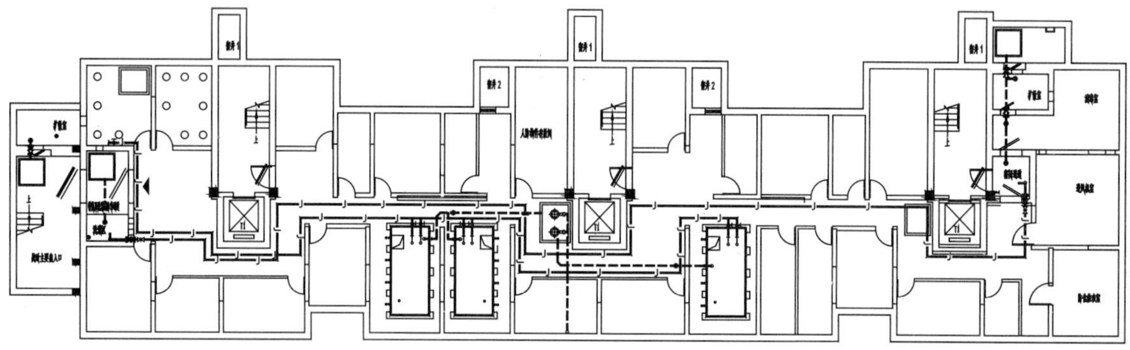

图19-47 绘制污水管线

09 在“图层”工具栏下拉列表中选择“文字标注”图层。

10 调用MLD【多重引线】命令、PL【多段线】命令、MT【多行文字】命令，绘制文字标注，结果如图19-48所示。

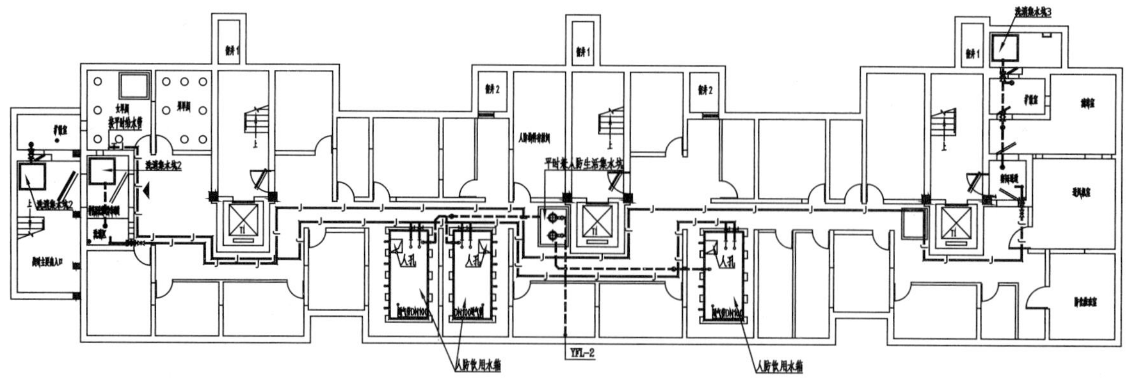

图19-48 绘制文字标注

11 双击平面图下方的图名标注，将其更改为“负二层给水排水平面图”，结果如图19-49所示。

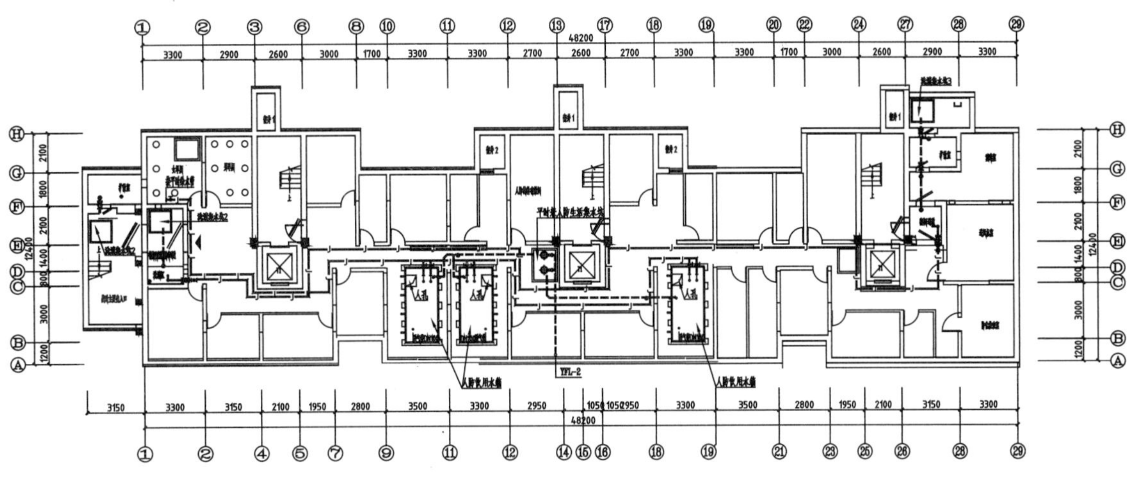

图19-49 编辑图名标注

19.3 绘制首层给水排水平面图

本节介绍首层给水排水平面图的绘制，分为4个步骤：第一个步骤是创建绘制给排水平面图所需的各类图层，第二个步骤是绘制给水、污水管线，第三个步骤是绘制消防管线，第四个步骤是绘制各类标注。

请参考本节所介绍的绘制方法。

19.3.1 设置绘图环境

绘制首层给排水平面图所需的图层有“消防管线”图层、“给水管线”图层、“管线附件”图层等，本节介绍这些图层的创建。

01 启动AutoCAD 2014应用程序，执行“文件”|“打开”命令，打开书本提供的“住宅楼首层平面图.dwg”文件。

02 执行“文件”|“另存为”命令，设置图形名称为“首层给水排水平面图.dwg”，单击“保存”按钮，将其保存至电脑中。

03 沿用第12章所介绍的方式，设置新文件的各项样式参数，比如“绘图单位”、“文字样式”、“标注样式”等。

04 创建图层。调用LA【图层特性管理器】命令，系统弹出【图层特性管理器】对话框，在其中创建绘制首层给水排水平面图所需要的图层，如图19-50所示。

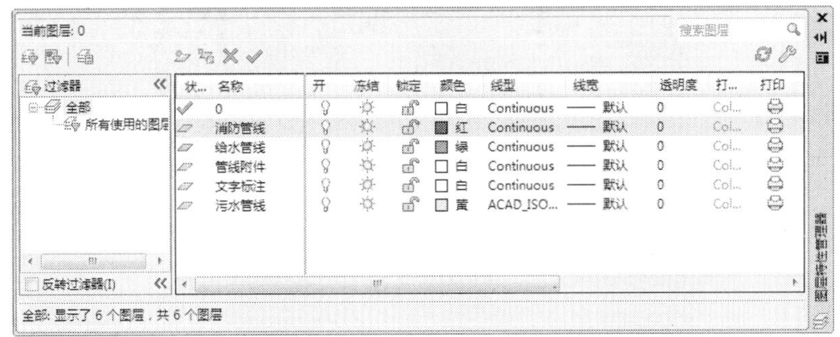

图19-50 【图层特性管理器】对话框

19.3.2 绘制给水、污水管线

首先使用【圆形】命令，绘制各类立管管线；然后使用【多段线】命令，从立管处引出管线，可以完成给水、污水管线的绘制。

01 整理图形。执行E【删除】命令、TR【修剪】命令，删除并修剪平面图上的图形，整理图形的结果如图19-51所示。

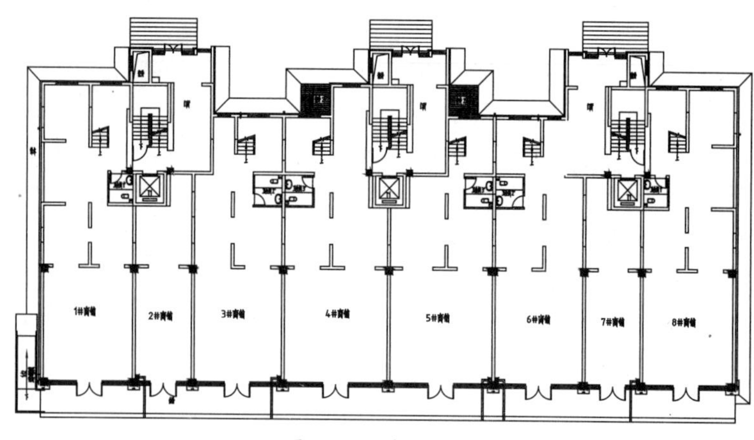

图19-51 整理图形

02 在“图层”工具栏下拉列表中选择“给水管线”图层。

03 调用C【圆形】命令，绘制圆形（R=60）以表示给水立管，结果如图19-52所示。

04 调用PL【多段线】命令，设置多段线的宽度为60，绘制给水管线的结果如图19-53所示。

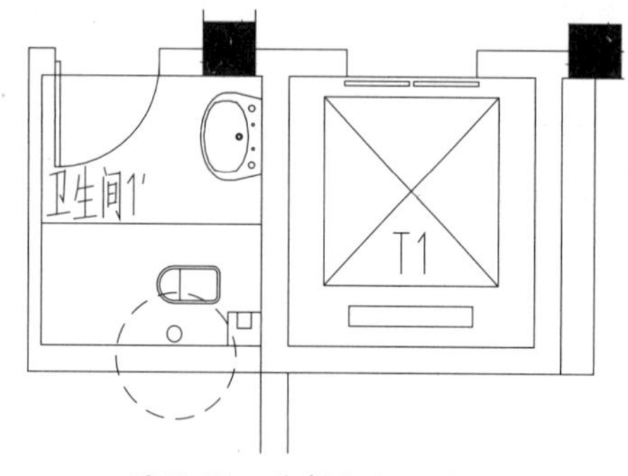

图19-52 绘制给水立管

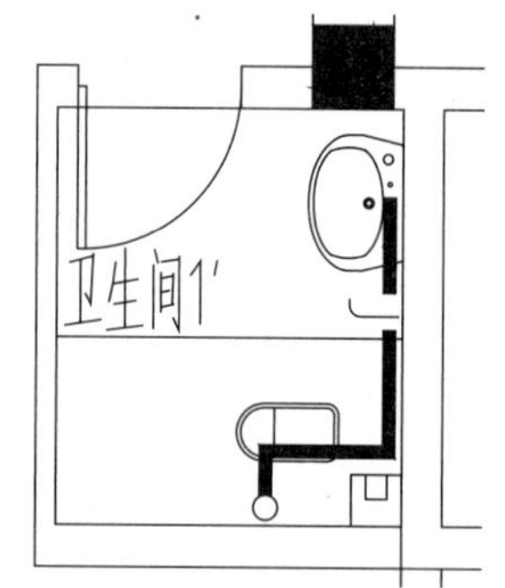

图19-53 绘制给水管线

05 在“图层”工具栏下拉列表中选择“污水管线”图层。

06 调用C【圆形】命令、PL【多段线】命令、MT【多行文字】命令，绘制污水立管管线；调用PL【多段线】命令，设置宽度为60，绘制污水管线的结果如图19-54所示。

07 在“图层”工具栏下拉列表中选择“管道附件”图层。

08 调入管道附件。在配套光盘提供的“第20章/图例文件.dwg”文件中将管道附件复制并粘贴至管道上；调用TR【修剪】命令，修剪多余的线段，操作结果如图19-55所示。

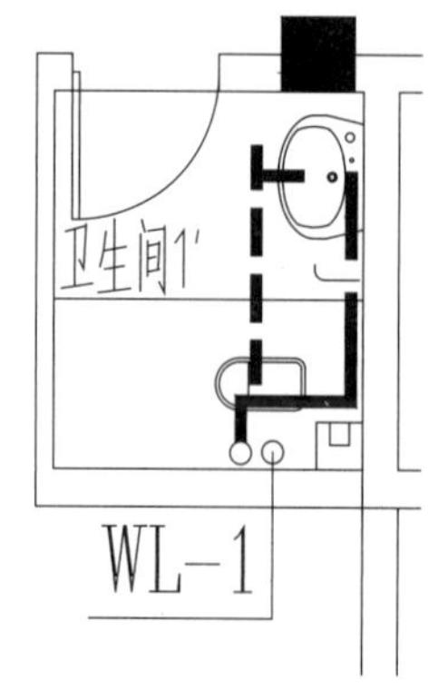

图19-54 绘制污水管线

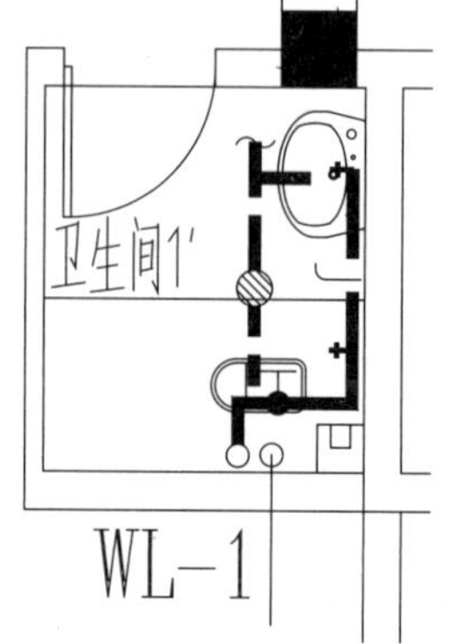

图19-55 调入管道附件

09 重复上述的操作，继续绘制其他卫生间给水、污水管线以及管道附件图形，结果如图19-56所示。

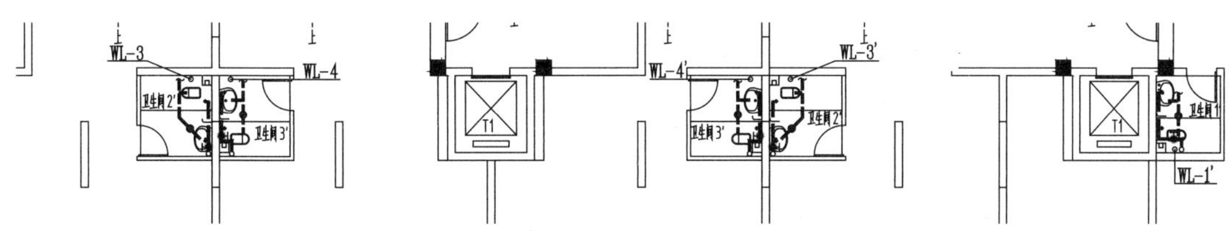

图19-56 绘制其他卫生间的给排水管线

10 在“图层”工具栏下拉列表中选择“污水管线”图层。

11 调用C【圆形】命令，绘制圆形（R=60）以表示废水立管；调用PL【多段线】命令、MT【多行文字】命令，绘制立管标注，结果如图19-57所示。

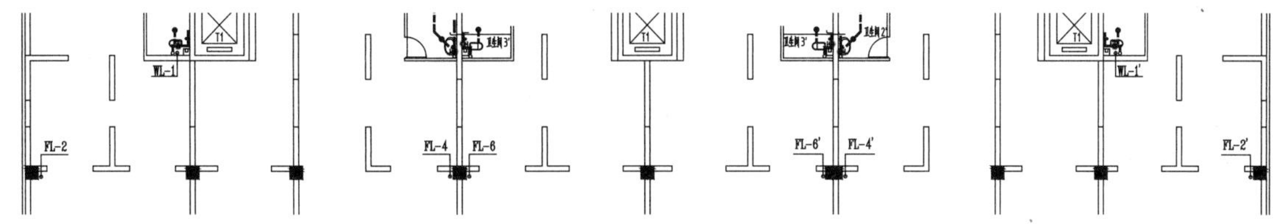

图19-57 绘制废水立管

12 调用PL【多段线】命令，绘制宽度为60的多段线以表示废水管线，结果如图19-58所示。

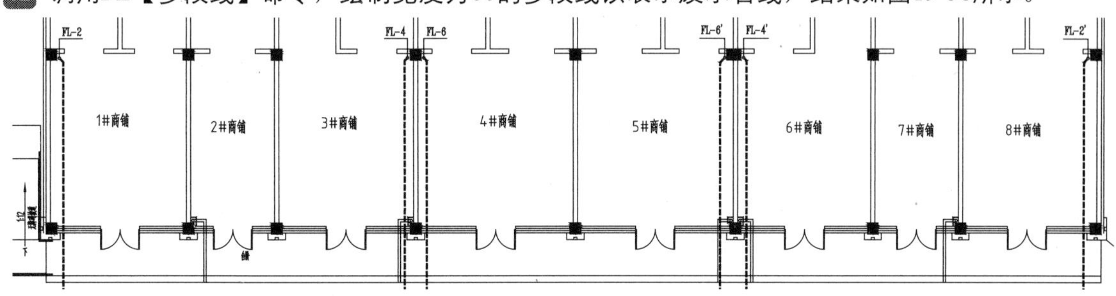

图19-58 绘制污水管线

19.3.3 绘制消防管线

首先绘制消防立管管线，然后再调入消防设备图形，比如消火栓等；再使用【多段线】命令来绘制消防管线来连接立管、消防设备图形，即可以完成消防系统的绘制。

01 在“图层”工具栏下拉列表中选择“消防管线”图层。

02 调用C【圆形】命令、PL【多段线】命令、MT【多行文字】命令，绘制消防立管管线，结果如图19-59所示。

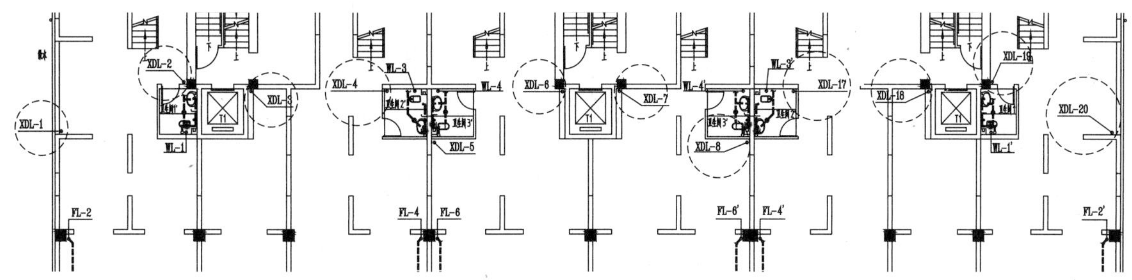

图19-59 绘制消防立管管线

03 在“图层”工具栏下拉列表中选择“管道附件”图层。

04 调入管道附件。在配套光盘提供的“第19章/图例文件.dwg”文件中将消防设备图形复制并粘贴至当前图形中，结果如图19-60所示。

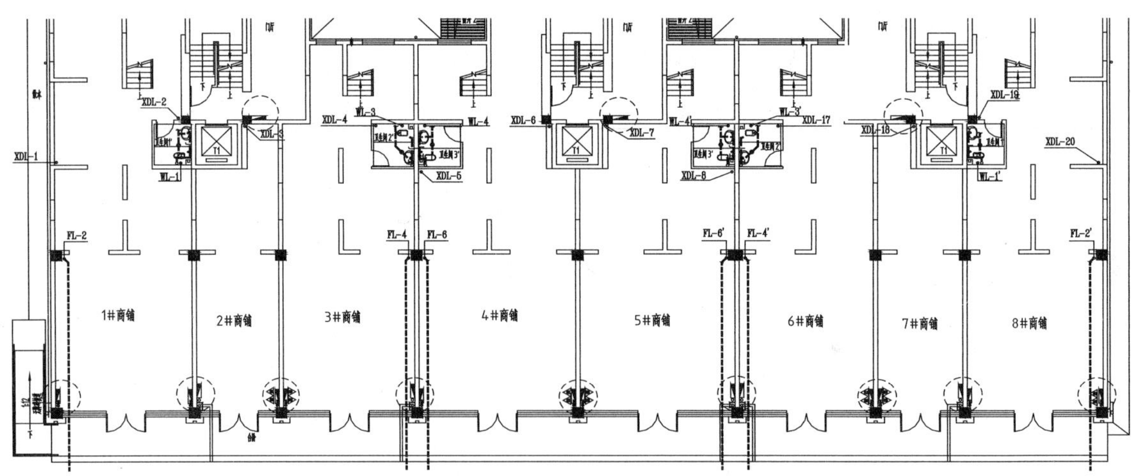

图19-60　调入管道附件

05 在“图层”工具栏下拉列表中选择“消防管线”图层。

06 调用PL【多段线】命令，绘制消防管道；调用MT【多行文字】命令、TR【修剪】命令，绘制管线文字并对管线执行修剪操作，结果如图19-61所示。

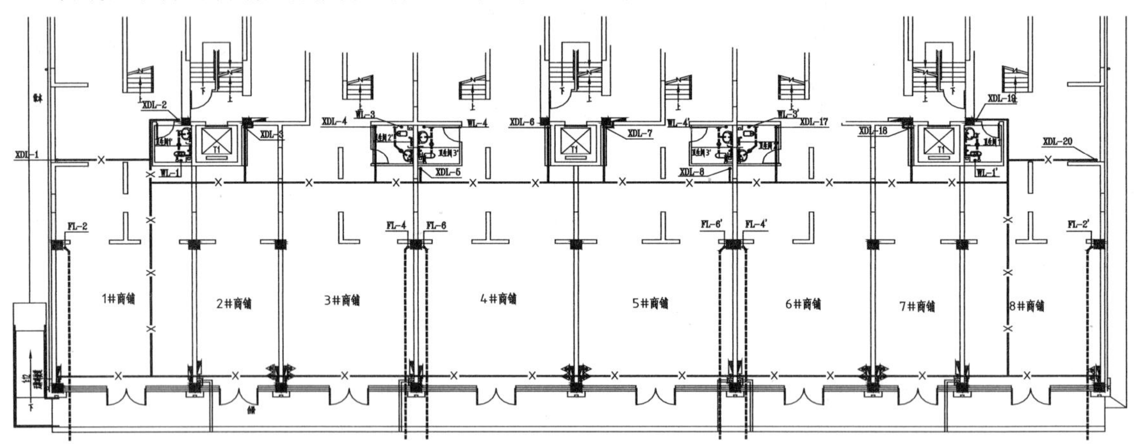

图19-61　绘制消防管道

07 在“图层”工具栏下拉列表中选择“管道附件”图层。

08 调入管道附件。在配套光盘提供的“第19章/图例文件.dwg”文件中将阀门附件图形复制并粘贴至当前图形中；调用TR【修剪】命令，修剪多余的管线，结果如图19-62所示。

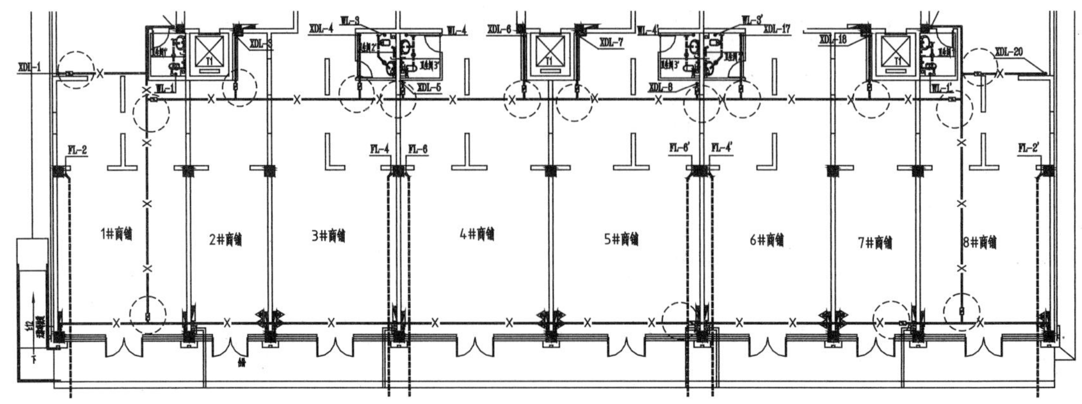

图19-62　调入管道附件

19.3.4 绘制标注

在本节中主要绘制引线标注及编辑图名标注，然后即可完成首层给排水平面图的绘制。

01 参照前面所介绍的绘制方法，继续绘制污水立管、给水立管，结果如图19-63所示。

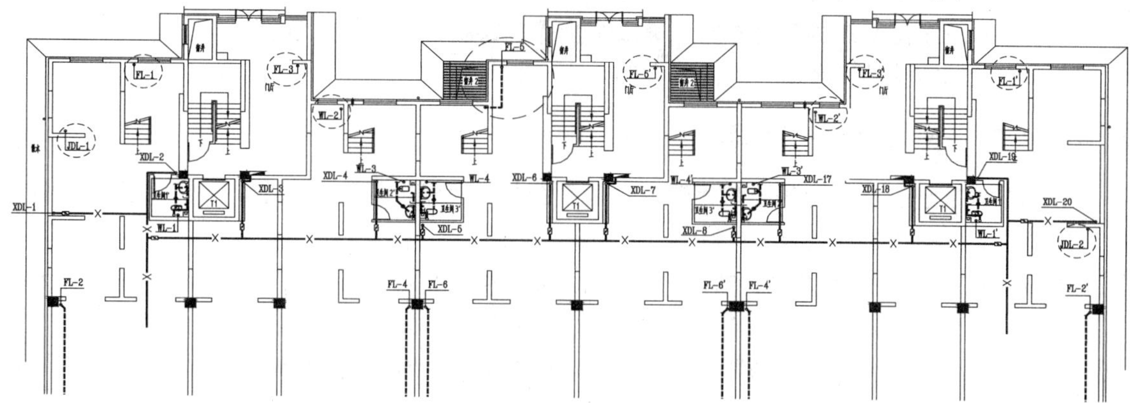

图19-63 绘制立管

02 在“图层”工具栏下拉列表中选择“文字标注”图层。

03 调用PL【多段线】命令、MT【多行文字】命令，绘制引线标注，结果如图19-64所示。

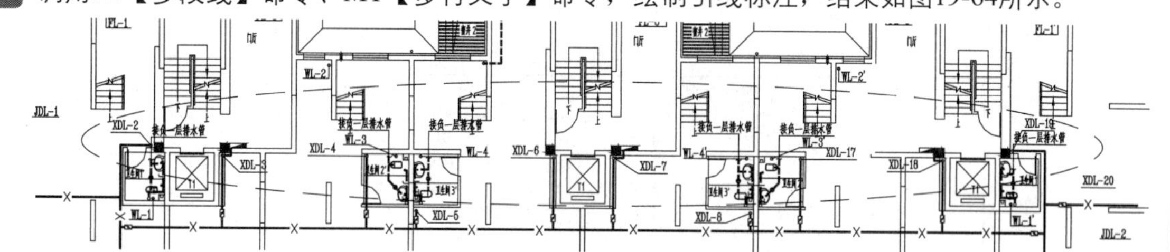

图19-64 绘制引线标注

04 双击平面图下方的图名标注，将其更改为“首层给水排水平面图”，结果如图19-65所示。

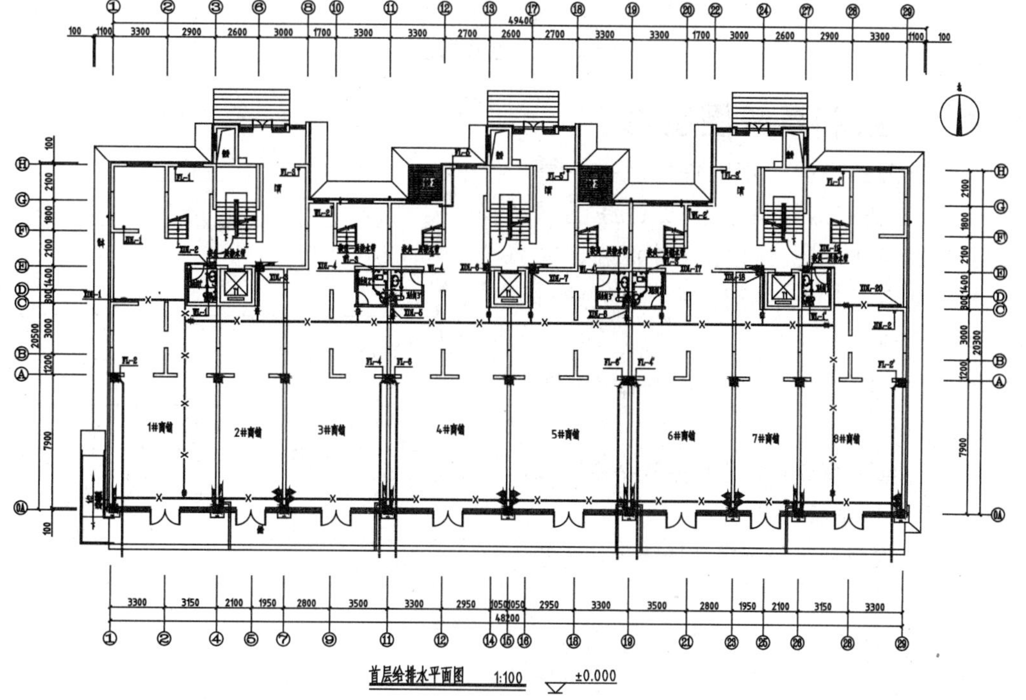

图19-65 编辑图名标注

19.4 绘制排水系统图

本节介绍排水系统图的绘制，分为两个步骤：第一个步骤是创建绘制排水系统图所需的各类图层，第二个步骤是绘制各类系统图图形。

具体的绘制方法请参考本节的内容介绍。

19.4.1 设置绘图环境

绘制排水系统图所需的图层有“管道附件”图层、“管径标注”图层、“污水管线”图层等，本节介绍这些图层的创建。

01 启动AutoCAD 2014应用程序，新建一个空白文件；执行“文件”|“保存”命令，设置图形名称为“排水系统图.dwg”，单击“保存”按钮，将其保存至电脑中。

02 沿用第12章所介绍的方式，设置新文件的各项样式参数，比如“绘图单位”、“文字样式”、“标注样式”等。

03 创建图层。调用LA【图层特性管理器】命令，系统弹出【图层特性管理器】对话框，在其中创建绘制排水系统图所需要的图层，如图19-66所示。

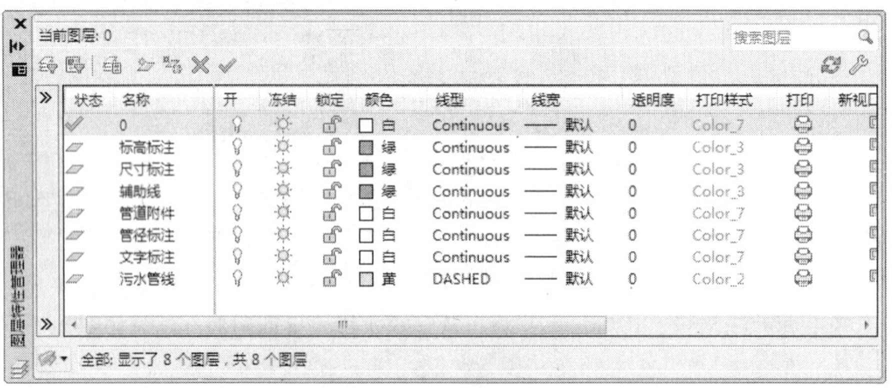

图19-66 创建图层

19.4.2 绘制系统图图形

排水系统图由各类排水附件以及排水管线组成，在绘制完成这些设备及管线图层后，需要绘制各类标注，比如尺寸标注、文字标注等，最后绘制图名标注便可以完成排水系统图的绘制。

01 在“图层”工具栏下拉列表中选择“辅助线”图层。

02 调用L【直线】命令、O【偏移】命令，绘制如图19-67所示楼层线。

03 在“图层”工具栏下拉列表中选择“污水管线”图层。

04 调用PL【多段线】命令、O【偏移】命令、TR【修剪】命令，绘制如图19-68所示的污水管线。

图19-67 绘制楼层线

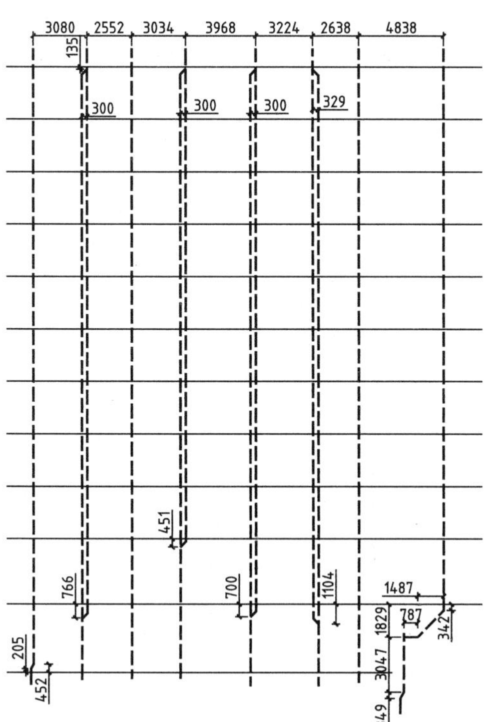

图19-68 绘制污水管线

05 调用PL【多段线】命令，绘制分支管线，结果如图19-69所示。

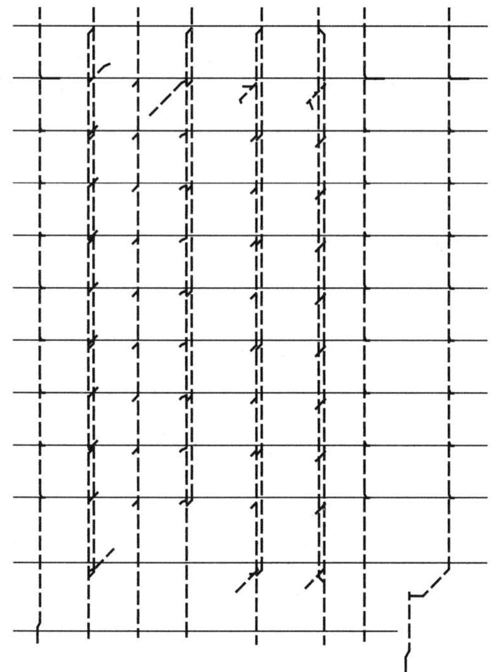

图19-69 绘制分支管线

06 在“图层”工具栏下拉列表中选择“管道附件”图层。

07 调入管道附件。在配套光盘提供的“第19章/图例文件.dwg”文件中将排水附件图形复制并粘贴至当前图形中，结果如图19-70所示。

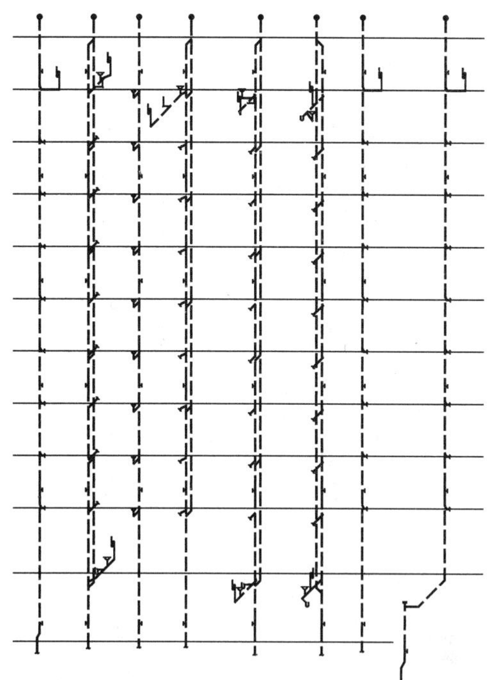

图19-70 调入管道附件

08 在“图层”工具栏下拉列表中选择“管径标注”图层。

09 调用MT【多行文字】命令，绘制管径标注，结果如图19-71所示。

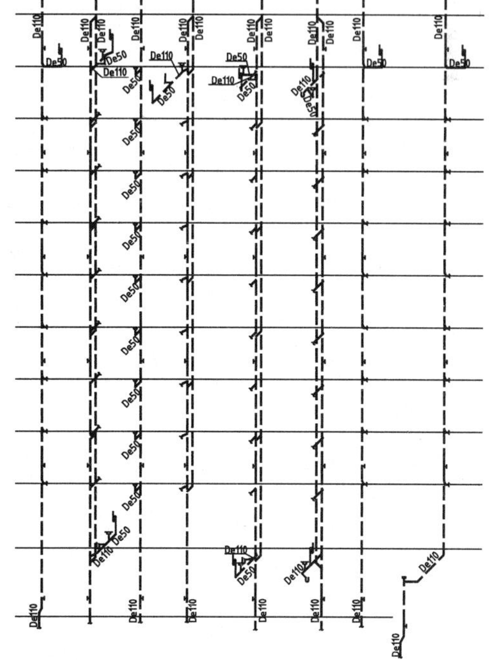

图19-71 绘制管径标注

10 在“图层”工具栏下拉列表中选择“文字标注”图层。

11 调用PL【多段线】命令、MT【多行文字】命令，绘制引线及文字标注，结果如图19-72所示。

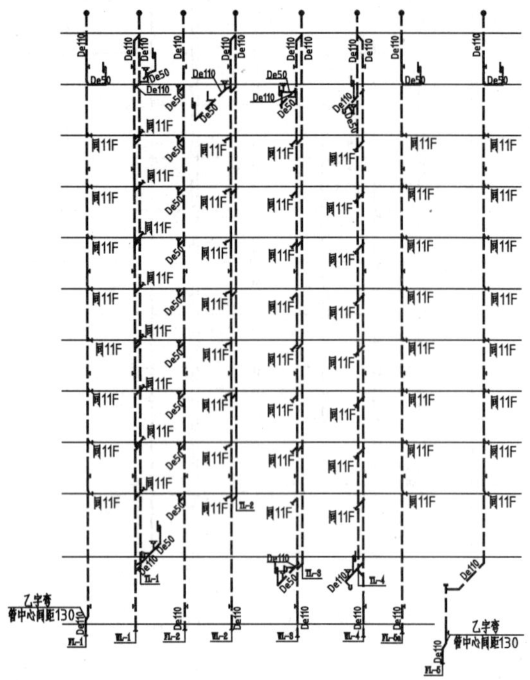

图19-72 绘制文字标注

12 在“图层”工具栏下拉列表中选择“尺寸标注”图层。

13 调用DLI【线性标注】命令，绘制尺寸标注，结果如图19-73所示。

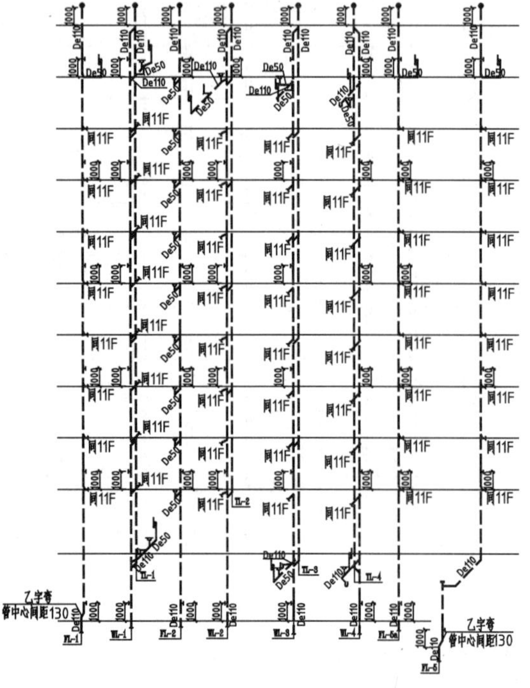

图19-73 绘制尺寸标注

14 在“图层”工具栏下拉列表中选择“文字标注”图层。

15 调用MT【多行文字】命令，绘制楼层层数标注，结果如图19-74所示。

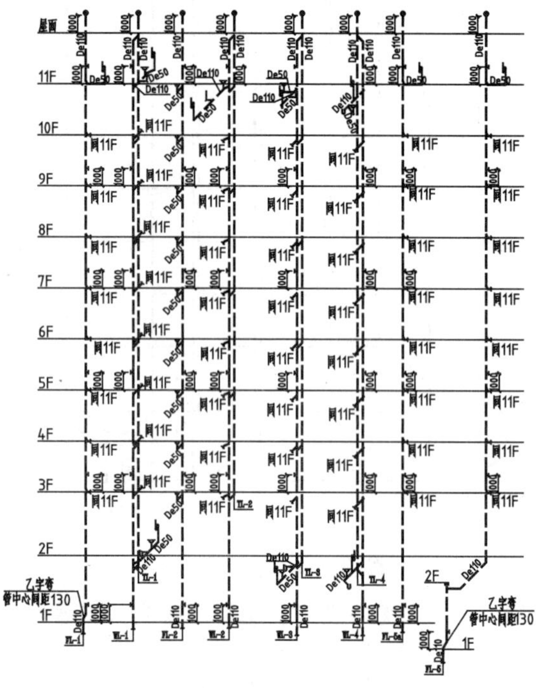

图19-74 绘制楼层层数标注

16 调用I【插入】命令，调入标高图块，双击以更改标高参数值，绘制标高标注的结果如图19-75所示。

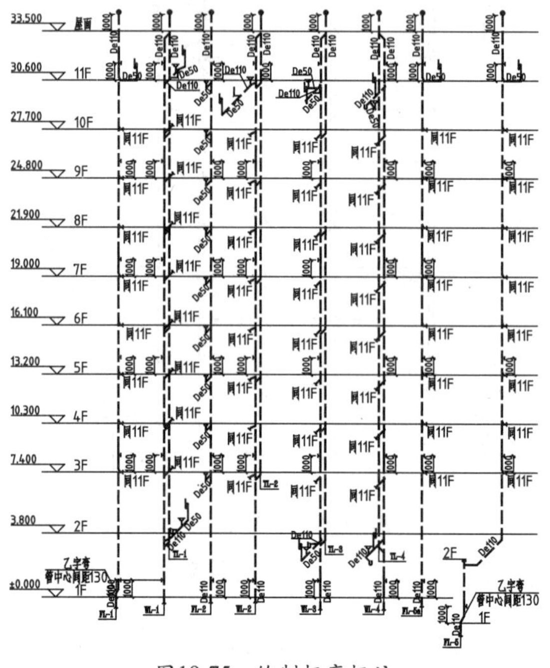

图19-75 绘制标高标注

17 调用MT【多行文字】命令、PL【多段线】命令，绘制图名、比例标注以及下划线，结果如图19-76所示。

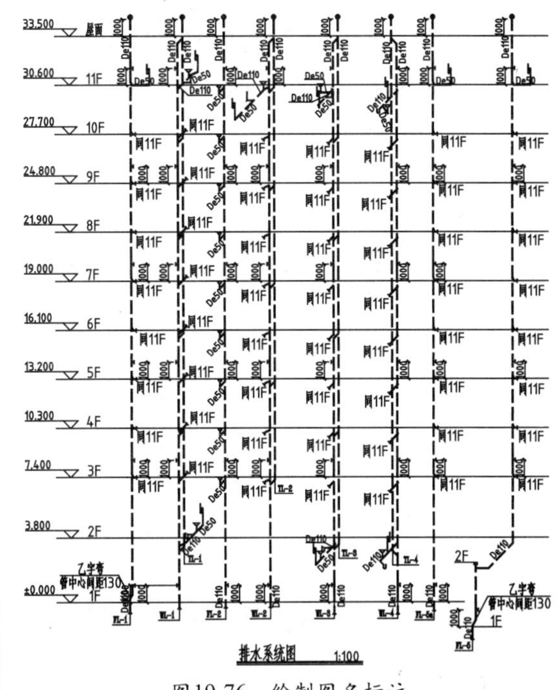

图19-76 绘制图名标注

19.5 绘制给水系统图

本节介绍给水系统图的绘制，分为两个步骤，第一个步骤是创建各类绘制给水系统图所需的图层，第二个步骤是绘制各类给水设备及给水管线。

请参考本节所介绍的绘图步骤。

19.5.1 设置绘图环境

绘制给水系统图所需的图层有“给水管线”图层、“管道附件”图层、“管径标注”图层等，本节介绍这些图层的创建。

01 启动AutoCAD 2014应用程序，新建一个空白文件；执行“文件”|“保存”命令，设置图形名称为“给水系统图.dwg”，单击“保存”按钮，将其保存至电脑中。

02 沿用第12章所介绍的方式，设置新文件的各项样式参数，比如“绘图单位”、“文字样式”、“标注样式”等。

03 创建图层。调用LA【图层特性管理器】命令，系统弹出【图层特性管理器】对话框，在其中创建绘制给水系统图所需要的图层，如图19-77所示。

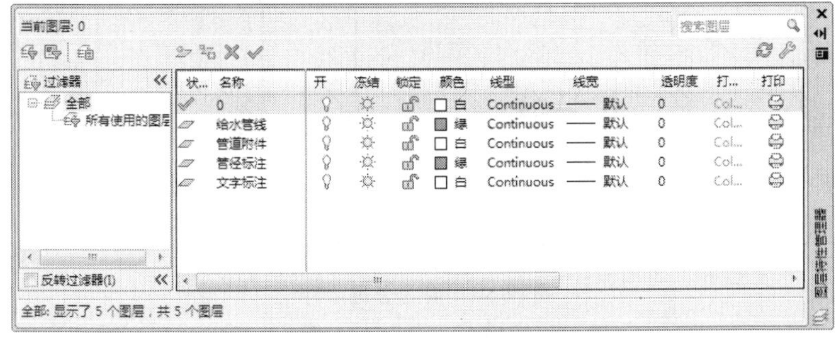

图19-77 创建图层

19.5.2 绘制系统图图形

首先使用【多段线】命令绘制给水管线，然后再调入各类给水设备图形，最后绘制文字标注、标高标注以及图名标注，即可完成给水系统图的绘制。

01 在“图层”工具栏下拉列表中选择“给水管线”图层。

02 调用PL【多段线】命令、MT【多行文字】命令、TR【修剪】命令，绘制给水管线，结果如图19-78所示。

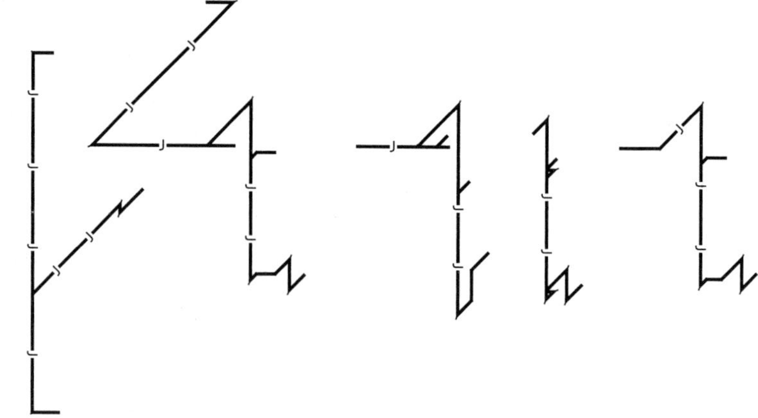

图19-78 绘制给水管线

03 调用L【直线】命令，绘制直线以连接各给水管线，结果如图19-79所示。

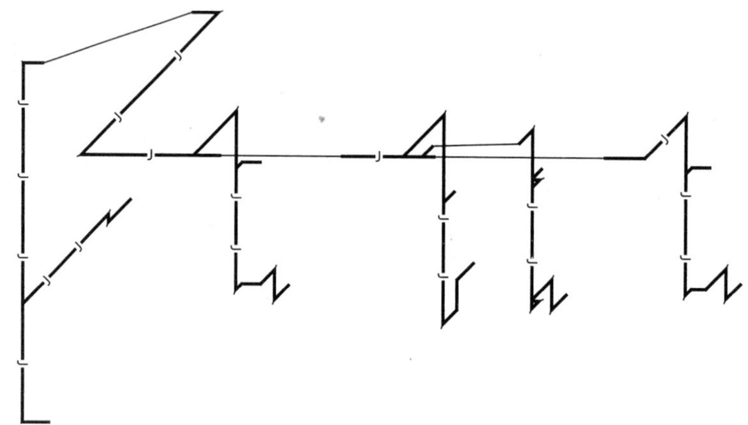

图19-79 绘制直线

04 在“图层”工具栏下拉列表中选择“管道附件”图层。

05 调入管道附件。在配套光盘提供的“第19章/图例文件.dwg”文件中将给水附件图形复制并粘贴至当前图形中；调用TR【修剪】命令，修剪多余管线，结果如图19-80所示。

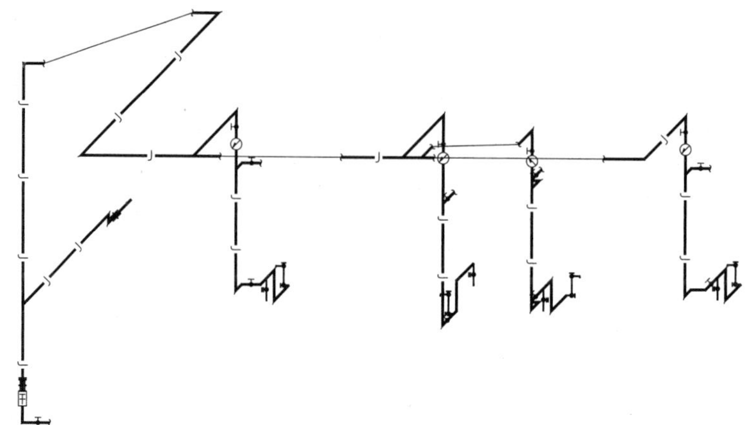

图19-80 调入管道附件

06 在“图层”工具栏下拉列表中选择“管径标注”图层。

07 调用MT【多行文字】命令、PL【多段线】命令，绘制引线及管径标注文字；调用RO【旋转】命令，调整标注文字的角度，结果如图19-81所示。

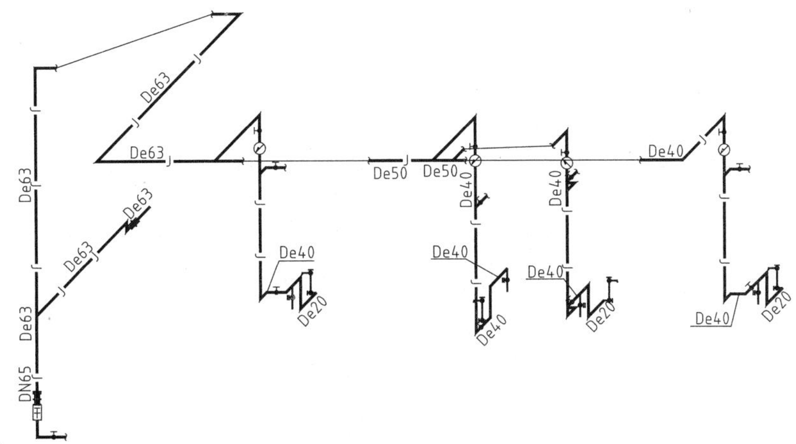

图19-81 绘制管径标注

08 在“图层”工具栏下拉列表中选择“文字标注”图层。

09 调用L【直线】命令，绘制楼层线；调用MT【多行文字】命令，绘制层号标注，结果如图19-82所示。

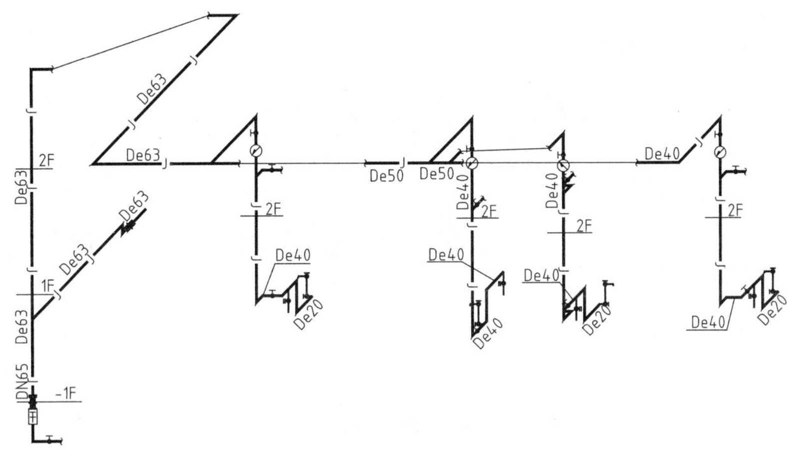

图19-82 绘制层号标注

10 调用PL【多段线】命令、MT【多行文字】命令，绘制文字标注，结果如图19-83所示。

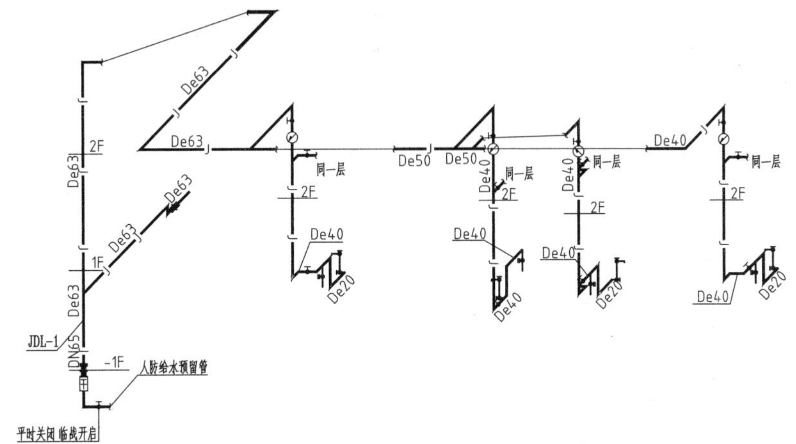

图19-83 绘制文字标注

11 调用I【插入】命令，调入标高图块；双击标高图块，在稍后弹出的【增强属性编辑器】对话框中更改标高参数值，绘制标高标注的结果如图19-84所示。

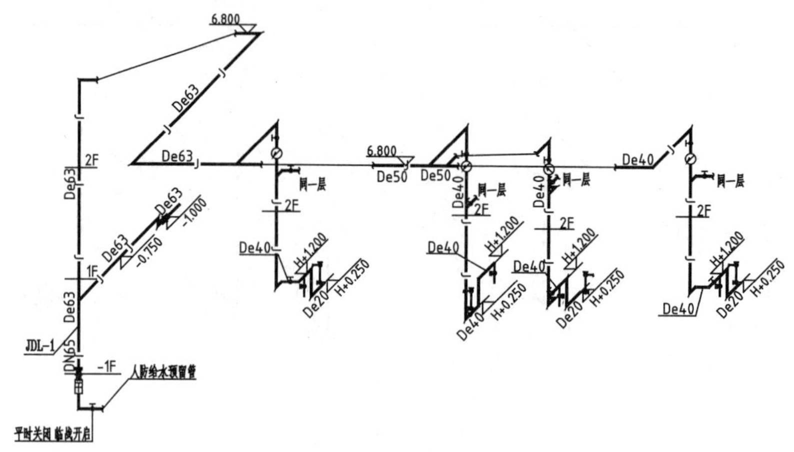

图19-84 绘制标高标注

12 调用MT【多行文字】命令、PL【多段线】命令，绘制图名、比例标注及下划线，结果如图19-85所示。

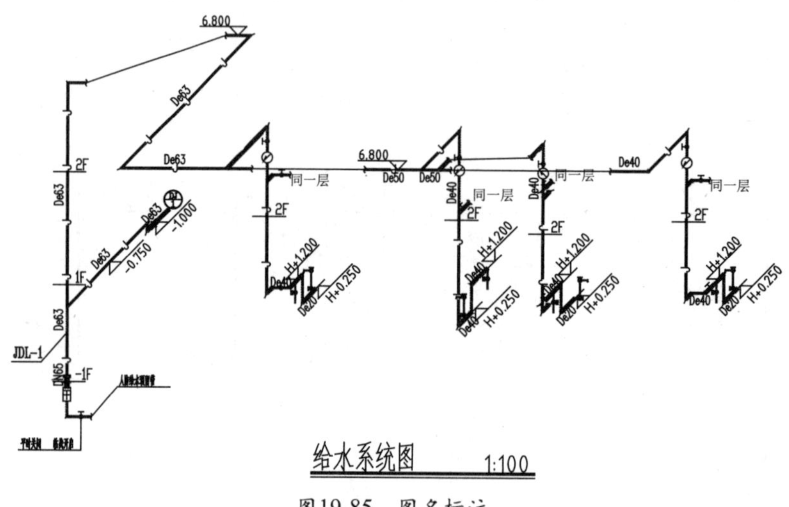

图19-85 图名标注

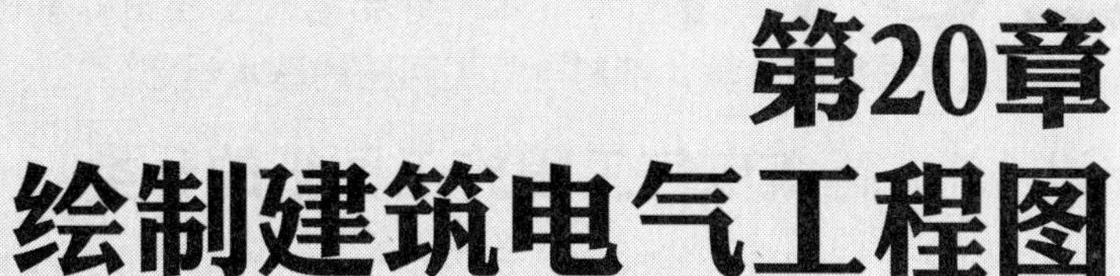

第20章 绘制建筑电气工程图

建筑电气工程图是编制建筑电气工程预算和施工方案，并用以指导施工的重要依据。本章介绍建筑电气工程图的基础知识及住宅楼电气工程图的绘制方法。

20.1 建筑电气工程图基础

本节介绍电气工程图的基础知识，包括电气工程图纸的分类、电气工程项目的分类、绘制电气工程图的基本规定。

20.1.1 建筑电气工程施工图纸的分类

建筑电气工程图是应用非常广泛的电气图，使用它来说明建筑中电气工程的构成和功能，描述电气装置的工作原理，提供安装技术数据和使用维护依据。一个电气工程的规模有大有小，不同规模电气工程的图样的数量和种类是不同的，常用的电气工程图有以下几类。

1. 目录、设计说明、图例、设备材料明细表

图纸目录内容有序号、图纸名称、编号、张数等。

设计说明（施工说明）主要是阐述电气工程设计的依据、业主的要求和施工原则、建筑特点、电气安装标准、安装方法、工程等级、工艺要求等以及有关设计的补充说明。

图例即是图形符号，一般只列出本套图纸中涉及到的一些图形符号。

设备材料明细表列出了该项电气工程所需要的设备和材料名称、型号、规格和数量，供设计概算和施工预算时参考。

2. 电气平面图

电气平面图是表示电气设备、装置和线路平面布置的图纸，是进行电气安装的主要依据。电气平面图以建筑总平面图为依据，在图上绘制电气设备、装置和线路的安装位置、敷设方法等。

电气平面图采用了较大的缩小比例，不能表现电气设备的具体形状，只能反应电气设备的安装位置、安装方式和导线的走向及敷设方法等。

常用的电气平面图有：变配电平面图、动力平面图、照明平面图、防雷平面图、接地平面图、弱电平面图等。图20-1所示为绘制完成的照明平面图。

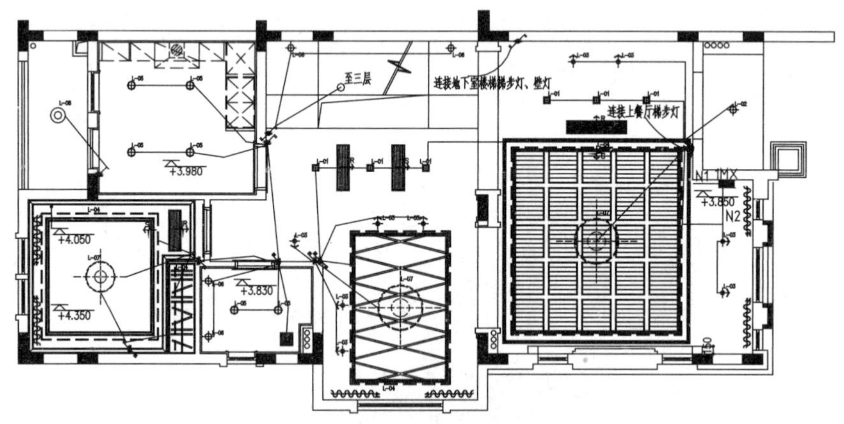

图20-1　照明平面图

3. 电气系统图

电气系统图表现的是电气工程的供电方式、电能输送、分配控制关系和设备运行情况的图纸，从电气系统图可以看出工程的概况。

电气系统图由变配电系统图、动力系统图、照明系统图、弱电系统图等组成。

电气系统图只表示电气回路中各元器件的连接关系，不表示元器件的具体情况、具体安装位置和具体接线方法。

图20-2所示为绘制完成的配电系统图。

MX电箱（箱体非标）
VV5×16/PC50
接本层电箱
C65N/40A/3P
C65N/16A/1P ZRBV-3X2.5/PC20/WC N1 照明 1KW
C65N/16A/1P ZRBV-3X2.5/PC20/WC N2 照明 1KW
Vigi+C65N/16A/2P30mA ZRBV-3×4/PC20/WC N3 插座 1KW
Vigi+C65N/16A/2P30mA ZRBV-3×4/PC20/WC N4 插座 1KW
Vigi+C65N/16A/2P30mA ZRBV-3×4/PC20/WC N5 插座 1KW
C65N/20A/1P ZRBV-3X4/PC20/WC N6 空调 3KW
C65N/20A/1P ZRBV-3X4/PC20/WC N7 空调 3KW
C65N/16A/1P ZRBV-3X4/PC20/WC N8 空调 1KW
Vigi+C65N/16A/2P30mA ZRBV-3×4/PC20/WC N9 园林照明 1KW
C65N/25A/3P VV-5X6/PC32/WC -1MX电箱
C65N/25A/3P VV-5X6/PC32/WC 二层2MX电箱
C65N/25A/3P VV-5X6/PC32/WC 三层3MX电箱
C65N/16A/1P 备用
N排 PE排

图20-2 电气系统图

4. 设备布置图

设备布置图是表现各种电气设备和元器件的平面与空间的位置、安装方式及其相互关系的图纸，一般由平面图、立面图、剖面图及各种构件详图等组成。

5. 安装接线图

安装接线图又称为安装配线图，是用来表示电气设备、电气元器件和线路的安装位置、配线方式、接线方法、配线场所特征等。安装接线图是用来指导安装、接线和查线的图纸。

图20-3所示为绘制完成的公共照明应急灯接线示意图。

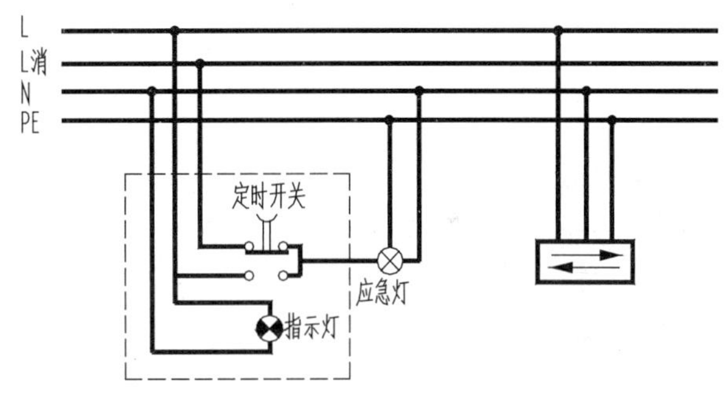

公共照明应急灯接线示意图

图20-3 安装接线示意图

6. 电路图

电路图是表现某一电气设备或系统的工作原理的图纸，它是按照各个部分的动作原理采用展开法来绘制的。通过分析电路图可以清楚地看清楚整个系统的动作顺序。

电路图不能表明电气设备和元器件的实际安装位置和具体的接线，但是可以用来指导电气设备和元器件的安装、接线、调试、使用与维修。

7. 详图

详图是表现电气工程中设备的某一部分的具体安装要求和做法的图纸，我国有专门的安装设备标准图册。

20.1.2 建筑电气工程项目的分类

电气工程是指某建筑（工厂、民用住宅或其他设施）的供电、用电工程，通常包括以下一些项目。

（1）外线工程：室外电源供电线路，主要是架空电力线路和电缆线路。

（2）变配电工程：由变压器、高低压配电柜、母线、电缆、继电保护与电气计算等设备构成的变配电所。

（3）室内配电工程：主要有线管配线、桥架线槽配线、瓷绝缘子配线、瓷夹配线、钢精轧头配线、钢索配线等。

（4）电力工程：包括各种风机、水泵、电梯、机床、起重机等动力设备（各种形式的电动机）和控制器与动力配电箱。

（5）照明工程：照明灯具、开关、插座、电扇和照明配电箱等设备。

（6）防雷工程：建筑物、电气装置和其他设备的防雷设施。

（7）接地工程：各种电气装置的工作接地和保护接地系统。

（8）发电工程：一般为备用与自备柴油发电机组。

（9）弱电工程：消防报警系统、安保系统、广播、电话、闭路电视系统等。

20.1.3 绘制建筑电气工程图的基本规定

绘制建筑电气工程图纸应参考最新版本的《建筑电气制图标准》GB/T 50786-2012，现将《标准》中的一些基本的制图规定摘录如下。

1. 图线

建筑电气专业的图线宽度（b）应根据图纸的类型、比例和复杂程度，按照现行的国家标准《房屋建筑制图统一标准》GB/T50001的规定选用，并宜为0.5mm、0.7mm、1.0mm。

电气总平面图和电气平面图宜采用3种以上的线宽绘制，其他图样宜采用两种以上的线宽绘制。

同一张图纸内，相同比例的各图样，宜选用相同的线宽组。

同一个图样内，各种不同线宽组中的细线，可统一采用线宽组中较细的细线。

建筑电气专业常用的制图图线、线型及线宽宜符合表20-1所列示的规定。

表20-1 制图图线、线型及线宽

<table>
<tr><th colspan="2">图线名称</th><th>线型</th><th>线宽</th><th>一般用途</th></tr>
<tr><td rowspan="5">实线</td><td>粗</td><td></td><td>b</td><td rowspan="2">本专业设备之间电气通路连接线、本专业设备可见轮廓线、图形符号轮廓线</td></tr>
<tr><td rowspan="2">中粗</td><td rowspan="2"></td><td>0.7b</td></tr>
<tr><td>0.7b</td><td rowspan="2">本专业设备可见轮廓线、图形符号轮廓线、方框线、建筑物可见轮廓</td></tr>
<tr><td>中</td><td></td><td>0.5b</td></tr>
<tr><td>细</td><td></td><td>0.25b</td><td>非本专业设备可见轮廓线、建筑物可见轮廓；尺寸、标高、角度等标注线及引出线</td></tr>
<tr><td rowspan="5">虚线</td><td>粗</td><td></td><td>b</td><td rowspan="2">本专业设备之间电气通路不可见连接线；线路改造中原有线路</td></tr>
<tr><td rowspan="2">中粗</td><td rowspan="2"></td><td>0.7b</td></tr>
<tr><td>0.7b</td><td rowspan="2">本专业设备不可见轮廓线、地下电缆沟、排管区、隧道、屏蔽线、连锁线</td></tr>
<tr><td>中</td><td></td><td>0.5b</td></tr>
<tr><td>细</td><td></td><td>0.25b</td><td>非本专业设备不可见轮廓线及地下管沟、建筑物不可见轮廓线等</td></tr>
<tr><td rowspan="2">波浪线</td><td>粗</td><td></td><td>b</td><td rowspan="2">本专业软管、软护套保护的电气通路连接线、蛇形敷设线缆</td></tr>
<tr><td>中粗</td><td></td><td>0.7b</td></tr>
</table>

（续表）

图线名称	线型	线宽	一般用途
单点长画线	——·——·——·——	0.25b	定位轴线、中心线、对称线；结构、功能、单元相同围框线
双点长画线	—··—··—··—··—	0.25b	辅助围框线、假想或工艺设备轮廓线
折断线	————\/\————	0.25b	断开界线

图样中可使用自定义的图线、线型及用途，并应在设计文件中明确说明。自定义的图线、线型以及用途不应与本标准及国家现行有关标准相矛盾。

2. 比例

电气总平面图、电气平面图的制图比例，宜与工程项目设计的主导专业一致，采用的比例宜符合表20-2所列示的规定，并应优先采用常用比例。

表20-2 电气总平面图、电气平面图的制图比例

序号	图名	常用比例	可用比例
1	电气总平面图、规划图	1:500、1:1000、1:2000	1:300、1:5000
2	电气平面图	1:50、1:100、1:150	1:200
3	电气竖井、设备间、电信间、变配电室等平、剖面图	1:20、1:50、1:100	1:25、1:150
4	电气详图、电气大样图	10:1、5:1、2:1、1:1、1:2、1:5、1:10、1:20	4:1、1:25、1:50

电气总平面图、电气平面图应按比例制图，并应在图样中标注制图比例。

一个图样宜选用一种比例绘制。选用两种比例绘制时，应做说明。

3. 编号和参照代号

当同一类型或同一系统的电气设备、线路（回路）、元器件等的数量大于或等于2时，应进行编号。

当电气设备的图形符号在图样中不能清晰地表达其信息时，应在其图形符号附近标注参照代号。

编号宜选用1、2、3……数字顺序排列。

参照代号采用字母代码标注时，参照代号宜由前缀符号、字母代码和数字组成。当采用参照代号标注不会引起混淆时，参照代号的前缀符号可省略。

参照代号可表示项目的数量、安装位置、方案等信息。参照代号的编制规则宜在设计文件里说明。

4. 标注

电气设备的标注应符合下列规定。

（1）宜在用电设备的图形符号附近标注其额定功率、参照代号。

（2）对于电气箱（柜、屏），应在其图形符号附近标注参照代号，并宜标注设备安装容量。

（3）对于照明灯具，宜在其图形符号附近标注灯具的数量、光源数量、光源安装容量、安装高度、安装方式。

电气线路的标注应符合下列规定。

（1）应标注电气线路的回路编号或参照代号、线缆型号及规格、根数、敷设方式、敷设部位等信息。

（2）对于弱电线路，宜在线路上标注本系统的线型符号。

（3）对于封闭母线、电缆梯架、托盘和槽盒宜标注其规格及安装高度。

5. 图形符号

图样中采用的图形符号应符合下列规定。

（1）图形符号可以放大或者缩小。

（2）当对图形符号进行旋转或镜像时，其中的文字宜为视图的正向。

（3）当图形符号有两种表达方式时，可任选其中一种形式，但是同一工程应使用同一种表达形式。

（4）当现有图形符号不能满足设计要求时，可按图形符号生成原则产生新的图形符号；新产生的图形符号宜由一般符号与一个或多个相关的补充符号组合而成。

（5）补充符号可置于一般符号里面、外面或者与其相交。

表20-3、表20-4、表20-5、表20-6、表20-7、表20-8是在绘制电气工程时常用的图例。

表20-3 灯具图例

名称	图例	名称	图例
单管荧光灯		二管荧光灯	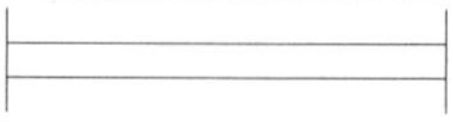
三管荧光灯	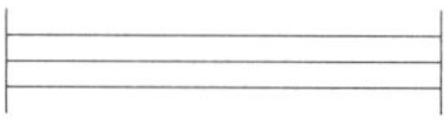	多管荧光灯	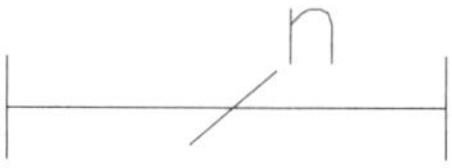 n
应急疏散指示标志灯	 E	单管格栅灯	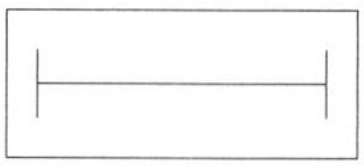
双管格栅灯	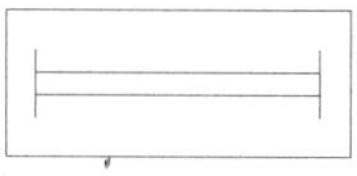	三管格栅灯	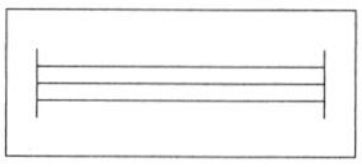
自带电源应急照明灯		聚光灯	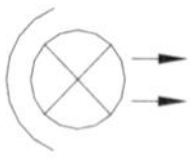
普通灯		投光灯	

表20-4 开关图例

名称	图例	名称	图例
开关		双联单控开关	
三联单控开关		n联单控开关	 n
带指示灯的开关		带指示灯双联单控开关	
带指示灯三联单控开关		带指示灯的n联单控开关	 n
防止无意操作的按钮		按钮	

（续表）

名称	图例	名称	图例
单极限时开关	t	单极声光控开关	SL
双控单极开关		单极拉线开关	

表20-5 通信及综合布线系统图样的常用图形符号

名称	图例	名称	图例
数据插座	TD	电话插座	TP
信息插座	TO	n孔信息插座	nTO
多用户信息插座	MUTO	建筑群配线架（柜）	CD
建筑物配线架（柜）	BD	楼层配线架（柜）	FD
集线器Hub	HUB	交换机	SW
集合点	CP	光纤连接盘	LIU
总配线架（柜）	MDF	光纤配线架（柜）	ODF

表20-6 消防设备图例

名称	图例	名称	图例
感温火灾探测器（点型）		感烟火灾探测器（点型）	
感光火灾探测器（点型）		可燃气体探测器（点型）	
复合式感烟感温探测器（点型）		线型差定温火灾探测器	
消火栓起泵按钮		火警电话	
手动火灾报警按钮		火灾电铃	
火灾警应急广场扬声器		水流指示器	

（续表）

名称	图例	名称	图例
压力开关	P	70℃动作的常开防火阀	70°C
加压送风口	Φ	排烟口	Φ SE

表20-7 广播设备图例

名称	图例	名称	图例
传声器		扬声器	
嵌入式安装扬声器箱		扬声器箱、音箱、声柱	
号筒式扬声器		调谐器、无线电接收机	
放大器		传声器插座	M

表20-8 有线电视及卫星电视图例

名称	图例	名称	图例
天线		带馈线的抛物面天线	
双向分配放大器		均衡器	
可变均衡器		混合器	
分配器		分支器	
固定衰减器	A	可变衰减器	A

20.2 绘制住宅地下室电气平面图

本节介绍地下室电气平面图的绘制，分为两个绘制步骤，分别是设置绘图环境以及绘制电气平面图各类图形，包括电气图形及文字标注等。

20.2.1 设置绘图环境

本节介绍绘制电气平面图所需要的各类图层的设置方法，其他诸如“绘图单位”、“文字样式”、“标注样式”等的设置方法可以参考前面章节的介绍。

01 启动AutoCAD 2014应用程序，执行“文件”|“打开”命令，打开上一章绘制的“地下层给水排水平面图.dwg”文件。

02 执行“文件”|“另存为”命令，更改图形名称为“地下室电气平面图.dwg”，单击“保存”按钮，将其保存至电脑中。

03 沿用第12章所介绍的方式，设置新文件的各项样式参数，比如“绘图单位”、“文字样式”、“标注样式”等。

04 创建图层。调用LA【图层特性管理器】命令，系统弹出【图层特性管理器】对话框，在其中创建绘制地下室电气平面图所需要的图层，如图20-4所示。

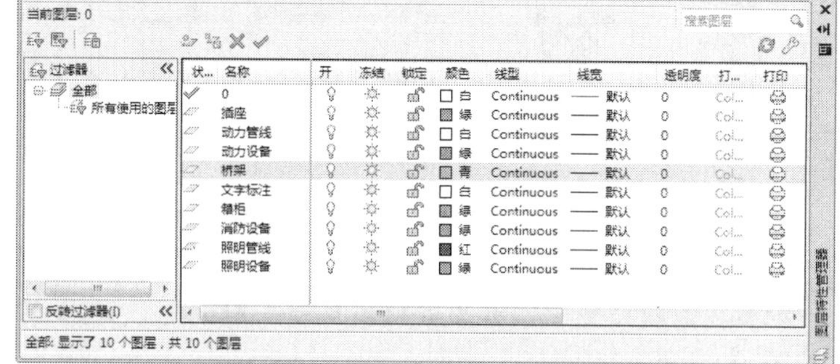

图20-4 【图层特性管理器】对话框

20.2.2 绘制电气平面图图形

各类电气图形，比如箱柜、灯具、插座等图形可以调用书本中配套的图块，不需要另行绘制。在调入电气图形后，绘制各类管线，比如照明管线、动力管线来连接各类电气图形，即可以完成电气平面图的绘制。

01 整理图形。执行E【删除】命令、TR【修剪】命令，删除并修剪平面图上的图形，整理图形的结果如图20-5所示。

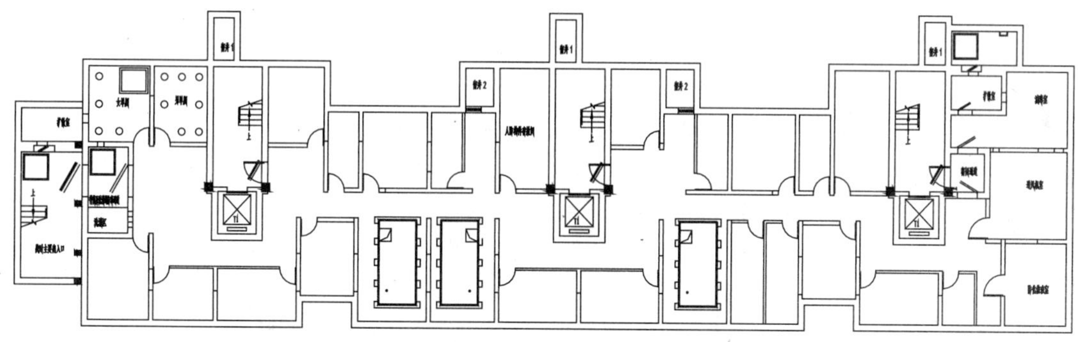

图20-5 整理图形

02 在“图层”工具栏下拉列表中选择“桥架”图层。

03 调用L【直线】命令、O【偏移】命令、TR【修剪】命令，绘制桥架的外轮廓线，结果如图20-6所示。

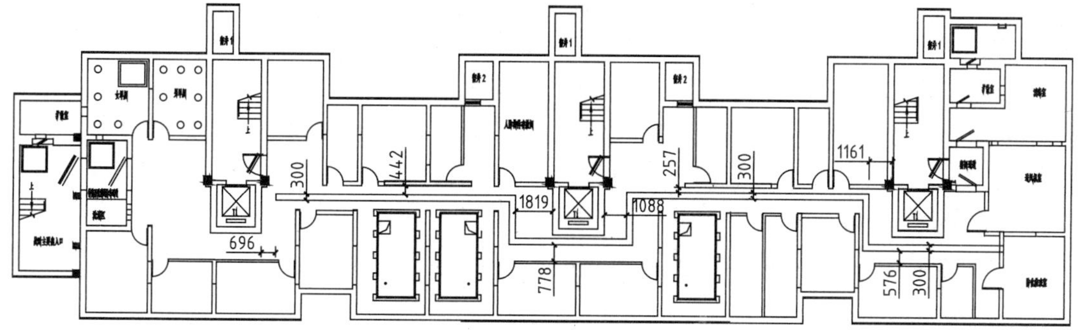

图20-6 绘制桥架的外轮廓线

04 调用L【直线】命令，绘制直线；调用CHA【倒角】命令，设置第一个、第二个倒角距离均为150，对桥架轮廓线执行倒角处理，结果如图20-7所示。

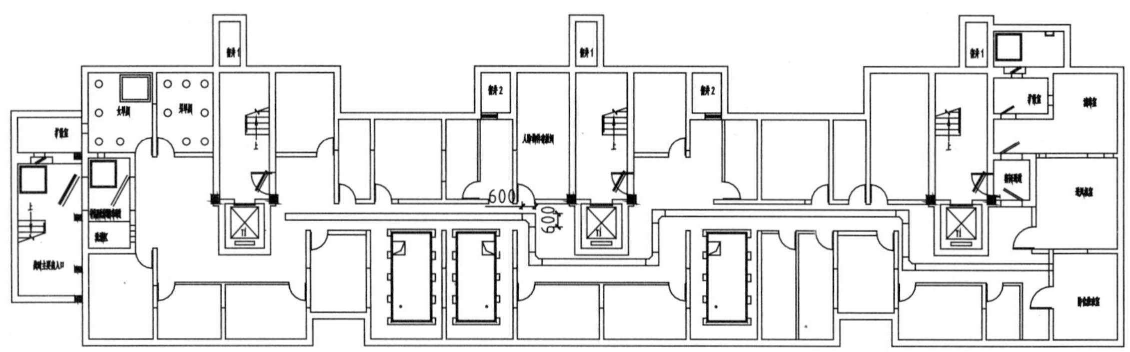

图20-7　倒角处理

05 调用H【图案填充】命令，在【图案填充和渐变色】对话框中设置图案填充参数，如图20-8所示。

图20-8　设置参数

06 在平面图中拾取桥架的轮廓线为图案填充区域，绘制图案填充的结果如图20-9所示。

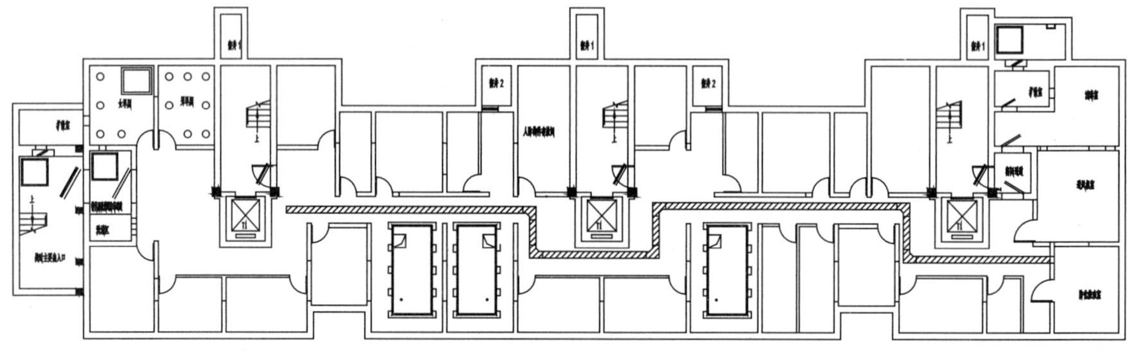

图20-9　绘制图案填充

07 在“图层”工具栏下拉列表中选择“箱柜”图层。

08 调入箱柜图块。按下Ctrl+O快捷键，打开配套光盘提供的“第20章/图例文件.dwg”文件，将其中的箱柜图块复制并粘贴至当前图形中，结果如图20-10所示。

09 在“图层”工具栏下拉列表中选择“照明管线”图层。

10 调用PL【多段线】命令，设置多段线的宽度为60，绘制照明管线的结果如图20-11所示。

11 调入灯具、插座图块。按下Ctrl+O快捷键，打开配套光盘提供的“第20章/图例文件.dwg”文件，选择灯具、插座图块，并将其调入至当前图形中，结果如图20-12所示（在调入图块的过程中，应执行转换图层的操作，使灯具图块位于“照明设备”图层上，使插座图块位于“插座”图层上）。

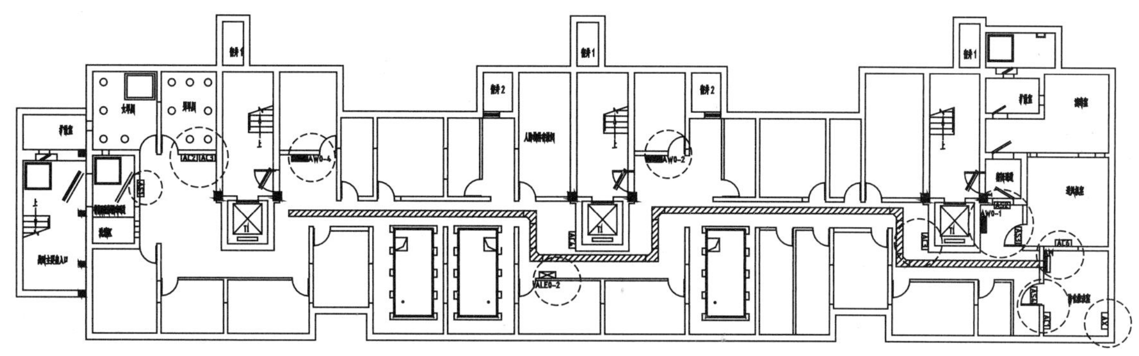

图20-10 调入箱柜图块

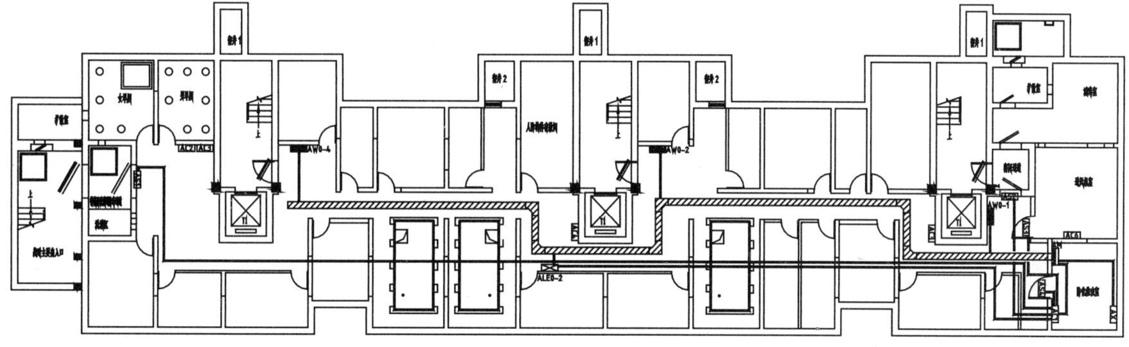

图20-11 绘制照明管线

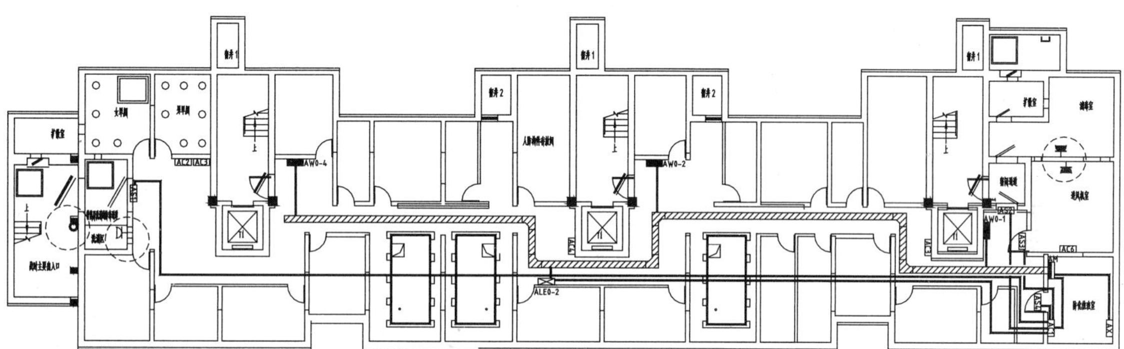

图20-12 调入灯具、插座图块

12 在“图层”工具栏下拉列表中选择“照明管线”图层。

13 调用PL【多段线】命令，绘制照明管线的结果如图20-13所示。

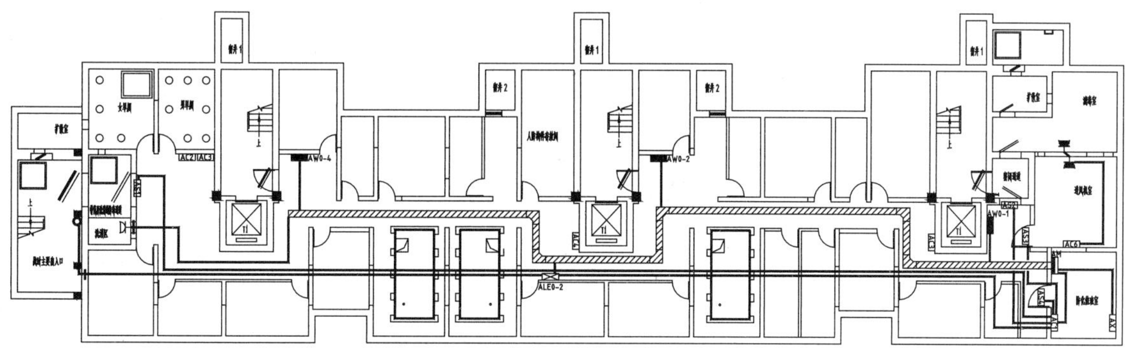

图20-13 绘制照明管线

14 调入动力设备、消防设备图块。从配套光盘提供的“第20章/图例文件.dwg”文件中选择动力设备、消防设备图块，将其分别调入“动力设备”图层、“消防设备”图层中，结果如图20-14所示。

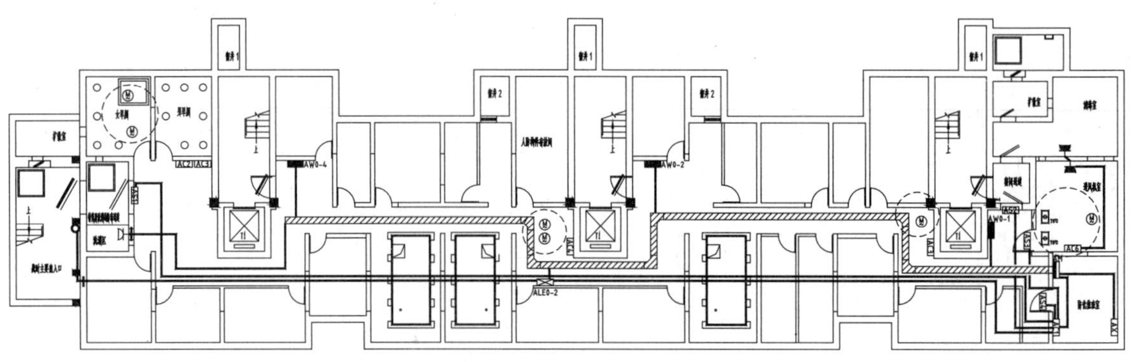

图20-14 调入动力设备、消防设备图块

15 在“图层”工具栏下拉列表中选择“动力管线”图层。

16 调用PL【多段线】命令，绘制动力管线，结果如图20-15所示。

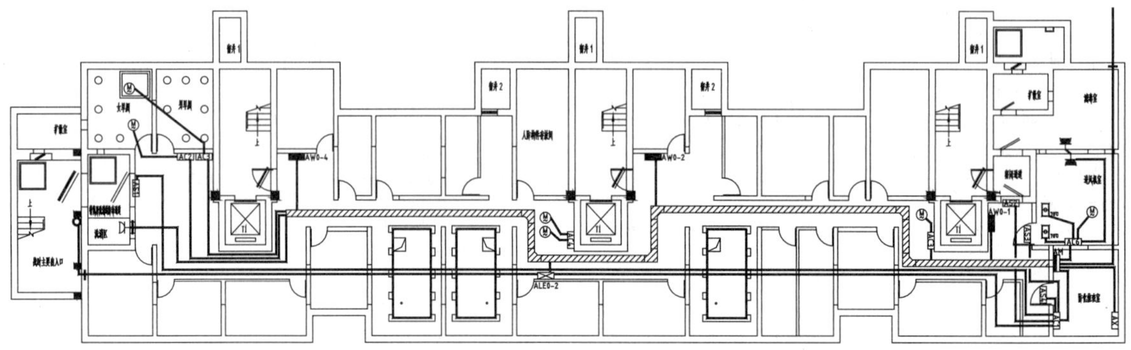

图20-15 绘制动力管线

17 调入引线图块。按下Ctrl+O快捷键，打开配套光盘提供的“第20章/图例文件.dwg”文件，将其中的引线图块复制并粘贴至当前图形中；调用PL【多段线】命令，绘制动力管线，结果如图20-16所示。

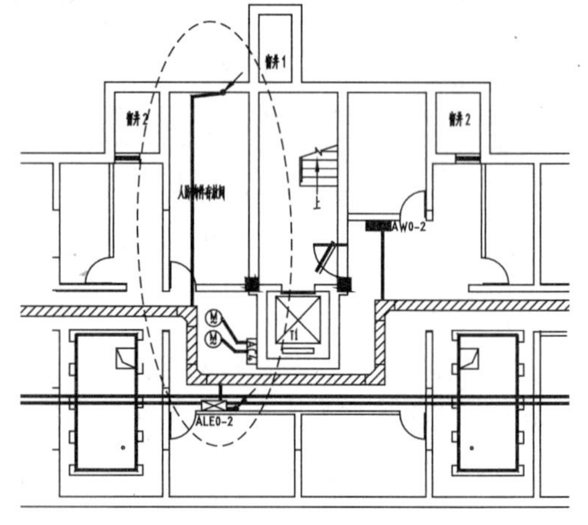

图20-16 调入引线图块

18 在“图层”工具栏下拉列表中选择“照明管线”图层。

19 调用PL【多段线】命令，绘制穿墙管图形，结果如图20-17所示。

20 在“图层”工具栏下拉列表中选择“文字标注”图层。

21 调用MLD【多重引线】命令、PL【多段线】命令、MT【多行文字】命令，绘制文字标注，结果如图20-18所示。

22 双击平面图下方的图名标注，将其更改为“负二层电气干线平面图”，如图20-19所示。

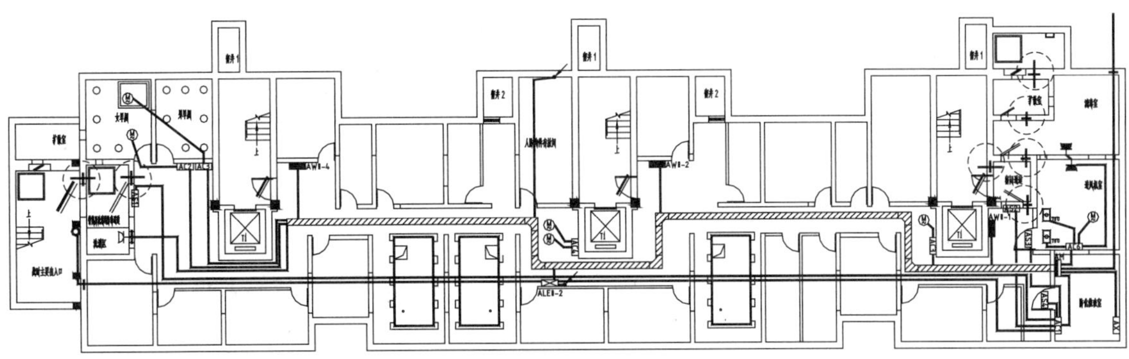

图20-17　绘制穿墙管图形

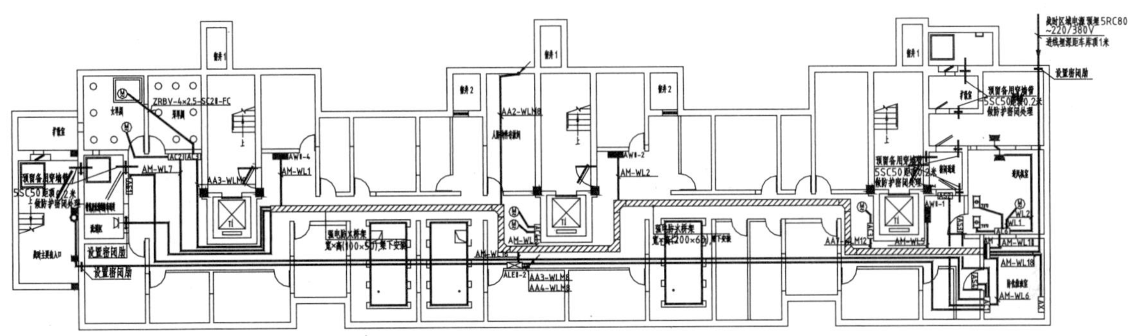

图20-18　绘制文字标注

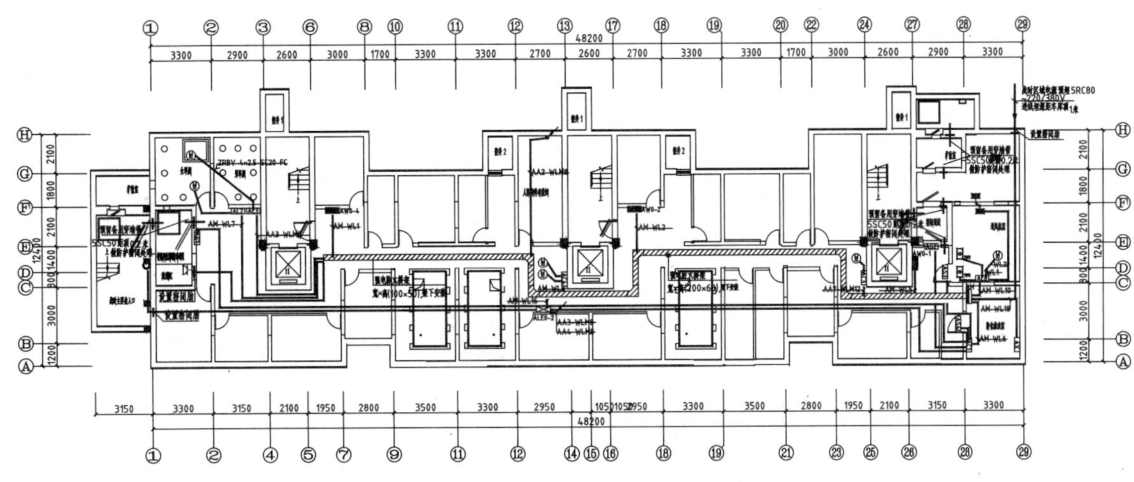

图20-19　修改图名标注

20.3 绘制首层照明平面图

本节介绍首层照明平面图的绘制，分为3个步骤，分别是设置绘图环境、绘制照明平面图图形、绘制图形标注。具体的绘制方法请参考本节的内容。

20.3.1 设置绘图环境

本节介绍绘制照明平面图所需的各类图层的设置，主要有“箱柜”图层、“应急管线”图层、“照明管线”图层、“照明设备”图层。

01 启动AutoCAD 2014应用程序，执行“文件”|“打开”命令，打开本书提供的“住宅楼首层平面图.dwg”文件。

02 执行“文件”|“另存为”命令，更改图形名称为“首层照明平面图.dwg”，单击“保存”按钮，将其保存至电脑中。

03 沿用第12章所介绍的方式，设置新文件的各项样式参数，比如“绘图单位”、“文字样式”、“标注样式”等。

04 创建图层。调用LA【图层特性管理器】命令，系统弹出【图层特性管理器】对话框，在其中创建绘制首层照明平面图所需要的图层，如图20-20所示。

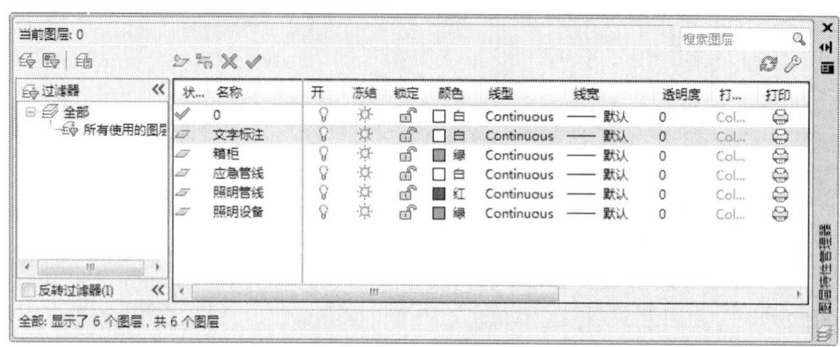

图20-20 创建图层

20.3.2 绘制照明平面图图形

照明平面图的图形包括灯具、箱柜等图形，在调入照明图块后，再调用【多段线】命令来绘制管线以连接各类照明图形。

本节介绍照明平面图图形的绘制。

01 整理图形。执行E【删除】命令、TR【修剪】命令，删除并修剪平面图上的图形，整理图形的结果如图20-21所示。

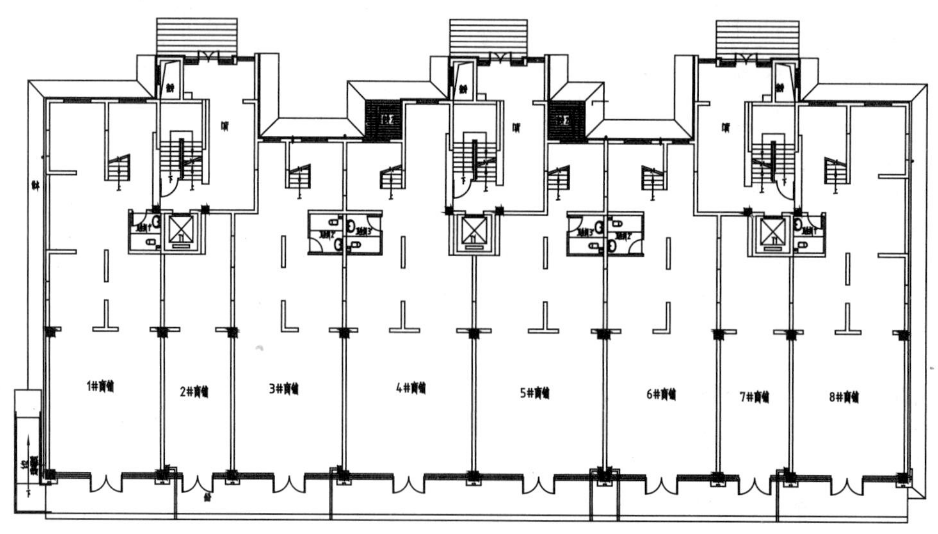

图20-21 整理图形

02 在“图层”工具栏下拉列表中选择“照明设备”图层。

03 调入灯具图块。按下Ctrl+O快捷键，打开配套光盘提供的“第20章/图例文件.dwg”文件，将其中的灯具图块复制并粘贴至当前图形中，结果如图20-22所示。

04 按下Ctrl+C、Ctrl+V快捷键，从配套光盘提供的“第20章/图例文件.dwg”文件中选择开关图块，将其复制并粘贴至平面图中，结果如图20-23所示。

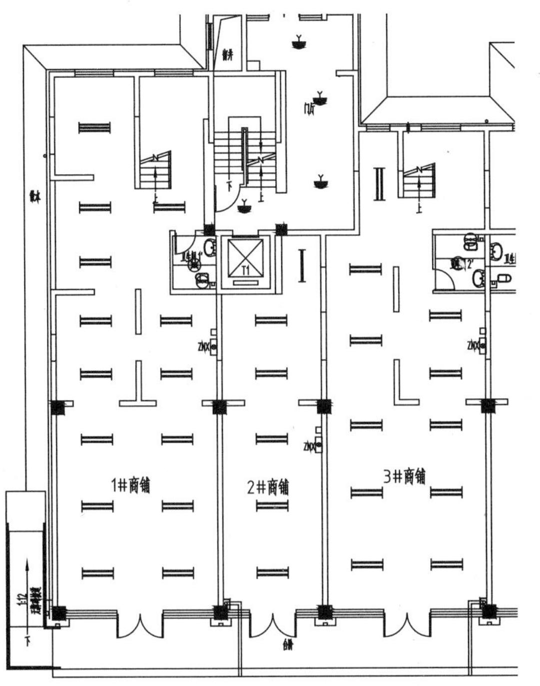

图20-22 调入灯具图块

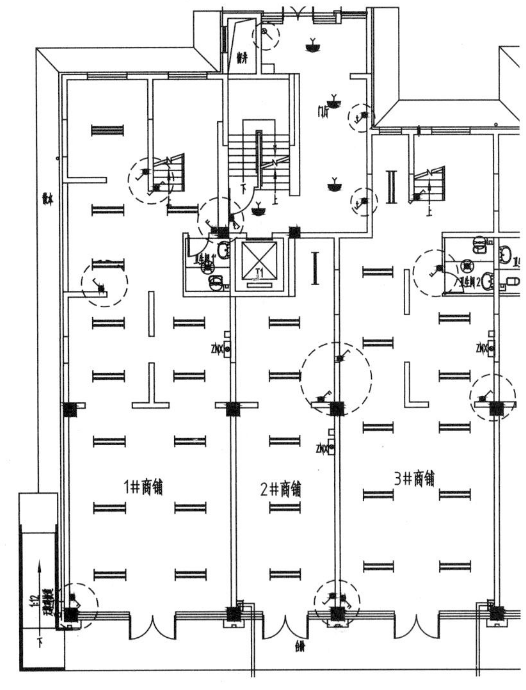

图20-23 调入开关图块

05 在图层”工具栏下拉列表中选择“动力管线”图层。

06 调用PL【多段线】命令，设置多段线的宽度为60，绘制多段线以连接应急灯具及开关，结果如图20-24所示。

07 在“图层”工具栏下拉列表中选择“照明管线”图层。

08 调用PL【多段线】命令，绘制照明管线以连接照明灯具及开关，结果如图20-25所示。

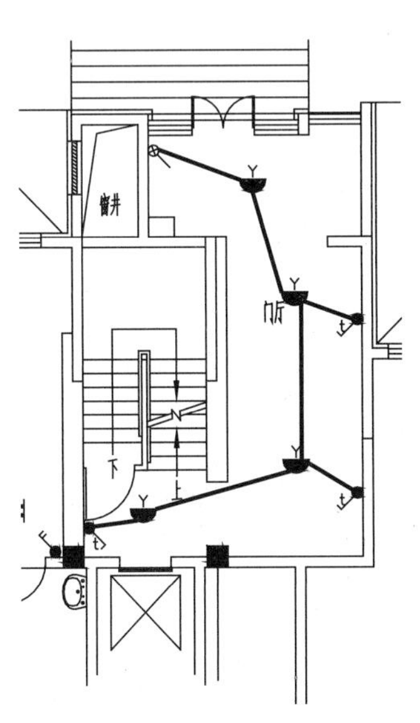

图20-24 绘制动力管线

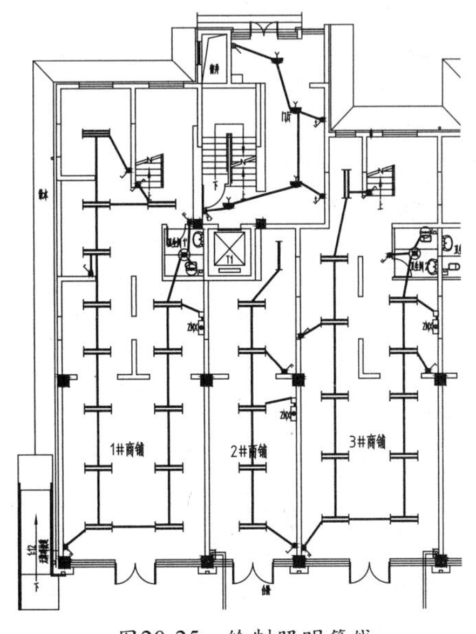

图20-25 绘制照明管线

09 在“图层”工具栏下拉列表中选择“照明设备”图层。

10 在配套光盘提供的“图例文件.dwg”文件中选择应急灯具，将其复制并粘贴至平面图中，结果如图20-26所示。

11 在“图层”工具栏下拉列表中选择“箱柜”图层。

12 将箱柜、引线图块从“图例文件.dwg”文件中调入至平面图中，结果如图20-27所示。

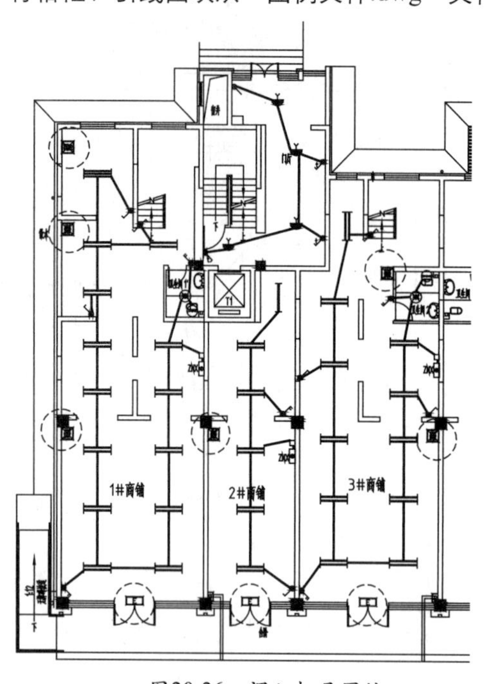

图20-26 调入灯具图块

图20-27 调入箱柜、引线图块

13 在“图层”工具栏下拉列表中选择“动力管线”图层。

14 调用PL【多段线】命令，绘制动力管线来连接应急灯具及箱柜图形，结果如图20-28所示。

15 在“图层”工具栏下拉列表中选择“照明引线”图层。

16 调用PL【多段线】命令，绘制照明管线以连接灯具及箱柜图形，结果如图20-29所示。

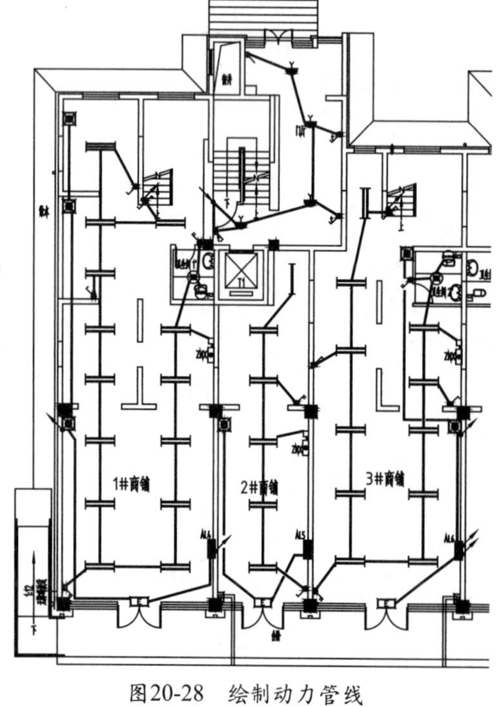

图20-28 绘制动力管线

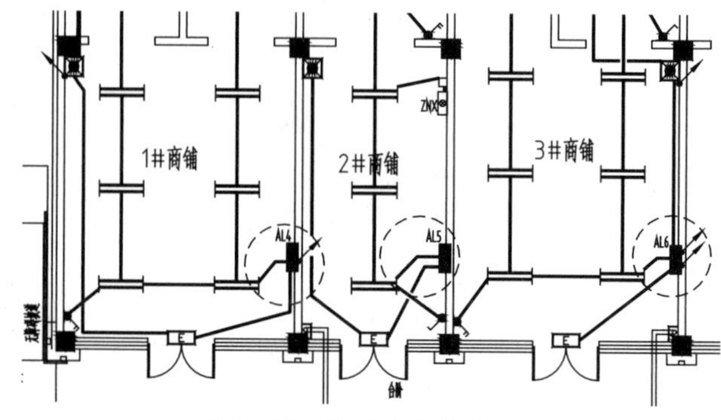

图20-29 绘制照明管线

17 沿用上述操作，继续将灯具、开关、箱柜等图块调入至平面图中，结果如图20-30所示。

18 调用PL【多段线】命令，绘制照明管线、动力管线以连接各类设备图形，结果如图20-31所示。

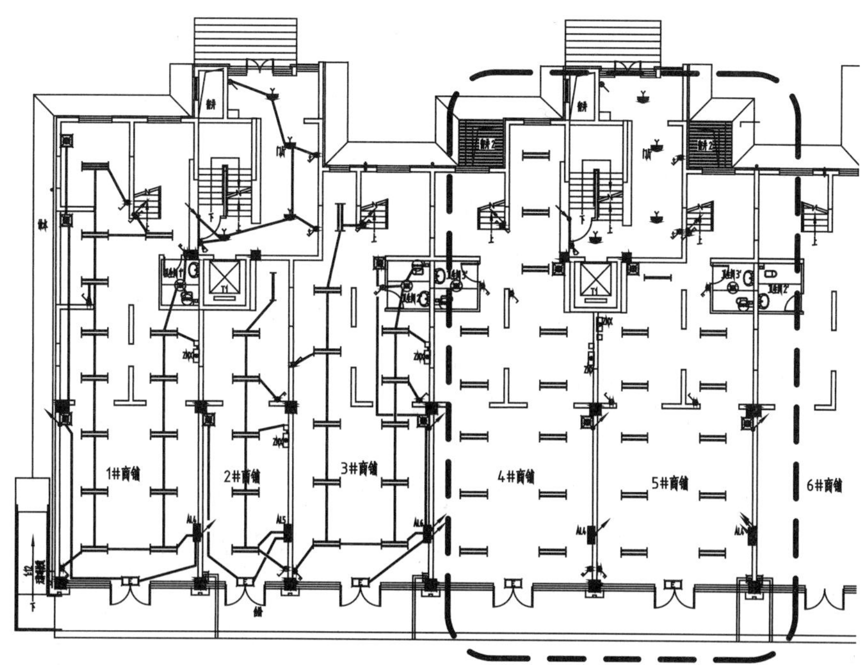

图20-30 调入图块

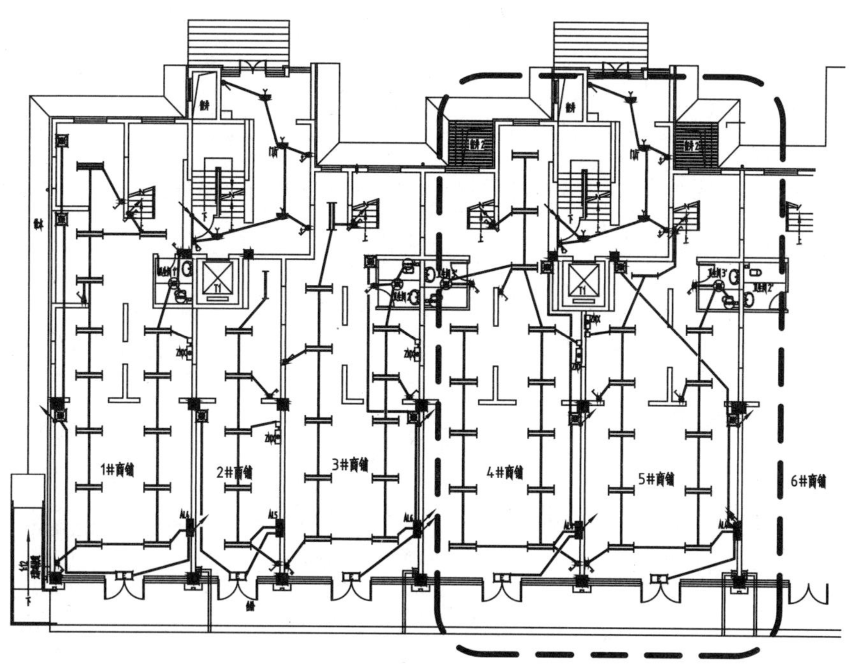

图20-31 绘制管线

20.3.3 绘制图形标注

导线标注文字表示所标注导线的根数，引线标注表示所标注图形的属性、名称等。图名标注可以在原图名标注的基础上修改得到，而不需另行绘制。

01 在“图层”工具栏下拉列表中选择“文字标注”图层。

02 调用L【直线】命令，在管线上绘制短斜线；调用MT【多行文字】命令，绘制管线根数标注，结果如图20-32所示。

03 调用MLD【多重引线】命令，绘制引线标注，结果如图20-33所示。

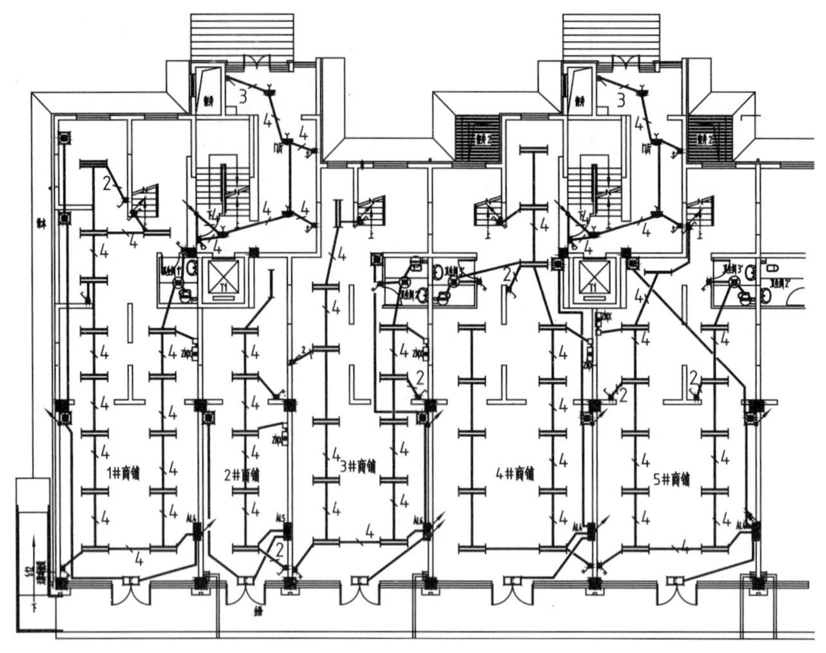

图20-32　标注管线文字

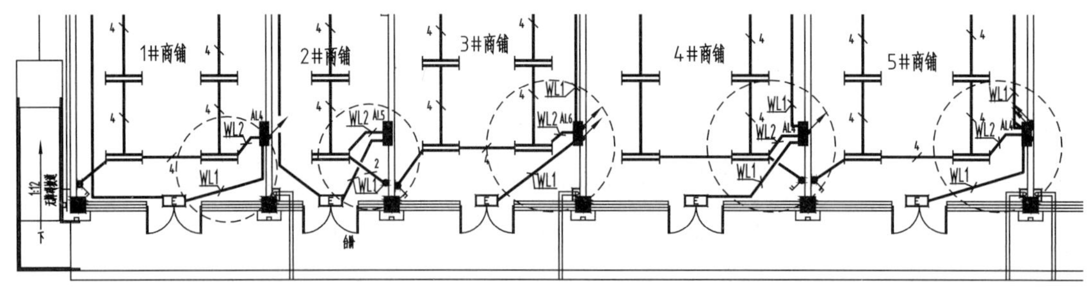

图20-33　绘制引线标注

04 调用MI【镜像】命令，将住宅楼左侧的电气图形镜像复制至右边，结果如图20-34所示。

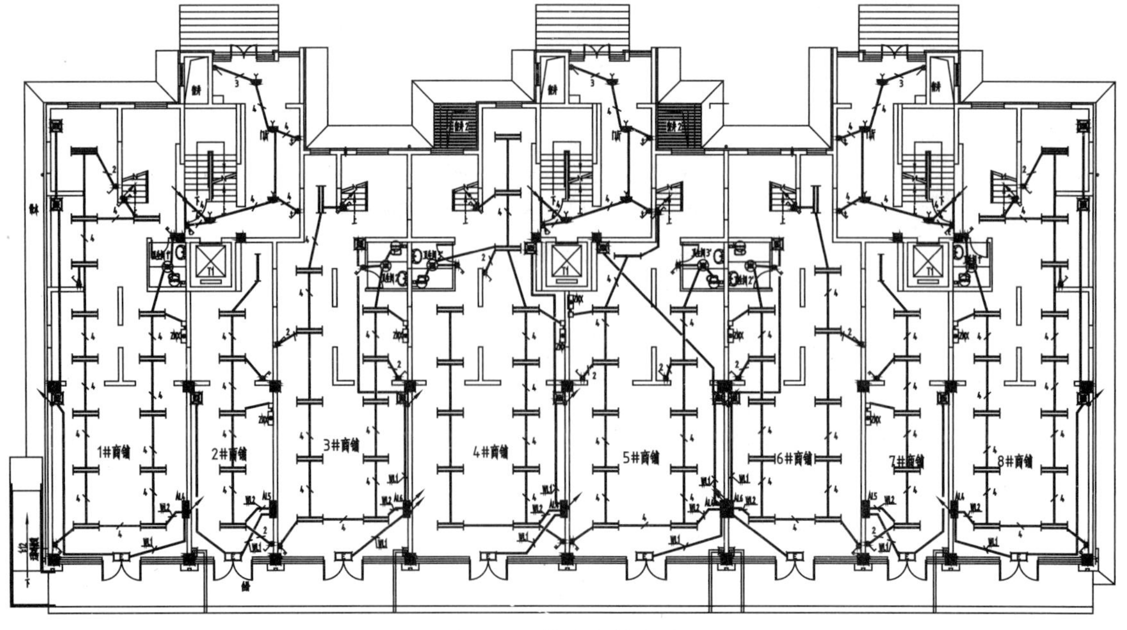

图20-34　镜像复制图形

05 调用REC【矩形】命令、L【直线】命令，绘制矩形及引线；调用MT【多行文字】命令，在矩形内绘制文字标注，结果如图20-35所示。

06 调用MT【多行文字】命令，绘制注意事项的说明文字，结果如图20-36所示。

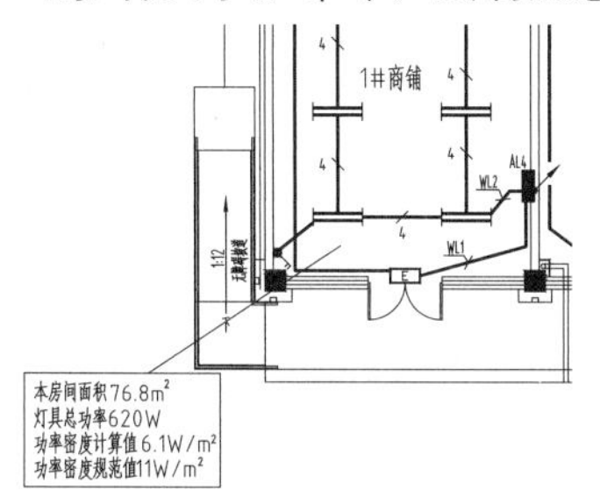

图20-35 绘制结果

注：

1、图中未标注导线根数为三根。

2、电源接线盒在距家具配线箱0.15米处预留，底边距地0.5米。

3、家具智能箱与接线盒之间预埋SC15管，底边距地0.5米。

图20-36 绘制文字说明

07 双击平面图下方的图名标注，将其更改为“首层照明平面图”，结果如图20-37所示。

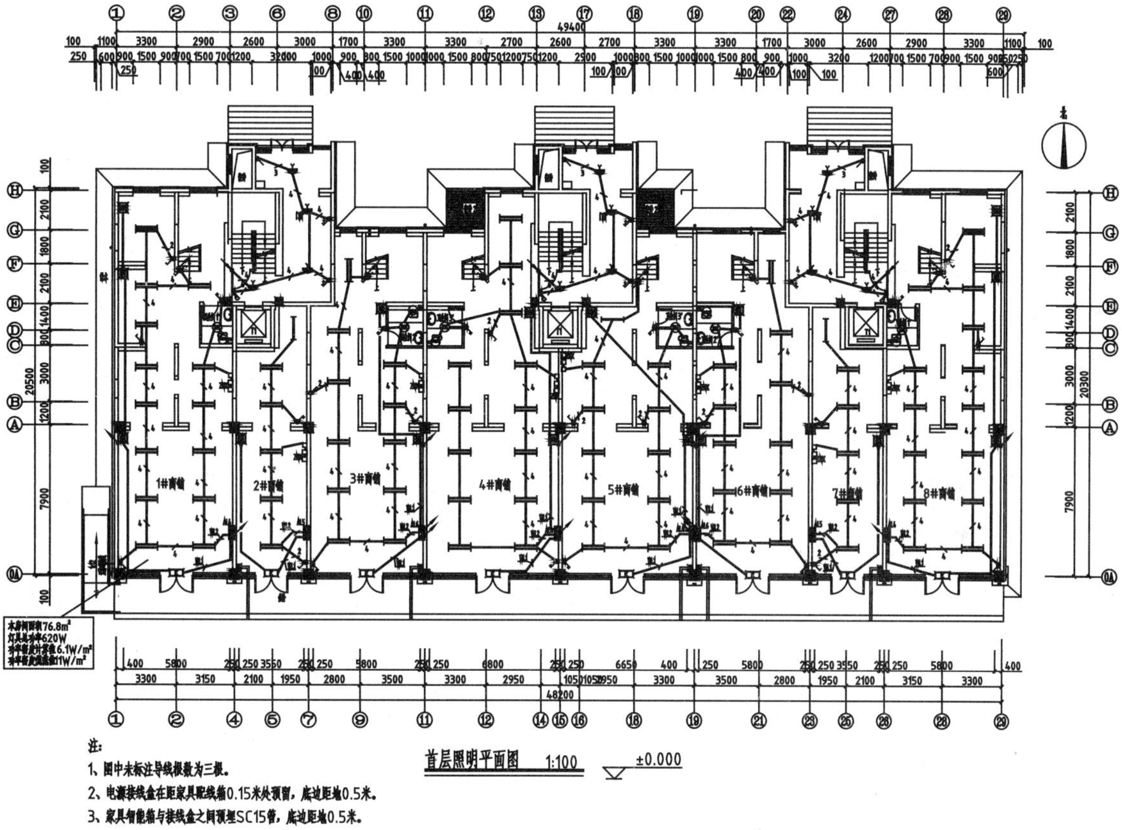

首层照明平面图 1:100 ±0.000

注：

1、图中未标注导线根数为三根。

2、电源接线盒在距家具配线箱0.15米处预留，底边距地0.5米。

3、家具智能箱与接线盒之间预埋SC15管，底边距地0.5米。

图20-37 编辑图名标注

20.4 绘制配电系统图

本节介绍住宅楼配电系统图的绘制，分为两个步骤，第一步是设置各类图层，第二步是绘制各类系统图图形。

20.4.1 设置绘图环境

绘制配电系统图图形所需要的图层有“照明线路”图层、“断路器”图层、“线框”图层等，在本节中将介绍这些图层的创建。

01 启动AutoCAD 2014应用程序，新建一个空白文件；执行“文件”|“保存”命令，设置图形名称为“配电系统图.dwg”，单击“保存”按钮，将其保存至电脑中。

02 沿用第12章所介绍的方式，设置新文件的各项样式参数，比如“绘图单位”、“文字样式”、“标注样式”等。

03 创建图层。调用LA【图层特性管理器】命令，系统弹出【图层特性管理器】对话框，在其中创建绘制配电系统图所需要的图层，如图20-38所示。

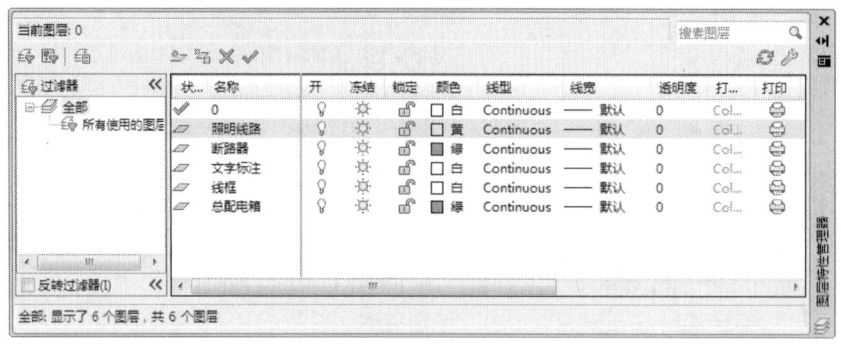

图20-38 创建图层

20.4.2 绘制系统图图形

本节介绍配电系统图图形的绘制，包括照明线路、配电箱、断路器等图形的绘制。

01 在“图层”工具栏下拉列表中选择“照明线路”图层。

02 调用PL【多段线】命令，设置多段线的宽度为50，分别绘制总进户线及干线，结果如图20-39所示。

03 在“图层”工具栏下拉列表中选择“总配电箱”图层。

04 调用REC【矩形】命令，绘制尺寸为500×500的矩形；调用MT【多行文字】命令，在矩形内绘制文字标注，即可完成总配电箱图形的绘制。

05 调用M【移动】命令，将总配电箱图形移动至总进户线上；调用TR【修剪】命令，修剪配电箱内多余的线段，结果如图20-40所示。

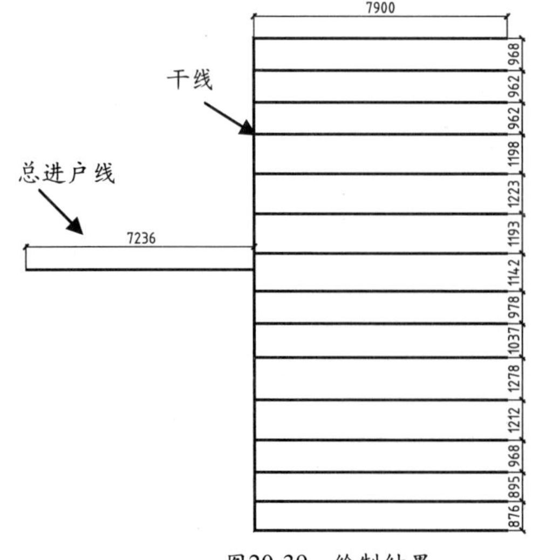

图20-39 绘制结果

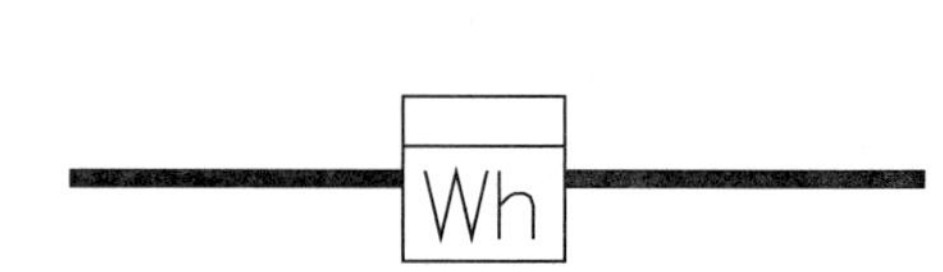

图20-40 绘制总配电箱

06 在“图层”工具栏下拉列表中选择“断路器”图层。

07 调用L【直线】命令，在总进户线上绘制断路器符号；调用TR【修剪】命令，修剪多余线段，结果如图20-41所示。

08 调用PL【多段线】命令，绘制起点宽度为290、端点宽度为0的指示箭头，以表示电流方向，结果如图20-42所示。

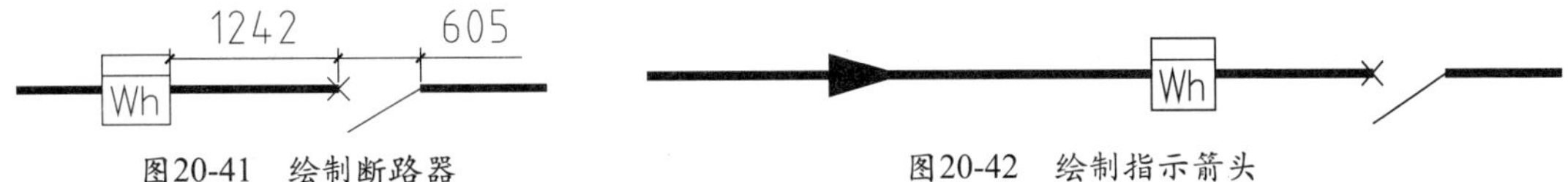

图20-41　绘制断路器　　　图20-42　绘制指示箭头

09 调用CO【复制】命令，选择总进户线上的断路器符号，将其复制并移动到干线上；调用TR【修剪】命令，修剪多余的线路，结果如图20-43所示。

10 调用CO【复制】命令，复制并向下移动断路器符号；调用C【圆形】命令，在断路器符号上绘制圆形（R=86）；调用TR【修剪】命令，修剪多余的线路，结果如图20-44所示。

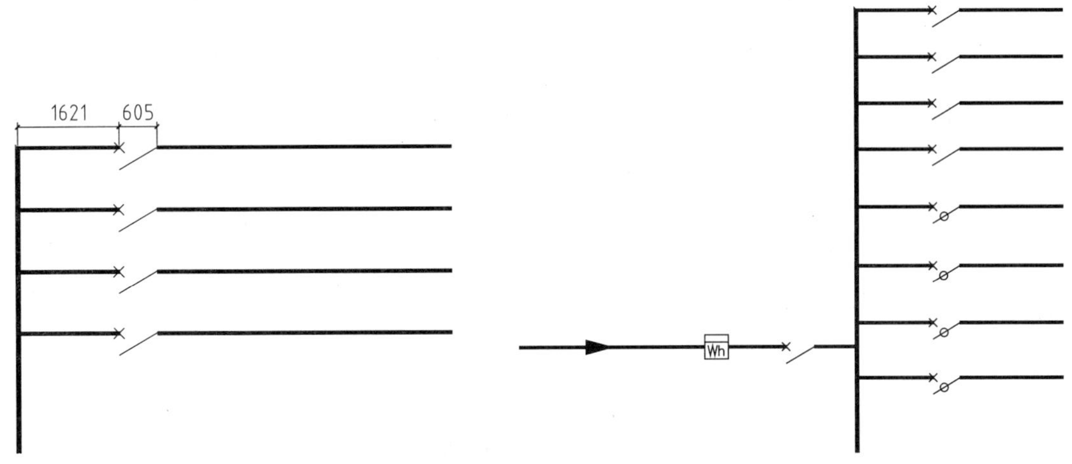

图20-43　复制结果　　　图20-44　绘制圆形

11 继续调用CO【复制】命令，复制并向下移动断路器符号；调用L【直线】命令，在干线上绘制短斜线；调用TR【修剪】命令，修剪多余线段，结果如图20-45所示。

12 在“图层”工具栏下拉列表中选择“文字标注”图层。

13 调用MT【多行文字】命令，绘制文字标注，结果如图20-46所示。

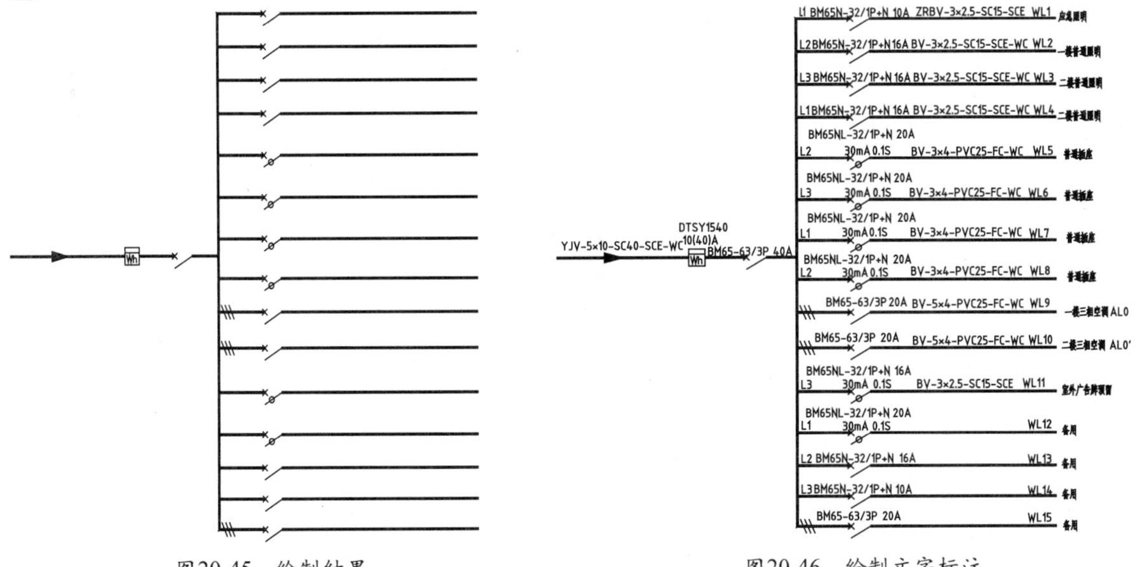

图20-45　绘制结果　　　图20-46　绘制文字标注

14 在“图层”工具栏下拉列表中选择“线框”图层。

15 调用REC【矩形】命令，绘制线框，结果如图20-47所示。

16 在“图层”工具栏下拉列表中选择“文字标注”图层。

17 调用MT【多行文字】命令，在线框内绘制文字标注，结果如图20-48所示。

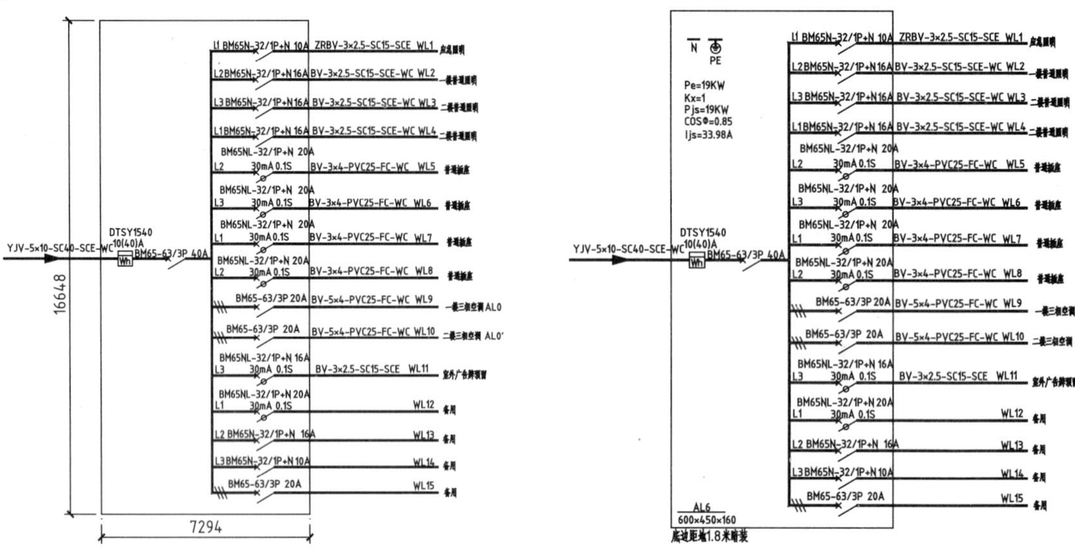

图20-47 绘制线框　　　　图20-48 绘制文字标注

18 调用MT【多行文字】命令、PL【多段线】命令，绘制图名标注及下划线，结果如图20-49所示。

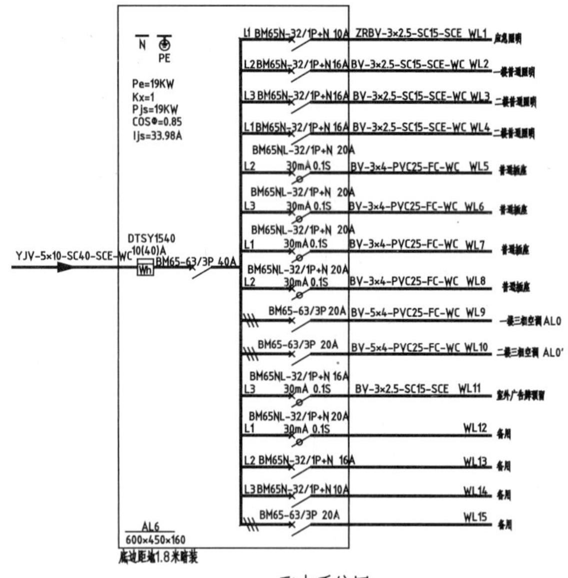

图20-49 绘制图名标注

20.5 绘制客访对讲系统图

本节介绍客访对讲系统图的绘制，分为3个步骤，第一步为设置绘制客访对讲系统图所需的各类图层，第二步是绘制设备及导线图形，第三步是绘制其他图形，比如文字标注等图形。

20.5.1 设置绘图环境

绘制客访对讲系统图所需的图层有“层控器”图层、“导线”图层、“电话”图层等，在本节中将介绍这些图层的创建。

01 启动AutoCAD 2014应用程序，新建一个空白文件；执行“文件”|“保存”命令，设置图形名称为“客访对讲系统图.dwg”，单击“保存”按钮，将其保存至电脑中。

02 沿用第12章所介绍的方式，设置新文件的各项样式参数，比如“绘图单位”、“文字样式”、“标注样式”等。

03 创建图层。调用LA【图层特性管理器】命令，系统弹出【图层特性管理器】对话框，在其中创建绘制客访对讲系统图所需要的图层，如图20-50所示。

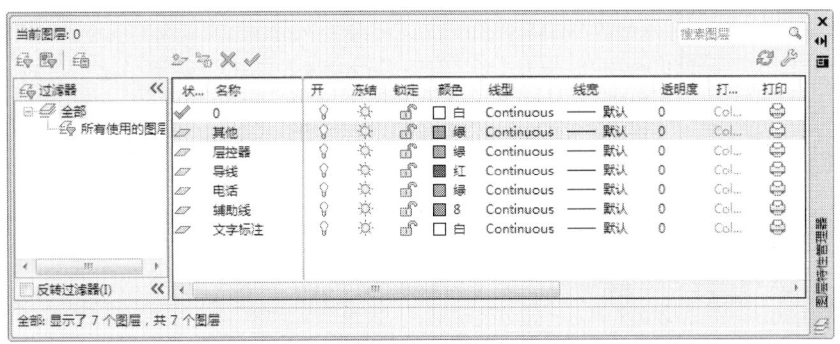

图20-50 创建图层

20.5.2 绘制设备和导线图形

本节介绍设备和导线图形的绘制，可以使用【矩形】命令来绘制层控器；然后再将电话图块调入系统图中，执行【多段线】命令来绘制导线以连接各设备图形。

01 在“图层”工具栏下拉列表中选择“辅助线”图层。

02 调用L【直线】命令、O【偏移】命令，绘制图20-51所示的图形。

03 在“图层”工具栏下拉列表中选择“文字标注”图层。

04 调用MT【多行文字】命令，绘制层数等文字标注，结果如图20-52所示。

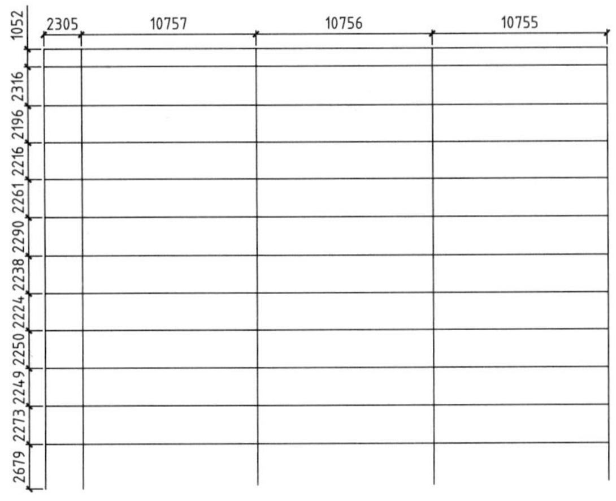

图20-51 绘制线框

	A单元	B单元	A反单元
十一层			
十层			
九层			
八层			
七层			
六层			
五层			
四层			
三层			
二层			
一层			

图20-52 绘制文字说明

05 在“图层”工具栏下拉列表中选择“层控器”图层。

06 调用REC【矩形】命令，绘制尺寸为1506×810、1204×648的矩形来代表层控器，结果如图20-53所示。

07 调用MT【多行文字】命令，在矩形内绘制文字标注，结果如图20-54所示。

	A单元	B单元	A反单元
十一层			
十层			
九层			
八层			
七层			
六层			
五层			
四层			
三层			
二层			
一层			

图20-53 绘制层控器

	A单元	
十一层	层控器	
十层	层控器	
九层	层控器	
八层	层控器	
七层	层控器	
六层	层控器	
五层	层控器	
四层	层控器	
三层	层控器	
二层	层控器	
一层	层控器	

图20-54 绘制文字标注

08 在“图层”工具栏下拉列表中选择“电话”图层。

09 调入电话图块。按下Ctrl+O快捷键，打开配套光盘提供的“第20章/图例文件.dwg”文件，将其中的电话图块复制并粘贴至当前图形中，结果如图20-55所示。

10 在“图层”工具栏下拉列表中选择“导线”图层。

11 调用PL【多段线】命令，设置多段线的宽度为25，绘制导线线路以连接层控器和电话，结果如图20-56所示。

	A单元	
十一层	层控器	
十层	层控器	
九层	层控器	
八层	层控器	
七层	层控器	
六层	层控器	
五层	层控器	
四层	层控器	
三层	层控器	
二层	层控器	
一层	层控器	

图20-55 调入电话图块

	A单元	
十一层	层控器	
十层	层控器	
九层	层控器	
八层	层控器	
七层	层控器	
六层	层控器	
五层	层控器	
四层	层控器	
三层	层控器	
二层	层控器	
一层	层控器	

图20-56 绘制导线

12 按下Enter键，更改多段线的宽度为70，绘制导线线路以连接层控器，结果如图20-57所示。

13 在“图层”工具栏下拉列表中选择“文字标注”图层。

14 调用MT【多行文字】命令、MLD【多重引线】命令，绘制导线标注，结果如图20-58所示。

15 调用MI【镜像】命令、CO【复制】命令，将绘制完成的设备及导线等图形复制并粘贴至线框的其他区域，结果如图20-59所示。

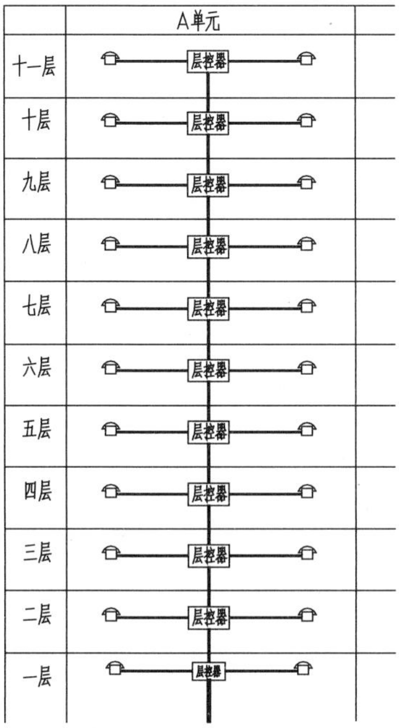

图20-57 绘制结果

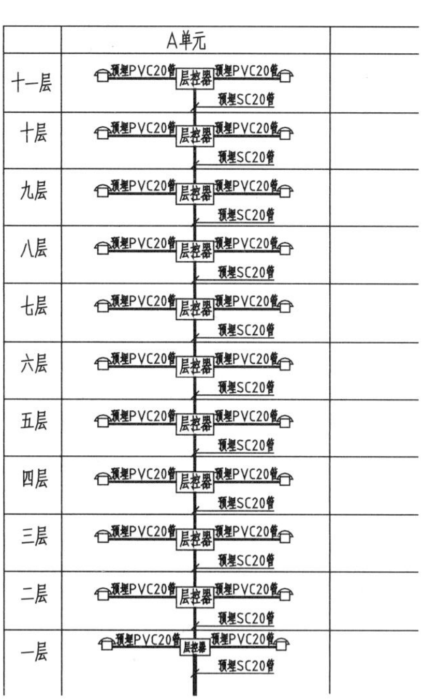

图20-58 绘制标注文字

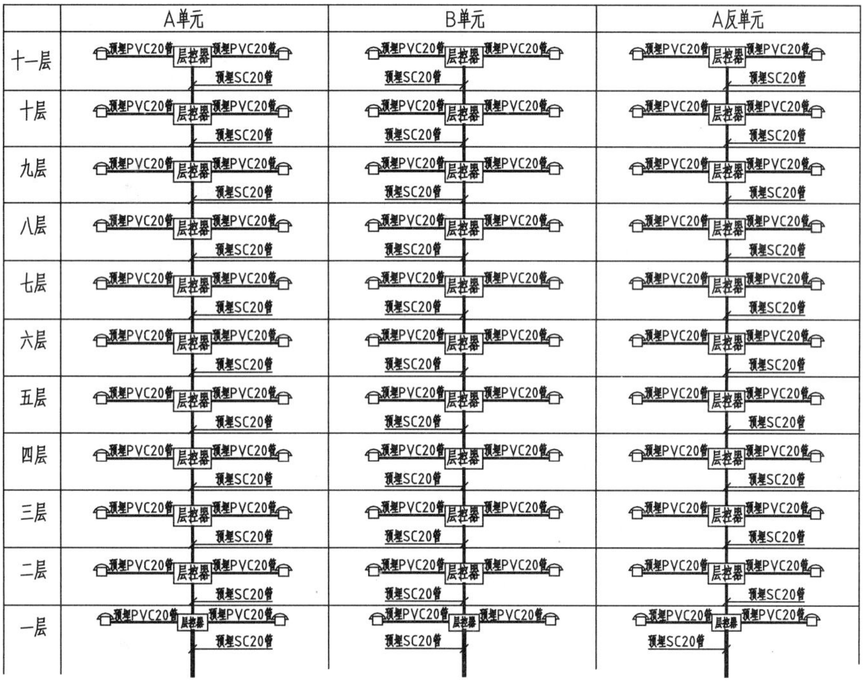

图20-59 复制图形

20.5.3 绘制其他图形

本节介绍引线标注、图名标注的绘制。引线标注可以调用【多重引线】命令来绘制，调用【多行文字】命令、【多段线】命令来绘制图名标注和下划线。

01 在“图层”工具栏下拉列表中选择“其他”图层。

02 调入通讯、安防图块。按下Ctrl+O快捷键，打开配套光盘提供的“第20章/图例文件.dwg”文件，将其中的通讯、安防图块复制并粘贴至当前图形中，结果如图20-60所示。

03 调用REC【矩形】命令，分别绘制尺寸为1610×729、393×560的矩形；调用MT【多行文字】命令，在矩形内绘制文字标注，操作结果如图20-61所示。

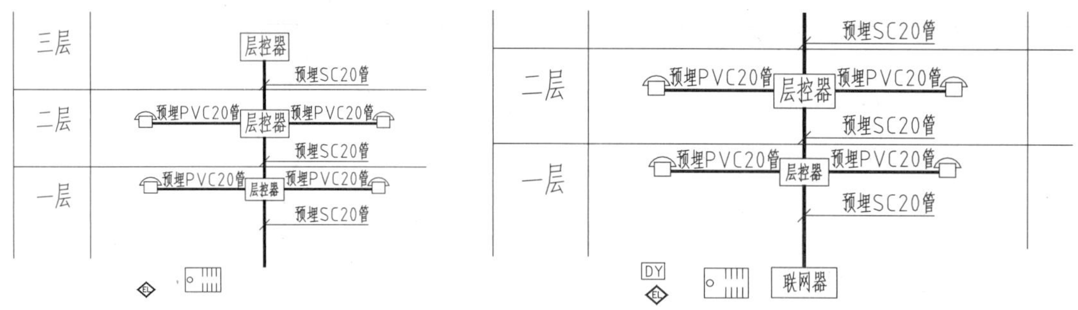

图20-60 调入通讯、安防图块　　图20-61 绘制结果

04 在“图层”工具栏下拉列表中选择“导线”图层。

05 调用PL【多段线】命令，绘制宽度为70的导线来连接各设备图形，结果如图20-62所示。

06 在“图层”工具栏下拉列表中选择“文字标注”图层。

07 调用L【直线】命令、MT【多行文字】命令，绘制引线及文字标注，结果如图20-63所示。

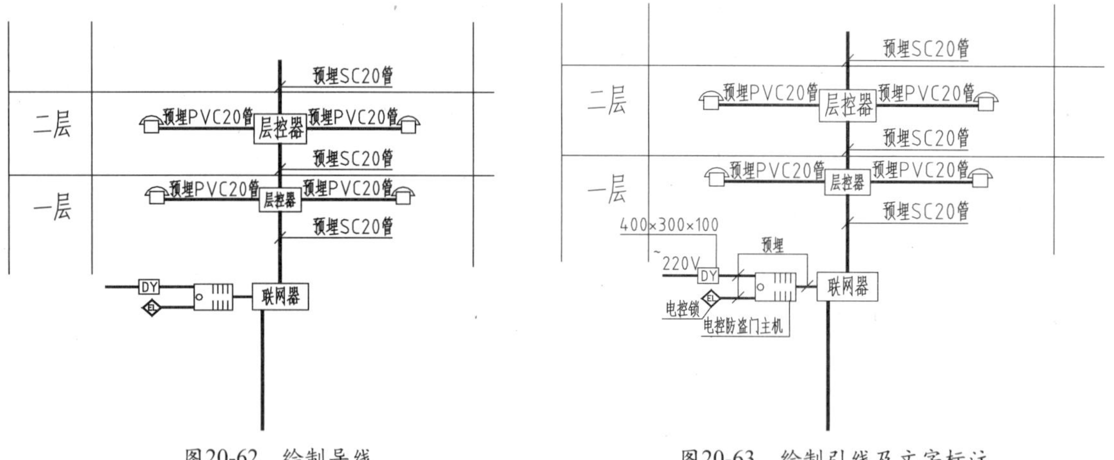

图20-62 绘制导线　　图20-63 绘制引线及文字标注

08 调用CO【复制】命令，向右复制绘制完成的设备、导线以及文字标注图形，结果如图20-64所示。

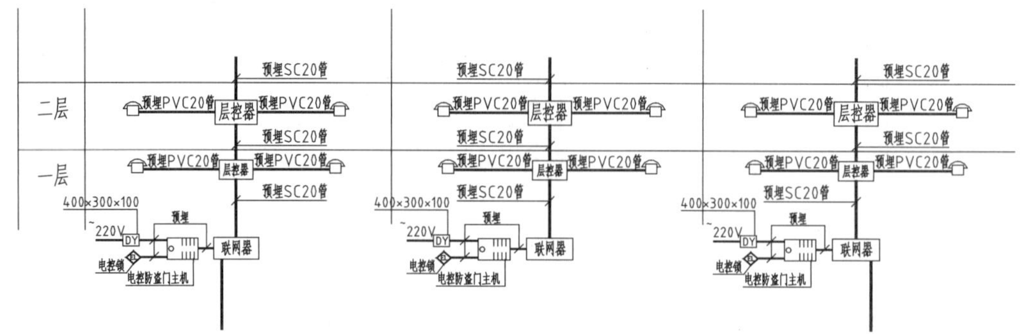

图20-64 复制图形

09 在“图层”工具栏下拉列表中选择“导线”图层。

10 调用PL【多段线】命令，设置多段线的宽度为70，绘制导线的结果如图20-65所示。

11 在“图层”工具栏下拉列表中选择“文字标注”图层。

12 调用MT【多行文字】命令，绘制导线标注以及注意事项的文字标注，结果如图20-66所示。

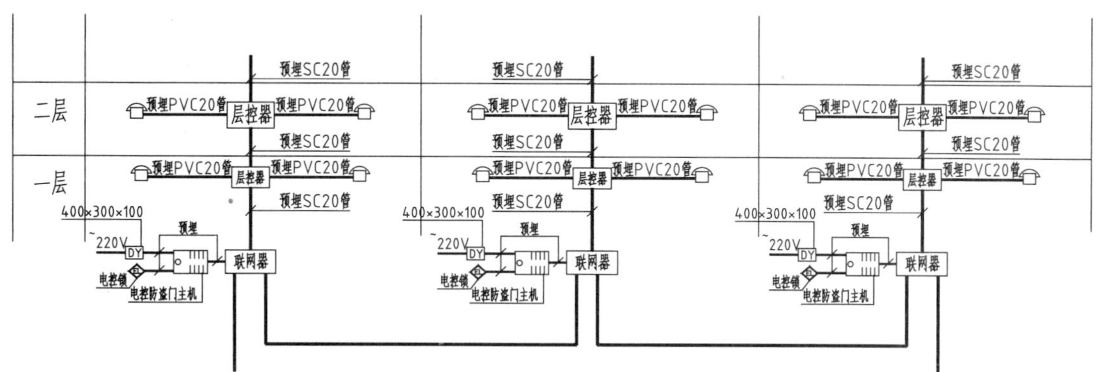

图20-65　绘制导线

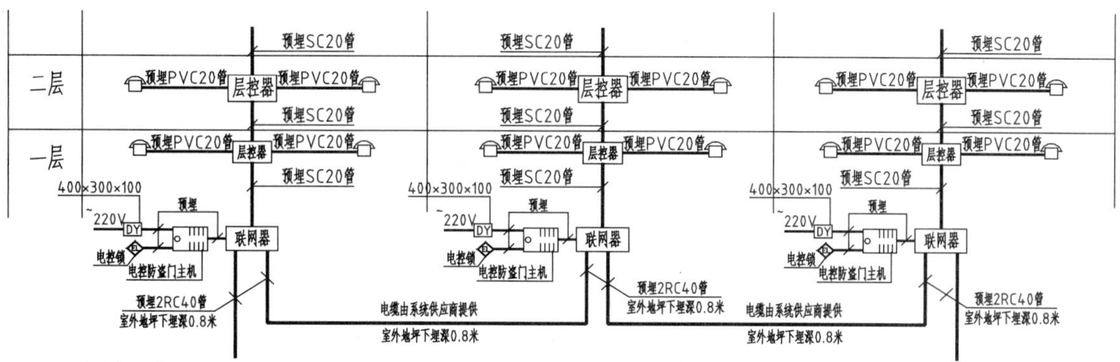

图20-66　绘制文字标注

13 调用MT【多行文字】命令，绘制图名标注；调用PL【多段线】命令，在图名标注下方分别绘制宽度为70、0的下划线，结果如图20-67所示。

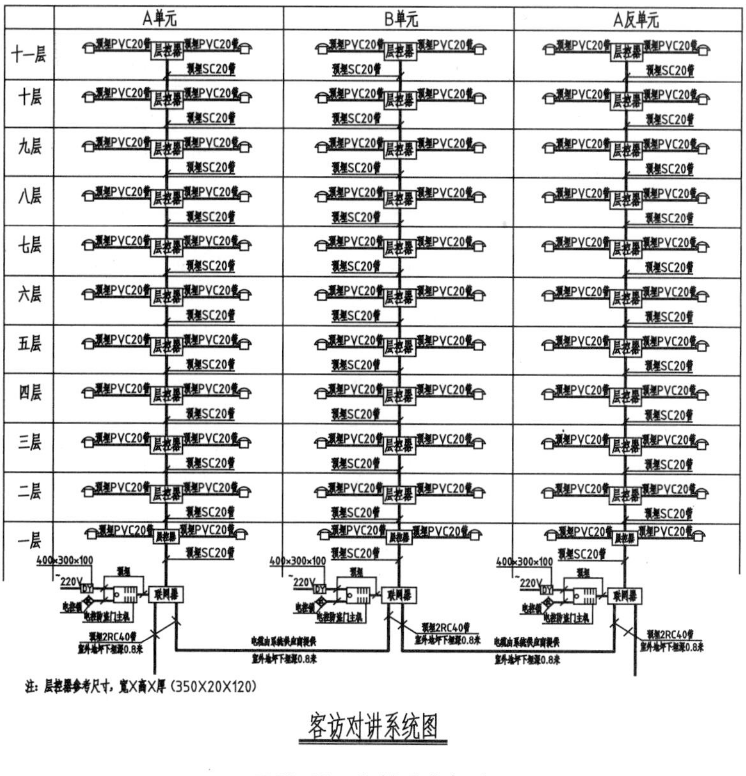

A单元　B单元　A反单元

十一层　十层　九层　八层　七层　六层　五层　四层　三层　二层　一层

注：层控器参考尺寸，宽X高X厚（350X20X120）

客访对讲系统图

图20-67　绘制图名标注

20.6 火灾报警系统图

本节介绍火灾报警系统图的绘制，分为两个步骤来绘制，第一步是设置绘制火灾系统图所需要的各类图层，第二步则是绘制系统图的图形，包括各类设备图形、导线图形、标注等。

20.6.1 设置绘图环境

绘制火灾报警系统图需要的图层有“消防电话”、“消防电源”、“系统”等图层，本节介绍这些图层的创建。

01 启动AutoCAD 2014应用程序，新建一个空白文件；执行“文件”|“保存”命令，设置图形名称为“火灾报警系统图.dwg”，单击“保存”按钮，将其保存至电脑中。

02 沿用第12章所介绍的方式，设置新文件的各项样式参数，比如“绘图单位”、“文字样式”、“标注样式”等。

03 创建图层。调用LA【图层特性管理器】命令，系统弹出【图层特性管理器】对话框，在其中创建绘制火灾报警系统图所需要的图层，如图20-68所示。

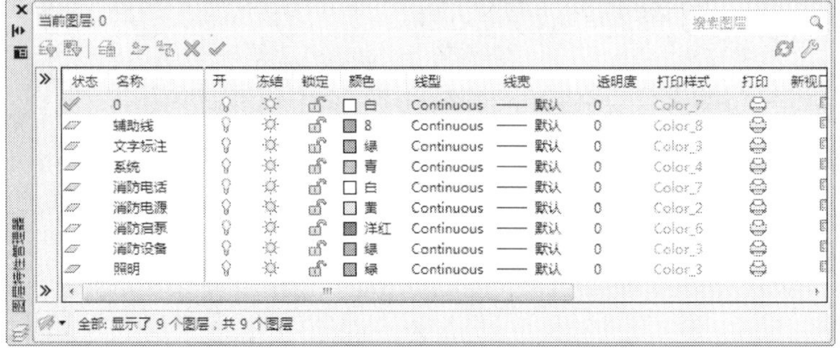

图20-68 【图层特性管理器】对话框

20.6.2 绘制系统图图形

01 在“图层”工具栏下拉列表中选择“辅助线”图层。

02 调用REC【矩形】命令，绘制矩形；调用X【分解】命令，分解矩形；调用O【偏移】命令，偏移矩形边，完成线框的绘制。

03 在“图层”工具栏下拉列表中选择“文字标注”图层。

04 调用MT【多行文字】命令，在线框内绘制文字标注，结果如图20-69所示。

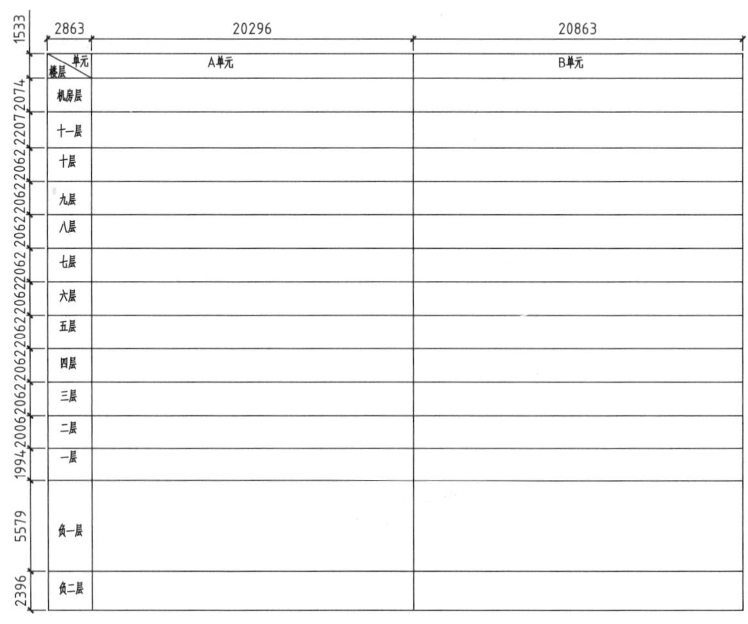

图20-69 绘制线框

05 在“图层”工具栏下拉列表中选择“消防设备”图层。

06 调入消防设备图块。按下Ctrl+O快捷键，打开配套光盘提供的“第21章/图例文件.dwg”文件，将其中各类消防设备图块复制并粘贴至当前图形中，结果如图20-70所示。

07 在“图层”工具栏下拉列表中选择“文字标注”图层。

08 调用MT【多行文字】命令，在设备图块下绘制文字标注，结果如图20-71所示。

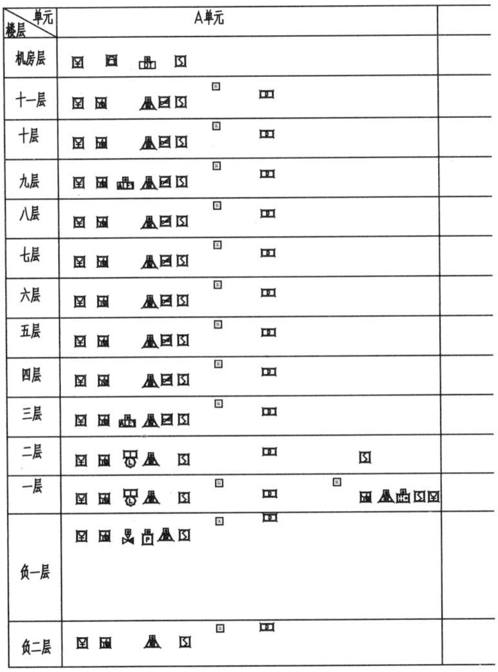

图20-70 调入消防设备图块

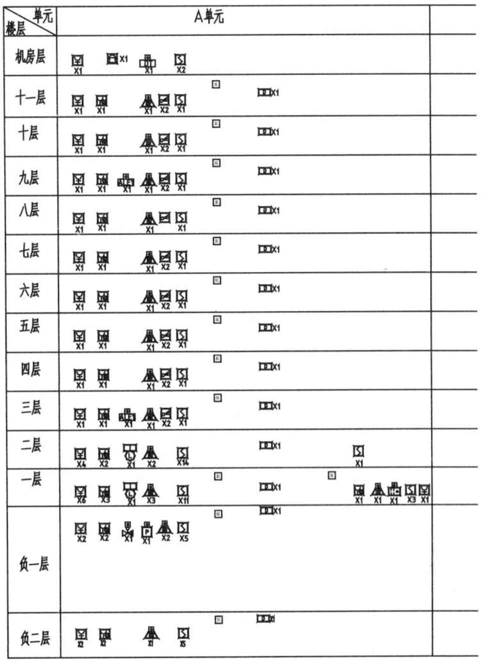

图20-71 绘制文字标注

09 绘制消防接线箱。调用REC【矩形】命令，绘制尺寸为1386×841的矩形以表示接线箱图形，结果如图20-72所示。

10 在“图层”工具栏下拉列表中选择“消防启泵”图层。

11 调用PL【多段线】命令，设置多段线的线宽为50，绘制消防启泵线路，结果如图20-73所示。

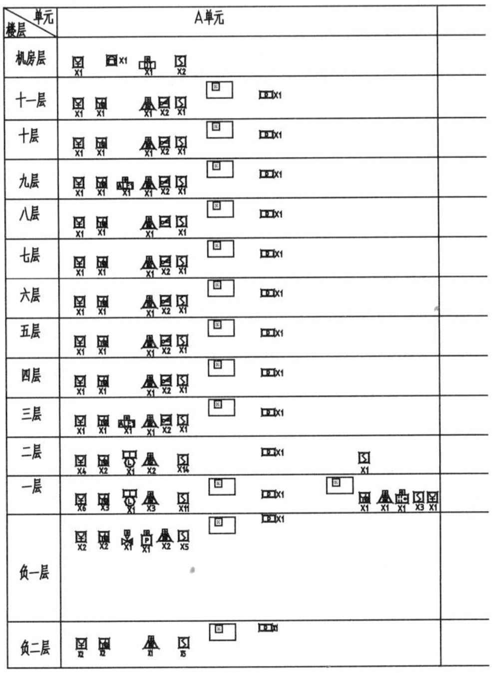

图20-72 绘制消防接线箱

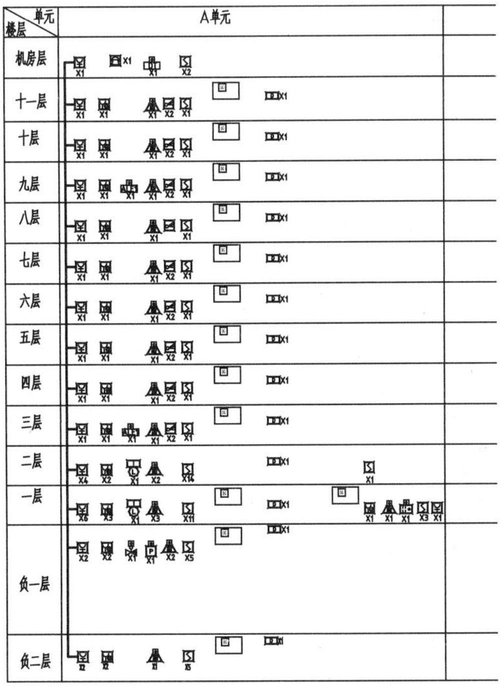

图20-73 绘制消防启泵线路

12 在“图层”工具栏下拉列表中选择“系统”图层。

13 调用PL【多段线】命令，绘制信源线路，结果如图20-74所示。

14 在“图层”工具栏下拉列表中选择“消防电源”图层。

15 调用PL【多段线】命令，绘制电源线路，结果如图20-75所示。

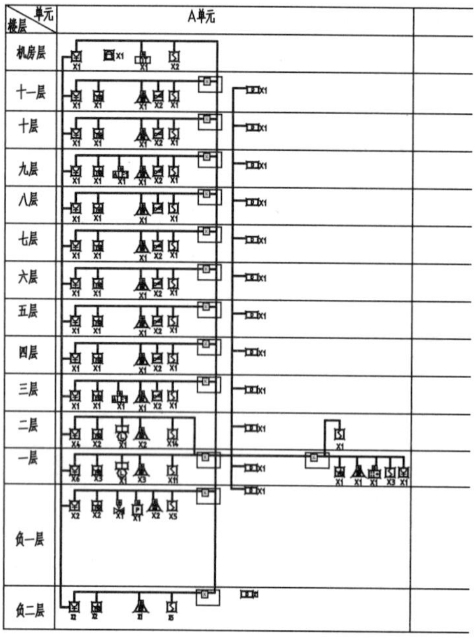

图20-74 绘制信源线路

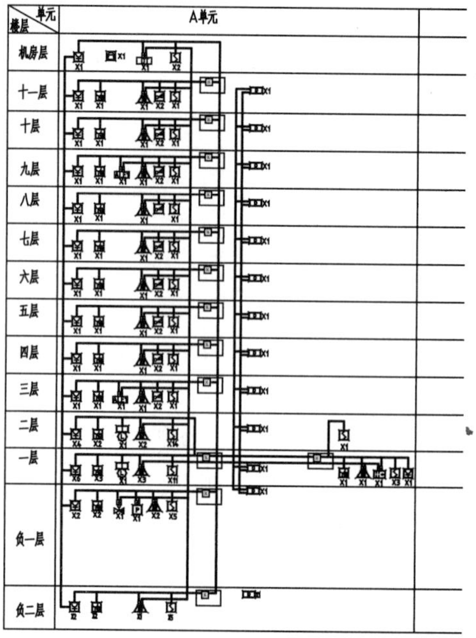

图20-75 绘制电源线路

16 在“图层”工具栏下拉列表中选择“消防电话”图层。

17 调用PL【多段线】命令，绘制电话线路，结果如图20-76所示。

18 在“图层”工具栏下拉列表中选择“辅助线”图层。

19 调用C【圆形】命令，绘制半径为85的圆形；调用H【图案填充】命令，在【图案填充和渐变色】对话框中选择ANSI31图案，设置填充比例为2，对圆形执行填充操作，绘制导线接线点的结果如图20-77所示。

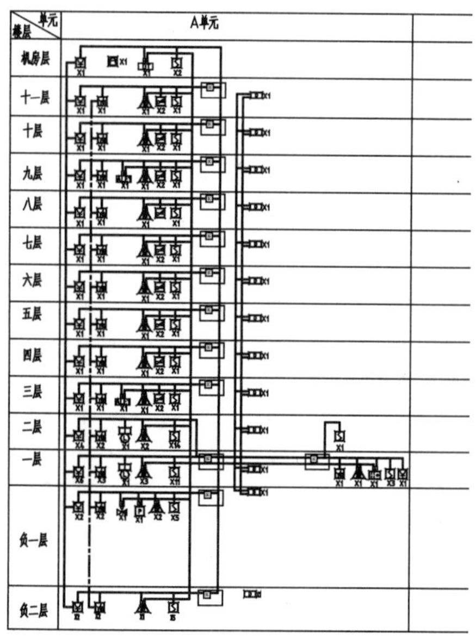

图20-76 绘制电话线路

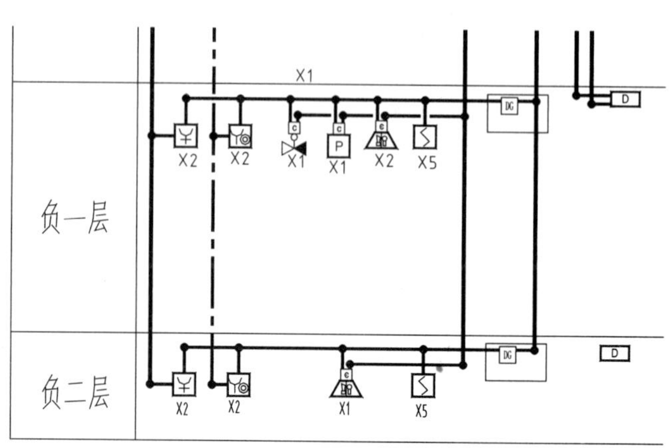

图20-77 绘制导线接线点

20 调用CO【复制】命令，选择接线点复制并向上移动，结果如图20-78所示。

21 在“图层”工具栏下拉列表中选择“消防设备”图层。

22 调入消防设备图块。按下Ctrl+O快捷键，打开配套光盘提供的“第21章/图例文件.dwg”文件，将其中各类消防设备图块复制并粘贴至当前图形中；调用MT【多行文字】命令，在图块下方绘制文字标注，结果如图20-79所示。

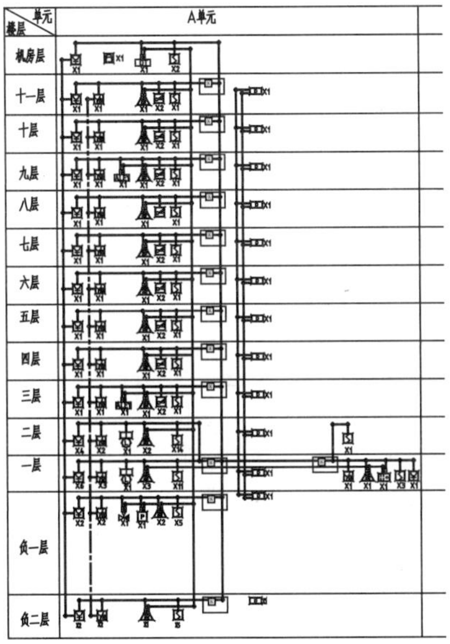

图20-78　移动复制图形

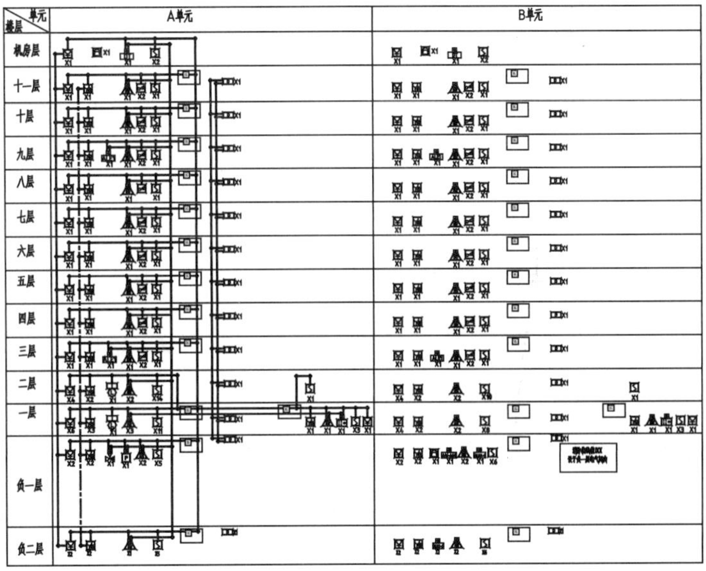

图20-79　调入消防设备图块

23 调用PL【多段线】命令，绘制各类导线，结果如图20-80所示。

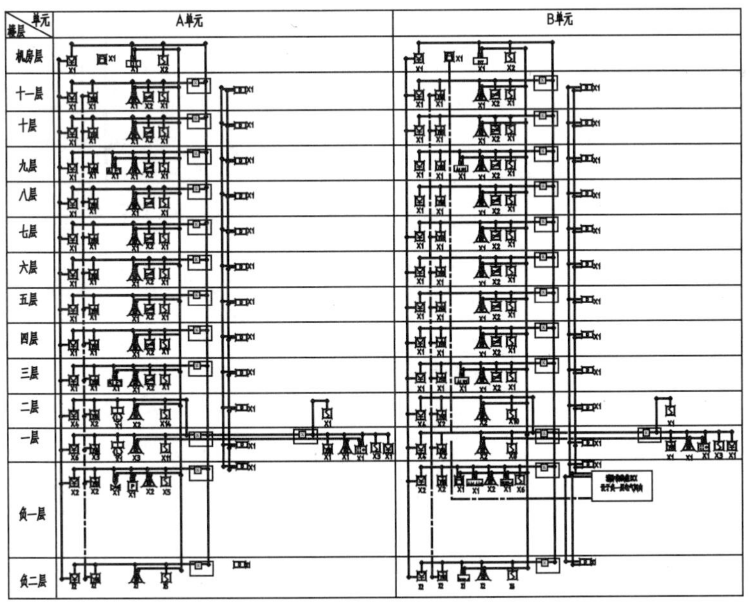

图20-80　绘制导线

24 按下Enter键，绘制导线来连接设备及接线箱，结果如图20-81所示。

25 在“图层”工具栏下拉列表中选择“消防启泵”图层。

26 调用PL【多段线】命令，绘制消防启泵线路，结果如图20-82所示。

27 按下Enter键，设置多段线的起点宽度为137，端点宽度为0，在消防启泵线上绘制指示箭头，结果如图20-83所示。

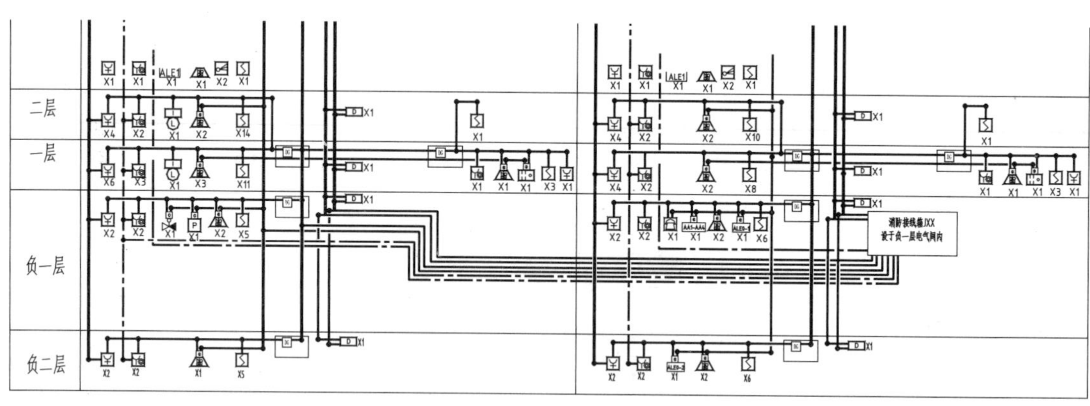

图20-81 绘制结果

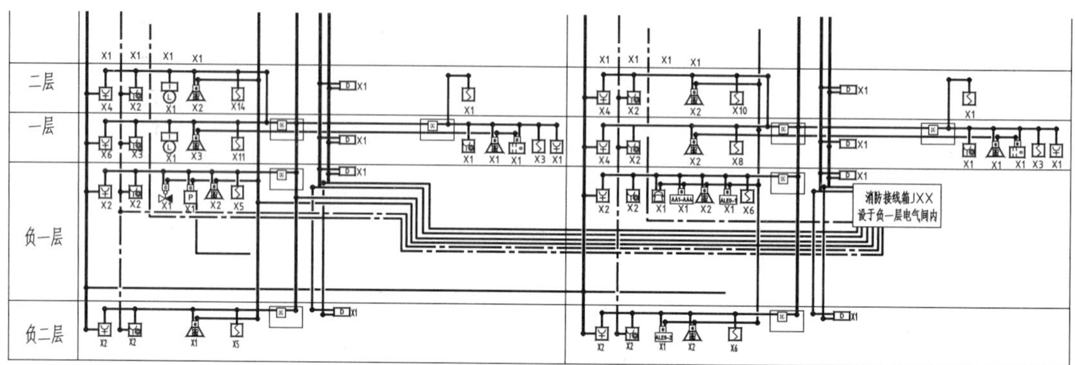

图20-82 绘制消防启泵线路

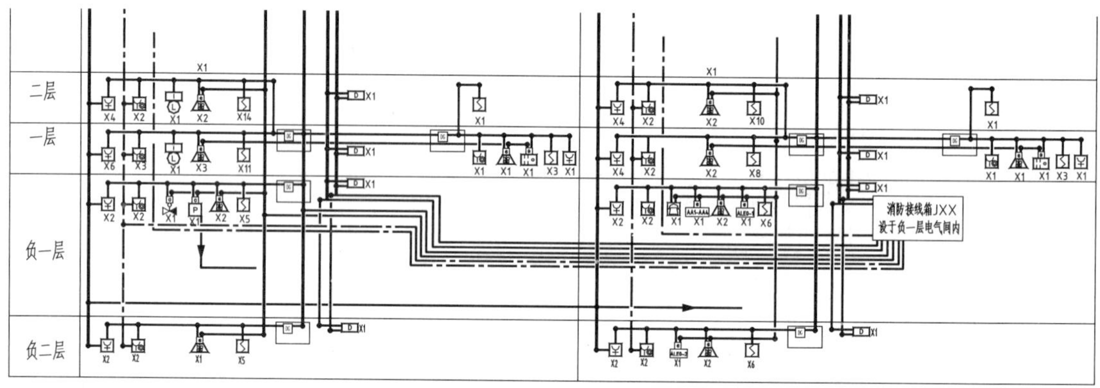

图20-83 绘制指示箭头

28 在“图层”工具栏下拉列表中选择“照明”图层。

29 调用PL【多段线】命令，绘制宽度为50的照明线路；调用CO【复制】命令，从消防启泵线上移动复制指示箭头图形至照明线路上，结果如图20-84所示。

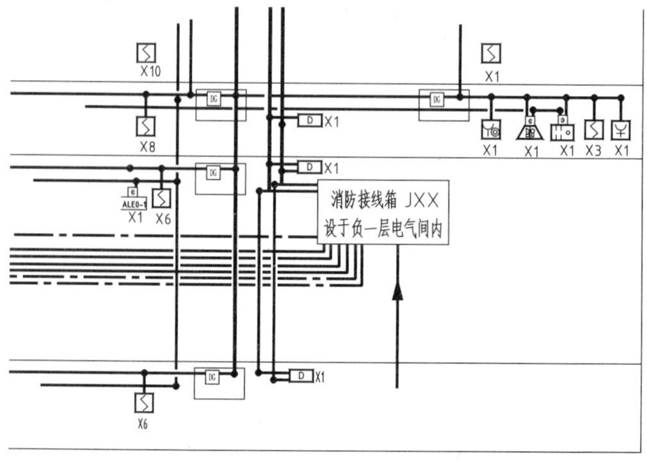

图20-84 操作结果

30 在“图层”工具栏下拉列表中选择“文字标注”图层。

31 调用MLD【多重引线】命令，绘制引线标注，结果如图20-85所示。

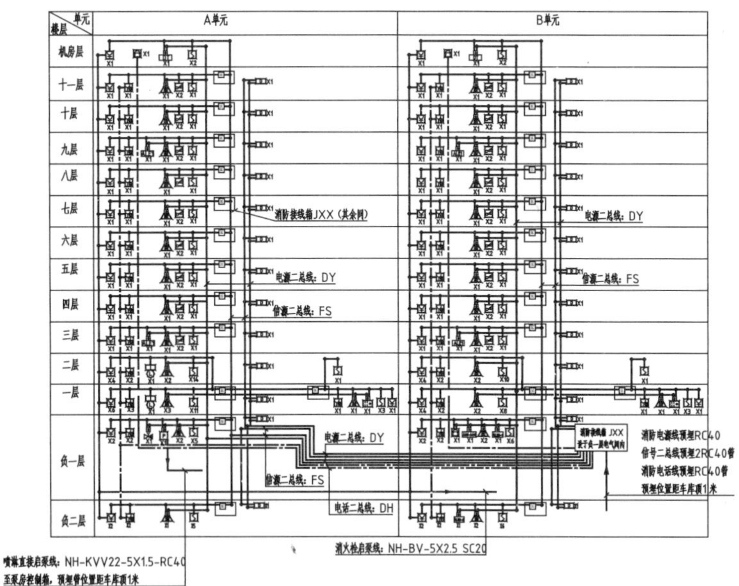

图20-85 绘制引线标注

32 调用MT【多行文字】命令，绘制说明文字，结果如图20-86所示。

注：

1、DT1、DT2为电梯控制柜，由电梯厂家提供，要求火灾时迫降于首层，并切断非消防电梯电源。

2、本系统图配线以厂家实际产品为准，在施工前再做深化设计。

3、消防接线箱JXX上皮距顶0.5米安装，宽X高X厚：320X280X100。

图20-86 绘制说明文字

33 调用MT【多行文字】命令、PL【多段线】命令，绘制图名标注及下划线，结果如图20-87所示。

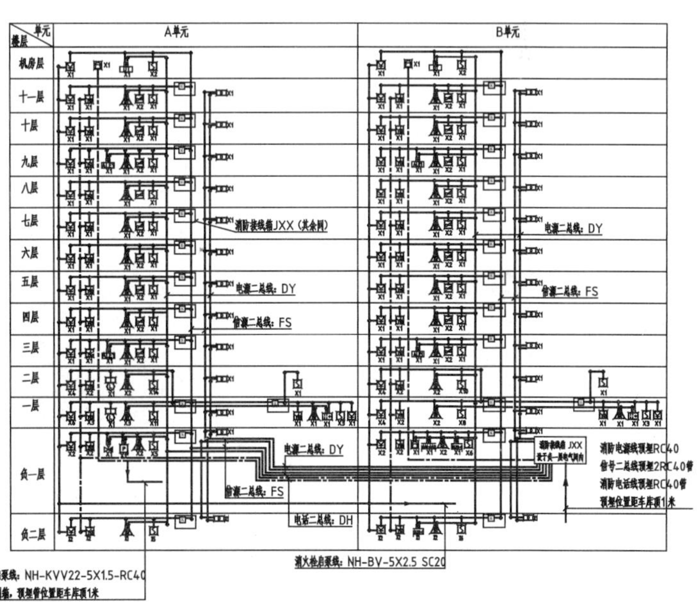

图20-87 绘制图名标注

第21章 室内装潢设计概述

室内设计是根据建筑物的使用性质、所处环境和相应标准，运用物质技术手段和建筑设计原理，创造功能合理、舒适优美、满足人们物质和精神生活需要的室内环境。

这一空间环境既具有使用价值，满足相应的功能要求，同时也反映了历史文脉、建筑风格、环境气氛等精神因素。“创造满足人们物质和精神生活需要的室内环境”是室内设计的目的。

本章介绍室内设计的基础知识以及室内设计制图的要求及规范。

21.1 室内设计基础

室内设计是指为满足一定的建造目的（包括人们对它的使用功能的要求、对它的视觉感受的要求）而进行的准备工作，也指对现有的建筑物内部空间进行深加工的增值准备工作。

本节介绍室内设计的基础知识，包括室内设计的特点、室内设计的作用以及室内设计的分类。

21.1.1 室内设计的特点

室内设计的特点概括如下。

（1）室内设计是环境的一部分

室内设计是整体环境的一部分，是环境空间的节点设计，也是衬托主题环境的视觉构筑形象。与此同时，室内设计的形象特色还将反映建筑物的某种功能以及空间的特征。所以，室内设计必须在整体性原则上的基础上，处理好整体与局部、建筑主体与设计之间的关系。

（2）相对独立性

室内设计是由环境的构成要素及环境设施所组成的空间系统。室内设计在整体的环境中具有相对独立的功能，也具有由环境设施构成的相对完整的空间形象。

相对独立的室内设计，虽然从属于整体建筑环境空间，但是每一处室内设计都是为了表达某种含义或者服务于某些特定的人群的，是外部环境的归属，也是整个环境的设计节点。

（3）环境艺术性

环境是一种空间艺术的载体，室内设计是环境的一部分，因此，室内设计是环境空间与艺术的综合体现，是环境设计的细化与深入。

设计师在进行室内设计时，要使室内设计在统一的、整体的环境前提下，运用自己对空间造型、材料肌理、人-环境-建筑之间关系的理解进行设计，还要突出室内设计所具有的独立性，同时利用空间环境构成要素的差异性和统一性，通过造型、质地、色彩向人们展示形象，表达特定的情感。

21.1.2 室内设计的作用

室内设计的作用概括如下。

（1）提高室内造型的艺术性

在拥挤、忙碌的现代社会生活中，人们对于城市的景观环境、居住环境以及室内设计质量越来越关注。因此，需要强化建筑及建筑空间的性格、意境和气氛，使不同类型的建筑及建筑外部空间更具性格特征、情感及艺术感染力，以此来满足不同人群室外活动的需要。

所以，室内设计从舒适、美观入手，改善并提高人们的生活水平及生活质量，表现出空间造型的艺术性；与此同时，室内设计还包含随着时间的流逝来运用创造性而凝聚在历史中的时空艺术。

（2）保护建筑主体结构的牢固性，借以延长建筑的使用寿命

室内设计可以弥补建筑空间的不足，加强建筑的空间序列效果。同时还可增强构筑物、景观的物理性能，以及辅助设施的使用效果，提高室内空间的综合使用性能。

（3）协调“建筑-人-空间”三者的关系

室内设计以人为中心，是空间环境的节点设计。室内设计是对由建筑物围合而成，且具有限定性的空间小环境进行设计。

室内设计就是要将建筑的艺术风格、形成的限制性空间的强弱，使用者的个人特征、需要及所具有的社会属性，小环境空间的色彩、造型、肌理等三者之间的关系按照设计师的思想，重新加以组合，并满足使用者“舒适、美观、安全、实用”的需求。

图21-1、图21-2所示分别为居室在进行室内装饰设计前后的对比结果。

图21-1　客厅毛坯房

图21-2　客厅装饰效果

21.1.3　室内设计的分类

室内设计的分类如下所述。

1. 居住建筑室内设计

主要涉及住宅、公寓和宿舍的室内设计，具体包括前室、起居室、餐厅、书房、工作室、卧室、厨房和浴厕设计。图21-3、图21-4所示分别为餐厅及卧室的装饰效果。

图21-3　欧式餐厅

图21-4　欧式卧室

2. 公共建筑室内设计

（1）文教建筑室内设计。主要涉及幼儿园、学校、图书馆、科研楼的室内设计，具体包括门厅、过厅、中庭、教室、活动室、阅览室、实验室、机房等室内设计。图21-5所示为幼儿园内部装饰效果。

（2）医疗建筑室内设计。主要涉及医院、社区诊所、疗养院的建筑室内设计，具体包括门诊室、检查室、手术室和病房的室内设计。

（3）办公建筑室内设计。主要涉及行政办公楼和商业办公楼内部的办公室、会议室以及报告厅的室内设计。图21-6所示为会议室装饰效果。

图21-5 幼儿园内部装饰

图21-6 会议室装饰

（4）商业建筑室内设计。主要涉及商场、便利店、餐饮建筑的室内设计，具体包括营业厅、专卖店、酒吧、茶室、餐厅的室内设计。

（5）展览建筑室内设计。主要涉及各种美术馆、展览馆和博物馆的室内设计，具体包括展厅和展廊的室内设计。图21-7所示为美术馆的内部装饰效果。

图21-7 美术馆内部装饰

（6）娱乐建筑室内设计。主要涉及各种舞厅、歌厅、KTV、游艺厅的建筑室内设计。图21-8所示为KTV的内部装饰效果。

（7）体育建筑室内设计。主要涉及各种类型的体育馆、游泳馆的室内设计，具体包括用于不同体育项目的比赛和训练及配套的辅助用房的设计。

（8）交通建筑室内设计。主要涉及公路、铁路、水路、民航的车站、候机楼、码头建筑，具体包括候机厅、候车室、候船厅、售票厅等的室内设计。图21-9所示为候机楼的内部装饰效果。

图21-8 KTV内部装饰

图21-9 候机楼装饰

3. **工业建筑室内设计**

主要涉及各类厂房的车间和生活间及辅助用房的室内设计。

4. **农业建筑室内设计**

主要涉及各类农业生产用房，如种植暖房、饲养房的室内设计。

21.2 室内设计制图

本节介绍室内设计施工图集的组成及绘制施工图时所需要遵循的有关规定。

21.2.1 室内设计制图的内容

施工图设计是装饰设计的主要程序，而一套完整的室内设计施工图纸分别由平面图、顶棚图、地面图、立面图、装饰详图、透视图组成。本节介绍各类图样的含义及其所包含的内容。

1. **平面图**

室内平面布置图是假想用一个水平剖切平面，沿着每层的门窗洞口位置进行水平剖切，移去剖切平面以上的部分，对以下部分所做的水平正投影图。

平面图的图示内容如下所述。

（1）墙体、隔断及门窗、各空间大小及布局、家具陈设、人流交通线、室内绿化等，假如单独绘地面铺装图，则应在平面布置图中表示各区域的地面材料。

（2）标注各房间尺寸、家具陈设尺寸及布局尺寸，对于复杂的公共建筑，还应该标注轴线编号。

（3）标注地面材料及规格（如果另行绘制地面铺装图，则不需要在平面图中标注）。

（4）标注房间名称、家具名称。

（5）标注室内地坪标高。

（6）标注详图索引符号、图例及立面内视符号。

（7）标注图名和比例。

（8）绘制设计说明文字。

图21-10所示为绘制完成的室内平面布置图。

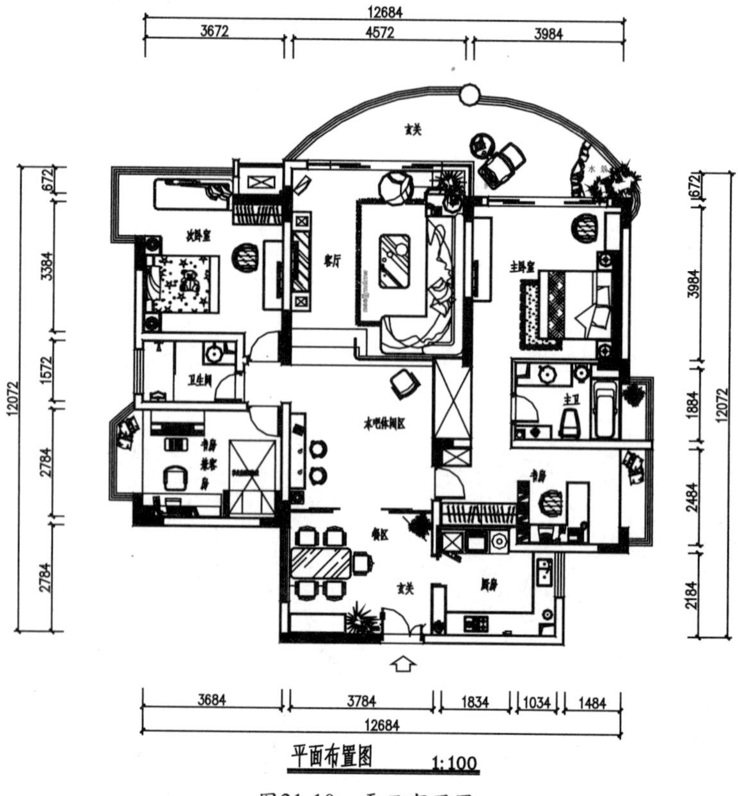

图21-10 平面布置图

2. 顶棚图

顶棚图是以镜像投影法绘制的反映顶棚平面形状、灯具位置、材料选用、尺寸标高及构造做法等内容的水平镜像投影图。

顶棚图的图示内容如下所述。

（1）顶棚的造型及材料说明。

（2）顶棚灯具和电气的图例、名称规格等说明。

（3）顶棚造型的尺寸标注、灯具、电器的安装位置。

（4）顶棚的标高标注。

（5）顶棚的细部做法说明文字。

（6）详图索引符号、图名、比例等。

图21-11所示为绘制完成的室内顶棚图。

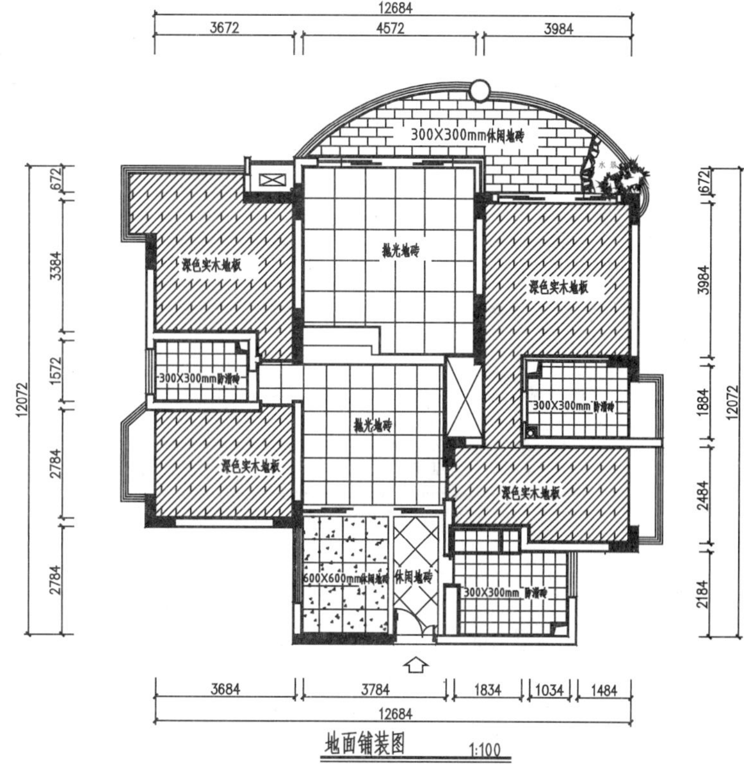

图21-11 顶棚图

3. 地面铺装图

地面铺装图表示地面的装饰分格，标注地面材质、尺寸和颜色、地面标高等。

地面铺装图的图示内容如下所述。

（1）建筑平面图的基本内容。

（2）室内楼地面材料选用、颜色与分格尺寸以及地面标高等。

（3）楼地面拼花造型。

（4）索引符号、图名及必要的说明。

图21-12所示为绘制完成的室内地面铺装图。

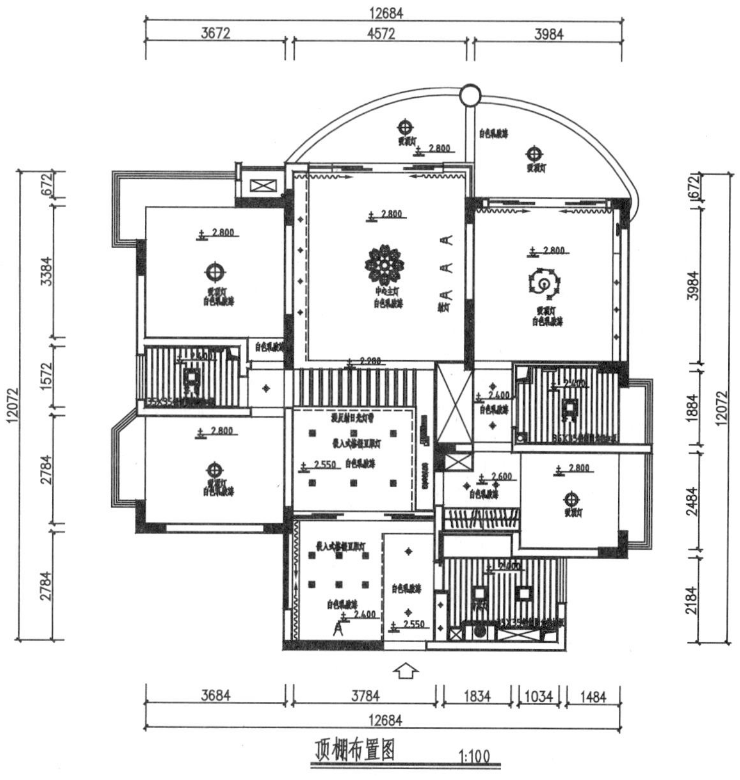

图21-12 地面铺装图

4. 立面图

立面图是将房屋的室内墙面按照内视投影符号的指向，向直立投影面所做的正投影图。用来反映室内空间垂直方向的装饰设计形式、尺寸与做法。

立面图的图示内容如下所述。

（1）墙面造型、材质及家具陈设在立面图上的正投影图。

（2）门窗立面及其他装潢元素立面。

（3）立面各组成部分尺寸、地坪吊顶标高。

（4）材料名称及细部做法说明。

（5）详图索引符号、图名、比例等。

图21-13所示为绘制完成的室内立面图。

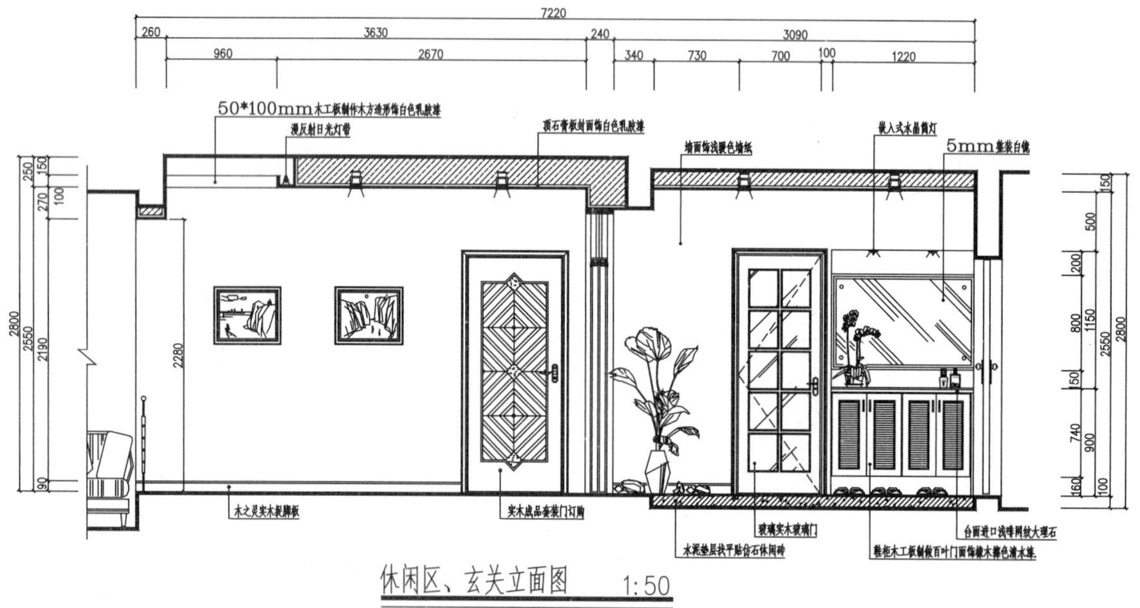

图21-13 立面图

5. 装饰详图

因为平面图、地面图、顶棚图等的绘制比例较小，因此很多装饰造型、构造做法、材料选用、细部尺寸等都无法反映或者反映不清晰，不能满足装饰施工、制作的需要，所以需要放大比例来绘制详细图样，以此形成装饰详图。

装饰详图的图示内容如下所述。

（1）以剖面图的绘制方法绘制出格材料断面、构造件断面及其相互关系。

（2）用细线表示出剖视方向上看到的部位轮廓及相互关系。

（3）绘制材料断面图例。

（4）用指引线标出构造层次的材料名称及做法。

（5）标注其他构造做法。

（6）标注各部分尺寸。

（7）标注详图编号及比例。

图21-14所示为绘制完成天花板大样图。

6. 透视图

室内设计透视图是根据透视原理，在平面图上绘制出的能够反映三维空间效果的图形，与人的视觉空间感受相似。室内设计透视图经常采用的绘制方法有一点透视、两点透视（即成角透视）、鸟瞰图3种。

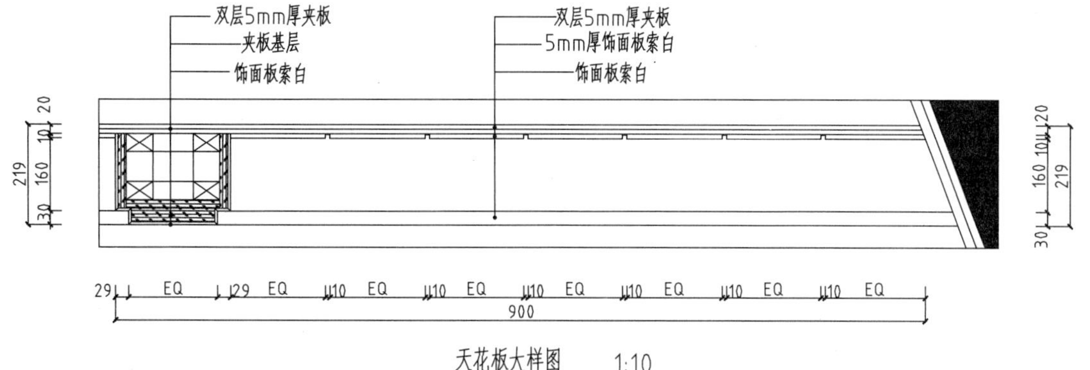

图21-14 装饰详图

透视图既可通过人工绘制，也可使用计算机来绘制，可直观地表达设计思想及效果，也被称为效果图或者表现图。

图21-15所示为绘制完成的餐厅透视图。

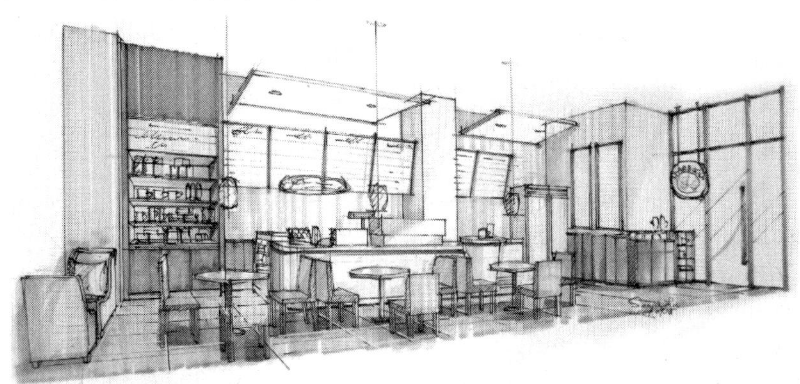

图21-15 餐厅透视图

21.2.2 室内设计制图的有关规定

室内设计制图的有关规定列举如下。

1. 图纸幅面

图纸幅面及图框尺寸应符合表21-1的规定及图21-16、图21-17、图21-18、图21-19所示的格式。

表21-1 幅面和图框尺寸（mm）

幅面代号 / 尺寸代号	A0	A1	A2	A3	A4
	841 × 1189	594 × 841	420 × 594	297 × 420	210 × 297
c	10			5	
a	25				

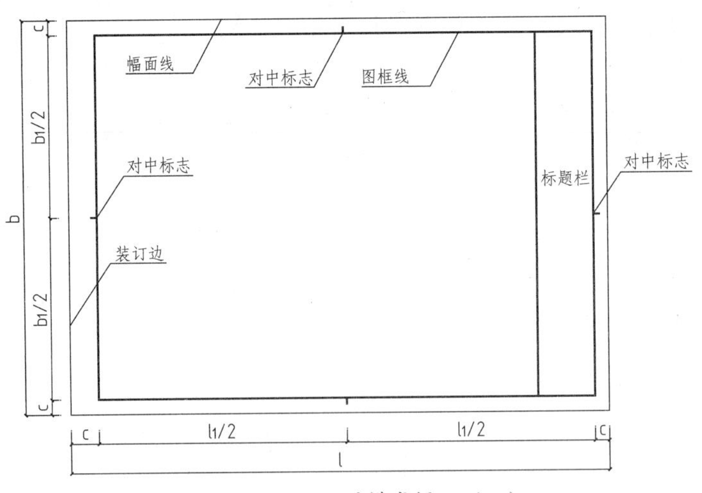

图21-16 A0~A3的横式幅面（一）

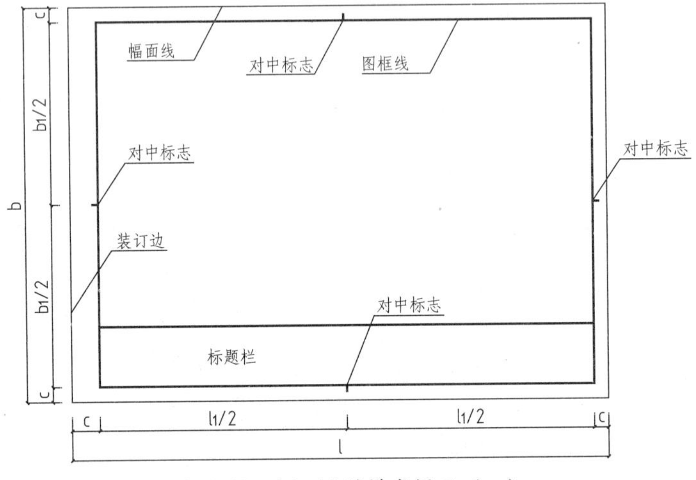

图21-17 A0~A3的横式幅面（二）

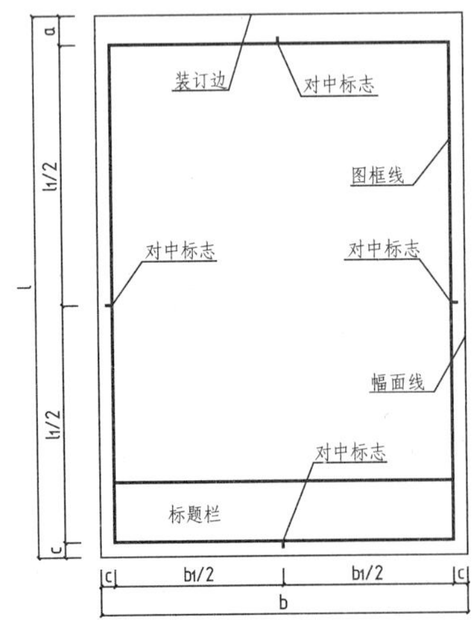

图21-18 A0~A4的横式幅面（一）

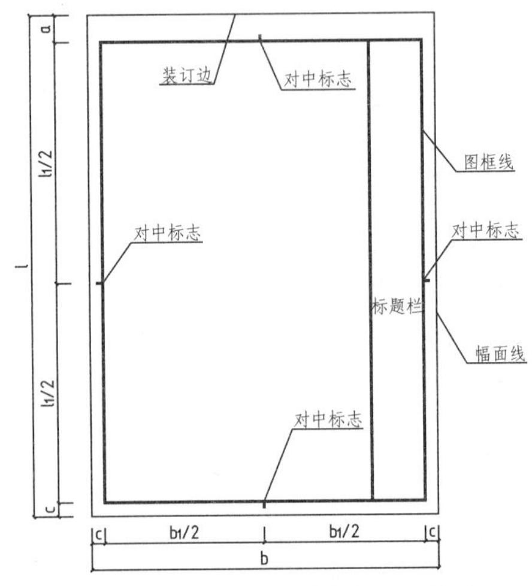

图21-19 A0~A4的横式幅面（二）

提 示

b——幅面短边尺寸；l——幅面长边尺寸；c——图框线与幅面线间宽度；a——图框线与装订边间宽度。

2. 字体

图纸上所书写的文字、数字或符号等，应保证笔划清晰、字体端正、排列整齐，且标点符号应清楚正确。文字的字高应从表21-2中选用，对于字高大于10mm的文字宜采用TrueType字体。

表21-2 文字的字高（mm）

字体种类	中文矢量字体	TrueType字体及非中文矢量字体
字高	3.5、5、7、10、14、20	3、4、6、8、10、14、20

图样及说明中的汉字，宜采用长仿宋体（矢量字体）或者黑体（TrueType字体），同一图纸字体种类不应超过两种。长仿宋体的宽度与高度的关系应符合表21-3的规定，黑体字的宽度与高度也应与此相同。大标题、图册封面、地形图等的汉字，也可书写成其他字体，但是应该易于辨认。

表21-3 长仿宋字高宽关系

字高	20	14	10	7	5	3.5
字宽	14	10	7	5	3.5	2.5

3. 比例

图样的比例应为图形与实物相对应的线性尺寸之比。比例的大小，是指其比值的大小，如1:50大于1:100。

比例的符号为“:”，比例应以阿拉伯数字表示，如1:2、1:10、1:100。

绘图所用的比例，应根据房屋建筑室内装饰装修设计的不同部位、不同阶段的图纸内容和要求，从表21-4中选用。

表21-4 绘图所用的比例

比 例	部 位	图纸内容
1:200~1:100	总平面、总顶图	总平面布置图、总顶棚平面布置图
1:100~1:50	局部平面、局部顶棚平面	局部平面布置图、局部顶棚平面布置图
1:100~1:50	不复杂的立面	立面图、剖面图
1:50~1:30	较复杂的立面	立面图、剖面图
1:30~1:10	复杂的立面	立面放大图、剖面图
1:10~1:1	平面及立面中需要详细表示的部位	详图
1:10~1:1	重点部位的构造	节点图

4. 符号

（1）剖切符号

剖视的剖切符号应由剖切位置线、投射方向线和索引符号组成。剖切位置线位于图样被剖切的部位，以粗实线绘制，长度宜为8mm~10mm；投射方向线平行于剖切位置线，由细实线绘制，一段应与索引符号相连，另一段长度与剖切位置线平行且长度相同。

在绘制时，剖视剖切符号不应与其他图线接触，如图21-20所示。也可采用国际统一和常用的剖视方法，如图21-21所示。

（2）索引符号

索引符号中圆的直径为8mm~10mm，且立面索引符号需附有三角形箭头以表示具体的立面

方向；当立面、剖面图的图纸量较少时，对应的索引符号可以仅标注图样编号，不标注索引图所在的页次。

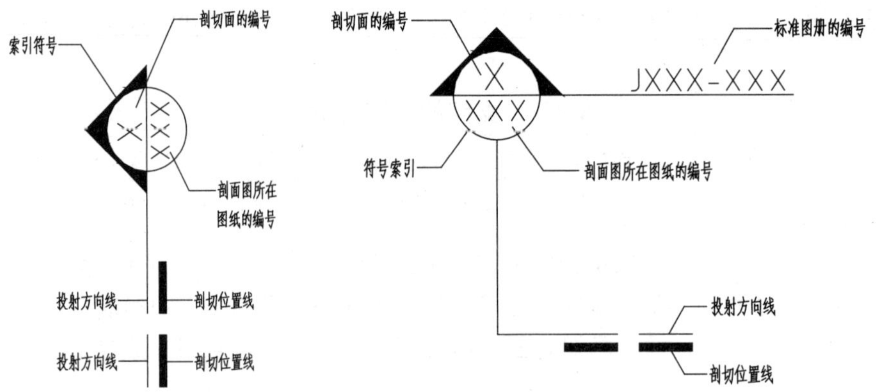

图21-20 剖视的剖切符号（一）

立面索引符号采用三角形箭头转动，数字、字母保持垂直方向不变的形式是遵循了《建筑制图标准》GB/T 50104中内视索引符号的规定。

剖切索引符号采用三角形箭头与数字、字母同方向转动的形式，是遵循了《房屋建筑肢体统一标准》GB/T 50001中剖视的剖切符号的规定。

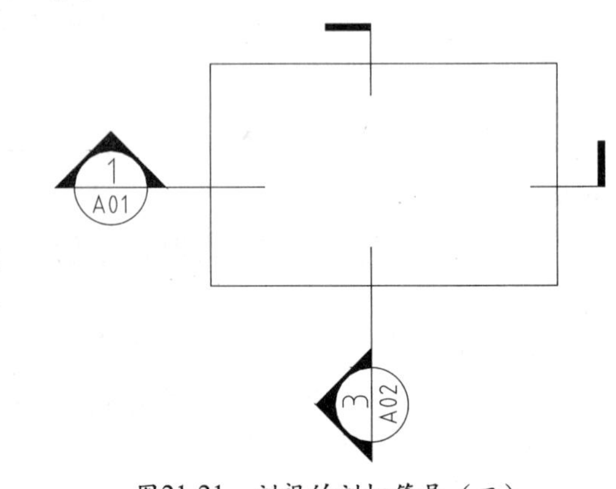

图21-21 剖视的剖切符号（二）

表示室内立面在平面上的位置及立面所在图纸编号，应在平面图上使用立面索引符号，如图21-22所示。

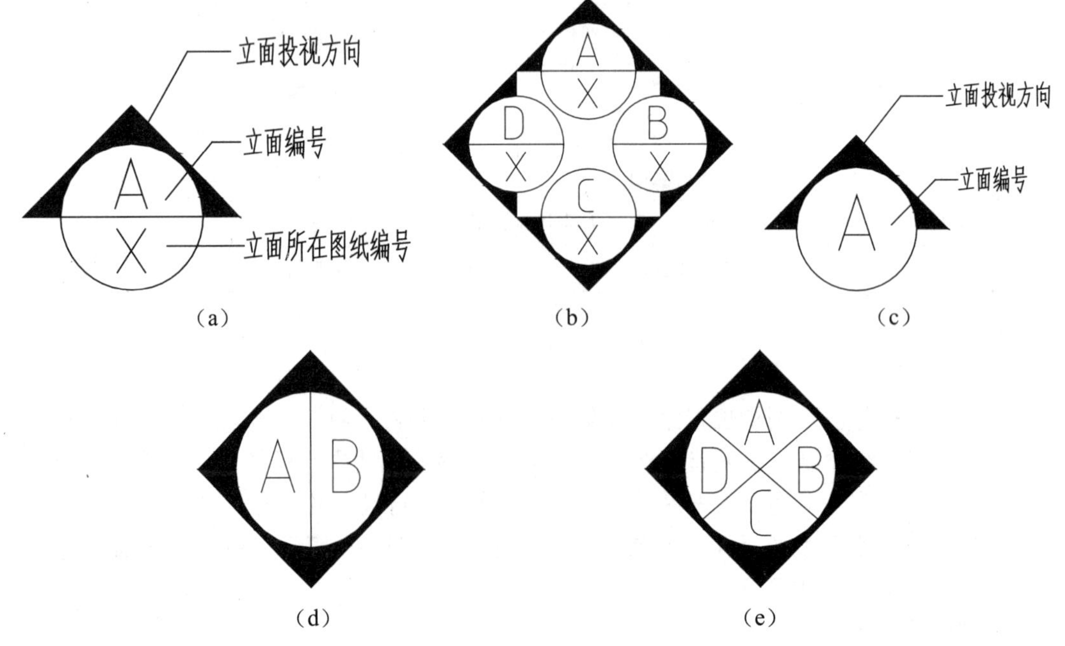

图21-22 立面索引符号

表示剖切面在界面上的位置或图样所在图纸编号，应在被索引的界面或图样上使用剖切索引符号，如图21-23所示。

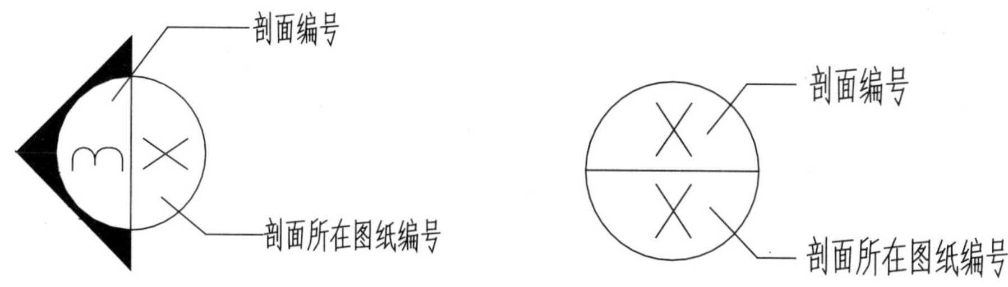

图21-23 剖切索引符号

（3）详图符号

详图符号的圆应以直径为14mm的粗实线绘制。

详图与被索引的图样同在一张图纸内时，应在详图符号内使用阿拉伯数字注明详图的编号，如图21-24所示。

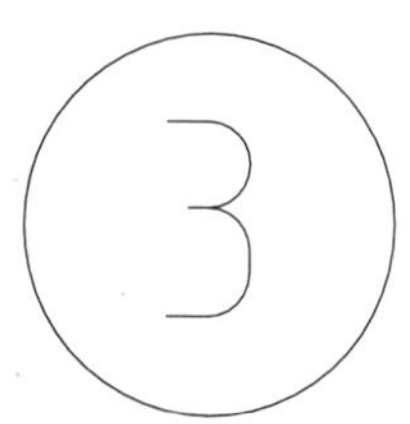

图21-24 与被索引的图样同在一张图纸内的详图符号

详图与被索引的图样不在一张图纸内时，应使用细实线在详图符号内画一水平直径，在上半圆中注明详图编号，在下半圆中注明被索引的图纸的编号，如图21-25所示。

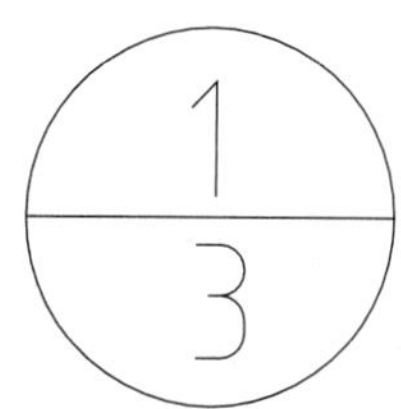

图21-25 与被索引的图样不在同一张图纸内的详图符号

5. 尺寸标注

尺寸标注分为总尺寸、定位尺寸、细部尺寸3种。绘图时，应根据设计深度和图纸用途确定所需注写的尺寸。

尺寸标注应清晰，不应与图线、文字及符号等相交或重叠。

图样轮廓线以外的尺寸界线，距图样最外轮廓线之间的距离，不宜小于10mm。平行排列的尺寸线的间距，宜为7mm~10mm，并应保持一致，如图21-26所示。

假如尺寸标注在图样轮廓线以内时，尺寸数字处的图线应断开。另外图样轮廓线也可用作尺寸界限，如图21-27所示。

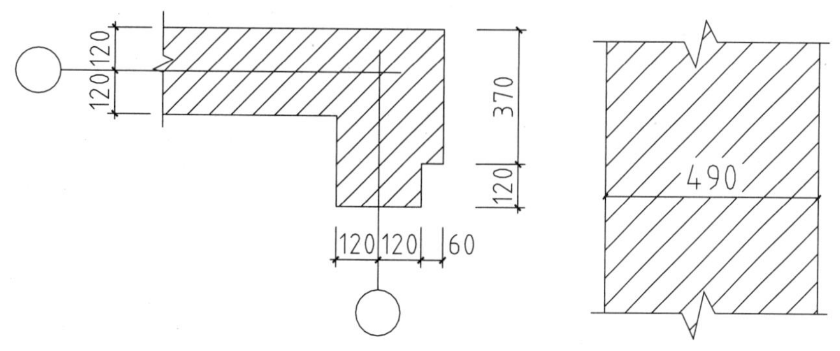

图21-26 尺寸数字的注写（一）　图21-27 尺寸数字的注写（二）

互相平行的尺寸线，应从被注写的图样轮廓线由近向远整齐排列，较小尺寸应离轮廓线较近，较大尺寸应离轮廓线较远，如图21-28所示。

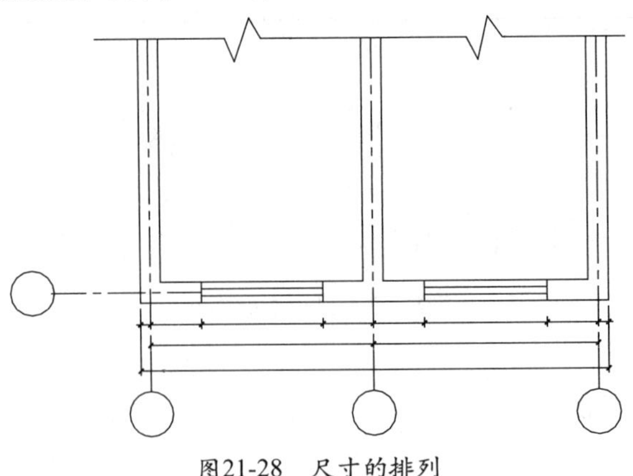

图21-28 尺寸的排列

第22章 绘制家装室内装潢施工图

室内装潢施工图是按照装饰设计方案确定的空间尺度、构造做法、材料选用、施工工艺等，并遵照建筑及装饰设计规范所规定的要求编制的用于指导装饰施工生产的技术文件。

本章介绍家装设计的基础知识，并以别墅室内设计为例，介绍如何绘制室内装潢施工图纸，包括平面布置图、地面/顶棚图、各主要空间立面装饰图。

22.1 家装设计概述

有关家装设计的理论知识涵盖的范围较广，本节选取在进行室内设计时经常需要考虑的问题，即室内设计的原则以及室内设计的风格这两个方面的理论知识进行介绍。

22.1.1 家居空间设计原则

家具空间设计的基本原则概括如下。

1. 保护结构及安全原则

在设计中首先要考虑家庭居住环境的安全。一是保护结构，对承重墙、阳台的半截墙、房间的梁或柱，无论其位置如何，绝对禁止拆除、改动。

二是在装修设计中所选用的材料不得超过住房的荷载能力。

三是注意保护防水层，在装修设计过程中，如果施工危及或破坏防水层，就必须进行防水层的修补或者重做。

四是注意安全防火，设计装修中使用的木材、织物等易燃材料应该进行阻燃处理；根据用电器具的摆放位置，对电表容量、导线的粗细等都应重新进行设计，以避免使用时发生事故。

2. 个性化原则

首先，尊重并行使用者的自主权。其次，要根据每个人的爱好来选择并突出其居室的特征。

在设计中个性的表现主要是通过居室空间内的造型、造景、色彩运用和材料选择来体现的。正确表现装修个性的方法，就是在装修时不仅要突出个性，还要注意局部与整体的和谐，要以长远的、发展的指导思想进行家庭装修设计。

3. 经济性原则

从自身条件出发，结合居室的结构特点，精心设计，把不同档次的材料进行巧妙组合，充分发挥其不同质感、颜色、性能的优越性，就能达到既经济又实用的美化原则。不提倡透支装修，不提倡豪华型装修，家庭装修要考虑到日常生活的需要，要起到方便生活的作用，装修结果必须实用。

4. 实用性原则

实用性是指居室能最大限度地满足使用功能。一是为居住者提供空间环境；二是最大程度地满足物品储藏的需要。把为生活服务的功能性放在重要位置，一定要给使用者在生活中留下方便、舒适的感觉。

5. 美观化原则

美观化是指居室的装饰要具有艺术性，特别是要体现个体的独特审美情趣。

6. 习惯性原则

家庭装修要的是艺术美的追求，但必须以尊重主人的生活习惯为前提，艺术取向要与生活价值取向相一致，与生活习惯相和谐。

7. 环保性原则

装修也要树立环保意识。在材料的选配上应首选环保材料，注意节能、降耗、无污染，特别要在采光、通风、除臭、防油等方面下功夫。

22.1.2 家装设计风格

家庭装修中常见的装饰风格介绍如下。

1. 欧式古典风格

欧式古典风格在空间上追求连续性，追求形体的变化和层次感。室内外色彩鲜艳，光影变化丰富。

室内多用带有图案的壁纸、地毯、窗帘、床罩、及帐幔以及古典式装饰画或物件；为体现华丽的风格，家具、门、窗多漆成白色，家具、画框的线条部位饰以金线、金边。

古典风格是一种追求华丽、高雅的欧洲古典主义，典雅中透着高贵，深沉里显露豪华，具有很强的文化感受和历史内涵。

图22-1所示为欧式古典风格的装饰效果。

2. 现代简约风格

现代简约风格在处理空间方面一般强调室内空间宽敞、内外通透，在空间平面设计中追求不受承重墙限制的自由。

墙面、地面、顶棚以及家具陈设乃至灯具器皿等均以简洁的造型、纯洁的质地、精细的工艺为其特征。并且尽可能不用装饰和取消多余的东西，认为任何复杂的设计，没有实用价值的特殊部件及任何装饰都会增加建筑造价，强调形式应更多地服务于功能。

图22-2所示为现代简约风格的装饰效果。

图22-1 欧式古典风格

图22-2 现代简约风格

3. 地中海风格

地中海风格具有独特的美学特点。一般选择自然的柔和色彩，在组合设计上注意空间搭配，充分利用每一寸空间，集装饰与应用于一体，在组合搭配上避免琐碎，显得大方、自然，散发出的古老尊贵的田园气息和文化品位；其特有的罗马柱般的装饰线简洁明快，流露出古老的文明气息。

在色彩运用上，常选择柔和高雅的浅色调，映射出它田园风格的本义。地中海风格多采用有着古老历史的拱形状玻璃，采用柔和的光线，加之原木的家具，用现代工艺呈现出别有情趣的乡土格调。

图22-3所示为地中海风格的装饰效果。

4. 东南亚风格

东南亚风格的家居设计以其来自热带雨林的自然之美和浓郁的民族特色而风靡世界，尤其在气候与之接近的珠三角地区更是受到热烈追捧。

东南亚式的设计风格之所以如此流行，正是因为它独有的魅力和热带风情而盖过正大行其道的简约风格。取材自然是东南亚家居的最大特点，同时色彩搭配斑斓高贵。生态饰品富有拙

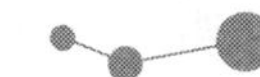

朴的禅意；布艺饰品则是暖色的点缀。

图22-4所示为东南亚风格的装饰效果。

图22-3 地中海风格

图22-4 东南亚风格

5. 中式风格

中国传统的室内设计融合了庄重与优雅的双重气质。其室内装饰艺术的特点是总体布局对称均衡，端正稳健，而在装饰细节上崇尚自然情趣，花鸟、鱼虫等精雕细琢，富于变化，充分体现出中国传统美学精神。

图22-5所示为中式风格的装饰效果。

6. 田园风格

田园风格倡导“回归自然”，在美学上推崇“自然美”，认为只有崇尚自然、结合自然，才能在当今高科技快节奏的社会生活中获取生理和心理的平衡。因此田园风格力求表现悠闲、舒畅、自然的田园生活情趣。

田园风格的用料崇尚自然，砖、陶、木、石、藤、竹……越自然越好。在织物质地的选择上多采用棉、麻等天然制品，其质感正好与乡村风格不饰雕琢的追求相契合。

田园风格的居室还要通过绿化把居住空间变为“绿色空间”，如结合家具陈设等布置绿化，或者做重点装饰与边角装饰，还可沿窗布置，使植物融于居室，创造出自然、简朴、高雅的氛围。

如图22-6所示为田园风格的装饰效果。

图22-5 中式风格

图22-6 田园风格

22.2 绘制别墅首层建筑平面图

本章以地中海风格的别墅为例，介绍别墅室内设计全套施工图纸的绘制，包括别墅建筑平面图、别墅地材图、别墅顶棚图、别墅立面图。

22.2.1 设置绘图环境

由于绘图环境的设置方法在前面章节已经介绍过，因此请读者翻阅前面章节，以参考设置绘图环境的具体操作方法。本节介绍绘制别墅建筑平面图所需要各类图层的设置方法。

01 启动AutoCAD 2014应用程序，新建一个空白文件；执行“文件”|“保存”命令，设置图形名称为“别墅首层建筑平面图.dwg”，将其保存至电脑中。

02 沿用前面所介绍的操作方法，设置新图形文件的绘图环境的各项参数，比如绘图单位、文字样式、尺寸标注样式等。

03 创建图层。调用LA【图层特性管理器】命令，系统弹出【图层特性管理器】对话框，在其中创建绘制别墅首层建筑平面图所需要的图层，如图22-7所示。

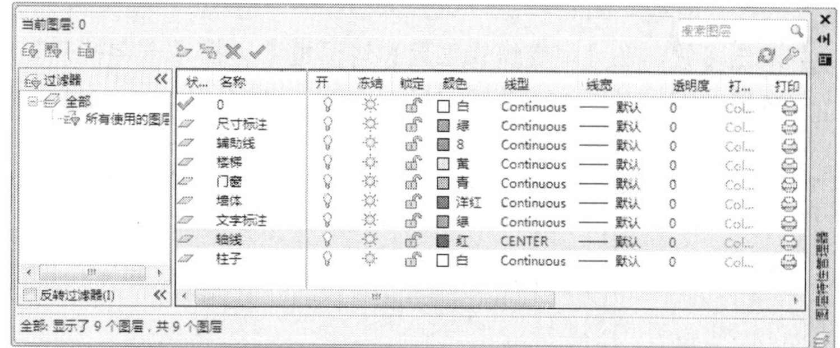

图22-7 【图层特性管理器】对话框

22.2.2 绘制轴线/墙体

轴线为绘制墙体提供定位作用，使用【多线】命令，绘制墙体，可以省去绘制及编辑时间。但是在通过偏移墙线来得到其他图形（比如绘制门窗洞口线时）时，需要将墙线分解才能执行【偏移】或其他编辑命令。

本节介绍轴线/墙体的绘制方法。

01 在“图层”工具栏下拉列表中选择“轴线”图层。

02 调用L【直线】命令、O【偏移】命令，绘制并偏移轴线，完成轴网的绘制，结果如图22-8所示。

03 在“图层”工具栏下拉列表中选择“墙体”图层。

04 调用ML【多线】命令，设置多线比例为200，捕捉轴线的交点来绘制多线，完成墙体的绘制，结果如图22-9所示。

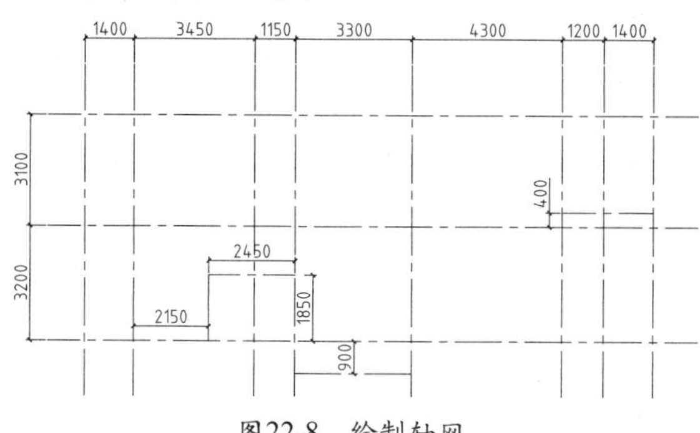

图22-8 绘制轴网

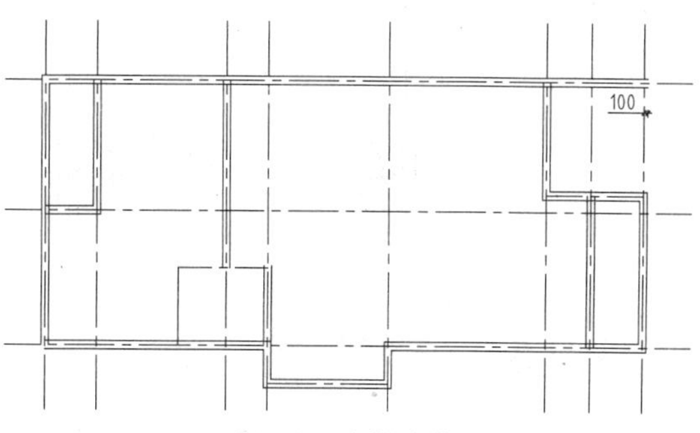

图22-9 绘制墙体

05 按下Enter键，更改多线的比例为100，绘制宽度为100的隔墙，结果如图22-10所示。

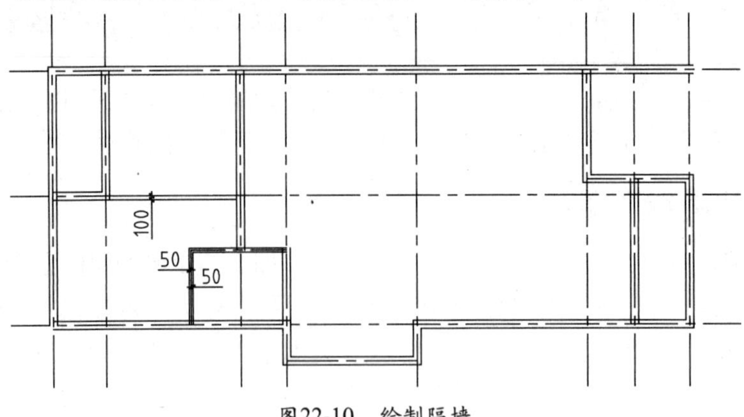

图22-10　绘制隔墙

06 关闭“轴线”图层。

07 双击多线，在【多变编辑工具】对话框中选择【十字打开】、【角点结合】等编辑工具，对多线执行编辑操作的结果如图22-11所示。

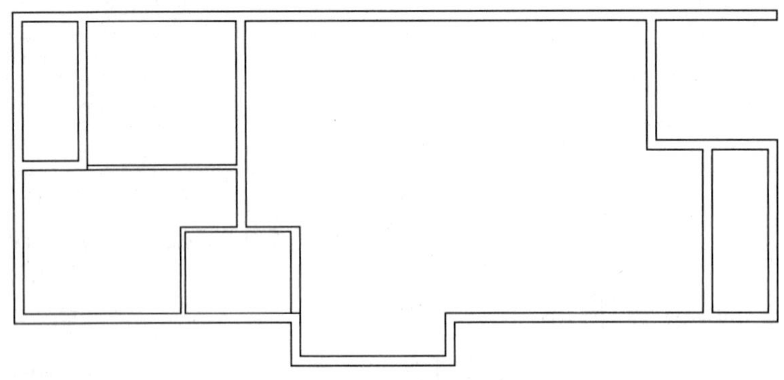

图22-11　编辑多线

08 在“图层”工具栏下拉列表中选择“柱子”图层。

09 调用REC【矩形】命令，绘制柱子的轮廓线；调用H【图案填充】命令，在【图案填充和渐变色】对话框中选择SOLID图案，对柱子轮廓线执行填充操作，结果如图22-12所示。

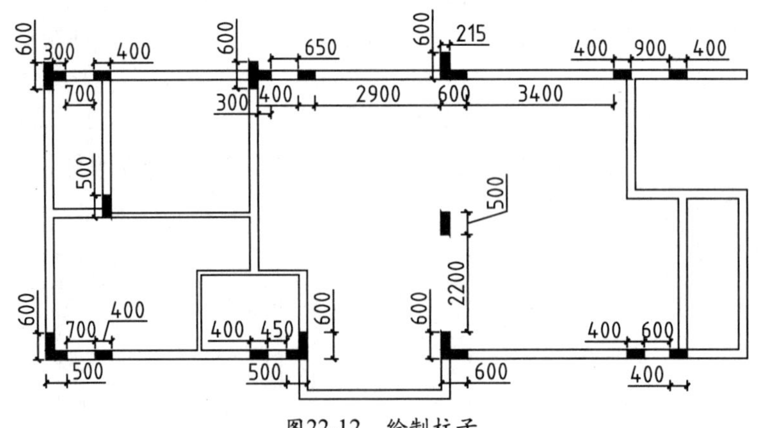

图22-12　绘制柱子

22.2.3　绘制门窗

首先绘制门窗洞口线，然后再在门窗洞口的基础上绘制门窗图形。其中，通过设置多线样式，调用【多线】命令来绘制平面窗图形，不仅可以保证图形的整体性，还可提高绘图效率。

本节介绍门窗洞口、平面窗图形的绘制方式。

01 在“图层”工具栏下拉列表中选择“门窗”图层。

02 调用L【直线】命令、O【偏移】命令，绘制门窗洞口线；调用TR【修剪】命令，修剪墙线，绘制门窗洞口的结果如图22-13所示。

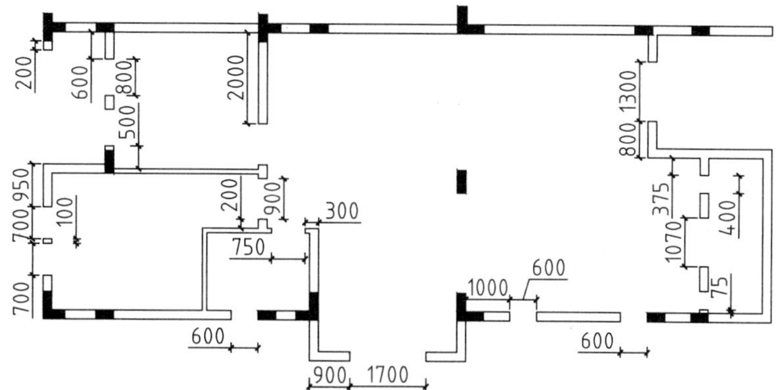

图22-13 绘制门窗洞口

03 调用L【直线】命令、TR【修剪】命令，绘制窗套图形，结果如图22-14所示。

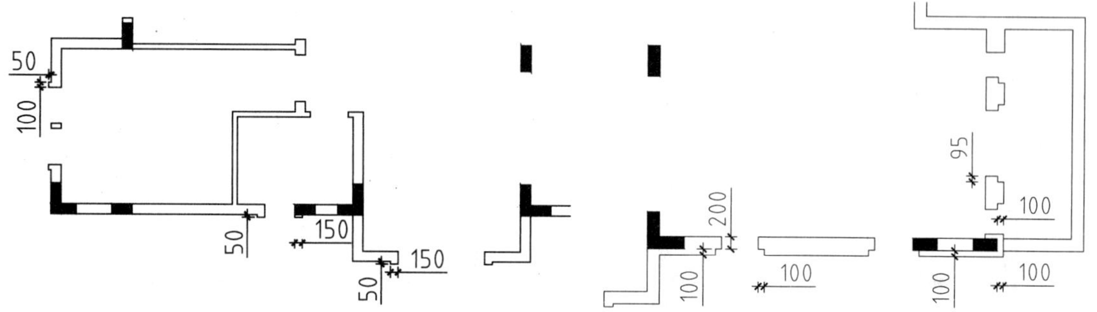

图22-14 绘制窗套图形

04 执行“格式”|“多线样式”命令，在弹出的【多线样式】对话框中新建名称为“窗”的新样式，在【修改多线样式：窗】对话框中设置多线样式参数，结果如图22-15所示。

05 在【多线样式】中将“窗”样式置为当前正在使用的样式。

06 调用ML【多线】命令，设置多线比例为1，指定多线的起点及下一点，绘制平面窗图形的结果如图22-16所示。

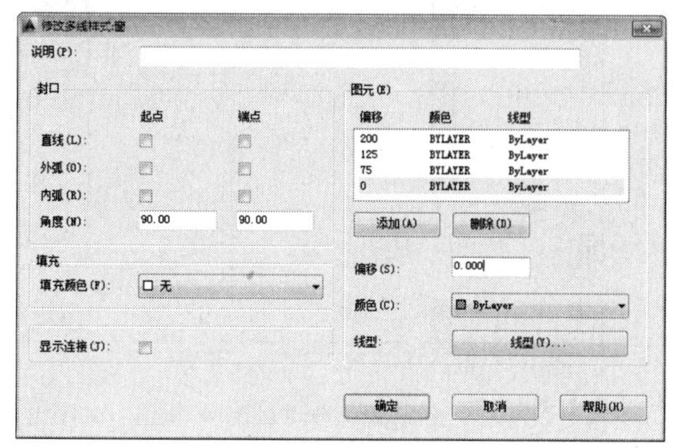

图22-15 设置参数

图22-16 绘制窗图形

07 重新调出【多线样式】对话框，在其中新建名称为“窗2”的新样式，设置样式参数如图22-17所示。

08 调用ML【多线】命令，绘制窗2图形的结果如图22-18所示。

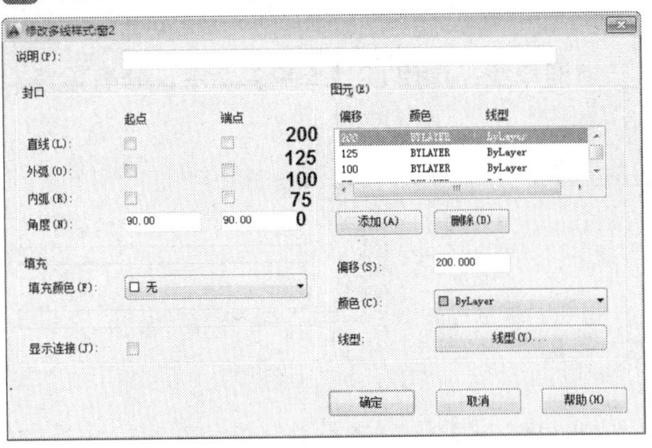

图22-17 设置窗2样式参数

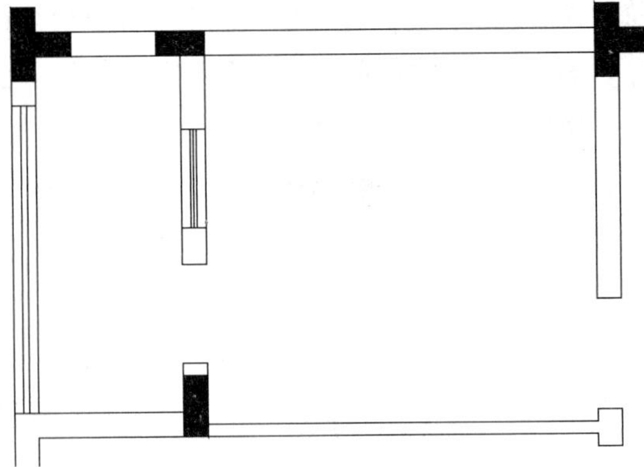

图22-18 绘制窗2

09 按下Enter键，继续绘制窗2图形，结果如图22-19所示。

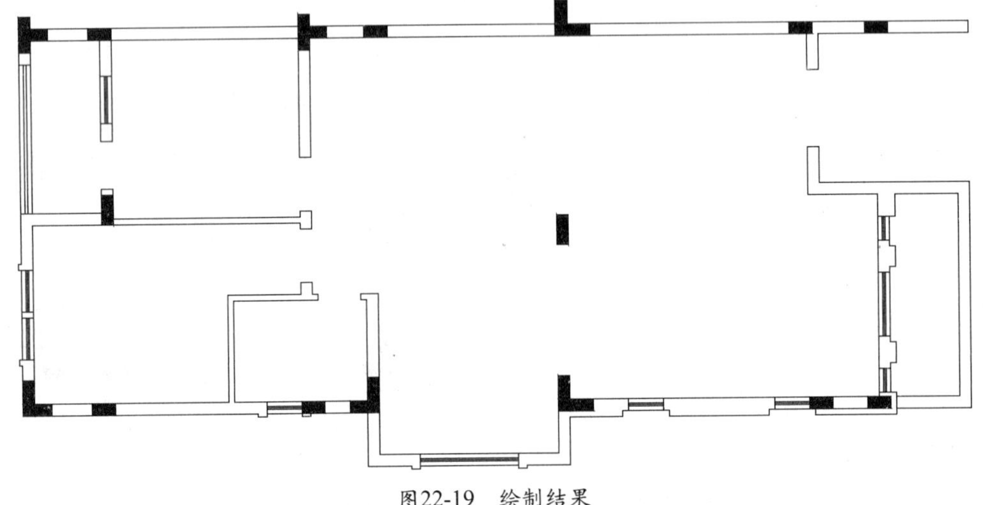

图22-19 绘制结果

10 绘制实木窗套轮廓线。调用O【偏移】命令，设置偏移距离为50，向内偏移门窗洞口线，结果如图22-20所示。

11 调用X【分解】命令，分解窗2图形；调用TR【修剪】命令，修剪线段，结果如图22-21所示。

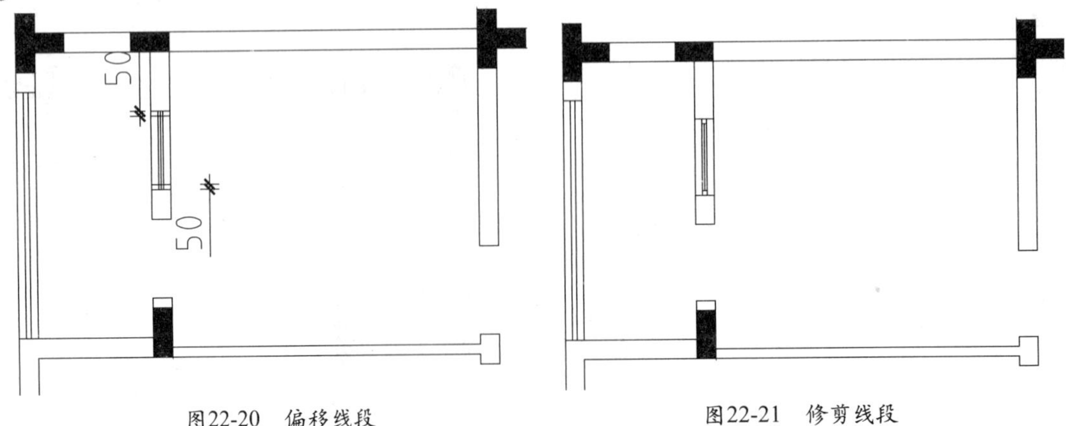

图22-20 偏移线段

图22-21 修剪线段

12 重复执行【偏移】、【修剪命令】，完成实木窗套轮廓线的绘制，结果如图22-22所示。

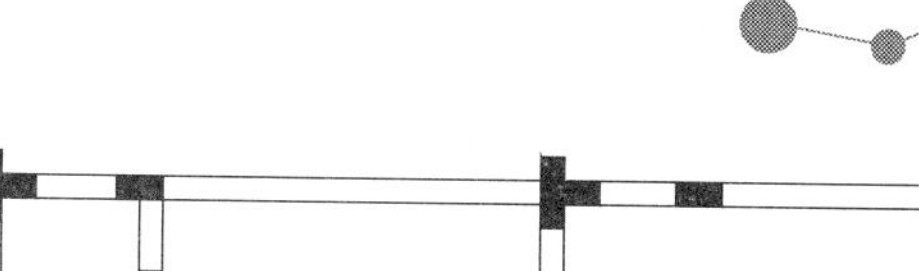

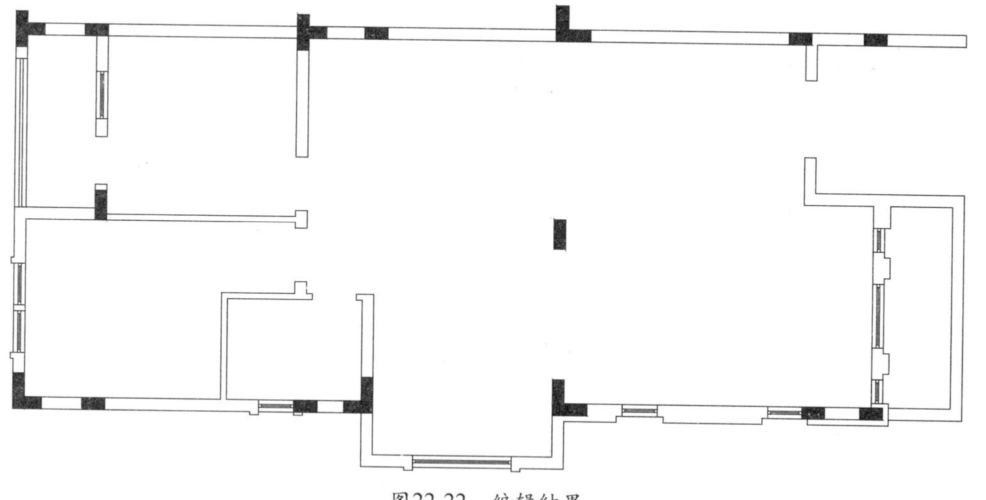

图22-22 编辑结果

22.2.4 绘制楼梯

可以按照楼梯踏步、楼梯扶手、上楼方向的文字标注的顺序来绘制楼梯平面图。其中，楼梯踏步可以执行【矩形阵列】命令来移动复制。

本节介绍楼梯平面图形的绘制方法。

01 在“图层”工具栏下拉列表中选择“楼梯”图层。

02 调用REC【矩形】命令，绘制踏步轮廓线，结果如图22-23所示。

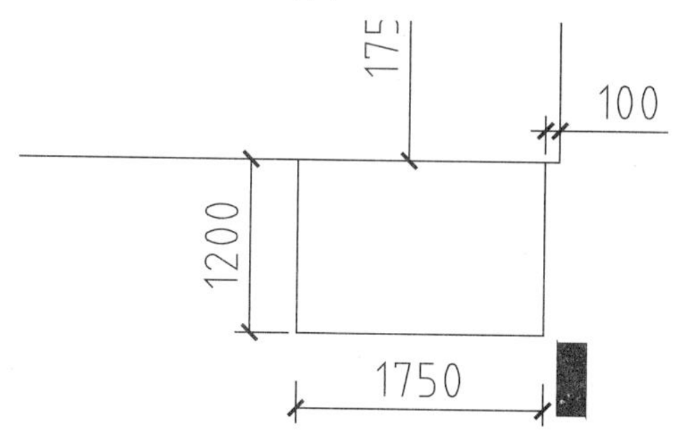

图22-23 绘制踏步轮廓线

03 调用X【分解】命令，分解矩形；调用O【偏移】命令、TR【修剪】命令，偏移并修剪线段，结果如图22-24所示。

04 执行“修改”|“阵列”|“矩形阵列”命令，选择A线段为阵列对象；设置列数为14，列距为250，行数为1，阵列复制A线段的结果如图22-25所示。

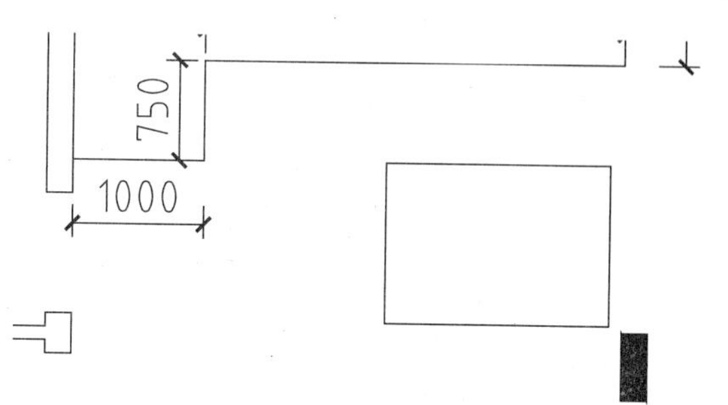

图22-24 偏移并修剪线段

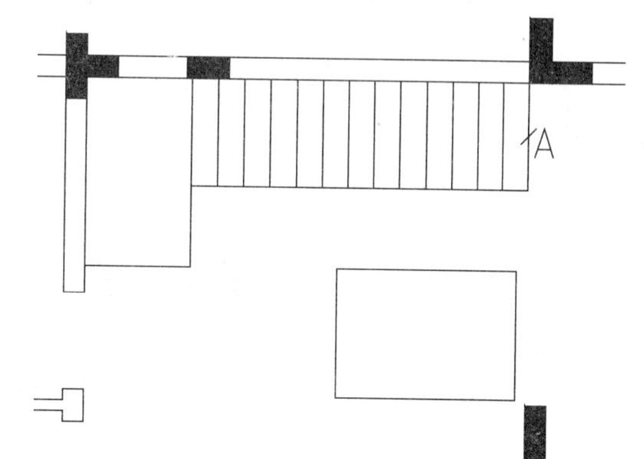

图22-25 阵列复制A线段

05 按下Enter键，重复执行【矩形阵列】命令，设置列数为1，行数为4，行距为250，阵列复制B线段的结果如图22-26所示。

06 按下Enter键并再次执行【矩形阵列】命令，设置列数为7，列距为250，行数为1，阵列复制C线段，结果如图22-27所示。

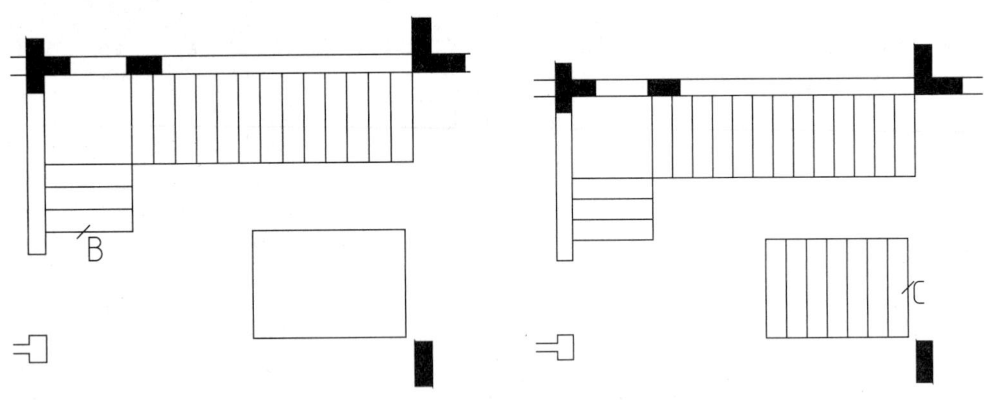

图22-26 阵列复制B线段　　　　图22-27 阵列复制C线段

07 调用REC【矩形】命令、O【偏移】命令，绘制楼梯扶手图形；调用TR【修剪】命令，修剪多余线段，结果如图22-28所示。

08 调用PL【多段线】命令，绘制剖断线；调用TR【修剪】命令，修剪多余线段，结果如图22-29所示。

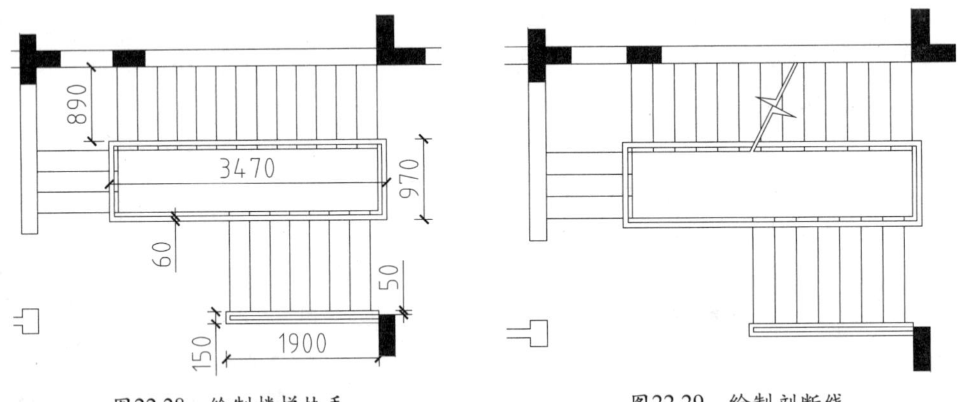

图22 28 绘制楼梯扶手　　　　图22 29 绘制剖断线

09 调用PL【多段线】命令，绘制起点宽度为60，端点宽度为0的指示箭头；调用MT【多行文字】命令，绘制上下楼方向的文字标注，结果如图22-30所示。

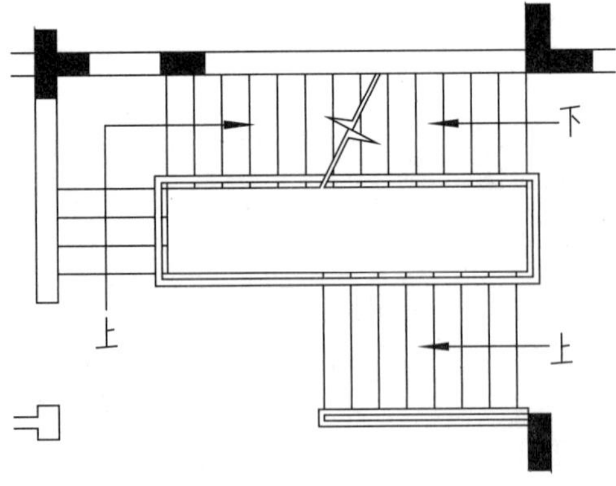

图22-30 绘制结果

22.2.5 绘制其他图形

其他图形包括立管、文字标注、尺寸标注等。文字标注包括各区域的名称标注、图名标注，在绘制完成所有的平面图形后，应绘制文字标注以进行解释说明。尺寸标注用来表示房屋开间、进深尺寸，因此必不可少。

本节介绍其他各类图形的绘制方法。

01 在“图层”工具栏下拉列表中选择“辅助线”图层。

02 绘制立管。调用C【圆形】命令、CO【复制】命令，绘制并复制圆形（R=50），完成立管图形的绘制，结果如图22-31所示。

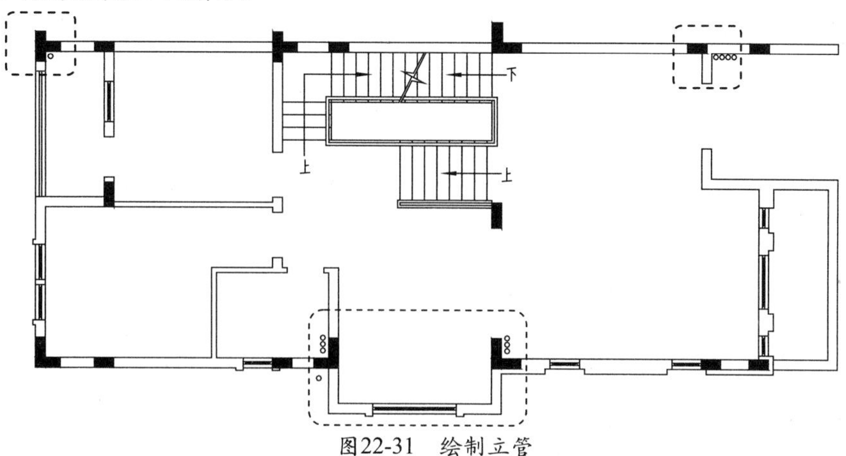

图22-31　绘制立管

03 调用REC【矩形】命令，绘制立管外包图形，结果如图22-32所示。

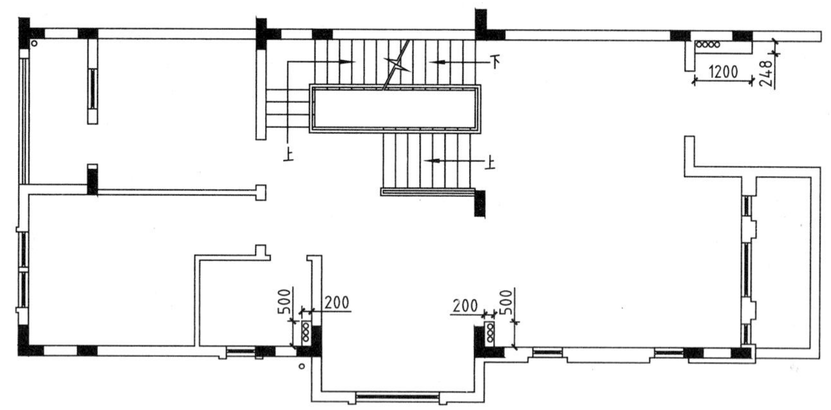

图22-32　绘制立管外包图形

04 执行L【直线】命令、TR【修剪】命令、O【偏移】命令，绘制图22-33所示的图形。

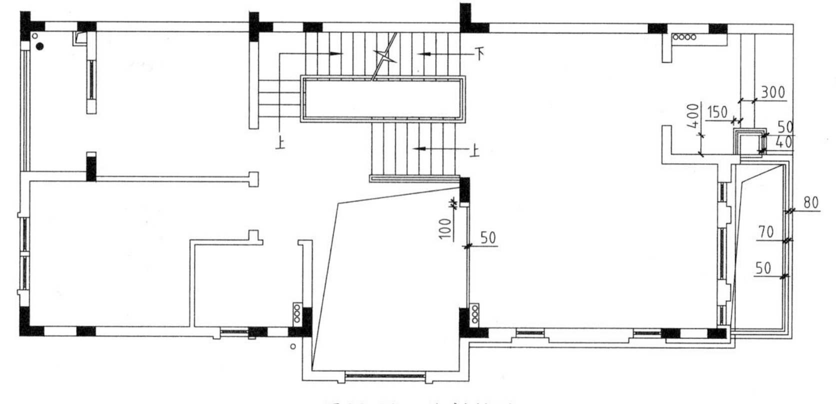

图22-33　绘制结果

05 在“图层”工具栏下拉列表中选择“文字标注”图层。

06 调用I【插入】命令，在【插入】对话框中调入标高图块，双击标高图块来更改标高值；调用MT【多行文字】命令，绘制文字标注，结果如图22-34所示。

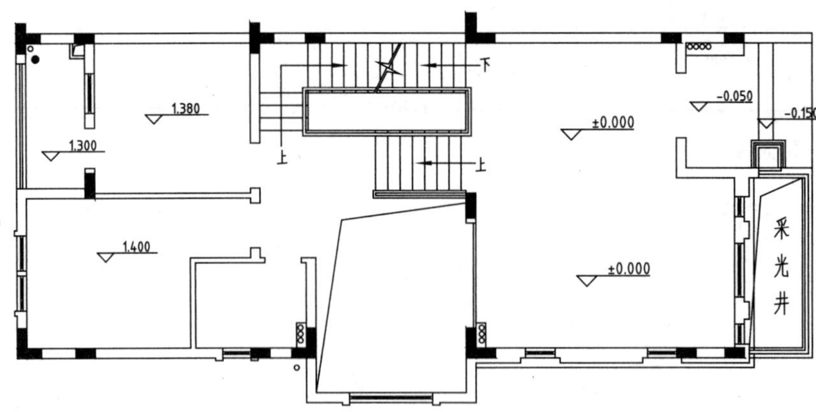

图22-34　绘制文字标注

07 在“图层”工具栏下拉列表中选择“尺寸标注”图层。

08 调用DLI【线性标注】命令，绘制平面图尺寸标注，结果如图22-35所示。

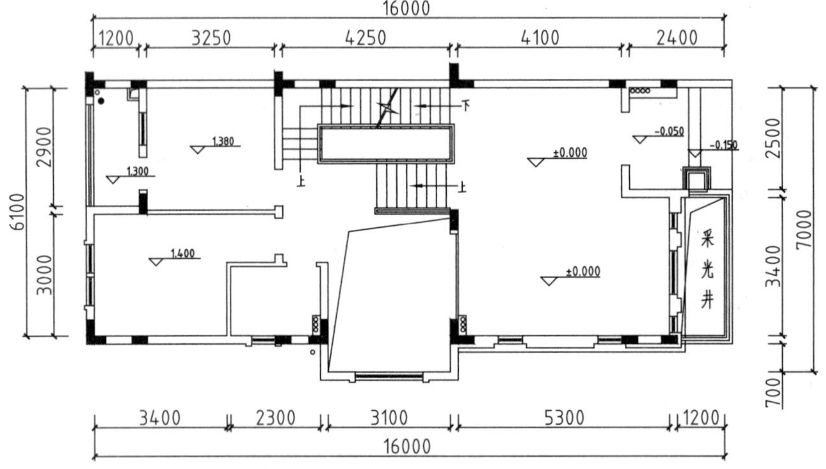

图22-35　绘制尺寸标注

09 在“图层”工具栏下拉列表中选择“文字标注”图层。

10 调用MT【多行文字】命令、PL【多段线】命令，绘制图名标注及下划线，结果如图22-36所示。

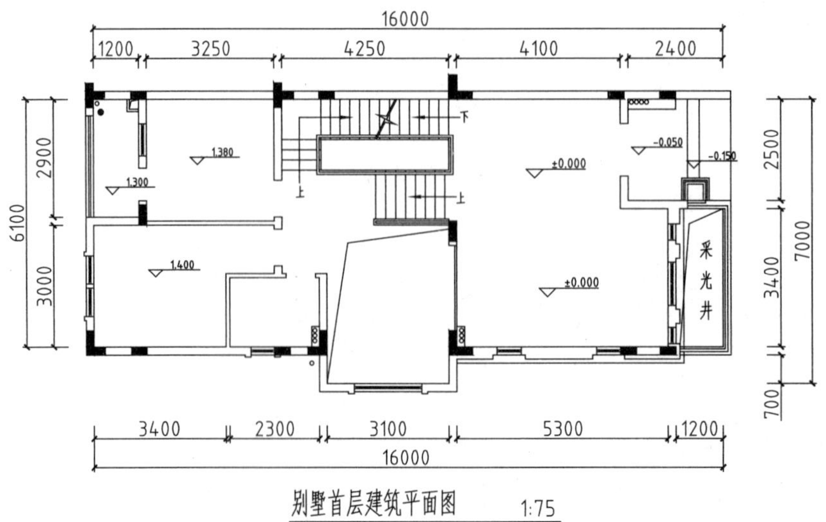

图22-36　绘制图名标注

22.2.6 绘制其他楼层建筑平面图

别墅地下室建筑平面图的绘制结果如图22-37所示。

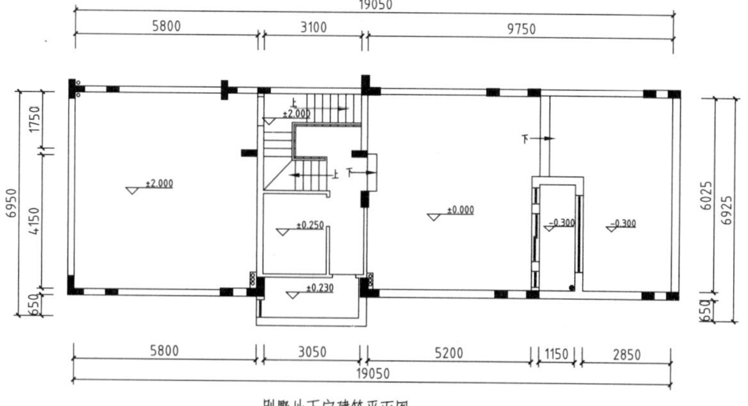

图22-37 别墅地下室建筑平面图

别墅二层建筑平面图的绘制结果如图22-38所示。

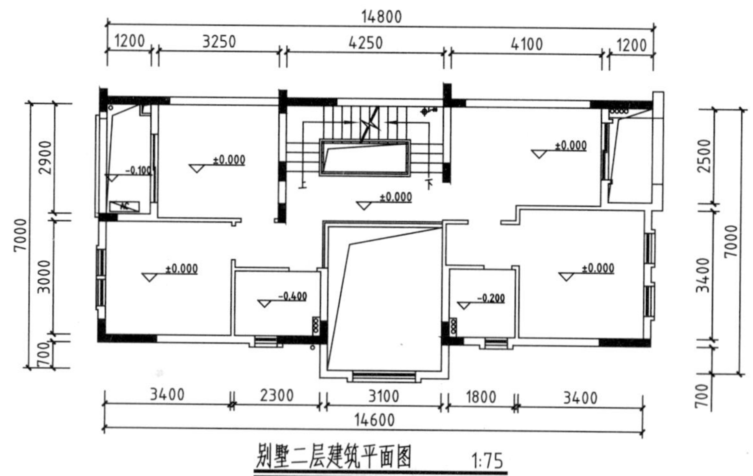

图22-38 别墅二层建筑平面图

别墅三层建筑平面图的绘制结果如图22-39所示。

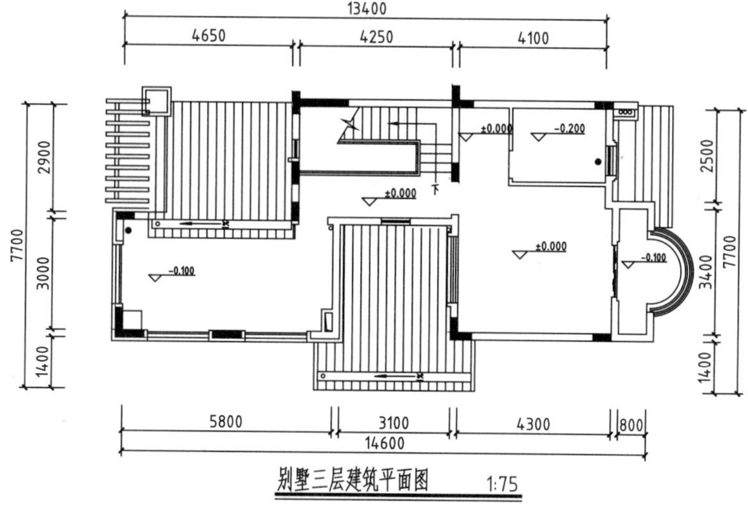

图22-39 别墅三层建筑平面图

22.3 绘制别墅平面布置图

本节介绍别墅平面布置图的绘制，包括客厅平面布置图、书房平面布置图、卧室平面布置图、厨房平面布置图。

22.3.1 绘制客厅平面布置图

客厅平面布置图表示客厅中家具的摆放位置、墙面装饰造型、门的尺寸及开启方向等。本节介绍客厅平面布置图的绘制。

01 启动AutoCAD 2014应用程序，执行“打开”|“文件”命令，打开“别墅首层建筑平面图.dwg”文件。

02 执行“文件”|“另存为”命令，将文件另存为“别墅首层平面布置图.dwg”文件。

03 整理图形。将“尺寸标注”图层、“文字标注”图层关闭；调用E【删除】命令，删除平面图上的多余图形，结果如图22-40所示。

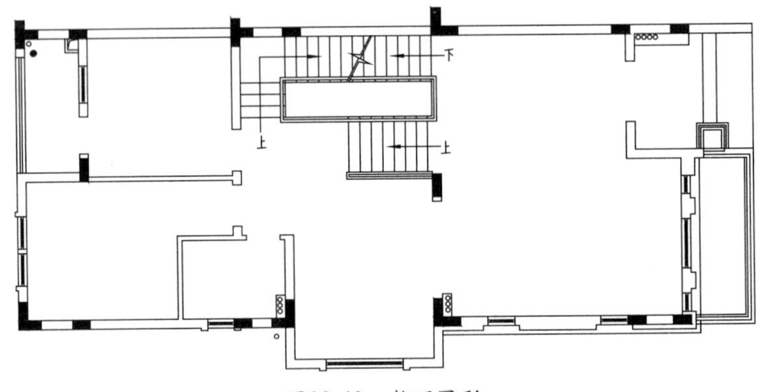

图22-40 整理图形

04 新建“立面装饰柱”图层，颜色为“绿色”，并将其置为当前图层。

05 调用L【直线】命令、TR【修剪】命令，绘制立面装饰柱轮廓线，结果如图22-41所示。

06 在“图层”工具栏下拉列表中选择“辅助线”图层。

07 调用L【直线】命令、O【偏移】命令，绘制并偏移直线，绘制台阶踏步，结果如图22-42所示。

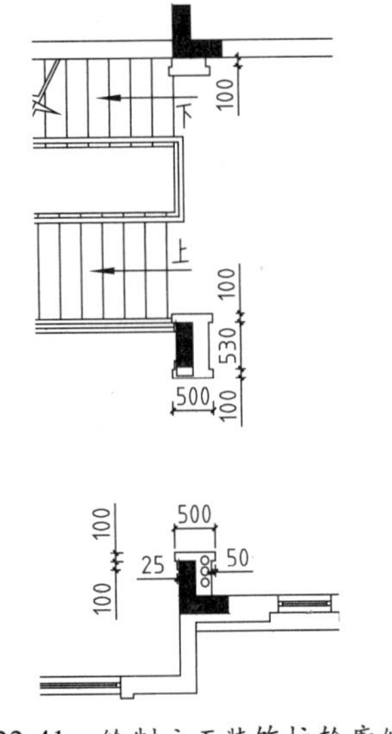

图22-41 绘制立面装饰柱轮廓线

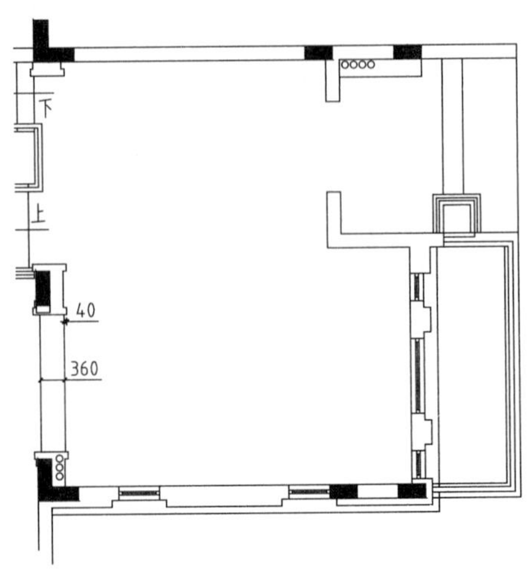

图22-42 绘制台阶踏步

08 在“图层”工具栏下拉列表中选择“门窗”图层。

09 调用REC【矩形】命令，分别绘制尺寸为900×40、400×40的矩形；调用A【圆弧】命令，绘制圆弧，完成子母门的绘制，结果如图22-43所示。

10 在“图层”工具栏下拉列表中选择“辅助线”图层。

11 调用REC【矩形】命令，绘制尺寸为200×150的矩形，完成背景墙装饰柱轮廓线的绘制，结果如图22-44所示。

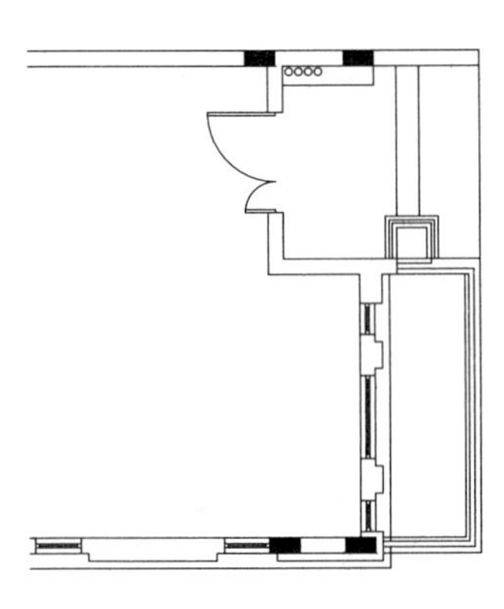

图22-43　绘制子母门

图22-44　绘制装饰柱轮廓线

12 调用O【偏移】命令、TR【修剪】命令，绘制背景墙装饰图形以及壁炉图形，结果如图22-45所示。

13 绘制窗帘。调用L【直线】命令，绘制直线，并将直线的线型更改为虚线，结果如图22-46所示。

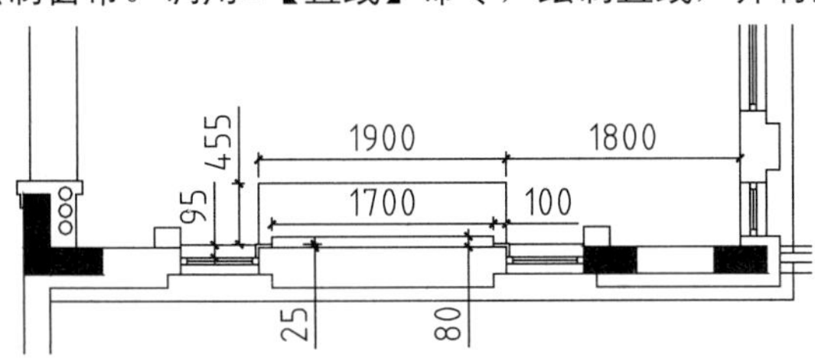

图22-45　绘制结果

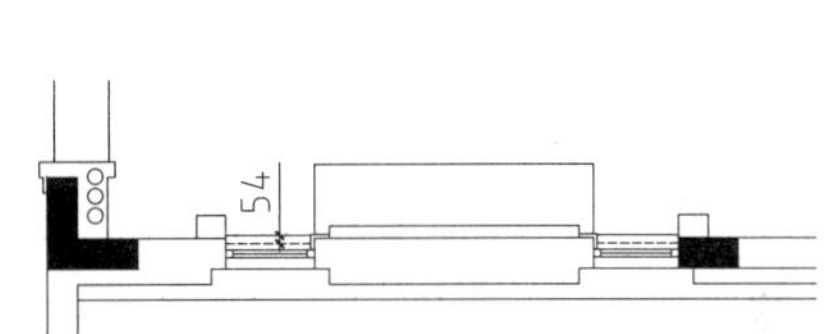

图22-46　绘制窗帘

14 调用E【删除】命令，删除多余线段；调用L【直线】命令，绘制直线，完成窗套图形的绘制，结果如图22-47所示。

15 调用REC【矩形】命令，绘制天光井顶面玻璃外轮廓线，结果如图22-48所示。

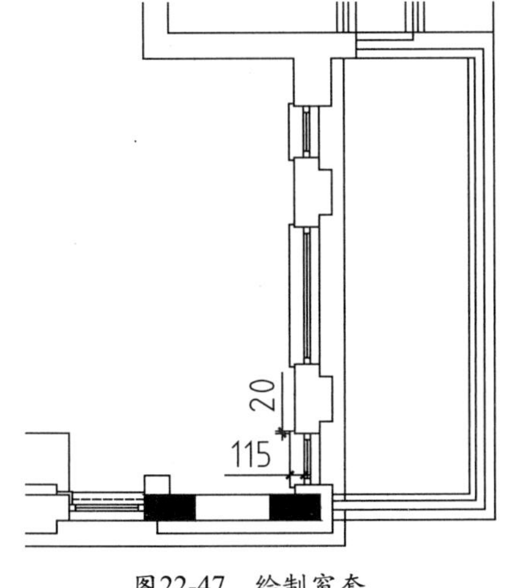

图22-47　绘制窗套

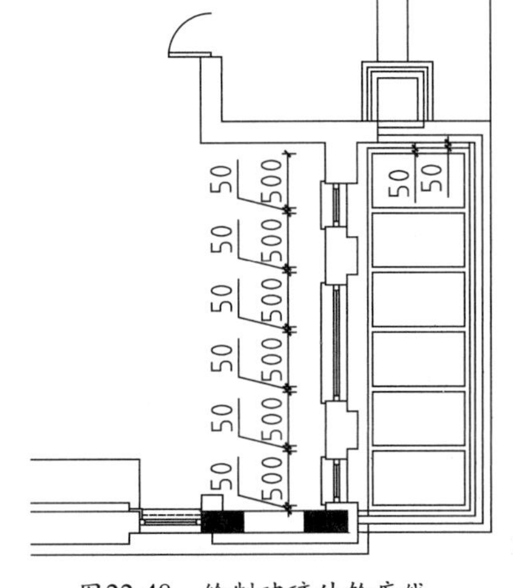

图22-48　绘制玻璃外轮廓线

16 调用H【图案填充】命令，在弹出的【图案填充和渐变色】对话框中设置玻璃图案的样式参数；在平面图中拾取上一步骤所绘制的矩形轮廓线，完成填充操作的结果如图22-49所示。

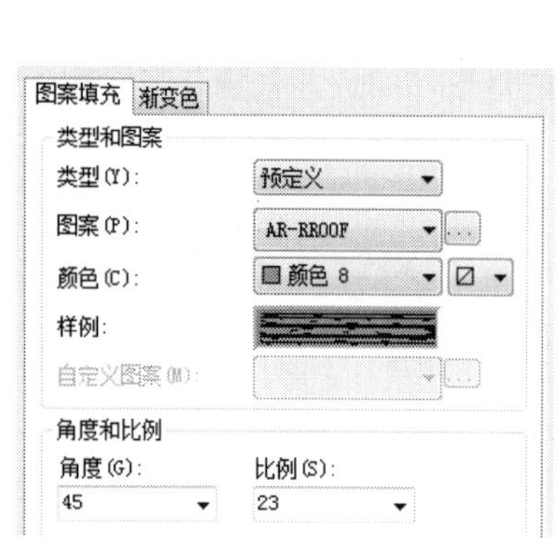

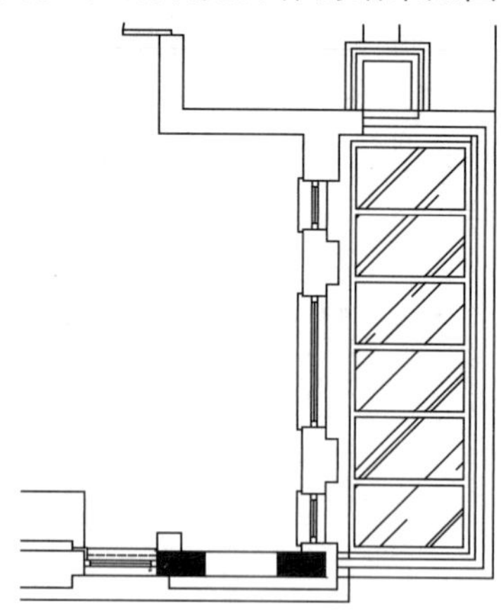

图22-49 绘制图案填充

17 新建“家具”图层，颜色为“颜色8”，并将该图层置为当前图层。

18 调入图块。按下Ctrl+O快捷键，打开配套光盘提供的“第22章/图例文件.dwg”文件，将其中的组合沙发、电视机、窗帘等家具图块复制并粘贴至当前图形中，结果如图22-50所示。

19 打开“文字标注”图层，使标高标注显示，调用M【移动】命令，移动标高标注图形，以使其不被家具图块遮挡，操作的结果如图22-51所示。

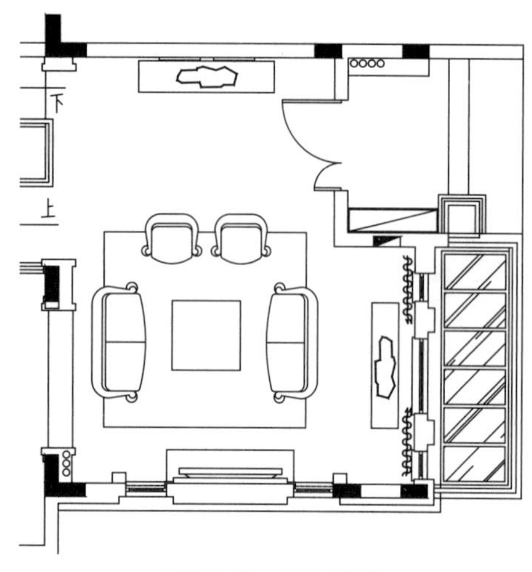

图22-50 调入图块

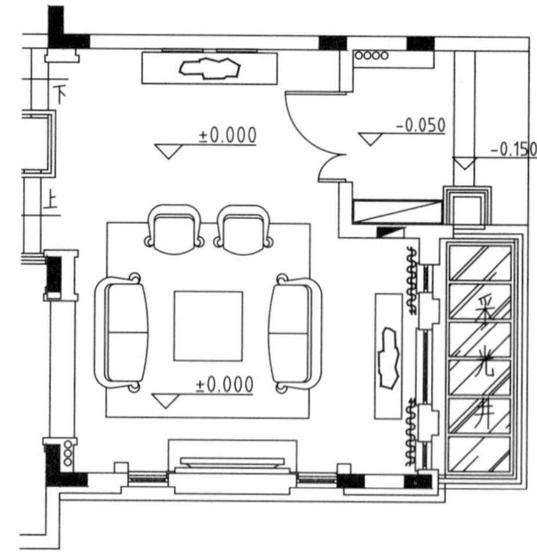

图22-51 操作结果

22.3.2 绘制书房平面布置图

书房平面布置图主要表现书柜的位置、尺寸，此外，可以将所绘制的平开门图形创建成图块，方便在绘制其他区域平面布置图时调用。

01 启动AutoCAD 2014应用程序，执行“打开”|“文件”命令，打开“别墅二层建筑平面图.dwg”文件。

02 执行“文件”|“另存为”命令，将文件另存为“别墅二层平面布置图.dwg”文件。

03 整理图形。关闭“尺寸标注”图层、“文字标注”图层，调用E【删除】命令，删除平面图上的多余图形，结果如图22-52所示。

04 墙体改造。调用E【删除】命令、TR【修剪】命令，删除或修剪待拆除墙体的墙线，结果如图22-53所示（经过墙体改造，可以合理划分书房及父母房的范围，并为书房新砌入户门洞）。

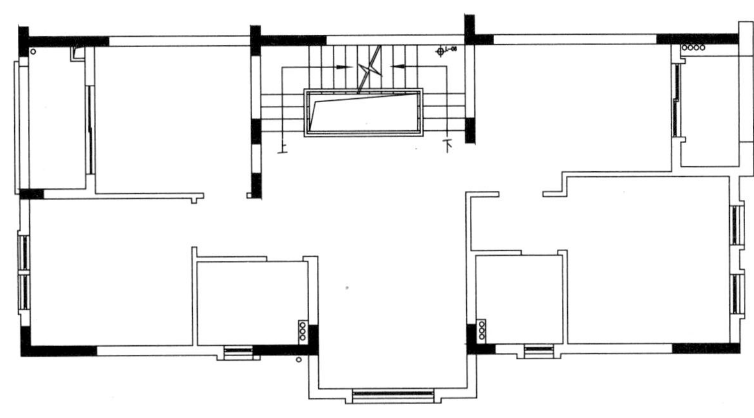

图22-52 整理图形

05 在“图层”工具栏下拉列表中选择“墙体”图层。

06 调用L【直线】命令、O【偏移】命令、TR【修剪】命令，绘制新砌墙体，结果如图22-54所示。

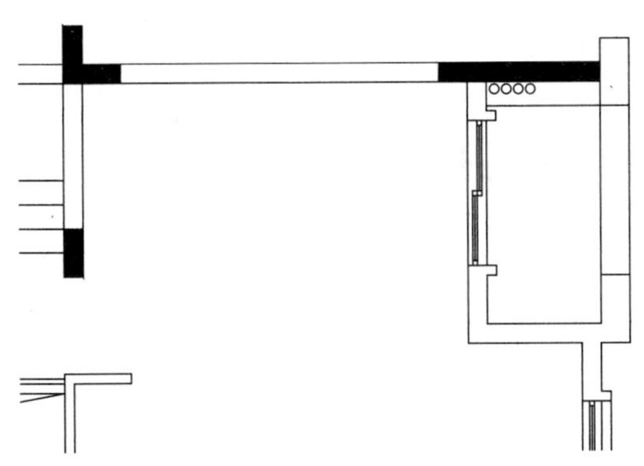

图22-53 删除墙线

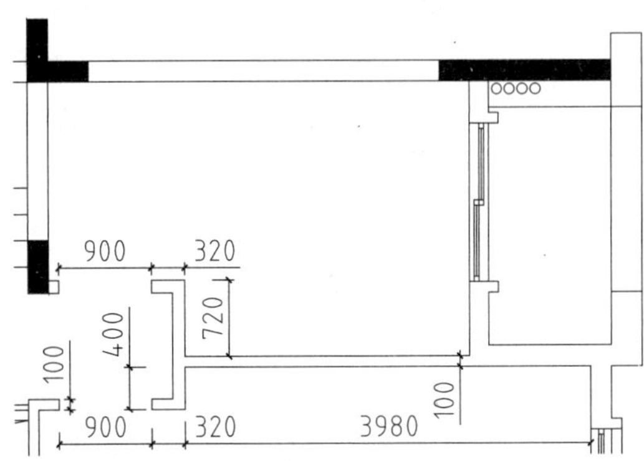

图22-54 绘制墙线

07 在“图层”工具栏下拉列表中选择“家具”图层。

08 绘制书柜。调用L【直线】命令、O【偏移】命令，绘制并偏移直线，结果如图22-55所示。

09 调用O【偏移】命令，设置偏移距离为20，向内偏移书柜轮廓线；调用TR【修剪】命令，修剪线段；调用L【直线】命令，绘制对角线，结果如图22-56所示。

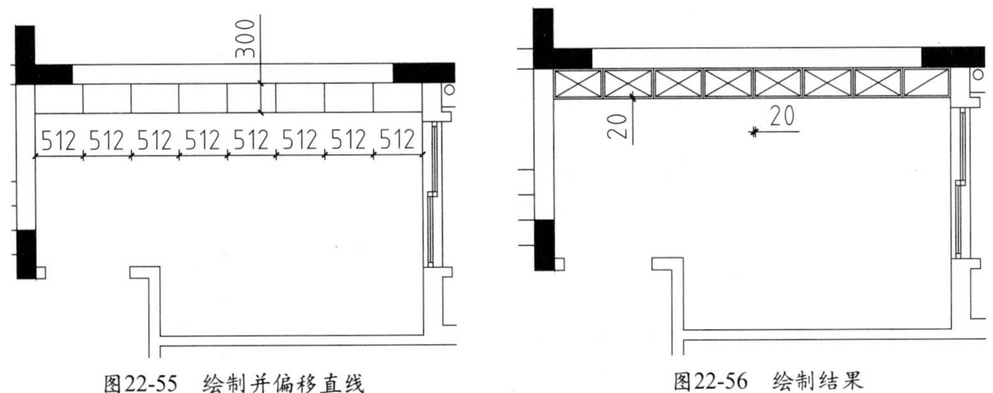

图22-55 绘制并偏移直线

图22-56 绘制结果

10 在“图层”工具栏下拉列表中选择“辅助线”图层。

11 调用L【直线】命令，绘制如图22-57所示的线段。

12 在“图层”工具栏下拉列表中选择“家具”图层。

13 按下Ctrl+O快捷键，在配套光盘提供的“第22章/图例文件.dwg”文件中将书桌、椅子、门套、窗帘等图块复制并粘贴至当前图形中，结果如图22-58所示。

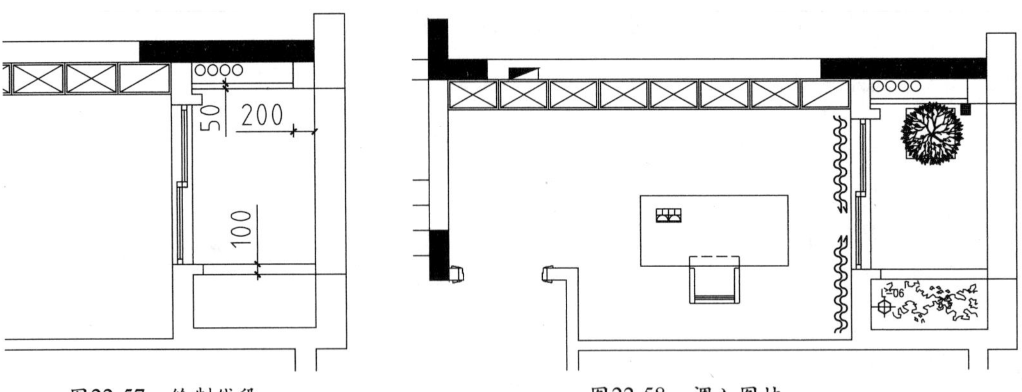

图22-57　绘制线段　　　　图22-58　调入图块

14 调用REC【矩形】命令、A【圆弧】命令，绘制单扇平开门图形，结果如图22-59所示。

15 选择门图形，调用B【创建块】命令，在【块定义】对话框中将图块名称设置为“门（1000）”，如图22-60所示，单击“确定”按钮关闭对话框以完成门图块的创建。

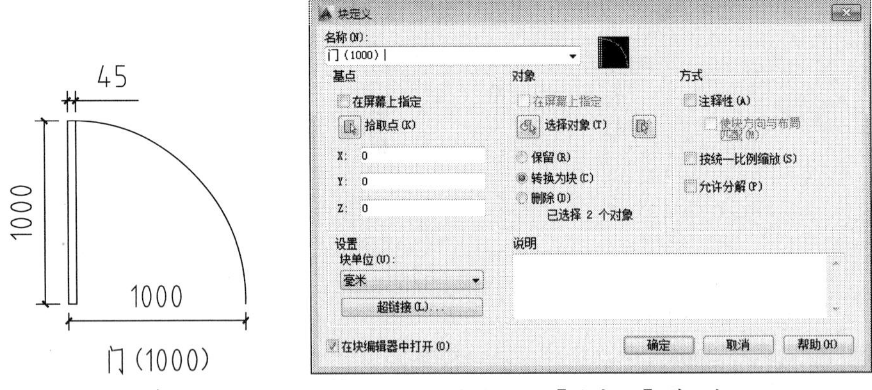

图22-59　绘制单扇平开门　　　　图22-60　【块定义】对话框

16 调用I【插入】命令，在“比例”选项组下将X文本框中的比例因子设置为0.82，单击“确定”按钮将门图块调入书房平面图中；同时打开“文字标注”图层，结果如图22-61所示。

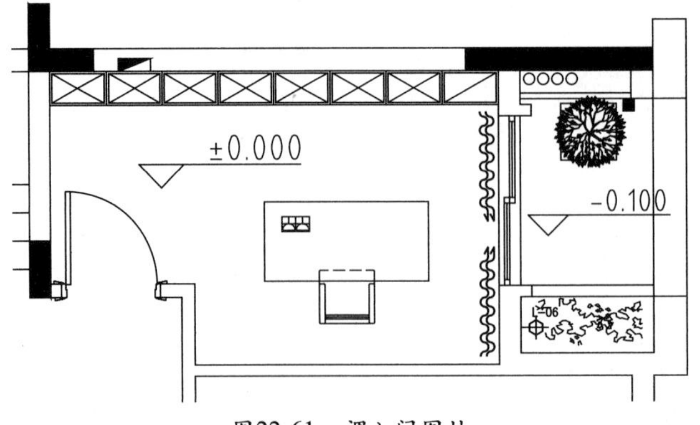

图22-61　调入门图块

22.3.3 绘制主卧室平面布置图

卧室平面布置图表现了衣帽间、卫生间的平面布置结果。衣帽间主要的家具为衣柜，在绘制衣柜时可以调用“矩形”、“偏移”等命令。卫生间需要绘制墙面瓷砖装饰层，因为洁具是在墙面瓷砖铺贴好之后才安装的。

本节介绍主卧室平面布置图的绘制。

01 启动AutoCAD 2014应用程序，执行“打开”|“文件”命令，打开“别墅三层建筑平面图.dwg”文件。

02 执行“文件”|“另存为”命令，将文件另存为“别墅三层平面布置图.dwg”文件。

03 关闭“尺寸标注”图层、“文字标注”图层。

04 在“图层”工具栏下拉列表中选择“墙体”图层。

05 墙体改造。调用E【删除】命令，删除待拆除墙体的轮廓线；调用L【直线】命令、O【偏移】命令，绘制新砌墙体的轮廓线，结果如图22-62所示（由于按照原建筑墙体的砌法，不能最大限度地利用空间；因此重新对墙体进行改造后，可以划定一个封闭的空间作为衣帽间，并且可以重新定义卧室A墙面的装饰区域，使电视背景墙左右对称）。

06 在“图层”工具栏下拉列表中选择“辅助线”图层。

07 调用O【偏移】命令，设置偏移距离为30，选择内墙线向内偏移；调用TR【修剪】命令，完成墙面瓷砖层的绘制；调用L【直线】命令，绘制浴缸位置轮廓线，结果如图22-63所示。

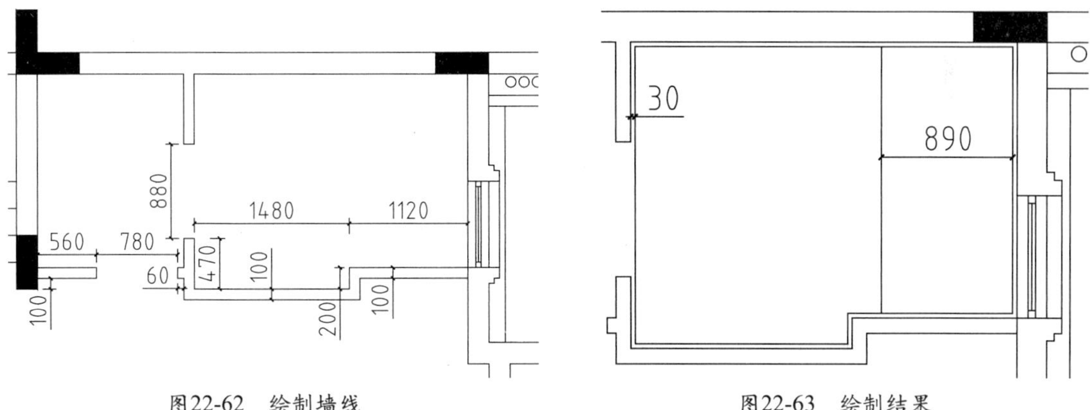

图22-62　绘制墙线　　　　图22-63　绘制结果

08 调用E【删除】命令，删除窗洞轮廓线；调用L【直线】命令，绘制图22-64所示的线段。

09 绘制窗帘。调用O【偏移】命令，偏移线段并将该线段的线型更改为虚线，结果如图22-65所示。

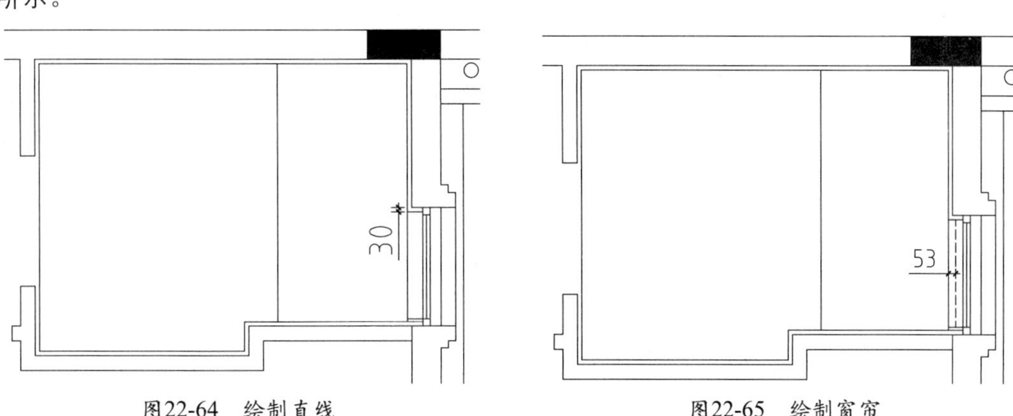

图22-64　绘制直线　　　　图22-65　绘制窗帘

10 在“图层”工具栏下拉列表中选择“家具”图层。

11 绘制衣柜固定构件外轮廓。调用REC【矩形】命令，绘制矩形，如图22-66所示。

12 调用X【分解】命令，分解矩形；调用O【偏移】命令，向内偏移矩形边，结果如图22-67所示。

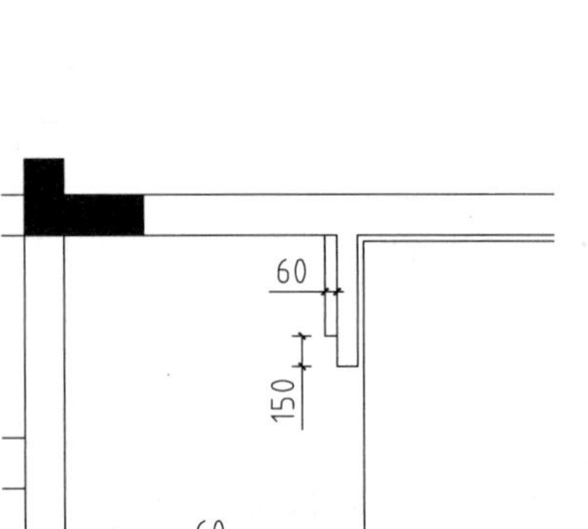

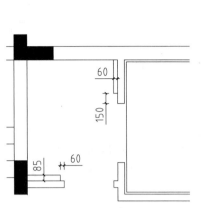

图22-66 绘制矩形

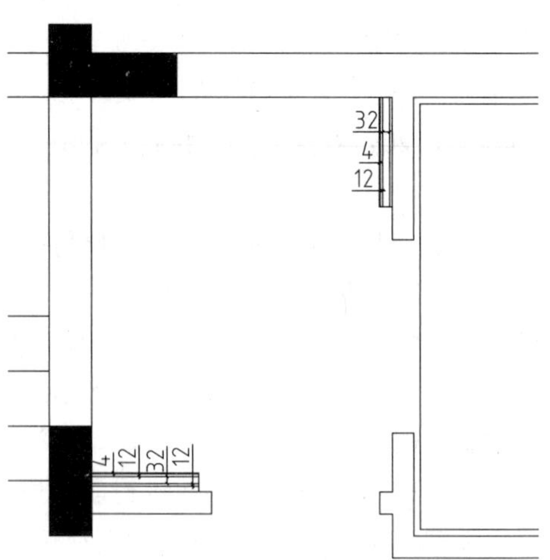

图22-67 向内偏移矩形边

13 绘制木龙骨。调用REC【矩形】命令，绘制尺寸为22×32的矩形；调用CO【复制】命令，移动复制矩形；调用L【直线】命令，在矩形内绘制对角线，结果如图22-68所示。

14 绘制衣柜轮廓线。调用L【直线】命令，绘制直线，结果如图22-69所示。

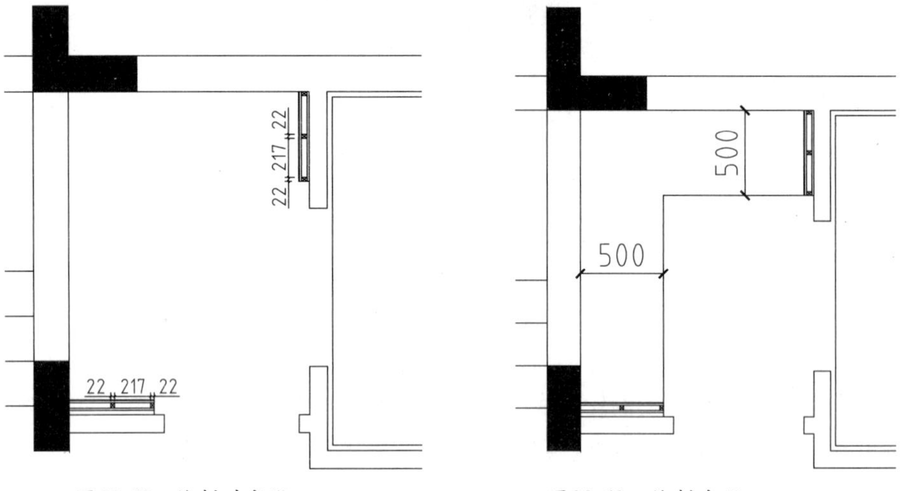

图22-68 绘制对角线

图22-69 绘制直线

15 调用O【偏移】命令、TR【修剪】命令，偏移并修剪衣柜轮廓线，结果如图22-70所示。

16 绘制背景墙实木线。调用REC【矩形】命令，绘制尺寸为1050×100的矩形，结果如图22-71所示。

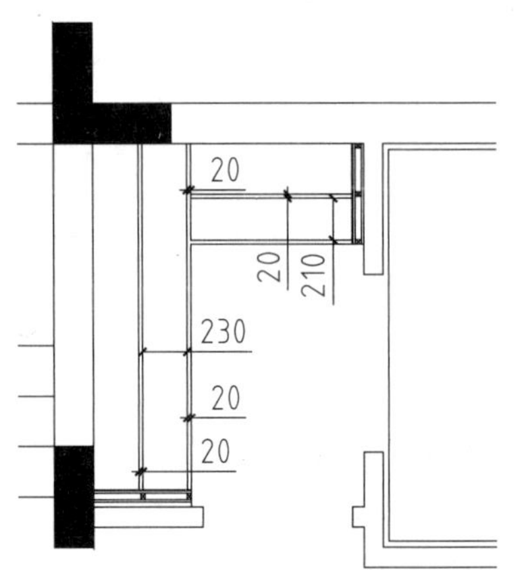

图22-70 偏移并修剪线段

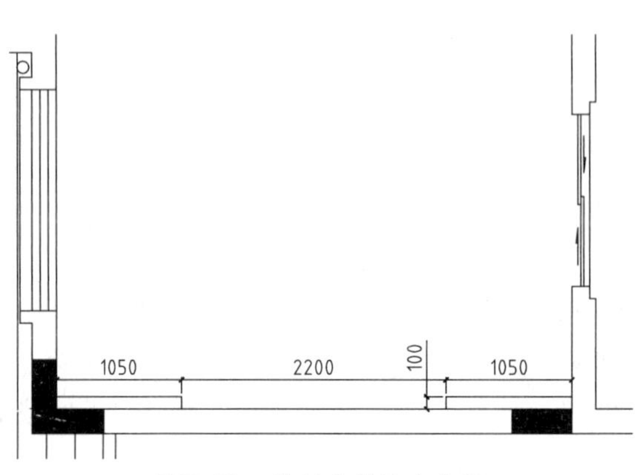

图22-71 绘制背景墙实木线

17 在“图层”工具栏下拉列表中选择“家具”图层。

18 调入图块。按下Ctrl+O快捷键，在配套光盘提供的“第22章/图例文件.dwg”文件中将双人床、洁具等图块复制并粘贴至当前图形中，结果如图22-72所示。

19 调用I【插入】命令，在“比例”选项组下将X文本框中的比例因子分别设置为0.72、0.82，单击“确定”按钮，将门图块调入卧室平面图中；同时打开“文字标注”图层，结果如图22-73所示。

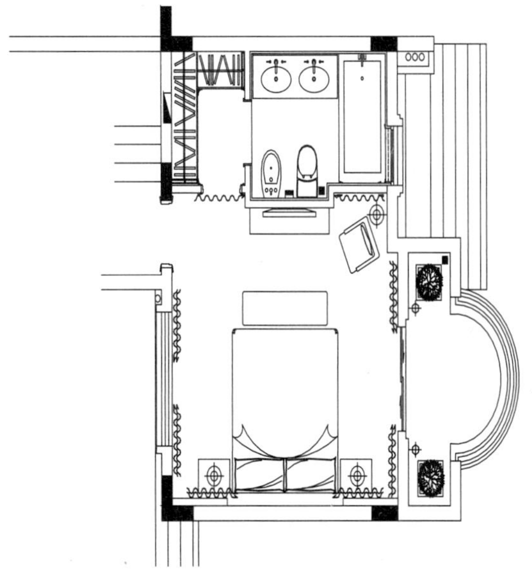

图22-72 调入图块

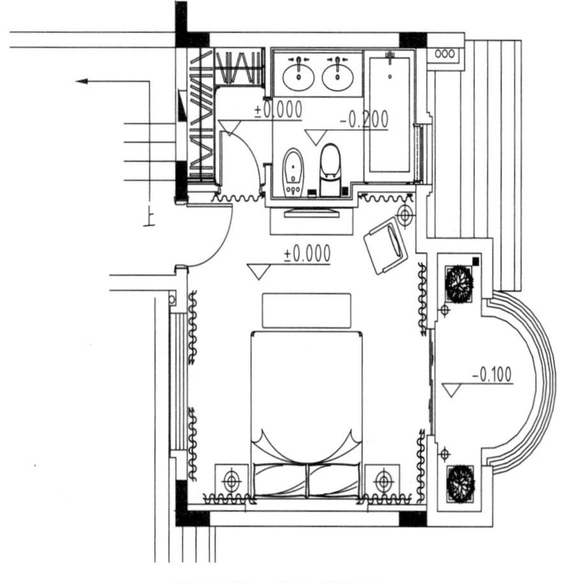

图22-73 插入门图块

22.3.4 绘制厨房平面布置图

厨房平面布置图要表现操作台、橱柜的位置、尺寸，操作台上方的吊柜应使用虚线来表示，以便将重叠的图形相区别。

本节介绍厨房平面布置图的绘制方法。

01 启动AutoCAD 2014应用程序，执行“打开”|“文件”命令，打开“别墅首层平面布置图.dwg”文件，在此基础上绘制厨房平面布置图。

02 在“图层”工具栏下拉列表中选择“辅助线”图层。

03 调用O【偏移】命令，选择内墙线向内偏移；调用TR【修剪】命令，修剪线段，绘制墙砖装饰层的结果如图22-74所示。

04 在“图层”工具栏下拉列表中选择“家具”图层。

05 绘制储物柜。调用REC【矩形】命令、X【分解】命令，绘制并分解矩形；调用O【偏移】命令，向内偏移矩形边，结果如图22-75所示。

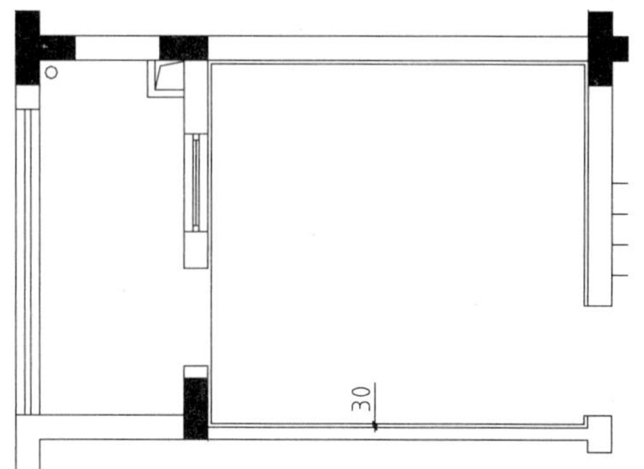

图22-74 绘制墙砖装饰层

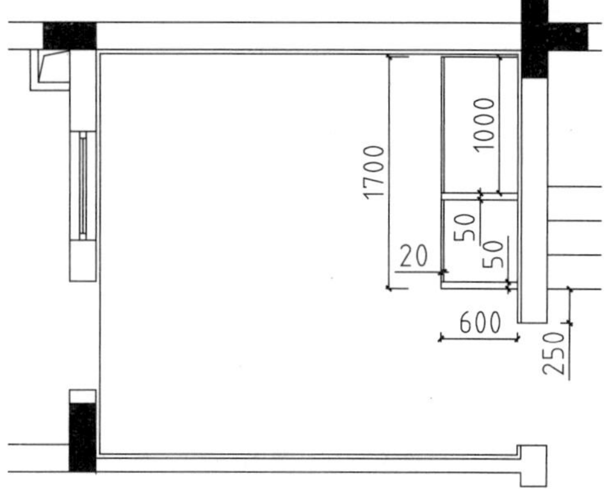

图22-75 绘制储物柜

06 调用L【直线】命令，绘制对角线，结果如图22-76所示。

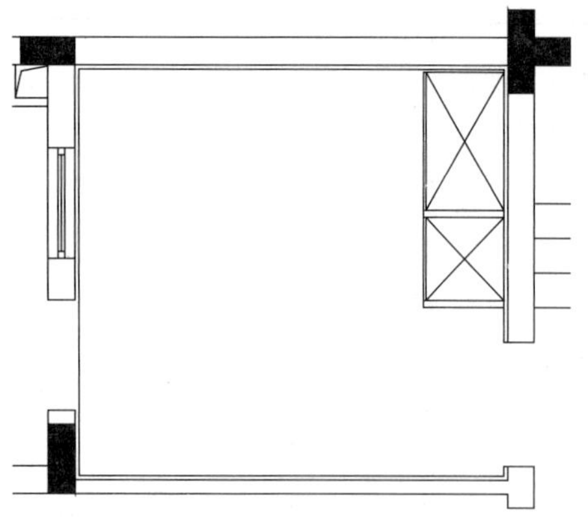

图22-76 绘制对角线

07 绘制操作台台面线。调用O【偏移】命令、TR【修剪】命令，绘制台面线的结果如图22-77所示。

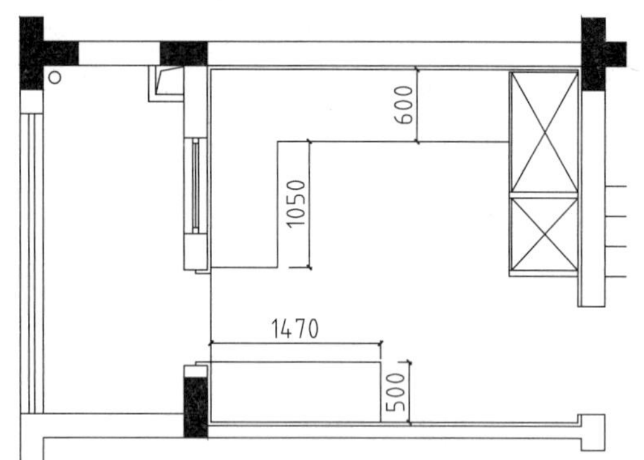

图22-77 绘制台面线

08 绘制操作台上方吊柜。调用O【偏移】命令，偏移线段；调用TR【修剪】命令，修剪多余线段，绘制厚度为360mm的吊柜，结果如图22-78所示。

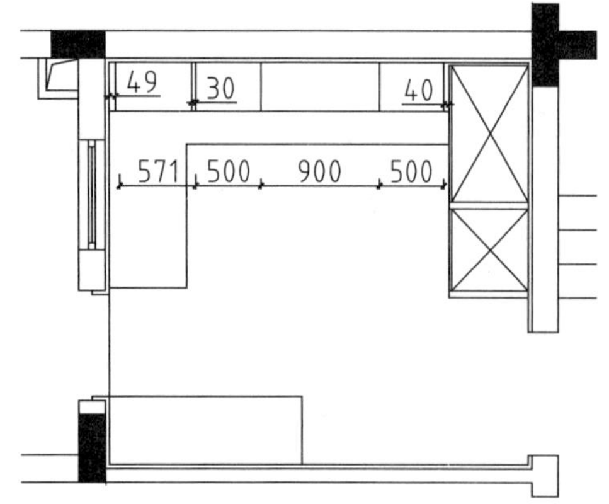

图22-78 绘制吊柜

09 调用L【直线】命令，绘制对角线，同时将吊柜轮廓线的线型转换为虚线，结果如图22-79所示。

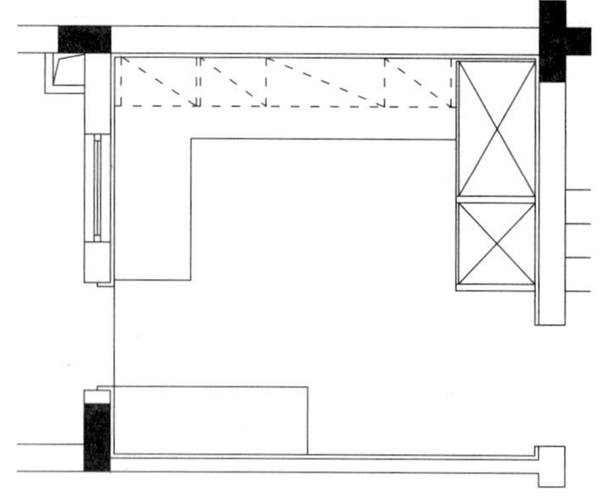

图22-79 绘制对角线

10 绘制抽油烟机位。调用REC【矩形】命令、L【直线】命令，绘制图22-80所示的图形。

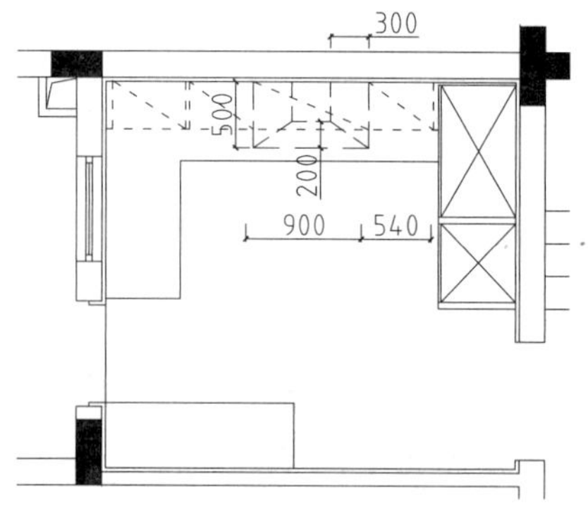

图22-80 绘制抽油烟机位

11 调用C【圆形】命令，在矩形内绘制圆形（R=108）；调用H【图案填充】命令，选择ANSI31图案，设置填充比例为15，对圆形执行填充操作，结果如图22-81所示。

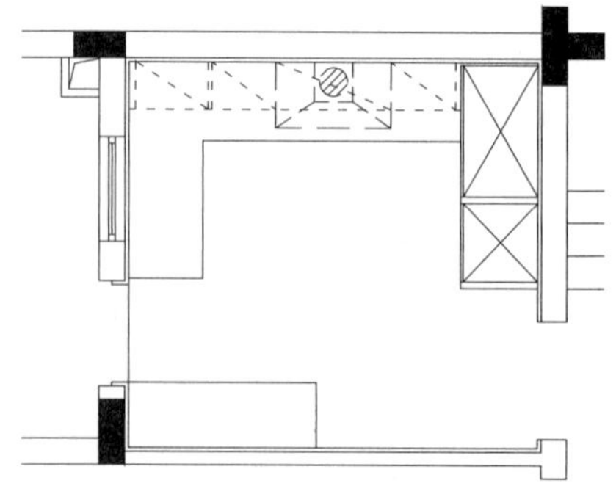

图22-81 图案填充

12 调入图块。按下Ctrl+O快捷键，在配套光盘提供的“第22章/图例文件.dwg”文件中将厨具、洗衣机等图块复制并粘贴至当前图形中，结果如图22-82所示。

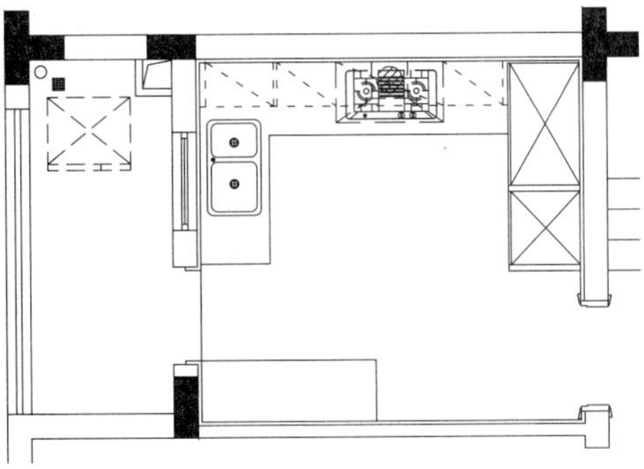

图22-82　调入图块

13 调用I【插入】命令，在“比例”选项组下将X文本框中的比例因子分别设置为0.8、0.82，单击“确定”按钮将门图块调入厨房平面图中；同时打开“文字标注”图层，结果如图22-83所示。

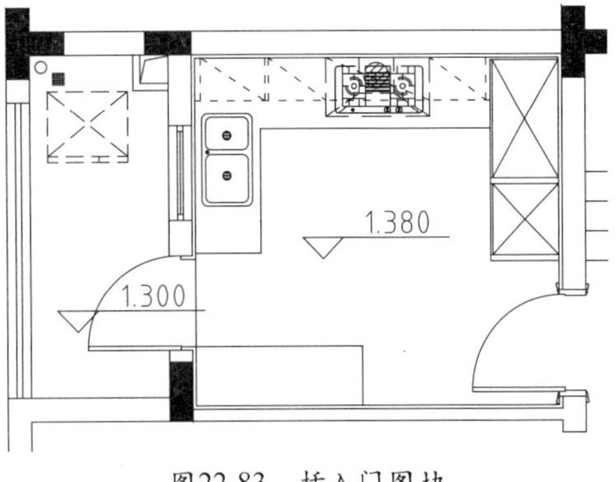

图22-83　插入门图块

22.3.5　完善各层平面布置图

沿用上述的绘制方法，继续绘制各楼层的平面布置图。图22-84所示为别墅首层平面布置图的绘制结果。

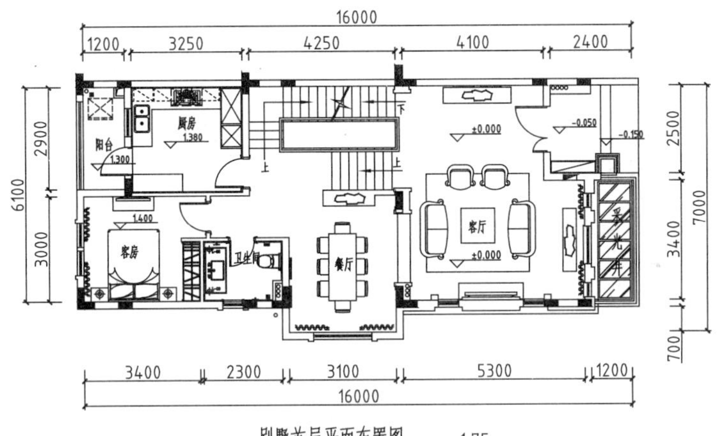

图22-84　别墅首层平面布置图

图22-85所示为别墅二层平面布置图的绘制结果。

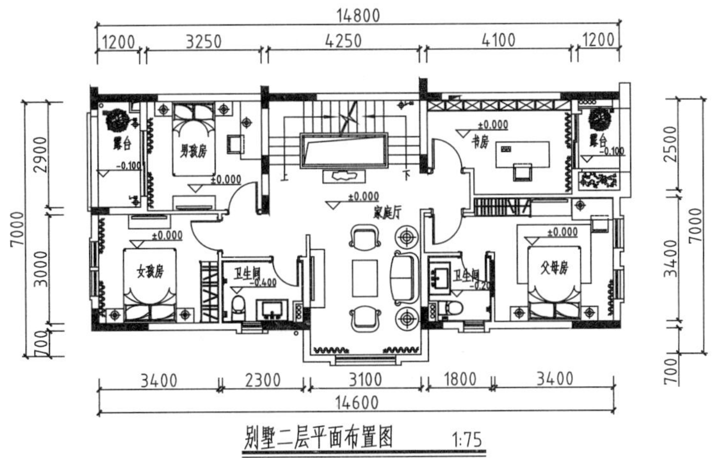

图22-85　别墅二层平面布置图

图22-86所示为别墅三层平面布置图的绘制结果。

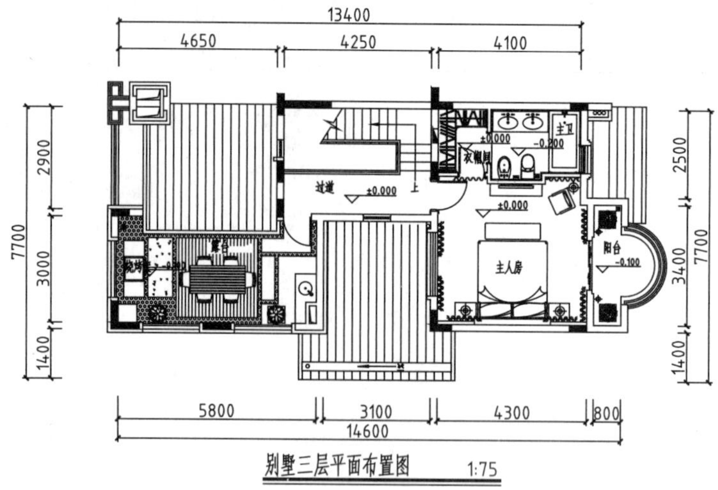

图22-86 别墅三层平面布置图

22.4 绘制别墅地材图

别墅地材图表示了楼层各区域地面的铺装效果。本节主要介绍别墅首层地材图的绘制，绘制其他楼层地材图请参考首层地材图的绘制方法。

22.4.1 整理图形

地材图可以在平面布置图的基础上绘制，但是首先要删除平面布置图上的一些图形，比如家具图形，以便更好地表现地面铺装的制作效果。

本节介绍整理图形的操作方法。

01 启动AutoCAD 2014应用程序，执行“打开”|“文件”命令，打开“别墅首层平面布置图.dwg”文件。

02 执行“文件”|“另存为”命令，将文件另存为“别墅首层地面铺装图.dwg”文件。

03 整理图形。调用E【删除】命令，删除首层平面布置图上多余的图形，结果如图22-87所示。

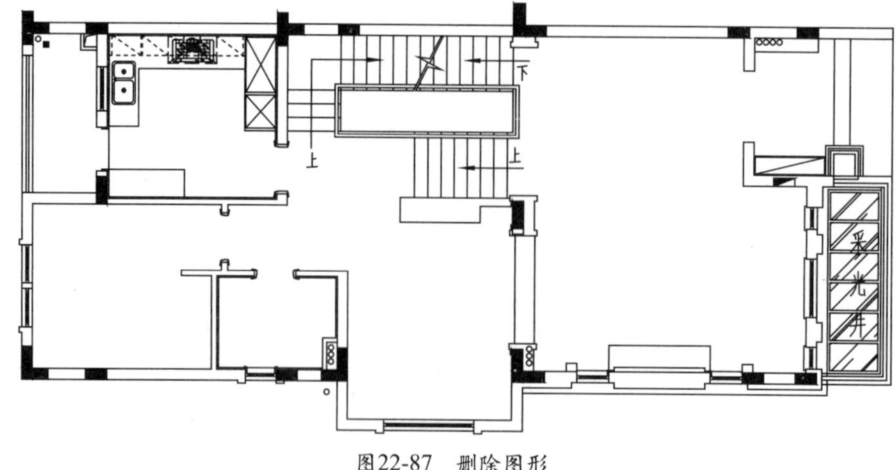

图22-87 删除图形

04 在“图层”工具栏下拉列表中选择“辅助线”图层。

05 绘制门槛线。调用L【直线】命令，在门口处绘制直线，结果如图22-88所示。

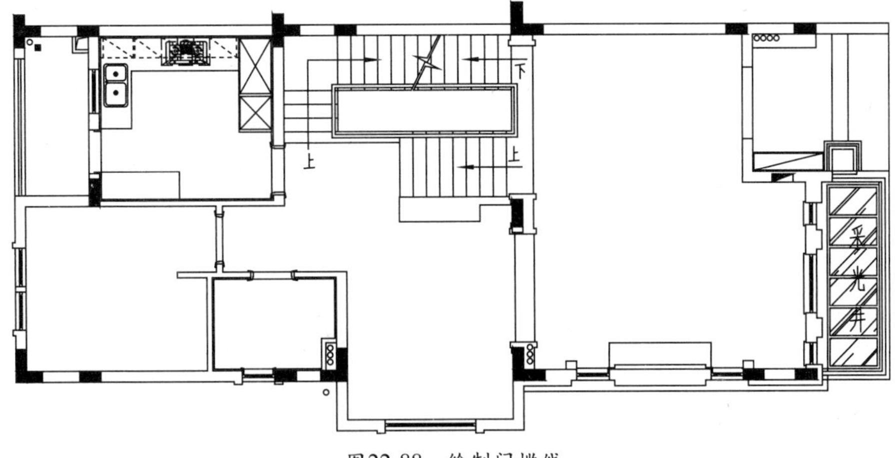

图22-88 绘制门槛线

22.4.2 绘制客餐厅地面铺装图

客厅、餐厅的地面制作了装饰造型，在绘制的过程中，首先绘制造型轮廓线，然后再调用【图案填充】命令，对其执行图案填充操作。

本节介绍客餐厅地面铺装图的绘制方法。

01 绘制铺装轮廓线。调用REC【矩形】命令，绘制矩形；调用O【偏移】命令，设置偏移距离为100，选择矩形向内偏移。

02 调用L【直线】命令，绘制对角线；调用X【分解】命令，分解内矩形；调用O【偏移】命令，向内偏移矩形边，结果如图22-89所示。

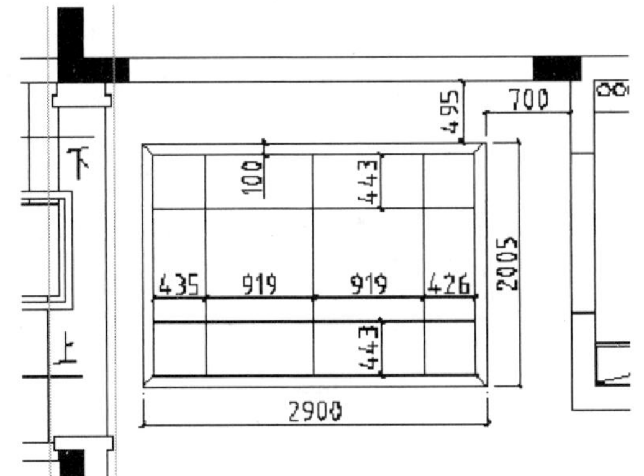

图22-89 绘制结果

03 调用REC【矩形】命令，绘制尺寸为80×80的矩形；调用RO【旋转】命令，设置旋转角度为45°，对矩形执行旋转操作，结果如图22-90所示。

04 调用X【分解】命令，分解矩形；调用O【偏移】命令，设置偏移距离为260，选择矩形边往外偏移，结果如图22-91所示。

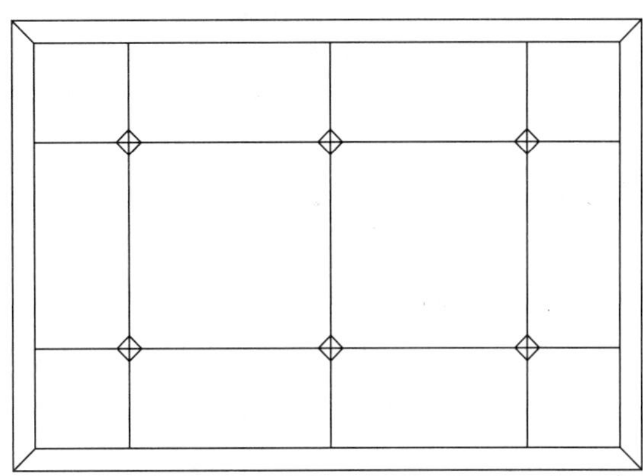

图22-90 旋转矩形

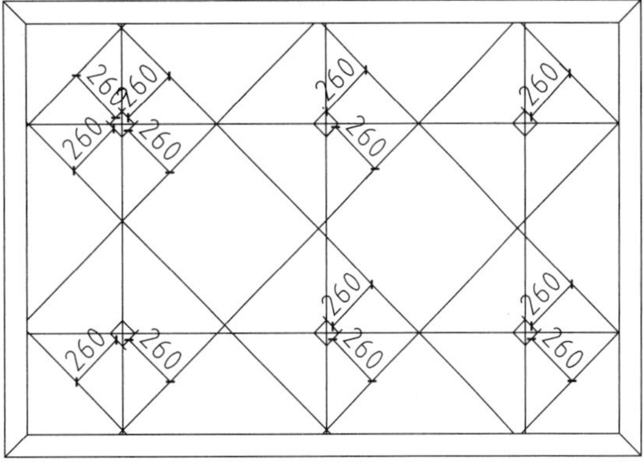

图22-91 偏移矩形边

05 按下Enter键，重复调用O【偏移】命令，设置偏移距离为50，继续往外偏移线段；调用

TR【修剪】命令，修剪多余线段，结果如图22-92所示。

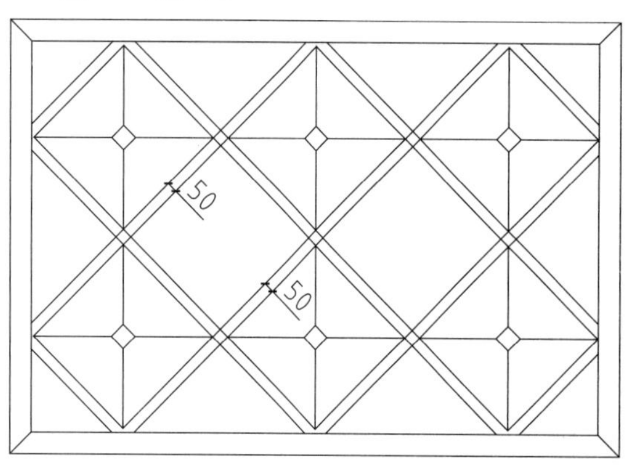

图22-92 修剪线段

06 重复上述操作，继续绘制餐厅地面铺装轮廓线，结果如图22-93所示。

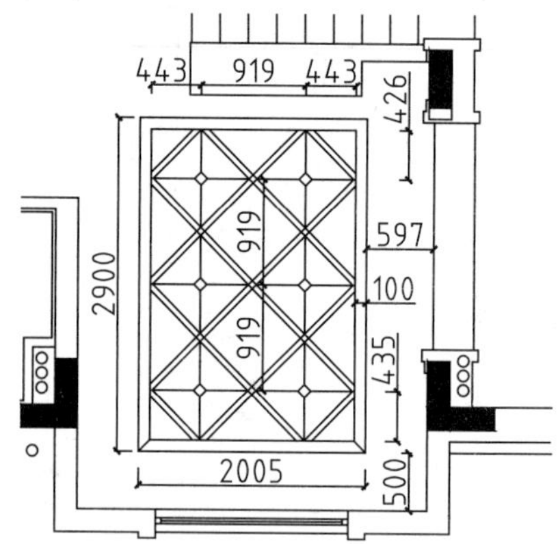

图22-93 绘制餐厅地面铺装轮廓线

07 新建“填充”图层，将颜色设定为“颜色30”，并将其置为当前图层。

08 调用H【图案填充】命令，系统弹出【图案填充和渐变色】对话框，在其中设置地面铺装图案的各项参数，如图22-94所示。

图22-94 设置参数

09 在平面图中选取各填充区域，绘制图案填充，结果如图22-95所示。

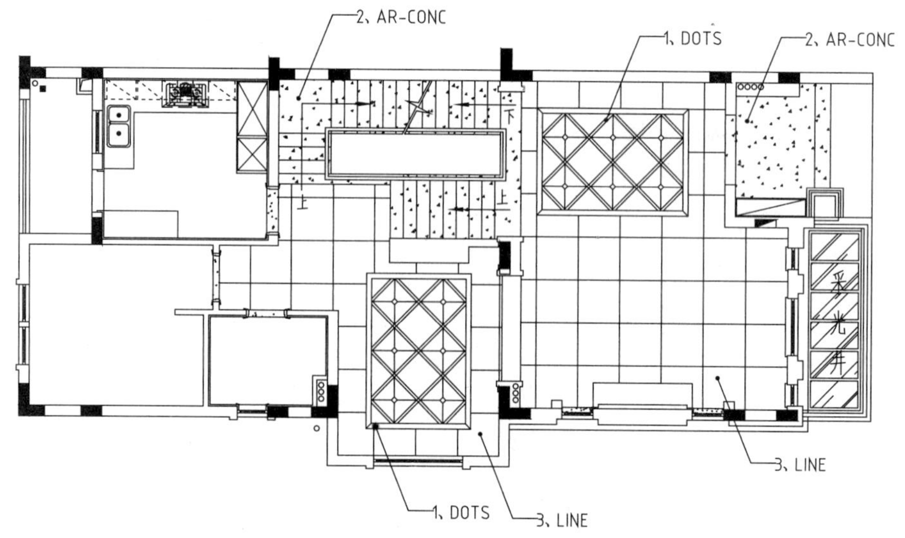

图22-95 绘制图案填充

22.4.3 绘制其他区域地面铺装图

其他区域比如厨房、卫生间、客房等的地面铺装图都可以通过【图案填充】命令来绘制，具体绘制方法请参考本节的介绍。

01 在“图层”工具栏下拉列表中选择“辅助线”图层。

02 绘制地面铺装轮廓线。调用REC【矩形】命令、O【偏移】命令，绘制并偏移矩形，结果如图22-96所示。

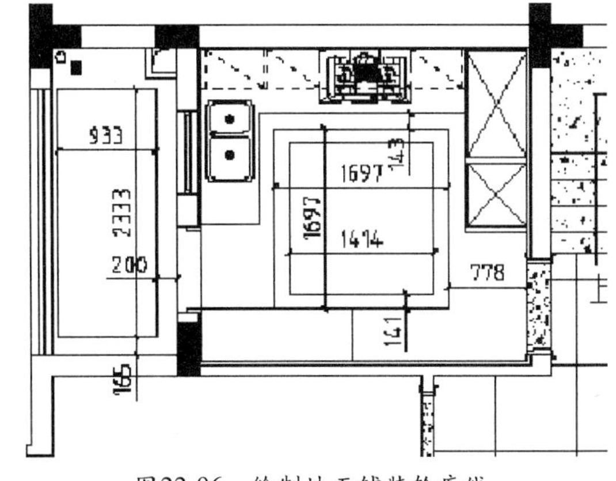

图22-96 绘制地面铺装轮廓线

03 在“图层”工具栏下拉列表中选择“填充”图层。

04 调用H【图案填充】命令，在【图案填充和渐变色】对话框中设置填充参数，然后在绘图区中拾取填充区域，绘制图案填充的结果如图22-97所示。

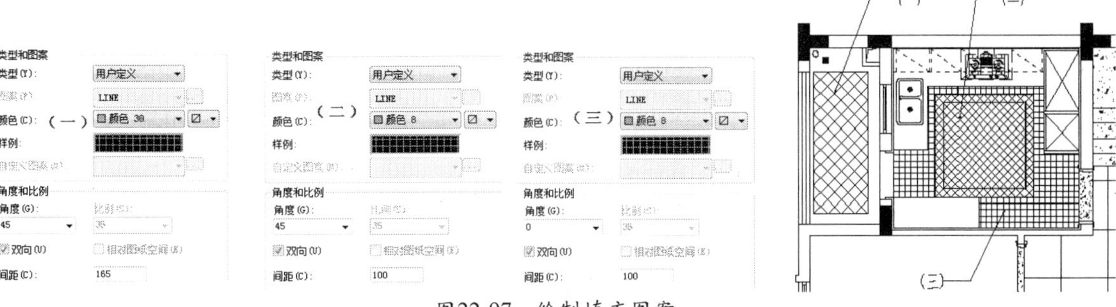

图22-97 绘制填充图案

05 按下Enter键，在【图案填充和渐变色】对话框中更改填充参数，然后在地面图中拾取填充区域，填充操作的结果如图22-98所示。

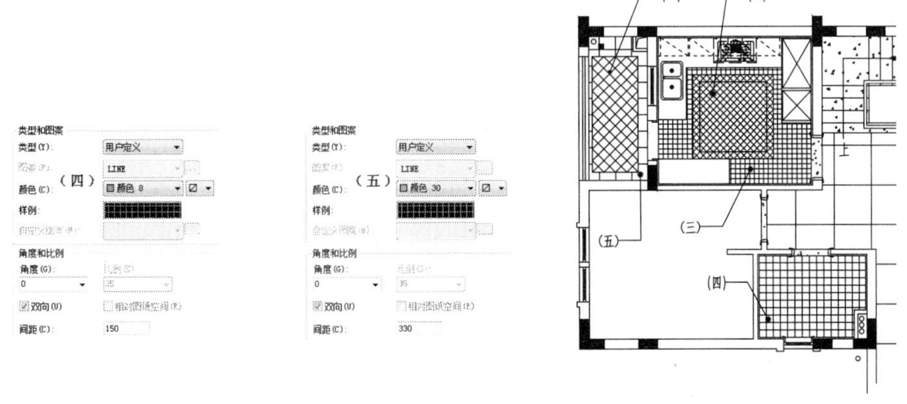

图22-98 填充结果

06 单击鼠标右键，在弹出的快捷菜单中选择“重复HATCH”选项；重新调出【图案填充和渐变色】对话框，在其中修改图案的填充参数，如图22-99所示。

07 对地面图执行图案填充的结果如图22-100所示。

08 按下Enter键，在【类型和图案】对话框中设置木地板图案的参数，如图22-101所示。

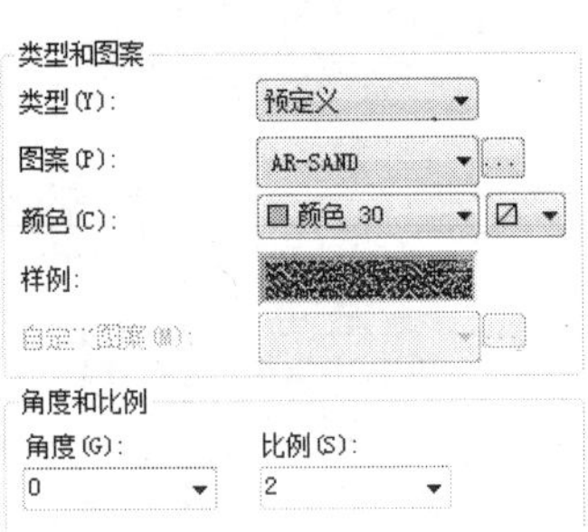

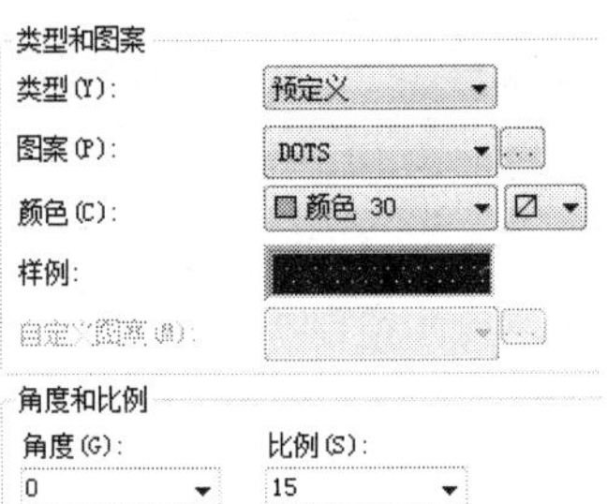

图22-99 修改参数

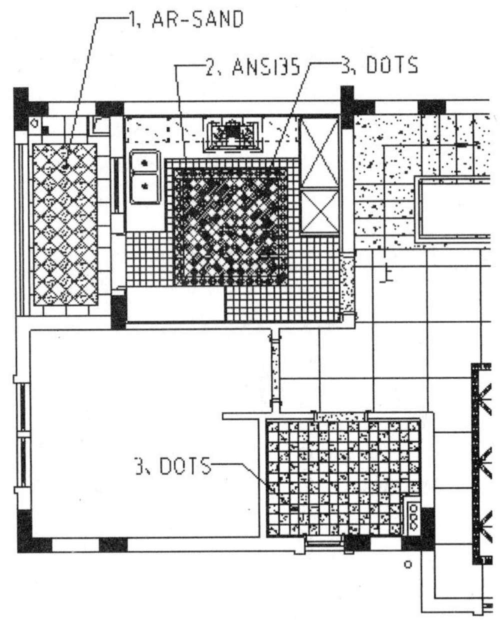

图22-100 填充结果

图22-101 设置参数

09 在绘图区中拾取客房区域，绘制木地板图案的结果如图22-102所示。

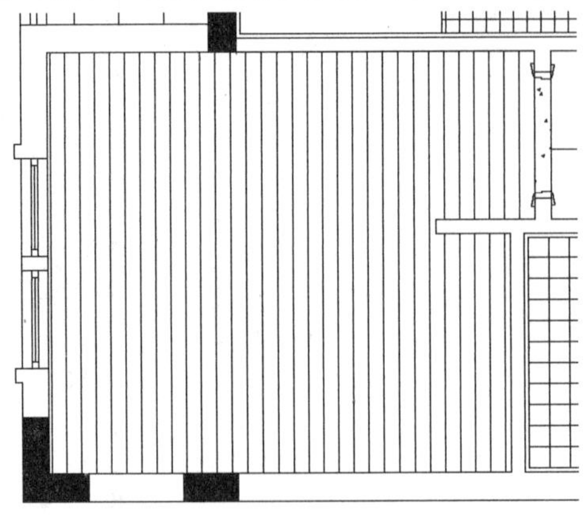

图22-102 绘制木地板图案

10 调入图块。按下Ctrl+O快捷键，在配套光盘提供的“第22章/图例文件.dwg”文件中将分石线符号复制并粘贴至当前图形中，结果如图22-103所示。

11 在“图层”工具栏下拉列表中选择“文字标注”图层。

12 调用MLD【多重引线】命令，绘制材料标注，结果如图22-104所示。

13 调用MT【多行文字】命令，绘制备注说明文字，结果如图22-105所示。

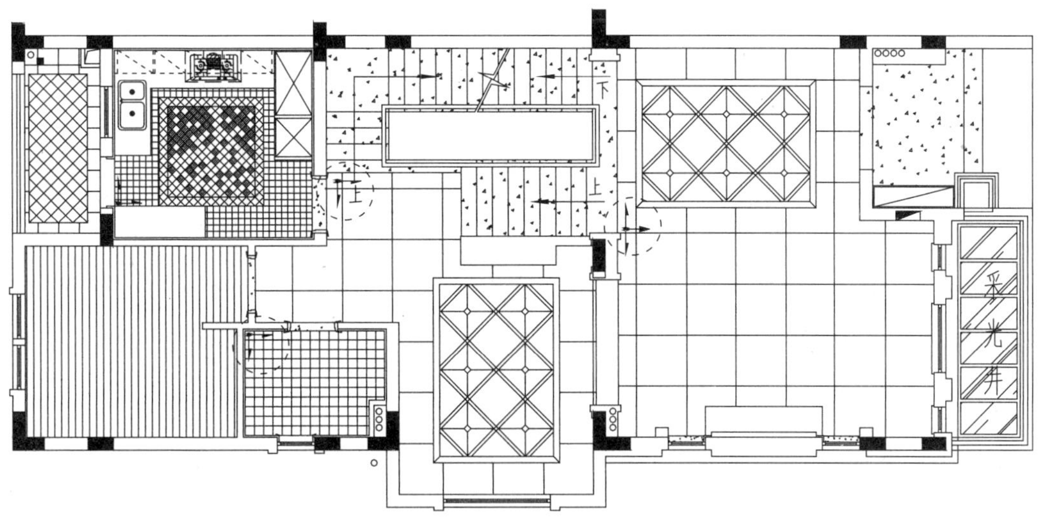

图22-103 调入图块

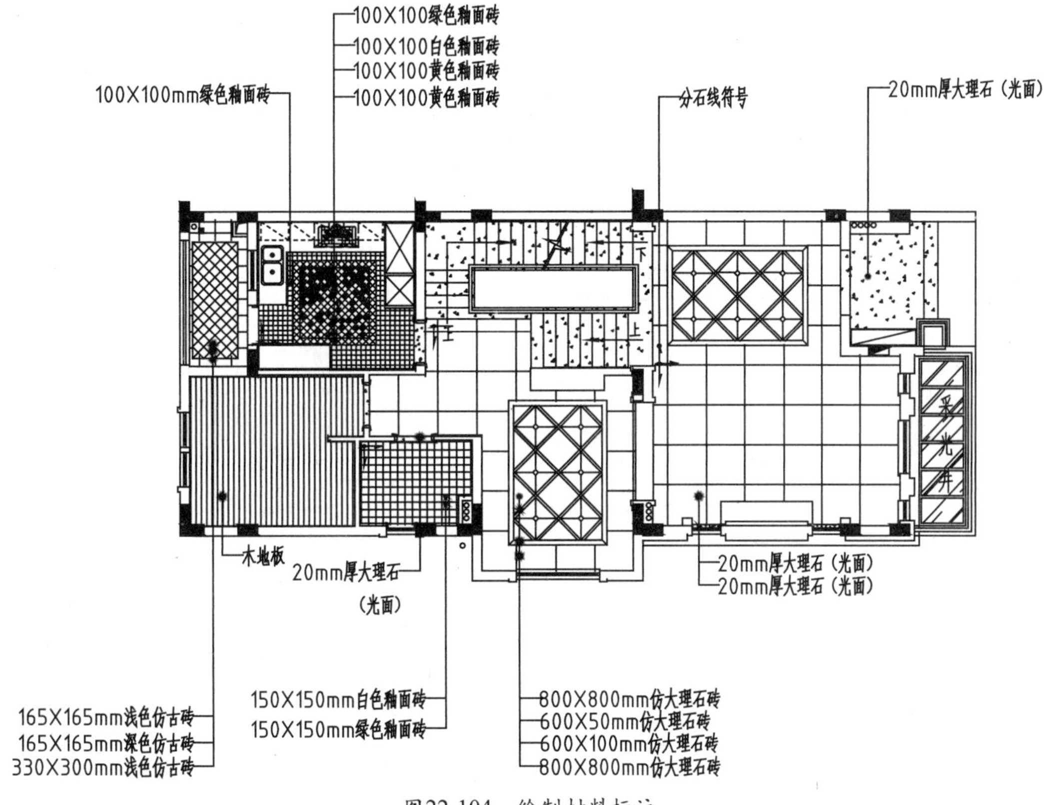

图22-104 绘制材料标注

备注：

1、卫生间地面白色：绿色釉面砖的比例为3：7。

2、厨房拼花地面铺贴白色：黄色：绿色釉面砖的比例为3：3：4。

3、地面所有大理石均采用密拼缝法。

图22-105 绘制备注说明文字

14 双击平面图下方的图名标注，将其更改为“别墅首层地面铺装图”，如图22-106所示。

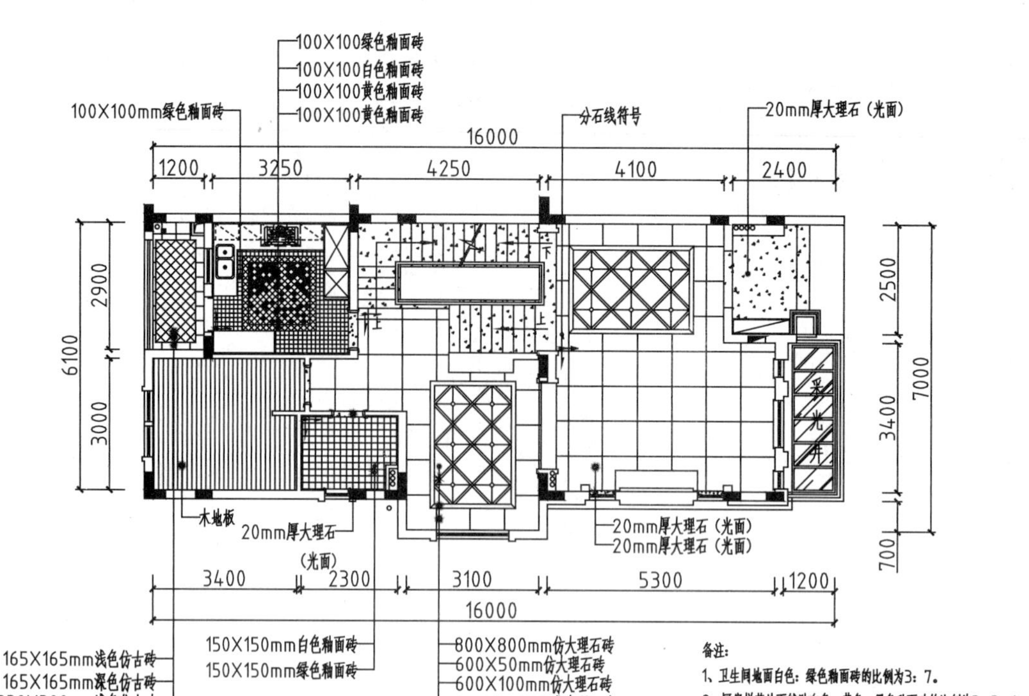

图22-106 绘制图名标注

22.4.4 绘制其他各层地面铺装图

请沿用上述所介绍的方法，继续绘制别墅其他楼层的地面铺装图。

图22-107所示为别墅二层地面铺装图的绘制结果。

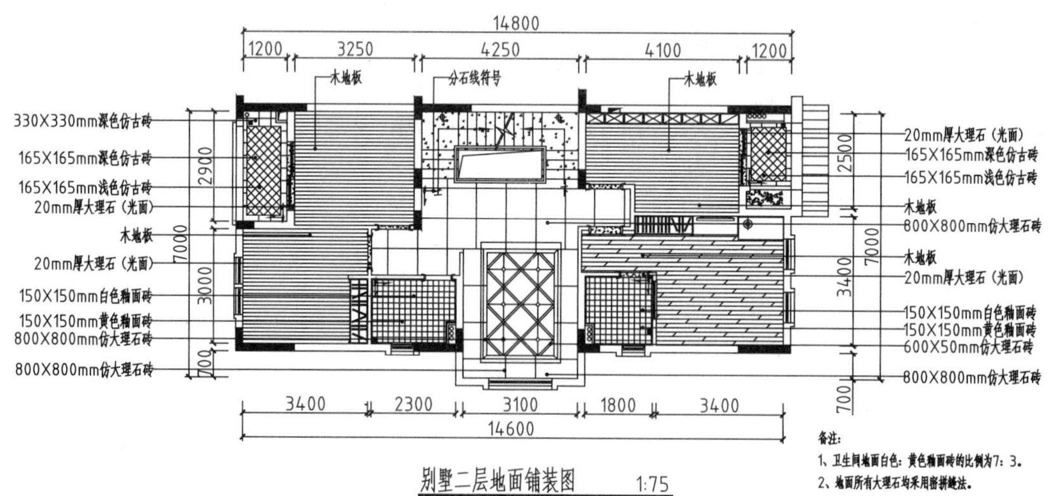

图22-107 别墅二层地面铺装图

图22-108所示为别墅三层地面铺装图的绘制结果。

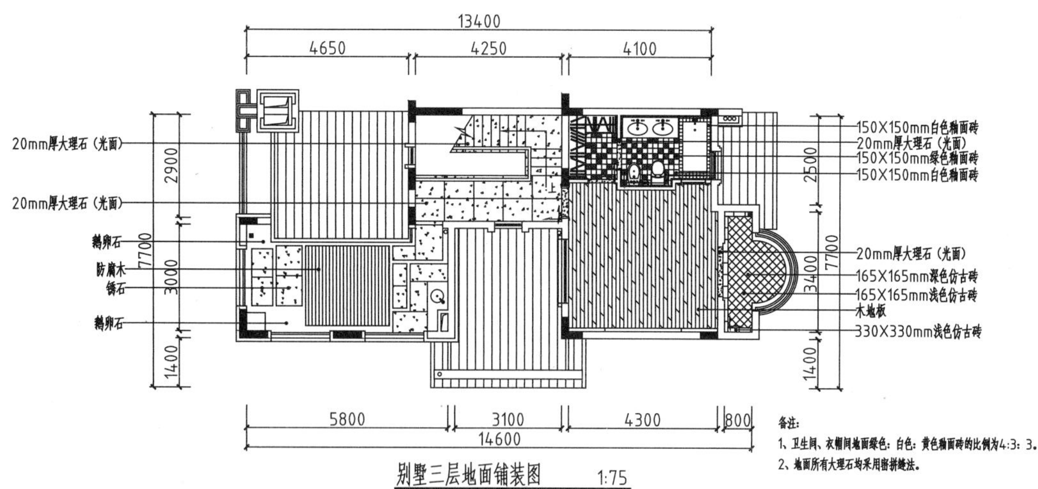

图22-108 别墅三层地面铺装图

22.5 绘制别墅顶棚图

本节介绍别墅首层顶棚图的绘制方法，其他楼层的顶棚图均可沿用绘制首层顶棚图的方法来绘制。

22.5.1 整理图形

在绘制顶棚图前照例需要先调用平面布置图并对图形执行整理操作，请阅读本节关于整理图形的介绍。

01 启动AutoCAD 2014应用程序，执行“打开”|“文件”命令，打开“别墅首层平面布置图.dwg”文件。

02 执行“文件”|“另存为”命令，将文件另存为“别墅首层顶面布置图.dwg”文件。

03 整理图形。调用E【删除】命令，删除首层平面布置图上多余的图形，结果如图22-109所示。

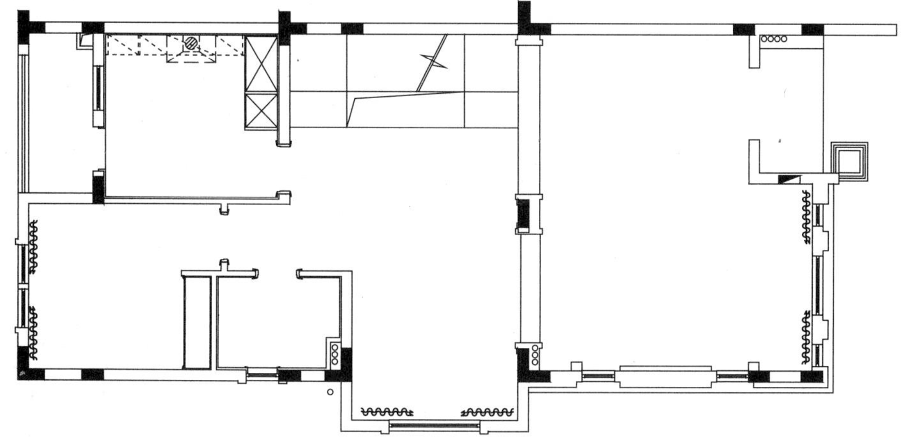

图22-109 整理图形

04 在“图层”工具栏下拉列表中选择“辅助线”图层。

05 调用L【直线】命令，在门洞处绘制直线以连接门套图形，并在其他门洞处绘制门槛线，结果如图22-110所示。

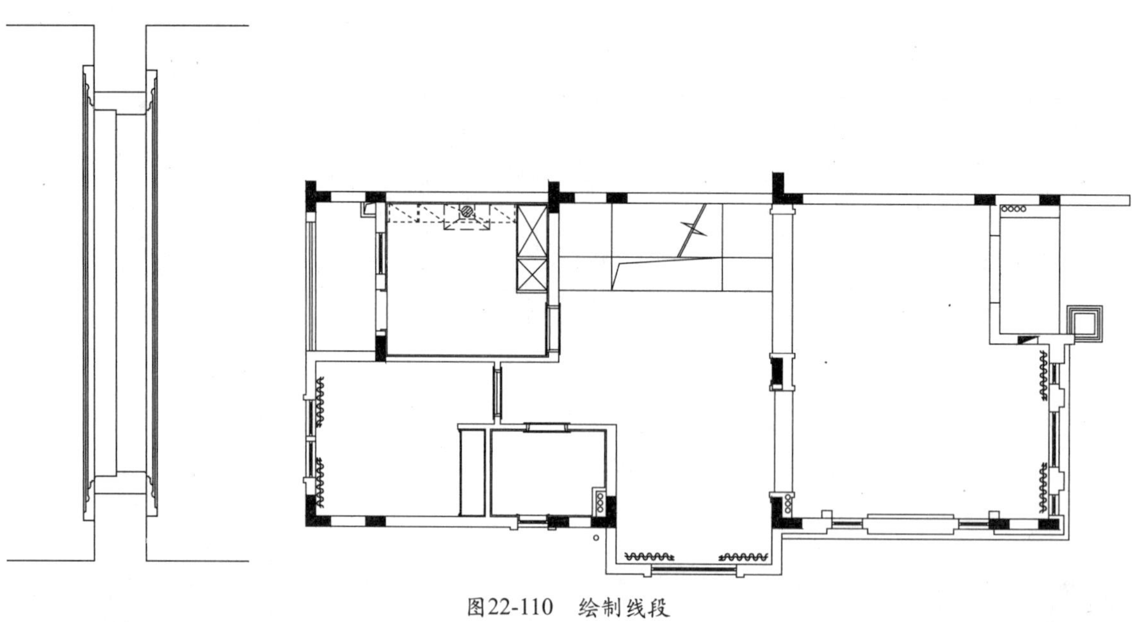

图22-110 绘制线段

22.5.2 绘制顶棚图

各室内区域的顶棚都根据装修风格及层高来设计造型或者选用材料。在绘制顶棚图时，可以先绘制顶棚造型线的外轮廓线，然后再细化图形，假如需要图案来辅助说明，则可以调用【图案填充】命令来绘制填充图案。

本节介绍首层各区域顶棚图的绘制。

01 绘制客厅顶棚装饰造型。调用REC【矩形】命令、O【偏移】命令，绘制并偏移矩形；调用L【直线】命令，绘制对角线，结果如图22-111所示。

02 绘制石膏平线。调用O【偏移】命令，偏移矩形，结果如图22-112所示。

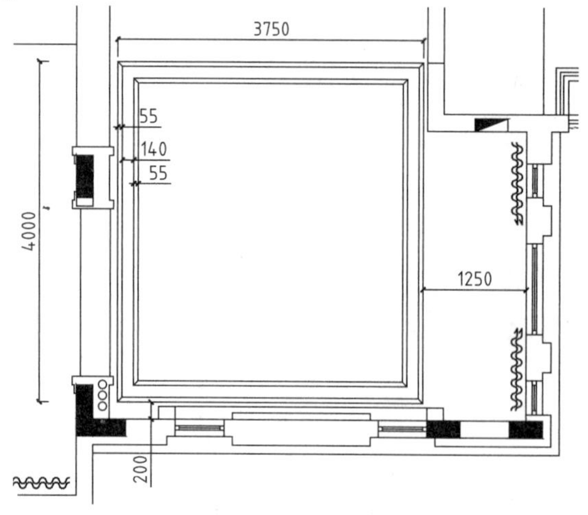

图22-111 绘制结果

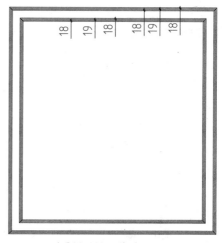

图22-112 偏移矩形

03 绘制灯带。调用O【偏移】命令，设置偏移距离为35，偏移矩形并将偏移得到的矩形的线型更改为虚线，结果如图22-113所示。

04 绘制饰面板。调用X【分解】命令，分解矩形；调用O【偏移】命令、TR【修剪】命令，偏移并修剪矩形边，结果如图22-114所示。

05 调用H【图案填充】命令，在【图案填充和渐变色】对话框中设置图案参数，如图22-115所示。

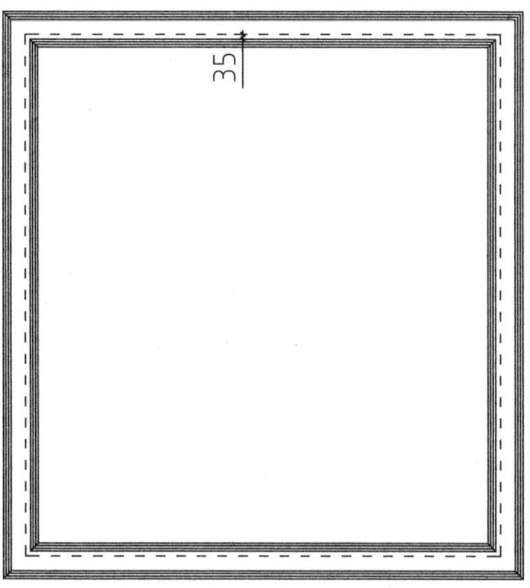

图22-113 绘制灯带

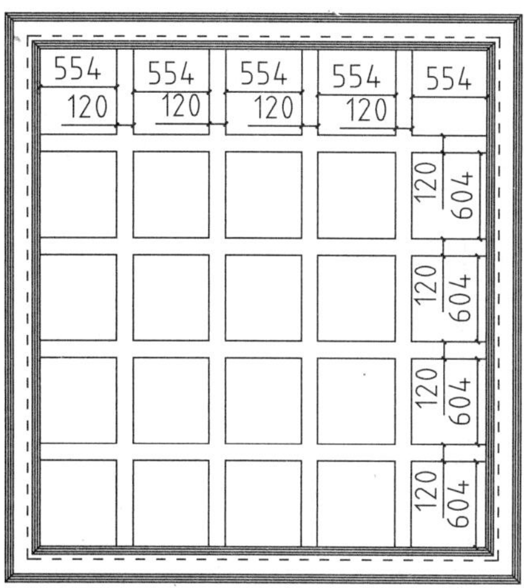

图22-114 绘制饰面板

06 在顶面图中拾取饰面板轮廓，绘制图案填充的结果如图22-116所示。

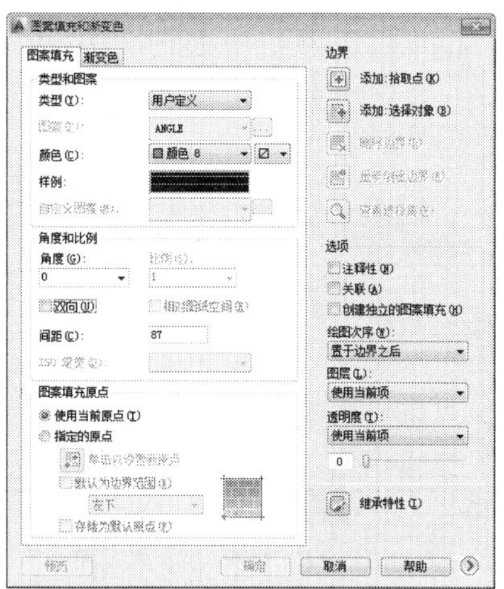

图22-115 设置图案参数

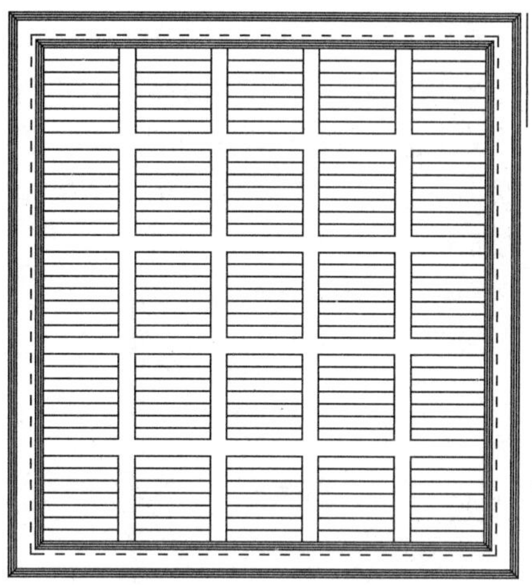

图22-116 绘制图案填充

07 绘制餐厅顶棚造型。调用REC【矩形】命令、O【偏移】命令、TR【修剪】命令，绘制顶棚装饰造型的结果如图22-117所示。

08 填充实木线图案。调用H【图案填充】命令，系统弹出【图案填充和渐变色】对话框，在其中设置实木线的填充图案参数，结果如图22-118所示。

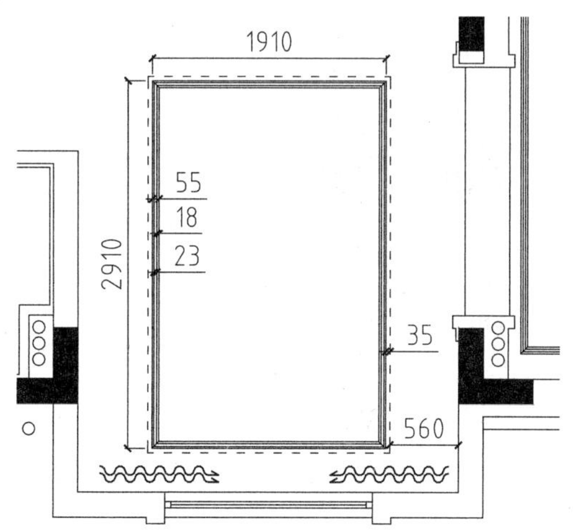

图22-117 绘制餐厅顶棚造型

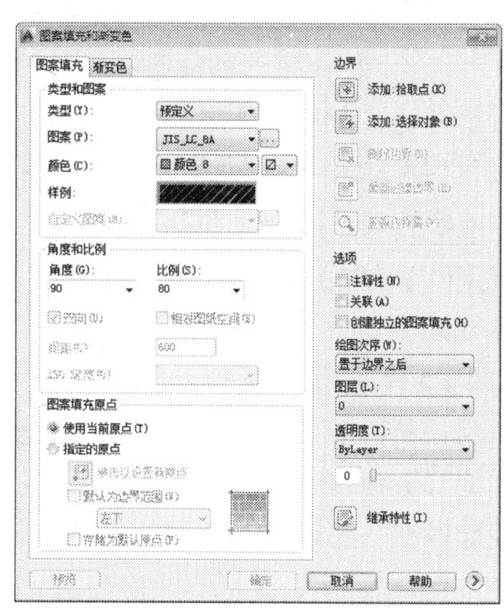

图22-118 【图案填充和渐变色】对话框

09 在餐厅顶棚图中拾取填充区域，填充实木线图案的结果如图22-119所示。

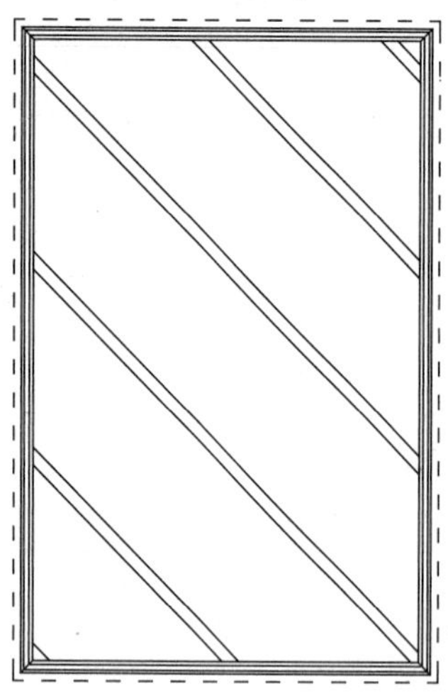

图22-119 填充实木线图案

10 按下Enter键，重新调出【图案填充和渐变色】对话框，在其中更改填充角度为0，在顶面图中拾取填充区域，操作结果如图22-120所示。

图22-120 操作结果

11 绘制客房石膏角线。调用O【偏移】命令，选择内墙线并向内偏移；调用F【圆角】命令，修剪线段，结果如图22-121所示。

12 调用O【偏移】命令、TR【修剪】命令、L【直线】命令，细化石膏角线图形，结果如图22-122所示。

13 绘制顶面造型。调用REC【矩形】命令、O【偏移】命令、L【直线】命令，绘制客房顶面造型，结果如图22-123所示。

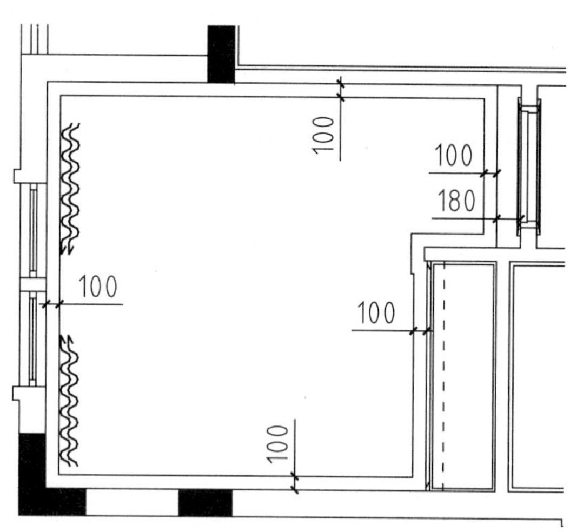

图22-121 绘制客房石膏角线

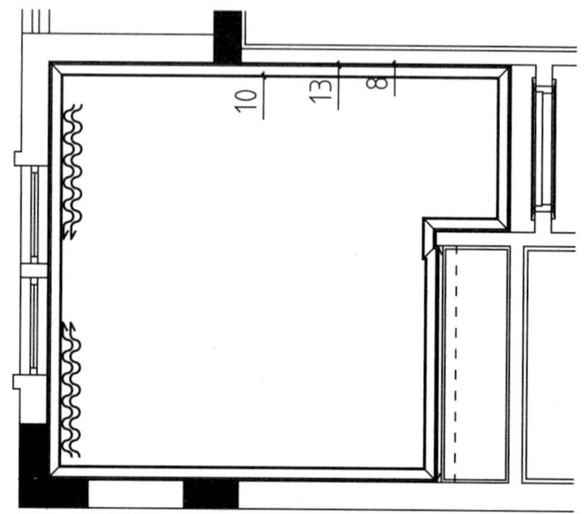

图22-122 细化石膏角线图形

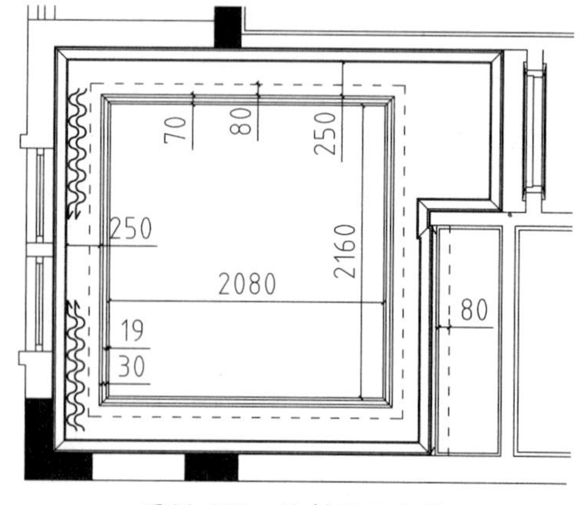

图22-123 绘制顶面造型

14 在“图层”工具栏下拉列表中选择“家具”图层。

15 调入图块。按下Ctrl+O快捷键，在配套光盘提供的“第23章/图例文件.dwg”文件中将各类灯具符号复制并粘贴至当前图形中，结果如图22-124所示。

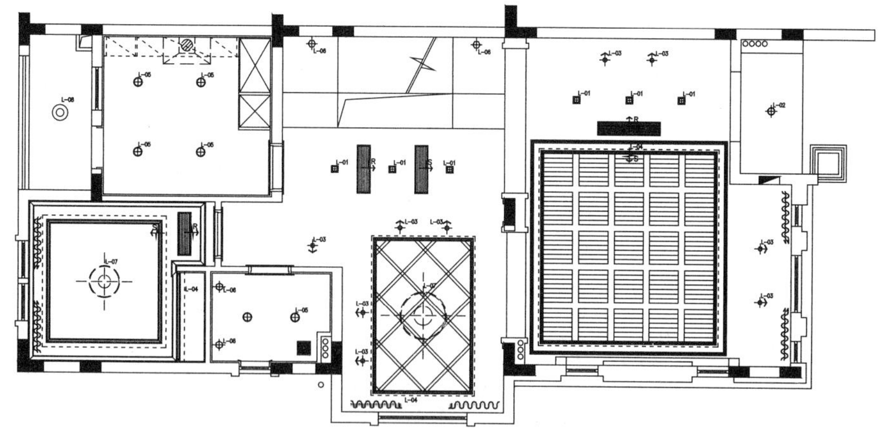

图22-124 调入灯具图块

16 在“图层”工具栏下拉列表中选择“文字标注”图层。

17 调用MLD【多重引线】命令，绘制顶面材料标注，结果如图22-125所示。

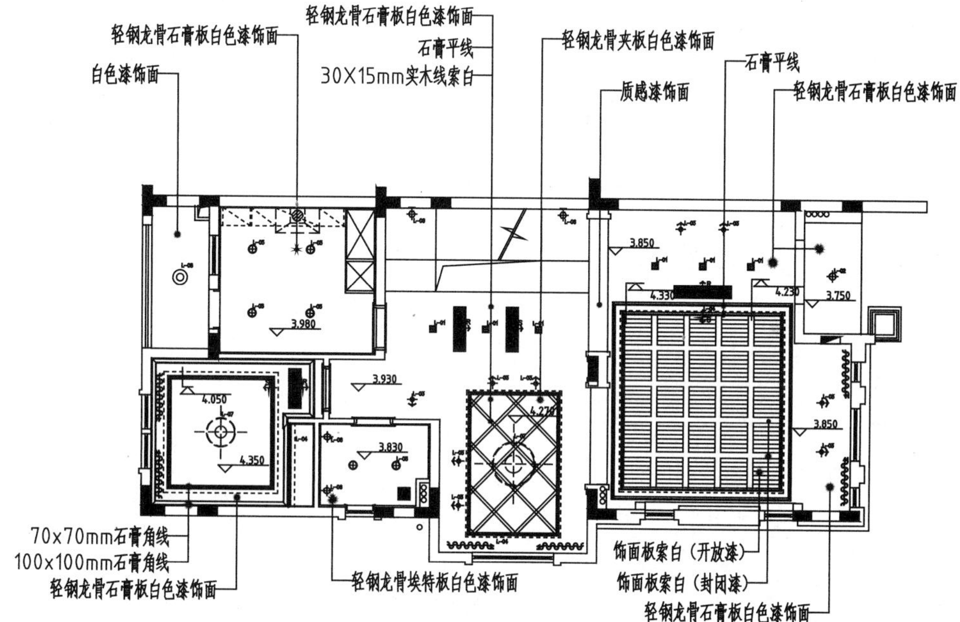

图22-125 绘制顶面材料标注

18 绘制图例表。调用REC【矩形】命令、L【直线】命令，绘制表格；调用CO【复制】命令，从顶面图中复制灯具图例至表格中；调用MT【多行文字】命令，绘制说明文字，结果如图22-126所示。

图例					
符号	内容	符号	内容	符号	内容
	电箱位(强电箱位)	L-05	西顿 CYW13/Ø170×80mm/13W 防雾筒灯	S	冷气出风口
L-01	西顿 CSS801A-M/132×132×122mm/MR16 12V MAX 50W 2700K/射灯(开孔Ø110×110mm)	L-06	壁灯	R	冷气回风口
L-02	西顿 CYT334/142×112×80mm/220V E27/MAX 1×60W 筒灯(开孔Ø130mm)	L-07	天花吊灯		白色铝质，冷气出回风百叶
L-03	西顿 CST1704A/Ø83×26mm/12V MR16 MAX 50W 射灯(开孔Ø72mm)	L-08	吸顶灯		
L-04	西顿 CYZ28-T5/1172×22×33mm/28W 21W/2700K(暗藏T5灯管)		排气扇规格：250×250×150mm 开孔直径:206×206mm		

图22-126 绘制图例表

19 双击平面图下方的图名标注，将其更改为“别墅首层顶面布置图”，结果如图22-127所示。

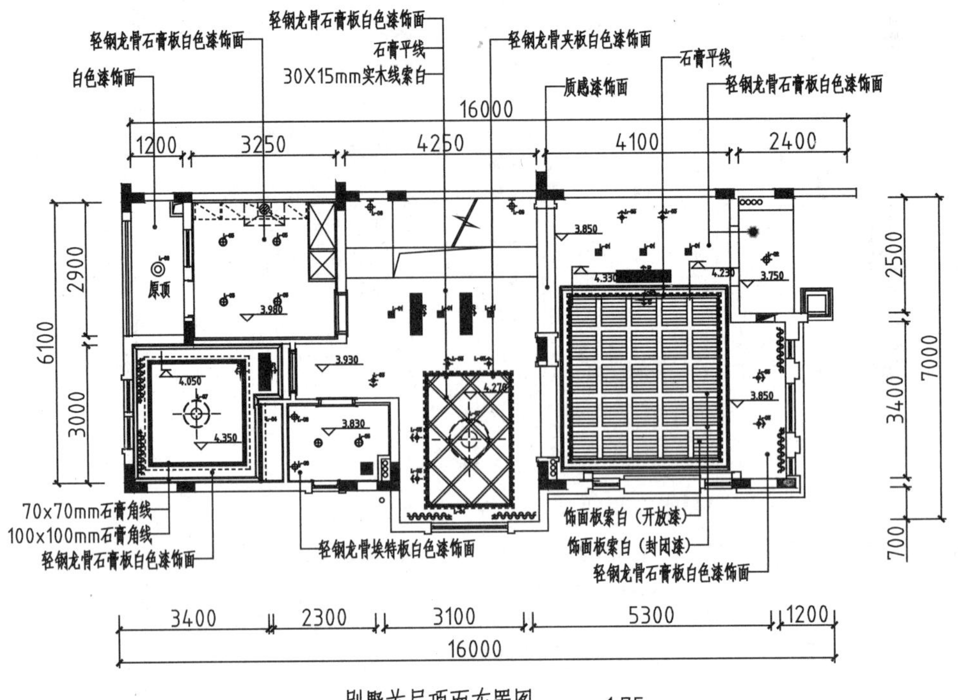

图22-127 绘制图名标注

22.5.3 绘制其他楼层顶面布置图

沿用上述介绍的绘图方法，继续绘制别墅其他楼层的顶面图。

图22-128所示为别墅二层顶棚图的绘制结果。

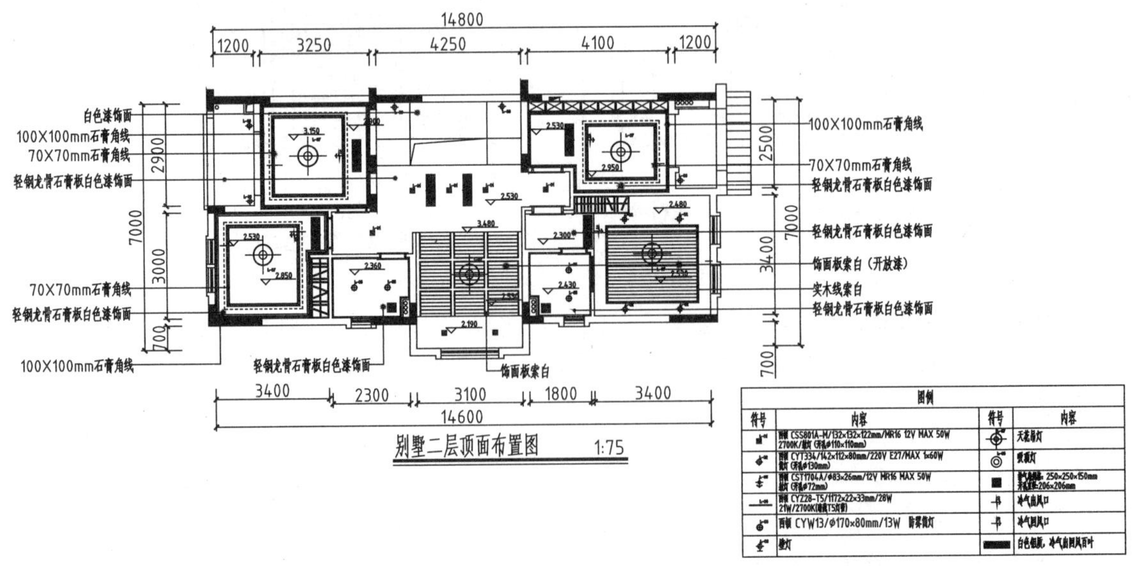

图22-128 别墅二层顶棚图

图22-129所示为别墅三层顶棚图的绘制结果。

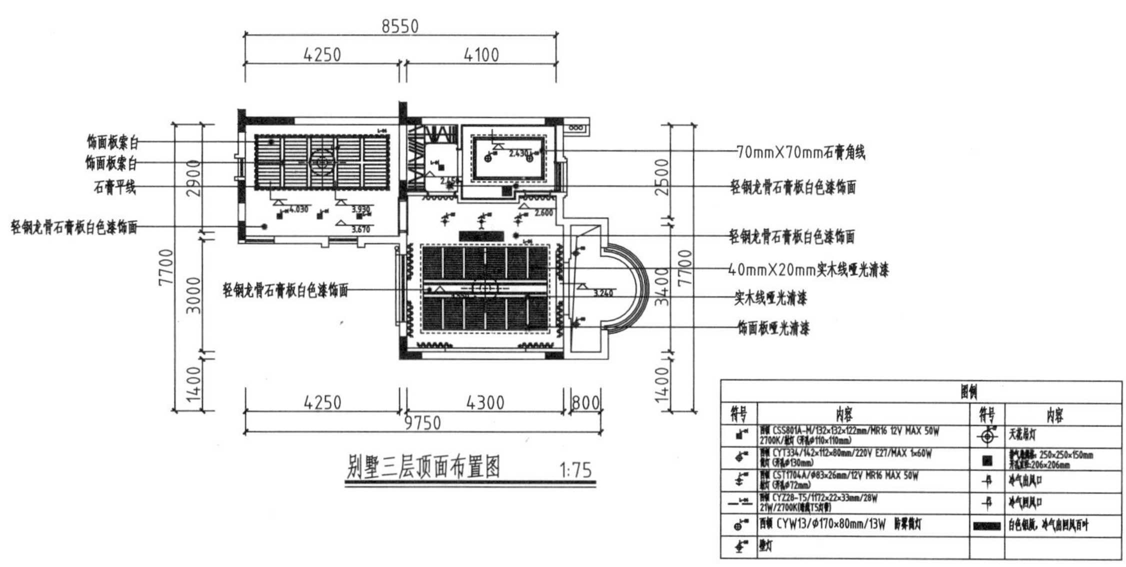

图22-129 别墅三层顶棚图

22.6 绘制别墅立面图

本节介绍别墅立面图的绘制，包括客厅C立面图、主卧室A立面图、厨房B立面图。

22.6.1 绘制客厅C立面图

客厅C立面图表现的是壁炉所在墙面的装饰效果。在绘制C立面图时，需要表现墙面造型的制作效果、原建筑图形（比如楼梯、窗）的位置、尺寸，以及后期所做造型与原建筑图形的关系。具体的绘制方法请阅读本节的介绍。

01 按下Ctrl+O快捷键，打开“别墅首层平面布置图.dwg”文件。

02 在“图层”工具栏下拉列表中选择“家具”图层。

03 调入立面指向符号。按下Ctrl+O快捷键，将配套光盘提供的“第22章/图例文件.dwg”文件中的立面指向符号复制并粘贴至别墅首层平面布置图中，如图22-130所示。

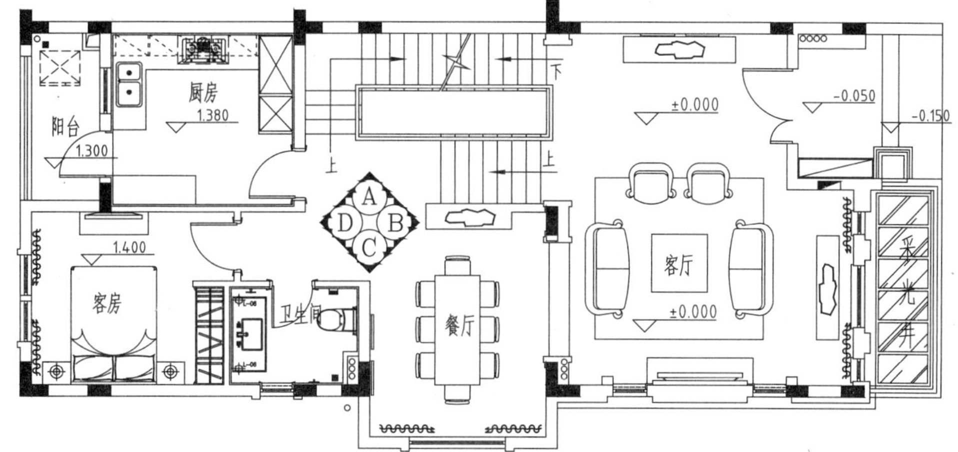

图22-130 调入立面指向符号

04 新建“立面轮廓线”图层，将颜色设置为“绿色”，并将其置为当前图层。

05 绘制立面图外轮廓。调用REC【矩形】命令、O【偏移】命令、TR【修剪】命令，绘制图22-131所示的图形。

06 绘制立面窗。调用L【直线】 命令、O【偏移】命令，绘制并偏移线段；调用TR【修剪】命令，修剪线段，绘制窗洞的结果如图22-132所示。

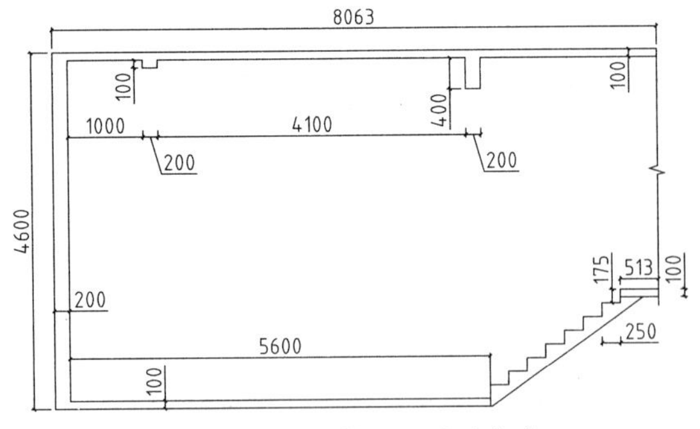

图22-131 绘制立面图外轮廓

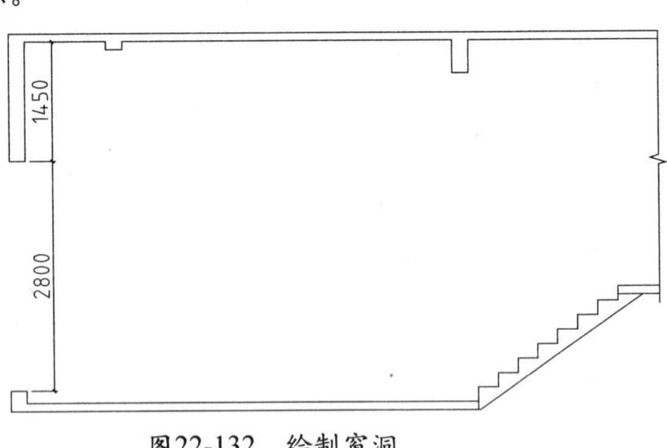

图22-132 绘制窗洞

07 调用O【偏移】命令、TR【修剪】命令，绘制立面窗，结果如图22-133所示。

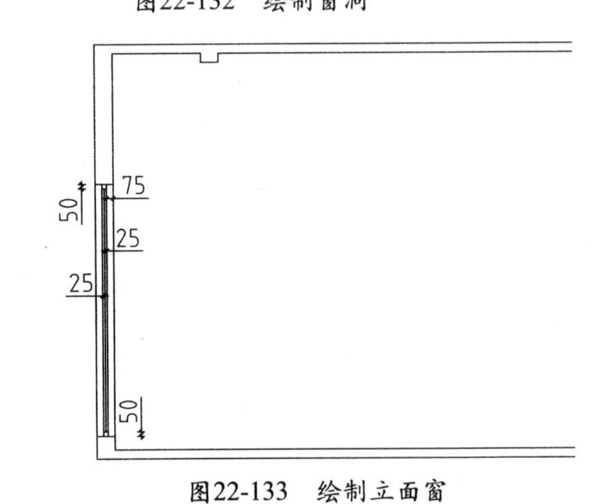

图22-133 绘制立面窗

08 绘制吊顶。调用O【偏移】命令，偏移立面轮廓线；调用TR【修剪】命令，修剪线段，绘制吊顶轮廓线的结果如图22-134所示。

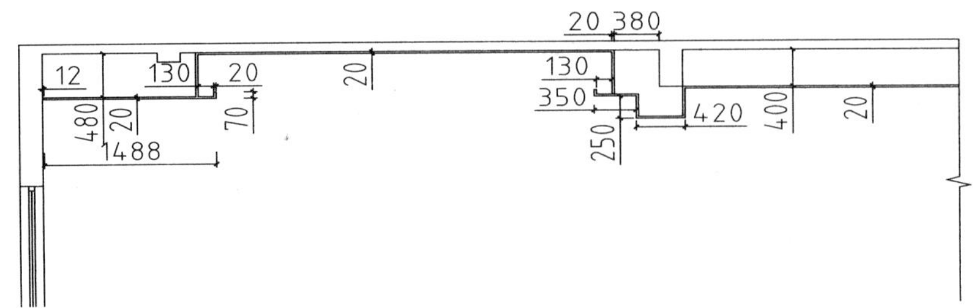

图22-134 绘制吊顶

09 绘制灯带。调用PL【多段线】命令，设置多段线的宽度为10，绘制多段线以表示灯带，并将线段的线型设置为虚线，结果如图22-135所示。

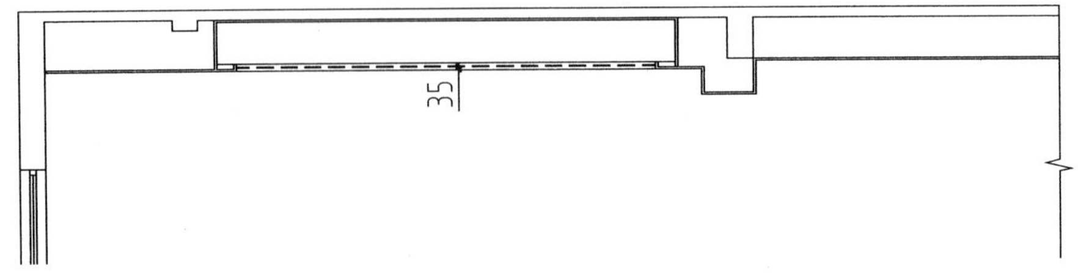

图22-135 绘制灯带

10 绘制装饰柱。调用O【偏移】命令、L【直线】命令，绘制立面装饰柱图形，结果如图22-136所示。

11 绘制背景墙。调用O【偏移】命令，偏移线段，结果如图22-137所示。

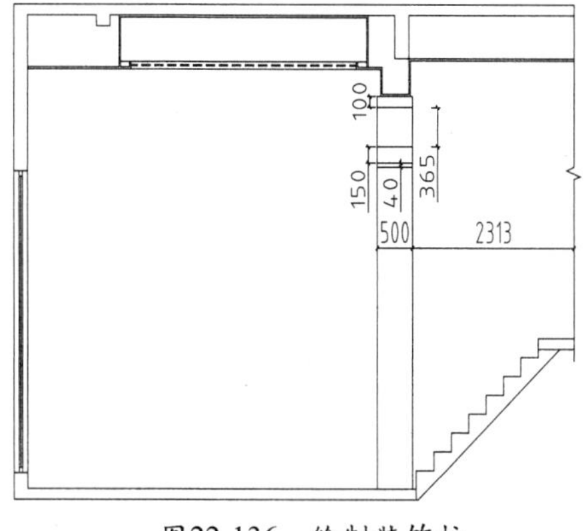

图22-136　绘制装饰柱

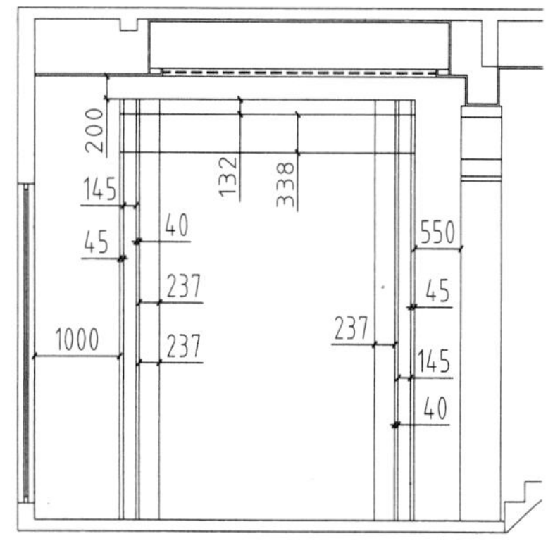

图22-137　绘制背景墙

12 调用A【圆弧】命令，绘制圆弧，结果如图22-138所示。

13 调用E【删除】命令、TR【修剪】命令，删除或修剪线段，结果如图22-139所示。

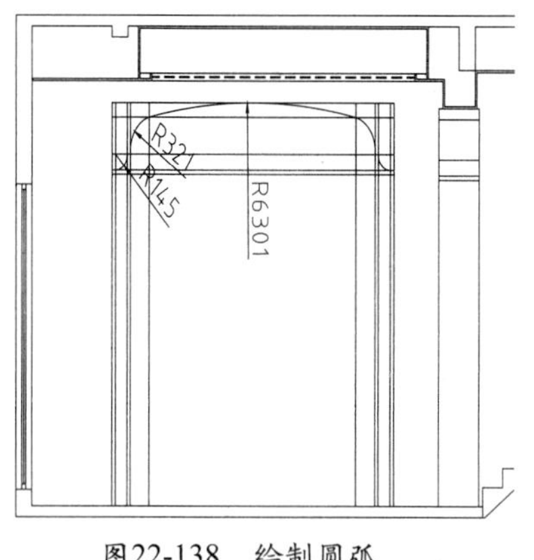

图22-138　绘制圆弧

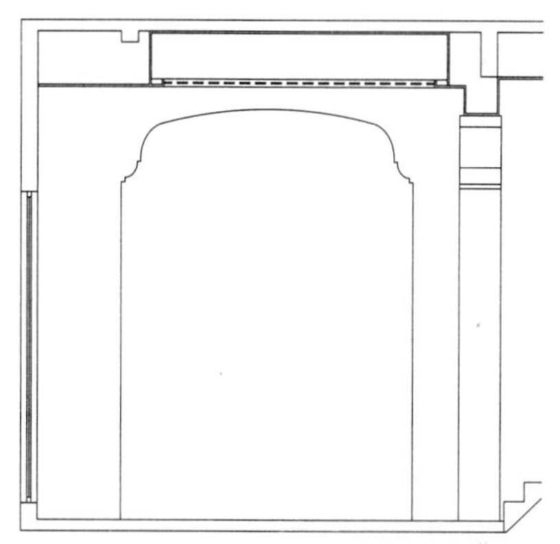
图22-139　删除或修剪线段

14 调用CO【复制】命令、O【偏移】命令，复制上一步骤所绘制的轮廓线，结果如图22-140所示。

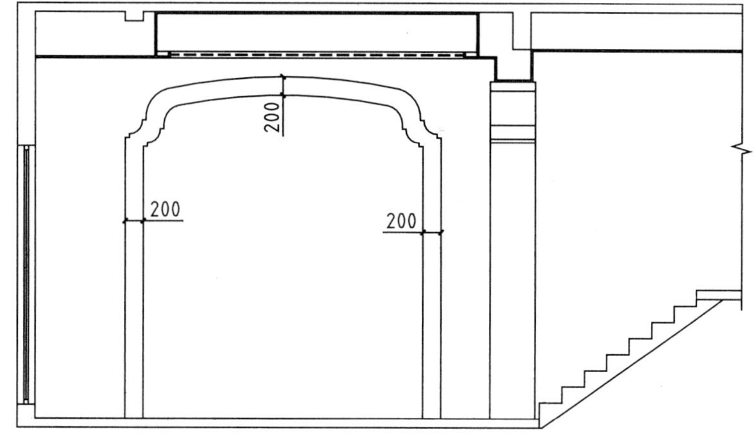

图22-140　复制图形

15 绘制原建筑窗。调用REC【矩形】命令、X【分解】命令，绘制并分解矩形；调用O【偏移】命令、TR【修剪】命令，偏移并修剪矩形边，结果如图22-141所示。

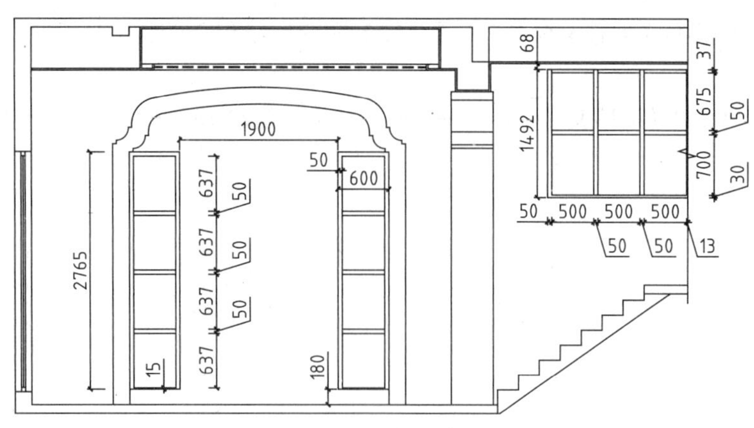

图22-141　绘制原建筑窗

16 绘制大理石装饰轮廓线。调用O【偏移】命令、TR【修剪】命令，绘制图22-142所示的图形。

17 绘制楼梯大理石饰面。调用O【偏移】命令、TR【修剪】命令，绘制大理石装饰轮廓线，如图22-143所示。

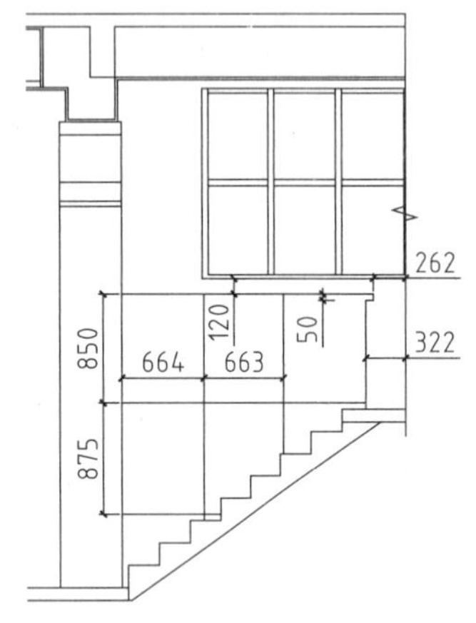

图22-142　绘制大理石装饰轮廓线

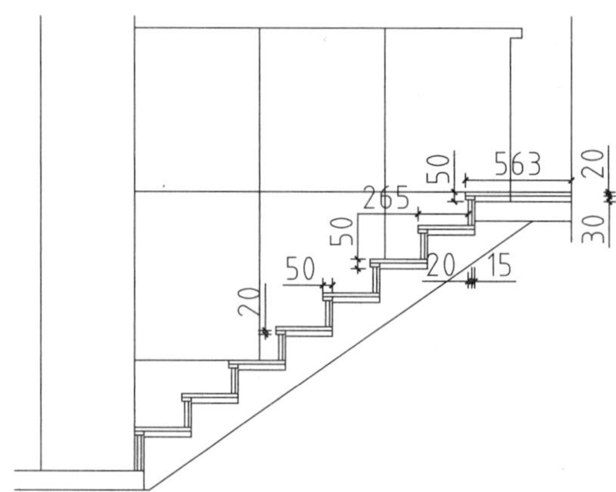

图22-143　绘制楼梯大理石饰面

18 绘制实木线轮廓线。调用L【直线】命令、O【偏移】命令，绘制并偏移直线，结果如图22-144所示。

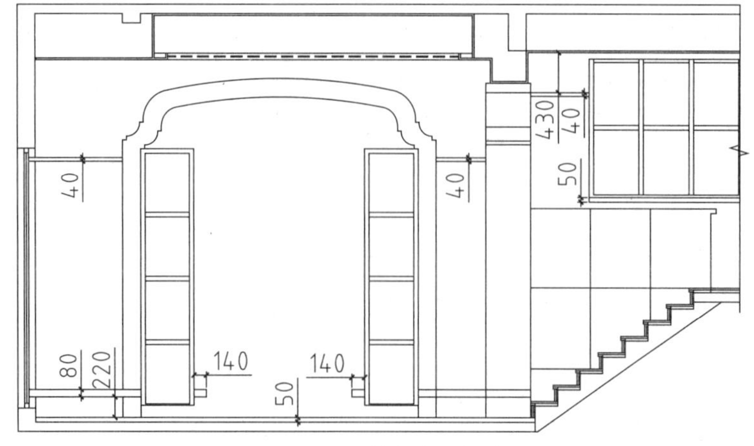

图22-144　绘制实木线轮廓线

19 在“图层”工具栏下拉列表中选择“家具”图层。

20 调入图块。按下Ctrl+O快捷键，将配套光盘提供的“第22章/图例文件.dwg”文件中的实木线图块复制并粘贴至当前图形中。

21 调用L【直线】命令，绘制连接直线；调用TR【修剪】命令，修剪多余线段，结果如图22-145所示。

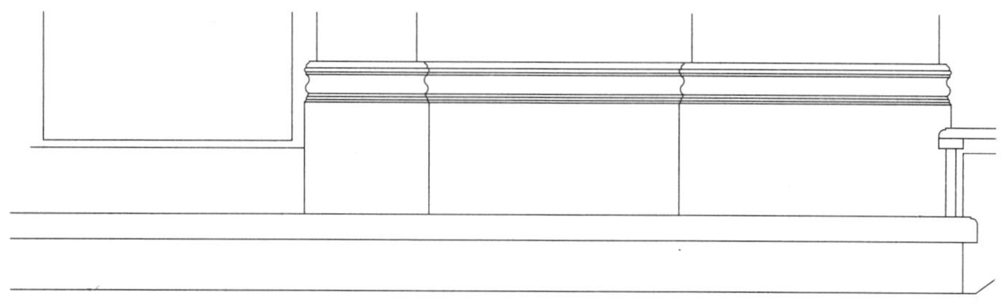

图22-145 调入图块

22 重复上述操作，调入实木线图块并绘制连接直线，结果如图22-146所示。

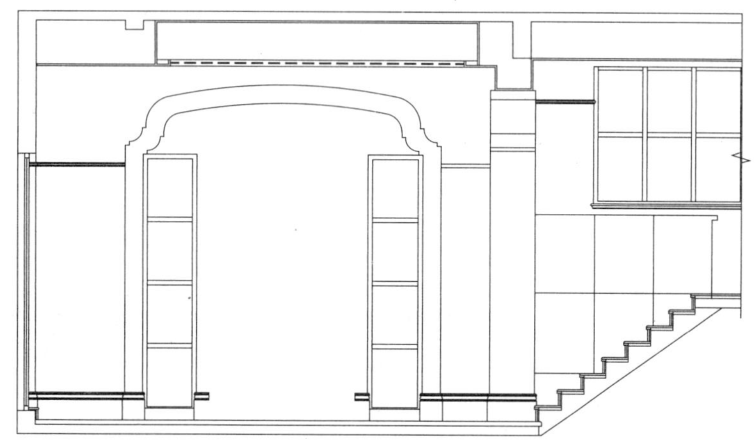

图22-146 操作结果

23 从配套光盘提供的“第22章/图例文件.dwg”文件中调入石膏角线、饰面板截面图形，调用L【直线】命令，绘制连接直线，结果如图22-147所示。

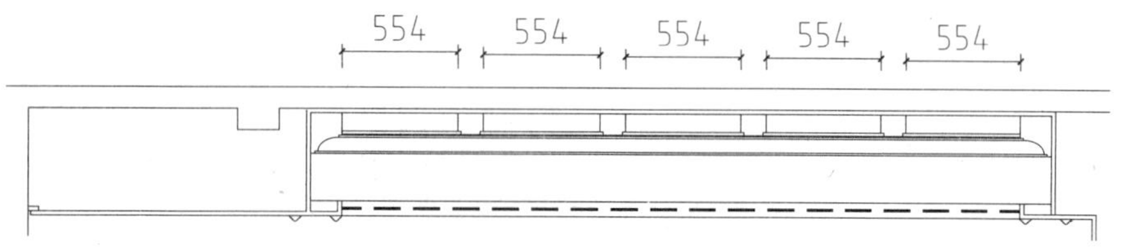

图22-147 调入石膏角线、饰面板截面图形

24 从配套光盘提供的“第22章/图例文件.dwg”文件中调入壁炉图形，如图22-148所示。

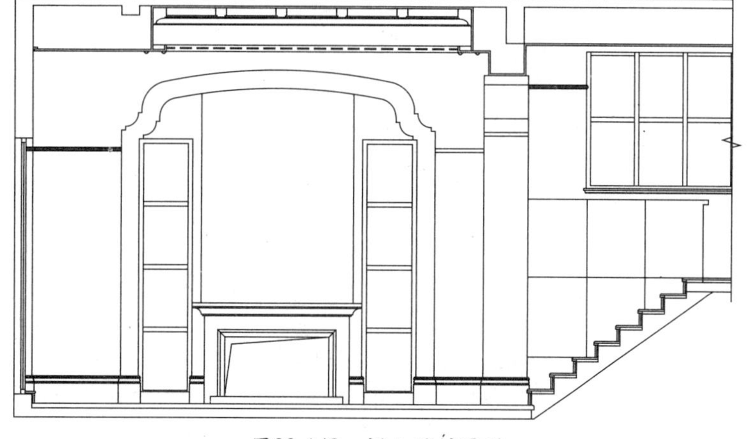

图22-148 调入壁炉图形

25 在“图层”工具栏下拉列表中选择“填充”图层。

26 调用H【图案填充】命令，在弹出的【图案填充和渐变色】对话框中设置立面图装饰图案的参数，如图22-149所示。

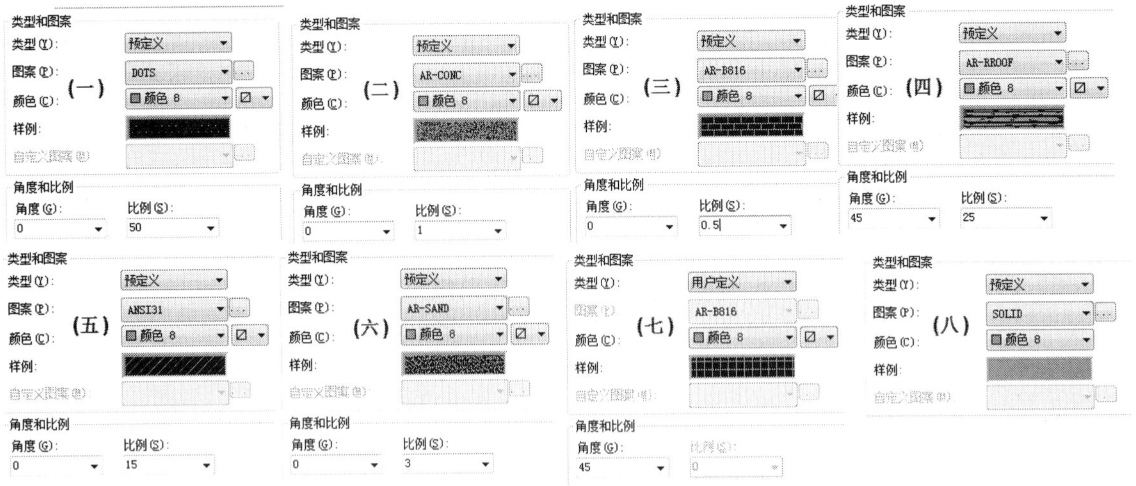

图22-149 设置参数

27 在立面图中拾取填充区域，填充图案的结果如图22-150所示。

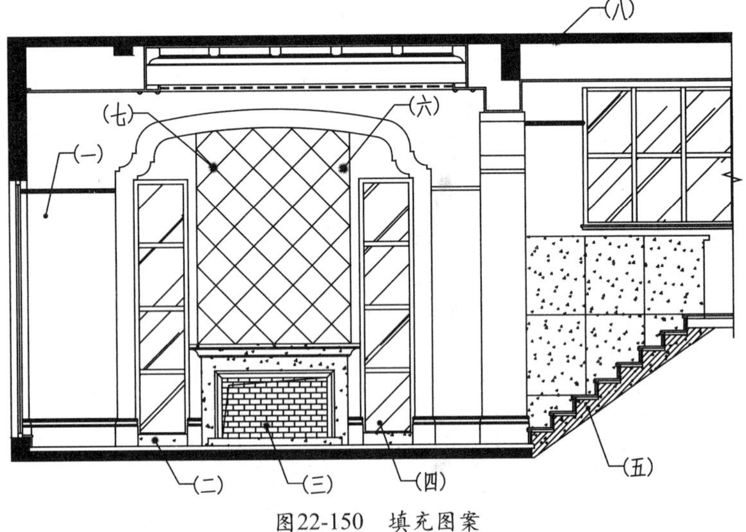

图22-150 填充图案

28 在“图层”工具栏下拉列表中选择“家具”图层。

29 调入图块。按下Ctrl+O快捷键，将配套光盘提供的“第22章/图例文件.dwg”文件中的窗帘、装饰画等图块复制并粘贴至当前图形中，如图22-151所示。

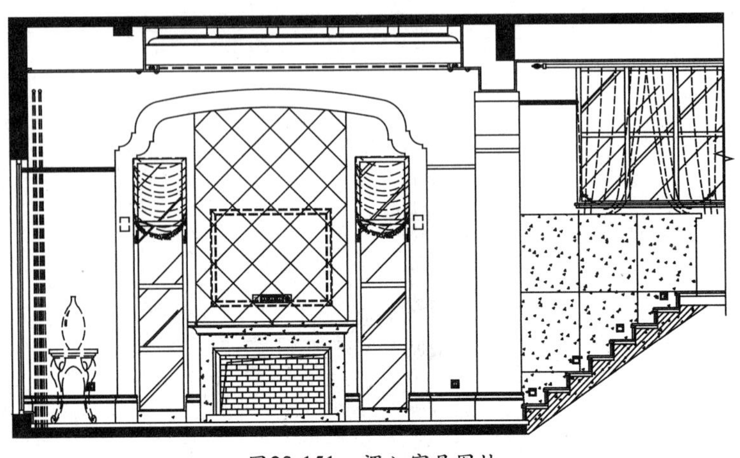

图22-151 调入家具图块

30 在“图层”工具栏下拉列表中选择“尺寸标注”图层。

31 调用DLI【线性标注】命令，绘制立面图尺寸标注，结果如图22-152所示。

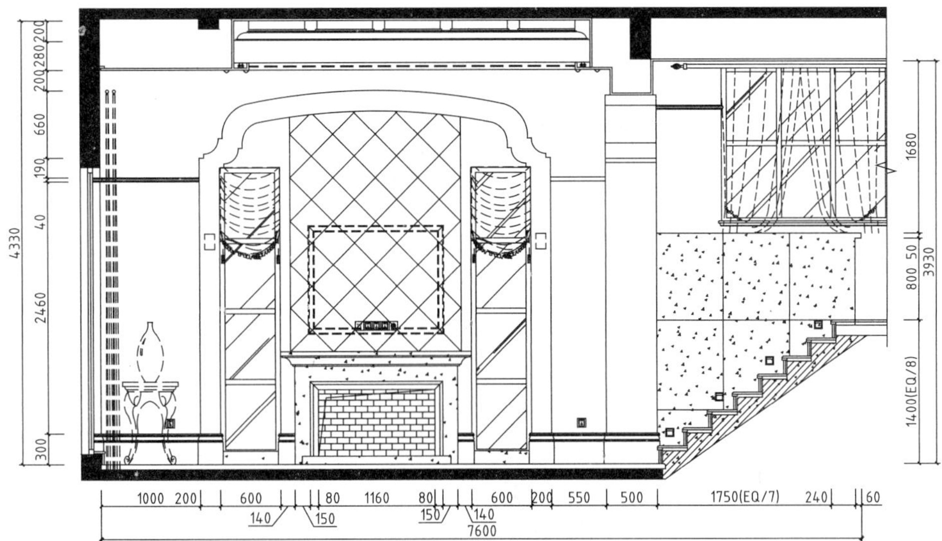

图22-152　绘制尺寸标注

32 在“图层”工具栏下拉列表中选择“文字标注”图层。

33 调用MLD【多重引线】命令，绘制引线标注，结果如图22-153所示。

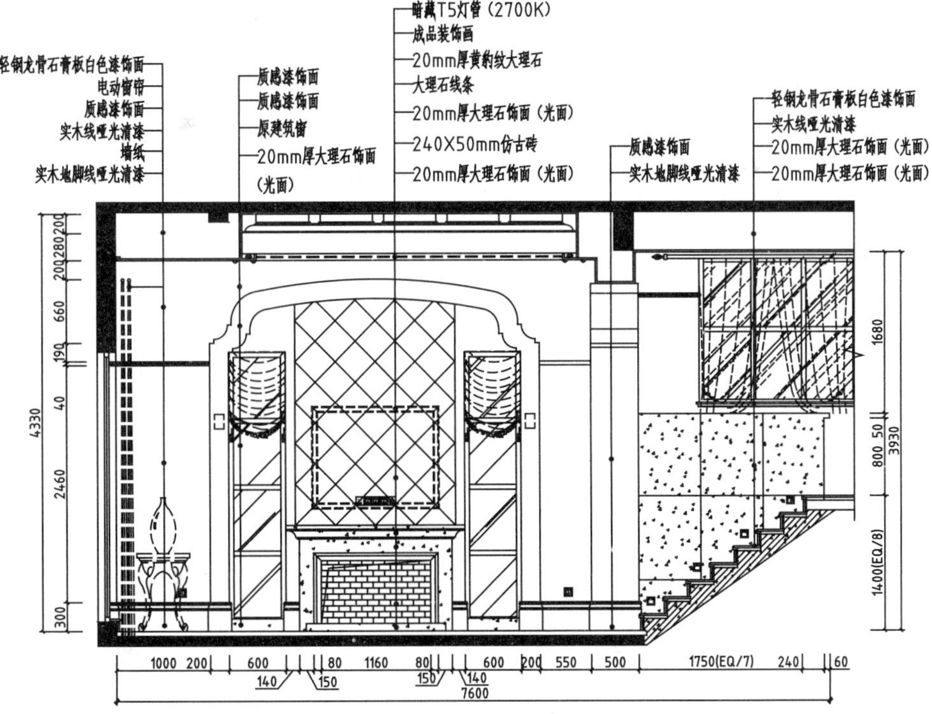

图22-153　绘制引线标注

34 调用C【圆形】命令、MT【多行文字】命令、PL【多段线】命令，绘制图名标注，结果如图22-154所示。

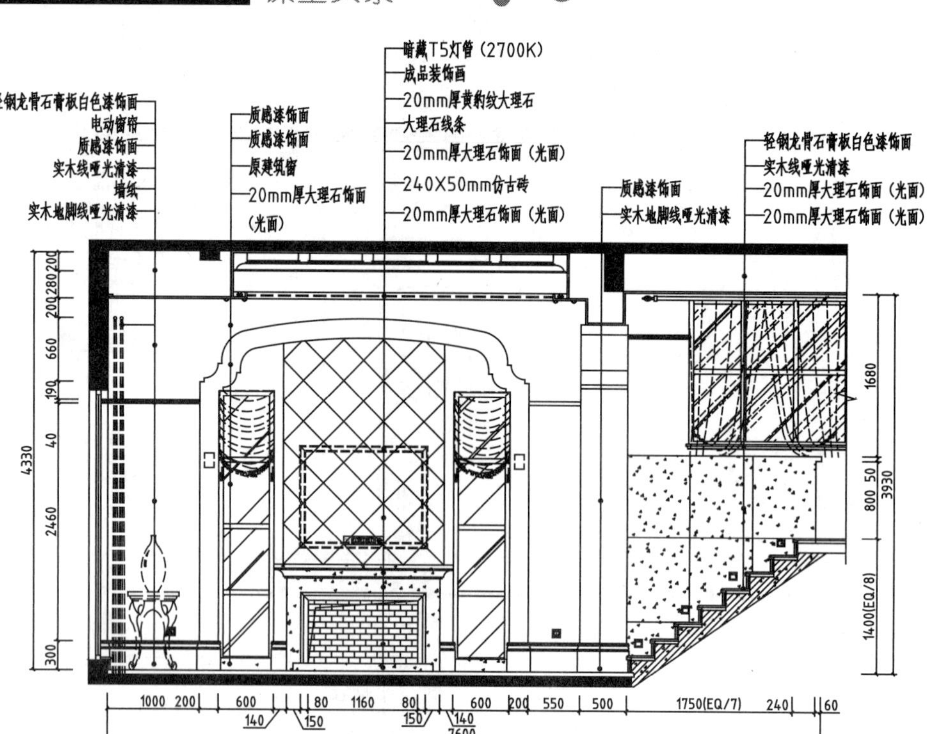

图22-154　绘制图名标注

22.6.2　绘制主卧室A立面图

主卧室A立面图所表现的是电视背景墙的制作效果。为了与衣帽间的平开门相对称，在衣帽间的右侧也设计制作了实木线门套，然后再安装与衣帽间相同类型的平开门，该门不具有实际的使用功能，仅提供装饰。

本节介绍主卧室A立面图的绘制。

01 按下Ctrl+O快捷键，打开“别墅三层平面布置图.dwg”文件。

02 在“图层”工具栏下拉列表中选择“家具”图层。

03 调入立面指向符号。按下Ctrl+O快捷键，将配套光盘提供的“第22章/图例文件.dwg”文件中的立面指向符号复制并粘贴至别墅三层平面布置图中，如图22-155所示。

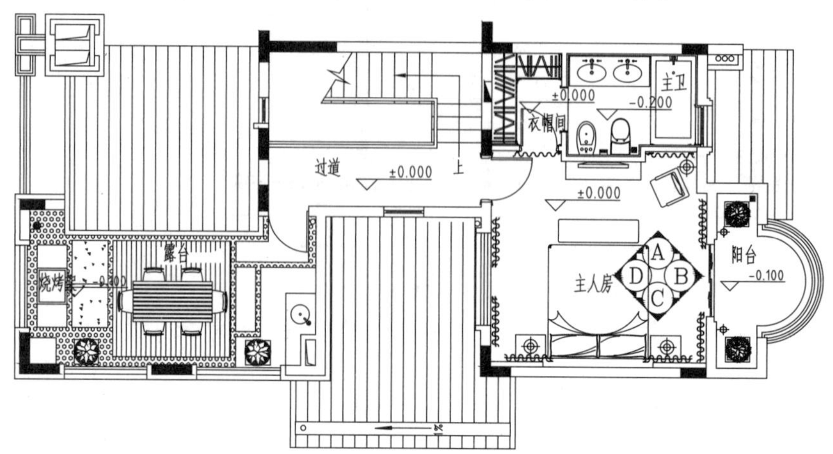

图22-155　调入立面指向符号

04 在“图层”工具栏下拉列表中选择“立面轮廓线”图层。

05 绘制立面轮廓线。调用REC【矩形】命令、X【分解】命令，绘制并分解矩形；调用O【偏移】命令、TR【修剪】命令，偏移并修剪矩形边，结果如图22-156所示。

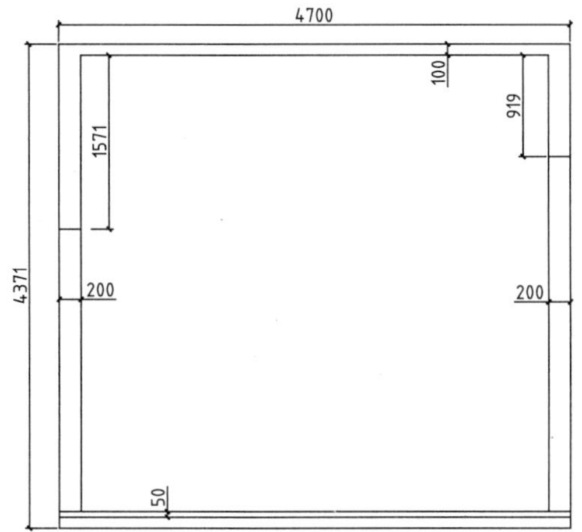

图22-156 绘制立面轮廓线

06 绘制立面门窗。调用O【偏移】命令、TR【修剪】命令、L【直线】命令，绘制立面门窗图形，结果如图22-157所示。

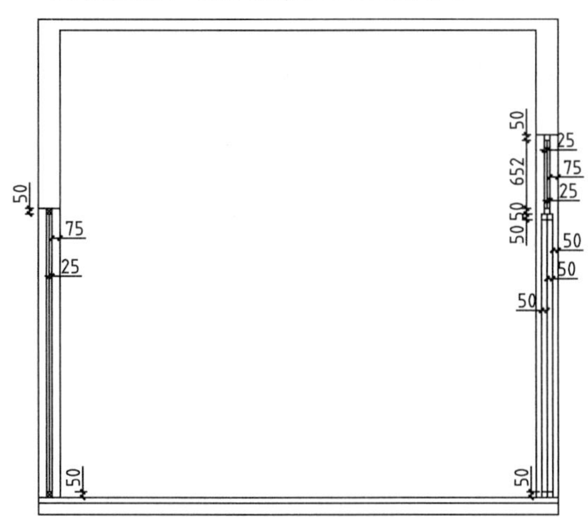

图22-157 绘制立面门窗

07 绘制石膏板吊顶。调用L【直线】命令、O【偏移】命令，绘制并偏移直线；调用TR【修剪】命令，修剪线段，绘制石膏板吊顶轮廓线的结果如图22-158所示。

08 绘制吊顶饰面板轮廓线。调用O【偏移】命令、TR【修剪】命令，偏移并修剪线段，结果如图22-159所示。

09 绘制灯带。调用L【直线】命令，绘制闭合直线；调用PL【多段线】命令，绘制宽度为10的虚线来表示灯带，结果如图22-160所示。

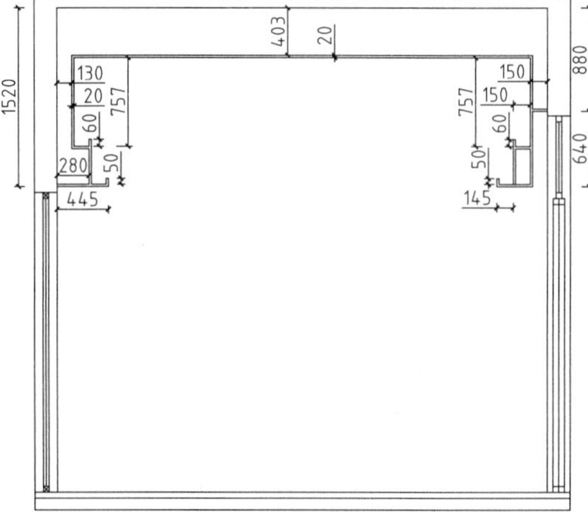

图22-158 绘制石膏板吊顶

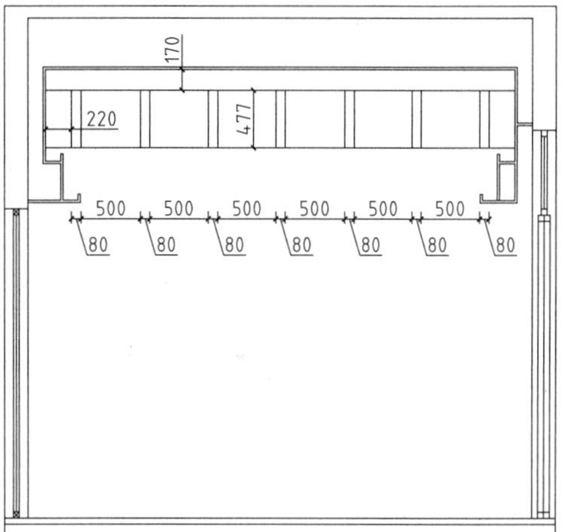

图22-159 绘制吊顶饰面板轮廓线

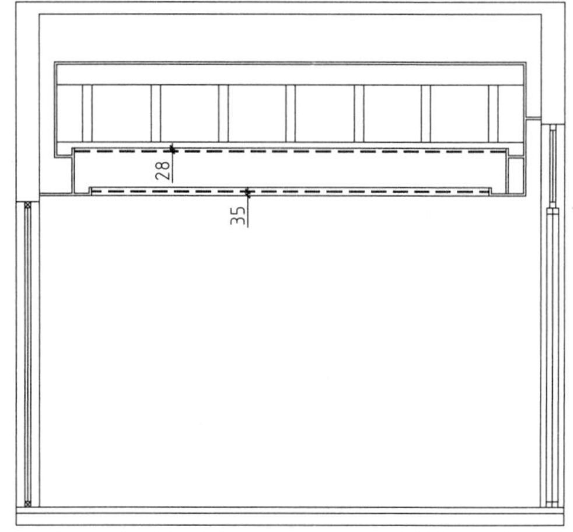

图22-160 绘制灯带

10 绘制实木门套线。调用REC【矩形】命令、O【偏移】命令，绘制并偏移矩形；

调用L【直线】命令，绘制对角线，结果如图22-161所示。

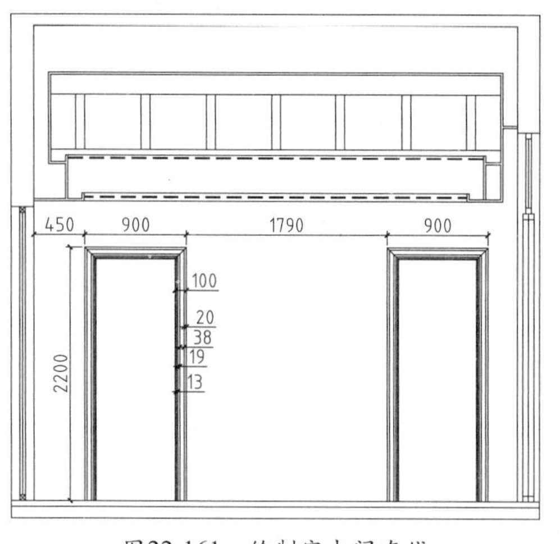

图22-161 绘制实木门套线

11 绘制实木线轮廓。调用L【直线】命令、O【偏移】命令，绘制并偏移直线，结果如图22-162所示。

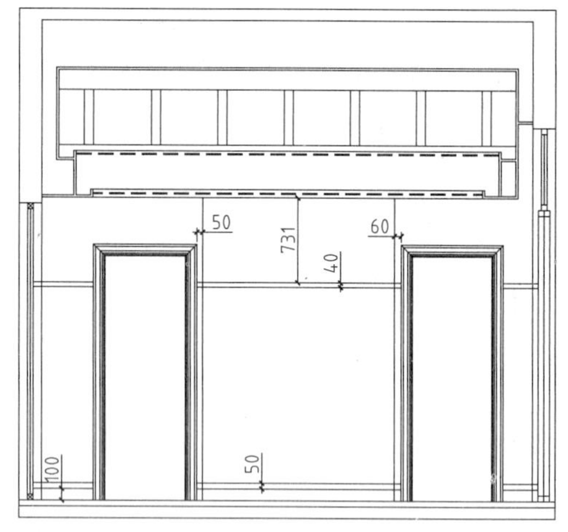

图22-162 绘制实木线轮廓

12 在“图层”工具栏下拉列表中选择“家具”图层。

13 调入图块。按下Ctrl+O快捷键，在配套光盘提供的“第22章/图例文件.dwg”文件中将实木线图块复制并粘贴至当前图形中。

14 调用L【直线】命令，绘制连接直线；调用TR【修剪】命令，修剪多余线段，结果如图22-163所示。

图22-163 调入实木线图块

15 在“图层”工具栏下拉列表中选择“填充”图层。

16 调用H【图案填充】命令，在弹出的【图案填充和渐变色】对话框中设置立面图的图案参数，如图22-164所示。

图22-164 设置参数

17 在立面图中拾取填充区域，绘制图案填充的结果如图22-165所示。

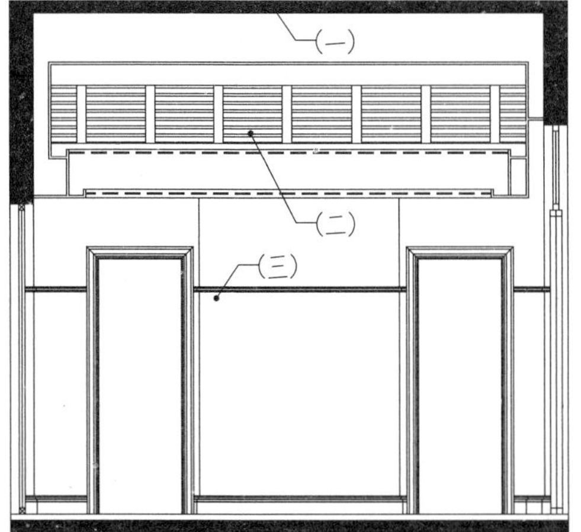

图22-165 绘制图案填充

18 在“图层”工具栏下拉列表中选择“家具”图层。

19 调入图块。按下Ctrl+O快捷键，在配套光盘提供的“第22章/图例文件.dwg”文件中将灯带、窗帘等图块复制并粘贴至立面图中，如图22-166所示。

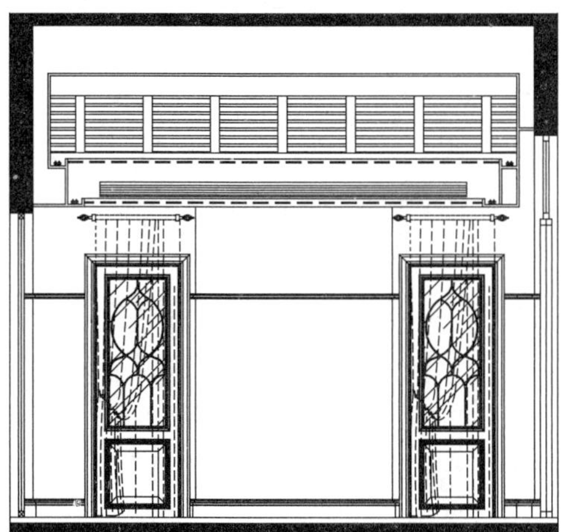

图22-166 调入图块

20 在“图层”工具栏下拉列表中选择“尺寸标注”图层。

21 调用DLI【线性标注】命令，绘制立面图尺寸标注，结果如图22-167所示。

22 在“图层”工具栏下拉列表中选择“文字标注”图层。

23 调用MLD【多重引线】命令，绘制材料标注文字，结果如图22-168所示。

24 调用C【圆形】命令、MT【多行文字】命令、PL【多段线】命令，绘制图名标注，结果如图22-169所示。

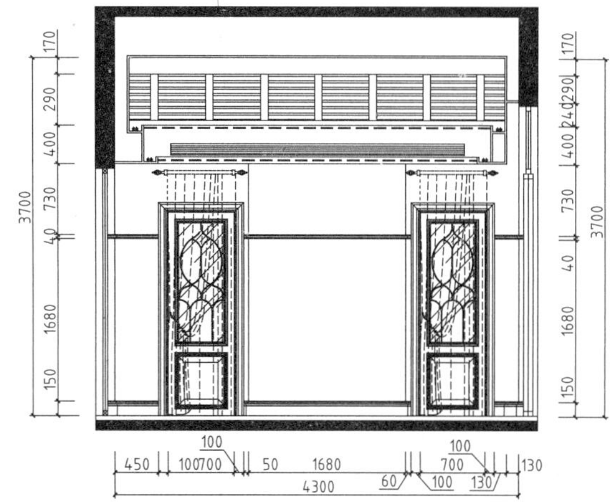

图22-167 绘制尺寸标注

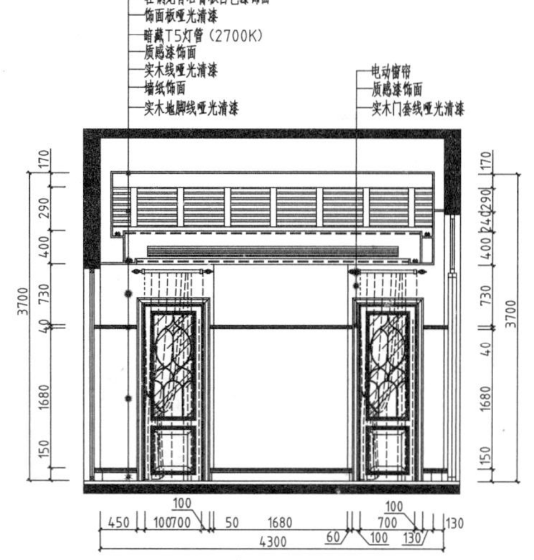

图22-168 绘制引线标注

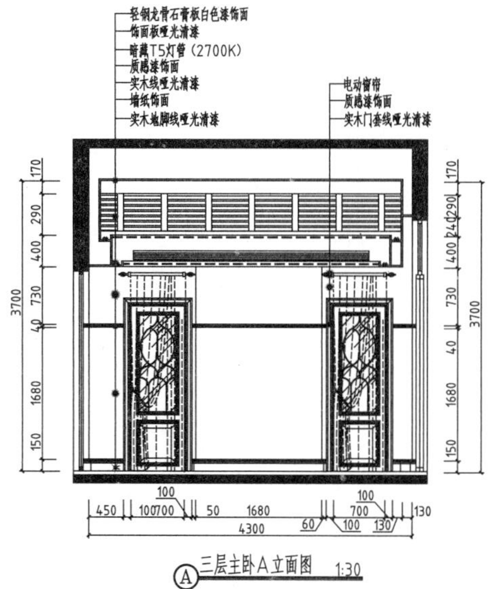

图22-169 绘制图名标注

22.6.3 绘制厨房B立面图

厨房B立面图表现的是厨房平开门所在墙面的装饰效果。在绘制立面图时需要表现橱柜的制作效果，包括橱柜内区域的划分、面板的制作效果以及平开门的安装效果等。

具体的绘制方法请阅读本节的介绍。

01 在“图层”工具栏下拉列表中选择“立面轮廓线”图层。

02 绘制立面图轮廓线。调用REC【矩形】命令、X【分解】命令，绘制并分解矩形；调用O【偏移】命令、TR【修剪】命令，向内偏移并修剪矩形边以完成立面图外轮廓的绘制。

03 绘制石膏板吊顶。调用O【偏移】命令、TR【修剪】命令、L【直线】命令，绘制吊顶轮廓线，结果如图22-170所示。

04 绘制橱柜轮廓线。调用L【直线】命令，绘制橱柜外轮廓线；调用O【偏移】命令、TR【修剪】命令，偏移并修剪线段，绘制的结果如图22-171所示。

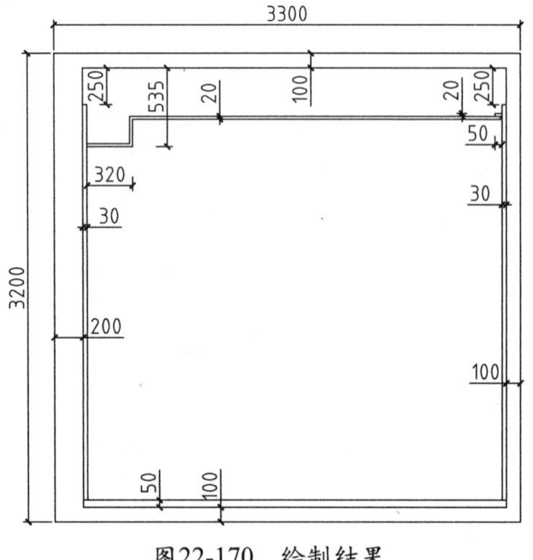

图22-170 绘制结果

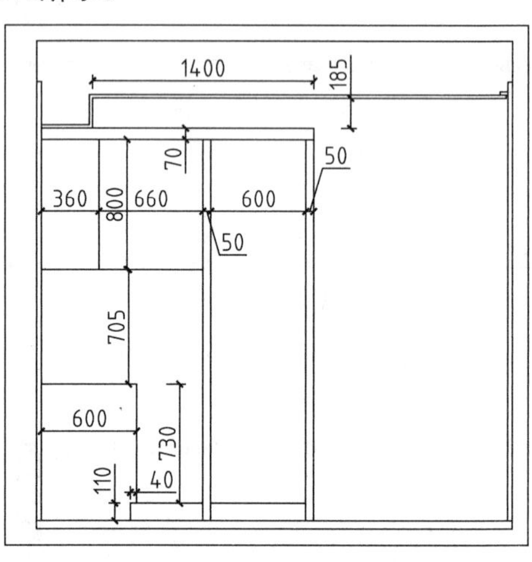

图22-171 绘制橱柜轮廓线

05 绘制柜内隔板及橱柜面板。调用REC【矩形】命令、O【偏移】命令、L【直线】命令，绘制图22-172所示的图形。

06 绘制微波炉位。调用L【直线】命令、O【偏移】命令，绘制并偏移直线，结果如图22-173所示。

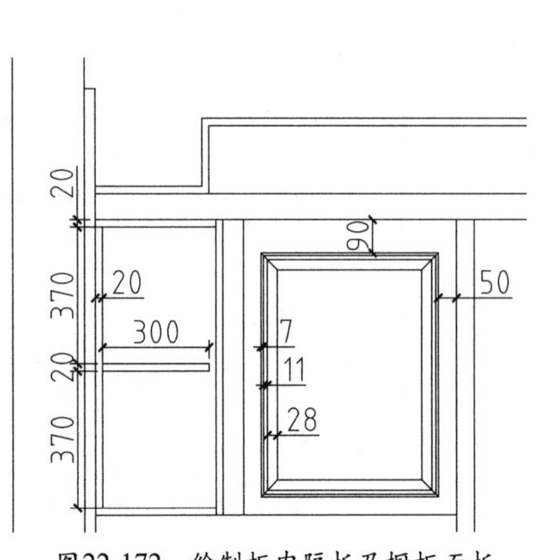

图22-172 绘制柜内隔板及橱柜面板

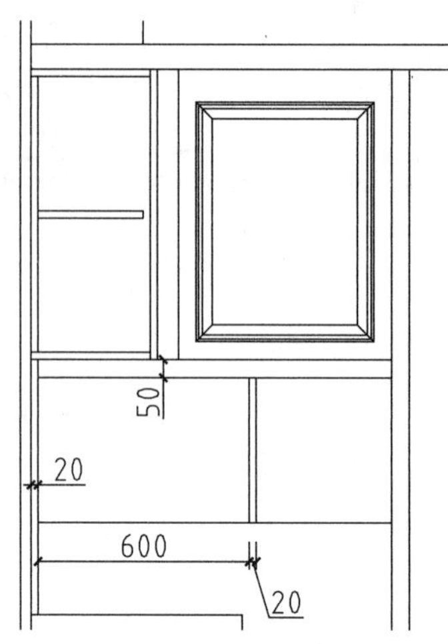

图22-173 绘制微波炉位

07 绘制橱柜面板。调用REC【矩形】命令、X【分解】命令，绘制并分解矩形；调用O【偏移】命令，向内偏移矩形边；调用A【圆弧】命令，绘制圆弧，结果如图22-174所示。

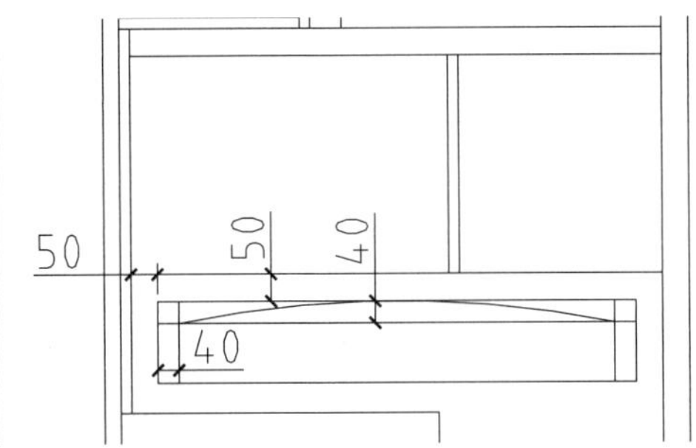

图22-174 绘制橱柜面板

08 调用TR【修剪】命令，修剪线段；调用O【偏移】命令，向内偏移面板轮廓线；调用L【直线】命令，绘制对角线，结果如图22-175所示。

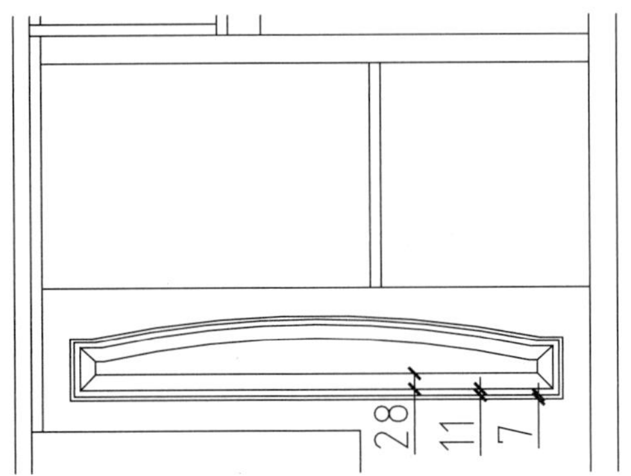

图22-175 绘制结果

09 绘制柜内隔板。调用O【偏移】命令、TR【修剪】命令，可以完成图形的绘制，结果如图22-176所示。

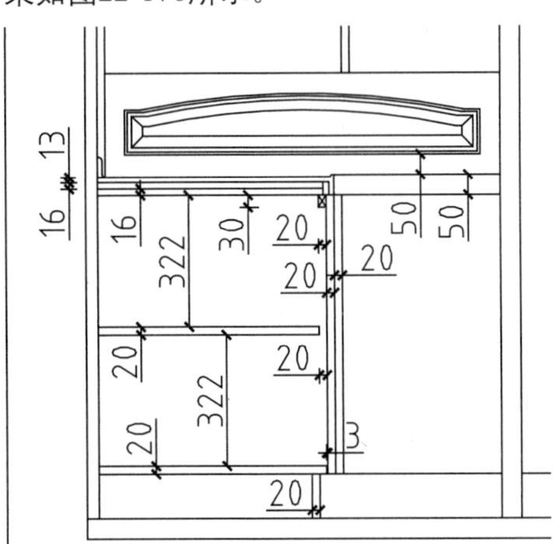

图22-176 绘制柜内隔板

10 绘制橱柜面板。调用REC【矩形】命令、O【偏移】命令、A【圆弧】命令、L【直线】命令，绘制面板轮廓线，结果如图22-177所示。

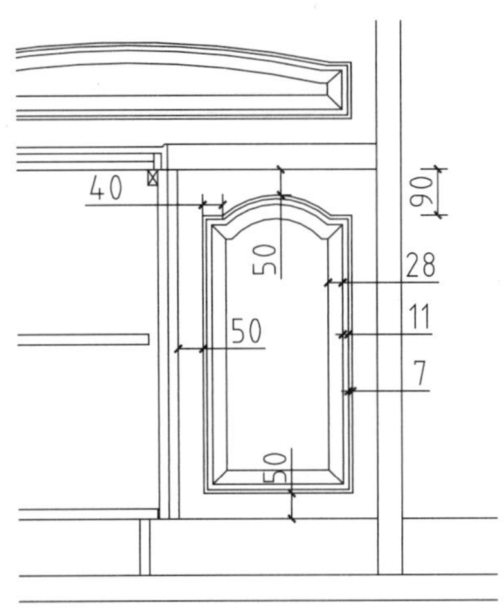

图22-177 绘制橱柜面板

11 使用上述操作，继续绘制其他的橱柜面板图形，结果如图22-178所示。

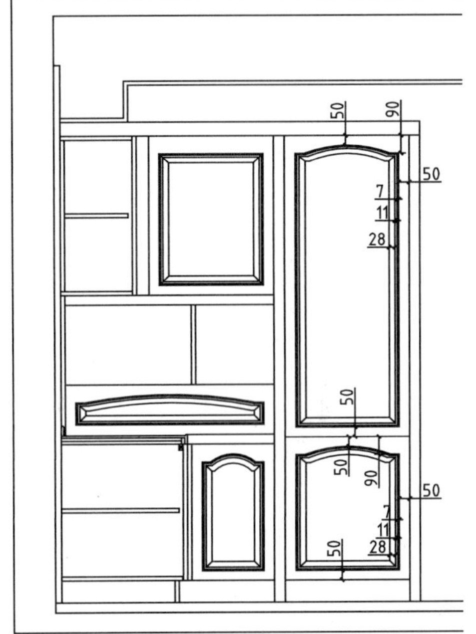

图22-178 绘制结果

12 绘制实木线。调用A【圆弧】命令、TR【修剪】命令，绘制圆弧并修剪多余的线段，结果如图22-179所示。

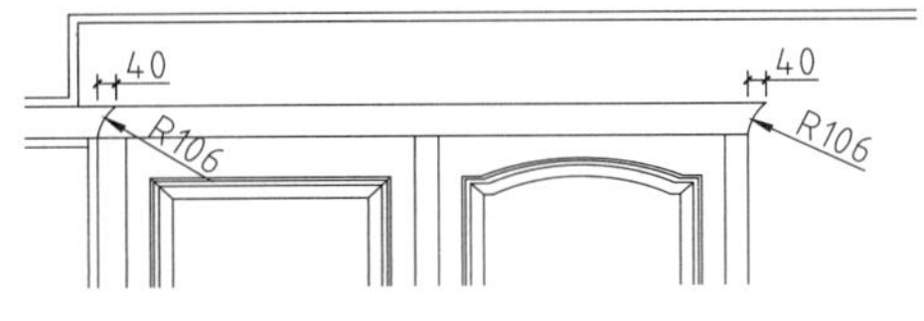

图22-179 绘制圆弧

13 调用O【偏移】命令，偏移线段；调用TR【修剪】命令，修剪线段，绘制实木线条细部的结果如图22-180所示。

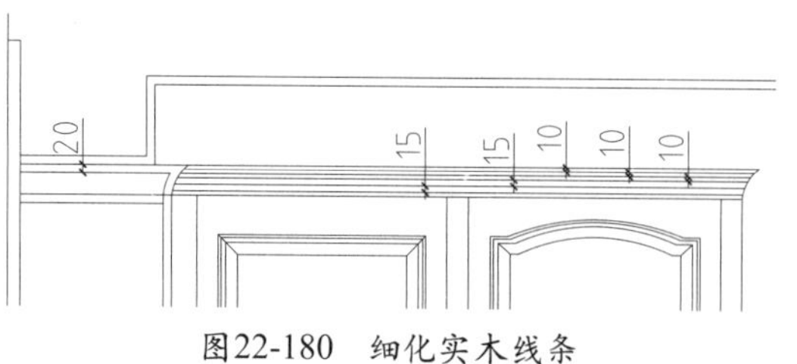

图22-180 细化实木线条

14 绘制橱柜装饰线条。调用REC【矩形】命令，绘制矩形；调用L【直线】命令，绘制对角线，结果如图22-181所示。

图22-181 绘制橱柜装饰线条

15 调用REC【矩形】命令，绘制尺寸为2232×3的矩形；调用CO【复制】命令，复制矩形，结果如图22-182所示。

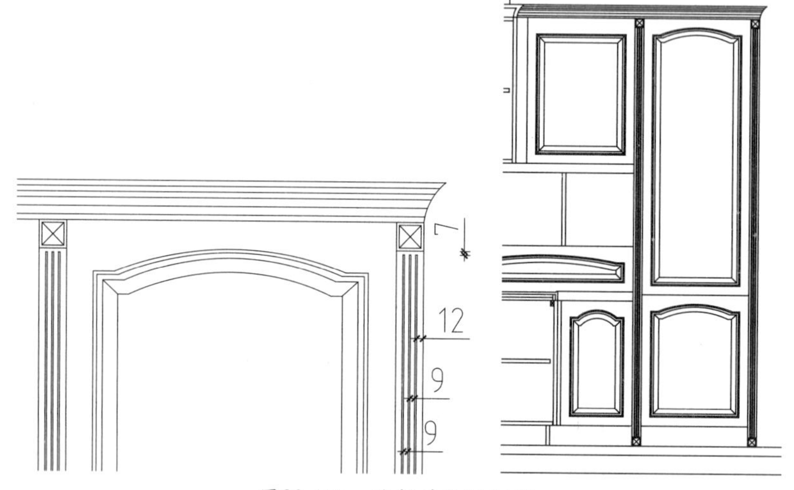

图22-182 绘制并复制矩形

16 绘制实木门套线。调用O【偏移】命令、TR【修剪】命令，偏移并修剪线段；调用L【直线】命令，绘制对角线，结果如图22-183所示。

17 在“图层”工具栏下拉列表中选择“家具”图层。

18 调入图块。按下Ctrl+O快捷键，在配套光盘提供的“第22章/图例文件.dwg”文件中将微波炉、把手等图块复制并粘贴至立面图中，如图22-184所示。

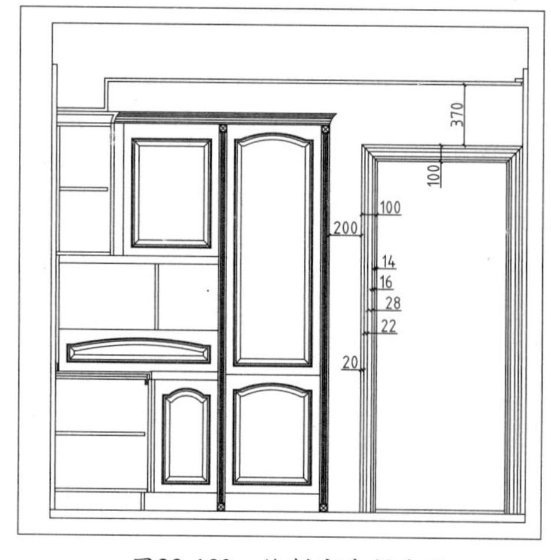

图22-183 绘制实木门套线

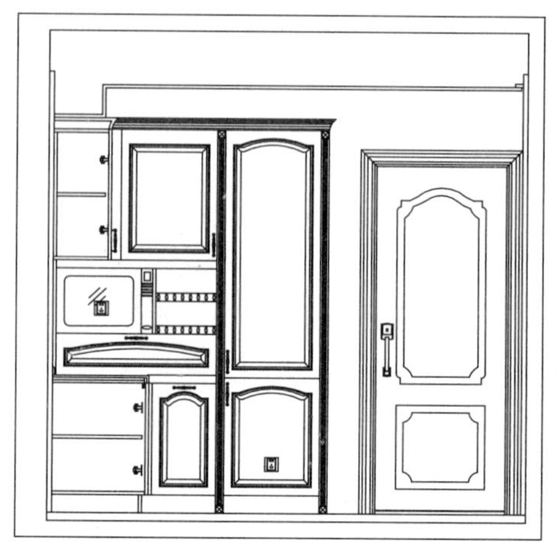
图22-184 调入图块

19 在“图层”工具栏下拉列表中选择“填充”图层。

20 调用H【图案填充】命令，在【图案填充和渐变色】对话框中设置图案填充的参数，如图22-185所示。

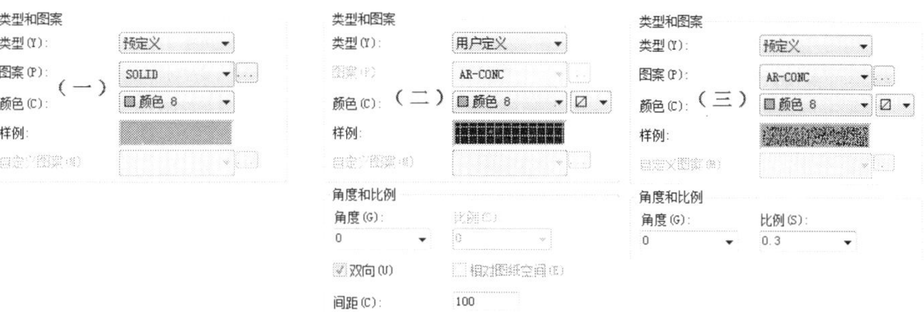

图22-185　设置参数

21 在立面图中拾取各填充区域，绘制填充图案的结果如图22-186所示。

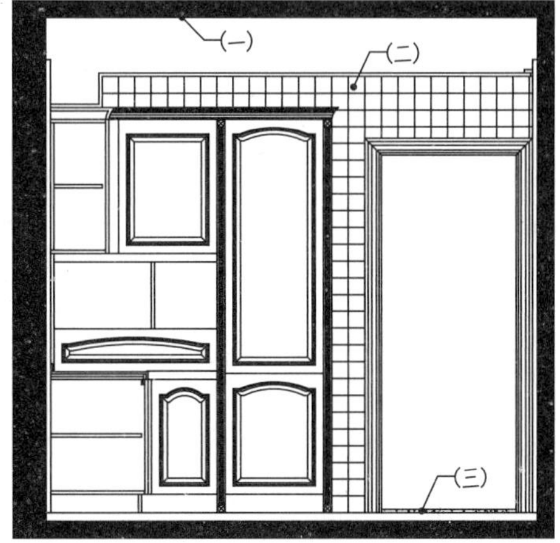

图22-186　绘制填充图案

22 调用PL【多段线】命令，绘制折断线，并将表示门扇开启方向的折断线的线型设置为虚线，结果如图22-187所示。

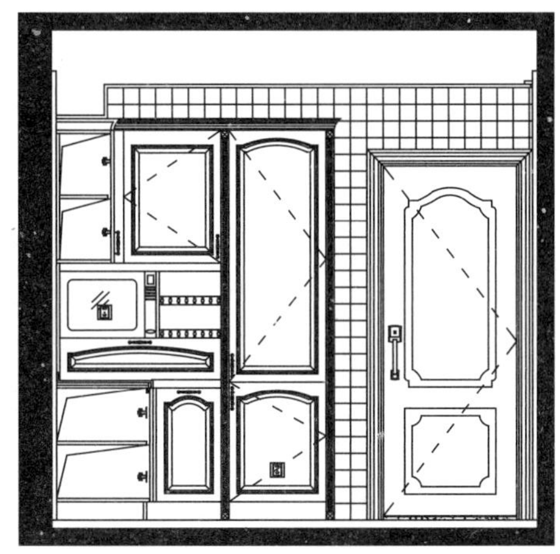

图22-187　绘制折断线

23 在“图层”工具栏下拉列表中选择“尺寸标注”图层。

24 调用DLI【线性标注】命令，绘制厨房立面图尺寸标注，结果如图22-188所示。

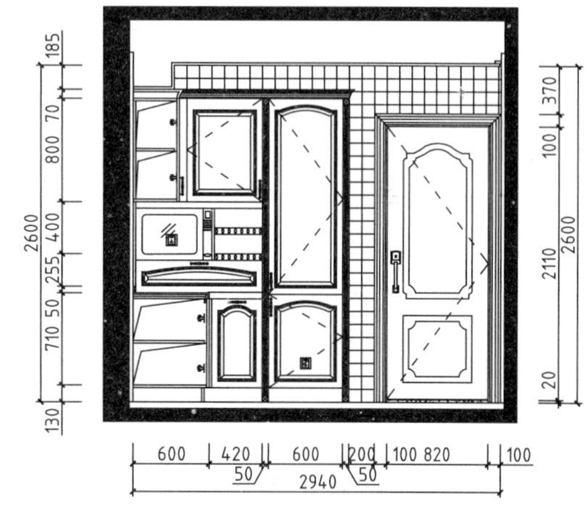

图22-188　绘制尺寸标注

25 在“图层”工具栏下拉列表中选择“文字标注”图层。

26 调用MLD【多重引线】命令，绘制引线标注，结果如图22-189所示。

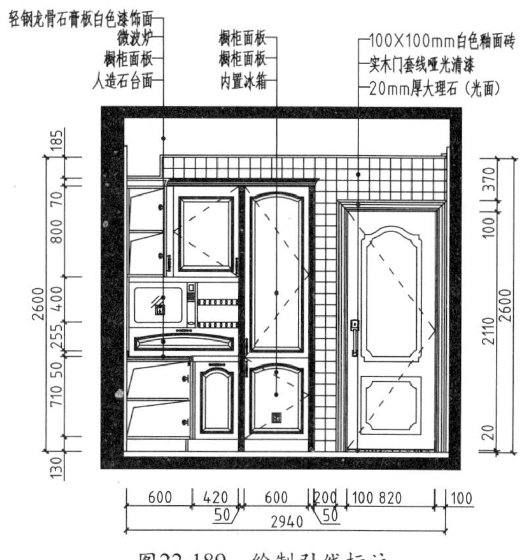

图22-189　绘制引线标注

27 调用C【圆形】命令，绘制图名编号；调用MT【多行文字】命令、PL【多段线】命令，绘制图名标注及下划线，结果如图22-190所示。

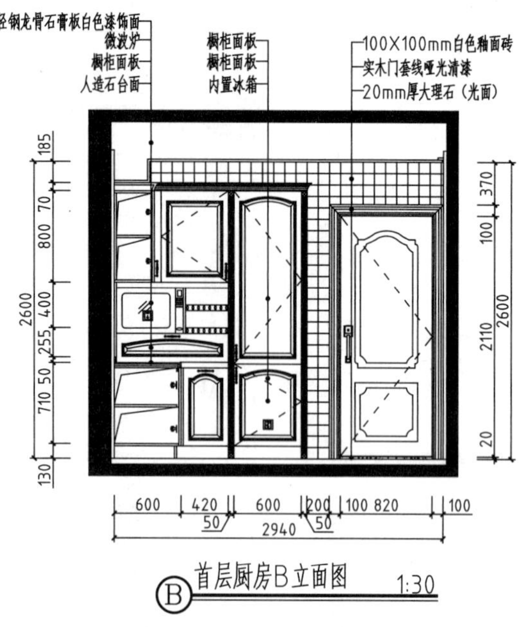

图22-190 绘制图名标注

第23章 绘制公共空间室内装潢施工图

公共空间设计就是运用一定的物质技术手段与经济能力，以科学为基础，以艺术为表现形式，创造安全、卫生、舒适、优美的内部环境，以满足人们的物质需要与精神需要。

本章介绍公共空间设计的基础知识以及办公空间室内装潢施工图的绘制。

23.1 公共空间设计概述

本节介绍公共空间设计的基础知识，包括公共空间的设计原则、公共设计的特点。

23.1.1 公共空间设计原则

公共空间的设计原则概括如下。

（1）功能原则

设计行为与纯粹的艺术不同，其基于功能原则，任何设计行为都有既定的功能要满足，是否达到这一要求，成为判断设计结果成功与失败的一个先决条件。

公共空间设计的实用性是室内设计问题的基础，它建立在物质条件的科学应用上，比如空间计划、家具的陈设、储藏设置及采光、通风、管道等设备，必须符合科学、合理的法则，以提供完善的生活效用来满足人们的多种生活、工作及学习需求。

（2）艺术原则

表现形式富有艺术气息的公共空间具有观赏性，所营造的艺术氛围也能使置身其中的人感到身心愉悦。

（3）经济原则

所有的装饰设计不是以追求奢华为目的，关键是必须科学合理。好的设计是为了满足人们实用及审美需要的，应具有实用和欣赏的双重价值。

23.1.2 公共空间的设计特点

公共空间的设计特点概括如下。

（1）空间使用的大众性

公共空间的室内设计是围绕建筑的空间形式，以“人”为中心，依据人的社会功能需求、审美需求来设立空间主题创意，其根本的目的是为了给人提供进行各种社会活动所需要的活动空间。

（2）材料使用的环保性

设计师在进行设计构思时，需要考虑使用功能、结构、施工、材料、造价等因素，为确保人们的身体健康，在设计公共空间时应尽量采用低辐射、低甲醛释放的环保装饰材料。

（3）设计文化的民族性

设计师应根据地理位置的不同，运用历史文脉、地域文化等自然设计元素完成个性化的设计，以展示出当地设计文化的地域特色。

图23-1、图23-2所示为不同类型的公共空间的装饰设计效果。

图23-1　展会设计

图23-2　商场设计

23.2 绘制办公室室内装潢图

本节介绍办公空间设计的基础知识以及办公室室内装饰施工图的绘制。

23.2.1 办公空间设计概述

办公空间的设计基础知识概括如下。

1. 办公室设计的层次

办公室设计有3个层次的目标，列举如下。

第一层次是经济实用，一方面要满足实用要求、能给办公人员的工作带来方便，另一方面要尽量低费用、追求最佳的功能费用比。

第二层次是美观大方，能够充分满足人的生理和心理需要，创造出一个赏心悦目的良好工作环境。

第三层次是独具品味，办公室是企业文化的物质载体，要努力体现企业物质文化和精神文化，反映企业的特色和形象，对置身其中的工作人员产生积极的、和谐的影响。

这3个层次的目标虽然由低到高、由易到难，但它们不是孤立的，是有着紧密的内在联系，出色的办公室设计应该努力同时实现这3目标。

2. 办公室设计的要求

办公室装饰设计的基本要求如下所述。

（1）符合企业实际。

（2）符合行业特点。例如，五星级饭店和校办科技企业由于其分属于不同的行业，因而办公室在装修、家具、用品、装饰品、声光效果等方面都应有显著的不同，

（3）符合使用要求。例如，总经理（厂长）办公室在楼层安排、使用面积、室内装修、配套设备等方面都与一般职员的办公室不同，这种差异并不是由于总经理、厂长与一般职员身份不同，而是因为他们各自的办公室具有不同的使用要求。

（4）符合工作性质。例如，技术部门的办公室需要配备电脑、绘图仪器、书架（柜）等技术工作必需的设备，而公共关系部门则显然更需要电话、传真机、沙发、茶几等与对外联系和接待工作的设备和家具。

3. 不同人员的办公室设计布置

办公室的布置都因其使用人员的岗位职责、工作性质、使用要求等不同而应该有所区别。

（1）高层管理人员的办公室

第一，相对封闭。一般是一人一间单独的办公室，有不少企业都将高层领导的办公室安排在办公大楼的最高层或平面结构的最深处，其目的就是创造一个安静、安全、少受打扰的环境。

第二，相对宽敞。除了考虑使用面积略大之外，一般采用较矮的办公家具设计，其目的是为了扩大视觉空间，因为过于拥挤的环境束缚人的思维，带来心理上的焦虑等问题。

第三，方便工作。一般要把接待室、会议室、秘书办公室等安排在靠近决策层人员办公室的位置，有不少企业的厂长（经理）办公室都建成套间，外间就安排成接待室或秘书办公室。

第四，特色鲜明。企业领导的办公室要反映企业形象，具有企业特色，例如墙面色彩采用企业标准色、办公桌上摆放国旗和企业旗帜以及企业标志、墙角安置企业吉祥物等。

（2）一般管理层及普通职员办公室

对于一般管理人员和行政人员，许多现代化的企业常要用大办公室、集中办公的方式，办公室设计的目的是增加沟通、节省空间、便于监督、提高效率。

这种大办公室的缺点是相互干扰较大，因此在进行室内设计时应注意：一是按部门或小部门分区，同一部门的人员一般集中在一个区域；二是采用低隔断，高度在1.2~1.5米的范围，这样为的是给每一名员工创造相对封闭和独立的工作空间，减少相互间的干扰；三是有专门的接待区和休息区，不致因为一位客户的来访而破坏了其他人的安静工作。

图23-3、图23-4所示分别为封闭办公室及开敞办公室的装饰设计效果。

图23-3 封闭办公室

图23-4 开敞办公室

23.2.2 绘制办公室平面布置图

平面布置图应该在建筑平面图的基础上绘制。由于前面章节已经介绍过绘制建筑平面图的方法，因此在本章中就不讲解办公室建筑平面图的绘制。读者可以根据素材所提供的尺寸，沿用前面所介绍的方法来绘制办公室的建筑平面图。

调用办公室建筑平面图，然后在此基础上绘制各办公室的平面布置图。

接待厅主要用来接待外宾，因此需要摆放供外宾休息的沙发及工作人员使用的接待台。开敞办公区需要满足公司大部分员工日常的工作需要，因此应按空间的大小来放置适量的办公桌椅；与此同时，靠墙放置的文件柜是不可缺少的，因为这样可以方便员工随时查阅资料。

会议室需要较大的空间，以满足开会人数的随时变更。由于会议室只是在开会时被使用，因此可以放置若干文件柜，充当资料室来使用，这样可以最大限度地利用空间。同时，靠墙安置文件柜，可以省去墙面装饰的费用。

图23-5、图23-6所示分别为公司接待区及会议室的装饰装潢效果。

图23-5 公司接待区

图23-6 会议室

经理办公室分为两个区域，一个是办公区，一个是接待区；这样可以满足经理办公及接待访客的需求。除了办公区之外，还设置了若干休息区，比如休息室、厨房等。由于是属于公共场所，因此在选择室内家具种类时，以兼顾大多数人的需求为上。休息室摆放双人床或单人床，靠墙设置衣柜，以此满足休憩及储藏的需要。

厨房需要满足日常的洗涤、烹饪、储藏要求，因此燃气灶、洗涤盆、冰箱必不可少。值得注意的是，并不是所有类型的办公室都会设置以上的分区。在对办公室进行划分功能区时，应根据实际的情况，比如办公室的面积、公司的性质、人数以及使用需求等来划分区域。

01 启动AutoCAD 2014应用程序，执行“打开”|“文件”命令，打开“办公室建筑平面图.dwg”文件，如图23-7所示。

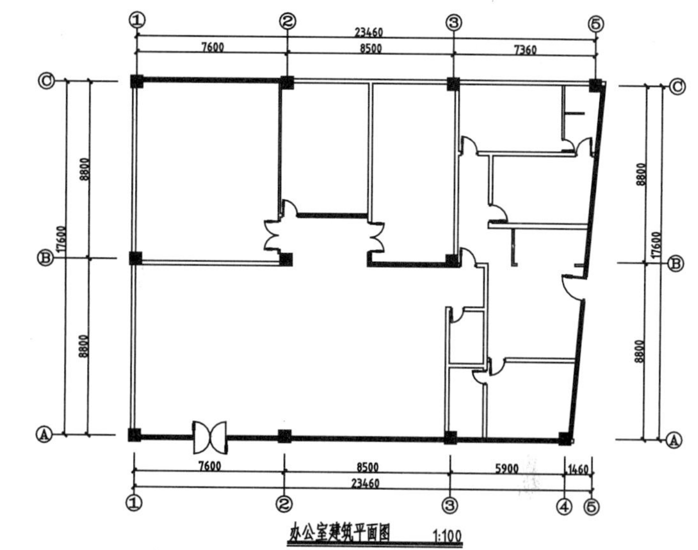

图23-7 办公室建筑平面图

02 执行“文件”|“另存为”命令，将文件另存为“办公室平面布置图.dwg”文件。

03 由于办公楼建筑平面图已创建一系列常用的图层，比如“墙体”、“门窗”、“尺寸标注”、“文字标注”等图层，因此在绘制平面布置图之前，应创建“家具”图层，以便管理各类家具图形。

04 调用LA【图层特性管理器】命令，在【图层特性管理器】对话框中创建名称为“家具”的图层，颜色为黄色，并将其置为当前图层。

05 绘制会议室文件柜。调用O【偏移】命令，选择内墙线向内偏移；调用L【直线】命令，绘制直线，结果如图23-8所示。

06 调用PL【多段线】命令，绘制对角线，结果如图23-9所示。

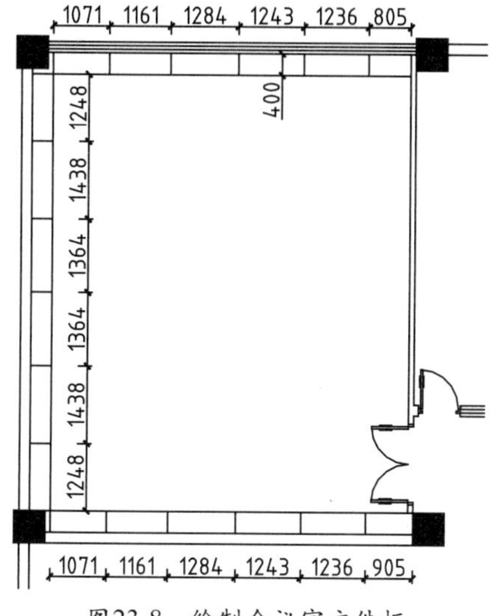

图23-8 绘制会议室文件柜

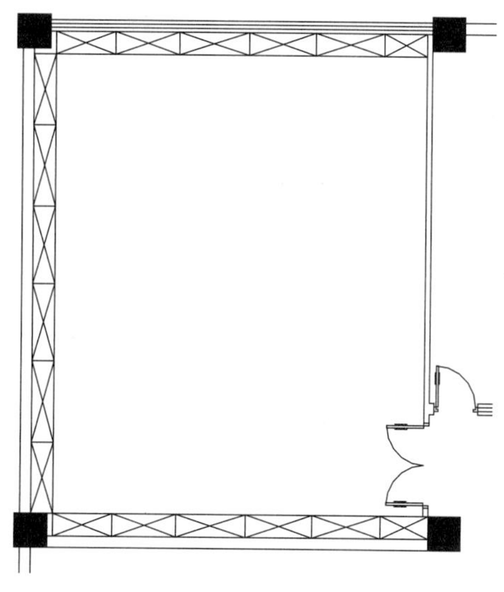

图23-9 绘制对角线

07 重复上述操作，继续绘制其他办公区的文件柜图形，结果如图23-10所示。

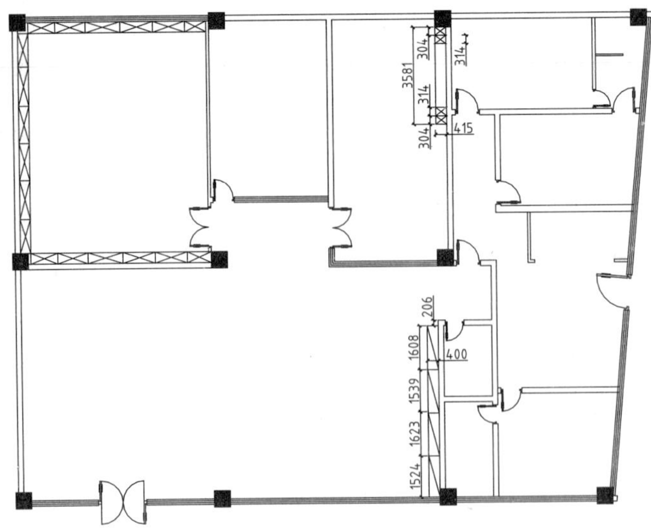

图23-10 绘制其他文件柜

08 绘制休息室衣柜。调用REC【矩形】命令、X【分解】命令，绘制并分解矩形；调用O【偏移】命令，偏移矩形边，如图23-11所示。

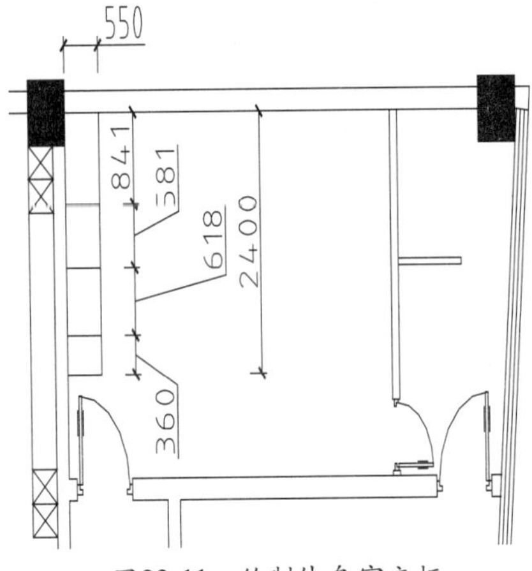

图23-11 绘制休息室衣柜

09 调用F【圆角】命令，设置圆角半径为460，对线段执行圆角操作，结果如图23-12所示。

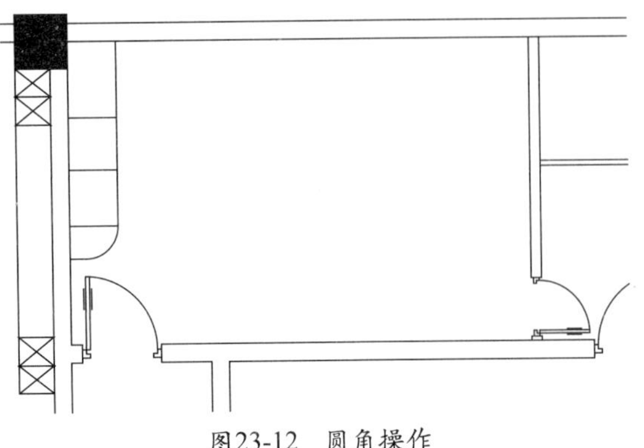

图23-12 圆角操作

10 绘制休息室电视柜。调用REC【矩形】命令，绘制矩形；调用CHA【倒角】命令，设置第一个倒角距离、第二个倒角距离为70，对尺寸为1500×400的矩形执行倒角操作，结果如图23-13所示。

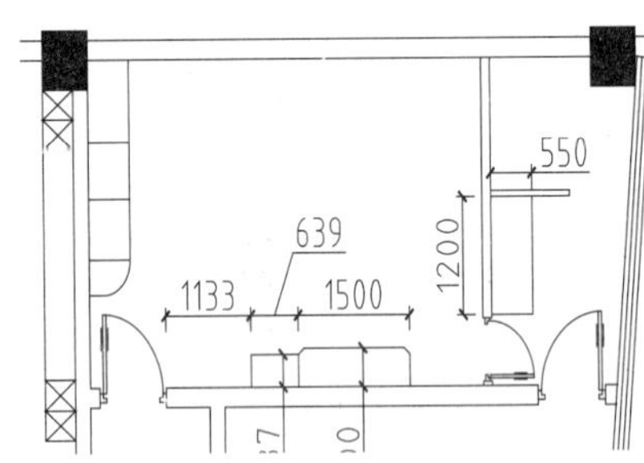

图23-13 休息室电视柜

11 重复上述操作，继续绘制其他休息室的电视柜图形，结果如图23-14所示。

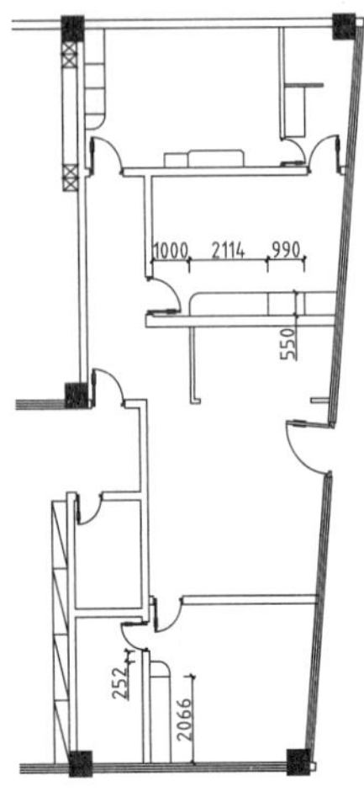

图23-14 绘制结果

12 绘制厨房推拉门。调用REC【矩形】命令、X【分解】命令，绘制并分解矩形；调用O【偏移】命令、TR【修剪】命令，偏移并修剪矩形边，推拉门的绘制结果如图23-15所示。

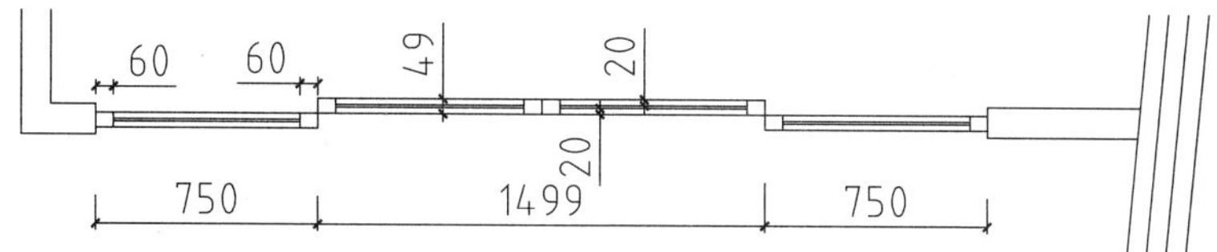

图23-15 绘制厨房推拉门

13 绘制厨房操作台。调用O【偏移】命令，向内偏移墙线、窗线；调用TR【修剪】命令，修剪多余的线段；调用F【圆角】命令，设置圆角半径为180，对线段执行圆角操作，结果如图23-16所示。

14 调入图块。按下Ctrl+O快捷键，在配套光盘提供的“第23章/图例文件.dwg”文件中将办公桌、床等图块复制并粘贴到平面图中，结果如图23-17所示。

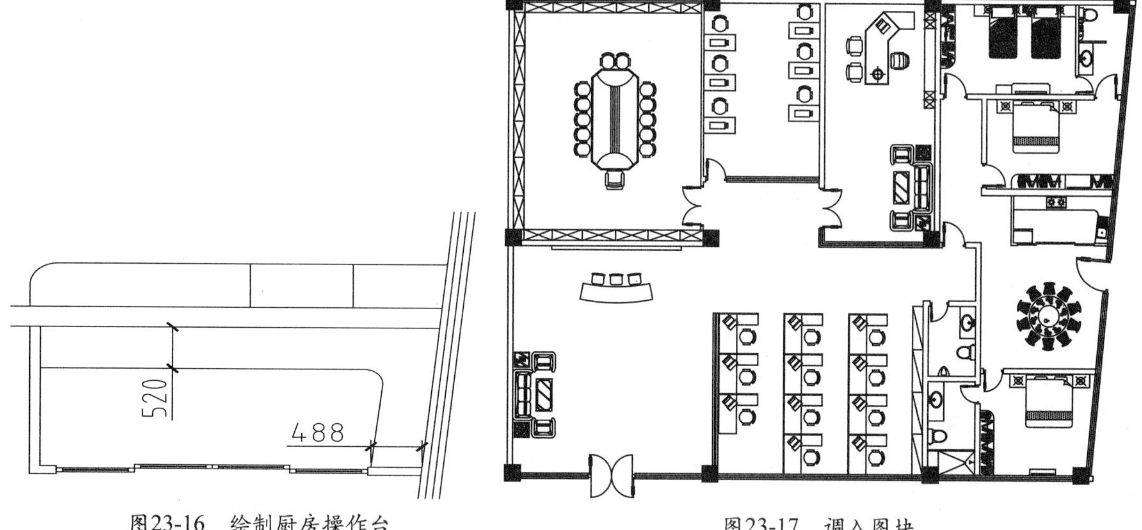

图23-16 绘制厨房操作台　　图23-17 调入图块

15 在“图层”工具栏下拉列表中选择“文字标注”图层。

16 调用MT【多行文字】命令，绘制各区域名称标注，结果如图23-18所示。

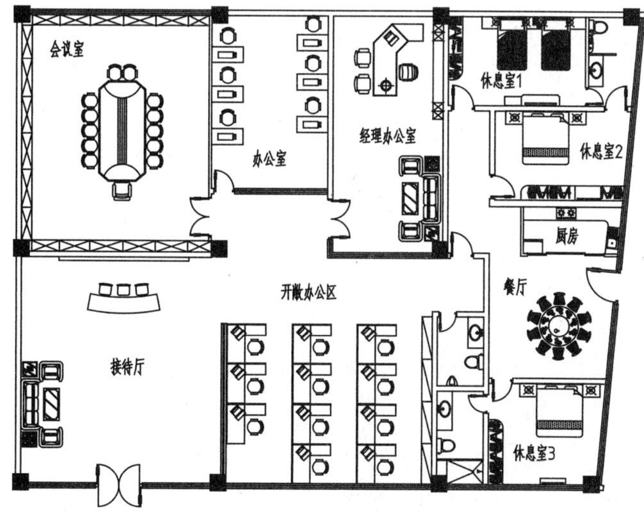

图23-18 绘制各区域名称标注

17 调用MT【多行文字】命令，绘制图名及比例标注；调用PL【多段线】命令，在图名标注的下

方绘制下划线，结果如图23-19所示。

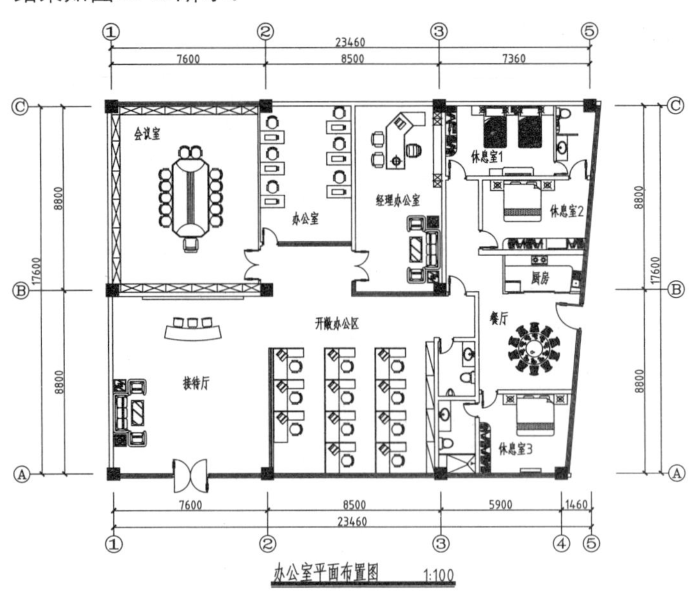

图23-19　绘制图名标注

23.2.3　绘制办公室顶棚图

顶棚图可以在平面布置图的基础上绘制，也可以在建筑平面图的基础上来绘制。办公室的顶棚图就是在建筑平面图的基础上来绘制的。

办公室接待厅的吊顶为轻钢龙骨硅酸钙板吊顶，在其四周制作矩形局部吊顶，安装射灯或筒灯；中间为圆形吊顶，在吊顶外围制作灯带，灯带亮起来后可以显示吊顶的层次。

会议室是办公室另一重要的场所，在制作吊顶时不仅要凸显自身的特色，也要与办公室其他区域相呼应。从顶面图中可以知道，会议室的吊顶材料也为轻钢龙骨石膏板吊顶，四周为矩形局部吊顶，在材料与样式上都与接待厅相呼应。与此同时，在顶面中间制作矩形灯带，这样又与接待厅中间的圆形吊顶相区别。

经理办公室的吊顶与会议室和接待厅的吊顶相比，既有相同之处，但是又相对简单。仅在四周制作轻钢龙骨硅酸钙板吊顶，中间以吊灯做点缀。但是办公区与接待区的顶面制作材料及样式不同，接待区的顶面为矿棉板吊平顶，安装格栅灯。在这里是以顶面的不同做法来对空间的区域进行划分。

此外，开敞办公区与小型办公室的顶面装饰做法均为矿棉板吊平顶；卫生间及厨房的顶面使用条形铝扣板饰面，能够起到防潮、防烟的作用，休息室为原顶刷白色乳胶漆。

图23-20所示为轻钢龙骨吊顶的制作结果。

图23-20　轻钢龙骨吊顶

图23-21、图23-22所示分别为条形铝扣板以及矿棉板吊顶的制作结果。

图23-21 条形铝扣板

图23-22 矿棉板吊顶

01 启动AutoCAD 2014应用程序，执行“打开”|“文件”命令，打开“办公室建筑平面图.dwg”文件，如图23-7所示。

02 执行“文件”|“另存为”命令，将文件另存为“办公室顶棚图.dwg”文件。

03 新建“顶棚”图层，颜色为“绿色”，并将其置为当前图层。

04 调用E【删除】命令，删除平面门图形；调用L【直线】命令，绘制门槛线，结果如图23-23所示。

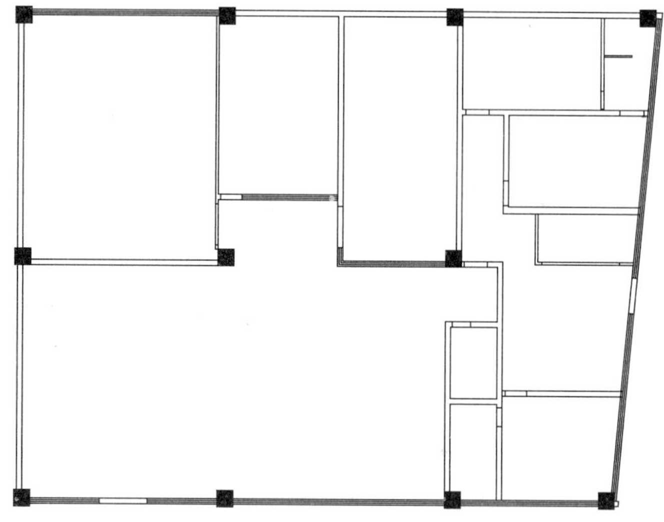

图23-23 绘制门槛线

05 绘制接待厅顶棚图。调用O【偏移】命令、TR【修剪】命令，偏移并修剪线段，结果如图23-24所示。

06 绘制顶棚造型。调用C【圆形】命令，绘制圆形吊顶造型线，并将最外面的圆形的线型设置为虚线以表示灯带，结果如图23-25所示。

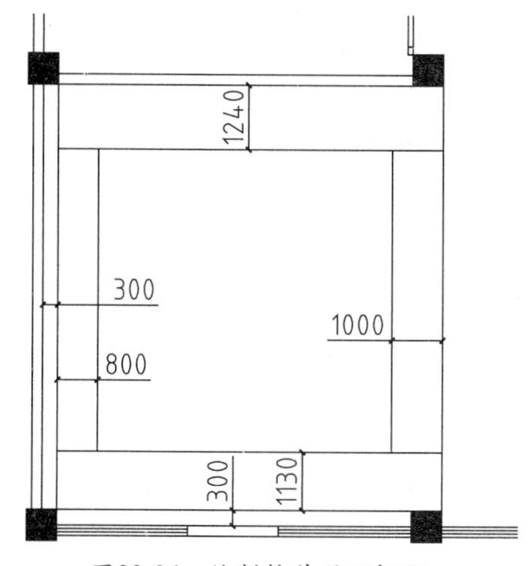

图23-24 绘制接待厅顶棚图

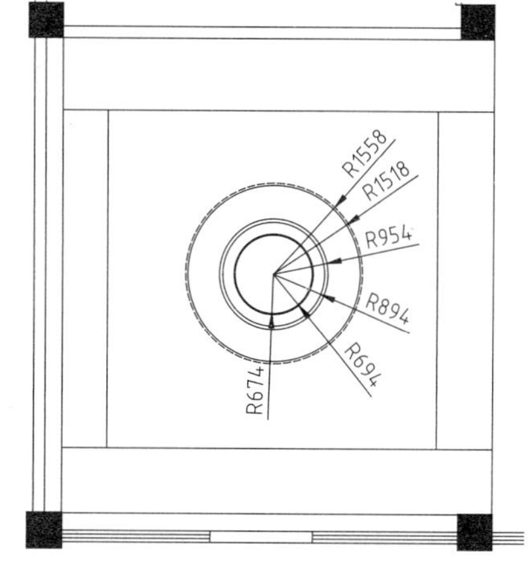

图23-25 绘制顶棚造型

07 新建“填充”图层，颜色为“颜色8”，并将其置为当前图层。

08 调用H【图案填充】命令，系统弹出【图案填充和渐变色】对话框，在其中设置填充参数，如图23-26所示。

09 在绘图区中拾取填充区域，绘制填充图案的结果如图23-27所示。

图23-26 设置参数

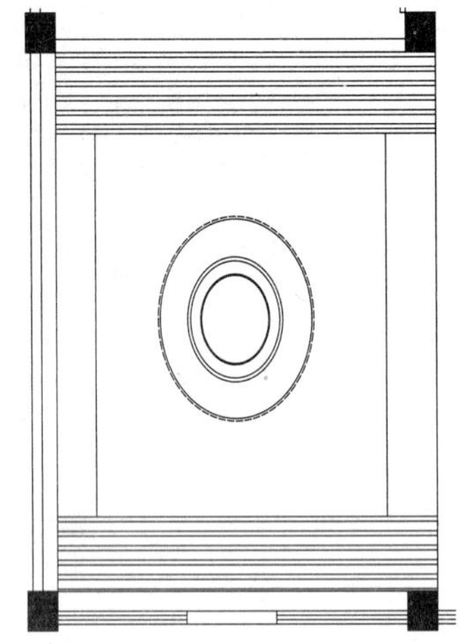

图23-27 填充图案

10 绘制矿棉板图案。按下Enter键，重新调出【图案填充和渐变色】对话框，更改图案填充参数，结果如图23-28所示。

11 在顶面图中拾取图案填充区域，绘制矿棉板图案的结果如图23-29所示。

图23-28 【图案填充和渐变色】对话框

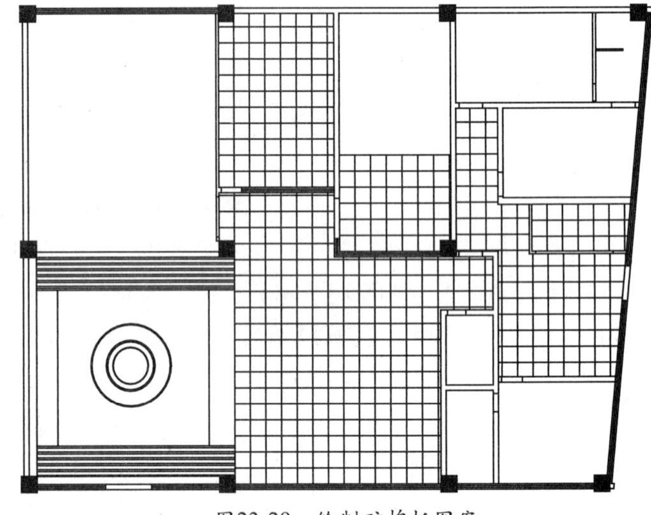

图23-29 绘制矿棉板图案

12 绘制经理室顶棚造型。调用REC【矩形】命令、O【偏移】命令，绘制并偏移矩形，结果如图23-30所示。

13 绘制会议室顶棚造型。调用REC【矩形】命令、X【分解】命令，绘制并分解矩形；调用O【偏移】命令、TR【修剪】命令，偏移并修剪矩形边，结果如图23-31所示。

14 绘制卫生间顶棚铝扣板图案。调用H【图案填充】命令，在【图案填充和渐变色】对话框中设置条形铝扣板的填充参数，如图23-32所示。

15 拾取卫生间顶棚区域，绘制条形铝扣板图案的结果如图23-33所示。

16 在“图层”工具栏下拉列表中选择“家具”图层。

17 调入图块。按下Ctrl+O快捷键，在配套光盘提供的“第23章/图例文件.dwg”文件中将各类灯具图块复制并粘贴到顶棚图中，结果如图23-34所示。

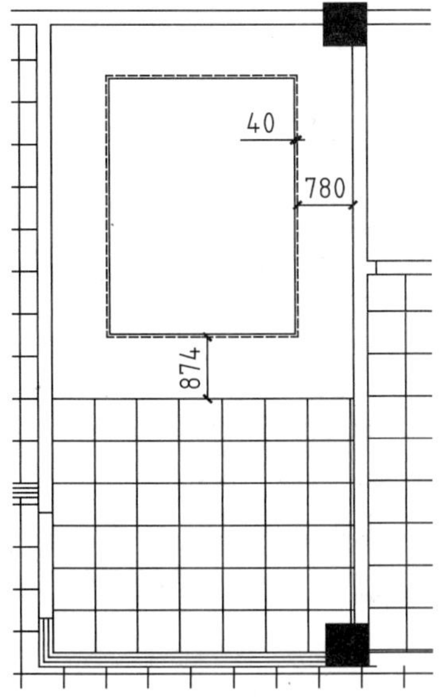

图23-30　绘制经理室顶棚造型

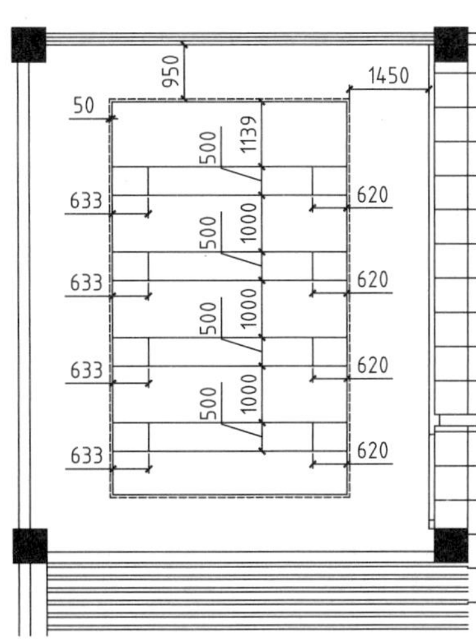

图23-31　绘制会议室顶棚造型

图23-32　【图案填充和渐变色】对话框

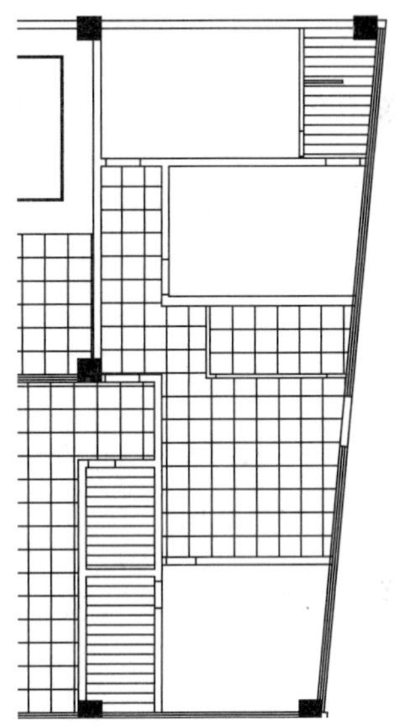

图23-33　绘制条形铝扣板图案

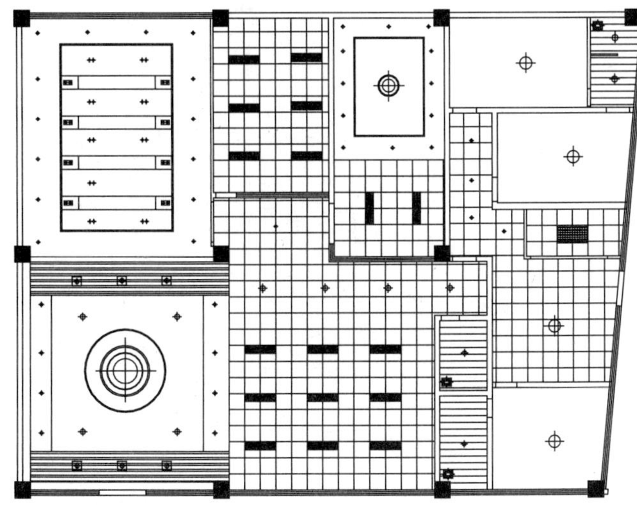

图23-34　调入灯具图块

18 在“图层”工具栏下拉列表中选择“文字标注”图层。

19 绘制标高标注。调用I【插入】命令，系统弹出【插入】对话框，在其中选择“标高”图块，在顶棚图中选取插入点，可以完成调入标高图块的操作。

20 双击标高图块，在弹出的【增强属性编辑器】对话框中更改标高参数值，可以完成标高标注的操作，结果如图23-35所示。

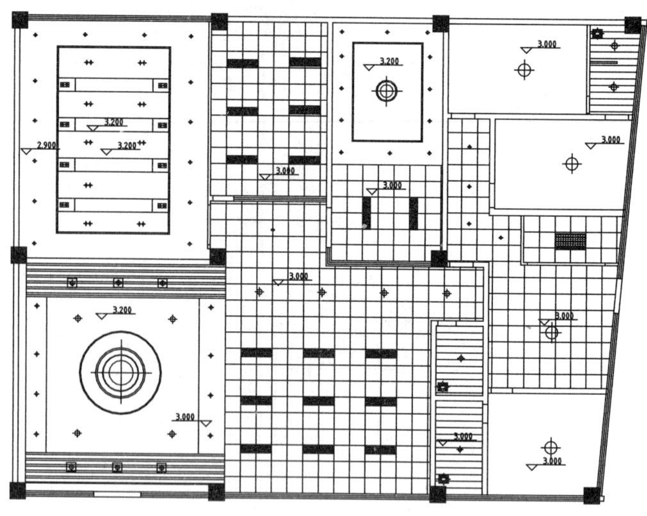

图23-35　绘制标高标注

21 调用MLD【多重引线】命令，绘制顶棚材料标注，如图23-36所示。

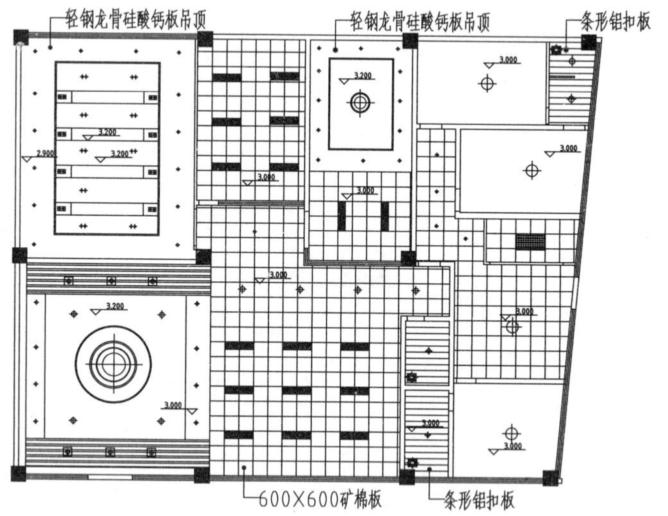

图23-36　绘制顶棚材料标注

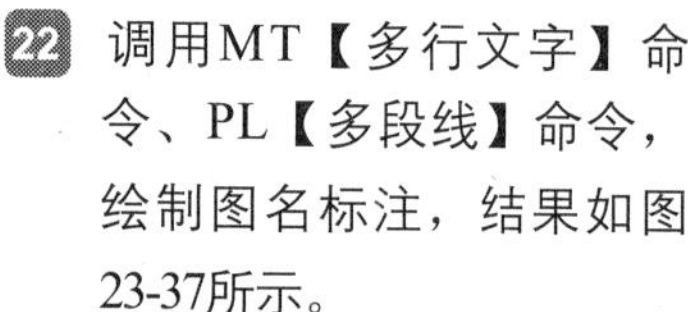

22 调用MT【多行文字】命令、PL【多段线】命令，绘制图名标注，结果如图23-37所示。

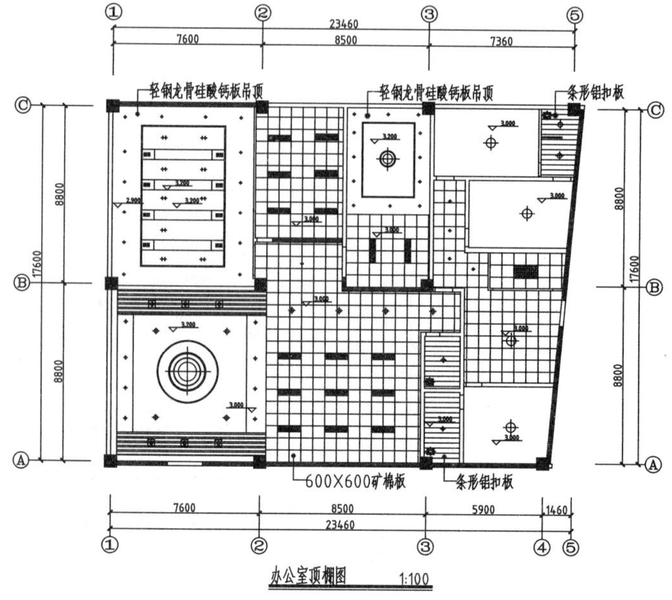

图23-37　绘制图名标注

23.2.4 绘制办公室地材图

地材图表示各办公区域地面铺装的做法，主要通过调用【图案填充】命令来绘制各区域的地面铺装图案。

办公室接待厅的地面铺装材料为800×800的米黄色玻化砖，在地面周围还制作了宽度为200的大理石走边。开敞办公区的地面为1000×1000的米黄色玻化砖，其材质与接待厅的相同，但是尺寸与铺贴方式不同。采用不同的尺寸与铺贴方式，是因为接待厅与开敞办公区所承载的功能不同。接待厅人员往来较多，因此动感、趣味的地面铺装可以增加观赏性。开敞办公区气氛较为严肃，因此中规中矩的地面铺装可以衬托气氛。

会议室、小型办公室以及经理室的地面铺设地毯，具有良好的吸音及装饰效果，但其主要作用还是吸收内部及外部的噪音，以保证室内安静的环境。

另外，休息室铺设木地板，厨卫铺设防滑瓷砖，均是以空间的实际使用为出发点来选择铺装材料的。

图23-38、图23-39所示分别为玻化砖及地毯的铺贴效果。

图23-38 玻化砖铺装效果

图23-39 地毯铺装效果

图23-40、图23-41所示分别为木地板及卫生间防滑瓷砖的铺贴效果。

图23-40 木地板铺装效果

图23-41 防滑瓷砖铺装效果

01 启动AutoCAD 2014应用程序，执行“打开”|“文件”命令，打开“办公室建筑平面图.dwg”文件。

02 执行“文件”|“另存为”命令，将文件另存为“办公室地材图.dwg”文件。

03 新建“地面”图层，将颜色设置为“黄色”，并将其置为当前图层。

04 调用L【直线】命令，绘制门槛线及走边轮廓线，结果如图23-42所示。

05 绘制地面填充图案。调用H【图案填充】命令，系统弹出【图案填充和渐变色】对话框，在其中设置图案的填充参数，结果如图23-43所示。

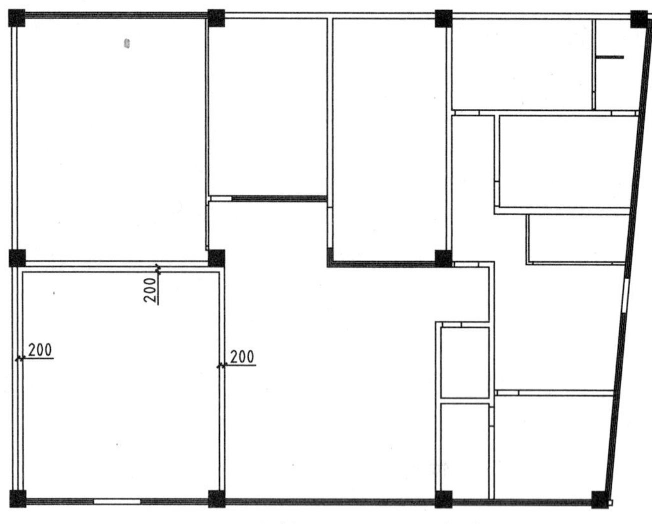

图23-42　绘制门槛线及走边轮廓线

图23-43　设置参数

06 在地面图中拾取各填充区域，绘制地面填充图案的结果如图23-44所示。

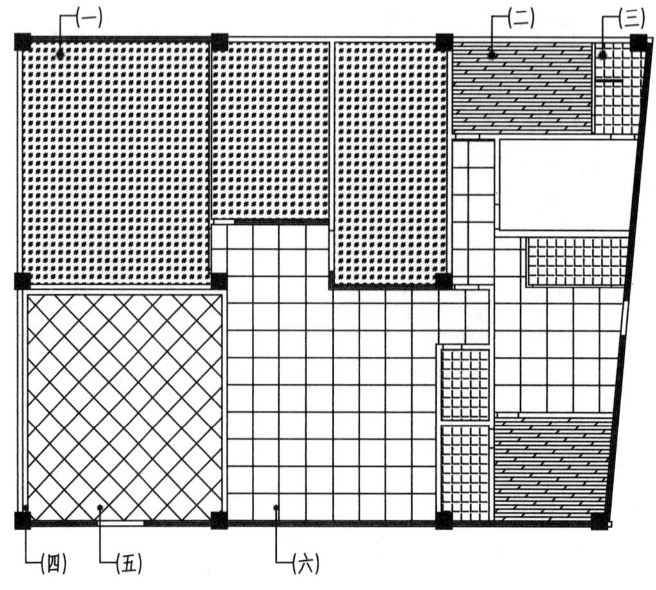

图23-44　绘制地面填充图案

07 在“图层”工具栏下拉列表中选择“文字标注”图层。

08 调用MLD【多重引线】命令，绘制地面材料的文字标注，结果如图23-45所示。

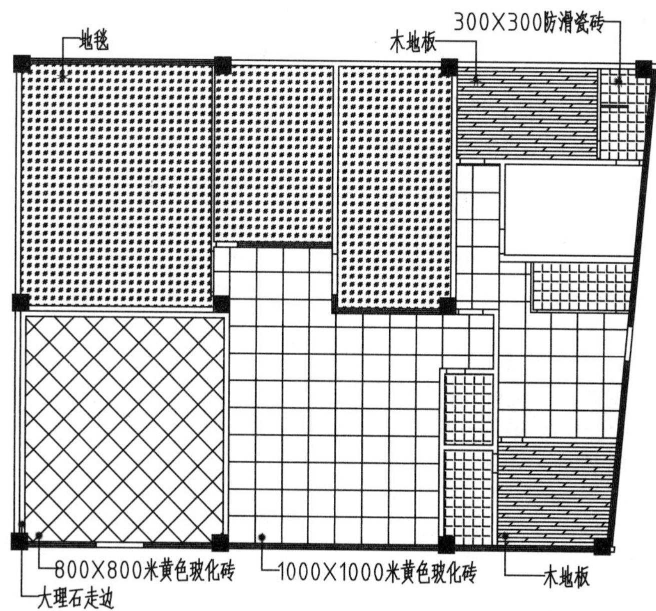

图23-45 绘制引线

09 双击平面图下方的图名标注，将其更改为“办公室地材图”，结果如图23-46所示。

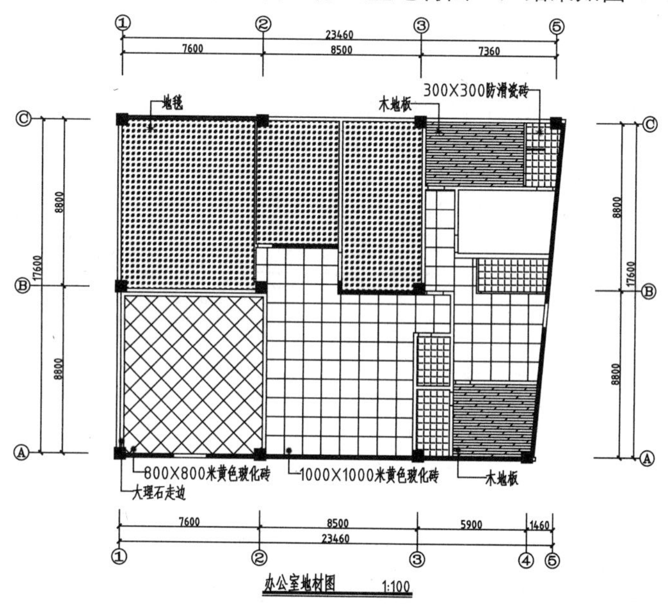

图23-46 绘制图名标注

23.2.5 绘制办公室接待厅A立面图

接待厅是公司最重要的场所之一，其装饰装潢风格体现了公司的风格与品味。接待厅不仅用来接待外来访客，而且也是展现公司形象的场所之一。而且接待厅A立面图与大门相对，访客踏进公司映入眼帘的便是A立面图；因此A立面图的装饰就显得特别重要，因为这关系到访客对于公司的第一印象。

本例办公室接待厅A立面的装饰风格为现代风格，墙面的主要装饰材料为乳胶漆，局部使用金钻麻石材，石材周边安装灯带，可以起到强调及突出石材装饰的效果。

顶面制作轻钢龙骨硅酸钙板吊顶，造型请参考顶面布置图。在绘制A立面图时，表示左右两侧吊顶垂直方向上的装饰设计形式即可。

右侧接待台的材料为黑白金石材及铝塑板，主要承担接待访客的作用；左侧为接待人员的办公桌，较接待台相比稍低些，材料也不同，主要为乳胶漆和磨砂玻璃。将接待台与办公桌分离，可以避免在访客到来时打扰工作人员的工作。

图23-47所示为企业LOGO墙的制作效果。

图23-47　LOGO墙

01 启动AutoCAD 2014应用程序，执行“打开”|“文件”命令，打开“办公室平面布置图.dwg”文件。

02 执行“文件”|“另存为”命令，将文件另存为“办公室立面图.dwg”文件。

03 新建“立面”图层，将颜色设置为“青色”，并将其置为当前图层。

04 调用REC【矩形】命令，在平面布置图中绘制矩形，以框选待表现立面效果的平面图部分；调用CO【复制】命令，将被框选的图形移动复制至空白处；调用TR【修剪】命令，修剪多余线段，整理图形的结果如图23-48所示。

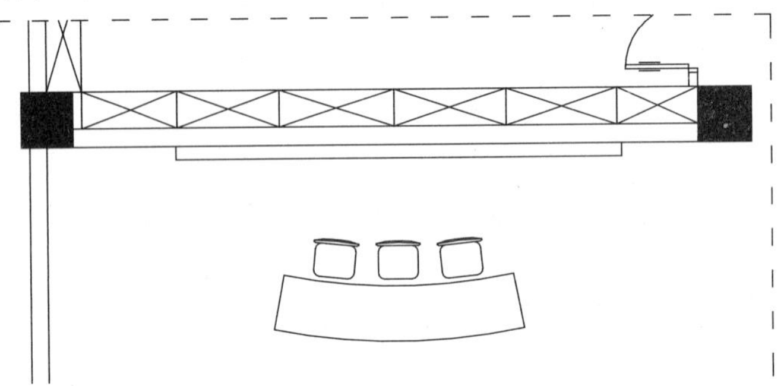

图23-48　整理图形

05 绘制立面图轮廓。调用REC【矩形】命令，绘制矩形；调用X【分解】命令，分解矩形。

06 调用O【偏移】命令、TR【修剪】命令，偏移并修剪矩形边，结果如图23-49所示。

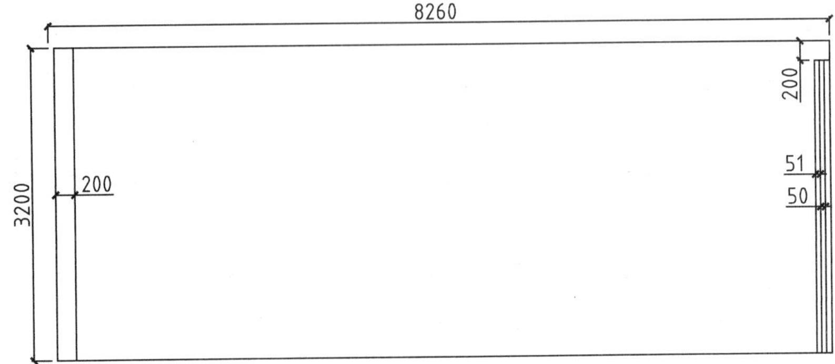

图23-49　绘制立面图轮廓

07 绘制吊顶。调用REC【矩形】命令，绘制吊顶轮廓线，结果如图23-50所示。

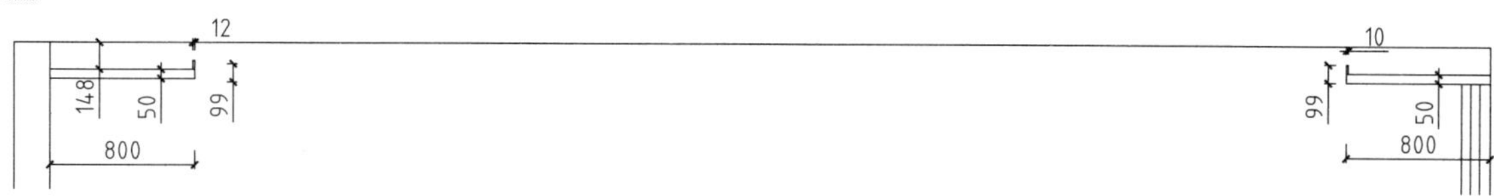

图23-50 绘制吊顶

08 绘制接待台。调用REC【矩形】命令、X【分解】命令，绘制并分解矩形；调用O【偏移】命令、TR【修剪】命令，偏移并修剪矩形边。

09 调用C【圆形】命令，绘制圆形（R=4）以表示广告钉，结果如图23-51所示。

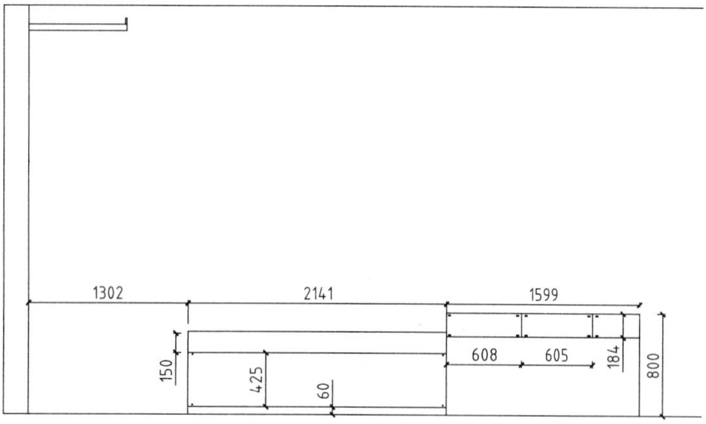

图23-51 绘制接待台

10 绘制台面磨砂玻璃。调用REC【矩形】命令，绘制矩形；调用CO【复制】命令，移动复制矩形，结果如图23-52所示。

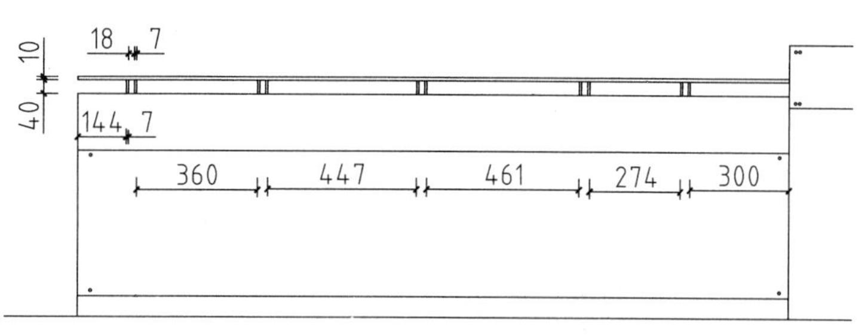

图23-52 绘制台面磨砂玻璃

11 绘制背景墙装饰。调用O【偏移】命令、TR【修剪】命令，向内偏移并修剪立面轮廓线，并将表示灯带的线段的线型更改为虚线，结果如图23-53所示。

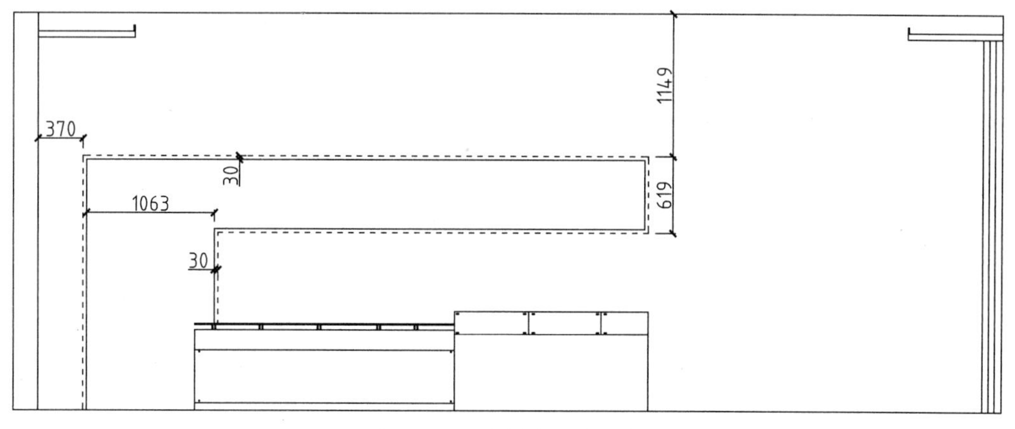

图23-53 绘制背景墙装饰

12 调用L【直线】命令、REC【矩形】命令，绘制其他立面装饰图形，结果如图23-54所示。

13 绘制立面图填充图案。调用H【图案填充】命令，系统弹出【图案填充和渐变色】对话框，在其中设置立面图图案填充的参数，结果如图23-55所示。

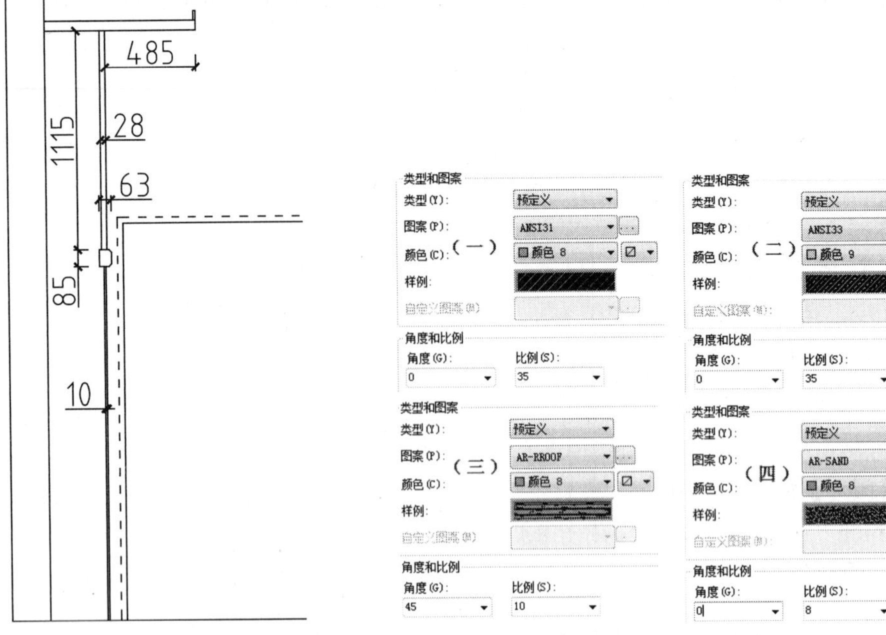

图23-54　绘制其他立面装饰图形　　　　图23-55　设置参数

14 在立面图中拾取各填充区域，绘制各类填充图案的结果如图23-56所示。

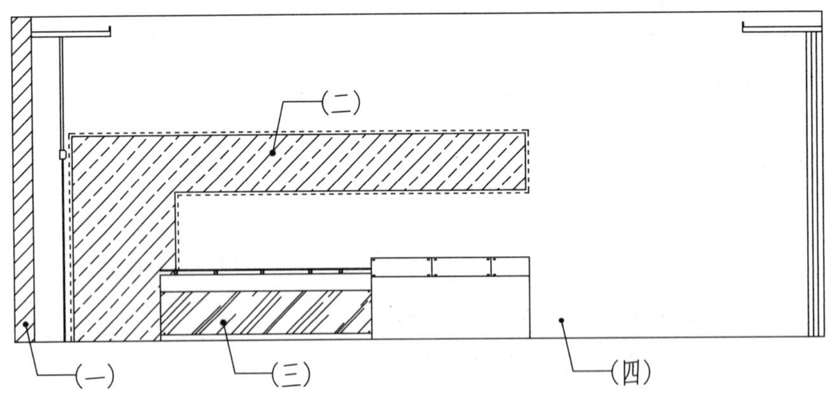

图23-56　绘制各类填充图案

15 在“图层”工具栏下拉列表中选择“家具”图层。

16 调入图块。按下Ctrl+O快捷键，在配套光盘提供的“第23章/图例文件.dwg”文件中将椅子、柜子等图块复制并粘贴到立面图中，结果如图23-57所示。

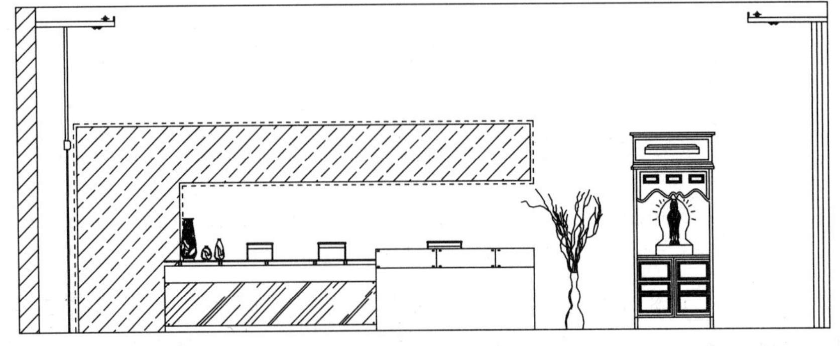

图23-57　调入图块

17 在“图层”工具栏下拉列表中选择“尺寸标注”图层。

18 调用DLI【线性标注】命令，绘制立面图的尺寸标注，结果如图23-58所示。

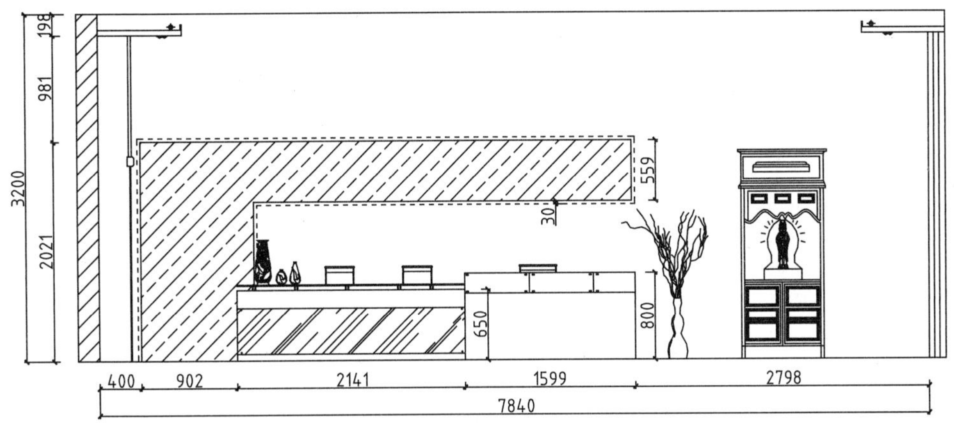

图23-58 绘制立面图的尺寸标注

19 在“图层”工具栏下拉列表中选择“文字标注”图层。

20 调用MLD【多重引线】命令，绘制立面图的材料标注；调用MT【多行文字】命令、PL【多段线】命令，绘制图名标注及下划线，结果如图23-59所示。

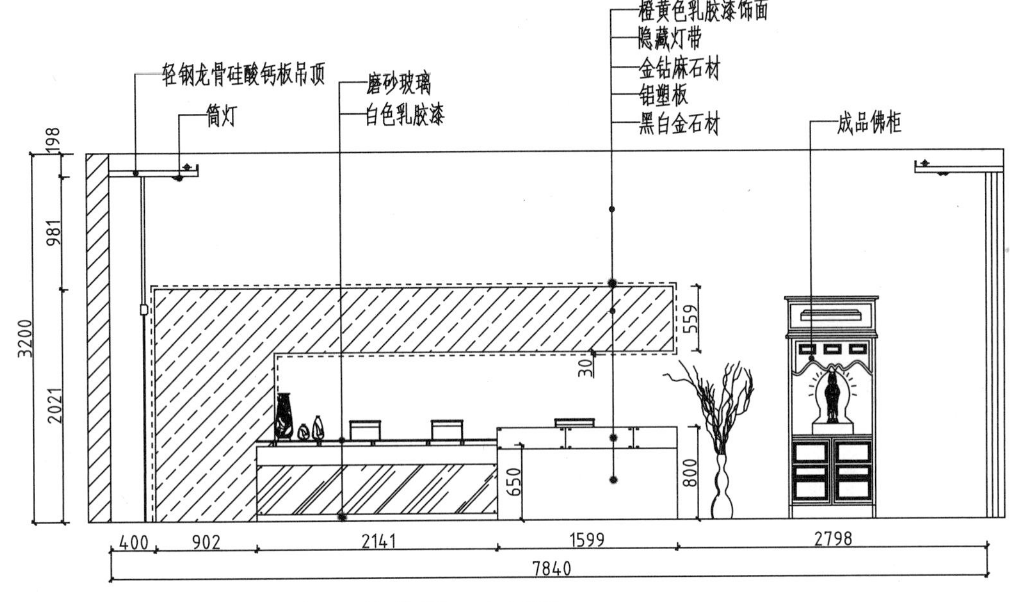

图23-59 接待厅A立面图

“机器人科学与技术”丛书编委会

译者简介

陈贵敏　西安电子科技大学教授。2005 年毕业于西安电子科技大学，获机械制造及自动化博士学位。2007 年 10 月至 2008 年 10 月在美国杨百翰大学做访问学者。先后主持国家自然科学基金项目 2 项，发表科研论文 60 余篇，授权发明专利 10 余项。主要研究方向：柔顺机构及其应用。

于靖军　北京航空航天大学教授。2002 年毕业于北京航空航天大学，获机械设计及理论博士学位。现任学术期刊 *Frontiers of Mechanical Engineering* 编委。先后主持国家自然科学基金项目 3 项，发表科研、教学论文 100 余篇，获省部级以上科研教学奖励 2 项，授权发明专利 10 余项。著有《机械装置的图谱化创新设计》，主编本科生教材《机械原理》、研究生教材《机器人机构学的数学基础》，参编教材《机械原理实验教程》、《高等机械原理》等。主要研究方向：柔顺机构、并联机构、精微机械、运动几何学等。

马洪波　西安电子科技大学副教授。2004 年毕业于西安电子科技大学，获机械制造及自动化博士学位。主持国家自然科学基金项目 1 项，参研国家重点项目 1 项，发表科研论文 20 余篇。主要研究方向：柔顺机构、结构的不确定性分析、优化及鲁棒设计等。

邱丽芳　北京科技大学教授。1991 年毕业于北京科技大学,获机械制造工艺及设备硕士学位,2008 年获北京科技大学机械设计及理论博士学位。主持国家自然科学基金项目 1 项,参加国家自然科学基金项目 2 项,发表科研、教学论文 50 余篇,获省部级及以上教学奖励 4 项。译有《机械设计: 机器和机构分析与综合》、《系统动力学》,主编本科生教材《机械原理》,参编《机械创新设计》、《齿轮传动设计手册》、《机械设计》、《现代机械设计方法实用手册》等著作。主要研究方向: 柔顺机构、平板折展机构等。

译者序

不同于传统刚性机构那样通过运动副和构件连接实现运动和功能，柔顺机构主要依靠柔性单元的变形来实现运动、力和能量的传递和转换。经过近 30 年的发展，柔顺机构已成为现代机构学领域中的一个重要分支，并在精密工程、机器人等领域得到广泛应用。这主要源于柔顺机构所具有的诸多优点，如性能好 (如高精度、重量轻、摩擦小)、成本低 (如易于加工、零件数少) 和便于小型化 (如使微纳机械器件成为可能) 等。然而，与传统机械设备相比，柔顺机构仍然是新生事物，对于设计者而言，最大的困难在于查找相关案例和资源以指导他们开展柔顺机构的相关设计。虽然许多人已经开始认识到柔顺机构的优势，但苦于缺乏将其付诸工程实际的系统知识。尽管已有大量的期刊论文和文献为柔顺机构的深度工程化提供了一定程度上的指导，但是设计者仍需要一份更为简洁直观的参考资料，能够在柔顺机构的概念设计阶段为他们提供启发和帮助。相对刚性机构而言，柔顺机构的建模分析和构型综合要复杂很多，相关的理论和方法呈现出 “多元化” 的趋势。对于初学者以及工程设计人员来说，急需一本可以让他们快速而全面地掌握柔顺机构相关理论和设计方法的参考书。

美国杨百翰大学 Larry L. Howell 教授被认为是柔顺机构研究的权威和主要奠基人之一，他于 2001 年所著的 *Compliant Mechanisms* 被誉为柔顺机构领域的奠基之作，奉为柔顺机构的经典，他提出的 “伪刚体模型” 更是在柔顺机构分析及设计理论中占据着重要地位。该书的中译本《柔顺机构学》已于 2007 年由北京工业大学余跃庆教授翻译、高等教育出版社出版发行。

在 *Compliant Mechanisms* 出版之后的十余年间，柔顺机构从设计理论到应用都得到了长足发展。系统化的方法层出不穷，典型的设计方法有刚体替换法、结构矩阵法、连续法 (包括拓扑优化、均匀化、基础结构、窗函数、水平集等)、约束设计法、基于旋量理论的拓扑综合法、模块法等。这些方法的提出大大提升了柔顺机构的创新设计水平, 扩展了柔顺机构的应用范围。

正是在这样的背景下, Howell 教授在其第一部专著的基础上, 策划并组织编写了 *Handbook of Compliant Mechanisms*。参编人员全部是长期从事柔顺机构设计理论与应用研究的学者和工程师。该书系统地汇集了柔顺机构学领域近 30 年的主要研究成果, 其中包括主流的柔顺机构建模和综合设计方法以及精心编排的柔顺机构可视化图库, 可以帮助读者快速且全面地掌握柔顺机构领域的整体状况, 并在设计初期为设计者提供灵感和启发。

我国对柔顺机构的研究虽然稍晚, 但近年来在分析及设计理论方面开展了卓有特色的研究, 取得了可喜的研究成果, 研究单位由开始的寥寥数家扩展到现在的几十家, 研究队伍日益壮大, 柔顺机构学已成为中国机构学研究的一支重要力量。近年, 随着精密工程、仿生机器人以及智能结构的迅速发展, 柔顺机构已得到越来越多的中国学者和设计人员的重视。然而, 除了中译本《柔顺机构学》之外, 目前国内尚无其他与柔顺机构相关的专著, 这对开展柔顺机构研究十分不利。*Handbook of Compliant Mechanisms* 中译本即本书的出版将在一定程度上弥补这一缺失。

本书的主要译者均为长期从事柔顺机构研究的中青年学者, 对当今的主流设计方法有较深入的了解和应用, 同时也与 Howell 教授有着良好的合作关系。本书的翻译工作是在 Howell 教授的大力支持下开展并完成的。

本书的出版得到了高等教育出版社的大力支持, 在此表示诚挚的谢意! 感谢戴建生教授对书名译法的宝贵建议!

本书的翻译工作得到了国家自然科学基金委员会的资助 (51175396,51175010), 在此表示特别的感谢!

在翻译过程中, 为了尽量保持原文的风格和科学的严谨性, 部分语句可能存有直译的痕迹。对于原书中存在的一些小错误, 通过与 Howell 教授的沟通, 已在译文中直接修改, 不再一一加注指出。若有不妥或错误之处, 敬请读者和专家批评指正。

译者

编著者列表

章节编著者

Shorya Awtar, 美国密歇根大学安娜堡分校助理教授

Mary Frecker, 美国宾夕法尼亚州立大学帕克校区教授

Jonathan Hopkins, 美国加利福尼亚大学洛杉矶分校助理教授

Larry Howell, 美国杨百翰大学 (犹他州普罗沃市) 教授

Brian Jensen, 美国杨百翰大学 (犹他州普罗沃市) 副教授

Charles Kim, 美国巴克内尔大学 (路易斯堡市) 助理教授

Girish Krishnan, 美国密歇根大学安娜堡分校博士后

Craig Lusk, 美国南佛罗里达大学 (坦帕市) 副教授

Spencer Magleby, 美国杨百翰大学 (犹他州普罗沃市) Ira A. Fulton 工程与技术学院副院长

Chris Mattson, 美国杨百翰大学 (犹他州普罗沃市) 副教授

Brian Olsen, 美国新墨西哥州洛斯阿拉莫斯国家实验室研发工程师

图库主要编著者

G. K. Ananthasuresh, 印度科学理工学院 (印度班加罗尔市)

陈贵敏, 西安电子科技大学 (中国西安市)

Martin Culpepper, 麻省理工学院 (美国马萨诸塞州剑桥市)

Mohammad Dado, 约旦大学 (约旦安曼市)

Haijun Su (苏海军), 俄亥俄州立大学 (美国俄亥俄州哥伦布市)

Simon Henein, 瑞士电子与微技术中心 (瑞士纳沙泰尔市)

Just L. Herder, 代尔夫特理工大学 (荷兰代尔夫特市)

Jonathan B. Hopkins, 美国加利福尼亚大学洛杉矶分校 (美国加利福尼亚州洛杉矶市)

Nilesh D. Mankame, 通用汽车公司研发中心 (美国密歇根州沃伦市)

Ashok Midha, 密苏里科技大学 (美国密苏里州罗拉市)

Anupam Saxena, 印度理工学院坎普尔分校

Ümit Sönmez, 沙迦美国大学 (阿拉伯联合酋长国沙迦市)

于靖军, 北京航空航天大学 (中国北京市)

图库编著者

Imad F. Bazzi, 通用汽车公司研发中心 (美国密歇根州沃伦市)

毕树生, 北京航空航天大学 (中国北京市)

Ozgur Erdener, 伊斯坦布尔技术大学 (土耳其伊斯坦布尔市)

Bilin Aksun Güvenc, 奥坎大学 (土耳其伊斯坦布尔市)

Huseyin Kızıl, 伊斯坦布尔技术大学 (土耳其伊斯坦布尔市)

裴旭, 北京航空航天大学 (中国北京市)

Ahmet Ekrem Sarı, Altinay 机器人技术股份有限公司 (土耳其伊斯坦布尔市)

Nima Tolou, 荷兰代尔夫特理工大学 (荷兰代尔夫特市)

Levent Trabzon, 伊斯坦布尔技术大学 (土耳其伊斯坦布尔市)

Cem Celal Tutum, 丹麦技术大学 (丹麦灵比市)

赵宏哲, 北京航空航天大学 (中国北京市)

宗光华, 北京航空航天大学 (中国北京市)

Yörükoğlu, Ahmet, 土耳其阿奇立克公司研发工程师

学生编著者

Bapat, Sushrut, 美国密苏里科学技术大学

Barg, Matt, 美国杨百翰大学

Berg, Fred van den, 荷兰代尔夫特理工大学

Black, Justin, 美国杨百翰大学

Bowen, Landen, 美国杨百翰大学

Bradshaw, Rachel, 美国杨百翰大学

Campbell, Robert, 美国杨百翰大学

Chinta, Vivekananda, 美国密苏里科学技术大学

Dario, P., 意大利比萨圣安娜大学

Davis, Mark, 美国杨百翰大学

Demirel, Burak, 瑞典皇家工学院

Duffield, Luke, 美国杨百翰大学

Dunning, A.G., 荷兰代尔夫特理工大学

Emirler, Mümin Tolga, 土耳其伊斯坦布尔技术大学

Foth, Morgan, 美国杨百翰大学

George, Ryan, 美国杨百翰大学

Güldoğan, Bekir Berk, 土耳其伊斯坦布尔技术大学

Greenberg, Holly, 美国杨百翰大学

Hardy, Garrett, 美国杨百翰大学

Harris, Jeff, 美国杨百翰大学

Howard, Marcel J., 荷兰代尔夫特理工大学

Ivey, Brad, 美国杨百翰大学

Jones, Andrea, 美国杨百翰大学

Jones, Kris, 美国杨百翰大学

Kluit, Lodewijk, 荷兰代尔夫特理工大学

Koecher, Michael, 美国杨百翰大学

Koli, Ashish, 美国密苏里科学技术大学

Kosa, Ergin, 土耳其伊斯坦布尔技术大学

Kragten, Gert A., 荷兰代尔夫特理工大学

Kuber, Raghvendra, 美国密苏里科学技术大学

Lassooij, Jos, 荷兰代尔夫特理工大学

McCort, Ashby, 美国杨百翰大学

Morsch, Femke, 荷兰代尔夫特理工大学

Morrise, Jacob, 美国杨百翰大学

Pate, Jenny, 美国杨百翰大学

Peterson, Danielle Margaret, 美国杨百翰大学

Ratlamwala, Tahir Abdul Husain, 加拿大安大略理工大学

Reece, David, 美国杨百翰大学

Samuels, Marina, 美国杨百翰大学

Sanders, Michael, 美国杨百翰大学

Shafiq, Mohammed Taha, 阿拉伯联合酋长国沙迦美国大学

Shelley, Dan, 美国杨百翰大学

Shurtz, Tim, 美国杨百翰大学

Simi, Massimiliano, 意大利比萨圣安娜大学

Skousen, Darrell, 美国杨百翰大学

Solomon, Brad, 美国杨百翰大学

Steutel, Peter, 荷兰代尔夫特理工大学

Stubbs, Kevin, 美国杨百翰大学

Tanner, Daniel, 美国杨百翰大学

Tekeş, Ayşe, 土耳其伊斯坦布尔技术大学

Telford, Cody, 美国杨百翰大学

Toone, Nathan, 美国杨百翰大学

Wasley, Nick, 美国杨百翰大学

Wengel, Curt, 美国杨百翰大学

Wilding, Sam, 美国杨百翰大学

Williams, David, 美国杨百翰大学

Wright, Doug, 美国杨百翰大学

余志伟, 北京航空航天大学

赵山杉, 北京航空航天大学

Zirbel, Shannon, 美国杨百翰大学

致　谢

来自世界各地的编著者参与了《柔顺机构设计理论与实例》的编写工作。柔顺机构领域的多位专家编写了第 2 和第 3 部分中的众多章节, 其他编著者参与编写了本书中的图库部分 (第 4 部分)。在此对每位编著者表示感谢。

Brian Winder 和 Jonathan Hopkins 撰写了柔顺机构图库部分的初稿, 在此表示感谢。感谢 Jung-Ah Ahn (Jade) 和 Stephen Jensen 在图形绘制方面的帮助, 也感谢 Danielle Peterson 在管理工作上的帮助。柔顺机构图库部分的组织形式借鉴了 Ivan I. Artobolevskii 的 7 卷巨著 *Mechanisms in Modern Engineering Design:A Handbook for Engineers,Designers and Inventors*。谨以此书纪念 Ümit Sönmez 博士, 他在参与本书编写工作期间出人意料地去世了。

前　言

柔顺机构应用日渐广泛, 这源于它们所具有的诸多优点: 卓越的性能 (如精度高、重量轻、摩擦小)、低廉的成本 (如易于加工、零件数少) 和易于小型化 (如微纳机械器件)。然而, 与传统机械设备相比, 柔顺机构仍然是新生事物, 对设计者而言, 还难以找到丰富的实例和资源来指导他们完成设计。许多人开始认识到柔顺机构的优势, 但苦于缺乏将它们付诸工程实际的系统知识。尽管已有大量的期刊论文和书籍为柔顺机构的工程应用提供了方方面面的指导, 但是设计者需要一份更为简洁直观的参考资料, 以便能够在柔顺机构的概念设计阶段为他们提供启发和帮助。

本书总结了柔顺机构的建模和综合设计方法, 并汇编了各种各样的柔顺机构, 可为那些想在设计中应用柔顺机构的读者提供启发和指导。本书的前几章介绍了柔顺机构的基本背景、主要设计方法和分类, 并以案例的形式讲述了如何运用本书来指导柔顺机构设计。本书包含了许多柔顺机构的简图和功能描述, 可在设计初期为设计者提供灵感。

本书可以作为工程师、设计者以及其他产品设计相关人员的参考资料。我们希望本书能够对柔顺机构的研发有所帮助。

本书包含如下几个部分:

第一部分, 柔顺机构导论和本书的使用指南; 第二部分, 柔顺机构的建模; 第三部分, 柔顺机构的综合方法; 第四部分, 柔顺机构的可视化实例图库。

我们衷心地感谢所有的编著者, 他们的工作使得该书的出版成为可能。我们希望该书能够帮助设计者更好地开展柔顺机构创新设计。

与该书相关的研究得到了美国国家自然科学基金会资助 (资助号 CMMI-0800606), 但书中的任何观点、成果以及结论或者建议均是作者的, 而不代表美国国家自然科学基金会的观点。

Brian M. Olsen 是洛斯阿拉莫斯国家安全股份有限公司的员工、美国能源部洛斯阿拉莫斯国家实验室的研发工程师。书中的观点仅代表 Brian 和其他作者的观点,而不代表美国能源部或美国政府的见解、立场和观点。

Larry L. Howell
美国杨百翰大学
Spencer P. Magleby
美国杨百翰大学
Brian M. Olsen
美国洛斯阿拉莫斯国家实验室
2012 年 12 月

目　录

第一部分　柔顺机构导论

第二部分 柔顺机构建模

第三部分 柔顺机构综合

第一部分

柔顺机构导论

第 1 章 柔顺机构简介

Larry L. Howell
美国杨百翰大学

1.1 什么是柔顺机构?

如果物体能够按照预定的方式弯曲, 则可认为它是柔顺的。如果该物体所具有的弯曲柔性可以帮助我们完成某项任务, 即可称它为柔顺机构[1]。虽然目前柔顺机构在产品中的应用越来越广泛, 但在过去, 当设计者设计一个可动的机械装置时, 通常会选用刚度非常大的刚性构件, 并通过铰链或滑动副加以连接 (就像门借助门轴、轮子借助轮轴转动一样)。然而, 当我们观察自然界时, 经常能观察到与这些刚性系统截然不同的设计 —— 自然界中绝大多数可动物体是柔性而非刚性的, 它们的运动产生于柔性单元的弯曲[2]。读者不妨思考一下自己的心脏, 它是一个了不起的柔顺机构, 在一个人出生前就开始工作, 在有生之年一刻也不停歇。再如蜜蜂的翅膀、大象的鼻子、鳗鱼、海带、脊柱、盛开的鲜花等 (图 1.1), 它们都是柔顺的。尽管有些自然运动看上去与这种弯曲行为不太一样, 比如人的膝盖和肘部, 但它们是通过软骨、肌腱和肌肉实现运动的。我们还发现: 自然界中的 “机器” 结构十分紧凑, 例如图 1.1 所示的蚊子, 它的身体具备导航、控制、能量收集、再生等诸多系统仍能自由飞行。我们是否能从自然中得到启示, 依靠柔性变形获取运动, 以此来改善我们的产品设计呢?

有趣的是, 一些早期的机器也采用了柔顺机构, 大概是因为那时人类更亲近自然。柔顺机构的一个典型例子是有着几千年历史的弓 (图 1.2)。古代的弓由骨头、木头和动物肌腱等多种材料制成, 利用弓臂的柔性存储能量, 并利用能量的瞬间释放

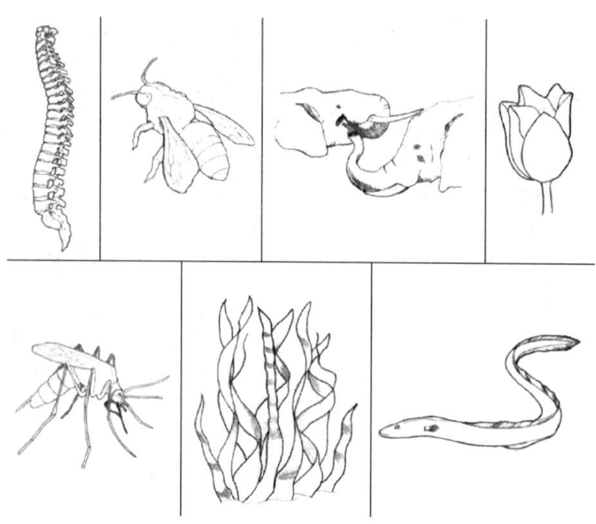

图 1.1 自然界中柔顺性的例子: 脊柱、蜜蜂翅膀、大象鼻子、盛开的花朵、蚊子、海带和鳗鱼

将箭推射出去。更有意思的是, 我们从 Leonardo da Vinci (达 · 芬奇)[3] 所绘的草图中可以看到许多柔顺机构 (见图 1.2)。甚至工程界最伟大的发明之一 —— 实现人类持续飞行的飞行器 —— 最初也采用了柔顺机构 —— 当时 Wright 兄弟利用机翼的翘曲 (图 1.3) 实现对早期飞行器的控制[4]。

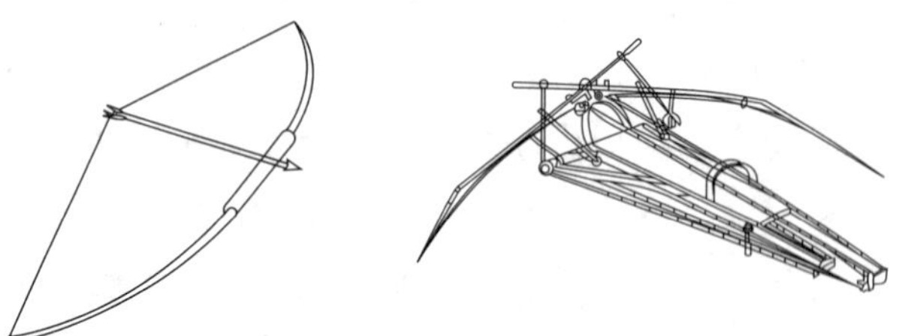

图 1.2 早期的柔顺机构, 包括古代的弓和 Leonardo da Vinci (达 · 芬奇) 的许多柔顺机构设计

图 1.3 Wright 兄弟利用机翼的翘曲控制飞行器, 实现了人类的持续飞行

这一切看起来很自然, 但实际情况是柔顺机构的设计并非易事。大自然能够实现这样的设计源于其设计方法, 而人类使用的设计方法却大相径庭。人类转向了更容易设计的刚性机构 (用铰链连接的刚性构件) 领域而把柔性留给了自然, 并在机器设计上取得了长足的进步。例如,Wright 飞行器最终还是用更容易控制的铰接副翼操纵面替代了在当时看来过于复杂的翘曲机翼设计。

然而, 过去的几十年里人类的认知能力飞速增长。我们发明了许多新材料, 计算能力得到极大提升, 对复杂装置的设计能力也有所扩展。与此同时, 某些新的需求难以依靠传统机构来满足。也就是说, 我们设计柔顺机构的能力和动力都大大增强了。现在我们可以重新考虑飞行器控制这个例子。Wright 飞行器的操纵面最初采用的是翘曲机翼, 而其他飞机很快转向使用传统机构。但是, 随着计算能力的提高以及新型材料的研发, 研究者们又重新考虑翘曲机翼的设计, 为的是获得由柔性设计所带来的诸如减轻重量等优点。

传统机械设计中, 最吸引人的地方在于: 设计者可以将不同功能分别由不同的零件实现, 每个零件负责完成其中一项功能。柔顺机构的利与弊都在于它把不同的功能集成到少数几个零件上。柔顺机构可以用很少的零件 (甚至一个零件) 实现复杂的任务, 但其设计难度也更大。

1.2 柔顺机构有哪些优点?

将功能集成到少数几个零件上, 为柔顺机构带来许多令人 “难以抗拒” 的优势。举例来说, 由于需要更少的装配 (甚至无需装配) 和更少的零件数、简化的制造过程 (例如单次铸造即可完成整个机构的加工), 采用柔顺机构可显著降低成本。

柔顺机构的另一优势在于性能方面的提升, 包括由于减少磨损和减小甚至消除间隙而带来的高精度[5,6]。柔顺机构具有重量轻的优点, 因此便于运输, 适合对重量敏感的应用场合 (如航天器)。柔顺机构不像刚性铰链那样需要润滑, 这一特性对许多应用场合和环境非常有利。

柔顺机构的另一个优点是易于小型化。例如, 多层柔顺微机电系统 (MEMS) 通常采用平面多层工艺加工, 而柔顺机构在这种加工形状受到极端约束的条件下提供了获得运动的途径 (图 1.4)[7,8]。同时, 柔顺机构有可能成为构建纳米尺度机械的关键。

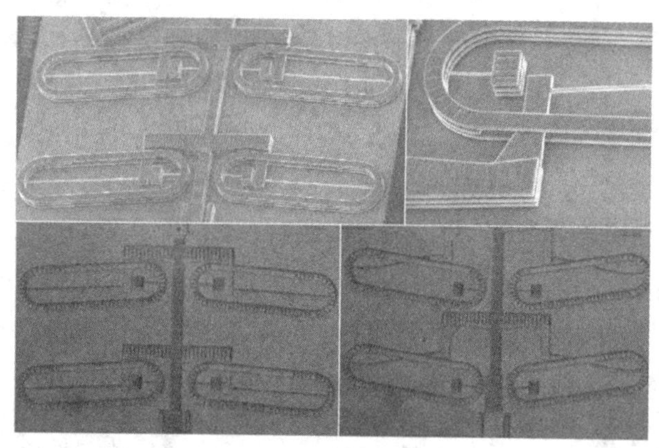

图 1.4 多层柔顺微机电系统 (MEMS)：该装置的扫描电镜照片 (左上)、它的柔性段特写 (右上), 以及它在两个稳定平衡位置的照片 (下)

1.3 柔顺机构带来了哪些挑战?

柔顺机构虽然拥有众多令人赞叹的优点, 但也为设计者带来一些挑战, 需要在设计中认真对待。例如, 把不同的功能集成到少数几个零件上的做法虽然具有一定的优势, 但这也导致必须对运动和力学特性进行同步设计。事实上, 柔顺机构中的变形通常是非线性的, 简化的线性方程不能准确描述它们的运动, 这无疑会使设计变得更加困难。

大多柔顺机构还需要考虑疲劳寿命问题。由于柔顺机构的运动源于柔性单元的弯曲变形, 单元变形后必然会产生应力。如果在使用过程中柔顺机构不断重复同样的运动, 就会存在疲劳载荷, 所设计机构的期望疲劳寿命必须超过所要求的机构寿命。好在现有的疲劳寿命分析和测试方法使我们可以根据所期望的疲劳寿命来设计柔顺机构 (参见第 2 章), 但还需要通过谨慎和细致的机构设计来保证机构具有预期的寿命值。

尽管通过合理的设计和测试柔顺机构可以获得所需的疲劳寿命, 但是, 在消费者的观念中可能仍然觉得柔性单元脆弱易坏。如果消费者在使用时可以看到柔性单元的话, 他们的这种顾虑会更强烈, 这需要在设计时对使用寿命和外观都予以特别关注。

与传统刚性机构相比, 柔顺机构的运动范围往往更为有限。例如, 与轴承连接的轴可以连续转动, 而柔性单元在失效前的最大变形限制了其运动范围。

梁变形后会存储应变能, 这在一些情况下是优点, 而在另外一些情况下则是缺点。优点之一是, 柔性单元集弹簧和铰链功能于一身, 为装置提供了一个能在卸载后返回的 “原” 位。这一集成还会产生一些有趣的特性, 如双稳态 (即倾向于在两个不同的位置上停留的特性, 例如电灯开关有开与关两个位置)[9]。然而, 有些情况下并不需要这种特性, 这时就成为装置设计中的缺点。

如果某种材料长时间保持在受应力位置上或高温条件下, 它们会呈现出与应力作用下的变形位置关联的新形状, 这种现象称为 "应力松弛"。一些柔顺机构要求具有保持在变形后 (即存在应力) 位置的功能, 这种机构易发生应力松弛, 需要认真设计并审慎地选择材料。

1.4 为什么柔顺机构的应用变得越来越普遍?

随着对柔顺机构的理解和认识越来越深入, 伴随着通用技术的快速发展, 柔顺机构的应用得到了迅速增长 (本书的图库部分见证了这一增长态势)。这些应用涉及从高端、高精度装置到超低成本的产品包装, 从纳米尺度的元件到大尺寸的机器, 从武器到医疗产品。

我们曾提到, 很多早期的装置实质上是柔顺机构, 但是后来, 由于借助铰链连接的刚性构件装置分析和设计更为简单, 从而获得了人们的青睐。目前究竟发生了什么变化? 为什么现在柔顺机构比以前有了更多的应用呢? 答案至少部分源于过去几十年间各种技术的突飞猛进。举例来说, 出现了非常适合加工柔顺机构的新材料; 计算机软硬件的飞速发展使得对柔顺机构的运动及应力分析成为可能; 研发人员的成果也提升了我们分析和设计柔顺机构的能力 (为了简化柔顺机构设计, 他们在新方法上投入了大量的精力; 部分方法将在本书中介绍); 此外, 人们对柔顺机构优点的认识也不断加深; 一些商业应用的成功为后续应用提供了案例和激励; 最后, 随着社会发展和技术进步, 不断产生新的需求, 而柔顺机构恰好可以很好地解决其中一些需求, 包括微小尺度装置、要求相对复杂的运动但制造成本极低的装置、小巧的医用植入装置, 以及高精度机器等。

1.5 哪些基本概念可以帮助我们理解柔顺性?

下面讨论几个看似简单却违背直觉的概念, 可以帮助我们理解柔顺机构的要点。

1.5.1 刚度和强度的不同

通常情况下, 如果我们希望某个物体具有很高的强度 (即希望其结实不易损坏), 同时也会希望它刚度很大 (即不希望其弯曲变形)。例如, 建筑物较高层的地板, 我们希望它既刚又强。显然, 我们既不希望它断裂, 也不希望人在上面走的时候它晃来晃去。所以它必须既刚又强。发动机的曲轴呢? 也要既刚又强。桥梁甚至桌子等也要如此。

由于我们经常设计这类既刚又强的物体，直觉会很容易地告诉我们刚度和强度是一回事。但它们有本质区别：强度与抵御失效的能力有关；而刚度度量的是抵抗变形的能力，两者完全不同且由不同的属性决定。考虑图 1.5 所示的矩形截面钢梁，钢梁会在一定的应力下失效。不管是沿窄边方向加载还是宽边方向加载 (假设材料是各向同性的)，梁的强度是相同的，但两种加载方式对应的刚度却完全不同。

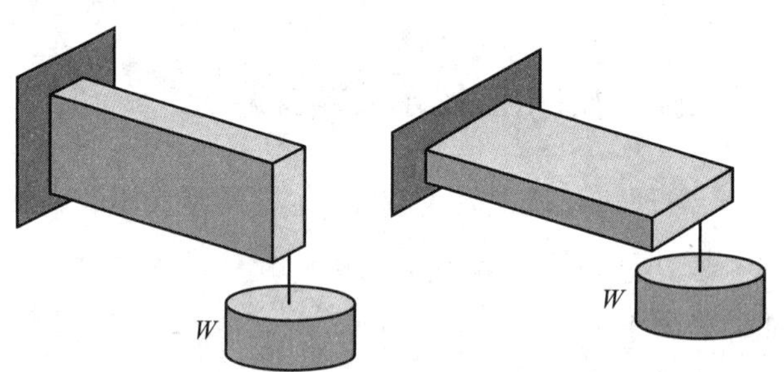

图 1.5 矩形截面钢梁在不同的方向上具有相同的强度，但在图中展示的两个方向上刚度完全不同

1.5.2 大柔度和高强度可以集于一身

下面考虑一个既柔又强的例子。如图 1.6 所示的柔性内窥镜，可用于检查身体的内部情况。内窥镜必须具有足够的柔性以实现所需的运动并避免在使用过程中对身体内部造成创伤；同时，它还必须具有足够的强度来承受使用过程中的各种载荷。在图 1.7 所示的滑雪缆车中，滑轮上的缆绳亦是如此，它的强度必须足以安全运送滑雪者到目的地，同时，它还要有足够的柔性实现在滑轮上穿行。

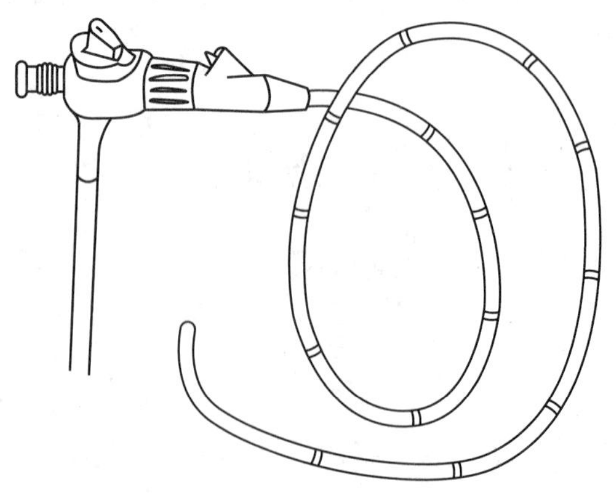

图 1.6 柔性内窥镜是一个要求既柔又强的装置实例

那么，我们为什么会希望有些装置既刚又强，而其他装置既柔又强呢？是什么决

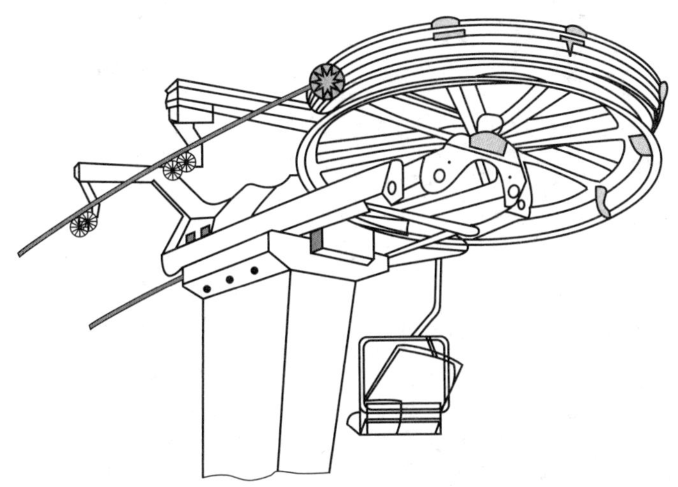

图 1.7 滑雪缆车中缆绳必须具有足够的柔性在滑轮上穿行, 同时也要有足够的强度吊送滑雪者

定了两种情况的差异呢? 答案在于该装置是要支撑载荷还是产生变形 (如在滑轮上穿行的缆绳)。桥梁是一个既刚又强的例子, 因为我们希望它能承载其上的人流或车流的重量而自身保持稳固。内窥镜和滑轮缆绳都是通过弯曲变形执行任务的例子, 如果刚度设计太大的话, 它们可能会在强制完成所需运动的过程中因应力过大而导致断裂。因此, 如果某装置是用于支撑重量或其他载荷的, 它应当既刚又强; 如果它是用于产生一定的变形的, 则它应当既柔又强。

1.5.3 产生柔性的基本方法

可以通过 3 种主要的途径改变柔性的大小, 包括:

(1) 材料属性 (由什么材料制成);

(2) 几何参数 (其形状及尺寸);

(3) 加载与边界条件 (以何种方式固定和加载)。

下面分别对它们进行讨论。

1.5.3.1 材料特性

不同材料具有不同的刚度, 可用杨氏模量 (或弹性模量) 来度量。考虑图 1.8 所示的 3 根梁, 它们具有相同的尺寸和形状, 下面挂的重物也相同, 但它们用的是不同的材料, 分别为钢、铝和聚丙烯。钢的杨氏模量为 207 GPa, 差不多是铝的 3 倍 (72 GPa)。因此, 相同几何尺寸的梁在同样的重物作用下, 铝梁的变形量约为钢梁的 3 倍。但聚丙烯的杨氏模量 (1.4 GPa) 只有铝的 1/15, 因此相同载荷作用下比铝梁和钢梁的变形量都要大很多。

由于在设计柔顺机构时总希望它既柔又强, 因此, 我们寻找的是具有高强度和

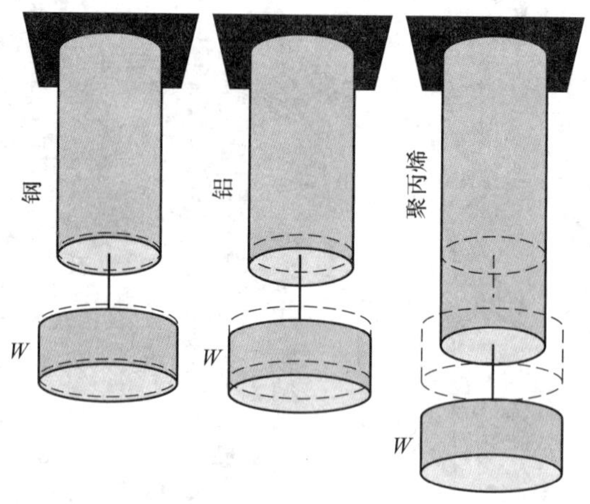

图 1.8 不同材料属性对刚度的贡献。这 3 根梁具有相同的几何形状尺寸，但在同样的重物作用下产生不同的变形量

低杨氏模量的材料。一种比较哪种材料更适合于柔顺机构的方法是看它们的强度与杨氏模量比，比值越大性能越好。另一个类似的方法是比较材料的“回弹”，回弹模量 (modulus of resilience) 的大小等于屈服强度平方的二分之一除以杨氏模量。回弹模量度量的是单位体积材料中在不发生永久变形的情况下所能存储的应变能。表 1.1 给出了部分材料的强度与杨氏模量比和回弹模量。

表 1.1 几种材质的屈服强度与杨氏模量比和回弹模量

材料种类	E/GPa	S_y/MPa	$(S_y/E)\times 1\,000$	$(0.5\times S_y^2/E)\times 0.001$
钢 (1010 热轧)	207	179	0.87	77
钢 (4140 Q&T @400)	207	1 641	7.9	6 500
铝 (110 退火)	71.7	34	0.48	8.1
铝 (7075 热处理)	71.7	503	7.0	1 800
钛合金 (Ti-35A 退火)	114	207	1.8	190
钛合金 (Ti-13 热处理)	114	1 170	10	6 000
钛镍合金 (高温物相)	75	560	7.5	2 100
铍青铜 (CA170)	128	1 170	9.2	5 300
多晶硅	169	930	5.5	2 600
聚乙烯 (HDPE)	1.4	28	20	280
尼龙 (66)	2.8	55	20	540
聚丙烯	1.4	34	25	410
含 Kevlar 纤维 (82 vol%) 的环氧树脂	86	1 517	18	13 000
含玻璃纤维 (73.3 vol%) 的环氧树脂	56	1 640	29	24 000

1.5.3.2 几何参数

形状和尺寸对柔性的影响很大。让我们从一个简单的例子开始讨论。图 1.9 所示的两根梁用相同的材料制成，下面挂的重物也相同。两根梁都是圆柱形，但直径一个大一个小。众所周知, 直径大的梁刚性更大、所产生的变形更小。现在我们重新考虑图 1.5 所示的矩形截面钢梁。它们用相同的材料制成, 下面挂的重物相同, 它们的尺寸也相同, 只是其中一个转了方向。尽管它们尺寸相同, 但方位的变化使得结构柔性产生了巨大差异, 即重物沿窄边加载的情况具有更大的柔性。假设钢梁的宽边是窄边的 3 倍, 则两种情况对应的柔度将是 9 倍的关系。如果梁的截面形状是其他样子, 例如工字形, 相同体积的情况下其刚度会更大。

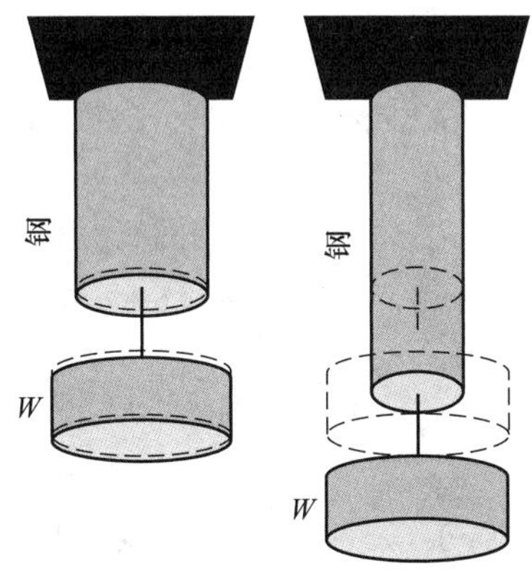

图 1.9 两根梁均用钢制成, 但不同的几何形状使它们在自由端相同悬挂物的作用下产生不同的变形量

1.5.3.3 加载与边界条件

下面考虑图 1.10 所示的 3 根梁。3 根梁由相同的材料制成, 具有相同的几何形状, 下面挂的重物也相同。但是, 3 根梁的变形量却完全不同。载荷施加的方式以及梁的固定方式 (即其边界条件) 会使梁呈现不同的柔性。

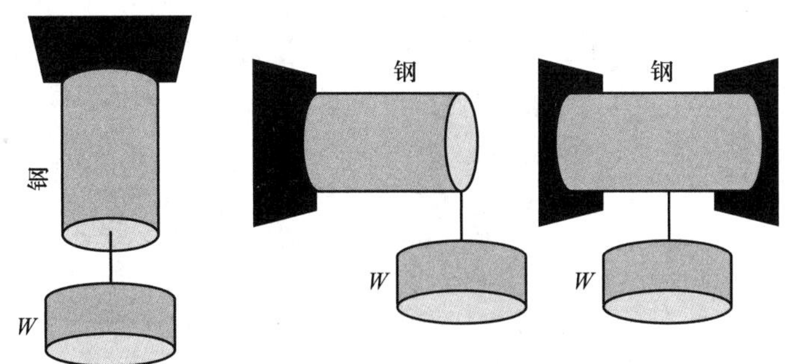

图 1.10 边界条件与加载方向也会影响刚度。对同一根梁, 拉伸产生的变形小于弯曲产生的变形

1.6 结论

柔顺机构具有许多引人注目的优良特性, 使它们在产品和系统设计中大有用武

之地。性能方面的提升 (如高精度、重量轻、结构紧凑、摩擦小)、低廉的成本 (如更少的装配、可制造性) 以及易于小型化代表了柔顺机构的部分优势。本书旨在为使用者提供相关的信息和工具, 帮助他们应用柔顺机构并应对设计过程中所面临的挑战。

参考文献

[1] Howell, L.L., *Compliant Mechanisms*, John Wiley & Sons, New York, NY, 2001.

[2] Vogel, S., *Cats' Paws and Catapults*, W. W. Norton & Company, New York, NY, 1998.

[3] Taddei, M. and Zannon, E., Text by Domenico Laurenza, "Leonardo's Machines:Secrets and Inventions in the Da Vinci Codices", Giunti Industrie Graiche S.p.A, Firenze, Italia 2005.

[4] Wright, O. and Wright, W., "Flying Machine," U.S. Patent No. 821, 393, May 22, 1906.

[5] Smith, S.T., *Flexures*, Taylor & Francis, London, UK, 2000.

[6] Lobontiu, N., *Compliant Mechanisms:Design of Flexures*, CRC Press, New York, NY, 2003.

[7] Wilcox, D.L. and Howell, L.L., "Fully Compliant Tensural Bistable Micromechanisms (FTBM)," *Journal of Microelectromechanical Systems*, Vol. 14, No. 6, pp. 1223-1235, 2005.

[8] Wilcox, D.L. and Howell, L.L., "Double-Tensural Bistable Mechanisms (DTBM) with On-Chip Actuation and Spring-like Post-bistable Behavior," *Proceedings of the 2005 ASME Mechanisms and Robotics Conference*, DETC2005-84697, 2005.

[9] Jensen, B.D., Howell, L.L., and Salmon, L.G., "Design of Two-Link, In-Plane, Bistable Compliant Micro-Mechanisms," *Journal of Mechanical Design*, Trans. ASME, Vol. 121, No. 3, pp. 416-423, 1999.

第 2 章　使用本书进行柔性装置设计

Spencer P. Magleby

美国杨百翰大学

如第 1 章所述, 对于许多应用场合, 柔顺机构在美学、功能、加工、维护等方面比传统刚体机构更具优势。第 1 章还明确指出: 相对传统刚体机构设计, 柔顺机构设计有其特殊之处, 需要特别予以关注和权衡。在本章中, 我们将针对这类问题中的一部分进行讨论, 并探讨如何将它们的影响最小化。当然, 由于力与变形之间是耦合的, 使得柔顺机构的综合及建模也面临诸多挑战。本书后面几章将向读者介绍应对这些挑战的方法和工具, 本章稍后也将给出在诸多工具中做出合理选择的基本设计决策过程。最后, 如果要设计自己的柔顺机构, 可将本书的实例图库用作开展设计的灵感、基本机构单元以及设计出发点的巨型资源库。

本书主要面向具有一定机构设计经验 (面向特定应用) 的从业工程师。我们也努力确保本书对非工程领域的设计人员和发明家们具有参考价值, 通过各章中的实例和插图, 特别是书后面的实例图库, 他们可从书中获取灵感。对那些需要满足特定性能需求的工程设计人员而言, 我们假定他们可以接触到柔顺机构的相关书籍 (本章最后推荐了一些这方面的资料)。本书不少章节的作者也向读者推荐了一些扩展阅读资料, 用以充实和扩展相关信息。

本书的总体目标是: 激励读者及使用者, 使他们有信心设计出满足特定应用的柔顺机构。各章节均以实用性与实践性为中心, 通过丰富的背景知识, 使工程师和设计人员能够应用图库中的实例, 甚至将这些实例扩展至更为复杂的环境及系统。

2.1 内容纲要

本书包含 4 个部分: 前 3 个部分旨在让读者了解柔顺机构以及本书的组织形式,并为他们提供柔顺机构建模与综合的基本信息; 第四部分的结构化图库是本书的主体, 涵盖了各种柔性单元、柔顺装置以及柔顺系统。每个部分的目标总结如下:

第一部分: **柔顺机构导论**。这一部分包含两章内容 (包括本章), 主要向读者介绍什么是柔顺机构以及为什么要使用它们, 以及如何使用本书来实现柔性单元和柔顺机构装置的选择、综合、建模以及设计, 以满足特定的需求。

第二部分: **柔顺机构建模**。这一部分主要讲述如何对柔性单元和柔顺机构的功能及特性进行建模分析, 共包括 3 章内容: 前两章分别介绍小/中变形以及大变形柔性单元的解析模型; 第 3 章主要介绍运用刚体建模技术对单个柔性单元以及复杂柔顺机构进行建模的方法。本书特别强调建模的重要性, 因为它是将图库中所展示的概念设计转化为实际机构的切入点, 或从图库中获得灵感并着手进行柔顺机构设计的起点。

第三部分: **柔顺机构综合**。这一部分将介绍 4 种综合方法。这 4 种综合方法将向读者展示图库中的机构和系统是如何得到的, 并告诉工程师/设计者如何从图库中的机构衍生出新机构, 甚至从无到有地创造出新机构。本部分第 1 章主要讨论小变形条件下的机构综合问题, 而其他 3 章介绍的方法通常更适合大变形柔顺机构的综合。本章稍后将进一步讨论这几种综合方法。

第四部分: **柔顺机构图库**。这一部分包括图库组织方式的描述以及图库本身。

2.2 设计柔顺机构时的几点考虑

与传统刚体机构相比, 柔顺机构有许多突出的潜在优势。不过, 与其他工程系统一样, 在选定设计方案与设计参数时, 柔顺机构也面临多项性能之间的权衡。图库中的许多设计是按照在某种情况下取得最佳性能的原则开发的 —— 即最小化非期望的性能而最大化期望的性能。我们将在下面简要介绍 3 个彼此关联的方面 —— 疲劳失效、实现大变形和保持高离轴刚度, 在柔顺机构设计过程中往往需要在它们之间权衡利弊。本小节最后还将简要讨论柔顺机构设计过程中一个独特的议题: 力与变形之间的耦合。

2.2.1 疲劳失效

在考虑使用柔顺机构时, 许多设计人员会关注机构的疲劳失效问题, 因为我们常常被告诫要避免使材料反复变形 (特别是大变形)。虽然柔顺机构的疲劳寿命问题确实值得关注, 但我们有多种办法可以在减轻疲劳的同时获得期望的性能。柔性单元的疲劳失效可发生于拉压、扭转和弯曲变形, 其中弯曲变形 (有时是扭转变形) 是造成疲劳失效的主要因素。此处我们仅讨论弯曲变形的情况; 扭转变形或组合应力情况的处理方法与弯曲类似。

发生弯曲变形时, 疲劳寿命与最大应力紧密相关, 而最大应力是梁的挠度以及截面惯性矩的函数。由于挠度是设计者期望得到的 (参见下面有关减小所需挠度的讨论), 降低应力并增加疲劳寿命的主要方法是合理减小梁的截面惯性矩。通常将梁设计得更薄一些即可减小其截面惯性矩。正如第 1 章所讨论的, 设计者必须避免 "通过增加柔性单元刚度来减小应力" 的惯性思维, 转变为考虑如何在给定挠度下降低应力水平。需要指出的是, 随着截面惯性矩的减小, 梁的刚度也减小了, 从而改变了梁对负载的响应。这一耦合效应我们稍后讨论。此外, 降低其中一个轴向的刚度也可能降低其他轴向的刚度。后面我们也将讨论对期望刚度与非期望刚度间比值的控制。

最后, 设计者还需谨慎选择材料, 以取得疲劳寿命、应力极限、变形以及其他性能需求之间的平衡。只要设计合理, 柔顺机构总能满足苛刻的力/变形循环加载要求, 即使是发生大变形的柔顺机构也同样如此。例如, 对于图库中 M-93 所给出的电灯开关设计, 我们用聚丙烯加工的样机在实验室里测试了上百万次仍未失效。图库中的许多实例都做过适应高应力水平的针对性设计。

2.2.2 获得大变形

对于刚开始接触柔顺机构的设计者而言, 可能想象不出何种装置能够通过柔性单元的变形来实现预期的大行程运动。然而, 我们日常使用的诸多装置都可呈现出大变形, 如图库中条目 EM-17 所展示的洗发水瓶盖。对设计新手来说, 熟练掌握柔顺机构中常用的 3 种获得大变形的方法会非常有用。

(1) 减小挠弯单元的截面惯性矩 (扭转单元则应减小截面极惯性矩) 是获得大变形最直接有效的方法。该方法与前边有关疲劳的讨论以及后续有关耦合的讨论密切相关。虽然该方法看似显而易见, 但是, 减小截面惯性矩有时并不直观且往往被忽视。

(2) 增加挠弯或扭转单元的长度, 可以在给定载荷条件下不增大应力水平 (增大应力水平会缩短疲劳寿命) 而增大变形量。但是, 该方法往往会降低离轴刚度, 见稍后有关离轴刚度的讨论。尽管如此, 柔性单元长度仍在很大程度上决定了多数柔顺机构的最大变形量。

(3) 如果单个柔性单元无法获得期望的变形量, 设计者可以考虑将若干个柔性单元串联起来, 这样单个单元只需提供较小的变形, 例如图库中条目 M-56。串联起来的单元可以采用不同的结构, 甚至可以采用不同的变形方式。图库中条目 M-35 所示的平板折展式扭转铰 (lamina-emergent torsional joint) 是一个很好的范例, 该铰链借助弯曲和扭转两种单元串联的方式以获得更大变形。有趣的是, 通过并联柔性单元可以增加铰链的离轴刚度, 详见下一小节中的讨论。

本书还介绍了其他获得大变形的方法, 这些方法更复杂一些, 或涉及更复杂的装置。多数情况下, 设计者需要将上述 3 种方法以不同的形式组合使用, 以获得期望的性能。在全面了解这些基本方法后, 设计者便可以根据需求灵活运用。

2.2.3 保持高离轴刚度

在刚体机构的综合与建模过程中, 我们总是假设所有的运动都发生在铰链处且所有的杆件具有无限大的刚度。这种假设使得我们可以用运动学 (kinematics) 来进行刚体机构行为的描述和建模。对柔顺机构而言, 其运动源于载荷作用下系统单元的变形, 从而获得期望的行为。任何局部的变形 (例如某一机构的内部形变) 都是由于变形单元的刚度低于其他部件或者同一变形单元沿某一方向的刚度低于其他方向。

我们来考虑一个为实现单轴转动而设计的柔性单元或系统。我们将离轴刚度比定义为沿非期望运动轴的刚度与沿期望运动轴的刚度之比。如果离轴刚度比很高, 变形的局部化会非常显著。相反, 如果离轴刚度比低, 变形的局部化不突出, 这意味着柔性单元在外载荷作用下易向非期望的运动方向变形。因此, 在很多应用中, 高离轴刚度比是一个非常重要的设计指标。我们不妨以检修门的门轴为例。刚性的门轴系统将全部转动限制在绕销轴方向上, 该系统沿其他方向的刚度相对较大, 在实践中可认为除了开门所需转动外所有方向都是刚性的。若用柔顺机构来实现门的开合, 需要将开门对应转轴的刚度设计得相对较低 —— 也许会用到多个串联在一起的柔性段。这种柔性铰链很可能会产生沿转轴方向的平移以及绕垂直于转轴方向的转动。与这些刚度对应的离轴刚度比对系统的性能有很大的影响。值得注意的是, 可通过减小期望转动轴的刚度或增大其他方向的刚度来增大离轴刚度比。

图库中许多柔性单元和柔顺装置都做过保证高离轴刚度比的针对性设计, 如图库中的条目 EM-8 和 EM-13。这些机构既含有控制沿期望轴向变形的单元, 也包含保证沿非期望轴向具有高刚度的单元。

2.2.4 力与变形之间的耦合

与刚体机构的设计相比, 柔顺机构设计中最重要的问题是力与运动之间的耦合。在上述讨论中我们曾提到, 对于刚体机构, 设计者通常将运动 (运动学,kinematics) 与所传递的力 (运动力学,kinetics) 分开考虑。但是, 这种处理方式对柔顺机构通常是不可行的, 因为产生变形 (运动) 需要施加载荷, 而变形又依赖于机构的材料和几何尺寸。因此, 设计者通常不能将柔顺机构的运动学和载荷 – 变形关系分开进行设计。本书后面几章介绍的建模与综合方法给出了多种处理这种耦合的方法。

这一耦合关系虽然会使柔顺机构的综合与分析复杂化, 但同时也为这类机构的独特、高效特性提供了可能性。图库中条目 M-93 所示的具有双稳态特性的开关是一个很好的例子。在该例中, 变形部件中存储的能量使开关在两个不同的位置之间跳转, 无须在机构外附加弹簧。只要设计合理, 柔顺机构便能依靠自身的结构获得特定的变形状态、吸收能量以及释放能量。

2.3 在图库中寻找思路和概念

本书的图库部分中包含了数百个条目, 可用作基本柔性单元或完整柔顺机构的资源库。总的来说, 此图库可为设计者在设计柔顺机构时提供思路和灵感, 并/或作为设计新机构的起始点。基本柔性单元 (如柔性梁) 可用作开发柔顺机构的基本模块或替代刚体构件的单元 (参见第 8 章和第 9 章)。

图库部分的简介 (第 10 章) 概述了图库条目的组织以及用以索引条目的分类原则。设计者可根据自己对柔顺机构功能的认识水平以不同的方式查找机构。如果仅仅是在寻找灵感, 最好仔细查看有关完整装置 (如网球拍) 或面向特定应用的条目; 如果要设计的柔顺机构功能已知, 按照自由度或运动类型搜索机构或铰链会更为有效; 如果所设计的机构需要某种特定的功能, 例如上面所说的双稳态, 最好是搜索那些可用作初始设计的完整机构。

在大多数情况下, 设计者会发现图库中存在着多种实现某一给定运动或载荷 – 变形关系的设计方案。不同设计方案反映了对前述各项性能的某种偏好。除了功能之外, 选择设计方案时还会受到制造工艺、材料约束及操作条件的影响。

2.4 柔顺机构建模

设计方案选定后, 就必须对其进行建模, 以帮助设计者确定设计参数的取值 (如柔性梁的厚度和长度) 或评估给定设计的性能。本书第二部分将讨论几种建模方法, 这几种方法均借助设计性能的分析和/或关键性能关系及趋势的计算, 通过快速迭代帮助完成柔顺机构的设计。按照它们可建模的变形范围和所使用的数学处理方法 (解析的还是近似的) 进行分类, 可以帮助我们更好地理解这几种建模方法。

2.4.1 根据变形大小选择建模方法

柔性单元的期望变形量与关键尺寸之比可以帮助设计者选择最合适的建模方法。在本书有关建模的章节中, 我们定义远小于柔性梁长度的 10%的变形为小变形, 不超过柔性梁长度的 10%的变形为中等变形, 大于柔性梁长度 10%的变形为大变形。当然, 这种分类方式存在较大的重叠; 对应的建模工具各有优缺点, 使得它们仅在一定的位移范围内更有效。

(1) 对于小变形, 设计者可采用小挠度假设条件下梁弯曲变形的传统分析方法。通常, 小变形的构型被看作是结构而非机构, 为此, 本书不会特别关注此种情况。

(2) 对于中等变形问题, 设计者可以参考第 3 章。这一变形范围多用于精密装置, 常见于定位和测量系统。在这类应用中, 精度通常是最重要的。

(3) 对于大变形问题, 第 5 章给出的方法使用非常便捷, 且与传统刚体机构的建模非常相似。对大变形柔顺机构的建模通常侧重于柔顺性和直观性而非建模精度。

2.4.2 解析建模法与近似建模法的比较

对于某些柔顺机构 (特别是用于精密装备), 用第 3 章和第 4 章介绍的建模方法较为合适。一般而言, 这两种方法具有最高的建模精度, 但可能更适合于精微运动的建模。而且, 它们更适合于分析单个柔性单元, 对较复杂的机构系统所建的模型会异常复杂。对大变形和更为复杂的机构系统, 设计者可以选用第 5 章介绍的伪刚体模型法。该方法在对柔顺机构建模时做了一定的简化假设 (因此引入一些小的近似误差), 但在大多数场合仍具有足够的精度。

有一种非常重要的建模方法没有在本书中讨论, 即有限元分析 (FEA)。关于 FEA 的文献已有很多, 因此本书不再介绍。只要使用合理, FEA 模型可作为验证上述建模方法所得结果的极佳手段, 或者用作获得最佳性能的精细化设计工具。设计者应该认识到, 在处理柔顺机构中的大变形问题时, 需要更为谨慎地选择建模单元类型、施加载荷和设置边界条件。

2.5 综合出自己的柔顺机构

本书的图库部分包含了大量的柔性单元及柔顺装置, 然而它们仅仅是众多正在使用的或有待开发的柔顺机构的一份样本。本书第 6 章~第 9 章将向读者介绍柔顺机构综合的技术和方法, 用这些方法可以综合出更适合特定应用 (或用作大型装置的一部分) 的柔顺机构。下面 3 个小节中我们将由简入繁地讨论相关的综合技术。

2.5.1 修改图库中找到的概念设计

或许最简单的柔顺机构综合方法是对本书图库中找到的概念设计作简单修改或进行组合。如果修改后的设计具有所需的功能, 这通常是最高效的; 不过设计者往往对柔顺性和变形等特性有不同的要求, 这种情况下, 可以考虑将设计中的基本单元 (如某几个铰链) 用图库第一部分中可替代的单元替换。

2.5.2 替换现有的刚体机构

在很多情况下, 设计者会考虑将现有的完成某种任务的刚体机构或硬件替换掉。这时, 可采用一种快速获得可行设计的方法 —— 刚体替换综合法。第 8 章将介绍这种方法并提供设计案例。刚体替换法用于快速考察各种构型时非常有效。此外, 这种综合方法充分利用了传统机构设计者已具备的经验和背景。

2.5.3 从功能需求出发

在很多情况下, 设计者会选择从基本功能需求出发进行柔顺机构综合。这种方法有利于产生新的思路, 而且可获得更能满足功能需求的柔顺机构设计。本书将介绍 3 种方法, 每种方法都有其各自的优点和适用范围。

第 6 章介绍的是一种结构化的综合方法, 称为自由度&约束拓扑综合法, 用于功能需求 (特别是期望的自由度) 已知的情况下综合小变形或中等变形的柔顺机构。这一方法以特有的几何形状图谱为基础, 通过组合可以实现具有特定自由度并保持高离轴刚度的基本机构。如果设计者正在为精密装置开发新机构, 可优先考虑该方法。

第 9 章所介绍的柔顺机构综合方法也使用了模块化的思路, 不过这种方法更适合于中等变形和大变形的柔顺机构。在该综合方法中, 将模块与机构的基本功能关联起来, 通过不同的组合方式来实现设计目标。模块法所特有的直观性对那些习惯于传统机构开发的设计者具有一定的吸引力。

最通用的综合方法 —— 拓扑优化法, 将在本书第 7 章中介绍。该方法要求设计者对所设计的柔顺机构的输入和输出有明确的定义。基于这些信息, 采用计算机算法搜索实现期望结果的最佳形状 (拓扑)。拓扑优化能够产生独特的柔顺机构构型, 设计者通过组合已知单元不太可能获得这些构型。图库中条目 M-45 就是用拓扑优化得到的柔顺机构设计。如果设计者头脑中有明确的功能需求, 并愿意采纳形状不规则的设计, 该方法格外有吸引力。

虽然第 6 章~第 9 章所介绍的方法不是综合柔顺机构的全部方法, 但它们确实代表了能够获得期望特性的结构化方法。设计者可以将这些方法与其他通用的机械综合方法组合使用, 为特定应用找到满足运动和力需求的解。

2.6 柔顺机构设计方法总结

总结以上讨论, 下面给出可用于选择设计方案和确定设计参数取值的基本决策过程。

2.6.1 选择概念设计

选择或综合柔顺机构设计方案的过程总是令人望而生畏, 原因在于能够满足给定运动和力 – 变形需求的机构种类实在太多。在大多数情况下, 对刚刚接触柔顺机构的设计者来说, 应当将目标定位于寻找一个实用且能够满足要求的概念设计, 而不是去追求最优方案。对于有一定经验的设计者来说, 可以选用更为复杂的方法完成概念设计。

下面总结了在开始选择概念设计时可能遇到的 3 种情况。每种情况的简介后面给出了进行柔顺机构开发的建议措施。

情况 1: 现有刚体机构可以实现期望的功能。

第一种方法是以该刚体机构为切入点, 对它使用刚体替换法 (第 8 章)。如果该方法得不到理想的结果, 设计者可以在图库中查找与该刚体机构有类似运动的完整机构。

情况 2: 需要机构完成的功能已确定, 但现有刚体机构无法实现。

可以尝试在图库中找到一种大致可以实现预期功能的机构, 如果找到的话可以使用刚体替换法对设计进行修改。如果要求高精度和小变形, 直接采用第 6 章介绍的基本综合方法或许效果最佳; 若功能需求很复杂, 可根据上面 2.5 节中给出的建议选择合适的综合方法。

情况 3: 已有适合的柔顺机构, 但性能不能满足要求。

在转向寻找全新的柔顺机构设计之前, 不妨从图库中找找可替代现有零部件的单元 (特别是铰链), 或许会有事半功倍的效果。如果设计者觉得需要一个全新的设计方案, 从新的模块开始设计或者采用拓扑优化方法是不错的选择。

当然, 即便你没有具体的应用或者根本不知道自己想要什么样的机构特性, 你仍然会有兴趣细细品读一下图库, 感受一下柔顺机构到底有什么用。

2.6.2 确定设计参数的取值

一旦选定了设计方案, 设计者需要进一步确定参数取值, 尤其是那些对柔顺机构性能有较大影响的参数。考虑到上面讨论的力 – 变形耦合关系, 建议首先选定材料, 然后选择一种建模方法, 最后利用模型来确定参数取值。

有关柔顺机构材料选择更详细的讨论可参考 Howell 的专著 (后续扩展阅读中列出了该专著)。对于需要大变形的柔顺机构, 材料特性对柔顺机构的性能有很大的影响。其中的关键是在应力极限、弹性模量和疲劳寿命之间取得平衡。

在选定材料后, 设计者还需要选择一种合适的建模方法。前面 2.4 节讨论了选择的要领。如果设计者感觉所要搜索的设计空间很大, 应考虑选择能够揭示变化趋势和支持设计者直觉的建模方法。

模型建好后, 设计者就可以研究取不同参数值时柔顺机构的不同特性。对所有柔顺机构 (不包括最简单的柔性单元), 通常不可能只算一次结果就能获得期望的性能。对于典型的柔顺机构, 有必要对其关键参数的设计空间进行搜索寻优。为了提高搜索效率, 应通过下面几种处理方法减少所要考虑参数的数目: 分解系统、使用无量纲化 (量纲一化) 的参数比值 (例如用柔性杆的厚度除以它的长度), 或者假定一些参数为定值。这一阶段经常会用到电子表格和基本的优化方法。

一旦确定出一组可接受的参数值, 许多设计者会选择用 FEA 来做最后的性能校验。在一些情况下,FEA 阶段只需要少量设计迭代即可完成。在实验室里, 我们还会用实验样机来验证模型和设计。通常, 我们可能将模型中的材料属性用便于加工的材料 (如聚丙烯) 属性来替换, 然后用模型预测结果检验样机的物理特性。

扩展阅读

目前已有不少书籍和学术论文对柔顺机构的综合、建模以及设计进行了广泛的讨论, 可为我们深入学习提供参考。这些材料可以与本书的内容形成互补。下面列出的是杨百翰大学柔顺机构研究团队的部分研究成果。后续章节的作者也提供了相关研究方向的支撑材料。我们可以将这些材料用作搜寻各国相关研发人员信息的切入点。

几本有关柔顺机构的书籍较为详尽阐述了柔顺机构的理论基础。它们包含了有关柔顺机构建模与分析的更详细内容, 若想了解书中所介绍技术的更多背景知识, 读者可以将其用作本书的最佳伴侣。下面列出的是 3 本得到广泛引用的专著。

[1] L.L. Howell, *Compliant Mechanisms*, John Wiley & Sons, Inc., New York, NY, 2001.

[2] N. Lobontiu, *Compliant Mechanisms:Design of Flexure Hinges*, CRC Press, New York, NY, 2002.

[3] S.T. Smith, *Flexures: Elements of Elastic Mechanisms*, Taylor and Francis, London, UK, 2003.

我们的研究团队也发表了多篇详细描述柔顺机构设计过程及工具的论文。下面列出其中代表性的论文, 它们可以帮助读者跨入该领域的学术之门, 并进一步搜寻其他研究团队的工作。

[1] Mattson, C., Howell, L. and Magleby, S., "Development of commercially viable compliant mechanisms using the pseudo-rigid-body model: Case studies of parallel mechanisms," *Journal of Intelligent Materials Systems and Structures*, March 2004, Vol. 15, no. 3, pp. 195-202.

[2] Berglund, M., Magleby, S. and Howell, L., "Design Rules for Selecting and Designing Compliant Mechanisms for Rigid-Body Replacement Synthesis," Proceedings of the 26th ASME Design Engineering Technical Conferences,Design Automation Division, Baltimore, MD, September, 2000, DETC2000/DAC-14225.

[3] Mackay, A., Smith, D., Magleby, S., Howell, L. and Jensen, B., "Metrics for evaluation and design of large-displacement linear-motion compliant mechanisms," *ASME Journal of Mechanical Design*, Vol. 134, Issue 1, 011008 (9 pages), 2012.

[4] Ferrell, D., Isaac, Y., Magleby, S., and Howell, L., "Development of criteria for lamina emergent mechanism flexures with specific application to metals," *ASME Journal of Mechanical Design*, Vol. 133, Issue 3, 031009 (9 pages), 2011.

[5] Olsen, B., Howell, L., Magleby,S, "Compliant Mechanism Road Bicycle Brake: A Rigid-body Replacement Case Study," *Proceedings of the ASME International Design Engineering Technical Conferences*, Washington, DC, August 28-31 2011, DETC2011-48621.

我们的研究团队还与其他研究人员一道发表了一些柔顺机构应用于特定产品的论文。下面列出其中有代表性的论文, 感兴趣的读者可以从它们看起, 并进一步搜索柔顺机构的众多应用以及相关研究人员。

[1] Crane, N.B., Howell, L.L., Weight, B.L. and Magleby, S.P., "Compliant floating-opposing-arm (FOA) centrifugal clutch," *Journal of Mechanical Design, Trans. ASME.*, Vol. 126, No. 1, pp. 169-177, 2004.

[2] Fowler, R., Howell, L.L. and Magleby, S.P., "Compliant space mechanisms: a new frontier for compliant mechanisms," *Journal of Mechanical Sciences*, 2, pp. 205–215, doi: 10. 5194/ms-2-217-2011, 2011.

[3] Guerinot, A.E., Magleby, S.P., Howell, L.L., Todd, R.H., "Compliant joint design principles for high compressive load situations," *Journal of Mechanical Design*, Vol. 127, No. 4, pp. 774-781, 2005.

[4] Guerinot, A., Magleby, S. and Howell, L.,"Compliant Mechanisms Concepts for Prosthetic Knee Joints," Proceedings of the 2004 ASME International Design Engineering Technical Conferences, Mechanisms and Robotics Conference, Symposium on Medical Devices and Systems, Salt Lake City, Utah, September 2004, DETC2004-57416.

[5] Weight, B., Mattson, C.,Magleby, S. and Howell,L.,"Configuration selection, modeling, and preliminary testing in support of constant-force electrical connectors," *Journal of Electronics Packaging, Transactions of the ASME*, Vol. 129, September 2007, pp. 236–246.

第二部分

柔顺机构建模

第 3 章　中行程柔性机构的分析

Shorya Awtar

美国密歇根大学

3.1　引言

本章将介绍一种参数化的平面 (即二维) 非线性梁解析模型, 该模型在中行程范围内 (通常指行程在梁长的 10%以内) 是精确的。这种非线性梁的模型称为梁约束模型 (beam constraint model), 可用于柔性机构 (flexure mechanisms, 柔顺机构的另一个等价术语) 的确定性分析与优化, 帮助确定其性能的极限和优劣, 为开展基于约束的机构综合提供更丰富的信息。

柔性机构借助弹性变形实现导向运动, 被广泛应用在要求精度高、少装配、使用寿命长和/或设计简单的场合。柔性机构的运动导向功能引入了机构的自由度 (DOF) 和约束度 (DOC) 之分, 这一点与传统的刚体机构类似。就柔性机构而言, 其自由度方向上的刚度较小, 而在约束度方向上的刚度则要大上几个数量级。

图 3.1a 给出了一个平行四边形柔性机构的例子 (摘自 L. L. Howell, *Compliant Mechanisms*, John Wiley & Sons, Inc., 2001)。该机构中, 在固定基座与运动台之间安装了两个平行的柔性簧片。这时, 运动台仅有一个沿 Y 方向的平移自由度; 而其他方向的运动均被限制, 因此表现为约束度。这种无摩擦和无回差的柔性机构可以引导安装在运动台上的物镜以近似直线的轨迹沿 Y 方向运动, 从而实现光学组件内的精确调焦。图 3.1b 是该柔性机构的平面 (2D) 简图。

对于给定的柔性机构, 如上面的例子, 设计者通常要预先确定材料失效前的机构运动范围、自由度和约束度方向的刚度、当载荷和形变增大时刚度值相应的变化, 以

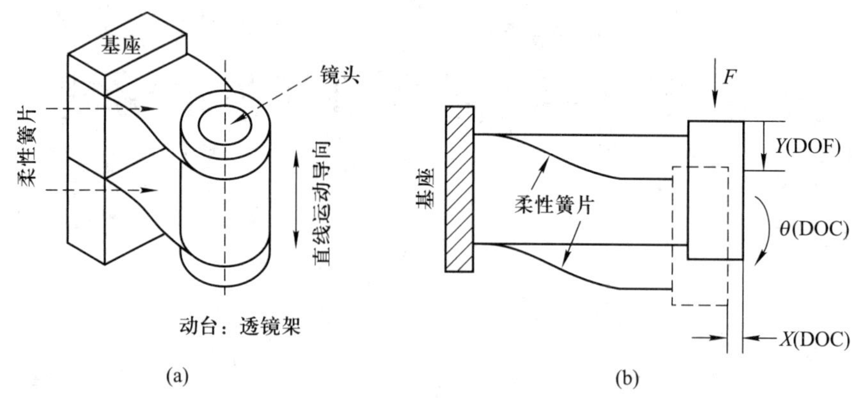

图 3.1 平行四边形柔性机构

及沿约束度方向上不希望有的误差运动。设计者还需要了解柔性机构的几何参数 (尺寸) 如何影响它的运动导向特性, 这将有助于进行设计与优化。这些目标是我们对柔性机构开展预测性分析建模的原动力。

不过, 在深入研究建模之前, 通过观察可以得到一些定性的结论。例如, 对图 3.1 所示的柔性机构而言:

(1) 约束度 X 和 Θ 方向上存在误差运动, 且随着沿自由度 Y 方向上的位移增加而增大;

(2) 沿约束度 X 方向的拉力会使沿自由度 Y 方向的刚度增大, 而压力会使该刚度减小;

(3) 随着沿自由度 Y 方向的位移增大, 约束度 X 和 Θ 方向的刚度减小。

大量的分析和实验结果表明: 上述这些直接影响柔性机构运动导向性能的特性, 与弯曲力学中的几何非线性密切相关。因此, 线弹性的载荷 – 位移模型虽然具有易于推导、封闭且参数化的优点, 却不能准确描述这些观察结果。在柔性机构分析建模中考虑几何非线性通常是很重要的。尽管数值方法 (如非线性有限元分析,FEA) 可以得到更为精确的结果, 但通过它们难以洞悉柔性机构的参数化设计。相反, 我们想要的是一种简单、封闭且参数化的分析模型, 而且, 该模型还需要在常用的行程范围内和一般载荷条件下精确描述出相关的几何非线性。

基本上, 只要实现了对柔性机构基本组成单元的建模, 就可以通过合适的数学方法对整个柔性机构进行建模。因此, 我们可以把关注点转向基本组成单元的建模, 基本组成单元中最典型的是图 3.2 所示的挠曲梁。对于细长型的挠曲梁, 它在横向弯曲方向的刚度很小, 而在轴向拉伸方向的刚度很大, 因此它可以在各种柔性机构充当有用的约束单元或模块。

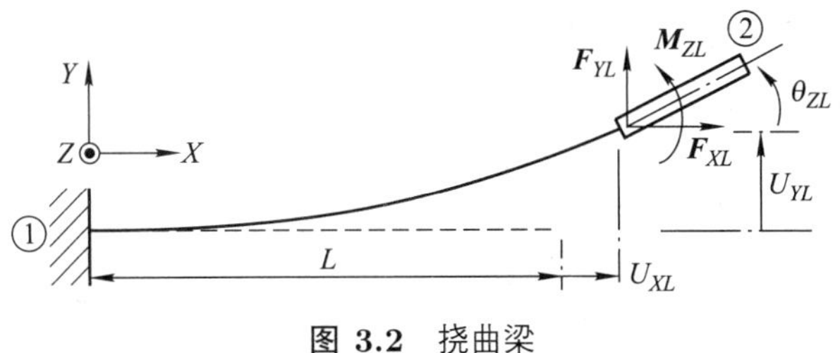

图 3.2　挠曲梁

3.2　挠曲梁的几何非线性建模

平面细长梁的标准力学公式是基于 Euler 和 Bernoulli 的假设得到的, 即 "变形前垂直于梁形心轴的平面横截面, 变形后仍保持平面且仍垂直于形心轴"。这一假设忽略了剪切变形, 不论剪切载荷存在与否。对于如图 3.2 所示的梁, 基于这一假设的标准力学公式可写成如下形式:

$$\frac{E}{\rho(X)}=\frac{M_Z(X)}{I_{ZZ}} \tag{3.1}$$

这里, 如果梁垂直于纸面的厚度与面内厚度相当, E 为杨氏模量; 如果梁垂直于纸面的厚度比面内厚度大几个数量级, E 则为板模量 (plate modulus)[①]。这一关系适用于任一横截面: M_Z 为弯矩, I_{ZZ} 为关于 Z 轴的截面惯性矩, ρ 为变形前坐标 X 处的横截面在变形后的曲率半径。尽管材料属性也可能导致非线性, 不过, 上述表达式中假定应力和应变之间是线性的本构关系。对绝大多数工程材料来说, 假定材料的线性特性都是合理的。

运用上述关系推导出梁末端的载荷 – 位移关系共需要 3 步:

(1) 将相关横截面上所受的弯矩用梁的末端载荷来表示, 这可以通过运用载荷平衡条件来实现。我们可以在梁未变形的状态下运用载荷平衡条件, 即

$$M_Z(X)=M_{ZL}+F_{YL}(L-X) \tag{3.2}$$

上式仅在梁的变形足够小的情况下才成立。最准确的载荷平衡表达式需要在梁变形后的状态下给出, 即

$$M_Z(X)=M_{ZL}+F_{YL}(L+U_{XL}-X)-F_{XL}(U_{YL}-U_Y(X)) \tag{3.3}$$

在梁变形后的状态下运用载荷平衡条件, 这在数学和物理上等同于考虑了横截面的旋转对轴向应变的影响, 也等同于承认梁的弧长保持不变 (arc-length conservation, 梁的一侧受拉变长、一侧受压变短, 而中性面上的梁长不变)。这些都是梁最主要的几何非线性。

---

① 译者注: 板模量对应于**平面应变**问题, $E'=E/(1-\mu^2)$, 其中 E 和 μ 分别为材料的杨氏模量和泊松比。

(2) 将梁的曲率 $\rho(X)$ 用梁的位置坐标和位移变量来表示。对于变形不大于梁长 10%的情况, 曲率可近似表示为

$$\frac{1}{\rho(X)} = Y''(X) \tag{3.4}$$

不过, 数学上最精确的曲率表达式为

$$\frac{1}{\rho(X)} = \frac{Y''(X)}{(1+Y'(X)^2)^{3/2}} \tag{3.5}$$

显然, 这反映了另一种重要的几何非线性。

(3) 将合适的载荷平衡方程和曲率表达式代入式 (3.1) 中, 即得到梁的微分方程。此微分方程在合适的边界条件下进行求解, 即可得到所需的梁末端载荷与位移之间的关系。

数学上最简单的情形是将载荷平衡的近似表达式(3.2) 和曲率的近似表达式(3.4) 代入式 (3.1) 中, 得到如下完全线性化的梁微分方程:

$$EI_{ZZ}U_Y''(X) = M_{ZL} + F_{YL}(L-X) \tag{3.6}$$

式 (3.6) 即为通常可以在标准教科书中找到的梁挠曲方程。假设梁的横截面在长度方向不变, 即 I_{ZZ} 与 X 无关, 利用梁固定端的边界条件 $U_Y(0) = U_Y'(0) = 0$ 解出梁自由端的载荷 – 位移关系如下:

$$\begin{bmatrix} \dfrac{F_{YL}L^2}{EI_{ZZ}} \\ \dfrac{M_{YL}L^2}{EI_{ZZ}} \end{bmatrix} = \begin{bmatrix} 12 & -6 \\ -6 & 4 \end{bmatrix} \begin{bmatrix} \dfrac{U_{YL}}{L} \\ \theta_{ZL} \end{bmatrix} \quad \text{其中 } \theta_{ZL} = U'_{YL} \tag{3.7}$$

另外, 在 X 方向运用 Hooke 定律可得到如下关系:

$$\begin{aligned} \frac{F_{XL}}{EA} &= \frac{U_{XL}}{L} \\ \Rightarrow \frac{F_{XL}L^2}{EI_{ZZ}} &= \frac{12}{(T/L)^2}\frac{U_{XL}}{L} \end{aligned} \tag{3.8}$$

总的来说, 式 (3.7) 和式 (3.8) 所给出的最终结果并不能描述出挠曲梁任何的几何非线性特征, 因此, 该模型不能帮助我们预测前面讨论的柔性机构的运动导向特性。不过, 就 X 方向而言, 只有当梁的横向位移 (U_{YL} 和 $\theta_{ZL}L$) 与梁的厚度 T 在同一量级上时, 式 (3.8) 的结果才是精确的。在横向或者弯曲方向上, 只有当轴向载荷 F_{XL} 可以忽略不计且横向位移 (U_{YL} 和 $\theta_{ZL}L$) 不大于梁长 L 的 10%时, 式 (3.7) 的结果才是精确的。

或者, 我们完全可以用精确的非线性载荷平衡表达式 (3.3) 和精确的曲率表达式 (3.5) 对梁进行建模。将它们代入式 (3.1) 中即可得到完全非线性的梁支配微分

方程

$$\frac{EI_{ZZ}Y''(X)}{(1+Y'(X)^2)^{3/2}} = M_{ZL} + F_{YL}(L + U_{XL} - X) - F_{XL}(U_{YL} - U_Y(X)) \tag{3.9}$$

对于任意末端载荷, 求解上述非线性方程 (联立之前所给的边界条件) 在数学上并不容易。对于特定末端载荷作用下的等截面梁, 第 4 章将详细讨论基于椭圆积分的求解过程。不过, 用椭圆积分方法求解末端位移时必须用数值方法才能得到最终解, 这对于柔性机构设计来说过于复杂。对于任意末端载荷, 梁的变形也可以用非线性有限元分析 (FEA) 求解。非线性有限元分析包含了上述所有的几何非线性。尽管这两种非线性求解方法都很精确, 但对柔性机构参数化设计帮助却不大。

伪刚体模型 (PRBM) 在一定程度上解决了这个问题, 我们将在第 5 章讨论这一主题。伪刚体模型是一种用于描述挠曲梁大变形特性的集中参数 (lumped-parameter) 建模方法, 它是借助挠曲梁的精确非线性解 (可以通过椭圆积分或其他数值方法得到) 并通过优化得到的。正因为如此, 当载荷和边界条件发生变化时, 伪刚体模型的参数都必须重新计算。一旦确定了参数, 伪刚体模型就能够在非常大的变形范围内 (U_{YL} 和 $\theta_{ZL}L$ 可达到梁长 L 大小) 精确地描述纵向的载荷 – 位移关系。此外, 当存在沿约束度方向的载荷时, 它能够描述自由度方向的刚化效应, 而且, 它还能用于分析约束度方向的误差运动在纯运动学或几何学上的组成成分。不过, 由于伪刚体模型所固有的集中柔度假设, 使其无法预测随着自由度方向上变形的增大、约束度方向上的刚度变化, 也不能预测某些约束度方向上的误差运动。本章稍后将对这些现象进行定量分析并图示说明。

为了克服这些限制, 本章给出一种对梁支配方程实施部分线性化的方法, 即曲率用线性化的近似表达式 (3.4) 但载荷平衡用精确的非线性表达式 (3.3)。由于柔性机构多采用自由度方向上变形小于梁长 10%的细长梁, 这种情况下梁的曲率非线性并不显著 (近似误差小于 1%)。但是, 在梁的任一给定截面上, 与横向载荷 (F_{YL} 和 $M_{ZL}L$) 相当的轴向载荷 F_{XL} 对该截面弯矩的贡献可达 10%, 因此其影响不能忽略。另外, 正如前面所提到的, 与载荷平衡相关的几何非线性实际上等同于梁弧长保持不变对应的非线性, 这是准确描述挠曲梁变形运动特性的关键所在。

借助这种部分线性化的处理, 我们建立了相应的模型, 称其为梁约束模型 (beam constraint model, BCM)。该模型一方面具有简单、解析以及参数化的优点, 并可用于任意末端载荷的情况; 另一方面, 该模型能够准确描述中行程挠曲梁 (横向位移 U_{YL} 和 $\theta_{ZL}L$ 不大于梁长 L 的 10%) 的所有相关的几何非线性。梁约束模型将在下一节中讨论, 该模型在预测柔性机构中所有相关的运动导向特性的有效性将在 3.4 节中展示。

3.3 梁约束模型

将曲率的近似线性表达式 (3.4) 和载荷平衡的精确非线性表达式 (3.3) 代入式 (3.1) 中, 可得到如下梁微分方程:

$$EI_{ZZ}U_Y''(X) = M_{ZL} + F_{YL}(L + U_{XL} - X) - F_{XL}(U_{YL} - U_Y(X)) \tag{3.10}$$

求解该方程的解析解可采用如下方法: 将该方程对 X 二次微分

$$U_Y^{iv}(X) = \frac{F_{XL}}{EI_{ZZ}}U_Y''(X) \tag{3.11}$$

并应用如下 4 个边界条件

$$\begin{gathered} U_Y(0) = 0, \quad U_Y'(0) = 0, \quad U_Y''(L) = \frac{M_{ZL}}{EI_{ZZ}}, \\ U_Y'''(L) = \frac{-F_{YL} + F_{XL}U_Y'(L)}{EI_{ZZ}} \end{gathered} \tag{3.12}$$

在梁变形后的状态下应用载荷平衡条件, 其重要性不言而喻: 轴向载荷 F_{XL} 虽然出现在了该微分方程中, 但方程本身以及相关边界条件在横向载荷 (F_{YL} 和 M_{ZL}) 和横向位移 ($U_Y(X)$ 及其导数) 之间仍保持线性。因此, 求解该方程得到的末端载荷与末端位移 (U_{YL} 和 $\theta_{ZL} = U_{YL}'$) 之间的关系是线性的, 只不过相关的刚度项将不再只是弹性项, 而是关于轴向载荷 F_{YL} 的超越函数。将这些超越函数对 F_{YL} 进行无穷级数展开, 然后仅保留一次项 (当 F_{XL} 与横向载荷 F_{YL} 和 M_{ZL}/L 在同一量级时, 这样做的误差小于 1%), 由此可得到如下末端载荷 – 位移关系:

$$\begin{gathered} \begin{bmatrix} \dfrac{F_{YL}L^2}{EI_{ZZ}} \\ \dfrac{M_{YL}L}{EI_{ZZ}} \end{bmatrix} = \begin{bmatrix} k_{11}^{(0)} & k_{12}^{(0)} \\ k_{12}^{(0)} & k_{22}^{(0)} \end{bmatrix} \begin{bmatrix} \dfrac{U_{YL}}{L} \\ \theta_{ZL} \end{bmatrix} + \\ \frac{F_{XL}L^2}{EI_{ZZ}} \begin{bmatrix} k_{11}^{(1)} & k_{12}^{(1)} \\ k_{12}^{(1)} & k_{22}^{(1)} \end{bmatrix} \begin{bmatrix} \dfrac{U_{YL}}{L} \\ \theta_{ZL} \end{bmatrix} \end{gathered} \tag{3.13}$$

然后, 为了确定轴向变形 U_{XL} 对横向位移的依赖关系, 梁弧长所施加的几何约束可通过如下积分来描述:

$$L + \frac{1}{k_{33}}\frac{F_{XL}L^3}{EI_{ZZ}} = \int_0^{L+U_{XL}} \left\{1 + \frac{1}{2}\left(U_Y'(X)\right)^2\right\} \mathrm{d}X \tag{3.14}$$

此方程的左右两边分别表示弯曲变形前、后梁的长度。方程左边, 在梁未变形的长度上增加了由于施加的轴向载荷 F_{XL} 引起的弹性拉伸。这种情况下, 为了描述与梁变形形状相关的运动, 在方程右边包含 $U_Y'(X)$ 的平方项就显得尤为重要, 并且, 这与式 (3.3) (即在变形状态下应用载荷平衡条件) 是一致的。

由式 (3.11) 解得的 $U_Y(X)$, 可以进一步得到式 (3.14) 的解析解。结果表明 U_{XL} 中的一项可以表示成 U_{YL} 和 θ_{ZL} 二次型。正如所料, 此二次型的系数也是关于轴向载荷 F_{XL} 的超越函数。将超越函数进行级数展开, 只保留 F_{XL} 的一次方项可得

$$\begin{aligned}\frac{U_{XL}}{L}=&\frac{1}{k_{33}}\frac{F_{XL}L^2}{EI_{ZZ}}+\begin{bmatrix}\dfrac{U_{YL}}{L} & \theta_{ZL}\end{bmatrix}\begin{bmatrix}g_{11}^{(0)} & g_{12}^{(0)}\\ g_{12}^{(0)} & g_{22}^{(0)}\end{bmatrix}\begin{bmatrix}\dfrac{U_{YL}}{L}\\ \theta_{ZL}\end{bmatrix}+\\ &\frac{F_{XL}L^2}{EI_{ZZ}}\begin{bmatrix}\dfrac{U_{YL}}{L} & \theta_{ZL}\end{bmatrix}\begin{bmatrix}g_{11}^{(1)} & g_{12}^{(1)}\\ g_{12}^{(1)} & g_{22}^{(1)}\end{bmatrix}\begin{bmatrix}\dfrac{U_{YL}}{L}\\ \theta_{ZL}\end{bmatrix}\end{aligned}\tag{3.15}$$

为了便于讨论, 上式右边的 3 项分别记为 $U_{XL}^{(e)}$、$U_{XL}^{(k)}$ 和 $U_{XL}^{(e-k)}$, 后面将进一步说明。

式 (3.13) 和式 (3.15) 共同构成了梁约束模型 (BCM), 它们给出了梁末端载荷与位移之间关系的准确、紧凑、解析且参数化的表达。此外, 在这种形式下, 所有的载荷、位移和刚度都可以对梁参数进行自然的归一化处理: 位移和长度参数可用梁长 L 归一化, 力可用 EI_{ZZ}/L^2 归一化, 弯矩可用 EI_{ZZ}/L 归一化。因此, 我们可定义

$$\begin{gathered}\frac{F_{XL}L^2}{EI_{ZZ}}\triangleq f_{x1},\quad \frac{F_{YL}L^2}{EI_{ZZ}}\triangleq f_{y1},\quad \frac{M_{ZL}L}{EI_{ZZ}}\triangleq m_{z1}\\ \frac{U_{XL}}{L}\triangleq u_{x1},\quad \frac{U_{YL}}{L}\triangleq u_{y1},\quad \theta_{ZL}\triangleq\theta_{z1},\quad \frac{T}{L}\triangleq t,\quad \frac{X}{L}\triangleq x\end{gathered}\tag{3.16}$$

在本章后面部分中, 我们将用小写字符表示按照上述约定归一化的变量和参数。可以看出, 刚度系数 k 和约束系数 g 都是无量纲的梁特征系数, 一般而言, 它们仅与梁的形状有关而与梁的实际尺寸无关。表 3.1 列出了简单均匀截面梁的各个特征系数值。

表 **3.1** 梁的特征系数

$k_{11}^{(0)}$	12	$k_{11}^{(1)}$	6/5	$g_{11}^{(0)}$	–3/5	$g_{11}^{(1)}$	1/700	$k_{33}=\dfrac{12}{(T/L)^2}$
$k_{12}^{(0)}$	–6	$k_{12}^{(1)}$	–1/10	$g_{12}^{(0)}$	1/20	$g_{12}^{(1)}$	–1/1 400	
$k_{22}^{(0)}$	4	$k_{22}^{(1)}$	2/15	$g_{22}^{(0)}$	–1/15	$g_{22}^{(1)}$	11/6 300	

梁约束模型可通过刚度和误差运动帮助我们表征出简单挠曲梁的约束特性。误差运动指的是柔性单元或柔性机构中我们不希望存在的运动: 期望自由度方向之外任一自由度方向上的运动称为轴间耦合 (cross-axis coupling), 约束度方向上的任意运动称为寄生误差 (parasitic error)。式 (3.13) 右边第一个矩阵项表示自由度方向的线弹性刚度, 与式 (3.7) 类似。式 (3.13) 右边第二个矩阵项体现的是载荷刚化效

应 (load stiffening, 也称为几何刚化), 凸显了沿约束度方向的力对自由度方向的有效刚度的影响。这两个矩阵项也描述出了两种自由度之间的轴间耦合。

式 (3.15) 给出了约束度方向的位移, 即寄生误差运动。它包含 3 部分: $u_{x1}^{(e)}$ 是梁中性轴沿 X 方向拉伸引起的弹性变形分量, 与式 (3.8) 的结果类似; $u_{x1}^{(k)}$ 表示由两个自由度方向的位移所确定的纯运动分量, 是梁弧长保持不变这一约束导致的结果; $u_{x1}^{(e-k)}$ 表示弹性运动 (elastokinematic) 分量, 之所以这么称呼, 是因为它的弹性 (刚度) 取决于约束度方向的力 f_{x1}, 它的运动取决于两个自由度方向的位移。该弹性运动分量也是梁长约束的结果, 由 f_{x1} 作用时 (即使 u_{y1} 和 θ_{z1} 保持不变) 对梁变形引起的变化所致。运动分量 $u_{x1}^{(k)}$ 是该约束度方向上误差运动的主因, 它以自由度方向上位移的平方迅速增大。在约束度方向的位移中, 弹性运动分量与运动分量相比虽然是小量, 但它与纯弹性分量却不相上下, 并且, 它导致约束度方向的柔度 (其柔度从线弹性公式预测的值开始变化) 以自由度方向上位移的平方迅速增大 (刚度减小)。

这样, 梁约束模型不仅表征了挠曲梁非理想的约束特性, 同时也揭示了自由度品质 (大运动范围且低刚度) 和约束度品质 (高刚度且寄生误差小) 之间的依赖关系和相互权衡。在柔性机构的设计中, 梁的特征系数可用作梁形状的优化参数。此外, 梁约束模型以一种与尺度无关、紧凑且参数化的形式, 可满足任意末端载荷和末端位移条件下的挠曲梁分析。

从上面可以看出, 为了考虑轴向力的影响, 必须在梁变形后的状态下应用载荷平衡条件, 事实表明这对梁约束特性的表征而言是非常重要的。对两端固支梁的情况, 即使自由度方向的位移 u_{y1} 和 θ_{z1} 小于 0.1, 其影响也很显著。不过, 尽管包含了这一非线性因素, 梁微分方程在横向载荷和横向位移上仍然保持线性, 所以对应的数学模型并不复杂。另一方面, 即使我们对梁曲率也使用精确的非线性表达, 即式 (3.5), 也不能加深我们对梁约束特性的认识, 而且, 其影响只有在自由度方向形变大于 0.1 时才变得显著; 还有, 这会使梁微分方程变成非线性方程而无法得到其封闭解。梁约束模型的假设是经过慎重选择的, 因此它只描述相关的非线性, 仅在实用的载荷和位移范围内提供准确的结果, 且未使模型变得难以使用。

我们接下来将以一简单梁为例, 比较梁约束模型与 ANSYS 中相应的非线性有限元模型。图 3.3 画出的是线弹性刚度系数 ($k_{11}^{(0)}$、$k_{12}^{(0)}$、$k_{22}^{(0)}$) 和载荷刚化系数 ($k_{11}^{(1)}$、$k_{12}^{(1)}$、$k_{22}^{(1)}$) 随归一化的自由度方向位移 u_{y1} 或 θ_{z1} 的变化曲线。类似地, 图 3.4 画出的是相应的运动系数 ($g_{11}^{(0)}$、$g_{12}^{(0)}$、$g_{22}^{(0)}$) 和弹性运动系数 ($g_{11}^{(1)}$、$g_{12}^{(1)}$、$g_{22}^{(1)}$)。

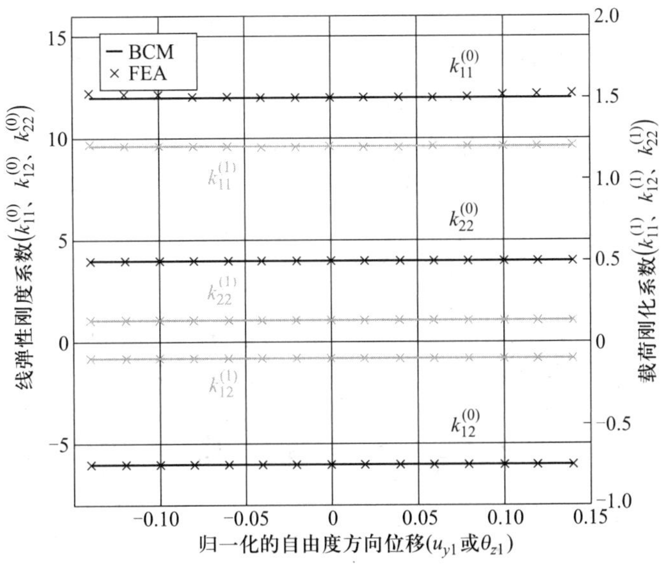

图 3.3 梁的线弹性刚度系数和载荷刚化系数: 梁约束模型对比有限元分析

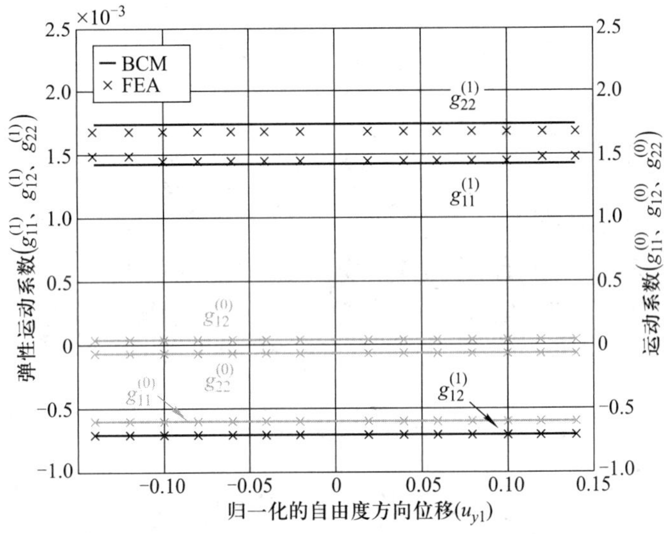

图 3.4 梁的运动系数和弹性运动系数: 梁约束模型对比有限元分析

3.4 实例分析: 平行四边形柔性机构

接下来, 我们将以由两个相同的简单梁 (L=250 mm, T=5 mm, H=50 mm, W=75 mm, E=210 000 N·mm^{-2}) 组成的平行四边形柔性机构 (如图 3.5 所示) 为例, 来验证梁约束模型在准确预测柔性机构运动导向特性的有效性。

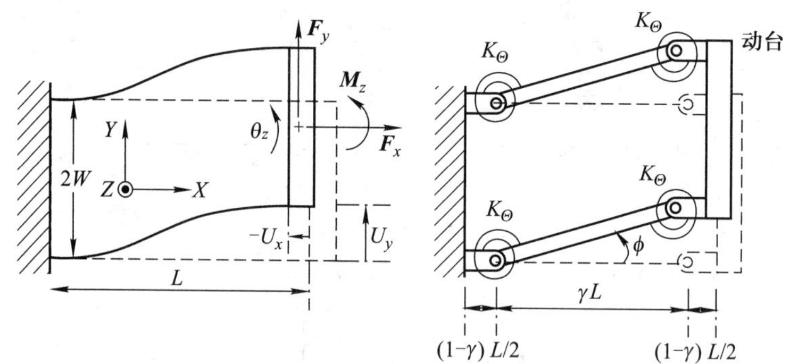

图 3.5 平行四边形柔性机构及其伪刚体模型

依据前面介绍的归一化约定, 该柔性机构的线性模型可写成如下形式:

$$u_y = \frac{f_y}{24}, \quad u_x = \frac{t^2}{24}f_x, \quad \theta_z = \frac{t^2}{24w^2}\left(m_z + \frac{f_y}{2}\right) \tag{3.17}$$

基于梁约束模型, 运用直接法或者能量法 (参见扩展阅读部分中的文献 [3]) 可得到该柔性机构的非线性载荷 – 位移关系

$$\begin{aligned}
u_y &= \frac{f_y}{2k_{11}^{(0)} + k_{11}^{(1)} f_x} \\
u_x &= \frac{t^2}{24}f_x + g_{11}^{(0)} u_y^2 + \frac{g_{11}^{(1)}}{2} u_y^2 f_x \\
\theta_z &= \frac{1}{2w^2}\left(\frac{1}{k_{33}} + g_{11}^{(1)} u_y^2\right)\left(m_z - f_y \frac{2k_{12}^{(0)} + k_{12}^{(1)} f_x}{2k_{11}^{(0)} + k_{11}^{(1)} f_x}\right)
\end{aligned} \tag{3.18}$$

在上述关系式中, 所有的载荷和位移都通过式 (3.16) 作了归一化处理。梁的厚度和两梁的间距分别归一化为 $t = T/L$ 和 $w = W/L$。将表 3.1 中梁的特征系数值代入, 上述关系式可简化为

$$\begin{aligned}
u_y &= \frac{f_y}{24 + 1.2 f_x} \\
u_x &= \frac{1}{2k_{33}} f_x - \frac{3}{5} u_y^2 + \frac{1}{1\,400} u_y^2 f_x \\
\theta_z &= \frac{1}{2w^2}\left(\frac{t^2}{12} + \frac{u_y^2}{700}\right)[m_z - u_y(12 + 0.1 f_x)]
\end{aligned} \tag{3.19}$$

图 3.5 中还给出了该平行四边形柔性机构的伪刚体模型。假设 m_z 和 f_x 为 0, 模型参数 $\gamma = 0.851\,7$、$k_\Theta = 2.65$, 相应的载荷 – 位移关系可表示为

$$f_y \cos\phi - f_x \sin\phi = 8k_\Theta \phi, \quad u_y = \gamma \sin\phi, \quad u_x = \gamma(\cos\phi - 1) \tag{3.20}$$

由于单根梁上的实际载荷会随着机构的运动发生变化, 因此在理想情况下, 增加位移的每一步迭代, 伪刚体模型的参数都要更新。不过, 我们假设模型参数的这种变化可以忽略。

显然在本例中, Y 方向 (横向) 为自由度方向, 而 X 方向 (轴向) 和 Θ_Z 方向 (横向) 为约束度方向。图 3.6~图 3.8 给出了通过上述 3 种模型预测得到的关键约束特性以及相应的非线性有限元分析结果, 其中 u_y 变化范围为 ±0.15。

图 3.6 给出了 u_x (约束度 X 方向上的寄生误差运动) 与 u_y (自由度 Y 方向的位移) 之间的非线性关系, 从图上可以看出伪刚体模型和梁约束模型都能够非常准确地描述梁的运动特性。图 3.7 给出的是约束度 X 方向的刚度随 u_y (自由度 Y 方向的位移) 的变化曲线。伪刚体模型根本无法描述此约束度方向的柔度信息, 而线性模型仅能描述反映出此方向上的纯弹性刚度分量。相反, 梁约束模型却能够准确地预

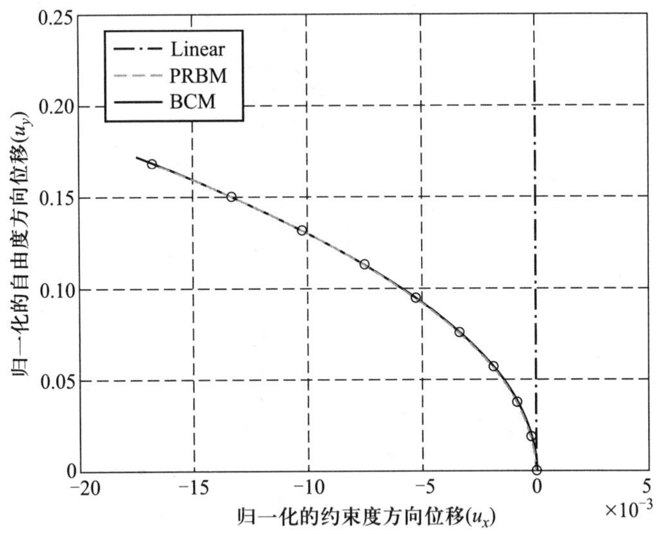

图 3.6 u_x (约束度) 和 u_y (自由度) 之间的关系

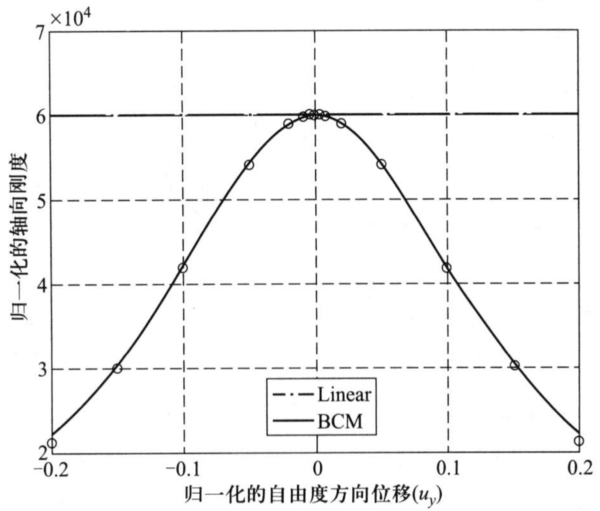

图 3.7 X 方向 (约束度) 的刚度与 u_y (自由度) 之间的关系

测弹性运动效应, 有限元分析结果证实了这一点。就机构的承载能力和动态性能而言, 约束度方向的刚度变化会对设计结果产生很大的影响。图 3.8 给出了随着 f_y (自由度 Y 方向的力) 增大, θ_z (约束度 Θ_Z 方向的寄生误差运动) 的变化曲线。伪刚体模型的结果表明刚性运动台不会发生偏旋的现象, 而线性模型只有在力和位移比较小的情况下结果才正确。梁约束模型则精确地描述出了这种同样由弹性运动产生的寄生误差运动, 即使在自由度方向的力和位移较大的情况下也有效。

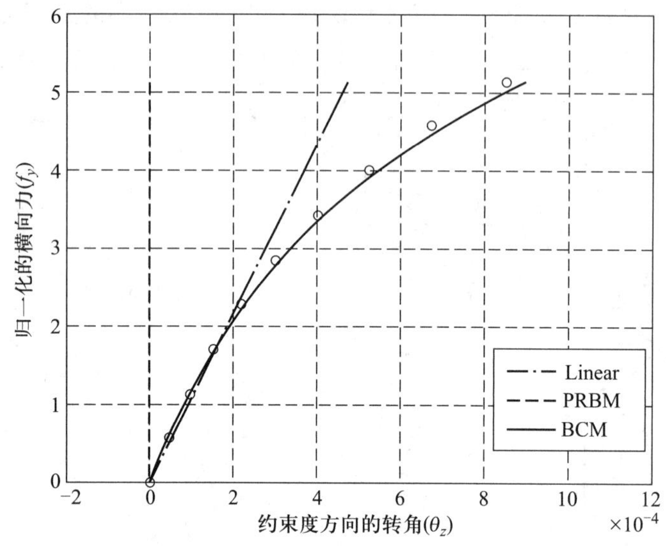

图 3.8 θ_z (约束度方向) 与 f_y (自由度方向) 之间的关系

3.5 结论

上述实例分析充分展现了梁约束模型的实用性和精确性。需要特别注意的是, 即使柔性机构的刚性运动台上受到其他任意载荷, 该模型也能以解析和参数化的形式描述出机构的刚度和误差运动。此外, 不管梁的实际形状如何, 最终的载荷 – 位移关系始终成立。如果实际使用的梁并非如此例中所考虑的均匀厚度梁, 而是任意形状, 我们只需要改变模型中梁的特征系数即可。另外, 我们可以考虑使用任意数量的梁 (此实例中考虑的只是两根梁), 而最终载荷 – 位移关系的数学推导步骤是一样的。

式 (3.18) 给出的最终结果为我们定性并定量地描述了平行四边形柔性机构各种特性之间的性能权衡, 例如:

(1) 我们希望最大化自由度 Y 方向的位移, 而该模型表明, 约束度 X 和 Θ 的误差运动会随 Y 方向位移的增大而增大, 凸显了导向运动偏离直线运动的事实。

(2) 约束度 X 方向的误差运动与梁的运动特征系数 $g_{11}^{(0)}$ 有关, 不管梁的形状如何, 该系数总是不为零。这在物理上是合乎情理的, 因为 X 方向的位移是由梁弧长保持不变引起的, 而弧长保持不变是梁变形运动的基础。

(3) 约束度 Θ 的误差运动与自由度 Y 方向的位移既存在线性关系, 亦存在立方关系。前者是由梁在线弹性范围内的轴向柔性产生的, 而后者则与非线性弹性运动的柔性有关。弹性运动的柔性与系数 $g_{11}^{(1)}$ 相关, 可以通过优化梁的形状使之变小。

(4) 约束度 X 方向的刚度要尽可能大, 因为这是承载方向。但是, 分析结果表明, 这个方向的柔度随自由度 Y 方向的位移增大而从线弹性值开始变化并迅速增大。同样, 这一关系与弹性运动系数 $g_{11}^{(1)}$ 相关, 可以通过优化梁的形状减小它。通过优化梁的形状, 可以减小约束度 X 方向的柔度随 Y 方向位移增大的增加速率 (或刚度的减小速率)。

(5) 在运动导向的应用中, 我们总是希望降低自由度 Y 方向的刚度。上述分析结果表明, 当约束度 X 方向存在力的作用时, 自由度 Y 方向表现出载荷刚化效应。梁约束模型表明, 载荷刚化效应产生于梁的特征系数 $k_{11}^{(1)}$, 而该系数也是梁变形运动的要素之一, 即使对梁的形状进行优化也很难将它减小。也就是说, 在平行四边形柔性机构中, 当位移较大时, 载荷刚化效应是不能忽略的。实际上, 通过在约束度 X 方向施加一个压缩力, 我们可以利用这一效应来降低自由度 Y 方向的刚度。

尽管这里只为梁约束模型展示了一个代表性的应用实例, 不过, 读者可以从下面所建议的扩展阅读中找到其他应用。

扩展阅读

[1] Jones, R. V., 1988, *Instruments and Experiences: Papers on Measurement and Instrument Design*, John Wiley & Sons, New York, NY.

[2] Smith, S. T., 2000, *Flexures: Elements of Elastic Mechanisms*, Gordon and Breach Science Publishers, New York, NY.

[3] Awtar, S., Slocum, A. H., and Sevincer, E., 2006, "Characteristics of Beam-based Flexure Modules", *ASME Journal of Mechanical Design*, 129(6), pp. 625-639.

[4] Awtar, S., and Sen, S., 2010, "A Generalized Constraint Model for Two-dimensional Beam Flexures: Non-linear Load-Displacement Formulation", *ASME Journal of Mechanical Design*, 132(8), pp. 0810081-08100811.

[5] Awtar, S., and Sen, S., 2010, "A Generalized Constraint Model for Two-dimensional Beam Flexures:Non-linear Strain Energy Formulation", *ASME Journal of Mechanical Design*, 132(8), pp. 0810091-08100911.

[6] Sen, S. and Awtar, S., 2013, "A Closed-Form Nonlinear Model for the Constraint Characteristics of Symmetric Spatial Beams," *ASME Journal of Mechanical Design*, 135(3), pp. 0310031-03100311.

第 4 章　大挠度变形单元的建模

Brian Jensen

美国杨百翰大学

4.1　引言

前一章介绍的建模方法适用于仅发生中小挠度变形 (挠度不超过梁长的 10%) 的柔顺机构。对于许多柔顺机构而言, 这种建模分析有助于我们深入了解系统的特性, 并为我们提供可直接使用的建模工具。不过, 当柔性梁发生大挠度变形时, 这种方法就不再适用或不准确了。当机构的预期运动与其尺寸相当, 或者需要产生非线性的力 – 位移特性 (如双稳态机构) 时, 就会出现这种情况。这些情况下, 中小挠度分析过程中所作的假设会导致显著的误差出现, 而应当考虑使用针对大挠度分析的模型。

例如, 本章将展示如何使用大挠度建模方法求解固定 – 铰接型柔性梁 (图库中的单元 EM-1) 和固定 – 导向型柔性梁 (单元 EM-4)。这些单元已用于各种各样的机构中, 如双稳态机构 (机构 M-9~M-12) 和直线悬挂机构 (如机构 M-15~M-18、M-28、M-38、M-39 和 M-79)。

求解大挠度问题的经典数学工具是椭圆积分, 椭圆积分是出现在大挠度梁微分方程求解中的一类函数[1]。最近, 非线性有限元模型[2–4] 和大挠度微分方程的直接数值积分[5] 都对大挠度特性给出了精确的预测。特别是非线性有限元模型, 为相当多的问题给出了精确解。不过, 在需要求解屈曲梁的问题中 (常见于双稳态机构的设计), 有限元方法不能准确地预测屈曲模态, 导致计算结果存在很大误差[2]。另外, 在设计初期, 常常需要对多种可能的设计方案进行快速建模。椭圆积分解可以在筛选合适的设计方案时提供快速的信息反馈，然后运用有限元方法对选出的方案进一步优化。本章将展示如何使用椭圆积分对这些情况进行建模。

4.2 大挠度的弯曲方程

初始平直、长度为 L 的等截面梁如图 4.1 所示：所用材料的杨氏模量 (弹性模量) 为 E，截面惯性矩为 I。通过大挠度分析可得到由 3 个无量纲 (量纲一) 方程组成的关联方程组:

$$\sqrt{\alpha} = F(k,\phi_2) - F(k,\phi_1) \tag{4.1}$$

$$\begin{aligned}\frac{b}{L} = -\frac{1}{\sqrt{\alpha}}\{&2k\cos\psi(\cos\phi_1 - \cos\phi_2) + \sin\psi[2E(k,\phi_2)\\ &-2E(k,\phi_1) - F(k,\phi_2) + F(k,\phi_1)]\}\end{aligned} \tag{4.2}$$

$$\begin{aligned}\frac{a}{L} = -\frac{1}{\sqrt{\alpha}}\{&2k\sin\psi(\cos\phi_2 - \cos\phi_1) + \cos\psi[2E(k,\phi_2)\\ &-2E(k,\phi_1) - F(k,\phi_2) + F(k,\phi_1)]\}\end{aligned} \tag{4.3}$$

在这些方程中，多数变量在图 4.1 中已定义。此外，α 为无量纲 (量纲一) 力，可表示为

$$\alpha = \frac{RL^2}{EI} \tag{4.4}$$

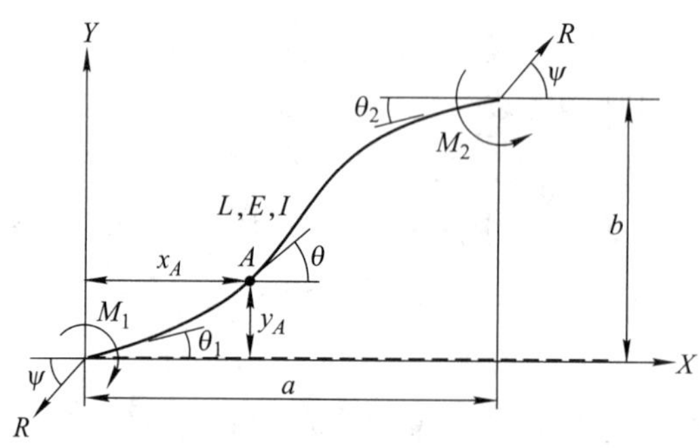

图 4.1 直梁及其挠曲线示意

函数 $F(k,\phi)$ 和 $E(k,\phi)$ 分别为第一类和第二类椭圆积分[6]。可以把这两个函数看成类似于三角函数中的正弦和余弦的函数。与三角函数一样，在计算机上用数值方法可以非常快速地求解椭圆积分函数。无量纲 (量纲一) 参数 k 是椭圆积分函数的模数，可以在 $0 \sim 1$ 之间变化。在大挠度梁问题中，k 与力 R 的大小存在大致的对应关系，但不是线性的。变量 ϕ (单位为弧度) 称为椭圆积分的幅值，它沿着梁从左端的 ϕ_1 连续地变化为右端的 ϕ_2，它与梁的转角 θ 存在如下关系:

$$k\sin\phi = \cos\frac{\psi-\theta}{2} \tag{4.5}$$

式中, 与 ϕ_1 和 ϕ_2 对应的分别是转角 θ_1 和 θ_2。此外, 梁末端所受力矩为

$$M_{1,2} = 2k\sqrt{EIR}\cos\phi_{1,2} \tag{4.6}$$

式 (4.1)~式 (4.3) 是非线性梁分析的主要方程。实质上, 式 (4.1) 表示了作用在梁末端的力, 式 (4.2) 和式 (4.3) 分别表示了梁末端水平和垂直挠度。这 3 个方程的详细推导过程可参见文献 [7] 或 [8]。

通常情况下, 求解这些方程需要根据梁的边界条件进行非线性数值求解。只要方程解出来了, 整个梁的挠曲线就可以得到。对于梁上任意一点 A, 变形后沿 x 轴和 y 轴的坐标可分别表示成

$$\begin{aligned}\frac{x_A}{L} = &-\frac{1}{\sqrt{\alpha}}\{\cos\psi[2E(k,\phi) - 2E(k,\phi_1) - F(k,\phi) + F(k,\phi_1)] + \\ &2k\sin\psi(\cos\phi - \cos\phi_1)\}\end{aligned} \tag{4.7}$$

$$\begin{aligned}\frac{y_A}{L} = &-\frac{1}{\sqrt{\alpha}}\{\sin\psi[2E(k,\phi) - 2E(k,\phi_1) - F(k,\phi) + F(k,\phi_1)] + \\ &2k\cos\psi(\cos\phi_1 - \cos\phi)\}.\end{aligned} \tag{4.8}$$

ϕ 为介于 ϕ_1 和 ϕ_2 之间的某一值。沿梁的方向从固定端到 A 点的距离 s 可表示为

$$s = \sqrt{\frac{EI}{R}}[F(k,\phi) - F(k,\phi_1)] \tag{4.9}$$

4.3 弯曲非线性方程的求解

通常可以采用两种基本方法对式 (4.1)~式 (4.3) 进行求解。在所谓的 “正向” 求解中, 施加的载荷已知, 要求的是梁的挠度。在 “反向” 求解中, 梁的挠度已知, 要求的是施加的载荷。任一方法都可以用非线性求解器对方程直接求解。

下一节将以两个常见的柔顺机构问题为例进行求解示范: 一是固定 – 铰接型柔性梁的弯曲问题求解; 二是求解包含斜支固定 – 导向型柔性梁的双稳态机构的运动。第一个例子示范了正向求解方法, 第二个例子则示范了反向求解方法。

4.4 例子

4.4.1 固定 – 铰接型柔性梁

固定 – 铰接型柔性梁常出现在部分柔顺机构中。图 4.2 示意了左端固定右端铰接的一段梁。梁的末端受到大小为 R、方向为 ψ 的力, 需要求解变形后梁末端的坐标 a 和 b。

由上述边界条件可知, 左端角度 θ_1 (如图 4.1 所示) 为 0, 右端弯矩 M_2 (亦如图 4.1 所示) 为 0。这个问题可以转化为: 在梁固定端 ϕ_1 满足式 (4.5)、梁自由端 ϕ_2 满足式 (4.6) 的情况下, 求解满足式 (4.1) 的 k。注意到 M_2=0, 由第二个条件可得到 $\phi_2 = \pi/2$。任何预期的方法都可用于求解式 (4.1), 包括 Newton-Raphson 法或诸如试位法 (false position method) 等的边界法 (bounded method)。一旦求得 k, 就可以直接求解式 (4.2) 和式 (4.3) 得到梁末端的水平和垂直挠度, 或求解式 (4.7) 和式 (4.8) 得到整个梁的挠曲线。类似地, 可用式 (4.5) 求得梁末端的转角 θ_2。

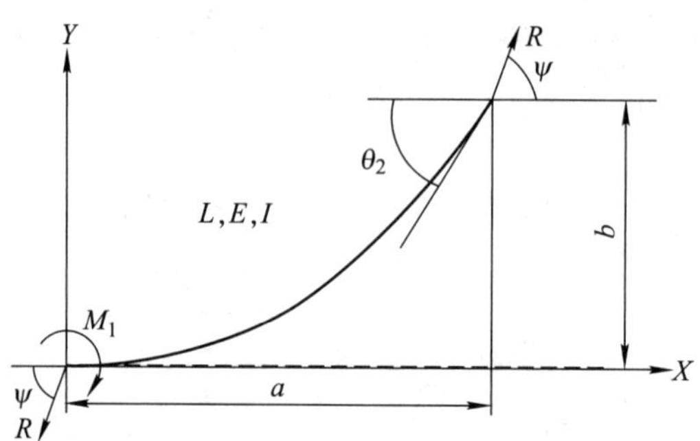

图 4.2 固定 – 铰接型柔性梁 (右端无弯矩作用) 的初始直梁和变形状态

已上传至 http://compliantmechanisms.byu.edu/content/downloads 的代码为我们提供了两种求解固定 – 铰接单元的工具。Excel 电子表格文件 fixedpinnedbending.xls 使用 Visual Basic 宏实现的椭圆积分来求解此问题。类似地,MATLAB 脚本 fpbending.m 给出了如何使用函数 fpbeambending.m 求解此问题。该脚本用于求解长 1 m、厚 1 cm、宽 5 cm 的钢梁 (杨氏模量为 200 GPa)。在梁的末端逐步加载 500~8 000 N、每步增加 500 N 的垂直力 ($\psi = 90°$), 得到梁的挠曲线如图 4.3 所示。此处特别

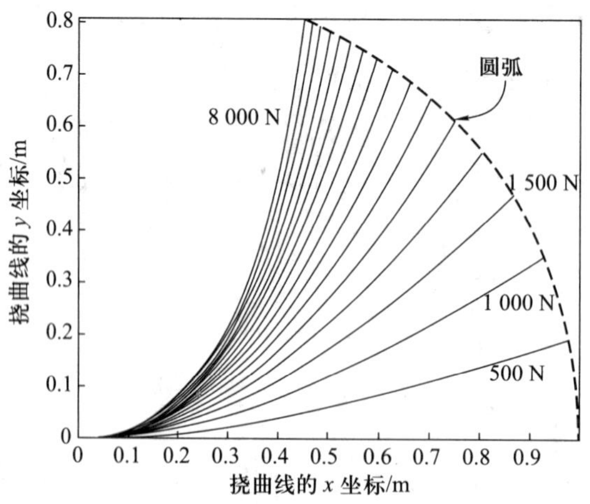

图 4.3 从 500 N 加载到 8 000 N 的垂直力作用下固定 – 铰接梁的挠曲线。为便于对比, 图中画出了一段圆弧, 圆弧与末端的变形轨迹吻合良好。x 轴与 y 轴等比例绘制

强调的是, 存在两个特性: 第一, 梁铰接端的变形轨迹近似为圆, 该圆的圆心位于直梁 (变形前) 的中部 (相对于梁的中点更靠近固定端); 第二, 随着力的增大, 梁的刚度明显变大。当垂直力较小时 (在 500~1 500 N 附近), 垂直力增量会产生较大的变形增量; 当垂直力较大时 (接近上述范围的最大值), 垂直力增量产生的变形增量非常小。

第一个特性反映了伪刚体模型 (pseudo-rigid-body model) 概念的起源。伪刚体模型将在第 5 章进行全面介绍。在伪刚体模型中, 柔性梁的运动可用一个刚性杆铰接于另一个刚性杆的形式来模拟。这个概念使许多柔顺机构的建模过程大大简化。伪刚体模型亦能表现出上述第二个特性, 因为水平挠度增加会导致作用在模型上的有效弯矩减小。

4.4.2 固定 – 导向型柔性梁 (双稳态机构)

双稳态机构可由相对的两排梁构成, 梁与中间的梭杆 (shuttle) 成一定角度, 如图 4.4 所示。在这个机构中, 每根梁均可建模为固定 – 导向型柔性单元, 中间的梭杆可自由地垂直运动, 并约束着每根梁的末端不发生转动 ($\theta_2 = 0$)。通过旋转坐标系使得 x 轴沿初始直梁的方向, 可以将梁建模为末端沿一条直线发生变形, 该直线相对于垂直方向转过一定角度, 如图 4.5 所示。这样, 已知梁的末端变形沿这条直线 (即载荷线), 要求产生这些变形所需的载荷。因此, 求解该系统用的是反向求解方法。

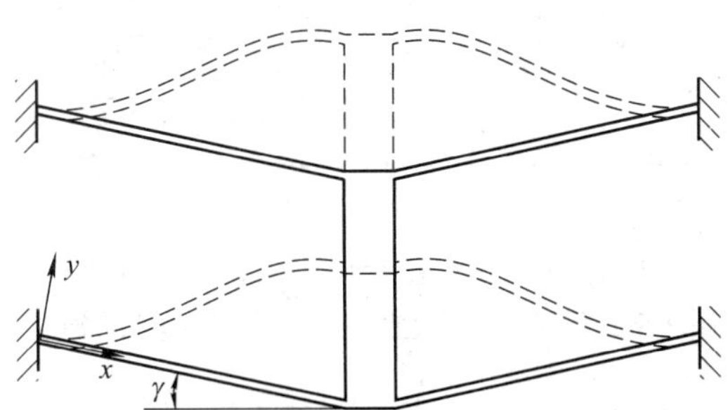

图 4.4 包含 4 根固定 – 导向型梁的双稳态机构的两个位置。每根梁均可以用式 (4.1)~式 (4.3) 进行建模

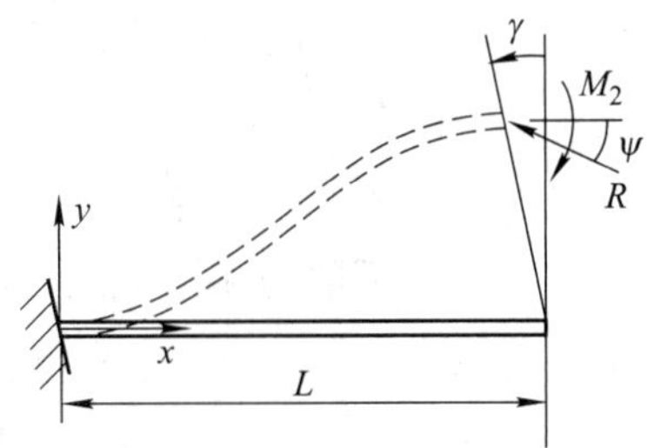

图 4.5 双稳态机构中的每根梁都可以建模为一个固定 – 导向型梁, 其末端变形沿着一条相对于垂直方向转过 γ 角的直线

此问题的求解更为困难，因为未知参数 k、R 和 ψ 均出现在式 (4.2) 和式 (4.3) 中。因此，必须同时求解式 (4.1)、式 (4.2) 和式 (4.3) 以得到这 3 个未知参数。对于给定的ψ和 k 的猜测值，用式 (4.5) 可以解出 ϕ_1 和 ϕ_2。然而，由于 $\theta_1 = \theta_2 = 0$，两种情况得到的是同一个方程。

$$\sin\phi_{1,2} = \frac{1}{k}\cos\frac{\psi}{2} \tag{4.10}$$

因此，唯一解要求 ϕ_1 为式 (4.10) 的主解 (principal solution)，而ϕ_2 为高阶解。这就产生了不同模态的解，其中一阶模态为

$$\phi_2 = \pi - \phi_1 \tag{4.11}$$

二阶模态为

$$\phi_2 = \phi_1 + 2\pi \tag{4.12}$$

还可以得到更高阶模态的解，但是由于它们是静态不稳定的，因此在实践中不会出现。一阶模态的解表示挠曲线上存在一个拐点 (inflection point)，二阶模态的解则表示挠曲线上存在两个拐点，如图 4.6 所示。对于给定的梁末端的水平和垂直挠度，只能用两种模态中的一种进行求解，每种模态代表着梁挠曲空间中的不同区域。相关的更多信息可参见文献 [8]。

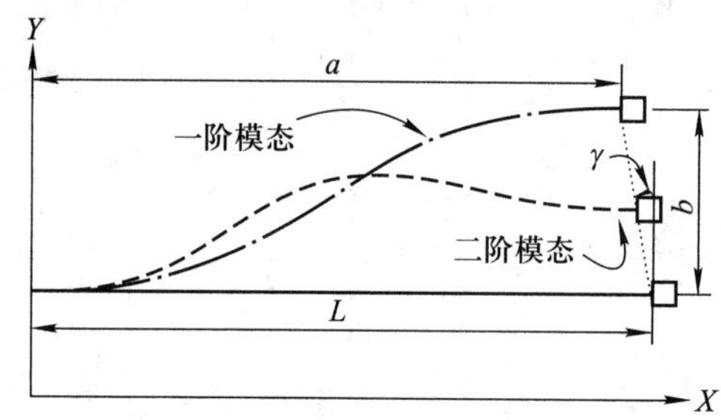

图 4.6　固定 – 导向型柔性梁的一阶和二阶模态

求解该问题的 MATLAB 脚本 fixedguidedbeambending.m 可以在 http: //compliantmechanisms. byu. edu/content/downloads 找到。双稳态梁长为 70 mm，面内厚度为 1.5 mm，面外厚度为 12 mm，图 4.7 给出了该梁沿载荷线的数条挠曲线。该梁的载荷线倾斜角为 5°，由杨氏模量为 1.4 GPa 的聚丙烯制成。值得注意的是，最小的挠曲形式对应一阶模态，接着进入二阶模态的区域，而后再次进入一阶模态。图 4.8 给出了相应的力 – 位移曲线，其中力沿着载荷线的方向 (注：与载荷线垂直的力与双稳态机构另一侧产生的大小相等、方向相反的力相互抵消)。曲线反映出了机构的双稳态特性，不稳定平衡位置在 6.1 mm 处，第二个稳定平衡位置在 8.6 mm 处。图上还给出了开始的一阶弯曲模态区域，中间的二阶弯曲模态区域，以及最终转变为一阶弯曲模态直至第二稳态位置的最后区域。图 4.4 所示的一般形式下的双稳态梁均具有这

些特性。力 – 位移曲线的另一个有趣的特性是在二阶模态区域上存在近似直线的负刚度特性。为此，这些机构也被用于静平衡机构 (statically balanced mechanisms)[9,10] 中实现力补偿。

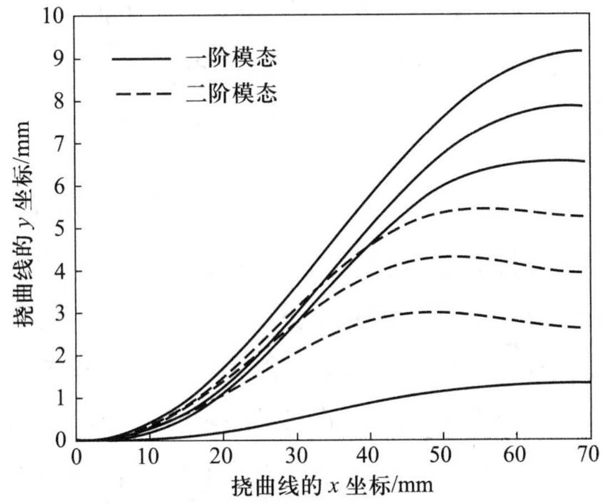

图 4.7 由双稳态梁的解得到的几条挠曲线 (横纵坐标非等比例绘制)

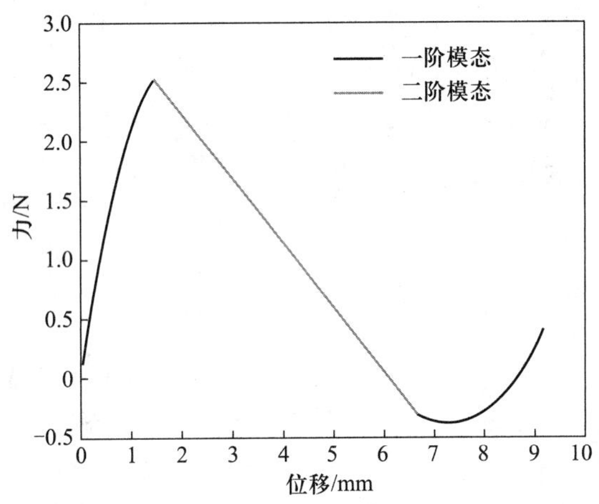

图 4.8 双稳态梁的力 – 位移曲线

需要指出的是，对于该问题，非线性有限元求解器经常得到不正确的屈曲模态，导致错误的计算结果[2,8]。尽管可以通过使用一些小技巧修正结果，但采用本章介绍的方法却可以毫不费力地得到正确解。

4.5 结论

本章介绍的方法以及所附带的代码，展示了运用椭圆积分解对大挠度柔顺梁进行建模的过程。尽管这种方法并不像前一章讲述的中小挠度变形模型那么简单直接，但它为强非线性的大挠度梁提供了一种强有力的设计工具。需要特别指出的是, 椭圆积分解在预测柔顺双稳态机构中屈曲梁的运动时非常有效, 而利用直观的有限元模型往往得不到正确解。本章所介绍的方法可以容易地预测出柔顺双稳态机构中固定 – 导向型柔性梁出现的一阶和二阶弯曲模态。本章还给出了固定 – 铰接型柔性梁变形分析的例子, 由该例子引出了伪刚体模型的概念 (将在第 5 章进一步讨论)。

扩展阅读

有关大挠度建模的更多信息, 可参考如下资料。Frisch-Fay 的著作 *Flexible Bars*[1] 中用椭圆积分详细推导了梁挠曲变形的公式。这本书的重点放在了椭圆积分解的数学推导, 不过也涉及一些工程应用。Shoup 和 McLarnan 的经典论文[7] 展示了如何将这些梁挠曲方程用于实际的柔顺机构设计。Larry Howell 的专著中[11] 也介绍了多种大挠度梁的求解方法, 并给出了如何通过它们得到伪刚体模型的公式。从近期发表的一些论文中[8,12] 也可以找到椭圆积分解在柔顺机构建模和设计中的应用。有关椭圆积分函数的数学知识,Abramowitz 和 Stegun 的经典手册[6] 是极好的参考资料。

本章所附带的建模工具是用 Microsoft 的 Excel 软件和 Mathworks 的 MATLAB 软件开发的。可以找到许多有关这两个软件的参考资料和教程, 尤其是 Mathworks 公司的网站 http://www.mathworks.com, 提供了大量的使用 MATLAB 的信息, 其中包括针对不同学习方式设计的多种教程。

参考文献

[1] Frisch-Fay, R., *Flexible Bars*, Butterworth, Washington, D. C., 1962.

[2] Wittwer, J. W., Baker, M. S., and Howell, L. L., "Simulation, measurement, and asymmetric buckling of thermal microactuators," *Sensors and Actuators A: Physical*, Vol. 128, pp. 395-401, 2006.

[3] Shamshirasaz, M. and Asgari, M. B., "Polysilicon micro beams buckling with temperature dependent properties," *Microsystem Technologies*, Vol. 14, pp. 975-961, 2008.

[4] Masters, N. D. and Howell, L. L. "A self-retracting fully compliant bistable micromechanism," *Journal of Microelectromechanical Systems*, Vol. 12, pp. 273-280, 2003.

[5] Zhao, J., Jia, J., He, X., and Wang, H., "Post-buckling and snap-through behavior of inclined slender beams," *ASME Journal of Applied Mechanics*, Vol. 75, p. 041020, 2008.

[6] Abramowitz, M. and Stegun, I. A., *Handbook of Mathematical Functions with*

Formulas, Graphs, and Mathematical Tables, U. S. Government Printing Office, 1972.

[7] Shoup, T. E. and McLarnan, C. W. "On the use of the undulating elastica for the analysis of flexible link mechanisms," *Journal of Engineering in Industry*, Vol. 93, pp. 263-267, 1971.

[8] Holst, G. L, Teichert, G. H., and Jensen, B. D., "Modeling and experiments of buckling modes and deflection of fixed-guided beams in compliant mechanisms," *ASME Journal of Mechanical Design*, Vol. 133, p. 051002, 2011.

[9] Tolou, N., Henneken, V. A., and Herder, J. L., "Statically Balanced Compliant MicroMechanisms (SB-MEMS): Concepts and Simulation," in *Proceedings of ASME 2010 International Design Engineering Technical Conference & Computers and Information in Engineering Conference*, paper no. DETC2010-28406, 2010.

[10] Tolou, N., Estevez, P., and Herder, J. L.,"Collinear-Type Statically Balanced Compliant Micro Mechanism (SB-CMM): Experimental Comparison Between Pre-Curved and Straight Beams," in *Proceedings of ASME 2011 International Design Engineering Technical Conference & Computers and Information in Engineering Conference*, paper no. DETC2011-47678, 2011.

[11] Howell, L. L., *Compliant Mechanisms*, John Wiley & Sons, New York, 2001.

[12] Todd, B., Jensen, B. D., Shultz, S. M., and Hawkins, A. R., "Design and testing of a thin-flexure mechanism suitable for stamping from metal sheets," *ASME Journal of Mechanical Design*, Vol. 132, p. 071011, 2010.

第 5 章　使用伪刚体模型

Craig Lusk

美国南佛罗里达大学

5.1　引言

本章的主要目的是: ① 介绍伪刚体模型 (pseudo-rigid-body model,PRBM) 方法为什么有效, ② 提供使用伪刚体模型的几个重要原则, ③ 进行实例分析。伪刚体模型把柔性体建模转化为刚体建模, 从而允许我们应用传统刚体机构的分析及综合方法 (参见文献 [1-3]), 因此对理解柔性单元和柔顺机构的特性非常有用。

伪刚体模型由一组用以描述弹性单元和刚体机构的运动与力之间对应关系的简图和公式构成。为了便于分析和设计, 这种对应关系不需要非常精确。传统的弹性体建模方法关心的是应力场和应变场, 即每一点处力和位移的变化; 而伪刚体模型描述的是整个柔性单元的特性, 因此在解决部件级/器件级的设计问题时更为有用。

考虑图 5.1 所示的部分柔顺机构 (相对全柔顺机构而言)。它由铰接在一起的 3 个构件组成, 构件 1 和 2 是刚性杆, 构件 3 包括一个刚性段和一个相对薄弱的柔性段。由于这些构件铰接在一起, 如果假设构件 3 没有柔性的话, 整个装置将是一个不可运动的结构。实际上, 由于构件 3 存在柔性, 当在杆 2 上施加一个输入转矩时, 机构就会动起来。此外, 如果柔性段非常薄, 它可能会发生过大的变形, 导致基本梁理论的小挠度假设失效。因此, 用应力/应变方法对该机构进行建模会非常复杂。我们可以用机构的平衡关系式来确定杆 2 上的转矩是如何传递并转化为构件 3 上的力。与此同时, 我们可以用大变形梁的关系式来确定作用在构件 3 的两个铰接端的力是如何引起柔性段变形的。这些关系式必须同时求解, 因为杆 2 的平衡关系式需要知道构件 3 上各连接点的位置, 而梁变形问题需要知道从杆 2 传递过来的力。

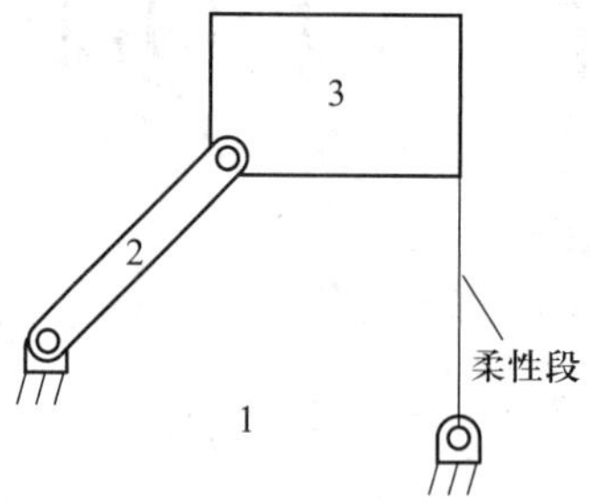

图 5.1 部分柔顺机构, 包括两个刚性构件 (杆 1 和杆 2) 和一个由矩形刚性段和柔性段组成的复合构件 (构件 3)

伪刚体模型通过用两个刚性杆来模拟复合构件 (如图 5.2 所示) 的方法解决了这个难题。其中, 一个杆用来表示刚性段, 另一个杆为伪刚体杆, 用来表示柔性段的运动。通过合理选择构件 3 刚性部分与伪刚体杆之间的铰接位置, 可以较高精度地模拟杆 2 以及构件 3 刚性部分的旋转运动。此外, 可以在构件 3 中伪铰 (pseudo joint, 即模拟铰链) 处安装扭簧来体现柔性段的抗弯特性, 如图 5.2 所示。

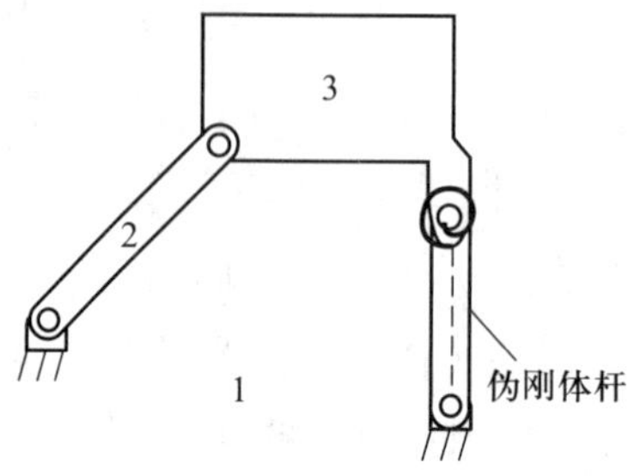

图 5.2 图 5.1 所示部分柔顺机构的伪刚体模型 (PRBM)

使用伪刚体模型对柔顺机构特性进行建模的关键在于合理地选择表示柔性单元的伪刚体杆。一个合理的伪刚体模型应保证: 简化建模方面带来的好处要大于精度损失带来的弊端。我们总可以为伪铰找到一个合适的位置, 使得模型中伪刚体杆的末端轨迹与给定载荷条件下柔性梁的末端变形轨迹完全重合。不过, 通常情况下, 如上述例子中的机构, 杆 2 的载荷条件在运动过程中不断变化。因此, 为了简单起见, 我们通常取一个确定的杆长, 使之能够在机构运动范围内得到较为准确的结果 (但不一定非常精确)。在上述例子中, 伪刚体杆的长度取为 $0.85L$ (其中 L 为柔性段的长度)。这里称伪刚体杆的长度为特征半径 (characteristic radius), 0.85 这个值为特征半径系数 (characteristic radius factor), 在公式中用希腊字母 γ 表示; 扭簧的特征刚度 K 等于 2.25 EI/L, 其中 E 为杨氏模量 (弹性模量), I 为柔性段的截面惯性矩[4]。

5.2 平面梁的伪刚体模型

平面梁的中性轴在一个平面内，它可以展示出各种各样的变形形状，从直线到完美的圆。当对一个直梁加载时，它趋于弯曲，而当对一个圆形梁加载时，它趋于平直。梁弯曲的数学理论能精确描述从直线到圆 (以及介于它们之间的混合形状) 的各种变形形状。基于梁理论和伪刚体模型得到的其中一个重要结论是：如果梁在某种载荷作用下产生一个拐点 (inflection point)，那么特征半径系数介于 $0.83 \sim 0.85$[5]。

一种典型的平面梁是一端固定一端自由、自由端作用一力载荷的柔性梁，如图 5.3 所示。在这个例子中，梁自由端的曲率最小，而固定端的曲率最大。梁在载荷作用下的运动可用图 5.4 所示的伪刚体模型近似描述，该模型用铰接在一个固定杆上的刚性杆替代了柔性梁。固定杆长的取值为 $0.15L \sim 0.17L$，伪刚体杆长的取值为 $0.83L \sim 0.85L$。在载荷作用下，伪刚体杆转过角度 Θ：在小挠度情况下 ($\Theta < 15°$)，伪刚体杆长取 $0.83L$ 更为准确；在大挠度情况下 ($\Theta > 45°$)，伪刚体杆长取 $0.85L$ 更合适；不过它们均可以满足设计初期的需求[2]。柔性梁自由端的 x 和 y 坐标值 (分别记为 a 和 b) 可用如下公式计算：

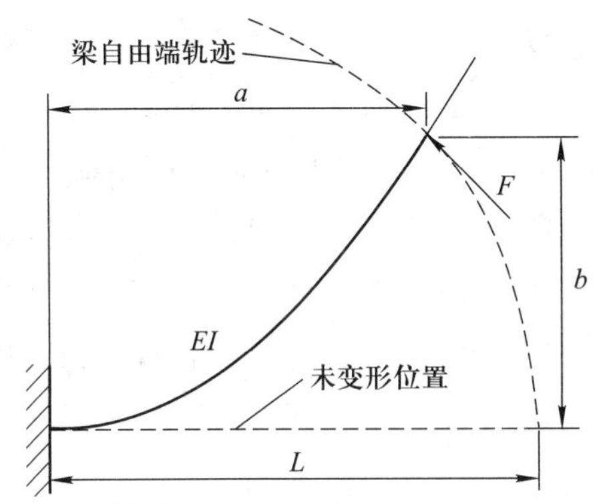

图 5.3 末端施加力的固定 – 自由型柔性梁[4]

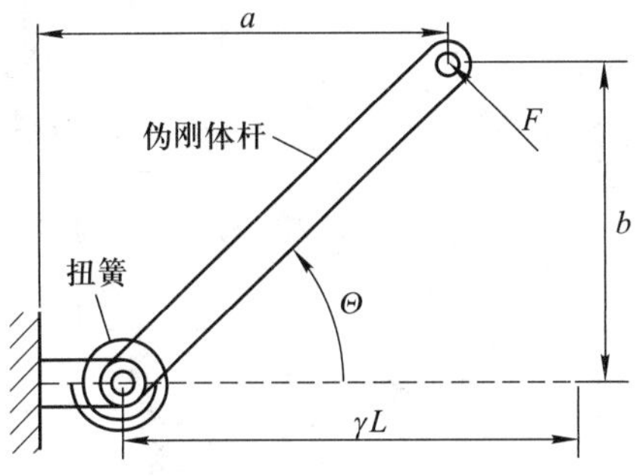

图 5.4 图 5.3 所示固定 – 自由型柔性梁的伪刚体模型[4]

$$a = (1-\gamma)L + \gamma L\cos\Theta \tag{5.1}$$

$$b = \gamma L\sin\Theta \tag{5.2}$$

梁的刚度可用伪铰处放置的扭簧来描述。在伪刚体模型中, 整个柔性梁总的抗弯特性通过伪铰处扭簧 (刚度为 K) 的弹性回复力来描述。K 的值由下面的公式给出:

$$K = \frac{2.25EI}{L} \tag{5.3}$$

式中, E 为梁材料的杨氏模量; I 为截面惯性矩; L 为柔顺段的长度。A.3 小节给出了更多有关固定 – 自由型柔性梁伪刚体模型的信息。

与固定 – 自由型柔性梁载荷条件非常相近的有固定 – 导向型柔性梁 (两端曲率最大而中点曲率最小) 和铰接 – 铰接型柔性屈曲梁 (两端曲率最小而中点曲率最大)。这两种梁均可由两个图 5.3 所示的固定 – 自由型柔性梁连接而成, 分别如图 5.5 和图 5.6 所示, 而两个固定 – 自由型柔性梁的长度为固定 – 导向型柔性梁或铰接 – 铰接型柔性屈曲梁长度的一半。同样, 这两种梁的伪刚体模型也是由两个固定 – 自由型柔性梁的伪刚体模型连接而成, 分别如图 5.7 和图 5.8 所示。在固定 – 导向型柔性梁中, 一端固定, 另一端可以在 x 和 y 方向上平移, 但不能发生转动 (因此称为导向)。这就导致对称的加载模式, 使得梁两端曲率最大 (应力也最大)。有关固定 – 导向型柔性梁伪刚体模型的更多信息, 请参考 A.4 小节。在铰接 – 铰接型柔性屈曲梁中, 梁的两端均可以转动, 因此两端的弯曲应力和曲率都为零, 但是, 作用在梁上的屈曲压载荷使得梁中点的曲率和应力最大。有关铰接 – 铰接型柔性梁伪刚体模型的更多信息, 请参考 A.7 小节。

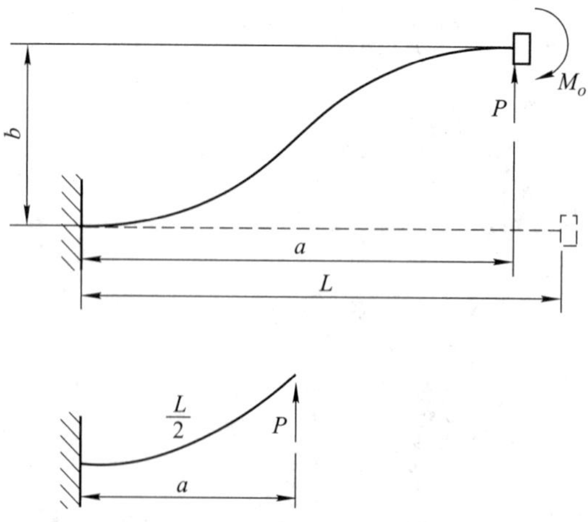

图 5.5 固定 – 导向型柔性梁。梁的中点处有一个拐点 (曲率为零), 整个梁关于此点对称[4]

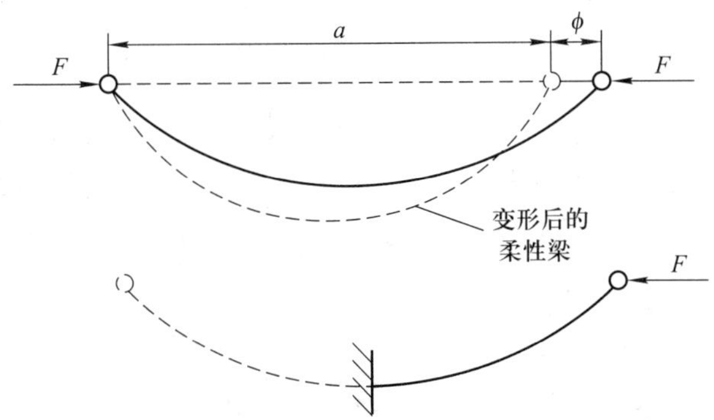

图 5.6 铰接 – 铰接型柔性屈曲梁。梁中点处曲率最大，整段梁关于此点对称。改编自文献 [4]

当加载条件产生多于一个极大或极小曲率点时，会出现其他一些有趣的变化。重要的结论是：伪铰不会出现在曲率的极值点处，但如果梁上一对给定的极大/极小曲率点之间的距离为 L，那么会有一个伪铰出现在距离曲率最大点 $0.15L \sim 0.17L$ 处，距离曲率最小点 $0.83L \sim 0.85L$ 处。本章的附录 A 提供了多种伪刚体模型的信息。

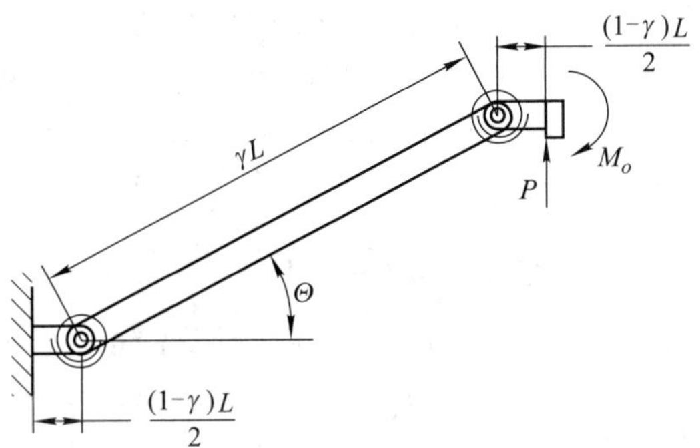

图 5.7 固定 – 导向型柔性梁的伪刚体模型，它由两个相同的固定 – 自由型柔性梁的伪刚体模型连接而成。在该模型中，中间的伪刚体杆长度为 $0.85L$，两侧固定的刚性杆长度为 $0.075L$[4]

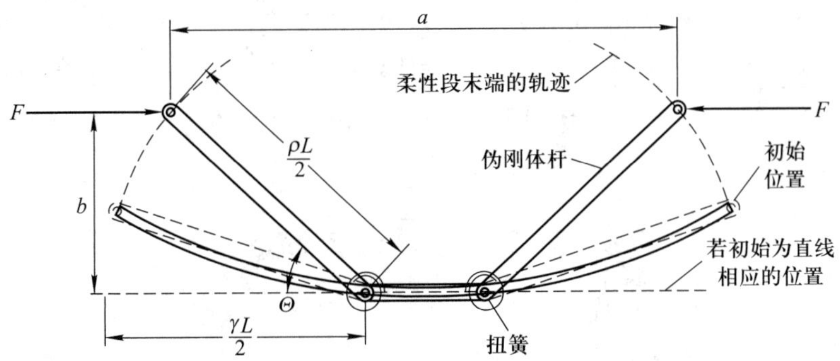

图 5.8 铰接 – 铰接型柔性屈曲梁的伪刚体模型，它由图 5.4 所示的两个相同的固定 – 自由型柔性梁伪刚体模型连接而成，最大曲率点在中点处。在该模型中，中间的刚性杆长度为 $0.15L$，两侧的伪刚体杆长度为 $0.425L$。改编自文献 [4]

5.3 伪刚体模型的应用: 开关机构的实例研究

下面通过实例来说明如何应用伪刚体模型方法进行柔顺机构设计。所选实例是一个开关机构, 它具有 3 个独特的位置: 前进挡、空挡和后退挡。根据设计要求, 当没有施加载荷时, 机构处于空挡位置; 正向力会推动开关移动到前进挡位置, 而反向力会推动开关移动到后退挡位置。

开关的各个位置如图 5.9a~c 所示。

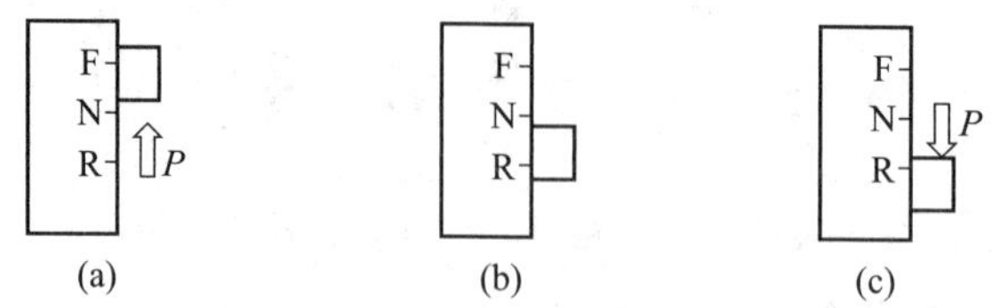

图 5.9 柔顺开关的 3 个位置: 前进挡 (F)、空挡 (N) 和后退挡 (R)。将开关从空挡推出来需要施加作用力 P

有许多简单的设计方案可以满足所需的运动和力要求。该实例中我们仅考虑其中的几个, 它们分别应用了 ① 短臂柔性铰链、② 柔性梁和 ③ 固定 - 导向型柔性梁, 如图 5.10~图 5.15 所示。附录 A 中可以找到对应不同载荷情况下的伪刚体模型。

5.3.1 设计方案 I: 短臂柔性铰链 (SLFP) 开关

SLFP 开关包括一个滑块 (图 5.10 中浅灰色部分) 和一个与弹性构件相连的开关座 (深灰色部分)。在这个设计中, 弹性构件由一个短臂柔性铰链和一个刚性段组成。SLFP 开关中的运动副有: 滑块与开关座之间的移动副 (或滑动副), 滑块与刚性段之间的滑动加滚动接触 (高副), 以及在伪刚体模型中等效成转动副 (即铰接) 的短臂柔性铰链本身。特征铰链的位置取在短臂柔性铰链的中心, 短臂柔性铰链的刚度等效为一个刚度为 K 的扭簧, $K = EI/L$ (更多有关短臂柔性铰链伪刚体模型的信息请参考 A.1 小节)。开关的运动可用伪刚体模型和标准的机构分析方程 (封闭矢量方程) 求解。移动开关所需的力可通过对伪刚体模型中的两个可动构件运用牛顿定律得到。

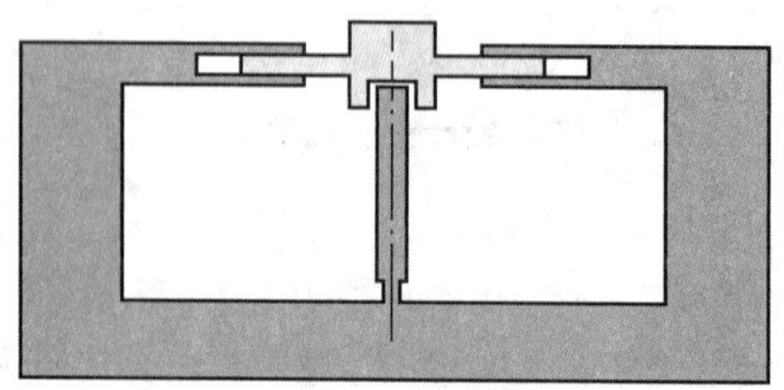

图 5.10 设计方案 I: 短臂柔性铰链开关

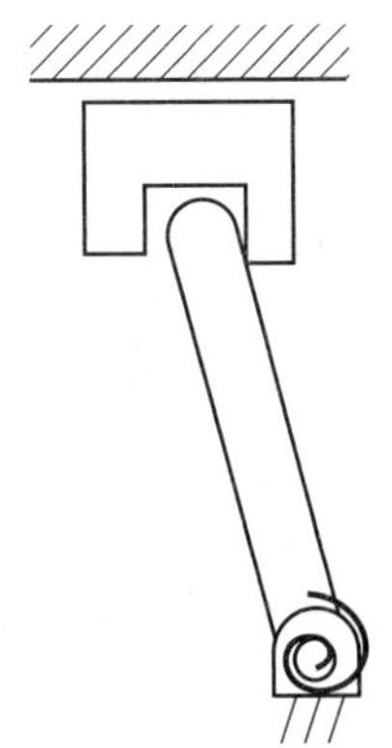

图 5.11 设计方案 I 的伪刚体模型

5.3.2 设计方案 II: 柔性梁开关

柔性梁开关同样包括一个滑块 (图 5.12 中浅灰色部分) 和一个与弹性构件相连的开关座 (深灰色部分), 其中的弹性构件由一个较长的柔性段构成。柔性梁开关中的运动副与 SLFP 开关中的相同。柔性段的固定端到柔性段与滑块的接触点之间的距离记为 L, 特征铰链的位置在距接触点 $0.85L$ 处。扭簧的刚度 $K = 2.25EI/L$。开关的运动可用伪刚体模型和标准的机构分析方程 (封闭矢量方程) 求解。移动开关所需的力可通过对伪刚体杆和滑块运用牛顿定律得到。虽然设计方案 I 和设计方案 II 给出的两个开关中, 它们的运动学模型从拓扑结构上来看是相同的, 但设计方案 II 的刚度和伪刚体铰链的位置都发生了变化, 因为滑块与柔性梁之间接触点的位置会随着它们的运动而发生滑移。接触点的变化会改变伪刚体杆的有效长度。在滑块离开空挡位置的过程中, 由于接触点会向柔性梁的末端移动, 柔性梁表现为一个逐渐变软 (刚度逐渐减小) 的弹簧。

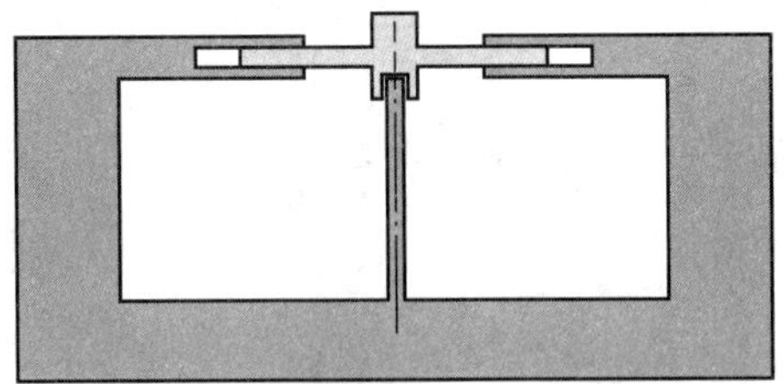

图 5.12 设计方案 II: 柔性梁

5.3.3 设计方案 III: 固定 – 导向型柔性梁开关

固定 – 导向型柔性梁开关同样包括一个滑块 (图 5.14 中浅灰色部分) 和一个与弹性构件相连的开关座 (深灰色部分), 其中的弹性构件由一个较长的柔性段及其顶端的刚性滑动部分构成。固定 – 导向型柔性梁开关中的运动副与柔性梁开关中的相

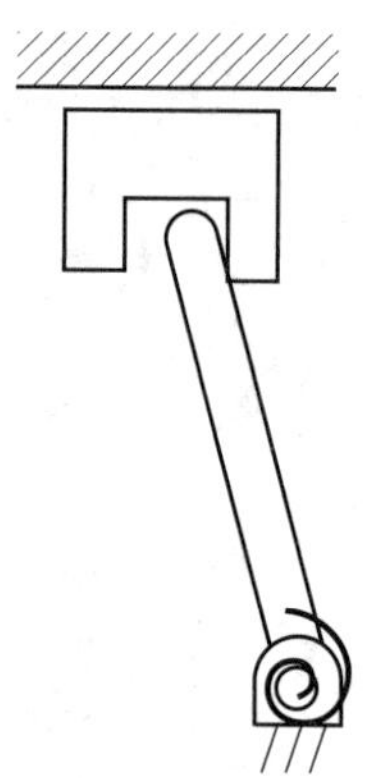

图 5.13 设计方案 Ⅱ 的伪刚体模型

似, 只是滑块与柔性梁间的接触高副被一个转动副和一个平移副代替了 (高副低代)。两个特征铰链的位置都在距离柔性段中点 $0.85L/2$ 处, L 为柔性段的总长。每个扭簧的刚度为 $K = 2.25EI/(L/2)$。开关的运动可用伪刚体模型 (图 5.15) 和标准的机构分析方程 (封闭矢量方程) 求解。移动开关所需的力可通过对伪刚体模型显示的各个构件运用牛顿定律得到。

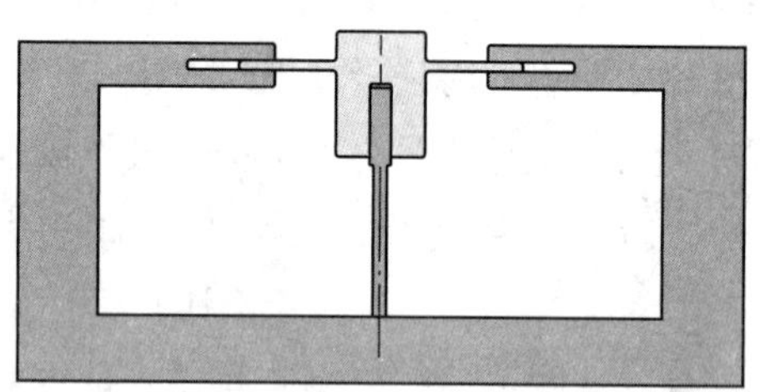

图 5.14 设计方案 Ⅲ: 固定 – 导向型柔性梁

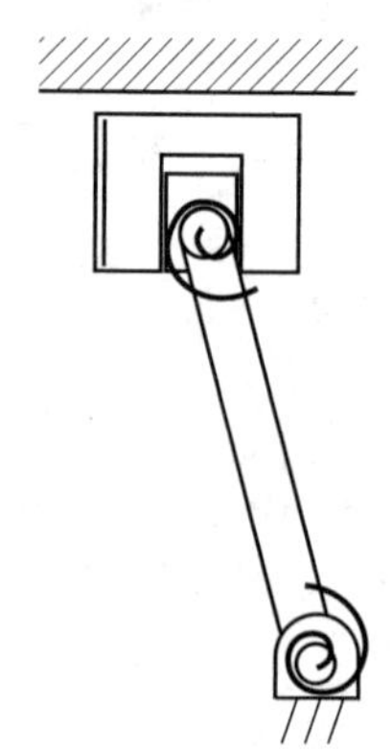

图 5.15 设计方案 Ⅲ 的伪刚体模型

显然, 在这种简单开关的设计过程中我们有相当大的选择余地, 包括构件的尺寸、材料选择以及柔性单元的类型。在其他条件 (材料、尺寸等) 相同的情况下, 设

计方案 Ⅱ 产生的应力最小, 需要的驱动力也最小。这是因为从滑块传递到柔性单元的运动被分散到柔性段的整个长度上, 而不是集中于短臂柔性铰链或者固定 – 导向型梁的顶部和底部。

如下经验法则非常有用: 增加柔性单元的长度可以减小应力和所需的驱动力, 反之亦然。

5.4 结论

伪刚体模型是一种简单、优美且易于使用的柔顺机构设计方法。它允许我们应用刚体机构学的方法来解决柔顺机构和弹性变形问题。由于可以有效计算并直观地认识柔顺机构的运动, 使得伪刚体模型法在柔顺机构的分析与设计中变得非常有用。

致谢

柔顺开关的想法是在南佛罗里达大学的柔顺机构课程项目 (2009 秋季) 中由 Glenn Currey、Jantzen Maynard 和 Melanie Sutherland 提出的。

参考文献

[1] Norton, R. L. *Design of Machinery, 5th edn*, McGraw-Hill, New York, NY, 2012.

[2] Uicker, J. J., Pennock, G. R., and Shigley, J. E. *Theory of Machines and Mechanisms, 4th edn*, Oxford, New York, NY, 2011.

[3] Erdman, A. G., Sandor, G. N., and Kota, S. *Mechanism Design: Analysis and Synthesis* Vol I., Prentice-Hall, Upper Saddle River, New Jersey, 2001.

[4] Howell, L. L. *Compliant Mechanisms*, Wiley, New York, NY, 2001.

[5] Lusk, C. P. 2011, "Quantifying Uncertainty for Planar Pseudo-Rigid-Body Models" in *Proceedings of the International Design Engineering Technical Conference IDETC/CIE*, Washington, D. C., USA. Aug. 28-31, 2011.

附录　伪刚体模型实例 (Larry L. Howell 撰写)

本节给出了各种载荷情况和梁形状的伪刚体模型实例。大部分实例摘自文献 [1] 的附录 E。

伪刚体模型可用于预测大挠度梁的变形。它假设梁的柔性部分横截面保持不变、剪切变形可以忽略, 所用材料各向同性且工作在弹性范围内。

A.1　短臂柔性铰链

描述: 和与之相连的刚性段相比, 柔性段要短很多, 即有 $l \ll L$ 且 $(EI)_l \ll (EI)_L$, 如图 A.1 所示。其特征铰链位于柔性段的中心[2]。

$$a = \frac{l}{2} + \left(L + \frac{l}{2}\right)\cos\Theta, \quad b = \left(L + \frac{l}{2}\right)\sin\Theta \tag{A.1}$$

$$\theta_o = \frac{M_o l}{EI}, \quad K = \frac{EI}{l} \tag{A.2}$$

$$\sigma_{\max} = \begin{cases} \dfrac{M_o c}{I} & \text{自由端加载弯矩 } M_o \\ \dfrac{Pac}{I} & \text{自由端加载垂直力 } P \\ \pm\dfrac{P(a+nb)c}{I} - \dfrac{nP}{A} & \text{自由端加载垂直力 } P \text{和水平力 } nP \end{cases} \tag{A.3}$$

其中, 最大应力发生在固定端, c 为中性轴到梁外表面的距离 (对矩形梁而言 c 为梁高度的一半, 对于圆形截面梁而言 c 为圆的半径, 等等)。

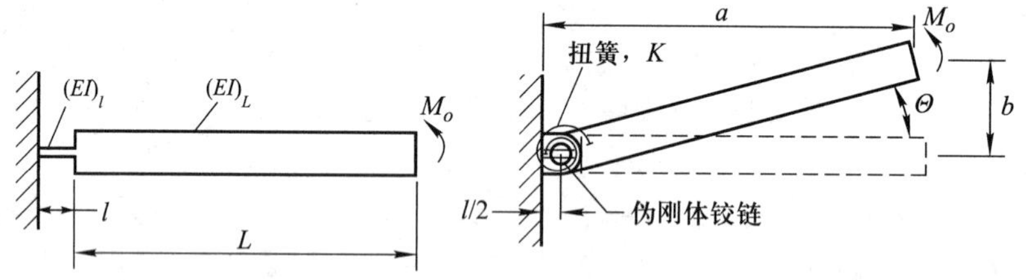

图 A.1　短臂柔性铰链的伪刚体模型

A.2　自由端受垂直力作用的柔性悬臂梁

描述: 悬臂梁的自由端作用一个垂直力[3-4], 如图 A.2 所示, 它是 A.3 小节所述模型的特例 ($n = 0$)。

$$a = l[1 - 0.85(1 - \cos\Theta)], \quad b = 0.85l\sin\Theta \tag{A.4}$$

$$\Theta < 64.3°, \text{ 用于精确的位置预测} \tag{A.5}$$

$$\theta_o = 1.24\Theta, \quad K = 2.258\frac{EI}{l} \tag{A.6}$$

$$\Theta < 58.5°, \quad \text{用于精确的力预测} \tag{A.7}$$

$$F = \frac{K\Theta}{\gamma l \cos\Theta} \tag{A.8}$$

$$\sigma_{\max} = \frac{Pac}{l}, \quad \text{发生在固定端} \tag{A.9}$$

其中, c 为中性轴到梁外表面的距离 (对矩形梁而言 c 为梁高度的一半, 对于圆形截面梁而言 c 为圆的半径, 等等)。

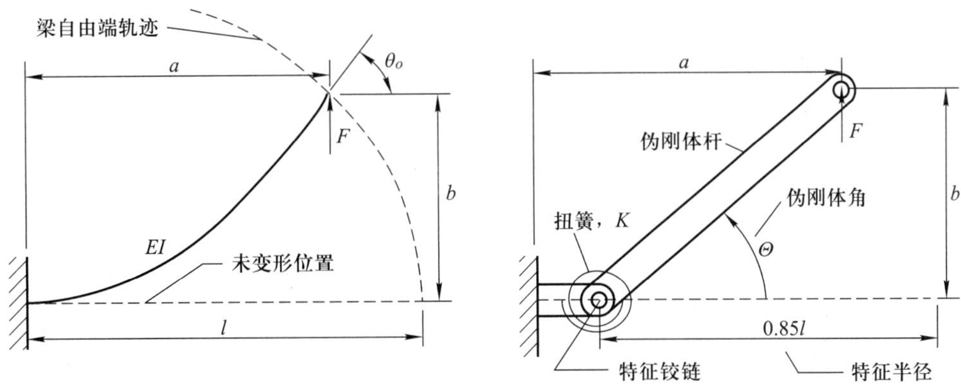

图 A.2 自由端受垂直力作用的悬臂梁伪刚体模型

A.3 自由端受力的柔性悬臂梁

描述: 梁自由端所受力的角度可用水平分量和垂直分量的比值 n 来描述。在柔顺机构中, 该模型可表示一端铰接的柔性梁[3-4]。如图 A.3 所示。

$$a = l[1 - \gamma(1 - \cos\Theta)], \quad b = \gamma l \sin\Theta \tag{A.10}$$

$$\Theta < \Theta_{\max}(\gamma), \quad \text{用于精确的位置预测} \tag{A.11}$$

$$\theta_o = c_\theta \Theta, \quad K = \gamma K_\Theta \frac{EI}{l} \tag{A.12}$$

$$\Theta_{\max} < \Theta_{\max}(K_\Theta), \quad \text{用于精确的力预测} \tag{A.13}$$

$$\phi = \arctan\frac{1}{-n} \tag{A.14}$$

$$\gamma = \begin{cases} 0.841\,655 - 0.006\,780\,7n + 0.004\,38n^2 & (0.5 < n < 10.0) \\ 0.852\,144 - 0.018\,286\,7n & (-1.831\,6 < n < 0.5) \\ 0.912\,364 + 0.014\,592\,8n & (-5 < n < -1.831\,6) \end{cases} \tag{A.15}$$

$$K_\Theta = \begin{cases} 3.024\,112 + 0.121\,29n + 0.003\,169n^2 & (-5 < n \leqslant -2.5) \\ 1.967\,647 - 2.616\,021n - 3.738\,166n^2 - \\ \quad 2.649\,437n^3 - 0.891\,906n^4 - 0.113\,063n^5 & (-2.5 < n \leqslant -1) \\ 2.654\,855 - 0.509\,896 \times 10^{-1}n + 0.126\,749 \times 10^{-1}n^2 - \\ \quad 0.142\,039 \times 10^{-2}n^3 + 0.584\,525 \times 10^{-4}n^4 & (-1 < n \leqslant 10) \end{cases} \tag{A.16}$$

或者可以近似取 $\gamma = 0.85, K_\Theta = 2.65$。

$$P = \frac{K\Theta}{\gamma l(\cos\Theta + n\sin\Theta)} \quad 或\ F = P\sqrt{1+n^2} \tag{A.17}$$

$$\sigma_{\max} = \pm\frac{P(a+nb)c}{l} - \frac{nP}{A}, \quad 发生在固定端 \tag{A.18}$$

其中, c 为中性轴到梁外表面的距离 (对矩形梁而言 c 为梁高度的一半, 对于圆形截面梁而言 c 为圆的半径, 等等)。

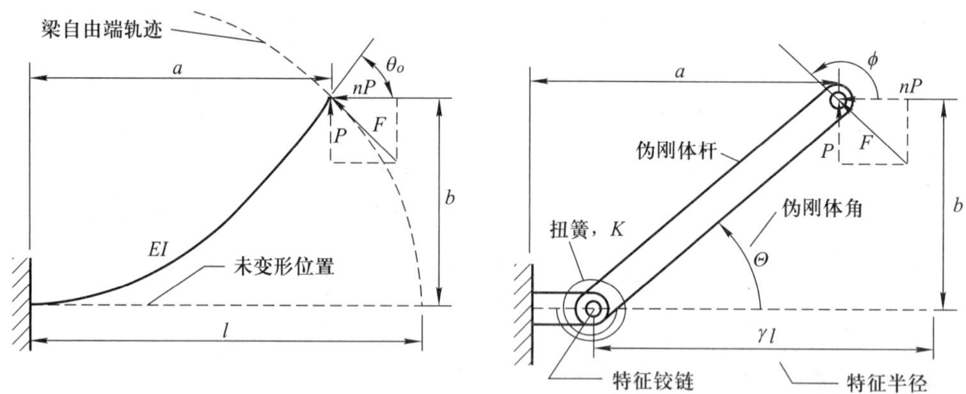

图 A.3 自由端受力悬臂梁的伪刚体模型

A.4 固定 – 导向型柔性梁

描述: 梁的一端固定、另一端变形后角度保持恒定, 且梁的变形形状关于梁中点反对称, 如图 A.4 所示。平行运动机构中就有这种梁。M_o 是保持梁末端角度不变所需的反向弯矩 [1,5]。

$$a = l[1-\gamma(1-\cos\Theta)], \quad b = \gamma l\sin\Theta \tag{A.19}$$

$$\Theta < \Theta_{\max}(\gamma), \quad 用于精确的位置预测 \tag{A.20}$$

$$\theta_o = 0, \quad K = 2\gamma K_\Theta\frac{EI}{l} \tag{A.21}$$

$$\Theta_{\max} < \Theta_{\max}(K_\Theta), \quad 用于精确的力预测 \tag{A.22}$$

γ 和 K_Θ 的取值见 A.3 小节。

$$P = \frac{4K_\Theta EI\Theta}{l^2\cos\Theta} \tag{A.23}$$

$$\sigma_{\max} = \frac{Pac}{2l}, \quad 发生在梁的两端 \tag{A.24}$$

其中, c 为中性轴到梁外表面的距离 (对矩形梁而言 c 为梁高度的一半, 对于圆形截面梁而言 c 为圆的半径, 等等)。

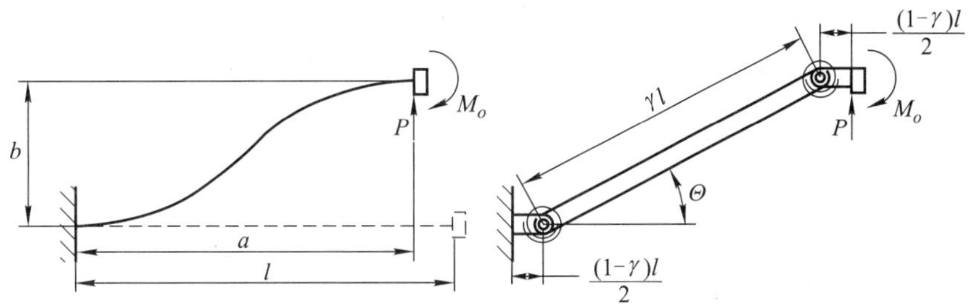

图 A.4　固定 – 导向梁的伪刚体模型

A.5　自由端受弯矩作用的柔性悬臂梁

描述: 自由端受纯弯矩载荷作用的柔性悬臂梁[1], 如图 A.5 所示。

$$a = l[1 - 0.734\,6(1 - \cos\Theta)], \quad b = 0.734\,6l\sin\Theta \tag{A.25}$$

$$\theta_o = 1.516\,4\Theta, \quad K = 1.516\,4\frac{EI}{l} \tag{A.26}$$

$$\sigma_{\max} = \frac{M_o c}{I} \tag{A.27}$$

其中, c 是中性轴到梁外表面的距离 (对矩形梁而言 c 为梁高度的一半, 对于圆形截面梁而言 c 为圆的半径, 等等)。

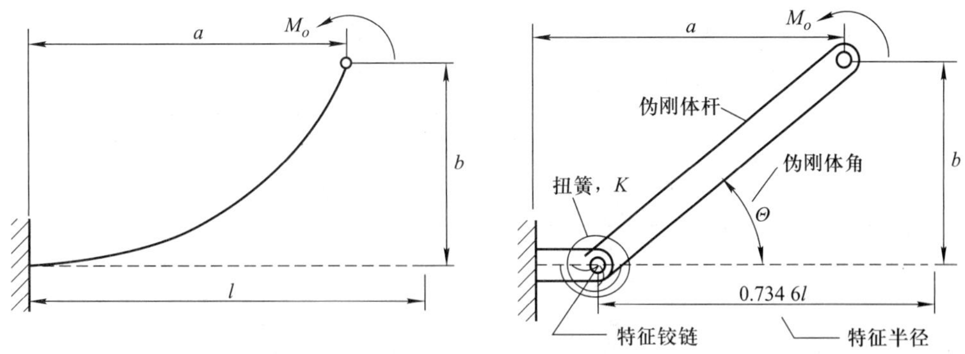

图 A.5　自由端受弯矩作用悬臂梁的伪刚体模型

A.6　初始弯曲的柔性悬臂梁

描述: 在未变形情况下梁的形状具有恒定的曲率半径, 且其自由端受到一个力的作用 [6], 如图 A.6 所示。

$$\kappa_o = \frac{l}{R_i}, \quad \Theta_i = \arctan\frac{b_i}{a_i - l(1-\gamma)} \tag{A.28}$$

$$\rho = \left[\left(\frac{a_i}{l} - (1-\gamma) \right)^2 + \left(\frac{b_i}{l} \right)^2 \right]^{1/2} \tag{A.29}$$

$$\frac{a_i}{l} = \frac{1}{\kappa_o}\sin\kappa_o, \quad \frac{b_i}{l} = \frac{1}{\kappa_o}(1-\cos\kappa_o) \tag{A.30}$$

$$\frac{a}{l} = 1-\gamma+\rho\cos\Theta, \quad \frac{b}{l} = \rho\sin\Theta \tag{A.31}$$

$$K = \rho K_\Theta \frac{EI}{l} \tag{A.32}$$

$$\sigma_{\max} = \pm\frac{P(a+nb)c}{l} - \frac{nP}{A}, \quad \text{发生在固定端} \tag{A.33}$$

其中, c 为中性轴到梁外表面的距离 (对矩形梁而言 c 为梁高度的一半, 对于圆形截

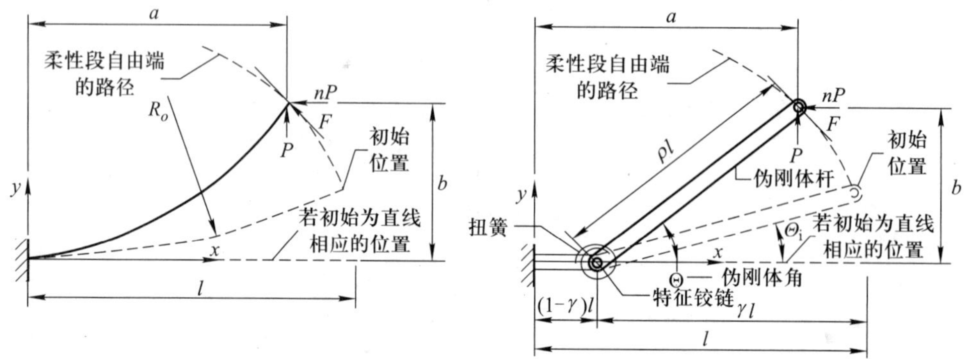

图 A.6 初始弯曲柔性悬臂梁的伪刚体模型

面梁而言 c 为圆的半径, 等等)。

表 A.1 列出了不同 κ_o 值对应的 γ、ρ 和 K_Θ 的取值。

表 A.1 不同 κ_o 值对应的 γ、ρ 和 K_Θ 的取值

κ_o	γ	ρ	K_Θ
0.00	0.85	0.850	2.65
0.10	0.84	0.840	2.64
0.25	0.83	0.829	2.56
0.50	0.81	0.807	2.52
1.00	0.81	0.797	2.60
1.50	0.80	0.775	2.80
2.00	0.79	0.749	2.99

A.7 铰接 – 铰接型柔性段

描述: 两端所受载荷只有力而没有弯矩的柔性段, 如图 A.7 所示。此类柔性段可建模为两端铰接的弹簧, 弹簧的刚度取决于柔性段的几何尺寸和所用材料的属性。

下面给出一种常见的铰接 – 铰接型柔性段的模型, 即初始弯曲的铰接 – 铰接型柔性段。

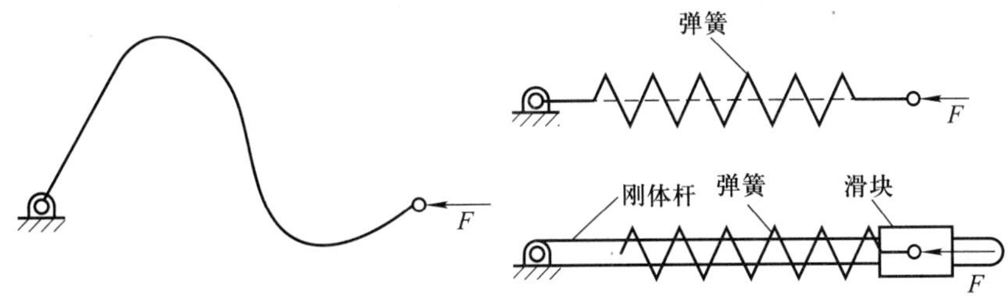

图 A.7 铰接 – 铰接型柔性段的伪刚体模型

说明: 在未变形情况下, 初始弯曲梁的形状具有恒定的曲率半径, 其两端均为铰接[7], 如图 A.8 所示。

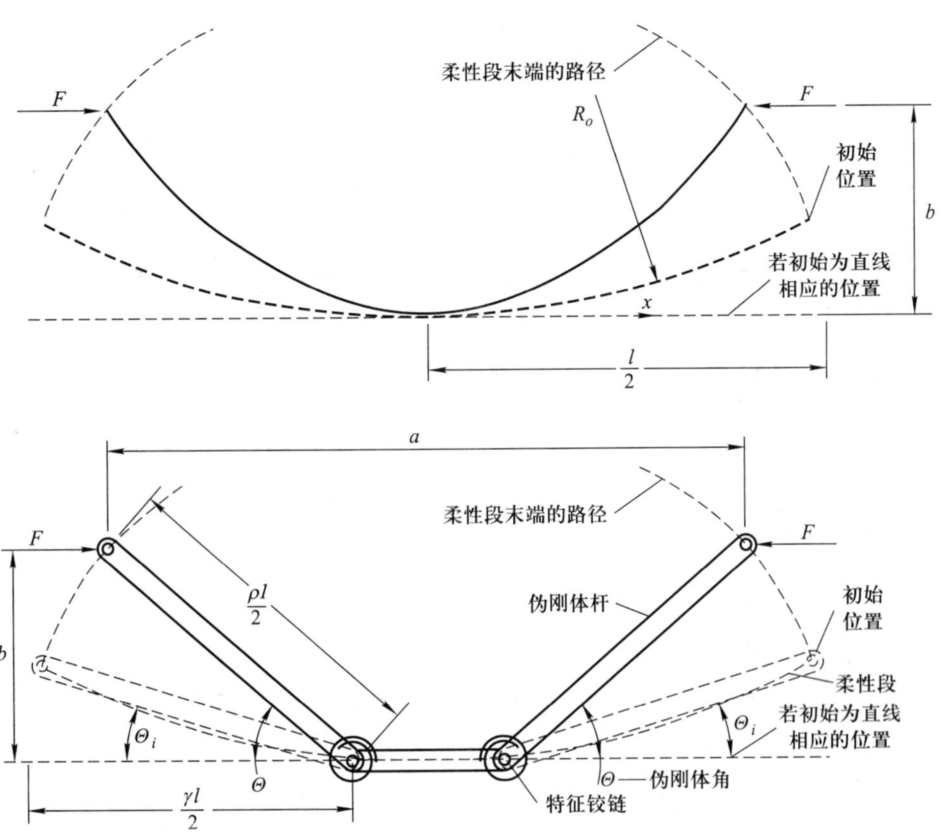

图 A.8 初始弯曲铰接 – 铰接型柔性段的伪刚体模型

初始坐标值为

$$\frac{a_i}{l} = \frac{1}{\kappa_o}\sin\kappa_o, \quad \frac{b_i}{l} = \frac{1}{2\kappa_o}(1-\cos\kappa_o) \tag{A.34}$$

$$\kappa_o = \frac{l}{2R_i}, \quad \Theta_i = \arctan\frac{2b_i}{a_i - l(1-\gamma)} \tag{A.35}$$

$$a = l(1 - \gamma + \rho\cos\Theta), \quad b = \frac{l}{2}\rho\sin\Theta \tag{A.36}$$

$$K = 2\rho K_\Theta \frac{EI}{l} \tag{A.37}$$

$$\rho = \left[\left(\frac{a_i}{l} - (1-\gamma)\right)^2 + \left(\frac{2b_i}{l}\right)^2\right]^{1/2} \tag{A.38}$$

$$\gamma = \begin{cases} 0.806\,3 - 0.026\,5\kappa_o, & 0.500 \leqslant \kappa_o \leqslant 0.595 \\ 0.800\,5 - 0.017\,3\kappa_o, & 0.595 \leqslant \kappa_o \leqslant 1.500 \end{cases} \tag{A.39}$$

$$K_\Theta = 2.568 - 0.028\kappa_o + 0.137\kappa_o^2, \quad \text{当 } 0.5 \leqslant \kappa_o \leqslant 1.5 \tag{A.40}$$

表 A.2 列出了不同 κ_o 值对应的 γ、ρ、K_Θ 和 $\Delta\Theta_{\max}$ 的取值。

$$\sigma_{\max} = \pm\frac{Fbc}{l} - \frac{F}{A}, \quad \text{发生在柔性段中部} \tag{A.41}$$

其中, c 为中性轴到梁外表面的距离 (对矩形梁而言 c 为梁高度的一半, 对于圆形截面梁而言 c 为圆的半径, 等等)。

表 A.2 初始弯曲铰接 – 铰接型柔性段的伪刚体模型参数

κ_o	γ	ρ	$\Delta\Theta_{\max}(\gamma)$	K_Θ	$\Delta\Theta_{\max}(K_\Theta)$
0.50	0.793	0.791	1.677	2.59	0.99
0.75	0.787	0.783	1.456	2.62	0.86
1.00	0.783	0.775	1.327	2.68	0.79
1.25	0.779	0.768	1.203	2.75	0.71
1.50	0.775	0.760	1.070	2.83	0.63

A.8 力 – 弯矩复合的末端载荷

描述: 初始为直线的柔性段, 其末端受到力和弯矩的共同作用, 如图 A.9 所示, 如两端固连在可做相对运动的两个刚性段上的柔性段。这一伪刚体模型的近似精度要比前面讨论的其他伪刚体模型低, 不过, 将它列在这里可作为我们进一步研究这种载荷情况下柔性段建模问题的切入点。

$$a = l[1 - \gamma(1 - \cos\Theta)], \quad b = \gamma l\sin\Theta \tag{A.42}$$

$$K = 2\gamma K_\Theta \frac{EI}{l} \tag{A.43}$$

γ 和 K_Θ 可取表 A.3 中的值。

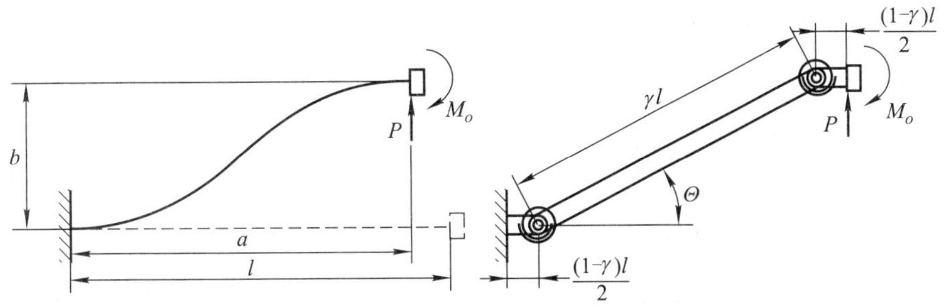

图 **A.9** 力 – 弯矩复合末端载荷下的伪刚体模型

表 **A.3** 各种载荷情况下 γ 和 K_Θ 的取值

载荷情况	γ_o	γ_1	γ_2	γ_3	$K_{\Theta 1}$	$K_{\Theta 2}$	$K_{\Theta 3}$
一般载荷 (Chen)	0.125	0.351	0.388	0.136	3.25	2.84	2.95
一般载荷 (Su)	0.1	0.35	0.40	0.15	3.51	2.99	2.58
纯弯矩	0.1	0.35	0.40	0.15	3.52	2.79	2.80
纯力	0.1	0.35	0.40	0.15	3.72	2.87	2.26

A.9 力 – 弯矩复合的末端载荷 – 3R 模型

描述: 初始为直线的柔性段, 其末端受到力和弯矩的共同作用, 如图 A.10 所示, 如两端固连在可做相对运动的两个刚性段上的柔性段。这种伪刚体模型的精度要高于 A.8 小节中的模型, 但模型复杂度有所增加。这一模型由 Su[9] 提出, Chen 等人[10] 对模型作了改进。

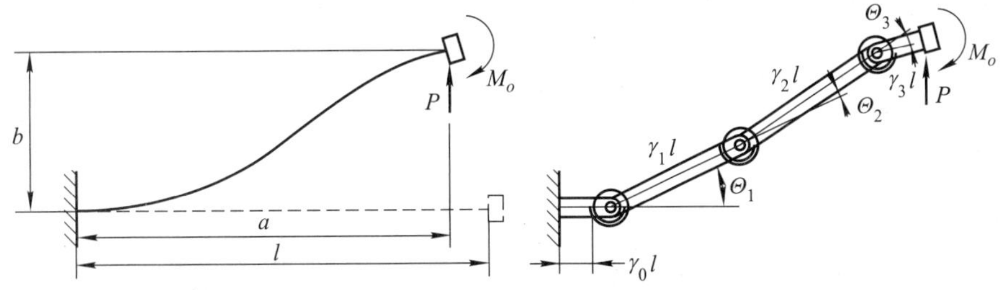

图 **A.10** 力 – 弯矩复合末端载荷下的 3R 伪刚体模型

$$1 = \gamma_o + \gamma_1 + \gamma_2 + \gamma_3 \tag{A.44}$$

$$\frac{a}{l} = \gamma_o + \gamma_1 \cos\Theta_1 + \gamma_2 \cos(\Theta_1 + \Theta_2) + \gamma_3 \cos(\Theta_1 + \Theta_2 + \Theta_3) \tag{A.45}$$

$$\frac{b}{l} = \gamma_o + \gamma_1 \sin\Theta_1 + \gamma_2 \sin(\Theta_1 + \Theta_2) + \gamma_3 \sin(\Theta_1 + \Theta_2 + \Theta_3) \tag{A.46}$$

$$\theta_o = \Theta_1 + \Theta_2 + \Theta_3, \quad K_i = K_{\Theta i}\frac{EI}{l} \tag{A.47}$$

A.10 交叉簧片型柔性铰链

描述: 末端受弯矩载荷的交叉簧片型柔性铰链, 如图 A.11 所示。

$$K=\frac{K_{\Theta}EI}{2l} \tag{A.48}$$

$$K_{\Theta}=5.300-1.687n+0.885n^2-0.209n^3+0.018n^4 \tag{A.49}$$

$$K_{\Theta}=4.31,\quad \text{当 } n=1(r=w),\quad \text{其中 } n=r/w \tag{A.50}$$

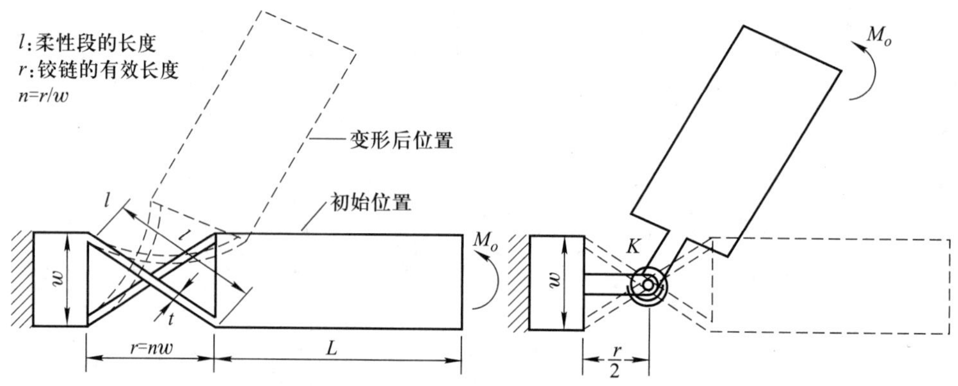

图 A.11 交叉簧片型柔性铰链的伪刚体模型

A.11 车轮型柔性铰链

描述: 车轮型柔性铰链和交叉簧片型柔性铰链非常像, 只是两簧片在交叉点处连接在一起, 如图 A.12 所示。详见参考文献 [12]。

$$K=\frac{8EI}{l},\quad \text{小挠度情况下适用} \tag{A.51}$$

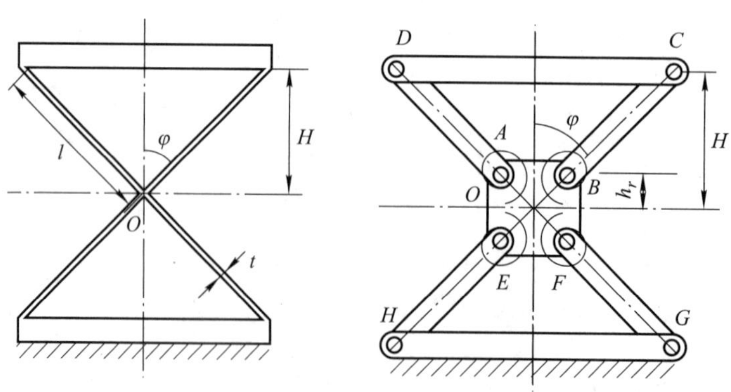

图 A.12 车轮型铰链的伪刚体模型

参考文献

[1] L.L. Howell, *Compliant Mechanisms*. Wiley-Interscience, New York, NY, 2001.

[2] L.L. Howell and A. Midha, "A method for the design of compliant mechanisms with small-length flexural pivots," *Journal of Mechanical Design*, vol. 116, no. 1, pp. 280-290, Mar. 1994.

[3] L.L. Howell, A. Midha, and T.W. Norton, "Evaluation of equivalent spring stiffness for use in a pseudo-rigid-body model of large-deflection compliant mechanisms," *Journal of Mechanical Design*, vol. 118, no. 1, pp. 126-131, 1996.

[4] L.L. Howell and A. Midha, "Parametric deflection approximations for end-loaded, large-deflection beams in compliant mechanisms," *Journal of Mechanical Design*, vol. 117, pp. 156-165, 1995.

[5] C.M. DiBiasio, M.L. Culpepper, R. Panas, L. L. Howell, and S.P. Magleby, "Comparison of molecular simulation and pseudo-rigid-body model predictions for a carbon nanotube-based compliant parallel-guiding mechanism," *Journal of Mechanical Design*, vol. 130, no. 4, pp. 042 308-1 to 042 308-7, 2008.

[6] L.L. Howell and A. Midha, "Parametric deflection approximations for initially curved, large-deflection beams in compliant mechanisms," in *ASME Design Engineering Technical Conferences, DETC96*, 1996.

[7] B.T. Edwards, B.D. Jensen, and L.L. Howell, "A pseudo-rigid-body model for initially-curved pinned-pinned segments used in compliant mechanisms," *Journal of Mechanical Design*, vol. 123, no. 3, pp. 464-468, 2001.

[8] S.M. Lyon and L.L. Howell, "A simplified pseudo-rigid-body model for fixed-fixed flexible segments," in *ASME Design Engineering Technical Conferences, DETC02/DAC*, 2002.

[9] H. Su, "A pseudorigid-body 3R model for determining large deflection of cantilever beams subject to tip loads," *Journal of Mechanisms and Robotics*, vol. 1, no. 2, 2009.

[10] G. Chen, B. Xiong, and X. Huang, "Finding the optimal characteristic parameters for 3R pseudo-rigid-body model using an improved particle swarm optimizer," *Precision Engineering*, vol. 35, no. 3, pp. 505-511, 2011.

[11] B.D. Jensen and L.L. Howell, "The modeling of cross-axis flexural pivots," *Mechanism and Machine Theory*, vol. 37, no. 5, pp. 461-476, 2002.

[12] X. Pei, J. Yu, G. Zong, S. Bi, and H. Su, "The modeling of cartwheel flexural hinges," *Mechanism and Machine Theory*, vol. 44, no. 10, pp. 1900-1909, 2009.

第三部分

柔顺机构综合

第 6 章　基于自由度与约束拓扑的综合

Jonathan Hopkins

美国加利福尼亚大学洛杉矶分校

6.1　引言

对柔顺机构的设计者来说，如何最佳地利用柔性单元来约束刚体，使之产生期望的自由度 (DOFs)，是个重要且颇具挑战性的难题。本章将介绍一种称之为自由度与约束拓扑 (FACT)[1-11] 的构型综合方法，为设计者提供一套系统化的框架和流程。该方法的基础建立在图 6.1 所示的一个完整的几何图谱之上，这一图谱通过将旋量理论可视化，使设计者能够根据期望的自由度需求形象地表示出用于布置所有柔性约束单元的空间。利用该方法，设计者可以在选定最终设计方案之前快速地考察每一个能够满足运动学、弹性力学以及动力学设计需求的方案。图谱中的几何图形包含了设计者所需的所有量化信息，借助它设计者可以快速地获得复杂柔顺机构的设计方案，而无须进行复杂的处理 (即繁琐的数学计算，事实上数学计算更适合于优化设计而不是形象化表示和构型综合)。就其本身而论，FACT 综合将深入地影响精密运动台、广义柔性铰链、纳米制造装备、光学操作台以及用于纳米尺度研究的精密仪器等的设计。

图 6.1 所示的 FACT 图谱包含两组相互对偶的几何图形，可以帮助设计者综合出类似图 6.2 中的柔性铰链。其中一组几何图形称为**自由度空间** (freedom spaces)，表示柔性系统所具有的运动或自由度；另一组几何图形称为**约束空间** (constraint spaces)，表示柔性约束的分布空间 (以获得对应的自由度)。例如，我们考虑图 6.1 的 1DOF 列中标注为 1 的对偶自由度与约束空间，图 6.2 给出这些图形的放大图。双向箭头

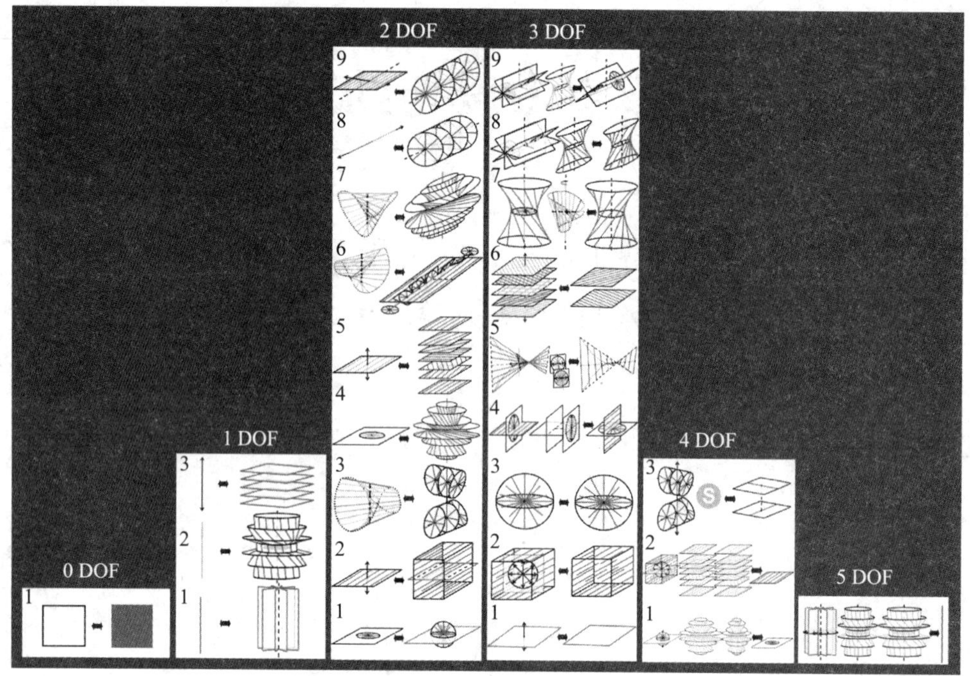

图 6.1 综合柔性系统拓扑的自由度与约束空间的 FACT 图谱

左侧的自由度空间是一条直线, 表示仅有一个绕其转轴转动的自由度; 双向箭头右侧的约束空间是一组相交于该轴线的平面, 表示可以布置柔性约束的区域 (以获得左侧的对偶自由度空间对应的一个转动自由度)。图 6.2b 所示的柔性系统就只有一个转动自由度, 因为系统受到多个柔性薄板的约束, 而这些薄板都分布在图 6.2c 所示的对偶约束空间内的相交平面上。与之类似, 图 6.2d 所示的柔性系统也只有一个转动自由度, 因为系统受到多个柔性薄板的约束, 而这些薄板都分布在图 6.2e 所示的对偶约束空间内的相交平面上。因此, 一旦理解了这些相交的平面, 设计者便可以快速地构思并产生多个具有一个转动自由度的柔性系统设计并进行比较。利用图 6.1 所示的几何图形全方位地生成设计方案 (以获得任意自由度的组合), 是 FACT 综合过程的重要组成部分。

尽管 FACT 可以综合得到大多数类型的柔顺机构, 不过, 本章将重点放在并联柔性系统的综合上。所谓的并联柔性系统是指在唯一的刚性运动台与底座之间直接通过多个柔性约束单元连接而成的系统, 例如图 6.2 和图 6.3a 所示的柔性系统。而如图 6.3b 和 c 所示的串联和混联柔性系统, 都是由多个并联柔性模块嵌套或叠加而成。尽管在学习完本章后, 设计者将学会用运动学上等效的串联柔性模块替换并联柔性系统中的柔性约束, 但有关用 FACT 综合串联和混联柔性系统的全面阐述不会在本章讨论。此外, 本章综合出的柔性系统非常适合于精密工程领域 (指那些行程比机构尺寸至少小3个数量级的系统)。因此, 本章不讨论如何用 FACT 方法综合实现

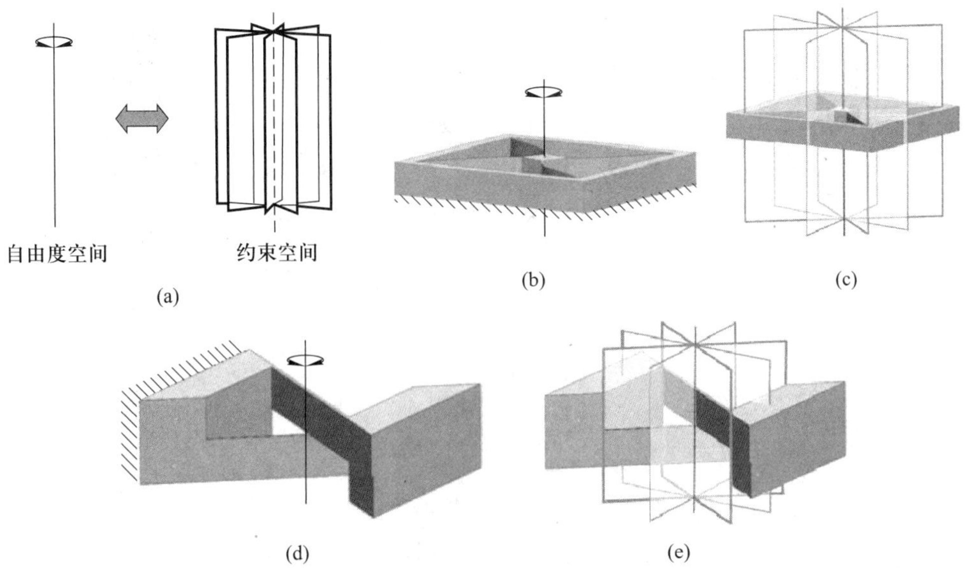

图 6.2 具有单个转动自由度的并联柔性系统对应的对偶自由度与约束空间 (a)。满足自由度空间的设计方案 (b) 和 (d) 分别可以用约束空间的图形 (c) 和 (e) 生成

期望运动路径的柔性系统, 只讨论用该方法综合具有期望自由度 (即具有最大柔度的方向) 的柔性系统。最后需要指出的是, 本章只讨论柔顺系统的运动学综合, 有关刚度和动力学的议题超出了本章的讨论范围。

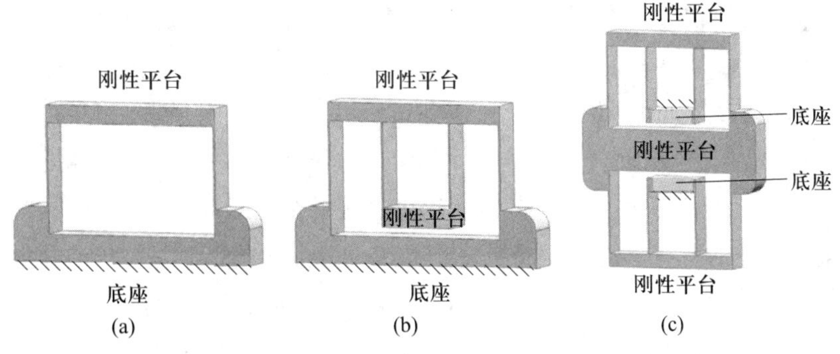

图 6.3 并联 (a)、串联 (b) 以及混联 (c) 的柔性系统

6.2 基本原理

本节将介绍理解 FACT 综合方法所需的基本原理: 用旋量理论建模、用几何图形表示运动和约束系统; 针对图 6.1 中的完整几何图谱, 构建并讨论这些几何图形之间的关系; 介绍用于生成具有相同自由度的可替代设计方案及其运动学等效原理。

6.2.1 用旋量理论对运动进行建模

根据旋量理论[12-19], 任何无穷小运动都是螺旋运动, 可用一个 6×1 向量 $\boldsymbol{T}$ 表示, 称为运动旋量 (twist), 该向量对应的直线可以同时表示运动台的平移方向和转动轴线。运动台的平移量与转动量之比称为该螺旋运动的节距 (pitch)。如果节距为零, 该运动退化成转动; 如果节距无穷大, 该运动则退化成平移; 如果节距为其他有限值, 则该运动为一般螺旋运动。图 6.4a ~ c 分别给出了具有这3种基本运动类型的并联柔性系统实例。

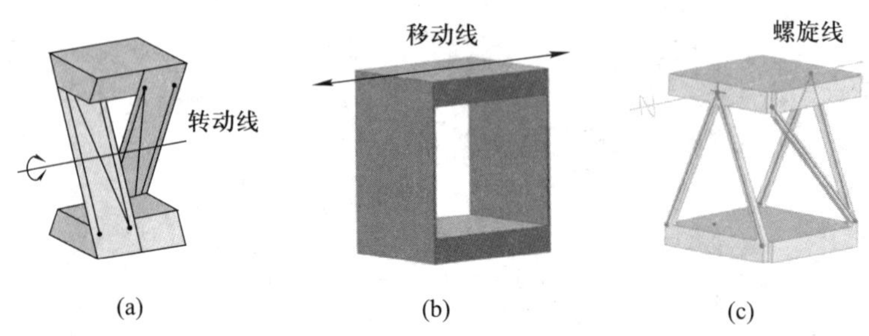

图 6.4 具有单个转动自由度 (a)、平移自由度 (b), 以及一般螺旋运动自由度 (c) 的并联柔性系统

图 6.4 给出的并联柔性系统都只有1个自由度。我们来考虑图 6.5 所示的 3 个自由度并联柔性系统。刚性运动台受到 4 个柔性薄板的约束, 具有图 6.5a 和 b 所示的 2 个转动自由度和图 6.5c 所示的 1 个平移自由度。尽管这 3 种运动都表示系统的自由度, 但它们并不能反映出这 4 个柔性薄板组合所允许的所有运动。例如, 若以不相等的驱动力同时驱动这 3 个自由度, 运动台会出现绕柔性薄板所在平面内任一直线的转动。这一转动线平面和与其正交的平移箭头构成了该系统的自由度空间, 如图 6.5d 所示。自由度空间是直观表示约束系统的全部运动的几何图形 (即系统的柔性约束所允许的所有运动或运动旋量)。系统的自由度空间可以表示为其自由度对应的运动旋量的线性组合。对于图 6.5 所示的系统, 其平面自由度空间可通过线性组合 3 个自由度运动旋量 $\boldsymbol{T}_1$、$\boldsymbol{T}_2$ 和 $\boldsymbol{T}_3$ 得到。图 6.4 所示的并联柔性系统的自由度空间均为图中所示的单个运动旋量线, 因为它们都只有1个自由度。

6.2.2 用旋量理论对约束进行建模

要构建 FACT 综合方法, 仅对运动进行建模是不够的, 还需要用旋量理论对柔性约束进行建模。柔性约束的作用仅仅是将合力传递到被它们约束的运动台上, 因此, 它们可以用一组线来表示, 这组线与柔性约束所传递力的轴线共线。我们将这些线称作约束线, 根据旋量理论, 它们可以用 6×1 的纯力向量来表示, 称为力旋量 (wrench)[12-19], 记为 $\boldsymbol{W}$。若柔性约束又长又细, 像图 6.4c 中的柔性杆 (wire

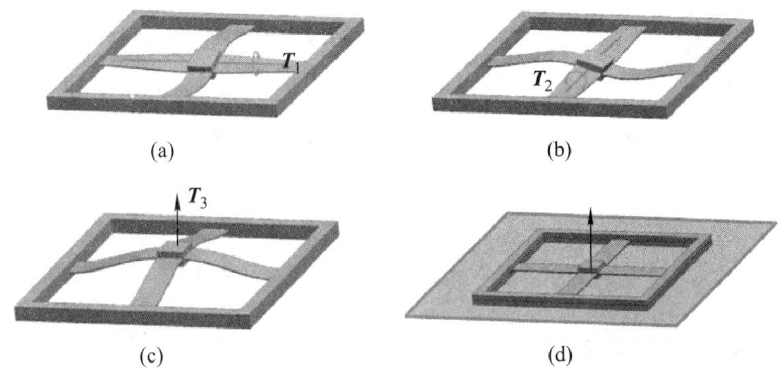

图 6.5 具有 3 个自由度的并联柔性系统: 2 个转动自由度 (a) 和 (b)、1 个移动自由度 (c)、自由度空间 (d)

flexures), 沿该约束轴线的单个纯力旋量即可准确描述该约束。若柔性约束是柔性薄板, 像图 6.4a 和 b 中所用的约束, 位于薄板平面内且直接连接运动台和底座的一组约束线可以精确描述该柔性约束。例如, 图 6.4a 中为每个柔性薄板画出了 3 条约束线。

柔性系统的自由度与其柔性约束之间的关系可通过对偶拓扑法则来表达[1,2]。该法则表明, 每一个自由度空间都有唯一一个与之关联的对偶约束空间。约束空间是用来形象化地描述柔性约束分布区域 (以在其自由度空间内获得期望的自由度) 的几何图形。从综合的角度来看, 约束空间的概念非常有用。如果设计者知晓了与表示期望自由度的自由度空间唯一对应的约束空间, 他/她便可迅速地构思出约束空间内满足期望运动特性的每一种设计方案。

下面考虑图 6.6a 所示的对偶自由度与约束空间。我们发现这个自由度空间就是图 6.5d 所示 3 自由度柔性系统的自由度空间。它的对偶约束空间是一个平面, 这表明每条约束线都分布在这一自由度空间对应的平面上。约束线全部分布在这一平面上的任何约束系统都能获得该自由度空间内的运动。注意图 6.6b, 运动台的 4 个柔性薄板对应的约束线都分布在图 6.6a 所示的平面约束空间中。图 6.6c 给出的是另一个设计方案, 它采用在同一个平面约束空间中的 6 根柔性杆, 最终获得与图 6.6b 中的运动台相同的运动特性。

尽管从约束空间中所选出的约束总能实现由对偶自由度空间表示的预期自由度, 但一定要选择正确数量的独立约束线, 以确保系统不出现冗余自由度。例如, 如果从图 6.6a 所示的平面约束空间内仅选择单根柔性杆, 运动台不仅具有所需的自由度, 还会产生我们不想要的自由度。对于一个仅具有所需的 n 个自由度 (用自由度空间表示) 的约束系统, 我们必须从其自由度空间的对偶约束空间中选择出 $6-n$ 条独立的约束线。要确定一组约束线中有多少条是相互独立的, 可以对建模约束的力旋量实施高斯消元法 (Gaussian elimination) 得到, 还有一套完整的定性指导法则可以引

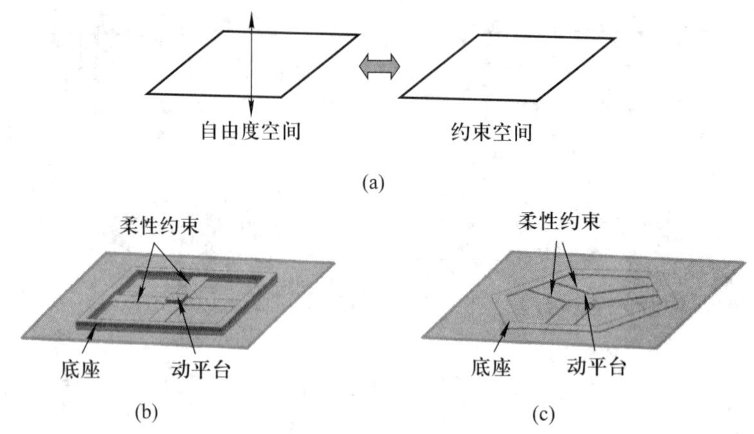

图 6.6 图 6.5a 所示系统的对偶自由度与约束空间 (a)。用该平面约束空间可以生成多种柔性系统设计方案, 如 (b) 和 (c)

导设计者在任意约束空间中选择相互独立的约束线。这些指导法则采用称为子约束空间 (subconstraint space) 的图形表示, 具体可参见文献 [2, 7]。对于图 6.6a 所示的约束空间, 至少要选择 3 条约束线, 它们既不能完全平行, 也不能相交于同一点。对于图 6.6b 和图 6.6c 所示的两个柔性系统, 其柔性约束单元所对应的约束线都满足这一条件。

一旦从约束空间中选取了一组合适数量的独立约束线, 那么从同一约束空间中选取的其他任何线都是冗余约束线, 并不影响系统的运动特性。例如, 图 6.6c 所示的系统中任意 3 根柔性杆都是冗余约束。如果将任意 3 根柔性杆从系统中移除, 系统的自由度不会发生变化。尽管冗余约束不影响系统的自由度, 它们却会影响系统的刚度、负载能力、动力学特性以及对称性。因此, 约束空间非常有用, 这不仅表现在帮助设计者综合出满足特定自由度需求的约束系统, 还表现在帮助设计者形象地表示冗余约束存在的区域, 实现在不改变系统运动特性的前提下优化其他设计参数。

6.2.3 完备的自由度与约束空间图谱

FACT 综合方法可以帮助设计者快速地构思并考虑每一种可以实现期望自由度的柔性约束拓扑。该方法的完备性源于只有有限对的对偶自由度与约束空间, 如图 6.1 所示, 更加详细的描述和推导可参考文献 [6, 7]。本章并不打算让读者理解该图所包含的所有信息; 但读者有必要知道的是, 任何空间都属于 6 列中的一列, 每一列都具有该列内的自由度空间表示的自由度数。图中没有 6-DOF 列, 这是因为 6 自由度系统是无约束系统。每个自由度空间画在灰色双向小箭头的左侧, 它的对偶约束空间画在该箭头的右侧, 这类似于图 6.6a 所示的那对自由度与约束空间。需要注意的是, 图 6.6a 中的自由度与约束空间对应于图 6.1 的 3DOF 列中的类型 1。还需要注意的是,1DOF 列只有 3 种类型的对偶自由度与约束空间, 这是因为只存在 3 种类型的运动: 平移、螺旋运动和转动。

还需要指出的是, 图 6.1 给出的空间图谱仅对并联柔性系统是完备的。还有其他的自由度空间, 可通过串联多个并联柔性模块实现, 图 6.1 中并没有给出。这些自由度空间的完整列表可在文献 [6, 20] 中找到。使用这个完整列表和图 6.1 中的图谱, 设计者可以迅速构思出每一种具有期望自由度的柔性系统 (如并联、串联或混联)。

6.2.4 运动学等效

有些柔性约束单元具有相同的运动学特性, 但具有不同的几何、动力学及弹性力学特性, 我们称它们在运动学上是等效的[6,20], 即运动学等效 (kinematic equivalence)。这些在运动学上等效的柔性约束单元可以在不改变柔性系统自由度的情况下相互置换。这一经验可使设计者同时考虑多个满足同一运动需求的设计方案。

考虑图 6.7a 所示的柔性约束单元: 柔性杆约束与串联式柔性薄板约束都有相同的 5 个自由度 —— 3 个垂直且相交的旋转自由度和 2 个与柔性杆轴线垂直的平移自由度。这两个柔性约束在运动学上是等效的, 因为它们约束了相同方向的运动, 所获得的自由度也相同。因此, 任何用柔性杆来约束运动台的 (具有期望自由度的) 设计, 其中的柔性杆都可以用图 6.7a 所示的串联式柔性薄板替代。这一重要经验能够使设计者有机会考虑其他获得相同运动学特性却具有各式各样的屈曲、动力学及刚度特性的约束拓扑结构。图 6.7b 所示的柔性杆也与右边折弯的柔性薄板在运动学上等效, 但需要注意的是, 要产生相同的约束特性, 该柔性薄板的折痕必须与柔性杆的轴线对齐。

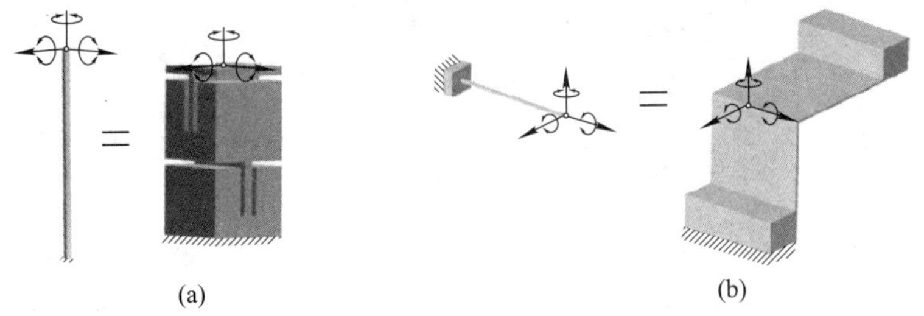

图 6.7 运动学等效的柔性约束单元实例

6.3 FACT 综合过程与案例研究

利用 FACT 设计并联柔性系统的一般综合过程包含如下 4 个步骤:

步骤 1: 确定期望的自由度;

步骤 2: 根据第 1 步确定的自由度得到正确的自由度空间;

步骤 3: 根据第 2 步得到的自由度空间, 确定相应的对偶约束空间, 并选择足够多的非冗余约束;

步骤 4: (可选) 为使系统具有更大的刚度、负载能力以及对称性, 在系统的约束空间中选择冗余约束。

下面以两种柔性系统的综合为例, 详细讨论上述 4 个步骤。

6.3.1 柔性球铰探针

第一个例子是综合由多个柔性单元约束的探针, 用以实现类似球铰的运动。根据 FACT 设计过程的步骤 1, 我们为图 6.8a 所示的探针选择 3 个相交于针尖且相互独立的转动自由度。根据步骤 2, 包含这 3 条转动线的自由度空间是图 6.1 中 3DOF 列的类型 3—— 具有相交转动线的球体。图 6.8b 再次画出了该自由度空间及其对偶约束空间。该约束空间是具有相交约束线的球体。根据步骤 3, 至少要在这个球体中选择 3 条独立的约束线。为保证所选 3 条约束线的独立性, 它们不能全部在同一平面内。图 6.8c 所示的 3 根柔性杆构成一个三脚架构型, 其约束线可满足上述条件。对这个例子而言, 步骤 4 可以不予考虑, 除非设计者希望通过增加冗余约束来增大系统的刚度和负载能力。另一种增大系统刚度和负载能力的方法是将图 6.8c 中所有的柔性杆按照运动学等效原理替换为图 6.7a 给出的串联式柔性薄板, 如图 6.8d 所示; 这种做法无须增加冗余约束, 也不改变系统的自由度特性。

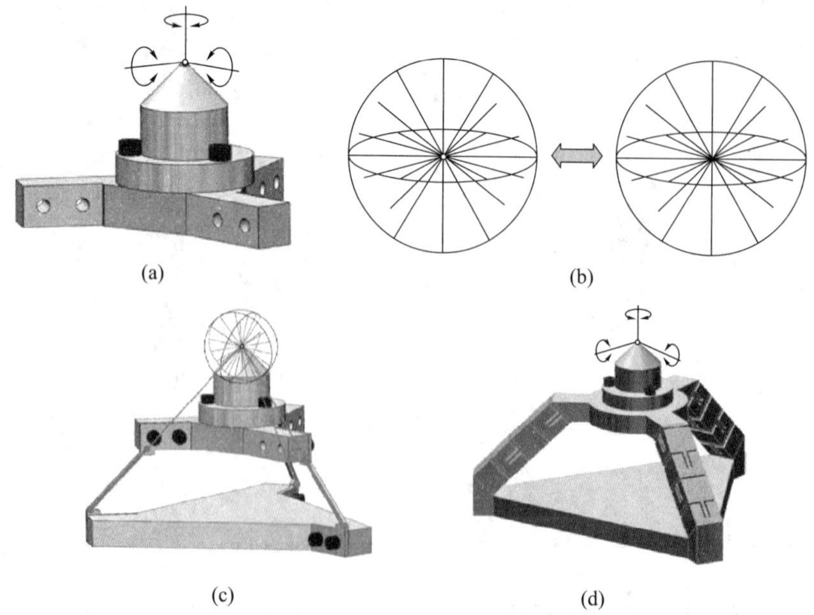

图 6.8 期望的运动 (a)、正确的自由度空间和约束空间对 (b)、在约束空间中选择约束 (c), 以及将柔性杆替换成在运动学上与之等效的柔性约束 (d)

6.3.2 X–Y–θ_Z 纳米定位台

第二个例子是设计一个具有 3 个自由度的纳米定位台 ——1 个转动自由度和 2 个与转动轴垂直的平动自由度。根据 FACT 设计过程的步骤 1, 我们将选好的这些自由度画在图 6.9a 所示的纳米定位台上。根据步骤 2, 包含这 3 个自由度 (1 个转动自由度和 2 个平移自由度) 的自由度空间是图 6.1 中 3DOF 列的类型 2—— 由平行的转动线构成的立方体和由平移箭头构成的圆盘 (该圆盘与转动线垂直)。图 6.9b 画出了该自由度空间及其对偶约束空间。约束空间是由平行的约束线构成的立方体, 这些约束线平行于自由度空间中的转动线。根据步骤 3, 至少要从这个立方体中选择 3 条独立的约束线。为保证所选的 3 条约束线相互独立, 它们不能全部在同一平面内。图 6.9c 所示的 3 根柔性杆对应的约束线可满足上述条件。根据步骤 4, 为了改善系统的对称性, 我们在约束空间中选择了第 4 根柔性杆。如果将图 6.9c 中的 4 根柔性杆替换成图 6.7b 所示的折弯的柔性薄板, 系统的自由度特性不变, 但系统的动力性特性会更好, 而且设计更为紧凑且容易制造。此外, 该设计也不易受驱动寄生误差和温度变化的影响。

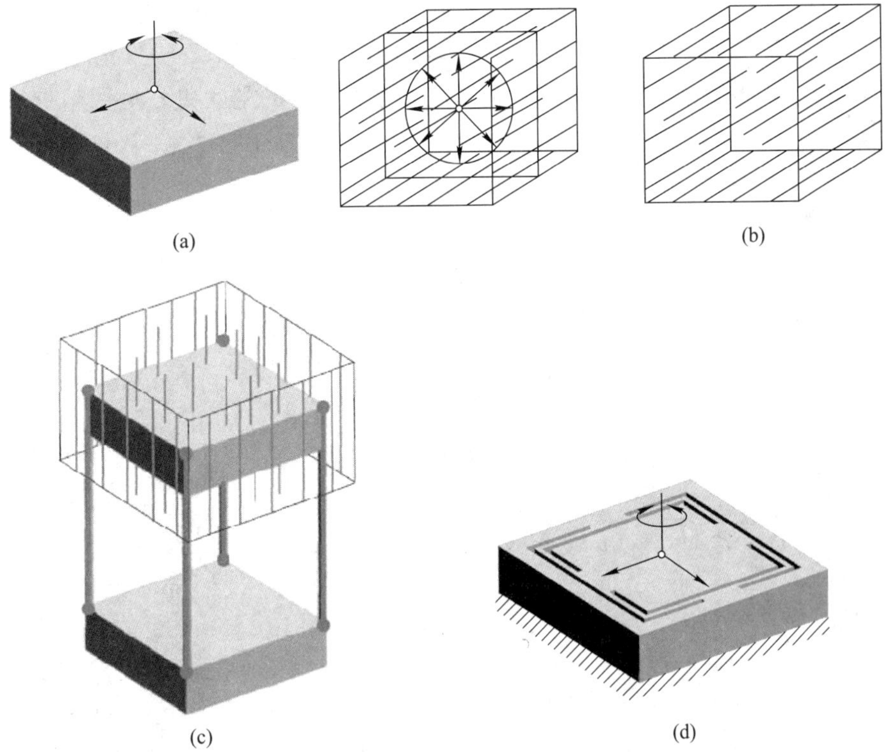

图 6.9 期望的运动 (a)、正确的自由度空间和约束空间对 (b)、在约束空间中选择约束 (c), 以及将柔性杆替换成在运动学上与之等效的柔性约束 (d)

6.4 FACT 目前的功能以及未来的潜能

本章只是简单地触及了一下 FACT 综合方法的用途。如果设计者想要将这些原理用于串联和混联柔性系统的综合, 请参考 Hopkins 等人的研究工作[6,20,21]; 如果设计者想要综合出能够模拟复杂运动学特性 (这些运动对应的自由度空间只能用串联和混联柔性系统实现) 的并联柔性系统, 请参考 Hopkins 的研究工作[22]; 如果设计者想要将 FACT 图谱的几何图形用于构思柔性系统驱动器的最优布局 (最小化寄生运动), 请参考 Hopkins 等人的研究工作[6,23,24]; 如果设计者想要将这些原理应用到具有特定传动比的几何或机械增益的柔性系统综合, 请参考 Hopkins 和 Panas 的研究工作[25,26]; 如果设计者想要将 FACT 原理用于柔性约束构型与位姿的灵敏度分析, 请参考 Dibiasio 和 Hopkins 的研究工作[27]; 如果设计者想要详细了解 FACT 图形的几何结构, 请参考 Hopkins 的研究工作[6,7]。

目前正在进展的工作还会进一步扩展 FACT 综合方法的潜能, 这些潜能包括: ① 能够沿特定路径运动的大行程柔性系统的综合; ② 具有期望动力学特性 (例如在给定的自然频率下激发出特定振型) 的柔性系统的综合; ③ 具有独特的运动学、弹性力学和动力学特性的新型柔性约束单元; ④ 用于 (具有自然界不可获得的物理特性的) 新材料的柔性微结构的综合; ⑤ 用于复杂自由度的刚性和柔性系统的新型柔性轴承设计。

致谢

本章的撰写得到了隶属于美国能源部的劳伦斯利弗莫尔国家实验室的支持 (合同号为 DE-AC52-07NA27344.LLNL-BOOK-506451)。

参考文献

[1] Hopkins, J.B. and Culpepper, M.L., "Synthesis of multi-degree of freedom, parallel flexure system concepts via freedom and constraint topology (FACT) — Part I: Principles, " *Precision Engineering*, **34** (2010): pp. 259-270.

[2] Hopkins, J.B. and Culpepper, M.L., "Synthesis of multi-degree of Freedom, Parallel Flexure System Concepts via Freedom and Constraint Topology(FACT) — Part II: Practice," *Precision Engineering*, **34** (2010): pp. 271-278.

[3] Hopkins, J.B. and Culpepper, M.L., "A Design Process for the Creation of Precision Flexure Concepts via the Use of Freedom and Constraint Topology," *Proc. of the Annual Meeting of the American Society for Precision Engineering*, Dallas, TX, October 2007.

[4] Hopkins, J.B. and Culpepper, M.L., "Synthesis of Multi-Degree of Freedom Precision Flexure Concepts via Freedom and Constraint Topologies," *Proc. of the Annual Meeting of the American Society for Precision Engineering*, Dallas, TX, October 2007.

[5] Hopkins, J.B. and Culpepper, M.L., "A Quantitative, Constraint-based Design Method for Multi-axis Flexure Stages for Precision Positioning and Equipment," *Proc. of the Annual Meeting of the American Society for Precision Engineering*, Monterey, CA, October 2006, pp. 139-142.

[6] Hopkins, J.B., Design of flexure-based motion stages for mechatronic systems via freedom, actuation and constraint topologies (FACT). PhD Thesis. Massachusetts Institute of Technology; 2010.

[7] Hopkins, J.B., Design of parallel flexure systems via freedom and constraint topologies(FACT). Masters Thesis. Massachusetts Institute of Technology; 2007.

[8] Yu, J.J., Kong, X.W., Hopkins, J.B., Culpepper, M.L., and Dai., J.S., "The Reciprocity of a Pair of Line Spaces," *Proc. of the 13th World Congress in Mechanism and Machine Science*, Guanajuato, Mexico, June, 2011.

[9] Yu,J.J., Li, S.Z., Pei, X., Su, H., Hopkins, J.B., and Culpepper, M.L., "Type Synthesis Principle and Practice of Flexure Systems in the Framework of Screw Theory Part I: General Methodology," *Proc. of the ASME 2010 International Design Engineering Technical Conferences & Computers and Information in Engineering Conference IDETC/CIE 2010*, Montreal, Quebec, Canada, August 2010.

[10] Yu, J.J., Li, S.Z., Pei, X., Su, H., Hopkins, J.B., and Culpepper, M.L., "Type Synthesis Principle and Practice of Flexure Systems in the Framework of Screw Theory Part II: Numerations and Synthesis of Large-Displacement Flexible Joints," *Proc. of the ASME 2010 International Design Engineering Technical Conferences & Computers and Information in Engineering Conference IDETC/CIE 2010*, Montreal, Quebec, Canada, August 2010.

[11] Yu, J.J., Li, S.Z., Pei, X., Su, H., Hopkins, J.B., and Culpepper, M.L., "Type Synthesis Principle and Practice of Flexure Systems in the Framework of Screw Theory Part III:Numerations and Type Synthesis of Flexure Mechanisms," *Proc. of the ASME 2010 International Design Engineering Technical Conferences & Computers and Information in Engineering Conference IDETC/CIE 2010*, Montreal, Quebec, Canada, August 2010.

[12] Ball, R.S., *A Treatise on the Theory of Screws*. Cambridge, UK: The University Press; 1900.

[13] Phillips, J., *Freedom in Machinery: Volume 1,Introducing Screw Theory*. New York, NY: Cambridge University Press; 1984.

[14] Phillips, J., *Freedom in Machinery: Volume 2,Screw Theory Exemplified*. New

York, NY: Cambridge University Press; 1990.

[15] Bothema, R. and Roth, B., *Theoretical Kinematics.* Dover, New York,1990.

[16] Hunt, K.H., *Kinematic Geometry of Mechanisms.* Oxford, UK: Clarendon Press, 1978.

[17] Merlet, J.P., Singular configurations of parallel manipulators and Grassmann geometry. *Inter J of Robotics Research* 1989; **8**(5):45-56.

[18] Hao, F. and McCarthy, J.M., Conditions for line-based singularities in spatial platform manipulators. *J of Robotic Sys* 1998; **15**(1):43-55.

[19] McCarthy, J.M., *Geometric Design of Linkages.* Cambridge, MA: Springer Press; 2000.

[20] Hopkins, J.B. and Culpepper, M.L., "Synthesis of Precision Serial Flexure Systems Using Freedom and Constraint Topologies (FACT)," *Precision Engineering,* **35** (2011): pp. 638-649.

[21] Hopkins, J.B. and Culpepper, M.L., "Synthesis of Multi-Axis Serial Flexure Systems," *Proc. of the Annual Meeting of the American Society for Precision Engineering*, Monterey, CA, October 2009, pp. 116-119.

[22] Hopkins, J.B., "Synthesizing Parallel Flexure Concepts that Mimic the Complex Kinematics of Serial Flexures Using Displaced Screw Systems," *Proc. of the ASME 2011 International Design Engineering Technical Conferences & Computers and Information in Engineering Conference IDETC/CIE 2011*, Washington, DC, USA, August 2011.

[23] Hopkins, J.B. and Culpepper, M.L., "A Screw Theory Basis for Quantitative and Graphical Design Tools that Define Layout of Actuators to Minimize Parasitic Errors in Parallel Flexure Systems," *Precision Engineering,* **34** (2010): pp. 767-776.

[24] Hopkins, J.B. and Culpepper, M.L., "Determining the Optimal Actuator Placement for Parallel Flexure Systems," *Proc. of the 9th International Conference of the European Society for Precision Engineering & Nanotechnology,* San Sebastian, Spain, June 2009.

[25] Hopkins, J.B. and Panas, R.M., "Design of Flexure-based Precision Transmission Mechanisms using Screw Theory," submitted to *Precision Engineering,* June 2011.

[26] Hopkins, J.B. and Panas, R.M., "Design of Flexure-based Precision Transmission Mechanisms Using Screw Theory," *Proc of the 11th International Conference of the European Society for Precision Engineering & Nanotechnology,* Como, Italy, May 2011.

[27] Dibiasio, C. M. and Hopkins, J.B., 2012, "Sensitivity of Freedom Spaces During Flexure Stage Design via FACT," *Precision Engineering,* **36**(3): pp. 494-499.

第 7 章　基于拓扑优化的综合

Mary Frecker

美国宾夕法尼亚州立大学

本章将介绍一种借助拓扑优化来实现特定功能需求的柔顺机构综合方法。当设计者不知道该用什么样的柔顺机构时，拓扑优化技术会非常有用。这种方法还可用于改进基于直觉或经验设计出的柔顺机构。与那些由已知刚体机构生成柔顺机构的方法相比，拓扑优化往往能够帮助设计者获得更为新颖的设计。对于特定的柔顺机构设计问题，拓扑优化总是尝试在柔性结构中找到最优的拓扑或材料连接形式。拓扑优化被广泛用于求解各种结构设计问题，而本章将讨论它在柔顺机构拓扑综合中的应用。

7.1　什么是拓扑优化？

拓扑被定义为结构中各组成单元的连接形式或空间排列方式。在拓扑优化问题中，设计所允许的空间称为设计域 (design domain)。拓扑指的是设计域中实体材料与空腔 (void) 的分布 (图 7.1)。设计者可以指定非设计单元 (nondesign elements, 实体或空腔) 并不予优化。例如，设计者需要设计域中某一部分为空腔，便可指定该区域为空腔非设计域。

图 7.2 所示的例子示意了拓扑优化、形状优化和尺度优化之间的差异。图 7.2a 给出了一个矩形设计域，它的左侧固定，右下角作用一竖直向下的力。在最小化结构柔度及重量的经典设计问题中，通常会用到一个初始基结构 (详见 7.3 节)。该问题也可以看作设计具有最大刚度和最轻重量的结构。最优拓扑结构实质上是初始基结构的一个子集，如图 7.2b 所示。最优拓扑结构可以通过形状优化 (图 7.2c) 作进

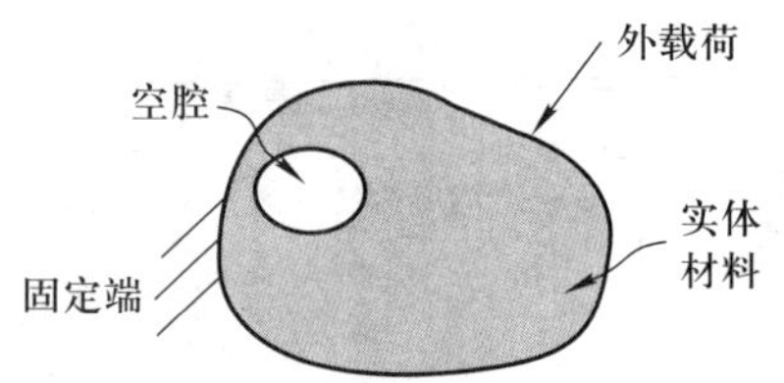

图 7.1 设计域指的是设计所允许的空间, 可由实体材料和空腔组成。图中还给出了固定端和载荷

一步的改进, 这一步实际上是通过调整连接单元的节点的位置, 达到减轻重量和增加柔度的目的。通过尺度优化, 即调整单元截面的尺寸, 可进一步增加柔度和减轻重量 (图 7.2d)。图 7.2b ~ d 所示的结构具有相同的拓扑: 图 7.2b 和图 7.2c 的拓扑结构相同但形状不同; 图 7.2c 和图 7.2d 的形状相同但尺寸不同。

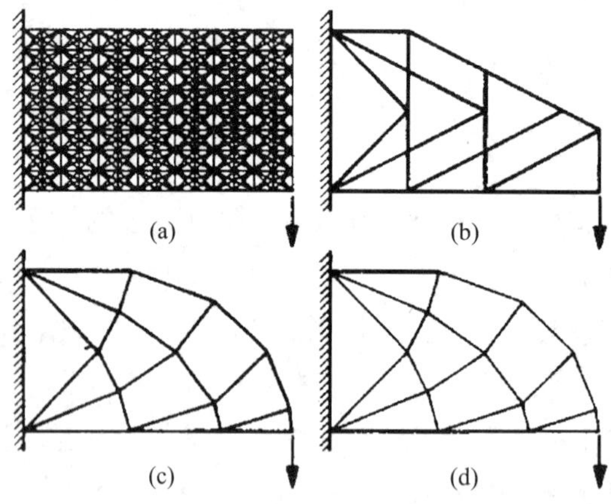

图 7.2 (a) 基结构 (ground structure), (b) 具有最小柔度和最轻重量的最优拓扑结构, (c) 经形状优化改进后的结构, (d) 进一步尺度优化得到的结构 (改编自文献 [1])

拓扑优化问题会用到一个重要的参量 —— 体积分数 F_v, 即实体材料所占体积 V_M 与设计域总体积 V_A 之间的比值 [见式 (7.1)]。典型的拓扑优化问题可以表示为带有体积分数上限约束的约束优化问题。这个量有时也称为**材料资源约束** (material resource constraint)。

$$F_v = \frac{V_M}{V_A} \tag{7.1}$$

7.2 柔顺机构的拓扑优化

在柔顺机构综合过程中, 拓扑优化的作用是设计对力输入产生特定位移输出响应的柔性结构。图 7.3a 所示的位移逆向机构 (displacement inverter) 是柔顺机构拓扑设计研究中经常用的例子。在该例中, 设计域是黑色外框所围的正方形区域, 左侧上下两端固支, 约束了水平和竖直方向的自由度。图中用粗黑线画出的是最优的柔顺机构拓扑, 该柔顺机构中的单元可以通过刚性铰链或无转动自由度的实体铰链 (solid joints) 连接; 单元的选择将会在 7.3 节和 7.4 节中进一步讨论。无论哪种情况, 输出位移 Δ 的方向都与输入力 F 的方向相反, 因此我们称之为“位移逆向机构”。

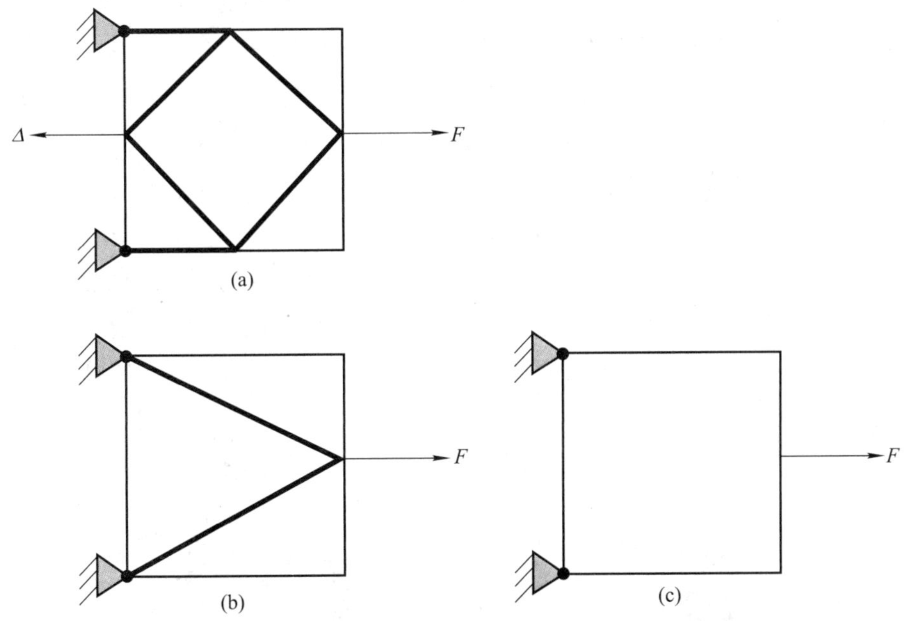

图 7.3 (a) 柔顺位移逆向机构的最优设计, 其输入力 F 与输出位移 Δ 的方向相反; (b) 最小化柔度即刚度最大的设计, 在输入力作用下产生的变形很小; (c) 最大化柔度的设计, 其材料用量为零

传统结构设计往往希望获得刚度最大的结构; 与之相反, 柔顺机构的设计寻求的是柔度与刚度之间的折中。对于刚度最大 (即柔度最小) 的结构, 输入载荷产生的位移会非常小。对于相同的设计域、约束和输入载荷, 图 7.3b 给出了柔度最小的设计。可能有人会认为, 柔顺机构的设计只需要把机构设计中的最小化柔度变成最大化柔度即可。但是, 如果想要获得柔度最大 (即最大化柔度) 的结构, 最好的设计是不使用任何材料 (图 7.3c)。显然, 这一设计没什么用。事实上, 最好的柔顺机构设计就是柔度和刚度之间的折中。

通过下面的例子进一步加以说明。考虑常见的 U 形塑料沙拉夹, 它实际上是一个柔顺机构。如果柔度太大, 沙拉夹就不能有效地夹取食物; 换句话说, 沙拉夹虽然很容易发生变形, 但仅有很少的输入能量实际用来夹取沙拉。另一方面, 如果刚度太大, 沙拉夹就不能产生足够的变形来夹取沙拉。因此, 最好的沙拉夹是在柔度与刚度之间取得合理折中的设计。还有一个类似的例子: 我们要设计一个柔顺夹钳机构, 这个夹钳的柔度要足够大, 以便在载荷作用下可以轻易地变形并夹住工件; 不过, 如果夹钳的柔度太大, 就无法输出足够的力到工件上, 因为大部分的能量被消耗在夹钳的变形中, 只有小部分的能量传递到工件上。所以, 夹钳要有足够大的刚度, 才能产生足够的力来抓取并夹稳工件, 但也不能太大而导致无法合拢并抓住工件。我们用拓扑优化来有效地解决柔顺机构设计中柔度和刚度之间的平衡问题。

为了处理柔顺机构设计中刚度和柔度之间的折中, 研究人员提出了很多公式。文献 [2] 对这些公式进行了综述和比较。这里以文献 [3] 中给出的数学模型为例, 将设计问题分解为两个子问题, 如图 7.4a 和 7.4b 所示。图 7.4a 给出的是一般化的设计域, 限定了支撑端以及作用在输入点 A 处的外力 F_A。在这一工况下, 我们希望柔顺机构的柔度要足够大, 能够在外力的作用下输出期望的变形。B 点处沿期望输出变形 $\varDelta$ 的方向作用一个虚拟力 F_B。我们考虑的第二种工况, 是将虚拟力沿期望变形的反方向作用在点 B 上 (图 7.4b), 该虚拟力可以看作是工件的反力。在这一工况下, 我们希望柔顺机构的刚度要足够大, 从而可以有效地抵抗工件的反力。这里, 我们假设 A 点固定, 即没有附加任何外载荷。文献 [4] 中介绍了一种处理多端口输出问题的方法。

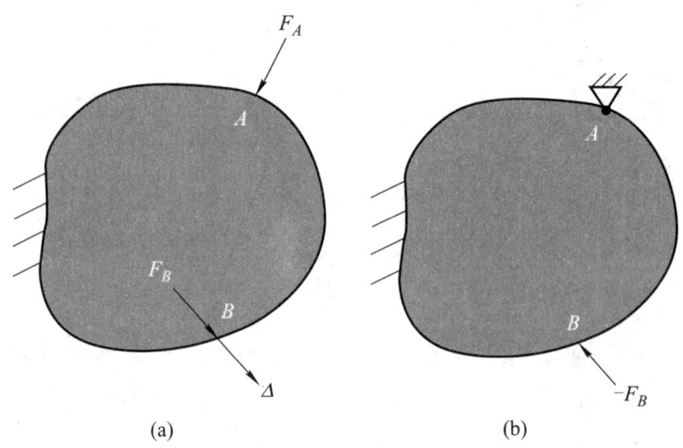

图 7.4 柔顺机构设计问题。(a) F_A是作用在输入点 A 处的外力, $\varDelta$ 是输出端 B 点处预期的变形, F_B 是作用在 B 点处沿变形方向 $\varDelta$ 的虚拟力; (b) 沿相反方向施加的虚拟力代表工件的反力

为了处理刚度和柔度之间的折中问题, 用互位能 (mutual potential energy, MPE) 和应变能 (strain energy, SE) 建立多准则优化数学模型, 如式 (7.2) 所示。MPE 以能量的方式表示了期望的输出变形, 它是一个标量, 用在目标函数中非常方便。两个平衡方程可用于求解实际载荷产生的位移 u_A 和虚拟力产生的位移 u_B, 其中 $\boldsymbol{K}_1$ 是离散化有限元模型中的刚度矩阵。式中, $\boldsymbol{f}_A$ 是有限元载荷矢量, 表示外力 F_A, 其他载荷矢量也类似。MPE 可以看作是虚拟载荷矢量 $\boldsymbol{f}_B$ 在实际位移 u_A 上的投影。第三个平衡方程用于求解位移 u_B 并计算应变能 SE, 其中 $\boldsymbol{K}_2$ 是离散化有限元模型的刚度矩阵。这种情况下, 最小化 SE 等同于最小化柔度。

目标函数是使 MPE 与 SE 的比值最大，这样做同时可以最大化期望方向上的输出位移并最小化工件作用下产生的应变能 (亦即最大化刚度)。在本方法中，虽未明确说明，但我们假设材料是线弹性的且机构工作在小变形范围内。当然，也可以处理经受大变形的柔顺机构，这种情况下，我们必须采用大变形有限元分析进行求解。约束条件包括：体积分数 F_v 的上限以及设计变量 x_i 的上限和下限。对于第二种工况，还有另一种替代的处理方式：在输出点放置一个弹簧来表示工件的刚度[5,6]。不管哪种处理方式，都需要输出负载或输出刚度，否则，优化求解器不会将材料连向输出点。

$$
\begin{aligned}
\max \quad & \left[\frac{\text{MPE}}{\text{SE}}\right] = \frac{\boldsymbol{v}_B^{\mathrm{T}}\boldsymbol{K}_1\boldsymbol{u}_A}{\boldsymbol{u}_B^{\mathrm{T}}\boldsymbol{K}_2\boldsymbol{u}_B} \\
\text{s.t.} \quad & \boldsymbol{K}_1\boldsymbol{u}_A = \boldsymbol{f}_A \\
& \boldsymbol{K}_1\boldsymbol{v}_B = \boldsymbol{f}_B \\
& \boldsymbol{K}_2\boldsymbol{u}_B = -\boldsymbol{f}_B \\
& F_v - \overline{F_v} \leqslant 0 \\
& \underline{x} \leqslant x_i \leqslant \bar{x}
\end{aligned}
\tag{7.2}
$$

为了求解拓扑优化问题，必须将设计问题参数化表示。柔顺机构拓扑优化的参数化表示有两种方法：基结构法 (ground structure approach) 和连续体法 (continuum approach)。在接下来的两节中将分别介绍这两种方法。

7.3 基结构法

在基结构法中，我们将连续的设计域近似表示成由桁架或梁单元组成的稠密网格。设计域通过节点离散化，而节点之间通过桁架或梁单元连接。完全基结构是包含单元数量最多的基结构，其中每个节点都通过单元与其他所有节点相连。不管用的是完全基结构还是它的子集，通常都需要大量的单元来近似模拟连续结构。

图 7.5 展示了一个用桁架单元基结构求解柔顺机构设计问题的例子。其设计域如图 7.5a 所示，为具有对称结构柔顺钳的上半部分模型。当施加外力 F 时，我们希望钳口沿方向 Δ 向另一钳口移动。基结构如图 7.5b 所示，设计变量为桁架单元的横截面积。通过将设计变量的下限设定为一个非常小的值 (接近 0)，便可以开始拓扑优化。优化收敛后，去除横截面积接近下限的单元，留下的单元即确定了柔顺机构的最优拓扑。图 7.5c 给出的是一个中间结果，尽管多数单元接近所设定的下限值，此时优化求解器已开始将材料连向支撑点。最优结果如图 7.5d 所示，其中，接近或达到上限值的单元显示为黑色，达到或接近下限值的单元没有显示，其他单元以对应的灰

色显示。这种用灰度等级显示单元的方法是标准的拓扑优化结果表示方法。图 7.5e 给出了最优结果的变形情况。

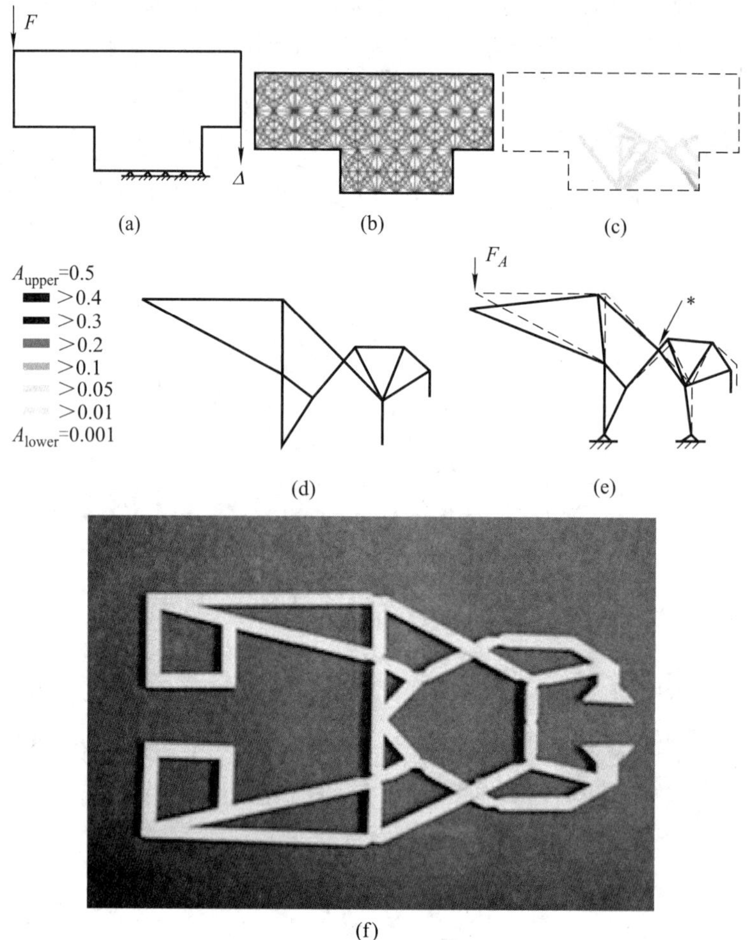

图 7.5 柔顺钳设计问题。(a) 对称设计域的上半部分模型, 给出了所施加的外力 F 和期望的输出位移 Δ; (b) 由桁架单元构成的基结构; (c) 中间结果; (d) 最优结果; (e) 未变形 (虚线) 和变形后 (实线) 的结果; (f) 柔顺钳原型样机

可以看到, 输出点确实产生了沿竖直方向的期望位移, 但还存在沿水平方向的位移分量。该例说明了最大化 MPE/SE 方法的局限性: 尽管可在期望方向上获得最大的输出位移, 但对其他方向上的输出位移缺少直接控制。文献 [7, 8] 给出了解决这一问题的策略。还有一个有趣的现象, 用基结构法得到的设计可能会存在单元相互交叉的情况, 如在图 7.5e 中 * 号标出位置的单元。在该例中, 相互交叉的单元之间可以认为是滑动连接。交叉单元的存在会使平面柔顺机构的制造更富有挑战性。但是, 如果我们把所有交叉单元从初始基结构中去除, 那么, 可供优化求解选择的单元就会少很多。这就需要设计者根据具体应用做出取舍。最终的机构原型样机如图 7.5f

所示。它由熔融沉积造型的快速成形技术制作而成。

7.4 连续体法

连续体法 (continuum approach) 是另一种对拓扑优化问题设计域进行建模的方法。这种方法通常将矩形设计域离散成四边形有限单元。由于使用了精细网格, 其结构模型在描述连续体时比基结构模型更为准确。这里, 将介绍两种参数化表示设计域的方法: SIMP 法 (solid isotropic material with penalization method, 即密度惩罚函数插值法) 和均匀化法 (homogenization method)。将连续体法用于柔顺机构设计在文献 [9] 中也有介绍。

7.4.1 SIMP 法

SIMP 法是拓扑优化问题中最常用的设计域参数化方法。SIMP 法由 Bendsøe 和 Sigmund[7] 提出。在该方法中, 设计变量是每个单元的相对密度 x^e。如果所选参考材料的密度为 ρ_0, 单元的密度 ρ_e 可根据式 (7.3) 求得。如果单元的相对密度 x^e 等于 1, 则该单元被实体材料填充; 如果单元的相对密度 x^e 等于下限 $x^e_{\min}$, 则该单元被视作空腔。为了避免刚度矩阵出现奇异, 将下限 $x^e_{\min}$ 设定为接近 0 但不等于 0 的值。图 7.6 给出了一个由实体单元 (黑色)、空腔单元 (白色) 和中间密度单元 (灰色) 构成的设计域。

$$
\begin{aligned}
&\rho_e = x^e \rho_0 \\
&0 < x^e_{\min} \leqslant x^e \leqslant 1
\end{aligned}
\tag{7.3}
$$

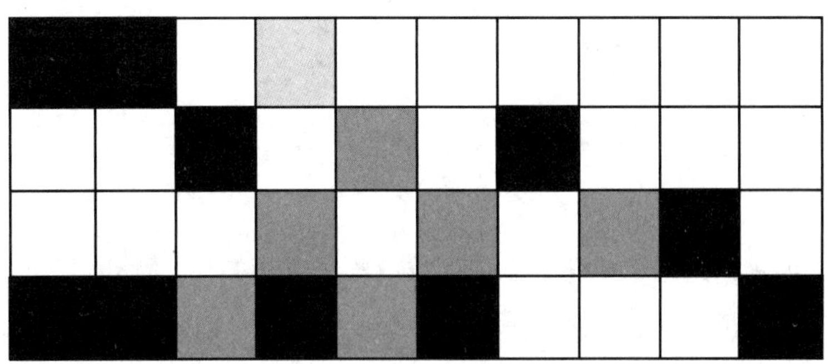

图 7.6 在 SIMP 法中, 设计变量为单元的相对密度。图中所示拓扑包含有实体单元 (黑色)、空腔单元 (白色) 和中间密度单元 (灰色)

相对密度为中间值的单元 (灰色单元) 可由设计者解释为实体或空腔。为了避免出现中间密度值,SIMP 法在计算单元刚度 k^e 时采用了惩罚因子 p 的策略, 如式 (7.4)

所示。式 (7.4) 中, k^0 表示由参考材料构成的实体单元的单元刚度矩阵。在该方法中, 通过对相对密度为中间值的单元使用惩罚因子, 使优化求解器认为它们对设计不利。Ole Sigmund 教授编写了 99 行的 Matlab 代码, 运用 SIMP 法求解了柔度最小化的问题[10], 相关代码可从参考文献 [11] 给出的网址获得。最近, 这一代码被进一步减少到了 88 行[12]。

$$k^e = (x^e)^p k^0 \tag{7.4}$$

用于柔顺机构拓扑优化的很多数学模型采用了 SIMP 法, 这里给出的是最初的数学模型之一。图 7.7 描述了一个柔顺机构的拓扑优化设计问题, 其输入点 A 和输出点 B 分别添加一个弹簧。输入弹簧可以表示刚度为 k_{in} 的驱动器, 而输出弹簧表示刚度为 k_{out} 的工件。优化问题如式 (7.5) 所示, 设计目标是最大化输出位移 u_{out}, 约束条件是总体积 V 和单元密度 ρ_e 的上、下限。式中 N 为单元总数。

$$\begin{aligned}
&\max_{\rho} \ u_{\text{out}} \\
&\text{s.t.} \\
&\sum_{e=1}^{N} v_e \rho_e \leqslant V \\
&0 < \rho_{\min} \leqslant \rho_e \leqslant 1, \quad e = 1, \cdots, N
\end{aligned} \tag{7.5}$$

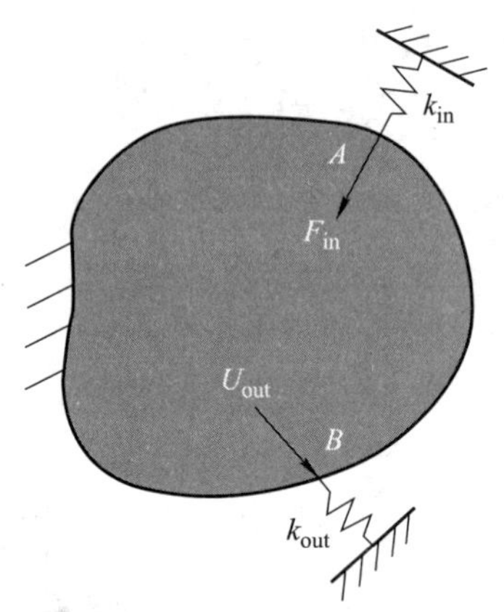

图 7.7 柔顺机构的设计问题。在给定输入刚度 k_{in} 和输出端弹簧刚度 k_{out} 的情况下, 最大化输出位移 u_{out}

图 7.8 展示了运用该优化数学模型求解柔顺机构的拓扑优化设计。我们采用 TopOpt 网站[11] 的机械设计 Java 网络应用程序来求解该问题。这个应用程序允许设计者在一个矩形的设计域内设置输入力、输出变形以及支撑条件。使用者也可以设定体积分数并指定非设计区或空腔。读者可以通过文献 [13] 获得更多关于 TopOpt 设计工具的信息。图 7.8 展示的是一个位移逆向机构的设计, 其输入力 (显示为粉色) 与输出位移 (显示为蓝色) 方向相反。值得注意的是, 这一最优拓扑与图 7.3a 所示的拓扑非常相似。

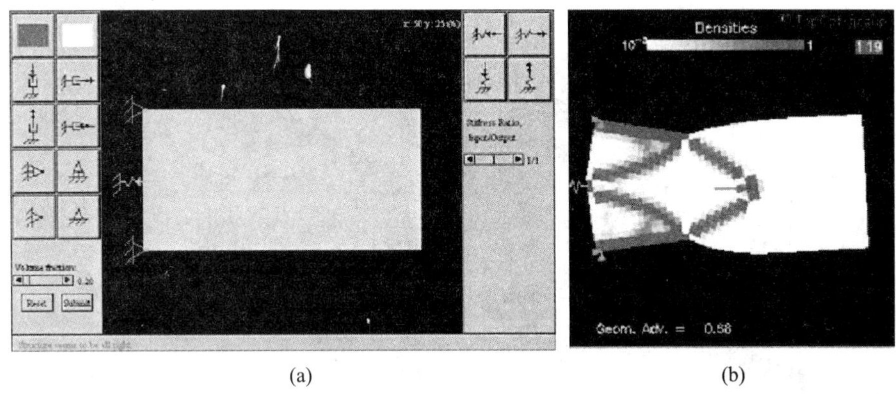

(a) (b)

图 7.8 (a) 利用网页设计工具 TopOpt Mechanism Design[11] 进行柔顺机构设计的例子, (b) 优化得到的位移逆向机构 (输入力和输出位移方向相反)

需要指出的是, 图 7.8 (右侧) 给出的设计存在类似铰链的区域, 这些地方的实体单元间仅通过角点相连。之所以会出现这种 “单节点连接” 的铰链, 是因为它们的运动特性与刚性铰链类似, 可以使输出位移最大化。然而, 我们并不希望这种单节点连接的铰链出现在设计中, 因为在整体式柔顺机构中这种类似铰链的薄弱区域会产生非常大的应力。最近, Sigmund 和他的合作者为柔顺机构设计提出了一种 “稳健数学模型”, 可以使设计对制造误差不敏感, 同时避免出现单节点连接的铰链。图 7.9a 给出了夹钳的优化设计结果, 上半部分用的是稳健数学模型, 而下半部分用的是标准数学模型。图 7.9b 为相应的应力云图。可以看到, 应力最大值 (用红色显示) 出现在用标准数学模型得到的设计中 (下半部分中类似铰接的薄弱区域), 而用稳健数学模型得到的设计 (上半部分) 中应力分布更为均匀。稳健数学模型的另一个优势在于, 由它得到的设计几乎都是黑色和白色的网格 (即实体单元和空腔单元), 因此不再需要后处理来消除中间密度 (灰色) 单元。其他应用 SIMP 法求解的柔顺机构设计问题有: 输出位移方向控制、多端口输出和几何非线性[7]。

7.4.2 均匀化法

均匀化法是连续体法中另一种常用的拓扑优化问题参数化方法。这一方法最初由 Bendsøe 和 Kikuchi[17] 提出, 用于求解柔度最小化设计问题, 后来被应用到柔顺机构设计问题[3] 和多种结构设计问题中。在该方法中, 设计域由基于胞元的微结构构成, 每个胞元包括材料和空腔, 如图 7.10 所示。每个胞元有一个矩形孔, 用 3 个变量来表示: μ、γ 和 θ。若 $\mu=\gamma=0$, 胞元充满材料 (即为实体); 若 $\mu=\gamma=1$, 胞元是一个空腔; 介于 0 和 1 之间的 μ 和 γ 表示有孔结构。通常将方位角 θ 定义成与主应力方向一致。μ、γ 和 θ 的最优值可转化成连续的密度值 ρ, ρ 是孔的几何形状和方位角的函数。接下来我们可以计算结构的有效属性, 即均匀化的弹性张量 (E_{ijkl}^{H})。

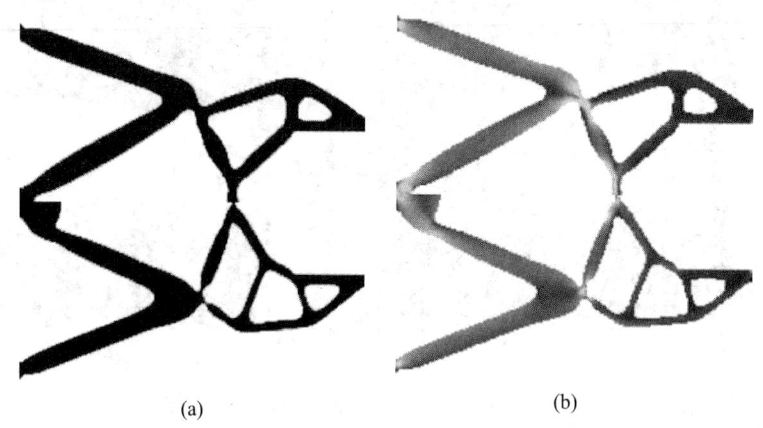

图 7.9 (a) 用稳健数学模型 (上半部分) 和标准数学模型 (下半部分) 得到的柔顺夹钳拓扑设计; (b) 所示为柔顺夹钳的应力云图, 与标准数学模型相比, 稳健数学模型得到的设计柔度分布更好。图片由 Ole Sigmund 教授提供

对于一些尺寸的孔, 它们的 E^H_{ijkl} 通常存放在数据表中, 而中间密度可以通过插值求得。类似于 SIMP 法, 也可以用惩罚函数来避免中间密度出现。从外观上看, 用该方法求得的拓扑结构与 SIMP 法的结果类似。

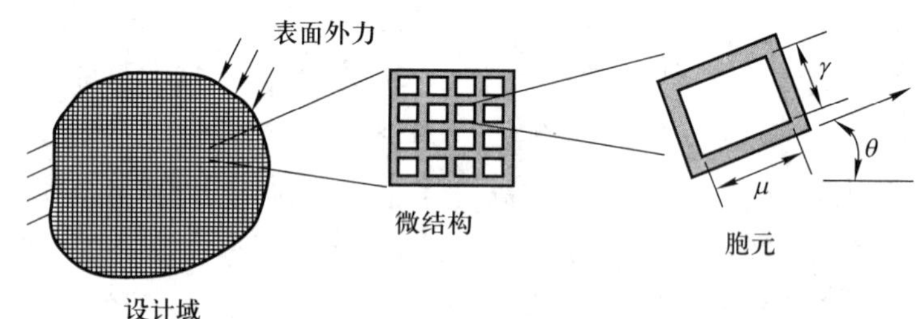

图 7.10 在均匀化法中, 设计域被建模为多孔的微结构。每个胞元需要用 3 个变量来定义它的密度和方位角

7.5 讨论

需要指出的是, 上述两种对设计域进行参数化的方法 —— 基结构法和连续体法, 都独立于优化问题的数学模型本身。设计者可以根据计算时间以及可用的软件来选择参数化方法。当对计算时间有要求时, 基结构法是不错的选择, 因为这种方法所需的单元较少且容易编写相应的有限元分析代码。与之相比, 连续体法要复杂得多, 所需的计算时间也更多; 而且, 普通设计者可能无法获得均匀化处理的公式。SIMP 法对很多问题来说非常方便, 这在某种程度上归功于 TopOpt 网站上提供的软件[11]。任何情况下, 设计者都应该了解所求解问题的数学模型、参数化表示以及所有相关的假设和限制。

文献 [2] 对比研究了柔顺机构设计用到的各种优化数学模型。很多学者对这些数学模型做了进一步扩展，并研究了其他方法，由于数量众多，这里不再一一引述。这些方法包括考虑大变形[4,8]、材料非线性[18]、动力学特性[7,19]、自接触 (self-contact)[20-23]、制造因素[24] 等问题的柔顺机构拓扑优化。读者可以通过本章后面提供的参考文献进一步学习这些方法。

拓扑优化方法的主要优势在于: 不要求设计者在设计之前就有一个机构的雏形。拓扑优化可以生成设计者可能根本想不出的新颖设计方案，也可以用于拓展设计者的经验和直觉。在任何情况下，我们都应当将拓扑优化的结果看作是最优柔顺机构设计的大致轮廓。不管用的是基结构法还是连续体法，优化结果都要由设计者和后处理程序来解读。通常，为了平滑边界和避免应力集中，还需要对拓扑优化的结果作进一步的详细设计和有限元分析。

拓扑设计问题的局限性表现在以下几个方面:

(1) 优化结果通常会依赖于网格划分。

(2) 多为非凸问题: 最优解通常不唯一。

(3) 优化结果依赖于材料资源 (体积) 约束和优化起始点。

(4) 拓扑优化得到的设计常常会有尖点柔铰 (point flexures) 和集中柔度区域，这些区域的局部变形和高应力在设计中应该尽可能避免。

(5) 拓扑优化的结果与设计者选取的输出刚度有关。

(6) 当考虑几何非线性时，拓扑优化的结果与所施加载荷的大小有关。

7.6 优化算法

柔顺机构拓扑设计可以与多种优化算法结合使用。常用的基于梯度的算法有序列线性规划 (sequential linear programming) 和移动渐近线法 (method of moving asymptotes, MMA) 法; 此外，还会用到遗传算法 (genetic algorithms, GA) 和其他启发式算法。算法的选择主要视变量的特性和数量而定。对于本章中介绍的柔顺机构设计方法，通常会用到大量的连续变量，这种情况下基于梯度的算法是不错的选择，因为它们收敛比较快。当目标函数和约束函数不是设计变量的显式函数时，梯度不容易求得，这是基于梯度算法的缺点。在这种情况下，可以用一些近似的方法如伴随法和有限差分法等来获得梯度，不过，这样做需要大量的函数计算，从而大大增加计算时间。此外，基于梯度的算法通常会收敛到局部最优解，解决这个问题的办法是设定不同的初值多次运行。另一方面，启发式算法 (如遗传算法) 不需要计算梯度，可以收敛到全局最优解，但它们更适用于设计变量相对较少的问题。遗传算法可用于求解离散变量问题或离散 – 连续混合变量问题; 但是，对于设计变量较多的问题，求解时间很长。文献 [25] 对元胞自动机法 (cellular automaton method)、优化准则法 (optimality criteria method) 和移动渐进线法 3 种拓扑设计方法进行了比较研究。

致谢

图 7.9a 和 b 由丹麦技术大学 Ole Sigmund 教授提供, 在此作者表示诚挚的谢意!

参考文献

[1] Rozvany, G.I.N., ed. *Topology Optimization in Structural Mechanics.* 1997, CISM, Udine.

[2] Deepak, S.R., Dinesh, M., Sahu, D.K., and Ananthasuresh, G.K., A comparative study of the formulations and benchmark problems for the topology optimization of compliant mechanisms. *ASME Journal of Mechanisms and Robotics*, 2009. **1**(1): p. 1-8.

[3] Frecker, M., Ananthasuresh, G.K., Nishiwaki, S., Kikuchi, N., and Kota, S., Topological synthesis of compliant mechanisms using multi-criteria optimization. *ASME Journal of Mechanical Design*, 1997. **119**(2): p. 238-245.

[4] Saxena, A., Topology design of large displacement compliant mechanisms with multiple materials and multiple output ports. *Structural and Multidisciplinary Optimization*, 2005. **30**(6): p. 477-490.

[5] Saxena, A. and Ananthasuresh, G., On an optimal property of compliant topologies. *Structural and Multidisciplinary Optimization*, 2000. **19**(1): p. 36-49.

[6] Sigmund, O., On the design of compliant mechanisms using topology optimization. *Mechanics of Structures and Machines*, 1997. **25**(4): p. 495-526.

[7] Bendsøe, M.P. and Sigmund, O., *Topology Optimization: Theory, Methods and Applications.* 2003, Berlin Heidelberg: Springer-Verlag.

[8] Pederson, C.B.W., Buhl, T., and Sigmund, O., Topology synthesis of large displacement compliant mechanisms. *International Journal for Numerical Methods in Engineering*, 2001. **50**:p. 2683-2705.

[9] Ananthasuresh, G.K. and Frecker, M., Optimal Synthesis with Continuum Models, in *Compliant Mechanisms.* 2001, John Wiley and Sons.

[10] Sigmund, O., A 99 line topology optimization code written in Matlab. *Structural and Multidisciplinary Optimization*, 2001. **21**: p. 120-127.

[11] *TopOpt Research Group.* [cited April 2012]; Available from: http://www. topopt. dtu. dk.

[12] Andreassen, E., Clausen, A., Schevenels, M., Lazarov, B.S., and Sigmund, O.

Efficient topology optimization in MATLAB using 88 lines of code. *Structural and Multidisciplinary Optimization*, 2011. **43**(1): p. 1-16.

[13] Tcherniak, D. and Sigmund, O., A web-based topology optimization program. *Structural and Multidisciplinary Optimization*, 2001. **22**(3): p. 179-187.

[14] Schevenels, M., Lazarov, B.S., and Sigmund, O., Robust topology optimization accounting for spatially varying manufacturing errors. *Computer Methods in Applied Mechanics and Engineering*, 2011. **200**: p. 3613-3627.

[15] Wang, F., Lazarov, B.S., and Sigmund, O., On projection methods,convergence and robust formulations in topology optimization. *Structural and Multidisciplinary Optimization*, 2011. **43**: p. 767-784.

[16] Lazarov, B.S., Schevenels, M., and Sigmund, O., Robust design of large-displacement compliant mechanisms. *Mechanical Sciences*, 2011. **2**: p. 175-182.

[17] Bendsøe, M.P. and Kikuchi, N., Generating optimal topologies in structural design using a homogenization method. *Computer Methods in Applied Mechanics and Engineering*, 1988. **71**: p. 197-224.

[18] Bruns, T.E. and Tortorelli, D.A., Topology optimization of non-linear elastic structures and compliant mechanisms. *Computer Methods in Applied Mechanics and Engineering*, 2001. **190**(26-27): p. 3443-3459.

[19] Maddisetty, H. and Frecker, M., Dynamic topology optimization of compliant mechanisms and piezoceramic actuators. *ASME Journal of Mechanical Design*, 2004. **126**(6): p. 975-983.

[20] Mankame, N.D. and G.K. Ananthasuresh, Topology optimization for synthesis of contact-aided compliant mechanisms using regularized contact modeling. *Computers & Structures*, 2004. **82**(15-16): p. 1267-1290.

[21] Mankame, N.D. and G.K. Ananthasuresh, Synthesis of contact-aided compliant mechanisms for non-smooth path generation. International Journal for Numerical Methods in Engineering, 2007. **69**(12): p. 2564-2605.

[22] Mehta, N., Frecker, M., and Lesieutre, G., Stress relief in contact-aided compliant cellular mechanisms. *ASME Journal of Mechanical Design*, 2009. **131**(9): p. 1-11.

[23] Reddy, B., Naik, S. and Saxena, A., Systematic synthesis of large displacement contact-aided monolithic compliant mechanisms. *ASME Journal of Mechanical Design*, 2012. **134**(1): p. DOI: 10.1115/1.4005326.

[24] Sigmund, O., Manufacturing tolerant topology optimization. *Acta Mechanica Sinica*, 2009. **25**(2): p. 227-239.

[25] Patel, N.M., Tillotson, D., Renaud, J.E., Tovar, A., and Izui, K., Comparative study of topology optimization techniques. *AIAA Journal*, 2008. **46**(8): p. 1963-1975.

第 8 章　用刚体置换法进行综合

Christopher A. Mattson
美国杨百翰大学

本章将介绍一种非常实用的柔顺机构综合方法: 刚体置换法 (rigid-body replacement)。这里将介绍刚体置换法的综合步骤以及该方法的局限性, 并给出一个简单的综合实例。

8.1　定义、目的与局限性

在介绍刚体置换这一柔顺机构综合方法之前, 先回顾一下本书其他章节已给出的几个基本定义: 机构是用于传递运动、力和/或能量的机械装置[1]; 连杆机构是最常见的一类机构; 刚体机构由刚性构件和运动副组成; 常见的运动副有转动副和移动副; 与刚体机构相比, 柔顺机构至少包含一个柔性单元或柔性铰链; 伪刚体模型 (PRBM) 采用了传统刚体机构的分析技术, 为柔顺机构的运动学特性预测提供了一种便利的方法。有关伪刚体模型的介绍可参见本书第 5 章。

综合是设计出执行预定任务的机构的过程。通常, 机构执行的任务包括路径生成和函数生成。最实用且最易用的柔顺机构综合方法是刚体置换法。简而言之, 刚体置换法通常从一个可以完成预定任务的刚体机构入手, 通过把刚性构件和运动副替换为与之等效的柔性单元和柔性铰链, 将刚体机构转化为柔顺机构。重要的是, 我们仍然可以用传统刚体机构的分析方法来评估柔顺机构的性能。将柔顺机构的分析与刚体机构的分析联系起来的纽带就是伪刚体模型。对于实现同一任务的柔顺机构, 其伪刚体模型中的构件和运动副与对应刚体机构中的构件和运动副完全一致。不过, 我们必须清楚地认识到, 由一个伪刚体模型可以得到多个柔顺机构[1]。

如果某公司已有刚体机构的设计, 并想将其转化为柔顺机构, 通过刚体置换法进行柔顺机构综合是非常理想的设计方法。例如, 考虑图 8.1a 所示的固定夹钳, 只需要简单的几步就能将这个刚体机构变成柔顺机构, 如图 8.1b 所示。后面还会讲到, 运用刚体置换法进行柔顺机构综合也可以反其道而行之, 且非常简单。这种情况下, 我们将从一个普通的柔顺机构入手, 确定其伪刚体模型, 然后将伪刚体模型看作刚体机构并确定其尺寸, 即可得到完成预定任务的机构。

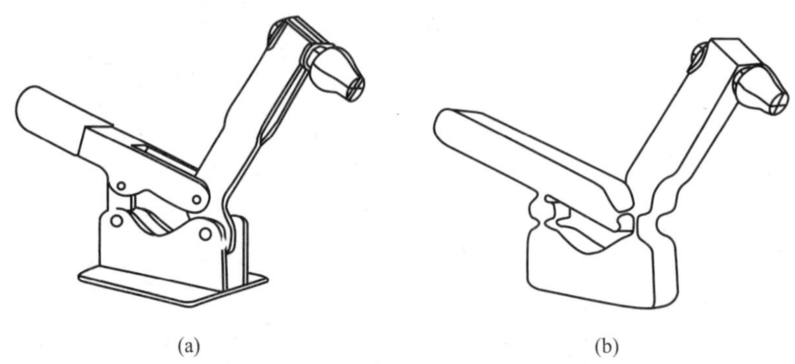

(a) (b)

图 8.1 (a) 固定夹钳 (共 18 个零件), (b) 柔顺固定夹钳的概念设计 (只有 1 个零件)

设计者想要从刚体机构转向柔顺机构的原因多种多样。柔顺机构的零件数比较少, 装配简单, 因此大批量生产会降低成本。此外, 柔顺机构可以不用传统刚性铰链, 避免引入间隙和回差, 因此能够获得更高精度的运动。

在讨论刚体置换综合的步骤之前, 必须先考虑清楚该综合方法的局限性。并不是所有的刚体机构都可以转化成柔顺机构。通常, 柔顺机构的运动范围会受到一定的限制。例如, 刚性铰链可以自由连续旋转, 柔性铰链却不行。另一局限性体现在: 通过刚体置换得到的柔顺机构, 其特性由原刚体机构决定。换句话说, 这种方法只是帮我们找到多个可以替代原刚体机构的柔顺机构, 并不能得到新的刚体机构。

8.2 刚体置换法的步骤

本节将讨论运用刚体置换法进行柔顺机构综合的一般步骤。在前三小节中, 我们考虑 3 种综合情况, 并分别给出适用于 3 种情况的综合步骤。需要特别指出的是, 我们将向读者展示如何利用本书的图库实现刚体置换。在第 4 小节中, 将讨论如何根据给定的载荷、应变以及运动特性选择最佳构型。

8.2.1 从刚体机构入手

假设已经有一个能实现预定运动的刚体机构, 现在想把它转化为柔顺机构, 可以按照以下步骤完成综合。

第 1 步: 确定该刚体机构的刚体模型。

再以固定夹钳机构为例。图 8.2 给出了该刚体机构简图, 其刚体模型表明, 机构的输出力 F_{out} 和转角 γ 是 F_{in}、θ、L_1、L_2、L_3、L_4 以及各构件角度的函数。运用传统的机构分析方法可以得到输入与输出之间的关系[2]。这些关系一旦确定, 即可用作伪刚体模型的基本元素。

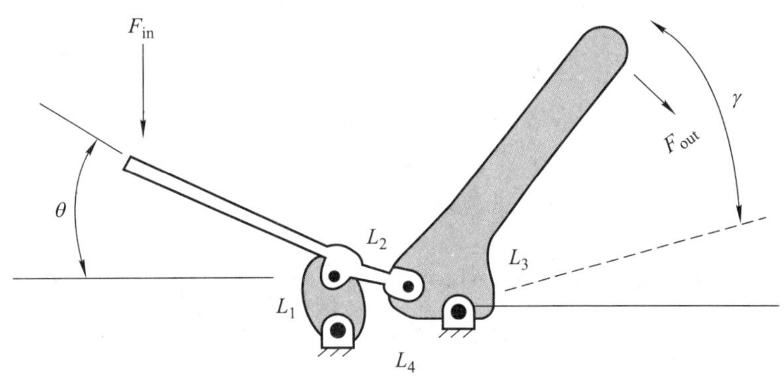

图 **8.2** 刚体机构简图

第 2 步: 用等效的柔性单元替换一个或多个刚性构件和/或运动副。

在这一步中, 往往会产生多种可选的方案。对于四杆机构 (如上述固定夹钳), 对应有 28 种可能的柔顺机构构型, 它们可以通过型综合得到[3,4], 如图 8.3 所示。图 8.4

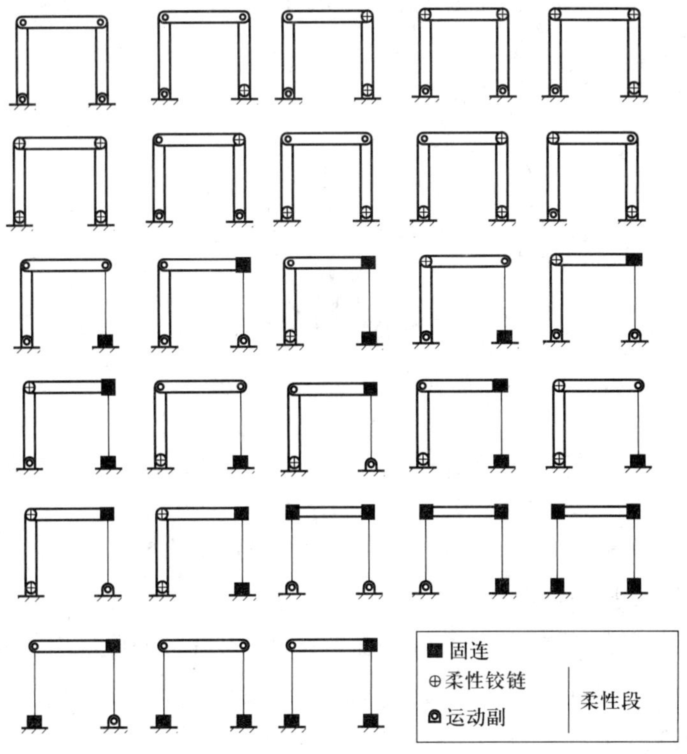

图 **8.3** 四杆机构对应的 28 种柔顺机构构型

给出了通过刚体置换法得到的一种固定夹钳机构，其中刚性构件 1、3 和 4 被替换为一个柔性单元。

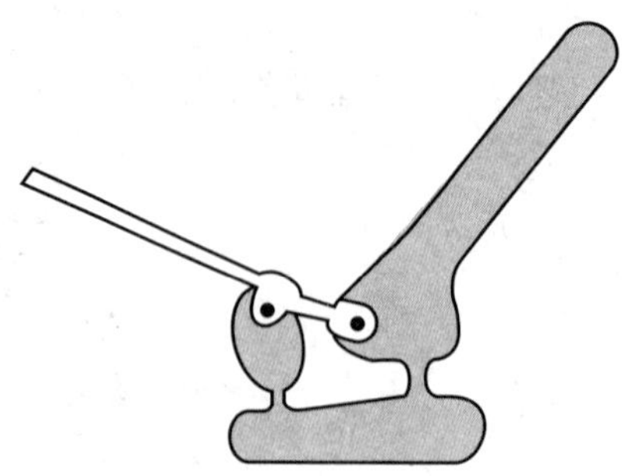

图 8.4　柔顺固定夹钳的一种构型

尽管这一步我们有多种选择，但我们必须清楚地认识到，一些构型要优于其他构型。关于如何根据载荷、应变以及运动特性选择最佳构型，将在 8.2.4 节中详细阐述。

第 3 步：为所选构型建立伪刚体模型 (参见第 5 章)。

为了建立柔顺机构的伪刚体模型，需要在原刚体机构简图中添加合适的应变能单元。对于固定夹钳，添加了两个扭簧，如图 8.5 所示。这两个应变能单元表示了短臂柔性铰链的能量存储。本书第 5 章的表格中给出了各种各样的柔顺机构单元以及对应的伪刚体模型，并提供了根据短臂柔性铰链几何尺寸计算刚度系数 (K) 等参数所需的数学公式。

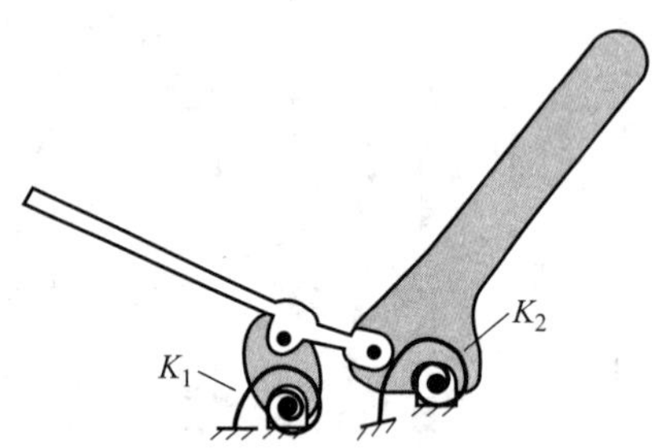

图 8.5　伪刚体模型简图

第 4 步：确定柔性单元的材料和几何尺寸，以实现预定的力 – 变形关系并承受所产生的应力。

通过谨慎选择材料并确定关键几何尺寸，使设计出的柔顺机构能够承受使用过程中产生的应力。固定夹钳最终的柔顺设计如图 8.6 所示。

通过 1 ~ 4 步，就可以设计出在运动和功能上替代原刚体机构的柔顺机构。在图 8.6 所示的固定夹钳中，用柔性铰链代替了其中两个刚性铰链，而刚体置换综合是这一简单转换的关键。

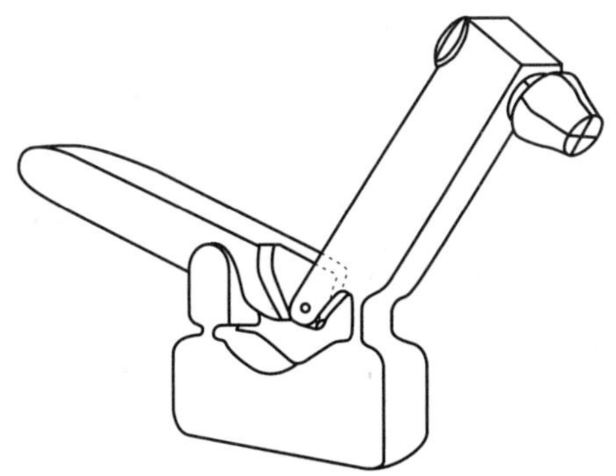

图 8.6 最终的柔顺固定夹钳

8.2.2 从预定任务入手

我们假定用柔顺机构来完成某项任务, 但手头没有能完成这一任务的刚体机构。在这种情况下, 只需在上述步骤中添加第 0 步。

第 0 步: 在众多的传统机构综合方法中选用一种来确定能够完成预定任务的刚体机构。

机构综合方法包括型综合和尺度综合。型综合的目的是确定哪些运动链拓扑和运动副类型的组合更适合完成预定任务。通过型综合可以得到详尽的构型组合。四杆机构的组合如图 8.3 所示。尺度综合主要是根据预定任务确定构件的尺寸。预定任务通常是如下任务中的一种: 多点运动生成、轨迹生成、带有预定时标的轨迹生成以及函数生成[2]。

第 1 ~ 4 步: 采用 8.2.1 节中给出的第 1 ~ 4 步。

通过上述五步, 便得到可以完成预定任务的柔顺机构。简言之, 先确定出可以完成预定任务的刚体机构, 然后将它转换为具有相同功能的柔顺机构。

8.2.3 从柔顺机构构型入手

很多时候, 我们已想好哪种基本的柔顺机构构型, 并希望通过合理设计它的尺寸来完成预定任务。可以采用以下步骤。

第 1 步: 为该柔顺机构构型建立伪刚体模型。

如果已经选定了柔顺机构构型, 必须判断一下它 (或者它的放大或缩小版本) 是否能完成预定任务。为了进行判断, 需要建立必要的模型来预测该柔顺机构的特性。要建的第一个模型就是伪刚体模型, 通过简单考察柔顺机构中的单元便可以得到。对于固定夹钳, 图 8.1b 给出的是其柔顺机构构型, 图 8.7 给出的则是对应的伪刚体模型。从图 8.1b 可以看出, 传统的刚性铰链被短臂柔性铰链代替了。在图 8.7 所示的伪刚体模型中, 短臂柔性铰链被替换为刚度分别为 K_1、K_2、K_3 和 K_4 的 4 个扭簧。

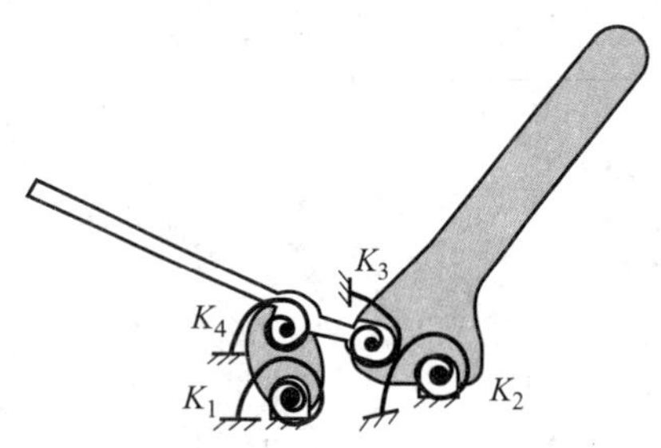

图 8.7 柔顺固定夹钳的伪刚体模型

第 2 步: 从伪刚体模型中提取刚体模型。

现在必须从伪刚体模型中提取刚体模型及其简图。固定夹钳的刚体模型简图如图 8.2 所示。

第 3 步: 运用传统的机构综合方法, 通过该刚体模型确定能够完成预定任务的刚体机构尺寸。

为了确定能够完成预定任务的刚体构件尺寸, 采用传统的机构综合方法, 即尺度综合[2]。这种方法见 8.2.2 节中的第 0 步。

第 4 步: 确定柔性单元的材料和几何尺寸, 以实现预定的力 – 变形关系并承受所产生的应力。

这一步即 8.2.1 节中的第 4 步。

8.2.4 如何根据载荷、应变以及运动特性选择最佳构型?

前面提到, 在一定的情况下, 一些柔顺机构的构型要优于其他构型。如何根据载荷、应力以及运动特性选出最佳构型, 也是刚体置换综合的重要环节。本节给出一些基本的设计要素。

8.2.4.1 载荷

机构构件和运动副所承受的载荷类型对机构构型的选择有很大影响。通常来说, 构件和运动副可能承受的载荷有拉、压、弯和/或剪。正如在书中看到的, 一些运动副被设计为只能承受压载荷 (如图库中的单元 EM-48), 而其他的一些运动副则既能承受拉载荷也能承受压载荷 (如图库中的单元 EM-11)。显然, 任何承受压载荷的构件都需要对临界屈曲载荷进行安全校核。仍旧使用刚性铰链的运动副需要进行剪切分析。

8.2.4.2 应变

为了理解应变状况如何影响构型选择, 对比一下短臂柔性铰链和柔性杆。短臂柔性铰链在单位长度上的应变要比柔性杆大很多。如果短臂柔性铰链已经接近或超过材料的屈服极限, 用柔性杆会更好。

8.2.4.3 运动特性

机构构件和运动副的运动类型也会影响构型选择。例如, 柔性杆通常只能模拟不超过 60° 的刚性构件转动。如果所需的运动超过该限度, 最好采用刚性铰接。如果将运动特性和载荷一并考虑, 可以找到其他可行的选择方案。例如, 如果某构件需要进行 60° 以上的转动, 且始终处于受压状态, 那么被动关节 (图库中的单元 EM-48) 是个不错的选择。

将这些设计要素引入前面固定夹钳的例子中, 考察固定夹钳的刚体简图 (图 8.2), 可以看出, 机构在通过肘节位置 (toggle position, 即构件 1 与构件 2 共线的位置) 时, 构件 1 和构件 2 受压。因此, 没有考虑构件 1 和构件 2 是柔性杆的构型。但是, 可以选择柔性铰链, 因为它们不容易发生屈曲。不过, 仍须认真地设计短臂柔性铰链的尺寸, 以确保固定夹钳能够完成可靠的夹持。

8.3 简单的自行车变速器设计

在这一节中, 用一个简单的例子来说明上述步骤。生产高性能自行车的制造商不断地寻找能够减轻自行车重量而不降低其他方面性能的新设计, 这促使我们重新设计变速器。通常, 将重量减少几十克会给制造商带来显著的竞争优势。在 Mattson 等人[5] 的研究中, 采用柔顺机构的技术成功地将自行车变速器减少了 25 g (重量减少 10%以上)。在该研究中, 他们使用复合材料制成的柔性板代替了四杆变速器机构中的一根杆。由于柔性板在变形过程中会储存或释放能量, 所以不再需要原刚体变速器中的拉簧了。在本例中, 我们将讨论 Mattson 等[5] 设计的柔顺变速器, 并向读者展示如何用刚体置换法 (按照上述综合步骤) 完成柔顺机构设计。

以 Shimano Deore XT 后变速器入手, 要求设计一款比刚体 Shimano 变速器更轻但具有相似力 – 位移特性的柔顺自行车变速器。

第 1 步: 为所设计的变速器建立刚体模型。

Shimano 变速器如图 8.8a 所示。图 8.8b 中给出了该变速器的刚体四杆机构简图。注意到机构中有一个用于储能的拉簧, 在机构运动过程中会存储或释放能量。

在该四杆机构中, 相对杆两两相等且在运动过程中始终保持平行。图 8.3 左上角所示的机构为典型的四杆机构。变速器的平行运动用于定位自行车后链轮上的链条。

通过分析图 8.9 所示的刚体机构简图可以得到变速器的刚体模型。在这一步中, 设计者可以运用传统的运动学分析得到自己感兴趣的性能评价模型。典型的性能评

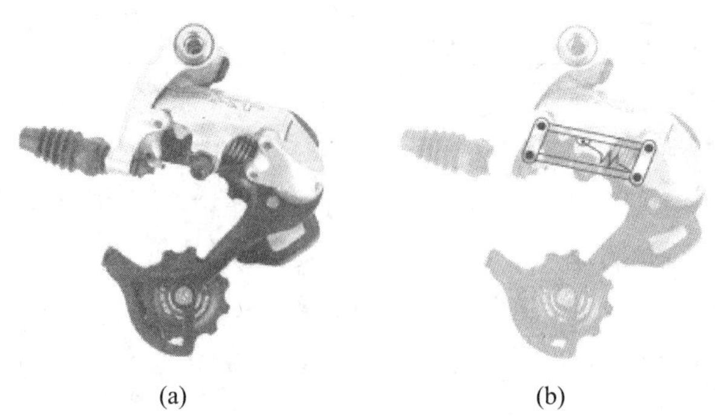

(a) (b)

图 8.8 (a) Shimano Deore XT (刚体机构), (b) 机构简图

价指标包括运动、力和应力等。

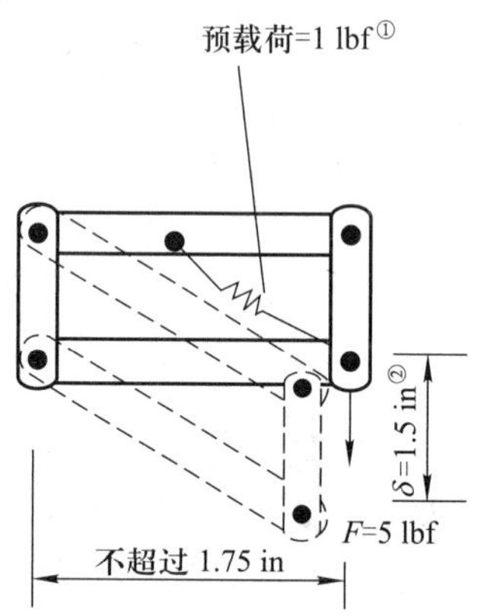

图 8.9 自行车变速器刚体结构简图及设计准则。这些信息将用于建立刚体机构的数学模型

第 2 步: 用等效的柔性单元替换一个或多个刚性构件和/或运动副。

在这一步中, 检查图 8.9 所示的刚体结构图, 并考虑用柔性单元替换刚性构件和运动副。如前所述, 型综合为我们提供了详尽的构型组合。通过型综合, 为柔顺四杆机构变速器找到了 28 种可能的构型, 如图 8.3 所示。通过考虑载荷、应力和运动学指标, 并运用判断力考察每种构型的可行性, 最终从 28 种设计构型中选出 2 种。需要特别指出的是, 为了使柔顺变速器的承载能力与原变速器相当, 决定至少保留两个刚性铰链, 所得到的柔顺变速器中有 3 个刚性构件。满足这一要求的设计构型如图 8.10 所示。图 8.10a 所示的构型中含有一个一端固定、另一端铰接的柔性单元 (用细线表示), 而图 8.10b 所示的构型中有一个两端均固定的柔性单元。

第 3 步: 为所选构型建立伪刚体模型 (参见第 5 章)。

为了简化表述, 并出于实现方面的考虑 (将在后面讨论), 仅为图 8.10b 所示的固定 - 固定构型建立伪刚体模型。

① 1 lbf=4.448 22 N, 下同。

② 1 in=2.54 cm, 下同。

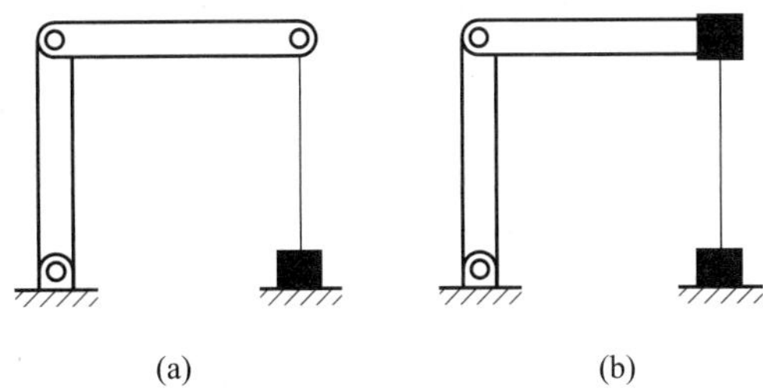

图 8.10 (a) 固定 – 铰接型柔顺四杆机构, (b) 固定 – 固定型柔顺四杆机构

先为该柔顺变速器构型建立伪刚体模型, 如图 8.11 右侧所示。

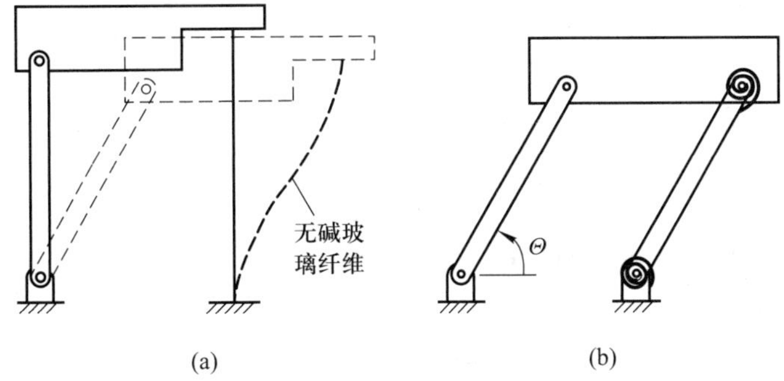

图 8.11 固定 – 固定柔顺四杆机构构型 (a) 和与之等效的伪刚体模型 (b)

有了伪刚体模型后, 便可以针对性能指标推导相应的数学关系式。对自行车变速器而言, 重要的指标有力、变形、应力以及重量等。固定 – 固定型柔性梁的基本模型如图 8.12 所示。对于这一构型, 不变的参数有: δ=1.5 in、$\gamma = 0.851\ 7$[1]、$K_\Theta = 2.676\ 2$[1] 以及给定的刚性杆长度 l_r=1.75 in(需要与 Shimano 的设计一致), 而 l_r 等于 γl_c。

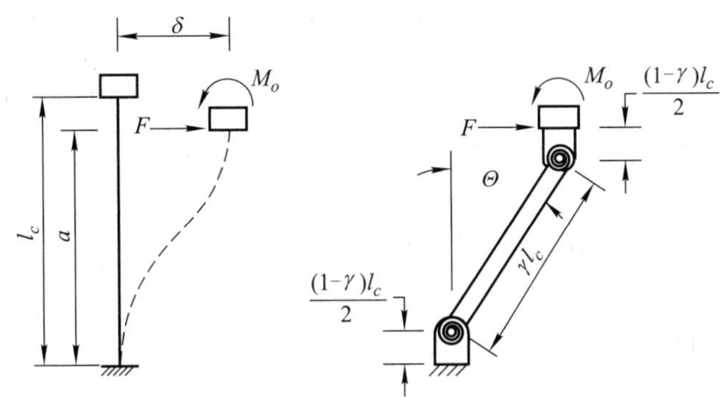

图 8.12 固定 – 固定柔性梁的伪刚体模型

柔性单元的截面惯性矩为

$$I = \frac{bh^3}{12}$$

柔性单元的长度为

$$l_c = \frac{l_r}{\gamma}$$

机构的刚度可通过下式计算得到:

$$K = \frac{2\gamma K_\Theta EI}{l_c}$$

伪刚体杆转过的角度 (即伪刚体角) 为

$$\Theta = \frac{\arcsin \delta}{\gamma l_c}$$

梁末端沿竖直方向的位置为

$$a = l_c[1 - \gamma(1 - \cos \Theta)]$$

柔性单元的质量为

$$M = bhl_c\rho$$

式中, ρ 为无碱玻璃纤维的质量密度。相应的输出力为

$$F = \frac{4K\Theta}{yl_c \cos \Theta}$$

最大弯曲应力为

$$S = \frac{Fah}{4l}$$

对应的安全系数为

$$N = \frac{S_{\max}}{S}$$

第 4 步: 确定柔顺单元的材料和几何尺寸, 以实现预定的力 – 变形关系并承受所产生的应力。

材料选择是柔顺机构设计过程中十分重要的环节。通常, 材料的 S_y/E 值越大越适合于柔顺机构, 这样的材料强度大且柔性好。无碱玻璃纤维复合材料就是不错的选择, 它的杨氏模量(弹性模量)为 1 430 000 psi① , 弯曲屈服强度为 260 000 psi, 质量密度为 0.093 1 lb② /in^3。

考虑到用无碱玻璃纤维难以制作出刚性铰链, 为此, 选择了固定 – 固定型柔性梁的设计, 如图 8.10b 所示。

由上述数学关系式 (运用第 5 章的知识可以为任意柔顺机构推导出类似的数学关系式) 可以确定出能够获得预定输出的柔性梁设计, 包括它的长度、截面属性以及其他几何参数。文献 [5] 中可以找到更多有关本例的信息, 包括疲劳分析和实验测试结果。我们还可以用数值优化方法对各种设计构型进行评估和选优 [6]。

① 1 psi=6 894.76 Pa, 下同。

② 1 lb=0.453 592 37 kg, 下同。

参考文献

[1] Howell, L.L., *Compliant Mechanisms*. John Wiley & Sons, New York, NY, 2001.

[2] Erdman, A.G. and Sandor, G.N., *Mechanism Design: Analysis and Synthesis*, Volume 1, Prentice Hall, 1997.

[3] Murphy, M.D., Midha, A. and Howell, L.L. The topological synthesis of compliant mechanisms. *Mechanism and Machine Theory*, Vol. 31, no. 2, pp. 185-199, 1996.

[4] Derderian, J.M., Howell, L.L., Murphy, M.D., Lyon, S.M., and Pack, S.D. Compliant parallel guiding mechanisms. Proceedings of the ASME Design Engineering Technical Conferences, DETC-1996-MECH-1208, 1996.

[5] Mattson, C.A., Howell, L.L. and Magleby, S.P., Development of commercially viable compliant mechanisms using the pseudo-rigid body model: case studies of parallel mechanisms. *Journal of Intelligent Material Systems and Structures*, Vol. 15, no. 3, pp. 195–202,2004.

[6] Mattson, C.A., A New Paradigm for Concept Selection in Engineering Design Using Multi objective Optimization, PhD Dissertation, Rensselaer Polytechnic Institute,2003.

第 9 章　基于模块法的综合

Charles Kim (美国巴克内尔大学) 和
Girish Krishnan (美国密歇根大学)

9.1　引言

绝大多数的工程系统都遵循了模块化设计原理, 常常使用提供特定功能的标准件。像电动机、轮系和轴承这样的标准件都可以看作是基本模块, 将它们组合起来形成一个系统便可实现所需的系统功能。反之, 许多实际的工程系统也都可以分解为若干基本模块。柔顺机构也是如此, 可将若干基本模块组合成一个设计方案, 实现预期的整体功能。

本章给出了一种通用的模块化设计方法, 用来实现对柔顺机构的综合设计。该模块法便于实现原创设计, 即在不存在初始设计的条件下也能进行有效设计。特别是当一个设计者需要从零开始实施某个设计时, 模块法变得非常有用。当然, 即使在初始设计已经存在的情况下模块法也同样有用武之地。设计者全程参与整个设计过程, 从而提升他/她对设计的洞察力和设计直觉。随着设计者对基本模块的特性越来越熟悉, 他/她会更加清楚如何在后续的设计中将基本模块有机地整合到一个完整的系统中。

9.2　通用的模块综合法

把现有的物理装置按功能划分为若干个子系统, 这种划分一目了然。然而, 相反的过程却极具挑战性。假设需要完成某个具有特定整体功能的设计, 通常很难把整体功能分解为若干能被子系统或基本模块单独解决的子问题。

模块综合法假定设计者能够将一个问题分解为若干更容易解决的子问题。这种分解绝非易事，而要求设计者熟悉系统的总体性能，并通晓能够满足子问题要求的基本模块。不过，如果确实存在这样的知识，模块综合法定能提升工程师的创造力。设计工程师可以依靠直觉想出如何巧妙地分解一个难题并且采用多种方法解决问题。

用模块法进行机构综合需要具备 3 个要素：① 模块库；② 用来表征模块功能特性的模型；③ 功能分解的方法[①]。本章接下来的 3 节将分别对这 3 个要素进行讨论。

9.3 基本模块

这一节介绍两种基本柔性模块：柔顺双杆组和柔顺四杆机构。这两种简单的基本模块 (特别是将它们串并联组合之后) 能解决许多设计问题。这里先介绍这两种基本模块，在 9.5 节中再介绍如何在设计中运用它们。

9.3.1 柔顺双杆组

柔顺双杆组 CDB(图 9.1) 由两段柔性梁串联而成。这两段梁的长度可以不相等 (l_1 和 l_2)，方向也可以不同，它们之间的夹角用 α 表示。第二段梁的长度可归一化表示为 $l_{2\text{norm}} = l_2/l_1$。

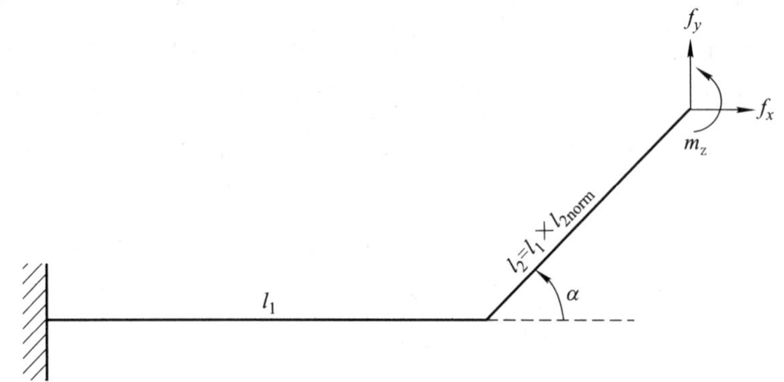

图 9.1 柔顺双杆组模块

大多数含有柔性梁的柔顺机构都可看作由若干个 CDB 组合而成。在随后的章节中将会看到，把设计任务分解为 CDB 模块有助于凸显功能和理解机构的几何结构。

① 有关功能分解的一般性讨论请参考文献 [6]，而有关机构设计中功能分解的专门议题可参考文献 [1-5]。

9.3.2 柔顺四杆模块

柔顺四杆模块 (C4B) 由一个 CDB 附加一个悬臂梁组成 (图 9.2)。C4B 有一个输入和一个输出, 由于受到约束, 它们均沿特定的方向移动。这样的梁布置形式对设计位移放大机构非常有帮助。

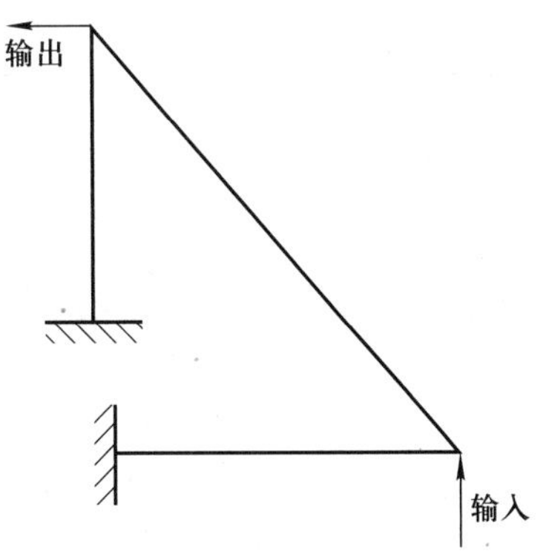

图 9.2 柔顺四杆模块

9.4 功能特性的弹性运动学表示

这一节给出了 3 种实现柔顺模块功能建模的方法。所有模型都试图通过一种系统化的方法准确抽象出基本的弹性运动学 (elastokinematic) 特性, 且与机构的几何结构无关。

柔顺机构与刚体机构有着本质的不同, 因为前者主要通过其组成构件的变形获取运动。因此, 柔顺机构的运动学特性与所受到的载荷紧密耦合在一起。这种耦合可以用刚度矩阵或者它的逆矩阵 —— 柔度矩阵来描述。

$$\boldsymbol{F} = [K]\boldsymbol{U}$$

$$\boldsymbol{U} = [C]\boldsymbol{F}$$

$$[K] = [C]^{-1}$$

式中, $\boldsymbol{U}$ 是广义位移向量; $\boldsymbol{F}$ 是广义载荷向量; $[K]$ 为刚度矩阵; $[C]$ 为柔度矩阵。

广义位移向量 $\boldsymbol{U}$ 包括平移和旋转; 广义载荷向量 $\boldsymbol{F}$ 包括力和力矩。不过, 无论 $[K]$ 还是 $[C]$ 均不能反映出基本的功能特性。而且, 传统的矩阵分解法 (如特征值法和 Cholesky 法等) 也不能给出有价值的信息①。在下一小节中将给出 3 种能够反映机构基本特性的几何表示。

① 从数学上来讲, 这是因为刚度和柔度矩阵中的元素变换的是形式相似的向量。从物理上来讲, 难点在于力和弯矩 (或者平移和转动) 无法直接进行比较。

考虑图 9.3 所示的悬臂梁, 可以很容易地确定梁沿横向 (y 向) 最易弯曲。然而, 用系统的方式描述这一特性并非易事: 即使在只有一个集中力而没有力矩作用的情况下, 梁末端在沿 y 向移动的同时还伴随有转动。

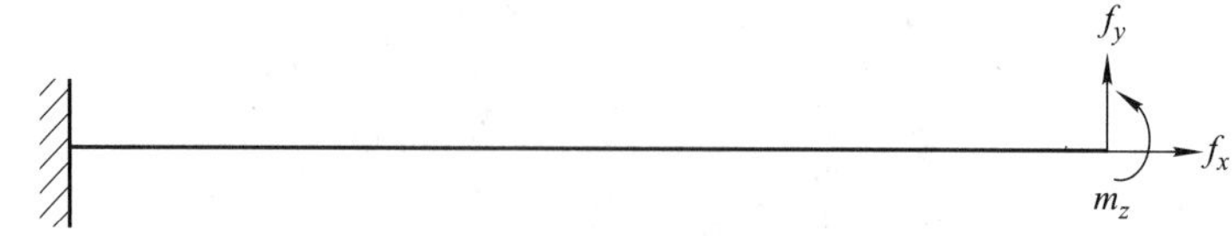

图 9.3 悬臂梁

这里用悬臂梁这个简单的例子来展现 3 种阐明柔顺模块功能特性的数学表征方法。为了达成这一目标, 将用到如下 3×3 柔度矩阵表示的悬臂梁的载荷 – 变形关系:

$$\boldsymbol{U} = \boldsymbol{C}_{3\times3}\boldsymbol{F} = \begin{bmatrix} C_{11} & C_{12} & C_{13} \\ C_{21} & C_{22} & C_{23} \\ C_{31} & C_{32} & C_{33} \end{bmatrix} \begin{bmatrix} f_x \\ f_y \\ m_z \end{bmatrix} = \frac{1}{E} \begin{bmatrix} \dfrac{l}{A} & 0 & 0 \\ 0 & \dfrac{l^3}{3I} & \dfrac{l^2}{2I} \\ 0 & \dfrac{l^2}{2I} & \dfrac{l}{I} \end{bmatrix} \begin{bmatrix} f_x \\ f_y \\ m_z \end{bmatrix}$$

该柔度矩阵建立在线弹性梁的变形特性基础上, 可以通过求取单个力或力矩作用下梁的变形来验证矩阵中的参数。

9.4.1 柔度椭圆与瞬心

一种简单且直观的柔性模块表征方法是: 只在外力而无力矩作用下, 考察柔性模块末端的平动位移。如果将一个单位力从不同方向施加在一个点上, 就能确定出该点的最大方向量。在上述悬臂梁的例子中, 很容易确定出是 y 向。

更一般地, 可以在一个点上施加一个单位力圆, 该单位力圆通过柔度矩阵可以变换为一个位移椭圆[1], 又称作柔度椭圆 (compliance ellipse), 如图 9.4 所示。椭圆的长半轴和短半轴分别表示主线柔度方向 ($\boldsymbol{PCV}_t$) 和主线刚度方向 ($\boldsymbol{PSV}_t$)。可以发现椭圆轴实质上就是 $\boldsymbol{C}_{2\times2}$ (矩阵 $\boldsymbol{C}$ 左上角的 2×2 子矩阵) 的特征向量。对应较大特征值的特征向量为 $\boldsymbol{PCV}_t$, 而另一个特征向量是 $\boldsymbol{PSV}_t$。

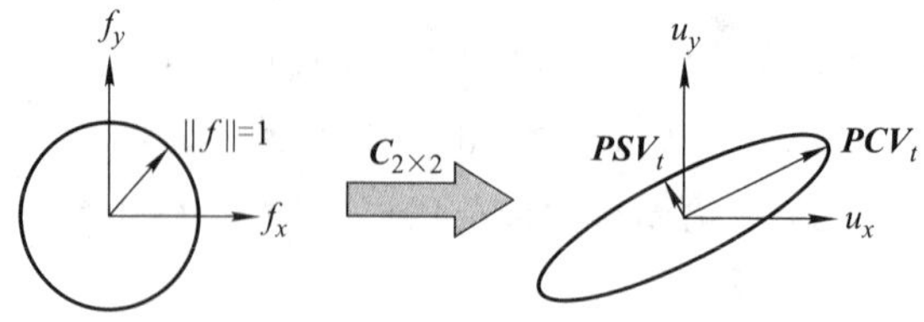

图 9.4 单位力圆被映射为位移椭圆

9.4.1.1 实例1: 悬臂梁的 $\boldsymbol{PCV}_t$

悬臂梁的柔度椭圆如图 9.5 所示。毫无疑问, 其主柔度向量 $\boldsymbol{PCV}_t$ 沿 y 向, 这意味着梁沿 y 向最容易弯曲。在实际应用中, 梁的柔度椭圆退化成一条直线, 因为它的短半轴比长半轴小几个数量级, 也就是说, 梁沿轴向具有很大的刚度。

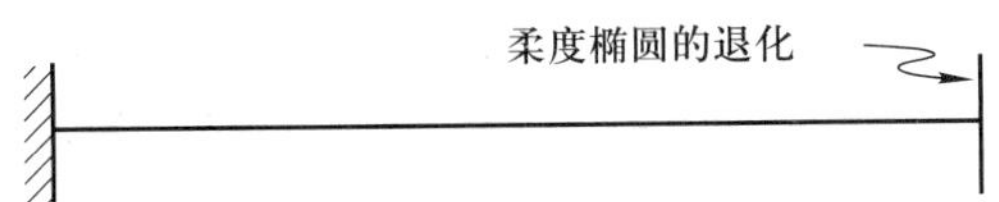

图 9.5 悬臂梁的柔度椭圆退化为一条直线, 因为其横向柔度远大于轴向柔度

9.4.1.2 实例2: 柔顺四杆模块的瞬心

C4B 的运动学特性可通过 "确定每根柔性连架杆的 $\boldsymbol{PCV}_t$ 对机构输入和输出所产生的约束效果" 来表征。如果假设连杆的刚度相对较大 (看作是刚性梁), 就可以确定出连杆的瞬心 (instant center), 具体如图 9.6 所示, 进而可以用几何效益 (geometric advantage) 表示输入输出位移之间的关系: $GA = \dfrac{u_{\text{out}}}{u_{\text{in}}} = \dfrac{l_{\text{out}}}{l_{\text{in}}}$。

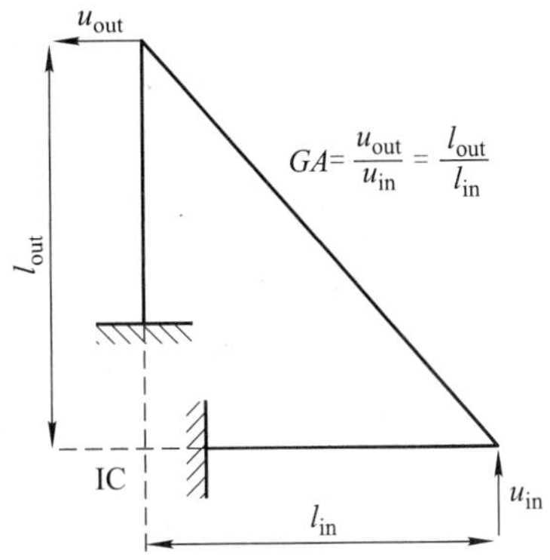

图 9.6 连杆的瞬心 (IC) 在分别垂直于 u_{in} 和 u_{out} 的两条直线的交点上

9.4.2 柔度椭球

9.4.2.1 描述

柔度椭圆主要用来描述线柔度和线刚度, 它将载荷限定为纯力。然而, 即使在纯力载荷作用下, 所产生的位移也包含平移和转动两种成分。柔度椭球 (compliance ellipsoid) 不同于柔度椭圆, 它可以描述力与力矩同时作用下所产生的位移。

直接在柔度矩阵 $\boldsymbol{C}$ 上使用标准的矩阵分解方法是不可行的。这是因为, 要通过 $\boldsymbol{C}$ 将广义力向量 $\boldsymbol{F} = [f_x\ f_y\ m_z]$ 转化为广义位移向量 $\boldsymbol{U} = [u_x\ u_y\ \theta]$, 由于 $\boldsymbol{F}$ 的单位是 $[F\ F\ FL]$, 而 $\boldsymbol{U}$ 的单位是 $[L\ L\ 0]$, 柔度矩阵必然会将 $\boldsymbol{F}$ 转化为一个类型完全不同的向量。

为了解决这一矛盾, 引入正则化的长度 l, 从而将 m_z 与 f_x 和 f_y、θ 与 u_x 和 u_y 联系起来:

$$\boldsymbol{U}=[u_x\ u_y\ \theta]=[u_x\ u_y\ u_\theta/l]$$

$$\boldsymbol{F}=[f_x\ f_y\ m_z]=[f_x\ f_y\ lf_m]$$

通常, 将 l 用作模块尺寸的标称长度。重写载荷 – 位移关系式, 有

$$\boldsymbol{U}=\begin{bmatrix}u_x\\u_y\\\dfrac{u_\theta}{l}\end{bmatrix}=\boldsymbol{CF}=\boldsymbol{C}\begin{bmatrix}f_x\\f_y\\lf_m\end{bmatrix}$$

$$\begin{bmatrix}1&0&0\\0&1&0\\0&0&\dfrac{1}{l}\end{bmatrix}\begin{bmatrix}u_x\\u_y\\u_\theta\end{bmatrix}=\boldsymbol{C}\begin{bmatrix}1&0&0\\0&1&0\\0&0&l\end{bmatrix}\begin{bmatrix}f_x\\f_y\\f_m\end{bmatrix}$$

$$\Rightarrow\tilde{\boldsymbol{U}}=\begin{bmatrix}u_x\\u_y\\u_\theta\end{bmatrix}=\begin{bmatrix}1&0&0\\0&1&0\\0&0&l\end{bmatrix}\boldsymbol{C}\begin{bmatrix}1&0&0\\0&1&0\\0&0&l\end{bmatrix}\begin{bmatrix}f_x\\f_y\\f_m\end{bmatrix}=\tilde{\boldsymbol{C}}\tilde{\boldsymbol{F}}$$

正则化的柔度矩阵 $\tilde{\boldsymbol{C}}$ 可以将 $[\tilde{\boldsymbol{F}}]=[F\ F\ F]$ 转化成 $[\tilde{\boldsymbol{U}}]=[L\ L\ L]$。由于单位一致, 这一变换可用传统的矩阵方法进行分解。

$\tilde{\boldsymbol{C}}$ 将单位力球转化为一个柔度椭球 (图 9.7)。该椭球的 3 个半轴对应于 $\tilde{\boldsymbol{C}}$ 的特征值和特征向量, 此处将它们称为主柔度向量 (***PCV***)、次柔度向量 (***SCV***) 和第 3 柔度向量 (***TCV***), 如图 9.7 所示。***PCV*** 是主位移方向, 而 ***TCV*** 是主约束方向。

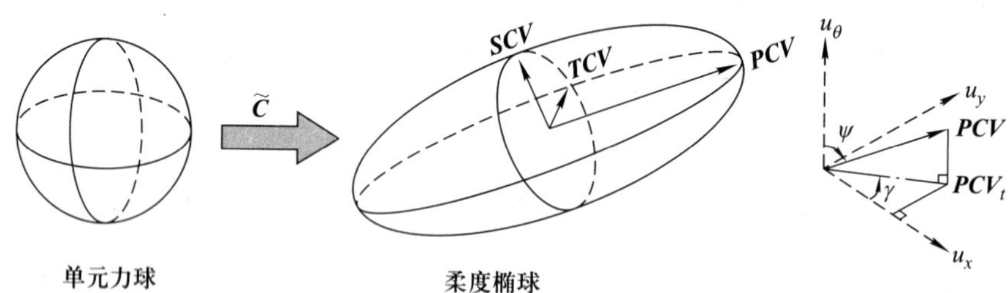

图 9.7 正则化柔度矩阵将单位力球转化为柔度椭球。主柔度向量 (***PCV***) 的方向可以用两个角度 (ψ,γ) 来描述

标识柔度椭球的 3 个最主要特征参数包括:

(1) $\gamma : u_x$ 轴与 ***PCV*** 在 $u_x - u_y$ 平面上的投影之间的夹角。

(2) $\psi : u_\theta$ 轴与 ***PCV*** 的夹角。ψ 反映了 ***PCV*** 中转动分量与平移分量间的耦合情况。当 $\psi\to 0^\circ$ 时, ***PCV*** 变为纯转动。相反, 当 $\psi\to 90^\circ$ 时, ***PCV*** 变为纯平移。

(3) $n_2:|\boldsymbol{SCV}|$ 与 $|\boldsymbol{PCV}|$ 的比值。这个比值反映了 $\boldsymbol{SCV}$ 比 $\boldsymbol{PCV}$ 的刚度高多少。当 $n_2\to 0$ 时, $\boldsymbol{PCV}$ 为主自由度方向, 所有其他方向均被约束住了。

9.4.2.2 实例: 柔顺双杆组的柔度椭球

通过改变 2 个特征参数 $l_{2\text{norm}}$ 和 α, CDB 模块可以呈现出丰富的椭球特性。图 9.8 给出了特征参数 γ、ψ 和 n_2 的分布 (l_1=60 mm, l=10 mm), 图中的极坐标对应关系是 $(r,\theta)=(l_{2\text{norm}},\alpha)$。

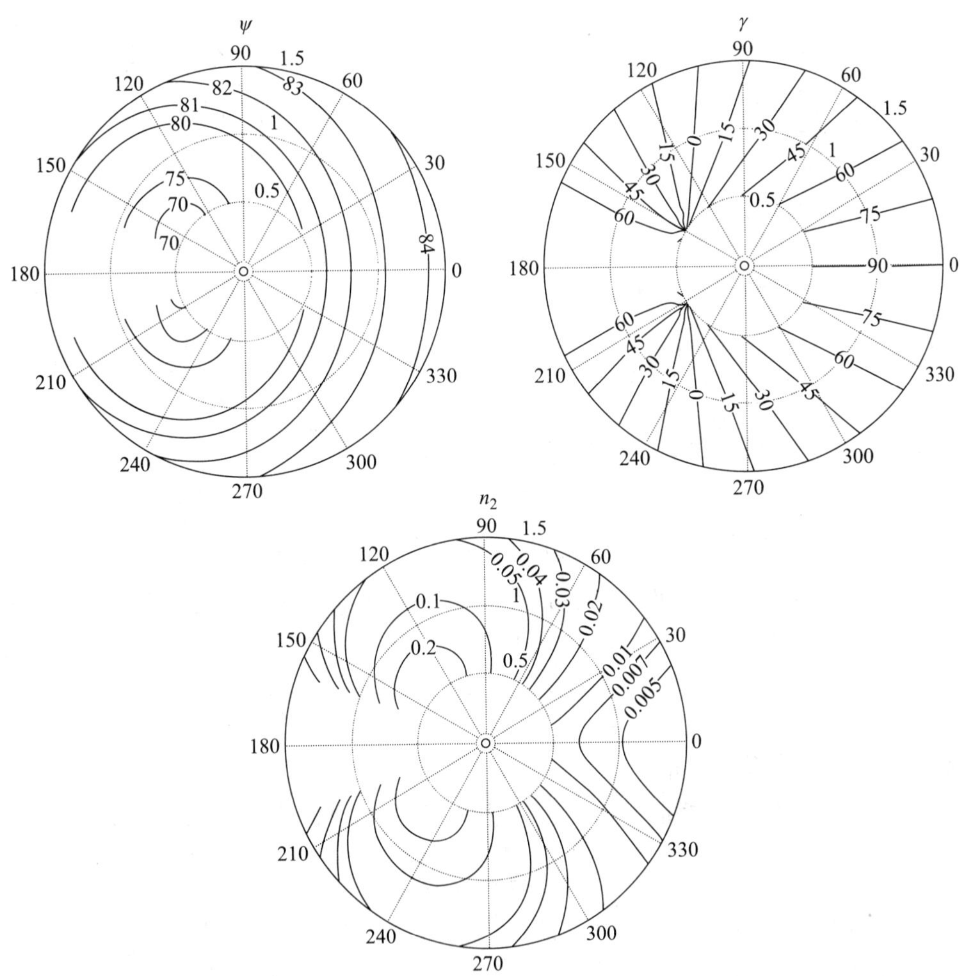

图 9.8 CDB(l_1=60 mm, l=10 mm) 的 ψ、γ 和 n_2 平面图。极坐标的对应关系:
$(r,\theta)=(l_{2\text{norm}},\alpha)$

随着 $|\alpha|$ 增大,CDB 表现得越来越不像梁的特性, $\boldsymbol{PCV}$ 中平移与转动的比值减小, 因此导致 ψ 降低。总之, 随着 $|\alpha|$ 增大, n_2 也会增大, 表明模块开始出现额外的自由度。

图 9.9 给出了 3 种不同几何参数的 CDB 模块及相应的椭球特征。直梁的特性

完全可以预见: $\boldsymbol{PCV}$ 的平移分量沿横向, $\boldsymbol{PCV}$ 包含了少许转动分量 ($\psi = 82.8°$); 此外, $\boldsymbol{SCV}$ 刚度是 $\boldsymbol{PCV}$ 刚度的 200 倍 ($n_2 = 0.005$)。随着 α 增大, 该特性发生显著的变化, 随着 n_2 增大主柔度方向的主导地位逐渐降低, 而随着 ψ 减小 $\boldsymbol{PCV}$ 中转动与平移的比值逐渐增加。可以从图 9.8 中的曲线和图 9.9 中的几个特定的 CDB 模块看到这样的趋势。

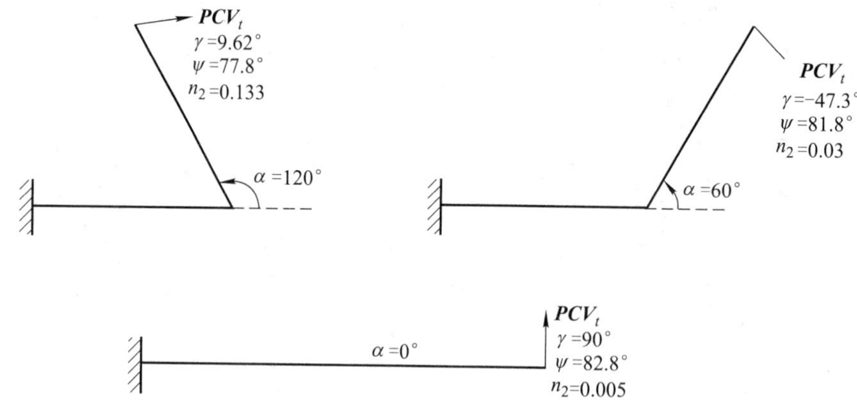

图 9.9　3 种不同几何参数下 CDB 几何及其柔度椭球特性 (l_1=60 mm, l= 10 mm)

9.4.3　特征运动旋量与特征力旋量

前一节介绍了用三维柔度椭球表示一点处的平面柔度特性的方法。不过, 任意选取的正则化长度在一定程度上影响了这种表示的数学稳健性。另一种表示, 即特征运动旋量 (eigentwist) 和特征力旋量 (eigenwrench), 可在不引入正则化长度的情况下, 从柔度矩阵中解耦出平移项与转动项。这种表示方法能更深刻地反映几何本质和功能特性, 也使得我们能够采用直观的几何实体实施模块法。

9.4.3.1 平移与转动的解耦

对特征运动旋量和特征力旋量的分解可归结为如下两个广义特征值表达:

$$\boldsymbol{CF} = a_f\tilde{\boldsymbol{\eta}}\boldsymbol{F}$$

$$\boldsymbol{KU} = k_g\tilde{\boldsymbol{\xi}}\boldsymbol{U}$$

式中, $\boldsymbol{C}$ 和 $\boldsymbol{K}$ 分别是柔度和刚度矩阵; $\boldsymbol{U}$ 和 $\boldsymbol{F}$ 是广义位移和力向量。$\tilde{\boldsymbol{\eta}}$ 和 $\tilde{\boldsymbol{\xi}}$ 分别将柔度和刚度矩阵中的平移项和旋转项作正则化处理, 它们可写成如下形式:

$$\tilde{\boldsymbol{\eta}} = \begin{bmatrix} \boldsymbol{I} & 0 \\ 0 & 0 \end{bmatrix}, \quad \tilde{\boldsymbol{\xi}} = \begin{bmatrix} 0 & 0 \\ 0 & 1 \end{bmatrix}$$

式中, $\boldsymbol{I}$ 为单位矩阵。特征值 a_f 中仅包含移动柔度参数, 而特征值 k_g 中仅包含转动柔度值。

9.4.3.2 特征运动旋量和特征力旋量的参数描述 [3]

尽管上述分解方法能够将柔度矩阵中的平移项和旋转项成功分离出来，但还是有必要在相关参数与机构的几何尺寸之间建立起对应关系，以保证这种表示的物理含义。Krishnan 等在文献 [3] 中详细讨论了如何从特征运动旋量和特征力旋量表达中获得这些参数。下面是对这些参数的简要介绍。

(1) **弹性中心** (center of elasticity): 平面几何体的一个重要特点是存在一个独一无二的称之为弹性中心的点，在这一点处移动与转动是解耦的。假设输入与弹性中心刚性连接，则在弹性中心 (CoE) 处施加任意力只会产生纯平移运动，而施加任意弯矩只产生纯转动。因此,CoE 与输入之间的距离 (r_{E}) 和方位角 ($\beta+\delta$) 是表征柔度的基本几何参数，如图 9.10a 所示。图 9.10d 画出了不同杆长比和角度下柔顺双杆组模块的距离 r_{E} 与杆长的比值曲线。必须指出的是，当 $r_{\mathrm{E}}=0$ 时,CoE 与输入重合，平移柔度与转动柔度之间是自然解耦的。

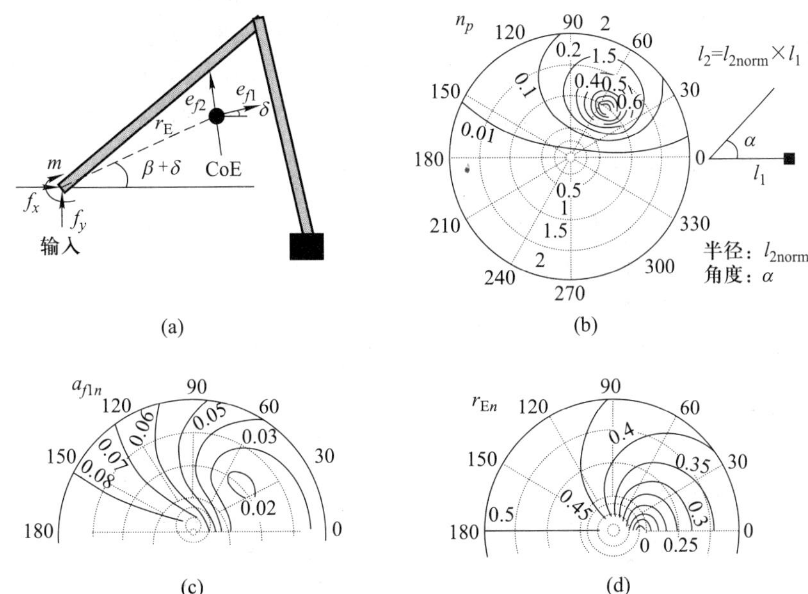

图 9.10 柔顺双杆组的特征运动旋量和特征力旋量参数，以及它们随双杆组几何参数变化的曲线

(2) **平移柔度** (translational compliance): 在 CoE 处，存在两个相互垂直的方向，沿这两个方向施加任意力都只产生同方向的纯平移运动。两个方向中一个是柔度方向，另一个是刚度方向。柔度方向通过一个与水平方向的夹角 δ 来表示，相应的柔度由 a_{f1} 给出。类似地，刚度方向的柔度由 a_{f2} 给出。图 9.10b 画出了参数 $n_p=a_{f2}/a_{f1}$ 随双杆组的角度 α 和长度比 $l_{2\mathrm{norm}}=l_2/l_1$ 的变化曲线。对于不同的柔顺双杆组几何参数，图 9.10c 画出了经 l^3/EI 正则化后 a_{f1} 的变化曲线。

(3) **特征旋转刚度** (eigenrotational stiffness) k_g: 该参数表示 CoE 处转过一个单

位角度后所产生的反向弯矩。特征旋转刚度可以表示成抗弯刚度 EI 与总杆长 l_1+l_2 的比值, 其中 I 是截面的惯性矩, E 是材料的杨氏模量(弹性模量)。

因此, 柔度完全可以用特征运动旋量和特征力旋量来表征, 具体涉及 6 个与几何尺寸相关的参数 (r_{E}、β、δ、a_{f1}、a_{f2} 和 k_g)。对具体问题而言, 虽然这些参数本身并不能提供有价值的分解信息, 却在开展模块法综合方面迈出了关键一步。为了实现模块法综合, 我们为这些参数提供了一种图形化表示。Krishnan 等在文献 [3] 中讨论了如何从柔度矩阵和刚度矩阵获取这种图形化表示。

9.4.3.3 柔度的图形化表达

输入端的柔度矩阵中, 左上角的 2×2 子阵表示平移项, 它可以用一个长半轴 a_{f1} 与水平方向夹角为 δ 的椭圆来表示, 如图 9.11a 所示。该椭圆表示的是弹性中心处的柔度。将其映射回输入端, 还需要加上一个退化的椭圆 (一条线, 其长度是 r_{E}^2/k_g, 与水平方向的夹角是 $\beta+\delta$)。非对角线上的两项 C_{13} 和 C_{23} 可以描述成一个耦合向量, 表示平移与转动之间的耦合程度。C_{33} 项是转动刚度的倒数 $(1/k_g)$。与之类似, 输入端的刚度可以表示为柔度椭圆的逆和一个刚度耦合向量, 如图 9.11b 所示, 刚度耦合向量的大小和方向角分别为

$$S_c=\frac{1}{a_{f1}}\left(\frac{1}{n_p^2}\cos^2\beta+\sin^2\beta\right)$$

$$\gamma=\arctan\left[\frac{1-n_p}{(1-n_p)\cos 2\beta+1+n_p}\right]$$

式中, $n_p=a_{f2}/a_{f1}$。

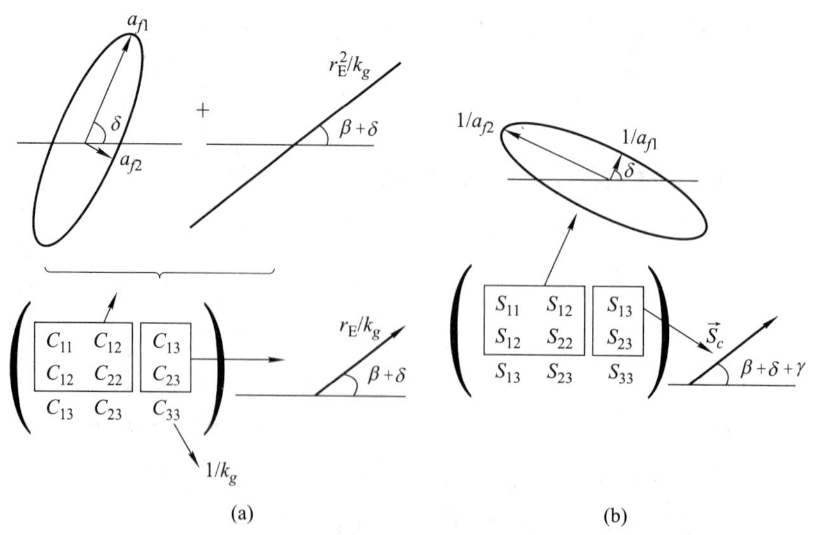

图 9.11 柔度矩阵与刚度矩阵的图形化表达

9.4.3.4 串并联组合的图形化表达

前一节给出了一种用特征运动旋量与特征力旋量参数图形化表示某点处柔度的方法。但是, 这种表示本身并不能提供有价值的分解信息。真正对综合有用的分解只有两种: 把问题分解成相互串联或者相互并联的子问题。因此下面介绍用柔度的图形化表达来描述串并联组合。

1. 串联组合

考虑图 9.12a1 中两个串联在一起的模块 BB1 和 BB2。这种串联组合的形式决定了两个模块的耦合向量要相加。但在 BB1 上串联模块 BB2 后, 输入从前者变为后者, 因此需要从输入点 I_{p2} 计算 BB1 的耦合向量 $\vec{c}_n = r_I/k_{g1}$。这一过程如图 9.12a2 所示。

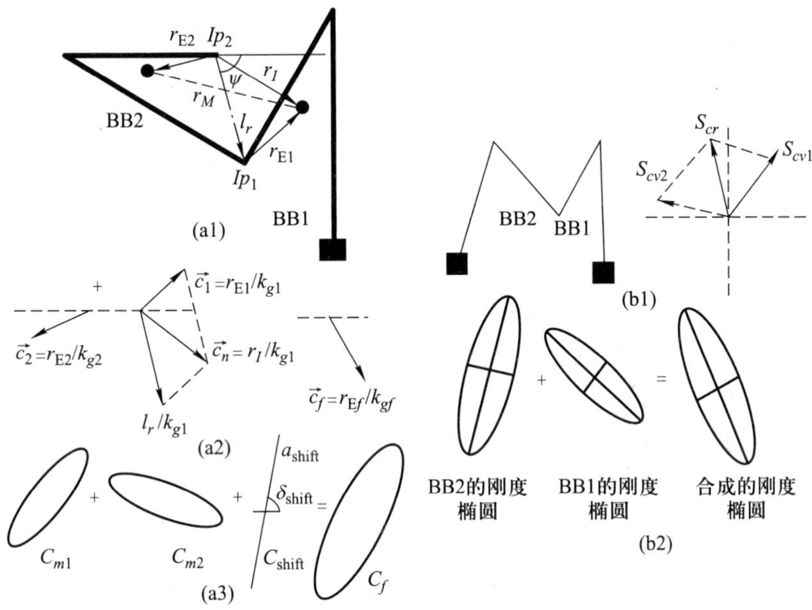

图 9.12 串并联组合的图形化描述

串联组合中每个模块的柔度椭圆也要相加。由于每个模块的柔度椭圆是在其各自 CoE 处计算得到的, 因此还需要加上一个退化椭圆 a_{shift}, 以计入两模块 CoE 间的距离。

$$a_{\text{shift}} = \frac{r_m^2}{k_{g1} + k_{g2}}$$

退化椭圆垂直于两模块的 CoE 间的连线, 具体如图 9.12a3 所示。

2. 并联组合

当两个模块并联组合时, 它们的刚度椭圆和刚度耦合向量相加, 如图 9.12b 所示。由于模块在同一点 (均为输入点) 连接, 因此无须像串联组合那样加一个偏置 (退化) 椭圆。

9.5 分解方法与设计实例

9.4 节介绍的表示方法能够凸显出柔顺机构及其组成模块的功能特性。不过，这些表示的真正用途在于帮助我们完成**功能分解** (functional decomposition)。功能分解是指将想要的机构功能分解为几个容易处理的子问题，每个子问题都能够很容易地用现有的模块来实现。这一节将介绍几种实现机构功能分解的方法，这是实施系统的模块设计综合的前提。我们鼓励读者通过阅读参考文献 [1-4] 来深入学习这些分解方法。

9.5.1 单点机构[3]

特征运动旋量和特征力旋量参数使人们能够用柔度椭圆和耦合向量对某一点处的柔度 (矩阵) 进行几何化表示：模块的几何尺寸与柔度参数之间存在直接的映射关系；此外，将模块串并联组合描述成矢量和椭圆的求和，可以帮助人们更有效地实现问题分解。不过这里存在一个前提，就是要用这些几何参量来表示问题的具体设计指标。下面的例子可展示上述表示和分解方法的使用。

9.5.1.1 设计实例1：基于视觉的力传感器

在微观和介观尺度下，自动化操作任务迫切需要能够在各种环境下工作的高精度传感器，这些环境条件下传统的压电式和压阻式传感器已经不再适用。一种成本低廉的解决方案是采用柔顺机构，将它与驱动器串联集成在一起。当驱动器的输出力作用在待操作物上时，柔顺机构会相应产生变形，变形的大小和方向与作用力的大小存在确定的关系。希望该平面式传感器沿平面内任意作用力方向具有相等的刚度，也就是说柔度椭圆是个圆。进一步将目标定位为设计一个柔度值为 0.15 mm/N 的柔顺机构，该机构用 10 mm 厚的弹簧钢板制成。此外，为了便于目测读数，该机构必须在力作用下输出纯平动，在弯矩作用下输出纯转动。这一要求正好与零耦合向量相对应。下面首先通过两个模块的串联组合来满足上述问题的设计要求。

1. 串联组合步骤

(1) 将问题的设计指标图形化。上述问题的设计指标可以表示成一个圆形的柔度椭圆和长度为零的耦合向量，如图 9.13a 所示。

(2) 估算特征转动刚度。特征转动刚度反映的是机构对力矩荷载的响应。如果问题中没有指定特征转动刚度，可以根据应力方面的考虑和机构尺寸选择合适的值，细节可参见 Krishnan 等在文献 [3] 中的讨论。基于这样的考虑，将特征转动刚度值设定为 3.75×10^4 N·mm。为使问题简化，进一步假设两个模块具有相同的特征转动刚度，即 $k_{g1} = k_{g2} = 7.5 \times 10^4$ N·mm。

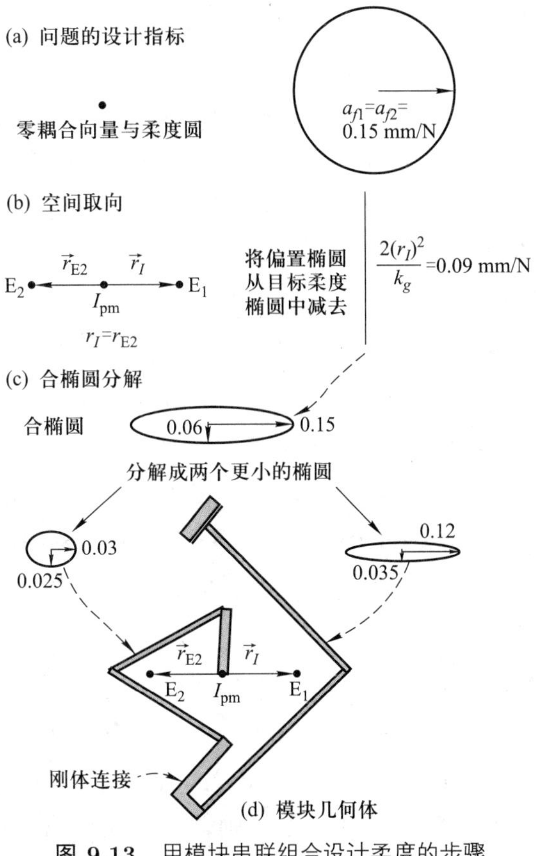

图 9.13 用模块串联组合设计柔度的步骤

(3) 确定弹性中心的空间位置。对于该问题而言, 由于耦合向量的大小必须为 0, 两个模块的耦合向量必须大小相等、方向相反。由于耦合向量沿着连接输入与弹性中心 (CoE) 的直线方向, 两个模块的弹性中心到与输入的距离必须相等, 具体如图 9.13b 所示。

(4) 确定合椭圆。之前看到, 串联组合后除了要加上一个幅值正比于弹性中心距离的偏置椭圆 (shift ellipse), 即退化椭圆之外, 还要加上每个模块的柔度椭圆。在前一步中已经确定了弹性中心的位置, 这一步就要确定这个偏置椭圆, 如图 9.13b 所示。需要注意的是, 必须保证偏置椭圆的幅值小于所设计的柔度椭圆的幅值。在本例中, 选择 $r_{E2} = r_I$=60 mm 得到的偏置椭圆幅值为 0.09 mm/N, 远小于问题中所要求的 a_{f1} 值。

(5) 合椭圆的分解。从所要设计的柔度椭圆中减去偏置椭圆, 得到图 9.13c 所示的合椭圆。合椭圆可以进一步分解为两个与单个模块相对应的小椭圆。为了简单起见, 所选取的两个模块对应的柔度椭圆与合椭圆具有相同的方位角。与这些模块对应的双杆组尺寸将在下一步中选取。在实践中, 为了满足机构的尺寸要求, 避免两模块间单元重叠以及尽量缩减连接两模块所需刚体单元的数量和尺寸, 这两步在实际操作中往往需要不断反复, 以得到最佳的分解方案。

(6) 模块的设计与组合。每个模块的几何尺寸 ($l_{2\mathrm{norm}}$ 和 α) 是根据图 9.10b 中给出的次、主特征柔度间的比值 n_p 来确定的。两个椭圆对应的双杆组的参数选为 $l_{2\mathrm{norm}}=1$、α 分别为 57° 和 87°。通过由图 9.10c 确定的两个椭圆的正则化特征柔度值, 可以设计双杆组的杆截面与杆长来满足实际的特征柔度和特征转动刚度值。图 9.13d 给出了最终的双杆组, 在布置上保证它们的弹性中心处于第 3 步确定的位置上。如果模块的端部不在一起, 就要用一个刚体单元将它们连起来。此外, 还需要一个刚体单元来连接输入点与第一个双杆组的输入端。最终得到的机构设计沿两个方向具有相同的刚度, 且平移柔度与转动柔度完全解耦。通过不断重复第 5 步和第 6 步, 可以找到完全不需要刚体连接单元的最佳模块尺寸。

虽然只依靠模块的串联组合就可以获取任意的柔度设计要求, 但所得机构的弹性中心总是被局限在能够包括整个机构的最小矩形内[3]。这会限制输入周围的可用空间。我们可以通过基本模块的串并联组合为弹性中心的布置获得更大的自由空间。

2. 并联组合步骤

在并联组合过程中, 各个模块的刚度耦合向量和椭圆可直接相加而无须使用偏置椭圆。对于这个例子而言, 所需的圆形刚度椭圆和等于零的耦合向量可通过组合两个对称的子机构获得。如果两部分对称布置的话, 耦合向量等值反向就相互抵消了。而且, 如果子机构具有相等或圆形柔度, 则它们的刚度耦合向量的方位角与柔度耦合向量相同, 即$\gamma=0$。具有圆形柔度的子机构可以依照第 3 步中任意弹性中心位置的串联组合获得。图 9.14a 给出了这样的子机构。刚度耦合向量的方位角可以通过旋转子机构使其与水平线呈一定角度 θ 来改变, 如图 9.14 所示。这样就可利用连接输入和弹性中心的刚性探头实现测量。机构的合刚度椭圆是两个模块椭圆之和。

9.5.1.2 设计实例2: 直线运动约束

在基于约束的设计方法中, 一段直梁可看作是具有两个自由度的柔性约束。但是, 直梁的两个自由度 (即横向位移和绕面外轴的转动) 之间存在明显的耦合, 也就是所谓的交叉轴误差 (cross-axis error)。平行四边形的构型可减小这种误差, 但理论上并不能完全消除。如图 9.15a 所示, 弹性中心 (刚度中心) 和输入之间有一定的距离, 这一距离反映了单位力作用下所产生的转动量。下面基于特征运动旋量和特征力旋量参数的设计方法, 给出一种能够在小位移情况下完全消除这种误差的设计。

如果要求在纯力作用下不产生转动, 最终设计的合成耦合向量应为 0, 即弹性中心 (刚度中心) 与输入重合。若使用两个模块, 它们的耦合向量会相互抵消。可以看到, 用刚体连接两根梁可使弹性中心处在输入位置上, 如图 9.15c 和 d 所示。为使设计变得更为稳健, 不妨采用对称构型, 如图 9.15e 所示。这种设计可用于 MEMS 悬

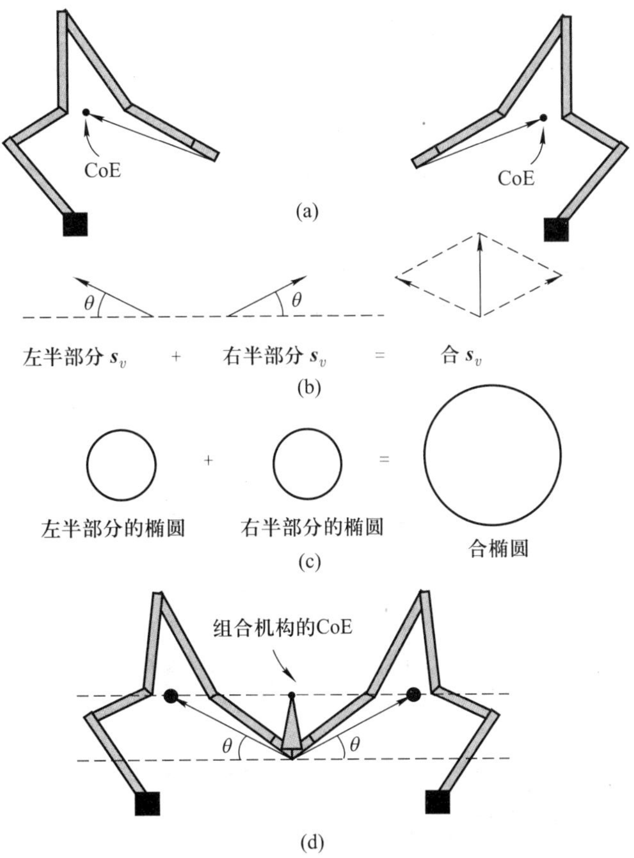

图 9.14 基于对称子机构的并联组合示意

挂装置, 或用作柔性 $X-Y$ 平台的基本模块。

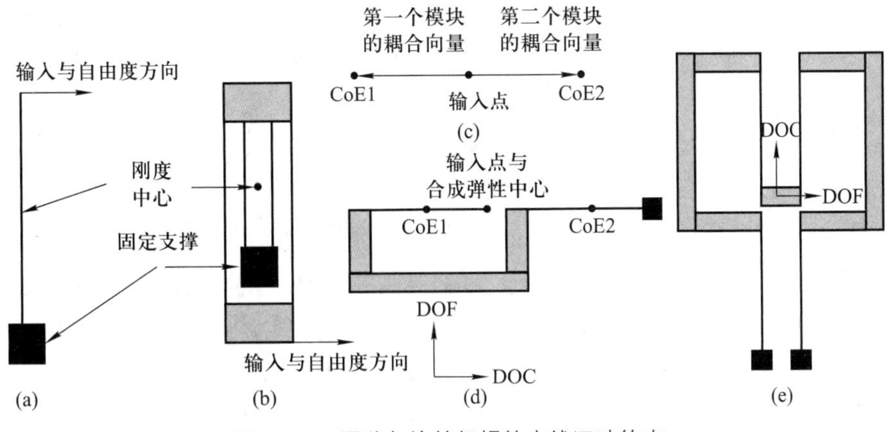

图 9.15 平移与旋转解耦的直线运动约束

9.5.2 运用柔度椭球设计多端口机构 [4]

特征运动旋量或者柔度椭球都可以用来设计载荷作用在单个点的约束问题。然而，设计包含多个端口的机构还需要在问题分解方面付出更多的努力。图 9.16a 示意了给定输入输出运动时单输入单输出 (SISO) 机构设计指标的一般性描述。这个问题可以分解为以下 3 个子问题: ① 输入约束; ② 中间子机构; ③ 输出约束 (图 9.16b)。其中输入约束和输出约束子问题可直接用柔度椭球或特征运动旋量参数表征的模块予以解决，但中间子机构的设计还需要额外的信息。

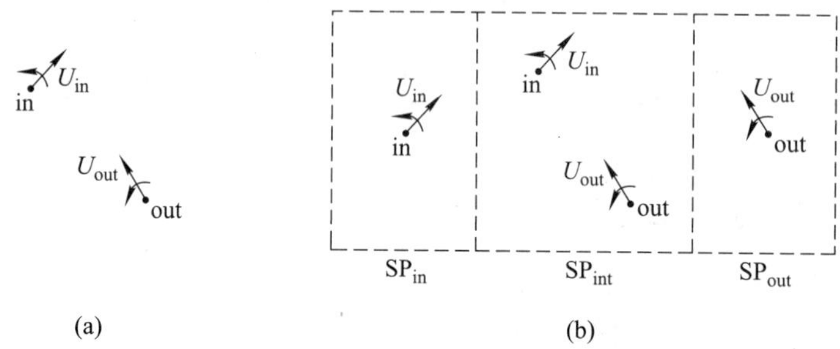

图 9.16 (a) 输入输出端的运动要求, (b) 将问题分解为输入约束、中间子机构和输出约束 3 个子问题

中间传动子机构的主要功能是在输入端和输出端之间传递载荷。一种可行的做法是让主刚度的方向与输出载荷的方向一致。需要注意的是，主刚度的方向平行于柔度椭球的 $\boldsymbol{TCV}$ 平动分量。将 $\boldsymbol{TCV}$ 与所期望的输出位移 U_{out} 之间的夹角定义为柔顺偏角 δ (compliant deviation angle)。设计中间子机构时，应保证 δ 最小。

将问题分解为输入、输出约束和中间传动 3 个子机构，这种处理方法也适用于比图 9.16 所示的 SISO 问题更为复杂的问题，例如设计一个双输入单输出机构 (DISO)。这种 DISO 柔顺机构由于采用两个不同的输入作为驱动，因此可以实现更为复杂的运动输出。一个 DISO 的运动要求包含有两种载荷情况，每种情况下，两个驱动器中的一个工作而另一个固定 (图 9.17)。在实际应用中，两个驱动器也可同时驱动，以产生一定的输出运动轨迹。

图 9.18 给出了 DISO 问题的一种分解方案。输出约束子问题 (SP_{out_1}, SP_{out_2}) 与内部机构子问题 (SP_{int_2}, SP_{int_1}) 是重叠的，这些模块必须既充当约束子机构又充当传动子机构。这些子问题的解决方法是统一的，这一点很重要。约束子问题 (SP_{out_1} 和 SP_{out_2}) 要求输出约束的 $\boldsymbol{PCV}$ 与期望的输出方向平行，即

$$\text{BB}_1 : \boldsymbol{PCV} \| \boldsymbol{U}_{\text{out}_1}$$

$$\text{BB}_2 : \boldsymbol{PCV} \| \boldsymbol{U}_{\text{out}_2}$$

模块 BB_1 和 BB_2 还要为 SP_{int_2} 和 SP_{int_1} 传递位移。为了有效地向输出端传递位移，

(a) DISO的运动要求

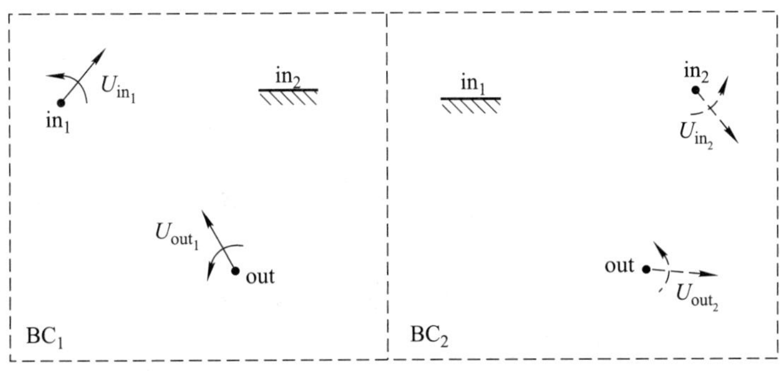

(b) SISO子问题的边界条件

图 9.17 DISO 的运动要求和载荷条件

这两个模块的主刚度方向 ($\boldsymbol{PSV}$ 或 $\boldsymbol{TCV}$) 必须与对应的期望输出方向平行, 即

$$\text{BB}_1 : \boldsymbol{TCV}_{\text{int}_2} \| \boldsymbol{U}_{\text{out}_2}$$

$$\text{BB}_2 : \boldsymbol{TCV}_{\text{int}_1} \| \boldsymbol{U}_{\text{out}_1}$$

也就是说, 两个模块必须满足以下条件:

$$\text{BB}_1 : \boldsymbol{PCV} \| \boldsymbol{U}_{\text{out}_1} \text{且 } \boldsymbol{TCV}_{\text{int}_2} \| \boldsymbol{U}_{\text{out}_2}$$

$$\text{BB}_2 : \boldsymbol{PCV} \| \boldsymbol{U}_{\text{out}_2} \text{且 } \boldsymbol{TCV}_{\text{int}_1} \| \boldsymbol{U}_{\text{out}_1}$$

在下面的设计实例中将展示这种分解方案。

9.5.2.1 设计实例: 双输入夹钳

在这个问题中, 希望设计一款差分夹持机构 (differential gripping mechanism), 该机构在两个不同的输入点处进行驱动, 可以输出两种可能的运动。期望的运动和可用的设计空间如图 9.19 所示。两个输入运动都沿 x 方向。两个期望的输出是

$$\vec{u}_{\text{out}_1} = 10\text{e}^{-\text{i}90^\circ}\,\text{mm}$$

$$\vec{u}_{\text{out}_2} = 10\text{e}^{-\text{i}160^\circ}\,\text{mm}$$

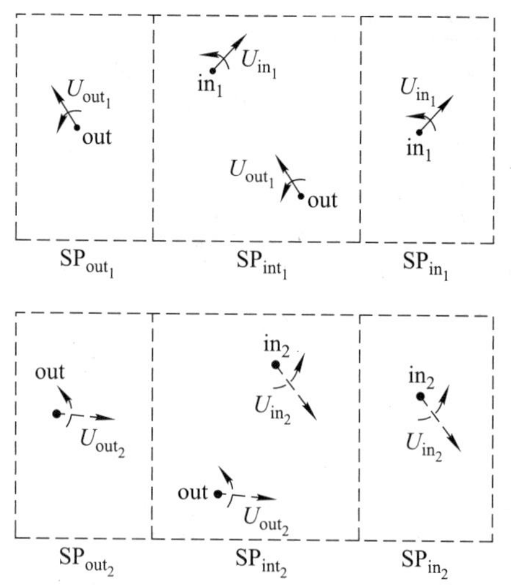

图 9.18 DISO 问题的分解方案

这个问题虽然没有特别规定输出位移中的转动量，但限定了各种载荷情况下每输出 10 mm 的直线位移所产生的最大转角为 15°。下面将运动要求转化为期望的椭球特性。

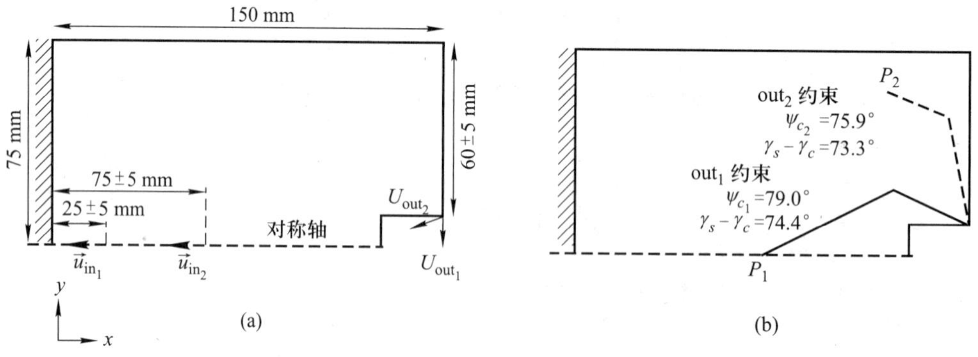

图 9.19 (a) 差分夹钳的运动要求，(b) 输出约束的选取亦为相应的内部传动子问题提供承载

1. 输出约束与中间子机构

针对每种载荷情况的输出约束，将上述 DISO 问题分解为两个子问题 (SP_{out_1} 和 SP_{out_2})。两个输出约束同时还要充当中间传动子机构 (SP_{int_1} 和 SP_{int_2})。所选模块必须既能提供合适的约束，又能传递载荷 ($\delta_1 = 4.4°, \delta_2 = 3.3°$)。此处选用 CBD 模块来实现这些子问题。值得注意的是，不能直接将 in_1 与输出相连，所以在设计空间内选择了 P_2 点。

2. 连接 $input_1$ 与 P_2 的子机构

由于不能直接将 in_1 与输出相连，因此需要用一个满足运动要求的机构来连接 in_1 和 P_2。为此，计算出引起期望输出位移 U_{out_1} 的位移 U_{P_2}。由此得到一个新的 SISO 问题, 其中 U_{P_2} 是期望的输出位移, U_{in_1} 是所需的输入位移, 而中间传动机构负责在 in_1 与 P_2 之间传递载荷。所选模块如图 9.20 所示。需要注意的是, 两个输入端利用了机构的对称性, 以在输入端获得纯线刚度。

图 9.20 给出了最终机构在 input_1 驱动、input_2 固定时的有限元分析结果。最后, 通过快速成型得到的机构模型给出了两输入同时驱动的情形, 所产生的输出位移符合期望的 U_{out_1} 和 U_{out_2} (直线移动方向以及允许的转动)。

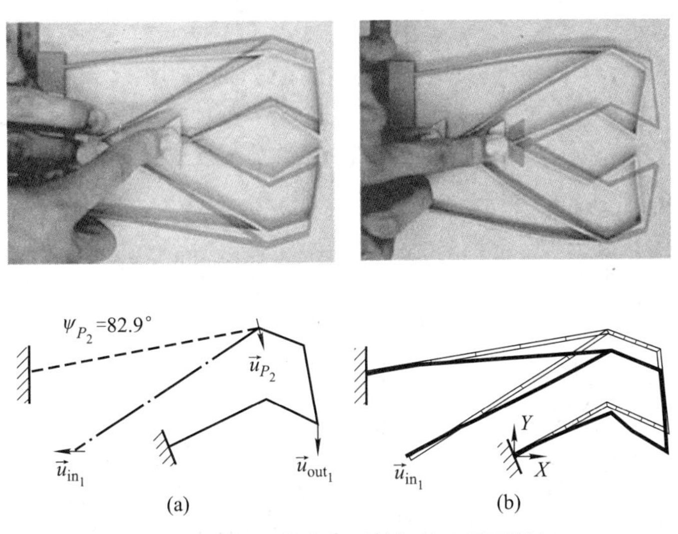

图 9.20　最终综合得到的机构及原型样机

9.5.2.2 小结

上述差动夹钳问题的求解过程虽然并不简单, 但所涉及的仍然是简单的分解原则。就像本节开始时所讲的, 涉及多端口的设计问题可以分解为输入约束、输出约束以及中间传动 3 个子机构。解决设计问题可能会用到串联和/或并联等多种形式, 但总的分解方法是不变的。

9.5.3　基于瞬心的位移放大机构 [1]

9.5.3.1 问题描述

柔顺机构在为非传统驱动器 (如 MEMS 静电、热驱动器以及压电叠堆驱动器) 提供位移放大方面非常有用。这种驱动器通常能产生较大的力但输出位移较小, 因此需要放大才能为大多数装置所用。许多柔顺位移放大机构由 C4B 和 CDB 模块构成。瞬心非常适于描述这些机构的位移。因此, 可用瞬心来分解位移放大问题。

图 9.21 给出了位移放大的运动要求: 输入与输出端的平移方向, 以及所期望的几何增益 (geometric advantage) $\mathrm{GA}=u_{\mathrm{out}}/u_{\mathrm{in}}$。

单个 C4B 模块无法解决位移放大问题。但将两个 C4B 模块串联起来, 就可以解

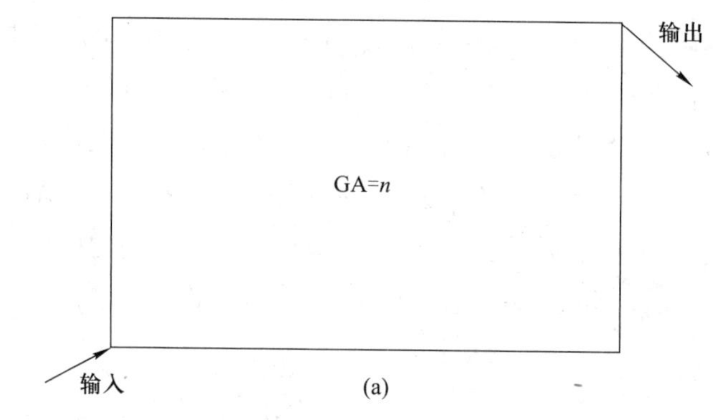

(a)

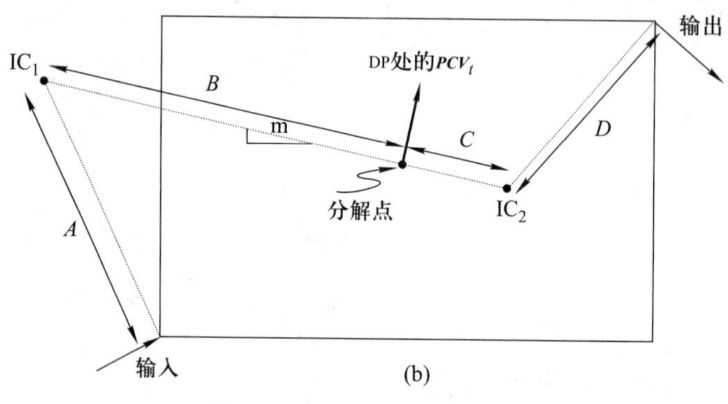

(b)

图 9.21 分解位移放大问题的策略

决任何位移放大问题。要做到这一点只需要在设计空间内选定两个 C4B 模块的连接点, 这个点称作分解点 DP。DP 处有一个平移方向可以输出所需要的 GA。图 9.21 中画出了 DP 处的平移方向 ($\boldsymbol{PCV}_t$)。输入方向和 DP 处的平移方向表明第一个 C4B 的瞬心位于 IC_1, 即垂直于输入和 DP 处平移方向的两条线的交点。IC_2 也可通过相似的方法找到。DP 处平移方向的选择需要满足以下关系:

$$\mathrm{GA} = \frac{B}{A}\frac{D}{C}$$

一般来说, 较明智的做法是限制单级的最大位移放大倍数为 GA=3。这是由于当放大倍数大于 GA=3 时, 将产生较高的应力或降低机构的承载能力。分多级进行位移放大的思路类似于通过轮系而不是一对齿轮来实现减速。

9.5.3.2 设计实例: 位移逆向机构

在这个例子中, 希望设计一种能将垂直方向的位移输入逆向并放大 4 倍后输出的机构 (图 9.22a)。所选的 DP 如图 9.22b 所示,DP 处的平移方向是水平的。相应的 C4B 模块如图 9.22c 所示。注意到两个模块共用了一个柔性梁, 因此在最终设计中要去掉其中的一个。

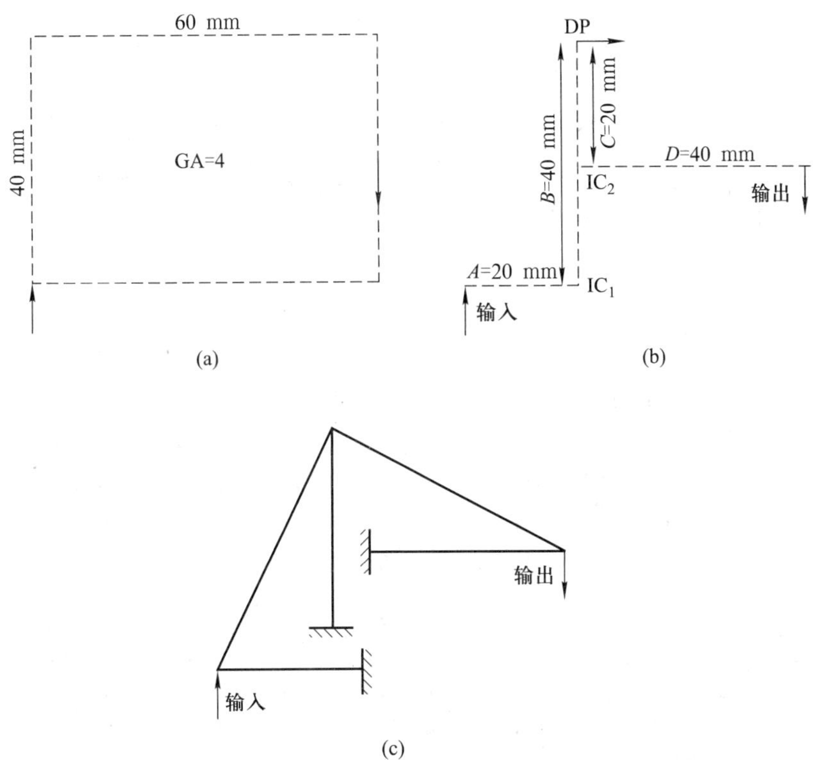

图 9.22 (a) 位移逆向放大机构的设计可以通过选择 (b) 合适的分解点和平移方向完成。(c) 最终机构满足初始运动要求

最终设计在所限定的尺寸范围内获得了所需的几何增益和输出位移方向。事实上, 如果选择其他分解点, 会得到多种具有相同功能但几何形状各异的柔顺机构。有趣的是, 上述机构所选的分解点实现了几何增益的等分。有关分解点的选择, 在参考文献 [1] 中有更加全面的阐述。

9.6 结论

本章主要向读者介绍了用于柔顺机构设计综合的模块法。可以看到, 仅用很少数量的基本模块就可以设计出大量不同类型的柔顺机构。此外, 给出了多种柔顺机构运动功能的表示形式 (如柔度椭球、特征运动旋量/特征力旋量参数、瞬心等), 以及将问题分解为若干更容易处理的子问题的方法。

总之, 本章介绍的方法可使设计者仅根据想要的机构功能来综合初始的柔顺机构。模块法强调整体设计中每个模块的特定功能, 以此来帮助加深对设计任务的理解。这种理解通过让设计者主动地参与整个过程, 辅助设计者有效地完成机构综合。此外, 这种理解还可以用在后面的其他问题中。

扩展阅读

本章简要地介绍了柔顺机构的模块化设计方法。有兴趣的读者还可以深入了解有关该方法的更多细节。除了本章引用的参考文献 (尤其是文献 [1-4]), 还为读者列出了若干可供进一步学习的论文和著作。

与柔度 (包括刚度中心) 的数学建模相关的文献:

[1] Lipkin, H., and Patterson, T., 1992, "Geometrical Properties of Modeled Robot Elasticity: Part I—Decomposition," ASME Design Technical Conference and Computers in Engineering Conference, Vol. 45, pp. 179-185.

[2] Lipkin, H., and Patterson, T., 1992, "Geometrical Properties of Modeled Robot Elasticity: Part II—Center of Elasticity, " ASME Design Technical Conference and Computers in Engineering Conference, Vol. 45, pp. 187-193.

[3] Loncaric, J., 1985, "Geometrical Analysis of Compliant Mechanisms in Robotics," Ph. D. thesis,Division of Applied Sciences, Harvard University.

有关分解方法的文献:

[1] Kim, C.J., 2005, "A Conceptual Approach to the Computational Synthesis of Compliant Mechanisms," Ph. D. thesis, University of Michigan.

[2] Krishnan, G., 2010, "An Intrinsic Geometric Framework for the Analysis and Synthesis of Distributed Compliant Mechanisms", Ph. D. thesis,University of Michigan.

模块法的柔顺机构设计案例:

[1] Hetrick, J. and Kota, S., 2003, "Displacement amplification structure and device", US Patent 6557436.

[2] Awtar, S., and Slocum, A.H., 2007, "Constraint-Based Design of Parallel Kinematic XY Flexure Mechanisms," *J. Mech. Des.*, **129**(8), pp. 816-830.

[3] Cappelleri, D.J., Krishnan, G., Kim, C.J., Kumar, V., and Kota, S., 2010, "Toward the Design of a Decoupled, Two-Dimensional, Vision-Based μN Force Sensor," *J. Mechanisms Robotics*, **2**, p.021010. 9 pages.

参考文献

[1] Kim, C., Kota, S., and Moon, Y. -M., "An instant center approach toward the conceptual design of compliant mechanisms," *J. Mechanical Design*, **128**, May 2006, pp. 542-550.

[2] Kim, C., Moon, Y. -M., and Kota, S. "A building block approach to the conceptual synthesis of compliant mechanisms utilizing compliance and stiffness ellip-

soids",*J. Mech. Des.* **130**, 022308(2008)(11 Pages).

[3] Krishnan, G., Kim, C., and Kota, S., "An intrinsic geometric framework for the building block synthesis of single point compliant mechanisms",*J. Mechanisms Robotics* **3**, 011001(2011).

[4] Kim, C., "Design strategies for the topology synthesis of dual input-single output compliant mechanisms", *J. Mechanisms Robotics* **1**, 041002(2009)(10 pages).

[5] Chiou, S. -J. and Kota, S., 1999, "Automated conceptual design of mechanisms," *Mech. Mach. Theory*, **34**,pp. 467-495.

[6] Otto, K. and Wood, K., 2001, *Product Design, Chapter 5: Establishing Product Function.* Prentice Hall, Upper Saddle River, NJ.

第四部分

柔顺机构图库

第 10 章　图库的组织

10.1　引言

本章[①]旨在说明本手册图库部分的组织方式和分类方法。图库组织的目标是以一种简便且直观的方式向读者展示各种柔性单元和柔顺机构的设计。为了实现这一目标，图库的分类方法沿袭了传统刚性机构分类技术，具体采用的是类似于阿尔托包列夫斯基 (Artobolevsky)[2] 所用的方法。该方法按照机构的功能进行分类，并为每个机构提供示意图及其特性的简要描述。

10.2　分类

分类的目的是让读者知道图库的组织方式，以便高效地访问某一特定条目或找到实现特定功能的条目。分类方案被划分为几个级别，分类方法又进一步划分为组、子组、类和子类，然后将柔顺设计合理地归到各个子类中。分类方案的完整层次结构如图 10.1 所示。

为了方便工程师使用，确定了两种柔顺机构分类体系：根据机构单元和机构进行分类。

10.2.1　机构的组成单元

柔顺机构的组成单元可定义为由柔顺和/或刚性段组成的、用以实现某一特定运动的系统。了解柔顺机构中的单元可以帮助工程师理解柔顺机构的工作方式以及这些单元的优缺点。此外，Berglund 等[3] 给出了用柔性铰链替换刚性铰链的基

① 见 ASME IDETC 论文集 [1]。

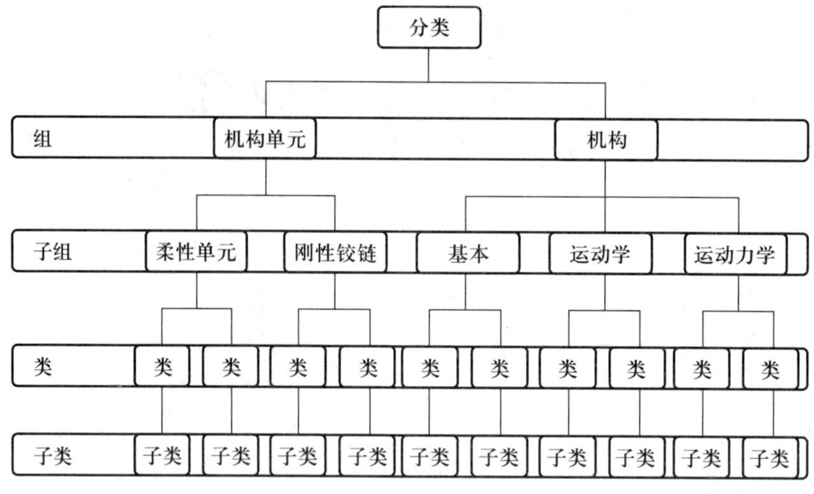

图 10.1　分类方法的层次结构

本方法和原则。柔顺机构单元的例子包括 Trease 等[4] 提出的大位移单元、Cannon 和 Howell[5] 提出的滚动接触柔性单元 (CORE)、Jacobsen 等[6] 提出的平板折展式扭转铰链 (LET) 以及 Goldfarb 和 Speich[7] 提出的裂筒式柔铰等。

机构单元组将划分为两个不同的子组, 然后进一步划分为不同的类, 现有的所有设计都可以归到这些类中。两个子组分别是柔性单元和刚性铰链。之所以将刚性铰链子类放入此类中, 是因为柔顺机构在实现其运动学和运动力学功能时不但会用到柔性单元, 也会用到刚性单元。特定的类概括了单元的功能特性。在某些情况下, 柔性单元的独特性还需要进一步分类, 这时还会将类进一步细分为子类。机构单元组后的子组以及后续的分类列于表 10.1 中。

表 10.1　机构单元组的子组和类

子组	类	代号
柔性单元 (FE)	• 梁	(FB)
	• 转动副	(FR)
	铰链	(FRH)
	剪式	(FRS)
	扭转式	(FRT)
	平板折展式	(FRL)
	• 移动副	(FT)
	平板折展式	(FTL)
	• 虎克铰	(FU)
	平板折展式	(FUL)
	• 柔性构件: 其他	(FO)
刚性铰链(RLJ)	• 转动副	(RR)
	• 移动副	(RP)
	• 虎克铰	(RU)
	• 刚性铰链: 其他	(RO)

10.2.2 机构

可将机构定义为由构件连接的多个刚体组成的、用以实现期望运动和/或力传递的系统。机构组可划分为运动学、运动力学和基本机构 3 个子组。主要用途为获得特定的运动、路径、方位或者其他定位关系的机构被划分到运动学子组。那些主要用于实现载荷 – 位移关系、能量存储或者其他力学或能量功能的机构被划分到运动力学子组。基本机构是那些运动学子组和运动力学子组都未覆盖的机构。柔顺机构中, 运动 (运动学) 和载荷 – 位移特性 (运动力学) 之间高度耦合, 不过, 人们设计的大多数柔顺机构的主要功能或者是实现预期的运动, 或者是满足某种载荷 – 位移特性。因此, 这些子组又进一步分为多个类, 用来对现有柔顺机构设计进行归类。如果需要进一步划分的话, 还可以将每个类细分成几个子类, 用于定义各自独特的机构特性。表 10.2 列出了机构组的子组及其细分的类。

表 **10.2** 机构的子组和类

子组	类	代号
基本机构 (BA)	• 四杆机构	(BF)
	• 六杆机构	(BS)
运动学 (KM)	• 平移	(TS)
	精密	(TSP)
	大运动空间	(TSL)
	正交	(TSO)
	• 旋转	(RT)
	精密	(RTP)
	大运动空间	(RTL)
	正交	(RTO)
	• 平移 – 旋转	(TR)
	精密	(TRP)
	大运动空间	(TRL)
	正交	(TRO)
	• 平行运动	(PM)
	精密	(PMP)
	大运动空间	(PML)
	• 直线运动	(SL)
	• 特殊运动路径	(UP)
	• 行程放大	(SA)
	• 空间定位	(SP)
	精密	(SPP)
	• 变胞	(MM)
	• 棘轮	(RC)
	• 锁	(LC)
	• 运动学: 其他	(KMO)

续表

运动力学(KN)	• 能量存储	(ES)
	夹钳	(ESC)
	• 稳态	(SB)
	双稳态	(SBB)
	多稳态	(SBM)
	• 恒力/常力	(CF)
	• 力放大	(FA)
	• 阻尼	(DP)
	• 模态	(MD)
	屈曲	(MDB)
	振动	(MDV)
	• 运动力学: 其他	(KNO)

10.2.3 分类方法的局限性

上述柔顺机构分类方法是基于现有刚性机构分类方法建立的, 因此难以对特殊的柔性单元和机构进行分类, 原因如下: ① 有些机构可能会归类到机构单元组中, 因为其特性类似于刚性单元; ② 有些机构没有按照它们的运动学和运动力学特性进行分类, 而是根据它们的主要特性; ③ 这一分类方法还需要不断扩展, 以包含那些现有方法无法涵盖的新机构或新单元。

10.3 柔顺机构图库

本节介绍图库的组织方式。

第 11、12 和 13 章是本手册的柔顺机构图库。每种设计都有一个参考编号和参考分类 (用以说明该设计所属的子组和类) 与之关联。参考编号包括设计所属的组和为其分配的编号 (例如 EM-#代表机构单元, 而 M-#代表机构)。第一个参考分类标明了所属子组, 之后第二个参考分类指示了所属的类。参考分类的子组和类对应的索引见表 10.1 和表 10.2。索引的前两个字母指示了所属的类, 第三个字母 (如果有的话) 表示所属的子类 (例如, FR 指的是柔性转动副类, FRH 指的是柔性转动副类的铰链子类)。

每种设计都通过图表的形式直观地传递相关的信息, 帮助工程师快速识别单元或机构以及相应的特性。每个图表包括参考编号 (在图表的左上角)、名称 (上边正中)、参考分类 (右上角)、图 (左下角)、设计描述 (列于右侧, 如果有更多信息可供参考, 描述中会给出相应的参考文献)、图的描述 (以枚举形式列于右侧下方), 具体如图 10.2 所示。

单元或机构的参考编号#	名称	子组类
图 1 (1)	单元或机构的概述。若有更多信息可供参考，则给出相应的参考文献	
图 2 (2)	(1) 单元或机构示意图。如果制造信息很重要的话，示意图会以制造布局图的形式画出 (2) 显示单元或机构的变形形态	

图 10.2 柔顺机构图库的模板

10.4 结论

很多工程师对柔顺机构的功能、应用、实现以及它们的优点并不熟悉。目前尚未见到其他带有分类方法的柔顺机构图库，用以帮助工程师为某一设计找到可用的柔顺机构。编撰本手册的主要目的就是为了增进设计者对柔顺机构的了解，并帮助他们为特定的应用找到合适的机构。

本图库是创建这类资源库的首次尝试。图库的组织方式将便于工程师根据功能和构型获得所期望的柔顺机构设计。

参考文献

[1] B.M. Olsen, J.B. Hopkins, L.L. Howell, S.P. Magleby, and M. L. Culpepper, “A proposed extendable classification scheme for compliant mechanisms,” in *ASME Design Engineering Technical Conferences,DETC00/DAC*, no. 87290,2009.

[2] I.I. Artobolevsky, *Mechanisms in Modern Engineering Design:A Handbook for Engineers, Designers, and Inventors.* Moscow: Mir Publishers, 1975, vol. 1-5.

[3] M.D. Berglund, S.P. Magleby, and L.L. Howell, “Design rules for selecting and designing compliant mechanisms for rigid-body replacement synthesis,” in *ASME Design Engineering Technical Conferences, DETC00/DAC*, 2000.

[4] B.P. Trease, Y. Moon, and S. Kota, “Design of large-displacement compliant joints,” *Journal of Mechanical Design,Transactions of the ASME*, vol. 127, no. 4, pp. 788-798, 2005.

[5] J.R. Cannon and L.L. Howell, “A compliant contact-aided revolute joint,” *Mechanism and Machine Theory*, vol. 40, no. 11, pp. 1273-1293,2005.

[6] J.O. Jacobsen, G.Chen, L.L. Howell, and S.P. Magleby, “Lamina emergent torsional (LET) joint,” *Mechanism and Machine Theory*, vol. 44, no. 11, pp. 2098-2109,2009.

[7] M. Goldfarb and J.E. Speich,“A well-behaved revolute flexure joint for compliant

mechanism design," *Journal of Mechanical Design*, vol. 121, no. 3, pp. 424-429, 1999.

第 11 章　机构的组成单元

11.1　柔性件

11.1.1　梁 (beams)

EM-1	固定 – 铰接型柔性梁	FE FB
a c b (1) d e (2)	该柔性单元是自由端受力或弯矩作用的悬臂梁。可以用伪刚体模型对它进行建模,该模型把该柔性梁近似等效为带有扭簧的刚性杆[1]。 (1) a 端固定, b 端铰接, c 为柔性梁。 (2) 变形后的柔性梁 c, 对应的伪刚体模型中, d 为伪刚体杆, e 为扭簧	

EM-2	初始弯曲的固定 – 铰接型柔性梁	FE FB
b a c (1) d e (2)	该柔性单元是初始弯曲的悬臂梁, 其自由端受到力或弯矩作用。根据 Bernoulli-Euler 方程 (梁曲率与弯矩成正比), 梁的初始弯曲可以通过施加一个弯矩来等效。可以用伪刚体模型对它进行建模, 该模型把该柔性梁近似等效为带有扭簧的刚性杆[1]。 (1) a 端固定, b 端铰接, c 为柔性梁。 (2) 变形后的柔性梁 c, 对应的伪刚体模型中, d 为伪刚体杆, e 为扭簧	

EM-3	固定 – 固定型柔性梁	FE FB

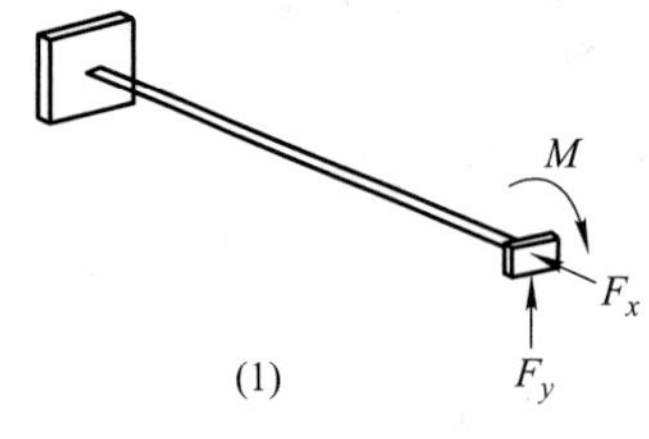

(1)

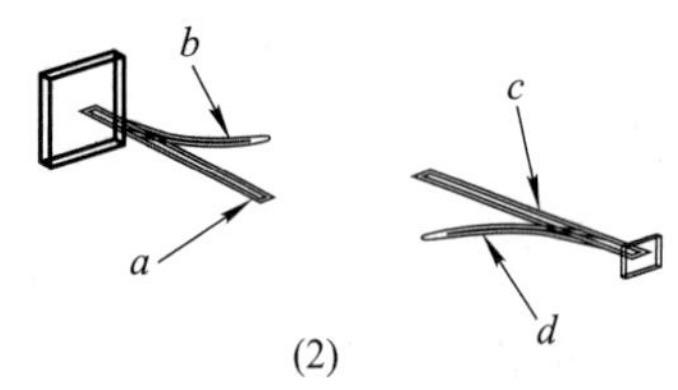

(2)

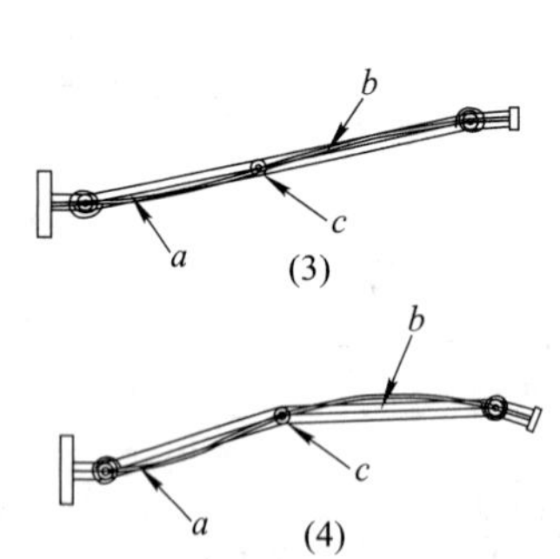

(3)

该柔性单元是固定 – 导向型柔性梁，其末端按照给定的角度变化。其加载特性 (轴向和横向力以及反向作用的弯矩) 决定了柔性梁上会出现一个拐点。考虑到拐点处的弯矩为零，可以将这种柔性单元看作是在拐点处断开的两个柔性梁，这样每个梁都可以当成末端仅受力作用的固定 – 自由型柔性梁，并且可以用伪刚体模型来建模。通过这一建模方法，可以求解各种位移和力边界条件组合的问题，包括给定 3 个末端位移，给定末端垂直力和弯矩，或者给定两个末端位移，等等[1]。

(1) 该图所示为末端加载的固定 – 导向型柔性梁。

(2) 该图展示了将柔性梁分成两段的拐点 (如上所述)。a 和 c 为变形前的两段柔性梁，b 和 d 则为变形后的柔性梁。

(3) 该图所示为梁末端转角为正的情况。a 和 b 分别是图 (2) 所示柔性梁的伪刚体模型，c 是在拐点处假设的铰接点。

(4) 该图所示为梁末端转角为负的情况

(4)

EM-4	固定 – 导向型柔性梁	FE FB

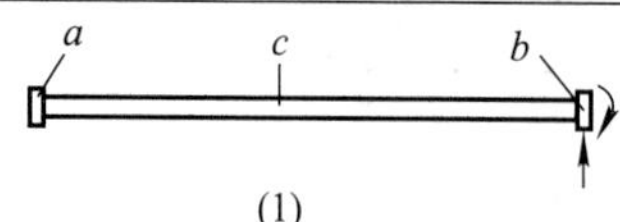

(1)

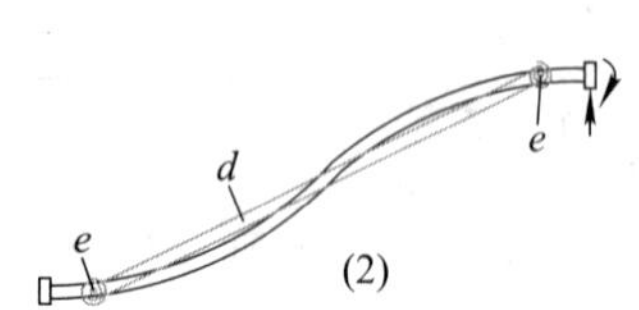

(2)

该柔性单元是两端都固定的梁，它是固定 – 固定型柔性梁 (3) 的特例。这种柔性梁的一端发生角度恒定不变的变形，且梁的形状关于梁中心反对称。可以用伪刚体模型对它进行建模，该模型把该柔性梁近似等效为带有扭簧的刚性杆[1]。

(1) a 和 b 为固定端，c 为柔性梁。

(2) 变形后的柔性梁 c，对应的伪刚体模型中，d 为伪刚体杆，e 为扭簧

EM-5	之字形梁	FE FB

(1)

(2)

(3)

该柔性单元为平板折展式 (lamina emergent) 之字形梁，它在一个平面上制造而成，却具有平面外的运动。之字形的构型使得该柔性单元既结构紧凑又具有良好的柔性。根据边界条件不同，之字形梁可看成固定－铰接型柔性梁或固定－固定型柔性梁[2]。

(1) a 端和 b 端与机构相连。由于长度增加，柔性梁 c 具有良好的柔性。

(2) 在方向 d 上发生固定－导向式变形的变形状态。

(3) 末端 e 处作用力矩时的变形状态

EM-6	短臂柔性铰链	FE FB

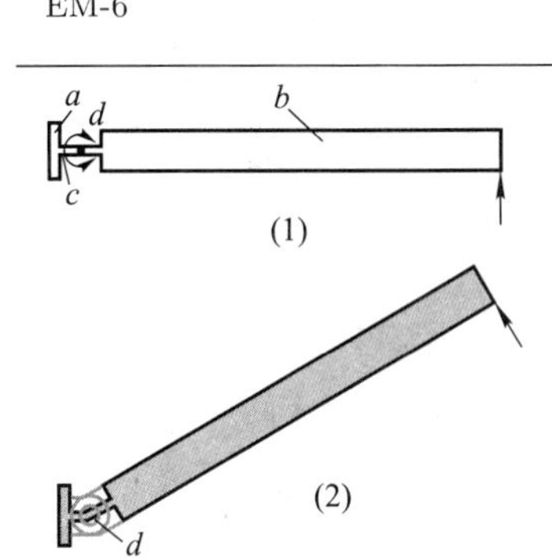

(1)

(2)

该柔性单元为短臂柔性铰链。一般来说，如果柔性杆的长度比刚性杆的长度短得多，则可以用伪刚体模型将其近似等效为一个刚性杆和一个扭簧[1]。

(1) 刚体 a 和 b 通过短臂柔性铰链 c 连接，可以提供绕 d 轴的转动。

(2) 绕 d 轴转动后的变形状态

EM-7	L 形柔性梁	FE FB

L 形柔性梁由两个成 90° 的柔性梁连接而成。该机构的一端固定于机架，另一端通过自由铰 (free joint) 与曲柄相连。曲柄运动时，两个柔性梁之间的角度不会随着机构的运动而发生改变。

(1) 柔性梁 c 和 d 在 f 点处以 90° 固连。梁在 a 端固定，b 端为一个自由铰。e 为可整周旋转的曲柄。

(2) 曲柄转至不同位置时柔性梁的变形状态

(3) L 形柔性梁实物样机。

(4) L 形柔性梁实物样机

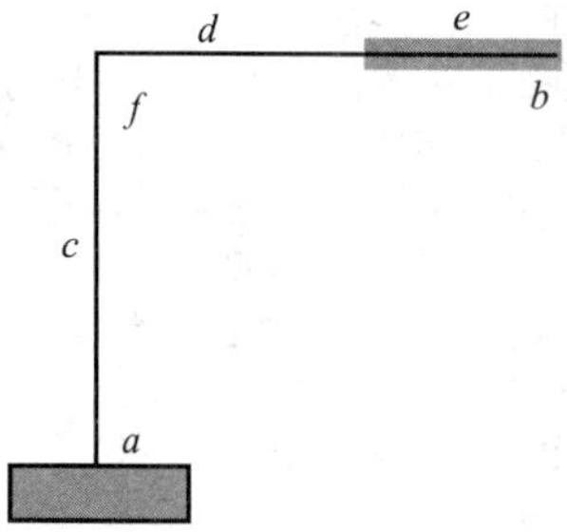

(1)

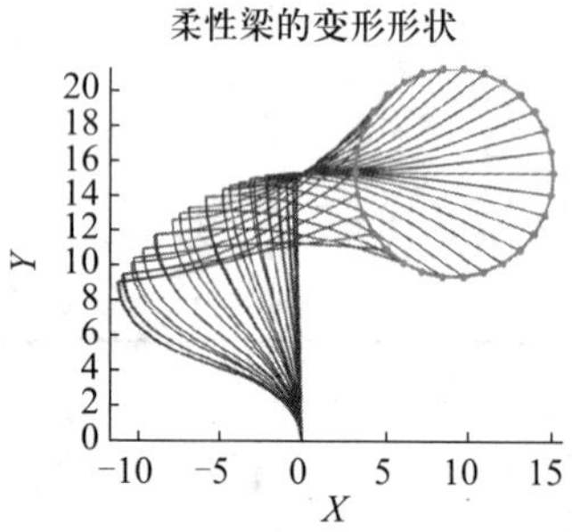

柔性梁的变形形状

(2)

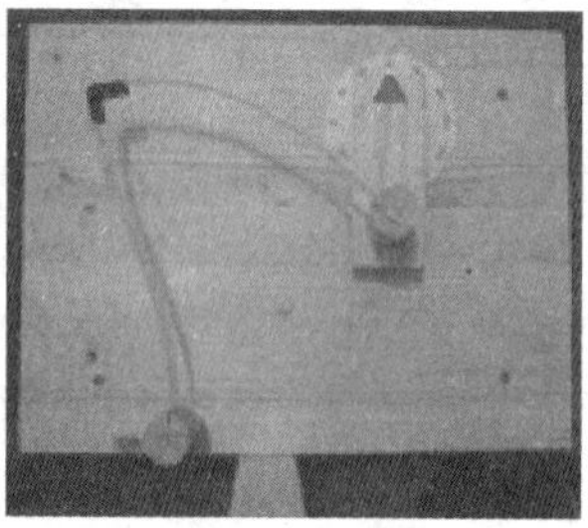

(3)

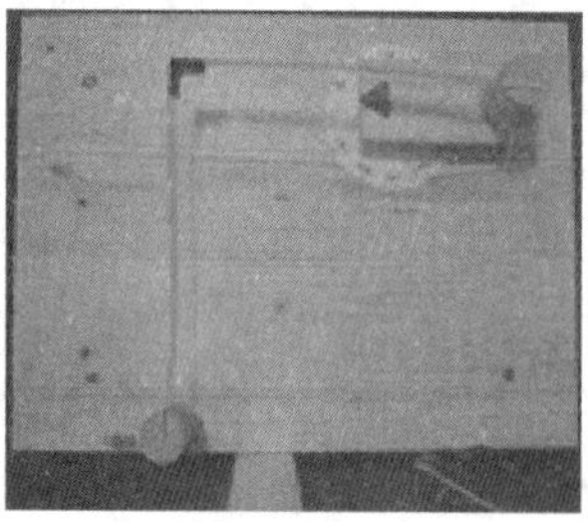

(4)

11.1.2 转动副 (revolute)

EM-8	接触辅助式柔性转动副 (CCAR)	FE FR

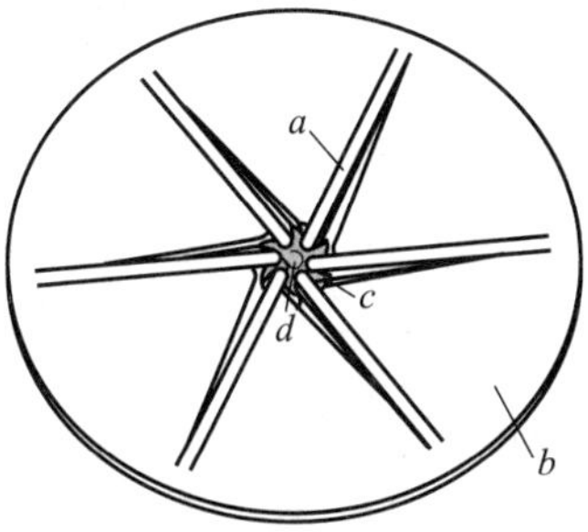

(1)

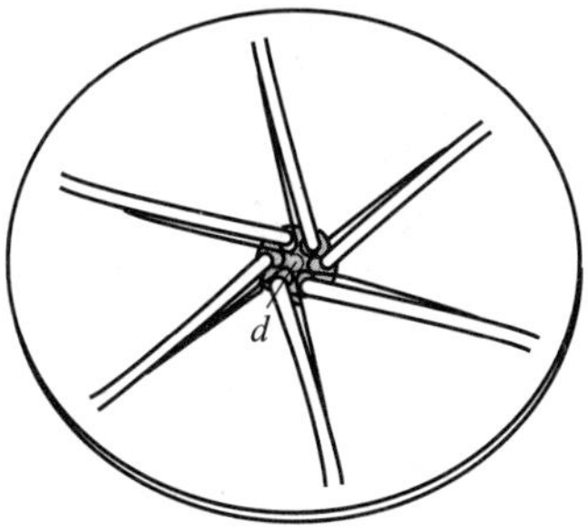

(2)

该柔性单元为接触辅助式柔性转动副。它是一个平面柔性单元, 在功能上与轴承和螺旋弹簧类似。该柔性单元既适合微观尺度的制造, 也适合宏观尺度的制造, 并且能够承受较大的离轴载荷[3]。

(1) 刚体 b 沿 d 轴绕刚体 c 转动。柔性梁 a 实现能量储存并与刚体 c 保持接触。

(2) 绕 d 轴转动后的变形状态

EM-9	多曲梁柔性铰链	FE FR

(1)

(2)

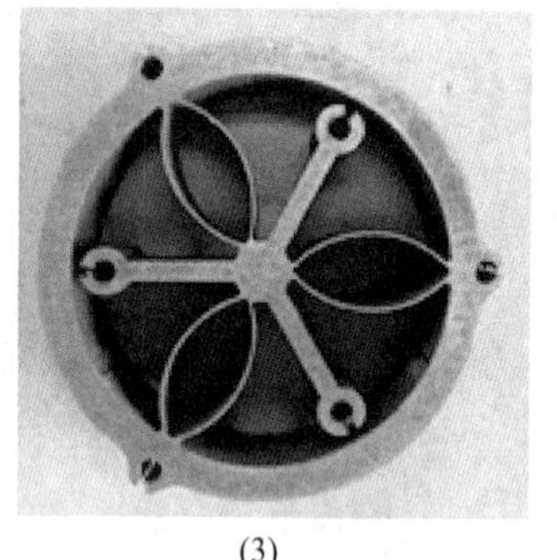

(3)

该柔性单元为由 3 对曲梁构成的旋转型柔性铰链，曲梁的使用使得它能够实现大范围的转动。由于曲梁关于转动轴对称布置，因此在理论上可以实现无轴漂的旋转运动[4]。

(1) 刚体 a 固定，刚体 b 绕 c 轴旋转。

(2) 另一种设计形态。

(3) 实物图

铰链 (hinge)

EM-10	滚动接触式柔性单元 (CORE)	FE/KM FRH/RTL

该柔性单元是为承受压负载而设计的滚动接触式柔性单元。该柔性单元通过柔性板条将两个刚性单元连接, 柔性板条交错布置在刚性单元的表面之间, 并在两端与刚性单元相连。该柔性单元的特殊之处在于其转动中心位于接触点处, 它会随着转动不断变化[3]。

(1) 刚体 a 和 b 通过柔性板条 c 保持接触, 其转动轴线位于接触点 d 处。

(2) 沿接触表面转动后的变形状态

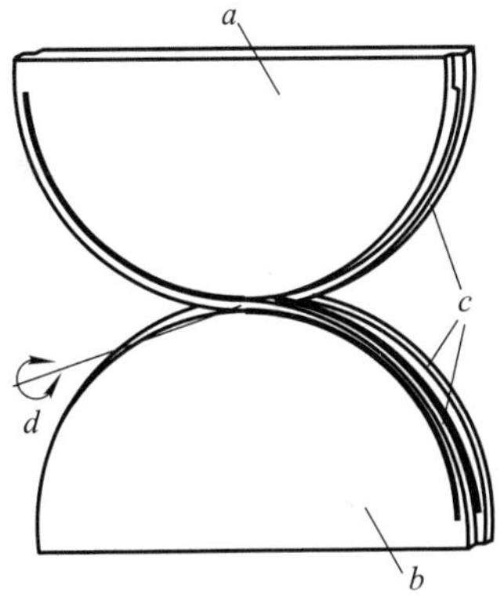

a
c
d
b

(1)

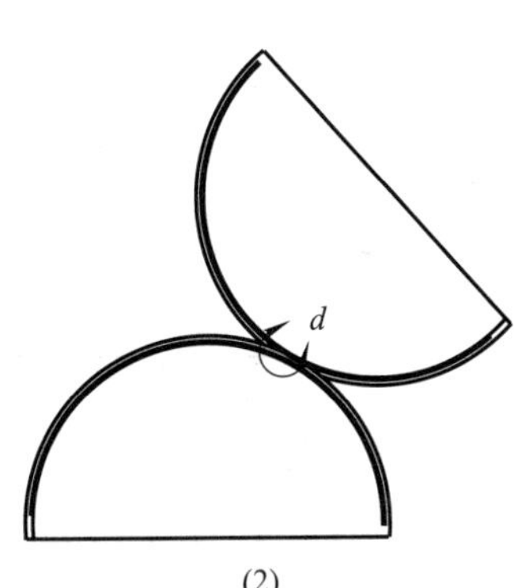

(2)

EM-11	短臂柔性铰链	FE FRH

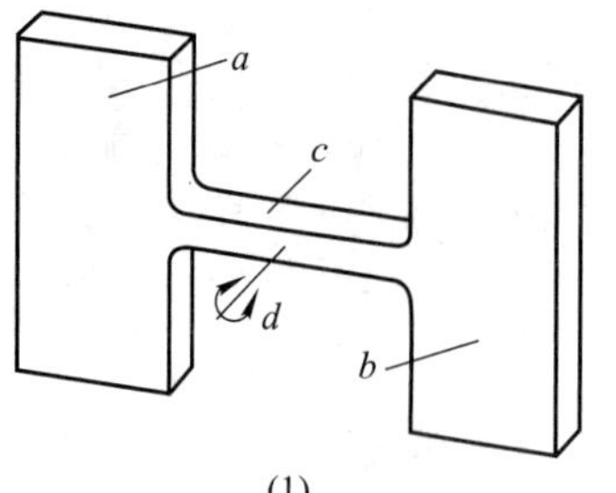

(1)

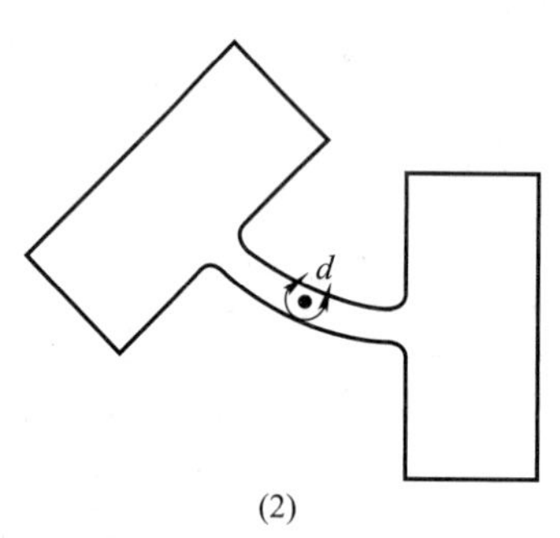

(2)

该柔性单元为短臂柔性铰链。短臂柔性铰链是指其长度远短于周围的构件且更为柔软的柔性段[1]。

(1) 刚体 a 和 b 通过短臂柔性铰链 c 连接。该柔性单元可以提供绕 d 轴的转动。

(2) 绕 d 轴转动后的变形状态

EM-12	活铰	FE FRH

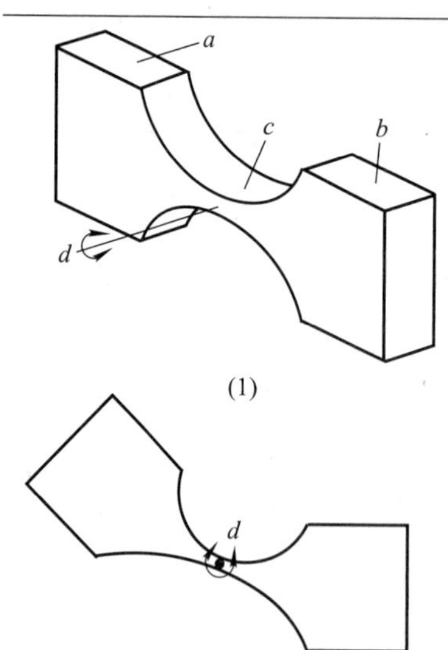

(1)

(2)

该柔性单元为特殊形式的短臂柔性铰链，其柔性部分特别短而细。该柔性单元变形过程中产生的弹性回复力很小[1]。

(1) 刚体 a 和 b 通过活铰 c 连接。该柔性单元可以提供绕 d 轴的转动。

(2) 绕 d 轴转动后的变形状态

EM-13	交叉簧片型柔性铰链	FE/KM FRH/RT

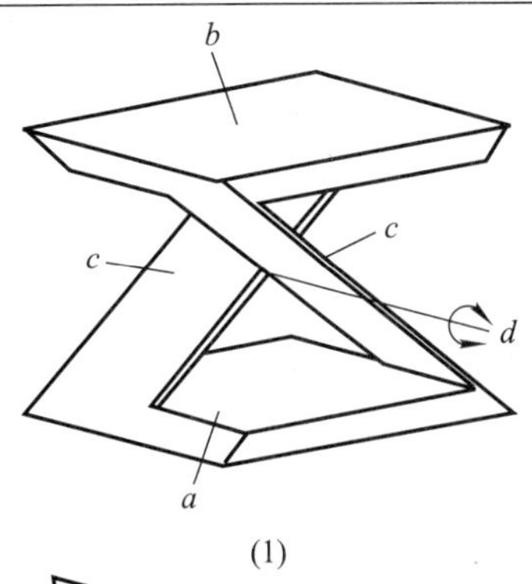

(1)

d

(2)

该柔性单元称为交叉簧片型柔性铰链, 源于其两个柔性梁呈一定角度, 这样可以在不增加整个柔性铰链有效长度的情况下增加柔性梁的长度[1,5]。

(1) 刚体 a 和 b 通过两个柔性梁 c 连接, 可以绕 d 轴转动。

(2) 绕 d 轴转动后的变形状态

EM-14	静平衡式交叉簧片型柔性铰链	FE FRH

(1)

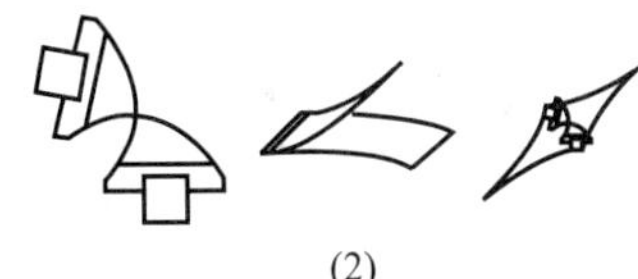

(2)

交叉簧片柔性铰链是精密工程中重要的结柔性单元。该设计中为交叉簧片型柔性铰链增加了一个预载的双板簧结构, 能抵消转动刚度。它实质上是一个零刚度的柔铰[6]。

(1) 设计全貌。

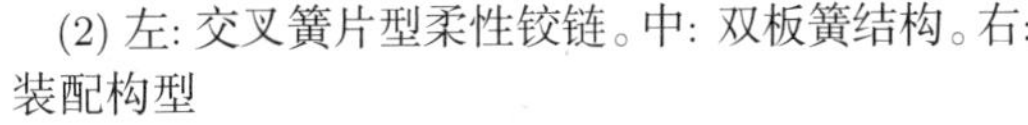

(2) 左: 交叉簧片型柔性铰链。中: 双板簧结构。右: 装配构型

EM-15	具有恒定刚度的交叉簧片型柔性铰链	FE FRH

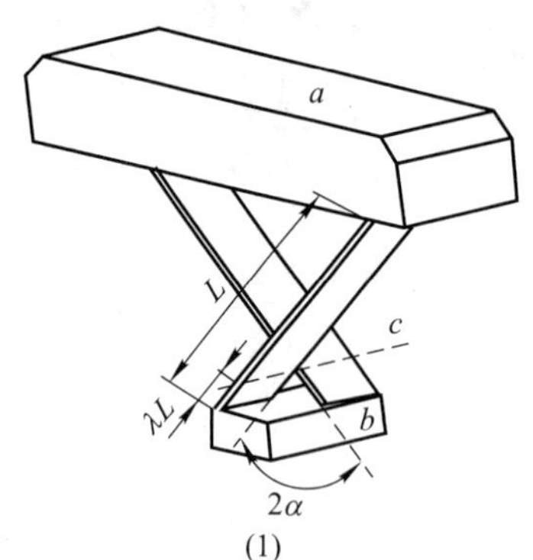

(1)

当参数 λ 和 α 满足 $\cos^2\alpha=\dfrac{-2(9\lambda^2-9\lambda+1)}{15\lambda}$ 时[7], 不管是否有垂直力作用在动台上, 该柔性单元将变成刚度恒定的旋转型柔性铰链[4]。

(1) 刚体 a 固定, 刚体 b(动台) 绕 c 轴转动

EM-16	双板簧型旋转柔性铰链	FE FRH

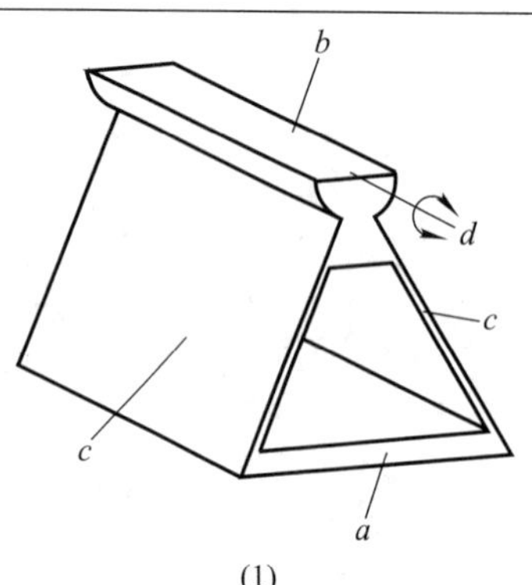

(1)

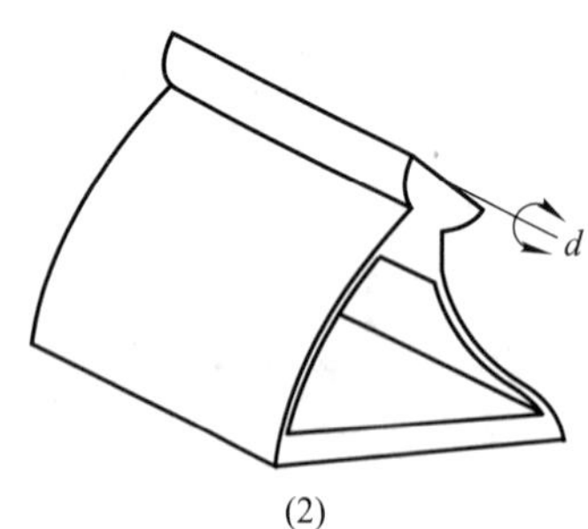

(2)

该柔性单元的转轴与基座始终保持平行。

(1) 刚体 a 和 b 与机构相连。该柔性单元的柔性来自于两个板簧 c, 可提供绕 d 轴的转动。

(2) 绕 d 轴转动后的变形状态

EM-17	双稳态柔性铰链	FE/KN FRH/SBB

该柔性单元为双稳态铰链, 主要用于机构中的某一构件需要停留在两个位置的场合。该柔性单元的双稳态特性来源于柔性段和刚性段的连接方式。

(1) 刚体 a 和 b 与机构相连。该柔性单元的柔性来自于两个板簧 c, 可提供绕 d 轴的转动。

(2) 变形状态

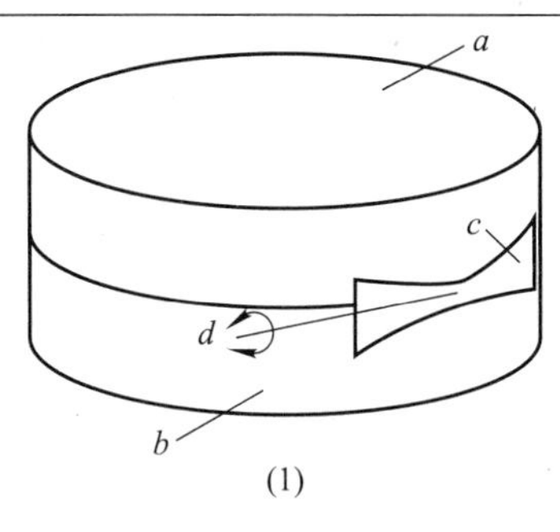

(1)

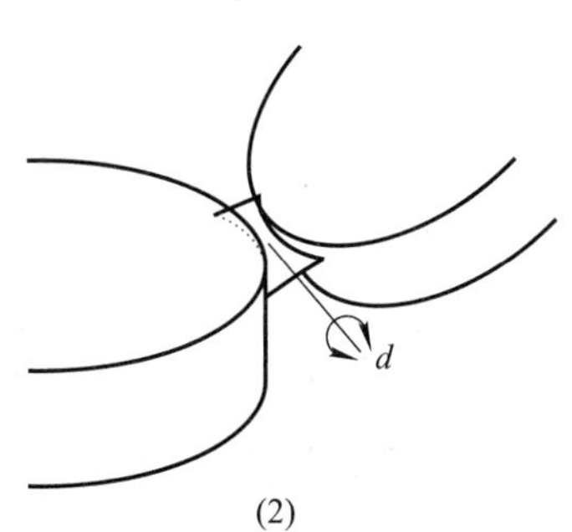

(2)

EM-18	大变形柔性铰链	FE FRH

该柔性单元能实现大角度转动并具有高离轴刚度。交错布置的板簧使得该柔性单元在扭转时具有较大的柔性[8]。

(1) 刚体 a 和 b 与两个交错布置的板簧 c 相连, 可实现绕 d 轴的转动。

(2) 绕 d 轴转动后的变形状态

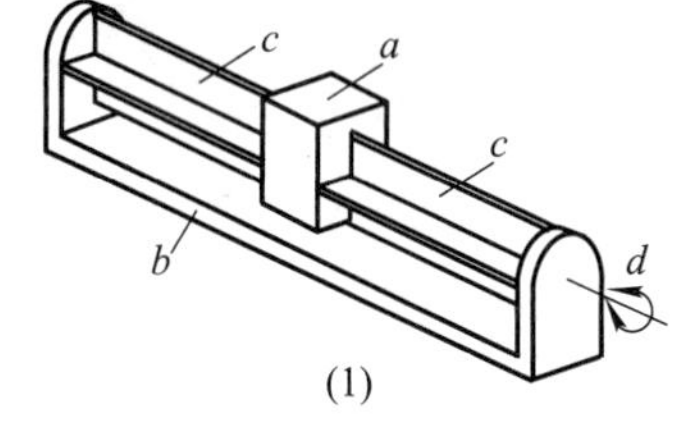

(1)

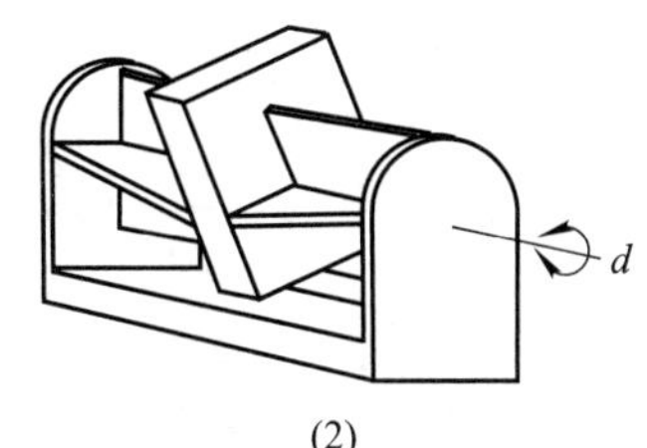

(2)

EM-19	裂筒式柔性铰链	FE FRH

该柔性单元能实现大角度转动并具有高离轴刚度。裂筒式柔铰的柔性来源于筒的扭转[9]。

(1) 刚体 a 和 b 与裂筒式柔铰 c 相连, 可实现绕 d 轴的转动。

(2) 绕 d 轴转动后的变形状态

EM-20	隔离式 HCCM	FE/KM FRH/RTL

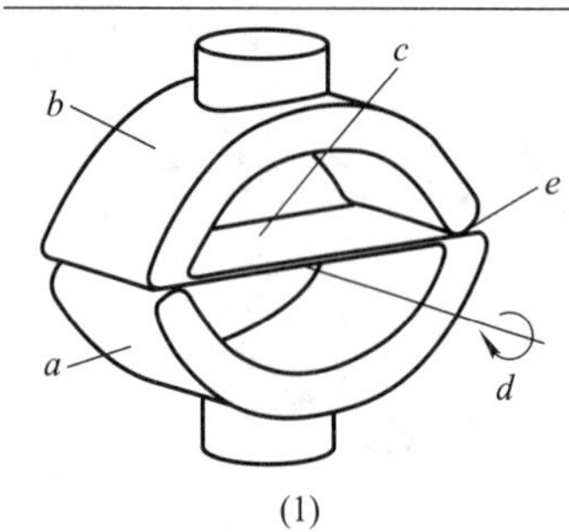

(1)

该柔性单元为隔离式耐高压载荷柔顺机构 (HCCM), 在机构处于压载荷的情况下用于提供旋转运动[10]。

(1) 刚体 a 和 b 绕 d 轴转动。c 为柔性单元, e 端与刚体 b 保持接触

EM-21	倒置式 HCCM	FE/KM FRH/RTL

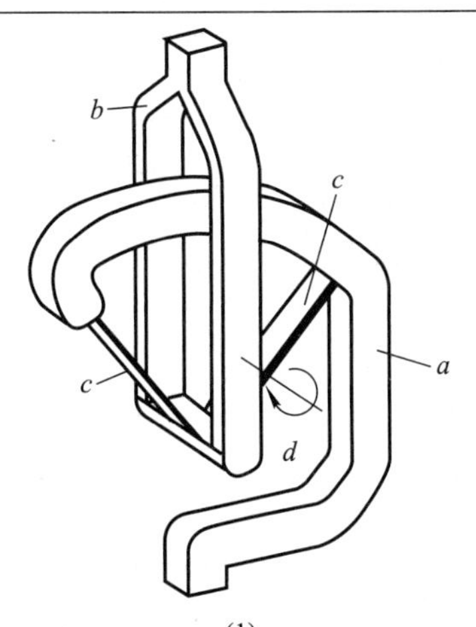

(1)

该机构为倒置式耐高压载荷柔顺机构 (HCCM), 在机构处于压载荷的情况下用于提供旋转运动[10]。

(1) 刚体 a 和 b 借助柔性单元 c 实现绕 d 轴的转动

EM-22	倒置式 HCCM	FE/KM FRH/RTL

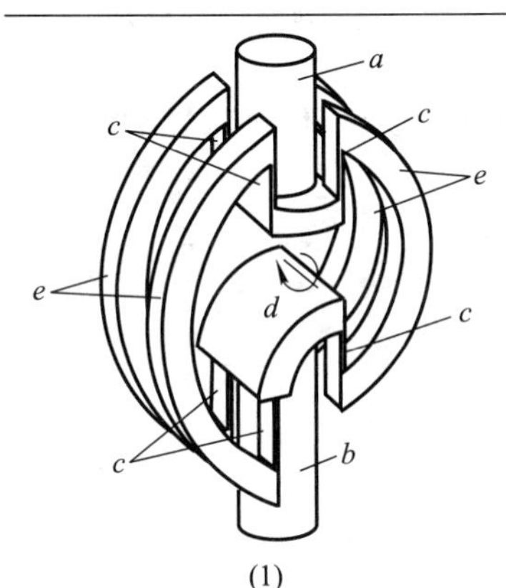

(1)

该柔性单元为倒置式耐高压载荷柔顺机构 (HCCM), 在机构处于压载荷的情况下用于提供旋转运动[11]。

(1) 刚体 a 和 b 通过刚体 e 与柔性单元 c 相连, 可实现绕 d 轴的转动

EM-23	HCCM	FE/KM FRH/RTL

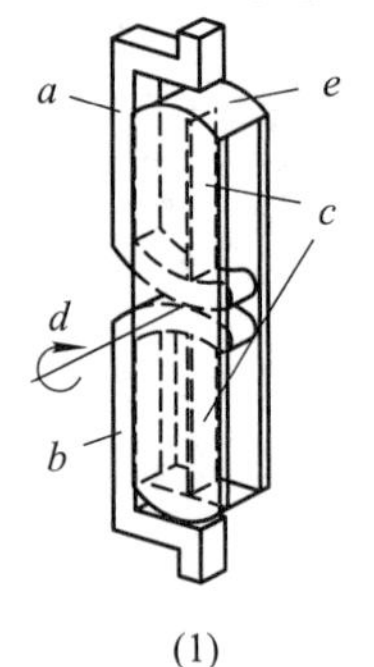

(1)

该柔性单元为倒置式耐高压载荷柔顺机构 (HCCM)，在机构处于压载荷的情况下用于提供旋转运动[11]。

(1) 刚体 a 和 b 绕着两者相接触的 d 轴转动。柔性段 c 能够旋转且与刚体 e 相连。刚体 a 和 b 绕两者相接触的 d 轴旋转。柔性单元 c 通过刚体 e 连接，提供旋转运动

EM-24	具有固定转动中心和锁紧装置的旋转铰	FE FRH

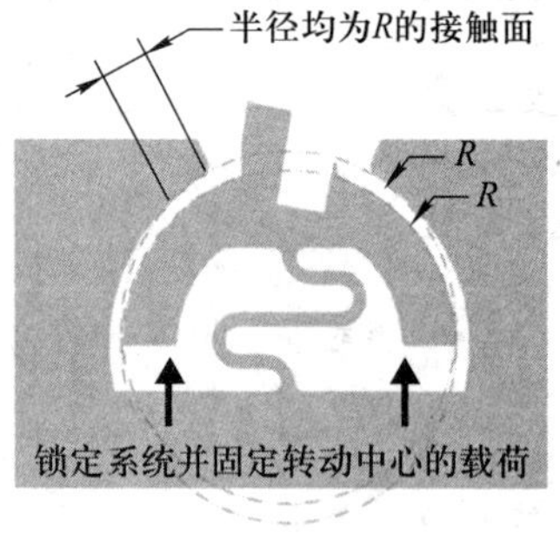

(1)

(2)

该柔性铰链具有固定的旋转中心和锁紧装置。当螺钉拧紧后，弹簧被拉伸，铰链的外表面被推挤向外框的内表面，外框内表面和接触面有相同的半径，这样系统被锁定，而转动中心保持不变[12]。

(1) 具有固定转动中心和锁紧装置的旋转铰概念设计。

(2) 处在变形状态下的实物样机，此时锁紧装置已启用

EM-25	ADLIF: 一种大位移的梁式柔性铰链	FE FRH

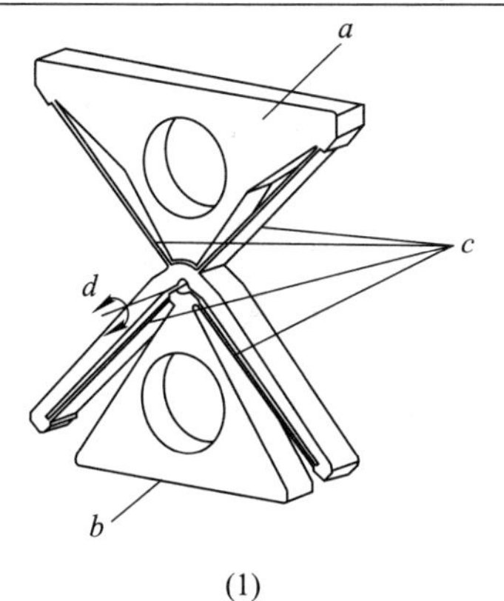

(1)

该柔性单元为具有反对称结构的双簧片型等腰梯形柔性铰链 (ADLIF), 由 4 个相同的簧片构成, 4 个簧片的延长线相交于虚拟转动中心[13]。

(1) 刚体 a 和 b 与簧片 c 相连, 实现绕 d 轴的转动

EM-26	曲梁式柔性铰链	FE FRH

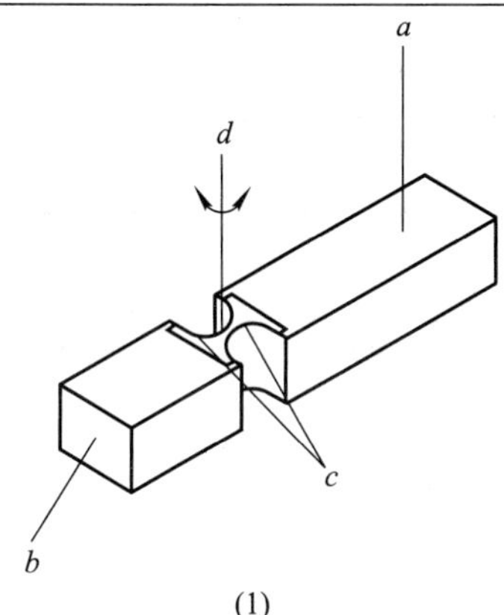

(1)

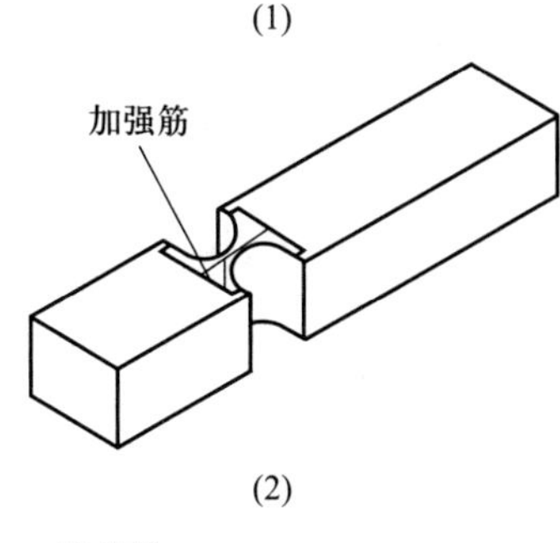

(2)

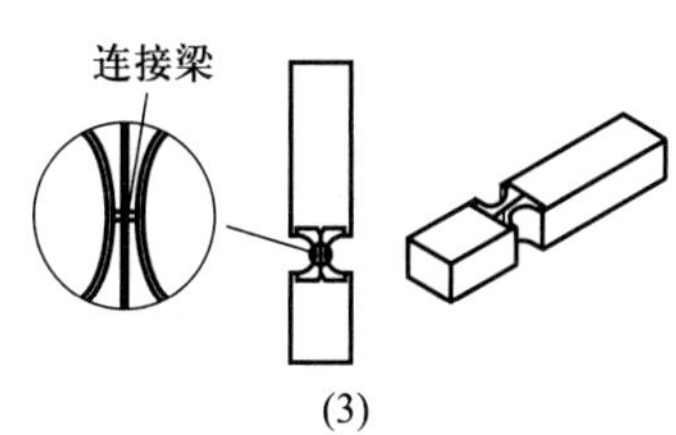

(3)

该柔性单元是一种旋转式柔性铰链, 由两个曲梁构成, 因此能获得较大的运动范围。它的几何形状源于传统的缺口型柔性铰链。该柔性单元的主要特点是其横截面与传统柔性铰链不同: 前者由两个弯曲簧片形成中空横截面, 而后者由两个弧形切口形成实体横截面[14]。

(1) 刚体 a 和 b 与簧片 c 相连, 实现绕 d 轴的旋转。

(2) 带有加强筋的衍生构型。

(3) 带有连接板的衍生构型

剪式 (scissor)

EM-27	三角形 Q 铰	FE FRS

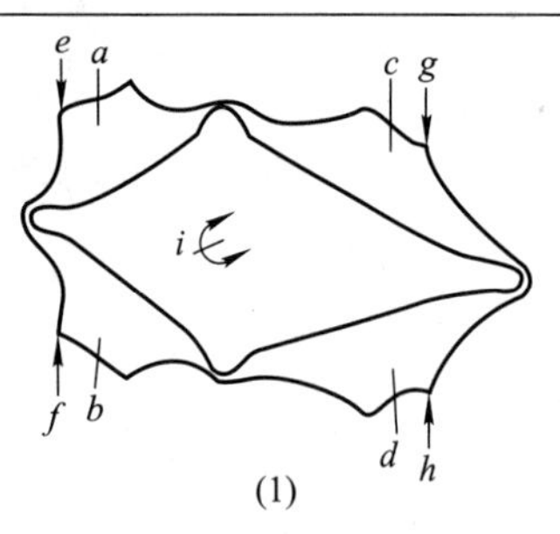

(1)

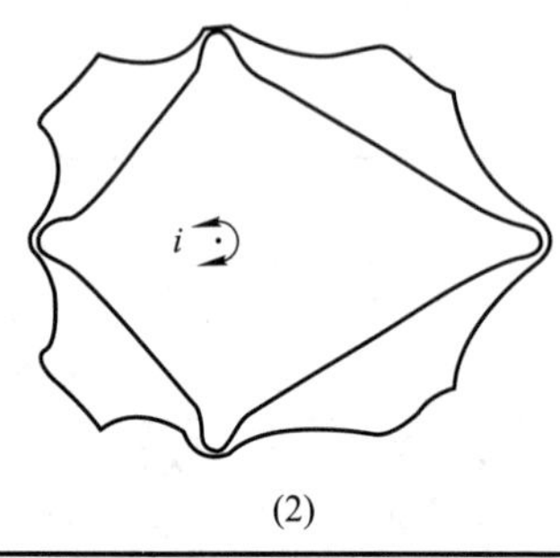

(2)

该柔性单元为三角形 Q 铰。当四边形中每个刚性构件都和与之相邻的一个刚性构件长度相等时, 就形成了这样的三角形 Q 铰[1]。

(1) 刚体 a 和 b 等长, 刚体 c 和 d 等长。当 a 和 b 分别在 e 和 f 方向上发生变形时, 刚体 c 和 d 将分别在 g 和 h 方向上产生变形。该柔性单元像在绕 i 轴转动。

(2) 变形状态。刚体 a 和 c、b 和 d 之间的角度都变小了

EM-28	剪式柔性铰链	FE FRS

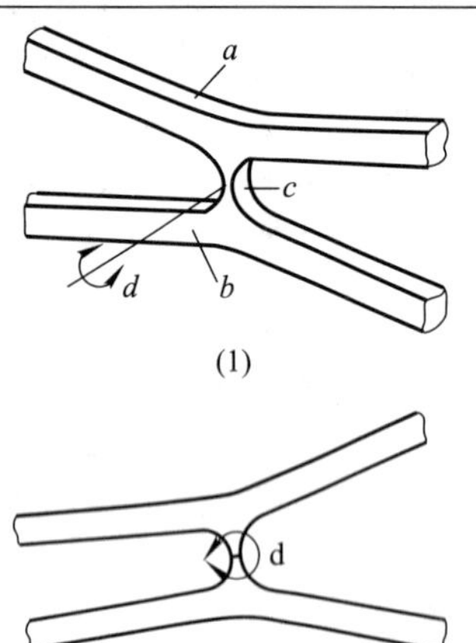

(1)

(2)

该柔性单元利用位于两刚体中间的小型柔铰实现剪刀式动作。

(1) 刚体 a 和 b 之间由柔性单元 c 相连, 提供绕 d 轴的转动。

(2) 绕 d 轴转动后的变形状态

扭转 (torsion)

EM-29	裂筒式柔性铰链	FE FRT

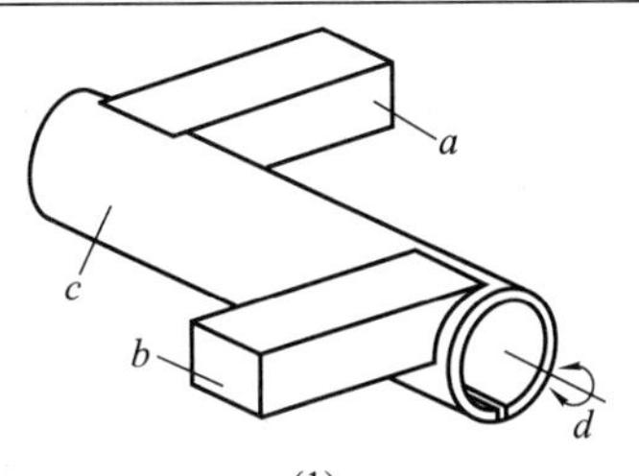

(1)

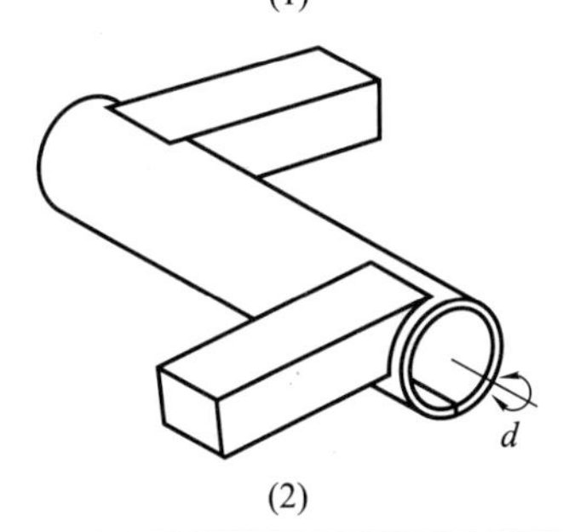

(2)

该柔性单元是裂筒式柔性铰链, 它在转动轴上具有很好的柔性, 但在其他轴线上刚度很大[9]。

(1) 刚体 a 和 b 与裂筒式柔性铰链 c 相连, 实现绕 d 轴的转动。

(2) 绕 d 轴转动后的变形状态

EM-30	四板簧式转动连接	FE FRT

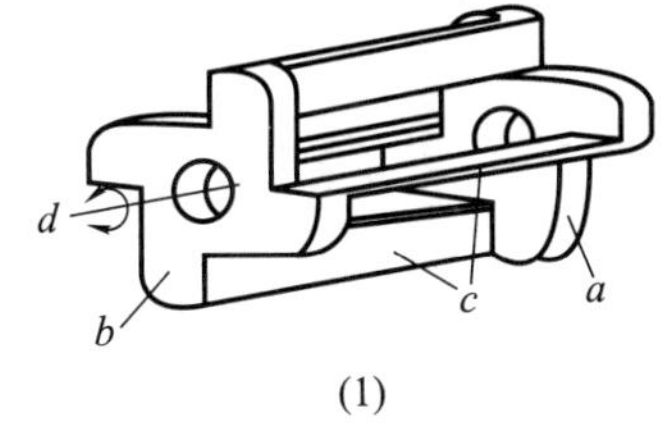

(1)

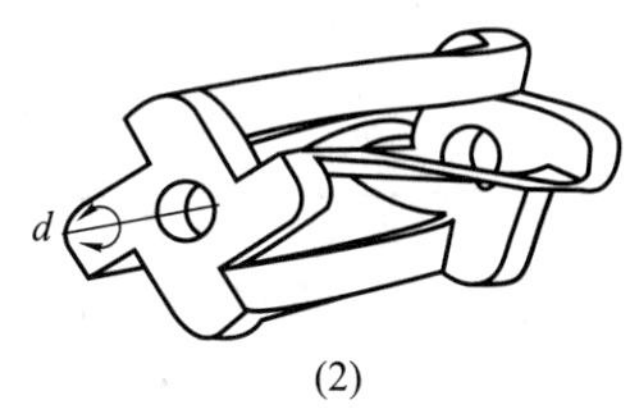

(2)

该柔性单元使用成圆形阵列布置的多个板簧实现旋转运动。当转角较大时, 该柔性单元的长度会缩小。

(1) 刚体 a 和 b 与机构相连。通过柔性单元 c 实现绕 d 轴的转动。

(2) 绕 d 轴转动后的变形状态

EM-31	扭转式平动连接	FE FRT

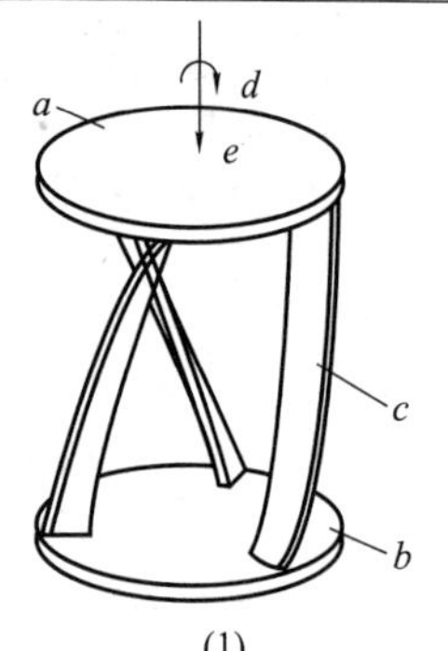

(1)

该柔性单元使用成圆形阵列布置的多个梁实现转动。当转角较大时, 该柔性单元的长度会缩小。

(1) 柔性段 c 使机构绕 d 轴转动, 且与刚性段 a 和 b 相连。如果柔性单元能承受大变形, 它将产生 e 方向的平移。刚体 a 和 b 通过柔性单元 c 相连, 实现绕 d 轴的转动。当转角较大时, 该柔性单元会产生沿 e 方向的平移

EM-32	筒式交叉簧片型柔性铰链	FE FRT

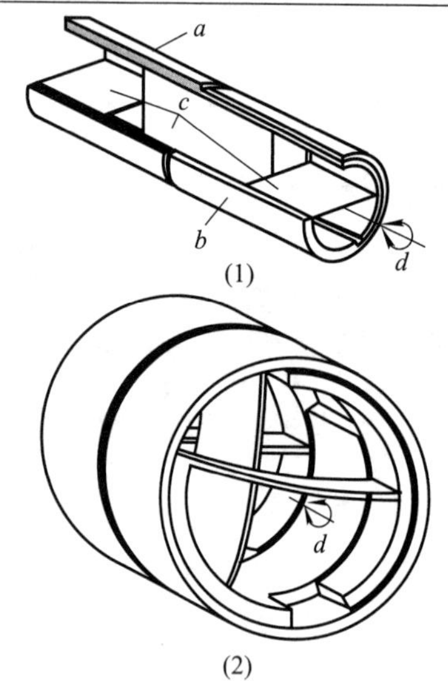

(1)

(2)

该柔性单元是一种交叉簧片型柔铰, 因为它的两个柔性板簧成一定角度布置。这种布置可以在不增加整个柔性铰链有效长度的情况下增加柔性梁的长度[1,5]。

(1) 刚体 a 和 b 通过两个柔性板簧 c 连接, 实现绕 d 轴的转动。

(2) 绕 d 轴转动后的变形状态

平板折展式 (lamina emergent)

EM-33　　内部截面减小型柔性铰链　　FE FRL

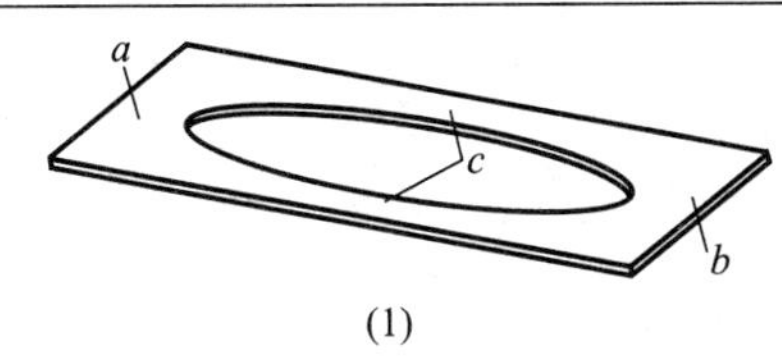

(1)

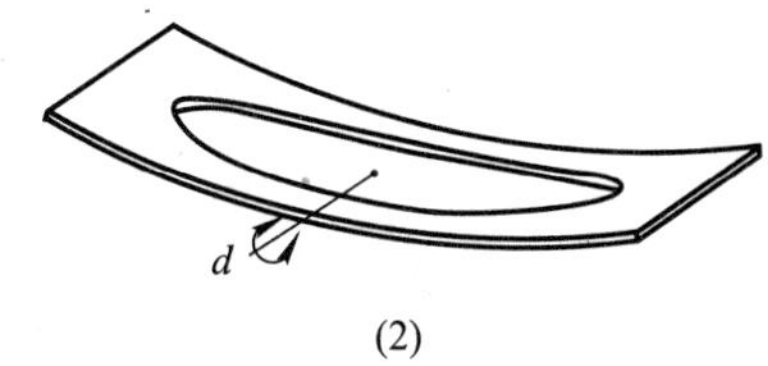

(2)

该柔性单元通过减小内部截面获得较大的柔性,适用于需要转动的场合。整个单元可以在一块平板上加工出来 (平板折展式)[2]。

(1) 刚体 a 和 b 与机构相连。由于截面减小, c 段与其他部分相比更为柔软, 因此提供绕 d 轴的转动。

(2) 绕 d 轴转动后的变形状态

EM-34　　外部截面减小型柔性铰链　　FE FRL

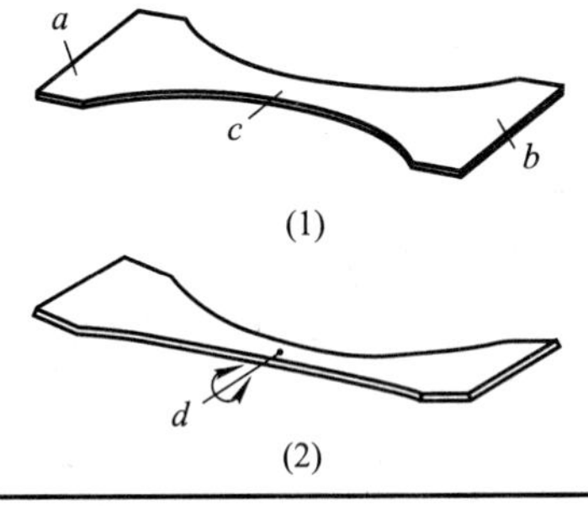

该柔性单元通过减小外部截面尺寸获得较大的柔性, 适用于需要转动的场合。整个柔性单元可以在一块平板上加工出来 (平板折展式)[2]。

(1) 刚体 a 和 b 与机构相连。由于截面减小, c 段与其他部分相比更为柔软, 因此提供绕 d 轴的转动。

(2) 绕 d 轴转动后的变形状态。

EM-35	外置式 LET 柔性铰链	FE FRL

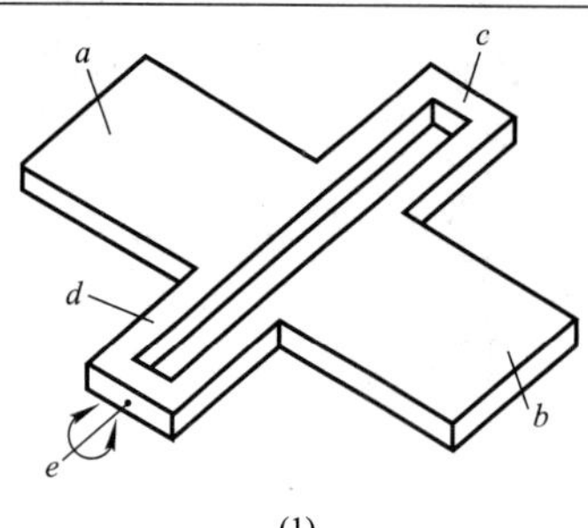

(1)

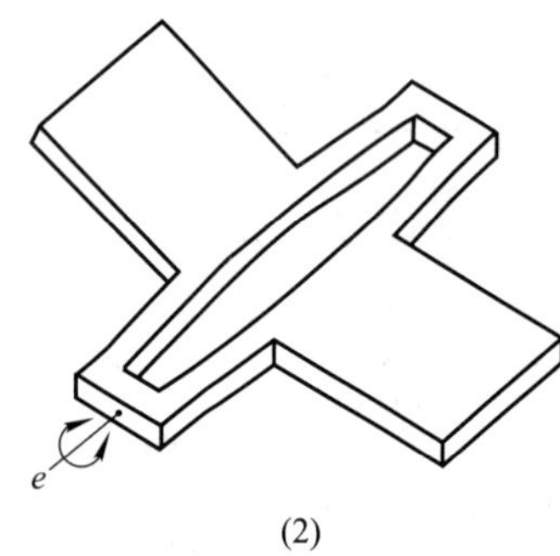

(2)

该柔性单元为平板折展式扭转铰链，适用于需要较大范围转动但不要求高离轴刚度的场合。该柔性单元可以在一块平板上加工出来[15]。

(1) 刚体 a 和 b 与机构相连。柔性梁 c 和 d 分别发生弯曲和扭转变形，实现绕 e 轴的转动。

(2) 绕 e 轴转动后的变形状态

EM-36	内置式 LET 柔性铰链	FE FRL

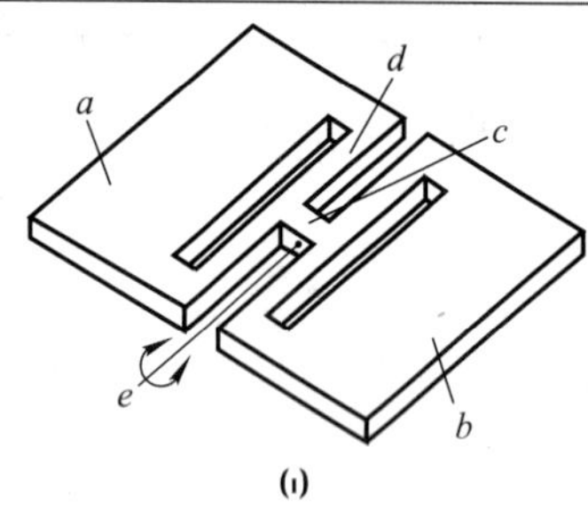

(1)

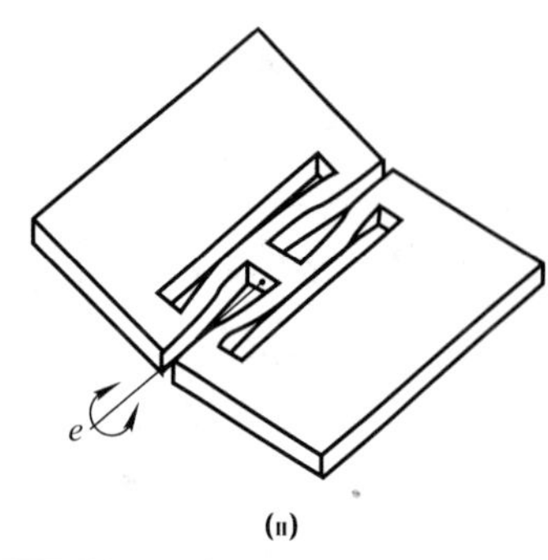

(2)

该柔性单元为平板折展式扭转铰链，适用于需要较大范围转动但不要求高离轴刚度的场合。该柔性单元可以在一块平板上加工出来 (平板折展式)[15]。

(1) 刚体 a 和 b 与机构相连。柔性梁 c 和 d 分别发生弯曲和扭转变形，实现绕 e 轴的转动。

(2) 绕 e 轴转动后的变形状态

EM-37	V 形柔性铰链	FE FRL

该柔性单元用于提供旋转运动，可以在一块平板上加工出来 (平板折展式)。它通过减小厚度来获得较大的柔性[2]。

(1) 刚体 a 和 b 与机构相连。由于厚度减小，c 段有更大的柔性，可以实现绕 d 轴的转动。

(2) 绕 d 轴转动后的变形状态

(1)

(2)

EM-38	直角缺口型柔性铰链	FE FRL

该柔性单元为平板折展式缺口型铰链，适用于需要转动的场合。它通过减小厚度使得柔性增大[2]。

(1) 刚体 a 和 b 与机构相连。由于厚度减小，c 段有更大的柔性，可以实现绕 d 轴的转动。

(2) 绕 d 轴转动后的变形状态

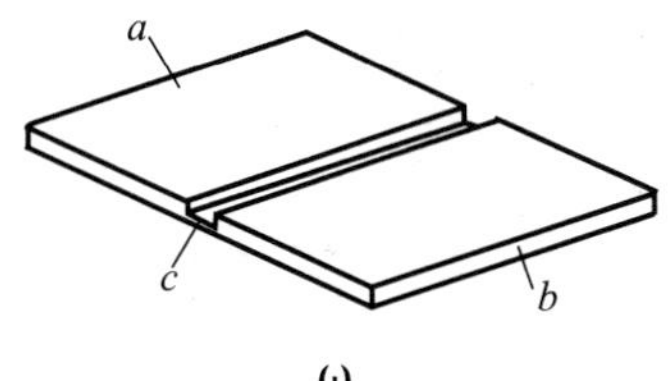

(I)

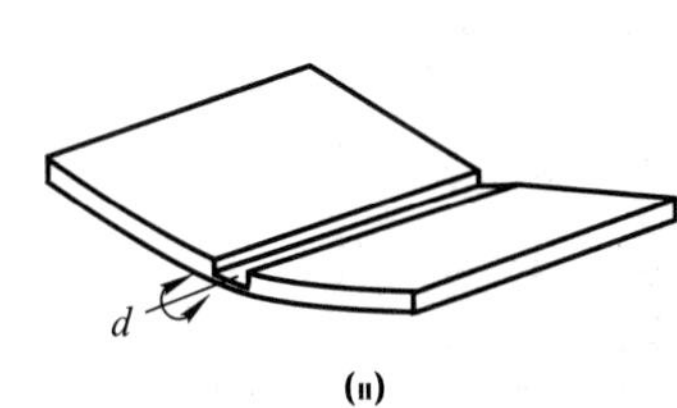

(II)

11.1.3 平移 (translate)

EM-39	簧片型移动副	FE FT

该柔性单元为簧片型移动副, 具有很高的离轴刚度, 同时具有相对较大的运动范围[8]。

(1) 刚体 a 和 b 与机构相连。如果刚体 a 固定, 则刚体 b 可沿 e 方向平移。c 是刚性的, 而 d 是柔性的。

(2) 沿 e 方向平移后的变形状态

(1)

(2)

EM-40	二力杆	FE FT

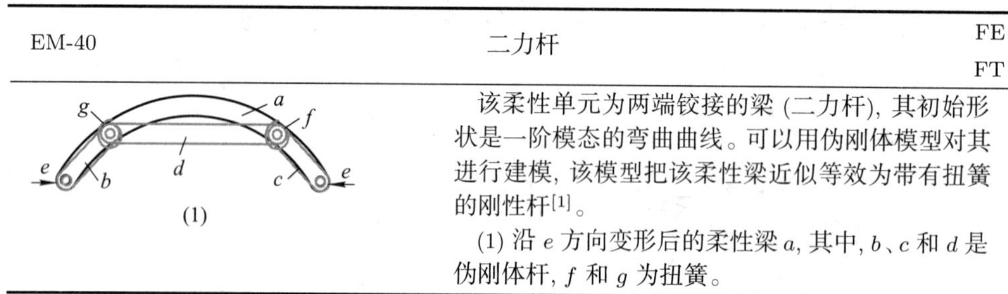

(1)

该柔性单元为两端铰接的梁 (二力杆), 其初始形状是一阶模态的弯曲曲线。可以用伪刚体模型对其进行建模, 该模型把该柔性梁近似等效为带有扭簧的刚性杆[1]。

(1) 沿 e 方向变形后的柔性梁 a, 其中, b、c 和 d 是伪刚体杆, f 和 g 为扭簧。

平板折展式 (lamina emergent)

EM-41	LEM 平移机构	FE FTL

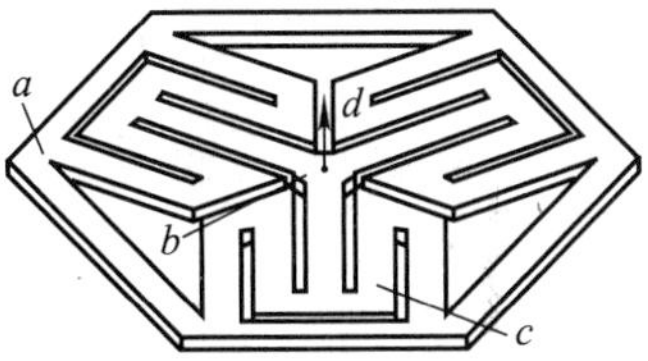

(1)

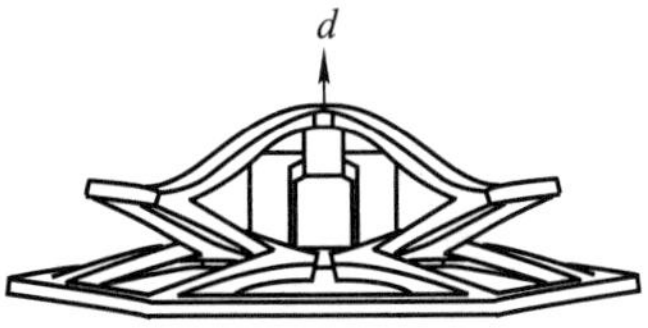

(2)

该柔性单元为一平板折展式平移机构, 利用之字形梁实现紧凑的平移运动。它可以在一块平板上加工出来。

(1) 刚体 a 和 b 与机构相连。c 为之字形梁, 提供沿 d 方向的平移运动。

(2) 沿 d 方向平移后的变形状态

11.1.4 虎克铰 (universal)

EM-42	正交异面型两轴转动连接	FE/KM FU/RTO

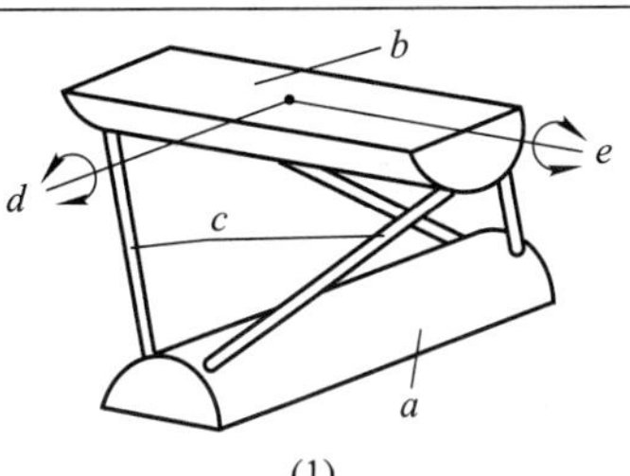

(1)

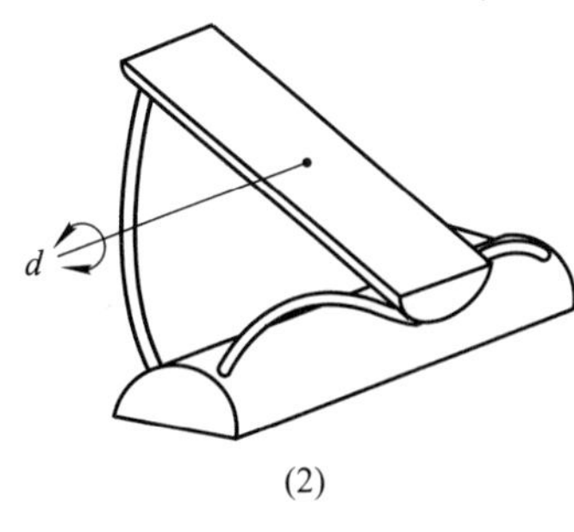

(2)

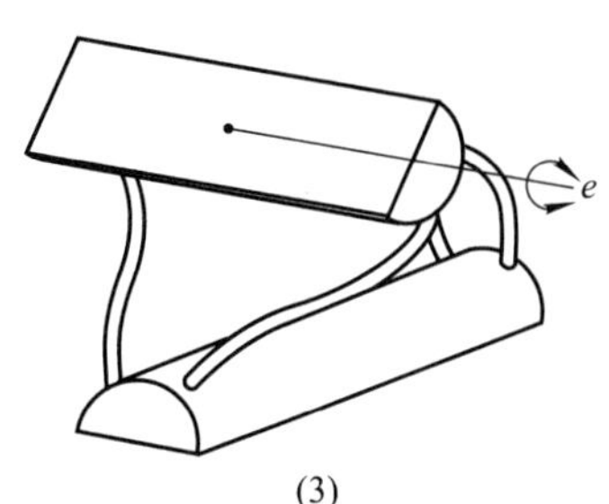

(3)

该柔性单元的 4 条约束线中, 每一条的轴线都与两条旋转轴线相交。

(1) 刚体 a 和 b 与机构相连。柔性约束 c 提供绕 d 轴和 e 轴的转动。

(2) 绕 d 轴转动后的变形状态。

(3) 绕 e 轴转动后的变形状态

EM-43	三脚架式柔性球铰	FE/KM FU/RTO

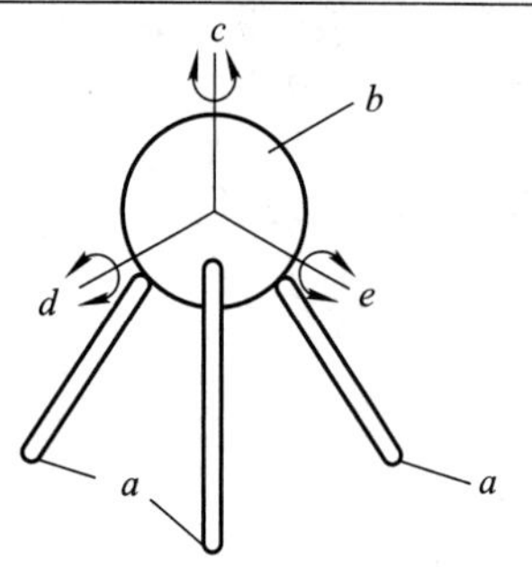

(1)

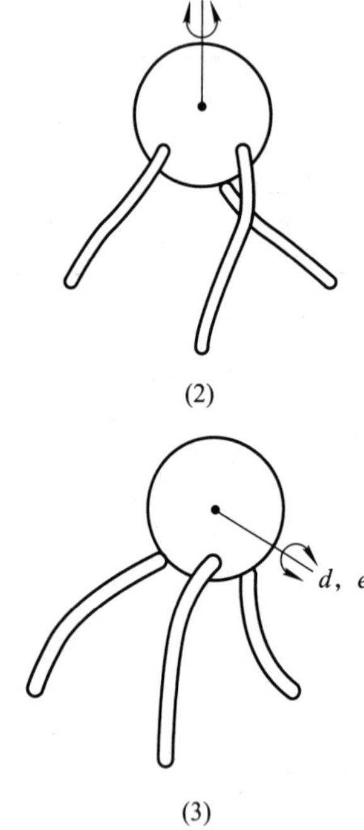

(2)

(3)

该柔性单元有 3 个正交的旋转自由度, 可提供类似于球铰的自由度。

(1) 柔性梁 a 与机构相连。柔性约束 a 为刚体 b 提供绕 c 轴、d 轴和 e 轴的转动。

(2) 绕 c 轴转动后的变形状态。

(3) 绕 d 轴或 e 轴转动后的变形状态

平板折展式 (lamina emergent)

EM-44　　外部截面减小型柔性铰链　　FE FUL

(1)

(2)

(3)

该柔性单元是一种特殊的减小外部截面的柔铰,其最小截面处的宽度与厚度相当,从而降低了离轴刚度,使得它变成虎克铰。该柔性单元可以在一块平板上加工出来 (平板折展式)[2]。

(1) 刚体 a 和 b 与机构相连。由于截面减小,c 段与其他部分相比更为柔软,可提供绕 d 轴和 e 轴的转动。

(2) 绕 d 轴转动后的变形状态。

(3) 绕 e 轴转动后的变形状态

EM-45　　外置式 LET 柔性铰链　　FE FUL

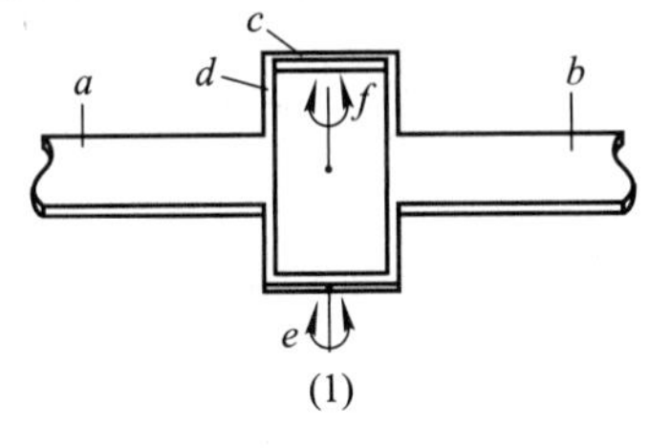

(1)

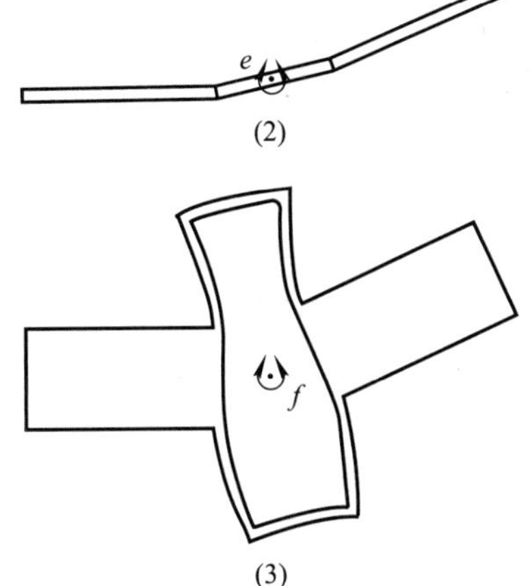

(2)

(3)

该柔性单元是一种特殊的外置式 LET 柔性铰链,其扭转柔性梁位于柔性单元的外侧。在这种情况下,离轴刚度降低,使得该柔性单元变成虎克铰。该柔性单元可以在一块平板上加工出来[15]。

(1) 刚体 a 和 b 与机构相连。柔性梁 c 和 d 分别发生弯曲和扭转变形,可实现绕 e 轴和 f 轴的转动。

(2) 绕 e 轴转动后的变形状态。

(3) 绕 f 轴转动后的变形状态

EM-46	内置式 LET 柔性铰链	FE FUL

(1)

(2)

(3)

该柔性单元是一种特殊的内置式 LET 柔性铰链，其扭转柔性梁位于柔性单元的内部。在这种情况下，离轴刚度降低，使得该柔性单元变成虎克铰。该柔性单元可以在一块平板上加工出来[15]。

(1) 刚体 a 和 b 与机构相连。柔性梁 c 和 d 分别发生弯曲和扭转变形，可实现绕 e 轴和 f 轴的转动。

(2) 绕 e 轴转动后的变形状态。

(3) 绕 f 轴转动后的变形状态

11.2 刚体关节

11.2.1 旋转 (revolute)

EM-47	转动关节	FLJ RR

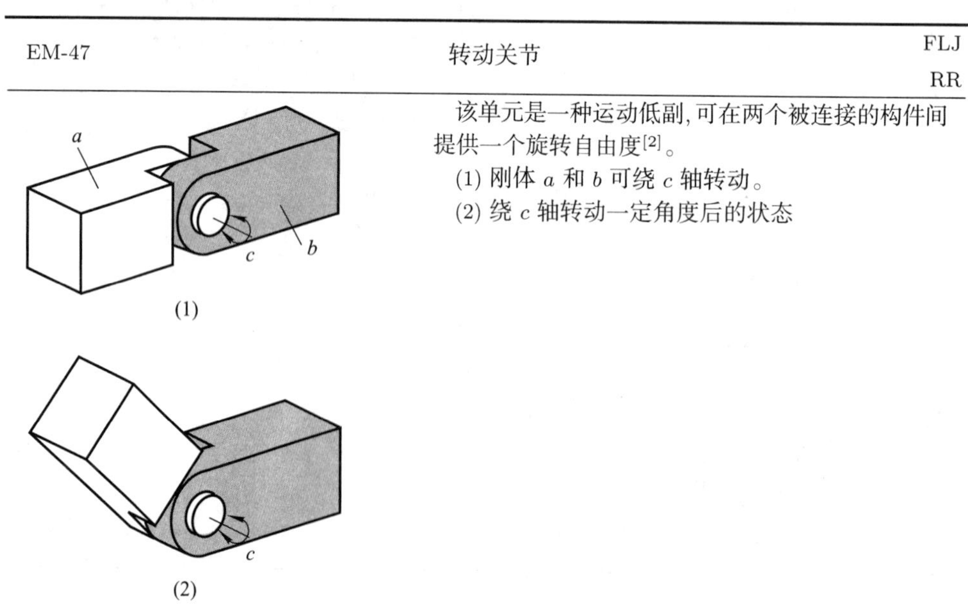

(1)

(2)

该单元是一种运动低副，可在两个被连接的构件间提供一个旋转自由度[2]。

(1) 刚体 a 和 b 可绕 c 轴转动。

(2) 绕 c 轴转动一定角度后的状态

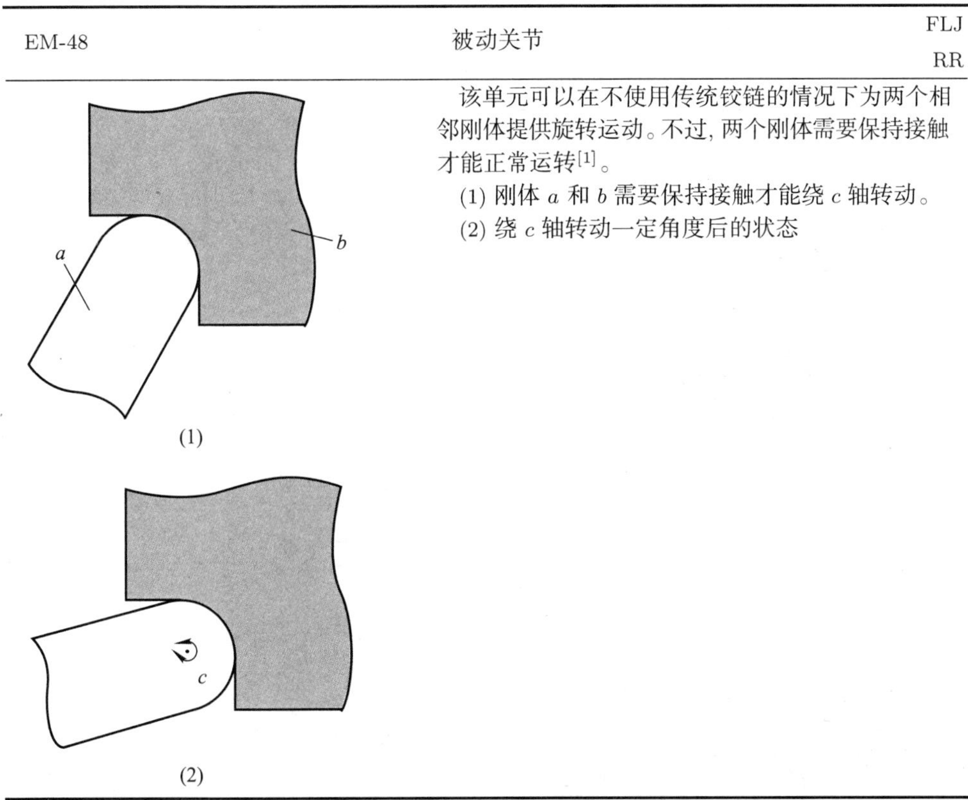

EM-48	被动关节	FLJ RR

该单元可以在不使用传统铰链的情况下为两个相邻刚体提供旋转运动。不过，两个刚体需要保持接触才能正常运转[1]。

(1) 刚体 a 和 b 需要保持接触才能绕 c 轴转动。

(2) 绕 c 轴转动一定角度后的状态

11.2.2 平移 (prismatic)

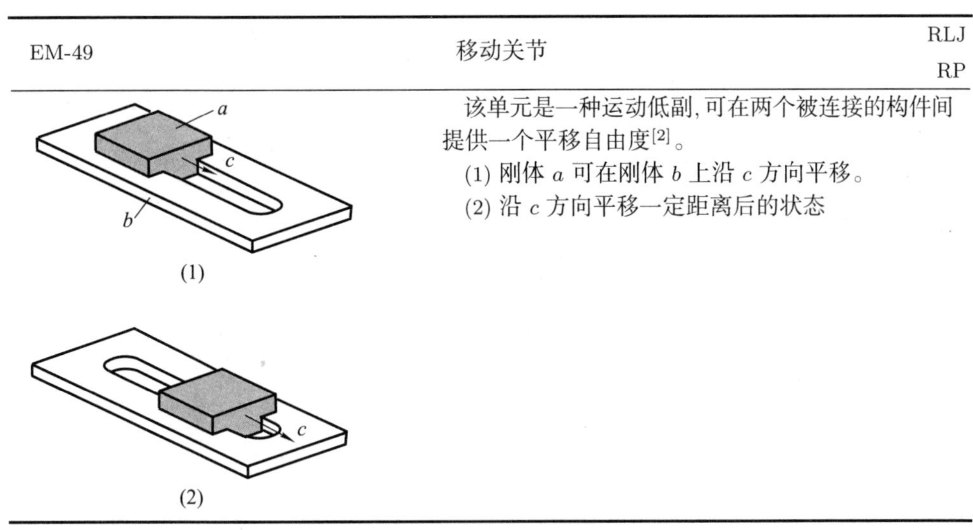

EM-49	移动关节	RLJ RP

该单元是一种运动低副，可在两个被连接的构件间提供一个平移自由度[2]。

(1) 刚体 a 可在刚体 b 上沿 c 方向平移。

(2) 沿 c 方向平移一定距离后的状态

11.2.3 虎克铰 (universal)

EM-50	虎克铰	RLJ RU
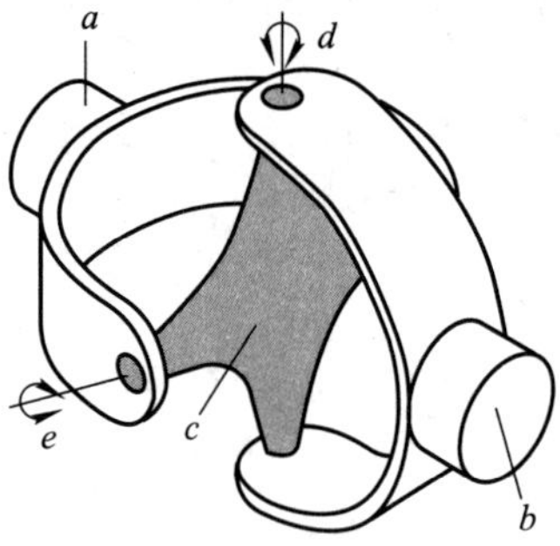 (1) 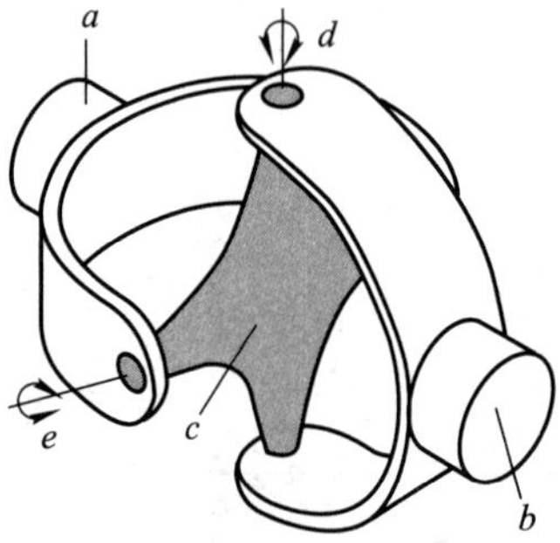 (2)	该单元为相连的两个构件提供两个旋转自由度[2]。 (1) 刚体 a 和 b 通过刚体 c 连接, 可绕 e 轴和 d 轴转动。 (2) 绕 d 轴和 e 轴转过一定角度后的状态	

11.2.4 其他

EM-51	半铰	RLJ RO

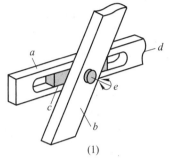

该单元为被连接的两构件提供一个旋转自由度和一个平移自由度。转动轴与平移方向垂直[2]。

(1) 刚体 a 相对于刚体 c 可沿 d 方向平移和绕 e 轴转动，刚体 c 固连于机架 b 上。

(2) 沿 d 方向平移并绕 e 轴转动后的状态

(1)

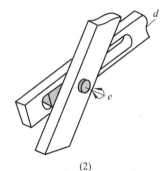

(2)

EM-52	球铰	RLJ RO

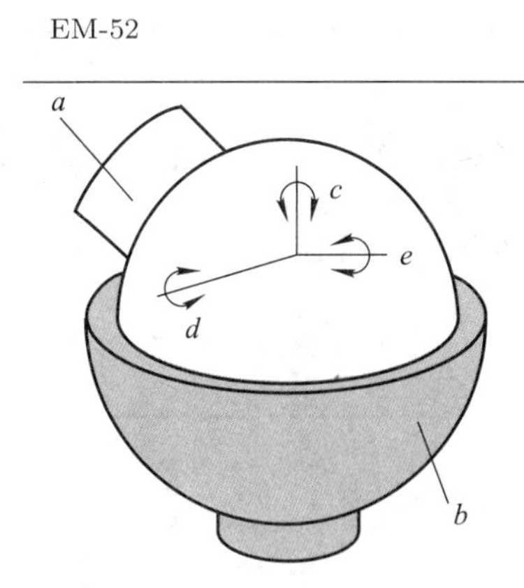

(1)

该单元是一种运动低副，可在两个被连接的构件间提供 3 个转动自由度[2]。

(1) 刚体 a 可相对于刚体 b 绕 c 轴、d 轴和 e 轴转动

EM-53	平面副	RLJ RO

(1)

该单元是一种运动低副，可在两个被连接的构件间提供两个平移自由度和一个转动自由度。两个平移方向处于同一平面，而旋转轴与该平面正交[2]。

(1) 刚体 a 在刚体 b 上可沿 d 方向和 e 方向平移和绕 c 轴转动，而刚体 b 固连在机架上

EM-54	螺旋副	RLJ RO

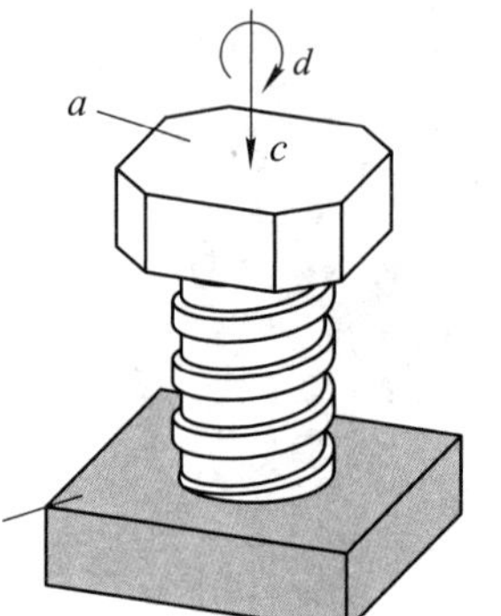

(1)

该单元是一种运动低副，可在两个被连接的构件间提供平移和旋转运动。其平移和旋转运动之间是耦合的，因此，只有一个自由度，且转动轴与平移方向共线[2]。

(1) 刚体 a 在刚体 b 上可沿 c 方向平移和绕 d 轴转动，刚体 b 固连在机架上

EM-55	圆柱副	RLJ RO

(1)

该单元是一种运动低副，可在两个被连接的构件间提供平移和旋转运动。其平移和旋转运动之间不存在耦合，因此具有两个自由度，且旋转轴与平移方向共线[2]。

(1) 刚体 a 在刚体 b 上可沿 c 方向平移和绕 d 轴转动，刚体 b 固连在机架上

参考文献

[1] L.L. Howell, *Compliant Mechanisms.* New York, NY, Wiley-Interscience, July 2001.

[2] B.G. Winder, S.P. Magleby, and L.L. Howell, "A study of joints suitable for lamina emergent mechanisms," in *ASME Design Engineering Technical Conferences,*

DETC08, 2008.

[3] J.R. Cannon and L.L. Howell, "A compliant contact-aided revolute joint," *Mechanism and Machine Theory*, vol. 40, no. 11, pp. 1273-1293, 2005.

[4] S.S. Zhao, S.S. Bi, J.J. Yu,and X. Pei, "Curved beam flexure element based of large deflection annulus figure flexure hinge," in *ASME Design Engineering Technical Conferences, DETC08/DAC*, 2008.

[5] B.D. Jensen and L.L. Howell, "The modeling of cross-axis flexural pivots," *Mechanism and Machine Theory*, vol. 37, no. 5, pp. 461-476, 2002.

[6] F. Morsch and J.L. Herder, "Design of a generic zero stiffness compliant joint," in *ASME Design Engineering Technical Conferences, DETC10/DAC*, 2010.

[7] H.Z. Zhao and S.S. Bi,"Stiffness and stress characteristics of the generalized cross-spring pivot," *Mechanisms and Theory*, vol. 45, no. 3, pp. 378-391, 2010.

[8] B.P. Trease, Y. Moon, and S. Kota, "Design of large-displacement compliant joints," *Journal of Mechanical Design, Transactions of the ASME*, vol. 127, no. 4, pp. 788-798, 2005.

[9] M. Goldfarb and J.E. Speich,"A well-behaved revolute flexure joint for compliant mechanism design," *Journal of Mechanical Design*, vol. 121, no. 3, pp. 424-429, 1999.

[10] A.E. Guérinot, S.P. Magleby, L.L. Howell, and R.H.Todd, "Compliant joint design principles for high compressive load situations," *Journal of Mechanical Design*, vol. 127, pp. 774, 2005.

[11] A.E. Guérinot, S.P. Magleby,and L.L. Howell, "Preliminary design concepts for compliant mechanism prosthetic knee joints," in *ASME Design Engineering Technical Conferences, DETC04/DAC*, vol. 2 B, 2004, pp. 1103-1111.

[12] L. Kluit, N. Tolou, and J.L. Herder,"Design of a tunable fully compliant stiffness compensation mechanism for body powered hand prosthesis," in *Proceeding of the Second International Symposium on Compliant Mechanisms CoMe2011*, 2011.

[13] X. Pei and J.J. Yu,"A new large-displacement beam-based flexure joint," *Mechanical Sciences*, Vol. 2 pp. 183-188, 2011.

[14] J.J. Yu,G.H. Zong,and S.S. Bi,"A new family of large-displacement flexural pivots," in *ASME Design Engineering Technical Conferences, DETC07/DAC*, 2007.

[15] J.O. Jacobsen,"Fundamental components for lamina emergent mechanisms," Master's thesis, Brigham Young University, Dept. of Mechanical Engineering, 2008.

第 12 章　机　　构

12.1　基本机构

12.1.1　四杆机构 (four-bar mechanisms)

M-1	柔顺机构的构型综合	BA BF

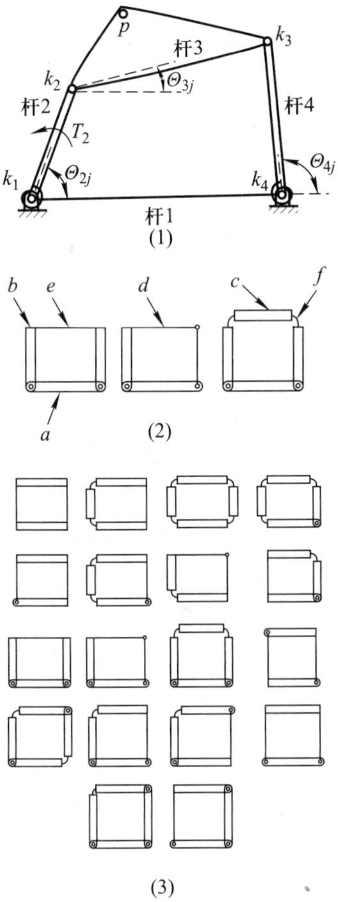

(1)

(2)

(3)

柔顺机构的构型综合方法本质上是一种启发式方法, 它最初的研究对象是 4 个运动副中的一个或多个 (最多 4 个) 带有扭簧的刚性四杆机构。每一种组合都可看作一个伪刚性模型 (PRBM), 并对应于多个与之等效的柔顺机构。这一建模过程主要基于伪刚性模型表示柔顺机构的思想[1,2]。

(1) 该图给出了一个初始的伪刚性模型 (PRBM), 它的每个转动副都可能带有扭簧。

(2) 该图示例了综合出一组可能的柔顺机构所需的典型单元。a 为铰接 – 铰接型刚性杆, b 为固定 – 铰接型刚性杆, c 为固定 – 固定型刚性杆, d 为固定 – 铰接型柔性梁, e 为固定 – 固定型柔性梁, f 为短臂柔性铰链。

(3) 该图展示了利用图 (2) 所描述的基本单元组成的 18 种柔顺机构构型

M-2	曲柄滑块	BA BF

(1)

(2)

曲柄滑块机构是一种特殊的四杆机构，其滑块有一个平移自由度。

(1) 刚体 a 固定。刚体 b 为两个二副杆，分别通过平移副 c 和转动副 d 与机构的其他构件相连。

(2) 输入 e 时，机构所处的变形状态

12.1.2 六杆机构 (six-bar mechanisms)

M-3	Watt 倒置 I	BA BS

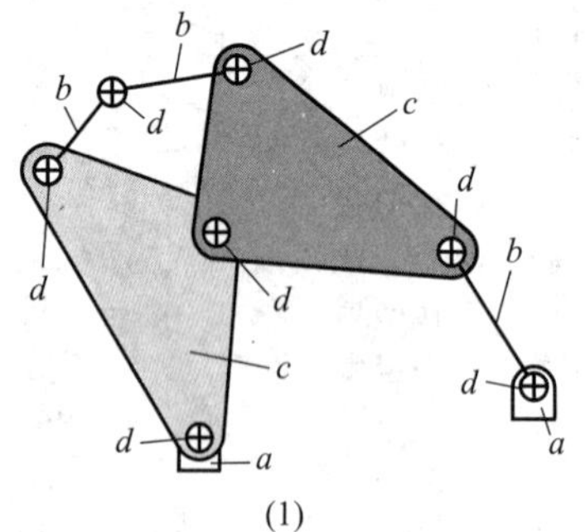

(1)

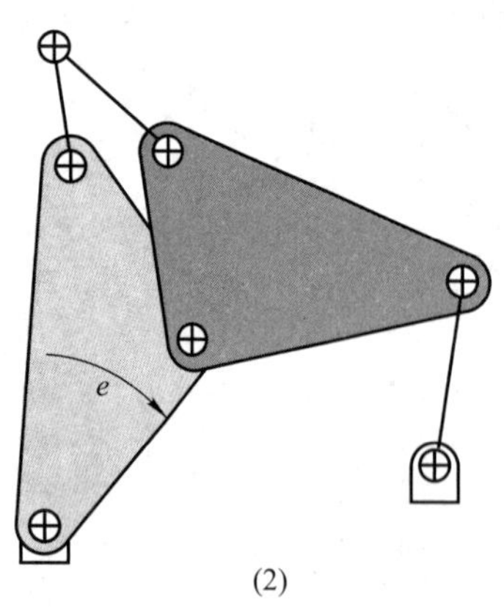

(2)

Watt 机构是一种六杆机构，它的特点是具有两个相邻的三副杆 (ternary links)。Watt 机构的倒置构型如图所示。

(1) 刚体 a 固定。刚性两副杆 b 和三副杆 c 间通过转动副 d 连接。

(2) 输入 e 时，机构所处的变形状态

M-4	Stephenson 倒置 I	BA BS

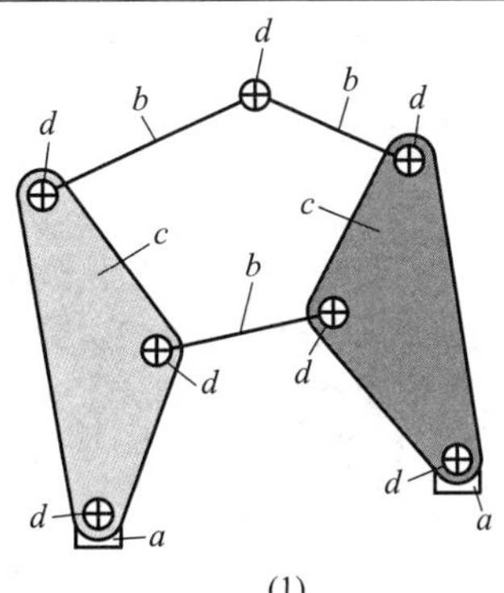

(1)

Stephenson 机构是一种六杆机构,它的特点是两个三副杆通过一个两副杆相连。Stephenson 机构的倒置构型如图所示。

(1) 刚体 a 固定。刚性两副杆 b 和三副杆 c 间通过转动副 d 连接。

(2) 输入 e 时, 机构所处的变形状态

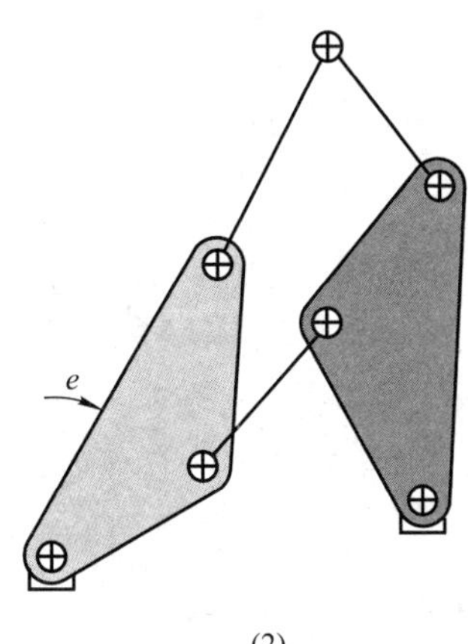

(2)

12.2 运动学

12.2.1 平移 (translational)

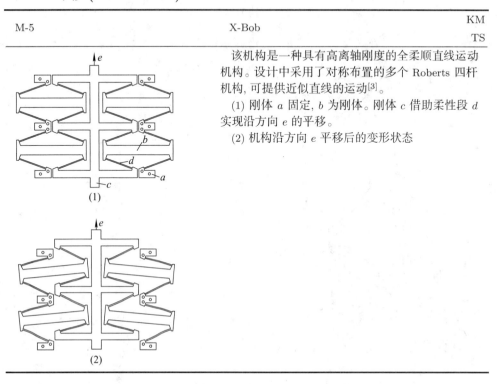

M-5	X-Bob	KM TS
(1) (2)	该机构是一种具有高离轴刚度的全柔顺直线运动机构。设计中采用了对称布置的多个 Roberts 四杆机构, 可提供近似直线的运动[3]。 (1) 刚体 a 固定, b 为刚体。刚体 c 借助柔性段 d 实现沿方向 e 的平移。 (2) 机构沿方向 e 平移后的变形状态	

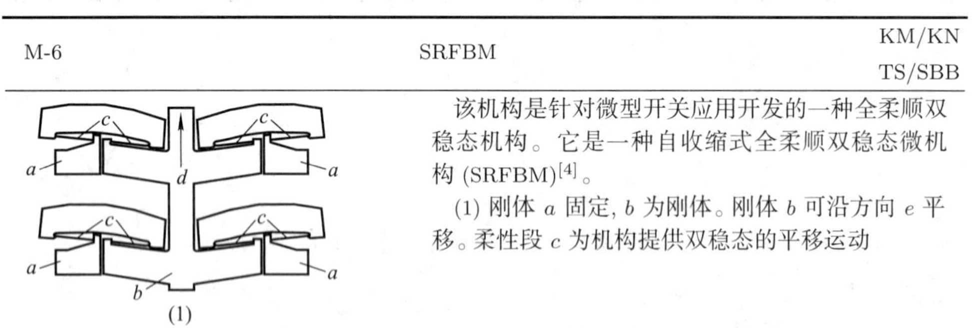

M-6	SRFBM	KM/KN TS/SBB
(1)	该机构是针对微型开关应用开发的一种全柔顺双稳态机构。它是一种自收缩式全柔顺双稳态微机构 (SRFBM)[4]。 (1) 刚体 a 固定, b 为刚体。刚体 b 可沿方向 e 平移。柔性段 c 为机构提供双稳态的平移运动	

M-7	平面双稳态平移机构	KM/KN TS/SBB

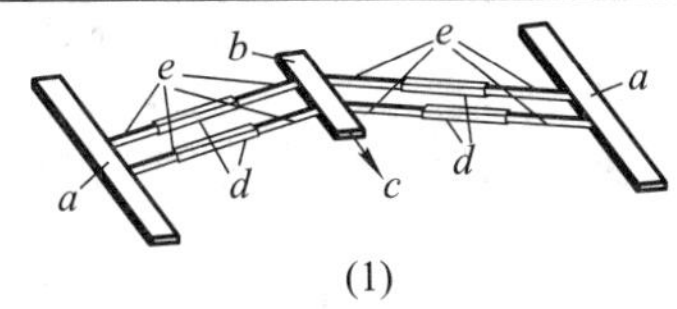

(1)

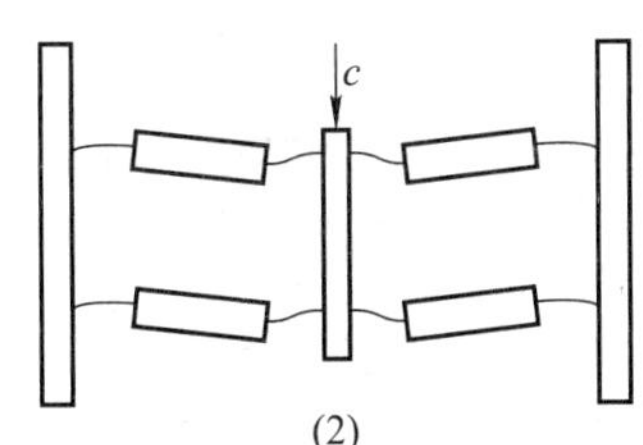

(2)

该机构可提供平面内的直线运动，也具有双稳态[5]。

(1) 刚体 a 固定。刚体 b 可沿方向 c 平移。被刚性段 d 隔开的柔性段 e 为机构提供双稳态的平移运动。

(2) 机构沿方向 d 平移后的变形状态

M-8	平移式平面双稳态机构	KM/KN TS/SBB

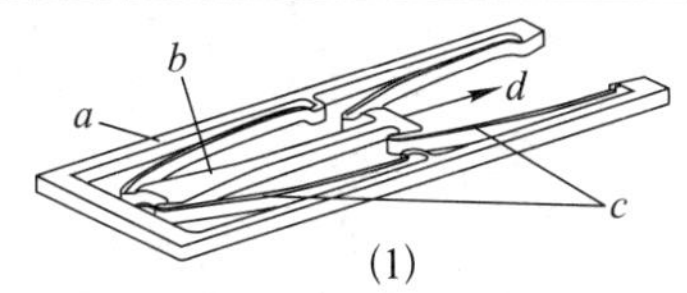

(1)

该机构可提供平面内的直线运动，也具有双稳态。

(1) 刚体 a 固定。刚体 b 可沿方向 d 平移。柔性段 c 为机构提供双稳态的平移运动

M-9	平行双稳态平移机构	KM/KN TS/SBB

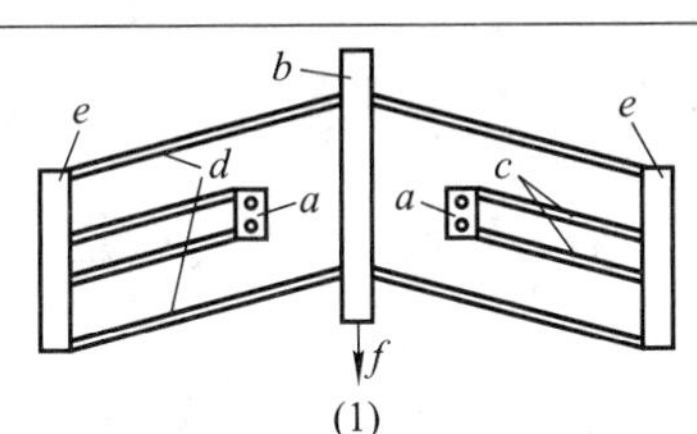

(1)

该机构采用了镜像对称的折叠式平行导向机构，具有一个高离轴刚度的平移自由度。所有柔性段以一定偏斜角加工，使得机构具有双稳态特性[6]。

(1) 刚体 a 固定。刚体 b 可沿方向 f 平移。被刚性段 e 隔开的柔性段 c 和 d 为机构提供双稳态的平移运动

M-10	零力或双稳态平移机构	KM/KN TS/SBB

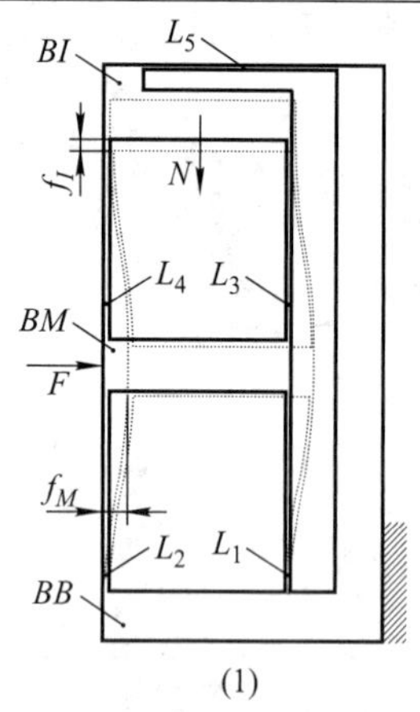

(1)

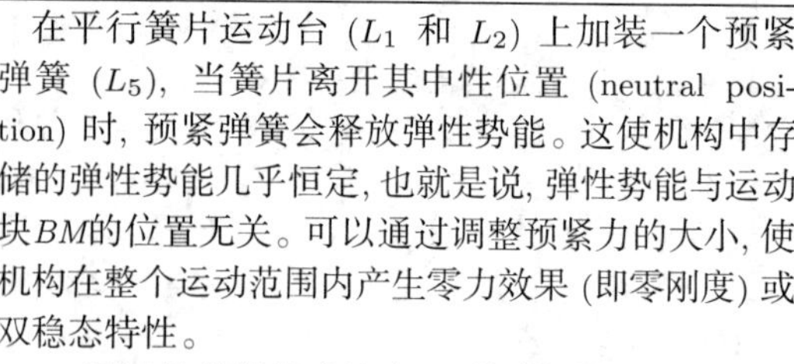

在平行簧片运动台 (L_1 和 L_2) 上加装一个预紧弹簧 (L_5)，当簧片离开其中性位置 (neutral position) 时，预紧弹簧会释放弹性势能。这使机构中存储的弹性势能几乎恒定，也就是说，弹性势能与运动块BM的位置无关。可以通过调整预紧力的大小，使机构在整个运动范围内产生零力效果 (即零刚度) 或双稳态特性。

(1) 通过外部弹簧或簧片 L_5 给中间块BI施加恒定的预紧力 N。这个力可以使 4 个簧片 ($L_1 \sim L_4$) 的刚度减小、抵消，甚至变号。

(2) 带有外部预紧弹簧的样机照片。

(3) 用 EDM 加工的整体式 (用于预紧较厚的垂直簧片的两个深色垫片除外) 零力平移装置的照片

(2)

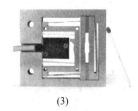

(3)

M-11	平行平移机构	KM TS

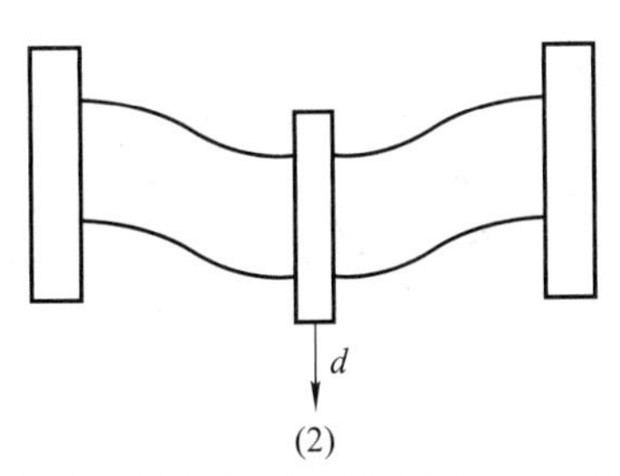

(1)

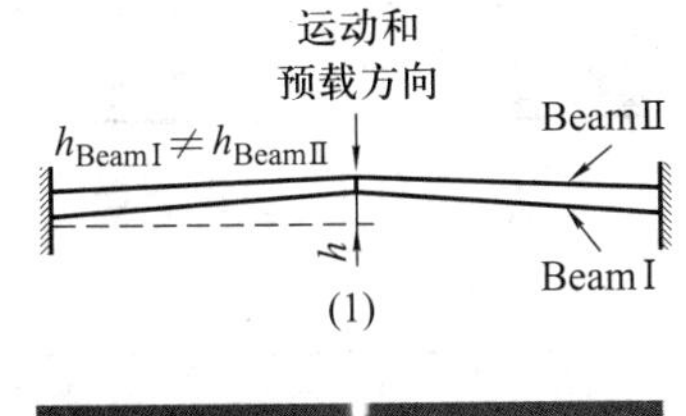

(2)

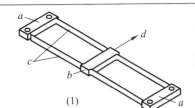

该机构采用了镜像对称的平行导向机构，具有一个高离轴刚度的平移自由度[7]。

(1) 刚体 a 固定。刚体 b 可沿方向 d 平移。柔性段 c 为机构提供平移自由度。

(2) 机构沿方向 d 平移后的变形状态

M-12	共线型静平衡直线运动机构	KM TS

运动和预载方向

$h_{\text{BeamI}} \neq h_{\text{BeamII}}$ BeamⅡ h BeamⅠ

(1)

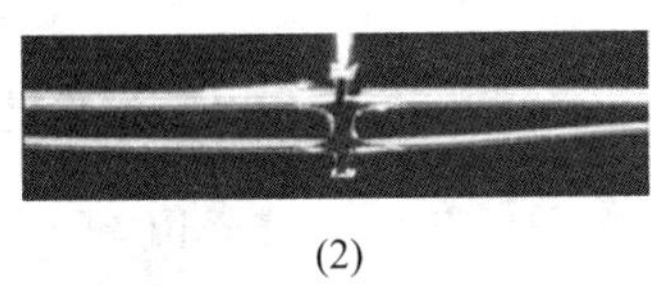

(2)

该机构是一个零刚度机构，由于两种不同形状的双稳态梁的共同作用，它在一定的运动范围内所需驱动力几乎为零。$h_{\text{BeamI}} \neq h_{\text{BeamII}}$[8]。

(1) 共线型静态平衡直线运动柔顺机构的概念图。双稳态梁 Beam Ⅰ 和 Beam Ⅱ 的爬升高度分别为 h_{BeamI} 和 h_{BeamII}。

(2) 样机 (30 ~ 1 000μm) 的变形状态

M-13	单自由度平移机构	KM TS

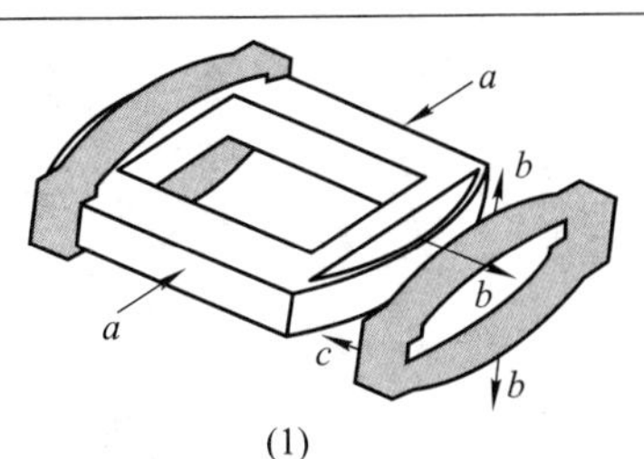

(1)

该平移机构具有一个平移自由度。由簧片的惯性矩知道，该机构的其他自由度均被约束[9]。

(1) 簧片 b 的变形模式使得该机构仅有沿方向 a 的平移自由度。箭头 c 标明了机构的装配方式

M-14	静平衡式柔顺腹腔镜夹钳	KM TS

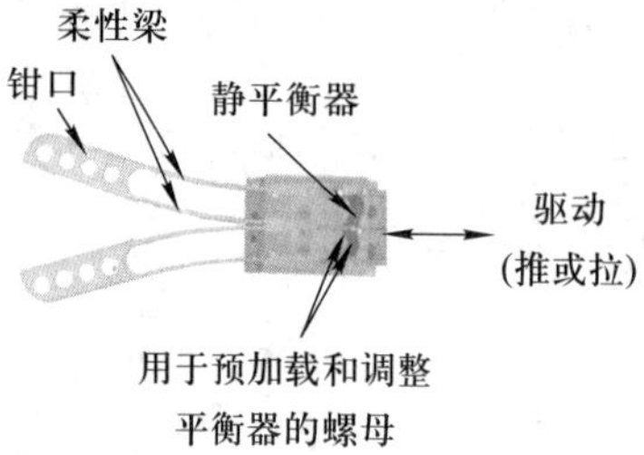

(1)

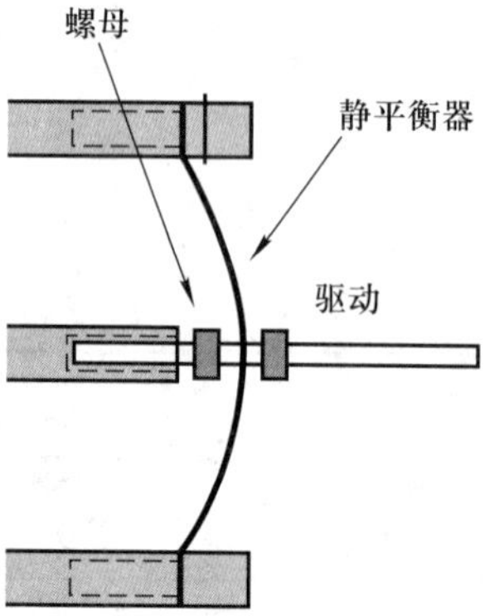

(2)

该机构是一个零刚度机构，它在一定的运动范围内所需驱动力几乎为零。夹钳的正刚度被与其运动路径共线的直线导向型预加载双稳态梁抵消[10-12]。

(1) 静平衡式柔顺腹腔镜夹钳概念图。

(2) 对负刚度的调整

精密

M-15	交叉板式精密平移机构	KM TSP

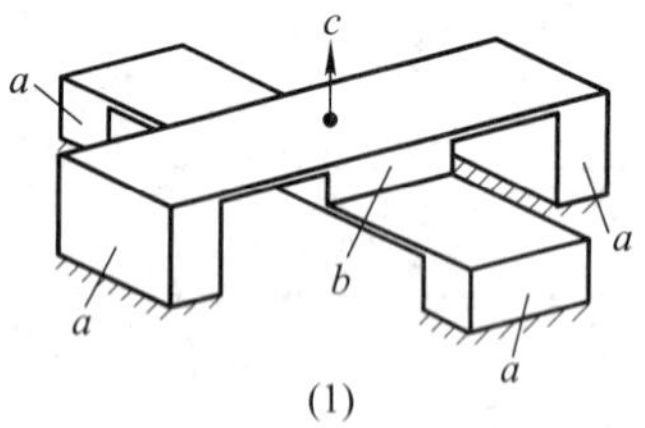

(1)

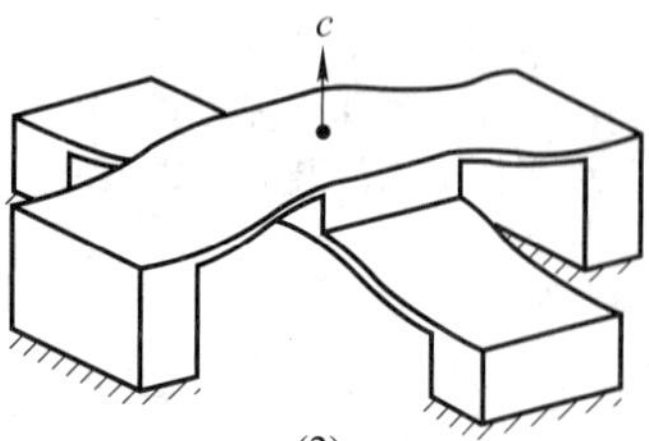

(2)

该机构适用于只需要一个平移自由度且高精度的场合，其他所有的运动都被约束。此平移自由度垂直于基座[13]。

(1) 刚体 a 固定。刚体 b 可沿方向 c 自由移动。

(2) 机构沿方向 c 平移后的变形状态

M-16	平行板式平移机构	KM TSP

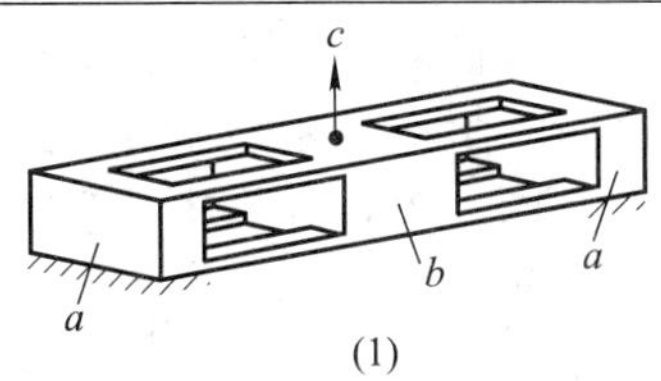

(1)

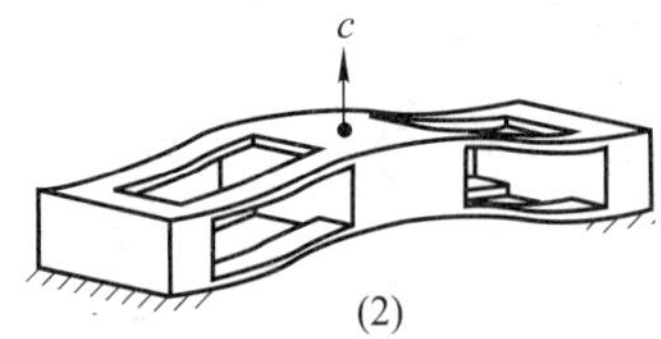

(2)

该机构适用于只需要一个平移自由度且高精度的场合，其他所有的运动都被约束。此平移自由度垂直于基座[13]。

(1) 刚体 a 固定。刚体 b 可沿方向 c 自由移动。

(2) 机构沿方向 c 平移后的变形状态

M-17	末端执行器	KM TSP

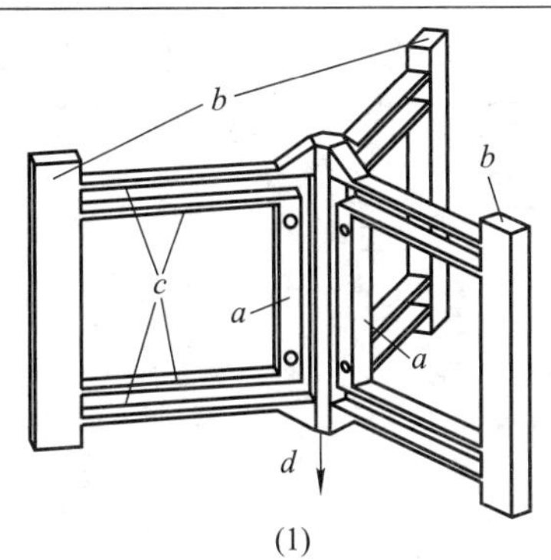

(1)

该机构采用了 3 个折叠型平行导向机构，具有一个高离轴刚度的平移自由度[14]。

(1) 刚体 a 固定。刚体 b 可沿方向 d 平移。柔性段 c 为机构提供平移自由度

大运动空间

M-18	平行平移机构	KM TSL

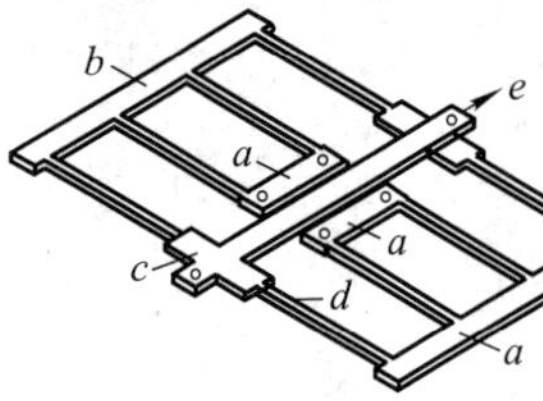

(1)

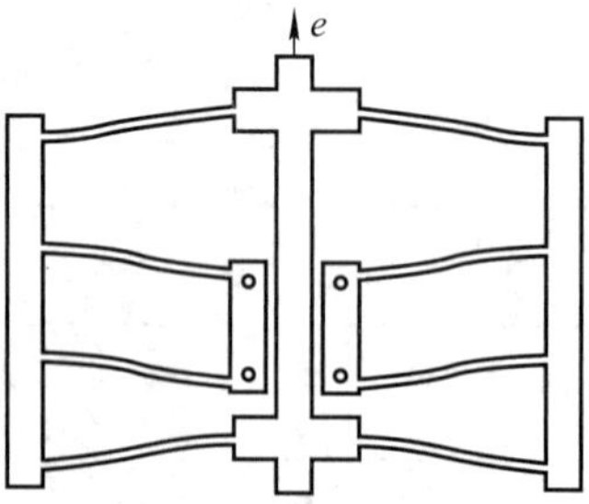

(2)

该机构采用了镜像对称的折叠式平行导向机构，具有一个高离轴刚度的平移自由度。该机构可用于微电子机械系统 (MEMS) 中。它常被称作“折叠梁悬簧 (folded beam suspension)”。

(1) 刚体 a 固定，b 为刚体。柔性段 d 为刚体 c 提供沿方向 e 的平移。

(2) 机构沿方向 e 平移后的变形状态

正交

M-19	正交型静平衡直线运动机构	KM TSO

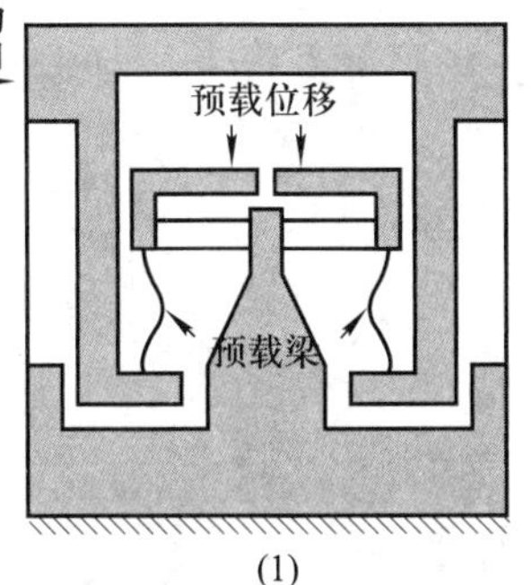

(1)

(2)

该机构是一个零刚度机构。通过对垂直于机构运动方向进行预载，该机构在一定运动范围所需驱动力几乎为零[8]。

(1) 正交型静平衡直线运动机构概念图。

(2) 样机 (30 ∼ 1 000 μm) 的变形状态

12.2.2 旋转

另参见

名称	参考索引	分类索引
交叉簧片型柔性铰链	EM-13	FE/KM FRH/RT

精密

M-20	倾斜式平行平移机构	KM TSP

(1)

该机构采用了镜像对称的平行导向机构，具有一个高离轴刚度的平移自由度。由于柔性段倾斜布置，该机构的运动范围不大，但有较高的重复精度。

(1) 刚体 a 固定。柔性段 c 为刚体 b 提供了沿方向 d 的平移运动

M-21　　**精密约束转动机构**　　KM RTP

(1)

(2)

(3)

该机构适用于需要两个正交的转动自由度且高精度的场合。两个正交的转动自由度平行于基座[13]。

(1) 刚体 a 固定。刚体 b 可绕 c 轴和 d 轴转动。

(2) 机构绕 c 轴转动后的变形状态。

(3) 机构绕 d 轴转动后的变形状态

M-22　　**精密约束旋转机构**　　KM RTP

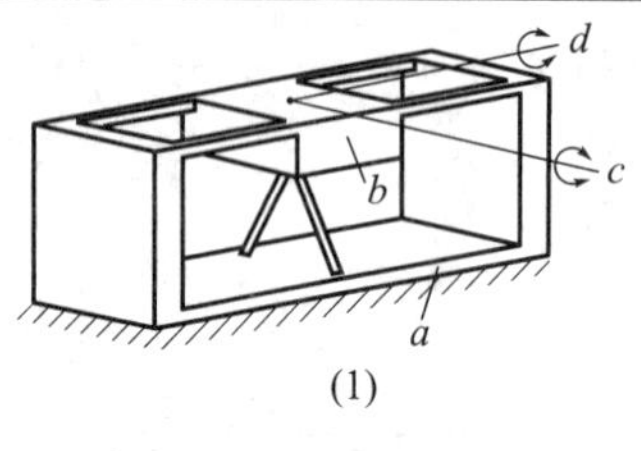

(1)

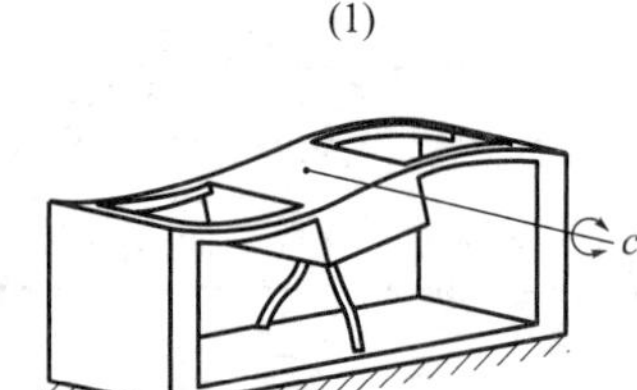

(2)

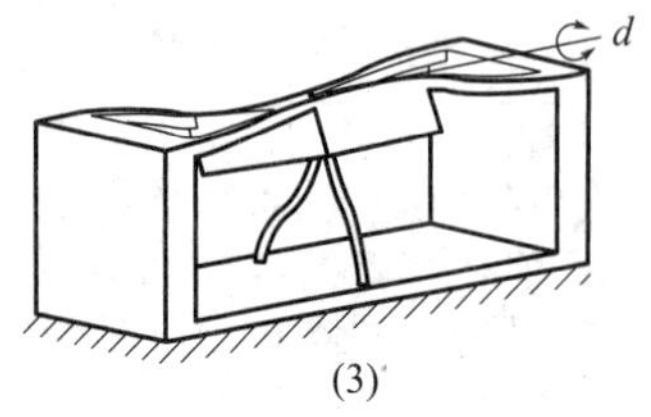

(3)

该机构适用于需要两个正交的转动自由度且高精度的场合。两个正交的转动自由度平行于基座[13]。

(1) 刚体 a 固定。刚体 b 可绕 c 轴和 d 轴旋转。

(2) 机构绕 c 轴转动后的变形状态。

(3) 机构绕 d 轴转动后的变形状态

大运动空间

M-23	旋转式 LEM	KM RTL

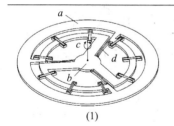

该机构是一个平板折展式球面机构 (LEM), 它旋转时会从加工平面折展翻出[15]。

(1) 刚体 a 固定。刚体 b 可绕 c 轴旋转。

(2) 机构绕 c 轴旋转后的变形状态

(1)

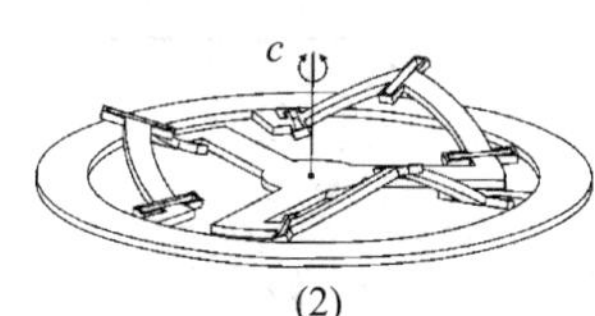

(2)

M-24	Bricard 6R (LEM)	KM RTL

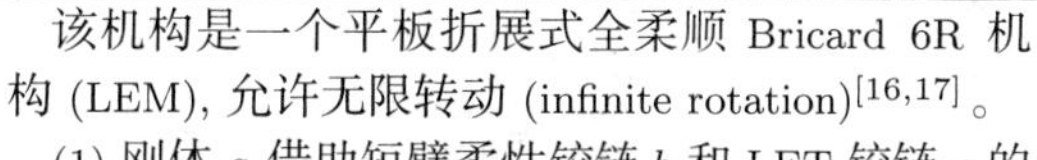
该机构是一个平板折展式全柔顺 Bricard 6R 机构 (LEM), 允许无限转动 (infinite rotation)[16,17]。

(1) 刚体 a 借助短臂柔性铰链 b 和 LET 铰链 c 的变形实现旋转。

(2) 机构绕 d 轴旋转后的变形状态

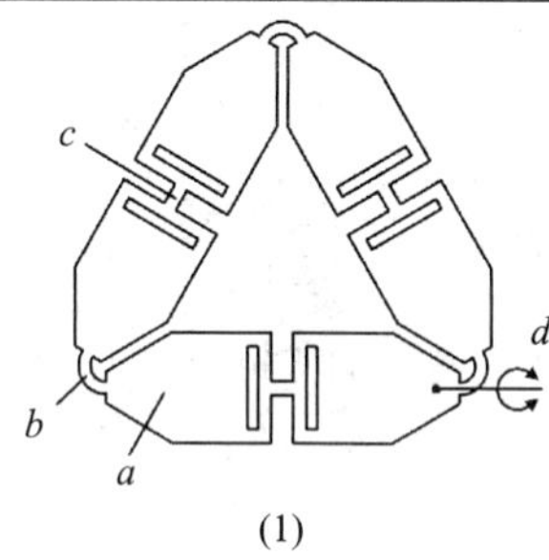

(1)

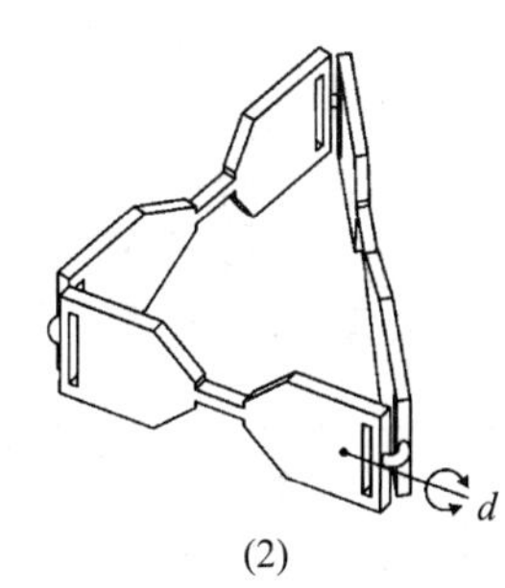

(2)

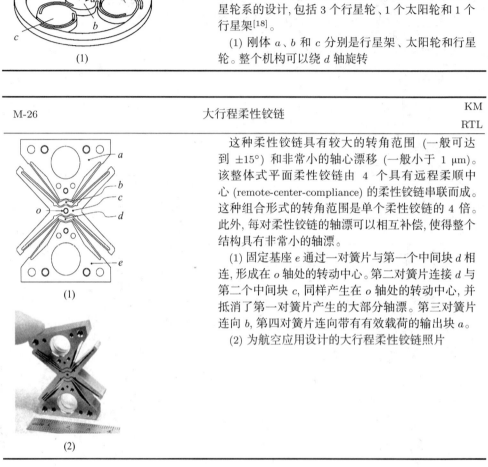

M-25	CORE 轴承	KM RTL
(1)	该机构涉及一种滚动接触式柔性单元 (CORE)。CORE 轴承通过组合几个基本的 CORE 单元实现旋转运动。CORE 轴承仿效了行星轮系的设计,包括 3 个行星轮、1 个太阳轮和 1 个行星架[18]。 (1) 刚体 a、b 和 c 分别是行星架、太阳轮和行星轮。整个机构可以绕 d 轴旋转	

M-26	大行程柔性铰链	KM RTL
(1) (2)	这种柔性铰链具有较大的转角范围 (一般可达到 ±15°) 和非常小的轴心漂移 (一般小于 1 μm)。该整体式平面柔性铰链由 4 个具有远程柔顺中心 (remote-center-compliance) 的柔性铰链串联而成。这种组合形式的转角范围是单个柔性铰链的 4 倍。此外,每对柔性铰链的轴漂可以相互补偿,使得整个结构具有非常小的轴漂。 (1) 固定基座 e 通过一对簧片与第一个中间块 d 相连,形成在 o 轴处的转动中心。第二对簧片连接 d 与第二个中间块 c,同样产生在 o 轴处的转动中心,并抵消了第一对簧片产生的大部分轴漂。第三对簧片连向 b,第四对簧片连向带有有效载荷的输出块 a。 (2) 为航空应用设计的大行程柔性铰链照片	

另参见

名称	参考索引	分类索引
交叉簧片型柔性铰链	EM-10	FE/KM FRH/RT
隔离式 HCCM	EM-20	FE/KM FRH/RTL
倒置式 HCCM	EM-21	FE/KM FRH/RTL
倒置式 HCCM	EM-22	FE/KM FRH/RTL
HCCM	EM-23	FE/KM FRH/RTL

精密

另参见

名称	参考索引	分类索引
正交异面型双轴转动机构	EM-42	FE/KM FU/RTO
三脚架	EM-43	FE/KM FU/RTO

12.2.3 平移 – 旋转

M-27	机械驱动式触发开关	KM TR

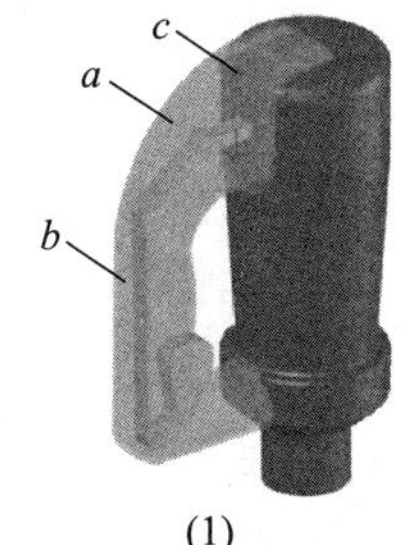

(1)

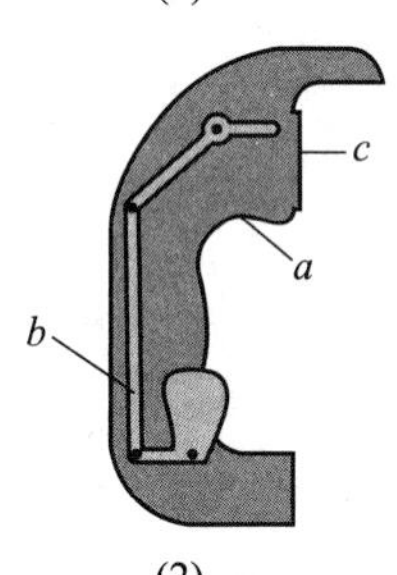

(2)

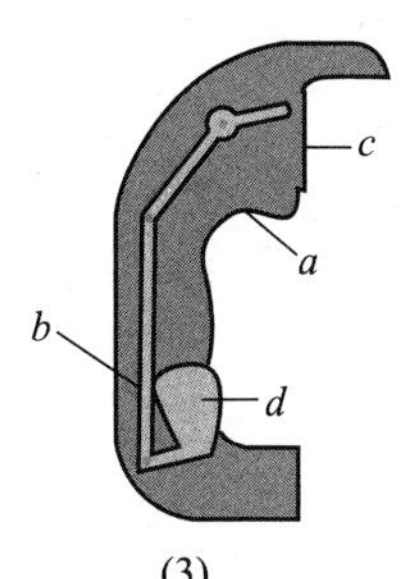

(3)

这是一种机械驱动式柔顺触发器，它可以集成到 RotoZip 螺旋锯的可拆卸手柄中。RotoZip 螺旋锯是一种多用途工具，通过换用合适的附件可胜任与建筑相关的多种任务[19]。

(1) 该图显示了安装在 RotoZip 螺旋锯的可拆卸手柄 a 内的柔顺机构 b。可拆卸手柄盖住了凸起开关 c，起防止用户碰到凸起开关的作用。

(2) 凸起开关 c 处于关闭位置，此时工具不通电。

(3) 凸起开关 c 处于开启状态，当压下触发装置 d 时，柔顺机构的连杆 b 处于拉伸状态，从而触发突起开关使工具通电

M-28	双臂式柔顺悬挂机构	KM TR

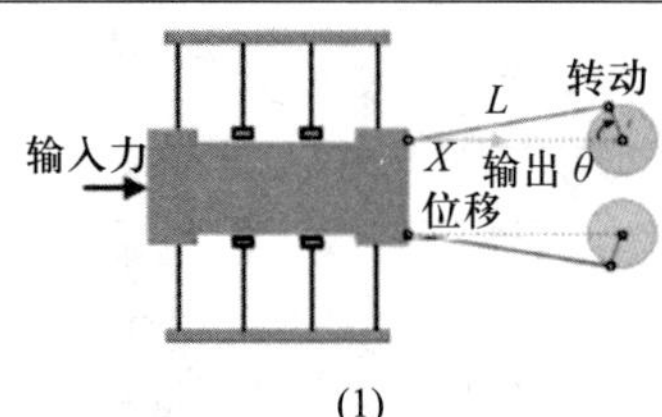

(1)

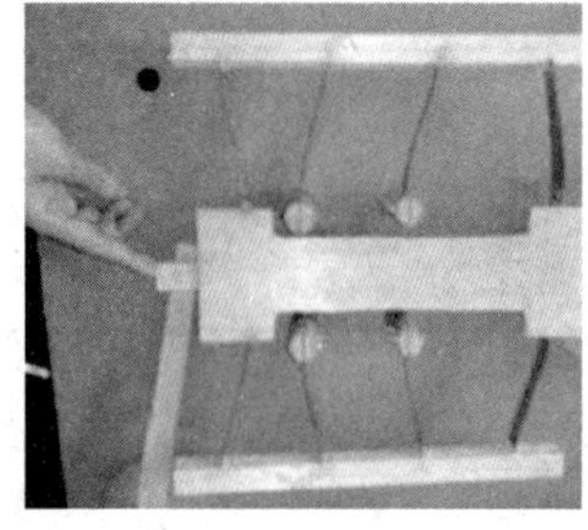

(2)

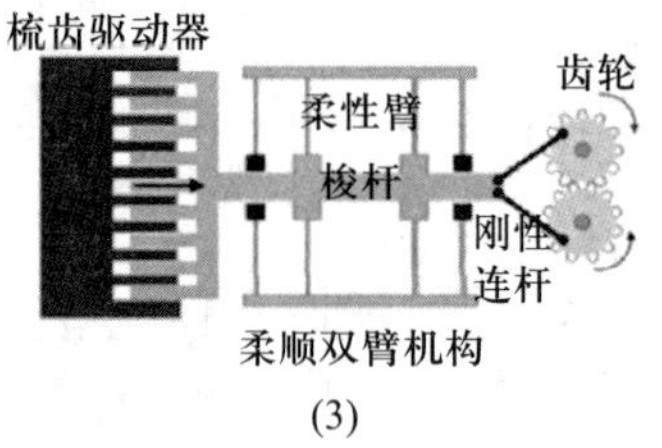

(3)

双臂式柔顺悬挂机构包括 8 个大挠度柔性臂和一个刚性连杆, 可以用静电梳齿驱动器来驱动。该机构可将直线运动转化为旋转运动。直线运动通过平行双臂机构获得, 旋转运动则是通过曲柄滑块机构的曲柄部分获得。由于双臂式柔顺悬挂机构的刚度是非线性的, 对它的运动轨迹控制需要通过状态反馈来实现。若用 PD(比例微分) 控制器来控制的话, 控制器的系数可根据系统期望的输出确定[20]。

(1) 用双臂式柔顺悬挂机构驱动的曲柄滑块机构。

(2) 为考察而制作的双臂式柔顺悬挂机构的宏观样机模型。

(3) 梭杆悬于地面之上, 它输出的平移运动被右侧的连杆和曲柄转换为旋转运动

精密

M-29 交叉板－梁式精密运动机构 KM TRP

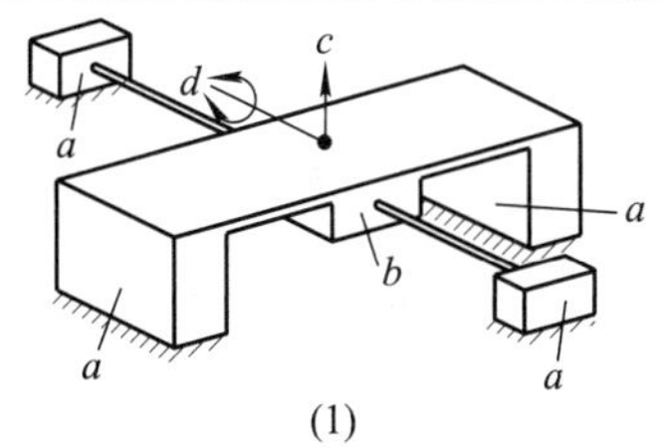

(1)

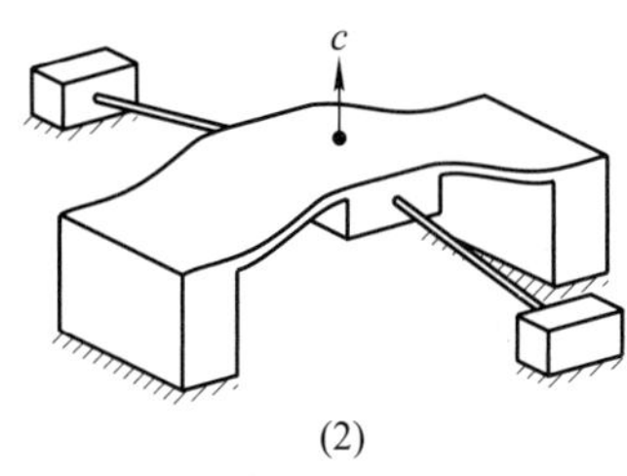

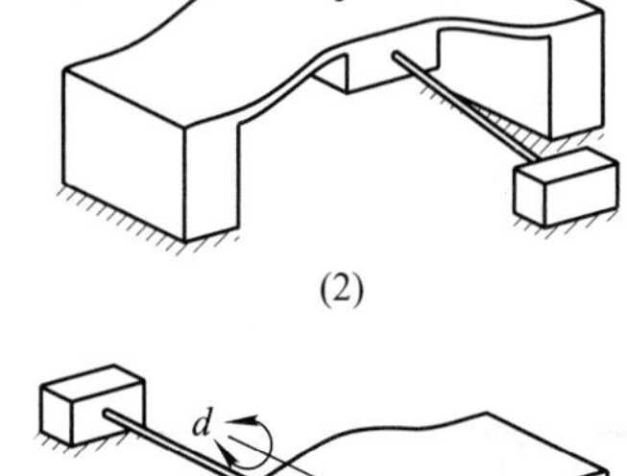
(2)

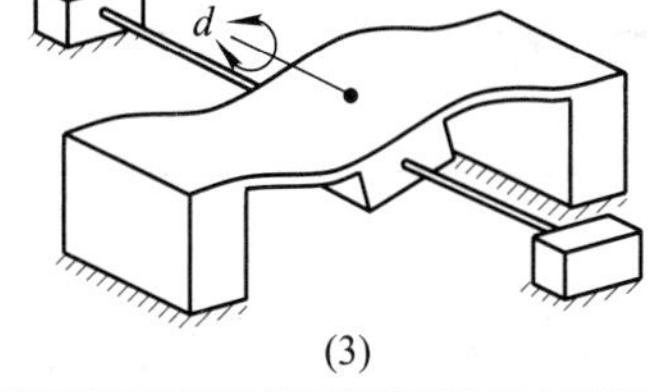

(3)

该机构适用于需要一个平移自由度和一个转动自由度且高精度的场合。平移自由度方向与转动自由度轴线正交。平移自由度方向垂直于基座, 而转动自由度的轴线平行于基座[13]。

(1) 刚体 a 固定。刚体 b 可沿方向 c 平移和绕 d 轴旋转。

(2) 机构沿方向 c 平移后的变形状态。

(3) 机构绕 d 轴旋转后的变形状态

M-30 交叉约束式一移一转机构 KM TRP

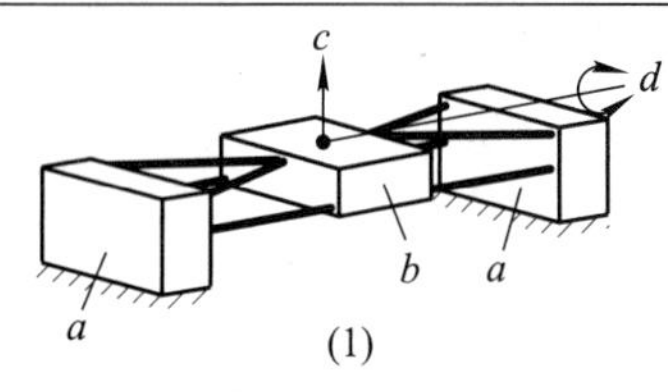

(1)

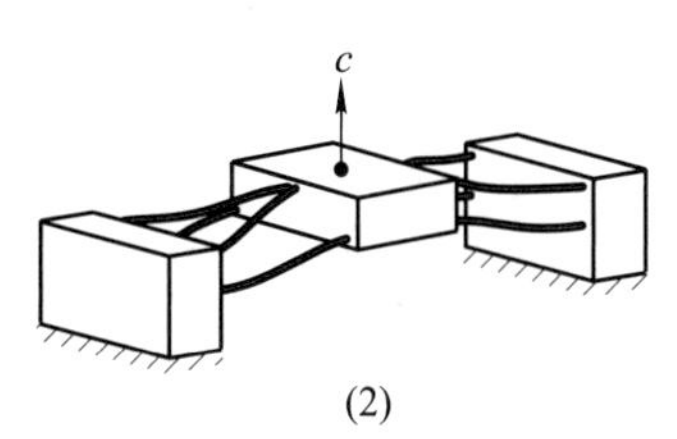

(2)

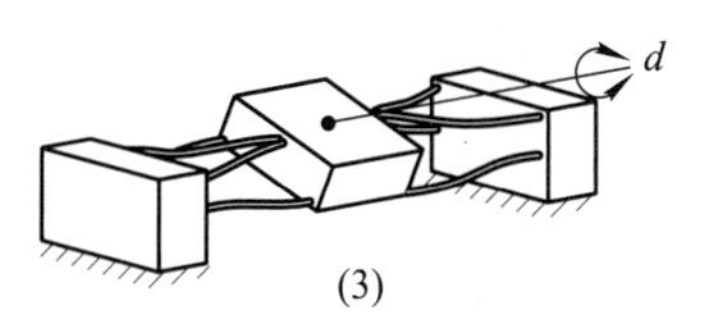

(3)

该机构适用于需要一个平移自由度和一个转动自由度且高精度的场合。平移自由度方向与转动自由度轴线正交。平移自由度方向垂直于基座, 而转动自由度的轴线平行于基座[13]。

(1) 刚体 a 固定。刚体 b 可沿方向 c 平移和绕 d 轴旋转。

(2) 机构沿方向 c 平移后的变形状态。

(3) 机构绕 d 轴旋转后的变形状态

M-31	并联对称八杆式精密约束	KM TRP

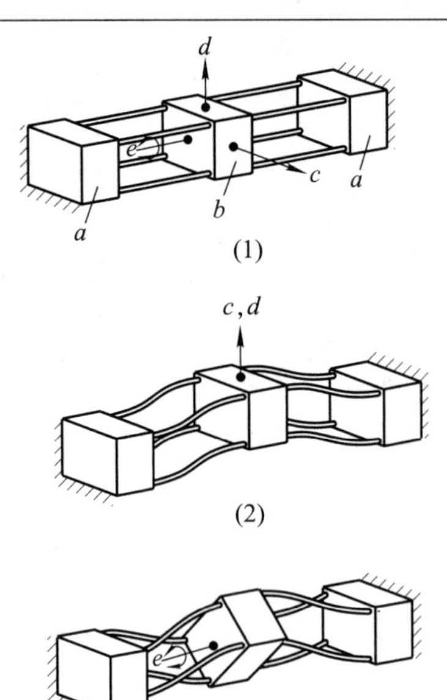

(1)

(2)

(3)

该机构适用于需要两个平移自由度和一个转动自由度且高精度的场合。这些自由度两两垂直。两个平移自由度垂直于基座，而转动自由度平行于基座①[13]。

(1) 刚体 a 固定。刚体 b 可沿 c 和 d 两个方向平移和绕 e 轴旋转。

(2) 机构沿方向 c 或 d 平移后的变形状态。

(3) 机构绕 e 轴旋转后的变形状态

M-32	八约束式旋转机构	KM TRP

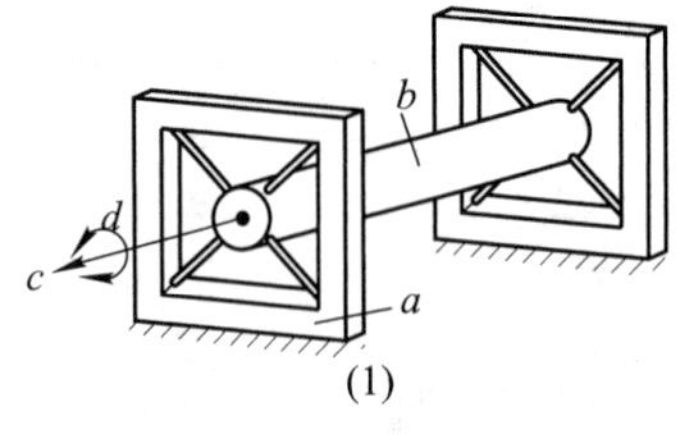

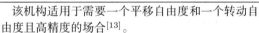

(1)

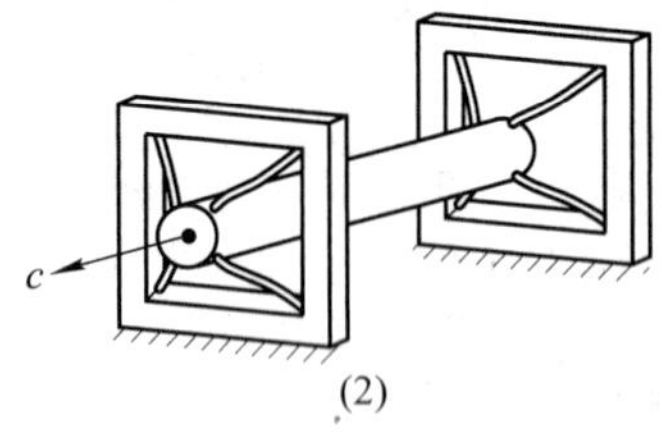

(2)

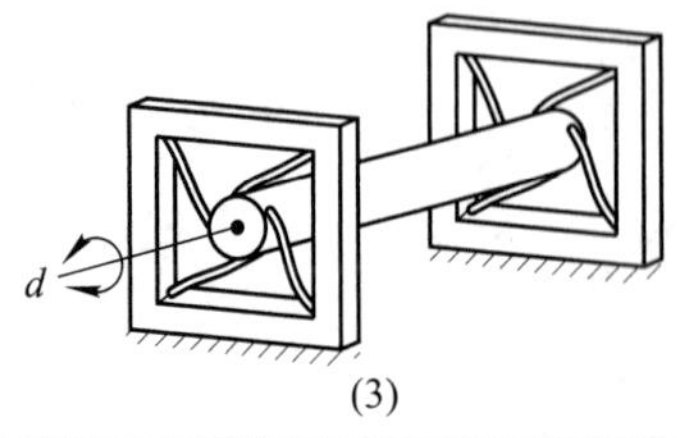

(3)

该机构适用于需要一个平移自由度和一个转动自由度且高精度的场合[13]。

(1) 刚体 a 固定。刚体 b 可沿方向 c 平移和绕 d 轴旋转。

(2) 机构沿方向 c 平移后的变形状态。

(3) 机构绕 d 轴旋转后的变形状态

① 基座如图中阴影线所示。

M-33 平行板 – 梁式约束 KM TRP

(1)

(2)

(3)

该机构适用于需要一个平移自由度和一个转动自由度且高精度的场合。平移自由度方向与转动自由度轴线正交。平移自由度方向垂直于基座, 而转动自由度的轴线平行于基座[13]。

(1) 刚体 a 固定。刚体 b 可沿方向 c 平移和绕 d 轴旋转。

(2) 机构沿方向 c 平移后的变形状态。

(3) 机构绕 d 轴旋转后的变形状态

大运动空间

M-34 平行四杆式约束 KM TRL

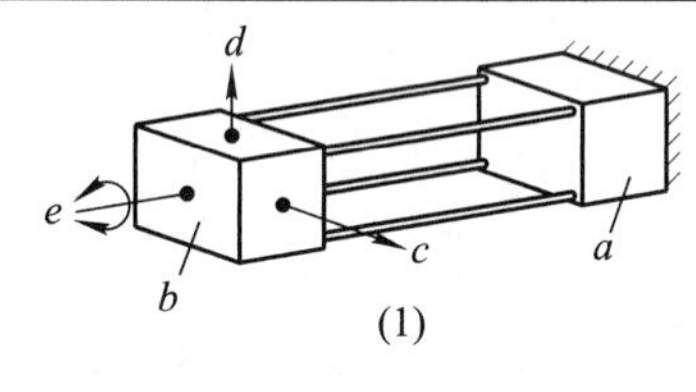

(1)

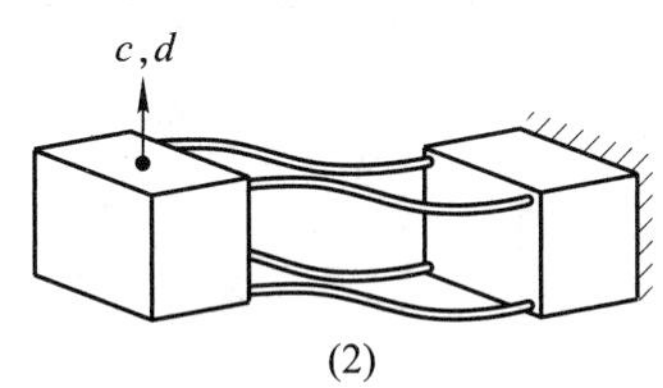

(2)

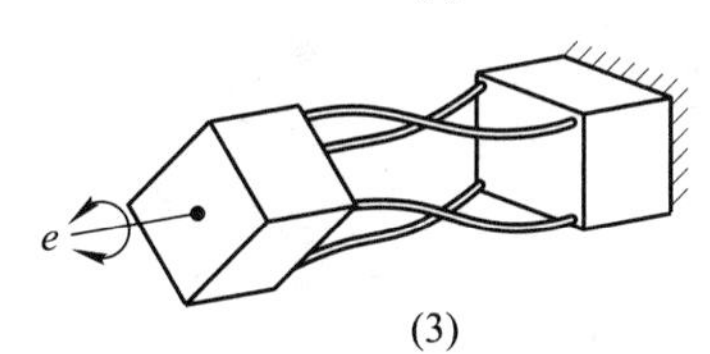

(3)

该机构适用于需要两个正交的平移自由度和一个转动自由度且高精度的场合。平移自由度与转动自由度之间两两正交。两个平移自由度平行于基座, 而转动自由度垂直于基座。转动角度较大时刚体 b 会向基座缩进, 这一平移是寄生运动[13]。

(1) 刚体 a 固定。刚体 b 可沿方向 c 和 d 平移和绕 e 轴旋转。

(2) 机构沿方向 c 或 d 平移后的变形状态。

(3) 机构绕 e 轴旋转后的变形状态

12.2.4 平行运动

M-35 平行四杆导向机构 KM PM

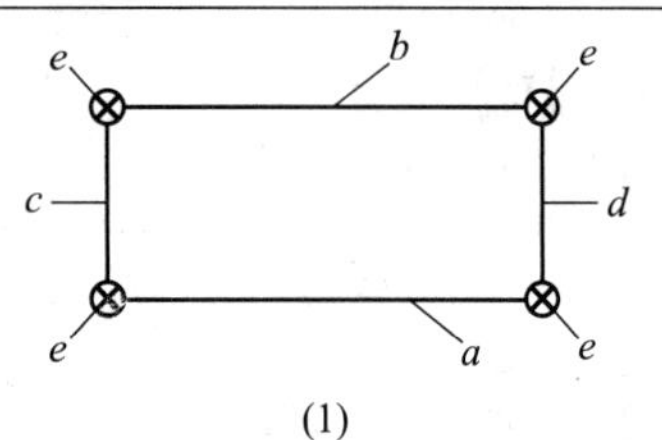

(1)

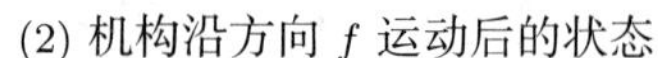

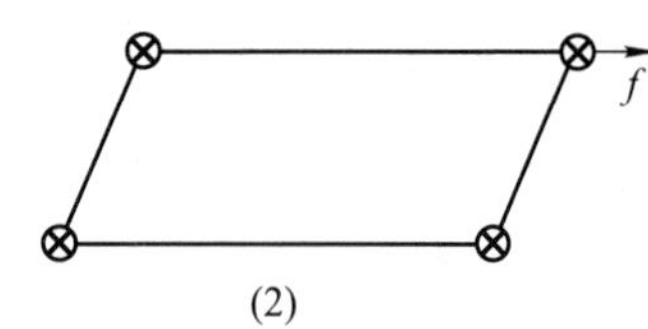

(2)

平行四杆导向机构是一种在运动过程中两组相对的杆始终保持平行的机构。通过综合这一设计可以衍生出多种构型[21-23]。

(1) 刚体 a 固定。构件 b、c 和 d 通过用柔性或刚性单元实现的转动中心 e 实现运动。

(2) 机构沿方向 f 运动后的状态

M-36 平行导向镜片 KM PM

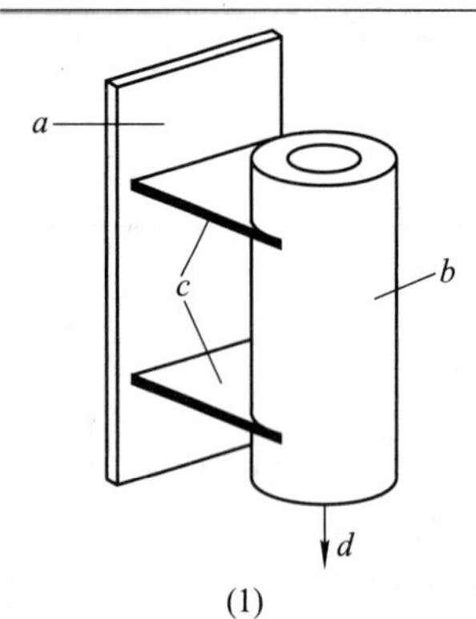

(1)

该机构运用一个全柔顺的平行导向机构实现镜片对焦。这样做有助于减少回差并保持镜片始终垂直于安装台[21,24]。

(1) 刚体 a 固定。刚体 b(即镜片) 借助柔性单元 c 沿方向 d 平移

M-37 压力导向装置 KM/KN PM/MDB

(1)

该机构采用了一个平行导向机构和一个屈曲柔性板。当柔性板被拉直时，可借助平行导向机构的导向作用传递压力[21,24]。

(1) 刚体 a 固定。在柔性板 d 上输入力或位移时，刚体 b 借助柔性单元 c 沿方向 e 平移

精密

M-38 平行导向机构 KM PM

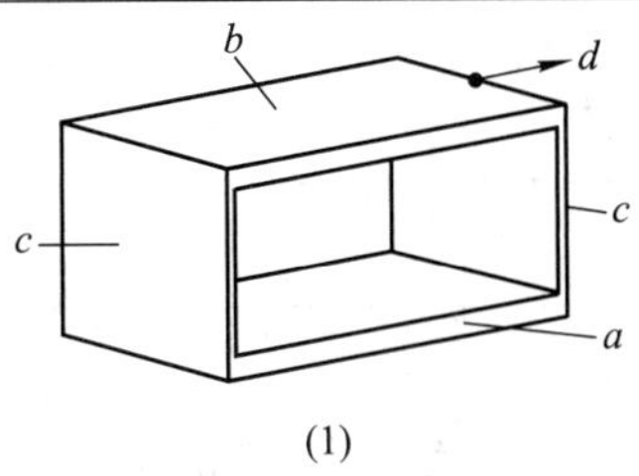

(1)

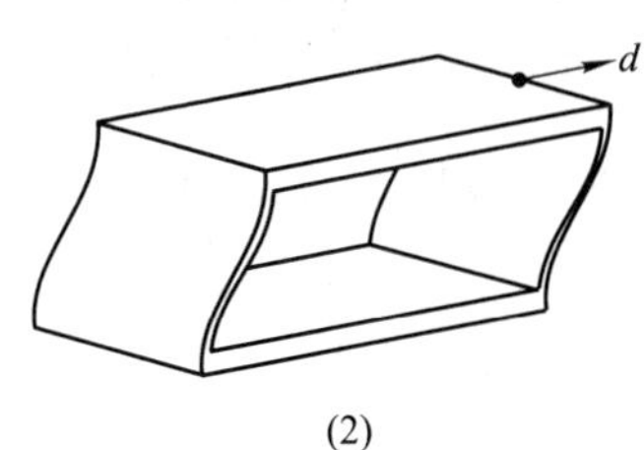

(2)

该机构通过两个固定 – 导向型柔性梁实现这种运动[22,24]。

(1) 刚体 a 固定。刚体 b 借助固定 – 导向柔性型柔性梁 c 实现沿方向 d 的平移。

(2) 机构沿方向 d 平移后的变形状态

大运动空间

M-39　　平行导向机构　　KM/KN PMK/ES

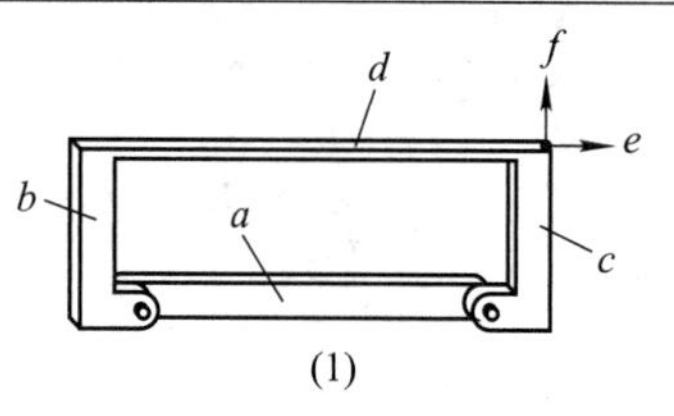

(1)

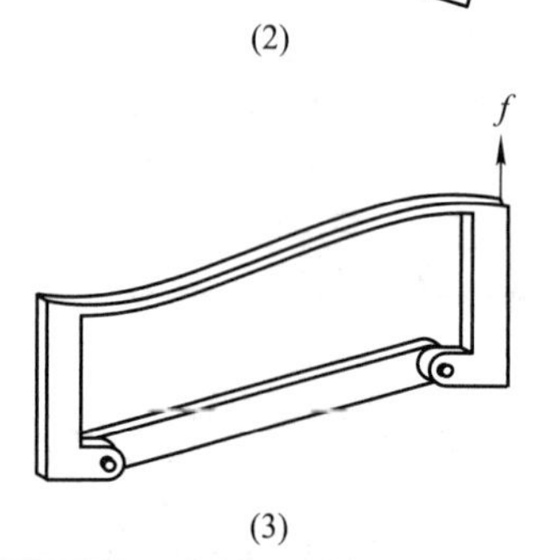

(2)

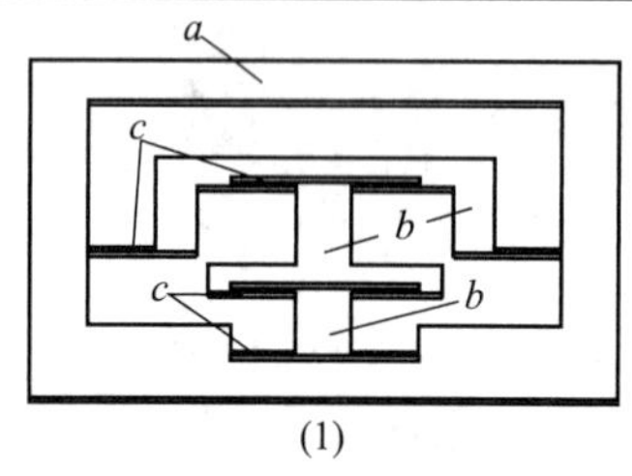

(3)

该机构在运动过程中两组相对的杆始终保持平行，它能够产生较大的变形且伴随有能量存储[25]。

(1) a 是刚性杆，b 和 c 是刚性段，d 是固定－导向型柔性梁。

(2) 固定刚体 a 时，机构沿方向 e 变形。

(3) 固定刚体 b 时，机构沿方向 f 变形

M-40　　平行导向 LEM　　KM PML

(1)

(2)

该机构是一种平板折展式平行导向机构，借助扭转构件和 LET 铰链实现运动。它可在单块板材上一体化加工出来[26]。

(1) 刚体 a 固定，b 是刚性段。机构借助柔性段 c 实现旋转运动。

(2) 机构沿方向 d 变形后的状态

M-41	平行导向 LEM	KM PML

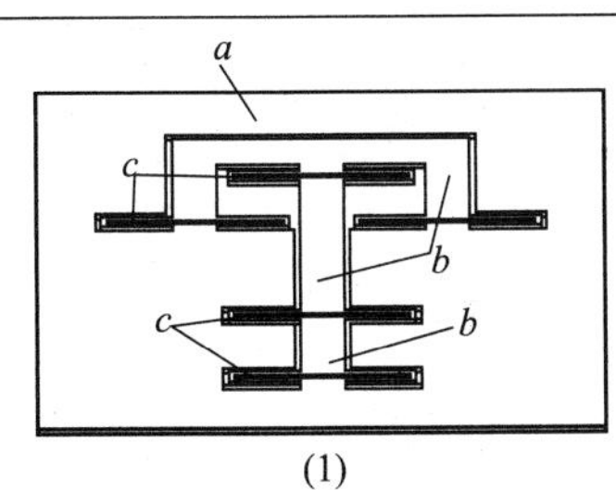

(1)

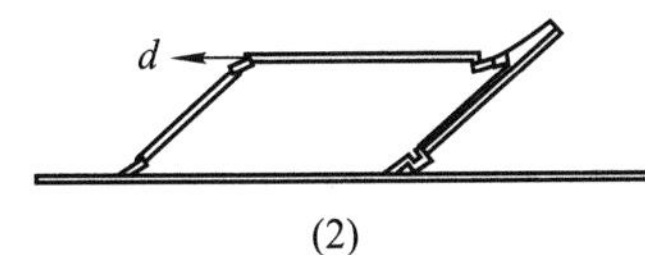

(2)

该机构是一种平板折展式平行导向机构, 借助扭转构件和 LET 铰链实现运动。它可在单块板材上一体化加工出来[26]。

(1) 刚体 a 固定, b 是刚性段。机构借助柔性段 c 实现旋转运动。

(2) 机构沿方向 d 变形后的状态

M-42	多层式平行导向 LEM	KM PML

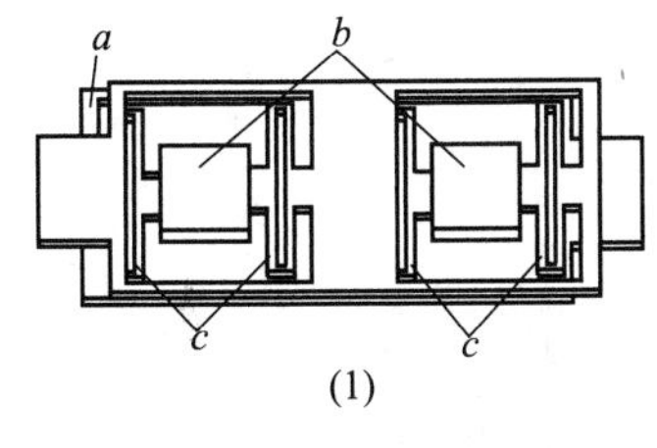

(1)

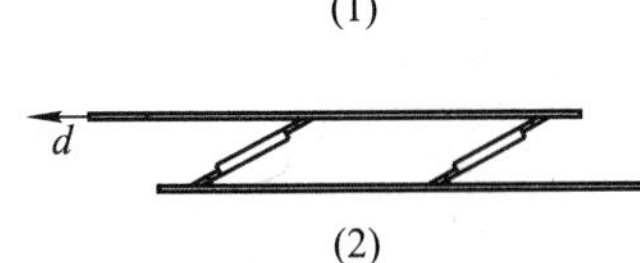

(2)

该机构是一种具有多层的平板折展式平行导向机构, 主要借助扭转构件和 LET 铰链实现运动。该机构可在单块板材上一体化加工出来[26]。

(1) 刚体 a 固定, b 是刚性段。机构借助柔性段 c 实现旋转运动。

(2) 机构沿方向 d 变形后的状态

12.2.5 直线

M-43	Hoeken 机构 (LEM)	KM SL/MM
(1) (2)	该机构是一种全柔顺平板折展式 Hoeken 机构, 其设计采用了柔顺正交平面变胞机构 (COPMM) 技术。Hoeken 可在其部分运动空间中输出一段直线轨迹。该机构可在单块板材上一体化加工出来[27,28]。 (1) 刚体 a 固定。装配时将段 b 塞入到段 c 中。段 d 是柔性单元。 (2) 装配完成后的机构构型, 其末端沿着一条近似直线的路径 e 运动	

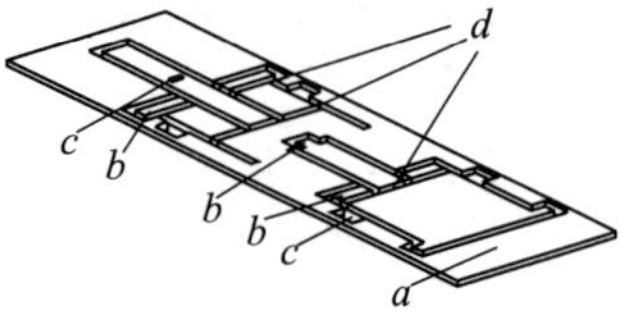

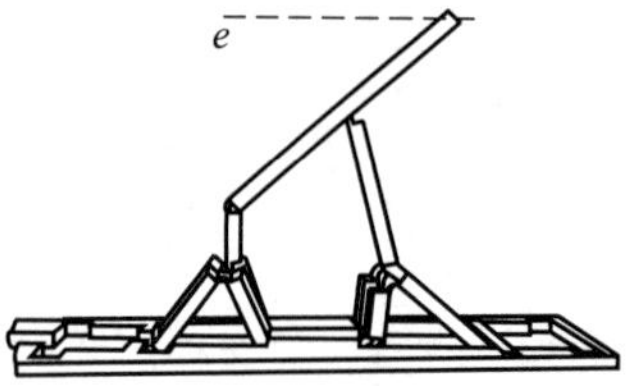

M-44	整体式直线运动机构	KM SL

这是一种可实现近似直线运动的整体式机构[29]。

(1) 经过拓扑、形状和尺寸优化得到一种单片式近似直线运动机构。(a) 水平向右的输入力; (b) 运动端; (c) 直线运动轨迹; (d) 固定支座; (e) 带有初始弯曲构件的连续体。

(2) 直线运动机构的中间变形状态。

(3) 直线运动机构最终的变形状态

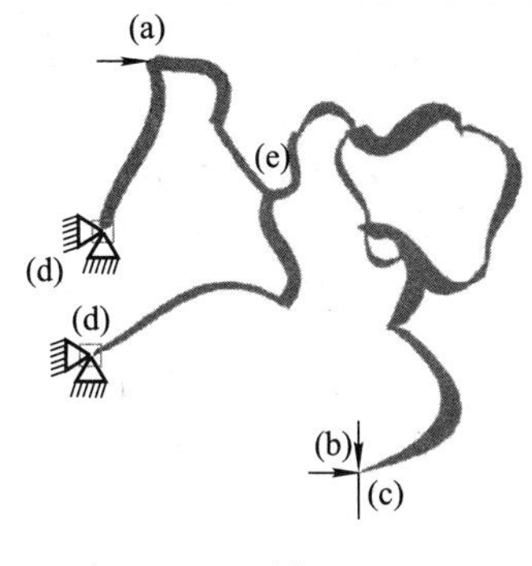

(1)

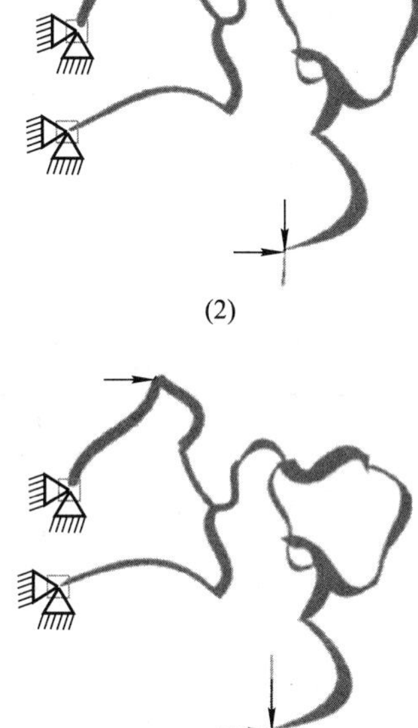

(2)

(3)

12.2.6 特定的运动路径

M-45	整体式圆弧轨迹生成机构	KM UP

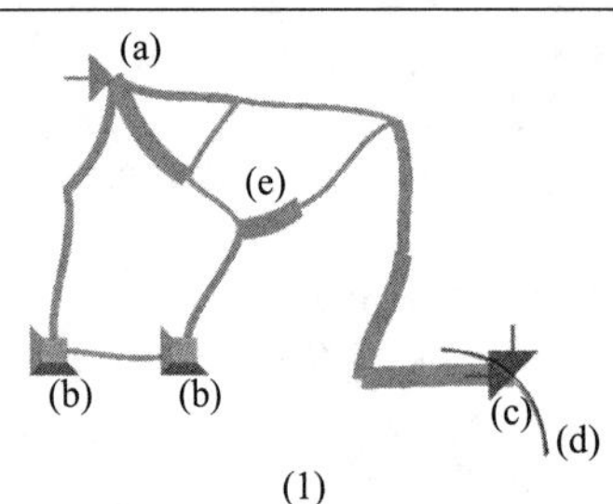

(1)

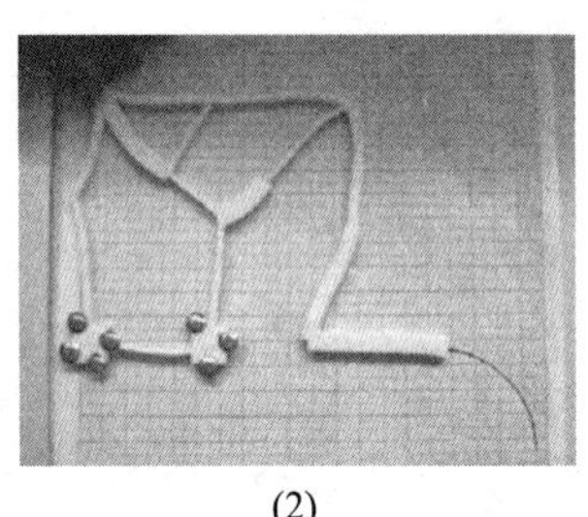

(2)

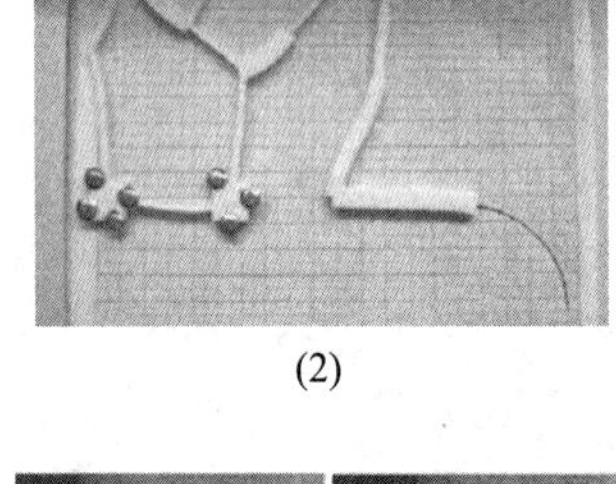

(3)

在左上端输入水平力时, 该整体式 (全柔顺或单片式连续体) 机构的右下端沿圆弧线运动[29]。

(1) 经过拓扑、形状和尺寸优化得到一种单片式圆弧轨迹生成机构。(a) 水平输入力; (b) 固定支座; (c) 运动端; (d) 输出轨迹; (e) 带有初始弯曲构件的连续体。

(2) 使用 ABS 热塑性材料制成的圆弧轨迹生成机构原型样机。

(3) 圆弧轨迹生成机构的不同变形状态

M-46	部分柔顺的钩形路径生成机构	KM UP

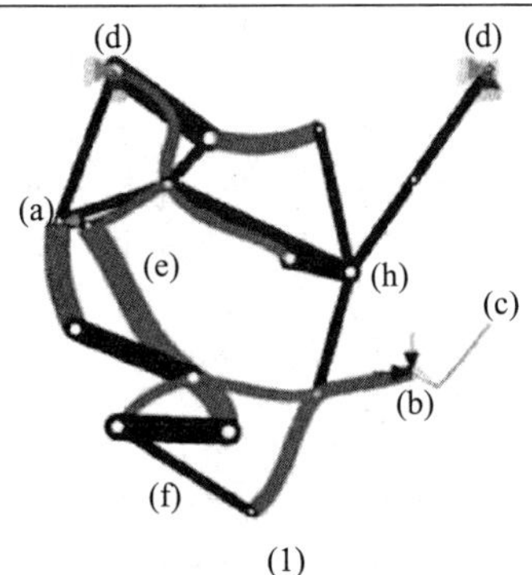

(1)

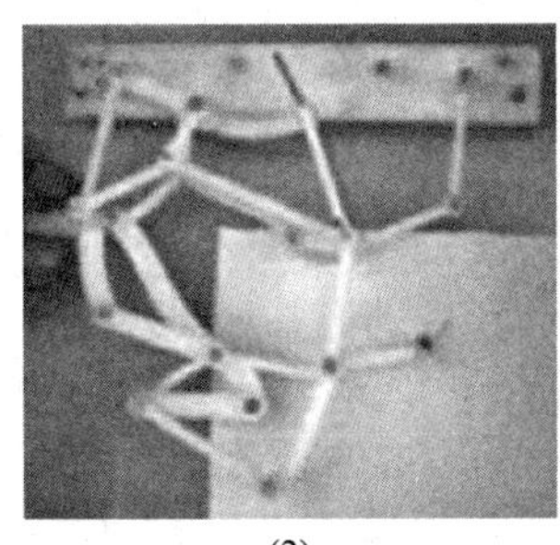
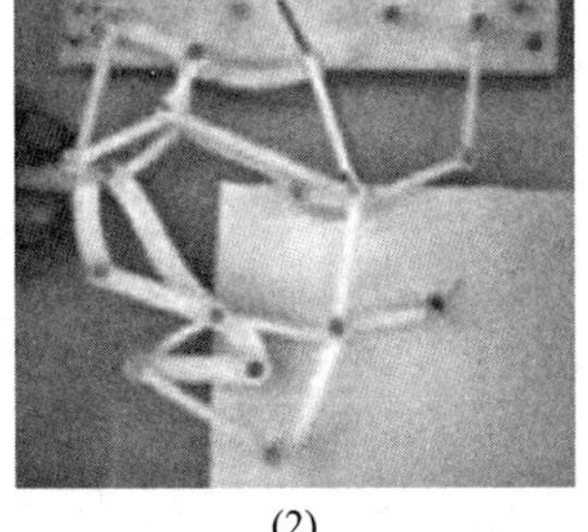

(2)

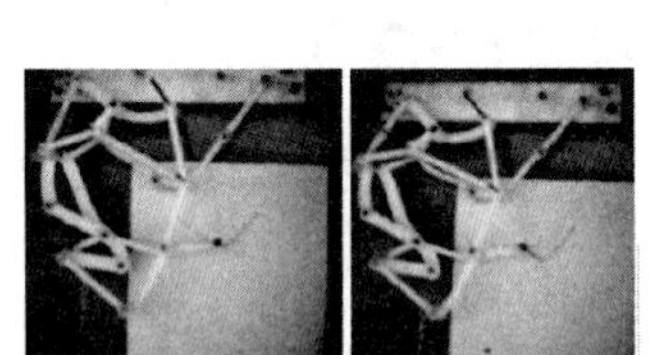

(3)

该柔顺机构在一点处作用单调递增的水平力时,另一点处会输出一个钩形轨迹。采用类似的简单结构很难设计出与上述运动规律相同的刚性连杆机构[30]

(1) 经过构件类型、拓扑、形状和尺寸优化得到的钩形路径生成机构。(a) 输入端作用一个水平向左的力; (b) 机构上输出钩形轨迹的点; (c) 钩形轨迹 (同时画出了期望轨迹和实际轨迹); (d) 固定支座; (e) 被建模为初始弯曲的大变形框架有限单元的柔性梁; (f) 两端带有铰链的刚性杆; (h) 用白色圆圈表示的铰链。

(2) 使用 ABS 热塑性材料制成的钩形路径生成机构原型样机。刚性杆和柔性杆均用同样的材料制成。

(3) 钩形路径生成机构的中间变形状态和最终变形状态

M-47	部分柔顺的帽形路径生成机构	KM UP

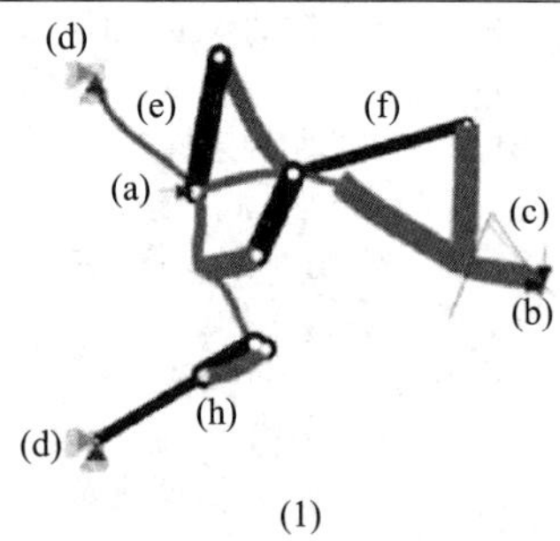

(1)

(2)

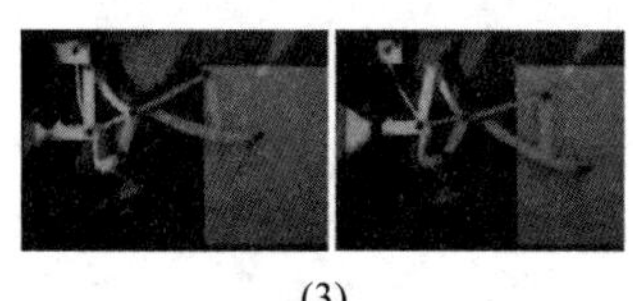

(3)

该柔顺机构在一点处水平向右推时，另一点处会输出一个期望的帽形轨迹[30]。

(1) 经过构件类型、拓扑、形状和尺寸优化得到的机构。(a) 输入端 (一个水平向右的力驱动机构移动); (b) 机构上输出帽形轨迹的点; (c) 帽形轨迹 (同时画出了期望轨迹和实际轨迹); (d) 固定支座; (e) 大变形构件; (f) 刚性杆; (h) 用白色圆圈表示的铰链。

(2) 使用 ABS 热塑性材料制成的帽形路径生成机构原型样机。刚性杆和柔性杆均用同样的材料制成。

(3) 帽形路径生成机构的中间变形状态和最终变形状态

M-48	整体式接触辅助型柔顺斜坡轨迹生成机构#1	KM UP

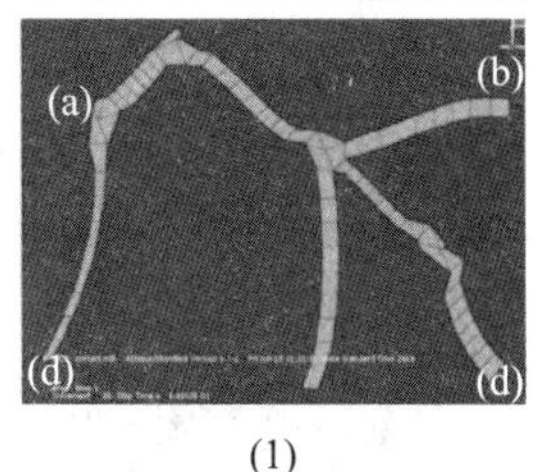

(1)

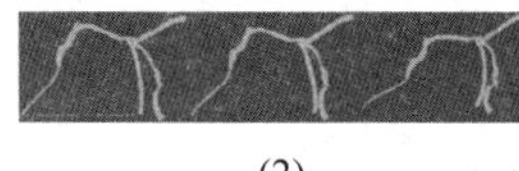

(2)

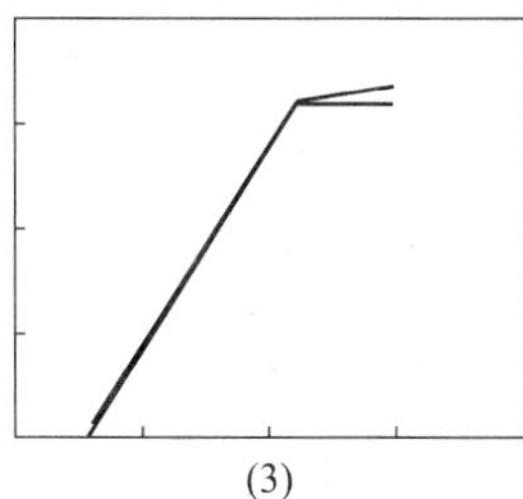

(3)

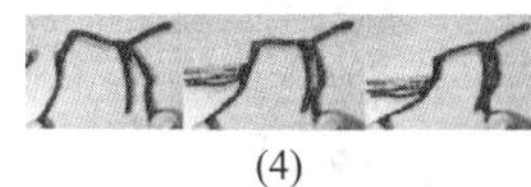

(4)

该整体式斜坡轨迹生成机构并非仅仅利用它的柔性和刚性单元所产生的变形/旋转来实现其功能。事实上, 它是靠变形单元间间歇式的接触在轨迹上产生期望的折转。该机构是通过结构拓扑方法设计出来的; 这种方法不仅确定了机构组成元素, 还确定了哪些单元 (两个或多个) 进行接触。这种方法还确定了构件保持接触的时间和持续时间。对于相同的应用, 其拓扑结构要比部分柔顺的设计更简单些[31]。

(1) 斜坡轨迹生成机构。(a) 输入端 (输入力水平向右); (b) 生成斜坡轨迹的输出端; (d) 固定支架。

(2) 机构的 3 个中间变形状态。

(3) 图 (1) 所示机构的 (b) 点所生成的运动轨迹。同时画出了期望轨迹和实际轨迹。

(4) 用橡胶制成的实物样机的 3 个变形状态

M-49	整体式接触辅助型柔顺斜坡轨迹生成机构#2	KM UP

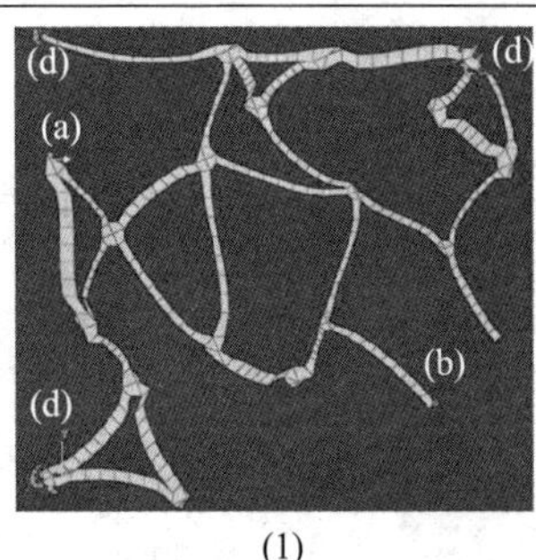

(1)

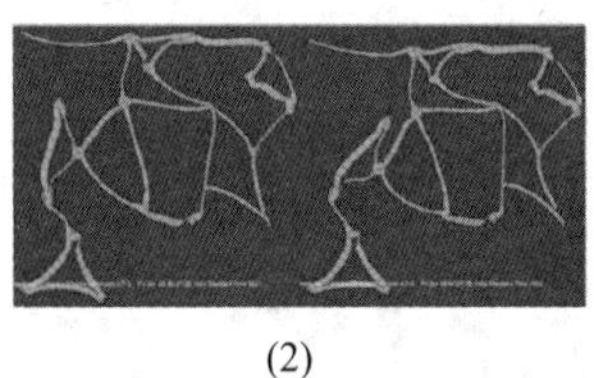
(2)

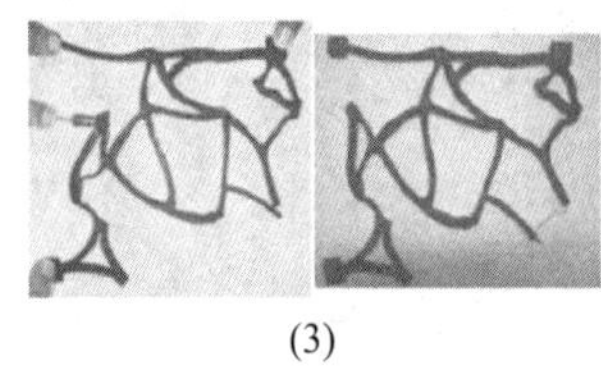
(3)

还有第二种整体式接触辅助型柔顺斜坡轨迹生成机构[31]。

(1) 经过结构拓扑方法得到的机构。(a) 水平向右驱动输入端; (b) 输出端; (d) 固定支架。与 M-48 相比, 该机构的设计采用了更为精细的超级网格结构。

(2) 该斜坡轨迹生成机构的中间变形状态。

(3) 用橡胶制成的斜坡轨迹生成机构实物样机 (变形形态) 图中给出了样机的未变形状态, 以及所生成的斜坡轨迹

M-50	将平滑输入转化为非平滑路径的柔顺生成机构	KM UP

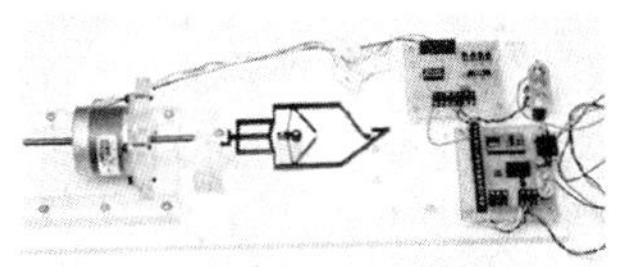

(1)

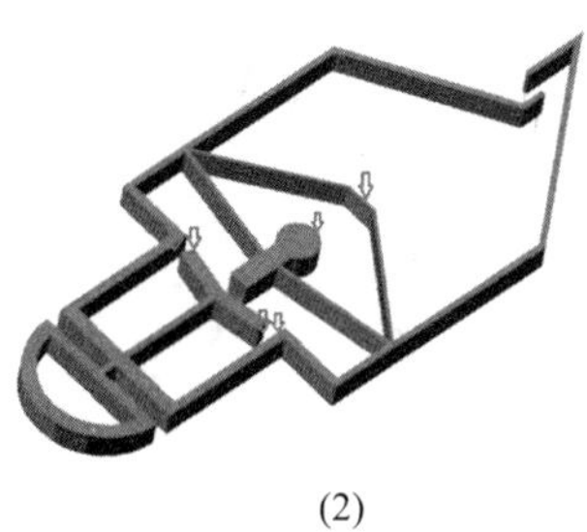

(2)

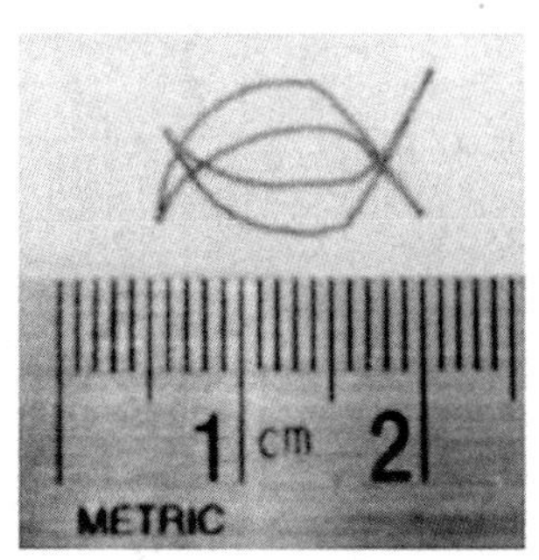

(3)

第一张图显示的是一种接触辅助型柔顺机构的原型样机。其输入端连着由步进电机驱动的丝杠。它有两个带有探针的输出端。当输入端输入平滑的往复直线运动时, 两个输出端输出一对带有尖角的月牙形非平滑封闭轨迹。发生在箭头标记点处的间歇式接触使得机构表现出这种不同寻常的特性。该机构可重复地沿着这一路径运动, 可借助其上锋利的探针将细胞从组织中取出来[32]。

(1) 非平滑路径生成机构的实物样机。

(2) 该柔顺机构的实体模型。

(3) 一对不光滑的路径所形成的封闭区域

M-51	全柔顺五杆机构设计与轨迹跟随控制	KM UP

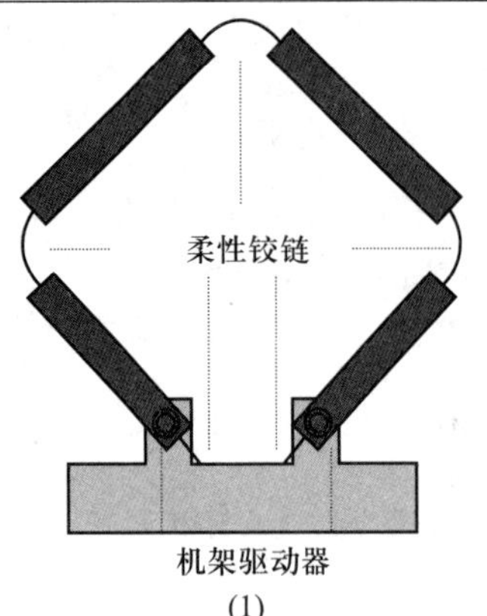

(1)

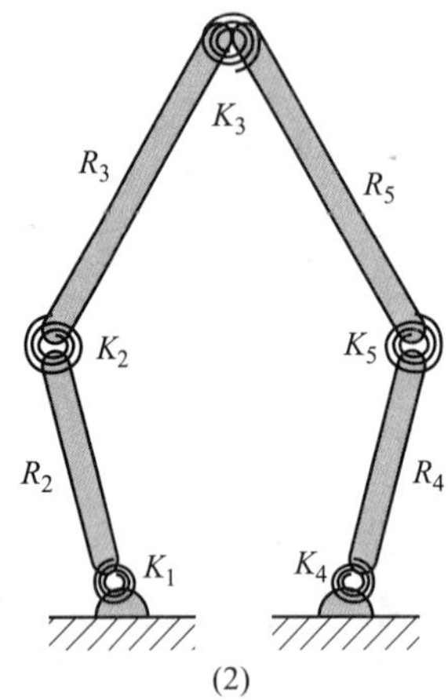

(2)

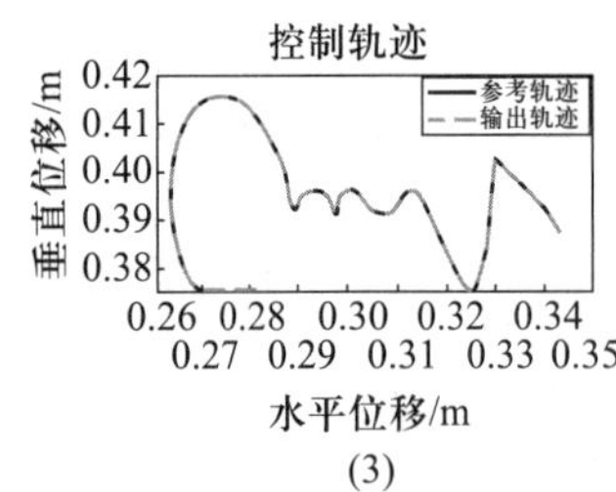

(3)

全柔顺五杆机构由 5 个用柔性铰链连接的刚性构件组成。当机架受力矩作用时机构被激励。通过综合可使该机构获得期望的运动轨迹。

(1) 柔顺五杆机构的刚性构件和柔性铰链。

(2) 柔顺五杆机构的伪刚体模型。在该模型中大变形柔性铰链被扭簧替代。

(3) 控制该柔顺机构的目的是为了让它在工作空间内按一定的轨迹运动。此图显示的是该机构的控制输出轨迹和参考轨迹

12.2.7 行程放大

M-52	复合柔性铰链的随动机构	KM SA

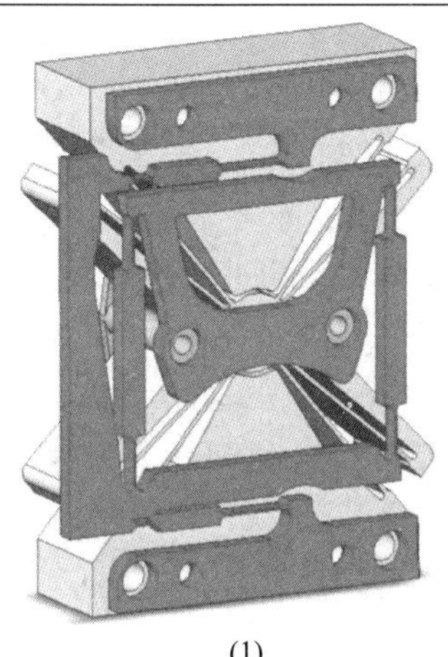

(1)

(2)

增大柔性铰链转动范围的常用方法是将两个相同的柔性铰链同轴串联。该方法会产生一个内部自由度, 这在某些情况下是不允许的 (比如在高速运动或较大的径向外载荷的情况下)。随动机构可以用来消除这种不想要的内部自由度。该机构从运动学上按照 1:2 的运动律 (motion law) 连接基座、输出和中间块。这一运动律由机构的对称性决定。注: 这种随动机构在功能上与常常和复合平行簧片机构一起使用的随动杠杆是相同的。

(1) 安装在蝶形柔性铰链上的随动机构 (薄板)。

(2) 单片集成在复合远程运动中心柔性铰链中的随动机构

M-53	纳米变换器	KM SA

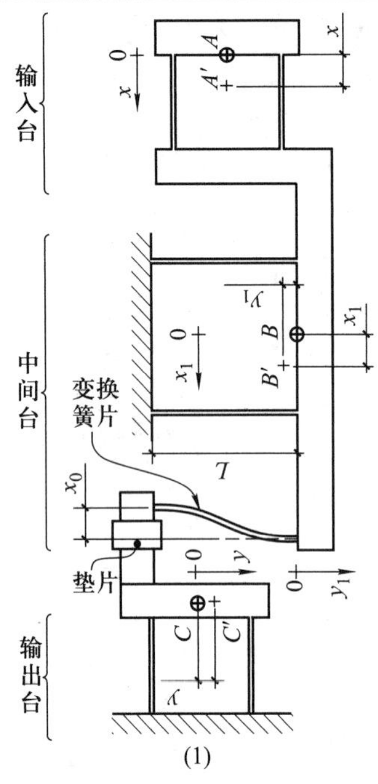

(1)

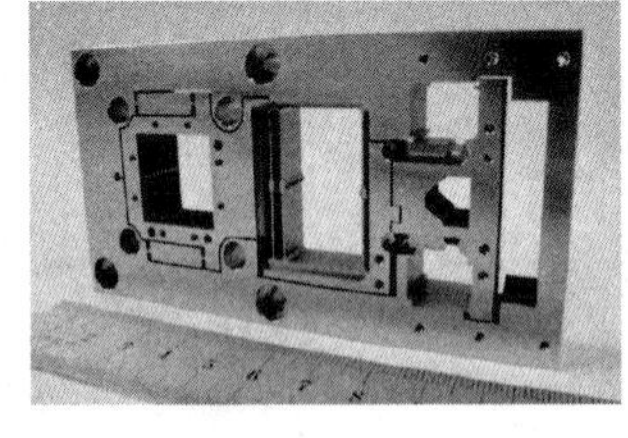
(2)

该柔顺机构能够以一个恒定的大减速比 (通常可达 1:100 到 1:1 000) 将输入运动转换成非常小的垂直输出运动。工作原理: 外部驱动器推动 A 点做直线运动到 A' 点。这一运动传递到由经典平行簧片机构 (簧片长 L) 导向的中间台, 使中间台上的 B 点运动到 B' 点。由于簧片变形后其投影缩短, 中间台的运动就是我们熟知的抛物线轨迹。第三个长度同为 L 的簧片 (称为 "变换簧片", 它带有大小为 x_0 的变形偏移量) 起着连接中间台和输出台的作用。输出台的运动同样由经典平行簧片机构导向。运动 x_1 使变换簧片缩短, 与中间台的两个簧片一样沿抛物线轨迹运动, 但附加了偏移量 x_0。输出台得到的运动 y(从 C 运动到 C') 等于两种簧片的缩短量之差 (两个抛物线之差, 包含偏移量)。最终, 输出台的位移和驱动器的位移 x 成简单的正比关系, 比例系数 i 在整个运动过程中恒定不变, 并与偏移量 x_0 成反比: $i = \frac{x}{y} = \frac{5L}{6x_0}$。

(1) 纳米变换器的工作原理图。

(2) 用于同步加速器光束线 (synchrotron beamline) 的微分相位对比干涉仪 (differential-phase-contrast interferometer) 的整体式纳米变换器照片

M-54	缩放仪 (LEM)	KM/KN SA/FA

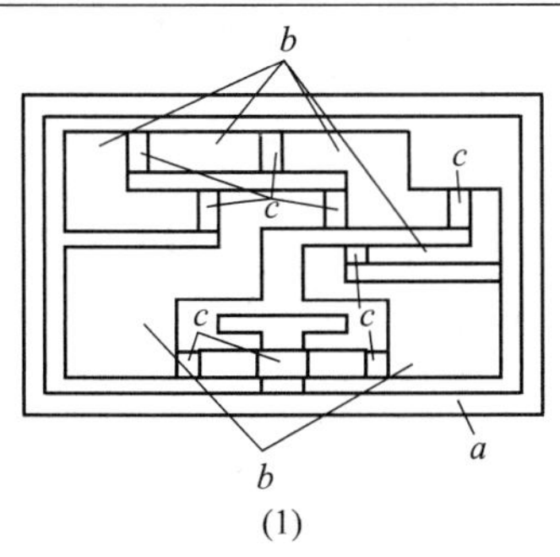

(1)

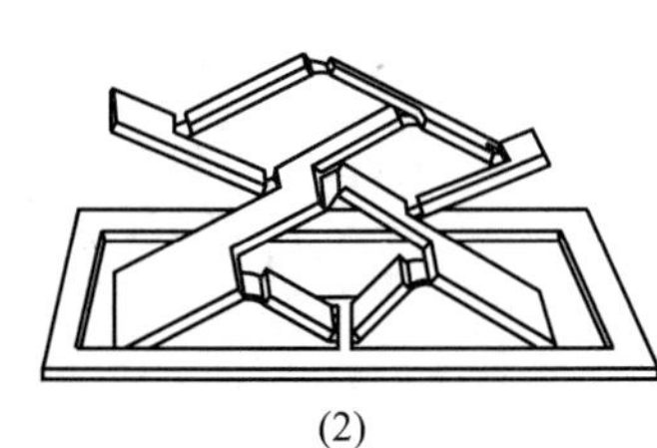
(2)

缩放仪是一种可以将力或运动按比例缩放的多自由度机构。可将其设计成一种平板折展式机构[33]。

(1) 刚体 a 固定。段 b 刚度非常大, 而段 c 可以发生变形。

(2) 变形后的状态

M-55	柔顺位移放大机构	KM SA

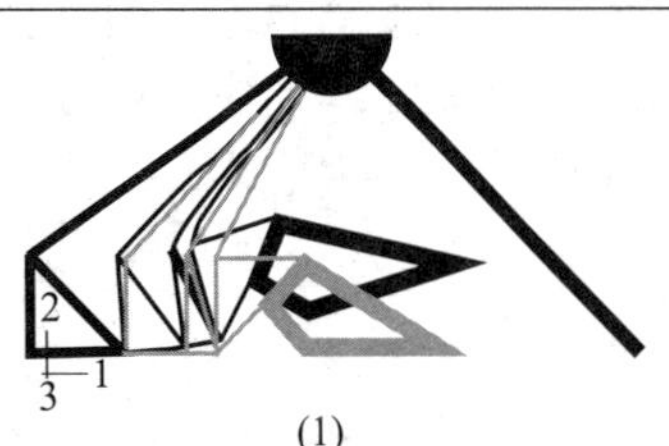

(1)

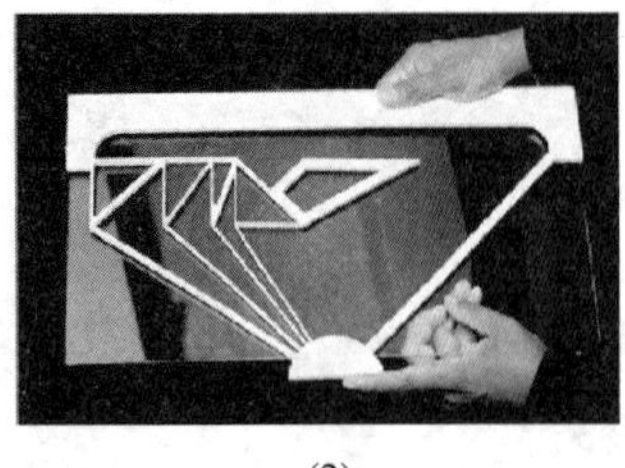

(2)

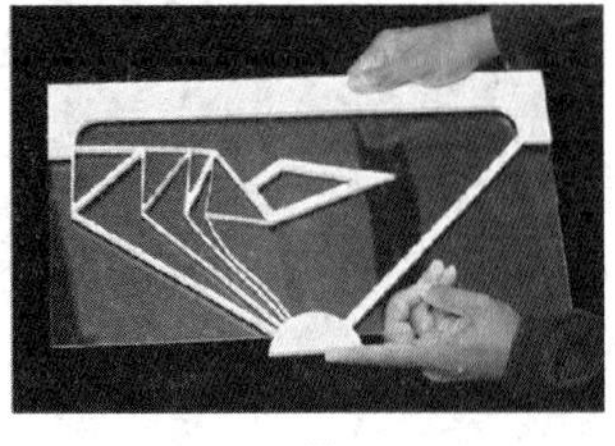

(3)

第一张图显示了一个处于初始位置和变形位置的柔顺位移放大机构。接下来的两张图则是原型样机在两种状态下的照片[34]。

(1) 柔顺位移放大机构的仿真模型。

(2) 在较小力作用下的原型样机。

(3) 在较大力作用下的原型样机

12.2.8 空间定位

M-56	多级升降台	KM/KN SP/ES

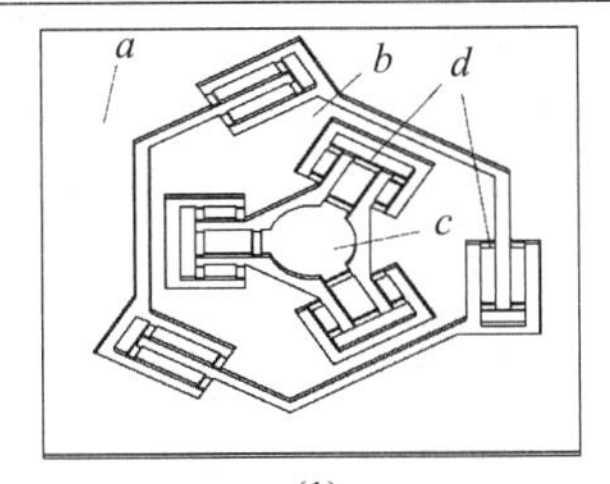

(1)

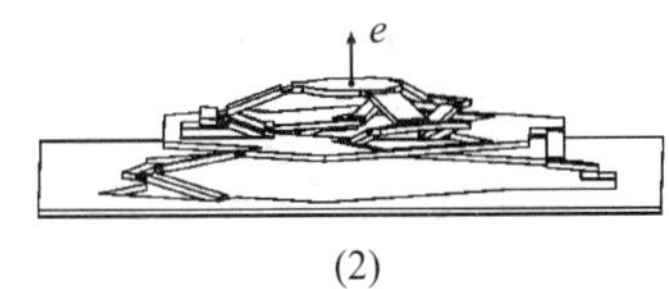

(2)

该机构与正交型平面弹簧类似, 不过, 它采用多级构型实现运动台的升降[33]。

(1) 刚体 a 固定。刚体 b 和 c 是升降台。柔性段 d 为升降台 c 提供了沿方向 e 的平移。

(2) 机构沿方向 e 平移后的变形状态

M-57	柔顺并联平台	KM SP

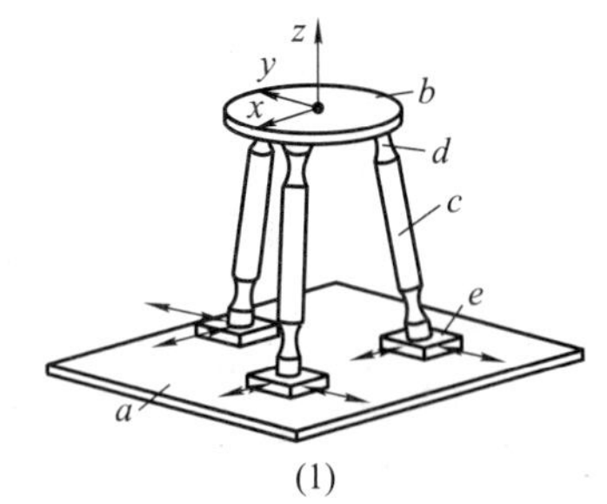

(1)

这是一个整体式的全柔顺并联机构, 由安装在定平台上的 6 个直线驱动器驱动, 可用于精密操作手和精密定位器[35]。

(1) 定平台 a 固定。动平台 b 连有 3 个柔性支链。每一支链包括一个刚性杆 c 和两个柔性球铰 d, 两个柔性球铰分别与定平台和动平台相连。每一支链的底座 e 由分别沿 x 轴和 y 轴的两个直线驱动器驱动

M-58	柔顺 XY 运动台	KM SP

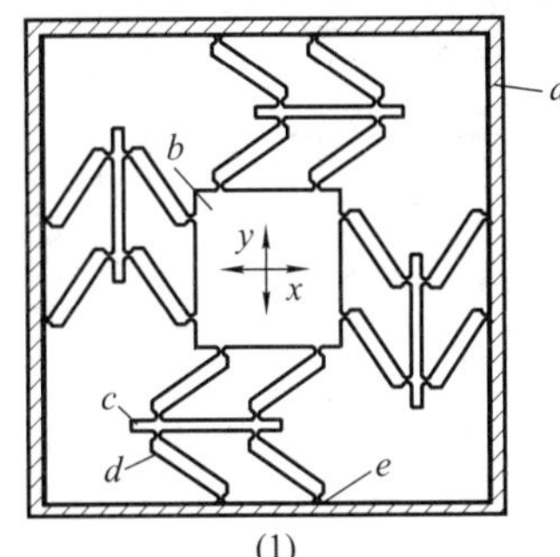

(1)

这一整体式全柔顺机构用于在 x 轴和 y 轴两个方向上定位中间运动台[35,36]。

(1) 外框 a 固定。运动台 b 通过 4 个相同且对称布置的双平行四边形机构 c 与 a 相连。双平行四边形机构 (由两个平行四边形机构串联而成) 约束着运动台只能沿 x 轴和 y 轴平移。所有的平行四边形机构都由两个刚性杆 d 和 4 个柔性铰链 e 组成

精密

M-59	HexFlex^{TM}	KM SPP

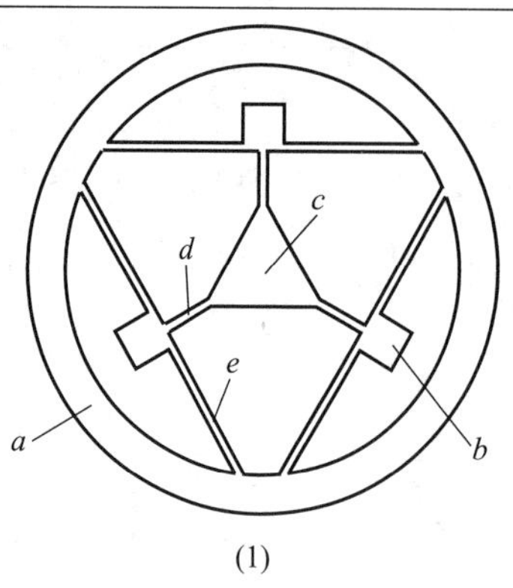

(1)

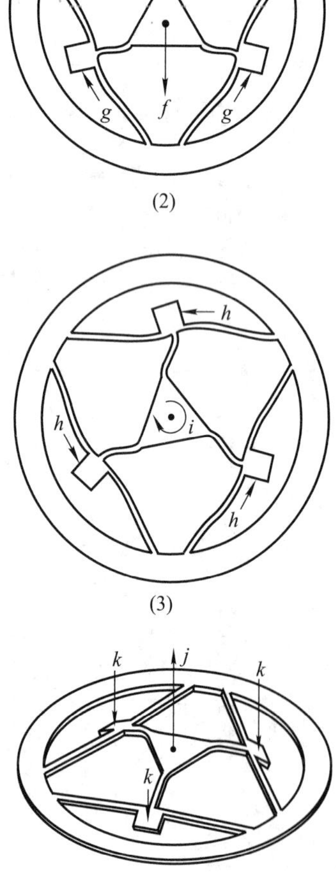

(2)

(3)

(4)

HexFlex^{TM} 是一种单层多轴的空间定位控制机构，它适用于需要精密定位的宏观和微观装置[37]。

(1) 刚体 a 固定。刚体 b 是驱动器的作用端。刚体 c 是运动台。柔性构件 d 和 e 为运动台提供微量运动。

(2) 驱动器作用端在平面内沿方向 g 运动后的变形状态，这导致运动台沿方向 f 平移。

(3) 驱动器作用端在平面内沿方向 h 运动后的变形状态，这导致运动台绕 i 轴旋转。

(4) 驱动器作用端沿方向 k 作垂直于机构平面的运动后的变形状态，这导致运动台沿方向 j 平移

M-60	具有零刚度的 6 自由度柔顺精密运动台	KM/KN SPP/SBB

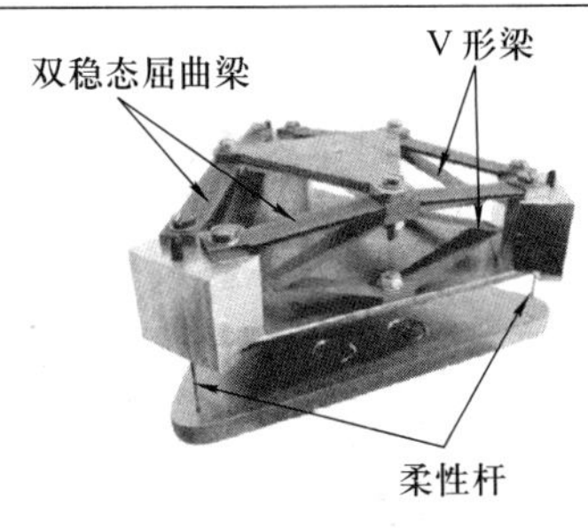

(1)

该机构是一个具有零刚度的 6 自由度机构, 它在一定的运动范围所需驱动力几乎为零, 可起到平衡恒力的作用。该机构水平面外的 3 个运动自由度由双稳态梁和 V 形梁相互配合实现; 水平面内的 3 个运动自由度由 3 个柔性杆提供。当加载到屈曲载荷时, 水平面内的 3 个运动自由度表现为零刚度[38]。

(1) 具有零刚度的 6 自由度柔顺精密运动台原型样机。

12.2.9 变胞

M-61	平板折展式四杆机构	KM MM

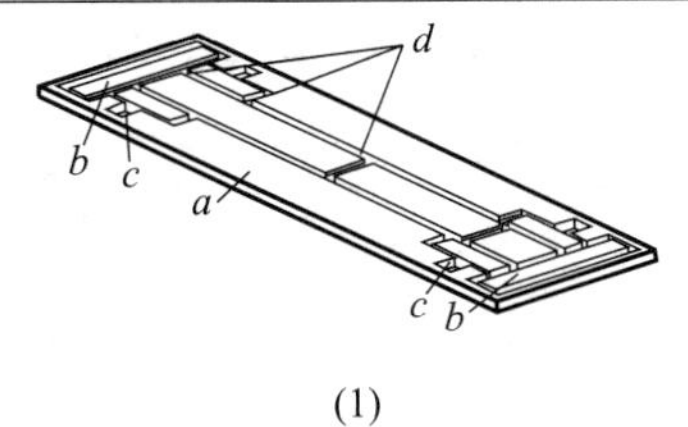

(1)

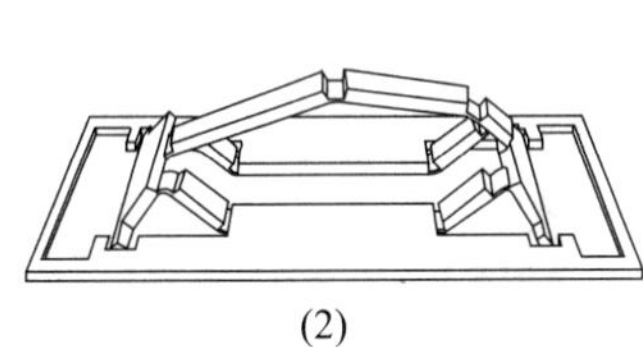

(2)

该机构是一种平板折展式四杆机构, 其设计采用了柔顺正交平面变胞机构 (COPMM) 的技术。借助冗余构件结构的系统, 可以从初始加工平面翻升出来[27]。

(1) 刚体 a 固定。装配时将段 b 塞到段 c 中。段 d 为机构提供了从加工状态变换到装配状态所需的柔性。

(2) 装配完成后的机构构型

M-62	双稳态 COPMM	KM/KN MM/SBB

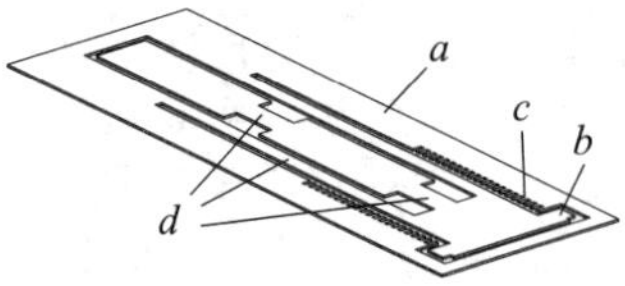

该机构是一种具有双稳态的柔顺正交平面变胞机构 (COPMM)[27]。

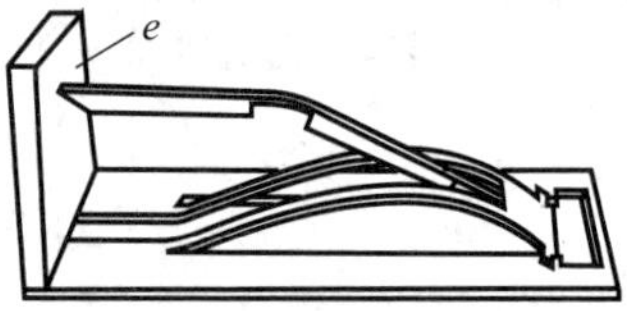

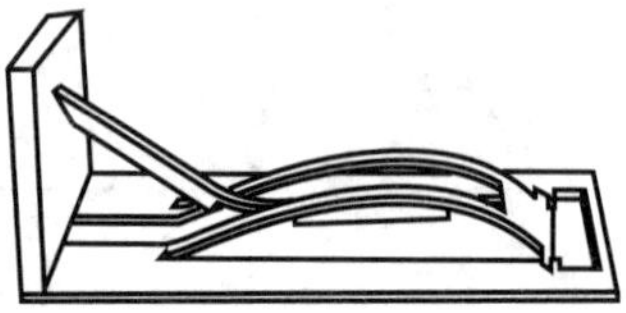

(1) 刚体 a 固定。装配时将段 b 塞入到段 c 中。段 d 为机构提供所需的柔性。

(2) 机构装配完成后的稳态构型。

(3) 机构变形后的稳态构型。

a c b d d

(1)

e

(2)

(3)

M-63	COPMM 双稳态开关	KM/KN MM/SBB

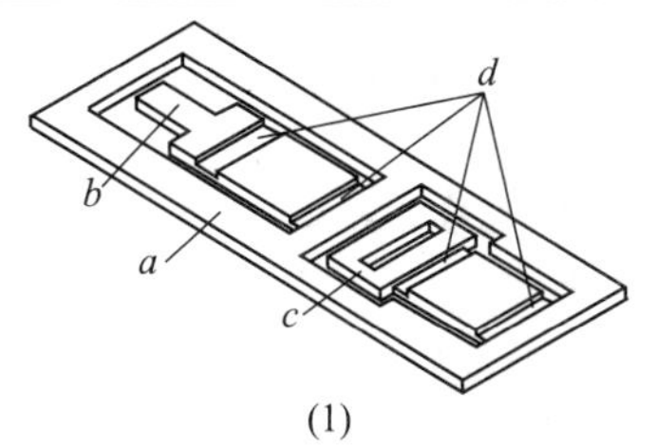

(1)

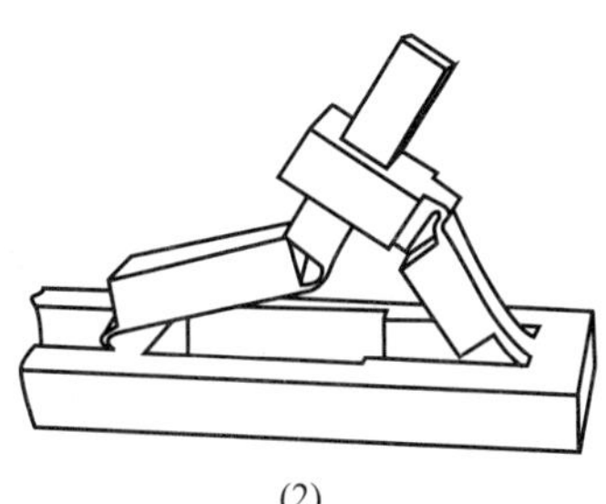
(2)

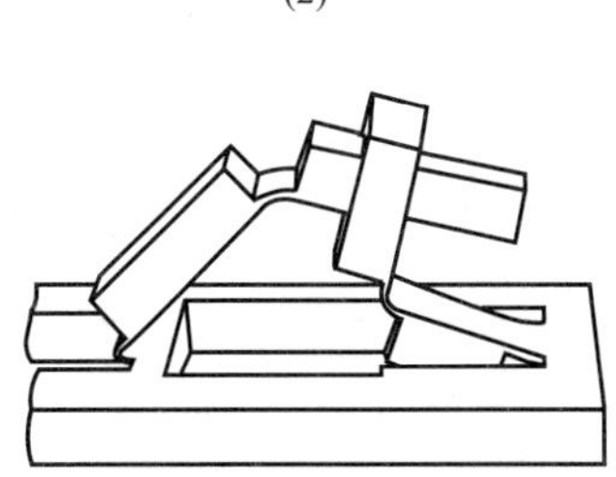
(3)

该柔顺正交平面变胞机构 (COPMM) 是一个双稳态开关。它源于一种全柔顺双稳态开关的设计, 并运用 COPMM 技术重新设计而成。这种开关可在单块平板上加工出来, 并在平板平面外完成装配后实现所需的功能[27]。

(1) 刚体 a 固定。装配时将段 b 塞入到段 c 中。段 d 为机构提供所需的柔性。

(2) 机构装配完成后的稳态构型。

(3) 机构变形后的稳态构型

M-64	双稳态 COPMM	KM/KN MM/SBB

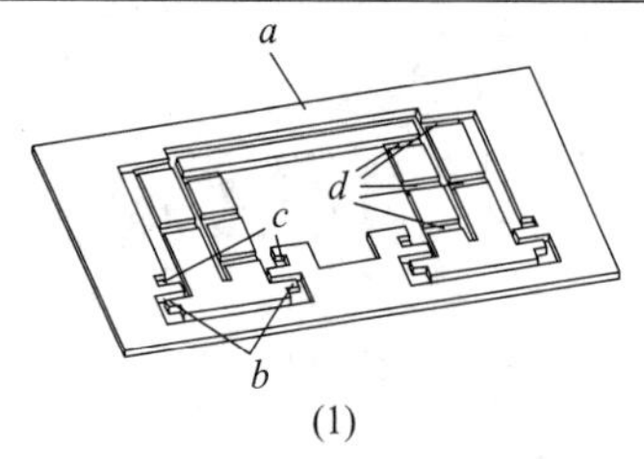

(1)

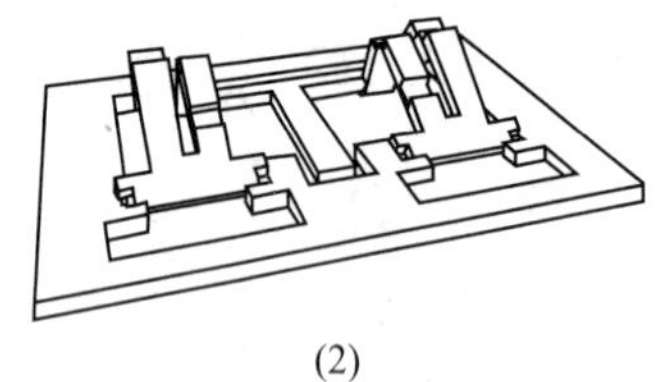
(2)

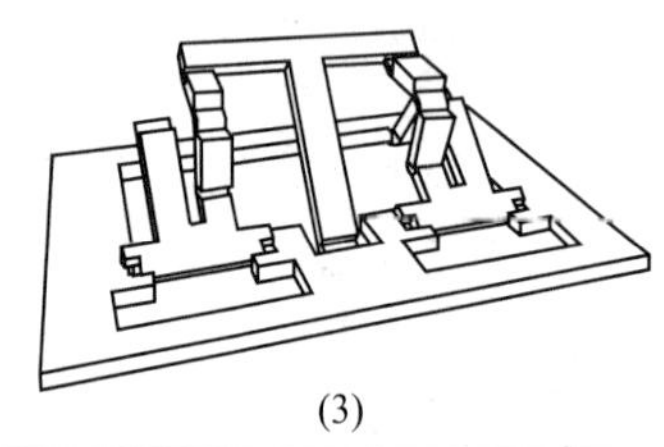
(3)

该全柔顺正交平面变胞机构 (COPMM) 具有双稳态特性，其设计原型是一个连有非 Grashof 双稳态四杆机构的闭环六杆机构[27]。

(1) 刚体 a 固定。装配时将段 b 塞入到段 c 中。段 d 为机构提供所需的柔性。

(2) 机构装配完成后的稳态构型。

(3) 机构变形后的稳态构型。

另参见

名称	参考索引	分类索引
Hoeken (LEM)	M-43	KM SL/MM

12.2.10　棘轮

M-65	超越棘轮离合器	KM RC

(1)

该机构是一种带有离心力分离装置的超越棘轮棘爪离合器。该设计的要点是采用被动铰链为棘爪提供转动支撑[39]。

(1) 刚体 a 固定。刚体 b 沿 e 方向旋转。刚体 c 是棘爪，防止刚体 b 反向旋转。棘爪借助柔性段 d 实现变形运动、借助被动铰链阻止运动。具有较大质量的棘爪 c 所产生的离心力实现离合控制

M-66	X-Bob 棘轮	KM RC

(1)

该机构在棘轮系统中集成了 X-Bob 机构。该机构在设计上采用了平面构型，实现棘轮每次驱动只前进一齿，且可以小型化制造[3]。

(1) 刚体 a 和 b 固定。刚体 b 限制棘轮每次驱动只前进一齿。柔性段 c 驱动棘轮转动，柔性段 d 防止棘轮反向转动。

M-67	X 棘轮	KM RC

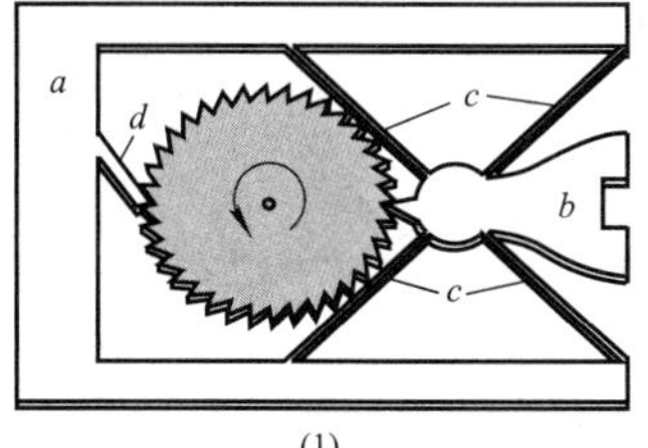

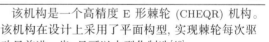

(1)

该机构采用了具有一个转动自由度的交叉簧片型柔性铰链，用于驱动棘轮旋转。

(1) 刚体 a 固定。刚体 b 借助柔性段 c 驱动棘轮转动。柔性段 d 防止棘轮反向转动。

M-68	CHEQR	KM RC

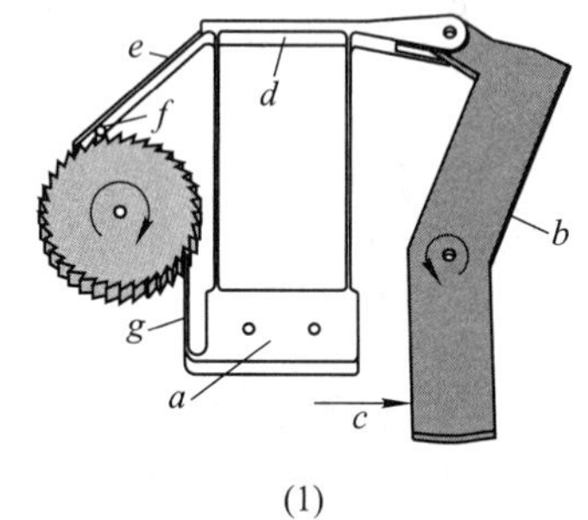

(1)

该机构是一个高精度 E 形棘轮 (CHEQR) 机构。该机构在设计上采用了平面构型，实现棘轮每次驱动只前进一齿，且可以小型化制造[40]。

(1) 刚体 a 固定。刚体 b 在输入 c 的作用下驱动平行导向构件 d。柔性段 e 驱动棘轮转动，刚体 f 限制棘轮每次驱动只前进一齿。柔性段 g 防止棘轮反向转动

M-69	触发式棘轮	KM RC

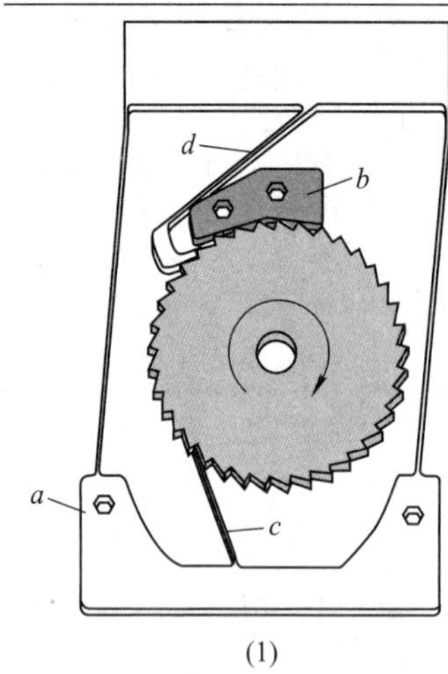

(1)

该机构在设计上采用了平面构型, 实现棘轮每次驱动只前进一齿, 且可以小型化制造[40]。

(1) 刚体 a 和 b 固定。刚体 d 驱动棘轮转动, 刚体 b 限制棘轮每次驱动只前进一齿。柔性段 c 防止棘轮反向转动

M-70	棘轮棘爪环	KM RC

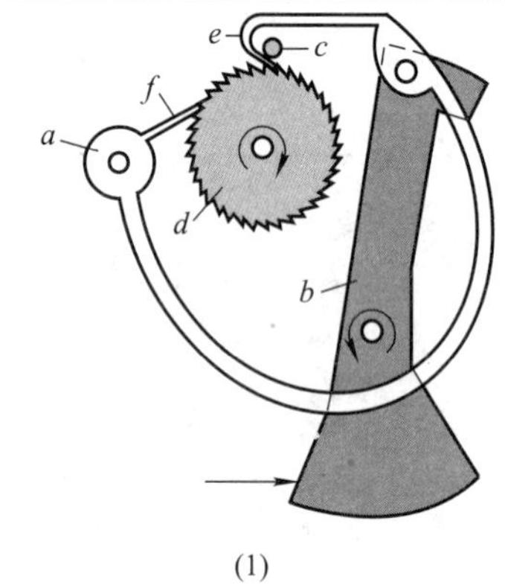

(1)

该机构是一个棘轮棘爪环 (RaPR) 机构。该机构在设计上采用了平面构型, 实现棘轮每次驱动只前进一齿, 且可以小型化制造[41]。

(1) 刚体 a 固定。刚体 b 驱动棘爪环构件 d。柔性段 e 驱动棘轮转动, 销钉 c 限制棘轮每次驱动只前进一齿。柔性段 f 防止棘轮反向转动

M-71	单向转动离合器	KM RC

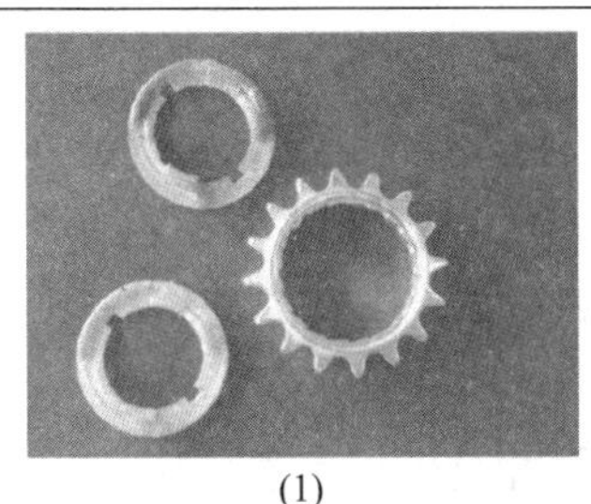
(1)

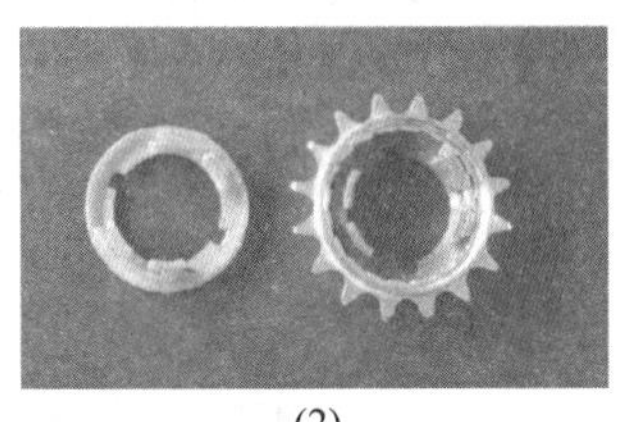
(2)

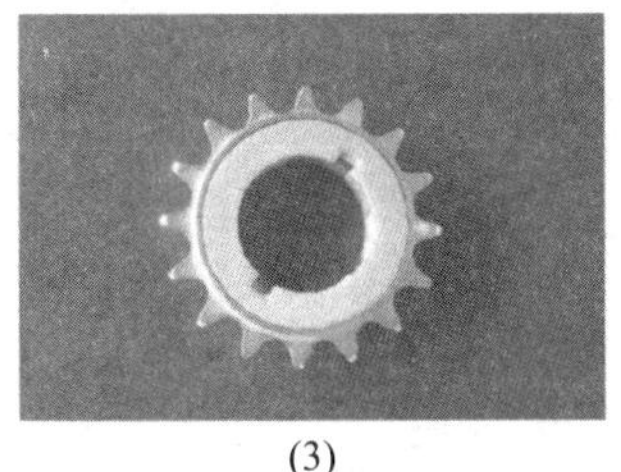
(3)

沿一个方向踩脚踏板可以使自行车前进; 当沿相反方向踩脚踏板时大链轮空转。这是借助包括棘轮在内的多个零件实现的。左侧照片显示了一种这样的装置, 两个相同的悬臂式柔性棘轮扣在链轮内转动[42]。

(1) 链轮和一对带有两个悬臂式棘轮的零件。

(2) 其中一个零件装入链轮中。

(3) 两个零件都装入链轮中

12.2.11 锁

M-72	锁扣	KM LC

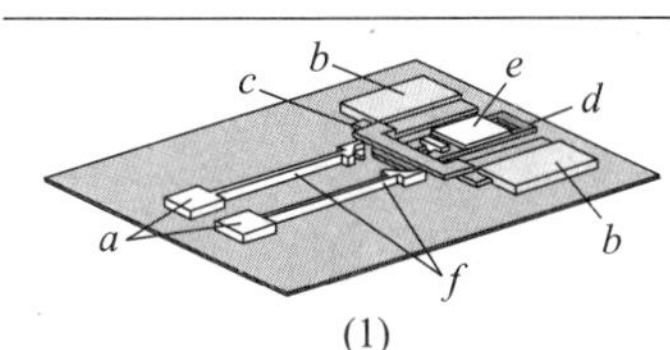

(1)

该机构是一个两位置微型锁扣机构 (MLM)。该 MLM 机构借助滑块和柔性梁的机械作用维持其第二个位置。锁止滑块在输入作用下被锁定在第二个位置。楔形滑块用于释放锁止滑块[43]。

(1) 刚体 a 和 b 固定。楔形滑块 c 沿锚块 b 滑动, 并通过限位块 e 控制锁止滑块 d。锁止滑块插入柔性单元 f 并卡住, 需要借助楔形滑块才能释放

M-73	液位指示器中的锁定机构	KM LC

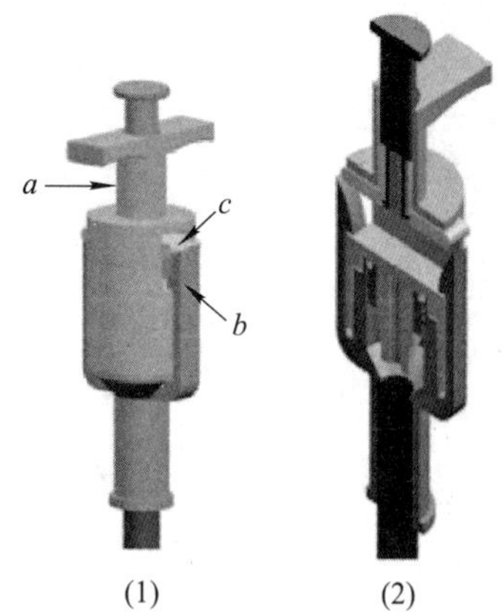

(1) (2)

这是 Orscheln Products 有限责任公司生产的液位指示器 (FLI) 中所采用的锁定机构, 它能够耐受极端温度、马达流体以及紫外线照射。该设计采用了简单明了的锁定和解锁方式[44]。

(1) 圆柱状 T 形按钮 a 输入一个不大的垂直位移, 柔性臂 b 向外变形后卡在表面 c 上。

(2) T 形按钮 FLI 机构的剖面图。

(3) T 形按钮处于未锁定位置。

(4) T 形按钮处于锁定位置。零件间借助凸轮随动装置配合在一起, 可以转动

(3) (4)

12.2.12 其他

M-74	自适应手指	KM KMO

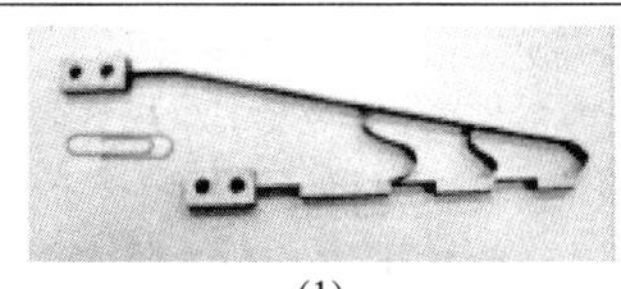
(1)

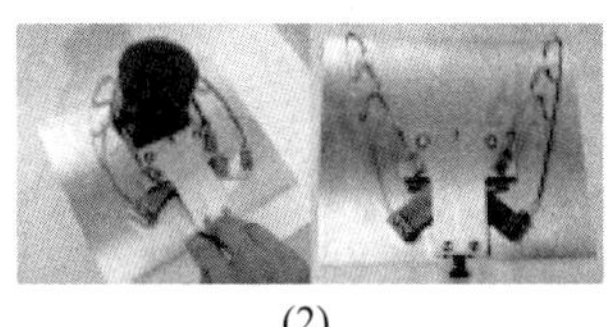
(2)

(3)

这种全柔顺三指节手指在不用任何传感器情况下只需要单个驱动 (欠驱动) 就可以适应各种对象。其柔顺网状结构将驱动力分散到各个指节上[45]。

(1) 手指侧视图。可以看到下链有 3 个柔性铰链。带有 S 形柔性段的上链将输入力分散到各个指节上。

(2) 由两个柔顺手指和一个差动传动机构构成的部分柔顺夹持器。

(3) 抓取顺序图展示了手指对外界影响的适应性

M-75	切向驱动 – 径向展开式柔顺机构	KM KMO

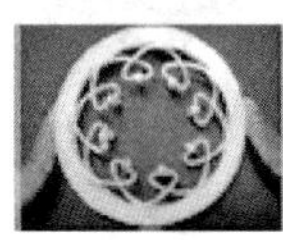
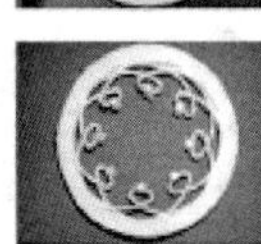
(1)

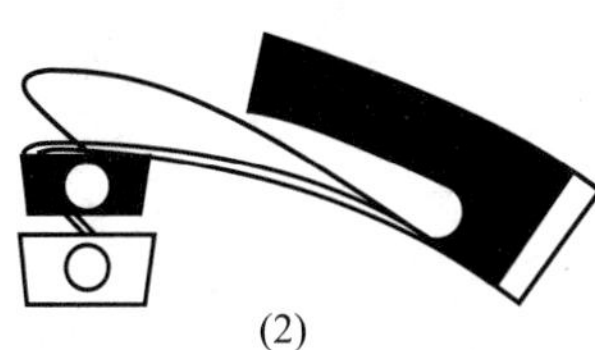
(2)

这 4 幅图显示了一种双层单片式柔顺机构, 当分别布置在两个层上的环发生相对转动时, 它可以沿径向向内和向外运动。它所采用的柔性单元如图 (2) 所示, 图中沿径向放大显示了圆周运动。该机构在需要用均布力夹持圆形或正多边形物体时非常有用[46]。

(1) 切向驱动 – 径向展开式柔顺机构的 4 种状态。

(2) 机构中基本的柔性单元

M-76	柔顺倍频器	KM KMO

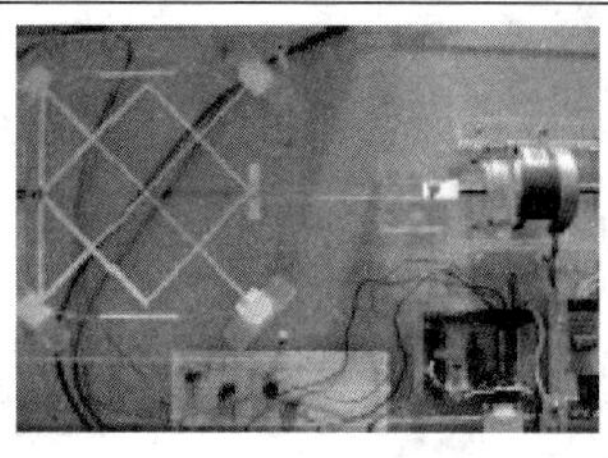

(1)

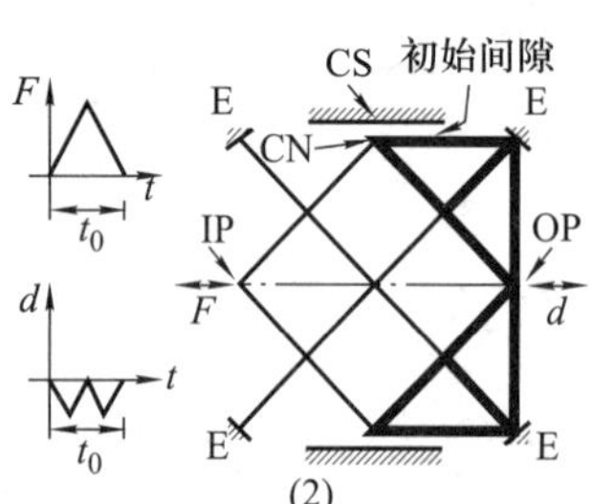

(2)

该图所示为一个单片式柔顺机构的原型样机,可以使往复平移输入的频率翻倍。该机构的原理如图 (2) 所示: 包含一个接触辅助柔顺机构,需要两个刚性表面 (CS),用于与触点 (CN) 接触并改变输出端 OP 的运动方向,而输入端 IP 在其半个往复运动周期中仍沿原方向运动[47]。

(1) 柔顺倍频器的原型样机。

(2) 柔顺倍频器的原理图

M-77	凸轮型柔铰	KM KMO

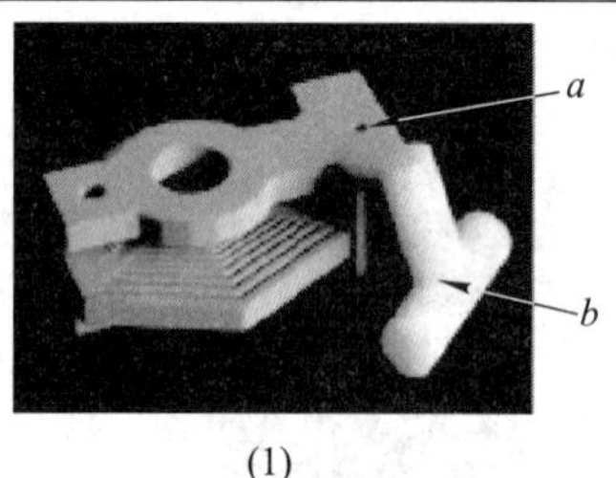

(1)

(2)

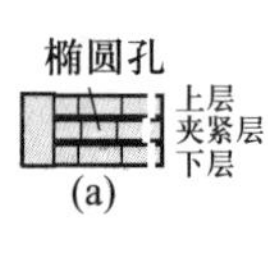

(a)

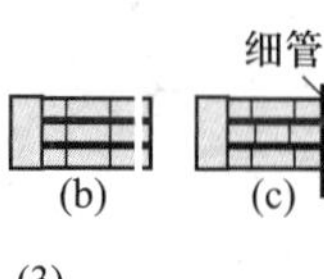

(b)

(c)

(3)

这两张图片显示的是一种凸轮型柔铰, 在焊线机中这种柔铰可用于固定圆形截面的细管。T 形工具插入到一个椭圆孔中, 通过调整将两个孔对齐 [见图 (3)]。取出 T 形工具后, 细管就被紧紧地固定在那里了[48]。

(1) 凸轮型柔铰 a 和工具 b。

(2) 将工具插入到凸轮型柔铰中。

(3) 凸轮型柔铰原理图

12.3 动力学

12.3.1 能量存储

M-78	叠簧	KN ES

b a

(1)

b a b

(2)

通过设计可以让叠簧提供想要的运动特性，不过它们最主要的功能还是和弹簧相同。图示的叠簧采用堆叠的方法减小体积和重量，同时保持了它们本来的功能[49]。

(1) 一种典型的叠簧构型，其簧片 a 的长度是变化的。b 是板簧的安装部位。

(2) 另一种叠簧构型，其簧片 a 的长度相同。b 是弹簧的安装部位

M-79	正交平板弹簧	KN ES

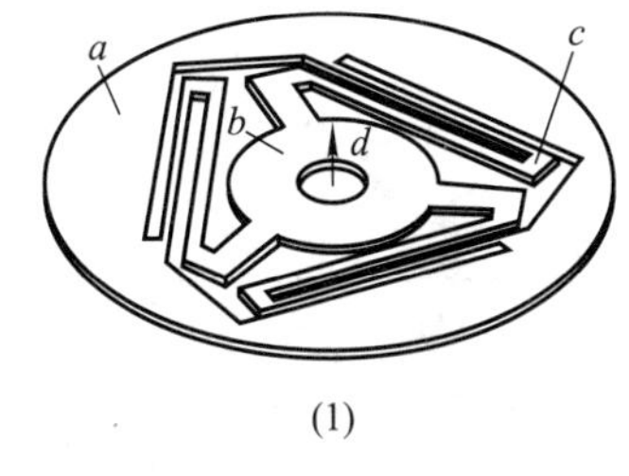

(1)

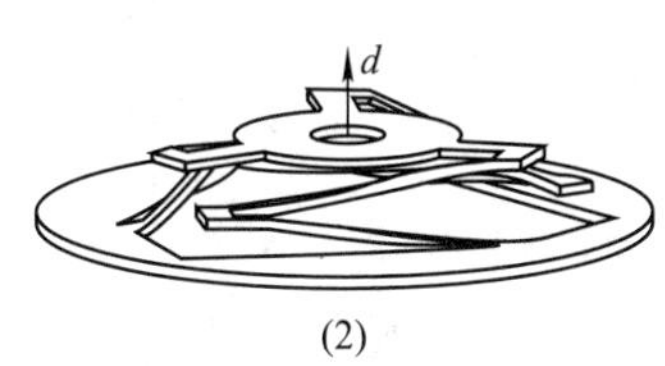

(2)

该机构是一种正交平板弹簧，它的运动方式是升起或降下其动平台（相对于其定平台）。该机构的优点是不需要转轴来实现这种运动，因此消除了相邻表面间旋转滑动所引起的问题，对装配变化不敏感[50,51]。

(1) 刚体 a 固定。刚体 b 是动平台，它借助 Z 形柔性梁 c 实现沿方向 d 的平移。

(2) 沿方向 d 平移后的变形状态

M-80	菱形弹簧	KN ES

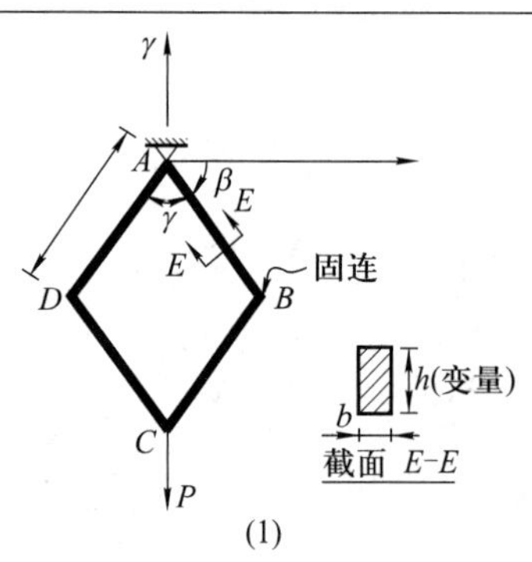

(1)

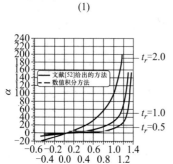

(2)

通过菱形柔顺结构可实现非线性弹簧的功能[52]。

(1) 4 个柔性杆两两固连形成一个顶角为γ的菱形结构。柔性杆可以是截面高度 h 线性变化的锥形杆，其形状由锥度比 t_r (杆两端的高度比) 确定。菱形弹簧在 A 点铰接，在 C 点加载，如图所示。

(2) 顶角$\gamma = 150°$，柔性杆的锥度比 $t_r = 0.5$、1.0 和 2.0 时菱形弹簧的非线性变形特性。所施加的力由一个无量纲 (量纲一) 参数 α (组合了载荷 P 以及柔性杆的抗弯刚度和长度) 定义。从图中可以发现，载荷较小时菱形弹簧表现出软弹簧特性，而在变形超过一定值时会表现出刚度突然增大的刚化效应

M-81	整体式订书机	KN ES

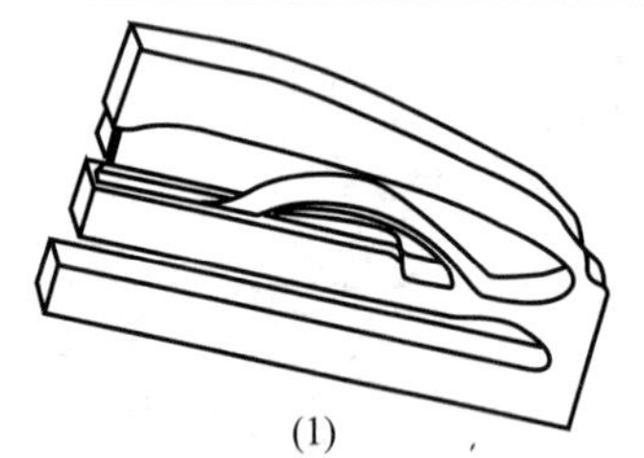
(1)

该图展示了一种整体式柔顺订书机。订书机钉槽、固定订书钉的柔性段、两个柔性铰链，以及压下订书钉的冲头，都集成在一个可注塑的构件中。用于弯折订书钉 (卡在一叠纸上) 的导弯模也集成在订书机底部的刚性梁上[53]。

(1) 示意图

另参见

名称	参考索引	分类索引
平行 – 导向机构	M-39	KM/KN PML/ES
多级升降台	M-56	KM/KN SP/ES

夹钳

M-82	夹钩	KN ESC

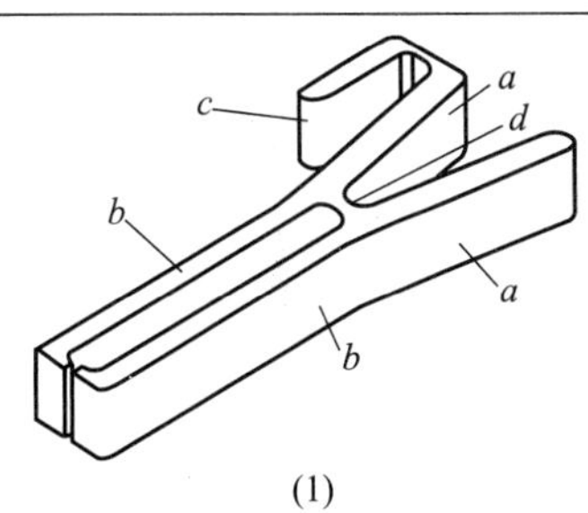

(1)

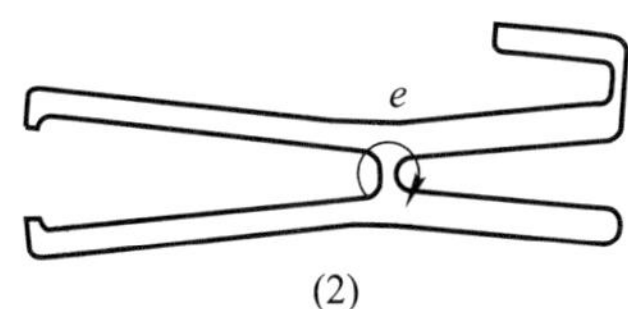

(2)

该机构将短臂柔性铰链用作转轴和能量存储的构件[54]。

(1) 刚体 a 并拢时, 柔性段 d 变形使得刚体 b 分开。刚体 c 是挂钩。

(2) 机构变形后的状态

M-83	夹钳	KN ESC

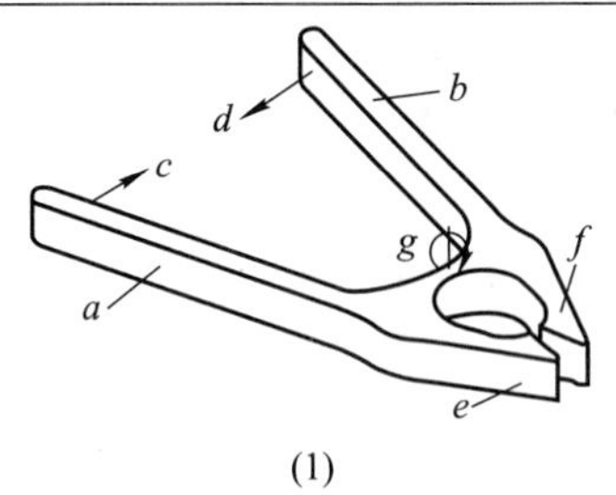

(1)

该机构将短臂柔性铰链用作转轴和能量存储的构件。

(1) 刚性段 a 和 b 分别沿方向 c 和 d 运动, 使得刚性段 e 和 f 分开。柔性段 g 提供变形并储存能量

M-84	夹钳	KN ESC

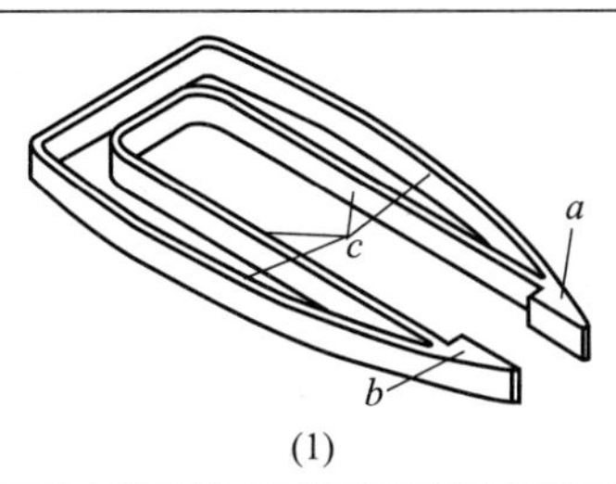

(1)

该机构利用柔性构件产生形变并储存能量[54]。

(1) 刚性段 a 和 b 是夹持面。柔性段 c 产生形变以提供夹持力, 并储存能量

M-85	三维夹钳	KN ESC

(1)

该图显示了一个三维柔顺夹钳，它由 3 个呈 120° 分布的 1/2 二维夹钳组成。当向下压夹钳的中间部位时，它的 3 个钳口向内靠拢并夹持住物体。

(1) 三维柔顺夹钳

M-86	柔顺夹持机构	KN ESC

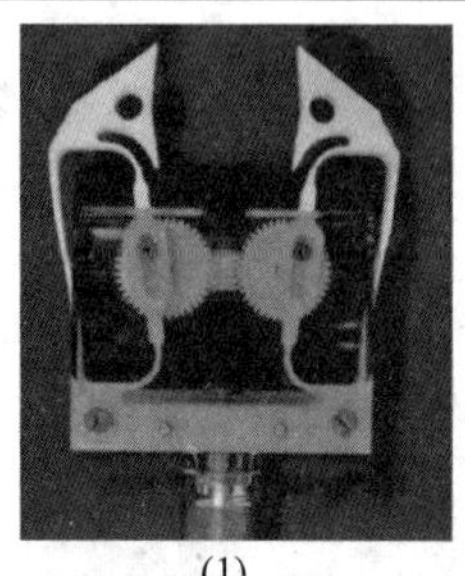
(1)

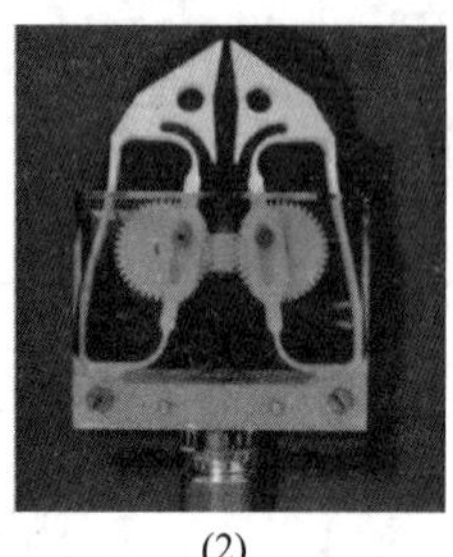
(2)

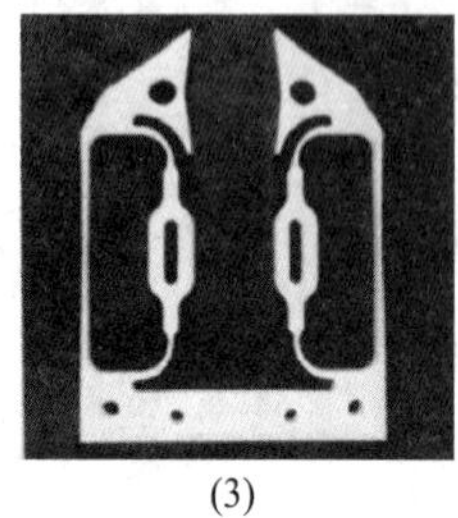
(3)

该柔顺夹持机构可以输出近似平行的夹持动作。通过适当的设计改进，它可以输出一个近似恒定的夹持力[55]。

(1) 此图显示了处于张开状态的柔顺夹持机构。

(2) 此图显示了处于即将闭合状态的柔顺夹持机构。

(3) 此图显示了用高刚性且回弹力好的材料，如尼龙 (Nylon) 和聚甲醛树脂 (Delrin®) 制成的全柔顺 (单片式) 夹持机构

M-87 具有力感知功能的柔顺夹具 KN

ESC

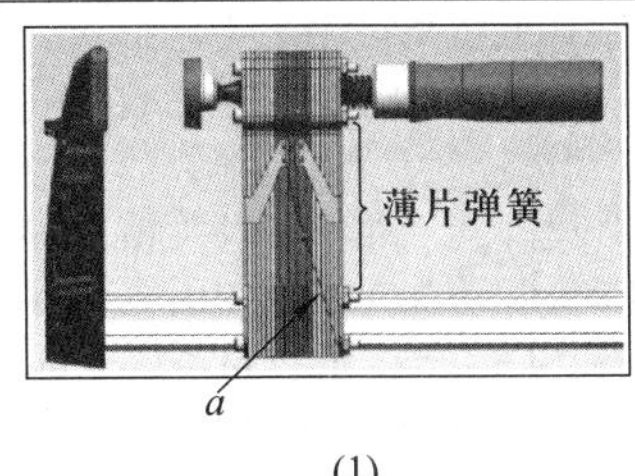

(1)

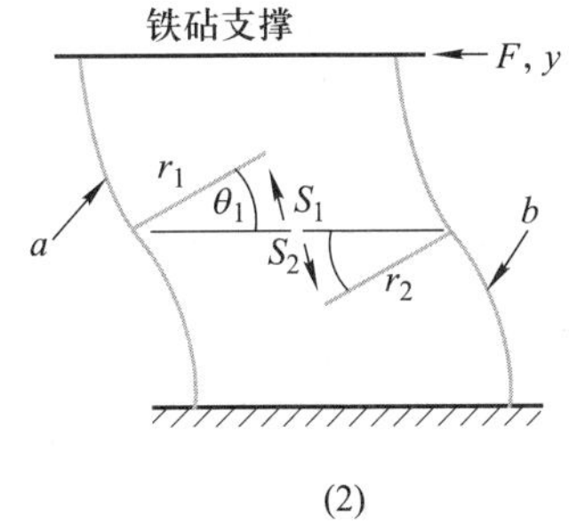

(2)

(3)

这种具有力感知功能的柔顺夹具 (sense clamp) 是一种集成了测量夹持力的柔性薄片的夹持装置。外侧两个薄片上固连的指针上刻有刻度，用来读取夹持力。该产品具有结构简单、价格低廉、手感好等优点。该夹具可以感知夹持力的特性，使得使用者能够均匀一致地夹持工件，特别是在需要同时使用多个夹具的场合[56]。

(1) 此图显示了这种感应夹具的三维效果图，a 为指向刻度线的测量指针。

(2) a 和 b 是在外侧的两个薄片。两根杆 r_1 和 r_2 沿相反方向旋转，产生所需的输入位移来驱动和调整指针机构。

(3) 该图为这种具有力感知功能的柔顺夹具原型样机

M-88 部分柔顺的位移受限抓取机构 KN ESC

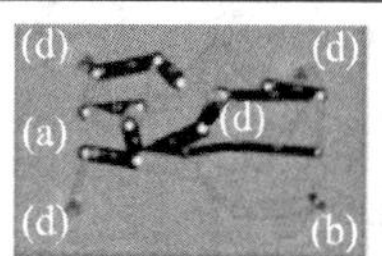

(1)

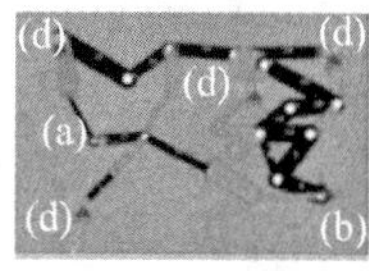

(2)

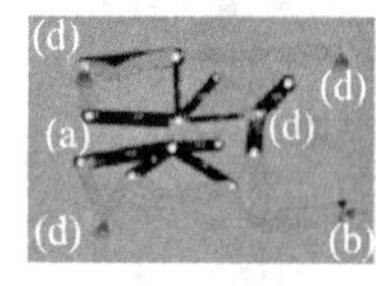

(3)

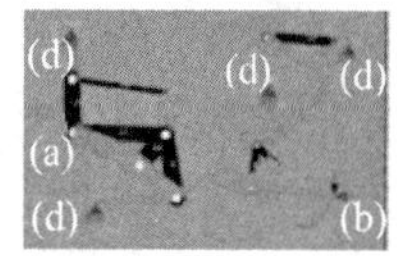

(4)

部分柔顺的位移受限抓取机构可用于夹持很软的物体 (如生物细胞), 它可以防止因用力过度或挤压而导致损坏[57]。

(1)~(4) 几种对称的设计 (上半部分) 以及相应的实物样机。(a) 驱动水平向左; (b) 沿 “J” 形轨迹运动的抓取端; (d) 固定端。要在 “J” 形路轨迹的底部水平部分抓取物体。由于输出端没有明显的垂直方向变形, 因此物体上的反作用力可忽略不计。在这 4 个设计中, 设计 (2) 是最好的

M-89 柔顺抓取装置 KN ESC

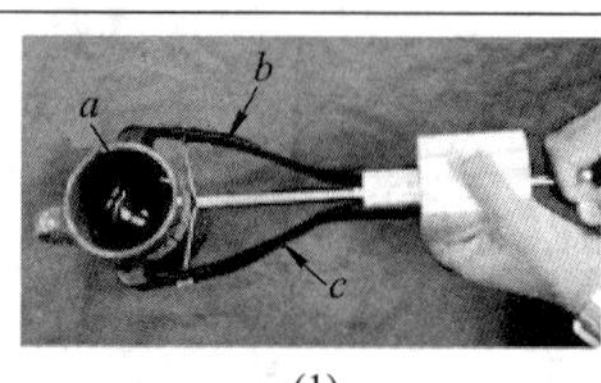

(1)

该柔顺机构是早期为缺手残疾人设计的被动式抓取装置。它是一种简单而廉价的设备, 有时被描述为可怜人的手, 可用一条向后延伸并与躯干相连的钢丝绳操作。只需要少量的费用就可以为它添加一些必需的运动来提高生活质量[58]。

(1) 图中显示了这种柔顺抓取装置, 包括用高摩擦系数材料作内衬的钳口 a, 由热塑性材料, 如尼龙 (Nylon) 或聚甲醛树脂 (Delrin®) 制成的柔顺构件 b, 以及驱动钢丝绳 c

12.3.2 稳定性

M-90	单稳态	KN SB
(1) (2)	该机构中有一个悬臂梁, 在没有输入力的情况下, 该悬臂梁迫使机构保持在唯一的稳态位置上。 (1) 刚体 a 固定。刚体 b 是二副杆。在没有输入的情况下, 柔性杆 c 借助能量传递将机构保持在当前位置。 (2) 在输入 d 作用下机构的变形 (不稳定) 状态	

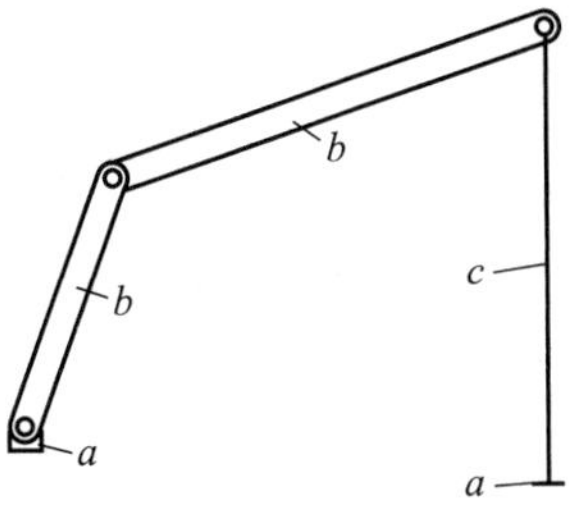

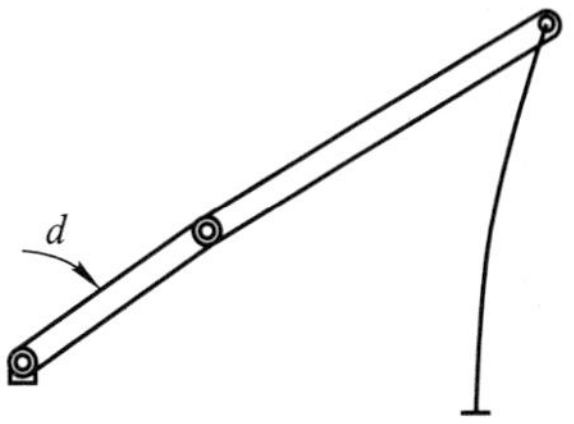

双稳态

M-91	双稳态按钮	KN SBB

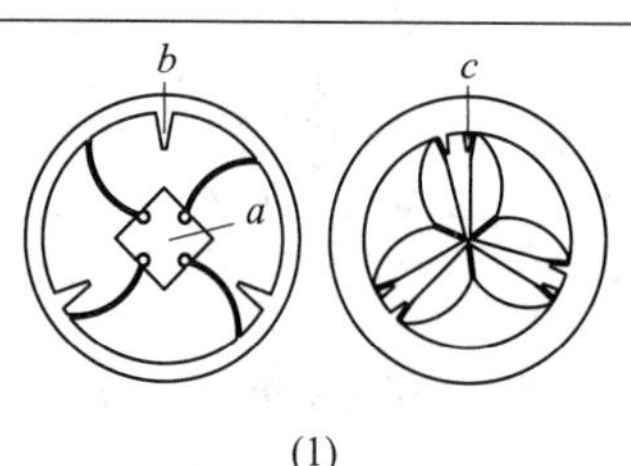

(1)

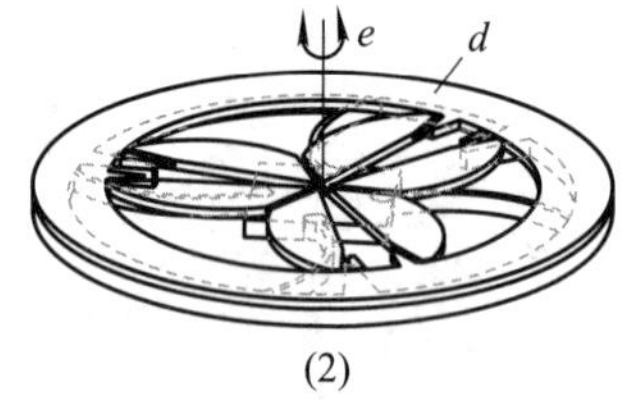

(2)

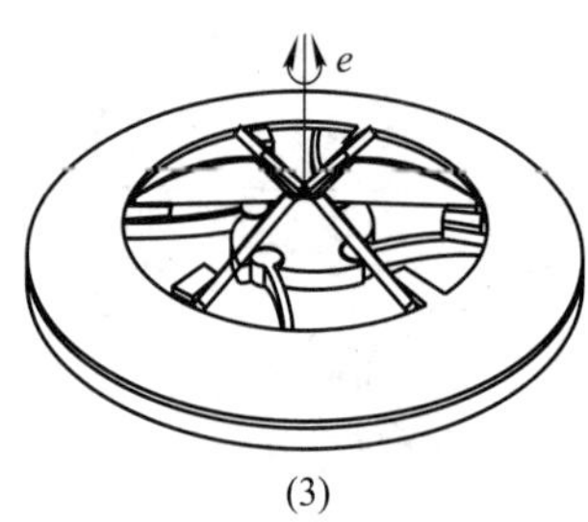

(3)

这是一种具有多层结构的双稳态机构, 它可以从平面构型变为球面构型[59]。

(1) 刚体 a 固定。刚性段 b 与刚性段 c 相连。

(2) 机构的装配构型。刚体 d 绕 e 轴旋转。

(3) 刚体 d 绕 e 轴旋转后机构的变形状态

M-92	双稳态锁	KN SBB

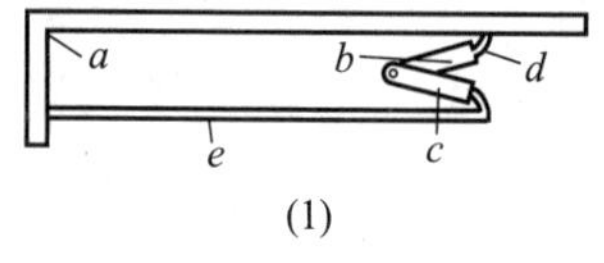

(1)

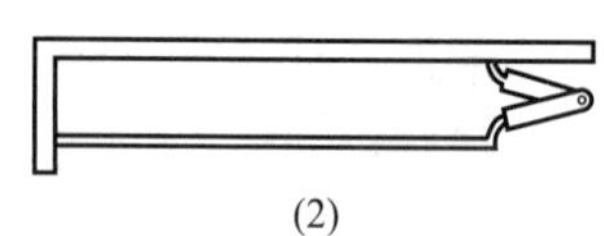
(2)

该机构借助一个悬臂梁和一个刚性铰链实现双稳态特性。

(1) 刚体 a 固定。b 和 c 是刚体, d 和 e 是柔性单元。

(2) 机构变形后的稳态构型

M-93	电灯开关	KN SBB

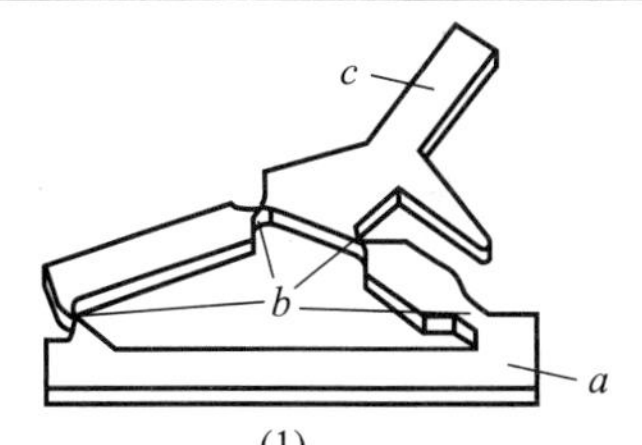

(1)

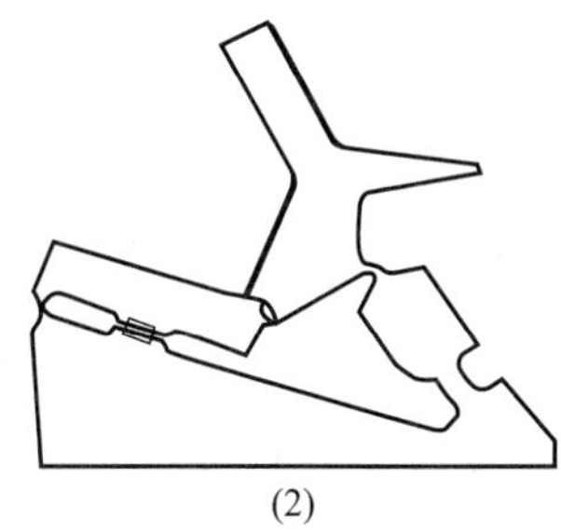
(2)

该机构是一种全柔顺的电灯开关[60]。

(1) 刚体 a 固定。段 b 是活铰，段 c 可以停留在对应电灯开和关的两个稳态位置。

(2) 机构的变形状态

M-94	杨氏双稳态机构	KN SBB

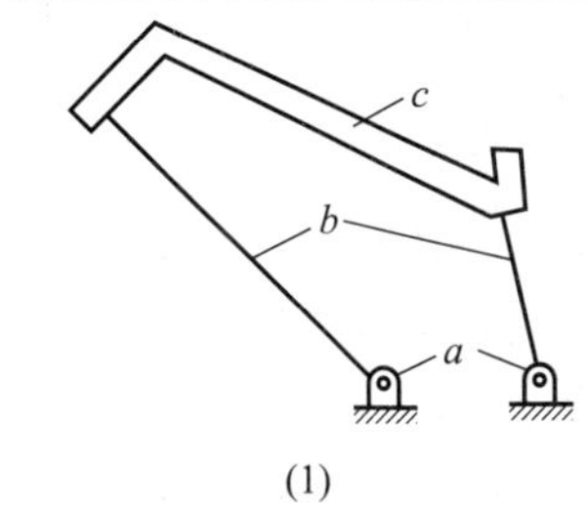

(1)

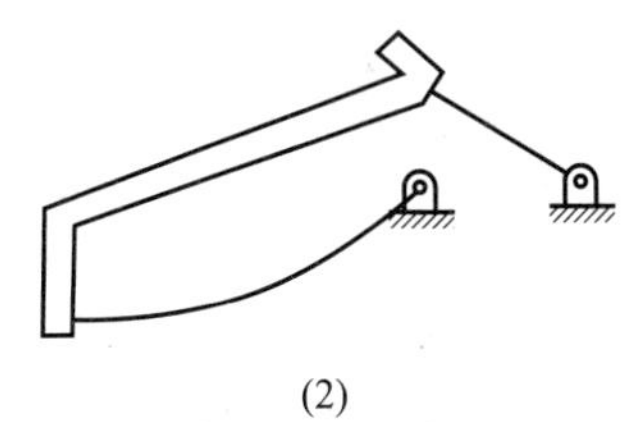
(2)

该机构是一种具有双稳态特性的平面微机构。杨氏双稳态机构指的是具有两个转动副和两个柔性段且它们都是同一构件的组成部分[61]。

(1) 刚体 a 是转动副。连杆 c 是刚体。柔性段 b 提供产生运动和双稳态特性所需的变形。

(2) 机构的变形构型和第二稳态位置

M-95	双稳态的圆柱体夹持装置	KN SBB

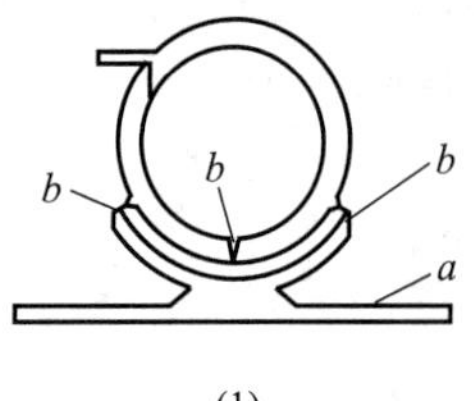

(1)

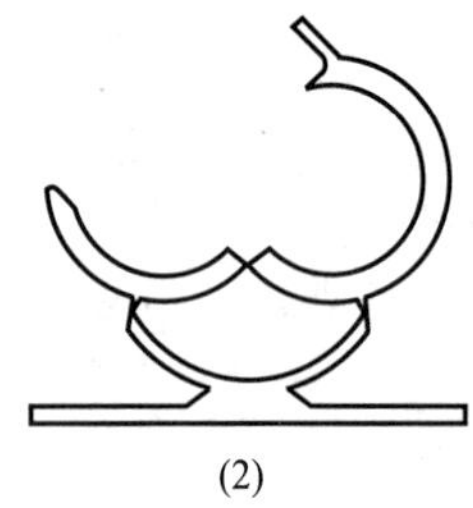

(2)

该机构是一种双稳态夹持装置。打开状态下可放入并夹持住圆柱形物体[62]。

(1) 刚体 a 固定, 关节 b 是活铰。

(2) 机构的变形状态和第二稳态位置

M-96	快动开关	KN SBB

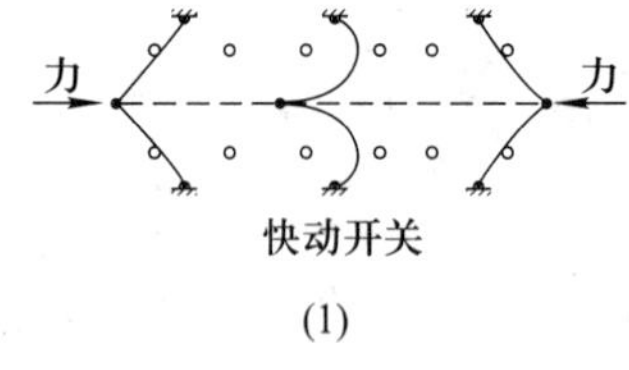

(1)

微电子开关利用了柔顺双稳态机构的快速切换动作。驱动该开关只需要一个非常小的力。开关在几个特定的作用点位置上重复可靠地动作。图示为这种开关的一个例子: 从第一稳态位置开始, 驱动力作用在连接两个柔性杆的转动副上, 由于物理约束, 柔性杆发生变形, 在力的作用下运动一定距离后, 柔性杆快速跳转到第二稳态位置; 类似地, 在相反方向的力作用下, 柔性杆快速跳转回第一稳态位置。

(1) 机构在不同状态下的构型

M-97	柔顺双稳态机构	KN SBB

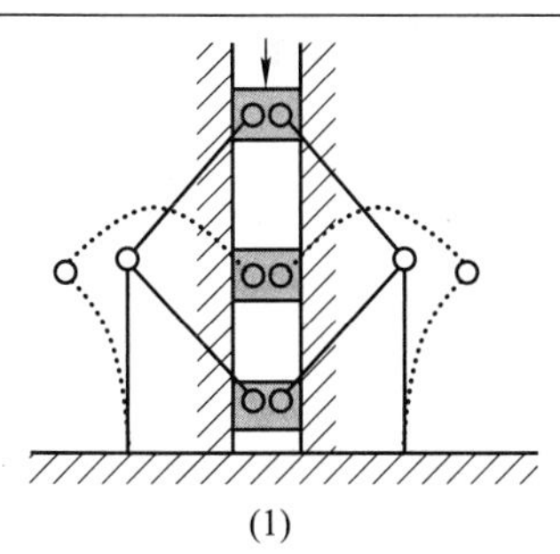
(1)

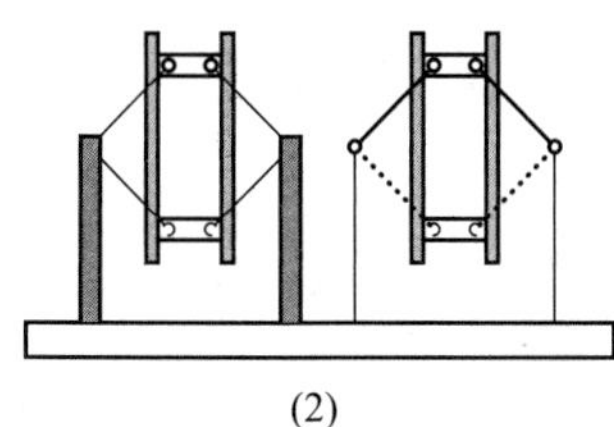
(2)

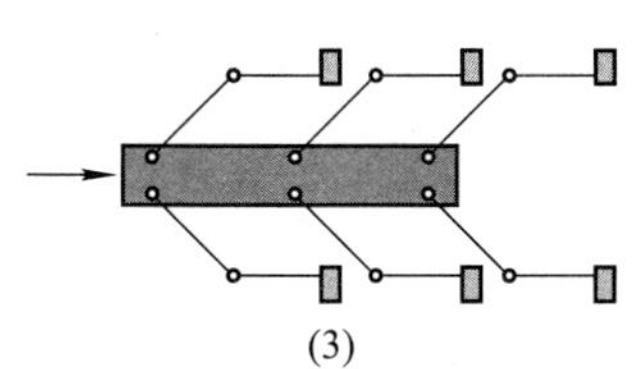
(3)

该柔顺双稳态机构包括一个滑块、两个柔性悬臂梁和两个铰接－铰接型柔性屈曲梁, 悬臂梁和铰接－铰接型柔性梁镜像对称地布置在滑块两侧。该机构可用作微开关。

(1) 由于受到约束, 滑块只能在垂直方向运动。

(2) 该机构具有两个稳态位置, 即滑块处于顶端和底端的两个位置。它利用了铰接－铰接型直梁的屈曲和悬臂梁的大挠度特性。图中给出了两种极端的机构设计: 一个采用刚度很大悬臂梁 (左), 另一个采用刚度很大的铰接－铰接型梁 (右)。

(3) 对于相同的拓扑结构, 若采用多组悬臂梁和铰接－铰接型屈曲梁, 梭块 (滑块) 的运动就不再需要导轨。此外, 可通过增加梁的对数来增大或调整驱动力

M-98	部分柔顺双稳态六杆机构	KN SBB

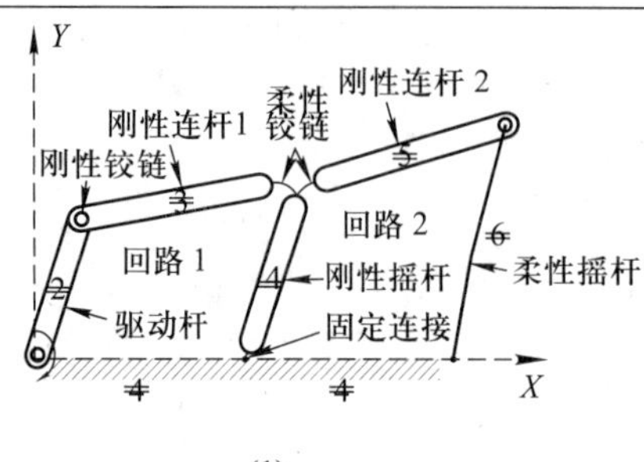

(1)

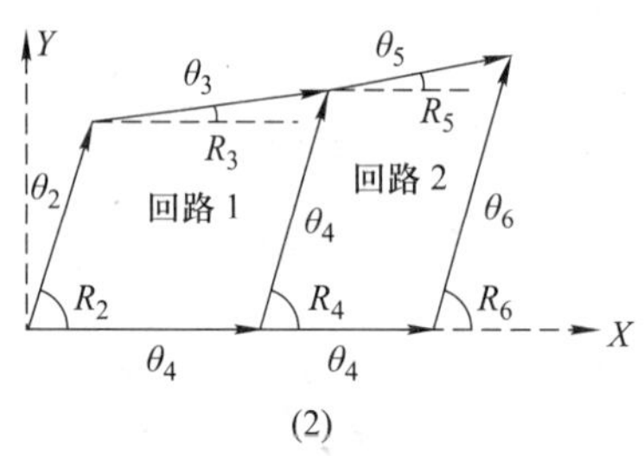

(2)

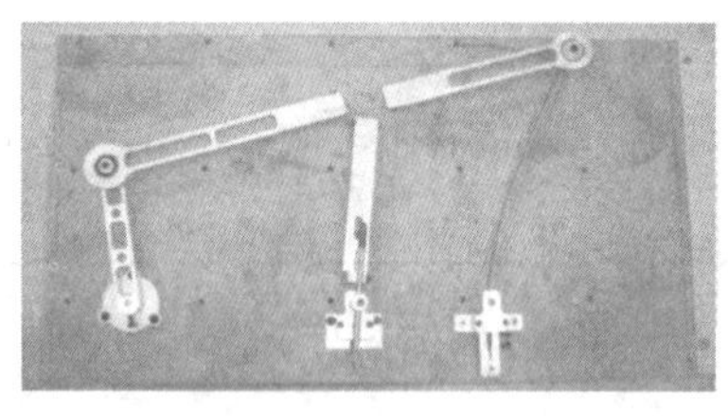

(3)

(4)

部分柔顺双稳态六杆机构包含一个刚性曲柄 (驱动杆)、两个刚性连杆、一个刚性摇杆和一个柔性摇杆。其伪刚体模型与 Watt 六杆机构等效。该机构是部分柔顺的, 有两个稳态位置, 在这两个位置上机构能够保持静止, 除非有外力或外力矩驱使曲柄转动。

(1) 该简图展示了机构的各个杆件和铰链。

(2) 机构的向量回路图。这里 R_i $(i = 1 \sim 6)$ 表示不同杆件的向量。θ_i 表示以水平线为基准杆件的角位移 (沿逆时针方向)。

(3) 实物样机处于第一稳态位置。

(4) 实验装置处于第二稳态位置

另参见

名称	参考索引	分类索引
双稳态铰链	EM-17	FE/KN
		FRH/SBB
SRFBM	M-6	KM/KN
		TS/SBB
平面双稳态平移机构	M-7	KM/KN
		TS/SBB
平移式平面双稳态机构	M-8	KM/KN
		TS/SBB
平行双稳态平移机构	M-9	KM/KN
		TS/SBB
零力或双稳态平移机构	M-10	KM/KN
		TS/SBB
具有零刚度的 6 自由度柔顺精密运动台	M-60	KM/KN
		SPP/SBB
双稳态定位 COPMM	M-62	KM/KN
		MM/SBB
COPMM 双稳态开关	M-63	KM/KN
		MM/SBB
双稳态 COPMM	M-64	KM/KN
		MM/SBB

多稳态

M-99	舞者三稳态	KN SBM

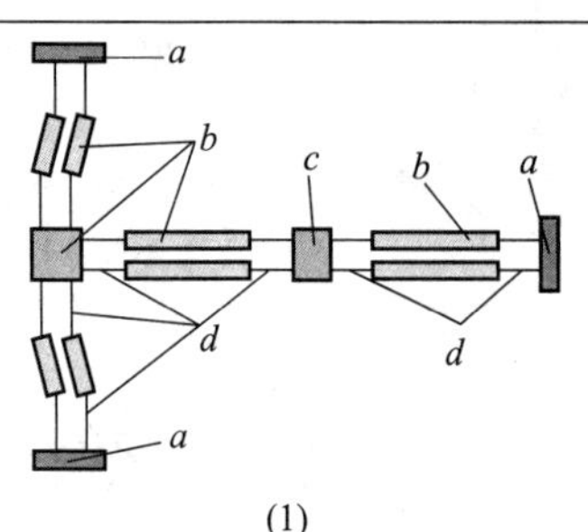

(1)

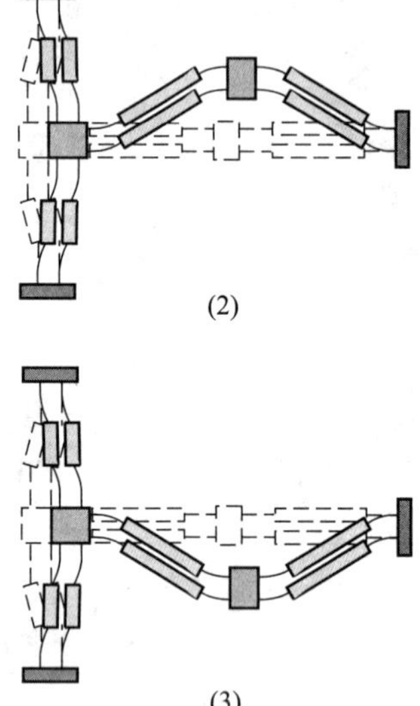

(2)

(3)

该机构采用双稳态机构与恒力机构正交布置的构型, 具有 3 个稳态平衡位置[63]。

(1) 刚体 a 固定。刚性段 b 和 c 比柔性段 d 的刚度大很多。梭块 c 具有 3 个稳定平衡位置。

(2) 变形后的一个稳态位置。

(3) 变形后的另一个稳态位置

M-100	双拉弯铰式三稳态机构	KN SBM

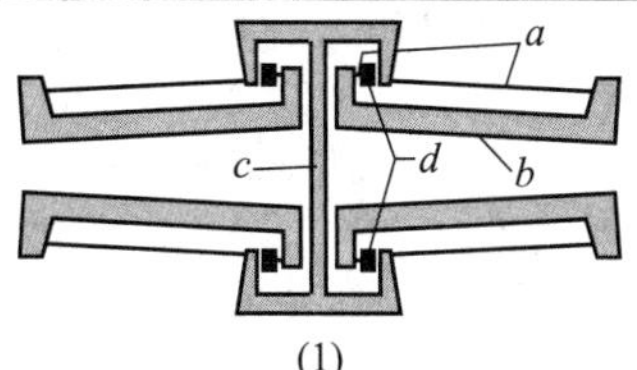

(1)

该机构利用拉弯铰 (tension flexural pivots) 实现运动, 可以输出 4 个稳态平衡位置[64]。

(1) 该机构的加工构型。每个刚性段 b 与两个拉弯铰相连, d 固定, 梭杆 c 可以稳定地停在 3 个不同的平衡位置。

(2) 变形后的一个稳态位置。

(3) 变形后的另一个稳态位置

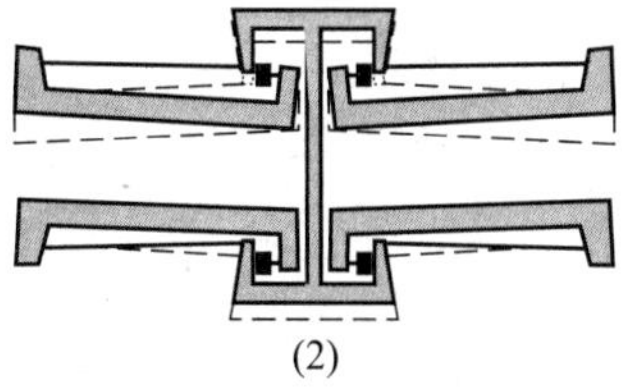
(2)

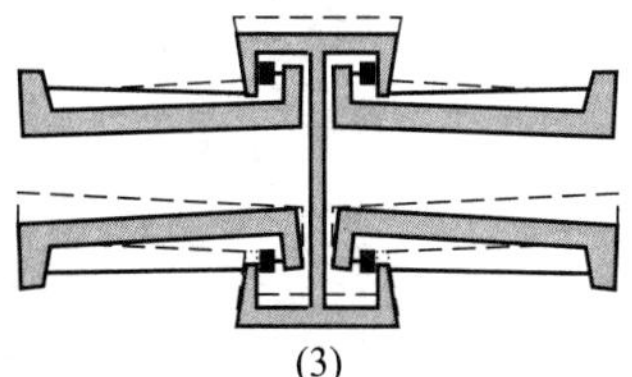
(3)

M-101	多稳态 CORE	KN SBM

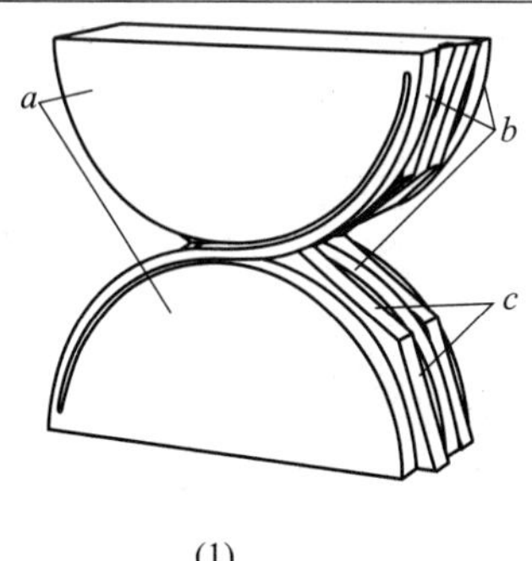

(1)

该机构是一种滚动接触式柔性单元 (CORE), 通过柔性板条将两个刚性单元连接, 柔性板条交错布置在刚性单元的表面之间, 并在两端与刚性单元相连。该单元的特别之处在于其转动轴位于接触点处, 随着构件的变形不断变化。通过设计稳定接触面的数量, 该机构可以有多个稳态位置[18]。

(1) 两刚体 a 通过柔性板条 b 始终保持相互接触。转动轴位于接触点处, c 为稳定接触面

M-102	四稳态机构	KN SBM

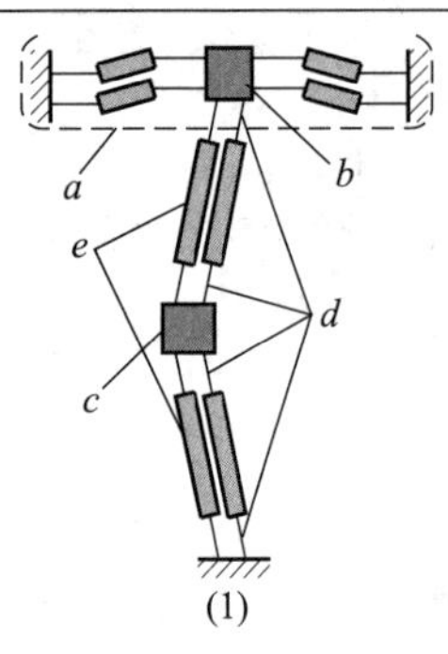

(1)

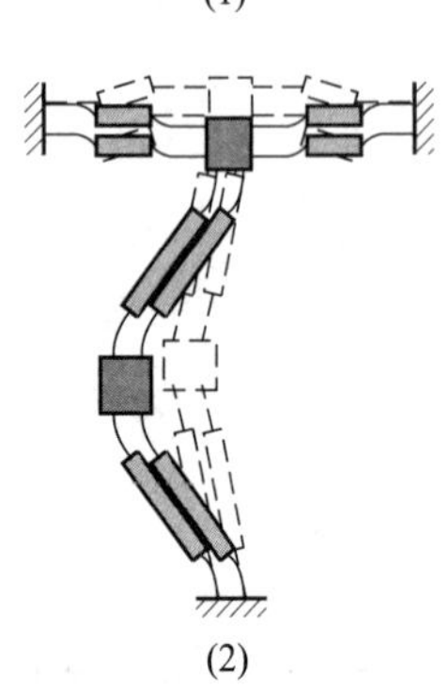
(2)

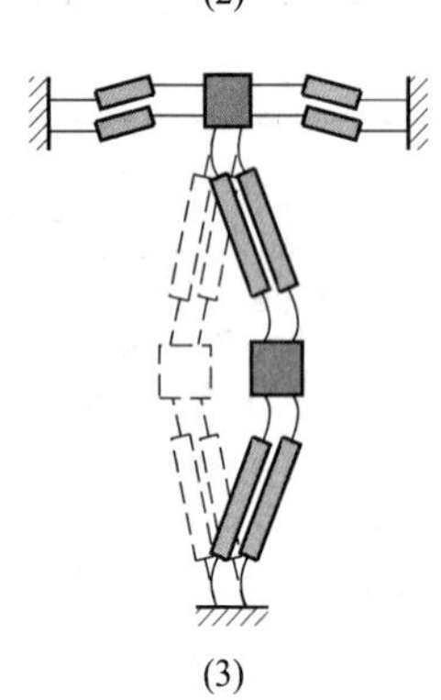
(3)

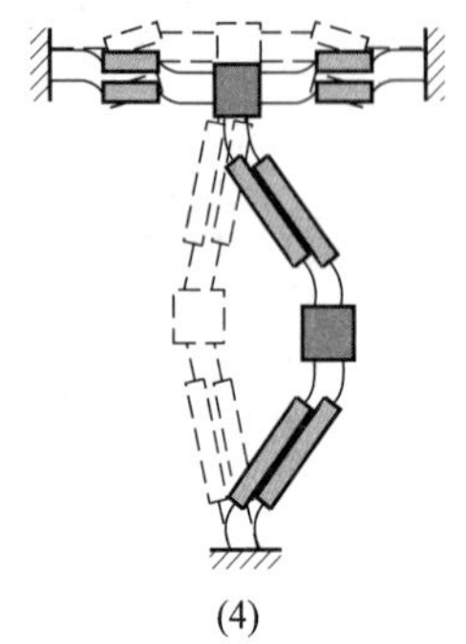
(4)

该四稳态机构由双稳态模块与柔性连杆 – 滑块模块连接而成, 可以输出 4 个稳态平衡位置[65]。

(1) 该机构的加工位置。双稳态模块 a 两端固定。刚性段 b 和 c 比柔性段 d 的刚度大很多。机构输出端 c 的运动与双稳态模块中梭块 b 的运动近似垂直。刚性段 e 比柔性段 d 的刚度大很多。

(2) 变形后的其中一个稳态位置。

(3) 变形后的其中一个稳态位置。

(4) 变形后的其中一个稳态位置

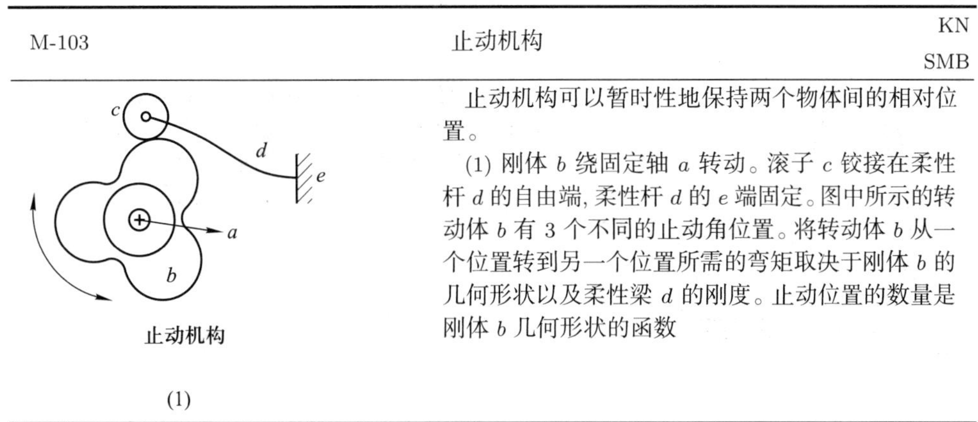

止动机构

(1)

M-103 止动机构 KN SMB

止动机构可以暂时性地保持两个物体间的相对位置。

(1) 刚体 b 绕固定轴 a 转动。滚子 c 铰接在柔性杆 d 的自由端, 柔性杆 d 的 e 端固定。图中所示的转动体 b 有 3 个不同的止动角位置。将转动体 b 从一个位置转到另一个位置所需的弯矩取决于刚体 b 的几何形状以及柔性梁 d 的刚度。止动位置的数量是刚体 b 几何形状的函数

12.3.3 恒力/常力

M-104 曲柄滑块式恒力机构 KN CF

(1)

(2)

该机构在一定的运动范围内可提供恒定的反作用力, 其构型是柔顺曲柄滑块机构。该机构借助机械增益 (mechanical advantage) 抵消由变形引起的反作用力变化以获得恒力。通过型综合可以衍生出不同的恒力机构构型。刚性和柔性构件的几何尺寸与具体的构型有关[21]。

(1) 曲柄滑块式恒力机构的一种构型。该机构由柔性段 a(短臂柔性铰链) 、刚性段 b 和刚性滑块 c 组成。

(2) 对应的伪刚体模型

M-105　　电接头　　KN CF

该机构是一种恒力电接头 (CFEC)。该机构借助凸轮的接触面和柔性段的几何形状保持最佳的恒力，从而减少摩擦磨损或黏着磨损的发生[66]。

(1) 刚体 a 固定。b 是凸轮的接触面。柔性段 c 是电接头。

(2) 变形后的形状

(1)

(2)

12.3.4　力放大器

M-106　　夹钳　　KN CF

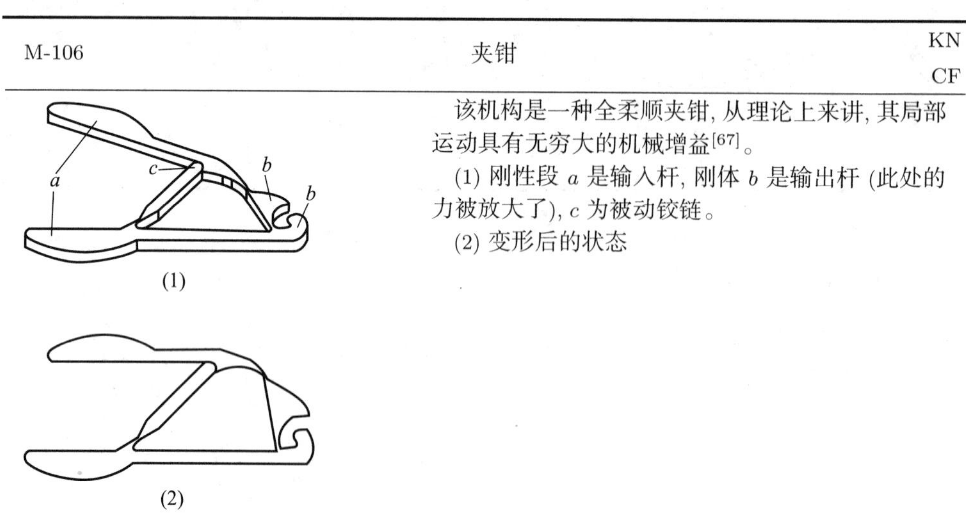

(1)

(2)

该机构是一种全柔顺夹钳, 从理论上来讲, 其局部运动具有无穷大的机械增益[67]。

(1) 刚性段 a 是输入杆, 刚体 b 是输出杆 (此处的力被放大了), c 为被动铰链。

(2) 变形后的状态

M-107	卷边器	KN FA

这是一个全柔顺卷边器，它可以将输入力放大后用于挤压工件[54]。

(1) 段 a 和 b 分别沿方向 c 和 d 运动，使刚性段发生沿方向 e 的变形

(1)

M-108	AMP 股份有限公司的卷边器	KN FA

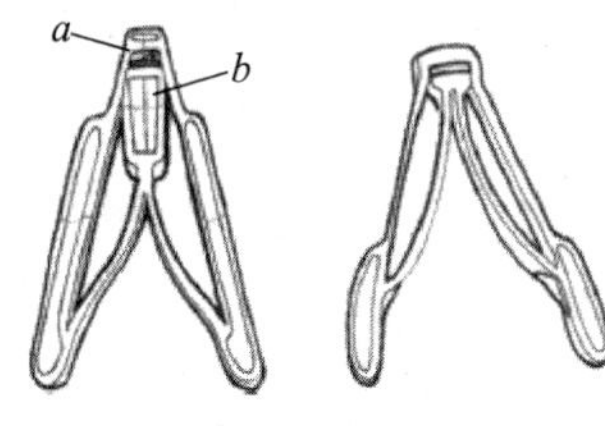

(1)

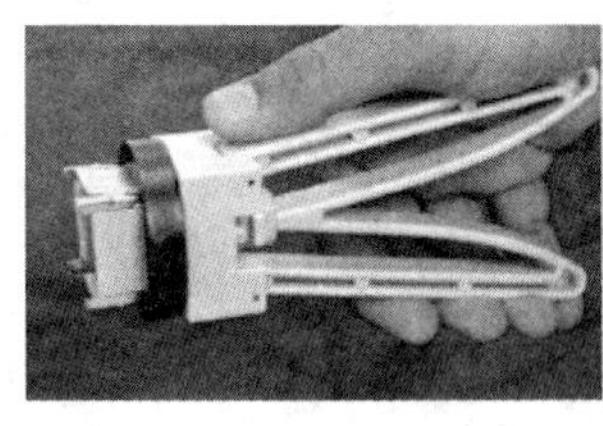

(2)

20 世纪 80 年代早期，AMP 股份有限公司基于柔顺机构设计和研发了一种有趣且令人赞叹的手持工具。左图显示的两个例子分别是卷边器和芯片座拔出工具。

(1) AMP 股份有限公司设计的两种全柔顺卷边器。该机构包括滑块 a、砧座 b 以及滑块与砧座之间的卷边部分。捏压手柄时滑块和砧座会相互靠近。

(2) AMP 股份有限公司设计的柔顺芯片座拔出工具，其中包含多个注塑构件。它的 4 个爪抓在芯片座拐角的凹槽处，在捏压手柄时将芯片座取出

M-109	柔顺 MEMS 力放大机构	KN FA

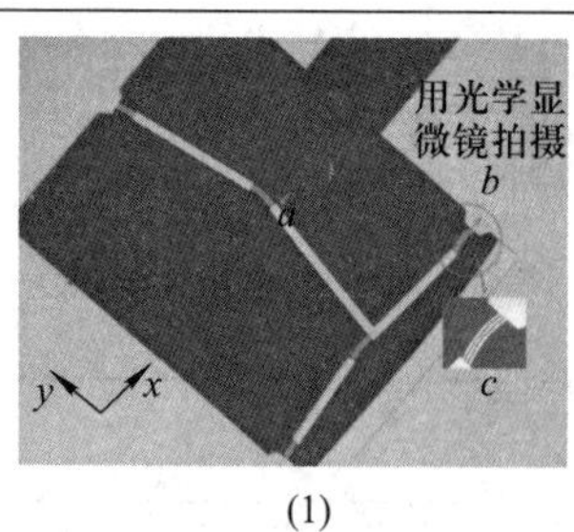

(1)

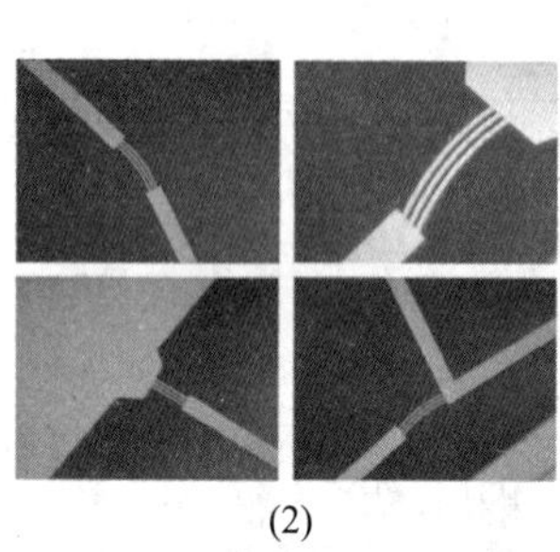
(2)

该柔顺 MEMS 放大机构采用整体式结构，它由两个近似垂直布置的曲柄滑块机构组成。施加在 a 点处的力使弹性梁发生沿 x 方向的变形，机构在 b 点处产生一个很大的输出力。放大系数随着微机构上 a 点沿 x 方向变形的增大而增加。

(1) 刚性构件间连有多个面内弹性梁，如光学显微镜下拍摄的插图 c 所示，所有梁的截面都是矩形。

(2) 柔顺 MEMS 力放大机构中，多处柔性连接的放大图

M-110	曲柄滑块式柔顺力放大机构	KN FA

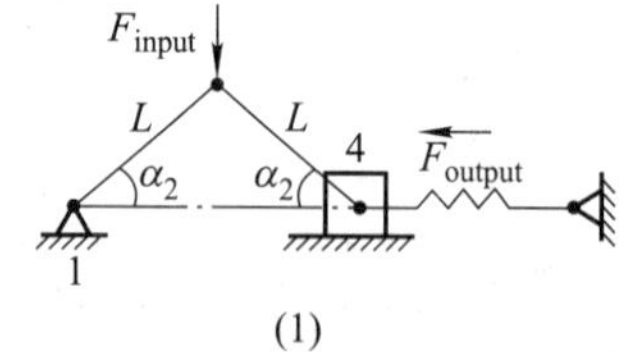

(1)

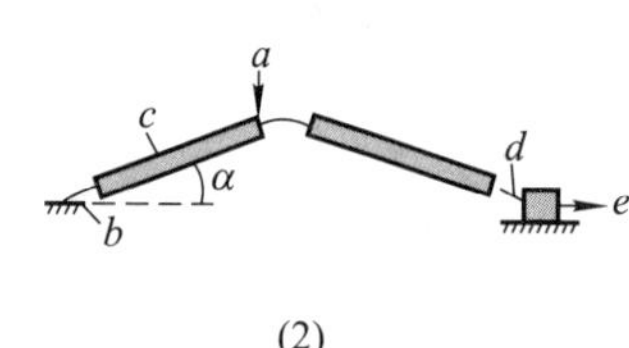

(2)

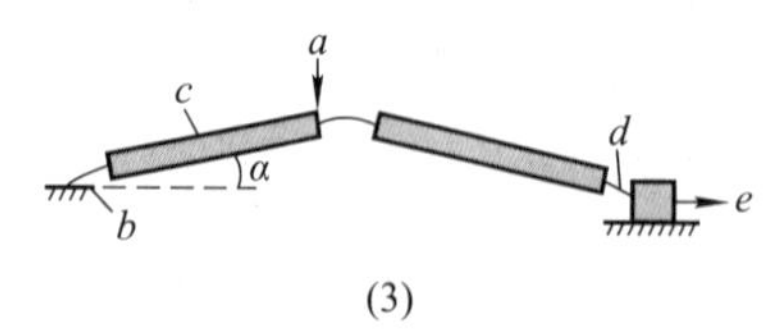

(3)

柔顺曲柄滑块机构可用于放大输入力。

(1) 曲柄与连杆等长的刚性曲柄滑块机构的输出力与输入力之比为：$\dfrac{F_{\text{output}}}{F_{\text{input}}}=\dfrac{1}{\tan\alpha_2}$。这个比值称为放大因子。

(2) 图中所示的单自由度柔顺曲柄滑块机构可用作力放大机构。若α趋于零，$1/\tan\alpha$ 将趋于无穷大。这意味着在 a 点处施加一个小的输入力，可在 e 点处产生一个很大的输出力。刚体 c 通过柔性铰链与基座和另一个刚体相连，d 也是连接两个刚体的柔性铰链。

(3) 输入 a 后的变形状态

M-111	多级柔顺力放大器机构	KN FA

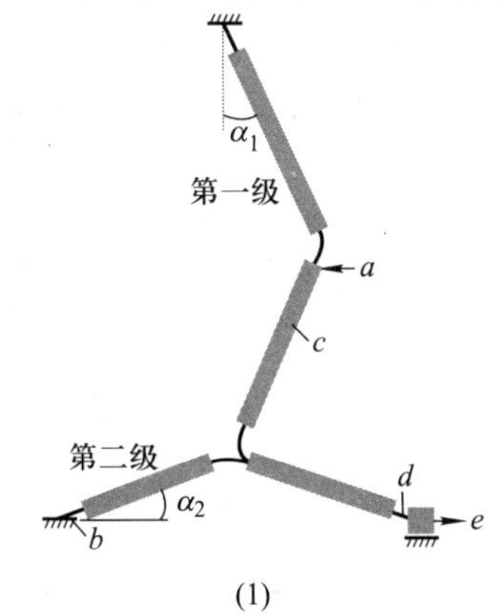

(1)

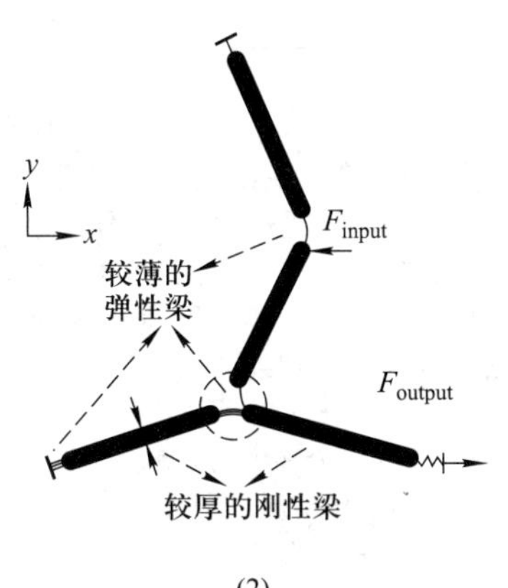

(2)

这种全柔顺力放大机构可加工成宏观和微观装置。图示装置采用两级放大，每级都对力有放大作用。当在 a 点处输入力时，第一级变直，V 形角 α_1 趋近零。当第一级趋向于垂直位置时，它将下面的梁向下推，导致 α_2 也趋近零。因此，如果将第一级和第二级放大机构同时设计在肘节位置，点 e 处的输出力就被放大了两次。

(1) 刚体通过弹性构件固连于地面或相互连接。

(2) 增加放大级数可以沿垂直方向再连接同样的转置 V 形结构。下一级中的柔性铰链应做成平行梁式铰链，以承载传递到相邻级的放大力

另参见

名称	参考索引	分类索引
缩放仪 (LEM)	M-54	KM/KN SA/FA

12.3.5 阻尼

M-112	阻尼型正交平面弹簧	KN DP

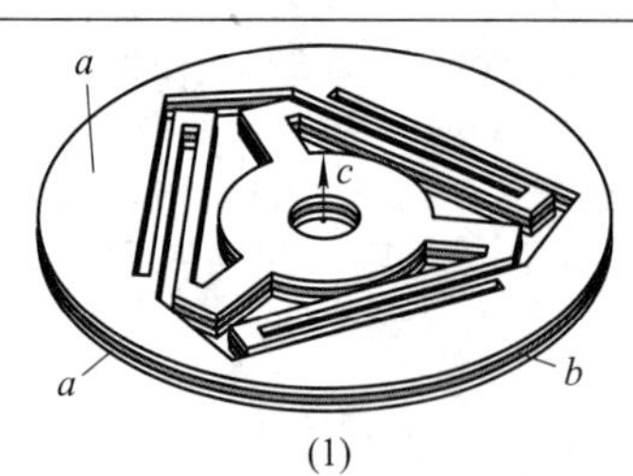

(1)

该机构利用黏弹性约束层来为正交平面弹簧减振。这样减少了弹簧的自由响应振荡并抑制了谐振响应[68]。

(1) 两个柔顺机构 a 是正交平面弹簧，它们之间用黏弹性材料 b 隔开。黏弹性材料 b 可以削弱沿 c 方向的振荡

12.3.6 模态

屈曲

M-113	部分柔顺的力产生机构	KN MDB

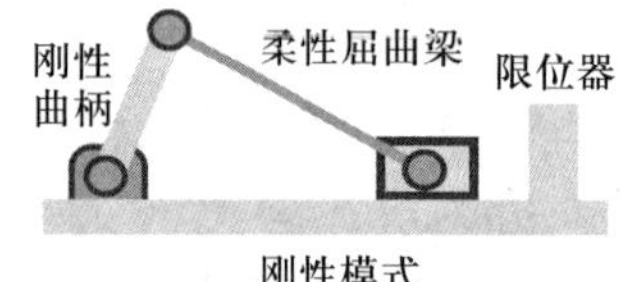

刚性模式

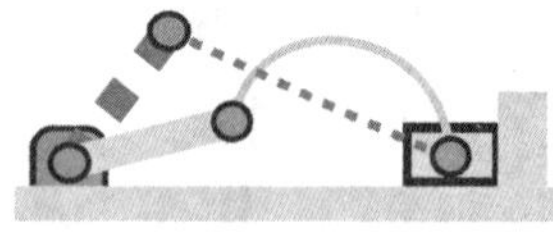
柔性模式
(1)

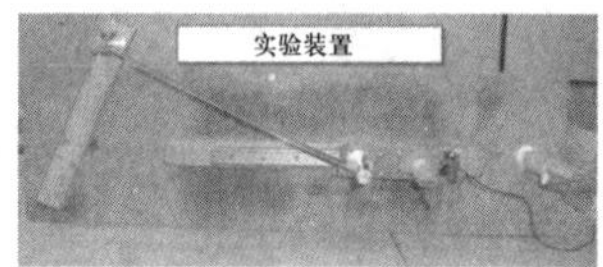

(2)

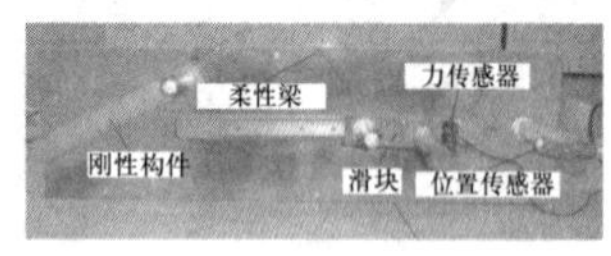

(3)

部分柔顺的冲击与接触力产生 (ICFG) 机构实质上是一种部分柔顺的曲柄滑块机构，可以用作冲击与接触力的发生器。该机构包括一个刚性曲柄、一个柔性屈曲梁和一个限位器，其工作原理如下：有两种不同的运动模式，即刚性模式和柔性模式。在一定的曲柄角范围内，机构表现为一个曲柄滑块机构。当滑块撞到限位器时，会产生一个冲击力，导致柔性梁发生屈曲。冲击力的大小和接触时间可以通过改变驱动器的角速度来调节。ICFG 机构可用于两个运动都需要的场合：短时间内需要大的作用力 (如打孔、切割或折断) 和力较小但需要长时间保持 (如夹持、上胶和施加压力)[69,70]。

(1) 上图为曲柄滑块模式；下图为冲击力产生模式。

(2) 曲柄滑块模式下的实验装置照片。

(3) 冲击力产生模式下的实验装置照片

另参见

名称	参考索引	分类索引
压力导向装置	M-37	KM/KN PM/MDB

12.3.7 其他

M-114	力平衡式加速度计	KN KNO

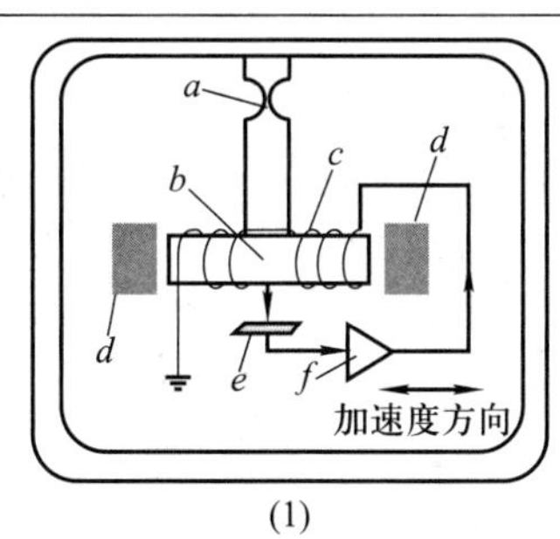

(1)

力平衡式加速度计可测量运动物体的加速度, 通常用于地震成像、结构监测和惯性导航中。作用于质量块上的惯性力使柔性铰链发生变形, 变形探测器探测到质量块的运动并产生正比于加速度的信号, 该信号经放大器放大后再反馈给线圈。通电线圈与磁铁之间的相互作用平衡掉惯性力, 从而使柔性铰链回到未变形的状态。

(1) 力平衡式加速度计包含缺口型柔性铰链 a、质量块 b、力平衡线圈 c、磁铁 d、变形探测器 e 和信号放大器 f

M-115	压阻式加速度计	KN KNO

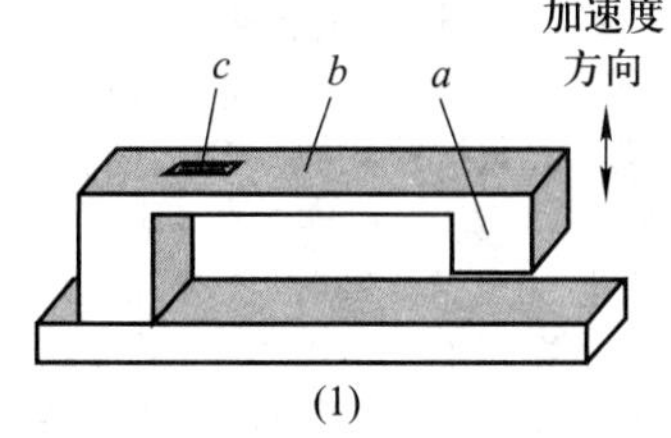

(1)

压阻式加速度计通过压阻应变片来感知加速度,压阻应变片产生的信号正比于由于惯性力引起的悬臂梁变形量。

(1) 压阻式加速度计包括质量块 a、悬臂梁 b 和压阻应变片 c

M-116	离心式 S 形离合器	KN KNO

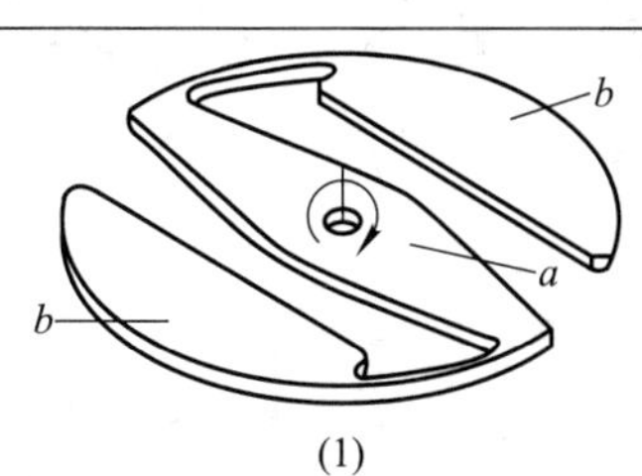

(1)

该机构的主要功能是将离心力用作驱动和控制输入, 完成扭矩传递。该设计用于非零咬合速度下逐步增大负载的加速度[71,72]。

(1) 刚性段 a 与驱动轴相连。当刚性段 b 接触外部设备时, 实现咬合。

M-117	钳式抓取器	KN KNO

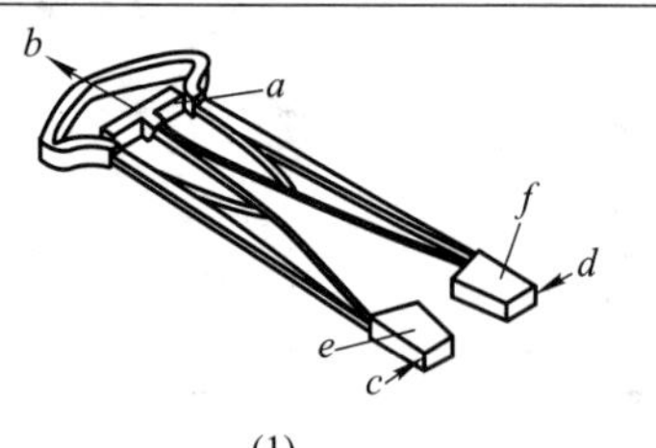

(1)

该机构用于抓取物体。

(1) 刚体沿方向 b 平移, 使得刚体 e 和 f 分别沿方向 c 和 d 运动

M-118	基于表面微加工工艺的加速度计中的力前馈机构	KN KNO

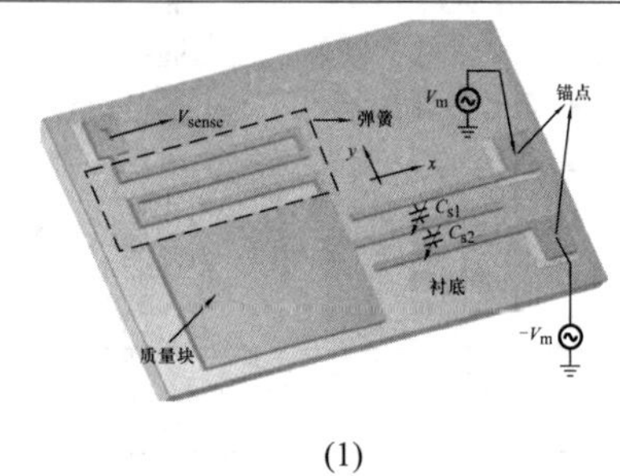

(1)

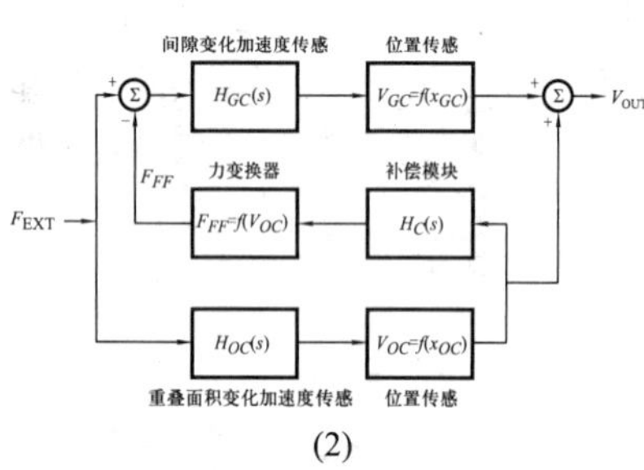

(2)

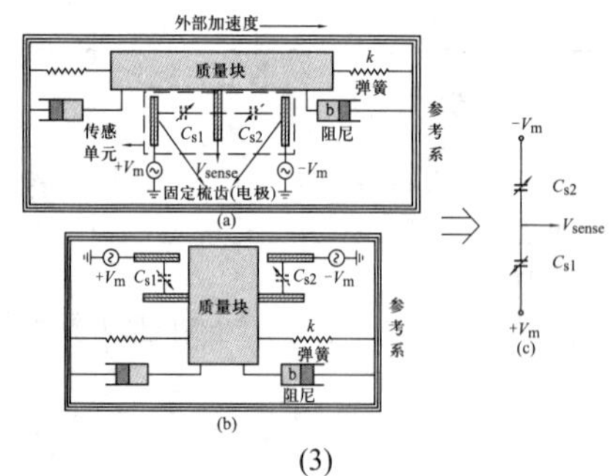

(3)

这种力前馈机构可以增加 (基于表面微加工工艺的) 加速度计的动态响应范围。该机构使用了两种不同类型的加速度计, 一种基于梳齿间距离的变化, 另一种基于梳齿电极间重叠面积的变化。

(1) 基于表面微加工工艺的加速度计的整体布局。应尽可能增加梳齿的数量, 以获得较大的感应电容值。

(2) 力前馈机构的原理框图。系统采用两个独立的加速度计, 并使重叠面积变化加速度计总是产生间隙变化加速度计的动态偏移。重叠面积变化加速度计产生的前馈力作用在间距变化加速度计的质量块上, 以保持质量块与固定梳齿对齐。由于间隙变化加速度计的灵敏度远高于重叠面积变化加速度计, 间隙变化加速度计可以测得更精确的加速度值, 而重叠面积变化加速度计只用于粗略测量加速度值。

(3) 在间隙变化加速度计的电容感测单元中, 调制电压 V_m 的存在使得可动部件上产生静电力, 这个力使得间隙改变加速度计的实际弹性系数会偏离其本身的数值

M-119	报警器开关机构	KN KNO

图中所示的报警器开关机构采用一个柔性杆来触发报警器。

(1) 黏附性构件 (fusible link) 将柔性杆保持在弯曲状态, 报警器开关处于开启状态。在特定的设计条件下, 随着黏附性构件强度降低, 无法保持柔性杆的弯曲状态, 从而触发报警器。导致黏附性构件失效的原因有高温、腐蚀性环境或装置抖动

参考文献

[1] C.R. Barker, "A complete classification of 4-bar linkages," *Mechanism and Machine Theory*, vol. 20, no. 6, pp. 535-554, 1985.

[2] A. Midha, M.N. Christensen, and M.J. Erickson, "On the enumeration and synthesis of compliant mechanisms using the pseudo-rigid-body four-bar mechanism," in *Proceedings of the 5th National Applied Mechanisms and Robotics Conference*, vol. 2, 1997, pp. 93-01-93-08.

[3] N.B. Hubbard, J.W. Wittwer, J.A. Kennedy, D.L. Wilcox, and L.L. Howell, "A novel fully compliant planar linear-motion mechanism," in *ASME Design Engineering Technical Conferences, DETC04/DAC*, vol. 2 A, Sept. 2004, pp. 1-5.

[4] N.D. Masters and L.L. Howell, "A three degree-of-freedom model for self-retracting fully compliant bistable micromechanisms," *Journal of Mechanical Design*, Transactions of the ASME, vol. 127, no. 4, pp. 739-744, 2005.

[5] B.D. Jensen, M.B. Parkinson, K. Kurabayashi, L.L. Howell, and M.S. Baker, "Design optimization of a fully-compliant bistable micro-mechanism," in *ASME International Mechanical Engineering Congress and Exposition, ser. ASME International Mechanical Engineering Congress and Exposition*, vol. 2. New York, NY, United states: American Society of Mechanical Engineers, Nov. 2001, pp. 2931-2937.

[6] D.L. Wilcox and L.L. Howell, "Fully compliant tensural bistable micromechanisms (FTBM)," *Journal of Microelectromechanical Systems*, vol. 14, no. 6, pp. 1223-1235, 2005.

[7] L.L. Howell, C.M. DiBiasio, M.A. Cullinan, R. Panas, and M.L. Culpepper,

"A pseudo-rigid-body model for large deflections of fixed-clamped carbon nanotubes," *Journal of Mechanisms and Robotics*, vol. 2, no. 3, 2010.

[8] N. Tolou, V.A. Henneken, and J.L. Herder, "Statically balanced compliant micromechanisms (SB-MEMS): concepts and simulation," in *ASME Design Engineering Technical Conferences, DETC10/DAC*, 2010.

[9] L. Kluit, N. Tolou, and J.L. Herder, "Design of a tunable fully compliant stiffness compensation mechanism for body powered hand prosthesis," in *Proceeding of the Second International Symposium on Compliant Mechanisms CoMe2011*, 2011.

[10] J. Lassooij, N. Tolou, S. Caccavaro, G. Tortora, A. Menciassi, and J. Herder, "Laparoscopic 2DOF robotic arm with statically balanced fully compliant end effector," in *Proceeding of the Second International Symposium on Compliant Mechanisms CoMe2011*, 2011.

[11] J. Lassooij, N. Tolou, G. Tortora, S. Caccavaro, A. Menciassi, and J. Herder, "A statically balanced and bi-stable compliant end effector combined with a laparoscopic 2DoF robotic arm," *Mechanical Sciences*, vol. 3, pp. 85-93, 2012.

[12] N. Tolou and J.L. Herder, "Concept and modeling of a statically balanced compliant laparoscopic grasper," in *ASME Design Engineering Technical Conferences, DETC09/DAC*, 2009.

[13] J.B. Hopkins, "Design of parallel flexure systems via freedom and constraint topologies (FACT)," *Master's thesis, Massachusetts Institute of Technology, Dept. of Mechanical Engineering*, 2007.

[14] B.R. Cannon, T.D. Lillian, S.P. Magleby, L.L. Howell, and M.R. Linford, "A compliant end-effector for microscribing," *Precision Engineering*, vol. 29, no. 1, pp. 86-94, 2005.

[15] J.O. Jacobsen, "Fundamental components for lamina emergent mechanisms," Master's thesis, Brigham Young University, Dept. of Mechanical Engineering, 2008.

[16] B.G. Winder, S.P. Magleby, and L.L. Howell, "A study of joints suitable for lamina emergent mechanisms," in ASME Design Engineering Technical Conferences, DETC08, 2008.

[17] J.E. Baker, "Analysis of the bricard linkages," *Mechanism & Machine Theory*, vol. 15, no. 4, pp. 267-286, 1980.

[18] J.R. Cannon, C.P. Lusk, and L.L. Howell, "Compliant rolling-contact element mechanisms," in *ASME Design Engineering Technical Conferences, DETC05/DAC*, vol. 7 A, 2005, pp. 3-13.

[19] K. Linsenbardt, J. Mayden, J. Shaw, and J. Ward, "Design of a mechanically actuated trigger switch on a rotozip spiral saw," *Missouri University of Science and Technology, Tech. Rep.*, 2005.

[20] A. Tekes, U. Sonmez, and B.A. Guvenc, "Compliant folded beam suspension mechanism control for rotational dwell function generation using the state feedback linearization scheme," *Mechanism and Machine Theory*, Vol. 45, Issue 12, pp. 1924-1941, Dec 2010.

[21] L.L. Howell, *Compliant Mechanisms.* New York, NY, Wiley-Interscience, July 2001.

[22] J.M. Derderian, L. L. Howell, M. D. Murphy, S.M. Lyon, and S.D. Pack, "Compliant parallel-guiding mechanisms," in *ASME Design Engineering Technical Conferences, DETC96/DAC*, 1996.

[23] M.D. Murphy, A. Midha, and L. L. Howell, "The topological synthesis of compliant mechanisms," *Mechanism and Machine Theory*, vol. 31, no. 2, pp. 185-199, 1996.

[24] J.V. Eijk, "On the design of plate-spring mechanisms," *Delft University, Netherlands, Tech. Rep.*, 1985.

[25] C.A. Mattson, L.L. Howell, and S.P. Magleby, "Development of commercially viable compliant mechanisms using the pseudo-rigid-body model: Case studies of parallel mechanisms," *Journal of Intelligent Material Systems and Structures*, vol. 15, no. 3, pp. 195-202, 2004.

[26] J.O. Jacobsen, B.G. Winder, L.L. Howell, and S.P. Magleby, "Lamina emergent mechanisms and their basic elements," *Journal of Mechanisms and Robotics*, vol. 2, no. 1, pp. 011 003-9, 2010.

[27] D.W. Carroll, S.P. Magleby, L.L. Howell, R.H. Todd, and C.P. Lusk, "Simplified manufacturing through a metamorphic process for compliant ortho-planar mechanisms," in *Proceedings of the ASME Design Engineering Division* 2005, vol. 118 A, 2005, pp. 389-399.

[28] R.L. Norton, *Design of Machinery.* McGraw-Hill, 2004.

[29] A.K. Saxena and N.D. Mankame, "Synthesis of path generating compliant mechanisms using initially curved frame elements," *Journal of Mechanical Design*, vol. 129, pp. 1056-1063, 2007.

[30] A.K. Rai, A.K. Saxena, and N.D. Mankame, "Unified synthesis of compact planar path generating linkages with rigid and deformable members," *Structural and Multidisciplinary Optimization*, vol. 41, pp. 863-879, 2010.

[31] B.V.S.N. Reddy, S.V. Naik, and A. Saxena, "Systematic synthesis of large displacement contact-aided monolithic compliant mechanisms," *Journal of Mechanical Design*, vol. 134, no. 1, 2012.

[32] N. Mankame and G.K. Ananthasuresh, "A novel compliant mechanism for converting reciprocating translation into enclosing curved paths," *Journal of Mechanical Design*, vol. 126, no. 4, pp. 667-672, 2004.

[33] J.O. Jacobsen, G. Chen, L.L. Howell, and S.P. Magleby, "Lamina emergent torsional (LET) joint," *Mechanism and Machine Theory*, vol. 44, no. 11, pp. 2098-2109, 2009.

[34] G. Krishnan and G.K. Ananthasuresh, "Evaluation and design of compliant displacement amplifying mechanisms for sensor applications," *Journal of Mechanical Design*, vol. 130, no. 10, pp. 102 304:1-9, 2008.

[35] H.J. Su, "Mobility analysis and synthesis of flexure mechanisms via screw algebra," in *ASME Design Engineering Technical Conferences, DETC11/DAC*, 2011.

[36] C.B. Patil, S.V. Sreenivasan, and R.G. Longoria, "Analytical and experimental characterization of parasitic motion in flexure-based selectively compliant precision mechanism," in *ASME Design Engineering Technical Conferences, DETC08 /DAC*, 2008.

[37] M.L. Culpepper, G. Anderson, and P. Petri, "HexFlex: A planar mechanism for six-axis manipulation and alignment," in *Proceedings of the 17th Annual ASPE Meeting*; November, 2002.

[38] A.G. Dunning, N. Tolou, and J.L. Herder, "A compact low-stiffness six degrees of freedom compliant precision stage," *Precision Engineering*, vol. 37, no. 2, pp. 380-388, 2012.

[39] G.M. Roach, S.M. Lyon, and L.L. Howell, "A compliant, over-running ratchet ad pawl clutch with centrifugal throw-out," in *ASME Design Engineering Technical Conferences, DETC98/DAC*, no. 5819, 1998.

[40] J.A. Kennedy, L.L. Howell, and W. Greenwood, "Compliant high-precision equintet ratcheting (CHEQR) mechanism for safety and arming devices," *Precision Engineering*, vol. 31, no. 1, pp. 13-21, 2007.

[41] J.A. Kennedy and L.L. Howell, "The ratchet and pawl ring (RaPR) mechanism," in *Proceedings of the 12th IFToMM World Conference*, vol. 925, Besanco, France, June 2007.

[42] C. Gahring, "Capstone design project, mechanical engineering and applied mechanics," *University of Pennsylvania, Tech. Rep.*, 1999.

[43] B.L. Weight, S.M. Lyon, L.L. Howell, and S.M. Wait, "Two-position micro latching mechanism requiring a single actuator," in *27th Biennial Mechanisms and Robotics Conference*, vol. 5 B, 2002, pp. 797-803.

[44] B. Hastings, T. Hendel, B. Sartin, and J. Tupper, "Design of a fluid level indicator locking mechanism," *Missouri University of Science and Technology, Tech. Rep.*, 2008.

[45] P. Steutel, G.A. Kragten, and J.L. Herder, "Design of an underactuated finger with a monolithic structure and distributed compliance," in *ASME Design*

Engineering Technical Conferences, DETC10/DAC, 2010.

[46] G. Balajia, P. Biradar, C. Saikrishna, K.V. Ramaiah, S.K. Bhaumik, A. Haruray, and G.K. Ananthasuresh, "An SMA-actuated, compliant mechanism-based pipe-crawler," in *International Conference on Smart Materials, Structures, and Systems*, no. 96, July 2008.

[47] N. Mankame and G.K. Ananthasuresh, "A compliant transmission mechanism with intermittent contacts for cycle-doubling," *Journal of Mechanical Design*, vol. 129, no. 1, pp. 114-121, 2007.

[48] L. Yin, G.K. Ananthasuresh, and J. Eder, "Optimal design of a cam-flexure clamp," *Finite Elements in Analysis and Design*, vol. 40, pp. 1157-1173, 2004.

[49] T. Allred, "Compliant mechanism suspensions," *Master's thesis, Brigham Young University*, 2006.

[50] J.J. Parise, L.L. Howell, and S.P. Magleby, "Ortho-planar linear-motion springs," *Mechanism and Machine Theory*, vol. 36, no. 11-12, pp. 1281-1299, Nov. 2001.

[51] N.O. Rasmussen, L.L. Howell, R.H. Todd, and S.P. Magleby, "Investigation of compliant ortho-planar springs for rotational applications," in *ASME Design Engineering Technical Conferences, DETC06/DAC*, 2006.

[52] M. Dado and S. Al-Sadder, "The elastic spring behavior of a rhombus frame constructed from non-prismatic beams under large deflection," *International Journal of Mechanical Sciences*, vol. 48, no. 9, pp. 958-968, 2006.

[53] G.K. Ananthasuresh and L. Saggere, "A one-piece compliant stapler," University of Michigan Technical Report, Tech. Rep. UM-MEAm 95-20, Sep. 1995.

[54] G.K. Ananthasuresh and L.L. Howell, "Case studies and a note on the degrees-of-freedom in compliant mechanisms," in *ASME Design Engineering Technical Conferences, DETC96/DAC*, 1996.

[55] F.K. Byers and A. Midha, "Design of a compliant gripper mechanism," in *Proceedings of the 2nd National Applied Mechanisms and Robotics Conference*, vol. II, 1991, pp. XC.1-1-XC.1-12.

[56] R. Adams, B. Doherty, J. Lamarr, and D. Rasch, "Force-sensing clamp," *Missouri University of Science and Technology, Tech. Rep.*, 2010.

[57] K.V.N. Sujit, A. Saxena, A.K. Rai, and B.V.S. N. Reddy, "How to choose from a synthesized set of path-generating mechanisms," *Journal of Mechanical Design*, vol. 133, no. 9, 2011.

[58] A. Jacobi, A. Midha, et al., "A compliant gripping device," *School of Mechanical Engineering, Purdue University, Tech. Rep.*, 1984.

[59] L.L. Howell and S.P. Magleby, "Lamina emergent mechanisms," *NSF Grant Proposal #0800606*, 2008.

[60] B.D. Jensen and L.L. Howell, "Identification of compliant pseudo-rigid-body

four-link mechanism configurations resulting in bistable behavior," *Journal of Mechanical Design*, vol. 125, no. 4, pp. 701-708, Dec. 2003.

[61] B.D. Jensen, L.L. Howell, and L. G. Salmon, "Design of two-link, in-plane, bistable compliant micro-mechanisms," *Journal of Mechanical Design*, vol. 121, pp. 416-423, Sept. 1999.

[62] L.L. Howell, S.S. Rao, and A. Midha, "Reliability-based optimal design of a bistable compliant mechanism," *Journal of Mechanical Design, Transactions of the ASME*, vol. 116, no. 4, pp. 1115-1121, 1994.

[63] G. Chen, Q.T. Aten, L.L. Howell, and B.D. Jensen, "A tristable mechanism configuration employing orthogonal compliant mechanisms," *Journal of Mechanisms and Robotics*, vol. 2, no. 014501, pp. 1-6, 2010.

[64] G. Chen, D.L. Wilcox, and L.L. Howell, "Fully compliant double tensural tristable micromechanisms (DTTM)," *Journal of Micromechanics and Microengineering*, vol. 19, no. 2, 2009.

[65] G. Chen, Y. Gou, and A. Zang, "Synthesis of compliant multistable mechanisms through use of a single bistable compliant mechanism," *Journal of Mechanical Design*, vol. 133, no. 8, 2011.

[66] B.L. Weight, C.A. Mattson, S.P. Magleby, and L.L. Howell, "Configuration selection, modeling, and preliminary testing in support of constant force electrical connectors," *Journal of Electronic Packaging, Transactions of the ASME*, vol. 129, no. 3, pp. 236-246, 2007.

[67] L.L. Howell and A. Midha, "A method for the design of compliant mechanisms with small-length flexural pivots," *Journal of Mechanical Design*, vol. 116, no.1, pp. 280-290, Mar. 1994.

[68] S. Anderson and B.D. Jensen, "Viscoelastic damping of ortho-planar springs," in *Proceedings of the ASME International Design Engineering Technical Conferences*, 2008.

[69] B. Demirel, M.T. Emirler, A. Yorukoglu, N. Koca, and U. Sonmez, "Compliant impact generator for required impact and contact force," in *ASME International Mechanical Engineering Congress and Exposition*, 2008, pp. 373-379.

[70] B. Demirel, M.T. Emirler, U. Sonmez, and A. Yorukoglu, "Semicompliant force generator mechanism design for a required impact and contact forces," *Journal of Mechanisms and Robotics*, vol. 2, no. 4, 2010.

[71] N.B. Crane, B.L. Weight, and L.L. Howell, "Investigation of compliant centrifugal clutch designs," in *ASME Design Engineering Technical Conferences, DETC01/DAC*, 2001.

[72] L.S. Suchdev and J.E. Cambell, "Self adjusting rotor for a centrifugal clutch," *United States Patent No. 4821859*, 1989.

第 13 章 应用实例

本章包含了各种各样柔顺机构的分类与描述。

13.1 机构的组成单元: 柔性单元 (flexible elements)

SM-1	计算机鼠标	FE FB
	鼠标的左右键和拇指键是由注塑材料制成的, 受到按压时它们会发生变形。 (1) 鼠标的拇指键 a 以及其左右键 b 都是用注塑材料制成的	

SM-2	Walker 衬锁	FE FB
	衬锁在随身携带的折叠刀中很常见。一块柔性金属片依靠变形将折叠刀的刀片锁定在打开位置。衬锁的优点是单手就可以轻松操作。 (1) a 推入后刀片 b 被锁定在打开位置。打开衬锁时需要把 a 推开, 这样刀片 b 就可以合上	

SM-3	常力矩扳手	FE FB

(1)

常力矩扳手用于将螺母拧紧到某一给定的力矩。较长的活动臂会因使用者施加的力发生弯曲，另一个不发生变形的梁在刻度盘上指示力矩值。

(1) 活动臂 a 处于变形状态。使用者所施加的力 F 在螺母上产生力矩 M_o。细长的标杆 b 由于不在载荷传递路径中，所以不发生变形。标杆的末端 c 在刻度板 d 上指示出所施加的力矩值

SM-4	圆顶帐篷支撑杆	FE FB

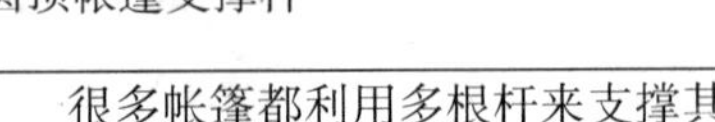

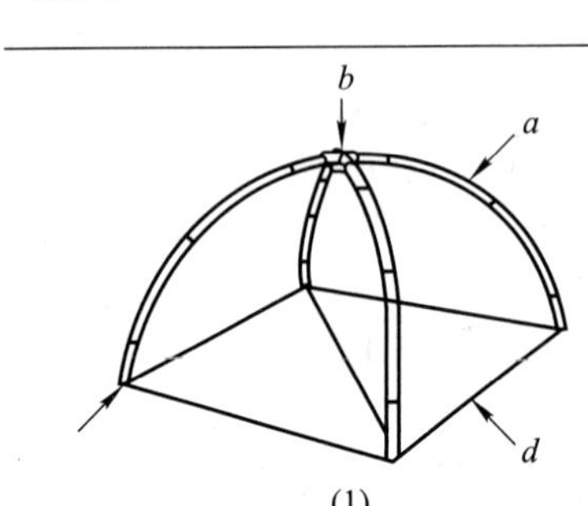

(1)

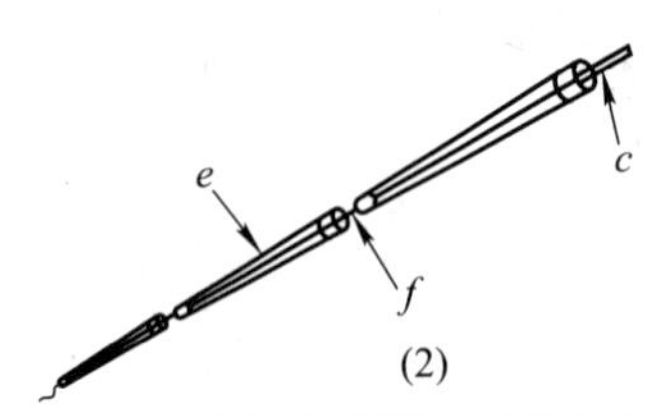

(2)

很多帐篷都利用多根杆来支撑其形状。支撑杆由多段中空的柱状杆组成，中心穿有一根弹性绳。这些部件在组装起来后形成一个柔性结构。将帐篷绑到支撑杆上，从而为帐篷的各个面提供结构支撑。

(1) 装配状态下的帐篷支撑杆示意图。这些支撑杆在中点 b 处连接。将支撑杆末端销子 c 穿过帐篷面料 d 上的金属扣眼，起到固定帐篷底部的作用。

(2) 柱状杆 e 通过弹性绳 f 连接起来，并通过销子 c 插在金属扣眼中

SM-5　　用于内窥镜相机的磁悬浮系统中的柔性关节　　FE FRH

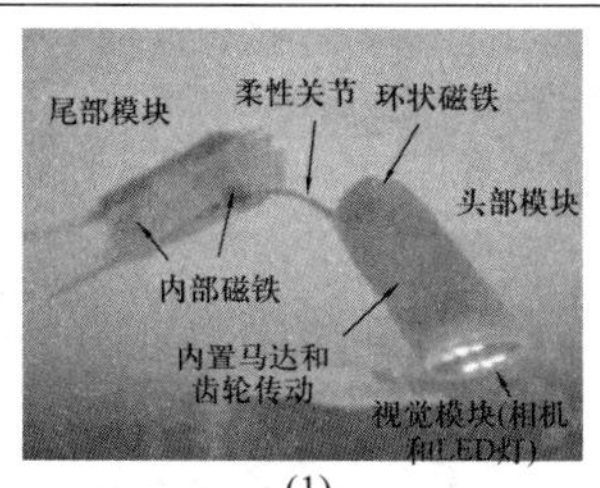

(1)

(2)

在内窥镜相机中，磁悬浮系统的关节往往设计成柔性悬臂梁，在末端受到力和力矩 (如相机的重量和磁力载荷) 时会发生弯曲变形[1,2]。

(1) 用于内窥镜相机的磁悬浮系统中的柔性关节。

(2) 不同磁力载荷下悬臂梁的 4 种变形形状

SM-6　　腹腔镜　　FE FRH

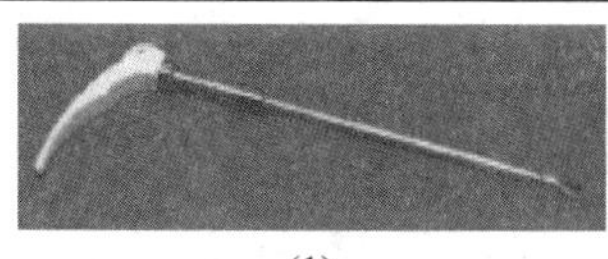

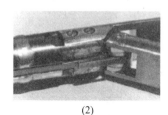

(1)

(2)

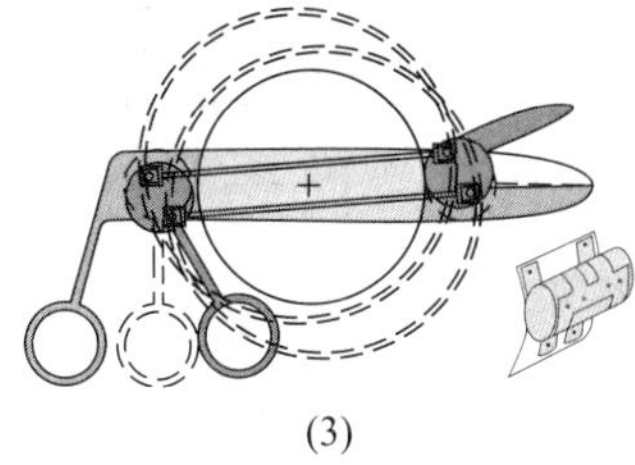

(3)

这种腹腔镜具有较高的机械效率。它采用的是滚动面接触式铰链，而不是滑动接触式的销孔铰链。通过使用柔性缠绕带来防止滑动，使得这种腹腔镜的机械效率高达 96%，外科医生能够感觉到动脉的脉搏[3]。

(1) 腹腔镜全貌。

(2) 滚动接触式铰链的细节。光滑部分是包裹在不锈钢片外的柔性带。

(3) 工作原理图。左边：结构上两个滚子的全貌；右边：装有 8 字形柔性带 (灰色) 的滚子

SM-7	照相机端口盖	FE FRH

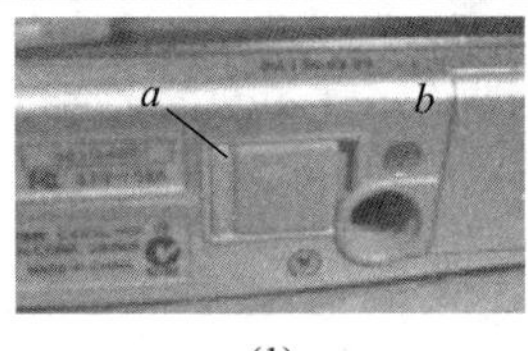

(1)

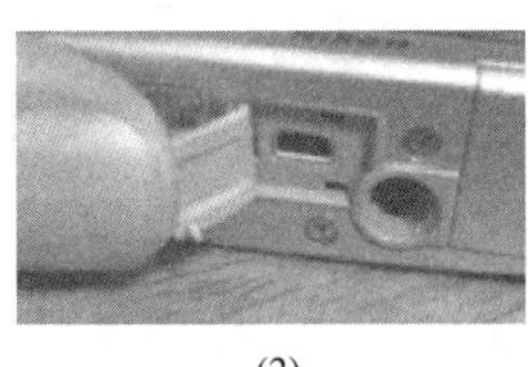
(2)

橡胶端口盖能防止灰尘和小碎片等进入端口。可以通过向后弯曲橡胶盖, 露出内置的电路端口。

(1) 橡胶端口盖 b 处于未变形的闭合位置, a 提供更向后弯曲的柔性。

(2) 端口盖弯曲后露出端口

SM-8	可折叠汤匙	FE FRH

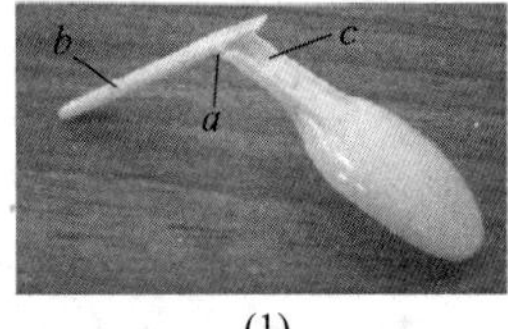
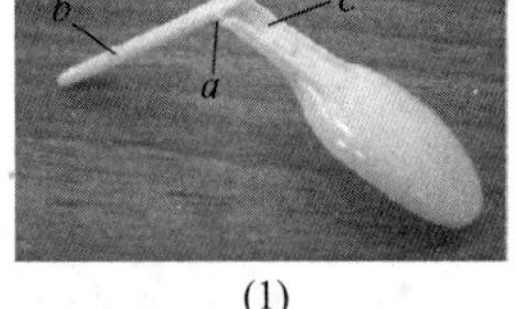

(1)

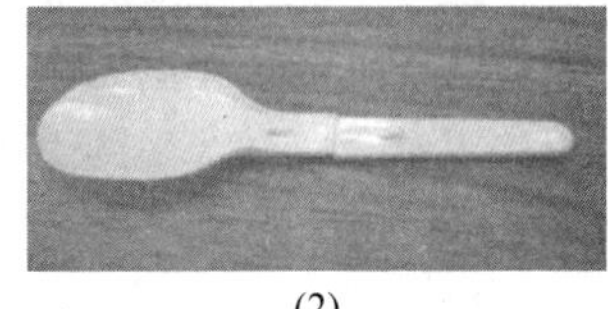
(2)

可折叠汤匙利用一个柔性铰链来实现折叠位置和完全展开位置之间的转换。限位槽用于将可折叠汤匙卡在合适的位置。

(1) 柔性铰链 a 允许汤匙柄 b 转动并脱离将其锁定在折叠位置的限位槽 c。

(2) 完全展开状态下的可折叠汤匙

SM-9	食品盒	FE FRH

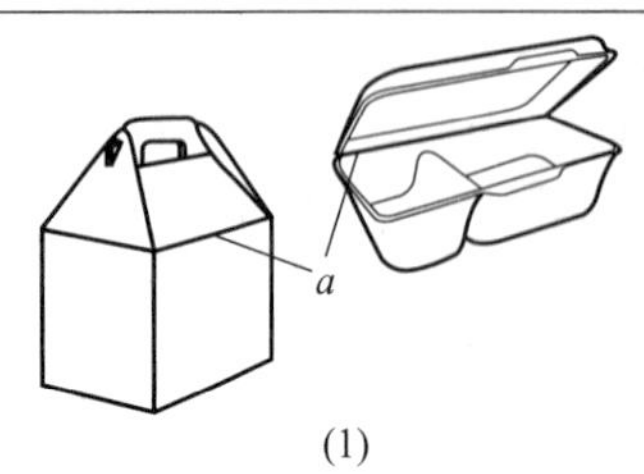

(1)

便携式食品盒广泛用于存储和运送食物。柔性铰链 (即折痕) 使食品盒开合十分简便。这种简单的设计使得制造成本低廉, 并且可以使用可重复使用或可降解的材料。

(1) 柔性铰链, 即折痕

SM-10	电池盖卡子	FE FT

许多常用装置 (如遥控器和计算器等) 的电池盖都有一个柔性单元和一个能将电池盖卡住的卡子。在装入或取出盖板时, 柔性单元发生变形使得卡子能够进入或脱离其锁定位置。

(1) 柔性单元 a 上有一个可以将电池盖卡住的卡子 b

(1)

SM-11	拍拍手环	FE/KN FRL/SBB

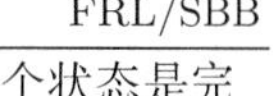

该机构具有两个稳定平衡状态, 第一个状态是完全伸直状态, 第二个状态是在弯矩作用下手环卷曲起来的状态。

(1) 手环具有伸直 a 和卷曲 b 两种稳定状态

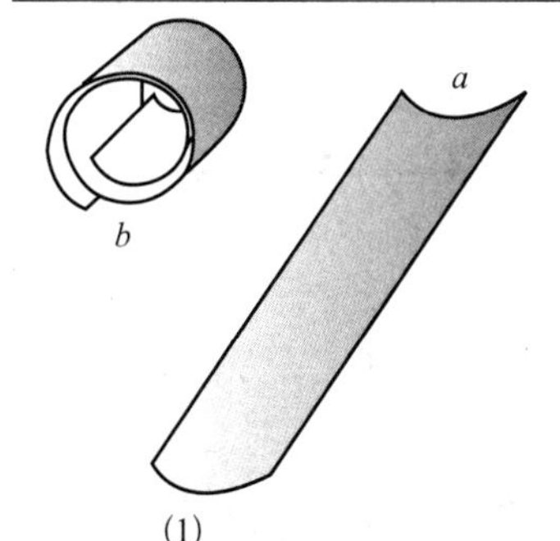

(1)

13.2 机构: 运动学 (kinematic)

SM-12	注射器安全罩	KM TS

注射器安全罩用于罩住被污染了的注射器针头。

(1) 该图显示了安全罩处于半打开状态的样子。柔性单元 a 的变形使得构件 c 从注射器 b 上滑下并罩住针头。

(2) 安全罩机构 c 完全打开, 盖住整个注射器针头

(1)

(2)

SM-13	Wright 飞行器	KM TR
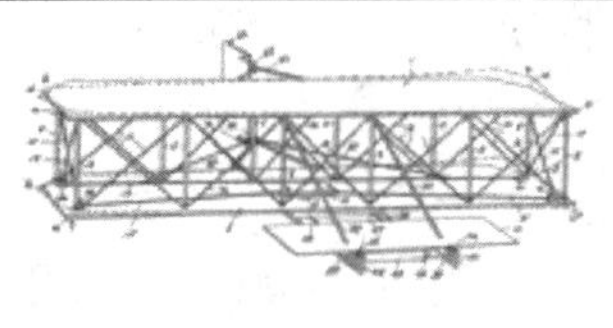 (1)  (2)	这种“飞行器”是由 Wright 兄弟 Orville 和 Wilbur 发明的，他们利用机翼的翘曲变形来操纵和控制飞机。通过牵引一些绳索使翼尖发生扭曲。 (1) 该图片来源于专利号为 821,393 的美国专利，是由 Wright 兄弟 Orville 和 Wilbur 发明的飞行器。虚线显示的是机翼的变形位置。 (2) 连续飞行中的 Wright 飞行器照片	

SM-14	以太网网线插头	KM LC
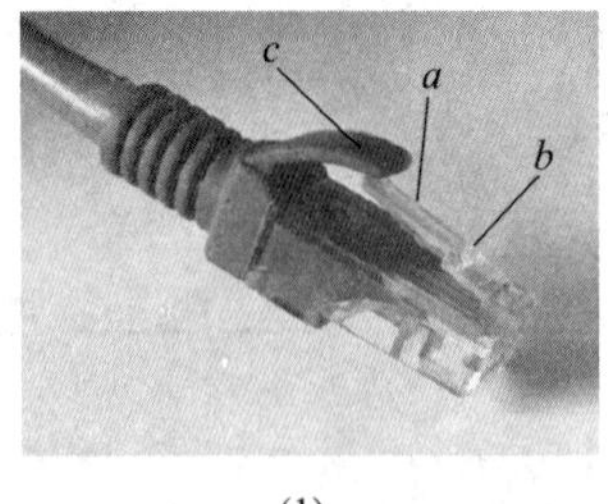 (1)  (2)	以太网网线插头用于连接网络。插头插入插孔时，其上的柔性片会啪嗒一声卡在插孔中，使得插头不能拔出。拔出插头需要摁下柔性片。 (1) 柔性片 a 上有一个将插头卡在合适位置的卡扣 b，柔性安全帽 c 可保护柔性片不被折断。 (2) 插头插入后卡在插孔中	

SM-15	卡环	KM LC

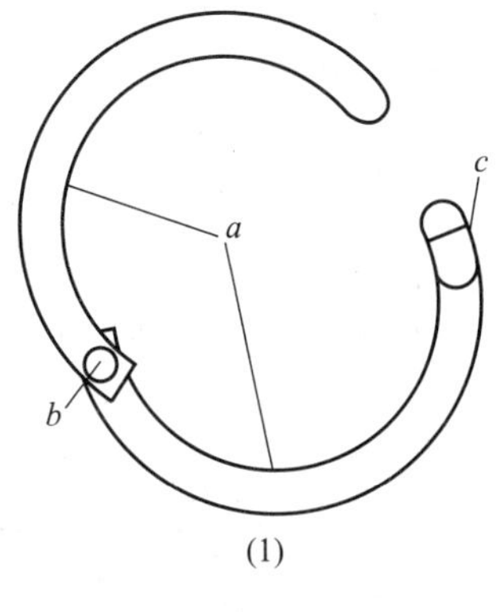

(1)

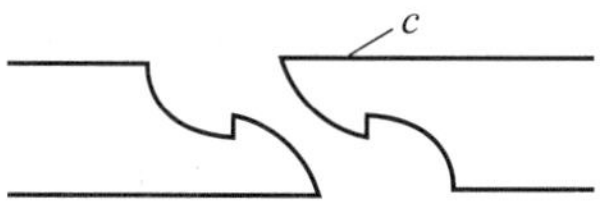

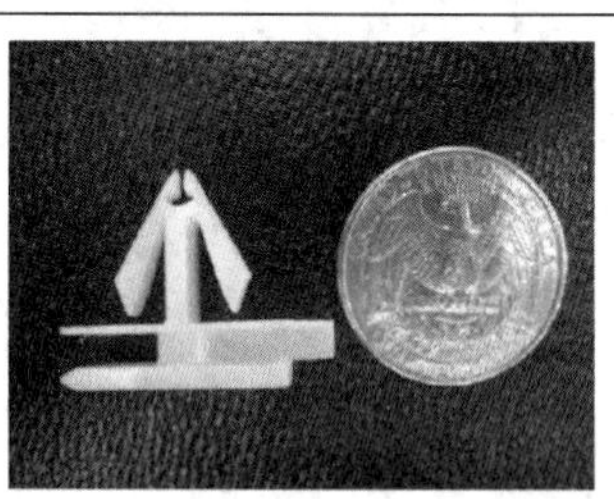

(2)

卡环由两段相同的弧形钢条构成。

(1) 两个半圆形钢条 a 通过销子 b 铰接。有些卡环中仅钢条的末端可以弯曲, 而大多数卡环中整个钢条 (从铰接处到卡扣端) 都是柔性的。

(2) 两段钢条的自由端 c 设计成能够相互滑入并紧紧卡住的形状

SM-16	隐藏式扣钉	KM KC

(1)

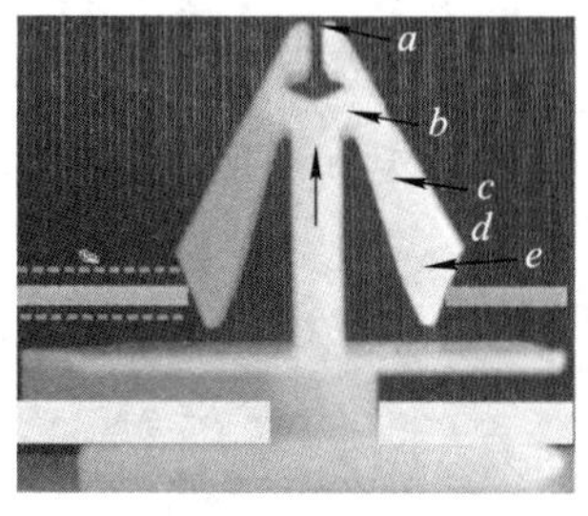

(2)

图 (1) 所示的这种隐藏式扣钉在汽车中很常见, 用于将内部饰品贴附到车体的金属板材上。这种紧固件使得固定饰品变得既省时又省力。与螺纹连接不同的是, 这种连接是不可逆的。也就是说, 在不损坏饰品或者金属板材的情况下, 这种连接无法拆卸。扣钉完全隐藏在饰品和金属板材之间 (因此是隐藏式的), 并且比传统的紧固件占用更少的空间。扣钉插到饰品的外壳中, 如图 (2) 所示。扣钉头与金属板材上的小洞对齐, 按照箭头所示的方向压入洞中完成安装。锥形的扣钉头能够实现自动对中。扣钉的双翼通过柔性铰链 b 与中心柱连接。在安装过程中, 随着扣钉穿过金属板材, 双翼会发生变形而靠向中心柱, 最大变形角发生在边缘 d 通过金属板材时, 此时会发出一个表示装配完成的咔哒声。当金属板材越过 d 处后, 双翼外形在 e 处的变化使得双翼发生回弹并再次与金属板材卡紧。双翼 e 处的外形保证扣钉在插入金属板材上不同直径的洞时都能自动对中。对于许用直径范围内的洞, 图中虚线标出了金属板材的极限位置。

(1) 隐藏式扣钉 (非结构件) 用于将内部饰品贴附到车体的金属板材上。

(2) 安装好的扣钉

SM-17	包装填充物	KM KMO

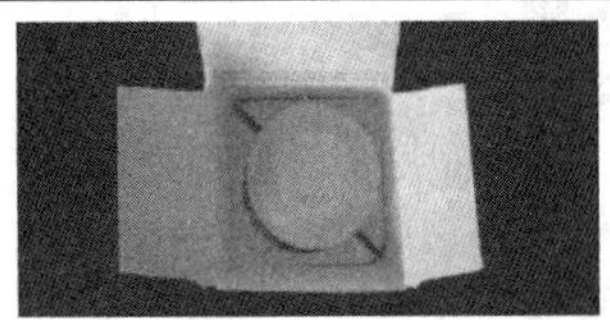

(1)

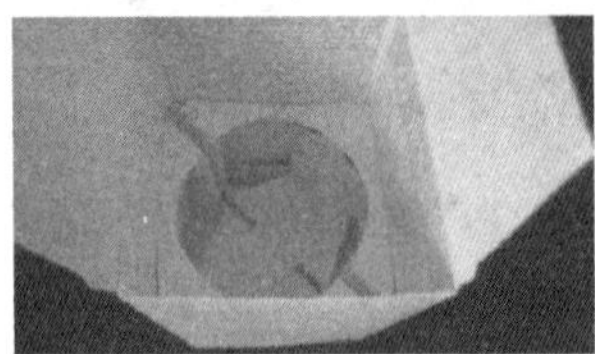

(2)

(3)

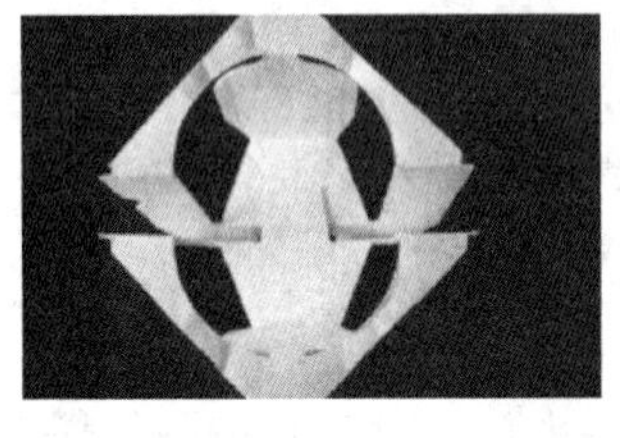

(4)

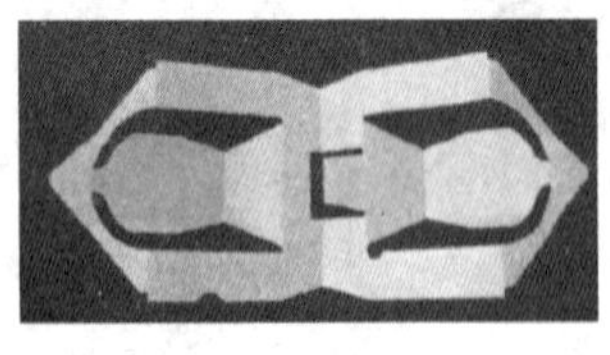

(5)

包装填充物由一些带褶皱的纸板制成, 用于保护香水包装盒中的易碎物, 如图 (1) 所示。折叠的填充物为香水瓶提供一个三维的巢穴, 如图 (2) 和图 (3) 所示。包装盒为填充物的折叠构型提供一个约束和支撑的封闭空间。在去除包装盒的约束后, 机构 (即填充物) 中储存的弹性势能会使机构部分展开, 如图 (4) 所示。从图 (4) 可以看到填充物的复杂几何结构和各种相互咬合的部分。该填充物是正交型平面柔顺机构的一个典型范例, 这一柔顺机构的所有构件在展开后可处于同一个平面内, 如图 (5) 所示。这一特点使得正交型平面柔顺机构可以在其平面状态下仅用单个工序即可完成加工。加工好后可将其折叠成所需的三维构型来完成既定的任务, 如此处所介绍的包装填充物。

(1) 打开的包装盒的俯视图, 可以看到香水瓶 “依偎” 在填充物中。

(2) 香水瓶取出后的盒子俯视图, 显示了填充物的折叠构型。

(3) 从包装盒取出的填充物和香水瓶。

(4) 填充物部分展开的构型。

(5) 填充物几乎完全展开的构型

SM-18 波登管压力表 KM KMO

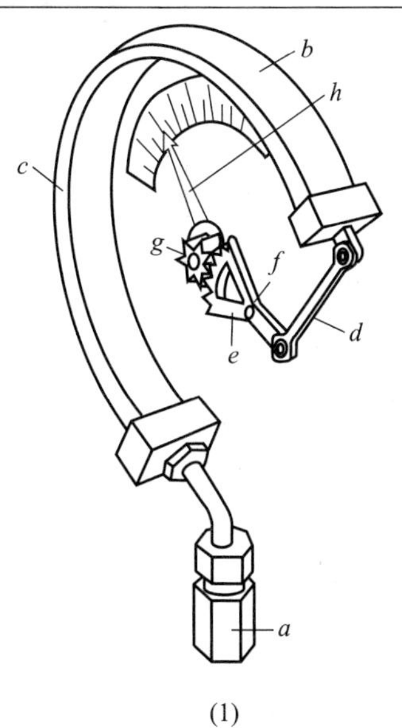

(1)

(2)

波登管是一种用来测量液体或气体压力的装置。它有一个能够注入流体的柔性弯管。当里面的压力增大时, 弯管被撑直。弯管的形变可用来测量内部流体的压力。

(1) 流体通过压力表入口 a 流入截面为 c 的弯管 b 中。当压力增大时, 弯管 b 向外发生形变, 这一形变通过连杆 d 传到测量读数系统。扇形齿轮 e 绕着固定轴 f 旋转, 扇形齿轮 e 的轮齿推动小齿轮 g 和指针 h 转动, 通过指针 h 的指向就可以读出当前的流体压力。

(2) 波登管压力表实物图

SM-19	冠状动脉支架	KM KMO

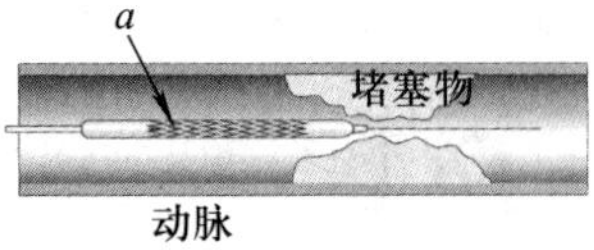

(1)

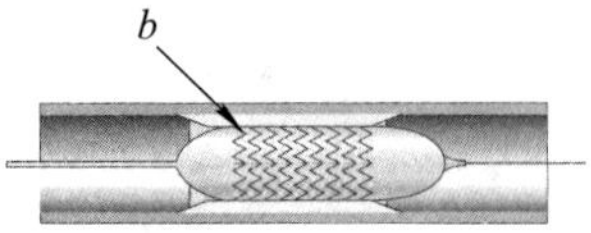

(2)

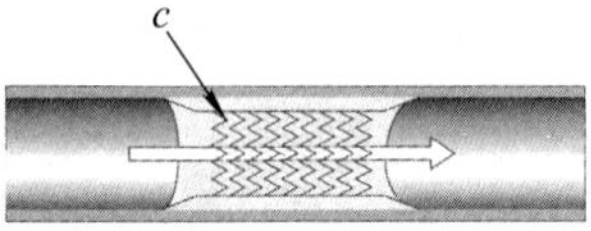

(3)

冠状动脉支架是一种用于疏通心脏动脉的网状管形结构。在血管成形手术或经皮冠状动脉介入治疗术 (PCI) 后将其留在动脉里, 以保持动脉畅通。气囊导管充气膨胀, 将网状管撑开到期望的直径, 从而增加心脏的血流量。(此外: 气囊导管本身也是柔顺机构, 它本身也能用于疏通心脏动脉。) 支架网上每一段丝都可看作是一个柔顺机构, 并可建模为一个铰接 – 铰接型柔性梁。

(1) 冠状动脉支架 a 处于未变形的状态。支架裹在气囊导管外, 气囊导管也处于未变形态。

(2) 充气的气囊导管帮助去除堵塞物, 通常这个过程需要反复地充气和放气。处于膨胀状态的支架和气囊导管在图中用 b 标示。

(3) 完全展开的支架为动脉提供结构支撑, 改善血液流动

SM-20	石膏板安装座	KM KMO

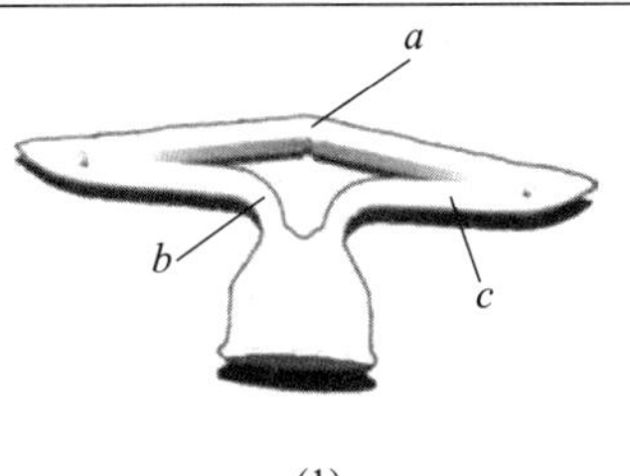

(1)

(2)

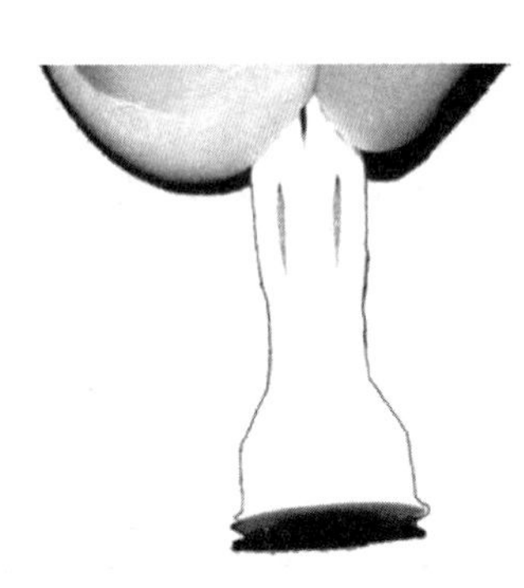

(3)

石膏板安装座可将悬挂物的重量分散到一大块面积的石膏板上。通过将物体的重量分散，石膏板可以承受更大的重量。安装座合上后插入预先钻好的孔中，然后张开将重量分散，并可在其上固定一个挂钩。

(1) 石膏板安装座的张开状态。这样可以将悬挂物的重量分散到一大块面积上。柔性段 a、b 和 c 弯曲可使支架闭合。

(2) 石膏板安装座的半闭合状态。

(3) 石膏板安装座的闭合状态。这个状态需要使用者施加一定大小的外力

SM-21　　拉链　　KM KMO

拉链有两排齿，由中间的拉链扣完成拉上或拉开的动作。齿稍微带一点柔性，齿后面的织物却有较大的柔性。齿的末端宽而圆，称为钩头。钩头后面是凹槽。拉链扣将钩头以一定角度互相穿插到凹槽中，这样两排齿就牢牢地咬合在一起了。

(1) 通过拉动拉链扣拉开或拉上两排齿

(1)

SM-22　　可伸缩手柄　　KM KMO

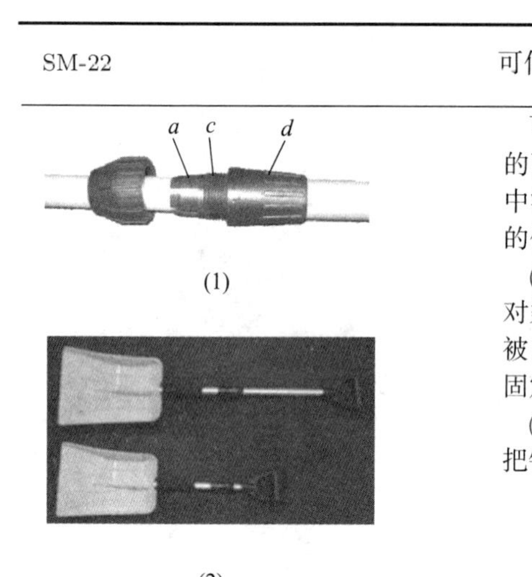

(1)

(2)

可伸缩手柄可以让使用者调节手柄的长度。手柄的两部分直径不同，较细的部分可以在较粗的部分中滑动。通过一个柔性夹头可将两部分固定在合适的位置。

(1) 当把带有螺纹的两半 a 和 b 拧到一起时，a 会对柔性夹头 c 施加一个垂直的力。夹头的柔性构件被向内压并紧密地贴到内杆上，从而将外杆和内杆固定在想要的位置。

(2) 这种可伸缩手柄可用于多种产品中，如图中这把铲子

13.3 机构: 运动力学 (kinetic)

SM-23 椅子 KN ES

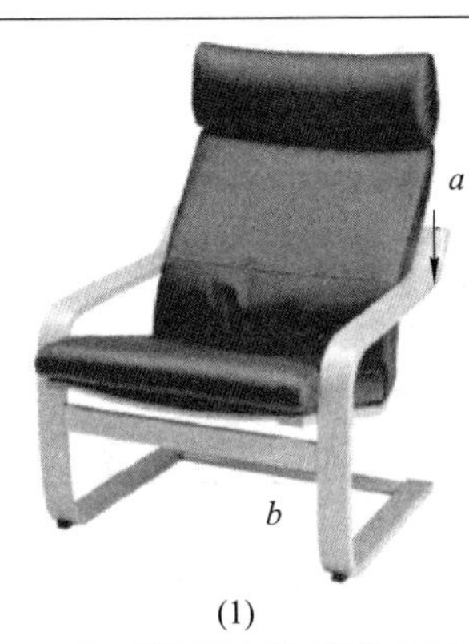

(1)

这一样式传统的椅子由一个木质 U 形框架及吊装在上面的坐垫组成。木质框架的柔性变形使得椅子坐起来更加舒服。柔性框架让使用者可以在椅子上舒服地摇动。

(1) 支撑坐垫 a 的是由多层胶合的弯曲山毛榉材制成的框架 b, 可以提供沿箭头方向向下的变形。

经 IKEA 公司许可使用

SM-24 原子力显微镜 KN ES

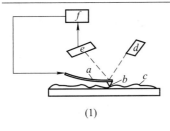

f e d a b c

(1)

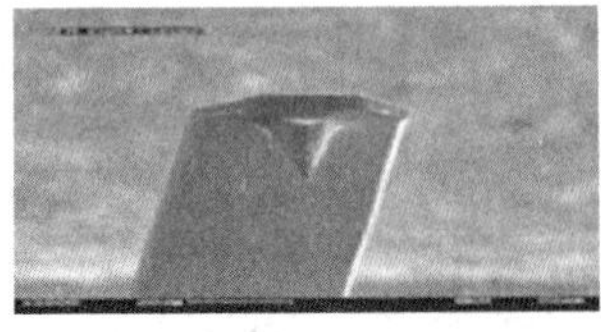

(2)

原子力显微镜利用一个连接在柔性悬臂梁上的尖锐探针扫描样本的表面。当探针划过样本表面时悬臂梁会发生变形, 通过检测悬臂梁的变形运动, 运用胡克定律计算出所产生的力。

(1) 悬臂梁 a 上有一个可以划过样品表面 c 的探针 b。该系统还包含一个激光器 d、光电二极管 e 和探测器及反馈电子元件 f。

(2) 原子力显微镜探针的扫描电镜照片

SM-25 羽毛球拍 KN ES

(1)

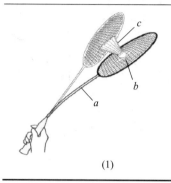

在羽毛球的撞击下，柔性拍柄和绷紧的弦线会因为变形而储存能量，然后释放能量到羽毛球上。

(1) 羽毛球拍变形后和变形前的样子。柔性拍柄 a、弦线 b 和羽毛球 c

SM-26 臂力器 KN ES

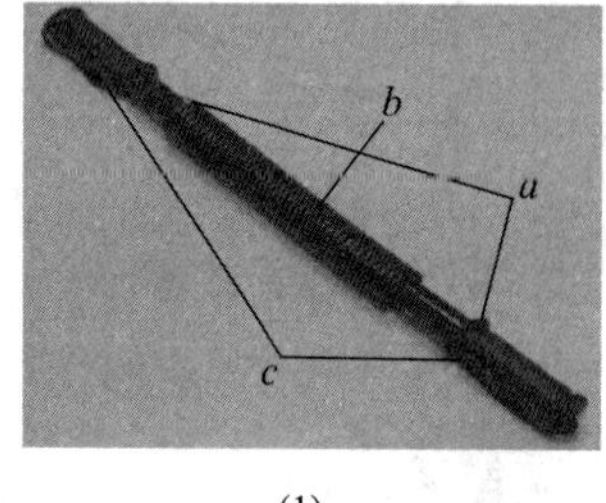

(1)

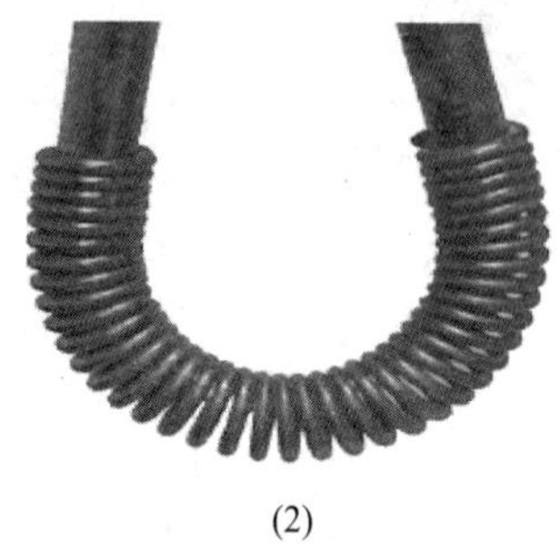

(2)

臂力器是一种家用的健身器，可用于增强上肢的力量。臂力器呈棒状，它的中间是一段弹簧圈，两端带有橡胶手柄。

(1) 臂力器包括两段刚性构件 a、一段弹簧圈 b 和两个橡胶手柄 c。

(2) 臂力器处于弯曲状态

SM-27	静态平衡式夹钳	KN ES

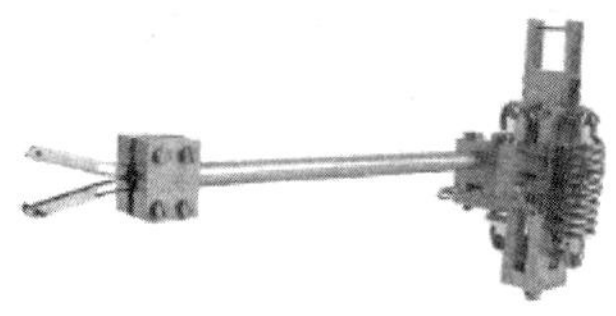

(1)

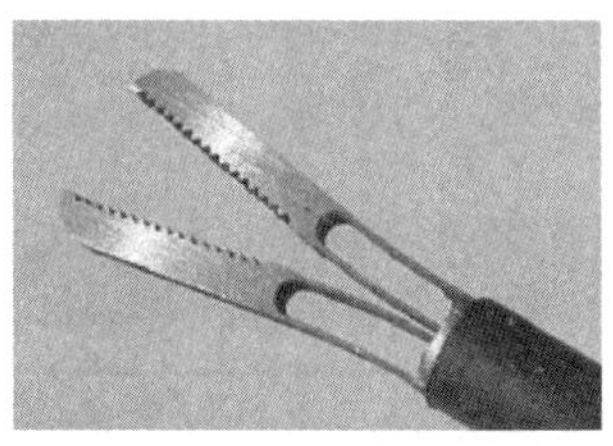

(2)

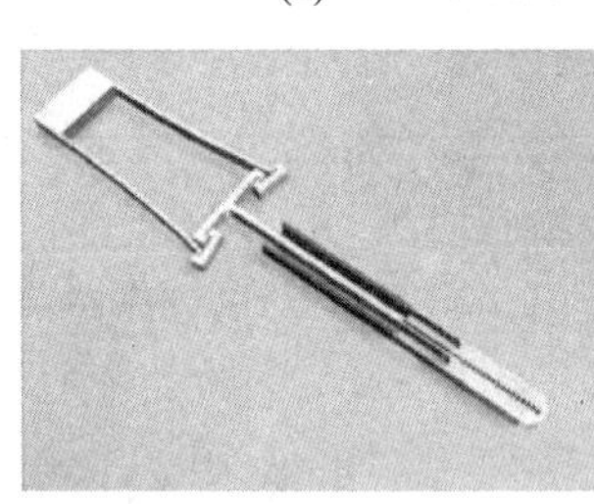

(3)

该设计是一个带有全柔顺夹钳的手术夹钳。尽管柔顺机构有很多优点，但是变形产生的刚度会使外科医生感受到的反馈力失真。为了消除这一问题，引入一个具有负刚度的机构 (平衡装置) 来抵消该刚度。这样做的结果是，夹钳的机械效率提高了，而且反馈力也得到了恢复[4]。

(1) 采用部分柔顺平衡装置的夹钳全貌。

(2) 全柔顺夹钳的特写。

(3) 全柔顺设计

SM-28	灭火器喷嘴	KN ES

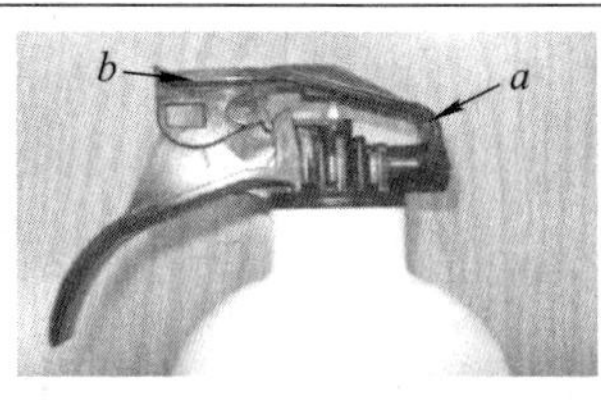

(1)

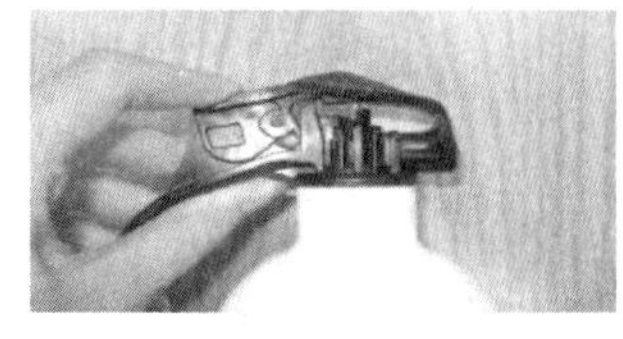

(2)

灭火器利用压缩的干粉灭火剂来控制增长的火势。主舱室内有一个充满 CO_2 的气罐。压下手柄会使顶针刺穿气罐，导致灭火器内的压力增大，迫使灭火剂从喷嘴喷出。

(1) 该灭火器没有在两个手柄之间安装弹簧，而是利用 a 处材料的柔性、由手柄 b 将顶针按下，打开增加灭火器内压力的阀门，从喷嘴释放灭火剂。

(2) 灭火器把手被压下时的状态

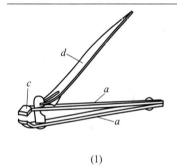

SM-29	橡皮筋	KN ES
(1)	橡皮筋是家中常备的物品 (一种简单的柔顺体), 它利用了橡胶的弹性。橡成筋可将几个物体捆在一起, 被拉长后可以用作柔顺机构来向系统返回能量。 (1) 橡皮筋	

SM-30	指甲剪	KN ES
d c a a (1)	普通指甲剪利用柔性梁实现运动并提供回弹。 (1) 指甲剪利用固连的两段柔性梁 a 形成钳口 c。钳口位于柔性梁的末端。在按动杠杆 d 时, 两柔性梁发生变形	

SM-31	摩丝瓶喷嘴	KN ES

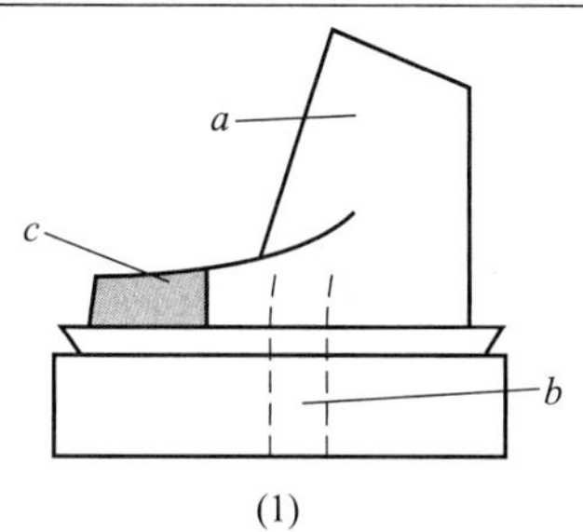

(1)

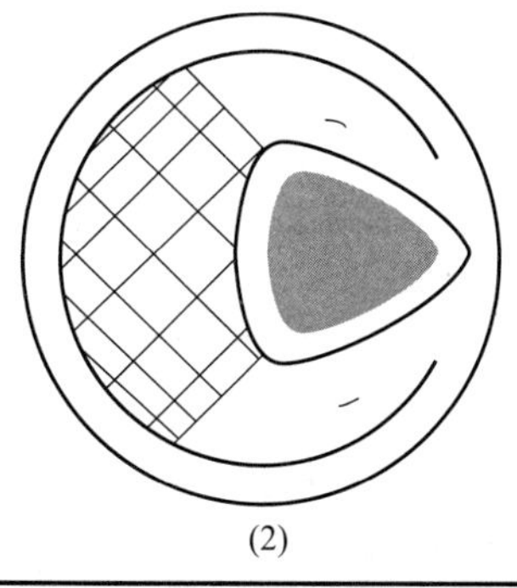

(2)

这种喷嘴为用户提供一种将摩丝从加压容器内挤出并泡沫化的便捷方法。喷嘴在用户施力情况下发生变形, 将加压的摩丝压出。当摩丝出来时, 柔性塑料网罩将其切碎, 起到泡沫化的作用。当用户停止挤压时, 摩丝停止从喷嘴流出。

(1) 变形前喷嘴 a 的侧视图。阴影 c 处是用户施力的地方, b 为喷嘴。

(2) 喷嘴的俯视图, 显示了用户施力的位置 c 和在力作用下发生弯曲的柔性段 b

SM-32	耙子	KN ES

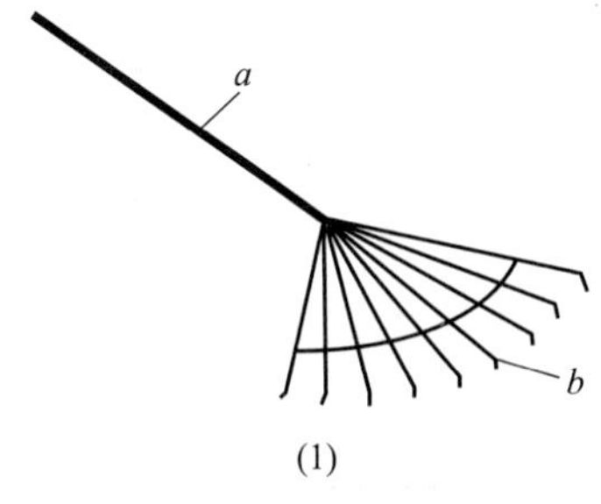

(1)

(2)

耙子是园艺工作中常用的工具。当耙子划过地面时, 柔软的耙齿通过变形保持与地面充分接触。

(1) 耙子由刚性耙杆 a 和所连接的一排用塑料或金属条制成的柔性耙齿 b 组成。

(2) 耙子有各种各样的形状和尺寸, 有些弹性好, 有些弹性差

SM-33 Slinky® KN ES

(1)

(2)

Slinky® (一种玩具弹簧) 是一根被绕制成圆柱形的柔性金属 (或塑料) 丝。当它从平衡位置伸长时会存储弹性势能。

(1) 未变形的状态。

(2) Slinky® 的 “迈步” 状态, 有恢复到未变形状态的趋势

SM-34 金属圈式登山扣 KN ES

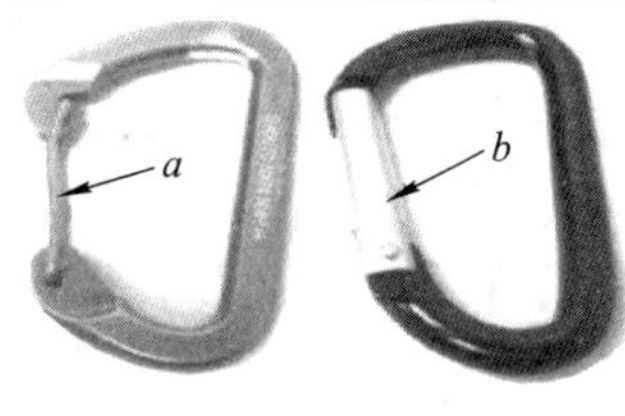

(1)

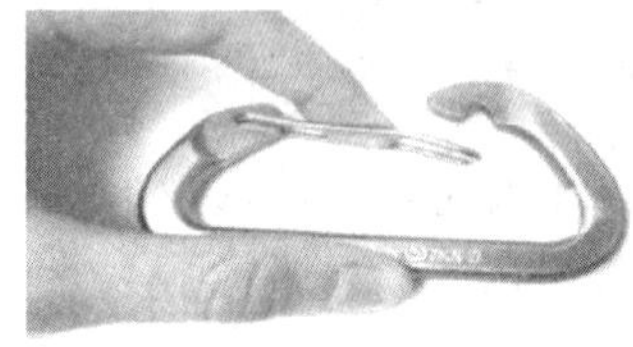

(2)

在攀岩运动中,“金属圈式” 登山扣常与 “直式” 登山扣组合使用。直式登山扣由销钉、保险扣、开口环和弹簧组成。金属圈式登山扣将直式保险扣的所有组件替换为单个具有柔性的零件, 对于攀岩运动而言更轻、更安全且更小巧。

(1) 同处于扣紧状态的金属圈式保险扣 a 与直式保险扣 b 之间的比较。

(2) 用力压金属圈式保险扣, 保险扣下移, 登山扣被打开。力去除后保险扣回弹到扣紧位置。

SM-35 **负压抽气筒** KN ES

利用负压来治疗伤口可以缩短愈合时间, 特别是在不能采用某些先进手段 (如缝合) 进行处理的情况下。可用气泵抽吸处理过的伤口, 不过这种气泵价格昂贵且需要电池来驱动。MIT 开发了一种柔性手动气泵, 来帮助遭受自然灾害的第三世界国家。当使用者把塑料褶层压到一起时, 它就会产生吸力。它由一根输气管和注塑聚乙烯套管组成, 成本比传统的气泵低很多。

(1) 自然状态下的抽气筒。

(2) 压扁的抽气筒

(1)

(2)

SM-36 **键盘按键** KN ES

在每个键盘按键的下面有一个硅树脂或橡胶制成的软头, 提供了按键被压下后自动回位的回复力。塑料片用于限制键帽在运动过程中保持水平。

(1) 取下键帽的键盘。

(2) 键盘按键的组成: 保持键帽水平的支撑片 a, 用于提供回复力的橡胶软头 b, 以及可以看见的键帽 c

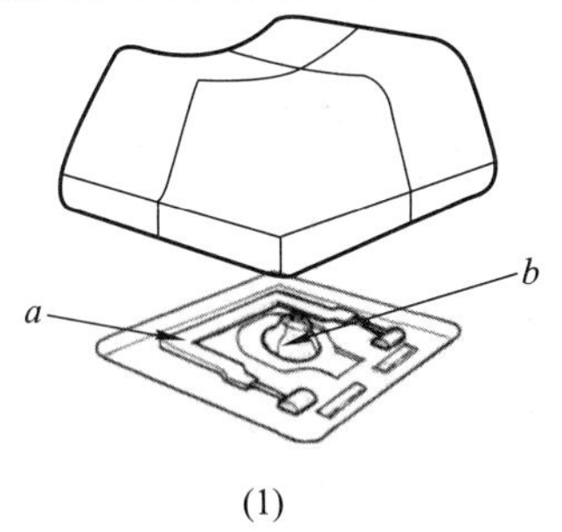

(1)

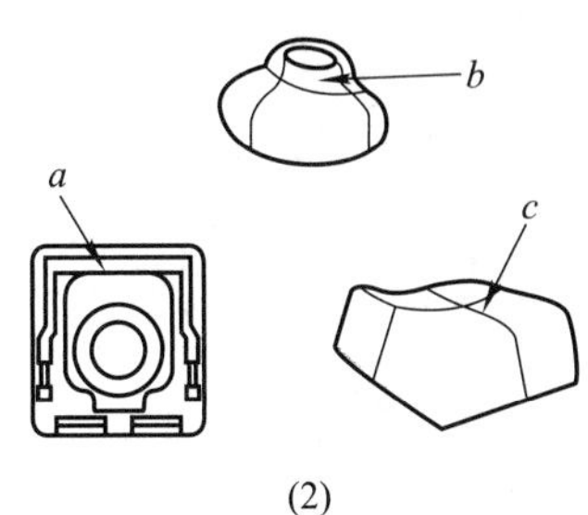

(2)

SM-37	单片式夹钳	KN ES

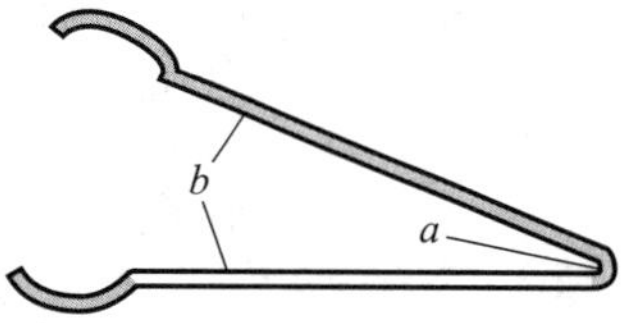

(1)

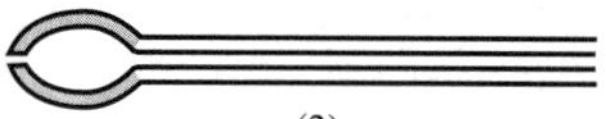

(2)

单片式夹钳采用单片柔性塑料或金属来实现夹持动作并提供回弹力。

(1) 夹钳处于打开状态。柔性段 a 提供回弹力和实现夹持动作, 刚性段 b 在抓取物体时不发生变形。

(2) 夹钳处于闭合状态

SM-38	钥匙环	KN ES

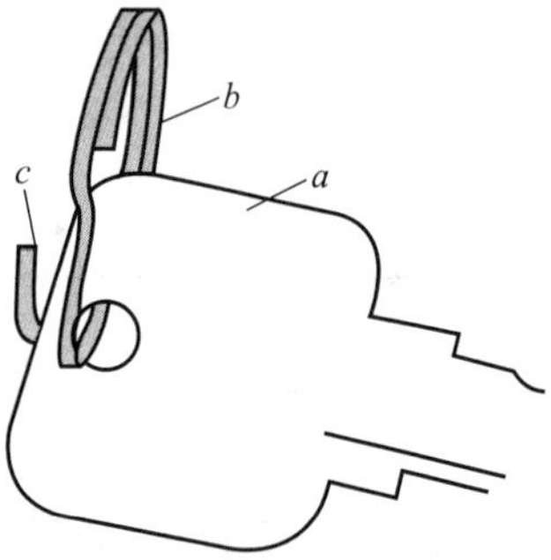

(1)

钥匙环常被设计成金属圈。

(1) 将钥匙 a 往钥匙环 b 上套的过程中, 金属圈的一部分 c 会向外翘起

SM-39	销扣 (蝴蝶扣)	KN ES

(1)

(2)

销扣用于卡住销钉并将它固定。销钉插入时金属片被推开, 金属片将销钉紧紧卡住。当两金属片被压在一起时, 销扣会松开销钉。它们常与领带夹、徽章和装饰件一起使用。

(1) 销扣和销钉的侧视图。金属片 a 被压在一起时会松开销钉 b。未在图中画出的拱形金属件对此柔顺机构的正常工作无影响。

(2) 销扣的俯视图, 正上方的拱形金属件未画出。金属叶片发生变形的位置 c 与其平面部分 d 存在一定的角度。销钉从孔 e 中插入。金属片被压在一起时, 孔的直径变大; 松开金属片时, 孔的直径变小并卡紧销钉

SM-40	弹弓	KN ES

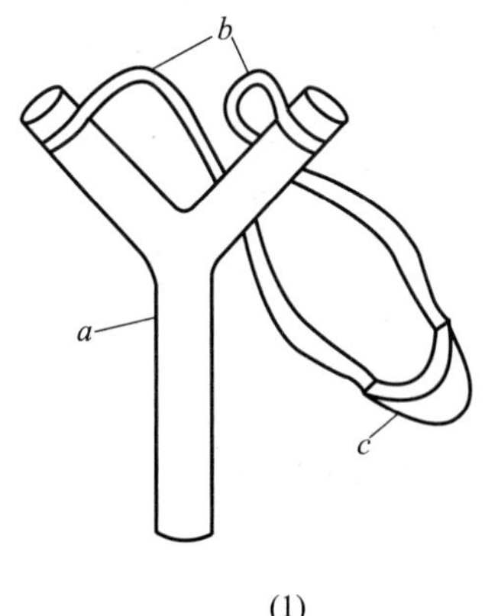

(1)

弹弓采用富有弹性的橡皮筋来存储和释放能量, 实现弹丸发射。

(1) 刚性构件 a 既提供支撑, 又用作把手。柔性段 b 在拉伸时存储能量。柔性段 c 与 b 配合, 用来装载和释放弹丸

SM-41 弓 KN ESC

弓是用柔性材料制成的。拉动弦时，弓臂会弯曲变形。放开弦时，储存在弓臂中的能量被转化为箭的动能。

(1) 左图：未变形的弓；右图：拉开的弓。拉动弦 b 时，弓臂 a 发生变形

(1)

SM-42 泳镜 KN ES/KNO

泳镜用于防止水进入游泳者的眼睛。它有一个长度可调的弹性头带和一个柔性鼻桥，所以能够适应不同的脸型。

(1) 泳镜的主要组成单元有鼻桥 a、头带 b、镜框和镜片 c

(1)

SM-43 袋夹 KN ESC

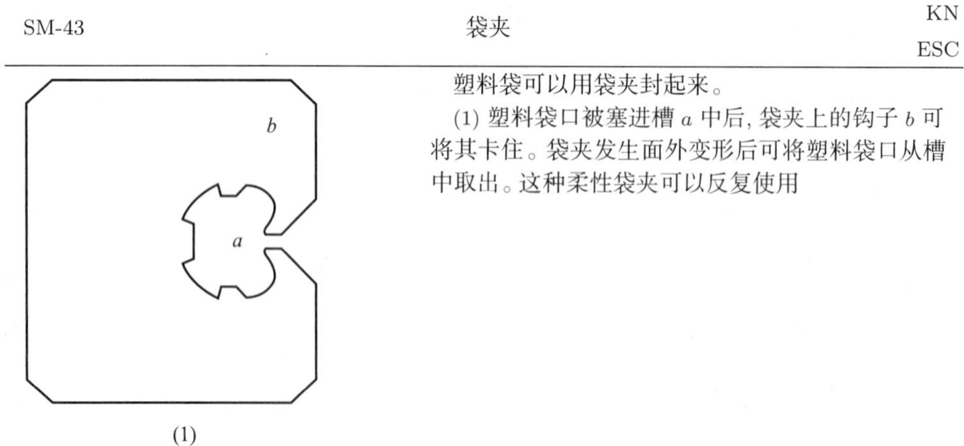

(1)

塑料袋可以用袋夹封起来。

(1) 塑料袋口被塞进槽 a 中后，袋夹上的钩子 b 可将其卡住。袋夹发生面外变形后可将塑料袋口从槽中取出。这种柔性袋夹可以反复使用

SM-44 夹子 KM KMO

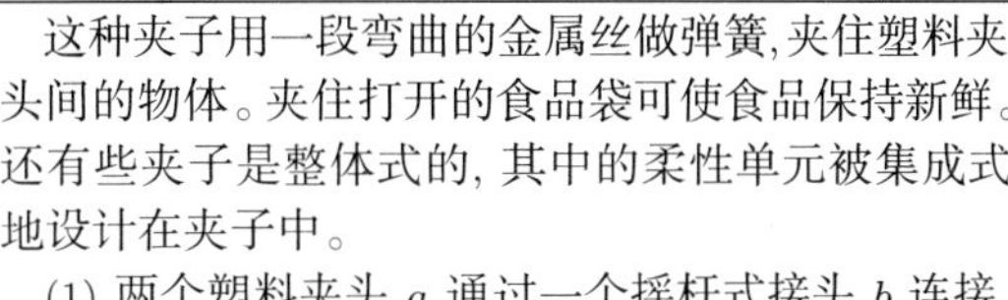

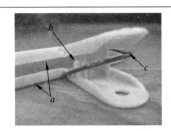

(1)

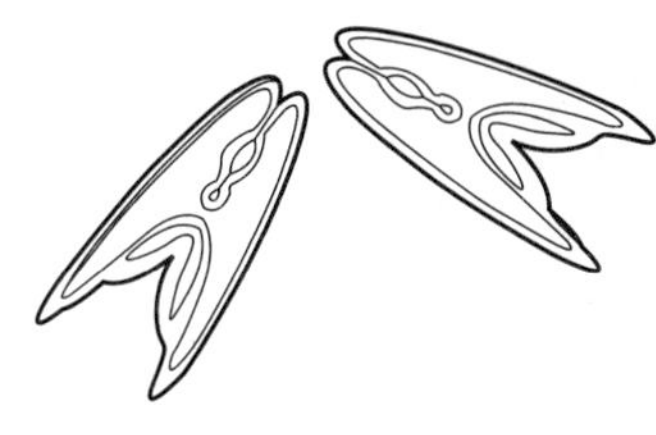

(2)

这种夹子用一段弯曲的金属丝做弹簧,夹住塑料夹头间的物体。夹住打开的食品袋可使食品保持新鲜。还有些夹子是整体式的, 其中的柔性单元被集成式地设计在夹子中。

(1) 两个塑料夹头 a 通过一个摇杆式接头 b 连接,并用金属丝 c 将它们压在一起。这样, 在夹子张开时, 两个塑料片保持对齐并导致金属丝变形, 从而对两夹头间的物体施加作用力。

(2) 整体式夹子

SM-45	鱼钩去除工具	KM ESC

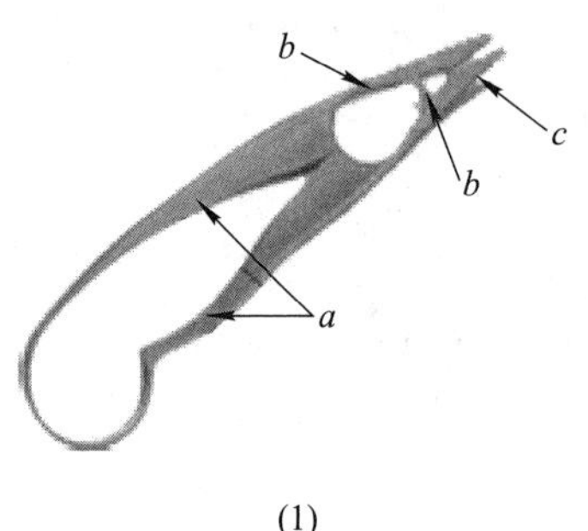

(1)

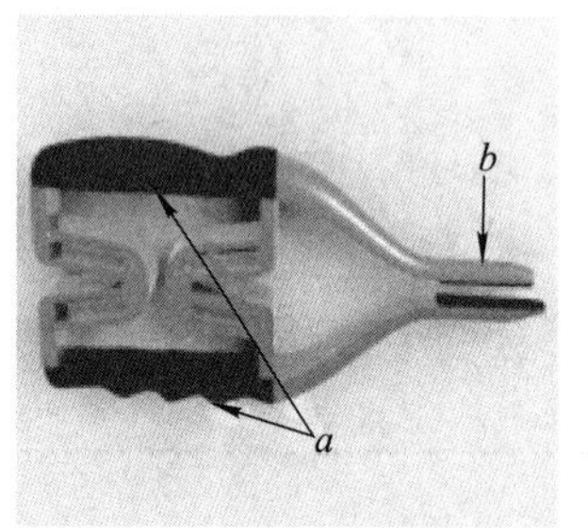

(2)

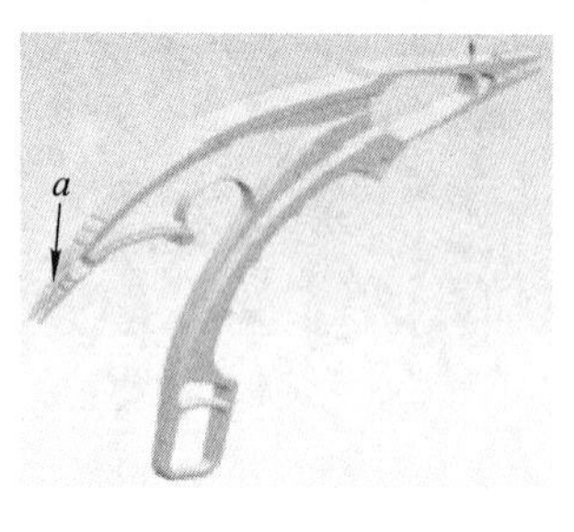

(3)

Compliers® 是一种鱼钩去除工具, 它是一种由柔性和刚性段组成的整体式柔顺工具。当按动手柄时, 柔性段发生变形, 机构产生运动, 从而在钳口产生咬合力[5,6]。

(1) Compliers® 由手柄 a、柔性铰链 b 及钳口 c 组成。它通过钳口的咬紧和松开动作来去除鱼钩。

(2) 这一设计可以产生平行或不平行的钳口咬合, 取决于手柄 a 上输入力的作用点。

(3) 该设计的特点是将两个鱼钩去除工具设计在一起, 后端较小的去除工具 a 用于飞蝇钓法。特殊设计的钳口用于咬合各种样子的鱼钩

SM-46	双稳态柔顺鸭嘴杯杯盖	KN SBB

(1)

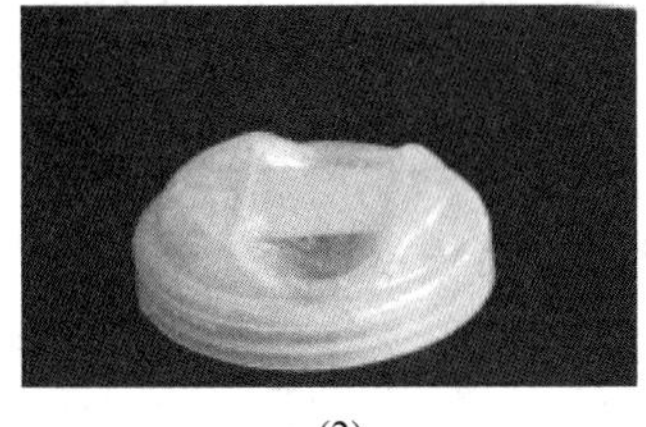

(2)

鸭嘴杯的螺纹杯盖为整体式结构, 它有一个可提供双稳态特性的柔性管, 如第一幅图中的伸出部分。柔性管处于这一构型时可以啜饮杯子中的液体。柔性管折回后可防止液体渗出, 如第二幅图所示。

(1) 鸭嘴杯杯盖的打开稳态位置。

(2) 鸭嘴杯杯盖的关闭稳态位置

SM-47	近海柔性支撑平台	KN SBB

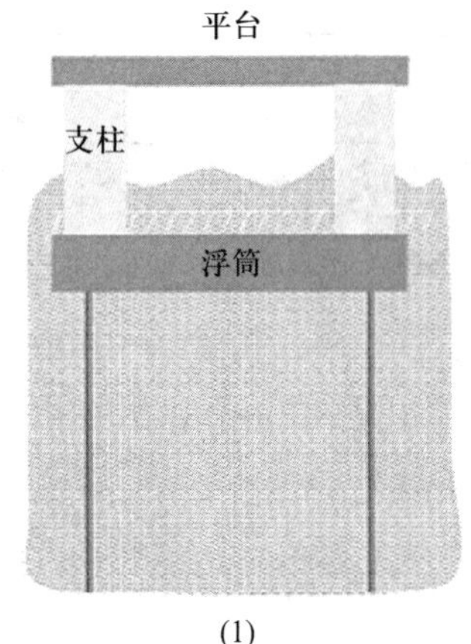

(1)

该图示意了如何借助由浮筒拉紧的柔索来支撑近海平台的支柱。调节柔索的张力可以稳定平台。这一设计类似于植根于海底的浮游海洋植物。

(1) 柔性支撑平台的示意图

SM-48	可折叠水桶	KN SBM

这种可折叠水桶由多个双稳态结构串联而成, 可呈现多稳态特性。

(1) 可折叠水桶处于完全展开的状态。

(2) 可折叠水桶处于收起来的状态

(1)

(2)

SM-49	可弯折吸管	KN SBM

可弯折吸管由整块塑料制成。褶皱部分使得吸管顶端可以定位到想要的角度。

(1) 褶皱部分 a 不但可以让吸管顶端运动, 还能让它保持在特定的位置

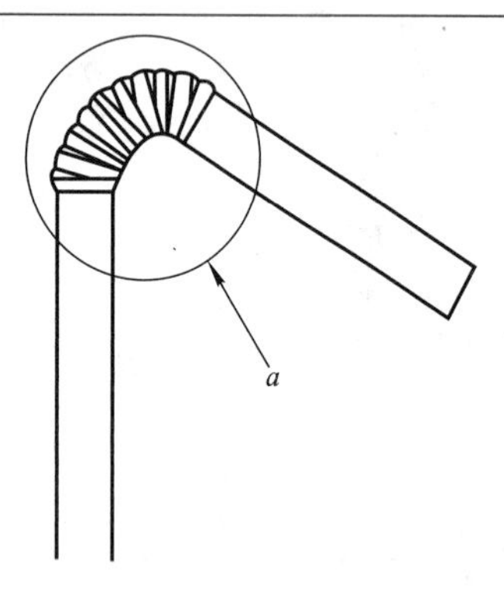

(1)

SM-50	带式传送链	DP KN

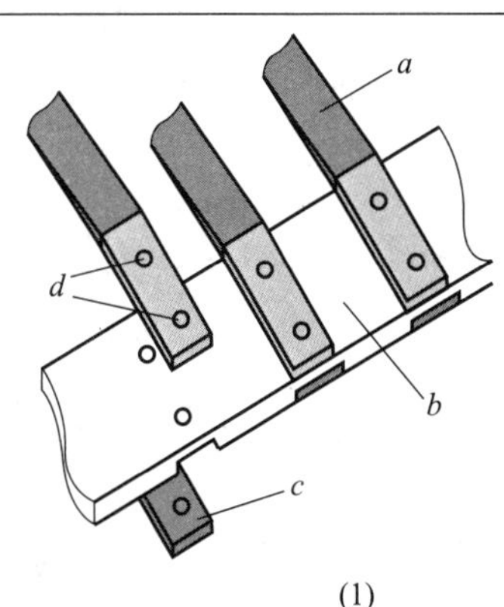

(1)

马铃薯和甜菜收割机以及许多其他类型的设备采用带式传送链输送农产品, 这种传送方式可以让泥土、水和其他杂质漏下去。与传统传送方式如钩链相比, 带式传送链具有更高的可靠性和更长的使用寿命。

(1) 带式传送链的组成: 刚性链条 a 通过钢衬垫板 c 和钢铆钉 d 与柔性橡胶带 b 相连

SM-51	米其林无气斜纹轮胎	DP KN

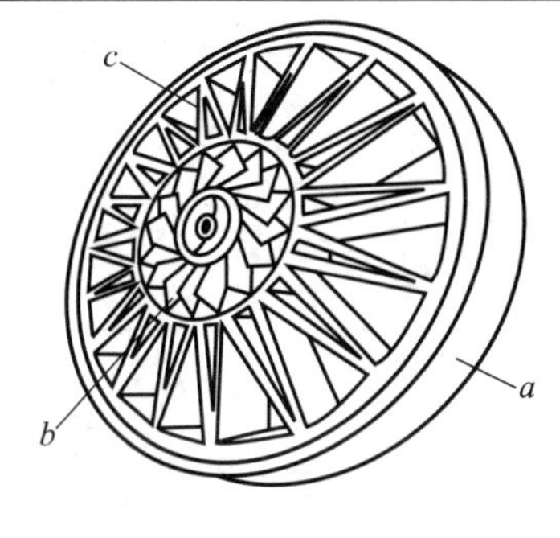

(1)

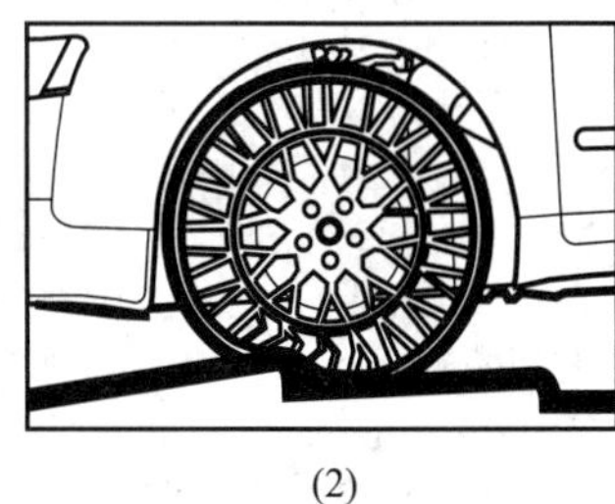
(2)

这种无气轮胎有一个吸震的橡胶胎面,它能够将压力分散到由铝制轮毂支撑的柔性聚氨酯辐条上。它的优点包括免维护、防刺破、容易安装和拆卸、比子午线轮胎寿命更长。

(1) 轮胎面 a 与可变形轮毂 b 和柔性辐条 c 连接。

(2) 变形后的轮胎

SM-52 吸盘 KN KNO

(1)

吸盘利用空气的负压附着到光滑无孔的表面，常用于将较轻的物体粘在无孔的竖直表面，如窗户、冰箱门和铺了瓷砖的墙上。

(1) 吸盘

SM-53 血压测量 (杯) KN KNO

(1)

血压泵是一个通过挤压气泵产生压力的手动装置。该装置通过一根软管连接到绑在你胳膊上的气袋，进行血压测量。

(1) 柔软的外壳 a 压缩并迫使空气通过软管 b。气阀 c 保证空气单向流动，拧开气阀会放出里面的空气

SM-54 汽车密封条 KN KNO

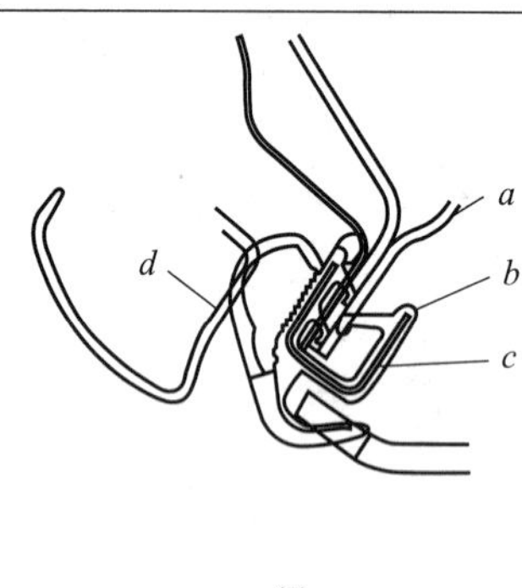

(1)

位于车门和车体之间的密封条对于车的性能来说非常关键，其重要性同车的可感知质量一样。它们将那些不受欢迎的东西如水、雪、尘土和外部噪声等统统隔离在车厢外。它们还将可调的车厢环境与外部环境隔离。固定在车体上的二级车门密封条包含一个安装在金属加强件 c 上的弹性体 b，它处于车体 a 和车门 d 之间。当车门关上时密封条被压紧。好的密封效果需要密封条柔软到能够完全贴合车门上的曲面，同时要有足够的硬度，以保证充足的接触或密封压力。不过，若采用太硬的密封条，使用者在关车门时需要用很大的力，因此不符合人体工学的设计理念。感知质量的研究表明，太硬的密封条在关车门过程中会产生不舒服的噪声。因此，密封条设计者们一直在寻找合适的形状和材料，能够在两种相互矛盾的功能需求间达到一种平衡。为了在密封和其他功能需求间获得最佳的平衡，新款汽车的密封系统通常具有多个密封条 (如主密封条、二级密封条和辅助密封条)

(1) 处于加工形态、安装在车体上正确位置的二级车门密封条

SM-55	血管	KN KNO
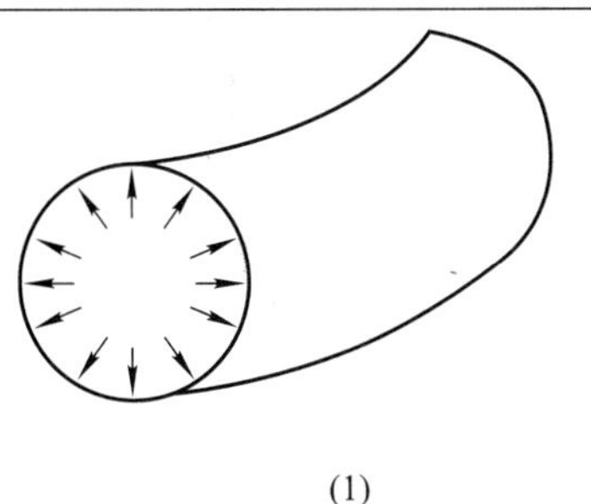 (1)	血管像圆柱形的弹性管一样沿径向扩张和收缩。血管的收缩和扩张分别叫做血管收缩 (vasoconstriction) 和血管舒张 (vasodilation)。左心室收缩时, 动脉会通过扩张来降低因左心室收缩导致的压力变化 (这解释了为什么舒张压比收缩压低, 但不等于零)。 (1) 血管收缩和血管舒张是由血管壁的平滑肌完成的	

SM-56	肌肉纤维	KN KNO
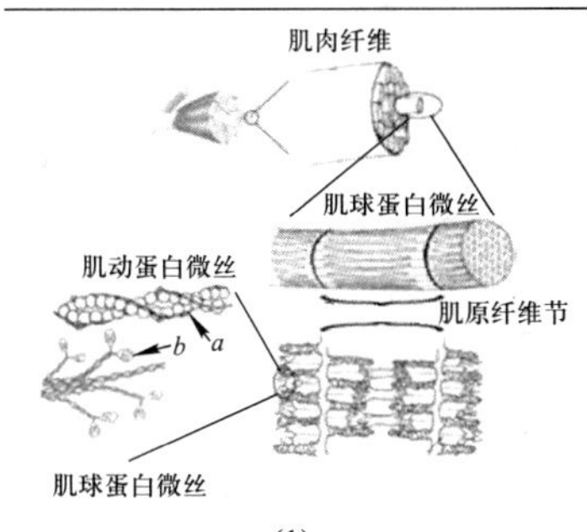 (1)	肌肉纤维会因肌球蛋白头 (myosin heads)b 沿肌动蛋白微丝 (actin filaments)a 运动而产生沿长度方向的收缩。当肌肉放松时, 肌球蛋白头会从肌动蛋白微丝上分离, 收缩的肌肉就舒展开了。 (1) 该图展示了肌球蛋白微丝 a 和肌动蛋白微丝 b 与肌肉纤维的关系。肌肉收缩运动是由肌球蛋白微丝和肌肉蛋白微丝完成的, 这是所有类型肌肉的共同特征 (骨骼肌、心肌和平滑肌)	

SM-57	蛋白质	KN KNO
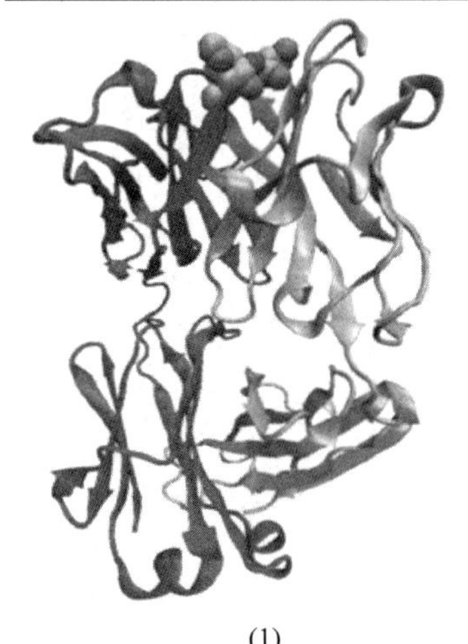 (1)	蛋白质自组装成折叠结构。蛋白质天然构象 (α-螺旋和 β-折叠) 的折叠状态似乎只依赖于它的序列。折叠的结构代表了蛋白质的最低能量状态 (只有少量例外)。 (1) 结合了糖抗原 (carbohydrate antigen) 的小鼠抗霍乱抗体 (murine anticholera antibody) 的示意图。两条蛋白质链分别用蓝色和橙色着色	

SM-58	心脏瓣膜	KN KNO

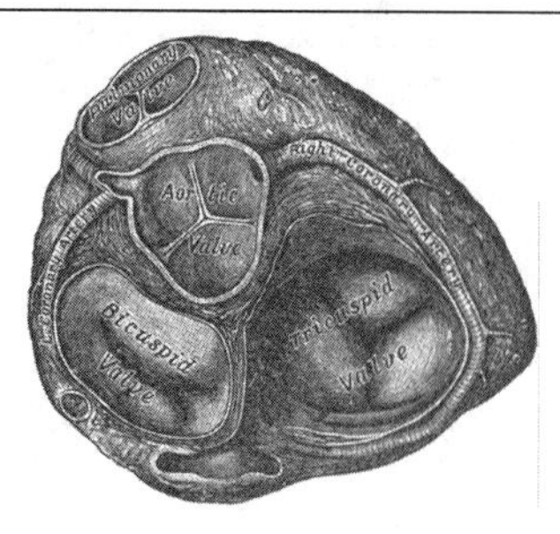

(1)

4 个心脏瓣膜由控制血液单向流动的 2 个或 3 个胶原瓣叶 (collagen membrane leaflets) 构成, 瓣叶会受到沿血流方向的弯曲载荷作用。血流减速会形成一个正的压力梯度来关闭心脏瓣膜。

(1) 肺动脉心瓣膜 (pulmonary heart valve)、主动脉心瓣膜 (aortic heart valve)、双尖心瓣膜 (bicuspid heart valve) 和三尖心瓣膜 (tricuspid heart valve) 如图中所标示。胶原膜的柔性使得瓣叶可以打开和关闭

SM-59	柔顺心脏瓣膜插入物	KN KNO

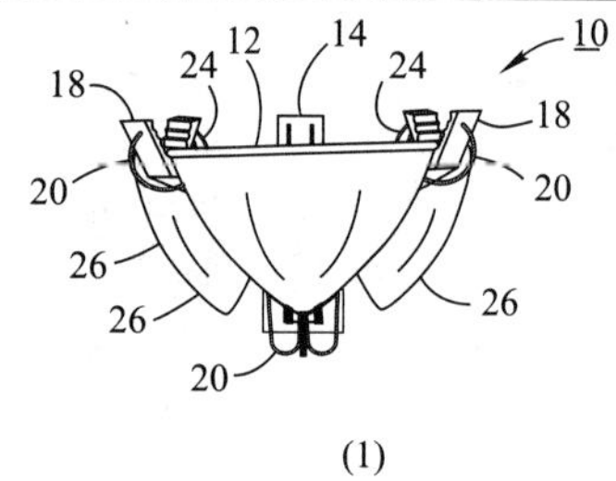

(1)

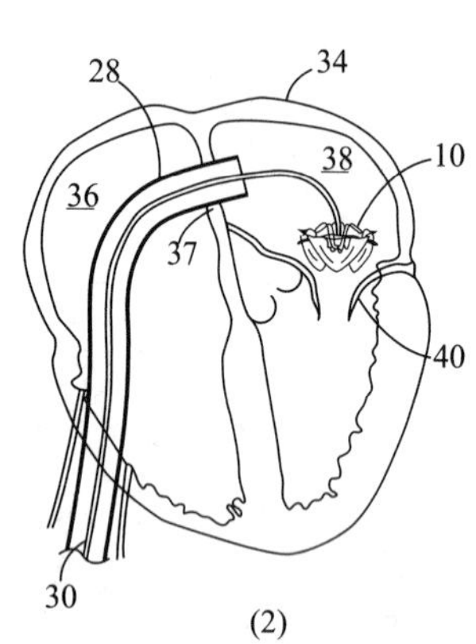

(2)

图中所示的经皮心脏瓣膜中包含一个双稳态机构[8]。它有一个柔性环, 柔性环上有 3 个与中间柔性体相连的瓣叶, 牵拉柔性体就可以打开瓣膜或反过来闭合瓣膜[7]。

(1) 心脏瓣膜。

(2) 插入心脏中的心脏瓣膜

SM-60 食道 KN KNO

(1)

食道 (esophagus) 是一个圆柱形的柔性管, 它通过连续的收缩 (蠕动) 将食物从口传送到胃。

(1) 食道是消化道 (digestive tract) 的一部分, 连接口和胃。图中消化道的各部分为: a 舌头, b 口, c 咽喉, d 食道, e 胃

SM-61 虹膜 KN KNO

(1)

虹膜是一片薄的、可收缩的薄膜, 它可以控制进入眼睛内部光的总量。虹膜还决定了眼睛的颜色。

(1) 虹膜结构

SM-62 带有睫状肌的晶状体 KN KNO

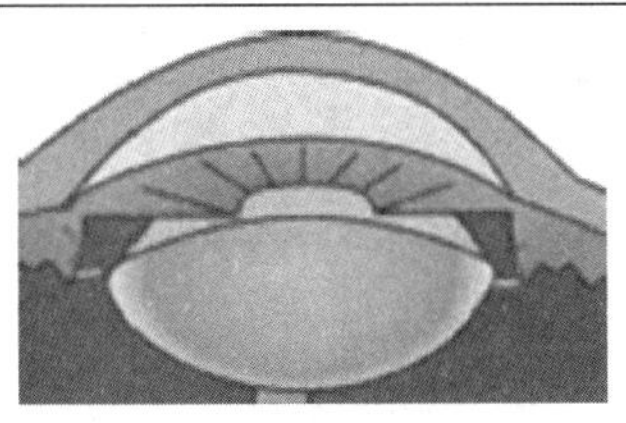

(1)

晶状体主要由弹性胶原囊内的纤维构成。晶状体通过改变形状 (更鼓些或更平些) 将光线聚焦到视网膜上, 形状改变通过控制圆边的睫状肌 (ciliary muscles) 实现。

(1) 双凸面晶状体

SM-63 红细胞 KN KNO

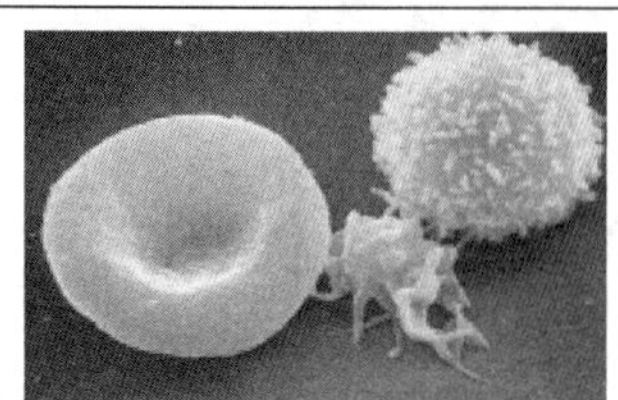

(1)

红细胞 (erythrocytes) 呈两面内凹的圆盘形状。在细胞膜不扩大的情况下红细胞就可以让自己的体积变成原来的两倍那么大。当通过狭窄的血管时, 红细胞会释放腺苷三磷酸 (ATP) 使血管壁放松。

(1) 电子显微镜下的红细胞

SM-64 植物嫩芽 KN KNO

(1)

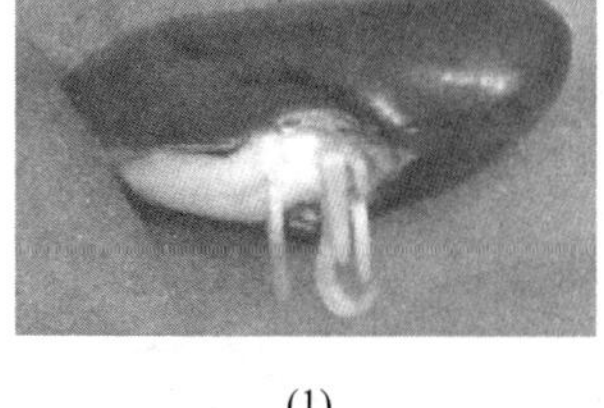

(2)

刚发芽的植物依靠芽的柔韧性破土而出。

(1) 植物芽弯曲着从种子里钻出来, 在土中开辟道路。

(2) 在生长过程中, 芽在地下卷成环状, 在特定环境下积蓄足够的能量来克服土壤的阻力。它们在适当的时候 (通常是在土壤湿润的时候) 推开顶部的土层破土而出

SM-65 柔顺且结实的农作物秆 KN KNO

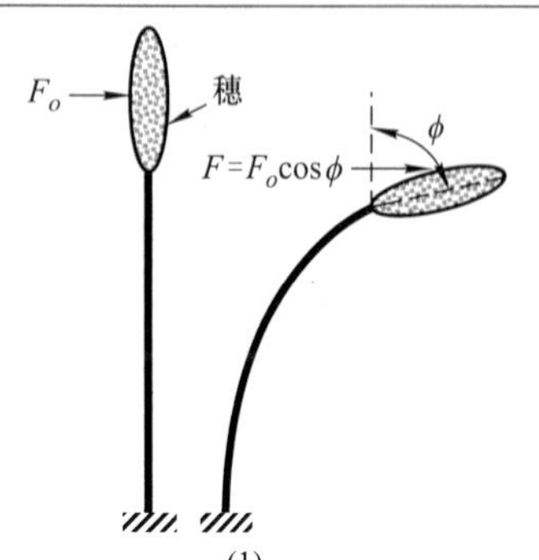

(1)

谷类农作物的茎展现了一种卓越的柔顺设计, 它能保护植物不被大风连根拔起。利用茎的弯曲变形, 农作物不但可以调整谷穗的方向来减少风的拖拽力, 还可以减小地面处产生的反力矩。植物和大树的叶子、枝条和分支都以这种方式有效地利用了其柔顺性。

(1) 农作物秆的柔顺设计

SM-66	牙线棒	KN KNO

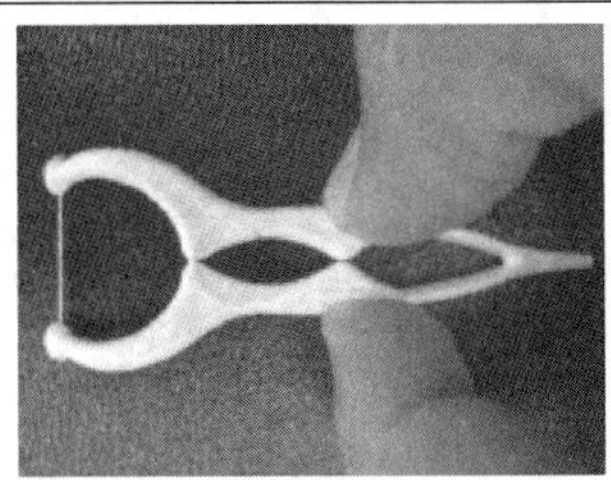

(1)

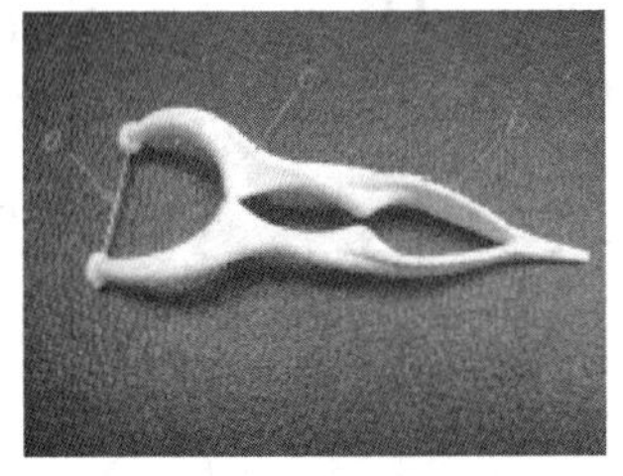

(2)

一次性牙线棒向我们展示了接触辅助式柔顺机构的关键功能要素。牙线棒中对称的两部分通过 3 处连接：左边不可伸长的牙线 a，牙线末端的柔性段 b，以及中间的柔性铰链 c。使用者拿着牙线棒按压它的两侧，如图 (1) 所示，这会使牙线棒的两部分绕着柔性铰链旋转而绷紧牙线。绷紧牙线更容易塞进牙缝。如果使用者用力太大，牙线棒的两部分会像图 (1) 所示那样接触在一起，从而阻止了牙线进一步绷紧。牙线塞入牙缝后，使用者通过减少在牙线棒两侧所施加的力来减小牙线的张力，使牙线更好地贴合牙齿表面，从而增大每次剔牙的面积。

(1) 一次性牙线棒利用柔性和单侧接触约束获得比传统牙线棒更好的性能。

(2) 接触以及张力 (牙线) 约束在牙线棒工作过程中起着关键的作用

SM-67	离心式离合器	KN KNO

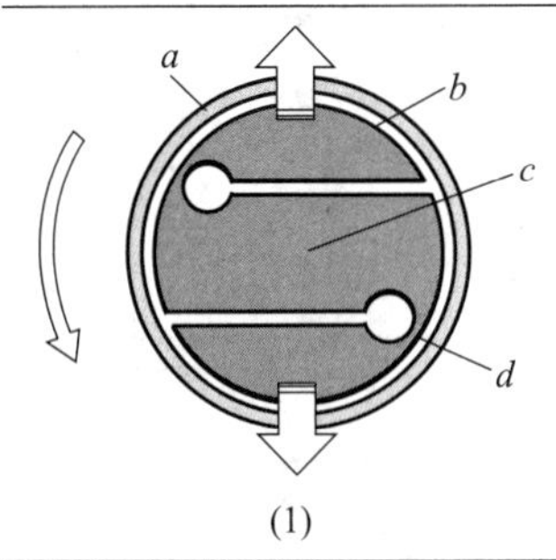

(1)

柔顺离心式离合器利用离心力将输入轴的运动传递给与输出轴相连的外鼓轮。离心式离合器可以让输入轴转动而输出轴不动 (如空转引擎)，而在达到给定转速时与输出转轴结合。

(1) 当轴 c 的转速高到能使柔性段 d 变形，外鼓轮 a 便与伸缩臂 b 接触。该机构的两侧有两个柔性伸缩臂

SM-68	活塞皮碗密封	KN KNO

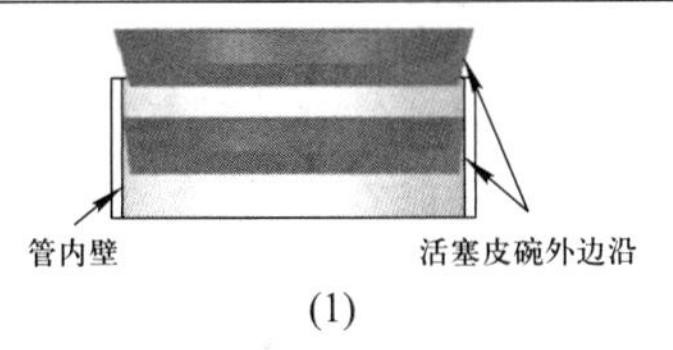

(1)

在液压应用中，活塞皮碗采用柔性边沿实现密封。例如，在用于水泵中时，活塞皮碗能产生水泵工作所需的水压。

(1) 活塞皮碗的初始直径比管内径稍大，当把它放进管子中时，其外边沿因受到管子内壁的作用而变形，产生密封效果

SM-69	球形吸液器	KN KNO

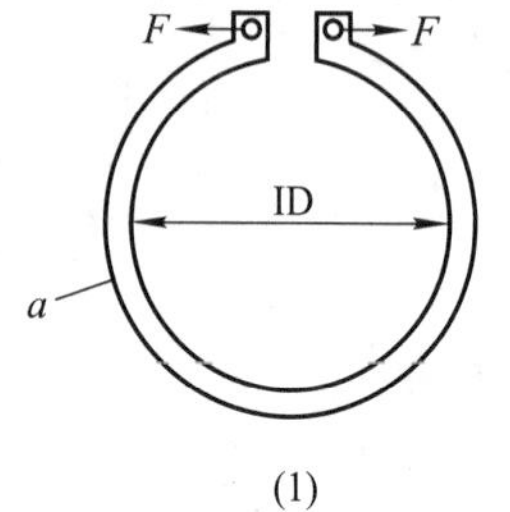

(1)

球形吸液器是一种手持装置,用于从婴儿的口腔和肺里抽出黏液。将球形吸液器挤压后松开即可产生吸力。

(1) 将柔软的球面 a 挤压后松开, 通过管子 b 吸取黏液

SM-70	定位环	KN KNO

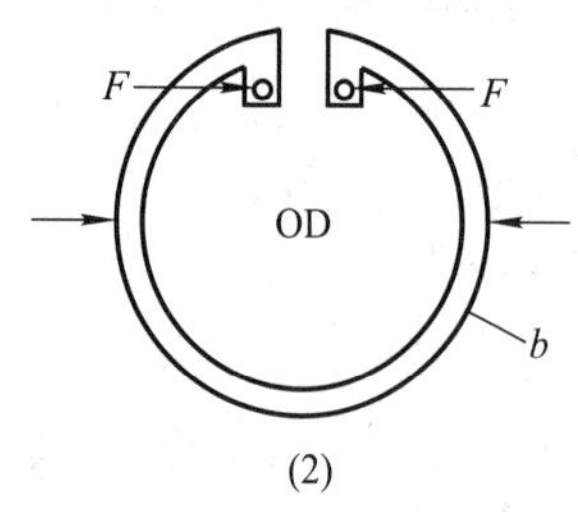

(1)

(2)

定位环可防止轴类构件在未约束其转动的情况下发生沿其转轴的滑动。正常使用过程中它们不变形,但在安装中需要产生变形。

(1) 外置式定位环 a 两端施加作用力 F, 使其内径 (ID) 增大, 从而能够套到要安装的轴上。

(2) 内置式定位环 b 受压后外径 (OD) 变小, 可以放入要安装的空心轴中

SM-71	制冰格	KN KNO

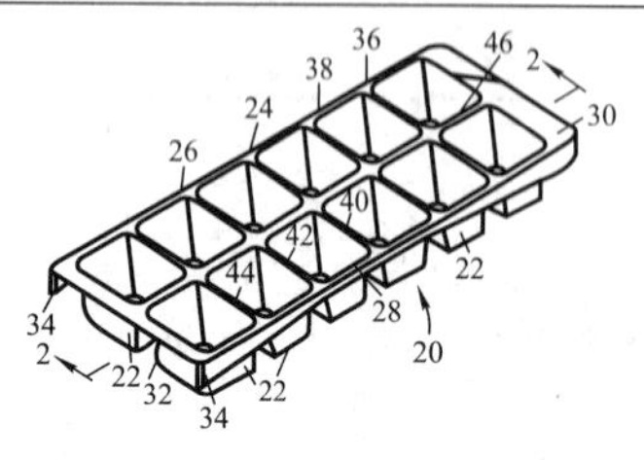

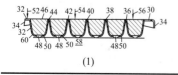

(1)

要从塑料格子中取出冰块, 使用者要握住托盘的两端用力反向扭。所产生的变形会将冰块从托盘上的锥形方格中挤出来。以前的制冰格是铝制的, 没有柔性。

(1) 柔性制冰盒的图片

SM-72	橡胶履带	KN KNO
(1)	一些越野装备采用橡胶履带。橡胶履带能提供较好的牵引力，并且容易安装。橡胶履带通常用在小型装备上。 (1) 橡胶履带	

参考文献

[1] M. Simi, N. Tolou,P.Valdastri, and J.L. Herder, "Modeling of a compliant joint in a magnetic levitation system for an endoscopic camera," in *Proceedings of the Second International Symposium on Compliant Mechanisms CoMe2011*, 2011.

[2] M. Simi, N. Tolou, P. Valdastri, J.L. Herder, A. Menciassi, and P. Dario, "Modeling of a compliant joint in a magnetic levitation system for an endoscopic camera," *Mechanical Sciences*, vol. 3, no. 1, pp. 5-14, 2012.

[3] J.L. Herder, M.J. Horward, and W. Sjoerdsma, "A laparoscopic grasper with force perception," *Minimally Invasive Therapy and Allied Technologies*, vol. 6, no. 4, pp. 279-286, 1997.

[4] J.L. Herder and F. van den Berg, "Statically balanced compliant mechanisms (SBCM's), an example and prospects," in *ASME Design Engineering Technical Conferences, DETC00/DAC*, 2000.

[5] (2001). [Online]. Available:http://compliersinc.com/

[6] S. Oswald, T. Hilse, P. Stieff, R. Trulli, D. Ems, O. Johns, K. Giovannini, T. Tran, J. Ming, and J. Michael, "Design of a fish hook remover," Missouri University of Science and Technology,Tech. Rep., 2011.

[7] H.C. Hermann, N. Mankame, and G.K. Ananthasuresh, "Percutaneous heart valve," *United States patent US 7, 621, 948 B2*, Nov. 2009.

[8] P. Sivanagendra and G. Ananthasuresh,"Size optimization of a cantilever beam under the deformation dependent load with application to wheat plants," *Structural and Multidisciplinary Optimization*, vol. 39, no. DOI 10.1007/s00158-008-0342-4, pp. 327-336, 2009.

郑重声明

高等教育出版社依法对本书享有专有出版权。 任何未经许可的复制、销售行为均违反《中华人民共和国著作权法》，其行为人将承担相应的民事责任和行政责任；构成犯罪的，将被依法追究刑事责任。 为了维护市场秩序，保护读者的合法权益，避免读者误用盗版书造成不良后果，我社将配合行政执法部门和司法机关对违法犯罪的单位和个人进行严厉打击。 社会各界人士如发现上述侵权行为，希望及时举报，本社将奖励举报有功人员。

反盗版举报电话 （010）58581897 58582371 58581879

反盗版举报传真 （010）82086060

反盗版举报邮箱 dd@ hep. com. cn

通信地址 北京市西城区德外大街 4 号 高等教育出版社法务部

邮政编码 100120

HEP MEF 机械工程前沿著作系列

机器人科学与技术丛书

已出书目

□ 机构学与机器人学的几何基础与旋量代数
戴建生 著

■ 柔顺机构设计理论与实例
Larry L. Howell Spencer P. Magleby Brian M. Olsen 编著
陈贵敏 于靖军 马洪波 邱丽芳 译

即将出版

□ 月球车移动系统设计
邓宗全 高海波 丁亮 著